LES MERVEILLES DE LA NATURE

LES PLANTES

LE MONDE DES PLANTES

A.-E. BREHM

LES MERVEILLES DE LA NATURÉ

L'HOMME ET LES ANIMAUX

DESCRIPTION POPULAIRE DES RACES HUMAINES ET DU RÈGNE ANIMAL

CARACTÈRES, MOEURS, INSTINCTS, HABITUDES ET RÉGIME

CHASSES, COMBATS, CAPTIVITÉ, DOMESTICITÉ, ACCLIMATATION, USAGES ET PRODUITS

10 volumes

LES RACES HUMAINES
Par R. VERNEAU
1 volume grand in-8, avec 600 figures.

LES MAMMIFÈRES
Édition française par Z. GERBE
« .lumes grand in-8, avec 770 figures et 40 planches.

LES OISEAUX
Édition française par Z. GERBE
2 volumes grand in-8, avec 500 figures et 40 planches.

LES REPTILES ET LES BATRACIENS
Édition française par E. SAUVAGE
1 volume grand in-8, avec 600 figures et 20 planches.

LES POISSONS ET LES CRUSTACÉS
Édition française par E. SAUVAGE et J. KUNCKEL D'HERCULAIS.
1 vol. gr. in-8 de 750 pag., avec 524 fig. et 20 planch.

LES INSECTES
LES MYRIAPODES, LES ARACHNIDES
Édition française par J. KUNCKEL D'HERCULAIS
2 volumes grand in-8, avec 2060 figures et 36 planches.

LES VERS, LES MOLLUSQUES
LES ÉCHINODERMES, LES ZOOPHYTES, LES PROTOZOAIRES
ET LES ANIMAUX DES GRANDES PROFONDEURS
Édition française par A.-T. DE ROCHEBRUNE
1 volume grand in-8, avec 1200 figures et 20 planches.

LA TERRE

2 volumes

LA TERRE, LES MERS ET LES CONTINENTS
Par FERNAND PRIEM
1 volume grand in-8, avec 757 figures.

LA TERRE AVANT L'APPARITION DE L'HOMME
Par FERNAND PRIEM
1 volume grand in-8, avec 900 figures.

LES PLANTES

3 volumes

LE MONDE DES PLANTES
Par PAUL CONSTANTIN
2 vol. grand in-8, avec 2000 figures.

LA VIE DES PLANTES
Par PAUL CONSTANTIN
1 vol. grand in-8, avec 1000 figures.

Ensemble 15 volumes grand in-8 de chacun 800 pages avec **11.000** *figures intercalées dans le texte et 176 planches tirées sur papier teinté,* **180** *fr.*

CHAQUE VOLUME SE VEND SÉPARÉMENT

Broché, 12 fr. — Relié en demi-chagrin, plats toile, tranches dorées, 16 fr.

7389-94. — CORBEIL. Imprimerie ÉD. CRÉTÉ

A.-E. BREHM

MERVEILLES DE LA NATURE

LES PLANTES

LE MONDE DES PLANTES

PAR

PAUL CONSTANTIN

ANCIEN ÉLÈVE DE L'ÉCOLE NORMALE SUPÉRIEURE
AGRÉGÉ DES SCIENCES NATURELLES, PROFESSEUR AU LYCÉE DE RENNES

PARIS

LIBRAIRIE J.-B. BAILLIÈRE ET FILS

19, rue Hautefeuille, près du boulevard Saint-Germain

PRÉFACE

L'ouvrage que nous présentons aujourd'hui au public, fait partie de la collection des *Merveilles de la Nature* de Brehm, dont douze volumes déjà publiés ont été consacrés à l'étude du règne animal et du règne minéral. Le *Monde des Plantes* est destiné à faire connaître les Végétaux, comme nos devanciers ont fait connaître l'Homme, les Animaux et la Terre.

Nous inspirant du plan déjà suivi par les auteurs de *l'Homme et les Animaux*, nous avons entrepris la description méthodique du règne végétal, famille par famille.

Dans chacun de ces groupes, après en avoir indiqué les principaux caractères et les grandes divisions, nous passons successivement en revue les genres les plus importants et leurs principales espèces, choisissant de préférence les plantes qui croissent dans notre pays, sans négliger pour cela les plantes exotiques, dont la connaissance peut être pour nous de quelque intérêt.

Pour chacune des plantes étudiées, nous avons soigneusement noté les caractères qui permettent de la reconnaître, sa distribution géographique, les propriétés qu'elle possède, ainsi que les applications qu'on en a pu faire à la médecine, à l'agriculture, aux arts, à l'industrie, à l'horticulture, etc., en un mot pour tous les besoins journaliers de la vie.

Lorsque nous nous sommes trouvés en présence d'une plante dont ont parlé les poètes, qui est le sujet d'une légende ou l'objet d'une superstition, qui a joué un rôle dans l'histoire ou la religion des peuples, nous avons fidèlement reproduit ce que la poésie, la tradition et l'histoire nous ont enseigné à son sujet.

Enfin les caractères biologiques, c'est-à-dire les phénomènes si intéressants de la vie des plantes, ont été traités avec un soin tout particulier.

Signalons par exemple les pages consacrées aux divers groupes de plantes carnivores, aux curieux mouvements de la Sensitive, etc.

Le plan que nous avons ainsi adopté, a le grand avantage de répondre au double but que nous nous sommes proposé en écrivant le *Monde des Plantes*.

A ceux qui s'occupent de botanique et en possèdent déjà au moins les premiers éléments, qui veulent étudier dans une plante les caractères morphologiques, la place qu'elle occupe dans une classification naturelle et les véritables affinités, nous offrons une description courte, mais exacte, pour laquelle nous avons dû forcément employer quelquefois certains termes techniques, assez faciles d'ailleurs à comprendre.

Ceux qui, au contraire, désirent surtout connaître dans le règne végétal les avantages que l'homme peut en tirer pour son usage personnel et qui estiment avant tout dans une plante les services qu'elle peut rendre à l'alimentation ou à l'art de guérir, à l'industrie ou à l'embellissement de nos parterres ou de nos appartements, trouveront dans notre ouvrage l'exposé, rendu aussi attrayant que possible, des applications dont sont susceptibles les nombreux végétaux étudiés.

Tous ceux qui aiment les plantes, et ils sont légion, peuvent donc lire notre livre avec plaisir et profit.

Le *Monde des Plantes* est d'ailleurs, à tous les points de vue, au courant des derniers progrès de la science, et nous nous sommes inspirés pour sa rédaction des plus récents travaux publiés, soit en France, soit à l'étranger, par les maîtres incontestés de la botanique.

Pour l'exposé méthodique des divers groupes qui composent le monde des plantes, nous avons fait choix d'une classification à la fois scientifique et commode pour le but que nous nous proposons.

Pour les grandes divisions du règne végétal, nous nous sommes appuyés sur l'autorité et la haute compétence de M. Van Tieghem, notre grand botaniste français, l'éminent professeur du Muséum d'Histoire Naturelle. Avec lui, nous avons distingué quatre divisions primordiales, quatre embranchements : les Phanérogames, les Cryptogames vasculaires, les Muscinées et les Thallophytes.

Les Phanérogames ont été, toujours d'après M. Van Tieghem, divisés en Angiospermes (Dicotylédones et Monocotylédones) et Gymnospermes.

Pour l'étude des Phanérogames, chacune des trois grandes classes de cet embranchement a été divisée en familles, d'après le *Genera plantarum* de Bentham et

Hooker. Quant aux chiffres que nous donnons, indiquant le nombre d'espèces comprises dans chaque famille et dans chaque genre, ils sont extraits de l'*Index* de M. Durand.

Il est inutile d'insister sur l'utilité des figures dans un ouvrage de botanique, surtout dans un ouvrage descriptif comme celui-ci : un dessin bien fait en dit souvent plus que de longues phrases.

Nous devons ici remercier nos éditeurs, MM. J.-B. Baillière et fils, des soins intelligents qu'ils ont mis à éditer le *Monde des Plantes* et à l'illustrer de nombreuses gravures qui en font un véritable livre de luxe.

De belles figures, représentant les principales espèces de fruits de nos jardins et de nos vergers, ont été dessinées par M. A. Millot, l'artiste bien connu.

Un grand nombre de gravures est extrait de la *Vie des Plantes* (*Pflanzenleben*) de A. Kerner von Marilaun, ouvrage qui représente la partie botanique de l'édition allemande des *Merveilles de la Nature* de Brehm. Ces figures et quelques passages relatifs aux caractères biologiques de certaines plantes sont d'ailleurs les seuls emprunts que nous ayons faits à cet ouvrage qui traite surtout de la physiologie végétale et dont le plan et le sujet sont tout à fait différents de ceux de notre *Monde des Plantes*.

Parmi les nombreuses figures qui illustrent notre livre, quelques-unes ont été gracieusement mises à notre disposition par MM. les fils d'Emile Deyrolle : elles sont empruntées à la Revue bien connue, le *Naturaliste*, où nous avons puisé d'ailleurs d'intéressants renseignements.

MM. Vilmorin, Andrieux et Cⁱᵉ ont également bien voulu mettre à notre disposition un certain nombre de leurs jolis clichés.

Enfin, le *Monde des Plantes* doit à

l'obligeance de M. H. Gadeau de Kerville une quinzaine de planches fort remarquables, reproductions de photographies de cet auteur, représentant plusieurs vieux arbres de la Normandie.

M. Bruant, horticulteur distingué à Poitiers, et MM. Clément et Henri Denaiffe de Carignan (Ardennes), qui s'occupent des semences et des graines fourragères, ont bien voulu nous prêter aussi quelques figures.

Nous prions MM. Deyrolle, Vilmorin, Andrieux et Cⁱᵉ, Gadeau de Kerville, Bruant et Denaiffe, de recevoir ici l'expression de nos bien sincères remerciements.

Nous voulons également remercier M. Roger Baillière, qui a si aimablement mis à notre disposition, pour les reproduire en simili-gravure, de jolies photographies prises par lui au cours d'un voyage dans les Alpes.

Telles sont les conditions dans lesquelles a été conçu et exécuté le *Monde des Plantes*. Éditeurs et auteur n'ont rien ménagé pour le rendre digne de figurer sans désavantage, à côté de ses aînés, dans la collection des *Merveilles de la Nature*.

Qu'il plaise au public et rende service à ses lecteurs, c'est notre vœu le plus cher et ce sera notre récompense.

Paul CONSTANTIN.

Fig. 1. — Une forêt française.

LES PHANÉROGAMES — *PHANEROGAMÆ*

Caractères. — Les Phanérogames forment, dans le monde des plantes, un premier embranchement comprenant tous les végétaux qui se reproduisent au moyen de fleurs.

Suivant la belle et heureuse définition de Jean-Jacques Rousseau, « la fleur est une partie locale et passagère de la plante, qui précède la fécondation du germe et dans laquelle ou par laquelle elle s'opère ». Une fleur se compose essentiellement d'étamines et d'un pistil ; les étamines produisent la poussière fécondante, le pollen, et le pistil, formé de carpelles distincts ou réunis, porte les ovules. C'est la fusion d'un grain de pollen et d'un ovule qui constitue la fécondation de la plante et en assure la reproduction ; les ovules imprégnés de pollen, se transforment en graines, qui renferment chacune un embryon, offrant déjà les organes essentiels de la plante et qui, placées dans des conditions favorables, germent et se développent en un végétal semblable à la plante mère.

Toutes les plantes qui ont des fleurs, c'est-à-dire des étamines et un pistil apparents, et qui se reproduisent au moyen de graines provenant de la fécondation des ovules du pistil par le pollen des étamines, appartiennent dans le règne végétal à l'embranchement des PHANÉROGAMES. Ce nom a été formé de deux mots grecs *phaneros*, apparent, *gamos*, union.

Sous le nom de CRYPTOGAMES (de *cryptos*, caché) on désigne tous les autres végétaux, ceux qui sont dépourvus de fleurs.

Toutes les Phanérogames sont des plantes vasculaires : leur appareil végétatif se compose de racines, tige et feuilles, organes à travers lesquels circule, dans un système de vaisseaux et de fibres, la sève, puisée par les racines dans le milieu où la plante se développe, et élaborée dans les feuilles. Certaines plantes Cryptogames, telles que les Fougères, sont des plantes vasculaires comme les Phanérogames, dont elles ne se distinguent donc essentiellement que par l'absence de fleurs.

Distribution géographique. — On connaît aujourd'hui plus de cent mille espèces bien distinctes de plantes phanérogames, réparties en huit mille genres environ. M. Saccardo, le botaniste bien connu, estime que le nombre des espèces de plantes connues actuellement s'élève à 173,706 comprenant 105,231 Phanérogames.

On les trouve en tous les points du globe, dans l'hémisphère nord comme dans l'hémisphère sud, près des pôles comme sous les tropiques. Cependant le rapport numérique des espèces appartenant aux Phanérogames et aux Cryptogames varie avec la latitude : la proportion des Phanérogames augmente quand on se rapproche de l'équateur, et si l'on marche, au contraire, vers les pôles, on voit s'accroître le nombre des Cryptogames.

Les plantes à fleurs se trouvent représentées à toutes les altitudes comme sous toutes les latitudes, et lorsqu'on s'élève sur les montagnes, on constate encore leur présence vers la limite des neiges persistantes. C'est ainsi que sur les Alpes, la dernière zone de végétation, dépourvue de forêts, est encore caractérisée par les Rhododendrons, les Saules et les Bouleaux rampants.

Les Phanérogames habitent aussi bien les eaux que la terre et croissent en abondance dans les fleuves, rivières, lacs ou étangs ; dans la mer, où la végétation est composée pour ainsi dire exclusivement par des Cryptogames de la classe des Algues, les plantes à fleurs se trouvent cependant représentées par des herbes marines, les Zostères (*Zostera*), qu'on observe en abondance lorsque la mer se retire aux grandes marées sur les côtes de l'Océan.

La taille des Phanérogames est très variable : ce sont des plantes à fleurs qui forment les humbles herbes couvrant le sol d'un tapis de verdure. La *Gentiana filiformis*, petite Gentianée des lieux humides et siliceux de notre pays, n'a que quelques centimètres de haut. Au contraire, d'autres Phanérogames peuvent atteindre la plus haute taille, et c'est dans la catégorie des plantes à fleurs qu'il faut ranger les grands arbres, Chênes, Ormes, Bouleaux, Peupliers, Pins, Sapins, etc., qui forment les forêts de nos pays (fig. 1). Dans les zones froides tempérées du globe, seules les Phanérogames sont arborescentes et les Cryptogames restent toujours d'humbles végétaux ; dans les pays chauds, les arbres phanérogames atteignent des dimensions plus considérables encore que

dans nos pays, comme par exemple dans les forêts vierges de l'Amérique (fig. 2). Dans ces pays toutefois, quelques Cryptogames peuvent aussi devenir de grands arbres, et sous le ciel brûlant des tropiques, les Fougères arborescentes atteignent la taille des plus hauts Palmiers. Si nous laissons de côté le plus long des végétaux connus, une algue, le *Macrocystis*, qui atteint parfois plus de 500 mètres, c'est parmi les plantes à fleurs qu'il faut aller chercher les géants du règne végétal : les Rotangs palmiers des régions tropicales dont la tige flexible atteint jusqu'à 300 mètres de longueur ; les *Sequoia gigantea* de la Californie, et enfin les plus grands de tous les arbres à tige solide et dressée, les *Eucalyptus* des forêts de la Tasmanie (fig. 3).

Usages. — L'étude des plantes présente pour l'homme un très haut intérêt, en raison des nombreuses applications qu'il a su faire du règne végétal pour subvenir à ses besoins de toutes sortes. Sans doute la Botanique, en tant que science pure, est tout à fait digne d'intéresser l'esprit humain, toujours avide de pénétrer les secrets de la nature ; cependant, de toutes les branches de la science qui traite des végétaux, la Botanique appliquée est, sans contredit, celle qui mérite le plus de fixer notre attention, en nous révélant les trésors sans nombre que l'homme peut trouver dans le monde des plantes. Dans l'étude que nous allons entreprendre du règne végétal, famille par famille, nous nous proposons, en conséquence, de signaler pour chaque plante, à la suite des caractères qui permettent de la déterminer et de la reconnaître, les différentes applications dont elle est susceptible et d'attirer l'attention du lecteur sur les avantages que l'homme peut en retirer. Les usages présentés par les végétaux sont excessivement nombreux et variés : on peut toutefois se proposer de les ramener à un petit nombre de groupes et ranger toutes les plantes utiles dans quelques grandes catégories que nous allons rapidement passer en revue. Il va sans dire que la même plante peut appartenir à plusieurs de ces catégories à la fois et présenter en même temps plusieurs usages différents.

1° *Plantes ornementales.* — Nous nous occuperons d'abord spécialement des plantes appartenant à l'embranchement des Phanérogames, c'est-à-dire des plantes qui possèdent des fleurs comme organes de la reproduction.

Fig. 2. — Une forêt vierge de l'Amérique du Sud.

Parmi les nombreuses applications de ces plantes, nous signalerons donc en première ligne celle qu'elles doivent à la beauté de leurs fleurs. La fleur, avons-nous dit plus haut, est essentiellement caractérisée par la présence des organes sexuels, les étamines et le pistil. Cependant, dans la plupart des fleurs, aux organes de la reproduction se trouve annexée une corolle aux brillantes couleurs qui n'en est pas un des moindres charmes et contribue à leur donner tout ce qui plaît en elles : l'élégance des formes, la richesse du coloris, la suavité du parfum, etc.

Nous ne pouvons dresser ici un catalogue complet de toutes les fleurs ornementales ; plusieurs pages n'y suffiraient point. Contentons-nous de citer au hasard quelques exemples parmi les plus connus et les plus estimés à juste titre : Tout d'abord les Roses, les reines des fleurs, dont il existe mille et mille variétés ; puis les Œillets, les Pivoines, les Renoncules, les Anémones, les Primevères, le Chèvrefeuille, les Lis, les Tulipes, les Iris, et tant d'autres, sans oublier les Orchidées, ces merveilles aux formes si complexes d'étrangeté et de bizarrerie, dont l'horticulture moderne a su tirer un si merveilleux parti et qui sont si à la mode aujourd'hui.

Les fleurs ne sont pas d'ailleurs les seuls organes d'une plante qui peuvent contribuer à les faire ranger dans la catégorie des plantes ornementales. A ce point de vue, l'appareil végétatif entre souvent en ligne de compte. Le port de la plante, la beauté du feuillage sont des qualités qui ne sont pas à dédaigner au point de vue esthétique et bien des plantes phanérogames doivent aux avantages qu'elles offrent dans cet ordre d'idées d'être cultivées comme plantes ornementales. Tels sont par exemple les grands arbres qui nous rendent les plus grands services pour la décoration des jardins, des parcs et des avenues ; les Chênes, Platanes, Ormes, Tilleuls, Acacias, Marronniers, et mille autres parmi lesquels on n'a que le choix.

N'oublions pas non plus la nombreuse catégorie des plantes vertes qui font la joie des serres et des appartements, les Palmiers de toutes sortes, Aloès, Aspidistra, Pandanus, Lin de la Nouvelle-Zélande, etc.

2° *Plantes alimentaires.* — Au point de vue utilitaire, la principale, peut-être, des applications du règne végétal est de nous fournir de nombreux et précieux aliments. Les plantes, en effet, dans le cours de leur existence, amassent des matériaux nutritifs qu'elles mettent en réserve pour les utiliser plus tard dans leur développement. Ces substances nutritives s'accumulent souvent dans l'appareil végétatif, racine, tige ou feuilles, plus souvent encore dans le fruit et surtout dans la graine. L'homme a su profiter de ces réserves et les utiliser pour sa propre alimentation.

Chez les Phanérogames, les fleurs ne servent que rarement et qu'indirectement à cet usage et nous n'avons guère à citer comme exemple d'un pareil cas que les Artichauts et les Choux-fleurs. Cela se conçoit d'ailleurs facilement, quand on considère que le véritable rôle de la fleur est d'assurer la reproduction de la plante.

Mais les organes qui font suite à la fleur, fruits et graines, nous fournissent une quantité considérable d'aliments. N'est-ce pas le fruit du blé qui nous donne le plus précieux de tous, le pain qui accompagne tous les autres ? Sans parler des nombreux fruits secs et surtout charnus qui flattent le goût de la façon la plus agréable, les graines d'un grand nombre de plantes, en particulier des Légumineuses, entrent pour une part considérable dans l'alimentation quotidienne de l'homme.

L'appareil végétatif lui-même intervient souvent aussi pour faire ranger un végétal dans la catégorie des plantes alimentaires; tantôt c'est la racine (Betterave, Carotte, Radis, etc.), tantôt la tige (Pomme de terre, Asperge, etc.), tantôt encore les feuilles (Choux et différentes sortes de Salades).

N'oublions pas non plus que c'est aux végétaux que nous devons les boissons fermentées qui jouent un si grand rôle dans notre existence.

3° *Plantes fourragères.* — Malgré les affirmations des *végétariens* qui prétendent que l'homme peut et même doit se contenter d'une nourriture empruntée exclusivement au règne végétal, nous ne saurions nous passer jusqu'à présent de la chair des animaux, qui nous est nécessaire pour subvenir à notre alimentation. La viande que nous mangeons nous est fournie par nos animaux domestiques, qui d'autre part nous sont du plus grand secours pour les travaux de toute sorte que

nous leur demandons. Or il nous faut nourrir ces animaux que nous élevons dans le but d'en tirer aide et assistance. Aussi à la suite des plantes alimentaires qui servent à l'homme pour son propre usage, devons-nous, dans la liste des plantes utiles, placer celles qui lui servent à nourrir ses animaux et qui constituent la grande catégorie des plantes fourragères, telles que la Luzerne, le Trèfle, le Sainfoin, toutes les nombreuses Graminées formant l'herbe des prairies, etc.

4° *Plantes médicinales.* — En même temps que des ressources précieuses pour sa propre alimentation, ainsi que pour celle de ses animaux domestiques, l'homme trouve encore dans le Règne végétal un secours de la plus haute importance. Beaucoup de plantes renferment dans leurs divers organes des principes particuliers, qui agissent de la plus salutaire façon sur l'organisme humain pour lui rendre la santé lorsqu'il est en état de maladie. Depuis la plus haute antiquité, la médecine a cherché dans certains végétaux le remède à bien des maux. L'étude des *simples* a longtemps été dans le plus grand honneur, et si la médecine actuelle semble en faire moins de cas aujourd'hui, il ne faut cependant pas oublier que le règne végétal nous fournit encore un grand nombre de médicaments des plus précieux, comme le Quinquina, pour ne citer qu'un seul exemple.

Parmi les plantes médicinales, il en est beaucoup qui sont extrêmement vénéneuses lorsqu'elles ne sont pas employées à doses convenables. Les plantes vénéneuses forment toute une grande catégorie parmi les plantes dont il est du plus haut intérêt de connaître les propriétés, pour les éviter, ou tout au moins pour ne les employer qu'à bon escient.

5° *Plantes industrielles.* — Le Règne végétal fournit encore à l'homme un certain nombre de matières premières nécessaires à son industrie et qui lui rendent d'immenses services dans la plupart des circonstances de la vie.

Dans le bois des arbres nous trouvons de précieux matériaux, pour la construction des maisons, la fabrication de meubles, d'outils, d'ustensiles et d'instruments de toute sorte.

Les plantes telles que le Chanvre, le Lin, le Coton, etc., sont utilisées industriellement par l'homme qui en tire de quoi fabriquer les étoffes destinées, entre autres applications, à lui fournir ses vêtements.

Fig. 3. — Une forêt d'Eucalyptus en Tasmanie.

La liste serait très nombreuse si nous voulions passer ici en revue toutes les plantes industrielles, les plantes oléagineuses (Navette, Colza, etc.), les plantes tinctoriales (Garance, Tournesol, Safran, etc.) et tant d'autres. A ce point de vue la richesse du Règne végétal est immense.

On voit donc combien nombreux et variés sont les usages des plantes Phanérogames dont nous allons, par la suite, étudier individuellement en détail les propriétés et les applications.

Classification. — La disposition des ovules sur le pistil de la fleur permet d'établir dans l'embranchement des Phanérogames deux grandes divisions.

Dans un premier groupe, les carpelles du pistil se sont reployés sur eux-mêmes, ou soudés bord à bord de façon à constituer une cavité close de toutes parts, l'ovaire, à l'intérieur de laquelle sont enfermés les ovules. L'ovaire est surmonté alors d'un stigmate destiné à recevoir le pollen, à lui permettre de développer son tube pollinique et de venir féconder les ovules protégés par l'ovaire. Après la fécondation, les ovules se transforment en graines, et l'ovaire en fruit : on trouve alors les graines à l'intérieur du fruit où elles sont enfermées comme les ovules dans l'ovaire. On réunit sous le nom d'ANGIOSPERMES (du grec *aggeion*, vase clos; *sperma*, graine), les plantes à fleurs caractérisées par l'existence d'un fruit véritable qui contient les graines en son intérieur.

Les GYMNOSPERMES (de *gymnos*, nu), sont au contraire des plantes à fleurs chez lesquelles les carpelles du pistil ne se reploient pas ou ne se soudent pas autour des ovules : l'ovaire sert de simple support pour ceux-ci et le grain de pollen peut arriver directement jusqu'à eux; il n'y a donc pas de stigmate. On voit alors que les Gymnospermes n'ont pas de fruit au véritable sens botanique du mot.

Outre ce caractère distinctif tiré de la présence ou de l'absence du fruit, on trouve un grand nombre d'autres différences entre les Angiospermes et les Gymnospernes, justifiant la division des Phanérogames en ces deux sous-embranchements. Ces différences portent en particulier sur la structure des grains de pollen, celle des ovules, le développement de l'œuf fécondé en embryon, etc.

Sur la structure de la graine repose la subdivision en deux classes du sous-embranchement des Angiospermes.

La graine des plantes à fleurs contient une jeune plante en miniature, l'embryon ou plantule, associée à une abondante réserve nutritive distincte ou non de l'embryon, et destinée à le nourrir pendant les premiers stades de la germination. Dans la plantule, on distingue en effet une petite racine (radicule), une petite tige (tigelle), un petit bourgeon terminal (gemmule), et une ou deux feuilles primitives, les cotylédons. C'est par l'intermédiaire des cotylédons que l'embryon utilise sa réserve alimentaire ; du nombre des cotylédons de la graine, on a alors tiré un caractère important pour la classification des Phanérogames angiospermes.

Les DICOTYLÉDONES sont, comme leur nom l'indique, les plantes dont la graine possède deux feuilles primitives, deux cotylédons ; les MONOCOTYLÉDONES, celles qui n'en ont qu'un.

A l'appui de cette distinction des Angiospermes en deux classes, tirée du nombre des cotylédons de la plantule, on peut invoquer de nombreuses différences dans la structure et l'accroissement de la tige et des racines, dans le port de la plante, dans la disposition des nervures des feuilles, dans la symétrie florale, etc.. Il convient toutefois de faire remarquer dès à présent, que si ces nombreux caractères distinctifs des Dicotylédones et des Monocotylédones sont très généraux, pas un seul n'est véritablement absolu et tous admettent un plus ou moins grand nombre d'exceptions. On peut alors conclure de là, avec M. Van Tieghem (1), « combien sont voisines les deux classes du sous-embranchement des Angiospermes, et combien peu était fondée l'opinion des anciens botanistes qui considéraient les Monocotylédones et les Dicotylédones comme deux groupes primordiaux du règne végétal, comme deux embranchements ».

On voit par ce qui précède que les plantes Phanérogames peuvent être distribuées en trois classes : les Dicotylédones (fig. 4), les Monocotylédones (fig. 5) et les Gymnospermes (fig. 6 et 7).

LES DICOTYLÉDONES — *DICOTYLEDONÆ*

Caractères. — Les Dicotylédones sont caractérisées par la présence de deux cotylédons ou feuilles primitives chez l'embryon contenu dans la graine.

A ce caractère viennent s'en ajouter un certain nombre d'autres, qui par leur ensemble permettent de distinguer facilement une plante Dicotylédone parmi les Phanérogames. La tige est susceptible de s'accroître en épaisseur, et chez certains arbres, elle peut même acquérir un diamètre considérable : elle constitue alors ce qu'on appelle un *tronc*, caractérisé par son diamètre qui va en diminuant de la base au sommet et par ses ramifications latérales (fig. 4). L'accroissement en épaisseur de la tige se fait au moyen de couches fibro-vasculaires, qui se forment dans le cylindre central entre le bois et le liber et dans l'écorce. La racine principale persiste le plus souvent et est susceptible de s'accroître en épaisseur, ainsi que les racines secondaires par le même procédé que pour l'accroissement de la tige. Au point de vue du développement de la racine chez les Dicotylédones (à l'exception des seules Nymphéacées), la coiffe a la même origine que l'assise pilifère, et toutes deux dérivent du même groupe de cellules initiales. Les nervures des feuilles sont toujours disposées en réseau, à l'intérieur du limbe. D'une nervure principale partent en divergeant des nervures secondaires, disposées comme les barbes d'une plume d'oiseau sur la hampe et réalisant ce qu'on appelle la *nervation pennée*. Ailleurs plusieurs nervures d'égale importance divergent à partir du point d'attache du pétiole sur le limbe, et l'on dit alors que la feuille est à *nervation palmée*. Toutes ces nervures, dans les deux cas, se ramifient

(1) Van Tieghem, *Traité de Botanique*, 2ᵉ édit., p. 1478.

Fig. 4. — Bouleau (Dicotylédone).

Fig. 5. — Dattier (Monocotylédone).

Fig. 6. — Epicéa ou Sapin du Nord (Gymnosperme).

Fig. 7. — Pin pignon ou Pin parasol (Gymnosperme).

Fig. 4 à 7. — Port de plantes phanérogames arborescentes.

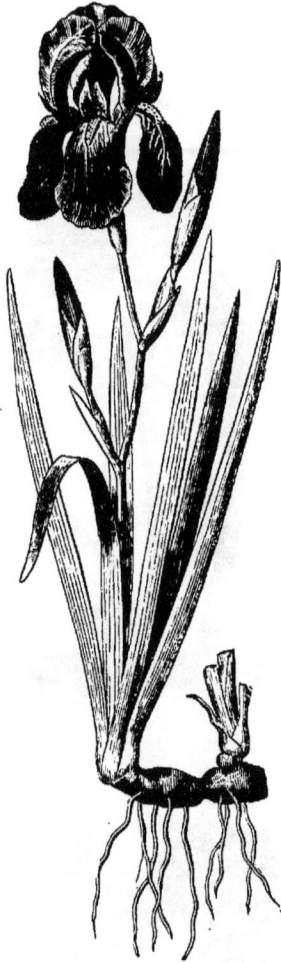

Fig. 8. — Iris (Monocotylédone).   Fig. 9. — Géranium (Dicotylédone dialypétale).

Fig. 8 à 9. — Classification des Phanérogames Angiospermes.

à leur tour et s'anastomosent entre elles.

Cette disposition au contraire ne se rencontre que rarement chez les Monocotylédones qui ont plutôt des feuilles à nervures parallèles (fig. 8).

Les fleurs des Dicotylédones ont très souvent une double enveloppe, un calice et une corolle distincts, et lorsque le périanthe est ainsi double, les deux verticilles sont le plus souvent adaptés à des fonctions différentes : les sépales restent verts dans le calice, qui sert à protéger les organes de la reproduction en voie de formation dans le bouton de la fleur ; les pétales, par leur brillant éclat et leur délicieuse odeur, attirent les insectes chargés de favoriser le transport du pollen d'une fleur à l'autre, et de le déposer sur le stigmate. Chez les Dicotylédones, les fleurs sont le plus souvent construites sur le type 5 ou sur le type 4, c'est-à-dire que les pièces de chaque verticille floral sont au nombre de 5 ou 4 ou d'un multiple de ces nombres. Le type 3 au contraire est rare chez les Dicotylédones, alors qu'il est normalement présenté par les fleurs des Monocotylédones.

On sait déjà qu'aucun des caractères précédents, sauf celui tiré du nombre des cotylédons, n'est rigoureusement absolu, et qu'on connaît pour chacun d'eux certaines exceptions qui se trouveront naturellement signalées à leur place en faisant l'étude particulière des plantes où on les observe.

Fig. 10. — Pomme de terre (Dicotylédone gamopétale). Fig. 11. — Chénopode vert (Dicotylédone apétale).

Fig. 10 à 11. — Classification des Phanérogames Angiospermes.

Distribution géographique. — La classe des Dicotylédones comprend environ 172 familles divisées en 6 784 genres et plus de 78 000 espèces. Elle est représentée en tous les points du globe, aussi bien dans les régions froides et tempérées que dans les régions chaudes. C'est sous l'Équateur qu'elle reçoit son plus grand développement numérique. Là, en effet, les Dicotylédones forment le 1/5 environ de toutes les plantes à fleurs, alors qu'elles ne figurent que pour 1/80 dans la zone tempérée et pour 1/100 dans la zone froide.

Distribution géologique. — C'est à l'époque crétacée que les Dicotylédones ont fait leur apparition et ont commencé à être représentées dans une flore qui ne comptait jusqu'alors comme plantes à fleurs que des Gymnospermes et des Monocotylédones. Le Cénomanien de l'Arkansas offre de nombreuses empreintes végétales fossiles, parmi lesquelles plusieurs se rapportent à des Phanérogames à 2 cotylédons. De même l'étude des dépôts du crétacé supérieur du Groënland, de l'Amérique du Nord, du Harz, de la Bohême, de la Provence, de la Suède, etc., prouve que la flore de ces pays à cette époque comprenait de nombreuses Dicotylédones. A partir du Crétacé supérieur, les plantes de cette catégorie présentent par le nombre et la diversité des formes un développement toujours de plus en plus considérable, et leur proportion va en augmentant dans la flore des terrains suivants. Certaines formes s'éteignent dès l'époque crétacée ou à l'époque tertiaire qui lui succède ; d'autres au contraire parviennent jusqu'à l'époque actuelle. La disparition peut n'avoir lieu que dans telle ou telle localité et plusieurs genres sont aujourd'hui complètement éteints dans les stations qu'ils habitaient primitivement, et ont émigré dans d'autres pays.

On a cru longtemps que les plus anciens fossiles de la classe des Dicotylédones se rencontraient dans les formations crétacées supérieures et qu'avant l'époque cénomanienne, seules les Monocotylédones représentaient les plantes à fleurs angiospermes. Des observations récentes tendent toutefois à faire voir que l'apparition des Dicotylédones doit être reculée jusqu'au crétacé inférieur : jusqu'au Wealdien, d'après les paléontologistes portugais, jusqu'au Néocomien même, d'après les travaux de géologues américains. Dans le Wealdien du Portugal, en effet, on a rencontré en 1888 de nombreux vestiges de Dicotylédones associés à des empreintes de Fougères et de Conifères, caractéristiques des étages infracrétacés. En 1889, on a trouvé en Amérique dans des assises infracrétacées de Potomac (Virginie, Maryland), une flore de caractères jurassiques, où se trouvent associées de rares Dicotylédones.

D'après M. de Saporta (1), il semble que la région mère du globe, d'où sont sorties les Dicotylédones « a dû être située à distance égale de l'extrême Nord comme de l'extrême Sud, et à ce qu'il semblerait, vers la partie boréale de la zone tempérée actuelle, et sur un continent intermédiaire à l'Europe et à l'Amérique, d'abord isolé, puis mis en communication avec ces pays de manière à favoriser l'extension simultanée des Dicotylédones à l'orient comme à l'occident. Cette région mère a dû être également attenante à la région arctique où les Dicotylédones se montrent à une date sensiblement pareille à celle qui marque leur diffusion dans l'ancien et le nouveau monde ».

Classification. — L'absence ou la présence d'une corolle dans la fleur, la soudure ou l'indépendance des pétales entre eux, lorsqu'il y en a une, tels sont les caractères sur lesquels on s'appuie pour classer les Dicotylédones, et y distinguer trois grandes divisions :

Les Dialypétales (fig. 9) à pétales distincts.

Les Gamopétales (fig. 10) à pétales soudés entre eux, de façon à former une corolle d'une seule pièce.

Les Apétales (fig. 11) chez qui la corolle fait entièrement défaut.

LES DIALYPÉTALES — *DIALYPETALÆ*

Caractères. — Les Dialypétales ou Polypétales sont des Phanérogames Dicotylédones, dont les fleurs possèdent une corolle formée de pétales ne présentant entre eux aucune adhérence, si bien qu'on peut les détacher chacun séparément sans déchirer les autres.

Tel est le caractère général du groupe : il souffre cependant plusieurs exceptions, et les affinités indiscutables de certaines plantes avec d'autres pourvues de pétales distincts, conduisent à les ranger sans hésitation possible à côté de celles-ci, bien que dans leurs fleurs la corolle fasse entièrement défaut ou que les pétales, s'ils existent, soient plus ou moins soudés entre eux. Nous en verrons un exemple dès la première famille étudiée, celle des Renonculacées, qui renferme plusieurs genres, tels que Clématites, Anémones, etc., où la corolle fait ordinairement défaut. Ce sont donc là de véritables plantes apétales, et cependant leurs caractères de ressemblance les relient si étroitement aux autres Renonculacées, qu'on

doit les placer à côté d'elles dans cette famille. Ce fait se reproduit dans un grand nombre d'autres familles, Bixacées, Sterculiacées, Sapindacées, etc. D'autre part, dans quelques groupes, entre autres Ternstrœmiacées, Oléacinées, Ilicinées, etc., qui doivent être compris parmi les Dialypétales, on trouve des fleurs dont les pétales sont cohérents à la base.

Distribution géologique. — Les Dialypétales ont fait leur apparition à l'époque crétacée en même temps que les Apétales. On trouve dans la craie des fossiles qui ont été rapportés à des plantes de la famille des Magnoliacées, Araliacées, Légumineuses, etc. (*Magnolia speciosa, Aralia formosa, Cytisus creticus, Paleocassia angustifolia*, etc.). D'abord plus rares que les Apétales, les Dicotylédones à pétales distincts ont bientôt pris un développement considérable. Au tertiaire, on les trouve associées aux Gamopétales, qui n'apparaissent qu'à cette époque et doivent donc être considérées comme supérieures aux plantes dont les pétales sont séparés, au point de vue de l'évolution végétale.

(1) Saporta, *Origine paléontologique des arbres,* p. 138.

Classification. — Bentham et Hooker[1] divisent les Dialypétales en 92 familles renfermant 3050 genres et 28300 espèces environ.

Nous allons étudier successivement ces familles en suivant l'ordre adopté par ces auteurs.

LES RENONCULACÉES — *RANUNCULACEÆ*

Caractères. — La famille des Renonculacées est ce qu'on peut appeler une famille *polytype* ou *hétérogène*. Les diverses plantes. qu'on y rencontre ne présentent pas en effet un ensemble de nombreux caractères nettement déterminés et qui leur soient communs à toutes. Mais, si parmi les représentants de cette famille on peut distinguer tout d'abord un certain nombre de types assez différents, on reconnaît entre les divers genres des caractères qui forment transition et qui les rattachent si étroitement les uns aux autres qu'on peut, suivant l'heureuse expression de de Mirbel, qualifier la famille des Renonculacées de *famille par enchaînement*.

Tout ce que l'on peut dire de plus général, c'est que les Renonculacées sont des plantes à feuilles le plus souvent alternes, dépourvues de stipules, dont l'appareil végétatif renferme des sucs âcres et vénéneux. Les étamines ne sont jamais dans les fleurs en nombre défini et les anthères en sont généralement extrorses. Les carpelles, fort souvent indépendants, se transforment à maturité en fruits secs, déhiscents ou indéhiscents, contenant dans leur intérieur des graines toujours albuminées et dont l'embryon est petit et droit.

Les Renonculacées sont pour la plupart des plantes herbacées, annuelles ou vivaces. Les Xanthorizes américains et la Pivoine Moutan, originaire de Chine et fréquemment cultivée dans nos jardins comme arbrisseau d'ornement, ont cependant la tige ligneuse. L'alternance des feuilles sur la tige est une règle générale qui ne souffre d'exception que chez les seules Clématites, dont les feuilles sont opposées. Quant à l'absence des stipules, elle est absolue, à moins qu'on ne donne ce nom à certains organes lamelleux particuliers qu'on observe à la base des feuilles de quelques Pigamons (*Thalictrum aquilegifolium*).

Les fleurs, presque toujours hermaphrodites, peuvent être régulières ou irrégulières : ce dernier type se rencontre par exemple chez les Dauphinelles ou Pieds d'alouette et les Aconits où les pièces du périanthe, de la fleur, ne sont pas égales entre elles. Sur un réceptacle de forme convexe (à l'exception des seules Pivoines qui sont périgynes), les pièces florales peuvent être insérées de trois manières différentes : c'est ainsi que chez les Ancolies elles sont disposées en verticilles successifs ; chez les Nigelles, les Hellébores, etc., elles sont insérées suivant des lignes spirales. Mais dans le cas le plus fréquent et qui se trouve réalisé en particulier chez les Renoncules, les Anémones et les Pivoines, tandis que les pièces du périanthe, sépales et pétales, forment des verticilles, celles de l'androcée et du pistil y présentent la disposition spiralée.

Calice et corolle sont généralement pentamères, quelquefois construits sur le type 4 (Clématites). Le calice à préfloraison valvaire ou imbriquée est formé de sépales ordinairement caducs et qui peuvent devenir pétaloïdes chez certaines formes où la corolle est très réduite ou fait même complètement défaut : certaines Renonculacées sont donc apétales, mais se rattachent néanmoins à la famille d'une façon indiscutable. Chez les types à fleurs irrégulières comme les Pieds d'alouette et les Aconits, les sépales sont inégaux entre eux. Les pétales de la corolle peuvent être de même nombre que les sépales ou plus nombreux par suite de dédoublements. Les fleurs des Renonculacées se doublent d'ailleurs en général très facilement par la culture et cette qualité fait de certaines espèces d'excellentes plantes d'ornement.

Les étamines, ordinairement en grand nombre, sont toujours libres entre elles sur toute leur longueur, et se composent d'un filet et d'une anthère biloculaire déhiscente par deux fentes longitudinales généralement tournées en dehors ou latéralement, plus rarement vers l'intérieur comme dans les Pivoines. Parfois quelques-unes des étamines deviennent stériles et se transforment en staminodes (Ancolie, Clématite alpine).

[1] Bentham et Hooker, *Genera Plantarum*.

Le nombre des carpelles est très variable : tantôt très considérable et tantôt au contraire très réduit. Chez les Actées, en effet, il peut se réduire à un. Ces carpelles, presque toujours libres entre eux, ne sont soudés par la base ou sur toute leur longueur que chez les Nigelles. Dans chaque ovaire se trouve un ou plusieurs ovules anatropes, insérés sur deux rangs à l'angle interne.

Les fruits sont toujours secs, sauf chez l'Actée en épi (*Actæa spicata*) où le péricarpe devient charnu et forme une petite baie. Ces fruits secs sont tantôt des akènes et tantôt des follicules. Les graines qu'ils renferment possèdent toutes un albumen charnu et corné et un embryon petit et droit.

Distribution géographique. — On a décrit plus de 1 300 espèces différentes de Renonculacées, mais ce nombre est assurément fort exagéré et doit sans doute être ramené à 680 seulement, réparties en 30 genres environ. Les Renonculacées habitent la surface entière du globe, principalement les régions tempérées. Dans les pays tropicaux, on ne les trouve qu'à une altitude assez élevée. 130 espèces environ habitent la France.

Distribution géologique. — Les Renonculacées ne sont connues à l'état fossile que par quelques fruits de Renoncule et de Clématite datant de l'époque tertiaire.

Classification. — De Candolle et après lui Endlicher et Bentham et Hooker ont divisé la famille des Renonculacées en 5 tribus assez naturelles dont les caractères peuvent être résumés dans le tableau suivant :

		Calice à préfloraison valvaire ou induppliquée ; — feuilles opposées..	*Clématidées.*
Fruits secs indéhiscents monospermes (akènes).	Ovules pendants ; corolle souvent nulle.	Calice à préfloraison imbriquée ; — feuilles alternes ; — en général involucre à la fleur...	*Anémonées.*
	Ovules ascendants. — Pétales ordinairement munis d'une fossette nectarifère. — Fleurs non involucrées........................		*Renonculées.*
Fruits secs déhiscents polyspermes (follicules) rarement charnus.	Fleurs régulières ou irrégulières. — Follicules libres ou plus ou moins cohérents à la base. — Anthères extrorses........................		*Helléborées.*
	Fleurs régulières. — Anthères introrses........................		*Péonées.*

Affinités. — Les affinités des Renonculacées sont multiples : elles se rapprochent beaucoup en effet des Dilléniacées, des Magnoliacées et des Anonacées. Les Berbéridées ne s'en distinguent guère que par le nombre défini de leurs étamines, dont la déhiscence est valvaire. Seule la structure du Pistil éloigne les Papavéracées des Renonculacées, le reste de la fleur ayant dans les - deux familles une organisation très comparable. Enfin on doit encore rapprocher les Renonculacées des Rosacées, dont elles s'éloignent cependant par l'absence de stipules, la présence d'un albumen à la graine, et enfin par le mode d'insertion des étamines et la forme du réceptacle. A ce dernier point de vue, les Pivoines peuvent être considérées comme rattachant les Renonculacées aux Rosacées, dont elles ont le réceptacle concave et les étamines périgynes.

Propriétés. — **Usages.** — Toutes les Renonculacées renferment dans leurs tiges ou dans leurs feuilles un principe âcre et vénéneux qui chez certaines d'entre elles, comme les Aconits, peut constituer un poison des plus redoutables. Aussi doit-on les regarder toutes comme des plantes dangereuses ou tout au moins suspectes. Cependant le principe vénéneux étant volatil chez plusieurs d'entre elles, disparaît par la cuisson ou la dessiccation, et grâce à cela quelques Renonculacées peuvent être utilisées pour l'alimentation. Un certain nombre de Renonculacées ont autrefois joui d'une grande réputation comme plantes médicinales et sont encore employées de nos jours pour leurs propriétés curatives.

On cultive dans les jardins ou dans les serres de très nombreuses Renonculacées ornementales, car ce sont des plantes fort décoratives par leur feuillage et surtout par leurs fleurs.

LES CLÉMATIDÉES — *CLEMATIDEÆ*

Caractères. — Les Clématidées sont des Renonculacées à feuilles opposées, ce qui les distingue des autres tribus, où les feuilles sont radicales ou alternes. Les fleurs sont le plus souvent dépourvues de corolle et le calice est formé de sépales pétaloïdes. Les carpelles sont nombreux, indépendants et uniovulés. Ils se transforment en akènes après la floraison. Les ovules sont pendants, à raphé dorsal.

LES CLÉMATITES — *CLEMATIS*

Étymologie. — Du grec *cléma*, sarment, parce que la plante est sarmenteuse.

Caractères. — Les Clématites sont des

Fig. 12. — Clématite alpine (*Atragene alpina*).

arbustes grimpants à tige sarmenteuse, plus rarement herbacée, dont les rameaux longs et flexibles s'accrochent par leurs feuilles à tout ce qui les environne et peut leur servir de support: buissons, haies, etc... Les feuilles, le plus souvent simples et entières ou légèrement dentées, sont rarement composées, comme chez la Clématite alpine (fig. 12). Elles sont opposées, ce qui distingue les Clématites des autres Renonculacées, qui ont les feuilles alternes. Les fleurs forment ordinairement sur la plante des grappes composées ; la taille et la coloration en varient avec les espèces.

La fleur ne présente qu'une seule enveloppe florale, le calice formé le plus souvent par les sépales pétaloïdes. On en trouve quelquefois cinq et même un nombre plus considérable chez certaines espèces, en particulier chez les Clématites à grandes fleurs (*Cl. lanuginosa, patens*, etc.), cultivées comme plantes

d'ornement dans les parterres et les serres. La corolle fait défaut; ce sont alors les sépales du calice qui remplacent les pétales absents et en prennent les brillantes colorations. Aussi dit-on vulgairement pour désigner ces organes que ce sont des pétales. Les couleurs les plus fréquentes, chez les fleurs de Clématites, sont le blanc, le bleu et plus rarement le rose.

Les étamines et le pistil sont normalement réunis dans la même fleur et il n'y a à cette règle que quelques exceptions (Clématite dioïque, *C. dioica*, de la Jamaïque). Les étamines sont en nombre défini et ordinairement extrorses. Le pistil se compose d'un grand nombre de carpelles disposés en spirale sur le réceptacle. Le fruit est formé d'autant d'akènes qu'il y a de carpelles. Chez un grand nombre d'espèces du genre Clématite, le style persiste à l'extrémité supérieure de chaque akène, qui se trouve alors surmonté par une longue aigrette plumeuse (fig. 14). Cette aigrette se réduit à un simple prolongement court et glabre chez la Clématite azurée (*Cl. viticella*) et quelques espèces voisines.

Distribution géographique. — Les Clématites habitent les régions tempérées des deux hémisphères. Ce sont, avec le Lierre et le Chèvrefeuille, les seuls représentants dans nos climats des nombreuses et immenses Lianes des régions équatoriales. On a décrit jusqu'à 200 espèces distinctes de Clématites, mais ce nombre est fort exagéré et doit vraisemblablement être réduit à environ une soixantaine.

Propriétés. — Les Clématites ne sont pas, dans nos pays et de nos jours tout au moins, utilisées en médecine, bien qu'elles renferment dans leurs feuilles un principe âcre qui, à l'état frais, leur donne, quand on les applique sur la peau, des propriétés vésicantes.

A l'île Bourbon, on utilise encore les propriétés vésicantes de la *Cl. mauritiana* ou Liane arabique.

Ces propriétés assez énergiques des feuilles de Clématites sont dues à la présence d'un principe particulier, qui n'a pas encore été isolé, mais qui semble très voisin de l'*anémonine* des Anémones.

Dans certains pays, dans le midi de la France en particulier, on mange cuites et confites de très jeunes pousses de Clématites, dans lesquelles ne s'est point encore développé le principe âcre et irritant en question, qui d'ailleurs est très volatil et se détruit facilement par l'ébullition ou la dessiccation.

Usages. — Les Clématites sont surtout des plantes d'ornement, fort appréciées en leur qualité de plantes grimpantes pour l'embellissement des jardins et la décoration des balcons et des fenêtres. A ce point de vue, nos espèces indigènes peuvent être appelées à rendre de grands services, mais elles sont de beaucoup surpassées par des espèces exotiques acclimatées dans nos jardins, en particulier par les Clématites à grandes fleurs.

LA CLÉMATITE DES HAIES OU CLÉMATITE BRULANTE — CL. VITALBA

Noms vulgaires. — Herbe aux gueux, Vigne blanche, Cheveux de la Vierge, etc.

Caractères. — Croît spontanément dans tous nos bois et se rencontre partout, le long des haies, sur les vieux murs, etc. Elle peut parfois atteindre une taille assez considérable, grimpant fort haut dans les arbres. Les feuilles (fig. 13) en sont amples, en forme de cœur, entières, dentées ou légèrement lobées. De juillet à septembre, on voit émerger du feuillage vert sombre de belles fleurs blanches groupées en cymes, et pendant les mois d'automne et d'hiver, les longues aigrettes plumeuses argentées qui terminent le fruit en décèlent la présence (fig. 14).

Usages. — La Clématite des haies, qui s'accommode fort bien de tous les terrains et de toutes les expositions, convient très bien pour garnir des berceaux et des tonnelles ou pour couvrir la vétusté d'un vieux mur. On lui préfère cependant pour ces usages les espèces suivantes.

Les propriétés vésicantes de la Clématite des haies, si commune en France, étaient bien connues autrefois des mendiants, qui se servaient des feuilles pilées pour s'en frotter la peau, y produire à volonté des ulcères et exciter ainsi la pitié des passants. Telle est l'origine du nom d'*Herbe aux gueux*, que l'on donne à la plante. Les ulcères ainsi produits sont d'ailleurs sans profondeur et se guérissent facilement quand on les préserve du contact de l'air. La Clématite des haies pourrait être employée comme vésicatoire léger quand il s'agit simplement d'entretenir un écoulement d'humeur séreuse.

LA CLÉMATITE ODORANTE — CL. FLAMMULA

Caractères. — Elle ressemble beaucoup à la Clématite des haies, mais s'en distingue par des feuilles moins grandes, entières, ovalo-lancéolées, et des fleurs un peu plus petites qui s'épanouissent pendant tout l'été. Sa tige peut facilement atteindre 2 et 3 mètres de hauteur. On la rencontre principalement dans le Midi de la France, dans toutes les haies et sur tous les buissons. Cette espèce se recommande surtout comme plante ornementale par sa vigueur extrême et le nombre, la beauté, la suave odeur de ses fleurs.

La CLÉMATITE BLEUE ou CLÉMATITE AZURÉE (*Cl. viticella*) a pour pays natal la Caroline et la Virginie; elle est aujourd'hui acclimatée dans les jardins d'Europe. Pouvant atteindre de 2 à 3 mètres de haut, elle donne de juin à septembre de superbes fleurs bleuâtres isolées. Par la culture on en a obtenu un grand nombre de variétés aux fleurs simples ou doubles dont la coloration varie entre le bleu, le pourpre,

Fig. 13. — Rameaux.   Fig. 14. — Fruit.

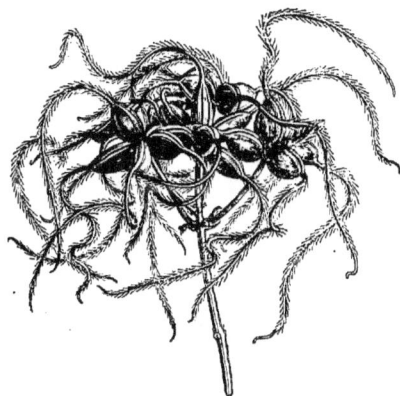

Fig. 14 et 15. — Clématite des haies (*Clematis Vitalba*).

Fig. 15. — Clématite dressée
(*Clematis erecta*).

Fig. 16. — Clématite à feuille entière
(*Clematis integrifolia*)

le violet, le rouge et le blanc. Les fruits de cette espèce se distinguent de ceux des autres Clématites par l'absence du style plumeux.

La CLÉMATITE DES MONTAGNES (*Cl. montana*) est originaire de l'Himalaya et produit de grandes fleurs blanches très décoratives. Très vigoureuse et pouvant atteindre jusqu'à 10 mètres de haut, elle convient en particulier pour couvrir de hautes murailles.

Pour la confection de bouquets de fleurs coupées, on tire un excellent parti des fleurs de la CLÉMATITE DRESSÉE (*Cl. erecta*), qui, disposées en énormes grappes, sont blanches et répandent une suave odeur d'amandes amères (fig. 15), ainsi que de celles de la CLÉMATITE A FEUILLES ENTIÈRES (*Cl. integrifolia*), dont les fleurs isolées sont d'un joli bleu violet (fig. 16). Ces deux espèces fleurissent pendant tout l'été. En hiver, on peut employer pour les bouquets les fruits à aigrettes plumeuses des diverses espèces de Clématites. Ces gracieux panaches argentés se conservent facilement, quand on les fait sécher à l'ombre, et sont du plus bel effet au milieu

d'un bouquet fait à la mauvaise saison lorsque les fleurs sont rares.

LES CLÉMATITES A GRANDES FLEURS

On désigne sous le nom de *Clématites à grandes fleurs* (*Megalanthes*) de nombreuses espèces et variétés de Clématites comptant parmi les plus belles de nos fleurs de jardin (1). Ce sont certainement les plantes grimpantes les plus jolies que nous possédions ; elles réunissent en effet des qualités que l'on trouve rarement associées. La culture en est facile, la floraison abondante et prolongée, et les fleurs se recommandent autant par leurs dimensions que par leurs formes et par la richesse et la variété de leur coloration (fig. 17). Le diamètre de certaines de ces fleurs peut en effet dépasser 20 centimètres ; il y en a des simples, des doubles et de toutes les couleurs : blanc pur, bleu foncé,

(1) Lavallée, *Les Clématites à grandes fleurs, Description et iconographie des espèces cultivées dans l'Arboretum de Segrez*. Paris, 1884, 1 vol. in-4 avec 24 pl. — *Arboretum Segrezianum Icones selectæ arborum fruetticum in hortis Segrezianis collectorum*. Paris, 1885.

Fig. 17. — Allée des Clématites à l'*Arboretum de Segrez* (Seine-et-Oise).

violet, rose, rouge, unicolores ou panachées.

La floraison a lieu ordinairement de mai à juin et recommence à l'automne.

A côté des Clématites à grandes fleurs, il faut placer, parmi les Clématites de premier ordre tout à fait pour l'ornement des jardins, une superbe plante originaire de la Nouvelle Zélande, la CLÉMATITE DE FORSTER (*Cl. indivisa*) importée en Europe par W. Colenso, missionnaire protestant. Cette espèce se distingue par ses feuilles découpées à 3 folioles et ses grandes fleurs du blanc le plus pur. Sous le climat de Paris, elle n'est pas tout à fait rustique et doit être rangée dans la catégorie des plantes d'orangerie, mais elle réussit bien en plein air dans les jardins du Midi de la France ou de l'Ouest sur le littoral.

LA CLÉMATITE ALPINE — *ATRAGENE ALPINA*

Dans les Alpes, on trouve un fort bel arbrisseau à tige sarmenteuse et grimpante au moyen des pétioles des feuilles qui s'enroulent autour de supports. Ces feuilles sont composées et divisées en trois lobes (fig. 12). La plante fleurit au printemps et donne d'assez grandes fleurs bleues et velues. Ces fleurs rappellent tout à fait celles des Clématites au point de vue de la structure à cette exception près qu'on trouve à l'intérieur des 4 sépales du calice, un verticille de petits organes que Linné considérait comme des pétales et dont de Candolle fait des staminodes, c'est-à-dire des étamines avortées (fig. 18 à 20). C'est à cause de la présence de ces organes que la Clématite alpine a été séparée des véritables Clématites pour former le genre *Atragene*. Le filet des étamines fertiles est élargi et creusé en forme de gouttière et plusieurs de ces étamines sont abritées à l'intérieur d'un staminode également creusé en forme de gouttière.

Le genre NARAVELIA a été créé pour des plantes de l'Asie tropicale, rappelant beaucoup

Fig. 18. Fig. 19. Fig. 20.

Fig. 18. — Étamine isolée
Fig. 19. — Étamines entourées d'un pétale (staminode).

Fig. 20. — Fleur, dont on a enlevé le sépale antérieur.

Fig. 18 à 20. — Clématite alpine (*Atragene alpina*).

les Clématites. La présence d'un nombre variable de staminodes figurant les pétales d'une corolle rapproche beaucoup ces plantes de la Clématite alpine, dont le *Naravelia zeylandica* a d'ailleurs les étamines introrses. Les feuilles sont composées à 3 lobes comme chez les *Atragène*, mais le lobe médian est avorté et transformé en vrille.

LES ANÉMONÉES — *ANEMONEÆ*

Caractères. — Les Anémonées sont des Renonculacées qui, comme les Clématites, ont un fruit formé de plusieurs akènes et des ovules pendants à raphé dorsal. De même la corolle y manque assez souvent et c'est le calice qui forme l'enveloppe colorée de la fleur. Elles s'en distinguent par leurs feuilles alternes ou toutes radicales, par la préfloraison imbriquée du calice et par la présence assez constante au-dessous de la fleur, sur la hampe de celle-ci, d'un involucre formé par un verticille de folioles.

LES PIGAMONS — *THALICTRUM*

Étymologie. — Du grec *thallo*, pousser ; *ictar*, vite ; allusion à la rapidité de végétation de la plante.

Caractères. — Les Pigamons sont caractérisés principalement par le défaut de corolle et par l'absence d'involucre autour de la fleur. Ce sont des plantes herbacées vivaces, dont le feuillage excessivement découpé rappelle beaucoup celui des Ombellifères. Les fleurs groupées en grappes terminales ou en corymbes de cymes sont dépourvues de corolle, mais possèdent un calice coloré de 4 ou 5 sépales pétaloïdes qui tombent de très bonne heure. La fleur se réduit alors à ses étamines, qui sont très longues et très nombreuses, entourant un nombre indéterminé de carpelles indépendants et uniovulés.

Distribution géographique. — On a distingué jusqu'à 70 espèces de *Thalictrum*, réparties dans les régions tempérées d'Europe, d'Asie, d'Afrique et des deux Amériques.

Usages. — Les Pigamons sont principalement utilisés comme plantes d'agrément.

LE PIGAMON JAUNE -- *THALICTRUM FLAVUM*

Noms vulgaires. — Rue des prés ; fausse Rhubarbe ; Rhubarbe des pauvres.

Caractères. — Le Pigamon jaune est une plante herbacée de 60 centimètres à 1 mètre de haut environ, aux feuilles amples plus longues que larges, composées de folioles ovales à 3 lobes obtus, nerveuses, presque ridées. Les fleurs sont abondantes et de couleur jaune. Elles s'épanouissent aux mois de juin et de juillet en bouquets compactes à l'extrémité des rameaux.

Distribution géographique. — Cette espèce habite principalement les contrées septentrionales de l'Europe jusqu'en Laponie. On la rencontre de préférence dans les bois humides, les clairières, sur le bord des rivières et des étangs.

Usages. — La racine jaunâtre du *Thalictrum flavum* renferme une substance particulière

LES PLANTES.

nommée *macrocarpine* qu'on utilise dans l'industrie pour la teinture des laines en jaune.

Racines et feuilles possèdent des propriétés purgatives rappelant celles de la Rhubarbe, ce qui explique les noms de *fausse Rhubarbe* ou de *Rhubarbe des pauvres*, sous lesquels on désigne la plante dans les campagnes, où on en fait encore parfois usage pour préparer des bouillons laxatifs.

Les cultivateurs considèrent le Pigamon jaune comme une médiocre plante fourragère, qui ne plaît guère aux bestiaux et ne donne qu'un foin de mauvaise qualité.

Comme plante d'ornement on tire bon parti de son feuillage découpé et de ses fleurs abondantes; elle convient surtout aux lieux humides et ombragés.

On cultive aussi dans les jardins comme plante d'ornement le PIGAMON A FEUILLES D'ANCOLIE (*Th. aquilegifolium*), qui pousse naturellement dans les prairies ombragées des Alpes et des Pyrénées, et qui, haut de 1 mètre environ, possède un superbe feuillage vert à folioles élargies, légèrement crénelées au sommet. Les fleurs, d'une belle couleur rougeâtre, sont groupées en petits bouquets, qui forment comme autant d'élégants panaches. Telle est l'origine du nom de *Colombine plumacée*, sous lequel on désigne vulgairement la plante.

LES ANÉMONES — *ANEMONE*

Étymologie. — Du grec *anemos*, vent; selon Pline, les fleurs d'Anémone ne s'ouvraient qu'au souffle du vent; le nom allemand *Windröschen* de l'Anémone signifie petite Rose des vents.

Caractères. — Les fleurs d'Anémones sont dépourvues de pétales, mais sont entourées d'un involucre.

Les Anémones sont des plantes herbacées vivaces, dont la tige ne dépasse guère 40 à 50 centimètres de haut. Elles possèdent sous terre un rhizome (connu dans le commerce sous le nom de *pattes d'Anémones*), d'où sortent latéralement les racines et donnant chaque année naissance à une tige aérienne dressée qui se termine à son extrémité par une fleur solitaire. Les feuilles, plus ou moins découpées, couleur vert foncé, sont généralement groupées à la base de la tige. Sur celle-ci, à certaine distance de la fleur, distance variable avec les espèces, se trouve un verticille de 3 feuilles formant ce qu'on appelle l'*involucre*. Ces 3 feuilles sont

ordinairement libres entre elles et peuvent même conserver leurs pétioles, comme dans l'Anémone Sylvie (fig. 23), si commune dans les bois au printemps. Chez d'autres espèces, au contraire, les 3 feuilles de l'involucre sont sessiles et se soudent par la base de façon à former autour de la tige une sorte de cornet d'une seule pièce dont les bords sont découpés de façon variable. La présence de l'involucre est caractéristique du genre Anémone; il manque cependant chez l'Anémone à feuilles entières (*A. integrifolia*). Ordinairement situé sur la tige à une certaine distance au-dessous de la fleur, l'involucre enveloppe immédiatement celle-ci chez l'Hépatique (*A. Hepatica*) (fig. 31), de telle façon qu'on a pu le comparer à un calice.

La fleur de l'Anémone ne présente qu'une seule enveloppe florale, formée de sépales colorés en blanc, en bleu, en rose ou en violet. Leur nombre varie de 5 à 10 et même davantage. Cinq est le nombre normal, mais souvent ce nombre augmente par suite de dédoublement des sépales ou de métamorphose régressive des étamines. Dans un grand nombre d'Anémones sauvages et en particulier la Sylvie (*A. nemorosa*) et la Pulsatille (*A. pulsatilla*), le calice est formé de 6 sépales, disposés 3 par 3, en 2 verticilles, avec alternance régulière d'un verticille à l'autre (fig. 22 et 24).

On a quelquefois voulu voir une corolle dans les pièces colorées qui enveloppent la fleur de l'Anémone et considérer alors l'involucre comme formant le calice.

Les étamines sont nombreuses et disposées en spirale sur le réceptacle. Les carpelles sont de même nombreux et sont libres entre eux. Chacun d'eux renferme dans son ovaire 5 ovules, dont un seul est normalement développé, tandis que les 4 autres avortent, si bien qu'en définitive on peut considérer l'ovaire comme uniovulé. Le fruit est composé d'akènes réunis en une tête et terminés chacun par une petite corne peu saillante représentant le style. Chez la Pulsatille et quelques espèces voisines, l'extrémité supérieure de chaque akène se prolonge par une longue aigrette barbue qui favorise la dissémination par le vent.

Distribution géographique. — On connaît environ 85 espèces d'Anémones, habitant les régions tempérées des deux hémisphères.

Ces plantes se plaisent particulièrement dans les régions élevées, exposées au vent et aux orages. C'est ainsi que les Anémones habitent en grande quantité les flancs des Alpes, où elles croissent à côté du Rhododendron.

Propriétés. — Usages. — Les Anémones possèdent des propriétés irritantes, vésicantes et même caustiques, qui les ont fait employer autrefois en médecine et qu'on utilise encore aujourd'hui dans les campagnes, lorsqu'on manque de sinapismes ou de vésicatoires. Ces propriétés n'existent que dans la plante fraîche et disparaissent par la dessiccation. Les Anémones doivent en effet leurs qualités à un principe volatil, qui a été désigné sous le nom d'*anémonine*. On l'a isolé sous la forme d'une substance blanche cristallisable. L'anémonine est un violent toxique : la saveur en est âcre, accompagnée d'élancements et de sensations de piqûre. C'est elle qui donne aux Anémones les propriétés irritantes, vésicantes et même caustiques qui se manifestent lorsqu'on applique sur la peau, après les avoir broyées, les parties fraîches de la plante.

La présence d'Anémones dans les pâturages est pernicieuse pour les bestiaux, qui meurent parfois dans les convulsions après avoir mangé fraîche l'Anémone Sylvie. Le principe toxique disparaissant par la dessiccation, les Anémones n'influent pas sur la qualité du foin. Au Kamtchatka, certaines peuplades empoisonnent leurs flèches en les trempant dans le suc de l'Anémone fausse Renoncule (*A. ranunculoides*) et d'après M. de Mortillet les préhistoriques, qui introduisaient déjà du poison dans les fissures de leurs armes en os ou en corne de Rennes, employaient pour cet usage les sucs de l'Anémone, en même temps que ceux de l'Aconit.

Les Anémones présentent de grandes qualités décoratives qui les font cultiver dans les jardins comme plantes d'agrément pour la beauté de leur feuillage et surtout pour l'éclat de leurs fleurs. Bien que totalement dépourvues d'odeur, les fleurs en sont assez belles pour être utilisées volontiers dans les bouquets à la main, et les fleuristes en sont toujours abondamment pourvus, même pendant les mois d'hiver, où les jardins du Midi en fournissent d'importantes quantités au marché parisien. Parmi les nombreuses espèces rares et variétés d'Anémones cultivées par les horticulteurs, celles qui donnent les meilleurs résultats et sont surtout répandues sont l'Anémone des fleuristes, l'Anémone du Japon, l'Anémone étoilée, etc.

L'ANÉMONE PULSATILLE — *ANEMONE PULSATILLA*

Noms vulgaires. — Coquelourde ; Herbe au vent.

Étymologie. — Du latin *pulsare*, battre, frapper, à cause des aigrettes du fruit qui s'agitent au moindre vent. C'est ce qui indique aussi le nom vulgaire d'*Herbe au vent* donné à la plante.

Caractères. — La Pulsatille (fig. 21 et 22) est une plante herbacée vivace, possédant un rhizome souterrain, noir, dur, épais et ramifié, et une partie aérienne couverte tout entière de poils longs et soyeux. Les feuilles, très découpées, sont toutes placées à la base de la tige aérienne, qui mesure de 10 à 40 centimètres de haut, et se termine par une fleur violette qui s'épanouit vers le mois de mars, et qui, d'abord dressée, se recourbe ensuite à l'extrémité de la hampe. L'involucre, situé à une certaine distance au-dessous de la fleur, est en forme d'entonnoir et formé de folioles découpées en segments étroits.

Les sépales pétaloïdes du périanthe sont au nombre de 6 ; les plus extérieures des nombreuses étamines sont plus courtes que les autres, et, stériles, se transforment en staminodes plus ou moins glanduleux. Les nombreux carpelles indépendants deviennent, après la floraison, des akènes oblongs, terminés chacun par une longue aigrette barbue, disposition qui favorise la dissémination du fruit par le vent.

Distribution géographique. — La Pulsatille est une plante commune en France et en Europe ; on la retrouve jusqu'en Sibérie. Elle habite de préférence au bord des prairies sèches, découvertes et élevées, sur les coteaux calcaires, dans les bois sablonneux, etc. Tous les terrains lui conviennent, à la condition d'être un peu secs.

La floraison a lieu au printemps, vers le mois d'avril.

Usages. — L'Anémone Pulsatille jouit encore dans les campagnes d'une certaine réputation comme plante médicinale, où l'on utilise encore quelquefois ses propriétés rubéfiantes et vésicantes à défaut de sinapismes ou de vésicatoires. Lorsqu'on applique sur la peau des feuilles fraîches de Pulsatille, elles soulèvent la peau, produisant l'effet d'un révulsif assez puissant. On a assuré que dans certaines fièvres, l'application prolongée autour du

Fig. 21.

Fig. 22.

Fig. 21. — Rameau. | Fig. 22. — Fleur coupée en long.

Fig. 21 et 22. — Anémone Pulsatille (*Anemone Pulsatilla*).

poignet de feuilles d'*Anemone Pulsatilla* avait une action très efficace, et l'on a vanté souvent l'emploi de sa racine pilée pour guérir les rhumatismes. On devra cependant se rappeler qu'il ne faut user de cette plante qu'avec la plus grande précaution, car elle est assez énergique pour donner lieu par son emploi à de graves accidents. C'est ce que prouve l'histoire suivante racontée par Bulliard (1). « J'ai vu, dit-il, un accident très grave être la

suite de la racine de cette plante, pilée et appliquée à nu sur le gras de la jambe d'un vieillard. Depuis longtemps, ce malheureux souffrait d'un rhumatisme goutteux et faisait sans succès tout au monde pour se soulager. Une bonne femme lui apporte cette racine ; et après l'avoir assuré avec ce ton qui persuade que s'il voulait faire ce qu'elle lui dirait, il serait guéri, voici ce qui arriva : le vieillard broya cette racine entre deux pierres ; c'était au printemps, et il faisait chaud ; il se l'appliqua sur le mollet, but une *bonne bouteille*

(1) Bulliard, *Histoire des plantes vénéneuses et suspectes de la France.*

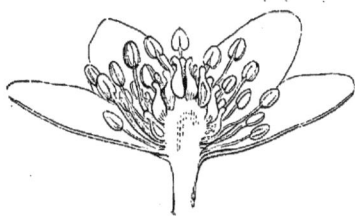

Fig. 24.

Fig. 23.

Fig. 23. — Port. | Fig. 24. — Fleur coupée en long.

Fig. 23 et 24. — Anémone Sylvie (*Anemone nemorosa*).

de vin, et se coucha. Ce remède manqua lui coûter la vie ; il y avait bien dix à douze heures qu'il éprouvait les plus cruels tourments, lorsque enfin il devint forcé d'appeler du secours. On courut chercher un chirurgien qui trouva toute la jambe gangrenée et le malade dans le plus dangereux état ; les scarifications, des compresses d'eau-de-vie camphrée furent encore administrées assez à temps pour s'opposer aux progrès du mal, et par des soins et un traitement convenable le malade guérit et même assez promptement. Il est bon d'observer que cet homme ne s'est jamais ressenti depuis de son rhumatisme. »

La Pulsatille, comme toutes les Anémones, doit ses qualités à la présence d'*anémonine* dans ses tissus ; elles les perd par la dessiccation et doit être employée fraîche si on veut qu'elle soit efficace. L'Anémone Pulsatille entre dans un certain nombre de préparations pharmaceutiques. L'eau distillée qu'on fabrique avec elle a été recommandée pour faire disparaître les taches de rousseur, à cause de sa légère action corrosive.

L'ANÉMONE SYLVIE — *ANEMONE NEMOROSA*

Noms vulgaires. — Pâquerette ; Fleur de Vendredi saint ; Sanguinaire.

Caractères. — L'Anémone Sylvie (fig. 23 et 24) est une plante herbacée dont la tige, les feuilles et les fleurs sont entièrement dépourvues de poils. L'involucre est formé de 3 feuilles pétiolées, libres entre elles et insérées sur la tige à quelque distance au-dessous de la fleur. Les fleurs sont blanches ou légèrement rosées. Elles possèdent 6 sépales pétaloïdes disposés 3 par 3' en 2 verticilles. Les fruits sont dépourvus d'aigrette plumeuse.

Distribution géographique. — C'est une des plantes les plus communes en France et en Europe, dans les bois ombragés, où elle fleurit une des premières lorsque revient le printemps et forme sur le sol un élégant parterre de fleurs blanches entre les troncs des arbres. C'est vers les mois de mars et d'avril que la plante fleurit en abondance, à peu près vers la semaine de Pâques, ce qui explique les noms de *Pâquerette* ou de *fleur du Vendredi saint*, que le langage populaire donne à la fleur. La floraison se prolonge pendant plusieurs semaines et quelquefois même pendant tout l'été ; elle peut encore se répéter à l'automne.

Usages. — Les Anémones Sylvies sont très appréciées des fleuristes pour leur rusticité absolue, et dans les jardins on peut en faire des bordures. On en fabrique de jolis bouquets, et le blanc un peu laiteux de leurs fleurs s'allie dans la perfection aux couleurs plus vives d'autres fleurs. Leur plus grand mérite est d'ailleurs la facilité avec laquelle on se les procure, soit en les cueillant soi-même au bois, soit en les achetant pour une somme très modique sur les voitures des fleuristes ambulants qui en sont toujours abondamment pourvues, dès que revient le printemps.

Comme toutes les Anémones, la Sylvie est vénéneuse. C'est même une nourriture dangereuse pour les bestiaux, qui après en avoir mangé peuvent mourir dans les convulsions en urinant le sang. Telle est l'origine du nom de *Sanguinaire*, que l'on donne aussi à la plante.

L'ANÉMONE SYLVESTRE — *ANEMONE SYLVESTRIS*

L'Anémone sylvestre possède, comme la Sylvie, des fleurs blanches nuancées d'un rose tendre, mais les fleurs en sont velues et se développent avant les feuilles.

Distribution géographique. — Très fréquente en Allemagne dans les montagnes du Harz et de la Thuringe, on la rencontre aussi en France dans l'Auvergne et dans le Dauphiné.

L'ANÉMONE DES FLEURISTES — *ANEMONE CORONARIA*

L'Anémone des fleuristes vit à l'état sauvage dans le Midi de la France. C'est une plante à feuilles extrêmement divisées rappelant un peu par leur aspect celles du Persil. L'involucre, situé environ au tiers supérieur de la hampe florale, y est constitué par une bractée assez divisée. Les fleurs, qui apparaissent du 15 avril à la fin de mai, sont violettes ou écarlates sur la plante sauvage, et le périanthe en est formé de 5 sépales pétaloïdes.

Par la culture on a obtenu un nombre considérable de races et de variétés, dont les fleurs se distinguent par la taille, la forme et le nombre des pièces de l'enveloppe florale. La coloration de ces variétés présente la plus grande diversité. Toutes les couleurs uniformes ou diversement associées y sont représentées, à l'exception toutefois du bleu et du jaune.

Plusieurs variétés de l'Anémone des fleuristes sont particulièrement estimées comme plantes de jardin ou fleurs de bouquets. Signalons parmi elles :

L'ANÉMONE DE CAEN (fig. 25), race très vigoureuse, dont les fleurs atteignent souvent de grandes dimensions (jusqu'à 10 centimètres de diamètre) et présentent toutes les variétés de coloris.

L'ANÉMONE A FLEUR DE CHRYSANTHÈME, à fleurs très doubles, formées d'une multitude de lamelles à pointes aiguës étroitement serrées les unes contre les autres, ce qui donne à la fleur l'aspect de celle du Chrysanthème. La variété à fleurs écarlates est particulièrement jolie.

L'ANÉMONE ROSE DE NICE (fig. 26), forme méridionale qui se rapproche de la précédente, à fleurs d'un rose pâle un peu passé et dont le centre présente des reflets verdâtres. Le principal avantage de cette Anémone du Midi est de fleurir en hiver, du mois de novembre à Pâques environ.

L'ANÉMONE CHAPEAU DE CARDINAL (fig. 27) est aussi une forme du Midi. Les pétales extérieurs sont terminés en pointes et le cœur est formé de lamelles serrées. Les fleurs sont rouge vif,

Fig. 25. — Anémone des fleuristes (*A. coronaria*).
Variété : Anémone de Caen.

Fig. 26. — Anémone des fleuristes (*A. coronaria*).
Variété : Anémone rose de Nice.

blanc rosé ou marbrées de rouge et de blanc, et commencent à apparaître dès le mois de février.

L'ANÉMONE ÉTOILÉE — *ANEMONE STELLATA*

Synonymie. — *A. hortensis.*

Caractères. — L'Anémone étoilée se distingue principalement de l'Anémone des fleuristes par ses fleurs plus petites, à sépales étalés, assez nombreux (de 10 à 20 environ). Le feuillage en est beaucoup moins découpé, ainsi que l'involucre.

Distribution géographique. — Elle est indigène en plusieurs points de la France, en particulier dans le Midi.

Usages. — Ce sont d'excellentes fleurs d'ornement, s'épanouissant au printemps et d'une culture très facile sous le climat de Paris.

Les principales variétés cultivées sont :

L'ANÉMONE ÉCLATANTE, du Sud-Ouest de la France, à fleurs simples (fig. 28) ou à fleurs doubles (fig. 29) ;

L'ANÉMONE ŒIL DE PAON DE PROVENCE, un peu plus délicate, mais superbe avec son cercle doré entourant les étamines.

Sous le nom d'ANÉMONES VERSICOLORES, on distingue plusieurs variétés de l'Anémone étoilée présentant de fort jolies teintes lilas, violacées ou amarantes, et marquées souvent d'un cercle blanc au milieu de la fleur.

L'ANÉMONE DU JAPON — *ANEMONE JAPONICA*

L'Anémone du Japon se distingue des précédentes par sa grande taille, la forme de ses fleurs et sa floraison tardive. La plante peut atteindre jusqu'à 1 mètre de haut. Elle produit des fleurs groupées et non solitaires comme chez les autres Anémones et de plus portées à l'extrémité de longs pédoncules, deux qualités qui rendent cette espèce très convenable pour les bouquets de fleurs coupées. Les fleurs, au centre jaune entouré de pétales étroits et irréguliers, sont relativement tardives, car la floraison n'a lieu qu'à la fin de juillet et même parfois seulement au mois d'août. En revanche, elle se prolonge parfois fort tard, jusqu'aux

Fig. 27. — Anémone chapeau de Cardinal
(*A. coronaria*, var.).

Fig. 28. — Anémone éclatante
(*A. hortensis*, var.)

premières gelées. C'est une plante très rustique, quand on la plante dans un sol sain et léger. On en connaît trois variétés, dont deux à fleurs roses ; la troisième, connue sous le nom d'HONORINE JOBERT (fig. 30), est sans contredit la plus jolie de toutes. Ses fleurs sont du blanc le plus pur éclatant, avec le centre jaune vif, et rappellent à la fois par leur port ou par leur aspect une grande Églantine ou un Narcisse des poètes.

L'ANÉMONE HÉPATIQUE — *ANEMONE HEPATICA*

Synonymie. — *Hepatica triloba*.

Étymologie. — Du grec *Hepar*, foie ; on attribuait autrefois à cette plante des propriétés curatives dans les affections du foie.

Caractères. — L'Hépatique se distingue des autres Anémones par la position sur la tige de l'involucre qui, formé par 3 folioles, est immédiatement accolé contre la fleur, simulant un véritable calice. On a proposé pour cette raison d'en faire un genre spécial, le genre *Hepatica*. Comme tous les autres caractères sont ceux des Anémones, en particulier

la présence dans l'ovaire de 5 ovules dont 4 avortent et 1 seul parvient à maturité, et que d'autre part on a rencontré exceptionnellement des Hépatiques dont l'involucre est séparé de la fleur, il semble que l'on doit continuer à regarder l'Hépatique comme une simple espèce du genre *Anemone*.

C'est une plante herbacée vivace (fig. 31), dont les feuilles toutes radicales ont le limbe divisé en 3 lobes. La fleur est bleue : les sépales colorés contenus à l'intérieur de l'involucre sont disposés en 2 verticilles, le plus externe de 3 folioles alternant régulièrement avec les pièces de l'involucre, le plus interne formé de 3, 4, 5 divisions ou même davantage.

Distribution géographique. — L'Hépatique est originaire des contrées montagneuses du nord de l'Europe. Elle fleurit de très bonne heure, vers mars ou avril.

Usages. — C'est une excellente plante de jardins, qui se prête parfaitement bien à la culture dans les terrains sains et frais, à exposition à moitié ombragée. On obtient alors de larges touffes dont les tiges s'élèvent à 10 et 15 centimètres de haut et portent des fleurs

Fig. 29. — Anémone éclatante à fleurs doubles (*A. hortensis*, var.).

Fig. 30. — Anémone du Japon Honorine Jobert
(*A. japonica*, var.).

Fig. 31. — Anémone Hépatique (*A. Hepatica*).

tantôt simples, tantôt doubles, selon les variétés. La coloration peut être le bleu, le
pourpre ou le blanc. Ces fleurs se recommandent à la fois par leur élégance et leur précocité. Dès les mois de février ou de mars au
plus tard on les voit apparaître.

L'Hépatique a été autrefois considérée
comme plante médicinale et était employée
dans les affections du foie. Les anciens, en
effet, avaient cette singulière opinion qu'on
pouvait juger des propriétés et des vertus
d'une plante d'après sa couleur ou d'après la
forme de ses organes. C'est ce qu'ils appelaient la *signature de la plante*. C'est ainsi que
les plantes à suc rouge leur semblaient devoir
être excellentes à employer contre les hémorrhagies, les plantes à suc jaune comme
l'Aloès contre la jaunisse. Comme les feuilles

de l'Hépatique sont divisées en lobes comme le foie, les anciens n'ont pas hésité à la considérer comme un spécifique souverain dans les maladies de cet organe, et c'est cette croyance qui rappelle le nom de la plante. Le temps a heureusement fait justice de pareilles opinions et on a renoncé à chercher à deviner les propriétés médicinales d'une plante en se basant sur des considérations aussi peu scientifiques.

LES ADONIDES — *ADONIS*

Étymologie. — La fable raconte qu'*Adonis* ayant été blessé à la chasse par un sanglier, une goutte de son sang tomba à terre et fit pousser la fleur qui en a gardé le nom.

Caractères. — Les *Adonis* se distinguent des Anémones par une double enveloppe à la fleur, calice et corolle. Les sépales sont au nombre de 5 à 8 et verts; les pétales (de 5 à 16) rappellent par leur forme ceux des Renoncules, mais sont dépourvus de fossette nectarifère à la base.

Ce sont des plantes herbacées, annuelles ou vivaces, à feuillage très découpé en lanières filiformes ; les fleurs sont le plus souvent rouges ou plus rarement jaunes.

Distribution géographique. — On connaît plusieurs espèces d'Adonides réparties en Europe et en Asie dans les régions tempérées.

Les deux principales espèces qui habitent la France sont l'Adonide d'été et l'Adonide d'automne (*A. æstivalis*, *A. autumnalis*). Toutes deux abondent au milieu des moissons.

L'ADONIDE D'AUTOMNE, qui fleurit du mois de juin au mois d'août, a des fleurs rouge pourpre éclatant, d'où le nom de *Goutte de sang* qu'on lui donne.

L'ADONIDE D'ÉTÉ épanouit un peu plus tôt ses fleurs rouges ou jaunes et a reçu le nom vulgaire d'*Œil de perdrix*.

Dans les Alpes, on rencontre l'ADONIDE DU PRINTEMPS (*A. vernalis*), à fleurs jaunes écloses dès le milieu de mars, qui remonte parfois jusqu'à la région des neiges.

Usages. — Les Adonides sont des plantes ornementales, utilisées par l'horticulture. On cultive principalement les trois espèces citées plus haut : les deux premières sont annuelles, la dernière (*A. vernalis*) est vivace. C'est elle qui donne les fleurs les plus grandes : 5 à

6 centimètres de diamètre, à peu près le double de celui des fleurs des autres.

Les Adonides ont les mêmes propriétés irritantes que les Anémones.

LES MYOSURES — *MYOSURUS*

Synonymie. — Ratoncule.

Étymologie. — Du grec *mus*, rat; *oura*, queue ; allusion à la forme du fruit, qui ressemble à la queue d'un rat.

Caractères. — Les Myosures (fig. 32 à 35) sont des plantes annuelles à feuilles radicales et dont la hampe nue se termine par une fleur solitaire. Le réceptacle est très allongé et porte, insérés en spirale, sépales, pétales, étamines et carpelles. Les 5 sépales du calice sont prolongés en éperon au-dessous de leur insertion; la corolle est formée de 5 pétales à onglet tubuleux filiforme, plus long que le limbe. Le nombre des étamines est réduit : de 5 à 10 seulement. Les nombreux carpelles se transforment en autant d'akènes qui demeurent attachés suivant une ligne spirale sur le réceptacle considérablement allongé après la floraison.

Distribution géographique. — On ne connaît qu'un petit nombre d'espèces du genre *Myosurus*, réparties en Europe et dans l'Amérique du Nord.

On ne trouve en France que le MYOSURE NAIN (*M. minimus*) qui croît dans les endroits sablonneux et fleurit au printemps (fig. 38). C'est une toute petite plante de 10 à 15 centimètres de hauteur tout au plus, donnant de nombreuses feuilles linéaires, glabres, un peu charnues, disposées en gazon. Du milieu de ces feuilles sortent plusieurs tiges droites et cylindriques à peu près de la même longueur qu'elles et terminées chacune par une fleur vert jaunâtre. Après la floraison le réceptacle grandit de façon à prendre à peu près la longueur de la tige elle-même. Comme les akènes forment à sa surface une spirale de petites écailles, l'aspect général du fruit est celui d'un épi de Plantain ou, mieux encore, d'une *queue de rat*.

LES RENONCULÉES — *RANUNCULEÆ*

Caractères. — Les Renonculées ont, comme les tribus précédentes, un fruit formé de plusieurs akènes, mais les ovules sont ascendants, à raphé ventral. La corolle existe presque toujours et les pétales sont ordinairement

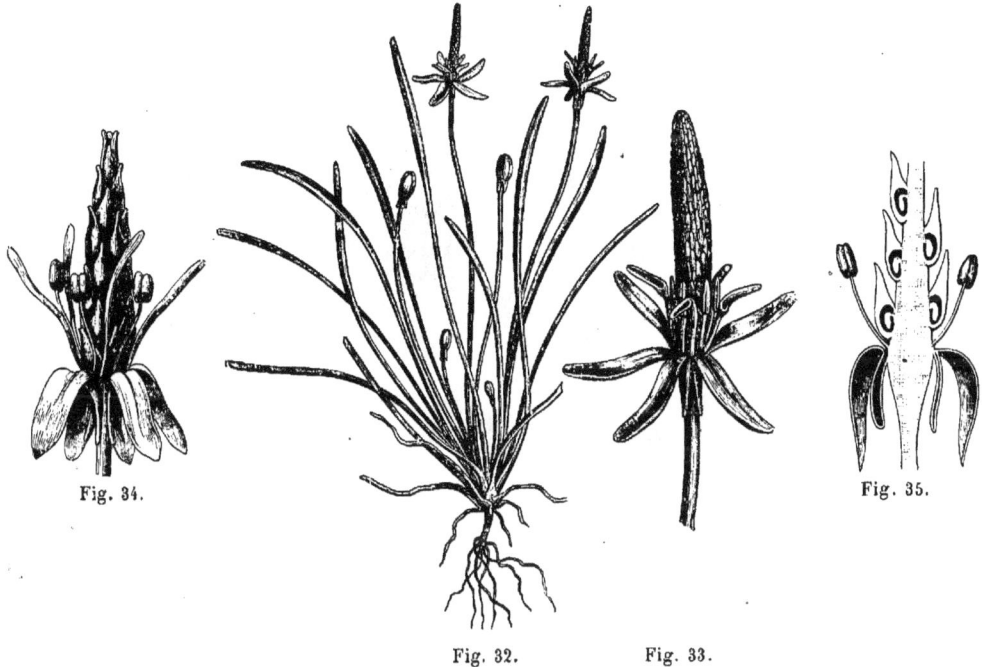

Fig. 34.

Fig. 35.

Fig. 32.   Fig. 33.

Fig. 32. — Port.
Fig. 33. — Fleur grossie.

Fig. 34. — Fleur très grossie.
Fig. 35. — La même, coupée en long.

Fig. 32 à 35. — Myosure nain (*Myosurus minimus*).

munis à la base d'une fossette nectarifère. Le calice est à préfloraison imbriquée et les feuilles sont alternes ou radicales.

LES RENONCULES — *RANUNCULUS*

Étymologie. — *Ranunculus*, dont Renoncule est la traduction française, est le diminutif du mot latin *rana*, qui signifie grenouille. Un grand nombre de Renoncules sont des plantes aquatiques (fig. 40), ou croissent dans le voisinage des eaux. Plusieurs Renoncules sont d'ailleurs désignées vulgairement sous le nom de *Grenouillette*.

Caractères. — Les Renoncules sont des herbes annuelles, bisannuelles ou vivaces, dont les feuilles sont alternes, entières ou plus ou moins découpées.

Les fleurs jaunes ou blanches sont solitaires ou groupées en cymes terminales : ces fleurs complètes et régulières (fig. 42 à 49) ont 5 sépales verts et caducs, 5 pétales à onglet très réduit, portant à la base une petite fossette nectarifère souvent recouverte par une écaille, de nombreuses étamines extrorses et de nombreux carpelles uniovulés et libres entre eux. Le fruit est composé d'akènes réunis en une tête globuleuse sur le réceptacle.

Les pétales peuvent disparaître parfois en partie chez la Renoncule tête d'or (*R. auricomus*) (fig. 50 et 54), espèce indigène commune dans la flore parisienne et dans toute la France. Le *Trautvetteria palmata*, qui croît au Japon et dans l'Amérique septentrionale, n'est qu'une Renoncule dont les pétales ont tout à fait disparu. Le genre *Hamadryas* a été créé pour quelques Renoncules des régions antarctiques américaines, qui présentent ce caractère spécial d'avoir les fleurs dioïques.

Les feuilles des Renoncules sont plus ou moins découpées suivant les espèces : il peut même arriver que sur un même pied on trouve plusieurs formes réalisées à la fois, depuis la feuille entière jusqu'à la feuille profondément décomposée. Les Renoncules aquatiques nous fournissent même un intéressant exemple de l'influence que peut avoir sur la forme et

Fig. 37.

Fig. 36.   Fig. 38.

Fig. 36. — Arenaria à feuille de Serpolet.   Fig. 38. — Myosure, dont à droite on aperçoit les récep-
Fig. 37. — Pensée sauvage.   tacles allongés.

la structure d'une feuille la nature du milieu où elle se développe. Les feuilles de la Renoncule aquatique (*R. aquatilis*), vulgairement appelée *Grenouillette*, présentent en effet une forme différente suivant qu'elles flottent à la surface de l'eau ou qu'elles sont submergées. Les feuilles nageantes ont un limbe arrondi bien développé, tandis que celles qui sont entièrement recouvertes par l'eau se réduisent aux nervures et sont dépourvues de limbe (fig. 49).

D'une façon générale et si l'on ne tient pas compte de quelques rares exceptions, on peut dire que les Renoncules aquatiques (fig. 40 et 57) ont les fleurs blanches et les autres des fleurs jaunes. Ce sont ces belles fleurs jaunes qui ont fait donner aux Renoncules des bois et des champs le nom de *Boutons d'or*, sous lequel on désigne un grand nombre d'espèces indistinctement. Les plus communes sont la Renoncule âcre (*R. acris*) (fig. 45 à 48 et 51), la Renoncule bulbeuse (*R. bulbosus*), espèce très commune dans les gazons et sur le bord des chemins et qui doit son nom à ce que la partie souterraine de la plante se renfle pour former une sorte de bulbe (fig. 55), la Renoncule scélérate (*R. sceleratus*) (fig. 53), la Renoncule rampante (*R. repens*) (fig. 56), la Renoncule des champs (*R. arvensis*) (fig. 52), etc. Sur les eaux des rivières et des étangs on

trouve communément la Renoncule aquatique (*R. aquatilis*) (fig. 49 et 57) et la Renoncule flottante (*R. fluitans*), dont les grandes et belles fleurs blanches viennent s'épanouir à la surface des eaux (fig. 40).

Distribution géographique. — Les Renoncules sont excessivement nombreuses et on en a compté plus de 200 espèces réparties sur le globe entier, d'un pôle à l'autre. Elles sont cependant beaucoup plus rares dans les régions chaudes, où elles n'habitent que sur les montagnes, que dans les régions tempérées, où elles sont très fréquentes. Tandis que les Anémones exigent un terrain sec et sablonneux, les Renoncules croissent dans tous les terrains et à toutes les expositions. Ce sont des fleurs très communes dans les prés, les bois, les moissons, sur le bord des chemins et des fossés, dans l'eau des rivières et des étangs.

Propriétés. — Les Renoncules sont toutes des plantes dangereuses ou tout au moins suspectes pour leur âcreté. Plusieurs espèces sont franchement vénéneuses et peuvent même déterminer l'empoisonnement. Plusieurs troupeaux ont été décimés pour avoir brouté l'herbe de prés contenant de jeunes pousses de Renoncules, et l'on cite le cas d'enfants qui sont morts dans d'horribles convulsions pour avoir mangé les bulbes de la Renoncule bulbeuse (*R. bulbosus*).

Fig. 39.   Fig. 40.   Fig. 41.

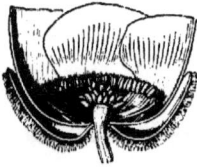

Fig. 42.　　　　　　Fig. 43.　　　　　　Fig. 44.

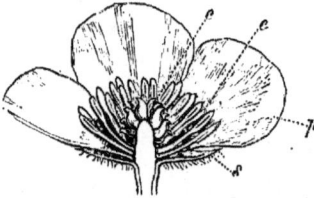

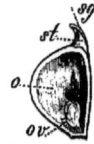

Fig. 45.　　　　　　Fig. 46.　　　Fig. 47.　　　Fig. 48.　　　Fig. 49.

Fig. 42. — *Ranunculus glacialis*. Fleur dont les pétales antérieurs ont été enlevés.

Fig. 43. — Pétale, coupé par la moitié et vu de profil.

Fig. 44. — Pétale isolé ; on aperçoit la fossette nectarifère et l'écaille.

Fig. 45. — Renoncule âcre (*Ranunculus acris*) — fleur coupée.

Fig. 46. — Un de ses sépales, grossi.

Fig. 47. — Un de ses pétales, grossi.

Fig. 48. — Carpelle coupé en long.

Fig. 49. — Renoncule aquatique (*Ranunculus aquatilis*). — Fragment de tige et feuilles.

Fig. 42 à 49. — Renoncules.

Les espèces réputées les plus dangereuses sont, dans la flore française, la Renoncule âcre (*R. acris*) et la Renoncule scélérate (*R. sceleratus*), toutes deux très abondantes dans les prés. La dernière, très commune en Sardaigne, était désignée par les Romains sous le nom de *Sardonia*, et ils qualifiaient de rire sardonique, la contraction spasmodique de la bouche et des joues produite par son action vénéneuse sur l'économie. Nos paysans lui donnent souvent le nom bien caractéristique de *Mort aux vaches*.

Dans les pâturages des hautes montagnes croît le Thora (*R. Thora*), Renoncule également très vénéneuse.

Les autres espèces sont dangereuses à un degré moindre, mais il convient cependant de les tenir pour suspectes et de s'en méfier.

En cas d'empoisonnement par les Renoncules, les meilleurs remèdes à administrer sont les vomitifs et des substances huileuses prises à hautes doses, en boissons et en lavements.

Le principe vénéneux des Renoncules disparaît par la dessiccation, aussi la présence de ces plantes dans le foin n'est pas un danger pour les animaux et la plante n'est redoutable que quand elle est fraîche. Ce principe disparaît également par l'ébullition de la plante dans l'eau.

Usages. — Appliquées sur la peau, les feuilles de Renoncules y produisent l'effet de légers vésicatoires. La médecine ne fait cependant point usage de ces plantes. Avant l'invention des armes à feu, les chasseurs des Alpes et des Pyrénées empoisonnaient, dit-on, les pointes de leurs flèches en les trempant dans le suc du *Ranunculus Thora*.

Les Renoncules, pouvant acquérir des fleurs doubles par la culture, comptent parmi les plantes ornementales estimées. Celles que l'on cultive dans les jardins et dont on fait des bouquets appartiennent à deux espèces exotiques, qui nous viennent l'une d'Asie et l'autre d'Afrique. Le plus grand défaut qu'on pourrait reprocher à ces fleurs fort belles est leur manque absolu d'odeur, ce qui ôte bien du charme à un bouquet fait exclusivement de Renoncules. Rappelons à ce sujet le célèbre quatrain de Béranger (de l'Oratoire), qui est dans toutes les mémoires.

> La Renoncule, un jour, dans un bouquet
> Avec l'Œillet se trouva réunie.
> Elle eut, le lendemain, le parfum de l'Œillet.
> On ne peut que gagner en bonne compagnie.

La RENONCULE D'ORIENT ou RENONCULE DES JARDINS (*R. asiaticus*) est originaire de la Perse. C'est vers le XVIᵉ siècle qu'elle fut introduite en

Fig. 50.   Fig. 51.   Fig. 52.   Fig. 53.

Fig. 54.   Fig. 55.   Fig. 56.   Fig. 57.

Fig. 50. — Renoncule tête d'or (*R. auricomus*).
Fig. 51. — Renoncule âcre (*R. acris*).
Fig. 52. — Renoncule des champs (*R. arvensis*).
Fig. 53. — Renoncule scélérate (*R. sceleratus*).

Fig. 54. — Renoncule tête d'or (*R. auricomus*).
Fig. 55. — Renoncule bulbeuse (*R. bulbosus*).
Fig. 56. — Renoncule rampante (*R. repens*).
Fig. 57. — Renoncule aquatique (*R. aquatilis*).

Fig. 50 à 57. — Renoncules.

Fig. 58. — Renoncule des fleuristes (*Ranunculus asiaticus*).

Fig. 59. — Renoncule semi-double de Florence (*R. asiaticus*, var.).

Europe. Sous le règne de Mahomet IV, sa culture était fort en honneur dans les jardins de Constantinople. C'est surtout entre les mains des Hollandais que les variétés en ont été multipliées à l'infini. Lorsque les fleurs sont doubles, elles rappellent un peu une Rose par leur forme générale (fig. 58). On en a obtenu des couleurs les plus variées : jaune, orangé, rouge, rose, violet, pourpre, marron et blanc. Il y en a d'une seule couleur et d'autres panachées.

La RENONCULE SEMI-DOUBLE DE FLORENCE (fig. 59) est une des variétés les plus recommandables; si les fleurs n'en sont pas très pleines, elles n'en ont que plus de légèreté.

La RENONCULE PIVOINE (*R. africanus*) est originaire de la Barbarie. Ses fleurs sont plus grandes que celles de la Renoncule d'Orient, et ont les pétales moins étalés, si bien qu'elles ressemblent plus à une Pivoine qu'à une Rose. La plante est d'ailleurs plus élevée et plus robuste; elle est aussi plus précoce comme floraison. Les fleurs sont rouges dans l'espèce type, mais il y en a de nombreuses variétés à fleurs unicolores et panachées : les principales nuances sont : le rouge, l'orangé, le jaune et le blanc.

LA FICAIRE — *FICARIA RANUNCULOIDES*

Synonymie. — Noms vulgaires. — *Ranunculus Ficaria*. — Éclairette, Petite Éclaire, Petite Chélidoine, Herbe aux hémorrhoïdes.

Étymologie. — Du latin *ficus*, figue; la racine ressemble à de petites figues.

Caractères. — La Ficaire (fig. 60), dont on fait tantôt un genre distinct, tantôt une simple espèce du genre Renoncule, se distingue des Renoncules proprement dites parce que sa fleur est construite sur le type 3 et non sur le type 5 comme chez celles-ci. Le calice se compose, en effet, de 3 sépales seulement et intérieurement on trouve une corolle formée d'un nombre variable de pétales, 7, 8 ou 9, qui sont disposés en 2 verticilles.

C'est une plante vivace aux tiges couchées ou radicantes. Les feuilles simples sont glabres, luisantes et en forme de cœur. Les fleurs sont solitaires et présentent une belle teinte jaune. A l'aisselle des feuilles, à l'intérieur de la gaine, se développent des petits tubercules ou bulbilles (fig. 60), qui portent un bourgeon et servent à multiplier la plante.

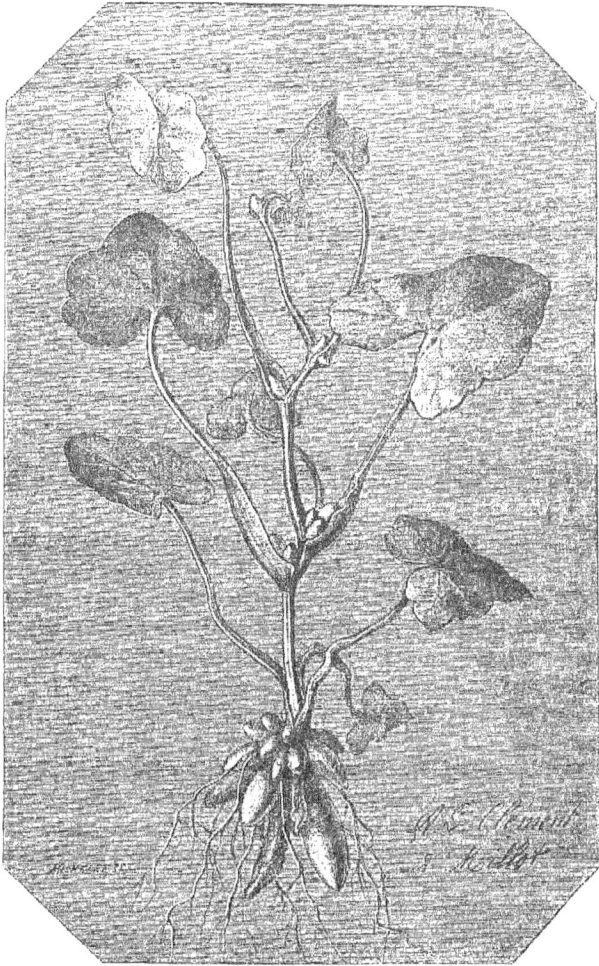

Fig. 60. — Ficaire (*Ficaria ranunculoides*); le pied porte des bulbilles à l'aisselle des feuilles.

Distribution géographique. — La Ficaire se rencontre dans toute l'Europe, dans les bois humides et les lieux couverts, où elle fleurit dès les premiers jours du printemps. La plante peut d'ailleurs, dans nos pays, revêtir deux formes bien distinctes suivant la station qu'elle habite : une forme fertile et une forme stérile. Sur les collines, disséminés çà et là dans la mousse des bois, on trouve des pieds de Ficaires fertiles, qui présentent des feuilles au limbe arrondi marqué de taches grises, des bourgeons feuillés, des fleurs normales et produisant des graines fécondes. D'autres individus que l'on trouve réunis en société nombreuse au pied des haies et qui forment un tapis serré au bord des ruisseaux, sont stériles. Leurs fleurs bien que d'apparence normale ne mûrissent jamais de graines et la multiplication ne se fait que par suite d'un développement exagéré des tubercules axillaires.

Usages. — Les jeunes feuilles de la Ficaire peuvent être mangées lorsqu'elles sont cuites et accommodées à la façon des Épinards. Ce n'est pas toutefois que cette plante soit moins âcre que les espèces voisines de Renoncules : il n'en est rien, mais le principe vénéneux qu'elle contient disparaît par la cuisson. Ce principe disparaît également par l'étiolement de la plante. Dans certaines localités du département de l'Aube, où l'on exploite de grandes plantations de Peupliers de Virginie, le sciage se fait sur place. Des touffes de Ficaire, recouvertes par la sciure de bois, se développent à l'abri du contact de l'air et de la lumière. Les feuilles s'allongent et constituent de fortes touffes d'un blanc jaunâtre, appétissantes et inoffensives. Les bûcherons et scieurs de long du pays les connaissent bien et en confectionnent des salades.

La Ficaire donne des fleurs doubles par la culture et est quelquefois employée comme plante d'ornement.

LES HELLÉBORÉES — *HELLEBOREÆ*

Les Helléborées se distinguent des Renonculacées précédentes par leurs fruits déhiscents, contenant chacun plusieurs graines. Les fleurs sont régulières ou irrégulières. Ce sont des plantes herbacées à feuilles alternes ou radicales.

LES POPULAGES — *CALTHA*

Étymologie. — Du grec *calathos*, corbeille, à cause de la forme des fleurs. — Populage vient de ce que la plante croît dans les lieux humides, auprès des Peupliers (*Populus*).

Caractères. — Les Populages sont les Helléborées chez lesquelles la corolle fait défaut et dont les carpelles relativement peu nombreux (5 à 12) contiennent plusieurs ovules, disposés en deux séries le long de la suture ventrale.

L'espèce la plus intéressante pour nous est une plante indigène, le Populage des Marais ou Souci d'eau (*Caltha palustris*) (fig. 61). C'est une plante vivace de 20 à 50 centimètres de haut, à tige dressée, légèrement rameuse, garnie de feuilles radicales, larges, arrondies et presque réniformes. Les fleurs sont terminales et d'une belle couleur jaune.

Distribution géographique. — Le genre *Caltha* comprend 9 espèces réparties, en Europe, en Asie, en Amérique, en Australie.

Le Populage des marais en est le seul représentant dans la flore française. Il croît dans les lieux humides et marécageux, épanouissant dans les premiers jours du printemps ses belles fleurs jaunes en forme de corbeilles.

Propriétés. — Usages. — Bien que les feuilles des Populages aient l'âcreté de celles de toutes les Renonculacées, cependant dans certaines contrées du Nord, on fait confire dans le vinaigre, les jeunes boutons floraux, qui sont ensuite consommés en guise de câpres.

Les grandes et belles fleurs du Souci d'eau sont très ornementales, aussi les emploie-t-on en horticulture dans les jardins pour la décoration des bords des étangs et des mares.

En mélangeant les pétales du *Caltha palustris* avec de l'alun, on obtient une superbe couleur jaune.

LES TROLLES — *TROLLIUS*

Étymologie. — *Trolle* vient d'un nom allemand signifiant *boule*. C'est une allusion à la forme des fleurs.

Caractères. — Les Trolles ne se distinguent guère des Hellébores que par la caducité ordinaire des sépales et par la forme des pétales qui ne sont point en tubes ou en godets comme chez les espèces du genre *Helleborus* proprement dit. Au genre *Trollius* appartiennent plusieurs plantes estimées comme plantes de jardins, en particulier le Trolle d'Europe (*Trollius europæus*).

Le Trolle d'Europe, seule espèce indigène du genre, habite les prés montagneux des Alpes et des Pyrénées. C'est une plante vivace de 50 centimètres de hauteur, aux feuilles palmées, anguleuses, à 5 découpures. Au mois de mai, elle donne de jolies fleurs jaunes en forme de boules (fig 62). Les fleurs du Trolle d'Europe en effet ne s'épanouissent pas : les pièces colorées du périanthe de la fleur, qui sont les sépales du calice, les pétales étant petits et peu développés, demeurent relevées et recourbées, de façon à former une voûte à la partie supérieure.

Caractères biologiques. — La forme globuleuse de la fleur est en rapport avec les conditions de vie de la plante et assure la protection du pollen et par conséquent la reproduction de la plante. La plupart des espèces du genre *Trollius* vivent en effet dans les prairies humides de la région arctique ou dans les pays montagneux de la zone tempérée. Tel est le cas en particulier du Trolle d'Europe, qu'on ne rencontre en France à l'état spontané que dans les prairies montagneuses des Alpes et des Pyrénées. Dans de telles conditions, les fleurs sont sans cesse exposées à la pluie et à la rosée, et l'humidité menace de venir gâter le pollen. Celui-ci, cependant, se trouve protégé contre l'action de la vapeur d'eau atmosphérique grâce à la forme des fleurs. Les nombreuses étamines en effet, ne sont jamais exposées à l'air libre, car les pétales forment une voûte au-dessous d'elles (fig. 62 à 64). Cette voûte présente au

Fig. 61. — Populage des Marais ou Souci d'eau (*Caltha palustris*).

centre à peine une étroite ouverture qui n'existe même pas toujours, et dans ce dernier cas, les insectes qui pénètrent dans la fleur pour y venir puiser le miel des nectaires (pétales) disposés en cercle autour des étamines, sont forcés de percer le toit à la partie supérieure.

Ce sont ces insectes qui assurent le transport du pollen d'une fleur à l'autre, et qui, par conséquent, assurent la reproduction de l'espèce. Les étamines, qui sont fort nombreuses et disposées en plusieurs cercles autour du pistil, ne produisent pas du pollen

Fig. 62.   Fig. 64.   Fig. 63.

Fig. 62. — Fleur.

Fig. 63. — La même, dont on a enlevé les pétales antérieurs.

Fig. 64. — Fleur coupée ; on voit, dans cette coupe, le mouvement des étamines destiné à assurer la pollinisation.

Fig. 62 à 64. — Trolle d'Europe (*Trollius europæus*).

toutes à la fois. Ce sont les plus extérieures qui sont mûres les premières. Tandis que toutes les autres sont encore recourbées au centre de la fleur au-dessus des carpelles, celles-ci sont dressées à l'extrémité de leurs filets, si bien que les anthères en sont disposées en face de la petite ouverture ménagée au sommet de la coupole, et que les insectes qui pénètrent dans la fleur ne peuvent manquer de les effleurer. Le lendemain ce sont les étamines du cercle suivant qui sont mûres : elles se redressent alors et viennent prendre la place de celles qui avaient servi la veille, et sont venues se ranger sur les parois de l'enveloppe florale, le long des pièces du périanthe. Le jour d'après, le même phénomène se reproduit et ce sont encore d'autres étamines qui viennent se substituer aux précédentes et ainsi de suite. De cette façon, tant que la fleur dure, les étamines produisent du pollen dont la dissémination est assurée par la visite des insectes, qui s'en chargent en se frottant contre les étamines mûres, et vont ensuite le porter à d'autres fleurs.

Usages. — A côté du Trolle d'Europe dans les jardins, on cultive encore une autre espèce exotique, le *Trollius asiaticus*, aux feuilles plus amples et dont les fleurs n'ont pas la forme globuleuse, mais sont largement épanouies. Elles sont d'un jaune plus foncé. Ces deux espèces constituent d'excellentes plantes de plate-bande.

LES HÉLLÉBORES — *HELLEBORUS*

Étymologie. — Du grec *elein*, faire périr; *bora*, nourriture. Les Hellébores sont des plantes vénéneuses.

Caractères. — Les Hellébores (fig. 65, 66 et 67) sont des plantes herbacées vivaces, dont la partie souterraine est un rhizome donnant chaque année une tige aérienne. Les feuilles, radicales, sont alternes, coriaces, longuement pétiolées, engainantes, profondément découpées, digitées et palmées. Les fleurs, hermaphrodites et régulières, sont d'assez grande taille. Le calice y est formé par 5 grands sépales persistants, colorés en vert, blanc ou rouge suivant les fleurs, la corolle par 5 à 12 pétales présentant la forme d'un cornet plus petit que les pièces du calice, et au fond duquel est une petite poche arrondie et glanduleuse sécrétant un liquide sucré. Les étamines sont nombreuses et extrorses ; de 30 à 60 environ. Le pistil se compose de 3 à 10 carpelles libres entre eux. Dans chaque ovaire, sur un placenta situé à l'angle interne de la loge, on trouve deux rangées d'ovules. Le fruit est formé d'autant de follicules qu'il y a de carpelles, et autour de lui persiste le calice.

Distribution géographique. — On a décrit jusqu'à 17 espèces différentes du genre *Helleborus*, mais ce nombre doit vraisemblablement être réduit à 6. On trouve ces plantes

Fig. 65. — Hellébore noir ou Rose de Noël (*Helleborus niger*), d'après Baillon.

réparties en Europe et dans l'Asie occidentale et centrale.

L'espèce la plus commune en France est l'HELLÉBORE FÉTIDE (*H. fœtidus*), bien connue encore sous le nom de *Patte d'ours* ou *Pied de griffon*, qui croît en abondance dans les lieux pierreux, incultes et stériles.

C'est une plante haute de 40 à 50 centimètres, garnie de feuilles assez abondantes, coriaces, d'un vert noirâtre assez pâle ; les feuilles inférieures sont pétiolées et le limbe en est divisé en 8 à 10 digitations aiguës, dentées en scie ; les feuilles supérieures, qui servent de bractées aux fleurs, sont d'un vert jaunâtre pâle et se réduisent à un pétiole membraneux. Toute la plante répand une odeur repoussante, ce qui lui a valu son nom spécifique. Les fleurs, nombreuses, sont verdâtres, bordées de rouge.

Propriétés. — Usages. — Les Hellébores contiennent dans leur appareil végétatif, et en particulier dans leur partie souterraine (rhizome), un principe âcre et vénéneux qui leur donne d'énergiques propriétés émétiques et purgatives.

Depuis la plus haute antiquité, les Hellébores ont été considérées comme des plantes douées de propriétés miraculeuses ; on sait, en particulier, que l'Hellébore passait pour guérir de la folie. La légende raconte que les filles du roi d'Argos, Prœtus, étant devenues folles, un berger du nom de Mélampus proposa de les guérir par l'emploi de l'Hellébore, ayant remarqué que ses chèvres, lorsqu'elles avaient brouté cette plante, s'en trouvaient parfaitement soulagées. Cette réputation usurpée de l'Hellébore lui est demeurée dans le langage courant :

> Ma commère, il vous faut purger
> Avec quatre grains d'hellébore.

dit à la Tortue le Lièvre de La Fontaine. Comme le meilleur Hellébore de Grèce venait d'Anticyre, il était passé en dicton d'envoyer à Anticyre les gens atteints de folie.

Les plantes que les anciens désignaient sous le nom d'*Hellébore* appartenaient à deux familles différentes : leur Hellébore blanc n'est point un *Helleborus*, mais le *Veratrum album*,

Fig. 66. — Hellébore noir ou Rose de Noël (*Helleborus niger*).

de la famille des Colchicacées. Pour l'Hellébore noir des anciens, ce n'est point à coup sûr l'espèce que l'on désigne sous ce nom de nos jours, l'*Helleborus niger*, qui ne possède point les propriétés que lui attribue Dioscoride, mais une autre espèce, l'*Helleborus orientalis*, la seule qui d'ailleurs croisse à Anticyre, comme l'a démontré Tournefort.

Malgré les propriétés des rhizomes d'Hellébore, qui, pris à petite dose, peuvent constituer des évacuants énergiques, on a complètement renoncé en médecine à leur emploi, comme présentant trop de danger, par suite du caractère vénéneux de ces médicaments; seul aujourd'hui l'art vétérinaire en tire encore parti.

L'HELLÉBORE NOIR OU ROSE DE NOEL — HELLEBORUS NIGER.

Caractères. — C'est une plante ornementale, cultivée dans nos jardins. Indigène des montagnes de l'Europe australe, cette espèce se distingue des autres par ses belles fleurs blanches, qui s'épanouissent en plein hiver, en décembre et janvier. Les feuilles radicales sont longuement pétiolées, profondément découpées et de couleur verte luisante.

Usages. — La beauté des fleurs de l'*Helleborus niger* (fig. 66) et surtout la date de leur floraison qui a lieu en hiver, les rendent très précieuses pour les horticulteurs. Bravant les

Fig. 68.

Fig. 67.

Fig. 69.

Fig. 67. — Port.
Fig. 68. — Fleur jeune.

Fig. 69. — Fleur plus âgée; on a enlevé les pétales
antérieurs pour montrer la protection du pollen.

Fig. 67 à 69. — Hellébore d'hiver (*Eranthis hyemalis*).

frimas et les neiges, la Rose de Noël fleurit en décembre, janvier et février, et forme alors le seul ornement de nos plates-bandes. Ce sont donc là d'excellentes fleurs pour les bouquets d'hiver.

Les fleurs sont d'un très beau blanc dans l'espèce type, mais par la culture on a pu obtenir un très grand nombre de races, métis et hybrides, chez lesquels la coloration varie du blanc le plus pur au rose et au rouge foncé.

A côté de la Rose de Noël, on cultive comme plante de jardin l'HELLÉBORE D'HIVER (fig. 67) qui fleurit dans la même saison, mais un peu plus tard, et dont les fleurs rappellent à la fois celles d'une Renoncule par la forme et la coloration jaune, et celles des Anémones par la présence d'un involucre de 3 folioles situé sur la tige, à quelque distance au-dessous de la fleur (fig. 68 et 69). La caducité du calice, qui persiste autour du fruit chez les véritables Hellébores, a conduit à séparer l'Hellébore d'hiver du genre *Helleborus*, et à créer pour lui le genre *Eranthis*.

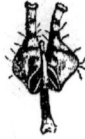

Fig. 70.   Fig. 71.   Fig. 72.   Fig. 73.

Fig. 70. — Fleur.
Fig. 71. — Pétale isolé.

Fig. 72. — Pistil.
Fig. 73. — Fruit mûr.

Fig. 70 à 73. — Nigelle des champs (*Nigella arvensis*).

LES NIGELLES — *NIGELLA*

Étymologie. — Du latin *Niger*, noir ; les graines de cette plante sont noires.

Caractères. — Les Nigelles sont des plantes herbacées annuelles, aux feuilles très découpées, divisées en lanières nombreuses et étroites. A l'extrémité de la tige et des rameaux, sont portées les fleurs solitaires, co-

Fig. 74.

Fig. 75.   Fig. 76.
Fig. 74 à 76. — Pétales de *Nigella elata*.

lorées en bleu ou en blanc veiné de bleu. Ces fleurs, grandes et régulières, sont hermaphrodites et complètes (fig. 70). Le calice est formé de 5 sépales étalés caducs ; les pétales, en nombre variable, sont très petits, creusés en godets et terminés à la partie supérieure par un limbe bilabié (fig. 71, 74 à 76). Étamines nombreuses. Les carpelles, au nombre de 5 à 10, ne sont pas séparés sur toute leur longueur, comme chez les autres Renonculacées, mais soudés au moins par leur base sur une plus ou moins grande hauteur ; ils sont libres entre eux par le haut (fig. 72). Chez la Nigelle de Damas (*N. damascena*), les 5 carpelles sont

réunis entre eux sur la presque totalité de leur longueur (fig. 78) ; de plus, par suite du dédoublement de la paroi, chacun des ovaires se dédouble en 2 loges concentriques, dont l'interne contient les ovules. Le fruit des Nigelles (fig. 73) se compose de follicules polyspermes qui s'ouvrent intérieurement par une ligne de déhiscence au sommet. Les graines sont noires, à l'exception de celles de *N. citrina*, qui sont jaunes.

Distribution géographique. — On connaît environ 23 espèces de Nigelles réparties en Europe et dans l'Asie occidentale. Les espèces indigènes les plus communes sont la NIGELLE DES CHAMPS (*N. arvensis*) (fig. 70 à 73), qui croît dans les champs de Blé des terrains calcaires de l'Europe moyenne méridionale, et représente seule le genre dans la flore parisienne ; la NIGELLE CULTIVÉE, qu'on ne rencontre en France que dans le Midi, et la NIGELLE DE DAMAS (fig. 77 à 79), qui croît dans toute la région méditerranéenne.

Usages. — Les graines de Nigelle répandent une odeur agréable, qui devient intense quand on les écrase. Cette odeur rappelle celle du citron et de la carotte. En Égypte, on mélange ces graines aromatiques avec le pain et les gâteaux, pour les rendre appétissants. Les Orientaux leur attribuent même la faculté d'augmenter l'embonpoint, aussi en font-ils consommer une grande quantité à leurs femmes, qui, à leurs yeux, sont d'autant plus belles qu'elles ont davantage d'embonpoint. En France, dans certaines régions, les graines de Nigelles sont utilisées comme condiment sous le nom de *toute-épice*.

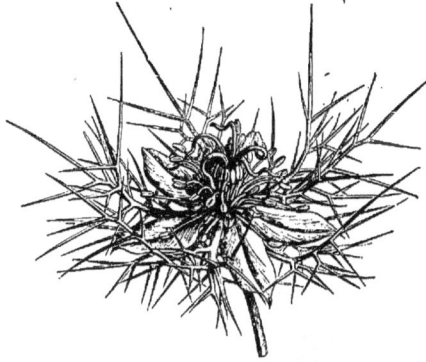

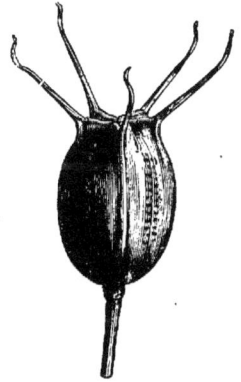

Fig. 77. — Port.   Fig. 78. — Fleur.   Fig. 79. — Fruit.

Fig. 77 à 79. — Nigelle de Damas (*Nigella Damascena*).

La NIGELLE DE DAMAS (fig. 77 à 79) est ornementale et cultivée comme telle dans les jardins. L'élégance des fleurs, la finesse des découpures du feuillage en sont les qualités les plus recommandables. Les fleurs, surtout lorsqu'elles sont doubles et d'un beau bleu, font un superbe effet au milieu de l'élégante collerette formée par les feuilles découpées en lanières de l'involucre.

Fig. 80. — Nigelle d'Espagne (*N. hispanica*).

On cultive aussi la NIGELLE D'ESPAGNE (fig. 80), dont les fleurs sont plus grandes, mais toujours simples.

LES ANCOLIES — *AQUILEGIA*

Étymologie. — Du latin *aquila*, aigle ; la forme des pétales de l'Ancolie rappelle les serres de l'aigle.

Caractères. — Les Ancolies sont des plantes herbacées, vivaces, à feuilles alternes,

décomposées, ternées. Les fleurs solitaires et terminales ou groupées en cymes sont complètes et régulières : calice à 5 sépales péta-

Fig. 81. — Ancolie vulgaire (*Aguilegia vulgaris*).

loïdes caducs, corolle à 5 pétales présentant la forme d'une lame inférieurement prolongée par un long éperon tubuleux nectarifère, ce qui leur donne l'aspect de longs cornets. Nombreuses

LES PLANTES.   I. — 6

Fig. 82. — Ancolies; variétés à fleurs blanches,
pourpres et roses.

Fig. 83. — Ancolie bleue (*Aquilegia cærulea*).

étamines disposées par verticilles de 5, alternant régulièrement, et dont les deux plus internes sont formés de staminodes; 5 carpelles multiovulés libres entre eux, se transformant à maturité en autant de follicules polyspermes.

Distribution géographique. — Les Ancolies, dont on a décrit plus de 50 espèces, nombre très exagéré, qui, vraisemblablement, doit être réduit à une dizaine, habitent les régions tempérées de l'hémisphère Nord en Europe, en Asie et en Amérique.

L'ANCOLIE VULGAIRE (*A. vulgaris*) (fig. 81) est indigène. C'est une plante de 40 à 80 centimètres de haut, à fleurs bleues, qui fleurit au mois de juillet, dans les bois, au pied des haies et dans les prairies marécageuses.

Usages. — Les Ancolies ont été autrefois considérées comme plantes médicinales; on leur attribuait des propriétés apéritives, diurétiques, antiscorbutiques et pectorales. On a aujourd'hui complètement renoncé à leur usage à ce point de vue.

On ne les considère plus que comme plantes ornementales, et, comme telles, elles sont fort appréciées pour leur port élégant et la diversité du coloris de leurs fleurs. Par la culture,

on obtient très facilement des fleurs pleines et doubles de la plus grande beauté. Dans certaines variétés, les modifications dues à la culture portent non seulement sur le nombre, mais sur la forme des pétales, qui ne possèdent plus d'éperon. La fleur est alors formée par plusieurs rangées de pièces florales planes et pointues, et diffère alors tout à fait comme aspect de la fleur sauvage.

L'Ancolie vulgaire a donné de nombreuses variétés à fleurs doubles fort élégantes, à fleurs blanches, pourpres ou roses (fig. 82). Les deux races les plus répandues sont l'ANCOLIE DOUBLE DES JARDINS et l'ANCOLIE DOUBLE HYBRIDE. Cette dernière est un exemple de ces Ancolies dont il a été question plus haut, dont les pétales sont dépourvus d'éperon, et qu'on appelle des ANCOLIES ÉTOILÉES.

On cultive encore dans les jardins d'autres espèces exotiques, telles que l'ANCOLIE BLEUE (*A. cærulea*) de l'Amérique du Nord (fig. 83), aux grandes fleurs très précoces; l'ANCOLIE DU CANADA (*A. canadensis*) aux fleurs rouge orangé (fig. 84); l'ANCOLIE DE SKINNER (*A. Skinneri*) aux fleurs orangées, bordées de jaune; l'ANCOLIE A FLEURS JAUNES (*A. chrysantha*), qui ne fleurit qu'au mois de juin, et dont les fleurs sont

Fig. 84. — Ancolie du Canada (*A. canadensis.*)

Fig. 85. — Ancolie à fleurs jaunes (*A. chrysantha*).

particulièrement remarquables par la longueur de leurs éperons (fig. 85).

LES DAUPHINELLES — *DELPHINIUM*

Étymologie. — Du latin *delphinus*, dauphin. Allusion à la forme des fleurs, avant leur épanouissement.

Nom vulgaire. — Pieds d'alouette.

Caractères. — Les Dauphinelles sont des Renonculacées à fleurs irrégulières. Le calice comprend 5 sépales pétaloïdes inégaux, dont le postérieur et supérieur se prolonge en un éperon creux plus ou moins allongé. La corolle est formée d'un nombre variable de pétales, de 2 à 8, quelquefois soudés entre eux, de façon à former une corolle gamopétale, et dont les deux supérieurs sont allongés à la base en appendices pénétrant dans l'éperon du calice. Les étamines sont nombreuses. Un à cinq carpelles libres entre eux, à ovaires multiovulés.

Distribution géographique. — On a décrit environ 70 espèces du genre *Delphinium*, réparties dans les zones froides et surtout tempérées de l'Europe, de l'Asie et de l'Amérique du Nord.

Usages. — La plupart des Dauphinelles ne possèdent point de propriétés capables de les faire utiliser en médecine autrement que comme de simples astringents. A ce genre cependant appartient la Staphisaigre, dont les graines sont douées de propriétés vénéneuses très énergiques et peuvent rendre de grands services pour l'usage externe et même interne, à condition de ne l'employer qu'à doses très modérées.

Les Dauphinelles sont des plantes ornementales employées pour la décoration des jardins; dans ce but, on cultive un grand nombre d'espèces indigènes ou exotiques, qui ont donné naissance à plusieurs races ou variétés assez décoratives.

LA DAUPHINELLE CONSOUDE — *DELPHINIUM CONSOLIDA*

Étymologie. — Le nom de *Consoude* vient de ce qu'on a attribué à la plante la propriété de consolider les plaies; ce fait n'est point exact.

Caractères. — La Dauphinelle Consoude est (fig. 86) une plante annuelle, abondante dans les moissons, où elle fleurit aux mois de juin, juillet et août. La tige a 20 à 60 centimètres de haut environ et porte un feuillage léger et finement découpé. Les fleurs, disposées en grappes, sont bleues et présentent un éperon simple formé par le sépale postérieur du calice. Le pistil se réduit à un seul carpelle.

Distribution géographique. — La Dauphinelle Consoude est une plante européenne, plus abondante dans les régions du Nord que dans le Midi. C'est dans les blés et les moissons qu'on la rencontre principalement.

Cette espèce est le seul représentant du genre dans la flore parisienne.

Usages. — C'est une plante diurétique et

Fig. 86. — Dauphinelle Consoude cultivée.

Fig. 87. — Dauphinelle à grandes fleurs ou Pied d'alouette de la Chine, à fleurs doubles.

vermifuge. Avec les pétales de sa fleur et de l'alun, on prépare une assez jolie couleur bleue.

Le Pied d'alouette des blés, par la culture, a donné naissance à plusieurs variétés, dont les fleurs (fig. 86) offrent de grandes ressources pour la confection des bouquets. On a pu obtenir des variétés présentant les effets de coloration les plus originaux.

LA DAUPHINELLE DES JARDINS — *DELPHINIUM AJACIS.*

Synonymie. Nom vulgaire. — Dauphinelle d'Ajax. Pied d'alouette de jardin.

Caractères. — La Dauphinelle des jardins (fig. 88) est une plante annuelle de 60 à 70 centimètres de haut environ, aux feuilles finement découpées, plus grandes que dans l'espèce précédente. Les fleurs amples et nombreuses sont disposées en épi, le calice s'y prolonge en un éperon et présente toutes les colorations du rose au rouge et du violet au bleu. Sur les pétales de la corolle, à l'intérieur, des lignes colorées semblent former les lettres AI, AI en pourpre foncé. C'est pour cette raison qu'on a donné à cette plante le nom spécifique de Dauphinelle d'Ajax, pensant voir dans cette fleur celle dont parle Virgile :

Dic quibus in terris inscripti nomina regum
Nascuntur flores, et Phylida solus habeto (1).

(1) Virgile, 3ᵉ *Églogue.*

La Dauphinelle des jardins n'a qu'un carpelle au pistil, comme la Dauphinelle consoude.

Usages. — Cette espèce, originaire de Tauride, mais naturalisée dans nos jardins, compte parmi les plus ornementales du genre Pied d'alouette, surtout lorsque la culture a donné naissance à des fleurs doubles et pleines (fig. 89), de couleur uniforme ou panachée, où se mélangent le blanc, le gris, le lilas, le mauve, le rose, le rouge et le violet. Il en existe une variété naine qu'on emploie pour former de charmantes bordures et des variétés qui au contraire peuvent atteindre jusqu'à 1 mètre de haut.

On cultive encore dans les jardins comme plantes d'agrément les espèces suivantes :

La Dauphinelle a grandes fleurs ou Pied d'alouette de Chine (*D. grandiflorum*) (fig. 87), originaire de Sibérie, à la tige grêle et aux feuilles très découpées. La taille en est relativement peu élevée, mais les fleurs en sont larges et d'un superbe bleu d'azur. Il en existe de nombreuses variétés à fleurs blanches ou violettes.

La Dauphinelle élevée ou Pied d'alouette vivace (*D. elatum*), qui peut atteindre 2 mètres de haut, aux fleurs bleues groupées en épis de 50 centimètres de long.

Le Pied d'alouette brillant (*D. formosum*) du Caucase, aux fleurs encore plus grandes que celles des espèces précédentes.

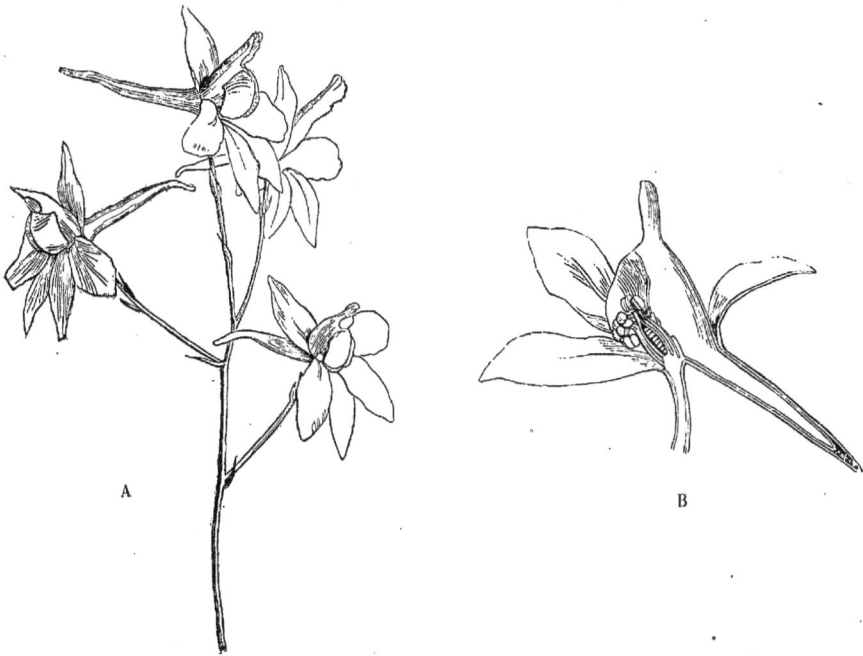

A. — Rameau fleuri.   B. — Fleur coupée en long.

Fig. 88. — Dauphinelle des Jardins ou Pied d'alouette (*Delphinium Ajacis*).

Sous le nom de PIEDS D'ALOUETTE HYBRIDES, on désigne des variétés et des hybrides des

Fig. 89. — Dauphinelle des jardins, variété commune double (*Delphinium Ajacis*).

espèces vivaces, dont la dimension des fleurs est parfois considérable.

LA STAPHISAIGRE — *DELPHINIUM STAFISAGRIA*

Nom vulgaire. — Herbe aux poux.

Étymologie. — De *staphisagria*, nom d'une plante dans Dioscoride(1), de *staphis*, raisin sec, *agria*, sauvage.

(1) Dioscoride, *Mat. méd.* l. IV. c. 153.

Caractères. — La Staphisaigre est une plante herbacée, ordinairement bisannuelle, d'un mètre de haut environ, pubescente dans toutes ses parties, à racine pivotante, à tige cylindrique droite, un peu rameuse, portant de grandes et larges feuilles palmées, divisées en 5 à 7 lobes aigus, velues en dessous, presque glabres sur la face supérieure. A l'extrémité des ramifications de la tige, s'épanouissent vers le mois de juin les fleurs bleues groupées en épis terminaux. Le calice est constitué par 5 sépales pétaloïdes, ovales, légèrement velus, dont le supérieur se prolonge par un éperon court et recourbé en dessous. Suivant les fleurs, la corolle se compose de 4 à 8 pétales, les deux supérieurs prolongés par un appendice qui pénètre dans l'éperon du calice. Trois carpelles multiovulés forment le gynécée et sont transformés après la floraison en 3 follicules pleins de graines, étroitement comprimés les uns contre les autres.

Distribution géographique. — La Staphisaigre croît dans les lieux ombragés de l'Europe méridionale ; elle est abondante dans le Midi de la France, en Grèce, en Italie, etc.

Usages. — Plante ornementale et cultivée à ce titre dans quelques jardins, la Staphisaigre est surtout intéressante comme plante médicinale. Les graines, connues sous le nom de *graines des Capucins*, présentent des propriétés vénéneuses très énergiques et sont un poison très actif pour l'homme et pour les animaux. Ces propriétés sont dues à la présence à l'intérieur de ces semences d'un alcaloïde très puissant, la *delphine*. La delphine est un poison très énergique, même à faible dose.

LES ACONITS — *ACONITUM*

Étymologie. — Du grec *akonè*, rocher; l'Aconit pousse sur les rochers (Pline); d'après Théophraste, le mot *Aconit* viendrait de ce que cette plante abonde à *Aconis* près d'Héraclée.

Caractères. — Les Aconits (fig. 90) sont des herbes vivaces à racine tuberculeuse (fig. 91), à tige droite peu élevée, à feuilles palmées, découpées en plusieurs lobes et très exceptionnellement indivisées; les feuilles inférieures sont longuement pétiolées, les autres à court pétiole ou sessiles. Les fleurs bleues ou jaunes sont remarquables par leur irrégularité (fig. 92 à 94). Le calice est formé par 5 sépales caducs, sauf chez *A. anthora* où le calice persiste autour du fruit. De ces 5 sépales, le supérieur, beaucoup plus développé que les autres, présente la forme d'un capuchon qui coiffe les deux sépales latéraux; la forme de ce sépale varie d'ailleurs quelque peu avec les espèces d'Aconits; en forme de capuchon (fig. 92) chez le Napel (*A. Napellus*) il ressemble plutôt à un casque conique et comprimé chez *Aconitum variegatum*, et se transforme en un véritable éperon étroit, allongé, obtus seulement à son sommet chez le Tue-loup (*Aconitum lycoctonum*). On trouve d'ailleurs toutes les transitions entre ces formes du sépale postérieur et supérieur du calice des fleurs d'Aconit. Les sépales latéraux sont sensiblement égaux entre eux et symétriquement placés; les sépales antérieurs, plus longs mais bien moins larges que les latéraux, sont inégaux entre eux. La corolle se compose de 8 pétales, mais ce nombre peut être réduit jusqu'à 2 seulement par suite de la disparition des antérieurs et latéraux. Ces pétales (staminodes ou nectaires de quelques auteurs) ne présentent pas tous la même taille et la même forme. Les 6 antérieurs et latéraux,

lorsqu'ils existent, sont réduits à de courtes languettes inégales entre elles et peu colorées; les 2 pétales postérieurs, qui ne disparaissent jamais, sont bien développés (fig. 93), égaux entre eux et placés en face du grand sépale postérieur, qui les enveloppe complètement. Ils se présentent sous la forme d'un cornet dont le fond glanduleux sécrète du nectar, dont le bord interne s'étale en lèvre et le bord externe est replié en gouttière. Les étamines sont relativement peu nombreuses, au nombre de 30 environ. Trois à six carpelles, libres entre eux, forment le pistil; chacun d'eux est formé d'un ovaire uniloculaire, à l'angle interne duquel se trouvent deux rangées d'ovules et surmonté par un style aigu. Ces carpelles se transforment à maturité en autant de follicules.

Distribution géographique. — Le genre *Aconitum* comprend environ 19 espèces différentes réparties dans les régions tempérées de l'Europe, de l'Asie et de l'Amérique du Nord.

Usages. — Les Aconits sont tous des plantes très vénéneuses, réputées telles depuis la plus haute antiquité. Les anciens leur attribuaient une origine fabuleuse; la légende raconte en effet que l'Aconit naquit de l'écume qui jaillit de la bouche de Cerbère, lorsque Hercule saisit ce monstre à la gorge pour l'enlever des Enfers. Cette fable a probablement son origine dans ce fait que l'Aconit croissait en grande abondance auprès d'Héraclée, dans le Pont, là où se trouvait l'entrée des Enfers par laquelle descendit Hercule.

L'Aconit semble être l'ingrédient principal qui entra dans les préparations de la célèbre empoisonneuse Médée.

Les Gaulois et les Germains trempaient les pointes de leurs flèches dans le suc de cette plante pour les empoisonner.

Cette coutume, qui se retrouve aujourd'hui dans l'Inde, était, d'après M. de Mortillet, connue des hommes préhistoriques eux-mêmes. C'est encore l'Aconit qui est l'élément actif du poison des flèches des Aïnos, peuple qui habitait autrefois tout l'archipel japonais, débordant même sur le continent et qui aujourd'hui ne se rencontre plus guère qu'au Nord de Yéso, écrasé par ses voisins plus civilisés, les Japonais proprement dits.

André Matthiole [1] relate plusieurs cas dans

[1] Matthiole, *Commentaires sur Dioscoride*.

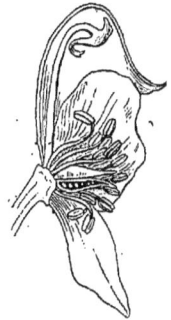

Fig. 92.　　Fig. 93.

Fig. 94.

Fig. 90.　　　　Fig. 91.　　　　Fig. 95.

Fig. 90. — Port.
Fig. 91. — Tubercules souterrains.
Fig. 92. — Fleur entière.

Fig. 93. — La même sans calice: c, corolle ; p, pistil ;
e, étamines.
Fig. 94. — Fleur coupée en long.
Fig. 95. — Fruit.

Fig. 90 à 95. — Aconit Napel (*Aconitum Napellus*).

lesquels on expérimenta l'action de l'Aconit sur des condamnés à mort; les expériences faites sous ses yeux furent en particulier entreprises en 1524, par le pape Clément, et en 1561 à Prague sur un larron, condamné d'abord à être pendu, et qui, quelques heures après l'administration de racine d'Aconit, fut pris de sueurs froides, de spasmes, de défaillances et de vomissements et mourut bientôt apoplectique. Orfila (1) cite de nombreuses observations anciennes et récentes de cas dans lesquels la mort est survenue chez des personnes qui avaient mangé par mégarde des feuilles d'Aconit mélangées à des salades, et

l'on a publié le récit de l'empoisonnement de quatre personnes, dont trois sont mortes pour avoir bu 30 grammes d'eau-de-vie dans laquelle on avait fait infuser par erreur de la racine d'Aconit. Les parties les plus énergiques comme poison sont les racines, puis les feuilles; quant aux graines, elles sont très peu actives.

On peut classer les différents Aconits dans l'ordre suivant, en commençant par les plus toxiques :

L'Aconit féroce (*A. ferox*), qui croît dans le Népaul et dans l'Himalaya et est connu dans l'Inde sous le nom de *Bish*. Des expériences du docteur Wallich ont montré qu'il suffit de deux minutes pour tuer un lapin dans le

(1) Orfila, *Traité des Poisons*.

péritoine duquel on a déposé un grain d'extrait alcoolique, et qu'un chien, dans la veine duquel on injecte 2 grains de même extrait, meurt en moins de trois minutes.

L'ACONIT NAPEL (*A. Napellus*) (fig. 90 à 95), plante vivace indigène, qui croît naturellement dans les endroits couverts et humides de l'Europe méridionale montagneuse. On le rencontre en grande abondance dans les pâturages du Jura et de la Saône.

L'ACONIT TUE-LOUP (*A. lycoctonum*), qui est également indigène et qui, comme son nom l'indique, sert dans les montagnes à la destruction des bêtes sauvages, des loups en particulier.

L'ACONIT ANTHORE (*A. Anthora*) des contrées montagneuses d'Europe. Son nom vient de ce qu'on l'a considéré non comme un poison, mais bien au contraire comme antidote des autres Aconit et du Thora (*Ranunculus Thora*), Renoncule très vénéneuse. C'est là une idée fausse et si l'Aconit Anthore est moins vénéneux que les espèces précédentes, ce serait un grand tort de le croire inoffensif. De nombreuses observations ne laissent aucun doute à l'égard de la toxicité de cette espèce.

Tous les Aconits doivent leurs propriétés vénéneuses à un alcaloïde connu sous le nom d'*aconitine*. C'est dans la racine que l'aconitine existe en plus grande quantité; les feuilles en contiennent moins. Les propriétés toxiques de l'Aconit et de l'aconitine qu'on en extrait ont été utilisées par la médecine à doses convenables pour le traitement de certaines maladies. On emploie pour cela l'extrait alcoolique des feuilles ou celui des racines, vingt-cinq fois plus actif que le précédent. L'action de l'Aconit sur les nerfs périphériques l'a fait employer dans les névralgies, l'angine de poitrine, les palpitations nerveuses ou rhumatismales, les affections pulmonaires où domine l'élément nerveux. Certains chanteurs en ont usé avec succès pour triompher de l'enrouement. On a encore recommandé l'aconitine dans l'hypertrophie du cœur, les anévrysmes de l'aorte et le tétanos. Il ne faut pas oublier dans tous les cas que c'est là un médicament très dangereux, et qu'il convient de ne l'administrer que sur une prescription formelle et toujours avec la plus grande précaution. Il vaut mieux pour les usages de la médecine utiliser la plante sauvage que la plante cultivée, car la culture fait souvent perdre à

l'Aconit une grande partie de ses propriétés. Linné raconte même qu'en Laponie, on mange cuits les jeunes bourgeons d'une certaine espèce d'Aconit.

La beauté et la singularité des fleurs ont fait ranger un grand nombre d'espèces du genre *Aconitum* parmi les plantes ornementales en honneur dans les jardins. Ce sont des plantes très rustiques, qui ne demandent que peu de soins et qui viennent très bien à une exposition mi-ombragée dans une terre fraîche et meuble. Pour la culture, on a pu obtenir de nombreuses races aux fleurs unicolores ou panachées, de colorations variées. Parmi les espèces les plus fréquemment cultivées signalons l'ACONIT NAPEL appelé encore *Char de Vénus* ou *Casque de Jupiter*, l'ACONIT DES ALPES, l'ACONIT DU JAPON et surtout l'ACONIT BICOLORE d'Italie (*Aconitum variegatum*), la plus belle peut-être de toutes les espèces ornementales, dont les fleurs, qui durent très tard dans la saison, sont d'un beau bleu mélangé de blanc.

LES ACTÉES — *ACTÆA*

Étymologie. — Du grec *Actaia*, Sureau. Les fruits bacciformes de l'*Actæa spicata* sont charnus et rappellent un peu les baies du Sureau.

Caractères. — Les Actées sont des herbes vivaces à feuilles ordinairement divisées, à fleurs blanches disposées en grappes terminales plus ou moins allongées. 3 à 6 sépales pétaloïdes, caducs de très bonne heure; nombre variable de petites languettes pétaloïdes peu développées que les uns appellent pétales et les autres staminodes. Nombreuses étamines, nombre variable de carpelles indépendants se réduisant à un chez l'Actée en épi et quelques espèces voisines. Chez celles-ci, le carpelle unique se transforme en une petite baie ovoïde noirâtre à maturité. Chez les autres espèces à plusieurs carpelles, comme par exemple *A. racemosa*, le fruit est formé de follicules.

Distribution géographique. — Les Actées sont des plantes des régions froides ou tempérées de l'hémisphère boréal, représentées en Europe, en Asie et en Amérique septentrionale. On en connaît une douzaine d'espèces dont une seule vit en Europe. C'est l'ACTÉE EN ÉPI (*Actæa spicata*), herbe de 0m,50 à 1 mètre de haut, aux feuilles grandes, glabres, découpées en segments ovales qu'on trouve en

Fig. 96. — Pivoine officinale (*Pæonia officinalis*).

Fig. 97. — Pivoine à feuilles menues. Var., à fleurs doubles.

Fig. 98. — Pivoine de Chine (*Pæonia albiflora*).

France dans les bois et les prairies, fleurie au mois de juin et qu'on désigne sous le nom d'Herbe de saint Christophe.

Usages. — Toutes les Actées sont des plantes vénéneuses. L'*Actæa racemosa* des forêts des États-Unis, du Canada et de la Floride figure dans la pharmacopée américaine ; l'*Actæa cimicifuga* doit son nom (du latin *cimex*, punaise, *fugare*, chasser), à son odeur repoussante qui dit-on, éloigne les punaises. L'*Actæa spicata* est cultivé dans les jardins.

LES XANTHORHIZES — *XANTHORHIZA*

Ce genre ne renferme qu'une seule espèce originaire d'Amérique, le *Xanthorhiza apiifolia*. Cette plante se distingue des autres Renonculacées par son port. C'est un petit arbrisseau dont le feuillage ressemble un peu à celui de certaines Actées et dont les fleurs rappellent celles des Ancolies.

Sa racine est estimée comme tonique aux États-Unis sous le nom de *Yellow-Root*. Elle est très amère. Son bois a été utilisé pour teindre en jaune.

LES PÉONIÉES — *PÆONIEÆ*

Les Péoniées se distinguent des autres Renonculacées par leur réceptacle légèrement concave et l'insertion périgynique des étamines. Sépales imbriqués. Pétales bien développés. Anthères introrses, follicules déhiscents à maturité. Cette tribu ne comprend qu'un seul genre.

LES PIVOINES — *PÆONIA*

Étymologie. — La Pivoine fut d'abord découverte sur les montagnes de la Pæonie.

Caractères. — Les Pivoines sont des plantes herbacées, sauf une espèce arborescente originaire de Chine, le *Pæonia Moutan*. Les feuilles alternes très nombreuses en sont disséquées ou décomposées pennées. Les fleurs terminales sont de grande taille et colorées en rouge ou en blanc, plus rarement en jaune. Sur le réceptacle légèrement creusé en forme de coupe s'attachent 5 sépales dissemblables, dont les plus intérieurs tendent à devenir pétaloïdes et à ressembler aux pièces de la corolle, tandis que les plus externes ressemblent davantage aux nombreuses bractées qui entourent la fleur, et 5 pétales, dont le nombre peut augmenter et devenir très considérable par suite de la métamorphose régressive des plus extérieures des étamines. Celles-ci, très nombreuses, à anthères introrses, sont insérées en dehors d'un rebord saillant formé par un disque glanduleux qui tapisse la concavité du réceptacle, la dépassant plus ou moins. Le pistil est formé d'un nombre variable de carpelles, de 2 à 6 environ, rarement davantage, libres entre eux, insérés au fond du réceptacle. Le disque glanduleux forme autour du gynécée une sorte de petit bourrelet saillant, qui dans certains cas (variété *papaveracea* du *Pæonia Moutan*) prend un développement très considérable, de façon à entourer les ovaires entièrement, ne laissant sortir que les styles et stigmates à l'extrémité supérieure par une étroite ouverture. Chaque ovaire porte à l'angle interne deux rangées d'ovules et se transforme à maturité en un follicule mettant en liberté par déhiscence des graines luisantes assez volumineuses, munies d'un petit arille funiculaire qui forme un petit bourrelet circulaire autour du hile.

Distribution géographique. — On connaît environ 7 espèces de Pivoines, habitant les régions montueuses de l'ancien Continent dans l'Europe et l'Asie tempérées, depuis le Portugal jusqu'à la Chine.

Usages. — On a utilisé autrefois en pharmacie sous le nom de Pivoine mâle et de Pivoine femelle, deux espèces (*P. corallina* et *P. officinalis*), auxquelles on a attribué des propriétés miraculeuses. Pline considérait la Pivoine comme un préservatif des cauchemars, mais selon lui il ne fallait l'arracher que la nuit, de peur d'être aperçu par le Pivert et qu'il ne vous crève les yeux. On a fait intervenir la Pivoine comme remède contre la jaunisse, l'épilepsie, l'éclampsie, la morsure des animaux venimeux. Son usage est aujourd'hui complètement tombé en désuétude.

Dans certaines provinces, on fabrique avec les semences de la Pivoine des colliers dont on entoure le cou des jeunes enfants, croyant en faciliter la dentition. Est-il besoin de dire que pareille croyance ne repose absolument sur aucun fondement.

Les Pivoines sont de superbes plantes d'ornement avec leur élégant feuillage et leurs fleurs de grande taille. Les principales variétés cultivées, sont :

LA PIVOINE OFFICINALE — *PÆONIA OFFICINALIS*

Synonymie. — Pivoine femelle.

Caractères. — Elle forme de superbes touffes compactes, pouvant atteindre de 0ᵐ,75 à 1 mètre de hauteur. Les feuilles alternes en sont découpées en un grand nombre de segments inégaux, elliptiques, très glauques en dessous. Dè la verdure du feuillage sortent de splendides fleurs d'au moins 10 centimètres de diamètre, doublées par la culture et présentant une variété infinie de nuances depuis le rouge le plus foncé, écarlate ou cramoisi, jusqu'au rose tendre, rose vif ou blanc; il y a aussi des Pivoines à fleurs panachées.. La plante fleurit vers les mois d'avril ou de mai. La Pivoine officinale, originaire des forêts qui recouvrent les sommets des Alpes s'est

acclimatée dans nos jardins où on la cultive abondamment comme plante ornementale (fig. 96). C'est d'ailleurs une plante très rustique qui prospère dans tous les terrains et à toutes les expositions.

LA PIVOINE CORALLINE — *PÆONIA CORALLINA*

Synonymie. — Pivoine mâle.

Caractères. — Plante herbacée, vivace, pouvant atteindre 60 centimètres à 1 mètre de hauteur. Elle se distingue de l'espèce précédente par ses tiges rougeâtres à leur extrémité supérieure, par ses feuilles aux pétioles rouges, très découpées en segments ovales, entiers et glabres, vert foncé par dessus, blanchâtres par dessous. Les fleurs solitaires sont le plus souvent simples, colorées en pourpre ou en incarnat.

LA PIVOINE A FEUILLES MENUES — *PÆONIA TENUIFOLIA*

Caractères. — Elle est caractérisée par ses feuilles très finement découpées en segments très aigus d'un beau vert. La floraison en est très hâtive; dès le mois d'avril apparaissent de superbes fleurs dont le rouge cramoisi tranche de la plus heureuse façon sur le vert du feuillage, qui n'est pas encore complètement développé à cette époque. Il en existe une variété à fleurs pleines (fig. 97).

La PIVOINE PARADOXALE (*Pæonia paradoxa*) est encore une espèce à floraison hâtive, dont les fleurs s'épanouissent dès le mois d'avril. Les feuilles en sont assez larges et un peu velues. On en connaît plusieurs variétés à fleurs rouges ou roses, formées d'un grand nombre de pétales entiers ou découpés en franges.

La PIVOINE DE CHINE (*Pæonia albiflora*) ou Pivoine à odeur de Rose (fig. 98) est celle dont la floraison est la plus tardive; les fleurs n'apparaissent que vers le mois de mai et même de juin. Elle se distingue des autres espèces parce que les fleurs au lieu d'être isolées sont groupées plusieurs à la fois sur les tiges rameuses. De toutes les Pivoines c'est peut-être celle dont les fleurs sont les plus belles. C'est en tous cas l'espèce qui a donné naissance au plus grand nombre de variétés.

La PIVOINE MOUTAN(*Pæonia Moutan*)ou Pivoine en arbre (fig. 99) est un petit arbrisseau à tiges ligneuses, qui forme des buissons de 1 mètre

Fig. 99. — Pivoine Moutan à fleurs doubles (*Pæonia Moutan*).

à 1^m,50 dans les jardins, où elle constitue une plante ornementale de premier choix. En mai, poussent les fleurs, particulièrement grandes, car elles atteignent une taille double de celles de la Pivoine officinale ; la teinte normale en est rose lilas, mais cette couleur peut varier avec les diverses races de la plante qu'a su créer l'horticulture moderne. Originaire de la Chine et du Japon, où elle est cultivée depuis plusieurs siècles, et l'objet d'une véritable vénération, la Pivoine Moutan est un des plus beaux ornements de nos jardins avec ses grandes et belles fleurs, pleines ou demi-pleines, présentant toutes les colorations depuis le blanc jusqu'au rouge en passant par le lilas, le rose carné, etc.

On en connaît au moins une centaine de variétés.

LES DILLÉNIACÉES — *DILLENIACEÆ*

Étymologie. — La famille des Dilléniacées tire son nom du genre *Dillenia*, établi par Linné pour des plantes de l'Asie tropicale en l'honneur de Dillenius, un des plus célèbres botanistes du xviiie siècle. C'est à lui qu'on doit, dit-on, l'invention de la boîte à herborisation. Dillenius est la traduction en latin, suivant la coutume du temps, du véritable nom de ce savant, dont le père s'appelait Dillen et le grand-père Dill. Né à Darmstadt en 1687, il fut appelé à Oxford pour professer la botanique et y mourut en 1747.

Caractères. — Les Dilléniacées se distinguent principalement des Renonculacées par leurs sépales persistants, leurs graines arillées et leur port généralement arborescent. Ce sont ordinairement des arbrisseaux dont quelques-uns à tiges sarmenteuses, grimpantes, volubiles. Les feuilles sont alternes, entières ou dentées, très rarement pourvues de stipules.

Distribution géographique. — Toutes les Dilléniacées, au nombre de deux cents espèces environ, sont des plantes exotiques habitant les régions tropicales, abondantes en Amérique, en Asie, en Australie ; relativement rares en Afrique. On ne les rencontre jamais dans l'Afrique australe, au Cap, par exemple, ni dans l'Amérique antarctique.

Usages. — Les Dilléniacées présentent quelques utilités pour les habitants des pays où elles poussent, soit comme plantes médicinales, soit au point de vue industriel. — Les feuilles du *Davilla elliptica*, arbrisseau du Brésil, connu dans ce pays sous le nom de *Cambaïbinha*, servent à la préparation d'un vulnéraire très estimé ; celles du *Davilla rugosa* du même pays, employées en décoction, passent pour guérir l'enflure des membres inférieurs ; celles du *Curatella americana* servent à panser les plaies, grâce à leurs propriétés détersives. Beaucoup de Dilléniacées sont astringentes, d'autres toniques-stimulantes.

Quelques plantes de cette famille peuvent être considérées comme alimentaires : C'est ainsi que le fruit proprement dit du *Dillenia speciosa* n'est pas comestible, mais le calice qui persiste autour du fruit bacciforme devient charnu, se gorge d'un suc acide et les habitants de l'Inde s'en servent comme condiment pour la confection de préparations culinaires.

En Afrique, on fabrique une boisson avec la sève d'une espèce de *Tetracea*.

Leur richesse en tannin a fait employer au Brésil les *Curatella americana* et *C. Cambaïbinha* au tannage des peaux; les feuilles de ces arbres contiennent des concrétions siliceuses qui permettent de s'en servir pour polir le bois ou les métaux assez tendres. Dans l'Inde, le bois des *Dillenia* sert de bois de construction.

On cultive dans nos serres, comme plantes ornementales, de ravissants spécimens de la famille des Dilléniacées, comme par exemple le *Dillenia speciosa;* quelques espèces des genres *Candollea*, *Hibbertia* (fig. 100) ainsi que des *Actinidia*, arbustes sarmenteux, originaires de l'Inde, de la Chine et du Japon. L'*Actinidia Kolmikta*, jolie liane japonaise à fleurs blanches, est une charmante plante de serre.

LES CALYCANTHACÉES. — *CALYCANTHACEÆ.*

Caractères. — Les Calycanthacées se rapprochent des Rosacées par leur réceptacle creusé en forme de coupe profonde et l'insertion périgynique des étamines; mais elles s'en éloignent par leur tige carrée, des feuilles opposées dépourvues de stipules et des étamines à anthères extrorses. D'autre part, cette famille se rattache à celle des Magnoliacées. Ce sont des arbrisseaux, dont les fleurs apétales sont hermaphrodites et régulières. Calice formé de nombreux sépales en forme de lanières disposés en plusieurs séries; pétales nuls, étamines nombreuses; ovaires uniovulés indépendants et inclus dans la cavité du réceptacle où ils demeurent en se transformant en akènes.

Distribution géographique. — La famille ne comprend que deux genres; les *Calycanthus* de l'Amérique du Nord qui forment trois espèces et les *Cheimonanthus* du Japon et de la Chine.

Usages. — Les Calycanthacées sont des plantes aromatiques. Comme les Magnoliacées, elles contiennent une huile odorante dans leurs tissus.

Calycanthus floridus de la Caroline est réputée stimulante en Amérique. On cultive parfois dans les jardins *Calycanthus floridus* de la Caroline et *C. occidentalis* de la Californie aux fleurs plus bizarres que jolies.

Les *Cheimonanthus* japonais (fig. 101) ont des fleurs blanc sale assez odorantes et ont le mérite de fleurir en hiver.

LES MAGNOLIACÉES — *MAGNOLIACEÆ*

Étymologie. — De *Magnolia*, nom générique d'une plante de cette famille.

Caractères. — La famille des Magnoliacées comprend des arbres ou arbrisseaux exotiques à feuilles alternes, coriaces, entières ou dentées le plus souvent, rarement lobées, pourvues de stipules chez les genres *Magnolia* et *Liriodendron*, mais dépourvues de ces organes chez les autres genres de la famille. Le limbe des feuilles, souvent aromatiques, présente des cellules oléifères. Les fleurs toujours régulières sont hermaphrodites à l'exception d'une liane de l'Amérique du Nord, *Schizandra coccinea* et de quelques espèces asiatiques rapportées au même genre. Le réceptacle floral est concave. Les sépales ordinairement verts sont pétaloïdes chez le Magnolia Yulan; chez les Magnolias, on trouve en général toutes les transitions de forme et de couleur lorsqu'on passe des sépales les plus externes aux pétales les plus internes de la corolle. Les pétales en nombre variable, généralement assez considérable, sont disposés en plusieurs verticilles. Les nombreuses étamines, extrorses ou introrses, sont libres entre elles. Les carpelles, plus ou moins nombreux, ordinairement libres, plus rarement concrescents, sont insérés en spirale sur le réceptacle conique lorsqu'ils sont en grand nombre ou forment au centre de la fleur une couronne, lorsqu'ils sont en nombre plus réduit. Chaque ovaire uniloculaire contient ordinairement deux rangées d'ovules anatropes, insérés suivant l'angle interne. Il n'y en a que deux chez les Magnolias et Tulipiers,

Fig. 100. — *Hibbertia volubilis*.

Fig. 101. — *Cheimonanthus*.

un seul chez les Badianiers. Les fruits ordinairement secs et déhiscents deviennent charnus chez les *Drymis* et *Schizandra* qui portent
des baies. Les graines renferment à l'intérieur
d'un albumen charnu un petit embryon droit.

Distribution géographique. — A la famille
des Magnoliacées appartiennent 13 genres et
85 espèces environ, qui habitent les régions
chaudes et tempérées de l'Asie et de l'Amérique du Nord, l'Australie et la Nouvelle Zélande;
on n'a point encore rencontré de représentant
de la famille en Afrique. Les Magnolias et
les Tulipiers, qu'on ne rencontre plus dans nos
pays qu'à l'état cultivé et qui n'y poussent
point à l'état spontané, y étaient représentés
depuis le milieu du Crétacé jusqu'à la fin du
Tertiaire par 21 espèces de *Magnolia* et 3 de
Liriodendron, dont on a retrouvé à l'état fossile
les feuilles et les fruits.

Usages. — Les Magnoliacées possèdent dans
toutes leurs parties et en particulier dans les
feuilles et l'écorce, un principe qui les fait employer comme plantes médicinales ou bien
encore comme condiments. Un grand nombre
d'entre elles sont ornementales et cultivées à
ce titre dans nos serres ou dans nos jardins.

Affinités et classification. — Les Magnoliacées peuvent être considérées comme tenant
une place intermédiaire entre les Renonculacées et les Dilléniacées d'une part et les Anonacées d'autre part, dont elles se distinguent
principalement par l'albumen charnu et non
ruminé.

On a divisé cette famille en 4 tribus : *Ma-
gnoliées*, *Winterées*, *Trochodendrées* et *Schi-
zandrées*. Les deux premières seules renferment
des plantes intéressantes à signaler ici à cause
de leurs applications à l'horticulture, à l'industrie ou à la médecine.

LES MAGNOLIAS — *MAGNOLIA*

Étymologie. — Le genre *Magnolia* a été établi en l'honneur de Magnol, le célèbre botaniste
de Montpellier (1638-1715).

Caractères. — Les Magnolias sont des arbrisseaux à feuilles simples, entières ou dentées
persistantes ou caduques suivant les espèces,
pourvues de stipules unies au pétiole sur une
certaine longueur ou indépendantes comme
chez le *Magnolia grandiflora* (fig. 102), où elles
forment une sorte de sac conique membraneux

qui renferme primitivement en son intérieur toute la partie du rameau supérieure à la feuille, puis se sépare en deux moitiés qui se détachent quelque temps après.

Les fleurs solitaires et terminales sont parfois de très grande taille. Celles du *Magnolia Campbelli*, espèce qui croît à 2 500 et 3 000 mètres [d'altitude sur les cimes de l'Himalaya, lorsqu'elles épanouissent leurs corolles purpurines à la clarté du soleil atteignent plus de 26 centimètres de diamètre, ce qui doit les faire considérer comme les plus grandes fleurs portées par un arbre. Les fleurs des Magnolias répandent toutes une odeur des plus suaves et des plus agréables.

Le périanthe de la fleur (fig. 103) est formé par 2, 3, 4 ou 5 verticilles de folioles ; le plus externe de ces verticilles présente le calice composé de 3 sépales plus ou moins pétaloïdes et qui, chez le *M. yulan*, peuvent devenir tout à fait identiques aux pétales. La corolle est le plus souvent formée par 6 pétales disposés en 2 verticilles ou davantage. Au centre de la fleur, sur le réceptacle qui s'élève en cône plus ou moins allongé, s'insèrent suivant une ligne spirale continue étamines et carpelles. Les étamines sont nombreuses et introrses. Les carpelles, également en grand nombre, renferment, dans un ovaire uniloculaire comprimé, un ou deux ovules anatropes. A la maturité, le réceptacle s'allonge et sur lui sont disposées de petites capsules à parois sèches, provenant de la transformation des carpelles ; elles s'ouvrent par une ligne de déhiscence suivant la suture dorsale, laissant pendre au dehors, les graines, attachées aux placentas par un très long funicule.

Distribution géographique. — Au genre *Magnolia* se rattachent une quinzaine d'espèces toutes exotiques, originaires de l'Asie subtropicale et orientale (nord de l'Inde, Chine, Japon) et de l'Amérique du Nord, où ces arbres font l'ornement des forêts au Mexique, aux Antilles et dans les États-Unis. Depuis le commencement de ce siècle, la plupart des espèces de Magnolia ont été introduites en Europe et acclimatées dans les jardins, où l'on cultive comme arbres d'ornement des Magnolias à feuilles persistantes et des Magnolias à feuilles caduques.

Distribution géologique. — Si les Magnolias n'existent plus en Europe à l'état spontané, ils y ont été abondamment représentés à la fin du crétacé et pendant toute la période tertiaire.

On connaît 21 espèces de Magnolias fossiles, établies sur des empreintes de feuilles, dont 5 sont crétacées et 16 tertiaires. Plusieurs d'entre elles rappellent par leurs feuilles des formes aujourd'hui vivantes. A l'époque pliocène le genre Magnolia était encore représenté en France par une espèce très voisine du *Magnolia grandiflora*, dont elle ne diffère guère que par les dimensions plus petites des feuilles, le *Magnolia fraterna*, rencontré dans les dépôts du Meximieux (Ain) (1).

Usages. — Les Magnolias se recommandent comme plantes d'ornement tant par la beauté de leur feuillage que par la taille et l'éclat de leurs fleurs douées toujours d'une agréable odeur qui, dans certains cas, peut devenir si forte que des fleurs de Magnolias cultivés en serre ont pu occasionner des migraines et des nausées. En plein air, l'odeur de ces belles fleurs ne présente point de pareils inconvénients et constitue un de leurs plus grands mérites.

Les Malais aiment à parfumer leurs maisons, leurs bains, leur corps et leurs vêtements avec les fleurs du *Magnolia champaca*, espèce qu'on a réunie à quelques autres pour former le genre distinct *Michelia*, parce que sur le réceptacle il existe un intervalle nu entre les étamines et les carpelles. Les fleurs d'un certain nombre de Magnolias des Antilles servent à la Martinique à aromatiser les liqueurs de table.

L'écorce de plusieurs Magnolias est douée d'une saveur amère et d'une âcreté aromatique qui lui donnent des propriétés fébrifuges. On emploie plus particulièrement aux États-Unis comme telle l'écorce du *M. glauca* ou arbre à Castor, ce qui a valu à cet arbre le nom de Quinquina de Virginie.

LE MAGNOLIA A GRANDES FLEURS — *MAGNOLIA GRANDIFLORA*

Caractères. — Le Magnolia à grandes fleurs (fig. 102 et 103) est un grand arbre au tronc droit et uni, dont l'écorce rappelle un peu celle du Hêtre ; il élève dans les airs une belle cime conique, d'autant plus décorative qu'on a dépouillé par émondage le tronc de ses branches inférieures. Le feuillage toujours vert, même dans les froids de l'hiver, est si épais que les rayons de soleil ne peuvent le traverser ; les grandes

(1) Saporta et Marion, *Recherches sur les végétaux fossiles de Meximieux*. Lyon, 1886.

Fig. 102. — Fleur.　　　　Fig. 103. — Rameau.

Fig. 102 et 103. — Magnolia à grandes fleurs. (*Magnolia grandiflora.*)

feuilles coriaces et luisantes par-dessus, rappellent sensiblement par leur forme celles du Laurier-Amandier.

Les fleurs (fig. 102), d'un beau blanc pur, et qui répandent une odeur des plus suaves, sont de grande taille et représentent, lorsqu'elles sont épanouies et que les pétales en sont étalés, un diamètre de 15 à 25 centimètres. La floraison a lieu vers les mois de juin ou de juillet et les fleurs se renouvellent régulièrement jusqu'au mois de novembre, pour ne disparaître qu'avec les premières gelées. Ces fleurs, vraiment fort belles, ne produisent pas toujours l'effet décoratif qu'elles devraient produire, perdues au milieu du feuillage si touffu. Aux fleurs succèdent les fruits, qui sont eux aussi un ornement pour l'arbre : le réceptacle grossit pendant que les carpelles mûrissent, et l'ensemble prend l'aspect d'un cône brun de 12 centimètres de long, sur lequel sont disposés les fruits en spirale, rappelant ainsi le fruit de certains Conifères, et en particulier celui du Pin pignon. Ces fruits se séparent en deux valves entre lesquelles pendent les graines d'un beau rouge corail suspendues par un long funicule.

Distribution géographique. — Dans son pays natal, l'Amérique du Nord, où il fait un des plus beaux ornements des forêts de la Caroline, le Magnolia à grandes fleurs est un arbre qui atteint 20 et 25 mètres de hauteur. C'est aujourd'hui l'espèce la plus répandue dans les jardins de l'Europe, où on la cultive comme arbre d'ornement, mais où elle n'atteint pas des dimensions aussi considérables, dépassant rarement 10 mètres de haut. En France, le Magnolia à grandes fleurs réussit surtout dans les jardins du Midi ou du littoral de l'Océan. A Paris, il est plus difficile de le faire prospérer, et bien qu'il résiste à des froids d'une dizaine de degrés au-dessous de zéro, sa floraison est moins abondante, son feuillage moins touffu.

Usages. — Le principal mérite du Magnolia à grandes fleurs, ce qui le fait planter volontiers dans les grands jardins et les parcs, c'est la beauté de son port, l'abondance et l'épaisseur de son feuillage toujours vert. Comme la date de la floraison est tardive pour cette espèce par rapport aux autres Magnolias, il arrive parfois que les jardiniers greffent sur le Magnolia à feuilles persistantes d'autres espèces à feuilles caduques, mais à floraison précoce : dans ces conditions, les fleurs apparaissent sur les rameaux à l'époque où fleurirait l'espèce greffée.

A côté du *Magnolia grandiflora*, citons ici, parmi les espèces à feuilles persistantes, le *Magnolia odoratissima*, originaire de Java, aux fleurs blanc jaunâtre, et le *Magnolia fuscata*, arbrisseau de Chine à fleurs bordées de carmin, qui sont des plantes de serre tempérée.

LE MAGNOLIA YULAN — *MAGNOLIA YULAN*

De tous les Magnolias à feuilles caduques cultivés dans les jardins, la plus belle espèce est le Magnolia yulan, qui nous vient de la Chine.

Caractères. — Sa taille cependant ne dépasse guère 10 à 12 mètres. Ce qu'il faut louer principalement dans cette plante, ce sont les fleurs, nombreuses, répandant une odeur des plus agréables, qui s'épanouissent, précédant les feuilles, dès le mois de mars. Malheureusement la précocité de ces fleurs leur est fatale, en ce sens que bien souvent le retour des gelées vient faire le plus grand tort à la floraison.

Distribution géographique. — Originaire de Chine, le Magnolia yulan est acclimaté dans nos jardins, où il réussit plus particulièrement dans le Midi et les provinces de l'Ouest de la France.

Usages. — Le Magnolia yulan est cultivé avec soin dans son pays natal, où on fait usage de ses fleurs pour aromatiser le thé. On a attribué de grandes vertus à son écorce. Les graines réduites en poudre passent pour toniques et fébrifuges.

On connaît quelques variétés de cette espèce ; la plus intéressante est l'hybride obtenue par le croisement du M. yulan avec le Magnolia pourpre (*M. purpurea* ou *discolor*), connu sous le nom de *Magnolia soulangiana*, et dont les fleurs, pourprées à l'extérieur, d'un blanc pur à l'intérieur, sont de la plus grande beauté.

LE MAGNOLIA POURPRE — *MAGNOLIA PURPUREA*

C'est un simple arbrisseau, qui nous vient du Japon et qui ne dépasse guère 1 à 4 mètres

de haut. Les feuilles tombent tous les hivers quand on le cultive en pleine terre, mais sont persistantes chez les individus élevés en orangerie. Les fleurs, qu'on peut comparer pour la forme à celles de la Tulipe, s'épanouissent dès le mois d'avril, et sont fort jolies par leurs pétales rouges en dehors et blancs en dedans.

Signalons encore comme Magnolias cultivés à feuilles caduques :

Le MAGNOLIA DE PENSYLVANIE (*M. acuminata*), grand arbre de 35 mètres, à fruits rouge vif.

Le MAGNOLIA PARASOL (*M. umbellata*), dont les feuilles de 40 à 50 centimètres de longs sont réunies en ombelle, à l'extrémité des rameaux, etc.

Le MAGNOLIA CAMPBELL de l'Himalaya est rare dans les collections européennes. C'est peut-être le plus beau de tous les Magnolias arborescents ; ses fleurs splendides de toutes nuances, blanc, rose, carmin, violet, etc., devancent les feuilles d'un mois environ et sont aussi remarquables par leur beauté que par leur grande taille.

LE TULIPIER DE VIRGINIE — *LIRIODENDRON TULIPIFERA*

Étymologie. — Les fleurs rappellent un peu par leur forme celles des Tulipes : de *lirion*, lis ; *dendron*, arbre.

Caractères. — Le genre *Liriodendron* ne se distingue guère des Magnolias que par ses anthères extrorses et ses fruits ailés. Il a été établi pour un grand arbre américain dont la tige peut atteindre parfois des proportions considérables, car on connaît des Tulipiers de 25, 30 et 40 mètres de haut. Les branches amplement étalées portent des feuilles alternes, au limbe divisé en 3 lobes, dont le médian est tronqué de façon à produire à peu près l'aspect d'une lyre. Les feuilles sont stipulées dans le jeune âge ; sur un jeune rameau on trouve un peu plus haut que le point d'insertion du pétiole, 2 stipules écailleuses appliquées l'une contre l'autre, comme deux valves d'une coquille, de manière à former une petite outre, à l'intérieur de laquelle se trouve comprise toute la portion du rameau supérieure à la feuille considérée (fig. 104).

A l'intérieur de cette cavité à parois membraneuses et quelque peu transparentes, se trouve la jeune feuille, en voie de développement, dont le pétiole est recourbé sur lui-

Fig. 104. — Tulipier de Virginie (*Liriodendron tulipifera*). — Développement des feuilles.

même et dont les deux moitiés du limbe sont repliées l'une contre l'autre, autour de la nervure médiane. Cette jeune feuille reste là comme dans une serre, y grandit, et lorsqu'elle a acquis un développement suffisant, les deux stipules s'écartent l'une de l'autre, le pétiole se redresse et l'extrémité du rameau sort. Les deux stipules tombent ensuite bientôt, et seules deux cicatrices à la base du pétiole indiquent pour une feuille plus âgée qu'elle était pourvue de stipules au début de son existence.

Les fleurs, assez grandes, nombreuses, solitaires, sont de couleur blanc-jaune verdâtre, avec une tache rouge brique à la base des pétales. Ces fleurs s'épanouissent en juin ou en juillet et répandent une assez suave odeur. Sur un réceptacle cylindro-conique sont groupées les pièces florales. Le calice est formé de 3 sépales colorés, imbriqués dans le bouton. La corolle est de 6 pétales disposés 3 par 3 sur deux rangs. Étamines très nombreuses et indépendantes à anthères extrorses. Les carpelles, également en grand nombre, sont libres entre eux et groupés en spirale sur le réceptacle cylindro-conique, serrés les uns contre les autres, si bien que le centre de la fleur a l'aspect d'une sorte de cône, à la surface duquel les carpelles se présentent comme autant d'écailles imbriquées. Ces carpelles sont après la floraison remplacés par autant de fruits secs indéhiscents, dont la dissémination au loin est favorisée par la présence d'un prolongement supérieur en forme d'aile aplatie de dehors en dedans.

Distribution géographique. — Seule espèce du genre *Liriodendron*, le *L. tulipifera* est un grand arbre qui croît dans l'Amérique septentrionale. Cet arbre est aujourd'hui acclimaté dans les jardins de nos pays, où on le trouve fréquemment cultivé comme arbre d'ornement. Introduit en France en 1732, par l'amiral de La Galissonnière, il n'est tout à fait rustique que dans les jardins du Midi ou des provinces de l'Ouest. Sous le climat de Paris, il ne fleurit pas toujours ou, en tout cas, ses fleurs ne se développent que très tard et les graines d'ailleurs n'y parviennent jamais à maturité complète.

Usages. — Le Tulipier est un très bel arbre ornemental, cultivé comme tel dans les parcs et les jardins où il peut rendre de grands services. La taille qu'il peut y acquérir, sans rivaliser avec celle qu'il atteint dans son pays natal, devient parfois fort considérable. D'après Decaisne et Naudin, les plus grands qu'on connaisse en France se trouvent dans l'ancien domaine de Duhamel, en Orléanais, et aux environs de Bordeaux, dans les plantations de M. Ivoy, où quelques-uns atteignent 25 mètres de haut. On en cite de plus grands encore dans le Cornouailles anglais, qui ont plus de 5 mètres de circonférence à une hauteur de 1 mètre du sol. Le Tulipier exige un très bon sol, substantiel et frais. On l'emploie le plus fréquemment isolé, à cause des proportions qu'il peut prendre, et dans ce cas on en laisse croître la tête en dôme arrondi. On peut aussi l'employer en allées ; la distance de plantation est alors de 6 mètres.

Le Tulipier est considéré en Amérique comme une plante médicinale assez importante. Son écorce, amère et aromatique, passe pour tonique et fébrifuge et a été employée comme telle aux États-Unis, où on a proposé de s'en servir comme d'un succédané du quinquina dont elle posséderait, paraît-il, toutes les excellentes vertus.

« Le vrai bois ou le cœur du Tulipier est jaune, approchant de la couleur citron, et entouré, comme dans tous les autres arbres, d'un aubier blanc. Cette couleur jaune du cœur est plus ou moins foncée ; alors elle a une teinte verdâtre, souvent même elle est nuancée de violet. Quoique cet arbre appartienne à la classe des bois légers, il l'est cependant beaucoup moins que celui d'aucune espèce de Peupliers ; le grain en est aussi fin, mais plus serré ; et quoique plus dur, il se travaille facilement et se polit bien. On lui a reconnu assez de force et de rigidité pour être employé à des usages qui requièrent beaucoup de solidité ; lorsqu'il est dépouillé de son aubier, et qu'il est bien sec, il résiste longtemps aux injures de l'air, et il est, dit-on, rarement attaqué par les insectes. Son principal défaut, lorsqu'il est débité en planches, et que ces planches sont employées de toute leur largeur au dehors, est d'être sujet à se tourmenter par les alternatives de la sécheresse et de l'humidité ; mais à beaucoup d'autres égards, ce défaut est en grande partie compensé. A New-York, à Philadelphie et dans les campagnes environnantes, on estime et on emploie souvent le Tulipier dans la construction des maisons, pour en faire les solives et les chevrons des étages supérieurs, et cela à cause de sa force et de sa légèreté ; mais dans les États du Centre, dans les Hautes Carolines et surtout dans tous ceux de l'Ouest, son usage est encore plus général dans la bâtisse des maisons ; il y remplace le mieux, à ce qu'il paraît, le Pin et surtout le Cèdre et les Cyprès. Dans toutes les grandes villes des États-Unis, le Tulipier débité en planches très minces est le seul bois dont les carrossiers se servent pour les panneaux de carrosses et de cabriolets. Ce bois bien sec, reçoit un beau poli et prend bien la couleur. Les fermiers le choisissent pour en faire des auges dans lesquelles on donne à manger ou à boire aux bestiaux. Ces auges, d'une seule pièce, exposées en plein air, durent aussi longtemps que celles qui sont de Châtaignier ou de Noyer. Les Indiens qui habitent les États du Milieu et ceux qui se trouvent encore dans les États de l'Ouest, préfèrent le Tulipier pour faire des pirogues. Ces bateaux, toujours d'un seul tronc d'arbre creusé, ont beaucoup de force et de légèreté ; il en est qui portent jusqu'à vingt personnes » (1).

LES BADIANIERS — *ILLICIUM*

Caractères. — Les Badianiers sont de petits arbres ou arbustes exotiques, à feuilles alternes et persistantes, dépourvues de stipules, à fleurs hermaphrodites, portées sur des

(1) Michaux, *Histoire des arbres forestiers de l'Amérique septentrionale*, III, p. 202 et suiv.

pédoncules plus ou moins longs, grêles, cylindriques et solitaires à l'aisselle des feuilles supérieures. Le périanthe est en général formé par 15 à 20 folioles, disposées sur plusieurs rangs, entre lesquelles il est fort difficile de distinguer les sépales des pétales ; car on trouve toutes les transitions de couleur et de forme entre ces pièces qui passent insensiblement les unes aux autres à mesure qu'on se rapproche du centre de la fleur. L'androcée comprend une trentaine d'étamines introrses ; 6 à 12 carpelles libres entre eux forment le pistil. Chaque ovaire, uniloculaire, ne renferme qu'un seul ovule anatrope. Les pièces du périanthe se détachent de bonne heure du réceptacle floral ainsi que les étamines ; le fruit est formé d'autant de capsules monospermes qu'il y avait de carpelles au pistil. Ces capsules sont disposées en étoile, comprimées, et s'ouvrent longitudinalement par le bord supérieur, laissant apercevoir à l'intérieur de la cavité laissée entre leurs deux valves, la graine unique, ovoïde, lisse, luisante, qui renferme elle-même une amande huileuse et blanchâtre.

Distribution géographique. — Le genre *Illicium* est formé par une demi-douzaine environ d'espèces à peu près également réparties entre l'ancien et le nouveau continent. On rencontre des Badianiers en Chine (*I. anisatum*), au Japon (*I. religiosum*), dans l'Inde (*I. Griffithii*), aux îles Philippines (*I. Sanki*) et dans la Floride occidentale sur les bords du Mississipi (*I. parviflorum* et *I. floridanum*).

Usages. — Les Badianiers sont fort utiles par leurs fruits. Ceux de l'*Illicium anisatum* ou Badianier de Chine sont connus dans le commerce sous le nom d'*anis étoilé ;* ils ont en effet toutes les propriétés de l'anis vert, auquel on le substitue dans bien des cas.

LE BADIANIER DE LA CHINE
— ILLICIUM ANISATUM.

Nom vulgaire. -- Anis étoilé.

Caractères. — C'est un arbrisseau toujours vert, de 3 à 4 mètres de haut, dont le port et le feuillage rappellent un peu celui du Laurier ; les feuilles sont alternes ou rassemblées en bouquets à la partie supérieure des rameaux. La plante fleurit vers les mois d'avril ou de mai, portant des fleurs jaunâtres solitaires. Le fruit est constitué par 8 capsules bivalves, disposées en étoile, dures, brunes, épaisses et ligneuses, déhiscentes suivant la ligne

supérieure et renfermant une graine unique, ovale, rougeâtre et lisse. C'est ce fruit qui porte dans le commerce le nom d'*anis étoilé* (fig. 105).

Propriétés. — Usages. — Ces fruits ont une odeur suave et douce, une saveur aromatique et sucrée. Par distillation, on en extrait une essence ayant les propriétés de l'essence d'Anis, mais peut-être plus suave encore. L'Anis étoilé est employé en médecine sous forme d'infusion, macération, poudre ou alcoolat, à cause de ses propriétés stimulantes et stomachiques ; les Chinois ont l'habitude de mâcher les feuilles du Badianier et de s'en servir pour aromatiser le thé ; ils considèrent cette plante comme pouvant combattre l'effet de certains poisons, et on l'emploie en particulier avec

Fig. 105. — Anis étoilé (*Illicium anisatum*).

succès dans l'empoisonnement par les moules.

Les liquoristes font grand usage de l'anis étoilé, qui entre dans la préparation d'un certain nombre de liqueurs, comme par exemple le ratafia d'anis, les extraits d'Absinthe, l'anisette ordinaire, l'anisette de Bordeaux surfine ; dans la qualité dite demi-fine, l'anis étoilé n'entre pas, mais est remplacé par l'anis vert.

On substitue parfois à l'anis étoilé originaire de Chine les fruits de deux Badianiers d'Amérique (*I. floridanum* et *I. parviflorum*), qui se distinguent par un plus grand nombre de capsules et qui possèdent à peu près les mêmes propriétés. — Au Japon, est planté autour des temples et regardé par le peuple comme un arbre sacré, un Badianier, que Siebold et Zanarini ont distingué sous le nom d'*Illicium religiosum*, dont les fruits ne

Fig. 106. — Drymide de Winter (*Drymis Winteri*).

sont plus aromatiques, mais fades et nauséeux, alors que l'arome subsiste dans les branches et dans les feuilles.

Plusieurs Badianiers sont cultivés dans les serres d'Europe, en particulier les espèces américaines, telles qu'*1. floridanum* et-*1. parviflorum*.

LES DRYMIDES — *DRYMIS*

Caractères. — Le genre exotique *Drymis* comprend un certain nombre d'arbres et d'arbrisseaux, aux feuilles persistantes, alternes et dépourvues de stipules. La fleur en bouton est entourée par une sorte de sac membraneux, qui représente un calice gamosépale et qui au moment de la floraison se déchire en plusieurs lobes irréguliers, qui tombent bientôt: la fleur apparaît alors formée d'une corolle à pétales indépendants, de nombreuses étamines extrorses et d'un petit nombre de carpelles, le plus souvent 5, multiovulés. A maturité, ces carpelles deviennent charnus et le fruit se compose alors de baies indéhiscentes et polyspermes.

Distribution géographique. — Les *Drymis*, au nombre de 8 à 10 espèces, habitent l'Amérique du Sud, le Mexique, la Nouvelle-Calédonie, la Nouvelle-Zélande, la Tasmanie et Bornéo.

Usages. — La plupart des espèces de ce genre possèdent des écorces aromatiques douées de propriétés toniques, stimulantes et antiscorbutiques. La plus célèbre est l'écorce de Winter ou cannelle de Magellan, produite par l'espèce suivante.

LE DRYMIDE DE WINTER — *DRYMIS WINTERI*

Caractères. — C'est un arbre de 12 mètres de haut, qui dans certaines localités de son pays natal peut demeurer à l'état d'arbrisseau et ne pas dépasser alors 3 mètres de haut. L'arbre reste toujours vert, conservant toujours ses feuilles simples, longues et obtuses, très glauques en dessous (fig. 106).

Distribution géographique. — Il croît sur les terres qui bordent le détroit de Magellan et son écorce en fut rapportée pour la première fois par le capitaine John Winter, qui faisait partie de l'expédition du capitaine Drake, par ti en 1577 de Plymouth pour faire le tour du monde. Une tempête survenue en septembre 1578 sépara du reste de la petite flotte le navire l'*Élisabeth*, commandé par Winter, qui dut repasser le détroit de Magellan pour regagner l'Angleterre. Son équipage ayant été atteint du scorbut, il fit usage pour le guérir de l'écorce d'un arbre qu'il avait rencontré dans ce pays et qu'on a nommé depuis *écorce* de *Winter* ou *cannelle de Magellan*, ce dernier nom rappellant à la fois l'origine de la substance et ses propriétés. A son retour en Europe, il communiqua sa précieuse écorce à Charles de l'Écluse, botaniste français, plus connu sous le nom de *Clusius*, qui en donna la description.

Forster, qui accompagnait le deuxième voyage de Cook autour du monde, en qualité de botaniste, décrivit plus tard l'arbre qui fournit l'écorce de Winter et lui assigna le nom de *Drymis Winteri*. Cet arbre croît abondamment dans le détroit de Magellan et sur la côte est de la Terre de Feu. Pour beaucoup d'auteurs, les espèces qui poussent au Chili (*D. chilensis*), à la Nouvelle-Grenade (*D. granatensis*), et au Mexique (*D. mexicana*) ne présenteraient pas assez de différences pour pouvoir être distinguées spécifiquement du *Drymis Winteri*.

Propriétés. — Usages. — L'écorce de Winter, très aromatique, jouit de propriétés toniques, stimulantes et fébrifuges. Cependant son usage est abandonné à peu près complètement en Europe : dans l'Amérique du Sud, on l'emploie pour combattre la diarrhée et la débilité de l'estomac. Au Mexique, on fait usage, sous le nom de *Chachaca*, de l'écorce âcre et brûlante du *Drymis mexicana*. En Australie, les fruits du *Drymis lanceolata* sont réduits en poudre et remplacent le poivre comme condiment.

LES ANONACÉES — *ANONACEÆ*

Caractères. — Les Anonacées sont des plantes exotiques des pays chauds, toutes ligneuses, arbres ou arbrisseaux parfois grimpants, à feuilles toujours alternes, simples entières et dépourvues de stipules. Les fleurs, régulières, presque toujours hermaphrodites, très rarement uni-sexuées, sont le plus souvent solitaires et en tous cas les inflorescences ne se composent jamais que d'un petit nombre de fleurs. Le réceptacle floral est toujours convexe, sauf chez deux espèces d'Australie, dont on a fait le genre *Eupomatia*, où il est concave et présente la forme d'un entonnoir sur les bords duquel s'insèrent un très grand nombre d'étamines périgynes. Le périanthe ne manque que chez les mêmes *Eupomatia*, dont la fleur est enveloppée tout d'abord dans une bractée formant sac qui se détache ensuite par sa base. Chez les autres Anonacées, le périanthe est double et composé d'un calice ordinairement trimère, et d'une corolle formée dans le type normal de 6 pétales en 2 verticilles et qui parfois devient coriace et charnue. Nombreuses étamines extrorses.

Au centre de la fleur le pistil se compose d'un grand nombre de carpelles indépendants disposés suivant une ligne spirale. Pourtant dans les *Monodora* de l'Afrique tropicale et de Madagascar, les carpelles se soudent bords à bords pour former un ovaire uniloculaire à placentation pariétale. Les ovules en nombre variable sont anatropes. Les fruits des Anonacées sont très souvent charnus et indéhiscents : ce sont des baies polyspermes et indépendantes ou monospermes et soudées entre elles. Les graines, souvent pourvues d'un arille, contiennent un petit embryon dans un albumen ruminé, c'est-à-dire entaillé de fissures plus ou moins profondes.

Affinités. — On voit que les Anonacées se rapprochent des Renonculacées et surtout des Magnoliacées, dont elles ne diffèrent guère que par l'albumen ruminé.

Distribution géographique. — A la famille des Anonacées, dont Linné ne connaissait que 12 espèces, on rattache aujourd'hui 400 à 450 plantes spécifiquement distinctes, réparties en une soixantaine de genres environ. Toutes les Anonacées sont exotiques ; l'Europe est la seule partie du monde qu'elles n'habitent pas à l'état spontané ; elles sont presque exclusivement cantonnées dans les régions tropicales de l'ancien et du nouveau monde ; cependant en Asie et en Amérique elles peuvent remonter plus au nord et on connaît des représentants de la famille en Chine, au Japon, au Mexique et aux États-Unis. Vers le sud également, certains genres se retrouvent dans l'Afrique australe, à Madagascar et dans l'Amérique du Sud jusqu'à la Plata. Plusieurs espèces d'ailleurs ont été transplantées de leurs pays originaires dans presque toutes les contrées chaudes du globe, où elles sont l'objet d'une active culture ; les espèces cultivées en Europe sont très rares et appartiennent exclusivement à l'Amérique du Nord.

Distribution géologique. — Cependant les Anonacées étaient représentées dans nos pays à l'époque tertiaire, ainsi qu'en font foi des feuilles, des fruits et des graines rencontrés à l'état fossile et rapportés à des espèces aujourd'hui disparues des genres *Anona* et *Asimina* et dont quelques-uns ont les plus grandes analogies avec des formes actuellement vivantes. On connaît 9 espèces d'*Anona* et 3 d'*Asimina* rencontrées dans les terrains tertiaires de l'ancien et du nouveau monde.

Usages. — Un très petit nombre d'Anonacées seulement sont susceptibles d'être cultivées en Europe comme plantes ornementales : citons l'Asiminier (*Asimina triloba*), petit arbrisseau des États-Unis, que l'on cultive à Paris au Jardin des Plantes et qui est peut-être la seule plante de sa famille que l'on puisse étudier à l'état frais dans nos pays. Son fruit sert

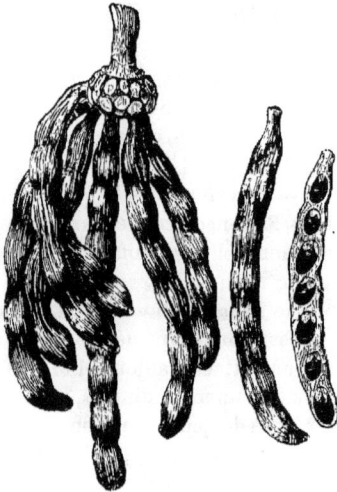

Fig. 107. — Fruit du *Xylopia æthiopica*.

en Amérique à fabriquer une boisson fermentée.

La plupart des Anonacées dans les pays chauds sont estimées pour leurs écorces aromatiques, leurs fleurs odorantes et principalement pour leurs fruits. Lorsque ceux-ci se présentent sous la forme de baies séparées, ils sont le plus souvent aromatiques et employés alors comme condiments. Les nègres recherchent volontiers pour cet usage le fruit du *Xylopia æthiopica*, connu sous le nom de poivre Éthiopie (fig. 107) ou poivre de Guinée. Cet arbre élégant, aux feuilles épaisses et luisantes, qui habite les contrées les plus chaudes de l'Afrique, produit des baies charnues disposées au nombre de 20 environ sur le réceptacle, cylindriques, grosses comme une plume à écrire et

longues de 25 à 50 centimètres. On emploie également comme épices les fruits d'un certain nombre d'espèces assez voisines de la précédente, *Anona aromatica* et *Xylopia frutescens* de la Guyane, *Cordia mixa* du Brésil, etc. Un certain nombre d'Anonacées ont des fruits comestibles d'une saveur exquise, pouvant, au dire des voyageurs, rivaliser avec les meilleures de nos poires européennes ; ces fruits sont formés par des baies monospermes soudées entre elles en une seule masse. Tels sont les fruits des diverses espèces du genre *Anona* qui a donné son nom à la famille.

Un parfum, célèbre dans l'Inde et dans la Chine sous le nom d'*alanguilan*, s'extrait des fleurs odoriférantes du *Cananga odorata*, qui entrent également dans la préparation d'huile pour la chevelure.

LES ANONES — *ANONA*

Caractères. — Les Anones ou Corossoliers sont des arbres de moyenne grandeur au port assez élégant, qui semblent originaires des Antilles et de là s'être répandus dans toutes les régions chaudes de l'Asie, de l'Afrique et de l'Amérique, où on les cultive à cause de leurs fruits.

Usages. — Ceux-ci, connus généralement sous le nom de *corossols* ou de *cachimans*, sont comestibles et du goût le plus délicat, lorsqu'ils sont mûrs à point ; jeunes et verts, on les emploie parfois comme médicaments.

L'ANONE ÉCAILLEUSE — *ANONA SQUAMOSA*

Originaire des Antilles et cultivée comme arbre fruitier dans les régions tropicales du monde entier, l'Anone écailleuse (fig. 108) produit un fruit connu sous le nom de *pomme cannelle* ou *guanabane* (fig. 109). C'est un fruit composé de plusieurs baies monospermes soudées entre elles, et se présentant alors sous l'aspect d'une grosse masse ovoïde à écorce verdâtre, jaunâtre ou grise, hérissée de mamelons écailleux représentant les sommets des baies qui par leur soudure forment le fruit. Cette écorce résistante emprisonne une pulpe charnue, blanche et molle, d'un parfum suave et d'un goût agréable rappelant un peu celui d'une poire bien mûre. Avec le jus de ce fruit, par fermentation, on fabrique une liqueur alcoolique qui n'est pas sans analogie avec le cidre ou le poiré.

Fig. 108. — Rameau fleuri.   Fig. 109. — 1. rameau avec fruit. — 2. fruit coupé.

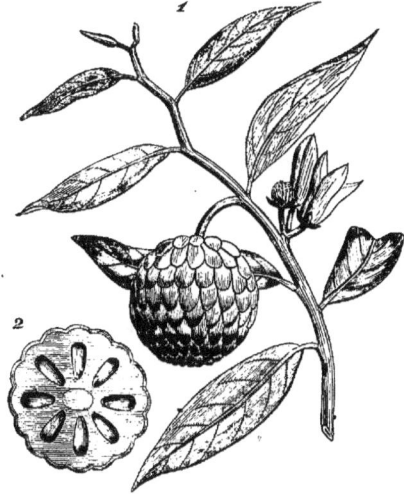

Fig. 108 et 109. — Anone écailleuse (*Anona squamosa*).

L'ANONE HÉRISSÉE — *A. MURICATA*

L'Anone hérissée, qui croît également aux Antilles, est un arbre de 5 à 6 mètres de haut, qui porte d'assez grandes fleurs jaunes, solitaires à l'aisselle des feuilles.

Les fruits, appelés *grands corossols* ou *cachimans épineux*, ont la forme de masses ovoïdes, grosses comme les deux poings et même davantage et dont quelques-unes peuvent peser jusqu'à deux kilogrammes. Sous une écorce dure et verdâtre, de saveur désagréable et sentant l'essence de térébenthine, est une pulpe blanchâtre, succulente, fondante comme du beurre, d'une saveur douce et légèrement acidulée, qui rappelle à la fois celle de la fraise, de l'ananas et de la cannelle.

Signalons encore parmi les Anonacées à fruits comestibles estimés, le CHÉRIMOLIER DU PÉROU (*Anona cherimolia*), dont la baie composée, grosse comme le poing environ, serait, au dire de certains voyageurs, le plus délicieux de tous les fruits.

LE CANANG DES MOLUQUES — *CANANGA ODORATA*

Caractères. — Le Canang des Moluques est un grand arbre, aux branches peu nombreuses, mais bien ramifiées, que les Malais cultivent avec soin autour de leurs maisons.

Cette plante exotique, originaire des îles Moluques, est aujourd'hui cultivée dans tous les pays chauds.

Usages. — Cette plante fournit à la parfumerie une essence que l'on obtient par distillation des fleurs, et qui depuis quelques années a conquis en Europe un des premiers rangs parmi les parfums à la mode, sous le nom d'*ilang-ilang*. Le prix de cette essence varie de 22 à 30 francs les 30 grammes, et ce prix, d'autant plus élevé que le parfum de l'ilang-ilang est très fugitif et a peu de force, indique clairement la faveur dont il jouit auprès de nos jolies mondaines.

Les fleurs (dont l'odeur rappelle celle de nos Narcisses), mélangées à celles du *Magnolia* (*Michelia*) *champaca* qui croît dans les mêmes pays et à de l'huile de coco, servent à préparer une sorte de pommade à demi liquide appelée *borbori* ou *boribori*, dont les naturels se frottent le corps, pendant la saison des fièvres, pour se garantir de la maladie, et dont les femmes aiment, au sortir du bain, à inonder leurs beaux cheveux noirs. C'est cette huile qui, connue ou imitée en Europe, se vend dans le commerce de la parfumerie sous le nom d'*huile de Macassar*.

LES MÉNISPERMACÉES — *MENISPERMACEÆ*

Caractères. — Les Ménispermacées sont des plantes exotiques, sarmenteuses pour la plupart, à feuilles toujours alternes et dépourvues de stipules, le plus souvent simples, entières ou lobées. Les fleurs petites, groupées ordinairement en grappes ou en épis, sont dioïques, et pour la plupart construites sur le type 3.

Le périanthe comprend plusieurs verticilles : le plus souvent 6 sépales sur deux rangs, et 6 pétales également bisériés. Les étamines, le plus souvent au nombre de 6, sont insérées en face des pétales. Quant au pistil, dans le cas le plus général, il est formé par 3 carpelles libres entre eux, dont l'ovaire contient un seul ovule anatrope à l'état adulte. Il n'y a plus qu'un seul carpelle au centre de la fleur femelle chez les *Cissampelos* et plantes de la même tribu. A maturité, tous les carpelles se transforment en autant de drupes, c'est-à-dire de fruits charnus, indéhiscents, contenant un noyau à l'intérieur duquel se trouve la graine. Celle-ci, ordinairement courbée comme le fruit lui-même, contient à l'intérieur d'un albumen plus ou moins abondant, un embryon assez grand en forme de fer à cheval. Dans toute une tribu de la famille des Ménispermacées, celle des Pachygonées, les graines sont dépourvues d'albumen.

Distribution géographique. — On a décrit plus de 300 espèces différentes appartenant à la famille des Ménispermacées, mais ce nombre doit vraisemblablement être réduit des deux tiers. Toutes ces plantes croissent en abondance dans les régions tropicales des deux hémisphères; elles sont beaucoup plus rares dans l'Amérique du Nord, l'Asie occidentale, l'Afrique australe et l'Australie extratropicale. Il n'y a point de Ménispermacées en Europe, si ce n'est à l'état de plante cultivée.

Distribution géologique. — On connaît des empreintes de feuilles qui datent du miocène supérieur et que l'on a rapportées au genre aujourd'hui disparu *Mac Clintockia*, qui n'est pas sans analogie avec les *Cocculus* actuels.

Affinités. — Les Ménispermacées se rattachent aux Anonacées et aux Magnoliacées par la symétrie ternaire de la fleur et leurs feuilles alternes. Par l'intermédiaire des Lardizabalées, qui, comme elles, ont les fleurs dioïques, elles s'unissent aux Berbéridées.

Usages. — Les Ménispermacées sont douées pour la plupart de propriétés âcres, toniques ou diurétiques qui les font utiliser comme médicaments dans les pays qu'elles habitent. Plusieurs de ces plantes jouissent au Brésil et aux Antilles d'une certaine réputation contre la morsure des serpents; quelques-unes sont toxiques comme la Liane indienne qui fournit la coque du Levant. La pharmacie française n'utilise plus guère actuellement que la racine de Colombo, médicament tonique encore prescrit par plusieurs médecins et qui rend de grands services pour exciter les fonctions de l'estomac sans agir sur la circulation.

Quelques Ménispermacées sont cultivées dans nos pays comme plantes d'ornement : signalons à ce titre le *Menispermum canadense*, arbrisseau grimpant, originaire du Canada, à feuilles arrondies, et dont la tige peut s'élever dans nos jardins à 3 ou 4 mètres de hauteur. On peut s'en servir très avantageusement pour orner treillages et tonnelles. Les pieds femelles de cette plante dioïque sont préférables, à cause des fleurs à pistil, plus ornementales que les fleurs mâles, et des petits fruits noirs qui succèdent à la floraison

LE COCCULE COLOMBO. — *JATEORHIZA COLUMBA*

Synonymie. — *Cocculus palmatus.*

Caractères. — La plante qui fournit la racine de Colombo est un arbuste sarmenteux grimpant, dont la tige, recouverte de duvet, est à peu près de la grosseur du petit doigt. Les feuilles alternes s'attachent sur la tige par un assez long pétiole et le limbe palmé est divisé en 5 lobes.

Pendant longtemps on a crû la plante originaire de l'île de Ceylan, d'où l'on faisait venir sa racine en Europe. Le nom de racine de Colombo signifie même racine originaire de la ville de Colombo, capitale de l'île de Ceylan. Cependant le *Jateorhiza columba* ne croît pas dans ce pays, mais bien à Madagascar et sur la côte orientale de l'Afrique, d'où l'on tire aujourd'hui directement la racine, alors qu'autrefois elle était transportée à Ceylan pour de là être introduite en Europe.

L'ANARMITE COQUE DU LEVANT — *ANARMITA COCCULUS*

Caractères. — L'Anarmite coque du Levant est une Liane vigoureuse dont la tige peut avoir à peu près la grosseur du bras et porte de larges feuilles alternes, épaisses et luisantes, longuement pétiolées et cordiformes à la base, ainsi que de belles grappes pendantes de fleurs blanches. Les fleurs mâles offrent un calice à 6 divisions et pas de corolle ; les étamines réunies en tête globuleuse au centre de la fleur, sont très nombreuses et monadelphes. Les fleurs femelles sont plus petites que

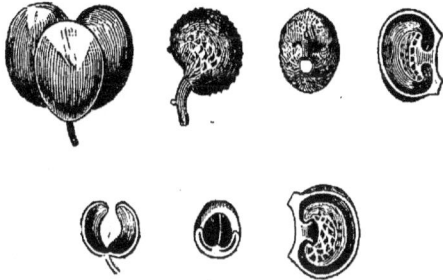

Fig. 110 à 116. — Anarmite Coque du Levant (*Anarmita cocculus*). Fruits et graines.

les fleurs mâles ; elles sont également dénuées de corolle ; on trouve 6 à 9 staminodes ou étamines stériles autour du pistil, formé de 3 carpelles indépendants, auxquels succèdent autant de petites drupes réniformes, presque ovoïdes. Le péricarpe, rouge et charnu, contient un noyau bivalve blanc et ligneux, présentant à son intérieur une cavité incomplètement divisée en deux parties par une saillie de la suture sur laquelle la graine se moule exactement. Le fruit, qui porte le nom de *coque du Levant* (fig. 110) se trouve dans le commerce sous forme d'une petite masse un peu plus grosse qu'un pois, à partie charnue, desséchée, noirâtre et rugueuse, à noyau blanc pou-

vant s'ouvrir en deux valves et contenant une grosse amande blanche.

Distribution géographique. — La plante qui produit la coque du Levant n'habite point, comme ce nom semblerait l'indiquer, l'Asie Mineure ; on la trouve aux Indes, en particulier au Malabar, à Ceylan, dans le Bengale et dans les îles de la Malaisie.

Propriétés. — La coque du Levant est une substance toxique qui doit cette propriété à une substance vénéneuse contenue dans la graine, la *picrotoxine* ou *coculine*.

Dans l'Inde, la coque du Levant mélangée à la mie de pain sert d'appât pour les poissons ; les pêcheurs jettent ce mélange dans l'eau des rivières et des étangs, et les poissons qui en ont mangé viennent comme enivrés tournoyer à la surface de l'eau où on les prend alors facilement à la main. Le grave inconvénient que présente ce genre de pêche, est que si le poisson ainsi tué n'est pas immédiatement retiré de l'eau et vidé sur-le-champ, le poison se répand dans la chair qui devient vénéneuse, et peut alors être un aliment très dangereux pour le consommateur. De plus, au moyen d'un pareil engin, le dépoissonnement complet des rivières d'un pays serait réalisé dans le plus bref délai ; aussi l'emploi de la coque du Levant a dû être sévèrement prohibé dans nos pays et on en a interdit la vente aux droguistes.

En Angleterre, certains industriels peu scrupuleux ont utilisé l'amertume de ce fruit pour donner du goût à la bière : on ne saurait trop condamner une pratique si coupable, car elle constitue un sérieux danger pour la santé publique.

La coque du Levant, malgré ses propriétés énergiques, est tout à fait inusitée dans la médecine française, où on ne l'emploie guère que pour l'usage externe, sous forme de pommade pour la destruction des poux.

LES BERBÉRIDÉES — *BERBERIDEÆ*

Étymologie. — Du grec *berberi*, coquille ; allusion à la forme des pétales.

Caractères. — Les Berbéridées sont pour la plupart des arbrisseaux, souvent épineux, comme le Vinettier commun (*Berberis vulgaris*), plus rarement de simples herbes. Les feuilles, presque toujours alternes, très rarement

opposées (*Podophyllum*), sont tantôt simples et tantôt composées. Beaucoup de Berbéridées se présentent sous l'aspect d'arbustes, dont les bords des feuilles sont armés de dents épineuses, les feuilles pouvant même se transformer en épines simples ou ramifiées comme chez l'Épine-vinette vulgaire.

Les fleurs, ordinairement de couleur jaune, plus rarement blanches, sont régulières et hermaphrodites. Le périanthe des fleurs des Berbéridées est formé d'un calice et d'une corolle dont les folioles sont disposées sur plusieurs verticilles ordinairement trimères ; le cas le plus fréquent est celui où il y a 6 pétales à la corolle. Les étamines, dont le nombre égale celui des pièces de la corolle, sont en apparence opposées aux pétales. En réalité, pétales et étamines sont disposés par verticilles trimères, 2 pour la corolle et 2 pour l'androcée, les pièces alternant régulièrement d'un verticille à l'autre. Les anthères sont le plus souvent à déhiscence valvulaire, c'est-à-dire que, de chaque côté, une ligne de déhiscence circulaire découpe une sorte de panneau qui se soulève de bas en haut vers l'extérieur. Le pistil, chez les Berbéridées, se réduit à un seul carpelle, dont l'ovaire uniloculaire contient un nombre variable d'ovules anatropes. Le fruit est le plus souvent une baie indéhiscente, polysperme, comestible. Les graines renferment toutes un albumen, à l'intérieur duquel se trouve l'embryon.

Dans les Berbéridées, nous comprendrons, à titre de simple tribu, des plantes grimpantes exotiques dont certains auteurs ont fait une famille distincte, les Lardizabalées, qui s'en séparent par les fleurs à sexes séparés, la monadelphie des étamines des fleurs mâles, et par un pistil à 3 carpelles indépendants.

Distribution géographique. — Ainsi définie, la famille des Berbéridées renferme 20 genres et 105 espèces habitant les régions tempérées de l'hémisphère boréal et de l'Amérique du Sud. La flore française ne comprend que deux espèces du genre *Berberis*, le *B. vulgaris* qui habite toute la France, où il est plante commune, et le *B. ætnensis*, de Corse. Beaucoup d'espèces exotiques de *Berberis* et de *Mahonia*, en particulier les espèces américaines, sont acclimatées dans les jardins français.

Les Berbéridées étaient représentées à l'époque tertiaire par des *Mahonia*, qui n'existent plus aujourd'hui en Europe et ne se rencontrent à l'état spontané qu'en Asie et en Amérique.

Affinités. — Les Berbéridées présentent beaucoup de rapports avec les Renonculacées, les Magnoliacées et les Anonacées, dont elles se distinguent principalement par les anthères à déhiscence valvaire et par l'ovaire unicarpellé. Par les Lardizabalées elles se rattachent assez étroitement aux Ménispermacées, dont elles diffèrent principalement par le fruit et par le nombre des ovules.

Propriétés et usages. — Les Berbéridées doivent, pour la plupart, leurs propriétés à la *berbérine* qui existe dans leur rhizome ou leurs racines. En dehors des diverses espèces de *Berberis* et de *Mahonia* et du *Podophyllum*, les Berbéridées fournissent peu de produits utiles à l'homme. Signalons cependant ici le *Leontice leontopetalum*, espèce méditerranéenne, dont la souche est employée en Asie Mineure en guise de savon.

LES VINETTIERS — *BERBERIS*

Caractères. — Les Vinettiers sont des arbrisseaux à feuilles alternes, simples chez les *Berberis* proprement dits, composées-pennées chez les espèces qu'on a souvent distinguées des autres et réunies pour en faire un genre distinct, le genre *Mahonia*. Il arrive souvent chez les *Berberis* que certaines feuilles se transforment en épines simples ou ramifiées. Les fleurs hermaphrodites et régulières, de couleur jaune et de taille médiocre, sont le plus souvent groupées en grappes. Calice, corolle, et androcée sont formés de 6 pièces chaque, et ces pièces sont placées en face les unes des autres, c'est-à-dire qu'on trouve superposés, un sépale, puis un pétale, puis une étamine. Pétales et sépales, de couleur jaune, se ressemblent fort, et affectent la forme d'une valve concave en dedans ; la corolle est un peu plus longue que le calice. Le plus souvent à la base des pétales, du côté interne, se trouvent deux glandes. Chaque étamine, insérée obliquement et accolée contre le pétale qui lui fait face, est resserrée à la base de son filet entre ces deux glandes. Les loges de l'anthère s'ouvrent chacune de bas en haut par une sorte de panneau ; pour cela, une fente circulaire part de l'extrémité supérieure de l'anthère, contourne la base et remonte en arrière le long du connectif. Le pistil est unicarpellé ; l'ovaire ne contient que peu d'ovules anatropes. Le fruit qui succède à la fleur est une baie charnue, contenant un petit nombre de graines à albumen charnu et renfermant un embryon assez grand.

Distribution géographique. — Le genre *Berberis* (en y comprenant les *Mahonia*) renferme 60 espèces environ, réparties en Europe, en Asie et dans les deux Amériques, principalement l'Amérique du Nord.

Caractères biologiques. — La fécondation s'opère chez les Berbéridées d'une façon très intéressante, qui peut s'observer facilement chez le Vinettier commun. Il y a chez cette plante autofécondation, c'est-à-dire que les étamines d'une fleur déposent leur pollen sur le stigmate du pistil de la même fleur. Pour cela, les étamines effectuent des mouvements dus à une irritabilité particulière qu'elles possèdent. Le périanthe se compose de 12 folioles (6 sépales et 6 pétales) colorées, de forme concave, superposées deux à deux, le pétale étant un peu plus long que le sépale qui l'accompagne extérieurement. Les étamines, au nombre de 6, également placées à l'intérieur de la concavité des pétales en face desquels elles sont insérées, font normalement cortège autour du pistil, à une certaine distance ; dans la fleur épanouie, chaque filet est appliqué sur la foliole qui lui est opposée et resserré à la base entre deux glandes couleur safran, qui produisent un nectar sucré.

Les abeilles sont très friandes de ce liquide et, lorsqu'elles viennent visiter la fleur, si quelqu'une en volant effleure de son aile la base d'un filet staminal, on voit aussitôt l'étamine se recourber subitement et appliquer son anthère sur le stigmate. On peut imiter l'attouchement de l'insecte au moyen de la pointe d'une aiguille : toutes les fois qu'on excite le filet, l'étamine se courbant amène son anthère dans la position voulue, puis revient au bout d'un certain temps à sa position primitive.

Ce phénomène n'exige d'ailleurs pas l'intervention d'un insecte pour se produire, et les chauds rayons du soleil sont encore plus souvent les agents de la fécondation pour l'Épine-vinette. La chaleur solaire, en effet, amène une modification dans la tension du liquide des glandes nectarifères, faisant ainsi varier la pression qu'elles exercent sur le filet, qui, moins pressé, se jette alors sur l'organe femelle.

A défaut d'insecte ou de soleil, le mouvement imprimé à la plante par le vent, par un animal ou une personne qui passe, suffit pour provoquer le mouvement des étamines.

Propriétés — Usages. — La racine des *Berberis* contient deux alcaloïdes cristallisables, la *berbérine* et l'*oxyacanthine*, dont la présence lui communique une saveur très amère et des propriétés astringentes qui la font employer en médecine comme succédané du quinquina, en particulier contre les fièvres intermittentes.

En faisant macérer, dans une lessive alcaline ou dans une dissolution, les racines des principales espèces de *Berberis*, on obtient une teinture d'une belle couleur safran, dont on fait particulièrement usage en Russie pour la fabrication des cuirs.

Les feuilles des Vinettiers sont acidules, et les baies très acides servent à la fabrication de sirops, conserves, dragées, confitures, etc. ; on peut en extraire de l'alcool, en particulier des espèces qui forment le sous-genre *Mahonia*.

Les *Berberis* présentent encore un grand nombre d'usages, qui les rendent plantes fort utiles et que nous allons exposer en étudiant l'espèce commune qui croît dans notre pays.

LE VINETTIER COMMUN — *BERBERIS VULGARIS*

Nom vulgaire. — Épine-vinette.

Caractères. — C'est un bel arbrisseau de 1 à 3 mètres de haut, à l'écorce blanche et polie, aux rameaux (fig. 117) très nombreux, armés d'épines (fig. 118) très fines, simples ou plus souvent divisées en trois branches, et qui font des piqûres assez dangereuses et difficiles à guérir. Ces épines doivent être considérées comme provenant de la modification de feuilles dont le parenchyme a disparu et dont les ramifications des épines représentent les nervures. Le feuillage, d'un vert gai, luisant, se compose d'un grand nombre de feuilles ovales, à limbe bordé de dentelures très fines, disposées par paquets sur de très courts rameaux qui se terminent par les inflorescences. Les fleurs, disposées en belles grappes pendantes, sont odorantes et d'une belle couleur jaune.

Distribution géographique. — L'Épine-vinette est une plante très commune dans toute l'Europe ; on la trouve en grande abondance en France, le long des bois, dans les haies au voisinage des fermes. Elle croît d'ailleurs dans tous les terrains, même les plus arides et les plus défavorables à toute autre végétation.

Usages. — Ses rameaux épineux rendent l'arbuste très propre à former des haies et des clôtures, embellies par ses belles fleurs jaunes s'harmonisant de la plus heureuse façon avec les fleurs blanches de l'Aubépine, qui fleurit au printemps, à la même époque, vers les mois de mai ou de juin. A l'automne, lorsque les fleurs sont fanées, succèdent de très jolies petites baies rouges, ovales, un peu allongées, qui sont un attrait de plus pour l'Épine-vinette.

Ces baies ne sont d'ailleurs point à dédaigner à un autre point de vue, car elles sont comestibles. Rafraîchissantes et astringentes, on peut les manger crues, mais on les emploie surtout pour la confection de sirops, de conserves ou de confitures, fort appréciées des ménagères. Les fruits ne sont d'ailleurs pas la seule partie de l'Épine-vinette qui soit utilisée, et l'on peut dire que toute la plante peut être employée à quelque usage : des racines, on retire une fort belle couleur jaune; les feuilles acidules plaisent fort au bétail; les fleurs produisent un nectar dont les abeilles sont très friandes, aussi les voit-on butiner en grande abondance sur les Épines-vinettes qui avoisinent leurs ruches. Les graines enfin, très astringentes, entraient dans la composition du diascordium.

Nous avons déjà signalé l'emploi que l'on fait en pharmacie des Vinettiers en général et de l'Épine-vinette en particulier. La racine contient de la berbérine, dont l'emploi a été préconisé dans les fièvres intermittentes et l'atonie des organes digestifs. Avec les baies, on fabrique une limonade, qui a été employée avec quelque succès dans le traitement de la fièvre typhoïde.

Pour toutes ces qualités, tant ornementales qu'industrielles, domestiques et médicinales, la culture de l'Épine-vinette, si facile à cause de la rusticité avec laquelle pousse la plante dans tous les terrains et à toutes les expositions, semblerait devoir être recommandée dans les jardins, ainsi que dans les champs, pour faire des haies.

Dans les jardins, on a associé à l'espèce indigène quelques Vinettiers exotiques, comme par exemple le *Berberis canadensis*, du Canada, *B. aristata*, du Népaul, et une douzaine d'espèces américaines à feuilles persistantes, telles que *B. Darwini*, du Chili et de la Patagonie, *B. rigidifolia*, *B. ilicifolia*, *B. buxifolia*, etc., toutes espèces au feuillage persistant, coriace et lustré, qui ne sont d'ailleurs tout à fait rustiques que dans les jardins du Midi de la France ou sur le littoral de l'Océan dans les provinces de l'Ouest.

Malheureusement la culture de l'Épine-vinette dans les jardins et les champs présente un très grave inconvénient, qui, malgré toutes ses qualités, doit la faire considérer comme une plante nuisible, et doit en faire proscrire l'usage, à proximité des champs de récoltes, tout au moins dans les régions où l'on cultive les céréales. Depuis très longtemps en effet, les cultivateurs, dans un grand nombre de contrées, avaient remarqué que les Blés à proximité desquels se trouvaient des haies et des buissons d'Épine-vinette étaient ravagés par la maladie connue sous le nom de *rouille du Blé*. Cette relation entre la rouille et la présence de l'Épine-vinette avait été reconnue sans qu'on pût l'expliquer, et en 1660 un arrêt du parlement de Rouen prescrivait la destruction de l'Épine-vinette comme nuisible aux moissons. Longtemps l'opinion des cultivateurs sur ce sujet a été considérée comme un préjugé, lorsque les travaux de plusieurs savants, en particulier ceux de MM. Tulasne et de Bary, vinrent, vers le milieu du siècle, démontrer scientifiquement que ce prétendu préjugé n'était pas sans fondement.

La rouille des céréales est produite par l'envahissement des feuilles et des chaumes par plusieurs Champignons épiphytes, en particulier les *Uredo linearis*, *Uredo rubigo-vera*, *Puccinia graminis*, etc. La présence de ces Champignons parasites détermine au printemps, depuis le commencement de mars jusqu'au commencement de l'été, de petites pustules qui ne tardent pas à déchirer l'épiderme des organes qui les portent et à répandre une poussière rougeâtre formée par les éléments reproducteurs du Champignon. M. de Bary, étudiant en particulier le développement d'un de ces Champignons, le *Puccinia graminis*, reconnut que les spores ne peuvent se reproduire lorsqu'on les sème sur les feuilles ou les chaumes du Blé, mais qu'au contraire elles germent avec la plus grande facilité sur les feuilles de l'Épine-vinette; elles y développent alors un Champignon, qui était connu depuis longtemps comme parasite de cette plante sous le nom d'*Æcidium berberidis*. D'autre part les spores de l'*Æcidium* ne peuvent germer sur l'Épine-vinette, mais se développent au contraire parfaitement sur les céréales, où elles déterminent l'apparition du *Puccinia graminis*. Il y a là des faits précis, scientifiquement établis par des expériences de laboratoire, sur lesquelles nous aurons l'occasion de revenir en étudiant les Champignons parasites du groupe des *Urédinées*.

Les résultats de ces expériences, entreprises sur une très petite échelle, ont été confirmés par de nombreuses observations de faits établissant d'une façon indiscutable les rapports étroits qui peuvent exister entre le

Fig. 117.

Fig. 117. — Port.

Fig. 118.

Fig. 118. — Rameaux avec épines.

Fig. 117 et 118. — Vinettier commun ou Épine-Vinette (*Berberis vulgaris*).

développement de la rouille sur les céréales et le voisinage d'Épines-vinettes. Voici deux faits en particulier communiqués à la Société botanique de France par M. Gabriel Rivet, dans la séance du 26 novembre 1869 :

Le premier de ces faits a été l'objet d'un article (1) ainsi conçu :

« Dans un rapport présenté à la Société d'agriculture d'Indre-et-Loire, et qui a trait à la rouille du Blé, M. du Taste a signalé, parmi les causes auxquelles on attribue cette grave maladie, dans certaines contrées, le voisinage de l'arbuste appelé communément *Épine-vinette*, c'est-à-dire le Vinettier. L'auteur de la communication citait à l'appui de cette opinion les recherches d'un savant botaniste de Copenhague, M. OErsted.

« Cette circonstance avait d'autant plus d'importance que le rapport dont il s'agit s'appuyait sur la persistance, depuis plusieurs années, de la maladie de la rouille dans plusieurs champs de la commune de Chambray, situés autour d'une pépinière complantée presque exclusivement d'arbres verts, mais entourée en partie d'Épines-vinettes. Or, c'était aux arbres verts qu'on faisait remonter généralement les causes du mal.

« A la suite de la publication du travail de M. du Taste, tous les Vinettiers, entourant la pépinière, furent arrachés ou détruits. Depuis cette époque, trois récoltes se sont faites dans les conditions habituelles de culture, et les Froments, les Avoines, les Orges qui se sont trouvés non seulement autour de la pépinière, mais dans la pépinière même, ont été absolument exempts de la maladie, ce qui semble confirmer pleinement les idées émises dans le rapport. La constatation des dangers qui résultent pour ces plantes de la proximité des Vinettiers est une observation dont il est juste de tenir compte dans l'intérêt de l'agriculture. »

Voici le second fait :

« La Compagnie du chemin de fer de Lyon, dit M. Rivet (1), a planté, il y a plusieurs années, une haie d'Épine-vinette pour servir de clôture à la voie ferrée sur le territoire de la commune de Genlis (Côte-d'Or), sur une longueur de plusieurs kilomètres. Depuis cette époque, les champs du voisinage, ensemencés en céréales, ont été attaqués par la rouille avec une extrême intensité. Les propriétaires des récoltes endommagées ont, à plusieurs reprises, élevé des plaintes

(1) *Journal Officiel* du 25 septembre 1869.

(1) Rivet, *Bulletin de la Société botanique de France*, t. XVI, séance du 26 novembre 1869, p. 333.

et rédigé des pétitions, dans lesquelles ils signalaient la plantation d'Épine-vinette bordant le chemin de fer comme étant la cause de tout le mal, et en demandant l'arrachage. La Compagnie du chemin de fer a voulu se rendre compte de ce que ces plaintes pouvaient avoir de fondé. Elle a fait d'abord arracher, pendant l'automne de 1868, à titre d'expérience, la haie d'Épine-vinette, sur une longueur d'environ 400 mètres; puis, dans le courant de 1869, et au moment où la maladie de la rouille avait acquis son plein développement, la Compagnie a chargé un de ses agents de faire une enquête, à laquelle il a été procédé le 16 juillet 1869 et dont voici les résultats.

« Les feuilles de l'Épine-vinette portaient encore de nombreuses traces de l'*Æcidium berberidis*, qui les avait évidemment couvertes, au printemps, de ses cupules; mais ces cupules avaient à peine disparu depuis plusieurs jours, comme elles le font chaque année à la même époque, après qu'elles ont parcouru le cercle de leur végétation et qu'elles ont émis leurs spores. Un vaste champ de Blé s'étendait le long de la haie, dont il était séparé par un chemin. Sur le bord du chemin, toutes les tiges de Blé étaient plus ou moins atteintes par la rouille; le mal diminuait progressivement à mesure qu'on s'éloignait de la haie, jusqu'à environ 40 mètres. A partir de là, jusqu'à l'extrémité du champ (1 200 mètres), les tiges vertes étaient seules un peu attaquées, tandis que les tiges mûres étaient toutes parfaitement saines.

« Plus loin, un champ de Seigle longeant la haie présentait une récolte à peu près perdue par suite des ravages de la rouille, et, à côté, se trouvait un champ d'Avoine, également attaqué dans la partie voisine de la haie.

« A partir de ce point et sur une longueur de deux kilomètres, les clôtures du chemin de fer ne renfermaient pas un seul pied d'Épine-vinette : les céréales avoisinantes ne présentaient pas une seule trace de rouille.

« Non loin de là, s'étendait une large surface de terrain couverte de Blé parfaitement sain; au centre de cette surface, on avait, en 1867, planté un brin d'Épine-vinette, dans la prévision de l'enquête qui devait se faire ultérieurement. Ce petit arbuste présentait, au moment de l'enquête, des traces d'*Æcidium berberidis* et l'on a constaté que le Blé, dans un rayon d'un mètre autour de lui, était très

endommagé par la rouille. Plus loin, tous les pieds de Blé étaient sains.

« Sur le point où la haie d'Épine-vinette avait été, comme on l'a dit plus haut, arrachée en 1868 à titre d'expérience, les céréales étaient chaque année gravement atteintes par la rouille tout le long de la haie. En 1869, toutes les céréales y étaient au contraire entièrement saines et tout portait à croire qu'elles donneraient une excellente récolte, ce qui ne s'était pas vu depuis douze ans sur le point dont il s'agit.

« Enfin à plus de 500 mètres du chemin de fer, et loin de toute plantation apparente d'Épine-vinette, un champ de Blé a été trouvé un peu attaqué au milieu d'autres champs n'offrant pas traces de maladie. Informations prises, on a constaté que les broussailles du voisinage contenaient autrefois plusieurs pieds d'Épine-vinette. On les avait arrachés depuis plusieurs années par ordre du propriétaire; mais les broussailles en question était peu praticables, il est à supposer que quelques brins d'Épine-vinette avaient pu échapper à la destruction.

« L'agent de la Compagnie du chemin de fer, à qui l'enquête avait été confiée, a formulé ses conclusions de la manière suivante :

« 1° Partout où il y a de l'Épine-vinette, sur le territoire de la commune de Genlis, les céréales sont plus ou moins malades de la rouille;

« 2° Là où il n'y a jamais eu d'Épine-vinette, les céréales sont en bon état et ne présentent pas de traces de rouille;

« 3° Enfin, il a suffi, pour faire apparaître cette maladie dans un champ où elle ne s'était jamais manifestée, de planter dans ce champ un seul brin d'Épine-vinette.

« On doit attacher d'autant plus de confiance à ces conclusions, que leur auteur, quelle que fût son impartialité, devait nécessairement, à cause des intérêts qu'il représentait, se trouver, malgré lui, porté à atténuer le mal plutôt qu'à l'exagérer. »

Nous avons reproduit ici dans son entier l'histoire des expériences entreprises par la Compagnie de Lyon et les conclusions formulées par son agent, parce que ces expériences nous semblent établir d'une façon indiscutable l'influence néfaste du voisinage de l'Épine-vinette sur les champs de céréales et la nécessité qu'il y a de faire disparaître cet arbuste dans les régions de grande culture des Blés, Seigles, Avoines, etc. Les deux faits rapportés plus haut ne sont d'ailleurs pas les seuls que l'on puisse invoquer pour la justification des expériences des savants botanistes dont il était question plus haut, et, depuis la communication de M. Rivet à la Société de botanique en 1869, on a enregistré de nombreuses observations confirmant les résultats précédemment acquis, et parmi lesquelles nous rappellerons ici celle qui va suivre.

En 1887, la rouille noire avait fortement attaqué les Blés à Milly sur 25 à 30 hectares et à Arpajon (Seine-et-Oise) où la récolte semblait à peu près perdue. La présence de l'Épine-vinette avait été signalée dans le voisinage. Dans la séance du 9 août de cette même année, M. Muret, au nom de la section de grande culture, demanda à la Société nationale d'agriculture d'envoyer sur les lieux une délégation, étudier avec soin cette maladie. La commission élue se composait de MM. Duchartre, Cornu, Muret, Heuzé et de Vilmorin. Après une discussion qui occupa plusieurs séances(1), la Société d'agriculture, sur le rapport de M. Cornu, émit le vœu que l'Épine-vinette fût ajoutée à l'énumération des plantes nuisibles, dont une loi alors en préparation au Sénat autorisait la destruction.

Le 24 décembre de l'année suivante était promulguée une loi concernant la destruction des Insectes, des Cryptogames et autres végétaux nuisibles à l'agriculture. En voici l'article 1er; on remarquera que cette loi ne désigne pas les plantes qu'il convient de détruire, laissant toute latitude à ce sujet aux préfets et au ministre de l'agriculture, éclairé par une commission compétente :

ART. 1er — Les préfets prescrivent les mesures nécessaires pour arrêter ou prévenir les dommages causés à l'agriculture par des insectes, des cryptogames ou autres végétaux nuisibles, lorsque ces dommages se produisent dans un ou plusieurs départements ou seulement dans une ou plusieurs communes, et prennent ou peuvent prendre un caractère envahissant ou calamiteux.

L'arrêté ne sera pris par le préfet qu'après l'avis du conseil général du département, à moins qu'il ne s'agisse de mesures urgentes et temporaires.

Il déterminera l'époque à laquelle il devra être procédé à l'exécution des mesures, les localités dans lesquelles elles seront applicables ainsi que les modes spéciaux à employer.

Il n'est exécutoire, dans tous les cas, qu'après l'approbation du ministre de l'agriculture, qui prend,

sur les procédés à appliquer, l'avis d'une commission technique instituée par décret (1).

Depuis le vote de cette loi, les préfets de plusieurs départements ont pris des arrêtés prescrivant la destruction de l'Épine-vinette, considérée comme nuisible à l'agriculture.

Dans l'Eure-et-Loir, en pleine Beauce, pays de grande culture des céréales, la protection du Blé s'imposait, et pour prévenir les dégâts causés par la rouille il convenait de faire disparaître l'Épine-vinette des haies et des jardins. Voici, à titre de renseignement, le texte d'un arrêté pris par le préfet d'Eure-et-Loir le 16 août 1893 :

Vu la loi du 24 décembre 1888, concernant la destruction des insectes, cryptogames et autres végétaux nuisibles à l'agriculture ;

Vu les avis émis par le conseil général dans ses séances des 7 et 8 avril 1891;

Considérant

1° Qu'il est établi que le voisinage de l'épine-vinette est un véritable fléau pour les céréales sur lesquelles elle favorise le développement de la rouille noire ;

2° Que la multiplication du gui cause des dommages considérables aux arbres fruitiers,

Arrêtons :

ART. 1er. — Les propriétaires, les fermiers, les colons ou métayers, ainsi que les usufruitiers et les usagers, sont tenus de détruire ou faire détruire par tous les moyens possibles l'épine-vinette et le gui des arbres fruitiers sur les immeubles qu'ils possèdent ou dont ils ont la jouissance ou l'usage dans l'étendue du département d'Eure-et-Loir. Toutefois dans les bois et forêts, cette mesure n'est applicable qu'à une lisière de trente mètres.

Ils devront ouvrir leurs terrains pour permettre la vérification ou la destruction, à la réquisition des agents de l'autorité.

ART. 2. — L'État, les communes et les établissements publics et privés sont astreints aux mêmes obligations sur les propriétés leur appartenant.

ART. 3. — La destruction de l'épine-vinette se fera avant le 1er juillet et celle du gui avant le 1er mars 1894.

ART. 4. — En cas d'inexécution dans les délais prescrits, des procès-verbaux seront dressés et les contrevenants traduits devant les tribunaux compétants.

ART. 5. — MM. les maires, adjoints, officiers de gendarmerie, commissaires de police, gardes champêtres ou gardes forestiers, sont chargés d'assurer, chacun en ce qui le concerne, l'exécution du

---

(1) Séances des 17 août, 31 août et 20 novembre 1887.

(1) Loi du 24 décembre 1888. *Bulletin des lois de la République française*, année 1888, n° 1203, p. 929.

présent arrêté, qui sera inséré au Recueil des actes administratifs, publié et affiché à la diligence des maires dans toutes les communes du département.

Semblables arrêtés ont été pris dans d'autres départements, tels que Seine-et-Marne, etc.

L'application de pareils arrêtés n'est pas sans présenter beaucoup de difficultés au point de vue pratique, et sans soulever d'énergiques protestations de la part des propriétaires, qui parlent d'attentats contre leurs droits que ne sauraient justifier, à leur point de vue, les travaux de savants qu'ils se refusent à considérer comme infaillibles et contre les conclusions desquels ils invoquent soit des observations personnelles contradictoires, soit l'autorité de certains auteurs des plus compétents en agriculture. Dès 1887, le *Journal d'Agriculture pratique* (1) recevait une protestation contre les opinions émises à la Société nationale d'agriculture et le vœu formulé par la commission, sous forme d'une lettre dont nous extrayons le passage suivant : « Voilà donc, dit ce correspondant en parlant de l'Épine-vinette, le charmant arbrisseau dont les baies, à l'automne, font, dans certains pays, le plus ravissant effet de branches de corail, à jamais proscrit…Voilà nos abeilles privées des sucs d'une fleur dont elles sont *chattes* (passez-moi ce néologisme) au possible ; voilà encore, dans un ordre moins poétique, nos ménagères au goût fin pleurant en famille les confitures, que ne saurait remplacer la Groseille à grappe. Et pourquoi? J'ai dirigé une grande exploitation de céréales, dans la commune de Saint-Romain, en arrière-côte sur le plateau d'Auvenay, de 1866 à 1876 ; la ferme est en partie entourée de bois à nombreuses clairières, et ces clairières sont implantées d'innombrables pieds de l'arbrisseau proscrit ; cependant malgré les savants qui viennent de faire trancher net la question, je n'ai jamais eu à me plaindre du *Puccinia graminis*. Aurais-je eu, en cela, un doux ange gardien, protecteur à la fois de mes céréales, de mes abeilles et de mes confitures? Je ne saurais croire à une aussi puissante et aussi particulière intervention. »

Dans le numéro du 11 février 1892 du même journal à propos d'arrêtés préfectoraux rendus pour prescrire la destruction de l'Épine-vinette, M. Le Corbeillier (2) revient sur la question dans un intéressant article et tente de réhabiliter l'Épine-vinette injustement accusée, suivant lui, de méfaits dont elle n'est pas coupable.

Il rapporte tout d'abord l'observation suivante : En 1891, l'arrondissement de Montargis (Loiret) a été dans une proportion considérable, comme presque toutes les régions du Nord et du Centre, ravagé par une rouille abondante. L'exploitation du Chesnoy n'a pas échappé à la terrible invasion ; mais elle possède un enclos de plusieurs hectares, où l'Épine-vinette se trouve par *centaines de pieds* disséminés aussi bien à l'intérieur que dans les haies qui forment clôture et qui longent le chemin vicinal large de 4 mètres séparant les champs cultivés. Or, pendant toute l'année, *toutes les Épines-vinettes* sont restées *indemnes* de toute *tache rouge ou noire.* « En présence d'un pareil fait, dit M. Le Corbeillier, on serait en droit de conclure que l'Épine-vinette est *inoffensive* et que cet humble arbrisseau a seulement le *malheur d'être susceptible d'être envahi*, dans les années où il est contrarié dans ses phases de végétation par une production cryptogamique, la même ou toute semblable à celles de nos céréales. » S'il en était ainsi, il serait bien préférable de traiter les Blés atteints par la rouille par les procédés dont dispose la science d'aujourd'hui, que d'avoir recours à ce procédé toujours vexatoire de l'arrachage obligatoire de l'Épine-vinette.

On voit par ce qui précède, qu'il reste encore un certain nombre de personnes compétentes qui ne sont pas tout à fait convaincues et repoussent énergiquement l'intervention de l'autorité. Nous avons tenu à résumer ici les deux opinions, pour mettre sous les yeux du lecteur toutes les pièces du procès. Ajoutons cependant que les travaux de savants tels que MM. de Bary, Tulasne, OErsted, etc., doivent peser très sérieusement dans la balance, surtout lorsque ces travaux ont reçu les confirmations éclatantes dont nous avons rapporté plus haut quelques exemples. Certes, il peut se faire que la destruction de l'Épine-vinette ne préserve pas d'une façon absolue les céréales, qu'on ne devra pas, en tout cas, s'abstenir de soigner, mais il est clair que cette destruction, ne servit-elle qu'à diminuer l'importance et la fréquence du fléau, cela suffirait à justifier pleinement le vœu émis par les savants de la Société nationale d'agriculture et les arrêtés rendus à la suite par les préfets de quelques-uns de nos départements.

---

(1) Année 1887, 2e vol., p. 804.

(2) Le Corbeillier, *Journal d'agriculture pratique*, 1892, t. I, no 6.

Fig. 119. — Mahonie à feuilles de houx (*Mahonia aquifolium*).

LES MAHONIES — *MAHONIA*

Étymologie. — Certaines espèces de *Berberis* sont réunies par plusieurs botanistes pour former le genre distinct *Mahonia*, créé en l'honneur de Mahon.

Caractères. — Ce sont des arbrisseaux exotiques originaires pour la plupart de l'Amérique, quelques-uns d'Asie (*M. fortunei*, de Chine, *M. japonica*, du Japon), et qui se distinguent particulièrement des *Berberis* par leurs feuilles généralement persistantes, non plus simples, mais composées pennées, comprenant de 3 à 15 folioles arrondies ou ovales. Les fleurs petites et jaunes ressemblent beaucoup à celles des Épines-vinettes, et sont comme elles disposées en grappe; le principal caractère distinctif consiste en ce que dans les étamines le filet s'élargit en général à son sommet en deux saillies latérales en forme de dents. Les fruits sont des baies d'un noir bleu très foncé, contenant 3 à 9 graines.

Usages. — Les *Mahonia* sont très rustiques et peuvent avantageusement être cultivés comme plantes d'ornement dans les jardins, où ils prospèrent pour la plupart dans tous les terrains et à toutes les expositions. Les fleurs, peut-être plus odorantes encore que celles des *Berberis*, sont d'autant plus appréciées qu'elles s'épanouissent au printemps, dès le mois d'avril, et qu'à cette époque de l'année peu de fleurs sont encore écloses dans les jardins. A

l'arrière-saison, le feuillage de cette plante doit aux gelées des tons bronzés ou des teintes rougeâtres qui le font utiliser pour garnir des vases de la plus heureuse façon, employé seul ou associé à d'autres fleurs. Les *Mahonia* sont d'autant plus précieux à cultiver en jardin qu'ils ne présentent pas l'inconvénient de propager la rouille du Blé, comme l'Épine-vinette vulgaire. Les *Mahonia* les plus répandus se montrent réfractaires aux attaques du parasite (1) qui vit sur les *Berberis* et en particulier sur le *B. vulgaris*. Les baies portées par l'arbre sont d'une couleur noir violet très foncé et, très molles, s'écrasent facilement entre les doigts qu'elles tachent en violet. Ces fruits passent pour vénéneux auprès de beaucoup de personnes qui en possèdent dans leurs jardins et on défend en général aux enfants de les manger. On a raison, car les fruits de *Mahonia* sont certainement un poison tout au moins pour les animaux. Il résulte d'une autopsie faite en 1885 par M. Recordon, vétérinaire de l'arrondissement de Corbeil, qu'un magnifique paon adulte est mort après avoir mangé une grande quantité de fruits de *Mahonia* sans trace d'indigestion.

Cependant, quoique très âpres, ces baies ne sont pourtant pas malsaines et sont même à la rigueur comestibles; comme celles de l'Épine-vinette, elles pourraient servir à fabriquer des compotes ou des confitures.

(1) M. Cornu; séance du 20 novembre 1887, de la Société nationale d'agriculture de France.

On peut les employer à fabriquer de l'alcool par la fermentation du sucre contenu dans le péricarpe. On a même proposé de les faire servir à la préparation d'une boisson analogue au vin, la facilité de culture de ces arbrisseaux permettant de les faire prospérer dans les pays où la Vigne ne vient pas.

Parmi les espèces les plus répandues dans les jardins français et qui sont tout à fait rustiques sous notre climat, on peut citer :

LA MAHONIE RAMPANTE — *MAHONIA REPENS*

Distribution géographique. — Le *Mahonia repens* est un arbrisseau originaire du nord-ouest de l'Amérique septentrionale.

Caractères. — La tige rampante et basse forme des buissons à feuilles épineuses qui ne dépassent pas 50 centimètres de haut. Les feuilles persistantes sont composées d'une demi-douzaine de folioles ovales à bords légèrement épineux. Aux mois d'avril et de mai, la plante porte de jolies grappes de petites fleurs jaunes. Cette espèce est tout à fait rustique et croît dans tous les terrains et à toutes les expositions, même les plus ensoleillées.

LA MAHONIE A FEUILLES DE HOUX — *MAHONIA AQUIFOLIUM*

Caractères. — Cette espèce (fig. 119) ressemble beaucoup à la précédente, qui n'en est peut-être d'ailleurs qu'une simple variété. Sa tige peut atteindre 1 à 2 mètres de haut et les feuilles persistantes sont formées d'une dizaine de folioles sessiles qui, dentées sur les bords, rappellent par leur forme les feuilles du Houx.

Distribution géographique. — Cet arbrisseau, très bien acclimaté dans les jardins français, croît dans le nord-ouest de l'Amérique du Nord, sur les bords de la rivière Columbia, sur tout son parcours.

Usages. — Cette espèce est fréquemment plantée dans les squares parisiens et dans la plupart des jardins français.

LES ÉPIMÉDIES — *EPIMEDIUM*

Caractères. — Les caractères de la fleur des *Epimedium* sont : 8 sépales pétaloïdes, dont 4 externes plus courts et moins colorés que les 4 internes opposés aux précédents ; 4 pétales portant soit une fossette nectarifère, soit un long éperon ; 4 étamines présentant la déhiscence valvulaire comme chez les *Berberis ;* 1 seul carpelle à ovaire uniloculaire portant deux rangées d'ovules anatropes sur un long placenta. Fruit capsulaire polysperme. Ce sont des plantes herbacées vivaces avec rhizome rampant sous le sol. Feuilles alternes composées, pennées ; fleurs en grappes.

Distribution géographique. — Une dizaine d'espèces d'*Epimedium* tout au plus habitent l'Europe, l'Asie tempérée et l'Algérie.

Dans l'Europe méridionale, dans tous les lieux ombragés montagneux, jusqu'aux Alpes, croît l'*Epimedium alpinum*, vulgairement appelé Chapeau d'évêque, plante de 40 centimètres de haut environ, au feuillage vert un peu glauque, dont les pétioles sont divisés en trois et soutiennent chacun 3 folioles pédicellées en cœur allongé, inégales à la base. L'*Epimedium alpinum* a des fleurs rouges avec au centre des cornets jaunes.

L'*Epimedium macranthum*, petit arbrisseau du Japon, est recommandable par ses grandes fleurs blanches.

Caractères biologiques. — Le transport du pollen sur le stigmate des fleurs se fait chez les *Epimedium* des Alpes d'une manière tout à fait remarquable, grâce au mode singulier de déhiscence des anthères. Au centre de la fleur, autour d'un ovaire fusiforme, terminé par un court style qui porte les papilles stigmatiques, se dressent 4 étamines qui lui sont accolées par la face dorsale et dont les anthères, en forme de lancettes, se terminent à leur extrémité supérieure par un petit appendice foliacé en fer de lance (fig. 120). Autour des étamines, à leur base, sont disposés les 4 pétales nectarifères en forme de sabots ou de pantoufles (fig. 123). Les fleurs sont protogynes, c'est-à-dire que tandis que les anthères sont encore fermées et n'ont pas mis leur pollen en liberté, le stigmate est déjà mûr et les papilles en sont aptes à recevoir la poussière fécondante. Il peut alors se faire que la fleur soit fécondée à cette époque de son développement par l'intermédiaire d'insectes, qui, venant en chercher le nectar, y apportent le pollen d'autres fleurs plus âgées. Lorsque les anthères sont mûres à leur tour, elles s'ouvrent et mettent le pollen à découvert par un procédé curieux. Sur la paroi extérieure de chacune des deux loges d'une anthère, il se détache dans le sens de la longueur une languette qui demeure adhérente par le haut et se soulève de bas en haut,

Fig. 123.

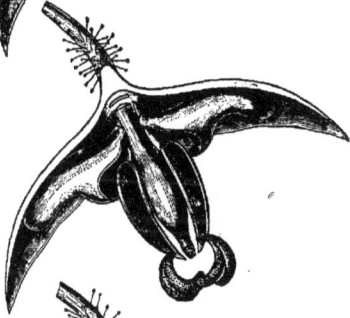

Fig. 124.

Fig. 125.   Fig. 122.   Fig. 121.   Fig. 120.

Fig. 120 à 125. — Fécondation chez les *Epimedium*.

entraînant avec elle la masse pollinique qui reste accolée contre sa face interne. Bientôt ces deux languettes se racornissent simultanément, se ratatinent et, se soulevant de plus en plus vers le haut, se recourbent en forme d'arc par-dessus la petite foliole en fer de lance qui termine l'anthère (fig. 121). Par suite de ce mouvement, la face primitivement interne qui supporte le pollen a pris une forme convexe et se dirige vers l'extérieur. Comme le même phénomène se produit à la fois sur les 4 anthères, le stigmate se trouve alors placé sous une sorte de voûte constituée par 8 languettes recourbées en arcs et venues à la rencontre les unes des autres et dont la surface convexe supérieure est recouverte d'une épaisse couche de masse pollinique.

Les insectes qui viennent visiter la fleur pour y chercher le nectar des organes en forme de sabots de la corolle, ne peuvent manquer de frôler cette masse de pollen et d'en emporter, attachée à eux, une certaine quantité, qu'ils vont ensuite déposer sur le stigmate déjà mûr d'une autre fleur plus jeune dont les anthères sont encore fermées. La fleur demeure dans cet état (fig. 124) pendant deux jours environ. Cependant des modifications peuvent se produire du côté du pistil, qui auront pour but de permettre à la fleur l'autofécondation, c'est-à-dire qui faciliteront l'imprégnation du stigmate par le pollen des étamines de la même fleur. Si, en effet, une fleur n'a pas été dès le début pollinisée par l'intermédiaire des insectes, lorsqu'elle est parvenue par suite de la déhiscence des anthères au stade précédent (fig. 124), le style grandit, et s'allonge si bien que le stigmate non encore imprégné de pollen, mais encore susceptible de l'être, vient au contact du dôme qui le recouvre. Comme pendant ce temps la courbure des languettes chargées de pollen s'est encore accentuée, ainsi qu'on peut le voir sur la figure 122, le stigmate peut se mettre en rapport avec la masse pollinique de la face convexe et la fécondation peut s'opérer (fig. 123).

LES PODOPHYLLES — *PODOPHYLLUM*

Le genre *Podophyllum* a été créé pour deux espèces seulement, herbes vivaces, dont l'une habite l'Himalaya (*P. emodi*), l'autre l'Amérique du Nord (*P. peltatum*), et qui se distinguent surtout des Berbéridées par leur port.

LE PODOPHYLLE EN BOUCLIER — *P. PELTATUM*

Caractères. — C'est une herbe vivace par son rhizome souterrain formé de tubercules assez gros, réunis par des fibres charnues qui rampent, s'étendent et se multiplient considérablement. Sur ce rhizome prennent naissance des pétioles, qui sortent de terre, s'élèvent à la hauteur de 20 à 30 centimètres et se bifurquent pour porter deux feuilles larges comme la main, à nervation palmée, divisées en 5 à 7 lobes profonds et irréguliers, lobés eux-mêmes et dentés au sommet. Vers les mois de mai et de juin, sur les pieds cultivés en Europe apparaissent des fleurs blanches en forme de soucoupe, à corolle de 6 à 9 pétales, portées à l'extrémité d'un court pédoncule, un peu recourbé, inséré entre les deux feuilles. Le fruit est une baie jaunâtre globuleuse de saveur légèrement acide et consommée aux États-Unis sous le nom de *pomme de mai*.

Usages. — Le rhizome de Podophylle contient de la *berbérine*, de la *saponine* et une résine particulière, appelée *podophylline* ou *podophyllin*. La podophylline extraite du rhizome et des racines du *Podophyllum peltatum* est employée en médecine, où on l'administre comme purgatif doux, dont l'action est de faire couler la bile au dehors. C'est ordinairement à la dose de 1 à 5 centigrammes que l'on emploie ce médicament, en pilules que l'on avale le soir pour que l'effet se produise au réveil. Bien que certaines personnes ne puissent supporter ce genre de purgation, qui leur cause parfois des nausées et des vomissements, la podophylline est un remède assez en honneur dans la médecine française : en Amérique, on fait grand usage de cette drogue, à laquelle ses propriétés purgatives ont valu le nom de *calomel végétal*.

LES NYMPHÉACÉES — *NYMPHÆACEÆ*

Caractères. — Les plantes qui forment la famille des Nymphéacées présentent comme principal caractère commun d'être toutes des plantes aquatiques. Au fond de l'eau, sous la vase, est enfoncée la tige, rhizome rampant et écailleux, d'où partent des feuilles alternes dont le pétiole est très allongé et dont le limbe vient émerger à la surface. Les *Cabomba*, plantes du Mexique, de la Guyane et du Brésil, ont, en outre, des feuilles submergées au limbe très finement découpé ; toutes les autres Nymphéacées n'ont que des feuilles nageantes, au limbe entier, en forme de cœur ou de bouclier toujours très large et pouvant atteindre parfois des dimensions véritablement très considérables, comme chez le *Victoria regia*. A l'intérieur des feuilles sont distribués de larges canaux aérifères qui leur permettent d'émerger ainsi des eaux.

Les caractères tirés de la fleur et du fruit sont assez variables chez les Nymphéacées et diffèrent quelque peu suivant qu'on considère chacune des deux tribus, les Cabombées et les Nymphées.

Les Cabombées ont des fleurs trimères, qui se distinguent particulièrement de celles des Nymphées par un petit nombre seulement de pièces à chaque verticille floral, 3 ou 6. Les carpelles sont peu nombreux et indépendants, ils se transforment à maturité en autant de petites drupes.

Les Nymphées ont un calice de 5 ou 6 sépales d'autant plus pétaloïdes qu'ils sont insérés plus intérieurement, une corolle d'un nombre indéfini de pétales, un androcée d'étamines très nombreuses ; toutes ces pièces sont insérées sur le réceptacle suivant une ligne spirale. On trouve toutes les transitions possibles entre les pétales et les étamines, qui passent insensiblement les uns aux autres au fur et à mesure qu'on se rapproche du centre de la fleur. L'ovaire, infère chez le genre américain *Victoria* et le genre très voisin *Euryale*, qui habite l'Asie, est supère dans les autres Nymphées. Le pistil est formé par un grand nombre de carpelles soudés entre eux de manière à former un ovaire

Fig. 126. — Nénuphar blanc (*Nymphæa alba*) sur un étang.

unique à plusieurs loges surmonté d'une sorte de disque lobé et en étoile formé par autant de stigmates rayonnants qu'il y a de loges à l'ovaire. Chaque loge contient un grand nombre d'ovules anatropes. Le fruit est une baie polysperme. A l'intérieur des graines, on trouve deux albumens.

Distribution géographique. — La famille des Nymphéacées, réduite aux deux tribus des Cabombées et des Nymphéées, comprend 7 genres et 35 espèces environ, qui croissent dans les eaux douces de toutes les parties du monde, de préférence dans l'hémisphère boréal.

Distribution géologique. — Les Nymphéacées étaient représentées à l'époque tertiaire par plusieurs espèces, dont on a retrouvé des feuilles, des rhizomes, des sépales, des fruits et des graines à l'état fossile. On connaît 17 espèces tertiaires, dont 10 rapportées au genre *Nymphæa* et 7 à des genres aujourd'hui disparus.

Classification. — Nous diviserons la famille des Nymphéacées en deux tribus, les *Cabombées* et les *Nymphéées*.

Les Cabombées ne comprennent que deux genres : le genre *Cabomba* dont les 2 ou 3 espèces connues sont américaines, et le genre *Brasenia*, créé pour une seule espèce répandue dans les régions chaudes d'Amérique, à Cuba, dans l'Australie, dans l'Afrique occidentale et l'Asie orientale. Ce sont, comme toutes les Nymphéacées, des herbes aquatiques.

Les Nymphéées se composent de 5 genres, dont 2, à peu près cosmopolites, sont représentés dans nos pays. Ce sont les genres *Nuphar* et *Nymphæa*. Des 3 autres genres, l'un est américain (*Victoria*) et les 2 autres asiatiques.

Affinités. — Par leurs pétales indépendants, leurs étamines nombreuses et hypogynes, les Nymphéacées se rapprochent beaucoup des Renonculacées ; par les formes à carpelles concrescents, comme les Nénuphars, elles se rattachent aux Papavéracées.

Les Nymphéacées ont deux cotylédons à la graine et sous ce rapport appartiennent bien à la classe des Dicotylédones. Cependant plusieurs caractères anatomiques semblent les rapprocher beaucoup des Monocotylédones. Telle était la conclusion à laquelle arrivait déjà M. Trécul en 1845, en étudiant l'histologie des organes de végétation des Nymphéacées, et en montrant qu'en particulier la tige du *Nuphar luteum* offre tous les caractères attribués généralement aux tiges des Monocotylédones.

M. Van Tieghem [1] en étudiant la structure du cône terminal des racines en voie de croissance dans les plantes, est arrivé à des résultats tout à fait conformes aux conclusions précédentes et a montré quels rapports étroits unissent les Nymphéacées aux

(1) Van Tieghem, *Ann. sc. nat. bot.*, 3ᵉ série, IV, pages 290 et 313.

Monocotylédones. Chez les Dicotylédones, en effet, la coiffe et l'assise pilifère de la racine dérivent des mêmes cellules initiales, indépendantes de celles de l'écorce. Chez les Nymphéacées au contraire, comme chez les Monocotylédones, la coiffe dérive d'initiales propres, tandis que l'assise pilifère de son côté procède des initiales de l'écorce. On voit donc que si l'on a égard à ce caractère du développement de la racine, les Nymphéacées présentent les plus grandes affinités avec les Monocotylédones et s'écartent des autres Dicotylédones. C'est pour mieux faire ressortir ce fait que le savant professeur du Muséum a proposé d'appeler *Liorhizes* (du grec *lios*, uni), toutes les plantes où la coiffe ayant une origine distincte de l'assise pilifère, laisse après sa chute la surface de la racine dénudée, lisse et unie, et *Climacorhizes* (de *climax*, escalier), celles où la coiffe provenant des mêmes cellules initiales que l'assise pilifère, il se produit entre ces deux parties, lors de l'exfoliation de la coiffe, une séparation qui rend la surface de la racine inégale et coupée de gradins. Le groupe des Liorhizes ainsi défini comprendra les Monocotylédones et les Nymphéacées ; celui des Climacorhizes, les Dicotylédones à l'exclusion des Nymphéacées.

Usages. — Certaines parties des Nymphéacées sont comestibles et servent à l'alimentation dans les pays où croissent ces plantes.

En médecine, on les considère comme adoucissantes, calmantes et sédatives. Ce sont de très belles plantes aquatiques ornementales, à cause de leurs larges feuilles étalées sur l'eau et de leurs superbes fleurs.

LES NÉNUPHARS — *NUPHAR et NYMPHÆA*

Étymologie. — Les mots *Nenuphar* et *Nuphar* viennent du persan *Niloûfer* ; celui de *Nymphæa*, du grec *Nymphè*, jeune fille, nom donné aux divinités des eaux.

Caractères. — Les Nénuphars sont des plantes aquatiques, ayant pour tiges un rhizome enfoui au fond de l'eau dans la vase, donnant naissance à des feuilles longuement pétiolées qui viennent étaler à la surface leur limbe arrondi, échancré en cœur à la base (fig. 126). On a divisé en deux genres distincts les Nénuphars, que Linné réunissait autrefois dans le seul genre *Nymphæa*. Les caractères différentiels en sont tirés de l'organisation de la fleur du fruit et des graines.

Les *Nuphar* ont des fleurs à réceptacle convexe, à calice pentamère, à corolle formée d'un grand nombre de pétales plus courts que les sépales, à étamines libres et nombreuses, à pistil formé de carpelles soudés entre eux en un ovaire unique à plusieurs loges multiovulées, mais ne présentant aucune adhérence avec les pièces du calice, de la corolle ou de l'androcée, si bien que l'ovaire est complètement supère et que l'insertion hypogynique des étamines est parfaite. Le fruit est une baie à parois lisses qui s'ouvre par séparation des carpelles mettant en liberté les graines plongées à l'intérieur du fruit dans un mucus gommeux. Ces graines présentent dans la région micropylaire un petit opercule en forme de couvercle, protégeant la place occupée par l'embryon à l'intérieur de son double albumen.

Les fleurs des *Nymphæa* n'ont que 4 sépales qui passent insensiblement aux pétales qui forment la corolle. On trouve également tous les passages entre les pétales et les étamines, comme nous le montrons plus loin à propos de la fleur du Nénuphar blanc. Calice, corolle et androcée sont en partie concrescents à la base avec le pistil, de telle sorte que le fruit qui succède à l'ovaire est une baie sur les parois de laquelle des cicatrices montrent les points d'insertion des pièces du périanthe et des étamines. Les graines plongées dans une masse gommeuse à l'intérieur des loges du fruit sont également mises en liberté par déhiscence ; elles ne sont point operculées comme celles des *Nuphars*, mais présentent autour du hile un arille membraneux.

Distribution géographique. — Au genre *Nuphar*, on rapporte 3 ou 4 espèces habitant les régions extratropicales de tout l'hémisphère Nord. Deux espèces habitent la France, le Nénuphar jaune (*Nuphar luteum*), qui se trouve à peu près partout, et le *N. pumilum*, plus petit de moitié dans toutes ses parties, cantonné dans les Vosges à la surface des eaux des lacs de Gérardmer, Longemer, etc..

Le genre *Nymphæa*, qui se divise en une vingtaine d'espèces environ, a des représentants sur presque tous les points du globe : en France, nous n'en possédons qu'une seule espèce, le Nénuphar blanc (*Nymphæa alba*) si abondant et si connu.

Caractères biologiques. — Tous les Nénuphars vivent dans l'eau. Avant le printemps la plante entière est submergée. Les feuilles

commencent à se développer vers la fin de l'automne : à cette époque elles prennent naissance sur le rhizome enfoui dans le limon du fond des eaux, mais demeurent fort petites, et totalement enroulées sur elles-mêmes pendant tout l'hiver. Ce n'est qu'au printemps suivant que les pétioles s'allongent et que le limbe vient s'étaler à la surface de l'eau en augmentant de grandeur à mesure qu'il s'élève. L'apparition des feuilles de Nénuphar n'a jamais lieu que lorsque les chaleurs printanières sont revenues de façon durable et que les gelées sont tout à fait passées. Les jardiniers le savent bien et plusieurs d'entre eux attendent pour sortir les Orangers de la serre que les Nénuphars montrent leurs feuilles, certains qu'il n'y a plus alors à craindre le retour de froids nuisibles à leurs arbustes. Les fleurs s'épanouissent en été au milieu des feuilles et viennent au milieu des larges taches vertes formées par celles-ci jeter une note éclatante avec leurs belles teintes jaunes ou blanches. Fleurs et feuilles flottent toujours à la surface de l'eau ; si le niveau de celle-ci vient à monter, les pétioles s'allongent de telle façon que la plante ne soit pas submergée. Après la floraison, le fruit mûrit à l'air chez le Nénuphar jaune ; il rentre au contraire mûrir sous l'eau chez le Nénuphar blanc et les diverses autres espèces du genre *Nymphæa*.

Usages. — Les Nénuphars sont considérés comme plantes adoucissantes, calmantes et sédatives. Les deux espèces indigènes, le Nénuphar blanc et le Nénuphar jaune, figurent encore au Codex, mais leur emploi est tout à fait tombé en désuétude.

Les graines sont assez farineuses pour pouvoir être employées dans plusieurs pays, comme en Égypte et en Finlande, à la fabrication d'un certain pain ; elles entrent ainsi dans l'alimentation.

Sur la foi d'anciens auteurs, tels que Dioscoride et Pline, on a longtemps regardé les Nénuphars comme doués de vertus anaphrodisiaques, comme remèdes excellents pour calmer les désirs amoureux et éteindre les facultés génératrices. Au dire de Prosper Alpin, les pieux cénobites de la Thébaïde en faisaient usage pour supporter la continence qui leur était imposée, et dans les couvents, les moines et les religieuses ont toujours eu grande confiance dans l'usage de ces plantes, pour réprimer la révolte des sens à laquelle les expose une chasteté rigoureuse et prolongée. Des

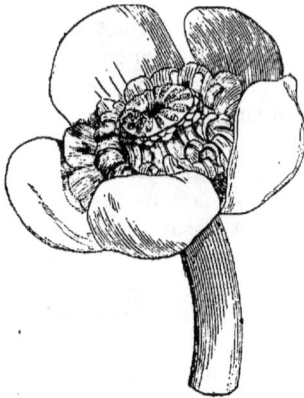

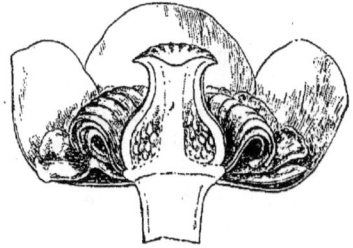

Fig. 127.   Fig. 128.

Fig. 127. — Fleur. | Fig. 128. — Fleur coupée.

Fig. 127 et 128. — Nénuphar jaune (*Nuphar luteum*).

cloîtres, la prodigieuse renommée des bienfaits du Nénuphar s'est répandue dans toutes les classes de la société, et dans le public tout le monde croit à ses vertus pour refroidir les ardeurs d'un tempérament trop amoureux. Rien cependant n'est plus hypothétique que ces prétendues propriétés calmantes et anaphrodisiaques du Nénuphar. Murray a très judicieusement fait remarquer que les paysans suédois, qui font un usage journalier des racines de la plante pour leur alimentation, sous forme de pain dans la composition duquel ils les font entrer, n'en ont pas pour cela un nombre d'enfants moins considérable, et rien ne conduit à supposer chez eux un amoindrissement des facultés génératrices, ni une froideur amoureuse plus grande que celle des autres peuples. Bien au contraire, les qualités amères de la racine de Nénuphar semblent plutôt devoir lui communiquer des propriétés excitantes à la façon des toniques et des amers. Si on l'applique sur la peau à l'état frais, elle y détermine une légère inflammation, fait qui n'est guère conciliable avec la vertu réfrigérante qu'on lui attribue.

Les Nénuphars, avec leurs feuilles splendides et leurs fleurs, qui, bien que d'inégale valeur avec les espèces, ne sont cependant jamais insignifiantes, se prêtent parfaitement bien à la décoration des étangs ou des pièces d'eau : aussi peut-on à juste titre les compter parmi les plantes aquatiques les plus agréables et les plus utiles à cultiver. Lorsqu'on ne dispose pas d'un grand bassin, on peut cultiver les Nénuphars dans des aquariums dont on garnit le fond avec un peu de terre, et que l'on remplit avec une eau bien pure et bien aérée ; les eaux de pluie ou de fontaines sont préférables aux eaux de puits pour ces usages. Si l'on a soin de mettre dans l'aquarium des poissons rouges et quelques mollusques d'eau douce, tels que Lymnées, Planorbes, etc., qui se nourrissent des végétations microscopiques et autres détritus dont la présence corrompt l'eau rapidement, on peut ne renouveler celle-ci qu'à de longs intervalles. On enterre les rhizomes au printemps, et tant que les plantes sont jeunes, on ne les recouvre que d'une faible quantité d'eau ; ce n'est que lorsqu'elles ont atteint un plus complet développement qu'on les submerge profondément.

Parmi les espèces tout à fait rustiques que l'on peut cultiver sous le climat de Paris, signalons d'abord les deux espèces indigènes, puis quelques espèces exotiques qui résistent particulièrement bien dans nos pays, comme par exemple :

Le NÉNUPHAR ODORANT (*Nymphæa odorata*) de l'Amérique septentrionale, aux feuilles rouges en dessous et dont les fleurs blanches répandent une délicieuse odeur de vanille. On en connaît une variété à fleurs roses, désignée sous le nom de *N. odorata rosæa*.

D'autres espèces ne sont tout au plus rustiques que sous le climat de la Méditerranée et doivent alors être cultivées à l'intérieur des serres. Parmi les plus jolies, figurent :

Le NÉNUPHAR GÉANT (*N. gigantea*), de la

Fig. 130.   Fig. 131.   Fig. 132.   Fig. 133.   Fig. 134.   Fig. 135.

Fig. 129.

Fig. 129. — Fleur.

Fig. 130 à 135. — Pétales et étamines passant insensiblement les uns aux autres.

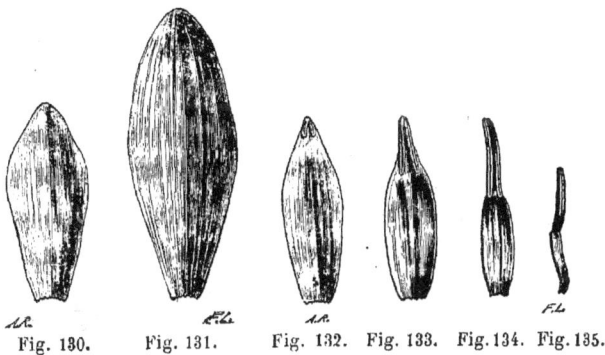

Fig. 129 à 135. — Nénuphar blanc (*Nymphæa alba*).

Nouvelle-Hollande tropicale, dont les fleurs sont larges de plus de 30 centimètres, et qui demande au moins 65 centimètres de profondeur d'eau pour pouvoir se développer.

Le NÉNUPHAR ROUGE (*N. rubra*), de l'Inde, aux grandes fleurs carminées.

Le NÉNUPHAR PANACHÉ (*N. versicolor*), à grandes fleurs blanches mélangées de vert et de pourpre.

LE NÉNUPHAR JAUNE — *NUPHAR LUTEUM*

Noms vulgaires. — Lis jaune des étangs; Volet jaune; Jaunet d'eau.

Caractères. — Cette espèce se distingue facilement du Nénuphar blanc par ses fleurs jaunes à 5 sépales, à pétales nombreux plus courts que les pièces du calice (fig. 127 et 128), et par son fruit rétréci supérieurement, dépourvu de cicatrices. Son rhizome, gros, cylindrique, est de couleur jaunâtre à l'extérieur, blanc à l'intérieur, et porte à sa surface des écailles trapézoïdales brunes disposées en spirale à des intervalles assez réguliers.

Le Nénuphar jaune, qui fleurit de juin à septembre, habite en grande abondance les eaux tranquilles et peu agitées des mares, des étangs, des canaux et des rivières de toute la France : on le trouve dans les mêmes localités que le Nénuphar blanc. Au lever du soleil, on voit la fleur sortir de l'eau pour étaler ses pétales au grand air ; elle disparaît à la fin

du jour et rentre dans les eaux. Les fleurs du Nénuphar jaune ne sont peut-être pas aussi éclatantes que celles du Nénuphar blanc, mais elles ont le grand mérite de répandre une suave odeur, qui n'est pas sans analogie avec celle de l'alcool.

Usages. — Rhizome et feuilles de cette espèce sont réputés astringents. Cette astringence est due à la présence dans ces organes d'une certaine quantité de tannin, parfois en quantité suffisante pour qu'on ait pu songer à en faire usage pour tanner le cuir.

Ce sont les rhizomes noirâtres, blancs à l'intérieur, de cette espèce qui se vendent de préférence chez les herboristes et auxquels on a attribué des propriétés sédatives et anaphrodisiaques qui les font employer dans les maisons religieuses. Nous avons déjà dit (p. 80) ce qu'il faut penser de cette opinion.

LE NÉNUPHAR BLANC — *NYMPHÆA ALBA*

Noms vulgaires. — Lis blanc d'eau ; Volet d'eau.

Caractères. — Le Nénuphar blanc (fig. 129) se distingue du Nénuphar jaune par l'aspect général de sa fleur et de son fruit. La fleur, d'un blanc lacté fort joli, est entourée d'un périanthe formé d'un grand nombre de folioles entre lesquelles on trouve tous les passages (fig. 130 à 135). Il n'y a que 4 sépales, mais ils se confondent avec les pétales par suite de différences insensibles de nuances que l'on observe entre les pièces du calice et les premières pièces de la corolle. Arrachons le sépale le plus externe ; il est complètement vert ; le sépale suivant est légèrement teinté de blanc au sommet. La couleur blanche augmente dans le troisième et ainsi de suite, lorsqu'on considère les folioles du périanthe une à une, en se rapprochant du centre de la fleur, jusqu'à ce qu'on arrive à des pétales entièrement blancs. On constate de même toutes les transitions entre les pétales et les étamines. Plus les pétales en effet se rapprochent du centre de la fleur, plus ils se rétrécissent par leur base ; en même temps on voit apparaître au sommet un rudiment jaune d'anthère qui grandit, gagne de plus en plus, jusqu'à ce qu'on arrive à des organes qui ont nettement la forme d'une étamine avec un filet rétréci et une anthère basifixe biloculaire. On peut avec Payer considérer les pièces internes de la corolle comme des étamines modifiées et devenues pétaloïdes, comme cela se passe dans nos Roses cultivées. « La fleur du *Nymphæa alba* est donc une fleur double dans toute la force du mot ; seulement c'est une fleur double normale, puisque ce n'est pas la culture qui l'a ainsi constituée. »

Le fruit du Nénuphar blanc est sensiblement globuleux et porte sur sa surface de nombreuses cicatrices provenant de la chute des sépales, des pétales et des étamines légèrement concrescentes par leur base avec le pistil.

Le rhizome du Nénuphar blanc est jaune à l'intérieur, presque noir à l'extérieur, à cause de la grande quantité de tubercules foliacés qui le recouvrent.

Distribution géographique. — Le Nénuphar blanc habite les mêmes endroits que le Nénuphar jaune ; comme lui, il fleurit du mois de juin au mois de septembre.

Usages. — Son rhizome est âcre et mucilagineux ; comme il est astringent, on en prescrivait autrefois l'usage contre la dysenterie. Les paysans de la Finlande et de la Russie tirent encore parti de son rhizome et de ses graines au point de vue alimentaire.

LE NÉNUPHAR BLANC D'ÉGYPTE — *NYMPHÆA LOTUS*

Synonymie. — Lotus blanc d'Égypte.

Caractères. — Le *Nymphæa lotus*, espèce égyptienne, a de grandes feuilles, assez nombreuses, sous-orbiculaires, échancrées à la base, un peu moins épaisses que celles de nos Nénuphars d'Europe, d'un vert un peu plus foncé, luisantes en dessus, souvent lavées de pourpre ou de violet en dessous. Elles sont bordées dans tout leur contour de dentelures très aiguës. Les fleurs blanches, grandes et toujours très ouvertes, exhalent une odeur suave quoiqu'un peu forte et piquante. Le fruit est un espèce de baie sèche, arrondie, longtemps recouverte des bases des folioles du calice et de celles des pétales, tronquée, et radiée à son sommet, qui est toujours sali par la décomposition des étamines et des pétales intérieurs.

Distribution géographique. — Le *Nymphæa lotus* émaille pendant tout le temps de l'inondation produite par le Nil, la surface des canaux, des rizières et généralement de tous les terrains de la Basse-Égypte couverts par les eaux du fleuve. Ce Nénuphar est très rare dans les eaux de la Haute-Égypte. Cela tient à ce qu'en cet endroit les eaux du Nil s'élèvent considérablement, alors qu'elles restent bien moins profondes dans la Basse-Égypte ; aussi les *Nymphæa* atteignent-ils aisément la surface des eaux durant l'inondation, dans les lacs et les canaux du Delta, où le courant du fleuve ne leur nuit pas.

Propriétés. — Usages. — Histoire. — On doit reconnaître dans cette espèce de Nénuphar, une de ces fleurs sacrées qui ont joué un rôle symbolique si considérable dans les mythologies hindoue et égyptienne. Les naturalistes, poètes et historiens de l'antiquité, ont d'ailleurs désigné sous le nom de *Lotus* des plantes appartenant à des familles très diverses : le Lotus en arbre, qui, d'après Hérodote, poussait au pays des Lotophages, et dont le fruit faisait oublier à ceux qui le mangeaient les douceurs de la terre natale, semble être une espèce de Jujubier, le *Zizyphus lotus*, abondant à Tunis et dans l'intérieur de l'Afrique ; les Lotus terrestres herbacés étaient très voisins de notre Mélilot officinal. Quant aux Lotus aquatiques, c'est aux Nymphéacées que les botanistes modernes les ont rapportés d'après les descriptions que les anciens nous en ont laissées, ou les figures qu'ils en ont faites sur leurs monuments. Dans les Lotus sacrés de l'ancienne Égypte, on doit voir deux espèces du genre *Nymphæa*, les *N. lotus* et *N. cæruleus*, ainsi que le *Nelumbum speciosum* de la famille voisine des Nélombées. Il est d'ailleurs très difficile — dit

Alire Raffeneau Delile (1) auquel nous empruntons la majeure partie des détails qui vont suivre — de dire à quelle espèce de Lotus appartiennent les fleurs que l'on voit représentées sur les têtes des rois ou des divinités d'Égypte dans plusieurs médailles, parce que les Lotus diffèrent entre eux principalement par la couleur de leurs fleurs, et par la forme de leurs fruits ou de leurs feuilles. On peut cependant les distinguer facilement lorsque les peintures sont conservées, comme cela a lieu pour les murs de temple ou les caisses de momies.

Le Lotus des anciens Égyptiens fut une des plantes les plus célèbres dans l'antiquité. Naissant chaque année avec les eaux d'un fleuve qui ne sortait de son lit que pour féconder la terre, s'élevant au milieu des campagnes jadis désertes, qu'elle embellissait alors de ses splendides corolles, utile et cultivée pour servir à l'alimentation de la classe laborieuse de la population, cette plante pouvait être regardée comme le signe d'une heureuse abondance et le gage sacré de la faveur des Dieux. Les Égyptiens donnent encore aujourd'hui aux Nénuphars le nom d'*Araïs el Nil*, assurément relatif à la fertilité qui va être renouvelée par le débordement des eaux, les fleurs de Lotus apparaissant lorsque le Nil commence à croître et annonçant ainsi l'inondation qui doit amener l'abondance. D'ailleurs, pour ces peuples à l'imagination primitive, la fleur sortant des eaux en même temps que le soleil pour y rentrer avec lui à la fin de la journée, semblait avoir une relation mystérieuse avec l'astre du jour, c'est pourquoi ils en avaient fait un des attributs d'Osiris, le dieu du soleil, toujours représenté dans les peintures égyptiennes accompagné des fleurs du Lotus sacré.

Il est question du Lotus blanc dans Hérodote (2), lorsque cet auteur parle des Lis aquatiques qui abondent dans le Nil : « Les Égyptiens, dit-il, les récoltent, les font sécher au soleil, en pilent le dedans et en font du pain qu'ils cuisent au feu. La racine du Lotus aussi est alimentaire ; assez douce, ronde et de la grosseur d'une pomme. » Théophraste (3) parle également du Lotus blanc : « Le Lotus, dit-il, croît dans les campagnes lorsqu'elles sont inondées. Les fleurs sont blanches et ont

leurs pétales comme ceux du Lis. Elles naissent en grand nombre serrées les unes contre les autres. Elles se ferment au coucher du soleil et cachent leurs fruits. Ces fleurs s'ouvrent ensuite quand le soleil reparaît et s'élèvent au-dessus de l'eau ; ce qui se renouvelle jusqu'à ce que le fruit soit entièrement formé et que la fleur soit tombée. Le fruit égale celui d'un gros Pavot et contient un très grand nombre de graines semblables à des grains de Millet. Les Égyptiens mettent les fruits en tas, et en laissent pourrir l'écorce ; ils séparent ensuite les graines en les lavant dans le Nil, les font sécher et en pétrissent le pain. La racine du Lotus, appelée *corsion*, est ronde et de la grosseur d'une pomme de Coing. Son écorce est noire et semblable à celle de la Châtaigne. Cette racine est blanche en dedans ; on la mange crue ou cuite. »

Il est clair qu'une telle description ne peut s'appliquer qu'au *Nymphæa lotus* que l'on trouve encore aujourd'hui en Égypte. C'est du fruit de cette espèce que parle Pline (1), sous le nom de *Lotometra*.

On voit que depuis la plus haute antiquité, le Lotus entrait dans l'alimentation des Égyptiens, qui en recueillaient les racines lorsque le Nil se retirait de dessus les terres.

« Aujourd'hui, dit Delile (2), on les recueille rarement, mais elles se multiplient assez dans les rizières, pour que les paysans soient obligés de les arracher après la récolte du riz. Alors ils mangent quelquefois ces racines qu'on appelle *biaro*. J'en ai vu vendre à Damiette, dans le marché, au mois de frimaire an VII. Je les ai goûtées, et leur saveur n'avait rien de désagréable. Ces racines sont arrondies ou un peu oblongues, et moins grosses qu'un œuf ordinaire. Leur écorce est noire et coriace. Elle porte des tubercules tracés par la base des pétioles ou des hampes. Intérieurement ces racines sont blanches et farineuses ; elles sont jaunâtres dans le centre. Après l'inondation, elles restent enfouies dans la terre qui se dessèche ; et l'année suivante, quand elles sont submergées, elles poussent des feuilles et des radicules, uniquement par leur sommet qui est cotonneux. Les radicules pénètrent latéralement dans le limon, où elles produisent des tubercules qui deviennent semblables aux premières racines et qui multiplient la plante. Les Égyptiens, pour recueillir

(1) Delile, *Annales du Muséum*, I, p. 372.
(2) Hérodote, *Euterpe*, C. 92.
(3) Théophraste, *Hist. plant.*, liv. IV, C. 10.

(1) Pline, Livre XXII, 28, 1.
(2) Delile, *loc. cit.*, p. 380.

les graines, les lavaient après avoir fait pourrir l'écorce des fruits. Ce moyen est le seul que l'on puisse employer, car autrement ces graines se mêlent et se dessèchent avec le parenchyme du fruit. Ces graines sont très petites, roses ou grises à l'extérieur, et farineuses en dedans. Les anciens les ont comparées aux grains du millet. J'ai entendu des paysans les appeler *dochn el bachenin*, c'est-à-dire Millet du *bachenin* (c'est le nom qu'on donne en Égypte au Lotus blanc); mais ils m'ont dit que ces graines étaient de peu d'usage. »

LE NÉNUPHAR BLEU D'ÉGYPTE — *NYMPHÆA CÆRULEA*.

Synonymie. — Lotus bleu.

Caractères. — Le *Nymphæa cærulea* ressemble beaucoup à l'espèce précédente, avec laquelle on l'avait souvent confondue jusqu'à ce que Savigny, à son retour de l'expédition d'Égypte qu'il avait suivie en qualité de botaniste, l'ait nommée et décrite. Les principaux caractères différentiels résident dans les feuilles à bord à peine sinueux, à lobes plus pointus et divergents, dans la corolle azurée dont l'odeur extrêmement douce et suave est plus agréable que celle du *Nymphæa lotus*, plus forte et plus piquante; dans les étamines enfin, qui dans l'espèce à fleurs d'azur présentent à l'extrémité de l'anthère un petit appendice bleuâtre semblable à un petit pétale, qui fait entièrement défaut dans l'espèce à fleurs blanches.

Distribution géographique. — Le *N. cærulea* habite la Basse-Égypte, où il croît à côté du *N. lotus*, les deux espèces se plaisant à confondre leurs fleurs, ce qui rend d'autant moins étonnant que bien des voyageurs ayant parcouru l'Égypte n'aient point su les distinguer l'une de l'autre. « Comme les anciens ont peu parlé du Lotus bleu, dit Delile (1), on pourrait croire qu'il a été apporté des Indes orientales en Égypte avec le Riz, puisqu'il croît abondamment dans les rizières du Delta; mais les peintures des temples prouvent évidemment que cette plante est aussi ancienne en Égypte que le *Nymphæa lotus*. Il est certain que le *Nymphæa cærulea* existe dans l'Inde. Il est appelé *Citambel*, dans l'*Hortus malabaricus* de Rheede. Rhumphius l'a considéré comme une variété à fleurs bleues du *Nymphæa lotus*. Ce *Nymphæa* croît aussi au cap de Bonne-Espérance. »

Propriétés. — Usages. — Histoire. — La grande ressemblance qui existe entre le *Nymphæa cærulea* et le *Nymphæa lotus*, leur cohabitation dans les mêmes eaux de la Basse-Égypte, tout conduit à présumer que deux plantes aussi semblables avaient une part égale à la reconnaissance des Égyptiens et, réunies sous le nom de Lotus, servaient au même mystère. Les fleurs du Lotus bleu ont d'ailleurs plus d'éclat et de doux parfum que celles du Lotus blanc, et l'azur dont elles brillent devait, chez un peuple aussi religieux que les Égyptiens, devenir l'emblème du séjour de la divinité des eaux. Un passage d'Athénée prouve d'ailleurs que le *Nymphæa cærulea* était une troisième espèce de Lotus, à côté du *Nymphæa lotus* et du *Nelombo*. Cet auteur rapporte que l'on faisait à Alexandrie des couronnes avec les fleurs bleues du Lotus. Il est naturel de croire que non seulement les Égyptiens ont fait des couronnes avec le Lotus bleu, mais même qu'il a servi à leur nourriture comme le *Nymphæe cærulea*, puisque les racines et les graines sont semblables chez les deux espèces; les sculptures égyptiennes en fournissent d'ailleurs la preuve, puisque le *Nymphæa* bleu est souvent représenté parmi des offrandes dans des peintures retraçant des scènes de la vie domestique.

« Des deux *Nymphæa*, dit Delile, les Égyptiens préfèrent aujourd'hui celui à fleurs bleus, qui est fort souvent représenté dans les temples. Ebn el Bitar, médecin arabe, qui a écrit un traité des plantes cité par Prosper Alpin, distingue deux espèces de Bachenin ou *Nymphæa*, dont le meilleur est appelé celui des Arabes. J'ai remarqué que les paysans du Delta donnent le nom de Bachenin des Arabes au *Nymphæa cærulea*, et qu'ils font moins de cas du *Nymphæa lotus*. »

LES VICTORIAS — *VICTORIA*

Caractères. — Le genre *Victoria* est caractérisé par ses feuilles gigantesques, orbiculaires, à bords relevés et munis de 8 grosses nervures saillantes et aiguillonnées par-dessous, qui partent en rayonnant du point d'attache du pétiole au centre de la feuille. Les fleurs, de taille colossale, sont à 4 sépales, à nombreux pétales et à ovaire infère. A la fleur succède un fruit épineux sur sa surface.

Distribution géographique. — Le genre *Victoria* comprend deux ou trois espèces essen-

(1) Delile, *loc. cit.*, p. 382.

Fig. 136. — Victoria royale (*Victoria regia*).

tiellement américaines; il ne se distingue que par des caractères de faible importante du genre *Euryale*, dont l'unique espèce, *Euryale ferox*, habite les Indes orientales, la Chine et le Japon.

LA VICTORIA ROYALE — *VICTORIA REGIA*

Découverte. — Cette véritable merveille du monde végétal habite dans l'Amérique du Sud équinoxiale les lagunes formées par l'élargissement des grands fleuves. Ses feuilles, de plus de 2 mètres de tour (fig. 136), croissent parfois en si grande abondance qu'elles gênent la navigation. Elle fut découverte pour la première fois par Boupland, qui remontait la Berbice, fleuve de Guyane, puis retrouvée par Alcide d'Orbigny, auquel nous cédons la parole :

« Je parcourais en tous sens, dit d'Orbigny [1], la province de Corrientes, lorsque au commencement de 1827 (le 3 mars), descendant le Parana pour en relever le cours, je me trouvai dans une frêle pirogue sur cette majestueuse rivière dont les eaux, à trois cents lieues de la

[1]. D'Orbigny, *Annales de sc. nat. Bot.*, 2ᵉ série, 15, 1840, p. 52.

Plata, ont encore près d'une lieue de large. Tout y est grandiose, tout y est imposant, et, seul avec deux Indiens Guaranis, je me livrais en silence à l'admiration que m'inspiraient ces sites si beaux et si sauvages. Pourtant, sans doute injuste envers cette superbe nature, j'aurais désiré mieux encore, tant cette énorme masse d'eau me semblait réclamer une végétation qui pût rivaliser avec elle, et je la cherchais en vain.

« Bientôt, au lieu nommé *Arroyo de San José*, les immenses marais de la côte méridionale vinrent augmenter l'étendue des eaux, et, toujours attentif, je commençai à découvrir au loin une surface verte et flottante. Questionnant mes Guaranis, je sus d'eux que nous approchions de la plante qu'ils appellent *Yrupé* (de *y*, eau, et de *rupe*, grand plat ou couverture de panier; traduction littérale, plat d'eau), et un instant après je découvrais enfin cette riche végétation dont les rapports grandioses venaient surpasser mes espérances, en m'offrant un ensemble de la plus magnifique harmonie.

« De la famille des Nymphéacées, je connaissais le Nénuphar, dont tout le monde apprécie la taille. Ici je le voyais remplacé par une étendue d'un quart de lieue, couverte de feuilles arrondies, larges d'un mètre et demi à 2 mètres, à pourtour relevé perpendiculairement sur 5 à 6 centimètres de hauteur. Le tout formait une vaste plaine flottante où brillaient de loin en loin de magnifiques fleurs larges de 30 à 35 centimètres, de couleur blanche ou rosée, dont le parfum délicieux embaumait l'air. En un instant ma pirogue fut remplie des feuilles, des fleurs, des fruits de l'objet de mon admiration. Chaque feuille, lisse en dessus, est pourvue en dessous d'une multitude de grosses nervures saillantes, ramifiées et remplies à l'intérieur de l'air qui les soutient à la surface des eaux, quoique suffisant chacune pour charger un homme. La partie inférieure des feuilles, ainsi que la tige des fleurs et le fruit sont couverts de longues épines. Le fruit, de 14 centimètres de diamètre à sa maturité, est rempli de graines noires, arrondies, dont l'intérieur est blanc et farineux.

« Arrivé à Corrientes, je m'empressai de dessiner cette belle plante et de la montrer aux habitants, qui m'apprirent que la graine, comestible estimé, se mange rôtie comme celle du Maïs, analogie qui lui a fait donner par les Espagnols le nom de *Maïs del agua* (Maïs d'eau). Je sus aussi d'un ami intime de M. Bonpland, que le célèbre compagnon de voyage de l'illustre M. de Humboldt s'étant trouvé, huit ans avant cette époque, près de la petite rivière nommée *Riachuelo*, avait aperçu de la berge cette magnifique plante, et que, enthousiasmé par cette découverte, il avait failli se précipiter dans ces eaux pour se la procurer. Il entretint ensuite, durant plus d'un mois et avec la même exaltation, toutes les personnes de sa connaissance, de cette superbe espèce dont la possession lui causait la plus vive joie.

« Je pus dessécher les feuilles, les fruits et les fleurs, en placer dans l'alcool, et, dès la fin de 1827, j'eus le plaisir d'adresser le tout, avec mes autres collections, au Muséum d'histoire naturelle.

« Cinq ans après, parcourant le centre du continent américain, j'arrivai au milieu des sauvages Guarayos, et, parmi cette tribu des Guaranis ou des Caraïbes, si remarquable par ses vertus patriarcales, je rencontrai le père Lacueva, missionnaire espagnol, bon et instruit, qui tentait de les convertir au christianisme. Pour le voyageur depuis une année toujours avec les indigènes, c'est une véritable joie que de trouver un être qui puisse converser avec lui

et le comprendre. J'éprouvai donc un bonheur réel à m'entretenir avec ce vieillard vénérable, qui, depuis trente ans au moins, n'avait cessé de vivre au milieu des sauvages. Dans une des conversations qui me rappelaient des jouissances longtemps inconnues pour moi, il me cita un trait dont l'intérêt me frappa vivement. Envoyé par l'Espagne pour étudier les productions végétales du Pérou, le fameux botaniste Haenke, dont malheureusement les travaux sont perdus, se trouvait avec lui en pirogue sur le Rio Manoré, un des grands affluents des Amazones, lorsqu'ils découvrirent dans un marais du rivage une plante si belle et si extraordinaire que, transporté d'admiration, Haenke, en la voyant, se précipita à genoux, adressant à l'auteur d'une si magnifique création les hommages de reconnaissance que lui dictaient son étonnement et sa profonde émotion. Il s'arrêta en ces lieux, y campa même et s'en éloigna avec beaucoup de peine.

« Quelques mois après ma rencontre avec le père Lacueva, parcourant les nombreux cours d'eau de la province de Moxos, seules routes offertes aux voyageurs, je remontais du Rio de Madéeras vers les sources du Manoré, lorsque, entre les confluents des Rios Apéré et Tijamuchi, ayant toujours présente à la pensée la conversation du bon missionnaire, j'aperçus enfin sur la rive occidentale, dans un immense lac d'eau stagnante communiquant avec la rivière, j'aperçus, dis-je, la plante si extraordinaire découverte par Haenke, et qu'à la description j'avais reconnue comme devant appartenir au même genre que le *Maïs del agua* de Corrientes. Heureux de voir les lieux témoins de l'exaltation du botaniste allemand, je ressentis une joie d'autant plus vive de rencontrer ce géant végétal, qu'il me fut facile de reconnaître au-dessous des feuilles et aux sépales pourprés que l'espèce que j'avais sous les yeux différait spécifiquement de la première. A l'exemple d'Haenke, je campai en ces lieux, où je fis une ample récolte de feuilles et de fleurs ; mais, exposé tour à tour au soleil brûlant de ces plaines inondées de la zone torride et aux pluies torrentielles que j'essuyai avant mon arrivée dans un endroit habité, je ne pus conserver cette seconde espèce et fus privé de la rapporter en Europe. »

D'Orbigny rentra en France en 1834 et dès l'année suivante commença la publication des résultats de son voyage. Dans la partie historique qu'il rédigea lui-même, ce savant se contenta d'indiquer très sommairement sa découverte (1), réservant pour plus tard la description des caractères botaniques de la plante ainsi que l'attribution d'un nom scientifique.

Deux ans plus tard, un voyageur allemand, Schomburgk, parcourant la Guyane, découvrit à nouveau sur la Berbice la plante qui avait déjà fait l'admiration de d'Orbigny, d'Haenke et de Bonpland.

« Ce fut le premier janvier 1837, dit cet auteur, tandis que nous luttions contre les difficultés que nous opposait la nature sous différentes formes, pour arrêter notre navigation sur la Berbice, que nous atteignîmes un endroit où la rivière forme un large et tranquille bassin. Un objet placé à l'extrémité du lac attira mon attention ; sans que je pusse me faire une idée de ce que ce pouvait être, mais animant mes rameurs par l'espoir d'une récompense, nous fûmes bientôt près de l'objet qui excitait ma curiosité et je pus contempler une véritable merveille. Toutes mes infortunes furent oubliées ; j'étais botaniste et je me trouvais récompensé. Il y avait là des feuilles gigantesques, étalées, flottantes, de 5 à 6 pieds de diamètre, à larges bords, d'un vert brillant en dessus et d'un cramoisi vif en dessous. En remontant la rivière, nous rencontrâmes souvent cette plante et plus nous avancions plus les individus devenaient gigantesques. »

La même année (1837), un naturaliste anglais, Lindley, publiait et figurait dans une note monographique très grand in-folio, tirée à 25 exemplaires seulement, la plante découverte par Schomburgk et lui attribuait comme nom générique celui de la jeune reine qui venait de monter sur le trône d'Angleterre. Comme d'Orbigny avait trouvé dans ses voyages, ainsi qu'on l'a vu plus haut, deux espèces différentes du genre *Victoria*, celle décrite par Lindley sous le nom de *Victoria regia* (2) et celle de la province de Corrientes, il publia en 1840 la description de cette dernière, qu'il baptisa *Victoria Cruziania*, la dédiant au général Santa Cruz, auquel il devait en grande partie la réussite de son voyage en Bolivie. La *V. cruziana* se trouve dans les eaux stagnantes et profondes de la province de Corrientes, sur les rives du Parana et dans le Riachuelo. Elle diffère surtout de la *Victoria regia* par ses feuilles vertes des deux côtés et non pas vertes en dessus et

rouges en dessous, par ses sépales verts et non pas rouges, et enfin par sa fleur uniformément rose ou blanche tandis qu'elle est violette au milieu et blanche autour, chez la *Victoria regia*.

Depuis une quarantaine d'années, la *Victoria regia* figure parmi les plantes d'aquarium qui font l'ornement de nos serres, où on a dû construire des bassins spéciaux pour la recevoir. Elle fait au Jardin des Plantes l'admiration des visiteurs par ses immenses feuilles régulièrement circulaires de près de 2 mètres de large, avec un bord relevé de 10 centimètres de haut sur le pourtour. Une pareille feuille peut supporter sans enfoncer sous l'eau le poids du corps d'un enfant de cinq ans ainsi que l'ont démontré des expériences entreprises en Angleterre. Les fleurs se sont développées pour la première fois en France en 1854 sur un pied de Victoria cultivé dans les serres du Prado à Marseille ; ces fleurs présentent cette particularité intéressante, qu'elles sont dans leur plus complet épanouissement au milieu de la nuit : elles s'ouvrent un soir vers cinq heures et sont refermées à dix heures le lendemain matin.

« Dans les premiers temps, disent Decaisne et Naudin (1), la culture du Victoria passait pour très difficile. On croyait nécessaire de brûler la terre dont on couvrait le fond de l'aquarium, afin de la purger de tous les débris organiques qu'elle pouvait contenir et qui auraient, pensait-on, corrompu l'eau ; on regardait de plus comme non moins indispensable de communiquer à cette eau un certain mouvement pour l'entretenir dans un état d'aération constant. Mais l'expérience n'a pas tardé à faire reconnaître que c'était là des précautions à peu près inutiles. On se borne aujourd'hui à prendre de la terre au fond d'une rivière, ou même de la terre franche ordinaire, et on met dans l'aquarium quelques cyprins dorés de la Chine, dont les ébats suffisent pour communiquer à l'eau l'agitation nécessaire. Ce qui est plus essentiel, c'est de renouveler cette eau graduellement et de la tenir à une température élevée, par exemple à 24 ou 25 degrés centigrades pendant la nuit, à 30 ou 32 pendant le jour, au moins dans la période où la végétation de la plante est dans toute sa force. L'aquarium, en outre, doit être très éclairé, car c'est une erreur de le couvrir, comme on le faisait il y a quelques années, d'une toiture de verre dépoli. De même que

(1) A. d'Orbigny, *Voyage dans l'Amérique méridionale*, I, 1835, p. 289.
(2) D'Orbigny, *Ann. sc. nat., loc. cit.*

(1) Decaisne et Naudin, *Manuel de l'amateur des jardins*, t. II, p. 681.

toutes les autres plantes aquatiques, le Victoria demande, pour bien végéter, la pleine lumière du soleil. Dans son pays natal, il croît par des profondeurs très diverses; immergé quelquefois sous plusieurs mètres d'eau, il pousse avec la plus grande vigueur, mais on le voit également prospérer sur des bas-fonds vaseux que recouvrent seulement quelques centimètres d'eau, et qui même se dessèchent totalement pendant une partie de l'année. Dans les aquariums des serres chaudes, on plante généralement le Victoria sur une butte de terre dont le sommet n'est qu'à 15 ou 20 centimètres de la surface de l'eau.

«On a vainement essayé jusqu'ici de cultiver le Victoria dans les aquariums à l'air libre, même dans le Midi de l'Europe et à Alger; il y donne, il est vrai, quelques feuilles de moyenne grandeur, mais il n'y fleurit point, quoiqu'on assure l'avoir vu fleurir en Belgique dans un aquarium vitré qui n'était chauffé, momentanément du moins, que par les rayons du soleil. Il est possible que cet insuccès soit dû au refroidissement nocturne, qui est toujours considérable sous le ciel limpide du climat méditerranéen. »

La *Victoria regia* passe pour être une plante annuelle et faire ainsi exception au milieu des Nymphéacées, qui toutes sont vivaces. Cependant on connaît quelques observations de double floraison de cette plante. « C'est ainsi qu'une *Victoria regia* cultivée dans le jardin de M. Geitner à Plänitz, ayant cessé de fleurir le 22 décembre 1854, a passé l'hiver, et après quelques semaines de repos se remettait à bourgeonner au début de l'année 1855, avec une chaleur de fond d'environ 45 degrés centigrades. Un fait analogue s'est présenté le même hiver dans l'aquarium de M. Oppenheim de Cologne (1). » On est alors conduit à se demander si la plante n'est point, dans ses conditions naturelles, vivace comme le sont toutes les autres Nymphéacées.

LES NÉLOMBÉES — *NELUMBEÆ*

Caractères. — Les Nélombées sont des plantes aquatiques qui vivent à la façon des Nymphéacées, c'est-à-dire que la tige rhizomateuse en est enterrée au fond de l'eau, tandis que feuilles et fleurs viennent émerger au-dessus de la surface, portées à l'extrémité de longs pétioles et pédoncules (fig. 137). La fleur ressemble au premier abord à celle des *Nymphæa*, avec ses 4 sépales, ses nombreux pétales et ses nombreuses étamines, toutes ces pièces étant insérées en spirale à la base du réceptacle et passant insensiblement les unes aux autres. Au-dessus du point d'insertion des étamines le réceptacle se renfle et prend la forme d'un cône renversé qui se dresse, la base en haut, au centre de la fleur. Les carpelles sont nombreux et indépendants, et chacun d'entre eux ne renferme, dans son ovaire à une seule loge, qu'un seul ovule. Ces ovaires sont placés à l'intérieur de petites cavités creusées dans la surface plane supérieure du cône réceptaculaire. Après la floraison, le réceptacle devient ligneux et porte à son sommet dans de petits alvéoles, les akènes produits par la transformation des carpelles (fig. 138). L'unique graine contenue dans chacun de ces akènes est dépourvue d'albumen et contient un embryon très farineux.

Distribution géographique. — La famille des Nélombées ne renferme que le seul genre *Nelumbium*, divisé en deux espèces : le *Nelumbium luteum*, à fleurs jaunes, habite l'Amérique, du 10ᵉ degré de latitude nord au 40ᵉ degré de latitude sud environ; le *Nelumbium speciosum*, à fleurs blanches ou roses, se rencontre dans les régions chaudes de l'ancien monde (fig. 137, 138, 139).

On a retrouvé dans les terrains tertiaires de l'Europe centrale, des empreintes de feuilles que l'on a rapportées au genre *Nelumbium*.

Affinités. — Beaucoup d'auteurs considèrent les Nélombées comme ne devant former qu'une simple tribu de la famille des Nymphéacées. On voit que les deux groupes de plantes diffèrent par l'organisation des fleurs et des fruits; les carpelles sont indépendants chez les Nélombées, dont les graines sont dépourvues d'albumen, ce qui les éloigne des Nymphéacées, dont la graine possède au contraire, un double albumen. Ces différences cependant ne suffiraient pas pour faire distinguer une famille des Nélombées à côté de celle des Nymphéacées (surtout lorsqu'on maintient dans cette

(1) *Bull. Soc. bot.*, 1855, p. 212.

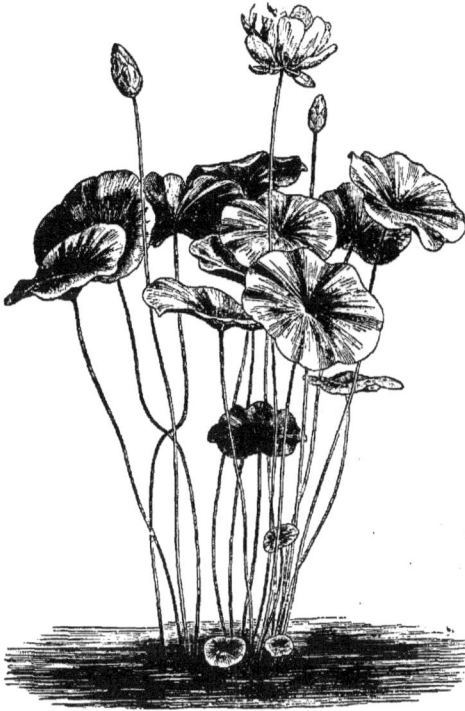

Fig. 137. — Lotus (*Nelumbium speciosum*).

dernière, à titre de simple tribu, les Cabombées dont l'organisation florale est assez particulière), si l'étude anatomique des plantes qui composent ces groupes n'était venue plaider en faveur de la séparation. Déjà en 1854, les travaux de M. Trécul (1) l'amenaient à formuler la conclusion suivante : « Les Nélombées diffèrent au dernier degré des Nymphéacées, non seulement par les caractères de leurs fleurs, de leurs fruits et de leurs graines, mais encore par les phénomènes de la germination, la structure anatomique de leur embryon, de leurs rhizomes, de leurs pétioles et de leurs pédoncules, etc. Ces deux familles n'ont rien de commun que le nombre des cotylédons, les fleurs polypétales, les étamines nombreuses et le milieu dans lesquel elles vivent; mais elles ressemblent en cela à beaucoup d'autres familles. » M. Van Tieghem, en étudiant comparativement chez les Nélombées et les Nymphéacées la disposition des faisceaux libéro-ligneux dans la tige, la feuille et le pédicelle (2), ainsi que la disposition de l'appareil sécréteur, et en particulier du tissu laticifère (1), est arrivé à confirmer l'opinion précédente. Enfin le même auteur, en étudiant la croissance terminale de la racine chez les Nélombées et chez les Nymphéacées, a montré que si les secondes se rapprochent des Monocotylédones à ce point de vue, comme il a été dit plus haut à la page 78, les Nélombées ne présentent point la même irrégularité, et leur racine se développe de la même façon que toutes les plantes dicotylédones. Ce nouveau caractère différentiel doit conduire à séparer définitivement les Nélombées des Nymphéacées.

LE NÉLOMBO D'ORIENT — *NELUMBIUM SPECIOSUM*

Synonymie. — *Nelumbo nucifera*, Lotus rose de l'Inde, Fève d'Égypte.

Étymologie. — Nelumbo est le nom de la plante à Ceylan.

Caractères. — Les caractères de cette espèce sont, pour la fleur et le fruit, ceux que nous venons d'indiquer pour la famille.

(1) Trécul, *Ann. sc. nat. Bot.*, 3e série 1845, IV, p. 169.
(2) Van Tieghem, *Bull. Soc. bot.*, 10 décembre 1885.

(1) Van Tieghem, *Bull. Soc. bot.*, 22 janvier 1886.

Ajoutons seulement ici quelques mots sur son port et sur son feuillage.

Au fond des eaux, les rhizomes longs et grêles serpentent au milieu de la vase et se propagent avec rapidité; ils sont munis de distance en distance de nodosités, d'où s'élèvent les longs pétioles des feuilles, ou les pédoncules des fleurs, les uns et les autres couverts de petites épines très courtes. Les feuilles ne flottent point sur l'eau à la façon de celles des Nénuphars, mais s'élèvent au-dessus de la surface à une distance qui peut être parfois celle d'un mètre (fig. 137). Ces feuilles sont très sensiblement orbiculaires, peltées et larges de 50 à 70 centimètres environ. Elles présentent à peu près la forme d'une vasque profonde de trois pouces dont les bords sont ondulés; on pourrait également les comparer au pavillon d'un cor de chasse (fig. 138). La face supérieure en est recouverte d'un velouté très fin sur lequel l'eau coule par gouttes semblables à des globules de cristal, lorsque la pluie en tombant remplit ces coupes élégantes qui se vident lorsque le vent vient à faire onduler et céder leurs longs pétioles. En comparant les feuilles orbiculaires du *Nelumbium* aux feuilles échancrées, cordiformes, des *Nymphæa*, on constate facilement que les feuilles sont construites sur le même plan et ne diffèrent essentiellement que par la soudure permanente des bords de l'échancrure. Au fond de la coupe formée par le disque des feuilles du *Nelumbium*, sur la callosité qu'on peut considérer comme l'extrémité du pétiole, on aperçoit à l'œil nu, ou mieux à la loupe, les orifices de canaux très fins qui parcourent le pétiole sur sa longueur. Les fleurs du Nelombo d'Orient (fig. 139) sont le plus souvent de couleur rose et ressemblent beaucoup, avant de s'épanouir, à d'énormes Tulipes; Hérodote les comparait à des Lis.

Distribution géographique. — Le *Nelumbium speciosum* croît dans les lacs, marais et toutes eaux peu courantes, de la Chine (fig. 140), du Japon, de la Cochinchine, de l'Inde. On le retrouve sur les bords de la mer Caspienne, et jusqu'en Europe à l'embouchure de Volga, où les étés sont, il est vrai, presque aussi chauds que dans l'Inde, bien que les hivers soient très rigoureux. Cette espèce est aujourd'hui disparue d'Égypte, mais y existait sûrement autrefois et y croissait en grande abondance dans les marécages formés par le Nil débordant de son lit; les auteurs anciens nous ont en effet donné, de cette plante, une description si exacte, que Rheede la retrouvant dans l'Inde, et Rhumphius dans les îles Moluques, n'ont pas hésité à la reconnaître comme celle qui poussait dans le Nil autrefois, au dire d'Hérodote et de Théophraste.

Propriétés. — Usages. — Histoire. — Les anciens Égyptiens faisaient usage pour leur alimentation des fruits du Nélombo, qu'ils comparaient aux fèves (1).

Hérodote, après avoir parlé des Lotus qui ornent les plaines couvertes par les eaux du Nil, ajoute cette phrase (2) : « Le fleuve produit encore des lis semblables à des roses; leurs fruits sortent de la racine dans des calices à part, qui ont des alvéoles de même que les nids de guêpe; ils sont comestibles et gros comme des noyaux d'olive; on les consomme verts ou desséchés. » Cette description se rapporte, à n'en point douter, au Nélombo.

Théophraste (3) lui donne le nom de fève : « Cette fève croît, dit-il, dans les marais et dans les étangs. La tige a 4 coudées de long, et est de la grosseur du doigt. Elle ressemble à un Roseau qui n'a point de nœuds. Le fruit qu'elle porte a la forme d'un guêpier et contient jusqu'à trente fèves un peu saillantes, placées chacune dans une loge séparée. La fleur est deux fois plus grande que celle du Pavot, et toute rose. Le fruit s'élève au-dessus de l'eau. Les feuilles sont portées sur des tiges semblables à celles des fruits; elles sont grandes et ressemblent au chapeau thessalien. En écrasant une fève, on voit au dedans un petit corps plié sur lui-même duquel naît la feuille. La racine est plus épaisse que celle d'un fort Roseau, et a des cloisons comme la tige. Elle sert de nourriture à ceux qui habitent près des marais. Cette plante croît spontanément en abondance. On la sème aussi dans le limon, en lui faisant un lit de paille pour qu'elle ne pourrisse pas. »

Pline parle également de la fève d'Égypte comme d'un mets excellent, mais, avec son exagération habituelle, il ajoute qu'elle vient sur une tige épineuse, ce qui fait que les crocodiles l'évitent, craignant pour leurs yeux. C'est là une fable ridicule qui montre bien que Pline ne connaissait que par ouï-dire la plante dont il parle : les aiguillons des pédoncules floraux et des pétioles ne sont que de petites aspérités

(1) Voyez Loret, *l'Égypte au temps des Pharaons*, Paris. 1888.
(2) Hérodote, *Histoires*, II, 92.
(3) Théophraste, *Hist. Plant.*, IV, 10.

Fig. 138. — Nelumbo d'Orient (*Nelumbium speciosum*) avec fruits.

incapables de crever les yeux d'un crocodile.

Les sculptures anciennes n'instruisent pas moins sur cette plante que les récits des historiens : « Le Lotus rose ou Fève d'Égypte, dit Delile (1), est très fidèlement représenté sur la mosaïque de Palestrine, dont Barthélemy (2) a donné l'explication. On peut consulter à la bibliothèque du Panthéon les *Pitture antiche di Petro S. Bartholi*, qui représentent la mosaïque avec ses couleurs. Les fruits, les fleurs et les feuilles de cette plante sont très ressemblants. Ils flottent à la surface de l'eau,

sur un lac qui porte plusieurs barques durant une fête. Ce tableau rappelle un passage de Strabon (1), qui dit que par divertissement on se promenait en barque sur des lacs couverts de Fèves, et que l'on s'abritait des feuilles de cette plante. Sur les monuments égyptiens, Harpocrate est représenté au-dessus d'une fleur ou d'un fruit de Lotus rose. »

Sur la base de la statue du Nil placée dans les jardins des Tuileries à Paris, le fruit du Lotus rose est très exactement représenté, mais les feuilles qui l'accompagnent ne sont pas celles de la plante.

(1) Delile, *Ann. du Muséum*, I, p. 376.
(2) Barthélemy, *Mémoires de l'Académie des inscriptions et belles-lettres*, 1790.

(1) Strabon, Livre XVII.

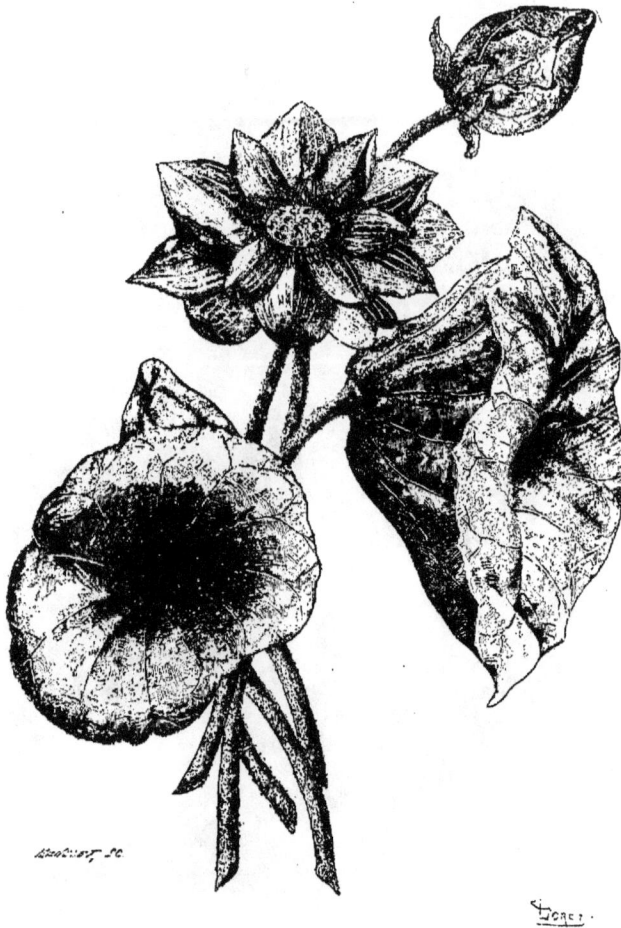

Fig. 139. — Nélombo d'Orient (*Nelumbium speciosum*).

Dans tous les pays où croît le Nélombo, la fleur du Lotus est l'objet d'un véritable culte et d'une vénération toute particulière. Au Thibet, dans l'Inde, dans la Chine et dans le Népaul, elle sert à orner les temples et les statues des idoles ; elle compte dans les attributs de la divinité. La mythologie des brames attache au Lotus une signification symbolique : sa naissance au sein des eaux l'a fait considérer comme le symbole de la génération. Une fleur de Lotus sert de siège à Brahma, et c'est sur une feuille flottante de cette plante aquatique que Vichnou s'avança sur les eaux, au premier jour de la terre.

Le Nélombo, dans les pays qu'il habite, sert encore aujourd'hui à l'alimentation : en cas de disette, les indigènes qui le cueillent peuvent trouver dans son fruit un aliment sain et abondant. Les Chinois et les Indiens font rôtir ou griller les graines avant de les manger.

On emploie quelquefois, dans les pays exotiques, le rhizome du Nélombo comme médicament, en particulier pour ses propriétés diurétiques.

Depuis le commencement de ce siècle, le *Nelumbium speciosum* a été naturalisé en France, où il a été introduit par Delile dans le jardin botanique de Montpellier. C'est là que, pour la première fois en Europe, cette plante a fleuri en plein air pendant le mois de juillet 1835. « La culture de cette plante, dit le célèbre botaniste (1), était justement enviée à l'Inde, surtout quand l'expérience démontre que les plantes aquatiques se naturalisent

(1) Delile, *Annales de Flore*, t. V, p. 218.

Fig. 140. — Nélombo d'Orient (*Nelumbium speciosum*), dans un marais près de Péking.

plus facilement que d'autres. Le *Papyrus* de l'ancienne Égypte, transporté en Syrie, dans le Jourdain, et en Sicile à Syracuse, en est la preuve ; nous le conservons même en France avec un peu d'art et de soin, malgré nos hivers. Aucune plante, depuis l'expédition d'Égypte, ne me touchait tant que le Nélombo. J'ai questionné les voyageurs ; j'ai fait de fréquentes demandes de graines. Il y avait eu de ces graines à Paris ; elles avaient été fort étudiées sous le rapport de la germination par les meilleurs botanistes ; je n'en avais pu voir que des germinations détruites. J'ai obtenu des graines par M. P. Bentham, secrétaire de la Société d'horticulture de Londres, et par M. le professeur de botanique Dargelas, à Bordeaux. Ces graines ont été semées avec succès ; elles germent facilement à quelques lignes sous l'eau ; et pour les avoir hâtives, en avril, il faut les mettre sous couche, et les couvrir d'une cloche ou d'un châssis ; elles donnent de premières feuilles flottantes et, pendant l'été, de grandes feuilles pédonculées hors de l'eau. Leur belle végétation dépend de la grande

capacité des vases où est cultivée la plante. Nous pensions d'abord qu'il lui fallait plus de chaleur que dans les bassins du jardin ; nous l'avons soignée à la manière des Ananas, chauffée sur couche, sorte de culture qui n'a pas répondu à notre attente.

« Nos essais nous ont conduit à mettre des vases dans une exposition favorable, au voisinage des arbres des allées, donnant un peu d'abri. Beaucoup d'air est nécessaire à cette plante, et il est quelquefois difficile de lui en procurer assez, parce qu'elle offre, par ses larges feuilles, une grande prise au vent. Il faut donc la garantir des ouragans. Les vastes eaux tranquilles sont son élément, sur lequel règne une atmosphère très propre à maintenir la délicate fraîcheur des feuilles. Les rayons trop vifs du soleil grillent ces feuilles, si elles y sont exposées de toutes parts dans un vase isolé. Cependant, rien n'a manqué à la végétation de cette plante au jardin de Montpellier, puisque nous en espérons même des graines, et que les racines y suffisent d'ailleurs pour la multiplier. Les feuilles périssent en automne, et il n'en reste point de traces pendant l'hiver ; les racines seules persistent au fond de l'eau. Nous les avons conservées jusqu'ici dans la serre tempérée, sans avoir été obligés de combattre le froid autrement que par d'exactes fermetures et des paillassons, lorsque le soleil n'était pas sur l'horizon. Telle est la beauté du climat à Montpellier, qu'il ne gèle point ordinairement dans une serre conduite si simplement. De plus grandes précautions, les poêles, ne sont requis que pendant les longs jours couverts, froids, humides, dont la continuité, qui serait désespérante, est heureusement fort rare. Les racines du *Nelumbium* sont de longs cordons cylindriques, qui ressemblent à des tiges articulées de Roseau ; elles sont charnues, cassantes aux rétrécissements de leurs articulations, fistuleuses, très pourvues de trachées déroulables, qui abondent aussi dans les pédoncules et les pétioles. Les parties renflées des racines sont les plus fortes, susceptibles de bonne conservation, tandis que les racines grêles sont souvent atteintes de pourriture. Une plante qui était cultivée depuis quelques années dans un vase de la contenance de 2 hectolitres, a présenté une racine longue de quatre à cinq pieds et de la grosseur du pouce ; nous avons coupé cette racine en deux parties, au printemps dernier, pour cultiver l'une, plus courte, dans un vase de poterie des plus grands du pays, et l'autre dans un large baquet d'une capacité de 4 hectolitres, double de celle du vase. Chaque jour, on a eu soin de renouveler une quantité suffisante d'eau, pour que les plantes y fussent baignées parfaitement. Le vase de poterie a été gardé à l'air et le baquet a été, au commencement de l'été, plongé entièrement au milieu des bassins d'arrosement du Jardin de Botanique ; l'eau s'est couverte des feuilles du *Nelumbium*, dans le vase et dans le bassin ; les unes sont demeurées appliquées sur l'eau et flottantes, les autres se sont élevées sur leurs pétioles à un ou deux pieds au-dessus de l'eau. Plusieurs boutons de fleurs ont paru dans le mois de juillet ; ils ont été plus précoces dans le vase isolé à l'air que dans le bassin. Trois fleurs se sont magnifiquement épanouies au-dessus du vase et au-dessus des plus hautes feuilles. Ce vase a été l'imitation du mode de culture usité, dit-on,

pour orner les galeries opulentes de quelques pays de l'Inde. Quatre autres fleurs se sont épanouies dans le bassin. Les pédoncules s'y sont élevés d'un mètre au-dessus du niveau de l'eau et ont porté des fleurs de 30 centimètres de large ; les plus grands disques des feuilles ont eu 50 centimètres de largeur ; l'eau était à la température ordinaire de 22° à 24° centigrades.

« Notre plante, par sa rareté, a eu le privilège d'être très visitée, très admirée, d'attirer un concours de personnes qui apprenaient avec intérêt qu'elle est utile par ses graines et ses racines, bonne pour l'aliment dans l'Inde, mais cette qualité d'aliment est vile, sans mérite, en comparaison de l'élégance, de la couleur et du parfum anisé de la fleur.

« Cette plante fleurie, acclimatée, est une précieuse offrande horticole, digne des arts de décor ; elle est destinée à agrandir la composition des tableaux si estimés sur porcelaine et en tissus somptueux, chefs-d'œuvre d'ameublement, que nos célèbres manufactures répandent dans les deux mondes ».

Comme plante ornementale aquatique, le Nélombo d'Orient, aujourd'hui parfaitement acclimaté en France, mérite d'occuper un des premiers rangs, et il n'y a pas d'exagération à le préférer à la *Victoria regia* elle-même. Sous le climat de Paris, il n'arrive à fleurir qu'à la condition que les rhizomes soient soustraits à l'action de la gelée. Dans la région de l'Olivier et de l'Oranger, au contraire, la plante est tout à la fois rustique et les Nelumbos vivent en plein air, végétant d'une manière splendide dans les bassins et pièces d'eau.

LE NÉLOMBO D'AMÉRIQUE – *NELUMBIUM LUTEUM*

Distribution géographique. — Cette espèce est originaire de la Jamaïque, de la Floride et des parties chaudes des États-Unis.

Caractères. — Elle se distingue particulièrement du Nélombo d'Orient par ses fleurs jaune pâle. Plus rustique sous le climat de France, le Nelumbo d'Amérique se prête un peu mieux à la culture. Ses fleurs sont aussi un peu plus précoces.

Usages. — Les Indiens d'Amérique font usage pour leur nourriture des graines et des rhizomes, riches en fécule.

LES SARRACÉNIÉES — *SARRACENIEÆ*

Étymologie. — La famille des Sarracéniées tire son nom du genre *Sarracenia*, dédié par Tournefort au botaniste Sarrazin, qui lui avait envoyé de Québec plusieurs échantillons de l'espèce la plus connue.

Caractères. — Les plantes qui la composent sont herbacées, vivaces, dépourvues de tige apparente, et habitent les terrains humides et marécageux (fig. 142). Les feuilles, disposées en rosette à la surface du sol, se présentent sous la forme de cornets rétrécis à la base, plus ou moins renflés dans la partie moyenne, et terminés à leur extrémité libre par une assez large ouverture du bord externe, de laquelle part une languette oblique, de forme variable, tantôt dressée et tantôt rabattue devant l'ouverture,

Fig. 141. — Sarracénie pourprée (*Sarracenia purpurea*). Fleur dépouillée de son calice et de sa corolle. L'ovaire entouré à la base par les étamines est surmonté du style en forme d'ombrelle.

suivant les espèces, mais toujours immobile et inarticulée. Ces feuilles appartiennent à la catégorie de celles qui, en botanique, ont reçu le nom d'*Ascidies;* la partie creuse doit en être considérée comme formée par une modification du pétiole, tandis que le limbe, très réduit, est représenté par le petit appendice en forme de languette qui se trouve dans le prolongement du bord extérieur et dorsal du cornet.

Les fleurs, hermaphrodites et régulières, sont le plus souvent solitaires à l'extrémité de pédoncules naissant du milieu de la rosette des feuilles. Ces fleurs, de moyenne grandeur, sont enveloppées d'un périanthe de deux verticilles calice et corolle, pentamères chez les deux genres *Sarracenia* et *Darlingtonia* (fig. 143 à 146). 4 sépales seulement forment le calice dans la fleur d'*Heliamphora* dépourvue de corolle. Les étamines, nombreuses, à insertion hypogynique sur un réceptacle convexe, sont introrses. Au centre de la fleur, est un ovaire à 5 loges (3 seulement chez *Heliamphora*), formé par la soudure d'autant de carpelles fermés, contenant de nombreux ovules anatropes. L'ovaire, à la partie supérieure, se termine par un style de forme variable. Celui du *Sarracenia purpurea* présente une forme intéressante à signaler. C'est un des plus grands styles connus : il a la forme d'une ombrelle (fig. 141) qui mesure transversalement 3 centimètres 1/2 environ et recouvre ainsi toute la fleur. Les cinq angles de cette ombrelle sont échancrés au sommet, et au fond de chaque échancrure, à la face interne, est un petit tubercule glanduleux représentant le stigmate. Le fruit est une capsule à 5 loges qui, par déhiscence loculicide, met en liberté des graines à albumen charnu et petit embryon.

Distribution géographique. — On connaît 3 genres et 10 espèces de Sarracéniées, toutes américaines, habitant les marais et les endroits tourbeux. Les 8 espèces connues de *Sarracenia* croissent dans l'Amérique du Nord sur le bord de l'Océan, au Canada et aux États-Unis, depuis la baie d'Hudson au nord jusqu'à la Floride au sud. Le *Darlingtonia californica* habite la chaîne des Montagnes Rocheuses sur les confins de l'Orégon; on le rencontre sur le mont Shasta à une altitude de 300 à 1 000 mètres. Le genre *Heliamphora* a été établi par Bentham pour une espèce unique, *H. nutans*, herbe vivace qui a été rencontrée par Schomburgk au Vénézuéla, au mont Roraima, sur les confins de la Guyane anglaise.

Caractères biologiques. — La conformation des feuilles de Sarracéniées permet à ces plantes de capturer des insectes. Aussi les range-t-on dans la catégorie des plantes dites *carnivores* ou *insectivores* à côté des *Drosera*, des *Pinguicula*, des *Nepenthes*, etc. A dire vrai, les Sarracéniées ne semblent pas capables de digérer des proies animales vivantes, mais, d'après les expériences et observations du docteur Mellichamp et du docteur Cauby, d'utiliser simplement pour leur nutrition les produits de la décomposition des insectes qu'elles capturent et qui trouvent la mort dans la cavité de leurs feuilles. Il reste peut-être encore quelque doute sur le mécanisme précis de ce phénomène, mais un fait incontestable est l'agencement surprenant que présentent les feuilles

Fig. 142. — Sarracénie pourprée (*Sarracenia purpurea*).

des Sarracéniées pour s'emparer des insectes et les faire périr; aussi est-on en droit de conclure que si elles le font c'est qu'elles en éprouvent quelque besoin pour leur nourriture.

Les feuilles du *Sarracenia purpurea* (fig. 142) sont disposées en rosette à la surface du sol. Le pétiole en est transformé en une sorte d'outre rétrécie à la base, renflée vers le milieu, légèrement rétrécie de nouveau au sommet où elle s'ouvre par une large ouverture. L'ensemble présente la forme d'un arc à convexité inférieure, si bien que l'ouverture qui donne accès dans la cavité de l'ascidie regarde le ciel. La paroi externe de ce cornet se prolonge par un appendice veiné de rouge qui représente le limbe, creusé en forme de coquille à concavité supérieure. Cette disposition est telle que quand la plante reçoit la pluie, l'eau est recueillie par cette petite valve et pénètre par l'ouverture dans l'intérieur du cornet qui se trouve plus ou moins rempli. Cette eau semble s'évaporer très lentement, car on en trouve toujours dans la feuille même lorsqu'il n'a pas plu depuis une semaine. La paroi du cornet est revêtue sur sa face interne de papilles coniques assez longues, se recouvrant les unes les autres comme les écailles du dos d'un brochet et dirigées de haut en bas, donnant un aspect velouté à la zone qui les porte. Sur l'appendice en forme d'aile ou de coquille qui précède l'ouverture de l'ascidie sont des poils glanduleux sécrétant un liquide sucré en assez grande abondance pour imprégner tout le pourtour de l'orifice.

Ce liquide sucré sert d'appât pour les insectes qui, attirés par sa présence, viennent visiter la plante. Les uns arrivent en volant, les autres, pour y parvenir, grimpent le long d'une bandelette particulière qui fait saillie suivant la ligne médiane sur la face concave du cornet. Les insectes friands de sucre pénètrent dans la cavité de la feuille et descendent le long de la face interne de la paroi; dès qu'ils sont arrivés à la zone veloutée, les papilles coniques, dirigées vers le bas, constituent un tapis moelleux pour la descente, mais en même temps une barrière infranchissable empêchant tout retour en arrière. Les malheureux insectes sont donc attirés vers le fond du cornet sans pouvoir revenir sur leurs pas et y sont en fin de compte précipités dans l'eau, où ils se noyent. Leurs

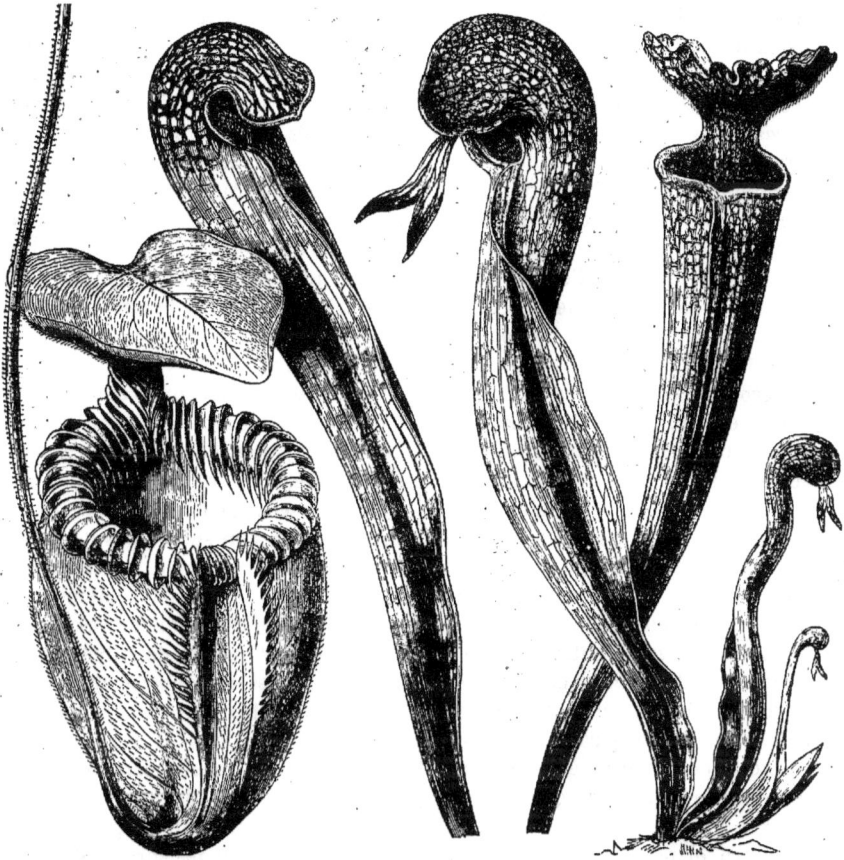

Fig. 146.

Fig. 143. Fig. 145. Fig. 144.

Fig. 143. — *Sarracenia variolaris.*
Fig. 144. — *Darlingtonia Californica.*

Fig. 145. — *Sarracenia laciniata.*
Fig. 146. — *Nepenthes villosa.*

Fig. 143 à 146. — Sarracéniées (feuilles).

cadavres entrent bientôt en décomposition et forment ainsi un engrais utilisé par la feuille pour sa nourriture. La quantité d'insectes que l'on trouve noyés et en décomposition à l'intérieur des feuilles de *Sarracenia purpurea* est parfois très considérable; il en résulte souvent une odeur nauséabonde et repoussante qui se répand assez loin autour de la plante, attirant les oiseaux, qui accourent, comptant trouver une proie facile dans ces cadavres d'insectes.

Nous avons attribué à la pluie, l'origine du liquide qui remplit les cornets du *Sarracenia purpurea*. Il semble en effet logique d'admettre que la forme ventrue de ces organes leur permet de recueillir facilement l'eau de pluie et que celle-ci intervient dans la formation du liquide. Cependant si, dans les serres, on a soin que l'eau d'arrosage ne pénètre pas dans les cornets, à l'abri de la pluie, on constate néanmoins

que ceux-ci contiennent une petite quantité d'un liquide ayant un aspect assez analogue à celui de l'eau. D'autre part, on a observé qu'un mille-pattes de 4 centimètres de long ayant une nuit pénétré dans un cornet de *Sarracenia purpurea*, était tombé dans le fond de la cavité, où la moitié inférieure de son corps plongeait seulement dans le liquide, la moitié supérieure émergeant et faisant d'inutiles efforts pour sortir. On constata qu'après quelques heures d'immersion, la partie inférieure du corps était non seulement privée de mouvements, mais était devenue toute blanche et présentait des modifications qu'on n'eût pas observées après un séjour aussi court dans de l'eau de pluie ordinaire. Il semble donc légitime de conclure, d'après les expériences et observations précédentes, que si le liquide contenu dans le fond des feuilles de *Sarracenia purpurea* est dû en grande partie à l'eau de la pluie, il entre néanmoins dans sa formation le produit d'une sécrétion de glandes de la paroi.

Si nous considérons à présent les feuilles du *Sarracenia variolaris* (fig. 143) ou du *Darlingtonia californica* (fig. 144), on constate que les feuilles présentent au fond de leur cavité un liquide qui ne peut provenir que d'une sécrétion des parois et en aucune façon de l'extérieur, ni de la pluie ni de la rosée. Ces feuilles en effet se présentent sous la forme de cornets assez réguliers, minces à la base, un peu élargis à l'extrémité supérieure, et dont la paroi dorsale se recourbe comme une voûte au-dessus de l'ouverture, figurant comme un casque ou un capuchon. L'orifice d'entrée dans la cavité de l'ascidie se trouve donc caché sous cette voûte et fermé à l'eau de pluie, qui ne peut y pénétrer. Le limbe de la feuille se réduit chez le *Sarracenia variolaris* à une simple petite languette abritant l'ouverture, et chez les *Darlingtonia* à un appendice bifurqué en queue de poisson, qui pend devant l'entrée (fig. 144).

La partie inférieure des feuilles, chez ces deux espèces, est uniformément verte, la partie supérieure, au contraire, et en particulier la coupole et l'appendice en forme de lèvre, présente des veines rougeâtres et des mouchetures pourpres. Entre ces veines colorées, la paroi devient très mince, blanchâtre, presque transparente, et ces parties claires et transparentes, au milieu de lignes plus foncées, vertes ou rouges, font l'effet de petites fenêtres percées dans la paroi, surtout si l'on regarde de l'intérieur sous la voûte. D'autre part le mélange des couleurs verte, rouge et blanche donne au sommet de ces feuilles un aspect bigarré, que l'on pourrait prendre de loin pour celui d'une fleur.

Ces colorations ont, sans nul doute, pour but d'attirer les insectes qui viennent pomper et lécher avec avidité le liquide sucré qu'ils trouvent sur les bords de l'ouverture, ainsi que sur la face interne de la coupole. De plus les feuilles de *Sarracenia variolaris* présentent sur leur ligne médiane ventrale une bandelette en saillie qui conduit du sol à l'ouverture du cornet. Cette bandelette, tout imprégnée de sucre, sert à attirer les insectes qui ne volent pas, en particulier les fourmis, et à les amener jusqu'à l'entrée du gouffre où les conduit la gourmandise. C'est sur le chemin de la mort que marchent les pauvres insectes, car, en grimpant le long de la bande sucrée, ils parviennent jusqu'à l'ouverture, par où ils pénètrent dans l'ascidie, arrivent bientôt à la zone hérissée de papilles sur laquelle ils ne peuvent se maintenir, glissent et roulent jusqu'au fond de l'abîme où ils se noient dans le liquide. Les insectes ailés essayent bien de se soustraire au péril au moyen de leurs ailes, mais ils ne peuvent arriver à trouver la porte par laquelle ils sont entrés, car elle est placée en bas, obliquement. Ils aperçoivent, au contraire, les parties minces de la cloison qui, semblables à des fenêtres, laissent pénétrer la lumière sous le dôme que forme la feuille à cet endroit; ils les prennent pour des trous, et pensant sortir par là, se précipitent de ce côté, comme les mouches qu'on voit dans une chambre venir frapper aux vitres. Arrêtés dans leur élan par la paroi imperforée, ils recommencent jusqu'à ce qu'ils finissent par tomber épuisés au fond du cornet, où ils sont submergés dans le liquide. Une fois dans ce liquide, les insectes ne sont pas aussitôt tués, mais seulement étourdis par l'action de cette liqueur qu'on peut qualifier d'anesthésique ou de stupéfiante, comme cela ressort des expériences du docteur Mellichamp. Cet auteur, en effet, a constaté que le liquide contenu dans les ascidies de *Sarracenia variolaris* engourdit les insectes vivants, puis agit sur leurs cadavres pour en provoquer une rapide décomposition putride On constate d'ailleurs dans les cornets de la plante la présence d'une eau brune corrompue, d'odeur insupportable, dans laquelle nagent une multitude de fragments de parties dures du squelette chitineux des insectes, des élytres, des griffes, des corselets, etc., provenant des coléoptères, des mouches, etc., qui ont été engloutis.

On trouve dans la cavité de ces ascidies des quantités vraiment très considérables de débris animaux. Dans leur pays natal, des feuilles de *Sarracenia variolaris*, qui ont une longueur de 30 centimètres environ, ont présenté des cadavres d'insectes sur une hauteur de 8 à 10 centimètres et même dans certains cas de 15, c'est-à-dire jusqu'à moitié. Les feuilles de *Darlingtonia* qui, lorsqu'elles ont atteint toute leur croissance, ont une longueur de 60 centimètres, ont pu contenir jusqu'à 10 et 20 centimètres de pareils détritus organiques.

Un fait intéressant à constater, c'est que la plupart des débris existant au fond des cornets du *Sarracenia variolaris* proviennent d'insectes dépourvus d'ailes, tandis que ceux que l'on observe dans les feuilles du *Darlingtonia* appartiennent à des insectes ailés. L'explication de ce fait n'est pas difficile à donner : Le *Sarracenia variolaris* possède une bandelette allant de la base de la feuille à son ouverture supérieure, riche en glandes sécrétant une liqueur sucrée. Une telle bandelette sert à la fois d'appât et de chemin pour les insectes sans ailes. La bandelette des feuilles de *Darlingtonia* est, au contraire, dépourvue de glandes, et par conséquent de nectar, qu'on ne trouve que sur le pourtour de l'embouchure du cornet : il en résulte que les insectes aptères n'auront point la tentation de gravir la bandelette en question et que seuls parviendront à l'ouverture de l'ascidie les insectes qui y arriveront en volant. Ceux-ci sont d'ailleurs attirés par les brillantes couleurs de l'appendice bilabié qui pend comme un drapeau en avant de l'ouverture (fig. 144), et qui a pour eux l'attrait et l'apparence d'une fleur dont il possède l'éclat et la beauté.

Le cornet du *Darlingtonia* (fig. 144) est sensiblement tordu sur lui-même suivant son axe en manière de vis ou de tire-bouchon. On peut se demander si cette particularité de structure ne présente pas un avantage quelconque pour la plante et ne lui est pas d'une certaine utilité pour sa chasse. Il semble que la sortie des insectes ailés doit en être rendue plus difficile, car il doit leur être bien moins commode de remonter en volant un canal ainsi tordu sur lui-même, dont les parois sont munies de pointes glissantes, qu'un canal entièrement droit. On voit donc que tout dans la conformation des feuilles de Sarracéniées paraît être en rapport avec la propriété de ces plantes de capturer les insectes.

Les feuilles des autres *Sarracenia* sont également adaptées à ce même but. Celles du *Sarracenia Drumondii* ne sont pas toutes semblables entre elles et la plante possède des feuilles de deux formes différentes. Il en est de même du *S. undulata*. Certaines feuilles, uniformément vertes, sont ovales et aplaties, et il n'y a sur chaque pied que 4 ou 5 feuilles au plus qui soient transformées en ascidies. Elles se présentent alors sous l'aspect de cornets très allongés dont la cavité se dilate en haut en forme d'entonnoir. Tout autour de l'orifice de l'entonnoir, le rebord de la feuille se replie sur lui-même du côté de l'extérieur, de façon à le circonscrire d'un épaississement en forme de bourrelet. Du côté dorsal, la paroi du cornet se prolonge par une petite lame dressée verticalement et plissée sur ses bords, très semblable à celle qui est représentée sur la figure 145 pour la feuille du *Sarracenia laciniata*. Cet appendice, et

la partie supérieure de l'entonnoir, présentent un singulier contraste de couleurs qui les rend aussi jolis que des fleurs. Alors que la feuille est d'une teinte verte uniforme à sa partie inférieure, la couleur va en s'atténuant peu à peu vers le haut et se rapproche du blanc, en même temps que les parois deviennent légèrement transparentes. Sur ce fond blanc verdâtre se détachent, pareilles à un réseau de vaisseaux sanguins, des veines rouge sombre qui font le plus heureux effet. Si l'on ajoute à cela que tout le rebord qui limite l'orifice est enduit d'une abondante couche de liquide sucré, sécrété par les glandes du limbe, on comprend facilement que les insectes attirés par les brillantes couleurs et alléchés par le miel, dont ils sont très friands, arrivent en foule et pénètrent dans la cavité de la feuille, qui renferme pour eux un piège aussi dangereux que celui qui a été décrit plus haut.

Les ascidies des Sarracéniées sont donc parfaitement bien conformées pour s'emparer des insectes, et malheur aux imprudents, qui, séduits par les brillantes couleurs ou attirés par la gourmandise, pénètrent dans un gouffre d'où ils ne sortiront jamais.

Il existe cependant quelques insectes privilégiés qui, non seulement savent échapper au danger si redoutable qui menace leurs pareils et fait tant de victimes, mais trouvent encore le moyen de vivre en parfaite sécurité au-dessus de l'abîme et même au fond du gouffre en pleine infection, et de s'y nourrir aux dépens de la plante. Les intéressantes observations du savant entomologiste Charles Riley ont parfaitement mis ce fait en lumière. C'est tout d'abord un petit insecte diptère, le *Sarcophaga sarraceniæ*, très proche parent de notre mouche grise ordinaire, dont les larves voraces vivent au milieu des débris de cadavres d'insectes amoncelés au fond des cornets du *Sarraciena variolaris* et y trouvent la nourriture comme les larves du *Sarcophaga carnaria* trouvent la leur dans la chair corrompue des mammifères et des oiseaux où elles se sont développées (1). A un moment donné, lorsque la période de repos est arrivée pour elles et qu'elles n'ont plus besoin de leur amas de provisions, les larves perforent la paroi de leur prison, quittent le tube de la feuille et vont à terre se transformer en nymphes. La mouche qui en sort, pénètre à son tour dans le gouffre pour

(1) Kunckel d'Herculais, *les Insectes*, vol. II, p. 608, 8ᵉ volume des *Merveilles de la nature* de Brehm.

y déposer ses œufs et assurer ainsi à sa progéniture un repas facile et sûr à une table toujours copieusement servie par les soins de la plante. Elle peut, grâce à un appareil particulier de ses pattes, pénétrer sans aucun danger dans un piège si redoutable pour les autres insectes. Elle possède en effet de longues et solides griffes qui lui permettent de se tenir solidement fixée à la cloison et de marcher facilement dans tous les sens, en remontant comme en descendant, le long de la zone veloutée sur laquelle glissent sans rémission les malheureux insectes qui ne sont pas aussi bien armés qu'elle, d'un système de griffes que l'on peut comparer aux fers spéciaux que nous faisons mettre, les jours de glace, aux pieds des chevaux pour les empêcher de glisser et de s'abattre.

Il existe encore un autre parasite qui peut vivre en sécurité dans l'intérieur des cornets du *Sarracenia variolaris;* c'est un petit papillon assez semblable aux teignes, le *Xanthoptera semicrocea*. De longs éperons pointus et acérés, au nombre d'une paire pour les pattes médianes et de deux paires pour les pattes postérieures, lui permettent de parcourir sans danger la zone glissante, ordinairement fatale à ses pareils. La larve de cette teigne est une chenille frétillante, qui peut également bien s'aventurer sans rien craindre sur les endroits dangereux de la cloison, qu'elle a soin au préalable de couvrir d'une toile lui permettant de les traverser impunément.

La présence de ces parasites à l'intérieur des cornets du *Sarracenia variolaris* nous conduit à penser que ce n'est pas une véritable digestion qui s'accomplit à l'intérieur de ces feuilles et que le liquide sécrété par les parois qui les remplit, ne jouit pas de propriétés à proprement parler tout à fait digestives. Supposons en effet qu'un morceau de viande corrompue, c'est-à-dire contenant ces petits vers blancs qui sont des larves de mouches, vienne à pénétrer dans l'estomac d'un animal carnassier : ces vers seront digérés en même temps que la viande et ne vivront pas longtemps sous l'action du suc gastrique. Il en serait de même pour les plantes réellement carnivores, dont le suc sécrété par les feuilles doit être considéré comme très analogue au suc sécrété par les glandes de l'estomac des animaux. Il semble au contraire, d'après ce qui précède, que le suc produit par les feuilles des *Darlingtonia californica* et du *Sarracenia variolaris*, n'empêche en aucune façon les larves de mouche de se développer et de

se nourrir aux dépens des insectes capturés par la plante, et que son action se borne, dans ces conditions, non pas à digérer les insectes faits prisonniers, mais à les tuer et à en activer la décomposition de façon à produire une sorte d'engrais liquide absorbé efficacement par l'épiderme intérieur des feuilles.

On voit donc que la science n'est pas encore complètement fixée sur la nature et le rôle du liquide qui remplit les cavités des ascidies des *Sarracenia* et genres voisins, mais, ce qui est incontestable, c'est que les feuilles de ces plantes sont admirablement bien conformées dans toutes leurs parties pour capturer les insectes, que les cadavres de ceux-ci s'accumulent en quantité souvent fort considérable à l'intérieur de leurs cornets, ne tardent pas à entrer en décomposition et à se putréfier, et que, sans nul doute, tout cela est en rapport avec la nutrition de la plante, qui, si elle ne digère pas à proprement parler une proie vivante, comme les autres plantes nettement insectivores, telles que Droséras, Dionées, etc., utilise tout au moins pour se nourrir les produits de la décomposition des insectes qui ont péri dans son intérieur.

Affinités. — La famille des Sarracéniées présente la plus grande analogie avec celle des Nymphéacées, dont elle ne forme même qu'une simple tribu pour beaucoup d'auteurs. Ces plantes se rapprochent en particulier des Nymphées, dont elles ont les nombreuses étamines et l'ovaire pluriloculaire à placentation axile. Elles s'en distinguent par la graine à albumen simple et non double comme chez les Nénuphars. Par l'appareil végétatif, les Sarracéniées au contraire ressemblent plutôt aux Droséracées et aux Nepenthées, qui s'en éloignent par leur ovaire à placentation pariétale.

Usages. — En parlant plus haut des séductions exercées sur les insectes par les feuilles des Sarracéniées pour les attirer au piège, nous avons été amenés à parler des superbes colorations que présentent la partie supérieure des cornets et les petits appendices qui représentent le limbe de la feuille et qui tantôt sont dressés vers le haut, tantôt pendent rabattus devant l'ouverture, comme chez le *Sarracenia variolaris*. D'aussi superbes couleurs donnent un attrait de plus à des feuilles déjà si bizarres par leurs formes, et si l'on ajoute à cela la beauté de la fleur, il semble tout naturel qu'on ait songé à acclimater dans nos pays, des plantes aussi étranges comme plantes d'ornement. En réalité, on est parvenu à les cultiver

Fig. 147 à 150. — Développement du Pavot.

comme telles sans trop de difficultés, à condition de leur donner quelques soins particuliers. Plusieurs espèces se plaisent dans la serre tempérée; d'autres au contraire exigent pour réussir la serre chaude humide. Il faut en effet surtout leur donner beaucoup d'humidité, de façon à rappeler les conditions dans lesquelles elles se développent dans leur pays natal. Il convient de les cultiver en particulier sur de la mousse pourrie ou de préférence sur un sol formé de sphaignes qui entretiendront l'humidité nécessaire.

LES PAPAVÉRACÉES — *PAPAVERACEÆ*

Caractères. — Les Papavéracées sont des plantes herbacées, annuelles, bisannuelles ou vivaces, fréquemment gorgées d'un suc laiteux et âcre, blanc, rouge ou jaune. Le *Boconia frutescens* de l'Amérique du Nord se distingue des autres Papavéracées par sa tige ligneuse.

Les feuilles alternes et dépourvues de stipules sont simples ou plus ou moins profondément découpées (fig. 147 à 150).

Les fleurs, assez grandes en général, parfois solitaires, parfois groupées en cymes ou en ombelles, ont presque toujours de jolies couleurs éclatantes; le plus souvent elles sont colorées en rouge ou en jaune ; beaucoup plus rarement en bleu. Le réceptacle floral est toujours convexe chez les Papavéracées, dont les pièces du périanthe et les étamines sont par conséquent hypogynes, à l'exception des *Eschscholtzia*, herbes de l'Amérique du Nord.

Le calice est très ordinairement formé de 2 sépales, caducs de très bonne heure dès que la fleur commence à s'épanouir ; il est trimère chez un petit nombre de genres, comme par exemple chez les Argémones. Chez les *Eschscholtzia*, les sépales sont concrescents et forment un calice d'une seule pièce, se détachant suivant une ligne circulaire à la base. La corolle, aux couleurs brillantes, est formée de pétales, chiffonnés à l'intérieur du bouton, en nombre double ou multiple de celui des pièces du calice ; chez la plupart des Papavéracées, les pétales sont au nombre de 4. Les étamines, en nombre indéfini, sont libres entre elles et se terminent par une anthère elliptique déhiscente par deux fentes longitudinales introrses. Les carpelles sont en nombre variable, soudés bord à bord pour former un ovaire à une seule loge à placentation pariétale, surmonté de stigmates sessiles. Les placentas, qui portent de nombreux ovules anatropes, se développent souvent pour donner naissance à de fausses cloisons divisant la cavité de l'ovaire en autant de loges incomplètes qu'il y a de carpelles.

Le fruit des Papavéracées est une capsule sèche, tantôt indéhiscente, tantôt à déhiscence poricide, c'est-à-dire mettant les graines en liberté par de petits orifices au sommet. Quelques plantes de cette famille, dont le pistil ne se compose que de 2 carpelles, ont pour fruit une silique assez semblable à celles des Crucifères, comme par exemple la Chélidoine et le genre *Glaucium*. Mais la silique des Papavéracées se distingue de celles des Crucifères en ce que les deux stigmates qui la surmontent sont situés en face des carpelles, tandis que chez les Crucifères ils sont superposés aux placentas. Les graines, ordinairement munies de caroncules, renferment un petit embryon latéral et un albumen oléagineux relativement peu développé.

Distribution géographique. — On connaît environ 80 espèces de Papavéracées, réparties en 19 genres croissant dans les régions tempérées et subtropicales de l'hémisphère Nord ; ailleurs elles sont beaucoup plus rares. Plusieurs d'entre elles sont aujourd'hui dispersées dans tous les endroits cultivés du globe entier.

Distribution géologique. — On a trouvé à Bornstedt (Saxe) un fruit fossile qui a été rapporté au genre éteint *Papaverites* et qui, par ses caractères généraux, se rapproche de ceux des *Papaver*.

Affinités. — Les Papavéracées se rapprochent des Renonculacées par le périanthe et l'androcée, mais en diffèrent par leurs carpelles concrescents. Ce dernier caractère les rattache aux Nymphéées qui cependant ont un ovaire pluriloculaire, tandis que celui des Papavéracées dérive, par adjonction de fausses cloisons incomplètes, d'un ovaire à une seule loge à placentas pariétaux. Par les formes qui ont pour fruit une silique, les Papavéracées montrent quelques affinités avec les Crucifères, qui s'en distinguent nettement par l'androcée. Les Fumariacées ne diffèrent des Papavéracées que par leurs fleurs irrégulières.

Propriétés. — Usages. — Les Papavéracées jouissent toutes plus ou moins des propriétés narcotiques qui ont donné au Pavot la célébrité dont il jouit depuis l'époque la plus reculée. Aussi doivent-elles compter sans aucun doute parmi les plantes médicinales les plus précieuses, surtout le Pavot somnifère d'où l'on extrait l'opium. Beaucoup de Papavéracées indigènes ou exotiques sont, dans leur pays natal, l'origine de médicaments utiles et estimés.

Les graines contiennent un albumen oléagineux d'où l'on extrait industriellement de l'huile chez quelques espèces, et d'où l'on pourrait en extraire chez plusieurs autres.

Avec leurs corolles vives et éclatantes, les Papavéracées sont d'excellentes plantes ornementales, dignes en tous points d'être cultivées dans nos jardins.

LES PAVOTS — *PAPAVER*

Étymologie. — *Papaver* vient d'un mot celte *papa*, signifiant bouillie ; les graines du Pavot

Fig. 151. — Fleurs de Pavots. — D'après le tableau de J. Benner.

ont été mélangées à la bouillie des enfants dans le but de les faire dormir.

Caractères. — Les Pavots sont des plantes herbacées, annuelles ou vivaces.

Les fleurs solitaires sont d'assez grande taille ; à l'état de boutons, elles sont enfermées à l'intérieur d'une espèce de coque formée par un calice de deux sépales concaves, appliqués l'un contre l'autre : dans quelques Pavots cultivés, le calice peut devenir trimère. De très bonne heure le calice tombe et l'on aperçoit alors 4 pétales chiffonnés qui s'épanouissent. L'androcée est formé par un nombre indéfini d'étamines. Les carpelles du pistil, en nombre variable, mais supérieur à 4, se soudent bord à bord pour donner un ovaire à une seule loge, à l'intérieur de laquelle s'avancent les placentas prolongés en fausses cloisons incomplètes, donnant insertion à de nombreux ovules. L'ovaire est surmonté d'un plateau anguleux dont les angles correspondent aux lignes placentaires de l'ovaire et qui représente styles et stigmates. Le fruit est une capsule dont la forme rappelle celle du gynécée :

la cavité unique en est divisée en un certain nombre de loges communiquant les unes avec les autres au centre, séparées par des cloisons partant des parois et contenant des graines en très grand nombre. La forme des capsules varie avec les espèces ; suivant les espèces également, elles sont indéhiscentes ou déhiscentes par de petits orifices, situés sous le plateau, entre les placentas.

Distribution géographique. — Au genre *Papaver* appartiennent 26 espèces environ. Les Pavots habitent presque exclusivement les régions tempérées ou tropicales de l'ancien monde, en Europe, en Asie et en Afrique. Ils pénètrent cependant dans l'Amérique du Nord et on en a rencontré une espèce dans l'Afrique australe, une autre dans l'Australie tropicale.

Propriétés. — Usages. — Les Pavots sont surtout célèbres par l'opium qu'on retire d'une espèce principalement, le *Papaver somniferum* ; toutes les autres espèces cependant participent plus ou moins aux propriétés de celle-là.

Ce sont de plus des plantes ornementales dont les fleurs, aux couleurs si brillantes,

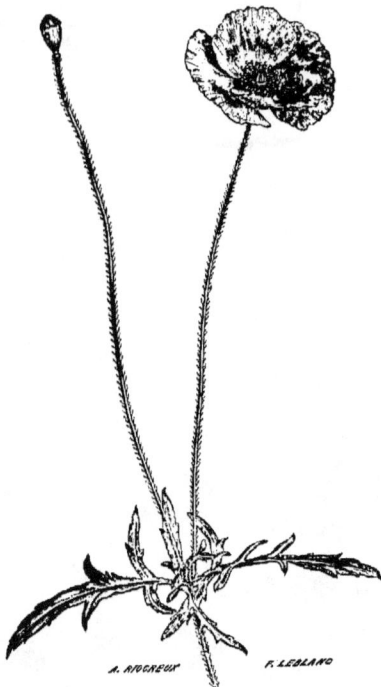

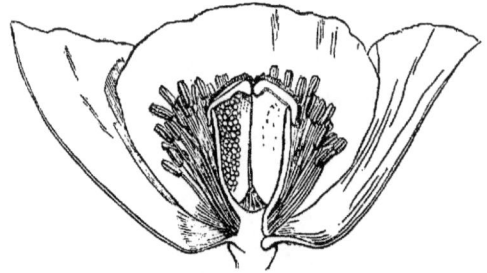

Fig. 153.

Fig. 152. — Port.
Fig. 153. — Fleur coupée en long.

Fig. 154. — Bouton.
Fig. 155. — Fleur après la chute des sépales.

Fig. 152 à 155. — Coquelicot (*Papaver rhœas*).

pourraient rivaliser avec les Roses si elles étaient douées d'odeur et si elles ne se flétrissaient aussi rapidement. Les fleurs de Pavots, en effet, ne restent que peu de temps ouvertes et la corolle se fane et tombe bien vite. La richesse de leurs tons les rend précieuses pour les peintres (fig. 151), qui aiment à les faire entrer dans leurs compositions décoratives.

Par la culture, on obtient des fleurs pleines ou semi-pleines, plus belles encore que les fleurs simples. Rien de plus varié que les couleurs des pétales, et la fleur peut passer par toutes les nuances, depuis le blanc et le rose tendre, jusqu'au rouge écarlate le plus foncé.

Les espèces de Pavots le plus communément cultivées dans les jardins sont, comme plantes annuelles : le Coquelicot ou Pavot des moissons, et le Pavot somnifère.

LE PAVOT DES MOISSONS OU COQUELICOT. — PAPAVER RHŒAS

Nom vulgaire. — Ponceau.

Caractères. — Le Coquelicot est une herbe annuelle (fig. 152) dont la tige peut atteindre de 40

à 60 centimètres de hauteur, et dont les feuilles sont découpées en lobes oblongs, lancéolés, aigus, incisés et dentés. Les fleurs, qui se développent depuis le mois de mai jusqu'au mois de juillet, sont portées à l'extrémité de pédoncules hérissés de poils ; tout l'appareil végétatif de la plante d'ailleurs est velu ; feuilles et tiges sont couvertes de poils rudes. Le calice (fig. 154) est également velu et les deux sépales qui le composent tombent dès que le bouton commence à s'épanouir (fig. 155). Les quatre pétales de la corolle, crénelés sur les bords, sont dans le type sauvage d'un rouge éclatant avec une tache noire à la base de l'onglet. Les nombreuses étamines (fig. 153), à filet fin, terminé par une grosse anthère de couleur noire, entourent le pistil dont l'ovaire est divisé à l'intérieur par 8 à 10 cloisons incomplètes. Le fruit est une capsule presque aussi large que longue, et déhiscente par de petits orifices situés au sommet sous le plateau stigmatifère. Les graines sont très petites, réniformes et noirâtres.

Distribution géographique. — Le Coquelicot croît dans les champs de Blés de la

Fig. 156. Fig. 157.   Fig. 158. Fig. 159.   Fig. 160.

Fig. 156. — Grande Marguerite (*Leucanthemum vulgare*).
Fig. 157. — Pied d'alouette (*Delphinium consolida*).
Fig. 158. — Coquelicot (*Papaver rhæas*).

Fig. 159. — Nielle ou Couronne des Blés (*Lychnis githago*).
Fig. 160. — Bluet (*Centaurea cyanus*).

Fig. 156 à 160. — Fleurs des Blés.

Fig. 161. — Coquelicot à fleurs doubles.
(*Papaver rhœas*, var.).

Fig. 162. — Coquelicot Japonais pompon.
(*Papaver rhœas*, var.).

plus grande partie de l'Europe, au milieu des moissons. C'est une des plus belles fleurs des champs et ses fleurs d'un beau rouge écarlate, au milieu des tiges des céréales, s'harmonisent de la plus heureuse façon avec les bleus Bluets et les blanches Marguerites (fig. 156 à 160). Les Coquelicots qu'on rencontre dans les champs, des environs de Paris ne sont pas tous des *Papaver rhœas*. C'est là l'espèce la plus commune, mais à côté croissent trois autres espèces, les *Papaver dubium, argemone, hybridum*, qui s'en distinguent par la forme du fruit, recouvert ou non de poils.

Usages. — Le Coquelicot donne naissance, lorsqu'il est cultivé, à de nombreuses variétés fleurs pleines (fig. 161) ou demi-pleines, blanches, roses ou rouges, unicolores ou panachées, dont le seul tort est de ne durer qu'un temps très court, et qui sans ce défaut compteraient parmi les plus belles de celles qui peuvent orner un parterre. Une des variétés les plus recommandables est le COQUELICOT JAPONAIS POMPON (fig. 162), dont la fleur très double est presque globuleuse. Les Coquelicots se reproduisent facilement dans les jardins par semis faits sur place au printemps. Comme toutes les fleurs des champs, ils poussent très bien presque sans qu'il soit besoin de les soigner.

Les fleurs de Coquelicot sont employées en pharmacie et font partie des fleurs pectorales. On fait usage des pétales en infusion, en teinture ou en sirop, pour calmer la toux.

LE PAVOT SOMNIFÈRE — *PAPAVER SOMNIFERUM*

Caractères. — Le Pavot somnifère est une plante annuelle haute de 1 à 2 mètres, glabre, c'est-à-dire dépourvue de poils dans toutes ses parties, à tige dressée, grosse et cylindrique, légèrement ramifiée à sa partie supérieure. Les feuilles, larges et sessiles, sont amplexicaules, c'est-à-dire embrassent la tige à la base; elles sont largement ondulées sur les bords, irrégulièrement divisées en lobes, dont les dents sont obtuses. Les caractères de la fleur sont ceux que nous avons indiqués pour le genre *Papaver*.

On distingue deux variétés de Pavot somnifère d'après la couleur des fleurs, la forme de la capsule et la couleur des graines; on les désigne sous les noms de Pavot blanc et de Pavot noir.

Distribution géographique. — Le Pavot somnifère est très probablement originaire de l'Orient; il croît spontanément en Asie Mineure, en Égypte et dans l'Europe méridionale. On le cultive dans le but de l'extraction de l'opium en Asie Mineure, en Turquie et en Perse, et surtout, sur une très grande échelle, dans la vallée du Gange et sur les plateaux de Malwa, dans l'Inde anglaise. La culture en a été essayée avec succès en Angleterre, en Allemagne et en France.

Les Pavots blancs que l'on emploie en médecine à Paris proviennent de la plaine

Fig. 163. — Pavot Danebrog.
(*Papaver Danebrogii*).

Fig. 164. — Pavots à fleur doubles
(*Papaver somniferum*, var.).

d'Aubervilliers et de Gonesse, centres d'approvisionnement du commerce de l'herboristerie parisienne.

Usages. — Le Pavot somnifère réussit très bien dans les jardins de nos pays, où il constitue une des plus jolies plantes annuelles d'ornement, et où par la culture il a donné des variétés pleines ou demi-pleines très recommandables.

On cultive des variétés à fleurs simples, à fleurs panachées, comme le PAVOT DANEBROG (fig. 163), et des variétés à fleurs pleines (fig. 164), les unes à pétales entiers, les autres à pétales laciniés, connues sous le nom de PAVOTS BICHONS. On cultive encore deux espèces vivaces, le PAVOT A BRACTÉES et le PAVOT DE TOURNEFORT.

LE PAVOT BLANC — *P. SOMNIFERUM ALBUM*

Caractères. — Le Pavot blanc (fig 165) est une plante annuelle de 1 à 2 mètres de haut.

Les fleurs solitaires, sont d'abord penchées tant qu'elles sont enfermées à l'intérieur du bouton, mais elles se relèvent en s'épanouissant. Elles montrent alors une corolle blanche ou gris de lin.

Les capsules, qui succèdent aux fleurs, sont ovoïdes, de la grosseur à peu près d'un citron, plus longues que larges : elles sont surmontées à la partie supérieure par un disque assez étroit, présentant 10 à 12 rayons étalés, et dont les bords sont moins élevés que le centre. Ces capsules (fig. 166, 167 et 169), lorsqu'elles sont sèches, sont excessivement légères ; elles sont indéhiscentes, c'est-à-dire ne s'ouvrent jamais, ce qui, outre la forme, les distingue des capsules de Pavot noir (fig. 168). Dans les environs de Paris, on cultive en vue de l'herboristerie une variété de Pavot blanc, à laquelle Guibourt (1) a proposé de donner le nom de *Papaver album depressum*, dont la capsule (fig. 170) se distingue de la précédente en ce qu'elle est plus ou moins déprimée à son sommet, de façon à devenir plus large que haute, d'autant plus que le bourrelet inférieur, formé par le réceptacle, est souvent rentré dans une cavité profonde à la base de la capsule. Les fruits du Pavot déprimé sont indéhiscents comme ceux du Pavot blanc ordinaire.

L'intérieur de la cavité, incomplètement divisée par des cloisons verticales qui ne vont pas jusqu'au centre, renferme un nombre très considérable de graines. Linné estime

(1) Guibourt, *Hist. nat. des Drogues simples*, 7e édit., 1876, tome III.

à 32,000 environ le nombre des semences contenues dans une capsule de Pavot, et comme
sur un pied de la plante il y a un certain
nombre de fruits, on a pu calculer que si
toutes les graines produites par un seul individu venaient à germer, la descendance d'un
seul Pavot couvrirait toute la terre. Ces graines sont petites, réniformes, de couleur blanc
jaunâtre, et marquées à la surface d'un réseau
proéminent.

Usages. — Le Pavot somnifère blanc jouit de
propriétés narcotiques qui lui font jouer un rôle

Fig. 165. — Pavot blanc (*Papaver somniferum album*).

important en médecine. C'est le suc laiteux qui
s'écoule par incision des capsules qui, par soli-
dification, donne l'opium.

En dehors de la production de l'opium, le
Pavot blanc fournit à la médecine plusieurs
remèdes tirés de presque toutes ses parties :
les feuilles sont narcotiques et entrent dans la
composition de l'onguent populeum et du
baume tranquille; les fleurs ont été autrefois
considérées comme calmantes. Les capsules
ou têtes de Pavots sont très employées pour
leurs vertus calmantes; elles servent à préparer des décoctions, en faisant bouillir dans un
litre ou un demi-litre d'eau, une tête de grosseur moyenne, que l'on a au préalable coupée
et débarrassée de ses graines. On emploie ces
décoctions à l'intérieur, en tisanes et en lavements, pour procurer le sommeil et calmer la
douleur; dans ce cas, il ne faut pas dépasser
la dose d'une tête par 24 heures, sous peine de
voir se produire des accidents analogues à

ceux de l'empoisonnement par l'opium; il faut
surtout se garder de s'en servir pour les petits
enfants, comme le font certaines nourrices peu
scrupuleuses.

Les graines du Pavot somnifère n'ont rien
de narcotique. De tout temps, elles ont été
employées comme aliment en Perse, dans la
Grèce et dans l'Italie. Les Romains s'en servaient pour fabriquer des gâteaux et autres
friandises. Horace parle d'un mets fait de
graines de Pavot torréfiées et mêlées à du
miel de Sardaigne.

.....Et sardo cum melle papaver (1).

Aujourd'hui encore, en Italie et dans tout
l'Orient, on les fait entrer dans certaines préparations culinaires. On en fait de petites
dragées, en les recouvrant avec du sucre.

Ces graines sont oléagineuses et pourraient
servir à la fabrication d'huile comme celles du
Pavot noir, mais on préfère en général employer cette dernière variété pour cet usage
industriel.

Opium. — L'opium est le suc épaissi qui
s'écoule après incision des capsules de Pavot.
C'est une substance très importante au double
point de vue médicinal et commercial. D'une
part, l'opium sert à la préparation d'un grand
nombre de médicaments jouant un rôle considérable dans la médecine actuelle, comme par
exemple la morphine, la codéine, etc.; d'autre
part, l'opium est d'un très grand usage chez
les peuples orientaux, qui le mâchent ou le
fument, pour se procurer une sorte d'ivresse
spéciale. Aussi, la culture du Pavot somnifère
pour la fabrication de l'opium a-t-elle pris une
extension considérable et constitue-t-elle pour
certains pays, comme l'Angleterre par exemple,
dans ses possessions de l'Inde, une source de
revenus considérables.

L'opium semble avoir été connu depuis la
plus haute antiquité. On a même voulu voir
dans un passage d'Homère une description se
rapportant à cette substance. Dans le chant IV
de l'*Odyssée*, Hélène offre à Télémaque, alors
l'hôte de Ménélas, un médicament propre à
calmer la douleur et à faire oublier tous les
maux et que plusieurs commentateurs, en particulier le savant Kurt Sprengel, ont considéré
comme étant de l'opium.

Théophraste, qui vivait au commencement du
troisième siècle avant Jésus-Christ, connaissait

(1) Horace, *Art poétique*, v. 374.

fort bien l'opium, qu'il désigne sous le nom de *meconium*.

Scribonius Largus (vers 40 après Jésus-Christ), indique le moyen de se procurer de l'opium et ajoute que cette substance est fournie par les capsules et non par le feuillage de la plante.

On trouve dans Dioscoride une description très exacte de la façon de récolter l'opium dont il distinguait d'ailleurs deux sortes : « Quelques-uns, dit-il, prennent les têtes et les feuilles de Pavot, et les ayant bien concassées et pilées, ils les expriment pour en tirer le jus : lequel ils broyent en un mortier et puis le digèrent en trochisques. Ce jus est appelé *meconium :* et est beaucoup plus faible que l'opium. Quant à l'opium, il se fait ainsi : quand la rosée est séchée au Pavot, il faut inciser avec un couteau le dessus de la pelure de ses têtes, et ce, de droite, de travers et en croix, prenant garde que le couteau passe trop avant. Puis il faut essuyer avec le doigt l'humeur qui en vient, et la faire choir en une cuillère. Et un peu après, il faut retourner pour voir si on en trouvera ; et le même se doit faire le jour suivant. Et il faudra piler dans un mortier l'humeur qu'on aura cueillie ce jour, ou le lendemain, et en faire des trochisques. Cependant, toutes fois qu'on fera les incisions du Pavot, il se faut tenir loin, de peur que l'humeur qui en sort ne s'attache aux habits. »

Cette description laissée par Dioscoride de la manière dont on récoltait et fabriquait l'opium de son temps est, dans les grandes lignes, conforme aux récits faits par les voyageurs plus récents, qui ont parcouru les pays orientaux, et été à même d'observer ces détails. C'est ainsi qu'en particulier, le voyageur allemand Kæmpfer (1), qui visita la Perse vers 1687, Belon (2) et Olivier (3), qui visitèrent l'Asie Mineure, nous renseignent sur les procédés employés dans ces pays pour la récolte de l'opium. Nous trouvons des récits analogues chez un grand nombre d'auteurs modernes.

D'une manière générale, voici comment on a opéré et on opère à peu près partout : On incise les capsules avant leur maturité, en ayant soin de faire ces incisions très superficielles et de ne pas perforer la cloison, de façon que le suc ne s'écoule pas à l'intérieur de la capsule. Ces fentes laissent alors exsuder un suc qui se concrète en opium au bout de quelques heures. Le lendemain, on ramasse cette matière avec un instrument particulier et l'on répète l'opération pendant plusieurs jours. On obtient alors l'*opium en larmes*. Dans certains pays, comme en Asie Mineure, pour faire les pains d'opium qui sont livrés au commerce, on fait sécher directement le suc au soleil ; dans d'autres, au contraire, comme l'Egypte et la Perse, on pile et malaxe dans un vase de bois le suc recueilli, humecté d'un peu d'eau ou même de salive, pour en former une masse homogène. L'incision se fait tantôt transversalement et tantôt verticalement, de bas en haut. Pour abréger l'opération de l'incision des Pavots, on employait déjà en Perse, au temps de Kæmpfer, un couteau à cinq lames faisant d'un seul coup cinq fentes parallèles. Dans le district de Behar, dans l'Inde orientale, on incise les capsules de Pavot à l'aide d'un instrument spécial, très analogue au précédent, formé de trois ou quatre lames à deux pointes, liées ensemble à l'aide d'un fil de coton. Cet instrument a reçu dans le pays le nom de *nushtur*.

Dioscoride distinguait déjà deux sortes d'opium : l'*opium* proprement dit, obtenu par incision des capsules, et le *meconium*, obtenu par pression. Dans plusieurs centres d'exploitation, on fait intervenir l'expression pour extraire le suc des capsules déjà épuisées par l'incision : il est clair que cette opération donne un opium de qualité très inférieure ; on l'emploie surtout pour fabriquer de l'opium de prix moindre, en mélangeant les deux produits.

Les principaux centres de culture du Pavot somnifère pour l'extraction de l'opium sont en Asie Mineure, dans l'Inde, en Perse, en Égypte et en Chine.

La majeure partie de l'opium qui se trouve dans le commerce européen provient des marchés de Smyrne ou de Constantinople. L'opium de Smyrne est la variété la plus pure comme aussi la plus riche en morphine. D'après Guibourt, cependant, certains opiums de Constantinople sont d'aussi bonne qualité que ceux de Smyrne, ce qui n'a rien que de très naturel, si l'on songe que ces opiums proviennent à peu près des mêmes lieux. Le grand avantage de Smyrne sur Constantinople, est d'avoir un marché plus régulier, où il est plus facile de s'éclairer sur la bonne qualité

(1) Kæmpfer, *Amænit.*, 643.
(2) Belon, *Singularités*, liv. III, ch. xv.
(3) Olivier, *Voyage dans l'empire ottoman.*

des produits achetés. Le Pavot cultivé dans toute l'Asie Mineure pour en extraire l'opium a des fleurs pourpres ou blanches, et la coloration de ses graines varie du blanc au violet foncé : c'est le *Papaver somniferum*, variété *glabrum*. L'opium de Smyrne se présente sous la forme de pains plus ou moins volumineux, déformés par pression réciproque, et couverts encore extérieurement des fruits secs de Patience (*Rumex patientia*) dont on avait saupoudré les gâteaux pour les empêcher de se coller les uns aux autres dans les sacs où on les enveloppe. C'est celui qui contient la plus forte proportion de morphine, de 12 à 14 p. 100 environ. En 1871, année de récolte très abondante, le marché de Smyrne exporta 5 650 caisses, dont le prix peut être évalué à 784 500 livres sterling. L'opium de Constantinople, primitivement sous forme de boules, se présente en pains plus ou moins déformés par le tassement, dont les plus gros pèsent 250 à 300 grammes, et les autres de 150 à 200 grammes; ils présentent à la surface quelques grains de *Rumex*, et sont enveloppés dans une feuille de Pavot. On trouve aussi sur le marché de Constantinople d'autres pains d'opium beaucoup plus petits, dont le poids ne dépasse pas 100 grammes, et qui contiennent très probablement une notable proportion d'opium obtenu par expression des capsules déjà épuisées par l'incision.

L'Égypte produit une certaine quantité d'opium que l'on trouve encore dans le commerce européen ; il est même probable qu'autrefois l'opium venait principalement d'Égypte, comme l'indique le nom d'*opium thébaïque* qu'on lui donne encore aujourd'hui dans la pratique médicale; cet opium est en petits pains orbiculaires aplatis et semble inférieur au point de vue de la richesse en morphine à l'opium de Smyrne. Gastinel, directeur du Jardin expérimental du Caire et inspecteur du gouvernement pour les produits pharmaceutiques, a montré en 1865 que le Pavot d'Égypte pouvait fournir un produit excellent contenant jusqu'à 10 et 12 p. 100 de morphine, et que la médiocre qualité de l'opium d'Égypte ordinaire serait due à un mauvais procédé de culture et d'arrosage. Guibourt (1) d'après un renseignement fourni par un élève égyptien de l'École de pharmacie de Paris, croit pouvoir affirmer

(1) Guibourt, *Hist. des drogues simples*, III, p. 721.

que les Pavots cultivés dans la Haute-Égypte pour servir à l'extraction de l'opium sont des Pavots blancs (*P. somniferum* var. *album*), et non des Pavots noirs comme le disent tous les auteurs anciens jusqu'à Belon.

C'est également le *Papaver somniferum album* que l'on cultive en Perse, principalement dans les provinces centrales, pour produire l'opium. Celui-ci sert aux besoins de la consommation locale en partie ; le reste est dirigé sur la Chine par voie de terre ou de mer ou bien encore expédié par Trébizonde sur Constantinople, où il sert à imiter et falsifier celui de l'Asie Mineure. L'opium de Perse se vend sous forme de petits cylindres gros comme le doigt et entourés de papier; il ne contient guère que 5 p. 100 de morphine. Les procédés de récolte et de fabrication sont ceux que Kæmpfer indiquait déjà en 1687. On incise au commencement de l'été les têtes de Pavots proches de leur maturité, au moyen d'un couteau à 5 lames, qui fait d'un seul coup 5 incisions parallèles. Le suc est enlevé le lendemain avec un racloir et reçu dans un vase suspendu à la ceinture de l'opérateur. Puis on incise une autre face de la capsule pour obtenir le suc de la même manière. L'opération se renouvelle plusieurs fois de suite sur le même champ, à mesure que les Pavots parviennent au point de maturité convenable. L'opium ainsi recueilli est malaxé avec un peu d'eau et pétri dans un vase de bois aplati, puis dans les mains, pour lui donner la forme convenable.

La culture du Pavot blanc pour la production de l'opium se fait sur une très grande échelle, dans les possessions anglaises de l'Inde, et est une source de revenus considérables pour l'Angleterre. Les principales régions de production de l'opium indien sont dans la partie centrale du cours du Gange, les districts de Patna et de Bénarès, où l'on fabrique l'opium du Bengale, exporté par la voie de Calcutta, et les vastes plateaux de Malwa, ainsi que les pentes des monts Winadya, dont les produits sont dirigés sur Bombay pour y être embarqués. L'opium de l'Inde n'existe pas dans le commerce européen : tout ce qui n'est pas consommé sur place est expédié en Chine, dans les îles de la Sonde et autres pays orientaux, où l'usage de fumer et de mâcher l'opium est généralement répandu. En 1872, sur un total de 93 366 caisses du poids de 150 livres chacune en moyenne, dont

49 455 expédiées par Calcutta, et 43 909 par Bombay, 85 470 caisses étaient à destination de la Chine, 7 845 des établissements du Détroit, 38 de Ceylan, par Maurice et Bourbon, 4 seulement de l'Angleterre et 7 des autres pays.

En 1871, le gouvernement du Bengale avait vendu pour la Chine environ 52 000 caisses d'opium originaire de Patna ou de Bénarès; en 1872, il n'en importait plus que 42 900 dans le même pays. En même temps le prix moyen de vente tombait de 3 297 fr. 88 la caisse à 3 200 francs et au-dessous. La quantité d'opium exportée de Bombay en 1872 fut de 1 719 caisses, inférieure à celle exportée en 1871. Cette diminution dans la quantité vendue et dans le prix de vente était due à la production d'opium par les Chinois sur leur propre sol. L'opium semble avoir été depuis longtemps cultivé en Chine, où il aurait été introduit par les Arabes avant le IXe siècle, mais c'est depuis une trentaine d'années seulement que cette culture y a pris, dans les provinces de Koueï-tchou et de Yun-nan, des proportions assez considérables pour menacer d'une sérieuse concurrence celle de l'Inde. Les Pavots cultivés en Chine sont des Pavots à fleurs blanches; les procédés de culture et l'extraction de l'opium sont sensiblement les mêmes que ceux qui sont employés dans l'Inde. L'opium de Chine est de qualité très inférieure à celui du Bengale ou de Malwa, et renferme une quantité moindre de morphine, mais il est aussi d'un prix moins élevé et par conséquent plus accessible aux bourses des classes laborieuses. D'ailleurs les Chinois recherchant l'opium pour le fumer, s'inquiètent plus de certaines qualités d'arome que de sa richesse en morphine.

La culture du Pavot a été introduite en 1880 dans l'Afrique intertropicale. A Chaïma près de Mopea, à 6 kilomètres environ du Zambèze, se trouvent des champs de Pavots dont la culture occupait, en 1881, 300 ouvriers. Cette entreprise, d'après M. P. Guyot (1) donnerait les meilleurs résultats. La récolte de l'opium aurait lieu 75 jours après les semailles, tandis qu'elle se fait attendre 110 jours dans l'Inde. De plus, le rendement par hectare a été en 1880 de 55 à 66 kilogrammes d'opium brut, alors que le rendement moyen dans l'Inde ne dépasse guère 50 kilogrammes.

(1) P. Guyot, *Comptes rendus de l'Acad. des sciences*, 1882, t. LXXXV, p. 798.

On a essayé de récolter l'opium en France, en Angleterre et en Allemagne, par incisions des capsules du Pavot somnifère blanc. Belon le premier avait conseillé de préparer l'opium en Europe en employant le procédé usité en Asie Mineure. Les expériences tentées par Cowley et Staines en Angleterre, Hardy et Simon en Algérie, Petit, le général Lamarque et Aubergier en France, ont permis d'obtenir dans nos pays un produit qui n'est pas inférieur à celui du commerce au point de vue de la richesse en morphine. Malheureusement, par suite des prix du terrain et de la main-d'œuvre, les prix de revient de l'exploitation sont très élevés et l'opium indigène, malgré ses qualités, n'offre encore aucun avantage sur celui que l'on importe des pays orientaux. Cette culture ne pourra présenter quelque importance que lorsqu'elle aura été adoptée par les petits cultivateurs.

Alcaloïdes de l'opium. — L'opium dans son état de pureté la plus grande, celui qu'on emploie pour les usages médicinaux, est une substance d'odeur forte, de saveur amère, nauséeuse et très désagréable, soluble dans l'eau, laissant pour résidu quelques impuretés. La chaleur ramollit l'opium qui brûle et s'enflamme lorsqu'on le projette sur des charbons ardents. La composition chimique de l'opium a été l'objet de la part des chimistes d'un très grand nombre de travaux, dont M. Grimaux a donné l'historique dans son intéressante conférence à la Faculté de médecine de Paris en 1882(1). Parmi les corps que contient l'opium, les plus importants sont les alcaloïdes et en particulier la *morphine*, la *codéine*, la *narcotine*, la *thébaïne*, la *narcine*, la *papavérine*, etc. Cette liste tend d'ailleurs toujours à s'accroître à la suite des travaux dont l'opium est l'objet au point de vue chimique. De tous les nombreux alcaloïdes de l'opium, les deux plus importants à cause de leur abondance, de leurs applications et des travaux dont ils ont été l'objet, sont la *codéine*, et surtout la *morphine*, à la présence de laquelle l'opium doit pour la plus grande partie ses propriétés médicamenteuses.

Propriétés. — Usages. — L'opium est utilisé en médecine pour ses propriétés soporifiques, analgésiques et anexosmotiques.

Comme soporifique, on s'en sert pour combattre les insomnies et procurer le sommeil.

(1) Grimaux, *Revue scientifique*, 3e série, t. II, p. 12.

Comme analgésique, on l'emploie pour calmer les douleurs dans les maladies où celles-ci étant intolérables pour le malade, il convient de combattre tout d'abord la souffrance.

Comme anexosmotique, enfin, l'opium rend les plus grands services pour combattre la diarrhée, la dysenterie.

« Il n'est pas — disait Sydenham, il y a un siècle — de remède plus universel ni plus efficace que l'opium. Ce remède est d'ailleurs si nécessaire à la médecine qu'elle ne saurait absolument s'en passer, et un médecin, qui saura le manier comme il faut, fera des choses surprenantes ». Mais pour être bienfaisant l'opium demande à être administré avec la plus grande précaution et l'usage doit en être réservé aux seuls médecins. C'est en effet un toxique des plus énergiques, et si la dose salutaire, en général assez minime, vient à être dépassée, il peut en résulter les accidents les plus graves, amenant la mort à bref délai. On connaît malheureusement un trop grand nombre de cas d'empoisonnements accidentels ou volontaires dus à l'absorption d'une trop grande quantité d'opium, principalement sous la forme de laudanum, forme sous laquelle il est le plus facile de se le procurer. Parmi les soins à donner aux personnes empoisonnées par l'opium, contentons-nous de signaler l'emploi du café noir très fort, pour combattre le narcotisme.

L'opium s'emploie très rarement en médecine sous sa forme naturelle, tel qu'on le trouve dans le commerce. On en fabrique le plus souvent un extrait aqueux connu sous le nom d'*extrait thébaïque* que l'on fait entrer dans la préparation de la plupart des médicaments opiacés. De toutes les formes sous lesquelles l'opium peut être administré, la plus usuelle sans contredit est le laudanum : on distingue deux sortes de laudanum ; le *laudanum de Sydenham*, ou laudanum usuel que l'on obtient en faisant macérer de l'opium dans du vin de Malaga avec addition de safran, de cannelle, de girofle, etc., et que l'on emploie soit à l'intérieur soit à l'extérieur, et le *laudanum de Rousseau*, deux fois plus actif que le précédent et qui doit être réservé pour l'usage externe dans des cas exceptionnels ; c'est un liquide fermenté préparé en délayant de l'opium dans de l'eau chaude et en ajoutant du miel, de la levure de bière, puis après fermentation, de l'alcool.

Au lieu d'employer l'opium lui-même, on peut faire usage des alcaloïdes qu'on en extrait ;

c'est ainsi que le sirop de codéine rend de très grands services contre les quintes de toux, etc.

Mais de tous les alcaloïdes de l'opium, c'est la morphine qui donnera les meilleurs résultats ; c'est le principe le plus abondant comme aussi le plus actif de l'opium, dont il possède toutes les propriétés, plus développées encore. La morphine s'emploie en médecine sous forme de chlorhydrate. D'abord, on l'administra à l'intérieur par la voie du tube digestif en sirop, en pilules ou en lavement. C'est le médecin Wood, qui le premier introduisit l'usage des *injections hypodermiques* ou *injections sous-cutanées* au moyen de la seringue Pravaz. Malheureusement le malade, soulagé instantanément de ses douleurs par ce moyen, s'habitue aux piqûres et finit bientôt par ne pas s'en pouvoir passer, il devient alors *morphinomane*. Une autre cause que la douleur physique conduit encore à contracter cette terrible habitude. « La morphine, dit Ball (1), calme non seulement les douleurs physiques, mais aussi les souffrances psychologiques, les névralgies morales ; à la suite des injections de morphine, les chagrins s'envolent pour faire place à un calme plein de volupté. Vous connaissez tous le fameux monologue de Hamlet, et le passage où le prince s'écrie que sans la crainte de l'inconnu, personne n'hésiterait à se soustraire aux chagrins de la vie, quand il suffit pour entrer dans le repos, d'une pointe acérée. Eh bien ! cette pointe acérée dont parle Shakespeare, cette aiguille libératrice, nous la possédons : c'est la seringue de Pravaz. D'un coup d'aiguille, vous pouvez effacer les souffrances du corps et celles de l'esprit, les injustices des hommes et celles de la fortune, et l'on comprend alors l'empire irrésistible de ce malheureux poison. » Lorsque le malade s'habitue peu à peu à l'effet de la morphine, il éprouve l'impérieux besoin d'augmenter sans cesse la dose et de s'injecter de plus en plus souvent sous la peau des quantités de plus en plus fortes d'un toxique, qui, loin de produire des effets salutaires, agit de la façon la plus désastreuse sur le physique comme sur le moral. Le morphinomane devient d'une maigreur affreuse, pâlit, perd ses forces en même temps qu'il est frappé d'une déchéance intellectuelle absolue ; la morphine ne détruit pas seulement le corps, mais elle pervertit l'esprit et la conscience.

(1) Ball, *Revue scientifique*, 3e série, t. VII, p. 450. — Voyez aussi Guimbail, *Les Morphinomanes*, Paris, 1892.

Fig. 167.

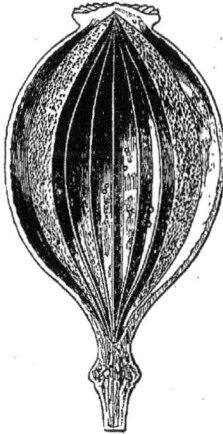

Fig. 166.

Fig. 168.

Fig. 169.

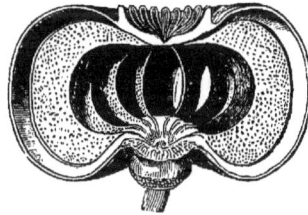

Fig. 170.

Fig. 166. — Pavot blanc.
Fig. 167. — Pavot blanc d'Arménie.
Fig. 168. — Pavot noir.

Fig. 169. — Pavot blanc.
Fig. 170. -- Pavot blanc à capsules déprimées.

Fig. 166 à 170. — Capsules de Pavots.

Mangeurs et fumeurs d'opium. — L'opium a été employé depuis l'époque la plus reculée, dans tout l'Orient, pour se procurer une ivresse agréable. Seulement la manière de s'en servir diffère avec les pays. Dans le Levant, on le mange, dans la Chine et la Malaisie, on le fume.

C'est en Perse qu'est probablement née la funeste habitude de manger l'opium. Les mangeurs d'opium, dont le nombre, heureusement, tend à diminuer parmi les musulmans, le prennent sous forme de boulettes de 5 à 10 centigrammes qu'ils portent sur eux dans de petites boîtes et où ils puisent de temps en temps. L'effet primitif produit est non point le sommeil, comme on pourrait le croire tout d'abord, mais plutôt une sorte d'excitation physique et intellectuelle qui rend

l'Oriental turbulent, bavard, excité et querelleur. Malheureusement pour entretenir un pareil état factice, il faut sans cesse augmenter la dose, ce qui conduit fatalement à l'abrutissement. On peut en juger par les citations suivantes que nous empruntons à une conférence faite à l'Association scientifique par M. P. Regnard (1). Voici d'abord un tableau de ce qui se passe dans la haute société :

« Douze Turcs, dit Landgiorgia, étaient assis à un divan ; après le dîner, on servit le café, puis on prit l'opium. Bientôt les effets de cette substance se sont déclarés. Les uns parmi les jeunes ont paru plus vifs et plus gais que de coutume, ils se sont mis à chanter et à rire. Les autres se sont levés avec

(1) Regnard. *Revue scientifique*, 3e série, t. IX, p. 546.

fureur de leur canapé, ont tiré leur sabre et se sont mis en garde sans pourtant frapper ni blesser personne. Les soldats de police étant survenus, ils se sont laissé désarmer, mais ils ont continué à crier. D'autres enfin, plus âgés, sont tombés dans la stupidité et la somnolence. L'un d'eux, septuagénaire, qui était ambassadeur, est resté insensible aux cris et aux cliquetis des sabres; il n'a pas plus bougé que s'il était de marbre; ses yeux étaient entr'ouverts, il voyait, il sentait, mais il était devenu incapable de se mouvoir. »

Voici maintenant les gens du peuple dans leurs cabarets d'opium. « Il existe à Stamboul, dit Zambaco, un café spécialement affecté aux opiophages de la basse classe. Là, dans un demi-jour, rangés sur les bancs rigides fixés aux trois murs de la boutique, ils se livrent à la ronde dans un morne silence à leurs rêvasseries. Si un observateur jette en passant un coup d'œil dans cette boîte de la paresse, il assiste à un spectacle que la photographie pourrait seule rendre fidèlement. Des têtes de tous les types, coiffés de turbans de formes infinies, blancs ou verts, confectionnés avec des tissus unis ou finement brodés, enroulés à plat ou tordus autour d'un fez, des yeux bridés, voilés par des paupières plus ou moins entr'ouvertes selon le degré du narcotisme et de l'abrutissement, des têtes à expressions variées, renversées et s'appuyant sur le mur, sur l'épaule du voisin ou bien retombant de toute leur lourdeur sur la poitrine et oscillant d'une manière cadencée dans le sens vertical ou horizontal; ou bien appuyées sur les deux mains, les coudes étant posés comme des piliers sur les genoux, des bouches souvent entr'ouvertes et bavant, ou bien les lèvres battant en soupapes à chaque expiration, des ronflements gutturaux troublant parfois cette réunion d'êtres d'outre-tombe qui offre l'aspect lugubre d'une agonie en masse. » On voit à quel état d'ignoble abrutissement peut conduire un peuple le dégoûtant vice de l'opiophagie.

Dans certains pays orientaux, comme par exemple le Turkestan, l'usage de mâcher l'opium est peu répandu parmi les indigènes, mais on y fait usage de certaines préparations à base d'opium dont l'action sur l'organisme, surtout lorsqu'il y a abus, ce qui devient fatal au bout de peu de temps, est ni moins nuisible pour la santé ni moins dégradante pour l'esprit que la consommation de l'opium en nature. C'est ainsi qu'au Turkestan, on fait usage de koknar.

Le *koknar* est une boisson enivrante, fabriquée en faisant bouillir et infuser dans l'eau des capsules de pavot desséchées. Au dire des médecins du pays, ce breuvage serait souverain pour chasser l'ennui. Les buveurs de koknar commencent par en absorber d'abord une petite quantité, puis, entraînés par un besoin irrésistible, ils augmentent peu à peu la dose; ils arrivent alors à en absorber jusqu'à ivresse suffisante une dose de 400 grammes de tête de pavot, alors que la vingtième partie suffirait grandement pour empoisonner un homme qui n'est pas habitué à ce narcotique.

« L'homme qui n'a pas pris sa dose de koknar accoutumée, — dit une notice publiée par la Commission du Turkestan à l'Exposition de Vienne en 1873 — devient, au physique et au moral, complètement malheureux; il s'affaiblit, ses forces tombent, il n'est propre à aucun travail; une apathie complète s'empare de lui et, il est en proie à un ennui dont il ne peut se rendre compte; mais dès qu'il l'a bue, ses forces physiques et morales se réveillent après quelque temps passé dans un demi-sommeil, il devient propre au travail et se contente de son sort. La somnolence provoquée par le narcotique est pour le buveur de koknar la jouissance la plus agréable; il doit, pendant qu'elle dure, avoir un repos absolu. Le moindre bruit, même une conversation à haute voix, lui cause une sensation désagréable. Le buveur de koknar est plongé dans l'oubli, ses yeux sont fermés; il entend et comprend tout ce qui se passe autour de lui; mais son grand bonheur consiste à être isolé de tout ce qui l'entoure... il oublie. Privé de sommeil, il passe sa vie dans une somnolence plus ou moins longue. »

Dans l'Inde, dans la Malaisie, en Chine, on fume l'opium comme on fume le tabac dans nos pays, et c'est à la fumée de l'opium que ces peuples demandent les sensations agréables que, dans la Perse et les pays voisins, on cherche dans l'opiophagie. L'usage de l'opium paraît avoir été introduit en Chine par les Arabes dès le VIIIe siècle de notre ère, mais pendant longtemps ce produit ne fut considéré que comme un médicament applicable aux cas de dyssenterie, ou pour fabriquer une boisson excitante, d'un usage domestique, destinée à remplir à peu près le même rôle que notre café. On ne sait au juste quand les Chinois ont commencé à fumer l'opium, mais il est sûr que cette habitude était déjà passée dans les mœurs en 1729, date à laquelle un édit impérial vint interdire aux fumeurs d'opium de se livrer à leur passion, en les menaçant des châtiments les plus terribles. Cependant l'importation de l'opium en Chine ne fit que s'accroître, et en 1767, elle était de 1,000 caisses par an : A cette époque le commerce de l'opium pour la Chine était tout entier aux mains des Portugais. En 1773, la Compagnie des Indes, appliquant une idée du colonel Watson, commença à expédier de l'opium en Chine, et en peu de temps son commerce prit une extension considérable ; dès 1780 les Anglais avaient établi un dépôt d'opium sur deux petits navires dans la baie de Larck, au sud de Macao. Vers 1800, l'importation annuelle était d'environ 4,000 caisses du poids moyen de 72 kilogrammes chacune, lorsque le gouvernement chinois commença à intervenir, et en 1828, un édit interdisait l'entrée de tout navire chargé d'opium dans la rivière de Canton. Malgré les édits prohibitifs, l'importation de l'opium n'en continua pas moins à s'exercer d'une façon très active en contrebande, grâce à la complicité des fonctionnaires chinois, achetés à prix d'argent. L'expiration du traité de la Compagnie des Indes en 1834, la saisie au mois de juin 1839, par le gouvernement chinois, de 20,283 caisses d'opium de provenance anglaise, et plusieurs autres difficultés d'ordre politique et économique amenèrent entre la Chine et l'Angleterre une guerre dite *guerre de l'opium* qui se termina en 1842 par le traité de Nanking, par lequel cinq ports : Canton, Amoy, Fou-Tcheou, Mug-po, Chang-Haï, étaient ouverts au commerce étranger, l'île de Hong-Kong cédée à l'Angleterre et l'opium admis en 1858 comme article légal de commerce.

M. Lalande (1) a donné récemment d'intéressants détails sur la préparation compliquée que les Asiatiques font subir à l'opium brut tel qu'il est expédié de l'Inde pour le transformer en extrait aqueux fumable, connu sous le nom de *chandoo*. Ces opérations ont pour but de chasser le principe volatile vireux de l'opium brut et de le dépouiller de toutes les substances qui pourraient nuire à la délicatesse de son parfum et à sa qualité plastique quand on devra plus tard le manipuler à chaud pour l'introduire dans la pipe à opium. Le chandoo

a la consistance d'un extrait demi-fluide de sirop de gomme ordinaire, rappelant assez bien celle de l'ergotine, dont il possède la couleur. L'odeur en est douce, fine, assez aromatique, rappelant peut-être l'odeur de fève et d'arachides grillées, jointe à celle de la mélasse non fermentée. Sa saveur est amère et persistante. Le chandoo se bonifie par le temps ; c'est l'avis de tous les fumeurs.

Voici quelques détails sur la manière dont se fume le chandoo : La pipe à opium se compose de deux parties distinctes, le fourneau et le tuyau. Celui-ci cylindrique, long d'environ 50 centimètres, est ouvert à l'une de ses extrémités et fermé à l'autre. A 10 centimètres du bout fermé se trouve une ouverture de 2 à 3 centimètres où s'engage le fourneau de forme conique et percé en son centre. Le *boy* ou serviteur chargé d'apprêter la pipe, trempe une longue aiguille d'argent dans l'extrait aqueux d'opium et, pour le rendre plus consistant, il le prive d'une partie de son eau en portant la larme opiacée dans la flamme d'une lampe à alcool, et en tournant l'aiguille avec rapidité. Quand il juge l'opium solide à point, il le dépose avec une habileté très difficile à acquérir, sur le bord de l'ouverture du fourneau, puis il approche la lampe. Le fumeur inclinant la pipe, présente l'opium au feu et, au moment où il entre en ignition, il aspire la fumée par le tube abducteur. Au bout de trois aspirations, il ne reste qu'un résidu charbonneux que le boy gratte avec soin pour le revendre aux gens de basse condition. C'est le *dross*, qui ne contient que 1 à 2 p. 100 de morphine au plus et que certains amateurs passionnés fument dans des pipes à débris. Un fumeur ordinaire fume au moins huit à dix pipes. Beaucoup ne se contentent que de quinze, au delà il y a abus et la coutume quotidienne mène promptement à l'abrutissement. Lorsqu'il a aspiré la fumée de la douzième ou treizième pipe d'opium, le fumeur laisse voir une dépression rapidement progressive de l'activité musculaire, puis paresseusement, il se couche la tête sur un dur coussin et en moins d'une minute il dort. Il est parfaitement établi qu'il n'est possible de goûter le sommeil profond que couché très durement. Les riches dorment sur des nattes peu épaisses, guère préférables à la planche nue qui supporte le pauvre (1).

(1) Lalande. *Archives de médecine navale*, juillet 1890.

(1) Genglaire. *Le Chandoo, Science moderne*, 1892, 5ᵉ vol., p. 391.

Les Chinois fument l'opium dès l'âge de vingt à vingt-cinq ans : quelques-uns commencent plus tôt, de même que, chez nous, certains enfants fument d'une façon précoce. Fumer l'opium devient vite un besoin pour celui qui en a contracté l'habitude et l'usage ne tarde pas à dégénérer en abus. Un grand nombre d'auteurs s'accordent à nous retracer les effets pernicieux de la fumée d'opium sur la santé et l'intelligence des peuples qui s'adonnent à ce vice. Le gouvernement chinois a essayé de tous les moyens pour arriver à déraciner cette passion. Nombreux édits prononçant des pénalités très sévères, et même la mort contre les fumeurs d'opium furent pris en Chine. Tel est l'arrêt que lança, en 1841, le vice-roi de Canton : « Voilà deux ans que le chef du Céleste-Empire a défendu à tous ses sujets de fumer l'opium. Ce délai de grâce expire le douzième jour de la douzième lune de cette année. Alors tous les coupables de contravention seront punis de mort, leurs têtes seront exposées en public afin d'effrayer ceux qui seraient tentés de les imiter. J'ai réfléchi pourtant que l'emprisonnement solitaire était plus efficace que la peine capitale pour arrêter un aussi épouvantable délit. Je déclare donc que je vais faire construire près de la porte d'Éternelle-Pureté une prison spéciale pour les fumeurs d'opium. Là, ils seront tous, riches ou pauvres, enfermés dans une cellule étroite éclairée par une fenêtre, avec deux planches servant de lit ou de siège pour s'asseoir. On leur donnera chaque jour une ration d'huile, de riz et de légumes. En cas de récidive, ils subiront la mort. »

Après les menaces inutiles on essaya de moraliser ceux que la peur des châtiments les plus terribles ne pouvait faire renoncer à leur habitude. L'imagerie populaire fut chargée de répandre partout les malheurs du fumeur d'opium, mais ce fut en vain. Cette propagande n'eut pas de meilleurs résultats qu'en ont chez nous les sociétés contre l'intempérance, et le Chinois continue à fumer l'opium de plus belle.

Il existe en Chine des fumoirs publics où les hommes de la classe pauvre viennent satisfaire à leur passion. « Qu'on se figure — dit Liberman — une salle louche, noire et humide, ordinairement située au rez-de-chaussée, avec les volets et les portes hermétiquement fermés, ne recevant d'autre lumière que celle des petites lampes à opium ; le long des murs, noircis comme ceux d'une taverne de dernier

ordre, sont suspendues quelques sentences de Confucius. Des lits de camp, recouverts de nattes et portant des rouleaux de paille, servent à recevoir les fumeurs, qui ont besoin de prendre la position horizontale pour se livrer à l'aise à leur funeste plaisir. En entrant, on est presque suffoqué par la fumée âcre et irritante de l'opium. Dans les boutiques que j'ai visitées, il y avait ordinairement de quinze à vingt fumeurs couchés sur un lit de camp, la tête appuyée sur un rouleau de paille, leur pipe à opium à la bouche, ayant à la portée de leurs mains une tasse de thé ; les uns paraissaient étrangers aux choses du monde : leurs yeux étaient ternes, leur regard atone ; les autres, au contraire, étaient d'une loquacité extraordinaire, et semblaient sous l'influence d'une stimulation extrême.

« Le fumeur d'opium a, en général, la figure d'une pâleur mate et maladive ; ses yeux sont caves, entourés d'un cercle bleuâtre ; la pupille est dilatée, le regard a une expression particulière d'idiotie hilarante, si je puis m'exprimer ainsi, quelque chose de vague et de gai à la fois, tout à fait indéfinissable ; la parole est embarrassée, souvent tremblotante. Ordinairement le fumeur est silencieux ; quand il est sous l'excitation de sa pipe, il devient loquace, sa figure s'anime, ses yeux prennent de l'éclat et de la vivacité ; mais cette transformation n'est que passagère et ne tarde pas à faire place à l'expression d'idiotie habituelle. La figure est maigre ainsi que le corps, les membres sont grêles et sans vigueur, la marche est lente, les mouvements incertains, la tête ordinairement baissée, la démarche ressemble à celle des hommes ivres ; souvent elle s'accompagne de claudication qui indique un commencement de paralysie des membres inférieurs » (1).

Les récits ne manquent pas, qui retracent comme le précédent tous les effets pernicieux de l'opium. Cependant il n'est pas certain que l'habitude de fumer l'opium soit aussi funeste qu'on le prétend généralement, et certains auteurs à la suite d'observations et de recherches très sérieuses sont arrivés à formuler cette opinion que l'opium fumé sans abus et lorsqu'il est de bonne qualité, ne serait pas plus pernicieux que le tabac. Un médecin de marine, M. L. Baret, à la suite d'observations recueillies pendant un hivernage à Tien-Tsin

(1) Voy. Verneau, *les Races humaines*, p. 442 (*Merveilles de la nature* de A. E. Brehm).

et çà et là pendant trois années de campagne en Chine, a été amené à énoncer les conclusions suivantes (1) :

« 1° L'opium fumé n'est point l'agent destructif et dégradant que certains moralistes se sont plu à décrier, ni moralement ni physiquement.

2° Son usage n'est pas plus dangereux que l'usage du tabac ou des boissons fermentées.

3° Son abus est moins dangereux au point de vue individuel que l'abus de l'alcool. »

L'auteur ajoute « que de l'avis unanime des médecins chinois, corroboré par celui de nombreux praticiens européens ou américains exerçant en Chine, dans l'Inde ou dans les pays malais l'usage habituel de l'opium serait un excellent prophylactique contre la malaria et surtout contre les formes pernicieuses du paludisme. Enfin, il est constant que l'opium *fumé occasionnellement*, lorsque par exemple on doit fournir un grand effort sans pouvoir réparer ses forces, agit comme un tonique général et un agent d'épargne supérieur à l'alcool et à la coca. Au point de vue mental, c'est le plus puissant tonique psychique qui existe.... Si les pouvoirs publics en Chine déplorent l'usage de l'opium dans leur pays, ce n'est pas pour le mal un peu illusoire et fort exagéré d'ailleurs qu'il cause à la population, mais pour l'importante soustraction du métal monnayé qu'il y effectue. Résultat pratique : ils encouragent la culture du Pavot dans les provinces méridionales et sud-ouest de l'empire, où il croît fort bien, espérant faire concurrence d'abord, et, bientôt peut-être, diminuer considérablement l'importation des opiums de l'Inde ; simple question économique ».

M. Edme Genglaire (2) a rapporté des observations conformes aux précédentes de son séjour à Saïgon, comme chimiste à la manufacture de chandoo établie dans cette ville par le gouvernement français et exploitée en régie depuis 1882 avec les meilleurs résultats.

« La mortalité qu'entraîne l'usage de l'opium, dit-il, est considérablement inférieure aux statistiques erronées publiées dans les récits des voyageurs. La longévité en Extrême Orient est aussi grande que chez nous, et tous les fumeurs sans exception qui sont décrépits, dont la mémoire et l'intelligence sont décadentes, s'alcoolisent sous toutes les formes : absinthe, cognac, eau-de-vie de riz, eau-de-vie de patates, etc. Je pourrais citer, si je le voulais, les noms de *résidents*, colons de dix et quinze années, grands fumeurs d'opium, dont les facultés intellectuelles sont aussi grandes qu'au jour de leur arrivée. Si leur santé a baissé, je dirai que celle des autres Européens, qui n'usent pas d'opium, baisse dans le même rapport. L'anémie, la cachexie paludéenne, les maladies du foie, les fièvres atteignent tout le monde. Quand la passion de l'opium n'est pas accompagnée d'alcoolisme, les conditions de santé physique et morale ne changent que si le fumeur est d'une complexion délicate et qu'il ne parvienne pas à s'acclimater. Dans ces conditions le chandoo le tue, ne faisant que hâter une mort prévue dans un délai relativement court. J'ai connu à la manufacture d'opium des contremaîtres annamites, amateurs forcenés du chandoo, dont l'entrain, l'intelligence et la belle santé faisaient l'admiration du personnel français. Leur vice, non compliqué d'alcoolisme, ne leur semblait mauvais que par les frais qu'il occasionnait. »

Un médecin colonial anglais, M. Ayres, inspecteur des hôpitaux de Hong-Kong, professe à ce sujet dans son rapport annuel pour 1891 (1) une opinion analogue à celle des auteurs précédents. Pour lui comme pour M. Baret, l'usage de l'opium ne serait ni plus ni moins dangereux que celui du tabac. C'est la conviction qui ressort pour lui de dix-huit ans d'observation sur des prisonniers fumeurs d'opium, et même d'expériences faites sur lui-même.

« Quand j'ai pris, dit-il, pour la première fois en 1873, le service médical de la prison Victoria, chaque prisonnier qui se déclarait fumeur d'opium était soumis à un régime spécial. Comme je n'avais aucune pratique ni aucune expérience au sujet des fumeurs d'opium, je me mis à observer et à suivre cette catégorie de prisonniers. Le résultat fut qu'au bout de trois mois d'observation je ne vis pas la nécessité de ce traitement pour les fumeurs et je le supprimais totalement.

« D'ailleurs il y a eu à la prison plus de 1000 prisonniers adonnés à l'opium et il n'y a eu parmi eux qu'un seul décès qui n'avait aucune relation de cause à effet avec l'habitude de fumer l'opium. Je n'ai pas pu découvrir que cette habitude les ait affectés d'une façon quelconque au physique ou au moral. J'ai cité,

---

(1) Baret, *Archives de médecine navale et coloniale* (livraison d'octobre et de décembre 1892).
(2) Genglaire, *loc. cit.*, p. 390.

(1) Publié dans les *Archives de médecine navale et coloniale* ; reproduit par la *Revue scientifique* du 14 avril 1894.

dans mon rapport annuel pour 1877, le cas d'un fumeur d'opium dont la consommation avait été de 226 grammes par jour pendant dix-neuf ans ; cet homme était en prison pour avoir commis un détournement de 40 000 dollars, et avait été un des riches marchands de Singapore. On ne se doutait pas qu'il avait l'habitude de fumer l'opium ; pendant les premiers jours, il eut de l'insomnie, mais c'était pour tout autre motif, car on lui avait dit que s'il renonçait brusquement à son habitude, il en mourrait. Il fut étonné de ne voir survenir aucun accident et il déclara que s'il avait su qu'il lui en coûterait si peu, il aurait renoncé depuis longtemps à son habitude. C'était un homme de cinquante ans environ, robuste et solidement bâti et le plus grand consommateur d'opium que nous ayons eu à la prison. Pendant ses trois mois de détention à Hong-Kong, avant qu'on l'eût renvoyé à Singapore il fut en parfaite santé et n'eut jamais besoin d'un médicament.

« J'ai essayé de fumer l'opium moi-même, mais je ne peux rien en dire, bien que j'en aie fumé 7ᵍ,5 en une seule séance ; il n'a produit sur moi aucun effet. Le docteur Manson fut d'avis que je n'avais pas fait usage de la drogue d'une façon convenable parce que les choses se seraient alors passées autrement.

« Aussi je l'invitai un soir à dîner, ainsi que quelques autres personnes qui s'intéressaient à la question, et après le dîner, je fumai en leur présence, ayant à côté de moi un vieux fumeur d'opium pour me charger la pipe et une boîte d'opium frais provenant de la ferme d'opium. M. Manson me surveilla tout le temps. Il reconnut que l'opium était fumé correctement et en entier, mais ne put observer sur moi aucun effet, pas plus que je n'en ressentis moi-même. Mais il déclara que je les ressentirais avant le lendemain matin ; nous nous séparâmes tous à minuit, et une demi-heure après je fus appelé pour donner mes soins à un enfant pris de convulsions qui m'occupa pendant trois heures ; ce ne fut qu'au bout de ce temps qu'il fut assez bien pour que je puisse le quitter. A neuf heures, le lendemain matin, je rencontrai M. Manson en faisant mes visites et je lui racontai comment j'avais passé la nuit et à quel point je n'avais ressenti aucun effet à la suite de l'opium que j'avais fumé.

« En tant qu'habitude, je ne crois pas que l'habitude de fumer l'opium soit aussi nuisible

que l'est, en certains cas, celle de fumer le tabac, je suis moi-même un fumeur invétéré, et, pour ma part, il ne m'a jamais fait le moindre mal ; mais j'ai observé dans de nombreuses circonstances ses effets nuisibles sur d'autres personnes. Chez le fumeur d'opium, je n'ai même pas rencontré souvent le phénomène suivant, si fréquent chez les gens qui commencent à fumer le tabac : bien peu de personnes en effet ont été jusqu'au bout de leur premier cigare ou de leur première pipe, sans se sentir très mal à l'aise, même quand elles n'ont pas été prises de vomissements violents ; j'ai essayé de faire fumer l'opium à bien des novices, et je n'ai pu observer chez eux rien qui approchât des effets du tabac ; pourtant, bien que le fumeur de tabac n'inhale pas la fumée, l'effet de la nicotine sur un novice n'échappe aux yeux de personne.

« Je ne suis en aucune façon partisan de l'opium, je trouve que l'habitude de le fumer est une habitude ridicule et une occupation de fainéant. Pour fumer l'opium, il faut y consacrer toute son attention et son attention exclusive ; or je ne conçois pas qu'on y trouve du plaisir, pas plus que je ne m'explique la raison pour laquelle il exerce cette espèce de fascination parmi les Chinois. Dans toutes les descriptions qu'on a faites des bouges où l'on fume l'opium, en Europe, on voit les boissons alcooliques y pénétrer également ; mais chez les Chinois, aucune liqueur n'est absorbée pendant que l'on fume cette substance, pas plus avant qu'après. Les bouges de cette espèce en Europe, ou aux colonies, sont le plus souvent consacrés à tous les genres de débauches. En Chine, les fumeries d'opium sont affectées uniquement à cette occupation et il ne s'y passe pas les scènes que l'on observe dans les bouges à opium d'Europe ; je peux le déclarer, car j'ai visité ces maisons dans les différentes parties de la Chine aussi bien qu'aux colonies.

« Sur les quatre-vingt-deux fumeurs d'opium admis à la prison Victoria, en 1890, cinq ont été admis à l'hôpital pour épuisement général ; mais comme trois d'entre eux avaient cinquante-huit ans, même s'ils n'avaient pas été fumeurs d'opium, il est probable qu'ils auraient été portés sur la liste des malades comme atteints de *sénilité*. En outre, comme la plupart des fumeurs d'opium de la prison sont des Chinois de la plus basse classe, qui vivent de rien et se privent de tout confortable, ils sont probablement sur le même pied que nos ivrognes de profession d'Angleterre, qui arrivent à l'alcoolisme en buvant la valeur de 6 pence et même moins de gin, par jour avec l'*estomac vide*, tandis que la même dose d'alcool ne produit aucun effet sur un consommateur qui a bien mangé.

« L'introduction des boissons alcooliques, par les Européens, chez des peuples ayant des habitudes de tempérance, a fait mille fois plus de mal que l'opium n'en a jamais fait chez les Chinois. »

L'étude expérimentale de la fumée d'opium vient confirmer d'ailleurs les conclusions précédentes. C'est ce qui ressort de travaux récents de M. Moissan[1] et de MM. Grehant et Ernest Martin[2]. Il résulte en particulier du travail de M. Moissan que l'on doit considérer chez les fumeurs d'opium deux cas bien distincts : lorsque l'opium ou chandoo est pur et de bonne qualité, la fumée n'apporte aux poumons qu'une très petite dose de morphine et ne produit pas d'accidents sérieux ; lorsque au contraire, on ne fume que de l'opium falsifié contenant des produits pyridiques et dont la décomposition ne se fait pas au-dessous de 300°, la fumée apporte aux poumons en plus de la morphine, des substances toxiques qui la rendent d'un usage pernicieux. On peut comparer avec M. Moissan, « cette double action à l'alcoolisme produit dans un cas par l'ingestion répétée d'une petite quantité d'alcool de bonne qualité et, dans l'autre, à l'état misérable auquel succombe l'homme adonné à l'absinthe ».

LE PAVOT NOIR — *PAPAVER SOMNIFERUM NIGRUM*

Caractères. — Le Pavot noir ressemble beaucoup à l'espèce précédente, dont il ne diffère que par quelques caractères seulement. Sa taille est moins haute et ne dépasse jamais un mètre à 1ᵐ, 20 ; les feuilles sont d'un vert plus tranché et les fleurs sont rouge violet assez pâle avec une tache noire à la base des pétales. Les capsules sont plus petites, arrondies et surmontées par un large disque rayonné représentant styles et stigmates. Lorsque la capsule est parvenue à maturité il se produit sous le plateau stigmatique, entre les cloisons placentaires, de petites ouvertures qui laisseront

(1) Moissan, *Étude chimique de la fumée d'opium.* Comptes rendus de l'Acad. des sciences, séance du 12 décembre 1892.

(2) Grehant et Ern. Martin, *Recherches physiologiques sur la fumée d'opium. Comptes rendus l'Acad. des sciences,* séance du 12 décembre 1892.

sortir les graines. Les capsules de Pavot noir (fig. 168) se distinguent donc par leur déhiscence de celles indéhiscentes du Pavot blanc. Les graines, petites et réniformes, sont de couleur noire et non blanche.

Usages. — Tous les Pavots ont, avons-nous vu, les graines oléagineuses, mais ce sont les graines de Pavot noir que préfère l'industrie pour l'extraction d'une huile fort estimée sous le nom d'*huile d'œillette*. Dans ce but industriel, on cultive le Pavot noir en Allemagne, en Belgique et dans le nord de la France, où cette culture est une source de richesse pour tous les départements où elle existe, d'autant plus que lorsqu'on a extrait l'huile des graines par l'expression, il reste encore un tourteau très précieux pour l'engraissement du bétail.

L'huile d'œillette que l'on fabrique ainsi est d'une belle couleur jaune clair. On lui attribuait autrefois, à cause de son origine, des propriétés narcotiques ; aussi proscrivait-on sévèrement tout emploi de cette huile pour la falsification de l'huile d'olive ; il n'en est rien et l'huile d'œillette est parfaitement comestible. S'il est répréhensible de la mélanger à l'huile d'olive, c'est uniquement parce que dans ce cas, il y a tromperie sur la marchandise vendue, par suite de la substitution d'un produit moins cher à un produit plus coûteux. A condition d'être vendue sous son nom, l'huile d'œillette, joue un grand rôle dans le commerce de l'épicerie ; elle se prête parfaitement bien à tous les usages culinaires et, au point de vue de l'hygiène, elle est tout aussi bonne que l'huile d'olive et a le grand avantage d'être d'un prix moins élevé ; quand au goût, c'est là une affaire d'appréciation personnelle.

Si, au point de vue alimentaire, la substitution de l'huile d'œillette à l'huile d'olive n'a d'inconvénients que pour la bourse du consommateur, il n'en serait pas de même si on voulait en faire usage pour la confection de savons ou d'emplâtres. L'huile d'œillette est siccative c'est-à-dire s'épaissit et se durcit à l'air au lieu de rancir. Aussi les savons fabriqués au moyen de cette huile sont mous et siccatifs.

Elle est au contraire excellente pour la peinture en sa qualité d'huile siccative.

LE PAVOT DE TOURNEFORT ou PAVOT D'ORIENT *PAPAVER ORIENTALE*

Tournefort (1), décrit une espèce de Pavot

(1) Tournefort, *Voyage du Levant*, t. II, p. 727.

qu'il a observé aux environs d'Erzeroum en Arménie.

« Les Turcs et les Arméniens, dit-il, l'appellent *aphion*, de même que l'opium commun. Cependant ils ne tirent pas d'opium de l'espèce dont nous parlons, mais par ragoût ils en mangent les têtes encore vertes, quoiqu'elles soient fort âcres et d'un goût brûlant. Cette belle espèce se plaît fort au Jardin du Roy et même en Hollande où nous l'avons communiquée à nos amis. »

Depuis Tournefort, le Pavot d'Orient fait encore l'ornement de nos jardins. C'est une superbe plante vivace qui croît en touffes de 1 mètre de haut. Les fleurs, qui se développent vers mai-juin, sont trois à quatre fois plus grandes que celles des Coquelicots et colorées en rouge orangé très vif.

Le PAVOT A BRACTÉES (*Papaver bracteatum*), également vivace, ne se distingue guère de l'espèce précédente que par la présence de petites feuilles ou bractées sur le pédoncule floral au-dessous du calice. Les fleurs sont peut-être plus grandes encore, d'un rouge vif, d'un coloris plus riche encore si possible.

LES CHÉLIDOINES — *CHELIDONIUM*

Étymologie. — Du grec *chelidon*, hirondelle, la plante fleurit lorsque reviennent les hirondelles.

Caractères. — Le genre *Chelidonium* est caractérisé par sa fleur formée d'un calice à 2 sépales caducs de très bonne heure, d'une corolle de 4 pétales en croix, également caducs, d'un très grand nombre d'étamines hypogynes indépendantes et d'un pistil provenant de la soudure de deux carpelles. L'ovaire unique, à une seule loge, présente donc 2 placentas latéraux sur lesquels sont insérés de nombreux ovules et surmonté d'un style très court et d'un stigmate bilabié. Le fruit (fig. 172 et 173) est une silique, s'ouvrant par 2 valves, s'écartant de bas en haut et laissant entre elles un cadre portant les graines. La silique de la Chélidoine se distingue de celles des Crucifères et du *Glaucium* par l'absence d'une fausse cloison tendue entre les placentas et divisant en deux loges la cavité de l'ovaire. Les graines sont munies d'une strophiole.

Distribution géographique. — Toutes les plantes rapportées au genre *Chelidonium* appartiennent à la même espèce, qui habite les régions tempérées de l'hémisphère nord, en Europe, en Asie et dans l'Amérique septentrionale.

LA GRANDE CHÉLIDOINE — *CHELIDONIUM MAJUS*

Noms vulgaires. — Éclaire; Grande Éclaire; Herbe aux verrues ; Herbe de l'hirondelle, etc.

Caractères. — La grande Chélidoine (fig. 171) est une herbe vivace par un rhizome souterrain et à tige dressée, d'où il s'écoule, à la moindre blessure, un abondant latex coloré en jaune. Ses feuilles glauques par-dessus sont découpées en 5 ou 7 lobes profonds et arrondis à la manière de celles du Chêne. Les fleurs, disposées en cymes pauciflores qu'on prendrait presque pour des ombelles, sont jaunes et ont une corolle formée de 4 pétales disposés en croix, de telle façon que si on ne fait pas attention aux nombreuses étamines, on pourrait croire, à première vue, à une fleur de Crucifère.

Distribution géographique. — La Chélidoine est également répandue en France au nord et au midi; elle croît surtout à l'ombre des vieux murs, dans les ruines, dans les décombres, où son triste et sombre feuillage est en parfaite harmonie avec les objets qui l'entourent. Elle fleurit au printemps, lorsque reviennent les hirondelles, et c'est lorsqu'elles s'en vont que les fleurs se fanent.

Usages. — Le suc jaune, qui s'écoule de la tige de la plante, lorsqu'on la cueille, laisse sur les mains des taches qui teignent la peau en jaune à peu près comme l'acide nitrique, et sont fort difficiles à enlever; il est même corrosif : de là son emploi dans les campagnes pour brûler et faire disparaître les verrues. Le nom d'*Éclaire* vient à la plante de ce que le latex a été usité autrefois pour détruire les taies qui se forment sur les yeux. D'après Pline, cette propriété aurait été découverte, en observant que les hirondelles se servent du suc de la Chélidoine pour guérir les yeux de leurs petits. On a attribué à cette plante le pouvoir de guérir la jaunisse ; cette opinion fantaisiste semble ne reposer que sur un rapprochement de la coloration jaune de la peau dans cette maladie avec la couleur du latex.

On a signalé dans la Chélidoine la présence de deux alcaloïdes, la *chélérythrine*, abondante surtout dans le rhizome et dans les fruits verts, et la *chéloxanthine*. On trouve aussi de l'*acide chélidonique*.

Fig. 172. Fig. 171. Fig. 173.

Fig. 171. — Rameau avec fruits et fleurs.
Fig. 172. — Fruit grossi.

Fig. 173. — Le même en train de s'ouvrir.

Fig. 171 à 173. — La Chélidoine (*Chelidonium majus*).

LES GLAUCIÈRES — *GLAUCIUM*

Caractères. — Les Glaucières sont des plantes herbacées, à feuilles alternes, lobées et disséquées, produisant un suc coloré.

Les plantes dont A.-L. de Jussieu a formé le genre *Glaucium* ne se distinguent des *Chelidonium*, auxquels on les rapportait auparavant, que par quelques caractères tirés du pistil, du fruit et de la graine. Le style présente des lobes stigmatiques bien développés qui persistent à l'extrémité du fruit, y formant une sorte de cupule quadrilobée. Le fruit est une silique s'ouvrant par deux valves du sommet à la base, laissant entre elles une fausse cloison spongieuse, tendue entre les deux placentas et à l'intérieur de laquelle sont logées les graines. Celles-ci sont dépourvues de strophiole.

Distribution géographique. — On en connaît 9 espèces en Europe, Asie occidentale et Afrique boréale. Ce genre ne pénètre point en Amérique comme la Chélidoine.

LA GLAUCIÈRE JAUNE — *GLAUCIUM FLAVUM*

Nom vulgaire. — Pavot cornu.

Caractères. — La Glaucière jaune a tout à fait le port d'un Pavot, mais s'en distingue principalement par la couleur jaune de ses corolles et par la forme de son fruit. C'est une plante herbacée, haute de 35 à 50 centimètres, à tige glauque ainsi que les feuilles grandes et un peu charnues. Les feuilles inférieures sont allongées, pinnatifides, dentées et rétrécies en pétiole à la base; celles de la partie supérieure de la tige sont amplexicaules et simplement sinuées sur les bords. La plante fleurit en été et donne de belles et grandes fleurs de 30 à 35 centimètres de diamètre, d'une superbe couleur jaune d'or. A ces fleurs succèdent des siliques linéaires de 16 centimètres de long environ, rudes au toucher, terminées par un stigmate épais et glanduleux. Ces fruits sont arqués en forme de corne, ce qui a valu à la plante le nom de *Pavot cornu*.

Distribution géographique. — La Glaucière jaune croît dans les lieux arides et sablonneux des rivages de la mer, des lacs et des fleuves, dans l'Europe moyenne et méridionale. On la trouve presque spontanément dans le voisinage des habitations.

Usages. — Son suc jaune, âcre et vénéneux, a une odeur pareille à celle du Pavot. On l'utilise dans les campagnes pour le pansement des ulcères des bêtes à cornes. Les graines contiennent de l'huile presque complètement dépourvue d'âcreté, ce qui a conduit à penser que la culture du Pavot cornu pourrait rendre

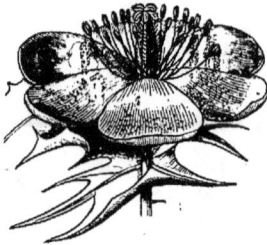

Fig. 174.

Fig. 174. — Fleur ouverte.

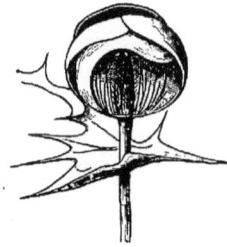

Fig. 175.

Fig. 175. — La même fermée.

Fig. 174 et 175. — Argemone du Mexique (*Argemone mexicana*).

quelque service à l'industrie. D'après M. Probst, la racine contient les deux mêmes alcaloïdes dont il a constaté·la présence dans la Chélidoine.

La GLAUCIÈRE CORNICULÉE (*Glaucium corniculatum*), qu'on ne trouve que dans les contrées méridionales, a des fleurs plus petites, d'un beau rouge écarlate. Les siliques sont couvertes de poils, ainsi que toute la plante d'ailleurs.

LA SANGUINAIRE DU CANADA — *SANGUINARIA CANADENSIS*

Caractères. — La Sanguinaire est une plante vivace par un rhizome souterrain de couleur rouge sanguin; il en sort une tige aérienne portant une seule feuille, et terminée par une fleur solitaire. La feuille, portée à l'extrémité d'un long pétiole, est arrondie, échancrée en cœur à la base et incisée sur son pourtour; la face supérieure est verte, la face inférieure blanc bleuâtre avec des veines rouges.

Les fleurs sont de couleur blanche; elles se composent d'un calice à 2 folioles, de 8 à 12 pétales, de 24 étamines environ et de 2 carpelles soudés pour former un ovaire uniloculaire à placentas pariétaux proéminents, et couronné d'un double stigmate persistant. Le fruit est une capsule linéaire, siliquiforme, s'ouvrant par valves, comme chez la Chélidoine, et mettant en liberté des graines rouges, munies d'une strophiole.

Distribution géographique. — Au genre *Sanguinaria* appartient une seule espèce, la Sanguinaire du Canada, très répandue dans l'Amérique du Nord depuis le Canada et la Floride, où elle fait l'ornement des bois.

Usages. — Toutes les parties de la plante produisent un suc rouge d'une saveur âcre et brûlante. Le rhizome, *puccoon* des Indiens,

jouit de propriétés émétiques, que l'on utilise par son emploi en infusion et en décoction, en pilules et en poudres à haute dose. C'est un poison narcotique et dangereux; à faible dose, il passe pour tonique et stimulant. On en a extrait un alcaloïde connu d'abord sous le nom de *sanguinarine*, et qu'on a démontré depuis être identique à la *chélérythrine* de la Chélidoine.

LES ARGÉMONES — *ARGEMONE*

Caractères. — Les Argémones sont des herbes annuelles à suc jaunâtre, portant des feuilles pinnatifides, sinuées et dentées, glauques et glabres, marbrées de taches blanches. Les feuilles de la partie inférieure de la tige sont pétiolées; celles du sommet sessiles et amplexicaules. De grandes fleurs solitaires, jaunes et blanches, sont portées à l'extrémité de courts pédoncules terminaux et dressés.

Ces fleurs, ordinairement trimères, ressemblent beaucoup par leur organisation à celles des Pavots, dont elles se distinguent surtout par le nombre des carpelles, qui est de 3 ou 6. Le fruit est une capsule allongée à une seule loge déhiscente au sommet par des valves triangulaires, en même nombre que les carpelles qui s'abaissent, laissant ainsi des orifices entre les placentas. Ceux-ci persistent et, réunis au sommet avec le style, forment une sorte de cage entre les barreaux de laquelle sortent les graines. La capsule, comme toute la plante d'ailleurs, est le plus souvent hérissée de soies rigides.

Distribution géographique. — Au genre *Argemone* appartiennent 6 à 7 espèces environ, qui habitent l'Amérique du Nord, en particulier dans les montagnes du Mexique; l'une d'entre

Fig. 176.

Fig. 177.

Fig. 176. — Fleur ouverte.

Fig. 177. — La même fermée.

Fig. 176 et 177. — Eschscholtzie de Californie (*Eschscholtzia Californica*).

elles est aujourd'hui répandue dans toutes les régions tropicales du globe.

Usages. — On cultive dans les jardins français comme plantes ornementales, plusieurs Argémones plus jolies par leur feuillage élégamment découpé, que par leurs fleurs, qui ont la grandeur de celles des Coquelicots et ne sont pas dépourvues d'agrément, mais sont malheureusement très passagères. On cultive de préférence les espèces suivantes : l'ARGÉMONE DU MEXIQUE (*Argemone mexicana*) (fig. 174 et 175) à fleurs jaunes, l'ARGÉMONE A FLEURS BLANCHES (*A. albiflora*), l'ARGÉMONE A GRANDES FLEURS (*A. grandiflora*), etc.

LES ESCHSCHOLTZIES — *ESCHSCHOLTZIA*

Étymologie. — Le genre *Eschscholtzia* a été établi par Chamisso en l'honneur du botaniste Eschscholtz, son compagnon de voyage pendant la circumnavigation de Rumjacuzoff (mort en 1815).

Caractères. — Les Eschscholtzies sont des herbes glabres, à feuilles alternes multiséquées, à fleurs terminales, portées à l'extrémité de longs pédoncules.

Elles se distinguent surtout des autres Papavéracées par un réceptacle creusé en forme de cône, au fond duquel se trouve placé le gynécée, et par l'insertion périgynique sur les bords de cône, du périanthe et des étamines.

Le calice est formé de pétales concrescents dans toute leur longueur et se détache circulairement à la base, en une seule pièce, à la façon d'un éteignoir. Les pétales sont au nombre de 4, les étamines indéfinies. Le pistil est formé par un ovaire à une seule loge avec 2 placentas

pariétaux multiovulés, surmonté d'un style à 8 branches inégalement développées et dont 2 sont dans le prolongement des lignes placentaires. Le fruit est une capsule sèche, déhiscente jusqu'à sa base, en 2 valves dont les bords portent les graines.

Distribution géographique. — Les 15 espèces habitent toutes la partie occidentale de l'Amérique du Nord. La première espèce connue, *Eschscholtzia californica*, fut découverte par Chamisso sur la rive sablonneuse de la baie de San Francisco en Californie.

Usages. — Plusieurs de ces plantes sont cultivées dans nos serres et même dans les jardins en plein air comme plantes ornementales : Citons par exemple *E. californica*, à grandes fleurs jaune d'or, de la taille de celles d'un petit Pavot, plante haute de 40 à 50 centimètres, et *E. tenuifolia*, à feuilles menues, plus petite de moitié. La floraison a lieu en été et dure un mois, de juin à juillet.

Les fleurs d'*E. californica* sont curieuses à observer car elles s'ouvrent le jour et se ferment la nuit d'une façon singulière. Le jour (fig. 176) les 4 pétales dorés sont étalés ; lorsque vient le soir ou dans le jour par un temps de pluie ils s'enroulent sur eux-mêmes (fig. 177) et se présentent alors sous la forme de 4 cornets dressés l'ouverture en bas, la pointe en haut.

Cette disposition est en rapport avec la protection du pollen contre l'humidité : lorsque la fleur est ouverte, les grains polliniques qui s'échappent des anthères tombent sur la face supérieure concave des pétales ; lorsque la fleur doit se fermer, ceux-ci n'ont plus besoin de se recourber au-dessus des étamines vides alors de pollen, mais s'enroulent de façon à assurer la conservation du pollen qu'elles ont recueilli.

LES FUMARIACÉES — *FUMARIACEÆ*

Caractères. — Les Fumariacées sont des plantes herbacées, vivaces ou annuelles ; à feuilles alternes, dépourvues de stipules, très profondément découpées ; à fleurs rarement solitaires, plus fréquemment disposées en grappes.

Ces fleurs sont irrégulières : le calice est formé de 2 sépales très petits, caducs, souvent dentés ; la corolle de 4 pétales disposés en 2 verticilles dissemblables ; les pétales extern es sont tous deux dilatés à la base, en forme de sac chez les fleurs de Dicentre ; chez celles de Fumeterre et de Corydale, un seul de ces pétales externes est prolongé par un long éperon. Les étamines sont en nombre défini : il y en a 6 chez les Fumeterres, les Corydales et les Dicentres, disposées en 2 faisceaux de 3 étamines plus ou moins soudées par les filets, placés vis-à-vis des pétales externes. De ces 3 étamines, la médiane a une anthère à 2 loges, les 2 latérales une anthère à une loge seulement. On peut trouver l'explication de ce fait en considérant ce qui se passe dans le genre Hypécon (*Hypecoum*), où il y a 4 étamines à 2 loges chacune, dont 2 médianes et 2 dans le plan antéro-postérieur. On peut passer de l'androcée des Hypécons à celui des Fumeterres en supposant que les deux étamines opposées aux pétales internes se sont dédoublées et que chaque moitié se séparant de l'autre est venue se souder à l'étamine voisine de façon à former en face de chaque pétale extérieur le faisceau de 3 étamines dont une à 2 loges et 2 à une seule qui a été décrit plus haut.

Périanthe et étamines sont insérés hypogyniquement sur un petit réceptacle convexe qui porte à son sommet le gynécée formé de 2 carpelles soudés en un ovaire unique dont les placentas pariétaux portent de nombreux ovules, sauf chez les Fumeterres où l'ovaire est uniovulé, avec un style filiforme se terminant par un stigmate bilabié. Le fruit est sec, tantôt monosperme et indéhiscent, tantôt polysperme, en forme de silique déhiscente par 2 valves. Les graines globuleuses contiennent un abondant albumen charnu et un très petit embryon.

Distribution géographique. — Les Fumariacées, dont on connaît 7 genres et 130 espèces environ, habitent les régions tempérées de l'hémisphère boréal et en particulier la région méditerranéenne. On a rencontré un *Fumaria* au sud de l'Afrique, mais la famille n'a pas encore de représentants connus sous les tropiques.

Affinités. — Les Fumariacées se rattachent très étroitement aux Papavéracées dont elles ne se distinguent guère que par l'irrégularité de leurs fleurs et le nombre défini des étamines ainsi que par l'absence de latex et de cellules laticifères. Aussi plusieurs auteurs ramènent-ils les Fumariacées au rang de simple série ou tribu des Papavéracées. Par les fruits siliquiformes, certaines Fumariacées se rapprochent des Crucifères, dont elles n'ont pas les étamines tétradynames ; de plus les graines de Crucifères manquent d'albumen, alors que celles de Fumariacées en sont pourvues.

Propriétés. — **Usages.** — La plupart des Fumariacées contiennent dans leurs parties herbacées un suc âcre, aqueux et non laiteux comme celui des Papavéracées qui leur donne des propriétés toniques et dépuratives.

Plusieurs Fumariacées, indigènes et exotiques, figurent parmi les plantes cultivées dans les jardins comme plantes ornementales.

LES FUMETERRES — *FUMARIA*

Étymologie. — De *fumus*, fumée. — Ce nom vient de ce que la plante répand une odeur de suie et de fumée. Théophraste lui donne le nom de *capnos*, qui a la même signification en grec. D'après quelques auteurs, l'origine du nom *Fumaria* serait que le suc de la plante introduit dans l'œil, y produirait une sensation analogue au picotement qu'y produit la fumée.

Caractères. — Les Fumeterres sont des plantes herbacées, annuelles pour la plupart, à tige grêle et rameuse, souvent grimpante. Les feuilles alternes sont très découpées en segments nombreux et étroits ; les fleurs petites et irrégulières sont disposées en grappes simples. Le calice est formé de 2 petites folioles latérales : des 4 pétales de la corolle, les 2 externes sont, l'un prolongé par un éperon ou une gibbosité au-dessus de sa base, l'autre, situé vis-à-vis, plus court et rétréci brusquement en un onglet à sa partie inférieure ; les 2 pétales latéraux sont plus petits que les précédents. L'androcée se compose de 2 paquets staminaux

Fig. 178. — Fumeterre officinale (*Fumaria officinalis*).

Fig. 179. — Corydale jaune (*Corydalis luteum*).

insérés en face des pétales externes et composés chacun de 3 étamines soudées par leurs filets sur une longueur plus ou moins grande et se terminant par 3 anthères dont la médiane est à 2 loges et les 2 latérales à une seule. Du côté du pétale gibbeux, la base de l'androcée présente un prolongement décurrent, glanduleux, en forme d'éperon, qui pénètre dans la cavité du pétale. Les 2 carpelles du gynécée se soudent pour donner naissance à un ovaire à une seule loge avec 2 placentas pariétaux, dont un est stérile et l'autre ne porte qu'un seul ovule. Le fruit, indéhiscent et monosperme, est une petite drupe sèche.

Distribution géographique. — Au genre Fumeterre appartiennent une dizaine d'espèces environ qui croissent en Europe et dans l'Asie centrale ; une seule espèce pénètre en Amérique.

LA FUMETERRE OFFICINALE — *FUMARIA OFFICINALIS*

Nom vulgaire — Fiel de terre.

Caractères. — La Fumeterre officinale (fig. 178), est une plante herbacée de 2 à 8 centimètres

de haut, à racine fusiforme et menue, à tige grêle et très rameuse, à feuilles glabres d'un vert glauque ou cendré, très découpées en de nombreux petits segments en forme de coin et dentés à leur sommet. Au printemps et à l'été, du mois de mai au mois d'octobre environ, la plante se couvre de grappes terminales assez lâches, de petites fleurs d'un blanc rougeâtre tacheté de pourpre au sommet, auxquelles succèdent de petits fruits globuleux secs ne contenant qu'une seule graine.

La plante est inodore, mais répand quand on l'écrase une odeur herbacée assez prononcée : toutes les parties en ont une saveur très désagréable qui lui ont fait donner le nom de *Fiel de terre.*

Distribution géographique. — La Fumeterre est aujourd'hui répandue dans les régions tempérées de presque toutes les parties du monde ; elle semble originaire de l'Orient. Au temps de Conrad Gesner (mort en 1565), elle était très rare en Europe ; aujourd'hui elle y est au contraire très commune et croît spontanément dans les champs, dans les jardins et tous les lieux cultivés. Aussi ne la cultive-t-on pas; c'est même pour les cultivateurs une plante incommode, qui envahit tout et qu'ils cherchent à détruire par tous les moyens.

Usages. — La Fumeterre officinale produit un suc amer qui la fait employer comme stomachique et dépurative. On la fait parfois bouillir dans de l'eau ou dans du lait pour préparer une tisane, mais on l'administre plus souvent sous forme de suc ou de sirop contre le scorbut, les maladies chroniques de la peau, les dartres, la gale, etc. Elle entre dans la composition du vin antiscorbutique.

LES CORYDALES — *CORYDALIS*

Caractères. — Les Corydales (fig. 179) ont le même port que les Fumeterres, dont ils ont aussi les caractères floraux pour le périanthe et l'androcée. Les deux genres *Corydalis* et *Fumaria* se distinguent principalement par l'ovaire dont les deux placentas portent des ovules chez le premier, alors que chez le second un des placentas est stérile et que sur l'autre est inséré un seul ovule. Le fruit sec des Corydales est polysperme, et les graines qu'ils contient sont munies d'une crête arillaire, qui fait défaut à celles des *Fumaria*.

Distribution géographique. — On a décrit jusqu'à une centaine d'espèces du genre *Corydalis*, réparties en Europe, en Asie, dans l'Afrique extra-tropicale et dans l'Amérique du Nord.

Propriétés. — **Usages.** — Les Corydales jouissent des mêmes propriétés que les Fumeterres et passent pour antiscrofuleuses, antidartreuses et antiscorbutiques. On emploie par exemple comme telles la Corydale glauque (*C. glauca*), des États-Unis, et la Corydale à fleurs jaunes (*C. capnoïdes*), de la région méditerranéenne. Un certain nombre d'espèces, en particulier la Corydale tubéreuse (*C. tuberosa*) et la Corydale bulbeuse (*C. bulbosa*), ont une racine tubéreuse renfermant des sucs, d'où l'on a retiré un alcaloïde particulier, la *corydaline*.

On cultive dans les jardins comme plantes d'ornement plusieurs Corydales et plusieurs Fumeterres qui forment de jolies touffes au feuillage glauque et élégamment découpé, au milieu duquel les fleurs, assez insignifiantes considérées isolément, forment de jolies grappes. Au point de vue de l'horticulture, on n'attache aucune importance à distinguer les Fumeterres des Corydales, qui peuvent être facilement confondues lorsqu'il ne s'agit que de qualités décoratives. Les espèces les plus communément employées dans les jardins sont :

La CORYDALE JAUNE (*C. lutea*), indigène, en touffes compactes de 25 centimètres de haut, au feuillage vert tendre, portant de mai à septembre de petites fleurs d'un beau jaune (fig. 179);

La CORYDALE BULBEUSE (*C. bulbosa*), de 15 centimètres au plus et à nombreuses fleurs purpurines ;

La CORYDALE TUBÉREUSE (*C. tuberosa*), qui ressemble beaucoup à la précédente, sauf que les fleurs en sont blanches; ces deux espèces fleurissent de très bonne heure, dès les mois de mars ou d'avril.

Signalons enfin à côté de toutes ces espèces indigènes, la CORYDALE DE CHINE (*C. nobilis*), originaire de l'Asie septentrionale et très rustique dans nos climats; ses fleurs, qui sont jaunes, se montrent dès les premiers jours du printemps.

LES DICENTRES — *DICENTRA*

Synonymie. — *Diclytra* et, par corruption, *Dielytra*.

Caractères. — Les Dicentres, plantes herbacées vivaces, parfois grimpantes, ont des fleurs disposées en grappes qui diffèrent de celles des Fumeterres et des Corydales, principalement par la forme de la corolle. Les pétales extérieurs, alternant avec les sépales, sont tous deux dilatés au-dessus de leur base en forme de sac, tandis que les deux pétales intérieurs sont plus étroits, onguiculés et cohérents par leurs sommets. L'androcée est celui des *Fumaria* et des *Corydalis*. Le pistil comprend un ovaire uniloculaire, dont les deux placentas portent de nombreux ovules, surmontés par un style et un stigmate bi ou quadrilobé. Le fruit sec, et aplati de façon à approcher les deux placentas l'un de l'autre, est déhiscent par deux valves; les graines sont pourvues ou non d'une crête arillaire comme celle des *Corydalis*.

Distribution géographique. — On connaît une douzaine d'espèces environ de Dicentres, dont la moitié habite l'Amérique du Nord et l'autre moitié les régions tempérées de l'Asie. .

Propriétés. — **Usages.** — Plusieurs espèces de *Dicentra* sont employées comme plantes d'ornement et cultivées comme telles dans nos jardins. De toutes, la plus recommandable à ce

Fig. 180. — Dicentre de la Chine (*Dicentra spectabilis*).

point de vue est la DICENTRE DE LA CHINE) *Dicen-tra spectabilis, Diclytra spectabilis*), bien connue sous les noms de *Cœur de Jeannette* et *Cœur de Marie* (fig. 180). C'est une superbe plante vivace originaire de la Chine, formant des touffes de 60 à 75 centimètres de haut et au feuillage très élégamment découpé. Vers le mois de mai apparaissent de longues grappes pendantes de fleurs, dont la taille dépasse celle de toutes les autres Fumariacées et de forme charmante, mais si étrange que ne les connaissant d'abord en Europe que par des peintures, on a cru pendant longtemps que les Chinois les avaient tirées de leur imagination. La forme générale rappelle assez celle d'un cœur, rose carmin à l'extérieur, s'ouvrant par le bas pour laisser apparaître un joli centre blanc. Après avoir fleuri au printemps, la plante peut donner une deuxième floraison à l'automne. Le Cœur de Jeannette est une des plus jolies plantes vivaces de jardin connues.

LES HYPÉCONS. — *HYPECOUM*

Caractères. — Les Hypécons sont des herbes annuelles glauques, à feuilles très découpées en segments linéaires; les fleurs ordinairement isolées sont parfois disposées au milieu d'une grappe de feuilles.

Le calice se compose de deux petits sépales; la corolle, de quatre pétales disposés par paires; les deux extérieurs sont légèrement concaves; les deux plus intérieurs, placés en face des sépales, sont ordinairement trilobés. L'androcée ne comprend que quatre étamines; les Hypecons reproduisent donc, dans la famille des Fumariacées, le type à androcée régulier. Le pistil se compose d'un ovaire allongé à une seule loge se terminant par un style à deux branches stigmatifères superposées aux pétales extérieurs. Les ovules sont nombreux. Le fruit est une capsule sèche qui se divise en plusieurs logettes par des cloisons transversales apparaissant entre chaque graine et décomposant ainsi la cavité unique en un grand nombre de compartiments monospermes superposés.

Distribution géographique. — On connaît aujourd'hui 7 espèces du genre *Hypecoum*, réparties en Europe et en Afrique dans la région méditerranéenne et aussi dans l'Asie tempérée. Le genre n'a pas de représentants dans la flore française.

Caractères biologiques. — La pollinisation s'effectue chez ces plantes d'une façon très intéressante : elle peut avoir lieu par l'intermédiaire des insectes ou directement par autogamie. Ce transport direct du pollen des étamines sur les stigmates de la même fleur est possible grâce à une disposition particulière des fleurs. C'est ce que représente la série des figures 181 à 187 pour l'Hypécon à grandes fleurs (*Hypecoum grandiflorum*).

Chez cette espèce la fleur (fig. 181 et 182)

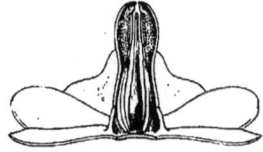

Fig. 181.   Fig. 182.   Fig. 183.

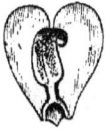

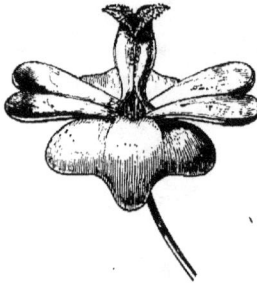

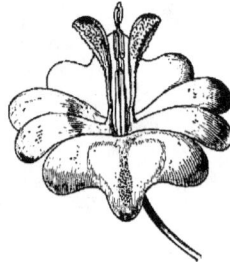

Fig. 186.   Fig. 184.   Fig. 185.   Fig. 187.

Fig. 181. — Fleur fermée, de grandeur naturelle.
Fig. 182. — La même grossie.
Fig. 183. — Coupe longitudinale de la fleur (premier stade).

Fig. 184. — Fleur ouverte dont les deux lèvres des pétales intérieurs se chargent de pollen.
Fig. 185. — La même fleur un peu plus tard.
Fig. 186. — Un des deux pétales.
Fig. 187. — Fleur fermée, à son dernier stade.

Fig. 181 à 187. — *Hypecoum grandiflorum* (fécondation).

se compose de deux très petits sépales et de quatre pétales dressés verticalement lorsque la fleur est encore fermée. Les deux pétales externes sont légèrement concaves; les pétales intérieurs sont profondément divisés en 3 lobes (fig. 186) et lorsque la fleur s'épanouit (fig. 183) le lobe médian reste dressé le long des étamines pendant que le reste des pétales internes se dispose horizontalement comme les pétales extérieurs. Lorsque les étamines sont mûres et mettent leur pollen en liberté, celui-ci est recueilli par ces deux lobes médians dressés qui ont quelque peu la forme de cuillers. Puis ces languettes s'écartent un peu des étamines (fig. 184) tout en restant chargées de pollen sur leur face interne et se recourbent légèrement sur elles-mêmes (fig. 186) de telle façon que la face interne, chargée de pollen, devient convexe supérieurement et se tourne vers l'extérieur (fig. 185). A ce moment les insectes qui viennent butiner sur la fleur, peuvent se charger de ce pollen en frôlant les organes qui l'ont recueilli et aller le déposer sur les stigmates mûrs de fleurs plus âgées. Les stigmates en effet à cette époque de la floraison ne sont pas encore prêts à être fécondés et se tiennent dressés l'un à côté de l'autre (fig. 185). Cependant il peut y avoir autogamie c'est-à-dire fécondation directe dans la fleur : les stigmates ne tardent pas en effet à se développer, à se recourber et à devenir susceptibles de recevoir le pollen qui se trouve encore sur les lobes médians des pétales internes. Mais comme les stigmates sont disposés en face des pétales extérieurs, le dépôt du pollen ne peut être réalisé que grâce à un artifice particulier. Lorsque vient le soir en effet, la fleur se ferme : les quatre pétales se redressent et dans ce mouvement, le pollen est recueilli par les pétales extérieurs qui sont, on le voit, légèrement concaves. La figure 185 montre ces pétales ayant déjà recueilli un peu de poussière fécondante avant que les stigmates aient achevé leur évolution. Supposons maintenant que les stigmates aient mûri et se soient recourbés : lorsque la fleur se refermera le soir suivant, le pollen contenu dans les pétales extérieurs viendra lors du redressement de ceux-ci au contact des stigmates tournés vers eux (fig. 187), et la fécondation directe de la fleur sera par là réalisée.

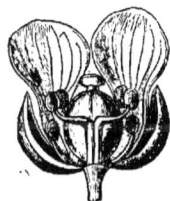

Fig. 189.

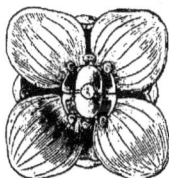

Fig. 188.

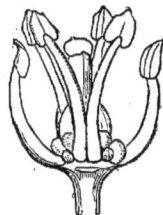

Fig. 190.

Fig. 193.

Fig. 191.

Fig. 192.

Fig. 188 et 189. — Fleur de *Kernera saxatilis*.
Fig. 190. — Androcée des Crucifères.
Fig. 191. — Pistil grossi de Giroflée.

Fig. 192. — Silicule de Bourse à pasteur.
Fig. 193. — Déhiscence des siliques.

Fig. 188 à 193. — Organisation de la fleur des Crucifères.

LES CRUCIFÈRES — *CRUCIFERÆ*

Étymologie. — La famille doit son nom à ce que les fleurs ont une corolle à 4 pétales disposés en croix.

Caractères. — Les Crucifères forment une des familles les plus naturelles du règne végétal. C'est ce que l'on peut appeler une famille *homogène* ou *monotype*, et l'on peut dire qu'à la rigueur, il suffit de connaître l'organisation d'une d'entre elles pour les connaître toutes. Suivant une heureuse expression, la famille des Crucifères est moins une famille « qu'un grand genre ».

Les Crucifères sont des plantes annuelles ou vivaces, herbacées pour la plupart (beaucoup plus rarement des sous-arbrisseaux), produisant un suc aqueux, souvent fort âcre, couvertes souvent de poils simples ou étoilés. Les tiges arrondies ou anguleuses portent des feuilles simples presque toujours alternes, entières, lobées ou découpées ; toujours dépourvues de stipules. Les fleurs, rarement solitaires, sont le plus souvent disposées en grappes simples, terminales ou axillaires. Les couleurs les plus fréquentes pour les corolles sont le blanc, le jaune et le pourpre ; beaucoup plus rarement le bleu et le rose.

Ces fleurs sont hermaphrodites et régulières : 4 sépales, ordinairement dressés ; forment le calice ; les 2 latéraux sont dilatés souvent à la base en forme de sac. La corolle est formée de 4 pétales, alternant avec les pièces du calice, composés chacun d'un onglet dressé et d'un limbe étalé, si bien que les 4 limbes des pétales de la corolle s'étalent en forme de croix, disposition qui a valu à cette corolle le nom de corolle *cruciforme* et aux plantes qui composent la famille le nom de *Crucifères*.

Sur le réceptacle, de forme toujours convexe (sauf chez le seul genre exotique *Subularia*), sont des nectaires, dont la forme et la disposition sont assez variables. L'androcée est formé par 6 étamines de taille inégale. Deux plus courtes sont insérées en face des sépales latéraux, les 4 autres plus longues sont disposées par paire, 2 en face du sépale antérieur, 2 en face du sépale postérieur. L'androcée des Crucifères est donc *tétradyname*; les filets sont libres et se terminent par des anthères biloculaires introrses.

Le pistil comprend 2 carpelles latéraux ordinairement sessiles, soudés de façon à donner naissance à un ovaire primitivement uniloculaire avec 2 placentas pariétaux, mais bientôt divisé en 2 loges par la production d'une fausse cloison longitudinale qui réunit les 2 placentas. L'ovaire est surmonté par un style simple et court, terminé par 2 stigmates superposés aux placentas. Les nombreux ovules campylotropes sont disposés sur 4 rangées, 2 de chaque côté de la cloison.

Le fruit, qui succède au pistil après la floraison est un fruit sec, dont la cavité interne est divisée en 2 compartiments par la cloison médiane et qui s'ouvre par 4 fentes longitudinales, de telle façon que 2 valves s'écartent de bas en haut, à droite et à gauche, laissant entre elles une sorte de cadre formé par les placentas et la fausse cloison, sur les bords duquel sont attachées les graines en 4 rangées, 2 de chaque côté : ce fruit porte le nom de *silique*, lorsqu'il est beaucoup plus long que large et de *silicule*, lorsque la largeur égale presque la longueur : les silicules peuvent être globuleuses, ou aplaties soit parallèlement à la cloison, qui dans ce cas est large, soit perpendiculairement à la cloison, alors fort étroite. Les graines sont dépourvues d'albumen et renferment sous leurs téguments un embryon oléagineux courbé sur lui-même.

Les caractères que nous venons d'énumérer sont, sinon absolus, du moins très généraux et se retrouvent dans la presque totalité des Crucifères ; ils souffrent cependant quelques exceptions dont nous allons à présent indiquer les principales.

C'est ainsi que, par exemple, les feuilles, presque toujours alternes chez les Crucifères, sont opposées ou verticillées ternées chez quelques types, et en particulier certaines Cardamines.

La corolle peut manquer chez quelques espèces de Cardamine, Cresson ou Passerage et chez le *Cochlearia Armoracia*. Chez les *Iberis*, elle devient irrégulière, parce que les pétales antérieurs sont beaucoup plus développés que les deux autres. Seule de toutes les Crucifères, le *Megacarpœa polyandra*, plante de l'Himalaya, n'a pas un nombre défini d'étamines Ailleurs, il y a toujours 6 étamines tétradynames, sauf réduction par avortement : c'est ainsi que les petites étamines latérales disparaissent chez certaines Cardamines. Chez quelques Passerages, chaque paire de grandes étamines est remplacée par une seule étamine, et comme, d'autre part, chez certaines autres formes de Crucifères, les deux grandes paires d'étamines sont soudées à la base par leurs filets sur une longueur plus ou moins grande, on peut considérer les 4 grandes étamines disposées par paires comme formées par le dédoublement de 2 étamines, l'une antérieure et l'autre postérieure. A l'appui de cette hypothèse, on peut encore citer le cas de l'*Atelanthera*, Crucifère du Thibet dont chacune des 4 grandes étamines se termine par une anthère à *une seule loge*. Le nombre normal des carpelles est de deux, avons-nous vu ; il peut y en avoir quelquefois trois ou quatre avec autant de placentas comme chez certaines fleurs anomales de Chou ou de Cresson.

Le nombre des ovules se réduit quelquefois beaucoup et peut devenir égal à deux ou même à un seul.

Le fruit reste quelquefois indéhiscent, comme chez les Radis où la cavité interne se divise en plusieurs compartiments à une seule graine par des cloisons transversales ; chaque logette se sépare des autres et forme comme une sorte de petit akène. Lorsque le fruit est uniovulé comme chez les Pastels, il reste indéhiscent ; c'est un akène.

Les graines sont toujours exalbuminées ; celles de quelques Pastels cependant présentent exceptionnellement une mince couche d'albumen.

Distribution géographique. — Les Crucifères forment une très vaste famille, comprenant plus de 170 genres, dont on a décrit jusqu'à 2 200 espèces : Ce nombre a dû être considérablement réduit et il convient de n'en pas distinguer plus de 1 200 à 1 300. Elles habitent la surface du globe entier et atteignent jusqu'aux limites de végétation des Phanérogames dans les régions polaires et sur les plus hautes montagnes. Les régions dont la flore est la plus riche en Crucifères sont l'Europe méridionale et l'Asie-Mineure ; il y en a plus dans l'Ancien monde qu'en Amérique, qui ne possède guère qu'un peu plus du 1/10 des espèces connues. Les Crucifères deviennent moins nombreuses dans les régions tropicales, où le peu d'espèces qu'on y rencontre sont particulièrement propres aux montagnes élevées.

En France, on en connaît un grand nombre qui habitent les stations les plus diverses : les terres cultivées (*Iberis*, *Raphanus*, etc.), les lieux incultes et calcaires (*Sisymbrium*, etc.), les endroits sablonneux, les lieux frais et humides ou le voisinage de la mer. Certaines Crucifères sont plus ou moins aquatiques (*Cardamine*, *Nasturstium*) ; d'autres enfin croissent sur les Alpes et se retrouvent aux limites des neiges éternelles (*Draba*, *Arabis*, *Hutchinsia*, *Alyssum*, *Pterocallis*, etc.).

Distribution géologique. — Les Crucifères ne sont représentées à l'état fossile que par quelques fruits appartenant aux genres *Lepidium* et *Clypeola*, qu'on a retrouvés dans la couche à insectes du tertiaire d'OEningen.

Propriétés. — **Usages.** — La plupart des Crucifères fournissent dans leurs tissus une essence nitro-sulfurée, huile essentielle volatile très âcre. Cette essence ne préexiste pas dans la plante, mais sa production est due à la réaction d'un ferment sur un glycoside, localisés tous deux dans des cellules distinctes, et qui ne réagissent l'un sur l'autre que lorsqu'ils viennent en contact par le broyage des tissus. C'est ce qui ressort nettement de l'étude faite par M. Guignard sur cette question et dont nous exposerons plus loin les principaux résultats à propos de l'essence de moutarde. Un grand nombre de Crucifères possèpent des propriétés antiscorbutiques parfois très actives qui les font employer en médecine.

Beaucoup d'entre elles sont alimentaires comme par exemple, le Chou, le Radis, le Cresson de fontaine, etc.

D'autres servent dans l'industrie à fabriquer de l'huile (Colza, Navette) ou des matières colorantes (Pastel).

D'autres enfin sont ornementales et utilisées comme telles dans l'horticulture.

Nous insisterons sur ces diverses utilités des Crucifères, en en décrivant les principales espèces.

Affinités. — Les Crucifères se rattachent par plusieurs de leurs caractères aux Fumariacées et par elles aux Papaveracées ; elles s'en distinguent principalement par la tétradynamie de leurs étamines et par l'absence d'albumen à la graine.

Classification. — Les Crucifères forment, ainsi qu'il a déjà été dit, une famille très naturelle ; aussi est-il très difficile de les répartir en tribus d'une façon satisfaisante et toutes les classifications qu'on en a données sont forcément plus ou moins artificielles. Les caractères dont on a fait choix pour la distinction de plusieurs groupes parmi les Crucifères sont tirés de la forme du fruit et de sa déhiscence, ainsi que de la structure de l'embryon.

L'on sait en effet que le fruit de Crucifères peut être parfois indéhiscent ; d'autre part, nous avons appris à distinguer la silique de la silicule. La compression du fruit perpendiculairement à la cloison séparatrice, qui sera alors plus étroite que les valves, tandis qu'ailleurs elle est aussi large, fournira encore un caractère intéressant à considérer, de même que la disposition des graines à l'intérieur du fruit. De chaque côté de la cloison, les graines sont insérées sur les deux placentas en regard l'un de l'autre, mais la disposition peut être telle que les deux rangées de graines restent distinctes et que celles-ci sont alors nettement *bisériées* ; il peut arriver au contraire que la silique étant plus étroite les graines s'intercalent les unes entre les autres de façon à paraître disposées sur une seule ligne, les funicules s'insérant alternativement à droite et à gauche : on les dit alors *unisériées*.

Dans la graine, il y a lieu de considérer la disposition relative des cotylédons et de la radicule. Celle-ci en effet se recourbe de façon à s'appliquer, soit sur le bord ou la commissure des cotylédons, qui sont alors dits *accombants*, soit au contraire sur le dos d'un des cotylédons, qui sont alors dits *incombants*. Les cotylédons accombants sont toujours plans ; les cotylédons incombants au contraire peuvent être plans ou repliés longitudinalement dans leur longueur, de façon que l'un extérieur enchâsse l'autre intérieur ; on les dit alors *condupliqués*. Les cotylédons incombants peuvent encore être enroulés en crosse ou en spirale ou deux fois repliés en travers sur eux-mêmes.

Linné, de Jussieu et Adanson divisèrent les Crucifères en se basant sur la forme du fruit et sur la déhiscence. De Candolle au contraire préféra et fit passer en première ligne les caractères tirés des rapports de position de la radicule et des cotylédons ainsi que de la forme de ceux-ci. Le tableau suivant donnera un aperçu de la manière dont de Candolle partageait les Crucifères en cinq sous-ordres :

Cotylédons accombants, toujours plans dans ce cas.	*Pleurorhizées*
Cotylédons incombants — plans et parallèles à l'axe de la radicule.	*Notorhizées*
— courbés longitudinalement de manière à former une gouttière qui embrasse la radicule.	*Orthoplocées*
— roulés en crosse ou en spirale.	*Spirolobées*
— deux fois repliés en travers sur eux-mêmes.	*Diplecolobées*

La classification de de Candolle a été l'objet de nombreuses critiques. On a fait remarquer en effet que les caractères tirés de l'accombance ou de l'incombance des cotylédons sont loin d'être constants et qu'en particulier, dans le même genre, on peut rencontrer plusieurs types différents dans la disposition de la radicule. Pour ne citer qu'un seul exemple, le *Cheiranthus pygmæus*, possède dans la même silique des graines à cotylédons accombants et des graines à cotylédons incombants. Les caractères tirés de la forme et de la déhiscence du fruit, tout en présentant des exceptions, semblent néanmoins plus constants, ou plutôt moins inconstants, que ceux tirés de la radicule et des cotylédons. Aussi MM. Bentham et Hooker d'une part, M. Baillon d'autre part, revenant au principe de la méthode d'Adanson ont-ils établi leurs classifications des Crucifères en basant les divisions primaires sur la forme du fruit et les divisions secondaires seulement sur la forme de l'embryon. Nous résumons par les tableaux suivants les classifications de ces savants auteurs.

Classification de Bentham et Hooker (*Genera Plantarum*. 1862).

Fruit déhiscent...

- Non comprimé perpendiculairement à la cloison qui est aussi large que les valves. (Série A).
  - Cotylédons accombants.
    - Silique .... *Arabidées.*
    - Silicule .... *Alyssinées.*
  - — incombants.
    - Silique .... *Sissymbriées.*
    - Silicule .... *Camélinées.*
  - — conduppliqués .... *Brassicées.*
- Silicule comprimée perpendiculairement à la cloison qui est étroite. (Série B.)
  - Cotylédons incombants ou conduppliqués .... *Lépidinées.*
  - — accombants ... *Thlaspidées.*

Fruit indéhiscent.

- Silicule
  - inarticulée. (Série C) .... *Isatidées.*
  - biarticulée. (Série D) .... *Cakilinées.*
- Silique inarticulée (série E) .... *Raphanées.*

Classification de M. Baillon (*Histoire des Plantes*. 1872).

Crucifères hypogynes.

- Fruit allongé
  - Silique déhiscente suivant la longueur .... *Cheiranthées* (Giroflées)
    - Cotylédons accombants........ *Arabidinées.*
    - — incombants.......... *Sissymbrinées.*
    - — conduppliqués........ *Brassicinées.*
  - Indéhiscent .... *Raphanées* (Radis)
  - (Plus rarement court) lomentacé .... *Cakilées* (Cakiles)
- Silicule
  - Inarticulée, indéhiscente... *Isatidées* (Pastels)
  - déhiscente
    - Comprimée parallèlement à la cloison .... *Lunariées* (Lunaires)
      - Cotylédons accombants.......... *Alyssinées.*
      - — incombants .... *Camélinées.*
      - — conduppliqués.. ...... *Succovinées.*
    - Comprimée perpendiculairement à la cloison.... *Thlaspidées* (Thlaspis).
      - Cotylédons accombants.......... *Iberidinées.*
      - — incombants ou conduppliqués...... ...... *Lepidinées.*

Crucifères périgynes. Silicule turgide ...:....... *Subulariées* (Subulaires)

SÉRIE A

Silique généralement allongée, déhiscente dans toute sa longueur, non comprimée perpendiculairement à la cloison qui est sensiblement de même largeur que les valves.

I — LES ARABIDÉES — *ARABIDEÆ*

Silique allongée, étroite; graines ordinairement unisériées; cotylédons accombants.

LES GIROFLÉES — *CHEIRANTHUS* et *MATTHIOLA*

Synonymie. — Violiers.

Étymologie. — *Cheiranthus* vient du grec *cheir*, main, *anthos*, fleur. Le genre *Matthiola* a été créé en l'honneur de Matthiole, médecin de Sienne, qui vivait au xvie siècle, célèbre par ses commentaires de Dioscoride.

Caractères. — Les Giroflées sont des herbes ou des sous-arbrisseaux à feuilles oblongues

Fig. 194. — Giroflée jaune ou Giroflée des murailles (*Cheiranthus Cheiri*).

ou linéaires, entières ou dentelées, souvent couvertes de poils cotonneux. Les fleurs grandes, ordinairement jaunes ou pourpres, sont disposées en grappes ; elles se composent de 4 sépales dressés dont les latéraux sont dilatés en sacs à la base et de 4 pétales longuement onguiculés. Le fruit est une silique allongée, cylindrique, tétragonale ou comprimée. Nous

Fig. 195. — Giroflée jaune simple.

Fig. 196. — Giroflée jaune à fleurs doubles.

réunissons ici sous le nom de Giroflées ou Violiers des plantes qui ont été rapportées à deux genres distincts. Les *Matthiola* se distinguent des *Cheiranthus* par une cloison épaisse et non membraneuse à l'intérieur de la silique, par des stigmates à lobes dressés et connivents, souvent épaissis ou cornus à l'extérieur, et enfin par leurs graines comprimées munies d'un rebord membraneux.

Distribution géographique. — On connaît 12 espèces de *Cheiranthus*, habitant les régions tempérées de l'Europe, de l'Afrique boréale, de l'Asie occidentale, les régions froides de l'Amérique du Nord et les monts Himalaya, et 36 espèces de *Matthiola* habitant l'Europe occidentale et australe et l'Asie occidentale et dont une seule se retrouve dans le Sud de l'Afrique. Les Giroflées sont représentées en France par le *Cheiranthus Cheiri*, que l'on rencontre à peu près partout et 4 espèces de *Matthiola*, qui ne se rencontrent que dans la région méditerranéenne.

Usages. — Les Giroflées sont trop connues de tous comme plantes d'ornement pour qu'il soit nécessaire d'insister ici sur leurs qualités. Bien qu'elles figurent fréquemment dans les plates-bandes des jardins où elles font parfaite figure, leur principal mérite consiste dans la facilité avec laquelle elles réussissent cultivées en pots. Aussi doivent-elles figurer au premier rang des plantes ornementales destinées à embellir les fenêtres des maisons dans les grandes villes. Plusieurs espèces sont particulièrement estimées à cet égard. Nous signalerons parmi elles les suivantes :

LA GIROFLÉE JAUNE — *CHEIRANTUS_CHEIRI*

Noms vulgaires. — Violier jaune ou Ravenelle, Giroflée des murailles, Ramoneur.

Caractères. — La *Giroflée jaune* (fig. 194) est un sous-arbuste vivace, dont la tige rameuse peut atteindre de 50 à 60 centimètres de hauteur et devient tout à fait ligneuse avec le temps. Les feuilles, un peu fermes, sont entières, lancéolées, mucronées, atténuées à la base : elles sont vertes et toute la plante est couverte de petits poils. Les fleurs, qui s'épanouissent en grappes terminales vers les mois d'avril-juin, sont assez grandes, d'une belle couleur jaune brun et répandent une odeur assez agréable.

Distribution géographique. — Seule espèce du genre *Cheiranthus* habitant notre pays, la Giroflée jaune, croît dans presque toute la France où on la trouve à l'état sauvage sur les vieux murs et les décombres (fig. 194).

Usages. — C'est une excellente plante ornementale à cultiver en pots pour la décoration des fenêtres et des appartements (fig. 195). Par la culture, on en a obtenu un grand nombre de variétés, dont la couleur varie du jaune orangé ou mordoré et même au violet et dont les fleurs souvent très pleines sont de la plus grande beauté. Les fleurs doubles (fig. 196) sont stériles, aussi doit-on reproduire les variétés par boutures.

Parmi les variétés les plus estimées, nous

Fig. 197. — Giroflée quarantaine à grandes fleurs.

Fig. 198. — Giroflée cocardeau.

nous contenterons ici de signaler une des plus belles, connue sous le nom de *Rameau d'or*, obtenue en France depuis de longues années et qui se recommande particulièrement par sa vigueur, sa forme buissonnante et ses longues grappes couleur orangée.

Les Giroflées dites allemandes ou d'Erfurth sont remarquables par les dimensions de leurs fleurs.

LA GIROFLÉE QUARANTAINE – *MATTHIOLA ANNUA*

Synonymie. — *Cheiranthus annuus.*

Caractères. — Espèce annuelle, qui ne se reproduit que par semis des graines et doit son nom à ce qu'elle commence à fleurir six semaines, c'est-à-dire quarante jours après avoir été semée. Les feuilles entières sont blanchâtres et tomenteuses, c'est-à-dire recouvertes d'un blanc duvet cotonneux.

Distribution géographique. — La Giroflée quarantaine croît spontanément en France, sur les bords de la mer, dans la région méditerranéenne.

Usages. — On en a produit par la culture un très grand nombre de variétés (fig. 197), qui se distinguent les unes des autres par le port plus ou moins trapu, la dimension des fleurs souvent très doubles et dont la couleur varie du blanc le plus pur au rose, rouge lilas, violet ou brun. Les Quarantaines sont, sans nul doute, parmi les fleurs qui se vendent le plus sur les marchés aux fleurs : leur emploi dans les jardins, en pots ou en bouquets de fleurs coupées est très répandu.

La Giroflée grecque (*Matthiola græca*) semble ne pas devoir être séparée spécifiquement de la plante précédente, dont pour beaucoup de botanistes elle ne serait qu'une variété. Elle s'en distingue principalement par ses feuilles vertes et luisantes et non blanchâtres et velues.

LA GIROFLÉE DES JARDINS — *MATTHIOLA INCANA*

Caractères. — Sous le nom de Giroflée des jardins, on cultive une espèce du genre *Matthiola*, bisannuelle et quelquefois même vivace, à feuilles obtuses allongées, plus ou moins soyeuses et blanchâtres. Elle produit des fleurs violettes.

Distribution géographique. — Elle croît spontanément en France sur les bords de la Méditerranée : on la retrouve en Corse.

Usages. — La Giroflée des jardins a donné naissance à une multitude de variétés aux colorations les plus diverses, qu'il n'est pas toujours très facile de rapporter au type original : il est, en effet, souvent fort délicat de décider si les diverses modifications que l'on observe sont le résultat de la culture, ou proviennent de croisements entre espèces différentes. Les Giroflées vivaces sont assez difficiles à cultiver et il est rare, pour les amateurs qui les cultivent sur leurs fenêtres, de pouvoir les conserver d'une année sur l'autre. Cet inconvénient n'en est pas un, eu égard à la facilité avec laquelle on se procure ces plantes sur le marché et à la modicité de leur prix.

La Giroflée cocardeau ou Giroflée des fenêtres (fig. 198), désignée parfois sous le nom spécifique de *Matthiola fenestralis*, n'est qu'une variété de l'espèce précédente.

LES CRESSONS — *NASTURTIUM*

Étymologie. — Le nom de Cresson a tout d'abord été donné au seul Cresson de fontaine (*Nasturtium officinale*), pour rappeler, dit-on, la rapidité de croissance de la plante : Cresson dériverait du latin *crescere*, croître. Puis on a détourné le mot de son acception primitive, et on le considère comme nom générique français des *Nasturtium*, en le substituant à celui de Nasitort, autrefois usité. *Nasturtium* vient de *nasus tortus*, nez tordu, parce que, d'après Pline, la saveur piquante des feuilles de Cresson mangées en salade fait tordre le nez.

Caractères. — Les *Nasturtium*, plantes herbacées, glabres ou pubescentes, aux feuilles entières ou diversement découpées, à fleurs petites, généralement jaunes, présentent les caractères suivants : calice très ouvert, à 4 sépales courts égaux, non gibbeux, corolle (pouvant parfois faire défaut), composée de pétales entiers, à peine onguiculés. La silique, ordinairement allongée, plus rarement courte, est presque cylindrique, un peu recourbée ; elle s'ouvre par deux valves, ayant une seule nervure dorsale très faible et la cloison de séparation est hyaline. Le stigmate est simple ou bilobé. Les graines, petites et turgides, sont très ordinairement disposées en deux séries dans chaque loge, ce qui est une exception à la disposition générale de la tribu des Arabidées, à laquelle appartiennent les *Nasturtium*.

Distribution géographique. — On a proposé d'admettre jusqu'à 90 espèces de ce genre, mais il n'y en a certainement pas plus de 20 à 25 qui soient réellement distinctes. Les *Nasturtium* se trouvent représentés sur la presque totalité de la surface du globe : ce sont des plantes à habitat très variable, les unes aquatiques, les autres terrestres. Des trois espèces qui habitent la France, la plus intéressante est le *N. officinale* ou Cresson de fontaine.

LE CRESSON OFFICINAL ou CRESSON DE FONTAINE — *NASTURTIUM OFFICINALE*

Caractères. — C'est une plante vivace (fig. 199). Les racines sont nombreuses, grêles et blanches, et la tige couchée, radicante dans sa portion inférieure et émettant souvent des rejets radicants, est le plus souvent haute de 20 à 60 centimètres, épaisse, succulente, glabre, striée, fistuleuse, verte ou rougeâtre, rameuse du haut ; les feuilles, d'un beau vert et alternes,

sont pinnatiséquées, à segments ovales, étalés, entiers ou un peu sinués, le terminal plus grand ; les fleurs blanches et portées sur des pédicelles de 6-8 millimètres de long, sont petites et disposées en grappes lâches à la partie supérieure des rameaux. Le fruit est une silique presque cylindrique, plus ou moins arquée, n'ayant guère plus de 10 millimètres de long et terminée par une pointe très obtuse.

La culture a apporté au type quelques modifications, dont les principales et les plus utiles portent sur l'ampleur plus grande des folioles, sur l'accroissement du nombre des feuilles et leur rapprochement les unes des autres : le plus souvent, c'est le lobe terminal qui augmente d'étendue, tandis que les lobes latéraux restent stationnaires ou diminuent d'étendue, ou même avortent tout à fait et que le pétiole se raccourcit et augmente d'épaisseur. M. A. Chatin (1), auquel nous empruntons nos renseignements sur la culture du Cresson, distingue parmi les Cressons cultivés, trois races entre lesquelles les caractères sont faciles à saisir :

Le Cresson charnu (race de Gonesse ou de Duvy), est caractérisé par ses tiges robustes, ses pétioles gros, par la lame de ses feuilles épaisses et d'un vert foncé, par la coloration rouge brun des nervures du côté de la face supérieure des feuilles, coloration qui s'étend souvent au parenchyme lui-même, par la saveur plus piquante de toutes ses parties et enfin, par la propriété relativement plus développée qu'ont ses parties vertes de se foncer en couleur, quand on les fait cuire. Cette race se recommande surtout par le temps plus long qu'elle met à se faner ou flétrir, ce qui la fait rechercher des marchands.

Le Cresson a feuilles minces diffère du précédent par ses tiges et ses pétioles assez grêles, par les feuilles minces, promptes à se flétrir, et d'un vert clair, parfois jaunâtre, par le peu de développement de la couleur rouge brun et enfin, par la propriété de rester vert après la coction. Sa saveur piquante est beaucoup moins prononcée, c'est la race la plus commune.

Le Cresson gaufré est une race dégénérée, beaucoup moins productive et peu estimée sur les marchés ; elle a des tiges peu robustes, des pétioles allongés, les feuilles distantes, les folioles amincies, tachées et sinuées, gaufrées.

Distribution géographique. — Le Cresson de fontaine croît dans les lieux humides, au bord

(1) Chatin, *Le Cresson, sa culture et ses applications*. Paris, 1866.

des fontaines, et même au fond de leur lit. Il est très commun, non seulement en Europe, mais encore dans toutes les régions froides et tempérées du monde entier, dans tout l'Orient : en Asie, en Amérique, au Cap de Bonne-Espérance, etc. Les Anglais ont importé le Cresson en Nouvelle-Zélande et ce changement de climat lui a donné une nouvelle vigueur, en accroissant considérablement les dimensions de ses feuilles, aussi menace-t-il d'envahir toutes les eaux de cette contrée. Le Cresson se cultive aussi dans l'Inde anglaise, mais on doit éviter les rayons trop ardents du soleil, en couvrant les mares d'appentis.

Multiplication. — Le Cresson est une des plantes dont la multiplication s'obtient avec la plus grande facilité par le bouturage. Qu'on divise la plante en fragments, et qu'on jette ceux-ci à la surface de l'eau, on verra bientôt chacun des fragments régénérer un individu tout entier. Chacun peut donc aisément établir chez soi une petite cressonnière, en plaçant dans un bassin ayant quelques pouces d'eau, les épluchures de la botte de Cresson dont on lui a servi les feuilles et les sommets.

Non seulement le Cresson se reproduit très facilement par boutures, mais encore il suffit pour le multiplier, de quelques fragments de feuilles seulement. Cette propriété que le *Nasturtium officinale* partage d'ailleurs avec plusieurs autres plantes, a donné lieu à d'intéressantes observations. « Une larve qui appartient à une espèce de Phrygane très commune dans les eaux pures des ruisseaux et des étangs où croît le Cresson, coupe par petits tronçons, à l'aide de ses mâchoires tranchantes, le pétiole de la feuille ; puis, agglutinant les divers fragments avec une humeur qu'elle sécrète, elle s'en forme un fourreau, sorte de maison dans laquelle elle abritera, au sein des eaux son corps délicat. Les feuilles de Cresson, dont la Phrygane n'a que faire, puisque les pétioles lui suffisent pour bâtir sa demeure, s'en vont à la dérive et produisent bientôt, de leur base deux ou trois radicules parfaitement blanches, puis, au centre de ces radicelles, un petit bourgeon conique, vert, duquel se déroule successivement toute la partie aérienne d'une nouvelle plante de Cresson, tandis que les radicelles s'allongent et finissent par s'enfoncer dans la vase. »

Usages. — Le Cresson de fontaine est un excellent aliment, fort agréable au goût et en même temps fort sain à cause de ses propriétés dépuratives et antiscorbutiques. La voix populaire lui a donné le nom significatif de « *Santé du corps* » et c'est sous cette dénomination que les marchands ambulants le crient dans les rues de Paris, où il s'en fait un commerce considérable.

Au point de vue alimentaire, le Cresson se consomme principalement cru ; il plaît alors par sa sapidité fraîche et agréablement piquante. On le sert le plus souvent autour des viandes rôties ou grillées auxquelles il sert de condiment, en même temps qu'il constitue par lui-même un aliment des plus sains, légèrement excitant, d'une digestion facile. On peut aussi le manger en salade. Paris consomme chaque année pour 1 million de francs environ de Cresson de fontaine ; Londres dont la population est beaucoup plus considérable, pour 375,000 francs seulement.

Si l'on étudie les principes contenus dans le Cresson, on constate la présence d'une huile essentielle, d'un extrait amer, d'iode, de fer,

Fig. 199. — Cresson officinal ou cresson de fontaine.
(*Nasturtium officinale.*)

de phosphates et de quelques sels. L'huile essentielle est sulfoazotée et c'est elle qui donne à la plante sa saveur amère et piquante. Comme elle est volatile, elle disparaît par la coction ; aussi le Cresson cuit à la manière des épinards devient un aliment d'un goût doux et agréable.

Le Cresson, destiné à la consommation pour être mangé cru, doit être cueilli avant la floraison, car, lorsque la plante fleurit, la proportion d'huile essentielle et d'extrait amer augmente et le goût deviendrait désagréable à force d'amertume.

On doit, au contraire, préférer le Cresson fleuri pour les usages médicinaux, à cause de la plus grande quantité d'extrait amer qu'il contient, le principe amer étant regardé comme ayant une part importante dans les propriétés toniques et dépuratives du Cresson. On prépare un suc frais ou un sirop; il entre dans la préparation du sirop et du vin antiscorbutiques. On a cru pendant longtemps (et cette croyance n'est peut-être pas aujourd'hui complètement éteinte et se retrouverait encore dans quelques provinces) que le Cresson constituait un spécifique souverain pour la guérison de la phthisie pulmonaire. Inutile d'ajouter que c'est là une hypothèse purement gratuite, malgré l'étonnante histoire qu'on se plaisait autrefois à raconter, d'un malade qui mourait de la poitrine et qui devint gros et gras sous l'influence salutaire du Cresson et auquel son médecin brûla la cervelle, afin de pouvoir percer par l'autopsie le mystère de sa résurrection.

Étant donnée la vogue dont jouit le Cresson de fontaine comme aliment dans toutes les classes de la société, il est clair que la quantité qui en pousse à l'état spontané dans nos pays dans le voisinage des grandes villes, ne saurait suffire à la consommation. Les fontaines et les ruisseaux des campagnes suburbaines seraient très vite dévastés. Aussi cultive-t-on artificiellement le Cresson dans des jardins à demi-inondés qu'on nomme des *cressonnières*, de façon à en pouvoir produire des quantités considérables, capables de pourvoir aux besoins des grandes agglomérations urbaines. Les cressonnières sont toujours établies dans les localités assez voisines des grands centres de population, dans le double but d'éviter des frais de transport trop élevés et d'empêcher le Cresson de se faner et de se flétrir pendant un voyage qui durerait trop longtemps.

Pour établir une cressonnière, on choisit un endroit naturellement humide et dans lequel on puisse aisément faire arriver l'eau soit naturellement, soit artificiellement. On creuse des fosses de 3 mètres de large environ, séparées les unes des autres par un espace de terrain de même largeur, profondes de 0^m,40 à 0^m,50 au plus et dont la longueur dépend de l'importance de la propriété et du relief du sol. Le fond de la fosse doit être bien aplani et légèrement en pente, de façon à assurer l'écoulement des eaux.

Pour cueillir le Cresson, un homme, ayant les genoux garnis d'épaisses genouillères recouvertes d'un gros cuir, se met à genoux sur une planche jetée en travers de la fosse; de la main gauche, il saisit une poignée de Cresson qu'il soulève un peu vers lui et qu'il coupe de la main droite avec une serpette ou un couteau. Quand il a réuni de quoi former une botte (ce qu'il fait en trois coups), il lie de suite celle-ci avec un brin d'osier dont il porte un fascicule à sa ceinture. L'opération de la coupe du Cresson est très fatiguante, en raison de la position incommode que doit prendre l'ouvrier qui ne travaille ordinairement, pas plus de huit heures par jour. Dans ce temps, un bon ouvrier assez habile peut couper mille bottes, soit environ deux par minutes. Chaque botte de Cresson a environ 15 à 20 centimètres de long, et de 20 à 25 centimètres de tour. Les marchandes au détail de Paris les dédoublent quelquefois.

C'est en 1811 que l'industrie des cressonnières a commencé dans les environs de Paris. Il semble cependant résulter de documents certains, que dès le commencement du XIVe siècle, il y avait des cressonniers qui cultivaient le Cresson dans la province d'Artois (1). Ce n'est néanmoins, qu'au début de ce siècle, que la culture du Cresson fut introduite sur une grande échelle en France, d'Allemagne où elle était pratiquée aux environs d'Erfurth et de Dresde. « Dans l'hiver de 1809 à 1810, après la paix qui suivit la seconde campagne d'Autriche — dit de Thury (2) — M. Cardon, alors directeur principal de la Caisse des hôpitaux de la grande armée, se trouvait au quartier-général à Erfurth, capitale de la Basse-Thuringe. En se promenant aux environs de cette ville, et la terre étant couverte de neige, il fut étonné de voir de longs fossés de 3 à 4 mètres de largeur, présentant la plus brillante verdure. Il se dirigea vers ces fossés et reconnut avec le plus grand étonnement, que ces fossés étaient une immense culture de Cresson de fontaine. » M. Cardon apprit que cette culture était établie depuis plusieurs années et donnait les meilleurs résultats. De retour en France, comprenant tous les bénéfices que l'on pouvait tirer de l'introduction d'une pareille industrie dans les environs de Paris, il fonda une première cressonnière dans la vallée de la Nonnette à Saint-Léonard, entre Senlis et Chantilly.

L'exemple de M. Cardon fut bientôt suivi

(1) Voir une lettre du baron de Melicocq à ce sujet in *Bull. Soc. bot. de France*, t. V. Séance du 17 décembre 1858.
(2) Thury, *Annales de la Société royale d'horticulture de Paris*, 1835, t. XVII.

par des concurrents et depuis, le nombre des cressonnières à toujours été en augmentant.

C'est vers 1808 que le Cresson est devenu l'objet d'une culture en Angleterre, où l'on se contentait autrefois de le recueillir dans les mares et dans les ruisseaux. Un maraîcher de Springhead, localité située non loin de Gravesend, M. Bradbury, ayant remarqué que le Cresson poussant naturellement dans les mares de cette région était beaucoup plus savoureux que partout ailleurs, supposa que la culture pourrait encore accroître ses qualités; il organisa des cressonnières et trouva bientôt de nombreux imitateurs.

Les principales espèces du genre Nasturtium, qu'il convient de citer à côté du Cresson de fontaine, sont : le CRESSON AMBIGU (*N. anceps*), le CRESSON SAUVAGE (*N. silvestre*), le CRESSON RUDE (*N. asperum*), le CRESSON DES PYRÉNÉES (*N. pyrenaïcum*), etc.

Bien que dans le langage du botaniste, Cresson soit le nom générique français des plantes présentant tous les caractères des *Nasturtium*, on désigne cependant dans le langage courant, sous le nom de Cresson, plusieurs plantes d'une saveur plus ou moins piquante rappelant celle du Cresson de fontaine, et qui appartiennent à des genres, ou même à des familles différents. C'est ainsi qu'on appelle :

CRESSON ALÉNOIS ou CRESSON DES JARDINS, le Passerage cultivé (*Lepidium sativum*).

CRESSON AMER, le *Cardamine amara*.

CRESSON DES PRÉS, le *Cardamine pratensis*, qui remplace, en beaucoup de lieux, lorsqu'il est jeune, le Cresson de fontaine.

CRESSON DE RIVIÈRE, le *Senebiera coronopus*, commun sur les berges mises à sec.

CRESSON DES RUINES, le *Lepidium ruderale*, dont l'une des vertus problématiques consiste à faire abandonner par les punaises les appartements dans lesquels on le place.

CRESSON DE TERRE, l'herbe de la Sainte-Barbe (*Barbarea vulgaris*), et surtout le *Barbarea precox*, dont la saveur piquante est très analogue à celle du Cresson de fontaine.

CRESSON DE CALIFORNIE ou CRESSON FLEURI, une plante ornementale, le *Limnanthes Douglasii*, originaire de la Californie, appartenant à la petite famille des Géraniacées, tribu des Limnanthées.

CRESSON DE PARA, CRESSON DU BRÉSIL ou CRESSON DE CAYENNE, le *Spilanthes oleracea*, de la famille des Composées ; à l'Ile-de-France, une autre espèce du même genre, le

Spilanthes acmella porte également le nom de Cresson, mais les colons eux-mêmes, se gardent bien de le confondre avec notre Cresson de fontaine, naturalisé dans leurs eaux.

CRESSON DU PÉROU ou CRESSON D'INDE, la Capucine de nos jardins (*Tropæolum majus*).

CRESSON DE ROCHE ou CRESSON DORÉ, certains *Chrysosplenium* de la famille des Saxifragées.

LES BARBARÉES — *BARBAREÆ*

Caractères. — Herbes dressées rameuses glabres, bisannuelles ou vivaces, à feuilles entières ou diversement découpées, à fleurs jaunes formées de 4 sépales subdressés égaux, 4 pétales onguiculés. La silique tétragonale à valves carénées ou pourvues de côtes, renferme des graines oblongues unisériées.

Distribution géographique. — On a décrit jusqu'à 25 espèces qui doivent vraisemblablement être ramenées à 7 : elles habitent les régions tempérées des deux hémisphères. On trouve en France, sur le bord des fossés ou des ruisseaux, dans les bois, les prés ou les champs humides, une demi-douzaine de Barbarées, que l'on distingue par la longueur et la direction des siliques.

LA BARBARÉE VULGAIRE — *BARBAREA VULGARIS*

Nom vulgaire. — Herbe de la Sainte-Barbe.

Caractères. — C'est une plante vivace, de 30 à 80 décimètres, aux feuilles de la base pro-

Fig. 200. — Barbarée vulgaire (*Barbarea vulgaris*).

fondément divisées, à folioles ovales et arrondies, aux feuilles supérieures presque simples et embrassantes (fig. 200).

Distribution géographique. — Elle croît dans toute la France aux lieux humides, sur le bord des chemins et des ruisseaux ; elle s'avance plus au Nord qu'au Midi.

Usages.. — L'herbe de la Sainte-Barbe se cultive parfois dans les jardins comme plante ornementale. Par son amertume et ses vertus antiscorbutiques, elle se rapproche du Cresson. Dans quelques pays, elle est même considérée comme comestible et sert d'assaisonnement à la salade.

On lui a donné parfois le nom d'*herbe aux charpentiers*, parce qu'en pilant la plante et la faisant macérer dans l'huile d'olive pendant un mois, exposée au soleil, on fabriquait un remède qui a joui du plus grand crédit parmi les gens de la campagne.

LES ARABETTES — *ARABIS*

Étymologie.. — De *Arabia*, Arabie.

Caractères. — Les Arabettes sont des plantes herbacées, annuelles ou vivaces dont les

Fig. 201. — Arabette des Alpes (*Arabis alpina*).

grappes de fleurs sont ordinairement blanches et plus rarement pourpres. Sépales assez courts, égaux ou les latéraux bossus à la base ; pétales entiers, souvent onguiculés, siliques grêles, linéaires, allongées, comprimées parallèlement à la cloison aussi large que les valves planes ; stigmate simple ou bilobé ; graines unisériées (parfois bisériées), comprimées et marginées.

Distribution géographique. — Sur les 140 espèces qui ont été décrites par les différents auteurs dans le genre *Arabis*, 79 tout au plus sont bien définies. La plus grande partie d'entre elles habitent l'Europe et l'Asie boréale et il n'y en a guère qu'une douzaine faisant

partie de la flore de l'Amérique du Nord. Elles sont bien moins nombreuses dans l'hémisphère Sud que dans l'hémisphère Nord.

Une vingtaine d'espèces environ habitent la France, en particulier l'*Arabis sagittata* à petites fleurs blanches, très commune dans les bois sablonneux et tous les lieux arides, l'*Arabis arenosa*, à fleurs lilas et l'Arabette des Alpes (*A. alpina*), originaire des Alpes et du Midi de l'Europe et que l'on rencontre en particulier à l'état spontané sur le faîte des rochers et dans les lieux pierreux des montagnes dans le Jura, les Alpes du Dauphiné et de la Provence, les Cévennes, l'Auvergne, les Pyrénées et la Corse.

Usages. — On cultive fréquemment dans nos jardins l'ARABETTE ALPINE (fig. 201) sous le nom de *Corbeille d'argent* qu'elle partage d'ailleurs avec l'*Iberis sempervirens* ou Thlaspi des

Fig. 202. — Cardamine des prés (*Cardamine pratensis*), tige fleurie.

jardiniers. C'est une plante très précieuse pour faire des bordures, car elle pousse très bien en touffes de 10 à 20 centimètres de hauteur qui, dès le mois de mars, se couvrent d'abondantes fleurs d'un blanc très pur.

Fig. 203.   Fig. 204.

Fig. 203. — La plante épanouie à l'humidité.
Fig. 204. — La plante desséchée.
En avant du dessin, on aperçoit les fruits des *Mesem-* | *brianthemum candolleanum* et *Mesembryanthemum annuum*, qui s'ouvrent à l'humidité de même que la Rose de Jéricho.

Fig. 203 et 204. — Rose de Jéricho (*Anastatica hierochuntina*).

LES CARDAMINES — *CARDAMINE*

Caractères. — Les Cardamines sont des herbes à feuilles simples ou plus souvent pinnatiséquées, peuvent être exceptionnellement opposées ou disposées trois par trois en verticilles au lieu d'être alternes comme c'est le cas général chez les Crucifères. Les fleurs en grappes, ou en corymbes, sont blanches, pourpres ou violettes. Sépales égaux à la base, pétales onguiculés. Le fruit est une silique allongée, linéaire, comprimée à valves planes se roulant au dehors avec élasticité au moment de la maturité, à cloison hyaline, au style court ou allongé, au stigmate simple ou bilobé.

Distribution géographique. — On connaît 75 espèces environ dans les régions tempérées, alpines et froides du globe entier.

Des nombreuses espèces qui habitent la France, la plus intéressante et la plus commune est la CARDAMINE DES PRÉS (*Cardamine pratensis*) (fig. 202) qui croît abondamment dans tous les prés humides qu'elle émaille agréablement au printemps de ses fleurs rosées ou violettes purpurines.

Usages.—Cette plante est douée de propriétés antiscorbutiques et sa saveur piquante et amère rappelle celle du Cresson, auquel on la substitue quelquefois dans ses usages ; aussi l'appelle-t-on vulgairement du nom de *cresson des prés*.

LA ROSE DE JÉRICHO — *ANASTATICA HIEROCHUNTINA*

Synonymie . Jérose hygrométrique.

Caractères. — L'*Anastatica hierochuntina* est une petite herbe annuelle de 10 centimètres, tout au plus, qui croît dans les lieux sablonneux et arides de la Syrie, de l'Arabie et de l'Égypte, en général non loin de la mer. Toute la plante est parsemée de petits poils blanchâtres. La tige qui s'enfonce dans le sable par une courte racine pivotante, se divise presque à sa sortie du sol en rameaux divergeants, ouverts qui se ramifient à leur tour en devenant de plus en plus petits ; ils portent des feuilles alternes, pétiolées, oblongues, subdentées, légèrement rugueuses et tomenteuses. A l'aisselle des rameaux, apparaissent de courts épis sessiles, de petites fleurs blanches, qui à maturité se transforment en une silicule arrondie, velue, terminée à son sommet par le style qui persiste. Les deux valves du fruit sont munies dorsalement d'un appendice transversal, légèrement concave par en haut. On rattache le genre *Anastatica* à la tribu des Arabidées, malgré la présence de cloisons transversales à l'intérieur du fruit. Chaque valve, en effet, est pourvue à l'intérieur d'un diaphragme incomplet qui n'atteint pas la cloison. Il n'y a en général qu'une seule graine aplatie dans chacune des logettes ainsi séparées.

Caractères biologiques. — A l'époque de sa maturité, la plante se déssèche et devient ligneuse ; les rameaux se recourbent alors en forme d'arc de dehors en dedans, de façon à former autour des fruits une sorte de treillage serré qui les protège. Le tout ressemble à une sorte de peloton (fig. 204) ou à une rose non épanouie, ce qui avec l'origine de la plante lui a valu le nom de « Rose de Jéricho ». Cet état persiste tant que dure la sécheresse, mais aussitôt que survient un peu d'humidité, la rose s'ouvre, c'est-à-dire que les rameaux s'écartent les uns des autres et deviennent tout droits (fig. 203). C'est alors que les siliques s'ouvrent et que les graines sont mises en liberté lorsque l'humidité du sol est suffisante pour permettre la germination. Dans les déserts, la plante desséchée, pelotonnée en un petit corps globiforme, est aisément détachée du sol sablonneux par le vent et se trouve longtemps ballotée à travers les plaines arides jusqu'au moment où commence à se faire sentir l'action de l'humidité. De cette façon, se trouve assurée la reproduction de l'espèce, puisque la déhiscence des fruits ne se produit que lorsque la plante se trouve dans des conditions favorables aux graines.

La « Rose de Jéricho » fut rapportée d'Orient en Europe par les pèlerins et les Croisés au temps des croisades.

A cause de cette propriété curieuse de s'épanouir quand on la met à l'humidité, elle a donné naissance à de nombreuses fables. Des charlatans, s'en servaient autrefois, pour prédire aux femmes enceintes un heureux accouchement. Dès le commencement du travail, on plaçait la plante pelotonnée sur elle-même dans l'eau et suivant la rapidité avec laquelle elle s'ouvrait, on en concluait à une délivrance plus ou moins prompte. Cette croyance persisterait encore dans quelques endroits, à ce que l'on assure.

Dans nos pays, on trouve dans le commerce des objets de curiosité, des Roses de Jéricho importées d'Orient, dont on peut se servir comme d'un hygromètre. Pendant son séjour dans le Sahara algérien, à Biskra, M. Crié a appris que les Arabes appellent ainsi la Rose de Jéricho : *Hid Lella Fatma bent en Nebi* (la main de Madame Fatma, fille du Prophète).

On donne aussi le nom de Rose de Jéricho a une Composée, *Asteriscus pygmæus*, dont l'aire de dispersion s'étend du nord du Sahara jusqu'en Palestine, principalement dans les environs de Jéricho. Chez cette plante, les rameaux ne se ferment pas après la fructification comme chez les *Anastatica*, mais les bractées disposées en rosette au bas du capitule des fruits se referment et recouvrent le tout jusqu'à ce que l'humidité survenant les fasse s'étaler.

II — LES LAYSSINÉES — *ALYSSINEÆ*

Silique large ; graines bisériées ; cotylédons accombants.

LES LUNAIRES — *LUNARIA*

Étymologie. — On a comparé à la lune dans son plein, le fruit brillant, plat et arrondi des Lunaires.

Caractères. — Ce sont des herbes rameuses

Fig. 205. — Lunaire bisannuelle (*Lunaria biennis*).

dont les différents organes sont recouverts d'un léger duvet, à feuilles grandes, entières en forme de triangle ou de cœur et portant au moment de la floraison des grappes de grandes fleurs violettes. Sépales latéraux bossus à la base, pétales obovales onguiculés. Le fruit est une silicule large et elliptique, portée sur un pédoncule et terminée par un style filiforme et deux sigmates soudés, aigus, très petits.

Distribution géographique. — On n'en connaît que deux espèces qui habitent l'Europe et l'Asie Occidentale et qui toutes deux se retrouvent en France :

La LUNAIRE BISANNUELLE (fig. 205) (*L. biennis*),

longtemps considérée conme annuelle et désignée par Linné sous le nom de *L. annua*, qui
atteint 1 mètre de haut environ. Les feuilles
d'un joli violet purpurin, disposées en grappes
dressées sont nombreuses et de petite taille.

La LUNAIRE VIVACE (*L. rediviva*), qui croît
dans les forêts montàgneuses des Alpes, du
Dauphiné, du Jura, des Vosges, de l'Auvergne,
des Pyrénées, etc. ; elle se distingue de l'espèce
précédente par des siliques aiguës aux deux
extrémités, tandis que celles de la Lunaire
bisannuelle sont arrondies aux deux bouts.

Usages. — On cultive fréquemment dans
les jardins la Lunaire bisannuelle pour ses
belles grappes de fleurs d'un joli violet purpurin. A ces fleurs succèdent des silicules
elliptiques grandes et aplaties, dont, lors de la
déhiscence, les deux valves externes tombent
ne laissant que la cloison séparatrice des deux
loges qui porte les graines. Cette cloison
d'assez grande taille et de forme elliptique
comme le fruit est mince, transparente, couleur blanc d'argent avec un reflet satiné. Lorsque la plante a ainsi fructifié, on en fait de
charmants bouquets d'hiver pour orner les sa-
lons et qui se conservent le mieux du monde.
Rien de plus joli dans un vase que ces élégantes
touffes de petits disques nacrés dont l'aspect
suffit à expliquer les noms si divers qu'on leur
a donnés : Monnaie du Pape, Monayère, Satin
blanc, Passe-Satin, Médaille, etc.

LES ALYSSES — *ALYSSUM*

Étymologie. — Du grec *a*, privatif et *lyssa*,
rage, parce que, pour les anciens, cette plante
passait pour guérir de la rage.

Caractères. — Les Alysses sont des plantes
herbacées, parfois des sous-arbrisseaux ordinairement blancs-tomenteux à rameaux minces et rigides, à feuilles entières. Les fleurs disposées en grappes en sont blanches ou jaunes.
Courts sépales égaux entre eux; pétales entiers ou bifides. Silicule très variable.

Distribution géographique. — On en connaît environ une centaine d'espèces habitant
pour la plupart l'Asie Mineure, mais également nombreuses dans l'Europe méridionale,
dans le Caucase, en Perse, en Sibérie et dans
le Nord de l'Afrique. Une quinzaine d'espèces
habitent la France, parmi lesquelles deux se
retrouvent dans les environs de Paris, l'*Alyssum calycinum*, très commun et l'*Alyssum
montanum*, beaucoup plus rare.

L'ALYSSE DES ROCHERS — *ALYSSUM SAXATILE*.

Nom vulgaire. — Corbeille d'Or.

Caractères. — L'*Alyssum saxatile* est une
plante vivace aux feuilles blanchâtres et dont
les tiges un peu ligneuses et très ramifiées
forment des touffes basses de 25 centimètres
de haut tout au plus. Du mois d'avril au mois
de mai, ces touffes se couvrent de petites
fleurs du plus beau jaune d'or, si abondantes
qu'elles font presque disparaître le feuillage.

Usages. — L'Alysse des rochers qui croît à
l'état spontané en France dans les montagnes
calcaires du Dauphiné et dans les Pyrénées,
est cultivée fréquemment dans les jardins

Fig. 206. — Alysse corbeille d'or à feuilles panachées
(*A. maritimum variegatum*).

sous le nom de *Corbeille d'Or* ou encore de
Thlaspi jaune. Cette dernière dénomination
est très impropre, car le nom *Thlaspi*, désigne
une plante génériquement différente des
Alyssum par ses caractères botaniques; mais
comme la Corbeille d'Or et la Corbeille d'Argent ont à peu près le même port, ne différant que par la couleur des fleurs, et rendent surtout les mêmes services à l'horticulture,
les jardiniers peu soucieux des caractères botaniques tirés du fruit, des graines et du calice,
choses peu importantes lorsqu'on n'a en vue
que les caractères ornementaux, ont réuni
toutes ces plantes sous le nom de *Thlaspi* et
par corruption *Téraspic*.

La Corbeille d'Or fait très bonne figure
dans des plates-bandes, mais son principal
emploi est pour former de jolies bordures en
la faisant alterner avec là Corbeille d'Argent.

Fig. 207. — *Draba verna* sur un vieux mur.

C'est une plante très rustique qui se plaît dans tous les sols.

L'ALYSSE MARITIME — *ALYSSUM MARITIMUM.*

Caractères.—L'Alysse maritime a des feuilles blanchâtres, forme des touffes de 25 centimètres de haut environ et se couvre de petites fleurs blanches colorantes, disposées en grappes, qui persistent jusqu'aux premières gelées.

Distribution géographique. — C'est une espèce indigène, vivace qui pousse sur le littoral de la Méditerranée, principalement sur les rochers et s'avance dans les terres jusqu'à Nîmes, Avignon, Aix.

Usages. — On la cultive dans les jardins pour former des bordures.

On en connaît une variété à feuilles panachées de blanc jaunâtre et de vert (fig. 206) qui est particulièrement recommandable.

L'AUBRIETIE DELTOIDE — *AUBRIETIA DELTOIDEA*

Synonymie. — *Alyssum deltoïdeum.*

Caractères. — Cette plante est très voisine des précédentes, dont elle se distingue surtout par le port.

Le genre *Aubrietia* a été séparé par Adanson des *Allyssum* dont il se rapproche beaucoup et comprend 7 espèces qui croissent en Italie, en Grèce, en Perse et dans l'Asie Mineure.

L'*Aubrietia deltoïdea* qui croît dans le Midi de l'Europe, est une plante cultivée parfois dans les jardins où elle forme des touffes basses de $0^m,10$ au plus de haut couvertes, d'avril à mai d'un nombre considérable de petites fleurs d'un joli bleu violet.

Usages. — C'est une plante vivace très rustique qui fait d'excellentes bordures et se recommande surtout par la facilité avec laquelle elle se laisse transplanter. On la multiplie facilement par division de touffes à l'automne.

LES DRAVES — *DRABA*

Caractères. — Ce genre n'offre guère, parmi ses 80 espèces environ, que le *Draba verna*, qui soit intéressant à signaler. C'est une toute petite plante de 15 centimètres tout au plus, remarquable par la précocité de sa floraison, car on la trouve en fleurs dès le mois de février, sur les vieux murs (fig. 207), dans les terrains incultes, les champs en friche, etc. Les feuilles petites, cunéiformes et dentées sont toutes ou presque toutes disposées en rosette à la base de la tige. Les minimes fleurs blanches sont disposées en grappe. Les pétales en sont profondément divisés en deux, de telle sorte qu'au premier abord, il semblerait que la fleur ait 8 pétales. Les valves de la silique oblongue et ovale sont légèrement aplaties.

Le *Draba verna*, n'offre guère d'autre intérêt que d'être une des premières plantes que l'on trouve en fleurs au printemps.

Fig. 208. — Cochléaire officinal
(*Cochlearia officinalis*).

Fig. 209. — Cochléaire de Bretagne (*Cochlearia armoracia*).

On rencontre encore en France sur les murs et dans les champs arides, mais surtout dans le Midi, le *Draba muralis*.

D'autres espèces, les *Draba pyrenaïca*, *D. aizoïdes*, *D. cuspidata*, *D. nemorosa*, *D. incana*, etc., sont des plantes alpestres, qui, dès les premiers jours du printemps, émaillent de leurs jolies fleurs les pelouses qui couvrent les flancs des Alpes ou des Pyrénées.

LES COCHLÉAIRES — *COCHLEARIA*

Étymologie. — De *Cochlear*, cuiller; allusion à la forme des feuilles.

Caractères. — Les Cochléaires sont des plantes herbacées, vivaces pour la plupart, glabres, à feuilles alternes entières ou découpées, à fleurs généralement blanches, plus rarement jaunes ou violettes. Sépales courts, égaux, pétales peu onguiculés, silique oblongue ou globuleuse à valves le plus souvent ventrues, style court ou allongé, stigmate simple. Graines nombreuses et unisériées. Cotylédons accombants. Certaines espèces de *Cochlearia*, parmi celles qui forment la section *Hemeria* ont les cotylédons incombants.

Distribution géographique. — On en connaît environ 26 espèces distinctes, d'habitat très variable, réparties dans les régions froides et tempérées de l'hémisphère boréal, principale-

ment sur le littoral ou dans les pays montagneux. Plusieurs d'entre elles habitent la France.

Usages. — Elles sont employées comme plantes antiscorbutiques.

LE COCHLÉAIRE OFFICINAL — *COCHLEARIA OFFICINALIS*

Noms vulgaires. — Herbe aux cuillers. — Cranson officinal.

Caractères. — Le Cochléaire officinal (fig. 208) est une plante annuelle de 10 à 30 centimètres de hauteur, dont la racine fusiforme a tout au plus la grosseur d'une plume à écrire. Les tiges dressées, glabres et vertes portent des feuilles alternes qui n'affectent point la même forme suivant qu'elles sont radicales ou caulinaires. Les feuilles inférieures sont toutes pétiolées, épaisses, succulentes, arrondies, légèrement concaves ou creusées en forme de cuiller ce qui a valu à la plante le nom d'Herbe aux Cuillers sous lequel on la désigne communément. Les feuilles supérieures, au contraire, sont sessiles, plus petites, sinueuses ou anguleuses. Les fleurs sont blanches et forment des bouquets terminaux. Les silicules sont grosses, globuleuses à valves ventrues.

Distribution géographique. — Le *Cochlearia officinalis* croît en France sur le littoral de la

Manche : il a alors les feuilles radicales, ovales et les fruits sont en grappes courtes et serrées : c'est la variété *maritima*. On le retrouve le long des ruisseaux dans les Hautes-Pyrénées, mais avec des feuilles radicales reniformes et des grappes fructifères lâches et allongées. On distingue alors cette seconde variété sous le nom de *pyrenaïca*. Le Cochléaire officinal se cultive dans les jardins maraîchers à cause de son usage médicinal.

Usages. — Lorsque la plante est au début de sa floraison, ses feuilles sont remplies d'une abondante quantité d'un suc âcre et piquant qui en fait un des antiscorbutiques les plus énergiques et les plus usités. On s'en sert pour la fabrication d'un grand nombre de préparations pharmaceutiques, en particulier, le vin, la bière et le sirop antiscorbutiques.

Dans certains pays du Nord, la plante se mange en salade ; les bestiaux la recherchent volontiers, mais elle a le défaut de communiquer à leur lait ainsi qu'à leur chair un goût fort désagréable.

LE COCHLÉAIRE DE BRETAGNE — *COCHLEARIA ARMORACIA*

Synonymie. — *Roripa rusticana, Armoracia rusticana*.

Noms vulgaires. — Raifort sauvage, Grand Raifort, Cranson, Cran de Bretagne, etc.

Caractères. — Le Cochléaire de Bretagne (fig. 209), bien connu dans les provinces de l'Ouest de la France sous le nom de *Raifort* ou de *Cranson*, se distingue de la plante précédente, par la taille de ses feuilles et de ses racines. Plusieurs auteurs d'ailleurs ont séparé le Cranson du genre *Cochlearia*, en se basant, entre autres caractères, sur ce fait que les valves de la silicule sont convexes dès les bords sans nervure dorsale, tandis que, chez les Cochléaires véritables, les valves de la silicule sont non bordées, convexes, carénées, à une nervure dorsale.

C'est une plante vivace, possédant une fort grosse racine blanche charnue de 40 à 70 centimètres de longueur. A la base de la tige s'élevant à une hauteur de 60 centimètres à 1 mètre environ, sont des feuilles radicales très grandes, longuement pétiolées. Les feuilles caulinaires sont d'autant plus petites qu'elles sont plus proches du sommet ; les supérieures sont sessiles et fort étroites. Les fleurs sont blanches et forment en mai-juin de longs épis à l'extrémité de la tige et des rameaux. Les silicules sont petites et ovoïdes.

Distribution géographique. — Le *Cochlearia armoracia* croit naturellement sur le bord des ruisseaux, dans les lieux humides et montueux. On le trouve plus communément au nord qu'au midi. Il est particulièrement abondant en Bretagne, comme le rappelle bien le nom de Cran de Bretagne, sous lequel on le désigne habituellement.

Usages. — La racine de Raifort sauvage présente de nombreuses utilités.

Les gens de la campagne la mangent crue à la manière des radis. Entière, elle est inodore, mais rapée et contusée, elle répand une odeur qui irrite violemment les yeux et fait pleurer. C'est qu'en effet, la racine de Raifort contient alors une huile volatile, d'une odeur insupportable, provoquant le larmoiement. Cette huile ne préexiste pas dans la racine de Cochléaire, mais y prend naissance par suite d'une réaction chimique qui s'y produit lors de la contusion et sous l'action de l'eau. Les phénomènes sont ici en tout point comparables à ceux qui se produisent dans les graines de Moutarde. La racine de Raifort crue et rapée est d'ailleurs utilisée en guise de condiment, pour assaisonner le bœuf bouilli, à la manière de la moutarde ; telle est l'origine du nom qu'on lui a donné de *Moutarde de Capucin*.

Le *Cochléaria armoracia* est un des antiscorbutiques les plus puissants que nous ayons. On le fait entrer dans un grand nombre de préparations pharmaceutiques, comme le sirop antiscorbutique, et autres médicaments similaires. L'huile volatile qui se produit dans la racine de Raifort est sulfurée, ce qui la rend anticatarrhale. Comme rubéfiant, on peut substituer la racine de Raifort à la Moutarde.

III — LES SISYMBRIÉES — *SISYMBRIEÆ*

Silique étroite, allongée ; graines ordinairement unisériées ; cotylédons incombants.

LES JULIENNES — *HESPERIS*

Étymologie. — Du grec *Espera*, soir ; lorsque vient le soir les fleurs répandent une délicieuse odeur.

Caractères. — Plantes herbacées bisannuelles ou vivaces, à feuilles entières, dentées ou

Fig. 210. — Julienne des jardins (*H. matronalis*, var. *candidissima nana*).

Fig. 211. — Julienne de Mahon (*Hesperis maritima*).

lyrées. Grandes fleurs souvent versicolores et le plus souvent odorantes. Sépales latéraux bossus à la base, pétales onguiculés ; siliques allongées cylindriques ou tetragonales ; stigmate divisé en deux lobes elliptiques dressés· Graines nombreuses marginées ou non.

Distribution géographique. — Une vingtaine d'espèces constituent le genre *Hesperis*, et habitent l'Europe, l'Asie Mineure, la Perse et la Sibérie.

Usages. — Quelques Juliennes sont cultivées comme plante d'ornement.

La plus commune est la JULIENNE DES JARDINS (*H. matronalis*), connue sous le nom de Girarde commune. Elle croît par toute la France, à peu près, dans les bois, les haies et les buissons. C'est une plante vivace de 1 mètre de haut environ, aux feuilles un peu rudes au toucher, arrondies à la base, finement dentées. Du mois de mai au mois de juillet, apparaissent de longues grappes de fleurs odorantes, violettes dans le type, rappelant celles de la Giroflée. On en a produit par la culture plusieurs variétés doubles, fort estimées dont les fleurs varient comme coloris du blanc au violet et au rouge. Ce sont des plantes très rustiques, prospérant dans tous les sols et que l'on multiplie au printemps par division des touffes.

La Julienne des jardins (fig. 210) est une excellente plante de plate-bande, qu'il ne faut

pas confondre à cause de la similitude de noms avec la Julienne jaune ou Girarde jaune qui n'est autre que l'herbe de la Sainte-Barbe (*Barbarea vulgaris*), plante indigène, qui par la culture donne une variété à fleurs doubles jaunes estimée pour la décoration des jardins.

Sous le nom de GIROFLÉE DE MAHON (fig. 211

Fig. 212. — Fleur de *Hesperis maritima*.

et 212), on cultive encore comme Crucifère ornementale une autre espèce de Julienne (*Hesperis maritima*), qui se distingue de la Julienne des jardins principalement par son port. Cette plante annuelle forme de petites touffes basses, de 0m,25 de hauteur au plus, très fréquemment employées dans les jardins pour la plantation des massifs, et surtout pour faire des bordures. En juin-juillet, apparaissent les fleurs roses ou violettes. La Giroflée de Mahon se recommande comme plante de jardin, par sa rusticité et la rapidité de sa croissance.

LES SISYMBRES — *SISYMBRIUM*

Caractères. — Plantes herbacées annuelles ou vivaces, glabres, velues ou tomenteuses. Rosette de feuilles radicales à la base de la tige, qui porte des feuilles éparses, souvent amplexicaules, entières ou diversement découpées. Grappes de fleurs le plus souvent jaunes, parfois, aussi blanches ou roses. Sépales égaux à la base ou les latéraux un peu bossus, pétales longuement onguiculés. Silique linéaire cylindrique ou comprimée, à stigmate simple ou bilobé. Graines ordinairement unisériées ou plus rarement bisériées.

Distribution géographique. — Le genre *Sisymbrium* comprend environ 30 espèces, habitant les régions tempérées du globe entier ainsi que l'Afrique tropicale. La plupart d'entre elles sont de l'Europe moyenne et australe ; elles sont également très répandues en Sibérie, en Inde, dans l'Asie occidentale : elles sont beaucoup plus rares en Amérique, et on n'en connaît qu'un petit nombre dans l'hémisphère austral. Une douzaine à peu près se rencontrent en France.

LE SISYMBRE OFFICINAL — *SISYMBRIUM OFFICINALE*

Noms vulgaires. — Vélar ou Herbe aux chantres.

Caractères. — C'est une plante de 30 à 80 centimètres de haut, plus ou moins velue, à tige dressée, laineuse vers le haut, à feuilles pétiolées, à fleurs petites et jaunes (fig. 213).

Distribution géographique. — Elle croît dans toute l'Europe ; on la rencontre communément dans tous les lieux secs, tels que haies, décombres, champs incultes, bords des chemins, etc., où elle fleurit pendant l'été.

Usages. — Le nom d'*Herbe aux chantres*, qu'on a donné au Sisymbre officinal vient de ce que cette plante a joui autrefois, dans la médecine populaire, d'un grand renom comme pectoral : on l'administrait contre l'enrouement et l'extinction de voix. Aujourd'hui le *Sisymbrium officinale* est sans usage dans la thérapeutique moderne.

Signalons encore le *Sisymbrium alliaria*, ou ALLIAIRE, à fleurs blanches et feuilles en forme de cœur qui, froissées, répandent une odeur d'ail, et le *Sisymbrium sophia*, à feuilles très découpées en segments linéaires étroits, un peu velues et à petites fleurs jaunâtres. Son nom de *Sagesse des chirurgiens* lui a été

donné pour les vertus qu'on lui a attribuées dans la guérison d'un grand nombre de maladies, en particulier des plaies et des ulcères.

Le *Sisymbrium austriacum* est très intéressant par sa distribution géographique en France. C'est une plante alpine, que l'on recueille facilement dans les Alpes du Dauphiné et de Provence, le Jura et les Pyrénées, dans les lieux pierreux. Dans l'Ouest, au contraire, on ne la rencontre qu'exceptionnellement : sur les rochers de la Gironde, de Saint-Sernin,

Fig. 213. — Sisymbre officinal (*Sisymbrium officinale*).

aux Monnards et à Mortagne, dans la Charente-Inférieure. De plus, on trouve le *Sisymbrium austriacum* en grande abondance sur les murs de la ville de Rennes. C'est après l'incendie de cette ville, que la démolition des maisons a fait apparaître sur les murs et les cheminées, ce végétal étranger au pays qui y devient de plus en plus commun.

IV — LES CAMÉLINÉES — *CAMELINEÆ*

Silicule ; graines bisériées ; cotylédons incombants.

LES CAMÉLINES — *CAMELINA*

Caractères. — Les Camélines, qui ont donné leur nom à la tribu des Camélinées, sont des herbes annuelles, qui vivent en Europe et dans l'Asie occidentale.

La seule espèce nettement définie est la CAMÉLINE CULTIVÉE (*Camelina sativa*).

C'est une plante annuelle à la tige ramifiée de 0m,50 à 1 mètre de haut, dont les feuilles supérieures amplexicaules et auriculées par le bas sont molles et un peu velues et qui porte, vers les mois de juin et de juillet, des grappes terminales de fleurs jaunes. A ces fleurs succèdent des siliques fort courtes, supérieurement renflées en forme de poire et surmontées par le style persistant.

Distribution géographique. — La Caméline cultivée croît spontanément dans les moissons de l'Europe moyenne et méridionale, de l'Orient et de la Sibérie.

Usages. — On la cultive, comme plante oléagineuse dans l'Est de la France, en Allemagne et dans tout le Nord de l'Europe. Un des grands avantages de la Caméline, est la rapidité de sa croissance et surtout d'être un des végétaux oléagineux, qui occupent le moins longtemps le sol. On sème en mai ou en juin et on récolte 3 mois après. Comme cette plante peut facilement se semer tard avec chance de succès, on l'utilise en plusieurs pays, pour remplacer le Colza d'hiver ou le Lin, lorsque ceux-ci ont été détruits.

Les graines très petites et rougeâtres donnent de l'huile par expression : on obtient alors un liquide jaune d'or clair, inodore, d'une saveur d'ail prononcée. Les tourteaux rougeâtres, peuvent en être utilisés pour l'engraissement des volailles et en particulier des oies.

Lorsque l'huile de Caméline est récente et bien préparée, elle est comestible ; dans le Nord, on l'emploie surtout pour l'éclairage en la mélangeant avec l'huile de Colza ; lorsqu'elle est fraîche, elle brûle en ne dégageant que très peu de fumée, et constitue alors un bon combustible ; lorsqu'elle est vieille ou mal préparée, elle en dégage beaucoup et brûle mal.

V — LES BRASSICÉES — *BRASSICEÆ*

Silique (ou Silicule) déhiscente dans toute sa longueur ou au sommet seulement ; cotylédons condupliqués, c'est-à-dire repliés sur eux-mêmes dans le sens de la longueur de façon à former une gouttière à l'intérieur de laquelle vient se loger la radicule.

LES CHOUX — *BRASSICA*

Caractères. — Les Choux sont des plantes herbacées annuelles, bisannuelles ou vivaces, ordinairement glabres et glauques, à feuilles radicales pinnatifides, pétiolées, à fleurs jaunes ou plus rarement blanches, disposées en grappes. Sépales dressés ou plus ou moins étalés, égaux ou les latéraux un peu bossus à la base. Le fruit est une silique allongée, linéaire, cylindrique, quelquefois très légèrement comprimée perpendiculairement à la cloison : les valves sont convexes et portent dorsalement une seule nervure. Stigmate tronqué ou bilobé. Graines unisériées subglobuleuses.

Distribution géographique. — Le nombre des espèces appartenant au genre *Brassica* est de 85 environ. Dans ce nombre sont comprises des plantes, dont plusieurs auteurs ont formé des genres distincts comme, par exemple, les Moutardes, dont on a fait le genre *Sinapis*, mais qui doivent être considérées comme ne s'écartant point génériquement des *Choux*. Le genre *Brassica* est très abondamment représenté dans toute la région Méditerranéenne et se retrouve dans l'Asie tempérée et l'Afrique australe. On ne le connaît qu'à l'état cultivé en Australie et en Amérique.

Usages. — Les Choux proprement dits (en mettant à part les Moutardes qui se rattachent au genre *Brassica* par les caractères botaniques mais s'en éloignent par les usages et les propriétés), sont des plantes alimentaires par suite de la mise en réserve de sucs nourriciers dans certaines parties de la plante. Parmi les nombreuses espèces et variétés de Choux qui sont cultivés dans nos potagers ou en grande culture, on peut trouver toutes les dispositions possibles de localisation des réserves nutritives dans les diverses parties de la plante. Ce sont les feuilles qui sont alimentaires chez les Choux pommés ou les Choux verts ; ce sont les inflorescences, chez les Choux-fleurs et les Brocolis ; le bas de la tige chez le Chou-rave ; la racine chez le Navet ; etc...

Parmi les nombreuses espèces que l'on rattache au genre *Brassica*, nous n'indiquerons ici que celles qui présentent un certain intérêt au point de vue alimentaire ou industriel. Par la culture, ces espèces ont donné naissance à un grand nombre de variétés et de races qui, au premier abord, semblent très différentes par leur port et par leur appareil végétatif. Voici quelles sont ces espèces, ainsi que leurs principales variétés cultivées.

1° *Brassica oleracea*
- a. *bullata*, Choux pommés ou cabus.
- b. *capitata*, Choux do Milan.
- c. *acephala*, Choux verts non pommés.
- d. *botrytis*, Choux-fleurs.
- e. *caulo-rapa*, Choux-raves.

2° *Brassica napus*...
- a. *esculenta*, Choux navet.
- b. *oleifera*, Colza.

3° *Brassica rapa*...
- a. *esculenta*, Navet.
- b. *oleifera*, Navette.

LE CHOU POTAGER — *BRASSICA OLERACEA*

Cette espèce a donné naissance à un si grand nombre de variétés de formes et de qualités diverses, qu'il est très difficile aujourd'hui de se faire une idée exacte de la forme primitive. On rencontre cependant encore, à l'état sauvage, sur les côtes de l'Europe septentrionale, un Chou caractérisé par sa tige dressée, lisse et rameuse à feuilles charnues insensiblement décroissantes éparses le long de la tige et non comestibles ; les fleurs sont jaune pâle. D'après de Brébisson, on rencontrerait en France le Chou, à l'état subspontané, sur les falaises du Tréport et de Dieppe.

Les variétés cultivées se rapportant à l'espèce *Brassica oleracea* sont très nombreuses et présentent les plus grandes variations de forme.

Usages. — Tous les Choux sont alimentaires pour l'homme ou les animaux.

Autrefois on a fait grand cas du Chou, auquel on attribuait des propriétés vraiment miraculeuses pour la guérison de toutes sortes de maladies : on sait l'enthousiasme que les anciens professaient pour ce légume, auquel ils prêtaient à la fois le pouvoir de préserver de la peste, guérir les ulcères, dissiper l'ivresse, donner du lait aux nourrices, faciliter l'accouchement, rendre les viandes digestibles, etc. Les anciens juraient par le Chou ; Caton en faisait une panacée ; le philosophe Chrysippe lui avait même consacré tout un volume.

Aujourd'hui le Chou doit être simplement considéré comme une plante alimentaire. Seul, le Chou rouge est employé en pharmacie, pour faire le sirop qui porte son nom.

Les Choux peuvent jusqu'à un certain point être rattachés à la catégorie des plantes ornementales. Certaines variétés de *Brassica oleracea* sont particulièrement remarquables par la forme des feuilles, chagrinées, découpées, incisées ou crépues, ainsi que par le coloris qui peut passer du rose au pourpre violet. Les plus distingués comme feuillage, cultivés en caisses ou en pots, peuvent parfois rendre service pour décorer des péristyles.

Au point de vue alimentaire, on peut diviser les Choux potagers en cinq sections.

1° Chou cabus ou Chou pommé (*Brassica oleracea bullata*). Dans cette variété, les réserves nutritives s'accumulent dans les feuilles qui, concaves, non découpées s'imbriquent les unes

au-dessus des autres et restent serrées de façon à donner une tête globuleuse à l'extrémité de la tige généralement courte (fig. 214). C'est ce qu'on appelle la *pomme du Chou*. Les feuilles extérieures sont dures et vertes ; celles du centre blanches, très tendres par étiolement. Lorsqu'on laisse le Chou achever sur pied son évolution, les réserves nutritives entassées dans les feuilles sont utilisées pour le développement de la tige et de l'inflorescence. On obtient ainsi les graines pour le semis. C'est avant la floraison, lorsqu'elles sont très déve-

Fig. 214. — Chou cœur de Bœuf.

loppées qu'on coupe les pommes qui servent à l'alimentation de l'homme.

Les variétés de Choux pommés sont très nombreuses : il y en a de très hâtives, d'autres le sont moins, d'autres enfin ne se forment qu'à l'arrière-saison et sont précieuses pour l'hiver. En voici quelques-unes parmi celles qui possèdent les meilleures qualités, classées par ordre de précocité : *Choux-Express, d'York, Joanet (Nantais), Cœur de Bœuf* (fig. 214), *Non pareil, de Saint-Denis, de Brunswick à pied court, de Noël*, etc.

Les Choux doivent être semés à des époques différentes suivant qu'ils sont hâtifs ou tardifs. Les Choux de printemps doivent être semés à la fin d'août, ceux d'été et d'automne en mars-avril, ceux d'hiver en mai-juin. On sème en pépinière et on repique en place, lorsque le plant est suffisamment développé.

2° Chou de milan ou Chou frisé (*Brassica oleracea capitata*). Dans cette variété, les feuilles sont tout d'abord réunies en tête sur le jeune

Fig. 215. — Chou de Milan (*Brassica oleracea capitata*)

Fig. 216. — Chou de Bruxelles.

pied, mais elles s'étalent ensuite (fig. 215); elles ne sont d'ailleurs point entières comme celles des Choux pommés, mais lobées et déchiquetées. Ces feuilles ordinairement vertes, peuvent être rouges ou panachées.

Les Choux de Milan et les Choux frisés comprennent un grand nombre de variétés utilisées pour l'alimentation de l'homme. Parmi celles-ci, les principales sont : les *Choux de Milan, de la Saint-Jean, des Vertus*, le *Chou à grosses côtes*, les divers *Choux frisés*, etc.

A cette catégorie, on rattache les CHOUX DE BRUXELLES. Ici ce ne sont pas les feuilles qui sont comestibles, mais les bourgeons latéraux qui deviennent un réservoir où s'accumulent les sucs nourriciers de la plante (fig. 216). Selon l'époque du semis, on récolte le Chou de Bruxelles à l'automne ou à l'hiver.

A côté de la variété ordinaire très recommandable, il en existe d'autres plus petites, telles que le Chou de Bruxelles nain et le Chou de Bruxelles demi-nain, variété ne dépassant pas 65 centimètres de haut, très rustique et excessivement productive.

3° CHOUX VERTS NON POMMÉS (*Brassica oleracea acephala*). On les appelle encore *Choux fourragers* ou *Choux à vaches*. Ces variétés à feuilles ondulées, plissées, quelquefois dédoublées ; ne formant pas de tête à tige généralement élevée, sont de précieuses plantes fourragères qui réussissent parfaitement bien dans les régions de l'Ouest du Centre et du Nord de la France. Leurs feuilles mélangées au foin forment une excellente nourriture pour le bétail. On ne connaît peut-être pas de plantes fourragères pouvant donner par hectare une masse herbacée plus grande que celle fournie par les Choux fourragers dans une terre convenablement fumée.

Les quatre variétés cultivées qui se rattachent à cette catégorie sont :

1° *Le Chou branchu* ou *Chou du Poitou*, appelé encore *Chou à mille têtes*, cultivé sur une grande échelle, dans les départements de l'Ouest; c'est le plus productif de tous.

2° *Le Chou cavalier* ou *Chou en arbre*, très rustique, à tige toujours élevée.

3° *Le Chou moellier*, à très larges feuilles, à tige renflée dans sa partie médiane; c'est le moins rustique des Choux à bestiaux.

4° *Le Chou Caulet de Flandre* ou *Chou cavalier rouge*; plus productif que le Chou cavalier ordinaire auquel il ressemble beaucoup, s'en distinguant principalement par la couleur rougeâtre de ses pétioles. Cette variété est très cultivée dans le Nord où elle réussit bien.

4° CHOUX-FLEURS ET BROCOLIS (*Brassica oleracea*

Fig. 217. — Chou-fleur (*Brassica oleracea botrytis*).

Fig. 218. — Chou-rave (*Brassica oleracea caulo-rapa*).

botrytis). Dans les Choux-fleurs (fig. 217), c'est l'inflorescence tout entière qui devient comestible; les réserves alimentaires s'accumulent dans les pédoncules floraux et dans les fleurs, avant leur épanouissement, pressées les unes contre les autres en un corymbe serré. Les Choux-fleurs prospèrent principalement dans les pays où l'atmosphère est humide et où la température moyenne est plus élevée que celle des environs de Paris. Tel est le cas de la Bretagne, qui fournit, à elle seule, la plus grande partie des Choux-fleurs consommés à Paris. A Roscoff, en particulier la culture des Choux-fleurs est surtout productive à clause du climat exceptionnel de cette partie de la Bretagne.

Le *Chou brocoli* remplace le Chou-fleur au printemps ; cette variété se distingue de la précédente par ses pédoncules moins épais, plus allongés et non serrés en un corymbe.

5° CHOU-RAVE (*Brassica oleracea caulo-rapa* ou *B. oleracea gongyloïdes*). Dans cette variété qui se rattache aux Choux précédents par ses caractères botaniques l'accumulation des sucs nourriciers se fait à la base de la tige, au-dessus de terre (fig. 218). On voit la tige de cette plante se terminer à sa partie inférieure par une sorte de grosse rave (d'où le nom de Chou rave) sortant du sol et non enfouie, portant sur ses flancs des cicatrices qui montrent après la chute des feuilles que des pétioles s'inséraient là que, par conséquent, le renflement alimentaire provient de la tige et non de la racine. Les Choux-raves, jeunes, à demi-formés, sont des légumes très délicats.

Parmi les meilleures variétés on peut citer le *Chou-rave blanc hâtif de Vienne* et le *Chou-rave violet hâtif de Vienne*, etc.

Maladies des Choux. — Les Choux sont exposés à de nombreuses maladies dues à la présence d'insectes ou de champignons parasites.

Les principaux insectes nuisibles pour les Choux sont :

Le Charançon du Chou (*Ceutorynchus sulcicolis*), coléoptère qui ronge les feuilles et les fleurs et dont la femelle pique la racine pour y déposer ses œufs. Cette piqûre occasionne une sorte de galle où se développera la larve (fig. 219 à 221).

La Noctuelle du Chou (*Mamestra brassicæ*), dont les chenilles percent les feuilles des choux et pénètrent au cœur de la plante. Ce sont surtout les choux cabus qui sont ainsi attaqués (fig. 222 et 223).

La noctuelle potagère (*Hadena oleracea*), qui s'attaque non seulement au chou, mais à presque toutes les plantes potagères.

Fig. 219.   Fig. 220.   Fig. 221.

Fig. 222.

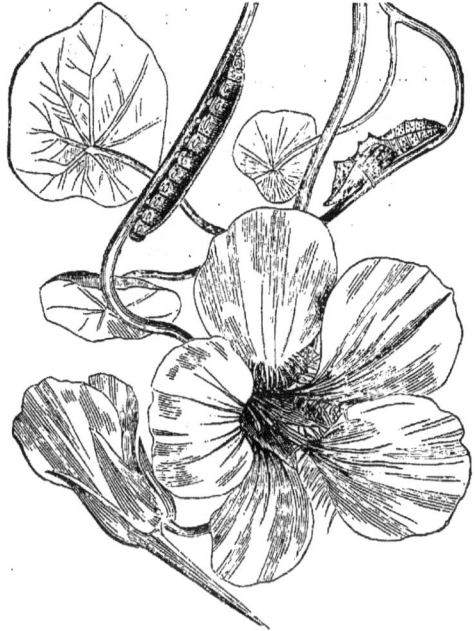

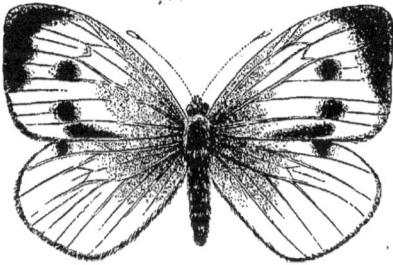

Fig. 224.   Fig. 226.

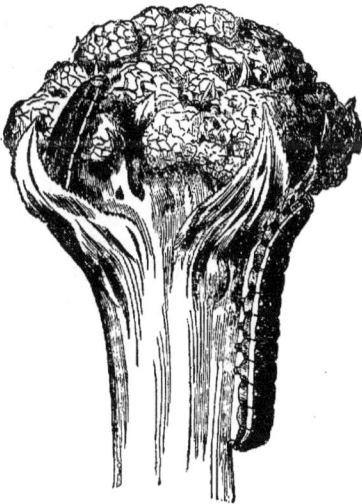

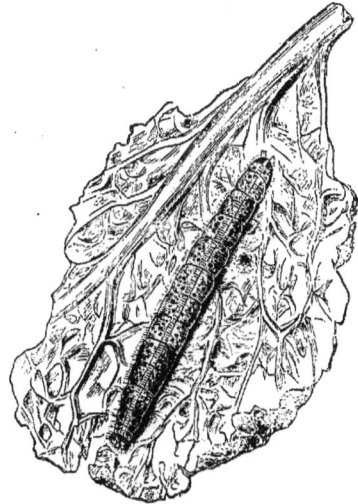

Fig. 223.   Fig. 225.

Fig. 219 et 220. — Ceuthorynque du Chou.
Fig. 221. — Galle produite par le Ceuthorynque.
Fig. 222. — Noctuelle du Chou.
Fig. 223. — Chenilles de la noctuelle dévorant une tête de Chou-fleur.

Fig. 224. — Piéride du Chou.
Fig. 225. — Chenille de la Piéride du Chou dévorant une feuille.
Fig. 226. — Chenille de la petite Piéride du Chou sur une feuille de Capucine.

Fig. 219 à 226. — Insectes parasites des Choux.

Le grand et le petit papillon du chou (*Pieris brassicæ* et *P. rapæ*) (fig. 224 à 226).

La Punaise du chou (*Pentatoma ornata*) et le puceron du chou (*Aphis brassicæ*) qui sucent la sève des feuilles.

La mouche du chou (*Anthomya brassicæ*) qui s'attaque aux feuilles, etc.

Un des principaux champignons parasites des choux est le *Cystopus caudidus*, dont le mycelium se développe dans les feuilles.

LES CHOUX-NAVETS ET LES NAVETS — *BRASSICA NAPUS ESCULENTA* — *BRASSICA RAPA ESCULENTA*

Caractères. — Les Choux-navets (fig. 227) et les Navets (fig. 228 et 229), se distinguent principalement des Choux-raves, variété cultivée du *Brassica oleracea* en ce que la réserve nutritive qui en forme la partie alimentaire, s'accumule dans la racine et non dans la base de la tige, ainsi que nous l'avons dit plus haut pour le Chou-rave.

On rapporte les Choux-navets et les Navets à deux espèces distinctes du genre *Brassica*, parce que chez le Chou-navet (*Brassica napus*), toutes les feuilles sont dépourvues de poils, alors qu'elles sont poilues, au moins les inférieures, chez les Navets proprement dits (*B. rapa*).

Usages. — Les Navets (*B. rapa esculenta*) produisent des racines charnues comestibles, peu nutritives mais de saveur agréable, qui sont fort estimées pour la nourriture de l'homme, et se cultivent en grand pour le bétail. Les Navets sont peut-être une des racines alimentaires les plus goûtées des animaux de ferme. Ils donnent aux bêtes à corne un lait abondant et un beurre assez bon, lorsqu'ils sont sains et distribués en quantité raisonnable. Les bêtes à laine s'en montrent très friandes.

Ils réclament surtout pour réussir, un climat brumeux, un terrain sec et un ciel humide; aussi en cultive-t-on de grandes quantités en Bretagne et en Normandie.

Au point de vue alimentaire, on divise les Navets, d'après la consistance de leur chair, en Navets secs, tendres et demi-tendres.

Les Navets secs sont ceux qui ont la chair fine, ne se délayant pas par la cuisson : ce sont les plus estimés pour l'usage de l'homme : tels sont les *Navets de Freneuse*, secs, longs, sucrés, demi-hâtifs ; les *Navets de Berlin*, secs, piriformes, de qualité supérieure; les *Navets*

de Meaux, blancs, demi-secs, excellents pour l'hiver, etc.

Les Navets tendres ont la chair molle ; d'une saveur moins recherchée que les Navets secs, ils ont sur eux l'avantage d'être plus précoces et de s'accommoder mieux de toute espèce de terrain. Les variétés les plus recommandables sont : le *Navet des Vertus* (fig. 229), cylindrique et très blanc, le *Navet gros, long, d'Alsace*, à collet vert, remarquable par son volume, meilleur pour les bestiaux que pour l'homme, le *Navet rose du Palatinat*, long, blanc, à collet rose, très tendre et très doux, etc.

Les Navets demi-tendres, forment pour ainsi dire le passage entre les deux catégories précédentes. Les plus estimés d'entre eux sont le *jaune de Hollande*, à écorce et à chair jaunes, le *jaune d'Écosse*, le long *noir d'Alsace*, etc.

Les Choux-navets et les Rutabagas qui appartiennent à l'espèce *Brassica napus*, sont d'excellents légumes-racines, remplaçant avantageusement les Navets pendant l'hiver. Ils conviennent également bien aux bestiaux. Tous les ruminants aiment les Rutabagas, dont les propriétés sont d'ailleurs très favorables à l'industrie agricole. Les vaches qui en consomment donnent un beurre excellent et les bêtes à l'engrais profitent en poids et en qualité.

LE COLZA — *B. NAPUS OLEIFERA*

Caractères. — Le Colza appartient à la même espèce du genre *Brassica*, que les Choux-navets et les Rutabagas, et ne s'en distingue guère que par sa racine grêle fusiforme, rarement renflée et non charnue. Cette plante herbacée, dont les tiges s'élèvent à une hauteur de 30 à 50 centimètres environ, est cultivée activement dans le Nord et l'Est de la France, ainsi qu'en Allemagne et en Belgique.

Usages. — On peut l'utiliser comme fourrage pour la nourriture des bestiaux, mais sa principale utilité réside en ce que l'on peut extraire des graines une huile bien connue sous le nom d'*huile de Colza*, et utilisée comme huile d'éclairage. La fabrication de cette huile est une source d'abondants produits pour les régions où l'on cultive le Colza. Avec les tourteaux, on nourrit le bétail et l'on confectionne des engrais.

Il existe deux variétés connues de Colza : l'une, désignée sous le nom de *Colza d'hiver*, se sème au mois de juillet pour se récolter

Fig. 227. — Chou-navet.   Fig. 228. — Navet rouge plat hâtif,   Fig. 229. — Navet des Vertus
à feuilles entières.   var. Marteau.

en avril suivant. Ses fleurs sont jaunes. Elle est plus productive que le Colza d'été, mais sa culture n'est réellement avantageuse que dans un terrain frais et substantiel, aussi lui substitue-t-on, dans certains cas, le *Colza d'été* ou *Colza de mars*, à fleurs blanches que l'on sème au printemps, et qui réussit dans des terrains où le Colza d'hiver ne pousserait pas.

LA NAVETTE — B. RAPA OLEIFERA

Caractères. — La Navette est un *Brassica rapa* comme le Navet, dont elle est très voisine et dont elle ne se distingue que par sa racine grêle et non charnue.

Comme pour le Colza, il en existe deux variétés, l'une d'été, l'autre d'hiver, presque exclusivement employée, car c'est de beaucoup la plus productive. Cependant, comme elle souffre parfois des rigueurs de l'hiver, on doit alors la remplacer par la Navette d'été.

Usages. — Les graines du *Brassica rapa oleifera* sont oléagineuses comme celles du Colza ; on en extrait l'huile de Navette, douce et comestible. Exposée à l'air, elle s'oxyde tout en restant liquide ; elle rancit. C'est donc une huile non siccative comme les huiles d'olive, de noisette, d'amandes douces, etc., alors que les huiles d'œillette, de ricin, de lin, etc., sont des huiles siccatives, puisqu'elles s'épaississent à l'air.

LES MOUTARDES — *BRASSICA (SINAPIS)*

Caractères. — Parmi les plantes bien connues sous le nom de Moutardes, dont les graines entrent dans la composition d'un condiment universellement utilisé, la plus importante de toutes, tant au point de vue des propriétés que des usages qu'on en retire, la Moutarde noire, doit être rapportée au genre *Brassica*, dont elle a les siliques à valves convexes munies dorsalement d'une seule nervure carénée.

Les autres Moutardes, dont on a fait le genre *Sinapis*, s'en distinguent par leurs siliques, dont les valves ont trois nervures, droites, égales et rapprochées.

Pour plusieurs auteurs toutefois, tous les *Sinapis* ne doivent former qu'une simple section des *Brassica*.

Distribution géographique. — Les Moutardes sont des plantes herbacées, qui croissent en Europe et en Asie.

Usages. — Les deux plus importantes par leurs applications médicinales et alimentaires sont la Moutarde noire et la Moutarde blanche, toutes deux indigènes.

LA MOUTARDE NOIRE — BRASSICA NIGRA

Syn. — *Sinapis nigra, Melanosinapis communis.*

Caractères. — La Moutarde noire (fig. 230) est une herbe annuelle à tige rameuse pouvant atteindre jusqu'à 1 mètre de hauteur, un peu poilue et rude au toucher. Les feuilles alternes sont toutes pétiolées ; les inférieures lyrées et dentées, couvertes de poils rudes, les supérieures entières et glabres. Les fleurs petites et de couleur jaune forment des grappes, qui commencent à s'épanouir vers le mois de juin, et durent jusqu'au mois d'août. Les siliques, dressées et appliquées contre la tige, sont courtes, tétragonales au sommet, et se terminent par un style en forme de bec, plus court que la Silique elle-même. Les graines, qui y sont contenues sur deux séries, sont noires et

Fig. 230. — Moutarde noire (*Brassica nigra*).

alvéolées, parfois recouvertes d'un enduit blanchâtre.

Distribution géographique. — La Moutarde noire vit à l'état sauvage dans les champs, les endroits pierreux et les décombres. On la trouve dans toute l'Europe, mais elle est un peu plus abondante au nord qu'au midi. Elle habite aussi le nord de l'Afrique, l'Asie-Mineure, le Caucase, l'Inde et la Sibérie. On la cultive activement dans certains pays comme par exemple, en Flandre, en Picardie et en Alsace. La récolte de la Moutarde se fait au mois de septembre, lorsque la plante commence à jaunir : on l'arrache alors et l'on sépare les graines en les battant avec des baguettes, de façon à ne point les écraser.

Propriétés. — Si l'on réduit en farine les graines de Moutarde, et qu'on mette ensuite cette farine en présence de l'eau froide ou tiède, on constate la présence d'une huile

essentielle volatile, très âcre, qui, au point de vue de la composition chimique, est un sulfocyanure d'allyle. C'est ce qu'on appelle l'*essence de Moutarde*. Cette essence ne préexiste pas toute formée dans la graine, mais se produit par dédoublement d'une sorte de glycoside alcalin, le *myronate de potasse*, sous l'action d'une substance albuminoïde particulière, la *myrosine* qui agit à la façon d'un ferment. Myrosine et myronate de potasse sont même contenus dans des cellules distinctes : dans le parenchyme huileux des cotylédons et de l'axe embryonnaire, on trouve des cellules spéciales différant un peu des voisines par la forme et les dimensions, et qui sont remplies d'une substance albuminoïde qu'on ne rencontre pas dans les autres tissus dont elles font partie (Guignard) (1). Lorsque la graine de Moutarde contusée et pulvérisée est traitée par l'eau froide ou tiède, la myrosine, mise en présence du myronate de potasse, agit sur lui à la façon d'un ferment soluble pour le dédoubler en sulfocyanure d'allyle, glycose et sulfate acide de potasse.

Une réaction analogue se manifeste d'ailleurs dans les mêmes conditions soit avec les graines, soit avec les divers tissus d'un grand nombre d'autres espèces de Crucifères et des plantes appartenant à d'autres familles encore ; seulement les produits de dédoublement varient suivant les cas.

Usages. — La graine de Moutarde noire est employée en médecine, sous forme de sinapisme comme excitant énergique de la peau. On appelle *sinapismes* un cataplasme fait avec de la farine de Moutarde et de l'eau tiède, que l'on applique en un point du corps de la peau, en particulier sur les membres inférieurs, lorsqu'il s'agit de faire circuler le sang dans les cas où le liquide tend à affluer au cerveau. L'eau doit être tiède et non chaude ; l'eau chaude, ayant pour effet de coaguler la myrosine, fait perdre au sinapisme la plus grande partie de ses vertus en empêchant la production d'essence de Moutarde ; il en est de même du vinaigre, dont certaines personnes humectent, à tort, les sinapismes, croyant en augmenter ainsi les effets bienfaisants, et qui est au contraire nuisible. Les sinapismes ou moutarde en feuilles, sont des sinapismes prêts à l'avance sur une feuille de papier qu'il n'y a plus qu'à humecter. On emploie encore la

(1) Guignard, *Comptes rendus de l'Acad. des sciences*, 1890, t. CXI, p. 249.

farine de Moutarde sous forme de bains de pieds, ou tout simplement pour en saupoudrer des bas ou des chaussettes, chez les gens qui ont habituellement les pieds froids.

Avec les graines de Moutarde, on fabrique un condiment bien connu. Lorsqu'on en use avec modération, il agit comme excitant et augmente le pouvoir digestif. La Moutarde de nos tables se fabrique au moyen des graines broyées et délayées dans du vinaigre; on aromatise avec certaines plantes. La farine de Moutarde, qui sert à cet usage, est un mélange de Moutarde noire et de Moutarde blanche.

LA MOUTARDE BLANCHE — *BRASSICA ALBA*

Synonymie. — *Sinapis alba*, *Leucosinapis alba*.

Caractères. — La Moutarde blanche (fig. 231) se distingue surtout, des autres Mou-

Fig. 231. — Moutarde blanche (*Brassica alba*).

tardes par ses fruits très étalés, aux valves à trois nervures, ne contenant qu'un petit nombre de graines et terminés par un style plus long que la silique elle-même, persistant, un peu recourbé, atténué seulement au sommet. C'est une plante annuelle de 50 centimètres de haut à peu près, à la tige dressée et rameuse, aux feuilles toutes pétiolées et profondément découpées, les supérieures comme les inférieures. Elle fleurit en juin-juillet.

Distribution géographique. — La Moutarde blanche croît dans les champs cultivés, où elle n'est que trop abondante, dans presque toutes les contrées tempérées de l'Europe. Sa présence dans les moissons, lorsqu'elle est en trop grande quantité, fait le désespoir des cultivateurs, qui ne connaissent guère de moyen pratique de s'en débarrasser. Dans quelques pays, on cultive la Moutarde blanche à cause des graines, ou bien encore comme fourrage vert pour les animaux. Dans certaines régions, on a coutume d'en ensemencer les champs de céréales immédiatement après la moisson, à cause de la rapidité de sa croissance.

Usages. — Les graines de Moutarde blanche se rapprochent beaucoup de celles de Moutarde noire. Cependant, broyées avec de l'eau tiède, elles ne fournissent pas d'huile essentielle, mais un principe âcre, onctueux. Malgré l'absence d'huile essentielle, elles agissent sur la peau à la façon d'un stimulant énergique.

On les emploie surtout prises à l'état interne, par cuillerées, principalement contre la constipation. Sous cette forme, c'est un remède très populaire, mais il ne faudrait pas en abuser, sous peine de provoquer une inflammation du tube digestif.

LES ROQUETTES — *ERUCA*

Caractères. — On classe dans le genre *Eruca* des plantes très voisines des *Brassica*, dont elles ont les fleurs et les graines à cotylédons condupliqués et bilobés au sommet, mais dont elles se distinguent principalement par des siliques courtes et épaisses, par un ample style ensiforme, ainsi que par les graines disposées en deux séries, alors qu'elles sont ordinairement unisériées chez les *Brassica*. Ce sont des herbes annuelles, à feuilles alternes, pinnatilobées, et à fleurs disposées en grappes élégantes.

Distribution géographique, — On en connaît actuellement 3 espèces, qui vivent en Europe et dans l'Asie occidentale et une dans l'Afrique boréale.

LA ROQUETTE CULTIVÉE — *ERUCA SATIVA*

C'est une plante annuelle herbacée, de 20 à 60 centimètres de haut, à la tige simple, légèrement velue et ramifiée à sa partie supérieure, aux feuilles presque glabres, profondément divisées en lobes inégaux, aux fleurs blanches ou jaune pâle, striées de veines brunes, qui croît à l'état spontané dans les champs incultes de l'Europe méridionale, en Espagne, en Italie, en Suisse, en Autriche, dans le Midi de la France.

Elle possède une odeur forte et désagréable et une saveur piquante.

On la regarde comme antiscorbutique. On en fait usage en Italie pour assaisonner les salades.

La propriété aphrodisiaque de la Roquette était connue et fameuse dans l'antiquité. Attestée par les médecins, elle l'est même encore dans les écrits des poètes. De là vient que l'un d'eux lui attribue de pouvoir exciter à l'amour les maris tardifs :

Excitat ad Venerem tardos Eruca maritos.

Martial célèbre aussi cette plante qui rallume les flammes éteintes de Vénus. Ovide prescrit parmi les remèdes de l'amour d'éviter avec soin la Roquette lascive. Un poète italien décrivant les allées qui conduisent au temple de Gnide fait un long panégyrique de la Roquette, parmi les Roses et les fleurs de toutes espèces, dont il suppose que Vénus a semé ces riantes avenues.

SÉRIE B

Silicule, déhiscente dans toute sa longueur, valves très concaves, comprimées perpendiculairement à la cloison, qui est alors beaucoup plus étroite que les valves.

VI — LES LÉPIDINÉES — *LEPI-DINEÆ*

Cotylédons généralement incombants, quelquefois condupliqués longitudinalement ou enroulés sur eux-mêmes.

LES PASSERAGES — *LEPIDIUM*

Étymologie. — La grande Passerage (*L. latifolium*) passait autrefois pour guérir la rage.

Caractères. — Plantes herbacées ou parfois sous-frutescentes, glabres ou pubescentes, à feuilles de forme variable ; les fleurs disposées en grappes terminales ou corymbes sont petites et jaunes. Les fruits sont des silicules ne contenant qu'une ou deux graines.

Distribution géographique. — On a décrit près d'une centaine d'espèces distinctes appartenant au genre *Lepidium*, mais le nombre doit vraisemblablement être réduit du quart environ. Elles habitent les régions tempérées du globe entier. La France en possède une douzaine environ, en particulier la grande Passe-

rage (*L. latifolium*), qui croît dans les lieux humides de toute la France, la Passerage des décombres (*Lepidium ruderale*), commune dans les lieux stériles et les décombres de la France, de l'Europe, de la Sibérie et de l'Orient, et la Passerage cultivée (*L. sativum*).

Usages. — Le *L. ruderale* possède à l'état frais une odeur pénétrante et désagréable, qui passe pour éloigner les punaises. C'est également un fébrifuge dont la médecine populaire fait emploi, dans certains pays, comme

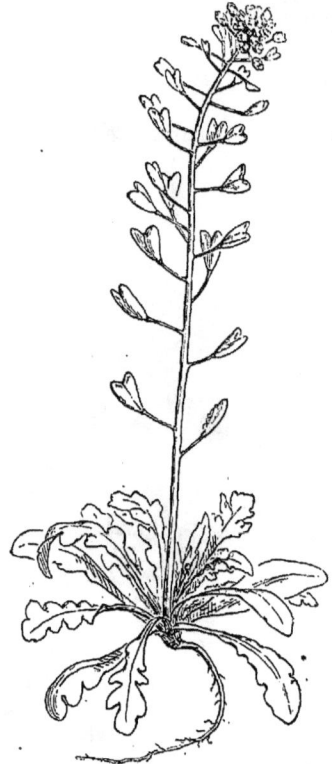

Fig. 232. — Bourse à pasteur (*Capsella Bursa-pastoris*).

en Russie, pour combattre les fièvres intermittentes.

La PASSERAGE CULTIVÉE (*L. sativum*), originaire de Perse, est aujourd'hui cultivée en Europe, où on la rencontre à l'état subspontané. Cette plante possède des propriétés antiscorbutiques, qui la rapprochent du Cresson et la font employer dans l'alimentation, à peu près au même titre, sous le nom de *Cresson alénois*. Cependant le Cresson alénois ne peut remplacer complètement le Cresson de fontaine, qu'on peut manger à satiété et qui, outre ses propriétés antiscorbutiques, est tonique et dépuratif. Le Cresson alénois a une saveur chaude,

Fig. 233. — Ibéride toujours verte (*I. sempervirens*).

un peu âcre et piquante, qui en restreint l'emploi, et fait qu'on l'utilise principalement pour l'assaisonnement des salades. C'est avec cette plante que Cook préservait ses équipages du scorbut.

LES CAPSELLES — *CAPSELLA*

LA BOURSE A PASTEUR — *CAPSELLA BURSA PASTORIS*

La Bourse à pasteur (fig. 232), qui appartient au genre *Capsella*, très voisin du précédent, a pour principal mérite d'être très abondante sur les murs et sur les bords des chemins, de fleurir toute l'année et de présenter sur ses grappes, en même temps que les fleurs, des fruits, silicules comprimées, échancrées au sommet en forme de cœur. C'est une des premières plantes d'herborisation qu'en général on apprend à connaître.

VII — LES THLASPIDÉES — *THLAS-PIDEÆ*

Cotylédons accombants.

LES TABOURETS — *THLASPI*

Caractères. — Les Tabourets ou Thlaspis sont des plantes herbacées, annuelles ou vivaces, glabres ou plus rarement couvertes de duvet. Les fleurs en sont disposées en grappes allongées, souvent corymbiformes : la corolle est régulière, c'est-à-dire que les pétales sont sensiblement égaux entre eux, ce qui distingue les *Thlaspi* des *Iberis*.

Distribution géographique. — Ce genre renferme une trentaine d'espèces, qui habitent les régions tempérées, alpines et froides du monde entier.

Parmi les espèces indigènes, une des plus communes est le TABOURET DES CHAMPS (*Thlaspi arvense*), qui croît dans les vignes, moissons ou décombres de toute la France et se retrouve dans les environs de Paris. C'est une plante à odeur aliacée, dont la tige atteint de 20 à 50 centimètres de haut, et porte des feuilles pétiolées à la base et plus haut, des feuilles amplexicaules. Les fleurs, blanches, apparaissent du mois de mai au mois d'octobre.

Le Tabouret alpestre (*Thlaspi alpestre*) fleurit d'avril à juin, dans les paturages montagneux de la France centrale et méridionale : il se distingue par la couleur noir violacé de ses anthères et ses siliques, largement ailées.

Les jardiniers donnent le nom de *Thlaspi* à plusieurs plantes ornementales cultivées dans les jardins, et appartenant au genre suivant.

LES IBÉRIDES — *IBERIS*

Étymologie. — L'*Iberis* des Grecs était une sorte de cresson, ainsi nommé de son pays d'origine, l'Espagne ou Ibérie.

Noms vulgaires. — Thlaspis des jardiniers. Téraspics.

Caractères. — Le genre *Iberis* ne se distingue guère du genre *Thlaspi* que par l'irrégularité de la corolle, dont les deux pétales antérieurs sont considérablement plus développés que les pétales postérieurs.

Distribution géographique. — On en connaît 20 espèces qui habitent l'Europe et l'Asie Mineure et dont une douzaine sont de France. On en cultive dans nos jardins, comme plantes ornementales, quelques espèces indigènes ou exotiques, plus connues sous le nom de *Thlaspis* ou même par corruption *Téraspics*, que sous leur propre nom générique d'Ibéride.

L'IBÉRIDE TOUJOURS VERTE (*Iberis sempervirens*) (fig. 233) est originaire de Candie ; elle forme des touffes compactes, d'une hauteur maximum de 0m,50, portant des feuilles épaisses, étroites et persistantes, et d'avril à juin, de très nombreuses fleurs blanches. Sous le nom de *corbeille d'argent* ou *Téraspic vivace ;* elle est très estimée des jardiniers pour former de jolies bordures.

Parmi les espèces indigènes cultivées, signalons le TÉRASPIC BLANC (*Iberis amara*), plante annuelle de 20 à 25 centimètres de haut, commune dans les moissons et les champs cultivés de l'Europe. Ses feuilles, un peu épaisses, sont vert foncé, et les fleurs blanches, assez grandes et odorantes, forment de longues grappes dressées, pouvant atteindre jusqu'à 10 centimètres de haut.

L'IBÉRIDE TOUJOURS FLEURIE (*I. semperflorens*) ou Ibéride de Pesse, que l'on cultive également dans les jardins, nous vient de l'Europe méridionale et de l'Orient. C'est une superbe plante, frutescente et vivace, formant des buissons, qui dépassent souvent un demi-mètre : à fleurs blanches, épanouies à l'automne et au commencement de l'hiver. Malheureusement, cette belle plante est un peu délicate pour résister sans abri aux froids de l'hiver, sous le climat de Paris, où il convient de la rentrer lorsqu'en vient la mauvaise saison. Elle peut, dans ces conditions, faire une charmante plante d'appartement.

SÉRIE C

Silicule (ou rarement silique) indéhiscente, non articulée, souvent crustacée ou osseuse, uniloculaire à une seule (et rarement deux) graines ou bien divisée en 2 ou 4 loges parallèles à une seule graine. Les graines sont souvent munies d'un mince albumen.

VIII — LES ISATIDÉES — *ISATIDEÆ*

Cette tribu forme à elle seule la série précédente.

LES PASTELS — *ISATIS*

Caractères. — Les *Isatis* ou Pastels ont la fleur construite sur le type général de toutes les Crucifères, comme périanthe et androcée ; l'ovaire est applati, de façon à ce que les placentas en viennent presque au contact. Le fruit est une silicule ovale, oblongue, fortement comprimée, perpendiculairement aux placentas et indéhiscente. Elle ne renferme qu'une seule graine.

Distribution géographique. — On a décrit environ une soixantaine d'espèces du genre Isatis, mais ce nombre doit vraisemblablement être réduit au moins de moitié. Ce sont des plantes d'Europe, d'Asie moyenne ou occidentale ou de l'Afrique boréale.

LE PASTEL DES TEINTURIERS — *ISATIS TINCTORIA*

Caractères. — Le Pastel des teinturiers (fig. 234) est une plante bisannuelle, dont la tige peut atteindre 1 mètre de haut, et se termine sous terre par une racine pivotante rameuse. Les feuilles inférieures, situées à la base de la tige, sont pétiolées, oblongues, lancéolées et ordinairement velues. Les feuilles supérieures au contraire embrassent la tige et se prolongent de part et d'autre par deux oreilles aiguës. Au mois de mai, apparaissent les fleurs jaunes auxquelles succèdent des fruits disposés en nombreuses grappes dressées à pédoncules filiformes réfléchis, plus courts que la silique oblongue, indéhiscente et monosperme.

Distribution géographique. — Cette plante croît dans toute l'Europe, ainsi qu'en Sibérie et en Orient, où elle se plaît dans les terrains secs et découverts. Assez commune dans les environs de Paris, elle est commune dans toute la France ; une variété spéciale à la Provence, distinguée sous le nom d'*Isatis tinctoria canescens* a les fruits couverts, au moins à la base, de poils réfléchis.

Usages. — Lorsqu'on coupe les feuilles du Pastel au moment où elles commencent à perdre la teinte vert bleuâtre qu'elles possèdent pour tirer au jaune et qu'on les réduit en pâte fine, on peut, après une certaine fermentation, en extraire une matière colorante bleue analogue à l'indigo. L'indigotine, beaucoup moins abondante que chez les Indigotiers, s'y trouve à l'état de glycoside nommé *indicane*. Cette substance se trouve dans le commerce, en pains verdâtres appelés, *coques de Pastel*, ayant la forme d'un cône tronqué et préparés avec les feuilles pulvérisées fermentées et pétries.

Le Pastel est connu comme plante tinctoriale depuis la plus haute antiquité. D'après Dioscoride, on s'en servait déjà à son époque

Fig. 234. — Pastel des teinturiers (*Isatis tinctoria*).

pour teindre les laines. C'est vers le XIIᵉ siècle que la culture en a été introduite en France. Les ordonnances de Charles le Bel (1324) et celles de Charles V (1397), nous apprennent que la culture du Pastel était alors très répandue dans les environs de Toulouse et d'Albi. Il en était de même en Allemagne et pendant longtemps la matière tinctoriale extraite des feuilles d'*Isatis tinctoria* a été l'objet d'un commerce important. Depuis l'introduction de l'indigo en France, l'emploi du Pastel dans la teinturerie a considérablement diminué, car la couleur fournie par les *Indigofera* est bien préférable, tant pour le prix que pour la qualité. Pendant la grande guerre continentale, sous l'Empire, la France étant privée de produits coloniaux, on a eu recours au Pastel pour suppléer au manque d'Indigo.

Le Pastel était anciennement connu sous

les noms de *Guède* ou *Vouède*. A Saint-Denis, près de Paris, il existe une place encore désignée sous le nom de *marché de Guède*, venant de ce que là autrefois se trouvait un important marché pour le Pastel. Les anciens Bretons faisaient, dit-on, usage de la couleur extraite de cette plante pour se peindre le corps en bleu.

A côté de son usage tinctorial, le Pastel peut être utilisé comme plante fourragère. C'est en effet une plante des plus précoces et seuls les froids rigoureux en arrêtent la végétation.

SÉRIE D

Fruit non déhiscent par 4 fentes longitudinales, partagé transversalement en deux articles monospermes ou polyspermes.

IX — LES CAKILINÉES — *CAKILINEÆ*

La tribu des Cakilinées tire son nom du genre *Cakile* dont il n'existe que deux espèces, dont l'une, *Cakile maritima*, habite la France où elle est commune sur les côtes de l'Océan et de la Méditerranée et se retrouve sur les rivages sablonneux de l'Europe, de l'Australie et de l'Amérique septentrionale.

LES CRAMBÉS — *CRAMBE*

Caractères. — Le genre *Crambe* est caractérisé par son fruit divisé en deux articles, dont l'inférieur court est stérile par avortement et le supérieur globuleux, beaucoup plus volumineux, ne contient qu'une seule graine.

Distribution géographique. — On distingue environ une vingtaine d'espèces de ce genre; elles habitent l'Europe, les îles Canaries, l'île Madère, l'Asie tempérée et l'Afrique tropicale orientale. L'espèce suivante représente seule, en France, le genre *Crambe*.

LE CRAMBÉ MARITIME — *CRAMBE MARITIMA*

Noms vulgaires. — Chou marin.

Caractères. — Le *Crambe maritima*, est une plante herbacée vivace, haute de 30 à 50 centimètres environ, glabre et glauque, à feuilles charnues et ondulées. Profondément enfouie sous terre est une souche épaisse et coriace, donnant naissance à de nombreux

jets souterrains et à des tiges herbacées rameuses. En mai-juin, la plante fleurit : les
fleurs sont blanches, un peu rougeâtres, construites sur le type général des fleurs de Crucifères : elles répandent une légère odeur de
miel.

Distribution géographique. — Le *Crambe
maritima* (fig. 226) croît dans toute l'Europe ;
en France on le rencontre sur les côtes de
l'Océan, plus particulièrement vers le Nord.

Usages. — Le Chou marin est un excellent
légume, trop peu cultivé en France et dont la
culture est très répandue en Angleterre, où on
l'apprécie fort comme plante potagère. Ce
sont les jeunes pousses blanchies, c'est-à-dire
étiolées (fig. 235), qui en constituent la partie
comestible : leur saveur participe à la fois de

Fig. 235. — Chou marin (*Crambe maritima*).

celle de l'Asperge et de celle des Brocolis. Un
des avantages du Chou marin est sa grande précocité. La plante se plaît dans un sol frais
et profond. Pour étioler les jeunes pousses,
on peut, au commencement du développement
de la plante, renverser sur elle un pot de fleur
vide bien bouché et pressé fortement contre
terre, de façon à intercepter complètement l'air
et la lumière.

Une autre espèce, le *Crambe Tartaria*, croît
en Hongrie et dans la Russie méridionale, où
elle sert comme aliment. En temps de disette,
ses pousses et surtout ses souches épaisses et
charnues sont utilisées en guise de pain, d'où
le nom de *Pain de Tartarie* qu'on leur donne.

SÉRIE E

Fruit allongé, non articulé, indéhiscent, cylindrique ou moniliforme, à une seule loge
contenant de nombreuses graines ou à

plusieurs loges ne contenant qu'une seule
graine et se séparant à maturité.

X — LES RAPHANÉES — *RAPHANEÆ*

Cette tribu qui forme à elle seule la série
précédente, contient neuf genres, parmi lesquels le plus important est le genre *Raphanus*,
auquel appartiennent les Radis.

LES RADIS — *RAPHANUS*.

Caractères. — Les Radis sont des plantes
herbacées annuelles ou bisannuelles, à feuilles
alternes souvent lyrées.

Les Radis ont la fleur des autres Crucifères.
Le calice, la corolle et l'androcée sont construits sur le type normal de la famille ; il en
est de même primitivement du pistil, tout
d'abord formé d'un ovaire uniloculaire divisé ensuite en deux compartiments par une
fausse cloison réunissant les deux placentas.
Mais le fruit qui succède à l'ovaire présente
des caractères assez différents de ceux des
autres Crucifères ce qui a fait prendre, dans
la famille, le Radis pour type d'une série particulière. Ce fruit, de forme allongée, est indéhiscent au lieu de s'ouvrir par deux valves
comme dans les siliques ordinaires. De plus,
les graines sont isolées les unes des autres
dans de petites logettes. Dans le Radis cultivé
dont le fruit allongé, cylindro-conique est
continu ou à peine rétréci entre les graines,
celles-ci sont isolées les unes des autres par
un tissu spongieux dû à l'hypertrophie du péricarpe, des placentas et de la fausse cloison.
Chez le Radis sauvage (*Raphanus raphanistrum*), dont on a fait quelquefois un genre
particulier sous le nom de *Raphanistrum*, le
fruit présente des étranglements très nets et
réguliers de place en place, au niveau desquels
des cloisons transversales divisent la cavité
du fruit, dont les parois ne deviennent point
spongieuses en loges ne contenant chacune
qu'une graine. A maturité, ce fruit se divise
au niveau des étranglements et des cloisons en
petits articles monospermes qu'on peut alors
à la rigueur appeler des akènes, puisque ce
sont des fruits secs indéhiscents, à une seule
graine.

Distribution géographique. — On connaît
une demi-douzaine d'espèces de *Raphanus* en
Europe et dans l'Asie tempérée ; quatre habitent en France.

LE RADIS CULTIVÉ — *RAPHANUS SATIVUS*

Caractères. — Le Radis cultivé est une plante annuelle à racine pivotante, charnue, comestible. La tige qui sort de terre dressée, arrondie, fistuleuse et rameuse, porte des feuilles inférieures lyrées, auriculées à la base, et des feuilles supérieures lancéolées et dentées. La plante fleurit de mai à juin et donne de grandes fleurs blanches ou violettes. Le fruit indéfiniment oblong, conique, à peu près également renflé sur toute sa longueur est un

Fig. 236. — Radis noir long, raifort.

peu courbé au sommet et muni de stries longitudinales faibles et écartées.

Distribution géographique. — On ignore le pays exact d'origine du Radis cultivé, on pense toutefois qu'il vient de la Chine ou du Nord de l'Inde. Il est aujourd'hui cultivé, comme plante alimentaire, en Europe et en Asie ; sa culture date d'ailleurs des temps les plus reculés, car elle était, semble-t-il, connue des Grecs au temps de Théophraste et de Dioscoride.

Usages. — Lorsqu'on laisse la racine pivotante du Radis en terre après qu'elle s'est développée, on voit alors la tige grandir, la plante fleurir pendant que la racine se plisse

et s'amincit, car elle est formée de matières nutritives qui sont utilisées pour la production des fleurs. Ce sont ces réserves nutritives accumulées dans les racines que l'homme utilise pour son alimentation, en arrachant les Radis avant la floraison, sitôt que les racines se sont renflées.

On distingue, d'après la forme et la couleur des racines, plusieurs variétés de Radis qui peuvent se ramener à deux grandes catégories :

1° Les *Raves vraies* ou *Raiforts* (1) sont des variétés à racine volumineuse, à chair ferme et de saveur piquante ;

2° Les *petites Raves* ou *Radis* proprement dits, dont les racines ont une taille moindre, mais dont la chair est plus délicate et la saveur moins piquante.

A la première catégorie appartiennent la

Fig. 237. — Radis rose hâtif.

grosse Rave blanche (*R. rotundus*), et la Rave noire ou Radis noir (*R. niger*), dont la chair est blanche et l'écorce noire (fig. 236) ;

A la seconde, les petits Radis ronds (fig. 237) ou allongés, blancs ou rougeâtres, dont il existe un très grand nombre de variétés, se distinguant par leur forme plus ou moins globuleuse et leur précocité plus ou moins grande.

On peut en effet obtenir des Radis en toute saison. Les Radis d'hiver se récoltent à la fin de novembre et se conservent pendant l'hiver à la cave ou dans la serre à légumes. On sème les Radis à la volée en pleine terre pendant la belle saison, sur couche en hiver ; ils demandent beaucoup d'eau, surtout pendant les chaleurs et une exposition mi-ombragée. Les petits Radis sont bons à récolter cinq à six semaines après le semis. Les graines conservent leur pouvoir germinatif quatre à cinq ans environ.

(1) Il ne faut pas confondre ce nom de *raifort* donné aux raves dont la racine volumineuse est allongée et fusiforme avec le nom français du *Cochlearia*.

Les Radis roses et blancs possèdent une saveur agréable, légèrement piquante qui excite l'appétit, ce qui les fait employer comme hors-d'œuvre au commencement du repas. Lorsqu'ils sont tendres et pleins, ils ne causent que rarement des renvois désagréables, surtout aux bons estomacs, mais ils se digèrent moins facilement lorsqu'ils deviennent creux.

Quant au Radis noir, sa saveur chaude et piquante ne convient qu'aux estomacs robustes et bien doués.

Pline déclare le Radis un aliment de mauvaise compagnie, surtout ajoute-t-il lorsqu'on mange ensuite du Chou.

LE RADIS SAUVAGE — *RAPHANUS RAPHANISTRUM*

Caractères. — Le Radis sauvage se distingue du Radis cultivé par ses siliques nettement étranglées et divisées en articles à une seule graine et par des côtes saillantes longitudinales qui s'interrompent au niveau des étranglements.

Ses grandes fleurs blanches, jaune pâle ou lilas ont des pétales marqués de stries.

Usages. — C'est une plante indigène qui n'est que trop commune dans les moissons et les champs cultivés, où elle fleurit aux mois de juin et de juillet. C'est une mauvaise plante que l'on doit chercher à détruire par des sarclages fréquents exécutés avant la formation des graines.

On trouve encore en France, deux espèces de Radis qui se rapprochent du *R. Raphanistrum*. Ce sont le *R. landra*, du littoral de la Méditerranée et le *R. maritimum* des côtes de la Bretagne.

LES CAPPARIDÉES — *CAPPARIDEÆ*

Étymologie. — *Capparis* vient de *Kaba*, nom arabe de la plante.

Caractères. — La famille des Capparidées comprend, outre des plantes herbacées, quelques arbustes et même de grands arbres comme le *Cratœva Tapia*, qui vit aux Antilles et dans l'Amérique du Nord et dont le tronc peut atteindre 40 pieds de haut. Les feuilles, simples ou composées, sont isolées sur la tige, munies ou non de stipules. Celles-ci, lorsqu'elles existent, se transforment parfois en épines, comme c'est le cas pour plusieurs espèces de Câpriers, par exemple le Câprier épineux, qui doit son nom à cette particularité.

Les fleurs (fig. 238) présentent ordinairement un calice de 4 à 8 sépales libres entre eux ou cohérents sur une longueur plus ou moins grande ; une corolle de 4 pétales toujours distincts et le plus ordinairement de même taille, mais irréguliers cependant chez quelques types ; de nombreuses étamines en nombre indéfini. Ce nombre peut se réduire à 6, disposées comme chez les Crucifères, mais égales entre elles chez certains genres américains (*Isomeris, Clionella*). Le pistil qui occupe le centre de la fleur est ordinairement supporté à l'extrémité d'une colonne cylindrique appelée *gynophore*, qui dans certains cas mesure jusqu'à 30 centimètres de long. L'ovaire uniloculaire avec 2 placentas pariétaux rappelle celui des Crucifères, mais il n'y a pas de cloison divisant la cavité ovarienne en 2 loges. Le nombre des carpelles qui forment le pistil peut être aussi supérieur à deux, ce qui se traduit par une augmentation du nombre des placentas sur les parois de l'ovaire. Chez le Câprier épineux où il y en a souvent huit, ceux-ci s'avancent vers le centre de la cavité comme autant de cloisons portant des ovules sur chaque face. Chez les types à ovaire formé de la soudure de deux carpelles, le fruit est une silique rappelant beaucoup celle des Crucifères, malgré l'absence de la cloison. Lorsque l'ovaire est pluricarpellé, le fruit devient le plus souvent charnu et constitue une baie. Les graines dépourvues d'albumen renferment un embryon courbé à cotylédons plans et incombants.

Distribution géographique. — On connaît environ 350 espèces de Capparidées réparties en 31 genres ; là-dessus plus du tiers appartiennent au genre *Capparis* et 90 à peu près au genre *Cleome*. Les Capparidées sont des plantes des régions tropicales et subtropicales des deux hémisphères. Le *Capparis spinosa*, petit arbrisseau épineux du Midi, représente à lui seul la famille en France, si l'on ne tient pas compte des nombreuses espèces de serres, cultivées comme plantes ornementales.

Classification. — On divise les Capparidées en 2 tribus, dont l'une celle des *Cléomées* comprend principalement des herbes à fruit sec capsulaire, ordinairement siliquiforme, et

Fig. 238. — Câprier épineux)*Capparis spinosa*), fleur.

Fig. 239. — Câprier d'Égypte (*Capparis Ægyptia*), port.

l'autre, celle des *Capparées* est composée d'arbrisseaux ou d'arbres à fruits ordinairement charnus, baies ou drupes.

Affinités. — Dans les formes qui admettent pour fruit une silique, les Capparidées se rattachent étroitement aux Crucifères, dont elles diffèrent par le nombre indéfini des étamines. Les rapports des deux familles sont confirmés par les récents travaux de M. Guignard qui ont prouvé que Crucifères et Capparidées présentent les mêmes caractères au point de vue de la localisation des principes actifs.

On peut extraire en effet des organes des Capparidées un principe âcre, volatil, rappelant celui des Crucifères ; l'essence de Câprier est formée comme celle du Cresson alénois par un nitrile, accompagné d'une petite quantité d'un produit sulfuré. Comme chez les Crucifères, l'essence nitro-sulfurée des Capparidées ne préexiste pas dans la plante. M. Guignard a reconnu qu'elle provenait de l'action d'un ferment sur un glycoside, localisés chacun dans des cellules spéciales, et que la réaction ne se produit que lorsqu'on met les deux corps en présence en broyant la plante. Ces phénomènes sont en tous points comparables à ceux qui ont été étudiés par le même auteur chez les Crucifères. (v. p. 156).

Usages. — Grâce aux essences qu'elles produisent, les Capparidées jouissent de propriétés antiscorbutiques très analogues à celles des Crucifères. Aussi dans les pays exotiques, plusieurs Capparidées sont-elles utilisées à titre de médicaments. Les graines sont oléagineuses, mais ne sont guère employées pour l'extraction de l'huile contenue dans leur embryon.

De tous les usages des Capparidées, le plus intéressant à signaler c'est l'emploi en guise de condiment sous le nom de *Câpres*, des jeunes boutons à fleurs du *Capparis spinosa*, confits dans du vinaigre.

De nombreuses Capparidées, tant herbacées qu'à tiges ligneuses, sont cultivées en serres comme plantes ornementales.

LE CAPRIER ÉPINEUX — *CAPPARIS SPINOSA*

Caractères. — C'est un arbuste sarmenteux, dont la tige peut atteindre de 1ᵐ, à 1ᵐ,50 de haut, aux feuilles épaisses, d'un beau vert brillant, présentant de grosses épines recourbées. Les fleurs (fig. 238) blanches avec les étamines roses apparaissent au mois de juin et durent jusqu'à la fin de l'automne ; elles sont remplacées par des fruits charnus, ovoïdes, de la grosseur d'une olive.

Distribution géographique. — Originaire

d'Orient, il a été introduit en France, aux environs de Marseille, par la colonie phocéenne.

Usages. — La culture du Câprier occupe de grandes surfaces dans les départements du midi de la France, les Bouches-du-Rhône (Cuges, Gémenos, Roquevaire), le Var (Toulon, Solliès, Ollioules) et les Alpes-Maritimes (Nice, Menton). On ne laisse pas la fleur s'épanouir, car ce sont les boutons qui sont utilisés. Dès que les boutons floraux apparaissent, ce qui se produit au début de l'été, la cueillette commence. Ce sont les femmes et les enfants qui, en général, se livrent à cette occupation. On jette la récolte dans un tonneau contenant du vinaigre de vin assez fort, un peu salé, et on ajoute successivement la récolte de chaque jour, en augmentant à mesure la quantité de vinaigre, de façon à ce que le niveau de ce liquide soit toujours à 4 ou 5 centimètres au-dessus de la masse des boutons. Lorsque les tonneaux sont pleins, on les livre aux marchands. Ces boutons floraux ainsi confits constituent les Câpres, condiment fort recherché.

La quantité de Câpres récoltée chaque année en Provence, s'élève à plusieurs milliers de kilogrammes. Elles se vendent de 1 fr. à 1 fr. 50 le kilogramme. Un pied peut rendre de 500 grammes à 3 kilogrammes de Câpres.

Lorsqu'un bouton a échappé à la cueillette et qu'une fleur lui succède, on la laisse se développer et se transformer en fruit; lorsque celui-ci encore vert est parvenu à la grosseur d'une olive, on le confit dans le vinaigre, en le traitant comme les boutons et on l'emploie au même usage.

On distingue plusieurs variétés de Câpres d'après la forme des boutons; plus ils sont arrondis et fermes, et mieux ils sont estimés. Nous distinguerons par ordre de mérite la *Câpre ronde*, à boutons verts, ponctués de rouge, ronds et fermes, la *Câpre capucine*, couleur vert foncé, aux boutons anguleux et la *Câpre plate* à boutons aplatis. Une variété dépourvue de piquants offre un assez grand avantage pour la cueillette, que la présence des aiguillons rend ordinairement très pénible.

D'autres espèces de Capparis sont cultivées dans le même but et exploitées de la même manière que le Câprier épineux dans d'autres pays que la France. C'est ainsi que les boutons servent à fabriquer des condiments chez les *C. Ægyptia*, d'Égypte (fig. 239), *C. Fontanesii*, de Barbarie, *C. Rupestris*, de Grèce.

LES RÉSÉDACÉES — *RESEDACEÆ*

Caractères. — Les Résédacées sont pour la plupart des plantes herbacées annuelles ou vivaces, plus rarement des arbrisseaux, à feuilles éparses ou fasciculées, simples trifides ou pinnatipartites, munies de stipules très petites, glanduliformes. Les fleurs presque toujours hermaphrodites, beaucoup plus rarement unisexuées, sont groupées en grappes ou en épis. Calice persistant, formé de 4 à 8 sépales, régulier ou irrégulier; corolle de 4-8 pétales (beaucoup plus rarement réduits à 2 ou nuls) entiers ou plus ou moins découpés, souvent inégaux entre eux. Un nombre indéfini d'étamines de 3 à 40, périgynes ou insérées, sur le disque, à filets égaux ou inégaux, libres ou soudées à la base en un seul faisceau. 2 à 6 carpelles forment un ovaire uniloculaire à placentas pariétaux portant de nombreux ovules campylotropes. Stigmate sessile au sommet de l'ovaire. Le fruit rarement charnu (baie) est le plus souvent une capsule indéhiscente close ou béante au sommet. Graines réniformes dépourvues d'albumen et renfermant un embryon arqué à cotylédons incombants.

Distribution géographique. — On a décrit 6 genres, appartenant à cette famille et comprenant environ 45 espèces. Ce sont des plantes pour la plupart de la région méditerranéenne : Europe méridionale, Asie occidentale et centrale, Afrique du Nord. Elles sont plus rares dans le Centre et le Nord de l'Europe. Quelques espèces habitent l'Inde et trois se rencontrent au Cap. La flore française possède outre les Résédas, 2 espèces du genre *Astrocarpus*, l'*A. sesamoïdes*, plante des hautes montagnes et l'*A. Clusii*, des côteaux arides de Fontainebleau.

Affinités. — La famille des Résédacées se rattache par l'irrégularité des fleurs et par le pistil aux Violacées, dont elle se distingue surtout par l'androcée. Elle se rattache directement aux Capparidées et par là aux Crucifères. C'est ce qui se trouve confirmé, en outre des caractères morphologiques de la fleur, par les recherches de M. Guignard sur

Fig. 240. — Réséda jaune (*Reseda lutea*).

Fig. 241. — Réséda odorant (*Reseda odorata*).

la localisation des principes actifs des plantes de ces familles.

Propriétés. — Usages. — D'après M. Guignard, les principes actifs sont représentés par un ferment et un glycoside analogues à ceux qu'il a découvert chez les Crucifères, Capparidées et quelques autres familles, telles que Limnanthées, Tropéolées, etc. On retire de la racine des Résédas indigènes une substance sulfo-azotée, semblable à celle que l'on extrait de la moutarde ; cette essence ne préexiste pas dans les tissus, mais provient de l'action réciproque d'un ferment (myrosine) et d'un glycoside, localisés dans des cellules spéciales, et qui ne réagissent que quand on broie la plante.

Usages. — Les Résédacées ne contiennent que peu d'espèces utiles.

On ne peut guère citer comme telles que les Résédas fort estimés comme plantes ornementales et odoriférantes, et dont une espèce, le *Reseda luteola* ou Gaude, est cultivée comme plante tinctoriale.

LES RÉSÉDAS — *RESEDA*

Étymologie. — De *resedare*, calmer. On croyait autrefois aux propriétés vulnéraires de cette plante, dont l'usage est aujourd'hui complètement abandonné en médecine.

Caractères. — Les Résédas ont les fleurs hermaphrodites irrégulières, calice de 4 à 8 sépales inégaux, le plus souvent 6, imbriqués dans le jeune âge, mais bientôt séparés ; pétales, en même nombre que les sépales, alternant avec ceux-ci et inégaux entre eux. Le plus souvent il y en a 6, comme chez *R. odorata*, dont 2 inférieurs, petits et entiers, 2 latéraux un peu plus grands, partagés en lobes et 2 supérieurs encore plus grands et présentant un nombre de lobes plus considérable encore. Nombreuses étamines à anthères introrses. Ovaire uniloculaire avec placentas pariétaux supportant de nombreux ovules. Chez *R. odorata*, il y a 3 placentas et l'ovaire tricarpellé est ouvert au sommet. Chez *R. lutea* (fig. 240) et *R. luteola*, les carpelles sont libres à la partie supérieure sur une plus ou moins grande longueur. Le fruit est une capsule s'ouvrant par des fentes courtes et rayonnantes, dans les intervalles des placentas.

Distribution géographique. — Les Résédas forment 30 espèces, habitant l'Europe, l'Afrique du Nord et l'Orient, abondantes surtout vers les bords des mers Rouge et Méditerranée.

Fig. 242. — Réséda odorant pyramidal.

Fig. 243. — Réséda pyramidal Machet.

LE RÉSÉDA ODORANT — *RESEDA ODORATA*

Nom populaire. — Mignonette.

Caractères. — C'est une petite plante herbacée (fig. 241) et cultivée comme annuelle dans nos pays où elle a été importée, il y a un siècle environ, d'Égypte et d'Orient où elle est vivace et ligneuse. Quand on la cultive en serre d'ailleurs, comme cela se fait principalement en Angleterre, on peut lui donner les dimensions d'un arbuste et dans des appartements convenablement chauffés, on peut, en ne laissant à la plante qu'une seule tige, obtenir un arbrisseau qui vit plusieurs années consécutives et fleurit pendant tout l'hiver.

Propriétés. — Usages. — C'est au parfum délicieux de ses fleurs que le Réséda doit de jouir d'une réputation bien légitime et de compter parmi les plantes les plus estimées, les plus abondamment cultivées en pots pour la vente sur les marchés. Sans leur suave odeur, les fleurs du Réséda, verdâtres et peu décoratives, n'eussent jamais attiré l'attention populaire et la plante ne serait pas devenue une des plus universellement estimées, ni l'objet d'un commerce aussi considérable. Les jardiniers et les horticulteurs parisiens la cultivent volontiers et dans le Midi de la France, plusieurs localités, en particulier Hyères, Ollioules, Nice en envoient sur le marché parisien de pleines corbeilles pendant tout l'hiver, depuis la fin de décembre jusqu'en mars. Un hectare planté de Réséda peut rapporter annuellement de 10000 à 15000 francs. La majorité des fleurs cultivées servent pour être vendues en bouquets ou en pots de fleur. La parfumerie cependant en absorbe une certaine partie et en retire par l'enfleurage une essence fort estimée, qui vaut de 20 à 30 francs le kilogramme.

La race la plus commune est un Réséda à petites grappes effilées formant des touffes diffuses s'étalant à terre, à rameaux grêles fleurissant successivement. C'est celle qu'on trouve le plus fréquemment cultivée dans les jardins, où d'ailleurs, elle se resème spontanément.

D'autres races cependant ont été obtenues par la culture beaucoup plus vigoureuses, à rameaux dressés de fleurs plus grandes, plus serrées et mieux colorées. Tel est par exemple le RÉSÉDA PYRAMIDAL A GRANDES FLEURS (fig. 242). La RACE MACHET (fig. 243) a des grappes plus raccourcies. Il existe une variété à fleurs tout à fait jaunes.

A côté du Réséda odorant, cultivé comme plante d'agrément pour la suavité du parfum de ses fleurs, signalons un autre Réséda, qui présente un certain intérêt au point de vue industriel comme plante tinctoriale.

LE RÉSÉDA DES TEINTURIERS — *R. LUTEOLA*

Synonymie. — Gaude, Herbe aux juifs.

Caractères. — La Gaude est une plante bisannuelle qui peut atteindre jusqu'à 2 mètres de haut, aux feuilles nombreuses, entières; linéaires-lancéolées. Les fleurs très petites,

Fig. 244. — Ciste de Crète (*Cistus creticus*).

Fig. 245. — Ciste d'Espagne (*Cistus ladaniferus*).

couleur jaune-verdâtre, sont groupées en longs épis terminaux.

Distribution géographique. — La Gaude croît spontanément en France, commune au bord des chemins, dans les terrains arides, pierreux et sablonneux.

Usages. — Dans les organes de végétation, en particulier dans la tige, les feuilles et la racine de la Gaude, on trouve une matière colorante jaune, la *lutéoline*, qui se retrouve dans d'autres espèces de Réséda, mais en moins grande abondance. Cette propriété a fait depuis longtemps cultiver la plante, qui compte parmi les plantes tinctoriales les plus anciennes. On en fait surtout usage pour la teinture en jaune des étoffes de soie.

La culture de la Gaude se fait encore sur une grande échelle dans plusieurs pays comme la France (Hérault), l'Allemagne (Erfurht, Magdebourg), l'Angleterre (Essex). La plante est quelque peu modifiée par la culture et les pieds cultivés, riches en lutéoline, sont moins grands et moins gros que les pieds sauvages. On récolte la plante entière dans les mois de juillet et d'août, on la fait sécher et on la met sous forme de bottes qu'on livre au commerce. La Gaude peut également s'employer fraîche pour la teinture.

LES CISTINÉES — *CISTINEÆ*

Étymologie. — La famille des Cistinées tire son nom du genre *Cistus*, ainsi nommé à cause de la forme capsulaire de son fruit. *Cistus*, dérive d'un mot grec qui signifie capsule.

Caractères. — Herbes, sous-arbrisseaux ou arbrisseaux à feuilles opposées entières, pourvues ou non de stipules. Les fleurs terminales, grandes et élégantes, présentent 5 sépales persistants, 5 pétales chiffonnés, formant une corolle rosacée, et caducs de bonne heure. Nombreuses étamines libres entre elles. L'o-vaire est formé par 3 ou 5 carpelles soudés bord à bord : uniloculaire avec 3 placentas pariétaux chez les Hélianthèmes, il est divisé en 5 à 10 loges chez les Cistes par les placentas qui se développent considérablement et proéminent à l'intérieur de la cavité primitivement unique. Style simple à un ou trois stigmates. Nombreux ovules orthotropes. Le fruit est une capsule loculicide, renfermant des graines à albumen farineux et à embryon plus ou moins recourbé ou roulé en spirale.

Distribution géographique. — Les Cistinées, dont on connaît 70 espèces environ, réparties en 4 genres, habitent pour la plupart le bassin méditerranéen. Rares dans l'Europe centrale et en Asie, elles sont plus rares encore dans l'Amérique du Nord. Quelques-unes se rencontrent dans l'Amérique australe. Les deux seuls genres importants de la famille sont les Cistes (*Cistus*) et les Hélianthèmes (*Helianthemum*), tous deux représentés en Corse et dans le midi de la France.

Usages. — Très peu de plantes appartenant à cette famille présentent quelque utilité. A ce point de vue, deux espèces seulement du genre *Cistus* méritent de fixer l'attention. Ce sont le Ciste de Crète (*C. creticus*) (fig. 244) et le Ciste d'Espagne (*C. ladaniferus*) (fig. 245), qui fournissent au commerce un produit résineux connu sous le nom de *ladanum* et employé presque exclusivement en pharmacie. Cette substance exsude spontanément sous forme de gouttelettes des rameaux et des feuilles des Cistes.

On recueillait primitivement le ladanum en peignant la barbe des chèvres qui broutent les feuilles des Cistes. Hérodote croyait même que le ladanum était produit par la barbe de ces animaux et se méprenait sur sa véritable origine.

« Il est étrange, dit-il que le ladanum qui a un parfum si exquis sorte d'un endroit qui sent si mauvais. En effet c'est dans la barbe des chèvres et des boucs qu'on le trouve ; il s'en distille sous forme de sueur, comme la résine du bois. »

Voici comment on recueillait le ladanum à l'île de Chypre autrefois : « La majeure partie du ladanum, dit l'abbé Mariti, qui, à la fin du siècle dernier a consacré un ouvrage (1) plein d'observations judicieuses à l'île de Chypre où il avait passé plusieurs années, se recueille, au printemps, dans le village de Lascara. Le matin de très bonne heure, les bergers conduisent leurs troupeaux de chèvres dans ces environs ; le ladanum mur et visqueux, s'attache aux barbes des chèvres ; on l'en retire, et le ladanum ainsi recueilli est le plus pur et le moins chargé de matières hétérogènes. Tandis que ces animaux paissent dans la plaine, les bergers en amassent aussi d'ailleurs d'une autre manière ; ils attachent au bout d'une petite perche une peau de chèvre, avec laquelle ils vont essuyer les plantes couvertes de cette rosée ».

Le procédé employé aujourd'hui de préférence pour obtenir le ladanum consiste à flageller les arbrisseaux au moyen d'une sorte de martinet formé de lanières de cuir attachées ensemble et disposées comme les dents d'un peigne. On râcle ensuite ces lanières au moyen d'un couteau et l'on conserve la résine dans des vessies où elle acquiert plus de consistance.

Ce procédé est d'ailleurs employé depuis longtemps. « Tirant du côté de la mer, dit Tournefort, dans le récit qu'il fait de son voyage à l'île de Candie (1), nous nous trouvâmes sur des collines sèches et sablonneuses, couvertes de ces petits arbrisseaux qui fournissent le *ladanum*. Sept ou huit paysans, en chemise et en caleçon, roulaient leurs fouets sur ces plantes : à force de les secouer et de les frotter sur les feuilles de cet arbuste, leurs courroies se chargeaient d'une espèce de glu odoriférante attachée sur les feuilles ; c'est une partie du suc nourricier de la plante, lequel transsude au travers de la tissure de ces feuilles comme une sueur grasse, dont les gouttes sont luisantes et aussi claires que la térébenthine.

« Lorsque les fouets sont bien chargés de cette graisse, on en ratisse les courroies avec son couteau, et l'on met en pains ce que l'on en détache : c'est ce que nous recevons sous le nom de *Ladanum*. Un homme qui travaille avec application en amasse par jour environ une oque (trois livres, deux onces) et même davantage, lesquelles se vendent même sur le lieu. Cette récolte n'est rude que parce qu'il faut la faire dans la plus grande chaleur du jour et dans le calme. Cela n'empêche pas qu'il n'y ait des ordures dans le ladanum le plus pur, parce que les vents des jours précédents ont jeté de la poussière sur les arbrisseaux. Pour augmenter le poids de cette drogue, ils la pétrissent avec du sablon noirâtre et très fin qui se trouve sur les lieux ; comme si la nature avait voulu leur apprendre à sophistiquer cette marchandise. »

En Espagne on obtient le ladanum en faisant bouillir dans l'eau les sommités du *Cistus ladaniferus*.

Bien que le ladanum semble doué de propriétés actives, il n'est pas employé en médecine, ce qui tient probablement à ce qu'on l'a

(1) Mariti. *Voyage dans l'île de Chypre, la Syrie et la Palestine* (1791).

(1). Tournefort, *Voyage au Levant*, I, p. 74-75.

Fig. 246.   Fig. 247.   Fig. 248.   Fig. 249.   Fig. 250.   Fig. 251.

Fig. 246. — Fleur.
Fig. 247. — Fleur dépouillée de son périanthe ; *e*, étamines ; *a*, appendice du connectif; *st*, stigmate.
Fig. 248. — Pistil ; *st*, stigmate ; *ov*, ovaire.

Fig. 249. — Coupe transversale de l'ovaire.
Fig. 250. — Fruit avant la déhiscence.
Fig. 251. — Fruit après la déhiscence.

Fig. 246. — Violette des Alpes (*Viola alpestris*). — Fig. 247 à 251. — Violette pensée (*Viola tricolor*).

presque toujours falsifié. Son emploi est du domaine de la parfumerie, à cause de son odeur assez forte qui rappelle celle de l'ambre gris.

Les Hélianthèmes sont réputés astringents et vulnéraires.

Plusieurs Cistes doivent à leurs fleurs d'être cultivés comme plantes ornementales, principalement le CISTE POURPRE DE L'ARCHIPEL, dont les belles fleurs rouges ressemblent beaucoup à des roses et le CISTE DE CRÈTE A GRANDES FLEURS PONCEAU. Les Cistes présentent cependant un assez grave inconvénient comme plantes ornementales. Les fleurs, blanches, roses, pourpres ou jaunes, avec ou sans tache à la base des pétales, rappellent beaucoup les roses par leur forme extérieure, mais se fanent encore plus vite. Elles s'épanouissent dès le lever du soleil; mais le jour qui les a vues naître les voit aussi se flétrir. Ce sont d'ailleurs des plantes d'orangerie seulement, dans le nord de la France.

LES VIOLARIÉES — *VIOLAREÆ*

Caractères. — Les Violariées sont des plantes herbacées ou des arbrisseaux, à feuilles généralement alternes, simples, entières ou plus rarement découpées, pourvues de stipules qui ne font défaut que chez le genre australien *Hymenanthera*, mais sont parfois petites et tombent de très bonne heure chez les espèces frutescentes. Les fleurs sont axillaires, souvent solitaires, parfois aussi groupées en cymes de grappes ou de panicules.

Les fleurs (fig. 246) sont plus souvent irrégulières que régulières : elles sont formées d'un calice à cinq sépales libres ou cohérents à la base, d'une corolle à cinq pétales hypogynes libres entre eux ou un peu soudés, alternant avec les pièces du calice. Égaux dans plusieurs genres exotiques, les pétales sont le plus souvent de taille inégale : le pétale supérieur, qui devient inférieur par renversement de la fleur, se prolonge ordinairement par un long éperon. Les cinq étamines, (fig. 247), à filets très courts, souvent étalés ou aplatis, se terminent par des anthères biloculaires introrses : lorsque la fleur est irrégulière, les deux qui sont voisines de l'éperon présentent un prolongement du filet qui y pénètre (fig. 247, *a*). Au centre de la fleur est un ovaire libre (fig. 248) uniloculaire ovoïde ou globuleux, terminé par un style simple souvent recourbé, et contenant de nombreux ovules disposés suivant trois placentas pariétaux (fig. 249). Le fruit est une capsule (fig. 251) à déhiscence loculicide : elle s'ouvre par trois valves portant chacune en son milieu une double rangée de graines (fig. 251). Chez quelques genres exotiques, tels que les *Leonia* d'Amérique, les *Melicytus* de la Nouvelle Zélande, les *Hymenanthera* d'Australie, etc., le fruit est une baie. Les graines renferment dans un albumen charnu un embryon droit à cotylédons plans et à radicule cylindrique.

Distribution géographique. — On a décrit dans la famille des Violariées 270 espèces

Fig. 252. — Violette hérissée (*Viola hirta*).

environ groupées en vingt-quatre genres. Les espèces herbacées de la tribu des Violées, c'est-à-dire les Violettes et genres voisins, habitent surtout l'hémisphère nord et sont rares dans les régions tempérées du sud et entre les tropiques. C'est au contraire dans l'Amérique équatoriale que vivent la plupart des Violées ligneuses ; les autres Violariées habitent également entre les tropiques, en Amérique principalement. Le genre *Hymenanthera* est de l'Australie et de la Nouvelle-Zélande.

Distribution géologique. — Dans les schistes miocènes de Menat en Auvergne, on a rencontré à l'état fossile des graines munies d'une aile arrondie et dentelée, présentant les plus grandes ressemblances avec celles des *Anchietea*, genre brésilien de la famille, en particulier avec celles de l'*Anchietea pyrifolia*.

Classification. — On divise la famille des Violariées en quatre tribus dont les caractères différentiels sont résumés dans le tableau suivant :

	Corolle irrégulière à pétale inférieur dissemblable. — Capsule à déhiscence loculicide..............	Violées.
Pas de staminodes.	Pétales à peine inégaux dont les onglets se rapprochent et sont subcohérents en un tube. — Capsule à déhiscence loculicide...........	Paypayrolées.
	Pétales ordinairement égaux à onglets courts et libres. — Capsule ou baie.	Alsodéiées.

Les plantes qui forment le dernier groupe dédié au botaniste Sauvage, ont été parfois considérées comme formant une famille spéciale, distincte de celle des Violariées.

Affinités. — Les Violariées se rapprochent des Cistinées, dont elles diffèrent surtout par les ovules anatropes et l'embryon droit. Elles diffèrent principalement par les anthères introrses et les styles soudés des Droséracées, qui d'autre part leur ressemblent par l'ovaire uniloculaire à placentation pariétale, par la capsule à valves médioplacentifères et la graine albuminée.

Usages. — Dans les parties souterraines des Violacées, et plus particulièrement des Violées, existe un principe âcre, la *Violine*, qui leur communique des propriétés émétiques. Aussi plusieurs des genres exotiques tels qu'*Anchietea*, *Ionidium* sont-ils employés en médecine comme émétiques et émollients. En Amérique, on utilise comme succédanés de l'Ipecacuanha, plusieurs espèces de Violette dont on a fait le genre *Ionidium*. Les faux Ipecacuanhas du Brésil, le faux Ipeca de Cayenne et la racine de Cuichunchilli de l'Amérique du sud ne sont autre chose que des racines de Violariées (*Ionidium Ipecacuanha*, *I. parviflorum*, etc.). Dans nos pays, la Violette odorante sert à préparer un sirop incisif et la Pensée sauvage est regardée comme dépurative. Les nègres mangent les feuilles de l'A

LES VIOLETTES — *VIOLA*

Étymologie. — Violette se disait en grec *ion*. Ce nom s'appliquait d'ailleurs à un certain nombre de plantes différentes. La véritable étymologie du nom grec paraît être, non pas, comme on l'a dit, la princesse *Io* ou encore la contrée ds l'Asie mineure *Ionie*, mais le participe du verbe *eimi*, qui signifie venir, arriver, se montrer. La violette est une fleur qui se montre de bonne heure.

Caractères. — Les Violettes (fig. 252) sont des herbes, beaucoup plus rarement des sous-arbrisseaux, à feuilles alternes munies de stipules persistantes et souvent foliacées. Les tiges, ordinairement courtes, sont à demi enfouies sous la terre : les feuilles cordiformes ou ovales forment à la surface du sol des touffes plus ou moins fournies. Les fleurs portées sur des pédoncules axillaires sont solitaires, ou très rarement réunies par deux : elles sont le plus souvent de couleur violette, plus rarement rose ou bleu pâle. Plusieurs violettes ont des fleurs blanches. Chez quelques espèces, elles sont colorées en jaune vif.

Le genre *Viola* est caractérisé par ses sépales presque égaux entre eux, prolongés à la base, en dessous de leur insertion, par un appendice membraneux dirigé de bas en haut ; par une corolle irrégulière, dont le pétale inférieur se prolonge par un long éperon creux faisant saillie entre les deux sépales correspondants ; par des étamines presque sessiles dont les anthères se terminent par un prolongement membraneux dressé qui dérive du connectif et parmi lesquelles deux, celles qui regardent l'éperon, émettent un prolongement nectarifère qui y pénètre. L'ovaire est à une seule loge et à trois placentas pariétaux, prolongé par un style souvent courbé en forme d'S, et terminé par un renflement creux avec ouverture latérale et tissu stigmatique à l'intérieur. Le fruit est une capsule élastique s'ouvrant par trois valves (fig. 250 et 251).

On distingue parmi les Violettes deux grands groupes : les Violettes proprement dites et les Pensées. Chez les premières, les deux pétales supérieurs seulement sont dressés, les trois autres étant dirigés vers le bas. Chez les Pensées, quatre pétales sont dressés, un seul est dirigé vers la partie inférieure de la fleur.

Distribution géographique. — Il existe environ 150 espèces bien définies de Violettes, bien qu'on en ait décrit plus de 250. Le genre est représenté sur toute la surface du globe à peu près, mais plus des deux tiers appartiennent aux régions tempérées de l'hémisphère nord. Le reste habite les régions montueuses de l'Amérique du sud, de l'Australie et de l'Afrique australe.

Dans nos pays, les Violettes se plaisent principalement dans les endroits à moitié ombragés ou très frais ; humides même comme c'est le cas pour les *Viola palustris, canina*, etc. D'autres comme la *Viola rothomagensis* préfèrent les sols calcaires tandis que la *V. arenicola* demande des sables siliceux.

Parmi les Violettes que l'on rencontre fréquemment en herborisation signalons outre la Violette odorante (*V. odorata*) dont il sera lon-

Fig. 253. — Violette élevée (*Viola elatior*).

guement parlé un peu plus loin, la Violette des forêts (*V. sylvestris*), la Violette des chiens (*V. canina*) aux fleurs dépourvues d'odeur, la Violette hérissée (*V. hirta*) (fig. 252), commune dans les taillis, les clairières et les pelouses, ainsi nommée à cause de son ovaire recouvert de poils, la Violette élevée (*V. elatior*) (fig. 253) abondante dans les prés humides, etc.

Caractères biologiques. — La plupart des espèces, à l'exception toutefois de celles dont on a formé la section *Melanium*, produisent deux sortes de fleurs différentes : ce sont d'abord des fleurs ordinaires, qui apparaissent les premières, avec une corolle bien développée et bien colorée. Ces fleurs normales, qui sont parfois stériles, peuvent habituellement être fécondées par l'intermédiaire des insectes et donner ainsi naissance à des graines. A côté de ces fleurs normales, épanouies, on trouve souvent, sur le même pied, d'autres fleurs, dont

calice demeure toujours fermé et qui sont
nées à un arrêt de développement des organes
floraux. Chez ces fleurs, qui ne présentent par
conséquent point de pétales colorés, la fécondation ne peut être certainement pas réalisée
par l'intermédiaire des insectes, puisqu'elles
ne s'ouvrent point et il y a forcément autofécondation. De pareilles fleurs ont reçu le nom
de fleurs *cleistogames* (du grec *cleistos*, fermé,
gamos, mariage) et se retrouvent d'ailleurs
chez d'autres plantes que chez des Violettes,
comme par exemple, le *Polygala vulgaris*,
Oxalis acetosella, plusieurs Campanules,
Sauges, Linaires, Graminées, etc. Ce phénomène semble devoir être regardé comme destiné à protéger la plante contre les attaques

| Fig. 254. | Fig. 255. | Fig. 256. |

Fig. 254. — Fleur de Vio-
lette dont les pétales ont
été enlevés en avant
pour laisser apercevoir
le centre de la fleur.

Fig. 255. — Le stigmate vu
par sa face inférieure.
Fig. 256. — Pollinisation
artificielle au moyen
d'une pointe.

Fig. 254 à 256. — Violette odorante (*Viola odorata*).
Pollinisation par les insectes.

de ses ennemis, oiseaux ou autres, par suite
de l'absence de corolle et de l'occlusion des
organes de la reproduction à l'intérieur du
calice.

On observe ces fleurs cleistogames chez de
nombreuses espèces de Violettes, en particulier la *Viola canina*. C'est à la production
de ces fleurs particulières, remarquée déjà
depuis longtemps par les botanistes, que la
belle violette des bois de l'Est de la France,
la *Viola mirabilis* des environs de Grenoble et
de Nancy, doit son nom de Violette admirable.

Ce sont surtout les insectes qui assurent la
pollinisation dans les fleurs normales de Violette. Lorsqu'ils pénètrent dans la fleur (fig.
254), ils frottent forcément la lèvre qui se
trouve à l'ouverture du stigmate et s'ils sont
couverts de pollen par une visite antérieure

fécondante se trouve assuré sur la languette
(fig. 255), qui se rabat lors de la sortie de l'insecte ; par là le pollen se trouve déposé sur le
tissu stigmatique (fig. 256).

Chez les Violettes de la section *Melanium*,
comme par exemple la Violette des bois (*Viola*

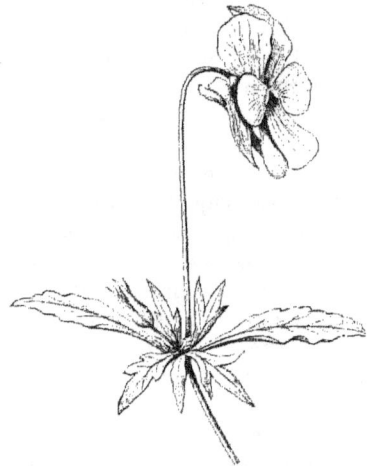

Fig. 257. — Pensée (*Viola tricolor*) pendant le jour.

arvensis), la fécondation directe peut être réalisée. Les anthères se secouent d'elles-mêmes
et le pollen est recueilli dans l'éperon. Pendant
ce temps, la fleur change de position, si bien
que la lèvre stigmatique ne ferme plus l'orifice de l'éperon et le pédoncule floral se cour-

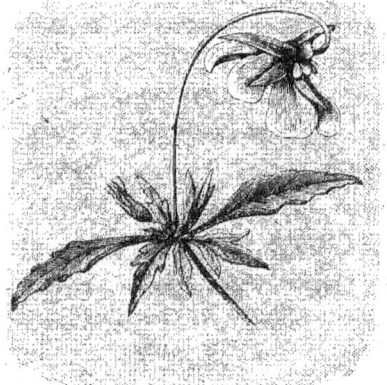

Fig. 258. — La même fleur dont le pédoncule floral
s'est recourbé pendant la nuit.

bant le pollen peut être ainsi versé sur le tissu
stigmatique.

On observe souvent chez certaines espèces
de Violettes, comme, par exemple, la *Viola
tricolor*, des mouvements du pédoncule floral
qui sont en rapport avec la protection de la
plante contre la déperdition de chaleur. Pen-

la tige qui la porte (fig. 257), mais lorsque vient la nuit, celle-ci se recourbe (fig. 258) et la fleur se trouve de la sorte protégée en partie contre le rayonnement.

Propriétés. — Usages. — Grâce à la *Violine* que renferme leur appareil végétatif, les Violettes comptent parmi les plantes médicinales. La racine de Violette est vomitive et purgative, prise en poudre à la dose de 2 à 4 grammes. Les fleurs font partie des fleurs pectorales ; en infusion chaude, elles sont adoucissantes et calmantes de la toux. Les fleurs qui servent à fabriquer la tisane de Violette doivent être conservées à l'abri de l'air et de la lumière, après avoir été séchées entre deux papiers à la température de 40°. Les fleurs de la Pensée sauvage sont réputées dépuratives et ont été employées en cette qualité sous forme de tisane ou de sirop contre les dartres ou autres affections cutanées.

On a toutefois beaucoup exagéré les vertus de cette plante et elle doit certainement être placée dans la catégorie des remèdes, qui, s'ils ne font pas de mal, ne font pas non plus beaucoup de bien.

La teinture de Violette constitue un réactif souvent employé par les chimistes, par suite du changement de coloration que lui fait subir l'action des acides et des bases.

Il est souvent question des Violettes dans les écrits des anciens, témoin le vers de Virgile :

Pallentes violas et summa papavera carpens

Théocrite parle de cette fleur, dans sa première idylle. Oppien faisant allusion à ce que la Violette semble se cacher par modestie sous l'herbe qui l'environne dit que son odeur la trahit. Le Père Rapin en fait une jeune nymphe pleine de pudeur, métamorphosée en fleur par Diane, désireuse de la soustraire à l'amour d'Apollon.

LA VIOLETTE ODORANTE — *VIOLA ODORATA*

Caractères. — La Violette odorante n'a pour ainsi dire pas de tige aérienne : ses feuilles réniformes ou suborbiculaires présentent des stipules ovales ; ses fleurs, douées d'une suave odeur, sont ordinairement violettes ou bleues, quelquefois blanches. Les sépales sont obtus ; le fruit est une capsule subglobuleuse, souvent velue, parfois glabre.

Distribution géographique. — Elle est indigène dans toutes les provinces de la France, où on a trouve en abondance, le long des haies, au pied des vieux murs, dans les buissons et dans les bois. Elle y fleurit aux premiers rayons du soleil printanier.

Usages. — La Violette est une des fleurs préférées du public comme plante de bouquet : on ne serait pas Parisien si l'on n'aimait pas les Violettes, et tout le monde, riche ou pauvre, aime à en parer sa boutonnière ou les vases de son appartement. Aussi s'en fait-il un commerce considérable, surtout en bouquets d'un prix minime, à la portée de toutes les bourses. Il se vend à Paris, par an, une moyenne d'un million de bouquets de Violettes, ce qui représente une somme de 600 000 francs. Il s'en débite sur les marchés 500 bottes par jour, que les détaillants achètent en gros de 1 fr. 50 à 4 francs la botte suivant la saison. Les Violettes ne manquent que très rarement sur le marché de Paris. On les cultive en vue de la vente dans les environs à Boulogne, à Belleville et à Saint-Mandé. Pendant l'hiver, elles nous viennent du Midi : elles sont spécialement cultivées à cet effet en Provence et en Ligurie, d'où l'on en expédie chaque hiver des wagons entiers à destination des pays du nord. En Provence, les mois où les violettes produisent le plus sont les mois de janvier, février et mars. Selon les variétés, elles sont vendues par les horticulteurs 6 à 20 francs le kilogramme et dans les années froides le prix s'élève à 40 francs le kilogramme.

Bien que l'on fasse de gros bouquets de Violettes, c'est surtout en petits bouquets de cinq à dix centimes que l'énorme quantité de fleurs apportées sur les marchés est achetée par le public. Un moment le commerce a semblé se ralentir. La Violette, la fleur aimée de tous, était devenue un emblème politique, et la porter à sa boutonnière pouvait passer pour une manifestation en faveur du régime impérial. Heureusement le bon sens, aidé en cela par une habitude solidement enracinée, a facilement triomphé, et la Violette est redevenue la fleur de tous, dont chacun peut aujourd'hui se parer sans crainte d'être considéré comme un fervent bonapartiste.

La teinte de ces fleurs les a fait adopter pour la fabrication de couronnes mortuaires : on en a fait des fleurs de deuil, ce qui en augmente aussi la consommation.

L'odeur suave et délicieuse des Violettes n'a pas contribué pour une petite part à leur assurer la vogue dont elles jouissent. Malheureusement cette odeur, parfois trop pénétrante,

Fig. 259. — Violette des quatre saisons, le Tzar
(*V. odorata*).

Fig. 260. — Violette de Parme (*Viola odorata*
var. *Parmensis*).

peut produire chez certaines personnes des maux de tête et même des étourdissements. Bien que ces malaises soient le plus souvent sans gravité, il est bon pour ceux qui y sont sujets, de ne pas porter sur eux des bouquets de Violettes ou de n'en pas conserver dans la pièce qu'ils habitent. Tout le monde, en tout cas, devra avoir bien soin de ne pas garder ces fleurs dans une chambre à coucher : il pourrait en résulter d'assez sérieux inconvénients.

La Violette est depuis longtemps le symbole de la modestie : c'est à son port qu'elle doit sa réputation ; elle semble se cacher sous l'herbe, ne s'élevant pas au-dessus du sol, et n'est trahie que par sa délicieuse odeur. Aussi les amateurs ne la cultivent-ils pas dans les jardins comme plante d'ornement. Ce n'est pas une fleur de plate-bande, mais c'est dans les coins, comme dans la nature, qu'il convient de la faire pousser.

Ce n'est pas seulement à cause de la faveur populaire qui s'est attachée à elle, que la Violette est cultivée par les horticulteurs en vue de la vente au public ; elle est aussi devenue une plante industrielle pour l'essence qu'on en retire et qui constitue une des plus suaves et des plus délicates odeurs utilisées par la parfumerie. La consommation de l'extrait de Violette est telle que les parfumeurs sont aujourd'hui dans l'impossibilité d'y suffire. Aussi l'extrait de Violette est-il, malgré l'abondance de la matière première, un des produits le plus souvent falsifiés, et le prix en est élevé lorsqu'on

tient à se procurer de l'extrait authentique.

Les Violettes que produit la nature ne pouvant suffire à la consommation journalière, la culture a cherché à en produire une quantité beaucoup plus grande, et comme toujours il en est résulté la production d'un grand nombre de variétés. Les fleurs de la *Viola odorata* sont normalement bleues ou violettes ; il en existe cependant une variété à fleurs blanches, qui croît dans les mêmes endroits. Par la culture on a obtenu un grand nombre de variétés à fleurs simples ou doubles et colorées en bleu, violet rose ou blanc. Les plus estimées sont les suivantes.

La VIOLETTE DES QUATRE SAISONS (*V. odorata*, var. *semperflorens*) ne diffère guère comme forme et couleur de la fleur de la Violette odorante ordinaire ; elle est toutefois un peu plus grande et plus odorante. Son principal mérite est de fleurir d'une façon presque continue à plusieurs époques de l'année, en particulier à partir de septembre et au printemps jusqu'en avril. Elle fleurit aussi, en été, aux expositions fraîches et ombragées. En hiver, il convient de la protéger contre le froid. Son seul défaut est d'avoir les queues très courtes, ce qui gêne pour la confection des bouquets et fait monter le prix de revient, car la difficulté de la cueillette absorbe une bonne partie des bénéfices.

La VIOLETTE RUSSE OU VIOLETTE LE TZAR (fig. 259) est bien préférable à ce dernier point de vue, et c'est pour cela qu'elle est aujourd'hui d'un usage plus répandu. Cette variété offre en effet le

Fig. 261. — Pensées à très grandes fleurs (*Viola tricolor*. Var.).

sérieux avantage de produire des fleurs éle-vées à l'extrémité de pédoncules de 12 à 15 cen-timètres de long ; les fleurs sont d'ailleurs plus grandes et bien parfumées ; elles sont d'un beau violet foncé avec quelques lignes violet noir au centre de la fleur. Il est plus que probable que la race le Tzar est sortie de la Violette des quatre saisons ordinaire.

La variété connue sous le nom de LE TZAR A FLEURS BLANCHES semble n'avoir de commun avec la précédente que la taille de ses fleurs.

La VIOLETTE WILSON ou Violette pâle, présente sous le rapport de la longueur des pédoncules et par conséquent de la facilité de la cueillette des qualités qui la rendent plus recommanda-ble encore que la violette russe pour les bou-quetiers. Elle a cependant le défaut d'être très sensible sous le climat de Paris et ses fleurs fort délicates se fanent vite. De plus les fleurs en sont assez pâles, plutôt lilas à fond blanc que réellement violettes.

La VIOLETTE DE PARME (fig. 260) semble n'être qu'une variété de la Violette odorante, bien qu'elle s'en distingue par quelques caractères, en particulier par ses fleurs plus grandes, lon-guement pédonculées et colorées de cette teinte gris bleuâtre que tout le monde con-naît. Les fleurs, qui sont hivernales et qui, dans certaines localités privilégiées du midi, com-mencent à s'épanouir dès le mois de décem-bre, sont très parfumées avec une odeur bien distincte de celle des autres Violettes. La Vio-lette de Parme est plus délicate que les autres

variétés et gèle même parfois sous notre cli-mat. On la cultive cependant en grand pour la vente, dans les environs de Paris, où la pro-tection d'un chassis suffit pour la préserver des intempéries. Mais sa véritable patrie est le Midi ; la Provence ou les environs de Tou-louse, d'où il s'en fait sur la capitale et toute la France d'importantes expéditions. La beauté de ses fleurs, et leur teinte particulière, les fait utiliser pour la confection de bouquets de gala. On faisait autrefois ces bouquets très serrés et il ne fallait pas aux fleuristes moins de 600 fleurs pour former un bouquet de 12 cen-timètres de diamètre : aujourd'hui, en ajou-tant de la mousse, on fait les bouquets plus légers et plus élégants et 80 fleurs environ suffisent. L'odeur de ces fleurs les fait aussi rechercher pour le commerce de la parfume-rie qui, pour les horticulteurs du Midi, con-stitue un important débouché pour leurs pro-duits.

On substitue parfois aux Violettes précéden-tes, à Paris dans les bouquets, la VIOLETTE DES FORÊTS (*V. sylvestris*) et la VIOLETTE DES CHIENS (*V. canina*) que l'on trouve en abondance la première dans les bois, la seconde dans les prés et sur le bord des chemins, et qui ont le grand défaut d'être dépourvues d'odeur.

LA PENSÉE DES JARDINS — *VIOLA TRICOLOR*

Nom vulgaire. — La Pensée a reçu le nom d'*Herbe de la Trinité*. On a considéré autrefois

Fig. 262. — Pensée demi-deuil
(grandeur naturelle).

Fig. 263. — Pensée à grandes macules Bugnot
(grandeur naturelle).

en effet la fleur comme le symbole du mystère de la sainte Trinité, soit à cause de sa forme triangulaire soit à cause de ses trois couleurs.

Caractères. — Les Pensées se distinguent principalement des Violettes proprement dites par la direction des pétales dont les deux latéraux ne se réfléchissent pas vers le bas comme chez ces dernières fleurs.

Distribution géographique. — L'origine des Pensées aujourd'hui cultivées dans les jardins et dont on connaît un si grand nombre de variétés différentes par la taille et le coloris des fleurs, semble légèrement douteuse et les botanistes ne sont pas d'accord à ce sujet. La plupart des auteurs les considèrent comme variétés de la Pensée sauvage (*Viola tricolor*), petite plante herbacée de 1 à 4 décimètres, qui croît spontanément au printemps et à l'été dans les champs, aux tiges glabres, aux fleurs mêlées de violet et de jaune ou blanchâtres, souvent tachetées, aux feuilles allongées, rétrécies en pétiole portant de grandes stipules vertes très divisées. Quelques-uns cependant veulent chercher l'origine des Pensées cultivées dans la Violette de l'Altaï (*V. altaica*) espèce de l'Asie centrale, dont les fleurs sont plus grandes et les pédoncules plus courts. D'autres enfin considèrent les si nombreuses variétés de pensées que l'on a obtenues comme le résultat du croisement d'espèces distinctes, en particulier des *V. tricolor* et *V. altaica*.

Usages. — Les Pensées sont d'excellentes plantes d'agrément et sont partout cultivées comme telles : la brièveté de leurs pédoncules floraux rend difficile leur emploi pour la confection de bouquets, mais on peut avec succès en orner de petits vases ou de petites corbeilles plates dans les appartements. C'est d'ailleurs surtout comme plantes de jardin que les Pensées rendent les plus grands services et l'on en fait de charmantes bordures et de délicieuses corbeilles au milieu des pelouses.

Comme c'est une des fleurs se prêtant le mieux à donner par la culture une grande quantité de variétés, différant les unes des autres par l'aspect et le coloris, on peut en tirer le plus heureux parti dans l'horticulture. La culture des Pensées a d'ailleurs fait depuis une cinquantaine d'années les plus grands progrès. Parmi tant de variétés différentes, on a dû établir un classement et fixer des règles de beauté permettant de les comparer.

Fig. 264. — Pensée à grandes macules (*Viola tricolor*).

En général, on s'accorde pour estimer d'autant plus une fleur de Pensée, qu'elle présente les caractères suivants :

1° La fleur doit avoir la plus grande taille possible ; quelques-unes peuvent atteindre la largeur de la main.

2° Sa forme doit se rapprocher autant que possible du cercle, avec pétales bien appliqués les uns sur les autres. Au début dans la première moitié de ce siècle, les fleurs de Pensées étaient longues, étroites, presque triangulaires ; aujourd'hui on est parvenu à obtenir des fleurs d'un contour presque régulièrement arrondi.

3° Les couleurs doivent en être vives et veloutées au moins par les fleurs multicolores avec un œil central, large et nettement dessiné, coloré autrement que le fond.

4° La plante enfin doit être de taille moyenne avec toutes les fleurs fermes et dressées.

Toutes les Pensées qui remplissent ces quatre conditions sont considérées comme pensées de premier choix et désignées sous le nom de *Pensées anglaises*. On les nomme ainsi, bien qu'elles soient pour la plupart nées sur le continent, parce qu'on attribue à une dame anglaise, lady Mary Tennet fille du comte de Tankerville, non la première culture de la fleur de Pensée, mais la découverte des premières variétés réellement jolies. Lorsqu'une Pensée pèche contre une ou plusieurs des règles précédemment établies on le dit alors *Pensée de fantaisie*.

Parmi les nombreuses races de Pensées cultivées, quelques-unes sont unicolores ou à peu près ; elles peuvent alors présenter les teintes suivantes : blanc, jaune, rose, chamois, cuivre, violet, tous les tons possibles de bleu, gris de lin, marron, pourpre, noir intense velouté, etc. Le plus grand nombre a des fleurs de plusieurs couleurs disposées d'une infinité de façons : on distingue des fleurs veinées, striées, maculées, oculées, panachées, flammées, zonées, lavées, bordées, marginées, etc. Quelques variétés ont les pétales ondulés et chiffonnés ; d'autres ont des fleurs semi-doubles et même doubles, mais elles sont toujours de la plus extrême délicatesse. Quelques pensées, en particulier celles à fleurs roses, cuivrées ou rougeâtres, répandent une odeur assez agréable.

Plusieurs variétés de Pensées sont très remarquables. Les PENSÉES A GRANDES FLEURS (fig. 261) méritent parfois si bien leur nom que le pédoncule arrive à fléchir sous le poids. Une des plus jolies est la PENSÉE DEMI-DEUIL (fig. 262) dont la fleur est grande et régulière et dont les trois pétales inférieurs, violet bleuâtre foncé et velouté, contrastent bien avec les pétales supérieurs blancs ou gris perle.

Les PENSÉES A GRANDES MACULES (fig. 264) sont moins grandes mais d'une forme plus parfaite : elles sont aussi d'un tempérament plus délicat. La sous-race A GRANDES MACULES BUGNOT (fig. 263) est particulièrement recom-

mandable par ses très grandes fleurs à macules larges et à coloris extrêmement varié.

On cultive encore dans les jardins d'autres
Pensées appartenant à des espèces distinctes
de la *Viola tricolor*. Telles sont par exemple la
VIOLETTE DE L'ALTAÏ (*V. altaica*), de l'Asie centrale dont les fleurs sont assez grandes, colorées en violet bleuâtre avec une macule jaune
à la gorge, et la VIOLETTE BIGARRÉE (*V. cucul-*

lata), espèce américaine à fleurs bleues rayées
de blanc.

La PENSÉE DE ROUEN (*V. rothomagensis*) qui
fleurit en été sur les coteaux calcaires des environs de Rouen forme une espèce bien caractérisée : c'est une herbe à tiges nombreuses,
couchées ou ascendantes, hérissées de poils
nombreux, longs et mous. Les fleurs en sont
bleues, portées à l'extrémité de longs pédicelles flexueux.

LES CANELLACÉES — *CANELLACEÆ*

Caractères. — La famille des Canellacées
comprend quelques arbres exotiques aux feuilles alternes, très entières, penninervées, dépourvues de stipules. Les fleurs sont groupées
en cymes terminales ou axillaires ; hermaphrodites et régulières elles se composent, à l'extérieur de 3 bractées orbiculaires persistantes
entourant un calice de 4 à 5 sépales libres et
épais et une corolle de 4 pétales très petits qui
font défaut chez le genre *Canella*. Pour certains auteurs les bractées représentent le calice, les sépales la corolle et les pétales des
squames pétaloïdes. Les étamines au nombre
d'une vingtaine sont soudées par leurs filets
en un tube au-dessus duquel se dressent les
anthères distinctes, linéaires, parallèles, fixées
extérieurement. L'ovaire est libre, à une seule
loge, avec 2 à 5 placentas pariétaux, surmonté d'un style court et épais terminé par
2 à 5 stigmates. Nombreux ovules qui se réduisent à deux chez les *Cinnamosma*. Le fruit
est une baie charnue globuleuse indéhiscente
contenant les graines à enveloppe crustacée,
renfermant un embryon court à l'intérieur
d'un albumen oléagineux et charnu.

Distribution géographique. — On ne connaît que trois genres de Canellacées, formant
cinq espèces. Des 2 espèces de *Canella* l'une
habite les Antilles et l'autre la Colombie. Les

Cinnamodendron forment également 2 espèces
dont l'une vit aux Antilles et l'autre au Brésil.
L'espèce unique du genre *Cinnamosma* est de
Madagascar.

Affinités. — Les Affinités des Canellacées sont
extrêmement douteuses. On les a rapprochées
successivement des Guttifères (Martius) des
Olacinées (Lindley) des Magnoliacées (Miers) et
des Bixinées (Bentham et Hooker). M. Van Tieghem en fait une simple tribu de cette dernière
famille, et M. Baillon les range, également à
titre de tribu, parmi les Magnoliacées.

Usages. — Les Canellacées possèdent des
écorces âcres, chaudes et aromatiques qui se
rapprochent comme propriétés de la Canelle
de Ceylan, écorce d'un arbre de la famille des
Laurinées. La Canelle blanche est l'écorce du
Canella alba qui vit aux Antilles, principalement à la Jamaïque ; l'écorce de Winter du
commerce, qui se distingue de l'écorce de Winter produite par le *Drymis Winteri* de la famille des Magnoliacées (V. p. 60), provient du
Cinnamodendron corticosum des Antilles. Le
Cinnamodendron axillare du Brésil produit
l'écorce dite de Paratudo aromatique. *Paratudo*, au Brésil, veut dire *propre à tout* et a été
donné comme nom à plusieurs substances auxquelles on attribue de grandes propriétés médicinales.

LES BIXINÉES — *BIXINEÆ*

Caractères. — Les Bixinées sont des arbres
ou arbrisseaux à feuilles alternes, simples,
dentées ou plus rarement entières, pourvues
ou non de stipules.

Les fleurs souvent solitaires, terminales ou

axillaires, sont parfois aussi diversement groupées en fascicules, grappes, corymbes ou
panicules : hermaphrodites ou unisexuées
(dioïques ou polygames) elles sont régulières.
Le calice est formé de 2 à 6 sépales libres ou

Fig. 265 à 267. — Roucouyer (*Bixa orellana*).
Port, fruit et graine.

Fig. 268. — Flacourtie (*Flacourtia sepiarium*).

légèrement cohérents ; la corolle, qui manque parfois, se compose ordinairement, quand elle existe, de pétales caducs en nombre égal à celui des pièces du calice. Les étamines hypogynes sont ordinairement en nombre indéfini, rarement défini : les anthères à 2 loges s'ouvrent par des fentes ou plus rarement par des pores au sommet. L'ovaire est libre, ordinairement uniloculaire, avec deux ou plusieurs placentas pariétaux. Styles ou stigmates en même nombre que les placentas, soudés ou plus ou moins libres. Chaque placenta porte 2 ou plusieurs ovules. Fruit charnu ou sec, déhiscent ou indéhiscent, renfermant des graines ordinairement peu nombreuses, parfois arillées ou à tégument charnu extérieurement. Dans un albumen charnu est un embryon droit ou courbe à cotylédons larges, souvent cordés.

Distribution géographique. — Les 36 genres et 180 espèces qui forment la famille des Bixinées sont toutes des plantes des régions tropicales des deux continents. Elles forment 4 tribus : les Bixées, Oncobées, Flacourtiées et Pangiées.

Distribution géologique. — La famille des Bixinées n'est connue jusqu'ici à l'état fossile que par un seul exemplaire d'un rameau couvert de feuilles, rencontré en Saxe dans les lignites de Bornstedt et décrit sous le nom de *Kiggelaria oligocœnica*. 3 autres espèces du genre *Kiggelaria* vivent aujourd'hui dans l'Afrique australe.

Usages. — Les Bixinées ne renferment que peu de plantes utiles : la plus importante est le Rocouyer (fig. 267) dont la graine fournit une matière colorante, le rocou.

Les fruits de plusieurs Bixinées sont comestibles aux pays chauds, en particulier ceux des diverses variétés cultivées du *Papaya carica* qui vit aux Antilles où il porte vulgairement le nom de *Papaw* ou *Arbre à melons*. On les mange crus, cuits ou accommodés de différentes façons. On mange aussi les fruits de plusieurs autres espèces de *Papaya* : *P. cauliflora, mamaya, microcarpa, pyriformis*, etc. Les *Flacourtia* (fig. 268) de l'Asie et de Madagascar produisent aussi des baies comestibles, en particulier le *F. Ramontchi* ou prunier de Madagascar : il en est de même de l'*Oncoba* d'Afrique.

Plusieurs Bixinées possèdent des propriétés qui les font utiliser comme plantes médicinales dans les pays chauds pour combattre diverses sortes de maladies : une des plus importantes à ce sujet est le *Papaya carica*, dont le fruit renferme avant d'être mûr un suc laiteux irritant qu'on a reconnu comme un des plus puissants vermifuges.

D'autres Bixinées sont vénéneuses : le *Papaya digitata* du Brésil passe pour un poison mortel, aussi violent et aussi redoutable que l'*Upas* des Javanais. Le fruit de l'*Hydnocarpus venenata* sert à Ceylan pour la pêche en empoisonnant les rivières, mais le poisson qu'on se procure par ce procédé peut causer à l'homme de terribles accidents.

LES COCHLOSPERMES — *COCHLO-SPERMUM*

Caractères. — Ce sont des arbres, des arbrisseaux ou des herbes à rhizome tubéreux, à feuilles palmatifides ou digitées, à fleurs jaunes disposées en grappes plus ou moins composées, à l'aisselle des feuilles supérieures ou au sommet des rameaux. L'appareil végétatif est gorgé d'un suc laiteux jaune ou rouge. Les placentas sont plus ou moins proéminents à l'intérieur de la cavité ovarienne ou plus ou moins soudés. Capsule à 3 valves ; graines couvertes de poils.

Distribution géographique. — Les 15 espèces qui forment ce genre habitent tout le globe entre les deux tropiques.

Usages. — Le rhizome du *C. tinctorium* (racine de Fayar) qui vit au Sénégal, produit une matière colorante jaune. Le *C. Gossypium* de l'Inde fournit une gomme analogue à la gomme adragante à laquelle elle est parfois substituée sur les marchés, bien qu'elle soit de qualité bien inférieure; c'est la gomme *Kuteera*, appelée aussi gomme de Bassora (Guibourt).

LES ROCOUYERS — *BIXA*

Caractères. — Le genre *Bixa* est caractérisé dans la tribu des Bixées par ses placentas pariétaux, sa capsule à 2 valves, ses graines droites et nues, ses feuilles entières.

Distribution géographique. — Les Rocouyers sont des petits arbres originaires de l'Amérique tropicale, qui ont été introduits et sont cultivés aujourd'hui dans les pays chauds du globe entier. On n'en connaît d'ailleurs qu'une seule espèce ou peut-être deux.

LE ROCOUYER ORELLAN — *BIXA ORELLANA*

Caractères. — Le Rocouyer (fig. 263) est un arbuste élégant, pouvant atteindre 4 à 5 mètres de haut, portant au sommet de sa tige droite une cime de branches divisées. Les feuilles alternes, simples et pétiolées, ont un limbe entier échancré en cœur à la base et sont dépourvues de poils. Les fleurs sont groupées en panicules terminales.

Le calice comprend 5 folioles orbiculaires colorées en rose et caduques; la corolle, 5 pétales oblongs blancs lavés de rose. Les étamines nombreuses entourent l'ovaire uniloculaire à 2 placentas pariétaux, surmonté d'un style filiforme et de 2 stigmates. Le fruit est une capsule assez volumineuse rouge pourpre, hérissée de piquants, affectant légèrement la forme d'un cœur et s'ouvrant à maturité par 2 valves portant chacune en son milieu de nombreuses graines entourées d'une matière gluante rouge vif.

Distribution géographique. — Le Rocouyer est originaire de l'Amérique du Sud. On le rencontre aujourd'hui dans tous les pays chauds.

Usages. — Le Rocouyer fournit une matière colorante connue sous le nom de *Rocou*, employée par les peintres et les teinturiers. Les anciens Caraïbes, dit-on, s'en servaient pour se peindre le corps lorsqu'ils allaient en guerre. On l'emploie surtout pour colorer le beurre et la cire.

Pour obtenir le Rocou, on détache et l'on rejette la première enveloppe du fruit. On écrase les graines que l'on délaye ensuite dans l'eau chaude, puis on jette le tout sur un tamis : l'eau passe en entraînant la matière colorante et ses débris. On la laisse fermenter sur son marc, ce qui la divise davantage, on décante et l'on fait sécher. On obtient alors le Rocou sous forme d'une pâte solide dont on fait des pains de 1 à 2 kilogrammes. On peut aussi enlever la matière colorante de la graine sans la broyer, par un simple lavage. Ce procédé donne la matière colorante, la *bixine*, dans un état de pureté beaucoup plus grand.

La pulpe du fruit du Rocouyer passe pour rafraîchissante et anti fébrile. Les graines sont réputées stomachiques. Le bois sert d'amadou aux Indiens, pour allumer du feu.

LES PITTOSPORÉES — *PITTOSPOREÆ*

Caractères. — On range dans la famille des Pittosporées un certain nombre de plantes exotiques, arbrisseaux dressés ou volubiles, parfois flexueux, à feuilles alternes, entières ou dentées, et dépourvues de stipules.

Les fleurs blanches, bleues ou jaunes, plus rarement de couleur rougeâtre, sont solitaires ou groupées en corymbes, panicules ou fascicules ; hermaphrodites et régulières.ou légèrement obliques, elles se composent des pièces suivantes : un calice de 5 sépales, libres entre eux ou quelque peu soudés à leur base ; une corolle de 5 pétales plus longs que les sépales, à onglets dressés, connivents en un tube ou même cohérents. Cinq étamines libres entre elles, hypogynes, alternent avec les pétales ; les filets filiformes ou légèrement dilatés supportent des anthères à 2 loges, introrses, qui s'ouvrent par 2 fentes longitudinales ou plus ordinairement par pores au sommet. L'ovaire est à une seule loge avec 2, ou plus rarement 3 ou 5 placentas pariétaux qui, faisant parfois saillie, divisent la loge unique en compartiments imparfaitement séparés et portent de nombreux ovules. Le style est simple et se termine par le stigmate terminal. Pour fruit les Pittosporées présentent tantôt une capsule loculicide ou plus rarement septicide et tantôt un fruit indéhiscent, coriace ou bacciforme. Les nombreuses graines qui y sont contenues sont souvent entourées d'une pulpe visqueuse et contiennent de très petits embryons à l'intérieur d'un albumen dur.

Distribution géographique. — Les Pittosporées se divisent en 10 genres et 90 espèces environ. Parmi celles-ci, les 55 qui forment le genre *Pittosporum* sont dispersées dans les régions chaudes de l'ancien monde. Les autres représentants de la famille sont de l'Australie. L'espèce unique dont J. D. Hooker a fait le genre *Chalepoa* habite la terre de Magellan.

Distribution géologique. — Les Pittosporées avaient fait déjà leur apparition à l'époque tertiaire ; on en connaît 8 espèces environ à l'état fossile.

Affinités. — La famille des Pittosporées occupe dans la série des Dicotylédones dialypétales une place assez variable avec les auteurs. Bentham et Hooker les rapprochent des Trémandrées, dont elles se distinguent d'ailleurs facilement par le nombre des ovules, le port, etc. M. Baillon en a fait d'abord une tribu des Saxifragacées, puis tend à présent à les rattacher aux Bixinées. M. Van Tieghem les rapproche des Ombellifères et des Araliées dont elles se distinguent par l'ovaire supère, les nombreux ovules, la placentation pariétale et la nature du fruit, à cause de la disposition et de la nature des canaux sécréteurs qui sont identiques. A ce point de vue les trois familles Ombellifères, Araliées et Pittosporées, forment parmi les Phanérogames un groupe nettement caractérisé. Voilà encore un exemple du service que peuvent rendre à la classification, les considérations tirées de l'étude anatomique des plantes.

Usages. — Les canaux sécréteurs des Pittosporées contiennent des principes résineux amers et aromatiques qui semblent d'ailleurs. n'avoir encore reçu aucune application. Les baies de ces plantes ont une saveur âcre et désagréable ; cependant d'après Endlicher les indigènes australiens, affamés, s'en nourriraient faute de meilleurs aliments.

La véritable application des Pittosporées est leur emploi comme plantes d'ornement dans les serres et même en plein air dans la région méditerranéenne où elles résistent bien au froid. Plusieurs espèces du genre *Pittosporum* sont cultivées en Provence comme plantes d'agrément à cause de leur beau feuillage persistant, coriace et aromatique, et de leurs fleurs blanches, jaunes ou de couleur pourpre foncé, qui répandent un suave parfum. On compte parmi les plus estimées :

Le PITTOSPORE DE CHINE (*P. tobira* ou *P. sinense*), arbrisseau de 3 à 5 mètres de haut qui porte des feuilles d'un beau vert luisant et se couvre vers les mois d'avril et de mai de jolies fleurs blanches qui sentent la fleur d'oranger. On en fait dans le Midi d'excellents massifs pour rompre la violence du vent et protéger les plantations délicates.

On cultive fréquemment dans le même but le PITTOSPORE ONDULÉ (*P. undulatum*) petit arbre d'Australie à feuilles ondulées d'un vert foncé, aux fleurs jaunâtres assez grandes s'épanouissant vers le mois de mai et portant à l'automne de beaux fruits arrondis orangés.

Le PITTOSPORE A FEUILLES CORIACES de Ténériffe est un grand arbrisseau touffu, dont le magnifique feuillage luisant rappelle celui du *Magnolia grandiflora* et dont les fleurs sont blanches.

Le *P. Eugenioïdes* a les fleurs jaune pâle.

Parmi les Pittospores à fleurs pourpre noir signalons les *P. crassifolium*, à feuilles tomenteuses en dessous, *P. mahi*, *P. tenuifolium*, dont les feuilles petites sont ondulées et glabres, etc.

LES TRÉMANDRÉES — *TREMANDREÆ*

Les Trémandrées forment une petite famille composée de 3 genres seulement (*Tremandra*, *Tetratheca* et *Platytheca*) et 27 espèces de plantes toutes propres aux régions extratropicales de l'Australie et qu'on peut considérer comme des Polygalées à fleurs régulières dont les étamines ont les filets libres et les anthères extrorses.

Ces plantes ne présentent d'ailleurs aucune application méritant d'être rapportée.

LES POLYGALÉES — *POLYGALEÆ*

Caractères. — La famille des Polygalées est une famille très naturelle dont les affinités ne sont cependant pas encore parfaitement établies. Elle comprend des plantes herbacées, des sous-arbrisseaux volubiles, des arbustes dressés ou grimpants, parfois même des arbres de petite taille, portant des feuilles généralement alternes, simples et entières, et dépourvues de stipules.

Les fleurs, souvent solitaires, parfois aussi groupées en grappes, en épis ou en panicules, sont hermaphrodites et irrégulières. Des 5 sépales qui forment le calice, les deux latéraux insérés plus en dedans que les 3 autres, sont plus grands qu'eux et sont devenus pétaloïdes. On leur a donné le nom d'*ailes*. La corolle se compose de 5 pétales et chez les *Polygala* se réduit à 3 par avortement des deux latéraux, qui sont d'ailleurs très petits et squamiformes. Les 2 pétales supérieurs se rapprochent pour former ce qu'on a appelé l'étendard, le pétale inférieur, plus grand et concave, a reçu le nom de carène et enveloppe les organes sexuels. Les noms d'*étendard*, de *carène* et d'*ailes*, qu'on a donnés à ces pétales et aux deux sépales latéraux pétaloïdes du carène, viennent de la comparaison qu'on a voulu faire de ces fleurs avec celles des Papilionacées dont les Polygalées diffèrent d'ailleurs beaucoup. 8 étamines, rarement moins, forment l'androcée ; elles sont soudées par les filets en un tube fendu par le haut ; les anthères, divisées en deux faisceaux, sont ordi-

nairement à une seule loge et s'ouvrent par un pore au sommet. L'ovaire est libre, divisé en 2 loges, contenant chacune un ovule (*Polygala*) ou plus rarement en 3 et même 5 loges (*Trigonastrum*, *Montabea*). L'ovaire est à une seule loge avec 2 placentas pariétaux portant 2 ovules chaque chez les *Xanthophyllum*. Le style est simple, courbé et se termine par le stigmate. Le fruit est une capsule loculicide et plus rarement septicide, ou bien encore reste indéhiscent, coriace ou charnu : les graines qu'il renferme peuvent contenir ou non un albumen. Chez celles qui en sont dépourvues, les cotylédons sont épais et charnus.

Distribution géographique. — Les Polygalées forment 17 genres et 470 espèces sur lesquelles 260 appartiennent au seule genre *Polygala*. Ces dernières habitent toutes les parties tempérées et chaudes du globe entier. Les autres Polygalées ne vivent que sous les tropiques et dans les contrées chaudes de l'hémisphère méridional.

Classification. — On divise souvent cette famille en deux tribus : les *Polygalées* proprement dites ont les étamines soudées, le fruit déhiscent et un albumen à la graine; les *Kramériées* ont, au contraire, les étamines libres, le fruit indéhiscent et sont dépourvues d'albumen.

Usages. — Toutes les plantes de cette famille possèdent un suc âcre, irritant, doué de propriétés stimulantes, toniques et astringentes. Les seuls genres intéressants par leurs applications, sont les *Polygala* et les *Krameria*.

Fig. 269. — Polygale de Virginie (*Polygala senega*).

Fig. 270. — Polygale vulgaire (*Polygala vulgaris*)

LES POLYGALES — *POLYGALA*

Étymologie. — Du grec *polus*, beaucoup, *gala*, lait; ces plantes ont passé pour donner un lait abondant aux vaches qui en mangeaient.

Caractères. — Les Polygales sont des plantes herbacées et parfois de petits arbrisseaux à racine latescente, à feuilles alternes, ou exceptionnellement opposées chez quelques espèces du Cap. Les fleurs, parfois assez grandes, ailleurs assez petites, sont ordinairement disposées, en grappes et munies à la base du pédicelle de 3 bractées caduques. Les deux sépales latéraux internes sont grands, pétaloïdes et très développés en ailes. Les anthères sont au nombre de 8; l'ovaire est à 2 loges; le fruit est une capsule comprimée.

Distribution géographique. — Le genre *Polygala* se subdivise en 260 espèces environ, répandues sur toute la terre et principalement dans les contrées tempérées de l'hémisphère boréal. Les espèces françaises au nombre de plus d'une douzaine, croissent dans les prés ou dans les prairies fraîches. On en voit s'élever sur les montagnes jusqu'à 2,500 mètres. Quelques-unes sont spéciales à la région méditerranéenne, où on les trouve soit sous les rochers, soit dans ces terrains rocailleux et arides, couverts de broussailles, auxquels dans la Provence et le Languedoc, on donne le nom de *Garrigues*, parce que le chêne Kermès ou *Garrouille* y croît en abondance.

Usages. — Les Polygales sont des plantes à suc laiteux jouissant de propriétés très actives, amères, éméto-cathartiques, diurétiques, sudorifiques et stimulantes et qui, à ce titre, pourraient rendre bien des services à la médecine. Cependant, on a aujourd'hui presque complètement renoncé à leur emploi.

On utilise pourtant encore quelquefois, comme purgatif et vomitif, la racine du POLYGALE DE VIRGINIE (*Polygala senega*) (fig. 269) que l'on trouve dans le commerce de la pharmacie. Dans l'Amérique septentrionale (Caroline, Virginie) où la plante croît dans les lieux sablonneux, on a conseillé la racine à l'état frais contre la morsure des serpents; ce traitement ayant été découvert par une tribu indienne, appelée *Sénéka* ou *Senega*, on en a donné le nom à la plante. C'est surtout dans la bronchite subaiguë et chronique, que la racine de Polygale a donné les meilleurs résultats.

Le POLYGALE VULGAIRE (*P. vulgaris*) (fig. 270) est commun en France : sa racine est loin de valoir, comme amertume et propriétés purgatives, celle du POLYGALE AMER (*P. amara*) à laquelle on la substitue le plus souvent dans le commerce.

On cite le *P. tinctoria* de l'Arabie comme une des plantes pouvant fournir de l'indigo. Le *P. venenata* de Java est très vénéneux.

On cultive comme plante ornementale le POLYGALE FAUX-BUIS (*P. chamæbuxus*), plante indigène des Alpes aux tiges de 20 centimètres

Fig. 271. — Kramérie triandre (*Krameria triandra*).

de haut, aux feuilles persistantes, aux fleurs jaunes et tachées de rouge au sommet, disposées en grappes arrondies. Elle fleurit de mai à juin et peut être employée pour orner les rochers et border les massifs de terre de bruyère. Les Polygales à fleurs bleues violettes et roses qui ornent les prairies et les pelouses calcaires sont très jolies, mais ne sont malheureusement pas cultivables.

LES KRAMÉRIES — *KRAMERIA*

Caractères. — Les Kraméries sont le type des Polygalées à fruit globuleux indéhiscent et à graines dépourvues d'albumen. Ce sont des herbes dures ou des sous-arbrisseaux à feuilles entières ou trifoliées, étroites ou petites.

Distribution géographique. — Une vingtaine d'espèces forment ce genre et habitent toutes les régions chaudes de l'Amérique.

Usages. — Les racines de quelques-unes sont riches en tanin et employées comme toniques et astringentes. La plus importante de toutes est la suivante, bien connue sous le nom de *ratanhia*.

LA KRAMÉRIE TRIANDRE — *KRAMERIA TRIANDRA*

Noms vulgaires. — Ratanhia du Pérou. Le nom de *ratanhia* sous lequel elle est connue, est celui qu'elle portait au Pérou lors de l'arrivée des Espagnols dans ce pays : ce nom signifie plante traçant sous terre.

Caractères. — C'est un arbuste (fig. 271) à racines longues, rameuses, rampantes, horizontales, à tige ligneuse présentant de nombreuses ramifications blanchâtres au sommet, portant des feuilles alternes presque sessiles, d'aspect blanchâtre et ayant un éclat soyeux. La racine de ratanhia est ligneuse et divisée en plusieurs radicules cylindriques, longues, ayant depuis la grosseur d'une plume jusqu'à celle du pouce. Vers le mois d'août, l'arbre est couvert de fleurs rouges solitaires à court pédoncule.

Les 4 sépales en sont jaune d'or en dedans, soyeux au dehors ; les 4 pétales irréguliers et inégaux entre eux sont rouges ; 3 étamines seulement (d'où le nom de *triandra*) dont 2 latérales plus grandes ; ovaire à une seule loge renfermant deux ovules ou un seul ; le fruit est une capsule globuleuse armée de pointes crochues d'un rouge obscur et garnie de poils soyeux.

Distribution géographique. — Cette espèce croît au Pérou sur la pente orientale des Cordillières, en Bolivie, dans les terrains arides.

Usages. — La racine de *Krameria triandra* et l'extrait qu'on en retire sont employés journellement dans les hémorrhagies des muqueuses, la diarrhée, les dyssenteries, etc.

Le cœur a moins de saveur et de propriétés médicales que l'écorce.

A côté du *ratanhia du Pérou*, on trouve dans le commerce d'autres racines jouissant de propriétés analogues : le *ratanhia de la Nouvelle-Grenade*, ou *ratanhia de Savanille*, produit par le *K. tomentosa* ; le *ratanhia du Brésil*, qu'il convient de rapporter au *K. Ixina* ; le *ratanhia du Texas* produit par le *K. lanceolata*.

LES VOCHYSIACÉES — *VOCHYSIACEÆ*

La famille peu importante des Vochysiacées comprend 7 genres et 130 espèces d'arbustes à suc résineux, habitant exclusivement les contrées tropicales de l'Amérique du Sud et de l'Amérique centrale, principalement le Brésil et la Guyane.

LES FRANKÉNIACÉES — *FRANKENIACEÆ*

Étymologie. — Plantes dédiées à Frankenius, médecin suédois.

Caractères. — Les Frankéniacées sont des herbes vivaces ou des sous-arbrisseaux rameux à feuilles opposés, petites et dépourvues de stipules.

Les fleurs, hermaphrodites et régulières, se composent d'un calice gamosépale en forme de tube à 4 ou 6 divisions, d'une corolle de 4 à 6 pétales à long onglet, d'étamines au nombre de 6 le plus souvent, hypogynes, libres ou soudées légèrement à la base, à anthères extrorses et d'un ovaire libre, sessile, à une seule loge portant de nombreux ovules bisériés sur 3, rarement 2 ou 4, placentas pariétaux. Le fruit est une capsule qui se trouve entourée par le calice persistant. Les graines qu'elle renferme contiennent un embryon droit, inclus à l'intérieur d'un albumen farineux.

Distribution géographique. — Le genre le plus important, souvent même considéré comme le seul de cette famille, le genre *Frankenia*, comprend 30 espèces qui habitent les rivages maritimes, en particulier ceux de la Méditerranée et de l'Atlantique. On n'en connaît en France que 3 espèces, particulières à l'ouest et au midi, croissant dans les sables ou sur les rochers qui avoisinent la mer (*F. pulverulenta* (fig. 272), *F. lævis*, *F. hirsuta*). Les deux autres genres de la famille ne comprennent chacun qu'une espèce. Les *Niederleinia* croissent en Patagonie, les *Beatsonia* à Sainte-Hélène.

Usages. — Les Frankéniacées ne présentent pas d'utilité : ce sont des plantes mucilagineuses et peu aromatiques. Le *Beatsonia portulacifolia* de Sainte-Hélène, y est utilisé en guise de thé.

Le *Frankenia bertereana* croît au Chili : ses

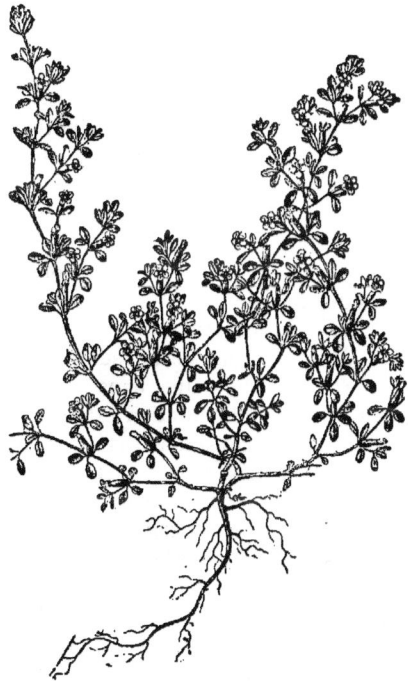

Fig. 272. — Frankénie (*Frankenia pulverulenta*).

feuilles se couvrent chaque jour de gouttelettes salées, qui par évaporation y déposent des cristaux de chlorure de sodium recueillis, dit-on, pour l'usage culinaire.

LES CARYOPHYLLÉES — *CARYOPHYLLEÆ*

Caractères. — La famille des Caryophyllées comprend des plantes herbacées annuelles ou vivaces et quelques arbrisseaux. Leurs tiges et leurs rameaux sont ordinairement renflés et articulés aux nœuds où se trouvent attachées des feuilles opposées entières, dépourvues de stipules ou beaucoup plus rarement munies de petites stipules scarieuses. Les fleurs sont ordinairement disposées en une cyme unipare ou bipare ; parfois aussi l'inflorescence peut se réduire à une seule fleur.

Les fleurs régulières et hermaphrodites (ou quelquefois dioïques par avortement) sont construites sur le type 5 ou le type 4. Les sépales sont libres entre eux ou soudés en un calice gamosépale ; les pétales, en même nombre que les sépales, sont libres entre eux, entiers ou diversement découpés ; ils deviennent parfois très petits et disparaissent même complètement chez quelques Caryophyllées apétales. Les étamines sont disposées en deux verticilles de 5 (ou de 4) ; leurs filets filiformes se terminent par une anthère à 2 loges, déhiscente par 2 fentes longitudinales. L'ovaire libre au centre de la fleur est formé par la soudure de 2 à 5 carpelles et primitivement divisé en autant de loges portant à leur angle interne les ovules disposés en 2 séries.

La placentation chez les Caryophyllées est donc primitivement la placentation axile, mais par suite de la disparition des cloisons séparatrices des loges entre elles, l'ovaire devient à une seule loge portant au centre les ovules sur un axe provenant de la réunion des placentas. On dit alors que dans l'ovaire des Caryophyllées la placentation est une *fausse placentation centrale*, simple cas particulier de la placentation axile par suite de la destruction des cloisons ; chez quelques Caryophyllées, d'ailleurs, comme certains *Lychnis*, dont on a fait les sous-genres *Viscaria* et *Eudianthe*, les cloisons ovariennes persistent en grande partie inférieurement. 2 à 5 styles, stigmatifères à leur face interne, sont ordinairement distincts et indiquent le nombre des carpelles dont la soudure a contribué à former le pistil.

Le fruit est ordinairement une capsule membraneuse ou crustacée, s'ouvrant généralement au sommet par des dents en nombre égal à celui des carpelles ou en nombre double. Les graines nombreuses ou parfois se réduisant à une seule par suite d'avortement sont réniformes, globuleuses, ovoïdes ou comprimées latéralement et contiennent un albumen farineux entouré par l'embryon recourbé.

Distribution géographique. — On a décrit plus de 1,100 espèces réparties en 37 genres répartis à la surface du globe tout entier, principalement dans les régions extra-tropicales de l'hémisphère nord. Sous les tropiques, elles sont confinées dans les hautes montagnes. Le nombre de 1,100 espèces indiqué plus haut est sans doute fort exagéré et doit vraisemblablement être ramené à 800, car plusieurs des espèces décrites ne sont probablement que de simples variétés.

Classification. — On divise actuellement la famille des Caryophyllées en trois tribus dont deux seulement, les Silénées et les Alsinées, présentent pour nous un certain intérêt. Les 10 genres qui forment la tribu des Polycarpées sont pour la plupart exotiques et n'ont reçu aucune application importante. Les caractères qui ont permis d'établir cette classification sont résumés dans le tableau suivant :

Styles distincts.	Calice gamosépale ; pétales à onglet long ; feuilles dépourvues de stipules........	*Silénées.*
	Calice dialysépale ; pétales à onglet court, feuilles sans stipules ou rarement munies de petites stipules scarieuses..........	*Alsinées.*
Style simple à la base, divisé au sommet ; feuilles pourvues de petites stipules scarieuses..........		*Polycarpées.*

Affinités. — Lorsqu'on considère les formes typiques des Caryophyllées, on les voit nettement caractérisées par les feuilles opposées, par le nombre défini des étamines, par la prompte disparition des cloisons de l'ovaire qui devient à une seule loge, et enfin par la forme de l'ovule et la structure de la graine. Toutefois par les genres dépourvus de pétales (*Queria, Ortegia, Colobanthus,* etc.) et ceux dont le pistil ne renferme qu'un petit nombre de graines, et même une seule, comme par exemple les *Queria*, petites herbes annuelles de la région méditerranéenne et du Caucase, les Caryophyllées se rattachent aux Illicerbacées, tribu des Paronychiées dont, d'autre part, elles se distinguent facilement par leur fruit. Les rapports étroits des Caryophyllées aux Illicerbacées montrent bien qu'il peut y avoir en certains points du système naturel des passages gradués des Apétales aux Dialypétales.

Usages. — La famille des Caryophyllées ne fournit que peu de produits utiles à l'homme. Diverses espèces de Saponaires (*Saponaria*) contiennent dans leur appareil végétatif, en particulier dans les racines, un principe, la *Saponine*, capable d'émulsionner les corps gras, ce qui les a fait employer pour le dégraissage des étoffes.

La Nielle des blés renferme dans ses graines un principe vénéneux qui en rend dangereuse la présence au milieu des moissons lorsqu'elle y est trop abondante.

Par les Œillets, fleurs universellement estimées et recherchées pour leur beauté, et quelques autres genres, les Caryophyllées méritent de figurer en bonne place parmi les familles qui nous fournissent des plantes d'ornement.

LES SILÉNÉES — *SILENEÆ*

Caractères. — La tribu des Silénées comprend les Caryophyllées dont les sépales sont soudés en un tube denté au sommet ou divisé en 4 ou 5 lobes. Les pétales de la corolle présentent un onglet longuement développé. Les styles sont distincts depuis leur base. Les feuilles sont toujours dépourvues de stipules.

Distribution géographique. — Les Silénées forment 11 genres, dont les plus importants sont les Œillets (*Dianthus*), les Saponaires (*Saponaria*), les Silènes (*Silene*) et les Lychnides (*Lychnis*). Les Silénées françaises croissent un peu partout, mais sont cependant plus abondantes dans les régions élevées des montagnes du Midi que dans les plaines. La grande majorité habite les terrains calcaires ou sablonneux, en général arides et secs. Les Silènes et les Œillets qui forment à eux seuls plus des trois quarts de la tribu sont plus répandus au midi qu'au nord. Quelques espèces atteignent sur les montagnes les limites les plus élevées de la végétation.

LES ŒILLETS — *DIANTHUS*

Étymologie. — *Dianthus* vient de deux mots grecs *Dios*, Jupiter; *anthos*, fleur, et signifie donc fleur de Jupiter, fleur divine. C'est pour sa beauté que les anciens avaient donné ce nom à l'Œillet, le consacrant ainsi à la divinité.

Caractères. — La plupart des Œillets sont des plantes herbacées annuelles ou vivaces, mais quelques espèces peuvent être comptées parmi les sous-arbrisseaux comme, par exemple, l'Œillet à bois (*D. fruticosus*) d'origine chinoise, dont les tiges sont à demi ligneuses. Les Œillets ont des feuilles étroites et des fleurs généralement roses ou pourpres, plus rarement blanches ou jaunes, solitaires ou groupées en cymes lâches ou denses.

Le calice gamosépale entoure la fleur d'un tube à 5 divisions : on observe à sa base un calicule formé de petites bractéoles imbriquées par paires. Les 5 sépales de la corolle sont libres entre eux et se composent chacun d'un onglet bien développé dressé verticalement et d'un limbe étalé, entier ou diversement découpé sur les bords. La corolle réalise alors la disposition que Tournefort désigna sous le nom de corolle *caryophyllée* dans la classification des végétaux qu'il proposa en 1694, basée en grande partie sur la forme des corolles, en vertu de ce principe que ce sont les caractères les plus apparents qui attirent volontiers les regards.

Les étamines sont au nombre de 10; elles entourent un ovaire à une seule loge surmonté de 2 styles. La capsule qui succède à la fleur s'ouvre par 4 dents au sommet et met en liberté des graines orbiculaires ou discoïdales, munies d'un ombilic sur la face interne.

Distribution géographique. — Certains Botanistes ont multiplié au delà de toute raison les espèces du genre Œillet et en ont décrit plus de 225, mais il est vraisemblable que l'on peut considérer plus des deux tiers de celles-ci comme de simples variétés et non comme des espèces nettement définies. On en connaît environ une dizaine dans l'Afrique australe : toutes les autres appartiennent à l'Europe australe, au nord de l'Afrique et à l'Asie tempérée. Le genre n'est représenté en Amérique que par une seule espèce, qui y est venue de Sibérie et s'y est naturalisée.

Usages. — Les Œillets sont surtout des plantes d'ornement: leurs fleurs comptent, sans contredit, parmi les plus belles et les plus estimées pour leurs qualités décoratives. Aussi est-ce à ce titre que ces plantes doivent surtout nous intéresser. Un grand nombre d'espèces indigènes ou exotiques peuvent être cultivées dans ce but, mais la meilleure et la plus employée de toutes est l'Œillet des fleuristes (*D. Caryophyllus*) dont il sera question plus loin.

A part cette qualité de plantes ornementales qui suffit pour les faire placer en bon rang parmi les plantes dignes de notre attention, les Œillets ne présentent, pour ainsi dire, aucune autre utilité.

On a cependant recherché jadis comme légèrement stimulants et diaphorétiques les pétales de quelques espèces (*Dianthus barbatus, plumarius, prolifer*, etc.). Avec les pétales frais ou séchés à l'étuve de l'Œillet rouge (*D. Caryophyllus*) les pharmaciens et les liquoristes fabriquent un sirop, dit sirop d'Œillet, médicament cordial assez agréable.

L'ŒILLET DES FLEURISTES — *DIANTHUS CARYOPHYLLUS*

Synonymie. — OEillet giroflée, OE. à bouquet, OE. grenadin.

Caractères. — C'est une plante pouvant atteindre de 40 à 60 centimètres de hauteur. Sa souche subligneuse donne naissance à des tiges d'abord étalées à la base, puis qui se redressent verticalement, lisses et cylindriques, renflées aux nœuds. Les rameaux stériles portent des feuilles opposées linéaires, lancéolées, très aiguës au sommet : sur les rameaux florifères, les feuilles se réduisent presque à l'état d'écailles. C'est à l'été vers les mois de juillet et d'août que se montrent les fleurs, solitaires à l'extrémité des rameaux. Colorées en rouge pourpre foncé chez l'espèce sauvage, elles répandent la plus suave odeur de girofle.

Normalement la corolle ne présente que 5 pétales, mais ce nombre a considérablement augmenté dans les variétés cultivées dont les fleurs doubles (fig. 273) ont pris les formes et les couleurs les plus bizarres et les plus variées. Les OEillets cultivés ont été tellement modifiés qu'ils s'écartent parfois d'une façon très considérable du type sauvage.

Distribution géographique. — Sur les vieux murs et les ruines des vieux châteaux d'une partie de la France, dans le Midi et dans l'Ouest, on trouve le *Dianthus caryophyllus* à l'état sauvage. On le retrouve encore en Espagne, en Italie et au nord de l'Afrique.

Est-il indigène dans ces pays ou bien s'y est-il seulement naturalisé venant d'ailleurs : la question n'est pas résolue et la véritable origine de l'OEillet des fleuristes reste encore douteuse. Peut-être est-il originaire de l'Orient, car les Musulmans l'ont connu et cultivé depuis très longtemps. Cette plante était déjà l'objet de tous leurs soins : elle ornait leurs jardins et ils s'en servaient pour parfumer les liqueurs. Il semble qu'elle ait été importée en Tunisie au moment de la croisade de saint Louis.

Usages. — L'OEillet des fleuristes est certainement le plus important de beaucoup de tous les OEillets cultivés : c'est même le seul qui soit devenu une véritable plante de collection. A ce titre, il a peut-être été l'objet de la part des amateurs d'un engouement aussi vif que la Tulipe ou la Jacinthe. Il y a d'ailleurs fort longtemps que l'OEillet jouit de cette réputa-

tion : il y a bien trois ou quatre siècles qu'il est ce qu'on appelle en Angleterre une fleur de fleuriste, c'est-à-dire une de celles sur lesquelles jardiniers et amateurs ont exercé leur industrie et leur habileté pour en développer les mérites et obtenir des races de plus en plus perfectionnées. Le nombre de celles-ci est vraiment immense : plusieurs catalogues le portent à plus de 2000 et cela n'a certes rien de trop exagéré. Presque chaque plante, en effet, levée de graine forme une nouvelle variété dont la description, comme l'écrivait déjà Gérarde en 1597, serait un véritable travail de Sisyphe.

Il y en a de toutes les tailles et de toutes les couleurs. Certaines fleurs peuvent atteindre jusqu'à 8 centimètres comme le fameux OEillet, SOUVENIR DE LA MALMAISON. Toutes les teintes sont représentées depuis le blanc jusqu'au pourpre noir : il y en a même qui présentent des teintes un peu surprenantes comme le jaune, le bleu ardoise, etc. A côté des OEillets unicolores il y en a, et c'est le plus grand nombre, qui présentent tous les dessins possibles sur les pétales, piquetures, mouchetures, etc., de nuances diverses de la même teinte et d'autres couleurs.

L'OEillet des fleuristes est une délicieuse plante de parterre, mais son principal mérite est de se prêter de la façon la plus parfaite à la confection des bouquets de fleurs coupées (fig. 273). C'est une des fleurs préférées du public parmi celles qui conviennent à la parure et tout en elle justifie d'ailleurs ce choix : taille, forme, richesse de coloris, délicieuse odeur. Peu de fleurs sont aussi aptes que l'OEillet à être portées sur la personne, à garnir les toilettes des femmes comme à fleurir la boutonnière des hommes. On n'a d'ailleurs que le choix, tant sont nombreuses les variétés et parmi celles-ci, c'est tantôt l'une tantôt l'autre que la mode consacre et qui jouit de la vogue populaire.

Dans ces dernières années, deux des variétés les plus simples, mais en même temps aussi les plus jolies, et qui furent toujours du goût de tous, l'OEillet blanc et l'OEillet rouge, furent accaparés comme signes de ralliement par des partis politiques. A cette époque, qui date à peine d'hier, il n'était plus possible de porter à sa boutonnière un de ces OEillets sans avoir l'air de vouloir, par là-même, manifester publiquement des préférences pour la monarchie ou pour la dictature. Heureusement il n'en est

Fig. 273. — Œillet des fleuristes double.

Fig. 274. — Œillet grenadin à fleurs doubles.

plus ainsi aujourd'hui, surtout depuis que la mort de son chef a fait disparaître le parti de l'Œillet rouge, en lui faisant perdre ses espérances et sa raison d'être. On recommence alors à pouvoir porter n'importe quelle variété d'Œillets sans être soupçonné pour cela de vouloir arborer une cocarde.

D'ailleurs si les Œillets blancs et rouges comptent parmi les plus jolis, il ne manque pas d'autres variétés qui peuvent les remplacer dans la faveur populaire et qui auront, auprès de la majorité du public, le grand avantage de n'avoir aucune signification politique.

Le goût du public pour une fleur qui lui convient parfaitement entre toutes et dont il fait une consommation considérable, a fait de la culture de l'Œillet une véritable industrie qui emploie chaque année plusieurs milliers de personnes. La culture de l'Œillet occupe dans le midi de la France un très nombreux personnel : elle peut donner par an en moyenne un rendement de 2000 à 6000 francs l'hectare. Le prix des fleurs d'Œillet varie dans le commerce de 0 fr. 10 à 5 francs la douzaine suivant les espèces et suivant les saisons.

L'Œillet répand une odeur très pénétrante ; il ne figure pas cependant jusqu'à présent dans le magasin du parfumeur, si ce n'est nominalement, l'extrait d'Œillet vendu sous ce nom dans le commerce est un extrait artificiel composé avec les esprits de rose, de fleur d'oranger, de fleur d'acacia, de vanille et quelques gouttes d'essence de girofle. La ressemblance de ce parfum avec celui de la fleur qui embaume nos jardins est telle, que le consommateur ne se doute jamais que ce qu'on lui vend n'est pas réellement extrait de l'Œillet lui-même (1).

On a établi parmi les Œillets des fleuristes une classification basée sur certains caractères horticoles, permettant de grouper ces belles plantes et dont voici les principales sections.

1° Les ŒILLETS GRENADINS doivent probablement leur nom à une certaine ressemblance avec la fleur du grenadier : ils sont en effet en règle générale unicolores, rouge écarlate, ou d'une couleur s'en rapprochant ; plusieurs variétés cependant sont panachées. Les fleurs, simples ou bien pleines (fig. 274), ont toujours les pétales dentés. Comme elles sont très odorantes on en a fait servir les pétales à colorer et aromatiser les liqueurs d'où le nom d'*Œillets à ratafia* qu'on donne parfois aux Œ. grenadins. La plante qui les porte est basse et trapue, donnant une abondante floraison. Ce sont des Œillets d'été.

(1) Piesse, *Histoire des parfums*, p. 182.

Fig. 275. — Œillet Marguerite.

Fig. 276. — Œillets de fantaisie.

Aux Œillets grenadins se rattache par son port trapu, sa floraison abondante et ses pétales bien dentés, une race nouvelle, venue d'Italie il y a quelques années l'Œillet Margue-rite (fig. 275), très recommandable par sa végétation rapide qui permet de le cultiver comme plante annuelle. Malheureusement, cette race est délicate sous notre climat et a besoin d'être cultivée avec précautions.

2° Sous le nom d'Œillets de fantaisie (fig. 276) on réunit un grand nombre de variétés à fleurs généralement doubles et bien faites, présentant des colorations très bizarrement associées; on les distingue en 3 grandes catégories.

a) Les Œillets de fantaisie à fond blanc ou Œillets anglais, à pétales entiers ou frangés, unicolores, c'est-à-dire d'un blanc pur, ou lisérés, bordés, striés, lignés, ponctués, picotés, poudrés de rose, carmin, rouge, cramoisi, vermillon, pourpre, violet, etc.

b) Les ŒE. de fantaisie à fond jaune présentant les mêmes variations de forme et de panachures que les précédents. On les divise en saxons à fond jaune pur et avranchains dont le fond jaune est lavé de vermillon, chamois, saumon, etc.

c) Les Œillets allemands à fond ardoisé, lie de vin ou rose violacé. Ces œillets présentent des colorations fausses mais n'en sont pas moins très curieux.

3° Les Œillets flamands (fig. 277) forment un groupe très important dont les fleurs sont caractérisées par un limbe large, parfaitement arrondi, et absolument dépourvu de toute dentelure. Les ŒE. flamands ont toujours un fond blanc pur, sur lequel se détachent des panachures bien nettes, en forme de stries rayonnant du centre vers la circonférence et présentant deux nuances différentes. On recherche surtout les fleurs bien doubles et bombées, à pétales larges et bien imbriqués, en cocarde ou en pompon.

4° Les Œillets ne fleurissent naturellement qu'une fois par an. On possède aujourd'hui une foule de variétés dites Œillets remontants (fig. 278) ou ŒE. perpétuels qui donnent des fleurs depuis le mois de septembre jusqu'au mois de mai. Ce sont donc les variétés préférées entre toutes, celles qui font l'objet de toutes les cultures en serre et de toutes les cultures du Midi. On ne peut d'ailleurs définir les Œillets remontants par la forme ni par la coloration des fleurs, vu que chacune des races précédentes peut fournir des variétés remontantes. On a donc des Œillets perpé-

Fig. 277. — Œillet flamand.

Fig. 278. — Œillets remontants.

tuels aussi bien unicolores que panachés, à pétales entiers ou à pétales frangés, etc.

On nomme ŒILLETS CREVARDS ou Œ. PROLIFÈRES, ceux dont le calice trop étroit pour contenir une corolle formée d'un trop grand nombre de pièces, se crève sur un côté, laissant sortir les pétales par cette ouverture. Ce sont les Œillets les plus doubles qui sont sujets à cet inconvénient. Un des meilleurs exemples est l'ŒILLET SOUVENIR DE LA MALMAISON dont les fleurs carnées ont la largeur de la paume de la main.

Dans le courant du mois de janvier 1892 on vit apparaître aux Halles et sur les marchés aux fleurs, à Paris, des ŒILLETS VERTS. C'était là une nouveauté en horticulture qui causa d'abord le plus vif étonnement. Bientôt la vogue se déclara : le public se prit d'enthousiasme pour ces fleurs de couleur insolite et bientôt les acheteurs s'arrachèrent littéralement les bizarres bouquets qui atteignirent des prix véritablement fantastiques. On les paya jusqu'à 2 et même 5 francs la branche. Cependant on reconnut bientôt qu'il y avait là une véritable mystification de la part des producteurs. Les Œillets verts n'étaient point en effet une variété nouvelle obtenue par les procédés ordinaires de la culture. C'étaient de simples et vulgaires Œillets blancs colorés artificiellement en vert. Il paraît que c'est le hasard, qui aurait tout d'abord mis sur la voie de la découverte du procédé permettant de colorer ainsi les fleurs blanches. On raconte qu'une

ouvrière en fleurs artificielles voulant renouveler l'eau d'un vase dans lequel elle conservait des Œillets blancs, y versa par mégarde la solution qui lui servait à teindre ses feuillages. Le lendemain ses Œillets n'étaient plus blancs mais verts. Le procédé était trouvé, permettant de fabriquer à volonté des Œillets colorés de cette teinte surprenante. Les fleuristes s'en emparèrent et l'appliquèrent non seulement aux Œillets, mais à un grand nombre d'autres fleurs blanches. Ce procédé d'ailleurs n'était pas nouveau, car il y a longtemps que l'on avait tenté des essais de ce genre pour colorer artificiellement des fleurs par aspiration de liquides à travers la tige.

L'apparition dans le commerce de fleurs telles que les Œillets verts, colorées par un pareil procédé, émut légitimement les hygiénistes et le Conseil d'hygiène publique et de salubrité de la Seine chargea MM. Planchon et Houdas de rechercher si cette mode ne constituait pas un danger pour la santé publique. Ces savants après avoir minutieusement étudié la question publièrent un rapport dont les conclusions sont que le plus grand nombre des substances employées pour la coloration artificielle des fleurs sont parfaitement innocentes et que, si quelques-unes contiennent une certaine quantité de zinc ou d'arsenic, c'est dans de si faibles proportions qu'on ne courrait aucun risque, même en mangeant complètement une fleur artificiellement colorée. L'acide picrique, qui est la plus toxique des substances qui puissent être employées à cet usage, n'est jamais employé qu'à la dose de quelques milligrammes, alors que la médecine l'emploie souvent à des doses bien plus fortes, 50 centigrammes et même parfois 1 gramme. Il semble donc qu'il n'y ait pas lieu de s'inquiéter au point de vue hygiénique d'une nouvelle mode dont le bon sens aura bien vite raison.

Des recherches de M. Houdas il résulte que toutes les matières colorantes n'ont pas la propriété de monter dans la plante pour colorer les pétales de la fleur qu'on y plonge : on ne réussit pas par exemple à colorer les fleurs par ce procédé en employant des couleurs basiques. Au contraire les couleurs acides donnent les meilleurs résultats. Pour la coloration verte, qui nous occupe ici, la matière colorante qui donne les meilleurs résultats est le sel de soude de l'acide *diethyldibenzyldiamidotriphenylcarbinoltrisulfureux*. Voilà certes un nom d'une longueur peu commune.

L'ŒILLET MIGNARDISE — *DIANTHUS PLUMARIUS*

Synonymie. — *Dianthus moschatus.* — Mignardise à plumet ; Œillet de plume ; Œillet musqué ; Œillet mignonnette ; Œillet à pétales plumeux.

Caractères. — Espèce vivace, herbacée, gazonnante, dont les tiges florales sont plus grêles que chez l'Œillet des fleuristes. Feuilles très glauques, lancéolées aiguës. Les fleurs abondantes et très parfumées, répandant une douce odeur de musc, sont formées de pétales parfois entiers mais beaucoup plus souvent finement découpés et divisés jusqu'à plus de la moitié de leur longueur.

Distribution géographique. — La floraison a lieu de fin mai en juillet. Le pays natal de cette espèce n'est pas encore parfaitement connu. Elle est largement répandue dans tous les jardins. Par la culture on en a obtenu plusieurs variétés à fleurs simples ou doubles (fig. 279), rouges, blanches ou roses, parfois piquetées de carmin.

Usages. — La taille peu élevée de l'Œillet Mignardise le rend particulièrement propre à la confection de bordures bien florifères. On cultive beaucoup, surtout en Angleterre, certaines variétés particulièrement estimées. A Paris les Mignardises à fleurs blanches se vendent par bottes dans toutes les boutiques de fleuristes et sur les petites voitures des marchands ambulants à la même époque que les Roses

pompons. On a obtenu de nombreux croisements entre les Mignardises et l'Œillet des fleuristes, si bien qu'il est parfois difficile de délimiter nettement les deux espèces.

On distingue plusieurs grands groupes :

Les MIGNARDISES D'ÉCOSSE aux fleurs grandes, d'un blanc plus ou moins rosé avec centre pourpre.

Les MIGNARDISES ANGLAISES aux fleurs encore plus grandes, présentant des coloris variés et ayant, pour la plupart, des pétales parfaitement entiers.

Les MIGNARDISES FRANÇAISES, très florifères, à pétales profondément dentés.

L'ŒILLET SUPERBE (*D. superbus*) est une espèce indigène voisine de la précédente, moins cultivée cependant bien que ses fleurs profondément frangées, roses ou carmin, et d'assez

Fig. 279. — Œillet mignardise double (*D. plumarius*, var.).

grande taille lui donnent des qualités décoratives appréciables.

C'est à propos de cet Œillet que Jean-Jacques Rousseau écrivait à De La Tourette : « Avez-vous le *Dianthus superbus* ? Je vous l'envoie à tout hasard, c'est réellement un bien bel Œillet et d'une odeur bien suave quoique faible... Il ne devrait être permis qu'aux chevaux du Soleil de se nourrir d'un pareil foin ».

Cette plante croît dans les bois, les prés couverts de montagnes, dans les Pyrénées et les Alpes.

L'ŒILLET DE FRANCE (*D. gallicus*) mériterait aussi d'être cultivé. C'est une espèce indigène qu'on trouve dans les sables du littoral de l'ouest de la France. Cette ravissante petite plante de un à trois décimètres de hauteur tout au plus, épanouit vers le mois de juillet ses jolies petites fleurs roses, violettes ou blanches répandant une odeur délicieuse.

L'ŒILLET DE POÈTE — *DIANTHUS BARBATUS*

Noms vulgaires. — Bouquet parfait ; Bouquet tout fait ; Jalousie.

Caractères. — Cette espèce vivace est caractérisée par ses fleurs dépourvues d'odeur et de taille médiocre, mais qui, réunies en bouquets compacts, font beaucoup d'effet par leur masse et leurs coloris, aux teintes généralement vives et éclatantes. Les noms de Bouquet parfait, Bouquet tout fait, donnés à la plante, dépeignent parfaitement la nature de l'inflorescence et disent tout le charme qu'elle est susceptible de présenter.

Distribution géographique. — L'Œillet de poète est indigène, assez commun dans les Pyrénées.

Fig. 280. — Œillet de poète à fleurs doubles (*D. barbatus flore-pleno*).

Usages. — Cette espèce est très répandue dans les jardins où elle est d'un excellent usage pour faire des corbeilles et des plates-bandes : elle est d'ailleurs très rustique. On en a obtenu de très nombreuses variétés à fleurs simples ou doubles (fig. 280) revêtant des nuances très belles et très variées du rose carné au rouge sang le plus intense, parfois violettes ou blanches. La culture dans les jardins en remonte à une époque reculée mais il n'y a guère qu'une soixantaine d'années que les races les plus recommandables ont été introduites en France où elles sont venues d'Allemagne.

L'ŒILLET DE CHINE — *DIANTHUS SINENSIS*

Synonymie. — Œillet de la Régence.

Caractères. — Annuelle ou bisannuelle, cette espèce de 30 centimètres de haut environ, produit, se succédant de juillet à septembre, des fleurs nombreuses assez grandes, simples ou doubles (fig. 281) et de coloration très diverse, moins régulières mais plus bizarres comme teintes que dans les Œillets des fleuristes. Certaines variétés ont des fleurs laciniées, c'est-à-dire à pétales profondément déchiquetés, ce qui leur donne un aspect très particulier.

Distribution géographique. — Originaire de la Chine, cet Œillet est depuis longtemps cultivé dans ce pays.

Usages. — C'est certainement une des plus jolies plantes annuelles de nos jardins : il est d'une culture facile et prospère dans tous les terrains.

Les races les plus recommandables sont l'ŒILLET DE CHINE LACINIÉ, l'ŒE. DE CHINE REINE DE L'ORIENT, et l'ŒE. DE CHINE DE HEDDEWIG (fig. 282).

L'origine de l'ŒILLET FLON (*D. semperflorens*) n'est que très imparfaitement connue. Tout porte à croire qu'on se trouve en présence d'un hybride de l'Œillet des fleuristes et de l'Œillet de Chine. C'est un Œillet très remontant, presque perpétuel fleurissant, jusqu'aux gelées. Ses fleurs ont la précieuse qualité de se conserver très longtemps dans l'eau, ce qui est très avantageux pour en faire des bouquets.

L'ŒILLET A PÉTALES DENTÉS (*D. dentosus*) originaire de la Sibérie orientale est assez remarquable par l'abondance et la durée de sa floraison, qui commençant en mai se prolonge jusqu'en septembre.

L'ŒILLET SAXIFRAGE — *TUNICA SAXIFRAGA*

Synonymie. — *Dianthus saxifragus.*

Caractères. — L'Œillet saxifrage, que Linné rapportait au genre *Dianthus*, en a été séparé et rapporté au genre *Tunica* qui comprend douze espèces de l'Europe australe et de l'Asie occidentale, et dont le nom fait allusion au calicule qui entoure le calice atteignant presque jusqu'à son sommet.

Distribution géographique. — Le *Tunica saxifraga* est une plante vivace très rameuse, glabre, qui croît dans les lieux arides, dans les Pyrénées, le Dauphiné et le Jura.

Usages. — On la cultive parfois en bordure dans les jardins. Les fleurs sont petites, mais très abondantes, et forment des grappes lâchement paniculées pleines de légèreté. Elles se succèdent sans interruption du mois de mai jusqu'au mois de septembre.

Fig. 281. — OEillet de Chine à fleurs doubles (*D. sinensis, flore-pleno*).

Fig. 282. — OEillet de Chine de Heddewig.

LES SAPONAIRES — *SAPONARIA*

Étymologie. — Du latin *sapo*, savon : la racine des Saponaires est utilisée comme savon. On dit aussi *Savonière*.

Caractères. — Ces herbes annuelles, ou vivaces, sont caractérisées par la présence dans la fleur d'un calice tubuleux ovoïde ou oblong obscurément nervé, de 5 pétales à onglet allongé, au limbe entier ou émarginé, muni ou non d'une écaille à la base ; de 2 styles (ou plus rarement 3) surmontant l'ovaire. Le fruit est une capsule sèche qui s'ouvre au sommet par 4 dents ou valves courtes.

Distribution géographique. — Ce sont des plantes de la région méditerranéenne et de l'Asie extratropicale. On en connaît environ 35 espèces sur lesquelles une demi-douzaine habitent la France.

Usages. — Les Saponaires contiennent dans leur appareil végétatif un glycoside, la *saponine* qui communique à l'eau la propriété de mousser par agitation comme avec du savon. Malgré l'importation de l'écorce du *Quillaja saponaria*, de la famille des Rosacées, connue dans le commerce sont le nom de *bois de Panama* et qui contient une quantité plus considérable des daonine que la Saponaire, on continue néanmoins à se servir des racines de ces plantes dans le nettoyage des étoffes qui ne supporteraient par l'action du savon.

LA SAPONAIRE OFFICINALE — *SAPONARIA OFFICINALIS*

Caractères. — La Saponaire officinale (fig. 283) est une plante de 40 à 60 centimètres de haut. Sa souche est traçante, les tiges dressées, cylindriques, noueuses, rameuses au sommet portent des feuilles sessiles, sauf les inférieures qui sont légèrement pétiolées, entières, lancéolées aiguës, avec 3 nervures longitudinales, d'un vert un peu jaunâtre. Les fleurs qui apparaissent en juillet et août sont grandes, odorantes, rose pâle ou blanches disposées en petites grappes serrées au sommet des rameaux.

Distribution géographique. — Cette espèce qui croît dans toute l'Europe est assez commune en France, où elle pousse dans les fossés, le long des haies, sur le bord des chemins.

Usages. — La racine renferme environ 30 p. 100 de *saponine* qui se rencontre aussi dans les feuilles, mais en moindre proportion : on se sert des unes et des autres pour le nettoyage, mais les racines sont bien préférables. On les arrache à l'automne et on les coupe en petits morceaux que l'on fait sécher. Les feuilles sont

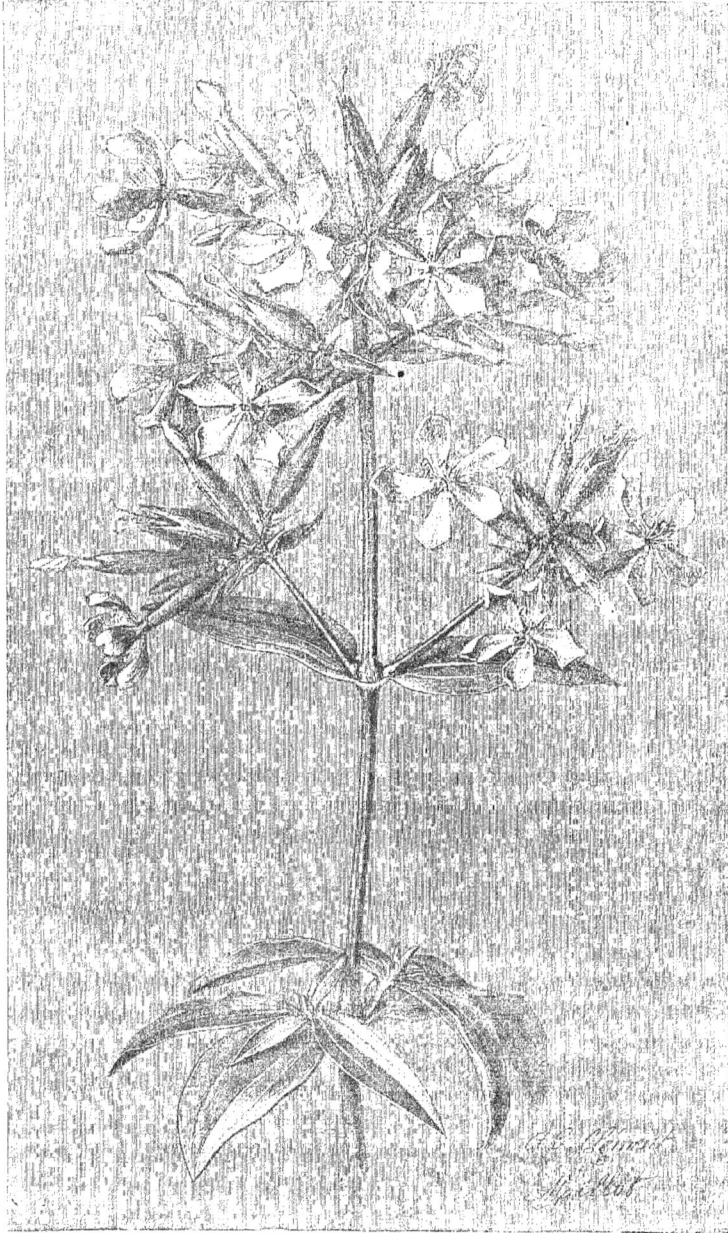

Fig. 283. — La Saponaire officinale (*Saponaria officinalis*).

cueillies avant la floraison et desséchées, ce qui leur fait perdre la couleur verte.

La Saponaire officinale doit son nom spécifique à ce qu'elle est employée en pharmacie. Toutes les parties en ont été utilisées en médecine comme fondantes et dépuratives. On en a fait autrefois les plus grands éloges et on l'a prescrite dans un grand nombre d'affections. Cependant les vertus de la Saponaire paraissent aujourd'hui tout au moins douteuses, et beaucoup estiment que si cette plante a parfois donné de bons résultats, c'est qu'elle n'intervenait dans le traitement que d'une manière secondaire.

On cultive dans les jardins comme plante ornementale, la Saponaire officinale dont on a obtenu une variété à fleurs doubles, chez lesquelles toutes les étamines à peu près sont transformées en pétales irréguliers. La fleur prend alors l'aspect d'un petit Œillet.

On cultive encore comme plantes d'agrément quelques espèces voisines, en particulier la Saponaire de Calabre (*S. calabrica*) et la Saponaire faux-basilic (*S. Ocimoïdes*).

LA SAPONAIRE D'ESPAGNE — *GYPSOPHILA STRUTHIUM*

La racine vendue dans le commerce sous le nom de *racine de Saponaire d'Orient*, qui sert aux mêmes usages comme savon que la racine de la Saponaire officinale et contient une plus forte proportion de saponine appartient au *Gypsophila struthium*, plante voisine des Saponaires.

Les *Gypsophila* qui forment 55 espèces répandues en Europe et dans l'Asie extratropicale se distinguent des *Saponaria* par le calice campanulé et turbiné et par la capsule qui s'ouvre par 4 dents profondément découpées.

La racine de Saponaire d'Orient semble être le *struthion* dont parle Dioscoride et qui de son temps déjà était employé pour le dégraissage des laines.

LES SILÈNES — *SILENE*

Étymologie. —Allusion au dieu Silène, parce que, suivant les uns, le calice dans certaines espèces, *S. inflata* en particulier, est renflé et ventru comme cette divinité, et suivant d'autres, parce que les taches qu'on trouve sur les pétales de quelques Silènes ont la couleur du vin et rappellent le dieu de l'ivrognerie.

Caractères. — Les Silènes sont des Caryophyllées herbacées, annuelles ou vivaces, à fleurs solitaires ou groupées en cymes diverses. Le calice est de forme assez variable avec les espèces : il peut être renflé, ovoïde, campanulé, en massue ou en tube allongé. Les 5 pétales qui forment la corolle ont un onglet bien développé et un limbe qui, suivant les cas, est entier ou plus ou moins découpé. On y trouve souvent 2 écailles à la base. L'ovaire est formé par 3 carpelles soudés de façon à former une seule loge et est surmonté de 3 styles distincts. Le fruit est une capsule sèche s'ouvrant par 3 ou 6 valves ou

dents, courtes, au sommet. Les graines sont fixées aux parois de la capsule par un hile marginal.

Distribution géographique. — On ne doit pas distinguer plus de 250 espèces véritables de Silènes, bien que les botanistes en aient décrit plus de 480. Sur ce nombre, une douzaine sont de l'Afrique australe et 18 de l'Amérique du Nord. Tous les autres habitent l'Europe, l'Afrique et l'Asie en dehors des tropiques. Le genre Silène est bien représenté dans la flore française par plus de 35 espèces parmi lesquelles nous pouvons signaler :

Le Silène renflé (*S. inflata*) (fig. 284) aux fleurs blanches enfermées dans un calice ren-

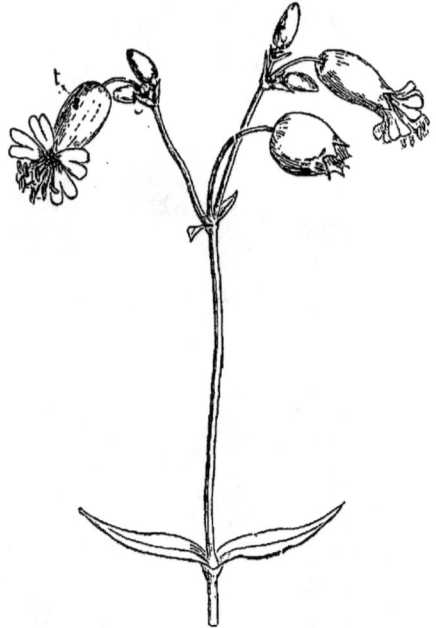

Fig. 284. — Silène renflé (*Silene inflata*). En *t* est un trou percé par un insecte (bourdon, etc.), dans le calice pour venir prendre le nectar.

flé et tubuleux, commune au bord des chemins, dans les lieux incultes, les moissons, etc.

Le Silène penché (*S. nutans*) (fig. 285 et 286) à la corolle blanc sale ou rosé, qui fleurit au mois de juillet dans les terrains arides de la France entière. C'est pendant la nuit que la fleur s'épanouit et est fécondée par les insectes qui la visitent, en particulier un petit papillon nocturne *Dianthæcia albimacula* (fig. 286).

Le Silène conique (*S. conica*) aux fleurs roses à calice conique, etc.

Usages. — Quelques espèces de Silènes sont comestibles, comme par exemple le Silène

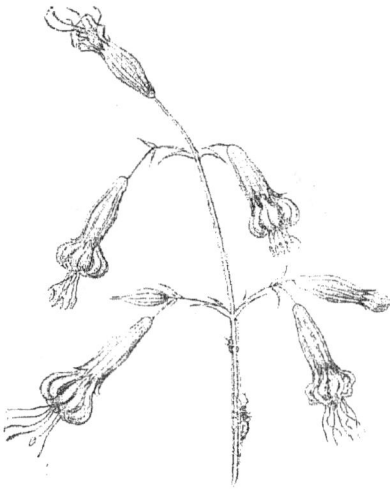

Fig. 285.

Fig. 285. — Fleurs fermées, pendant le jour.

Fig. 286.

Fig. 286. — Fleurs ouvertes et fécondées par les insectes, pendant la nuit.

Fig. 285 et 286. — Silène penché (*Silene nutans*).

renflé (*S. inflata*) : le Silène a petites fleurs (*S. otites*), espèce indigène qui s'administrait autrefois contre la rage en infusion dans le vin : du côté de Nice, on mange le Silène d'Italie (*S. italica*) à la façon des épinards.

Le Silène de France (*S. gallica*) passe pour guérir la morsure des serpents venimeux.

Mais de tous les usages des Silènes, le plus intéressant de beaucoup, est celui qu'on en a fait comme plantes d'agrément, cultivées dans les jardins. Parmi les principales espèces utilisées dans ce but, les meilleures sont :

Le Silène a bouquets (*S. Armeria*), plante annuelle du Midi de la France et de la Corse, de 40 à 60 centimètres de haut et portant à l'été de nombreuses fleurs roses, carnées ou blanches suivant les variétés, groupées en cymes corymbiformes assez régulières.

Le Silène d'Orient (*S. compacta*) originaire de la Russie méridionale et du Caucase, dont les très nombreuses fleurs rose incarnat sont réunies en gros bouquets compacts. C'est sans nul doute la plus belle espèce de tout le genre. Malheureusement, elle est assez sensible, et résiste mal aux brusques variations de température du climat de Paris.

Le Silène a fruits pendants (*S. pendula*),

espèce annuelle de la Sicile, de la Grèce, de l'île de Crète, etc., qu'on retrouve en Provence et en Corse, d'une culture très facile. On en a obtenu une variété à fleurs doubles.

On cultive encore entre autres nombreuses espèces de Silènes, le Silène saxifrage (*S. saxifraga*), du Midi de la France, Alpes, Pyrénées, le Silène schafta (*S. schafta*) du Caucase, etc.

LES LYCHNIDES — *LYCHNIS*

Étymologie. — D'un mot grec *lychnos*, signifiant lampe : le nom provient soit de ce que les fruits rappellent la forme d'une lampe antique, soit plutôt de ce que les feuilles de ces plantes, très cotonneuses, servaient à faire des mèches de lampe.

Caractères. — Les Lychnides sont des plantes herbacées, ordinairement vivaces, parfois annuelles, dont le port rappelle beaucoup celui des Silènes. Sur les tiges généralement dressées, portant des feuilles opposées, les fleurs sont groupées en cymes régulières ou irrégulières, disposées elles-mêmes en une grappe terminale. Chez quelques espèces les fleurs peuvent être polygames et dioïques. Le

Lychnis dioïca ou Compagnon blanc, si commun dans les champs, en est un exemple.

Le calice renflé, ovoïde ou tubuleux suivant les espèces, présente 10 nervures. La corolle est formée de 5 pétales, à long onglet dressé à limbe étalé, entier ou diversement découpé. Les styles sont au nombre de 5 ou de 4; très rarement 3 seulement. Chez quelques *Lychnis* (*L. viscaria*, etc.), les cloisons ovariennes persistent à la base. Le fruit est une capsule sèche, s'ouvrant au sommet par de petites dents dont le nombre est le même ou double de celui des styles. Graines à hile marginal, munies dans le *L. pyrenaïca* d'un petit renflement arillaire.

On voit que les Lychnides ne se distinguent guère des Silènes que par l'ovaire, qui est toujours formé de 3 carpelles seulement chez ces dernières plantes, tandis qu'il y en a davantage (5 ou 4) chez les *Lychnis*.

Distribution géographique. — Le genre *Lychnis* comprend 40 espèces distribuées dans les régions extratropicales de l'hémisphère nord; leur nombre est cependant faible en Amérique. Il en est de même dans les pays arctiques. On a quelquefois démembré le genre *Lychnis* en six sous-genres.

Usages. — Les Lychnides, plantes d'herborisation très communes, émaillent au printemps et à l'été, les champs, les prés, les chemins, de leurs jolies fleurs blanches ou roses. Ce sont de belles fleurs des champs dont plusieurs ont été introduites dans les jardins comme plantes cultivées.

A part cette utilité, les Lychnides sont pour ainsi dire sans intérêt pour nous. On a vanté le *Lychnis dioïca* comme fondant et apéritif, et le *L. flos-cuculli* contre la morsure des bêtes venimeuses, mais tous ces remèdes sont aujourd'hui complètement inusités.

Certaines espèces renferment de la saponine; le *Lychnis chalcedonica* aurait toutes les propriétés de la Saponaire et serait utilisé comme elle en Sibérie en guise de savon. C'est également une substance voisine de la saponine qui donne aux graines de la Nielle des blés ses propriétés vénéneuses.

LA LYCHNIDE DIOIQUE – *LYCHNIS DIOICA*

Noms vulgaires. — Compagnon blanc, Floquet, OEillet de Dieu, Robinet, Sublet, Trompe, Passefleur sauvage, etc.

Caractères. — Le *Lychnis dioïca* (fig. 287 et 288), est une plante de 50 à 80 centimètres de haut, à tiges velues, un peu rameuses, à feuilles molles larges, ovales et légèrement velues, qui fleurit tout l'été en donnant des fleurs blanches groupées en cymes lâches, à calice renflé et à pétales divisés en deux.

Distribution géographique. — Très commun dans toute la France, on rencontre le *Lychnis dioïca*, au midi comme au nord, dans les champs, dans les prés, sur le bord des chemins, au pied des haies, etc., poussant dans tous les sols et à toutes les expositions.

Caractères biologiques. — La plante est dioïque, c'est-à-dire que sur certains pieds

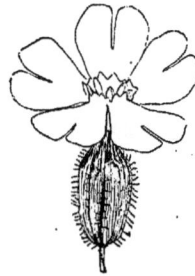 

Fig. 287.   Fig. 288.

Fig. 287. — Fleur mâle à étamines. | Fig. 288. — Fleur femelle à pistil.

Fig. 288 et 289. — Lychnide dioïque (*L. dioïca*).

on trouve des fleurs à étamines sans pistil (fig. 287) et sur d'autres des fleurs à pistil sans étamines (fig. 288). Il arrive cependant, quand on herborise dans les champs, de rencontrer des pieds de *Lychnis dioïca* à fleurs mâles, au centre desquelles on est étonné, au premier abord, de voir un ovaire, rudimentaire, il est vrai, mais très apparent. Les fleurs mâles qui possèdent ainsi un pistil, présentent toujours un caractère particulier : si on en regarde les anthères, on les aperçoit pleines d'une poudre de couleur violette qui n'est pas le pollen. Ce sont les spores d'un champignon parasite l'*Ustilago antherarum*, qui a envahi les organes reproducteurs mâles de la fleur. C'est là dans le règne végétal une manifestation du phénomène de la *castration parasitaire*[1] dont on connaît de nombreux exemples

(1) A. Giard. *La castration parasitaire.* Bulletin scientifique de la France et de la Belgique. 1887, p. 10 à 28; 1888, p. 12 à 45.

Fig. 289. — Lychnide de Chalcédoine ou Croix de Jérusalem (*Lychnis chalcedonica*).

Fig. 290. — Lychnide de Haage (*Lychnis Haageana*).

Fig. 291. — Lychnide à grandes fleurs (*Lychnis grandiflora*).

dans le règne animal. On sait en effet que lorsque la présence d'un parasite a détruit chez un animal les organes sexuels, celui-ci tend à acquérir les caractères sexuels secondaires du sexe opposé. C'est ainsi, pour ne citer qu'un seul exemple, que les Pagures mâles, châtrés par la présence de *Phryxus* parasites, acquièrent les pattes ovigères qui ne sont normalement développées que chez la femelle. On voit qu'il en est de même dans le règne végétal que dans le règne animal. Les *Lychnis dioica* mâles, dont les anthères ont été détruites par le parasite *Ustilago antherarum*, tendent à ressembler aux fleurs femelles par suite du développement de l'ovaire. Les cas de castration parasitaire connus chez les végétaux sont beaucoup moins nombreux que dans le règne animal. Outre le *Lychnis dioica*, on peut citer encore le cas du Figuier, châtré par le *Blastophaga grossorum* et celui de diverses Graminées.

Usages. — La Lychnide dioïque n'a plus aucun usage en pharmacie.

C'est simplement une fleur de jardin dont on cultive une variété à fleurs pleines, employée pour la décoration des plates-bandes. Sa floraison a lieu de mai à juillet.

On cultive encore les deux espèces indigènes suivantes dont il existe généralement des variétés à fleurs pleines :

LA LYCHNIDE DES PRÉS (*L. sylvestris*), appelée aussi *Compagnon rouge*, *Ivrogne*, etc., est, quoique très abondante, moins commune dans les champs que l'espèce précédente, à laquelle elle ressemble beaucoup et dont elle ne se distingue guère que par ses fleurs roses ou purpurines.

LA LYCHNIDE FLEUR DE COUCOU (*L. flos-cuculli*), désignée souvent sous les noms d'*Œillet des prés*, *Lampette*, *Amourette*, *Robinet déchiré*, etc., est très commune à l'été dans les prés humides. Elle est très remarquable par ses fleurs roses à 5 pétales profondément divisés en 4 lanières inégales très étroites et munis au-dessus de l'onglet d'écailles également bifides.

LA LYCHNIDE DE CHALCÉDOINE — *L. CHALCEDONICA*

Synonymie. — Croix de Jérusalem, Croix de Malte.

Caractères. — La meilleure de toutes les Lychnides, au point de vue de l'horticulture, est le *L. chalcedonica* (fig. 289), plante vivace, originaire de la Russie méridionale, de l'Asie Mineure et du Japon, qu'on désigne le plus souvent sous le nom de *Croix de Jérusalem* ou de *Croix de Malte*, parce que les 5 pétales sont disposés de manière à rappeler la croix de l'ordre de Malte. Les tiges de 80 centimètres à 1 mètre de haut portent de nombreuses fleurs d'un beau rouge éclatant ou écarlate, agglomérées au sommet en grappes corymbiformes.

Usages. — On en connaît des variétés à fleurs simples ou pleines, blanches, couleur de chair, roses ou changeantes. La floraison a lieu vers juin-juillet. C'est une très jolie plante à cultiver.

On plante encore dans les jardins diverses autres Lychnides ornementales : la LYCHNIDE DES

Fig. 292. — Lychnide à grandes fleurs (*Lychnis grandiflora*).

ALPES (*L. alpina*) à petites fleurs roses, la LYCH-NIDE ÉCLATANTE (*L. fulgens*) de Sibérie ; la LYCH-NIDE DE HAAGE (*L. Haageana*), de patrie incertaine (fig. 291) ; la LYCHNIDE A GRANDES FLEURS (*L. grandiflora*) de Chine (fig. 291 et 292); etc.

LA LYCHNIDE VISQUEUSE (*L. viscaria*), espèce indigène, est parfois cultivée en bordures pour ses fleurs roses ou purpurines. Son nom spécifique vient de ce qu'on l'a autrefois employée à fabriquer une sorte de glu. On l'appelle encore communément *Bourbonnaise, Œillet des Jansénistes, Attrape-mouches*, etc.

LA NIELLE DES BLÉS — *LYCHNIS GITHAGO*

Synonymie. — *Agrostemma Githago*, — Couronne des blés.

Caractères. — La Nielle des blés est une plante annuelle, dont les tiges, hautes de 30 à 90 centimètres, sont couvertes de longs poils soyeux. Les feuilles également soyeuses sont linéaires et très longues et les fleurs se trouvent portées à l'extrémité de longs pédoncules. Le calice, ovoïde dans la partie inférieure, se termine en haut par 5 longues et étroites lanières, plus longues que la corolle. Celle-ci est formée par 5 pétales d'une belle couleur rose tirant sur le violet. Il y a 10 étamines, dont 5 plus petites sont placées en face des pétales, dans un sillon de l'onglet. L'ovaire est surmonté de 5 styles placés en face des pétales et non en face des sépales, comme c'est la règle générale chez les autres espèces de *Lychnis*.

Distribution géographique. — La Nielle se trouve dans tous les champs de Céréales, mélangée aux Blés, Seigles, Avoines, au milieu des Bleuets, des Coquelicots et des Dauphinelles (1). La distribution de la Nielle dans les champs de Blés est très variable. Autrefois, en Écosse, la croyance populaire voulait qu'un mauvais génie vînt pendant la nuit semer dans les champs la funeste plante.

Propriétés. — Usages. — La Nielle passe en effet pour une plante dangereuse. Ses graines contiennent un principe, l'*agrostemmine*, très voisin de la saponine, et c'est à cela que la plante doit sa mauvaise réputation. On croit en effet que sa présence au milieu des Blés est dangereuse, parce que lorsque ses graines se mélangent à celles du Froment en trop grande quantité, la farine qu'on en tire, est douée de propriétés vénéneuses qui se retrouvent ensuite dans le pain. On a cité des cas où de sérieux accidents seraient survenus chez des personnes qui avaient mangé du pain fabriqué avec du Blé dans lequel les graines de Nielle entraient pour une forte proportion. Les graines de Nielle et les grains de Blé ne se ressemblent en aucune façon et sont faciles à distinguer, mais il est très difficile de les séparer. Plusieurs agriculteurs ont nié les propriétés dangereuses de la Nielle : en tous cas, si elles existent, elles ne se retrouvent que dans les graines, car les bestiaux mangent impunément la plante verte.

(1) Voir p. 105. Fig. 159.

LES ALSINÉES — *ALSINEÆ*

Caractères. — La tribu des Alsinées est formée par les Caryophyllées dont le calice est dialysépale ou dont les sépales sont seulement réunis tout à fait à la base. Les pétales sont dépourvus d'onglets. Les styles qui surmontent l'ovaire, ne sont jamais soudés entre eux. Les feuilles, ordinairement dépourvues de stipules dans la plupart des genres, présentent de très petites stipules scarieuses chez les *Spergula* et les *Spergularia*.

Distribution géographique. — On connaît 13 genres de Caryophyllées de la tribu des Alsinées. Ces plantes habitent à peu près tout le globe. En France, on les trouve répandues à peu près sur tous les points, recherchant surtout les sols légers et sablonneux. Quelques Stellaires toutefois ne se plaisent que dans les sols humides. Certaines Alsinées s'élèvent sur les flancs des montagnes jusqu'aux dernières limites de la végétation.

LES CÉRAISTES — *CERASTIUM*

Étymologie. — Du grec *céras*, qui signifie corne ; allusion à la forme de la capsule, qui est très allongée dans certaines espèces.

Caractères. — Les Céraistes sont des herbes pubescentes ou hérissées, parfois glauques, à fleurs disposées en cymes terminales et très variables de configuration. Les pétales, au nombre de 5, sont émarginés ou bifides, plus rarement entiers ou laciniés, quelquefois très petits. L'ovaire est surmonté de 5 styles (parfois 4 ou 3) superposés aux sépales. Le fruit est une capsule cylindro-conique s'ouvrant au sommet par des dents en nombre égal à celui des styles ou en nombre double.

Distribution géographique. — Les 115 espèces que l'on a décrites du genre *Cerastium* doivent très probablement être réduites à 45 environ. Elles habitent toutes les régions du globe ; cependant entre les tropiques on ne les rencontre jamais qu'à une certaine altitude sur les montagnes. Le genre est représenté dans la flore Française par une quinzaine d'espèces, dont six dans le bassin de Paris. Les espèces de *Cerastium* sont difficiles à déterminer.

Usages. — Quelques espèces sont cultivées dans les jardins comme plantes d'ornement, en particulier le CÉRAISTE A GRANDES FLEURS (*C. grandiflorum*) du Caucase et de Hongrie, et le

CÉRAISTE COTONNEUX (*C. tomentosum*) appelé aussi *Argentine* et *Oreille de souris* (fig. 293), que l'on retrouve presque spontané autour des habitations. Cette plante, mollement pubescente

Fig. 293. — Ceraiste cotonneux (*Cerastium tomentosum*).

et argentée porte en mai-juin de jolies grappes de fleurs blanches ; elle est surtout employée pour la formation de bordures et l'ornementation des talus.

LES STELLAIRES — *STELLARIA*

Étymologie. — Du latin *stella*, étoile ; la corolle affecte la forme étoilée, par suite de la division des pétales.

Caractères. — Ce genre, très voisin des *Cerastium*, dont il pourrait ne pas être distingué, comprend des herbes ordinairement diffuses, cespiteuses, glabres ou pubescentes, à feuilles opposées assez variables, à fleurs disposées en cymes ou plus rarement subsolitaires. On trouve dans la fleur 5 sépales libres, 5 pétales ordinairement bifides, 10 étamines ou un moins grand nombre par suite d'avortement, un ovaire surmonté de 3 styles, rarement 2 ou 4, encore plus rarement 5. Le fruit est une capsule s'ouvrant par des dents en nombre égal à celui des styles ou en nombre double. Les graines sont réniformes ou comprimées latéralement.

Distribution géographique. — Les Stellaires forment 85 espèces que l'on trouve sur le globe tout entier ; sous les tropiques toutefois, on ne les rencontre que sur les montagnes.

Fig. 294. — Stellaire holostée (*Stellaria holostea*).

Fig. 295. — Stellaire intermédiaire (*Stellaria media*).

Une dizaine d'espèces, dans la flore française, constituent des plantes qu'on rencontre en grande abondance dans les herborisations.

Les plus communes dans la flore parisienne sont la STELLAIRE HOLOSTÉE (*S. holostea*) (fig. 294), qui croît dans les bois, et la STELLAIRE GRAMINÉE (*S. graminea*), dans les pâturages et au bord des chemins. Mais la plus commune encore de toutes est la STELLAIRE INTERMÉDIAIRE ou Mouron des oiseaux (*Stellaria media*) (fig. 295).

Usages. — Ces plantes ne présentent aucune utilité pour l'homme.

La Stellaire holostée passait autrefois pour humectante et rafraîchissante : on l'a appliqué, dans ce but, sur les furoncles et les anthrax.

La STELLAIRE AQUATIQUE (*S. aquatica*), dont les feuilles sont en fer de lance et qui fleurit en juillet et août dans les marécages, passait pour jouir des mêmes propriétés.

LA STELLAIRE INTERMÉDIAIRE — *STELLARIA MEDIA*

Noms vulgaires. — Mouron des oiseaux, Mouron blanc, Morsgeline.

Synonymie. — *Alsine media*. — Linné rapportait cette plante au genre *Alsine*, qui a donné son nom à la seconde tribu des Caryophyllées.

Caractères. — Le Mouron des oiseaux (fig. 295) est une plante bien connue, avec des racines grêles, de nombreuses tiges menues, rameuses et diffuses, portant sur une face des poils courts, qui alternent d'un entre-nœud à l'autre, et garnies de feuilles opposées, ovales et tendres. Les fleurs blanches sont solitaires à l'extrémité de longs pédoncules et les pétales en sont divisés en deux.

D'après Linné, ces fleurs se ferment et s'inclinent lorsqu'il va pleuvoir et ne se rouvrent ensuite que quelques jours après la pluie.

Distribution géographique. — C'est une plante très commune en France, où on la rencontre dans les terres cultivées, sur les murs, au bord des fossés et des chemins. Elle y fleurit pendant tout l'été.

Usages. — On sait avec quelle avidité les petits oiseaux mangent les graines du Mouron blanc. Cette plante contribue pour la plus grande part à les nourrir pendant l'hiver dans les champs. Pour ceux qu'on élève en cage, les graines de la *Stellaria media* forment une nourriture rafraîchissante très agréable et qui convient parfaitement pour être mélangée aux

Fig. 296. — Sagine à feuilles subulées (*Sagina subulata*).

graines sèches qu'on leur donne habituellement à manger. Aussi la vente du Mouron blanc est-elle devenue à Paris l'objet d'un certain commerce. Qui ne se rappelle avoir entendu les marchands ambulants pousser à travers les rues leur cri plaintif « *du Mouron pour les p'tits oiseaux* » qui retentit encore à nos oreilles.

Dans certains pays, cette Stellaire est cultivée comme plante potagère ; on en mange les tiges et les feuilles, cuites et apprêtées de diverses façons.

LES SABLINES — *ARENARIA*

Étymologie. — Du latin *arena*, sable. Le nom latin et le nom français de la plante font tous deux allusion à la localité de la plante, qui pousse dans le sable.

Caractères. — Ce sont des herbes annuelles ou vivaces, à fleurs blanches ou très rarement rouges. Les *Arenaria* ont des pétales entiers ou émarginés, qui font d'ailleurs défaut quelquefois ; 10 étamines ou un nombre moindre par suite d'avortement ; un ovaire surmonté de 3 styles, plus rarement de 2, parfois même de 4 ou de 5. Le fruit capsulaire s'ouvre au sommet par des dents en nombre égal aux styles ou en nombre double.

Distribution géographique. — On a parfois démembré le genre *Arenaria* en plusieurs sous-genres, les *Mœhringia, Alsine, Rhodalsine*, etc. Pris dans son acception la plus générale, il comprend 160 espèces réparties sur la surface tout entière du globe, mais cependant plus rares entre les tropiques, où on ne les trouve guère qu'à une assez grande hauteur au-dessus du niveau de la mer. Une douzaine d'espèces habitent la France. Dans le bassin de Paris, on trouve communément la SABLINE A

TROIS NERVURES (*A. trinervia*), ainsi nommée à cause des trois nervures principales que l'on observe sur ses feuilles et qui fleurit, depuis le mois de mai, dans les lieux boisés humides.

La SABLINE A FEUILLES DE SERPOLET (*A. serpyliifolia*) est une espèce plus petite et encore plus commune que la précédente. Elle fleurit dès le mois de mai, sur les murs ou dans les champs en friche.

Usages. — L'*Arenaria peploides* sert d'aliment en Irlande et chez quelques peuplades de l'Amérique du Nord.

On cultive dans les jardins quelques espèces ornementales comme la SABLINE DE MAHON (*A. Balearica*), des îles Baléares ; la SABLINE A FEUILLES DE MÉLÈZE (*A. laricifolia*), des Alpes et des Pyrénées ; la SABLINE DES FRÈRES BAUHIN (*A. Bauhinorum*), espèce indigène vivace, des Alpes et du Jura, etc.

LES BUFFONIES — *BUFFONIA*

Les Buffonies, dédiées au célèbre Buffon, sont des herbes de l'Orient et de la région méditerranéenne. Sur les 6 espèces connues, 3 figurent dans la Flore du Midi et du Centre de la France. Les fleurs en sont construites sur le type 4 et l'ovaire est surmonté de 2 styles seulement.

LES SAGINES — *SAGINA*

Étymologie. — *Sagina* veut dire engrais, en latin : quelques espèces présentent des qualités nutritives pour les moutons.

Caractères. — Les Sagines sont d'humbles herbes annuelles ou vivaces, à fleurs petites et longuement pédicellées, tétramères comme chez les *Buffonia*, mais pouvant aussi être construites sur le type 5. La corolle y manque quelquefois. Styles en même nombre que les sépales, en face desquels ils se trouvent. Capsule s'ouvrant au sommet par des dents qui alternent avec les pièces du calice.

Distribution géographique. — Neuf espèces habitent les régions tempérées des deux mondes, dans l'hémisphère Nord. Cinq espèces vivent en France.

La plus commune est la Sagine couchée (*S. procumbens*) à fleurs tétramères, qu'on retrouve partout du Nord au Midi, depuis la Laponie jusqu'en Barbarie. Elle croît dans les champs arides, sablonneux, sur les vieux murs, les rochers, et pénètre même parfois jusque dans les rues peu fréquentées des villes.

Usages. — La Sagine a feuilles subulées (*S. subulata*), qui ne diffère guère de la précédente que par ses fleurs construites sur le type 5, est une charmante petite plante utilisée assez souvent dans les jardins (fig. 296). Comme elle végète en gazon, on peut en former de jolis tapis, où les petites fleurs blanches étoilées émaillent gracieusement, du mois de mai au mois d'août, le vert gai de son feuillage.

LES SPERGULES — *SPERGULA*

Synonymie. — Spargoutes, Espargoutes.

Caractères. — Les Spergules (*Spergula*) et les Spergulaires (*Spergularia*) se distinguent des autres Alsinées par la présence de petites stipules scarieuses.

Les Spergules sont des herbes dont les fleurs possèdent 5 styles et dont les capsules s'ouvrent par 5 valves au sommet. Les graines sont lenticulaires ou subglobuleuses, ailées ou marginées, chagrinées. Les Spergulaires ne s'en distinguent que par 3 styles et 3 valves seulement à la capsule. Graines comprimées.

Distribution géographique. — Trois Spergules et à peu près autant de Spergulaires habitent les régions tempérées des deux mondes.

LA SPERGULE DES CHAMPS — *SPERGULA ARVENSIS*

Noms vulgaires. — Spargoute des champs Fourrage de disette.

Caractères. — C'est une petite herbe indigène annuelle, à tiges peu nombreuses de 10 à 40 centimètres de long, à longues feuilles linéaires canaliculées en dessous, munies de larges stipules. Elle fleurit aux mois de juin et juillet. Ses graines, presque globuleuses, sont bordées d'une aile très étroite.

Distribution géographique. — Elle est très commune dans toute la France, y compris le bassin de Paris.

Usages. — De toutes les Caryophyllées, c'est peut-être la seule qui présente quelque utilité en dehors de l'horticulture et dont on ait pu tirer parti au point de vue économique. La Spargoute a en effet été fortement recommandée comme plante fourragère. Elle est très bonne pour les animaux et le nom de *Fourrage de disette*, que lui a décerné la voix populaire, rappelle bien qu'en cas de manque du fourrage habituel, on peut tirer parti de cette plante pour la nourriture des bestiaux, en particulier des chèvres, des moutons et des chevaux. Malheureusement elle produit peu, aussi doit-on bien se garder de la cultiver dans de bonnes terres où la culture ne serait pas rémunératrice, mais bien dans les sols de mauvaise qualité, arides, sablonneux, terrains granitiques en décomposition, qui ne se prêteraient à aucun autre genre de culture. D'autant plus que si on ne coupe pas la plante pour la faire consommer à l'état frais aux bestiaux et qu'on la laisse séjourner sur le sol, elle en améliore la qualité par sa multiplication et sa décomposition annuelle.

Dans quelques contrées du Nord, on a fait du pain avec les graines de la Spargoute, dont, d'autre part, les oiseaux semblent très friands.

LES PORTULACÉES — *PORTULACEÆ*

Caractères. — La famille des Portulacées comprend des herbes, des sous-arbrisseaux ou des arbrisseaux, à feuilles alternes ou opposées, le plus souvent entières, charnues, pourvues de stipules scarieuses, qui peuvent se réduire à des poils ou même parfois manquer.

Les fleurs, solitaires à l'extrémité des rameaux ou groupées en grappes, cymes ou panicules, sont hermaphrodites et régulières. Le calice est formé de sépales en nombre inférieur à celui des pièces de la corolle ; il y en a généralement deux. Chez les Pourpiers, ils sont soudés à l'ovaire. Les pétales sont au nombre de 4 ou de 5, rarement en nombre plus considérable ;

Fig. 297. — Pourpier à grandes fleurs doubles
(*Portulaca grandiflora*, var. *plena*).

Fig. 298. — Claytonie de Virginie (*Claytonia
Virginica*).

ils sont légèrement soudés entre eux à la base chez quelques *Claytonia*, *Calandrina*, etc., et la corolle est nettement gamopétale chez les *Montia* et les *Calyptridium*. Les étamines, en même nombre que les pétales ou plus nombreuses, sont insérées de la même façon qu'eux, soudées parfois à la base de ceux-ci, en face desquels elles s'attachent. L'ovaire, libre chez les autres genres de la famille, est adhérent au calice chez les Pourpiers. Au fond de la loge unique, sur un placenta basilaire, se dressent les nombreux ovules. Trois ou plus rarement deux styles surmontent l'ovaire, réunis entre eux à la base et distincts au sommet.

Le fruit est une capsule sèche, qui s'ouvre par un couvercle chez les Pourpiers ou par autant de valves au sommet qu'il y a de styles. Les graines qu'il contient sont nombreuses ou parfois solitaires par avortement. Elles renferment un embryon recourbé, autour d'un albumen farineux.

Distribution géographique. — 18 genres et 145 espèces constituent la famille des Portulacées et habitent à peu près tous les pays du monde. Dans la flore française, 2 genres seulement sont représentés, les Pourpiers et les *Montia*, genre dédié à de Monti, botaniste de Bologne.

Affinités. — Les Portulacées se rapprochent des Caryophyllées par leur ovaire à une seule loge et leurs graines, mais s'en séparent par le calice, la situation et le nombre des étamines. L'ovaire, exceptionnellement adhérent au calice chez les Pourpiers, a fait parfois ranger les Portulacées parmi les Calyciflores, mais tous les autres genres ont les étamines hypogynes, et quelques Caryophyllées d'ailleurs présentent une tendance à la périgynie.

Usages. — Une seule plante dans cette famille mérite d'attirer notre attention par les applications dont elle est susceptible.

LE POURPIER CULTIVÉ—*PORTULACA OLERACEA*

Étymologie. — *Portulaca* vient du latin *portula*, petite porte : ce nom rappelle la manière dont s'ouvre le fruit, par une sorte de couvercle.

Caractères. — C'est une plante annuelle, herbacée, dont les tiges, naturellement étalées, se dressent lorsque la plante a été semée dru ; ce qui arrive dans les jardins où elle a été cultivée. Les feuilles sont charnues, sessiles, allongées : les supérieures sont alternes. Les fleurs sont de couleur jaune. Le calice est formé de 2 sépales soudés à l'ovaire et la capsule s'ouvre transversalement.

Distribution géographique. — C'est la seule des 20 espèces formant le genre *Portulaca* que l'on trouve en France, où elle fleurit tout l'été dans les vignes, les jardins et les décombres. Elle semble originaire de toute la région qui s'étend de l'Himalaya occidental à la Russie méridionale et à la Grèce. Elle est aujourd'hui naturalisée dans toute l'Europe.

Usages. — Le Pourpier cultivé a été vanté comme rafraîchissant et antiscorbutique, et ses graines ont jadis servi en médecine. Aujourd'hui son usage est complètement délaissé.

C'est surtout comme plante potagère que l'on cultive le Pourpier dans les jardins et chez les maraîchers. Ses feuilles, aux formes épaisses et charnues, ont un goût acidulé agréable. On les mange en salade, crues, accommodées au vinaigre ou cuites. Boileau les fait figurer dans son *repas ridicule :*

> A côté de ce plat paraissaient deux salades,
> L'une de *Pourpier jaune* et l'autre d'herbes fades...

On les mélange parfois à l'Oseille ou aux épinards pour faire des soupes maigres.

La meilleure de toutes les variétés, la plus appréciée, est le Pourpier doré a larges feuilles.

Le Pourpier vert est une autre variété très commune dans les jardins, où elle se ressème d'elle-même.

Quelques espèces exotiques de Portulacées sont également comestibles, par exemple la racine du *Claytonia tuberosa* de la Sibérie orientale.

Le Pourpier a grandes fleurs (*P. grandiflora*) de l'Amérique méridionale (Brésil) est cultivé comme plante de parterre dans les jardins, où on le connaît sous les noms de *Pourpier fleuri* ou *Chevalier d'onze heures*. Ses grandes fleurs primitivement pourpres ont été transformées par la culture : il y en a de blanches, de roses, des jaunes et des panachées. On a même obtenu des variétés à fleurs doubles (fig. 297). Les Pourpiers sont précieux pour faire des corbeilles, surtout quand, au moyen de variétés séparées, on obtient des contrastes de la plus grande beauté. Les fleurs ne s'épanouissent qu'en plein soleil.

La famille des Portulacées compte encore quelques autres jolies plantes ornementales appartenant aux genres exotiques, *Talinum*, *Calandrina*, *Claytonia*, etc. Le *Claytonia Virginica* (fig. 298) est originaire d'Amérique.

LES TAMARISCINÉES — *TAMARISCINEÆ*

Caractères. — La famille des Tamariscinées ne comprend que les Tamaris et le genre voisin *Myricaria*. Avec Bentham et Hooker nous y réunirons à titre de simples tribus les *Réaumuriées* et les *Fouquiérées*, que l'on en sépare parfois comme familles distinctes. Ce sont pour la plupart des arbrisseaux ou des sous-arbrisseaux, parfois même des arbres comme quelques *Tamarix* ou quelques *Fouquiera*. Leurs feuilles toujours petites, parfois squamiformes, sont alternes, entières, et souvent charnues ; elles sont toujours dépourvues de stipules.

Les fleurs, solitaires ou diversement groupées, sont régulières et ordinairement hermaphrodites. Le calice persistant est formé de 5 sépales libres ou soudés à leur base ; il y a autant de pétales à la corolle, également libres ou soudés à leur base : cette soudure se produit sur une certaine hauteur chez les *Fouquiera*. Les étamines sont au nombre de 5 ou de 10 et en plus grand nombre chez les Réaumuriées. Chez *T. tetrandra*, la fleur est tétramère et n'a que 4 sépales, 4 pétales et 4 étamines. L'androcée est monadelphe chez les *Myricaria*. L'ovaire (fig. 299 et 300) est à une seule loge imparfaitement divisée par 3 à 5 cloisons rudimentaires, qui partent des parois. En dedans de la base de chacune d'elles se dresse un placenta, en forme d'écaille, qui supporte un nombre indéfini d'ovules anatropes. Autant de styles que de placentas. Sont également en même nombre les valves par lesquelles s'ouvre le fruit capsulaire. Les graines sont nombreuses, garnies de longs poils soyeux ; leur embryon est droit, accompagné d'un albumen farineux ou charnu chez les Réaumuriées et les Fouquiérées : elles son dépourvues d'albumen chez les Tamariscinées vraies, les *Tamarix* et les *Myricaria*.

Distribution géographique. — Les Tamariscinées forment 5 genres et 45 espèces toutes originaires de l'ancien monde à l'exception des *Fouquiera* qui sont américains. Elles croissent dans les régions tempérées et chaudes de l'hémisphère Nord. Quelques *Tamarix* habitent aussi l'Afrique australe.

Affinités. — Les Tamariscinées présentent certaines affinités avec les Caryophyllées, les Portulacées, les Élatinées, et les Frankéniacées, mais se distinguent facilement de toutes par les ovules et les graines. De plus leurs feuilles alternes, squamiformes ou charnues, les séparent des Caryophyllées et des Frankéniacées, le calice des Portulacées, etc.

Usages. — Le seul genre utile de la famille est le genre *Tamarix*.

LES TAMARIS — *TAMARIX*

Caractères. — Les Tamaris sont très généralement des arbrisseaux d'un port élégant, à feuilles alternes, petites, entières, le plus souvent en forme d'écailles. Les fleurs, blanches, rosées ou purpurines, sont groupées en épis ou en grappes.

La fleur se compose d'un calice à 4 ou 5 pièces libres entre elles, d'une corolle formée d'autant de pétales indépendants ou légèrement réunis entre eux à la base, de 5 à 10 étamines, plus rarement 4, libres entre elles ou à peine soudées en un anneau par la partie inférieure de leurs filets, d'un ovaire à 3 styles et à 3 stigmates. Le fruit est une capsule oblongue, triangulaire, à une seule loge, s'ouvrant à maturité par 3 valves, sur le milieu desquelles sont attachées les graines, dépourvues d'albumen et entourées d'une aigrette chevelue autour de la chalaze.

Distribution géographique. — 60 espèces, sur lesquelles 25 tout au plus sont réellement distinctes, forment le genre *Tamarix*, représenté dans tout l'hémisphère Nord de l'ancien continent et dans l'Afrique australe. La véritable patrie de ces plantes est la région méditerranéenne et les îles Canaries.

Usages. — Plusieurs Tamaris présentent une certaine utilité. On s'en sert souvent pour orner les bosquets et surtout pour établir des abris contre le vent, au voisinage des eaux et sur les bords de la mer, principalement sur le littoral de la Méditerranée ou sur les côtes de l'Ouest. A cet effet on les plante en rangées ou en massifs, en compagnie d'autres arbustes plus étoffés et de verdure plus vive.

LE TAMARIS DE FRANCE — *TAMARIX GALLICA*

Synonymie. — Tamaris commun, Tamaris de Narbonne, Tamaris des Gaules.

Caractères. — C'est un petit arbrisseau qui peut atteindre 5 à 6 mètres de hauteur et dont les rameaux grêles et dressés portent de très petites feuilles de couleur vert glauque embrassantes, non transparentes sur les bords, et des épis de petites fleurs rose vif, à étamines saillantes. Il fleurit en mai. Sa capsule est de forme pyramidale.

Distribution géographique. — Il croît naturellement dans le Midi de la France et de l'Europe, ainsi qu'au Nord de l'Afrique, le long

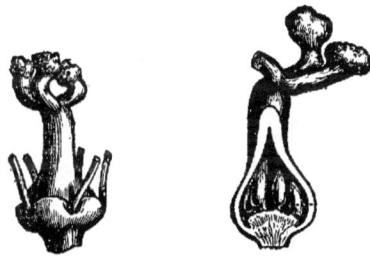

Fig. 299.   Fig. 300.

Fig. 299. — Pistil. | Fig. 300. — Le même ouvert.
Fig. 299 et 300. — Tamaris d'Afrique (*Tamarix africana*).

des rivières ou sur les côtes de la Méditerranée et de l'Océan. On le trouve en abondance en Provence et dans le Languedoc. Il se plaît dans les lieux frais au bord des eaux.

Usages. — L'aspect pittoresque et original de cet arbrisseau le fait rechercher pour la confection de bosquets, dans les jardins et les parcs, ainsi que pour faire des abris contre le vent, sur le bord de la mer.

Le *Tamarix Gallica* a été considéré comme antiscorbutique et désobstruant. Ses feuilles renferment du tannin, aussi a-t-il été employé en teinture. Sur ses rameaux se développent des galles de couleur rouge, déjà signalées par Belon, et qui ont été vantées non seulement pour leurs propriétés tannantes, mais encore comme remèdes dans certaines affections. On a même songé à cultiver le *Tamaris Gallica* dans les localités marécageuses de la France impropres à toute autre culture, dans le but d'obtenir ces galles.

On trouve en France dans les mêmes localités que le Tamaris de France d'autres espèces qui sont utilisées dans le même but.

Le TAMARIS D'AFRIQUE (*T. Africana*) (fig. 299 et 300) a les feuilles embrassantes, transparentes sur les bords; les fleurs sont grandes et les pétales y dépassent les étamines. C'est un arbuste de 2 à 3 mètres de hauteur, aux rameaux étalés. On le rencontre naturellement dans le Midi de l'Europe et au Nord de l'Afrique.

Le TAMARIS D'ANGLETERRE (*T. Anglica*) a les

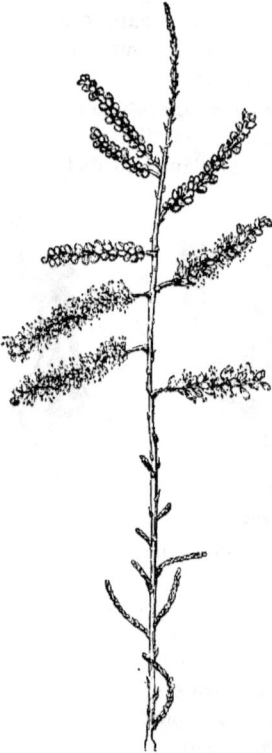

Fig. 301. — Tamaris de l'Inde (*Tamarix indica*), port.

rameaux dressés et les feuilles rétrécies à la base. Il habite des localités analogues aux espèces précédentes, le long des côtes de l'Océan.

Le TAMARIS DE L'INDE (*T. Indica*) (fig. 301), croît dans la région méditerranéenne.

Le TAMARIS D'ALLEMAGNE (*Myricaria Germanica*) a été rapporté au genre Myricaire, distinct des Tamaris par ses filets staminaux soudés dans leur moitié inférieure, ses 3 stigmates sessiles, ses graines ascendantes à chevelure pédicellée. C'est un arbuste de 1 à 2 mètres de haut tout au plus, à rameaux

dressés et à feuilles qui s'étalent. Il vit au bord des eaux à l'Est et au Midi de la France, où il fleurit en été. Quoique moins digne de la culture que les espèces déjà citées, il peut encore servir à garnir le bord des eaux courantes.

LE TAMARIS A MANNE — *TAMARIX MANNIFERA*

Synonymie. — Étymologie. — Les Arabes donnent le nom de *Tarfa* ou *Tarfah*, ou bien encore *Alté*, à un arbrisseau qui croît sur le Sinaï et qui, sous la piqûre d'un insecte, produit une substance sucrée appelée *Manne du Sinaï*.

Caractères. — Cet arbrisseau doit être rapporté au genre *Tamarix*. C'est une variété du Tamaris de France ou une espèce distincte, désignée sous le nom de *Tamarix mannifera*.

Distribution géographique. — Le tarfah croît dans plusieurs parties de la péninsule et en particulier dans l'*Ouadi Scheck*, où l'on rencontre un bois formé de ces arbres qui a une longueur d'une heure de marche, ce qui a fait donner à la partie occidentale de cette vallée le nom d'Ouadi Tarfah.

Propriétés. — Usages. — La piqûre d'un insecte, la Cochenille du Tamaris (*Coccus mannifera*) (1) provoque sur le Tamaris du Sinaï l'excrétion d'une sève sucrée qui se dessèche et tombe, ou qui, diluée par la pluie, reste appendue en larmes volumineuses et constitue une des espèces de mannes employées dans le commerce, la *Manne du Sinaï*. Cette substance porte le nom de *Man* chez les Bédouins. Au mois de juin, elle dégoutte des branches du Tamaris sur les rameaux et feuilles tombés, qui couvrent la terre au pied de l'arbre. On cueille la manne au lever du soleil quand elle est coagulée. Les Arabes la purifient en enlevant les feuilles et la boue qui y adhèrent : ils la conservent dans des sacs de cuir et s'en servent comme de miel en l'étendant sur du pain. Sa couleur est d'un jaune sale ; son goût est agréable, un peu aromatique et aussi doux que le miel. La récolte a lieu d'ordinaire en juin et dure environ six semaines.

C'est à la manne du Sinaï, produit naturel de cette contrée, qu'on a proposé de rapporter la manne dont se nourrirent les Hébreux dans

(1) Kunckel d'Herculais, *Les Insectes*, II, 542, 8e vol. des *Merveilles de la nature* de Brehm.

le désert et dont parle la Bible dans le passage suivant :

« Ils partirent d'Élim et le peuple d'Israël vint au désert de Sin, entre Élim et Sinaï.... Et toute la multitude des fils d'Israël murmura contre Moïse et Aaron ; et les fils d'Israël lui dirent.... Pourquoi nous avez-vous conduits dans ce désert pour faire périr de faim toute cette multitude? Or Dieu dit à Moïse : Voici que je ferai pleuvoir le pain du ciel.... Et on vit apparaître dans le désert une substance menue, comme pilée, semblable à de la gelée blanche. A cette vue les fils d'Israël se dirent les uns aux autres : *Manhu?* Ce qui signifie : Qu'est-ce cela?... Et la maison d'Israël appela cette substance *Man....* Son goût était pareil à celui du miel.... Or les fils d'Israël mangèrent la manne pendant quarante ans.... Ils s'en nourrirent jusqu'à ce qu'ils fussent parvenus aux frontières de la terre de Chanaan (1). »

« Quel est, dit M. Berthelot (2), la matière désignée dans le récit précédent, qui joue un si grand rôle dans l'histoire du peuple hébreu et dont le nom a servi de type à celui d'une multitude de substances sucrées naturelles ? Peut-elle être assimilée à quelque matière sucrée aujourd'hui connue? C'est là une question fort controversée. Deux opinions principales ont eu cours à cet égard : l'une regarde la manne comme une exsudation sucrée fournie par divers arbrisseaux, principalement par l'*Alhagi Maurorum*, sorte de sainfoin épineux ; l'autre opinion assimile la manne des Hébreux à une sorte de Cryptogame à développement rapide et en apparence spontané.

« Aujourd'hui l'origine de la manne recueillie sur le Sinaï peut être regardée comme fixée d'après les recherches faites sur place par MM. Ehrenberg et Hemprich. « La manne dit Ehrenberg, se trouve encore de nos jours sur les montagnes du Sinaï ; elle y tombe sur la terre des régions de l'air (c'est-à-dire du sommet d'un arbrisseau et non du ciel). Les Arabes l'appellent Man. Les Arabes indigènes et les moines Grecs (ces derniers prétendent qu'elle ne tombe que sur le toit de leur couvent) la recueillent et la mangent avec du pain en guise de miel. Je l'ai vue tomber de l'arbre, je l'ai recueillie, dessinée, apportée moi-même à Berlin avec la plante et les restes de l'Insecte. » Cette manne découle du *Tamarix*

mannifera. De même qu'un grand nombre d'autres mannes, elle se produit sous l'influence de la piqûre d'un insecte le *Coccus manniparus.* »

M. Berthelot a étudié au point de vue chimique la manne du Sinaï et une matière analogue la *Manne de Syrie* ou *Manne du Kurdistan*. Il est arrivé aux résultats suivants : « La manne du Sinaï et celle du Kurdistan sont constituées essentiellement par du sucre de canne, par de la dextrine et par les produits de l'altération, sans doute consécutive, de ces deux produits immédiats. Leur composition est presque identique, résultat d'autant plus singulier que les végétaux qui produisent ces deux mannes, et dont elles renferment les débris très reconnaissables appartiennent à deux espèces extrêmement différentes. Cependant ce phénomène n'est pas sans analogie. On sait en effet que le miel, recueilli par les abeilles sur des fleurs très diverses, possède une composition à peu près identique. Ce n'est pas le seul rapprochement que l'on puisse faire entre le miel et les mannes dont il s'agit. Non seulement des Insectes concourent également à la formation du miel et à celle de la manne du Sinaï, mais encore cette manne, aussi bien que le miel, est constituée par du sucre de canne et du sucre interverti : la manne du Sinaï renferme en outre de la dextrine et les produits de son altération.

« Si l'on se reporte maintenant au rôle historique qu'a pu remplir la Manne du Sinaï, il devient facile d'expliquer l'emploi de cette substance comme aliment. En effet, c'est un miel véritable, complété par la présence de la dextrine. On voit en même temps que la Manne du Sinaï ne saurait suffire, comme aliment, puisqu'elle ne contient point de principe azoté. Aussi les aliments animaux lui sont-ils associés, aussi bien dans les usages actuels des Kurdes que dans le récit biblique. »

Dans une lettre adressée à M. Gaillardot par M. Barré de Lancy, alors chancelier du Consulat de France à Mossoul, il est dit en effet, que les Kurdes se servent de la Manne du Kurdistan, comme aliment, en la mélangeant à du pain et même à de la viande. Ces renseignements d'ailleurs, concourent avec ceux de Virey (1). D'autre part la Bible (2) nous apprend qu'en même temps que la Manne, Dieu envoya des cailles à son peuple.

---

(1) Exode XVI.
(2) Berthelot, *Sur la manne du Sinaï*. Comptes rendus de l'Acad. des sciences, sept. 1861, p. 583.

(1) Virey, *Journal de pharmacie*, 1818, p. 125.
(2) Exode XVI, 8 et 13. Nombres, XI, 31-32.

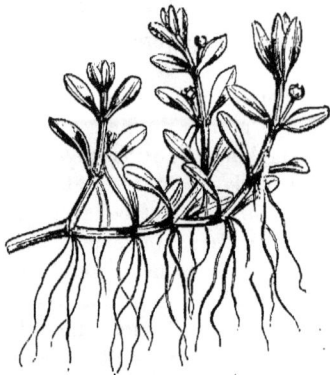

Fig. 302.   Fig. 303

Fig. 302. — Port.   Fig. 303. — Fleur.

Fig. 302 et 303. — Elatine à 6 étamines (*Elatine hexandra*).

LES ÉLATINÉES — *ÉLATINEÆ*

Étymologie. — La famille tire son nom du genre *Elatine* ainsi nommé parce qu'on a comparé ses feuilles à celles du Sapin, qui, en grec, s'appelait *Elatinos*.

Caractères. — Ce sont des herbes ou des sous-arbrisseaux à feuilles opposées, ou plus rarement verticillées, entières ou dentées en scie, munies de stipules géminées. Les fleurs petites, axillaires, sont solitaires ou disposées en cymes.

Affinités. — Les Élatinées forment une petite famille voisine de celle des Hypéricinées dont elles diffèrent principalement par le port, la présence de stipules géminées aux feuilles, et les fleurs isomères depuis le calice jusqu'au gynécée. Les Élatinées se rapprochent également beaucoup des Caryophyllées dont elles se distinguent surtout par la persistance des cloisons dans l'ovaire, la déhiscence de la capsule, l'absence d'albumen à l'embryon, etc.

Distribution géographique. — Les Élati-nées ne comprennent pas plus de 25 espèces réparties en 2 genres, qui habitent la surface du globe sur les deux continents. Les *Élatine* sont des régions tempérées et subtropicales ; les *Bergia*, des régions tropicales et subtropicales.

Une demi-douzaine d'espèces représentent la famille en France, réparties dans toutes les régions de notre flore. On les trouve principalement dans les fossés humides, sur le bord des rivières et sur les rivages inondés des étangs. Dans les environs de Paris on trouve l'Élatine fausse-alsinée (*E*. *Alsinastrum*) à fleurs blanches et à feuilles verticillées, dépourvues de pétiole, qui se montre aussi jusque dans les mares subalpines, et l'Élatine 6 étamines (*E*. *hexandra*) (fig. 302, 303), à fleurs roses et à feuilles opposées dont les inférieures sont pétiolées.

Usages. — On ne connaît pas d'emploi utile aux Élatinées.

LES HYPÉRICINÉES — *HYPERICINEÆ*

Étymologie. — La famille tire son nom du genre *Hypericum*, dont le nom dérive lui-même de deux mots grecs : *hypo*, sous ; *ereikè*, bruyère. Le mot signifie donc plante qui croît sous les bruyères.

Caractères. — Les Hypéricinées sont des herbes ou des arbustes, plus rarement des arbres, dont les feuilles, généralement opposées, beaucoup plus rarement verticillées, sont simples, entières ou parfois dentées en scie et dépourvues de stipules. Très souvent elles présentent dans le parenchyme du limbe de petites glandules translucides, qui semblent de petites perforations quand on regarde la feuille par transparence. Les fleurs jaunes, ou plus rarement rouges ou blanches, sont complètes et régulières. Ordinairement terminales, plus rarement axillaires, elles sont solitaires ou groupées en cymes diverses.

A l'exception des *Ascyrum*, arbrisseaux de l'Amérique du Nord et des Antilles, dont le périanthe est tétramère, calice et corolle sont construits sur le type 5. Le calice persistant se compose de 5 sépales imbriqués; la corolle de 5 pétales hypogynes imbriqués, assez souvent contournés. Les étamines en nombre indéfini ne sont qu'exceptionnellement monadelphes, réunies en un tube chez les Endodesmies (*Endodesmia*), dont l'unique espèce habite l'Afrique tropicale occidentale. Elles sont ordinairement groupées en 3 ou 5 faisceaux. Chez les Vismiées (*Vismia*), plantes exotiques d'Afrique et d'Amérique, la fleur est tout à fait régulière et l'androcée et le pistil sont pentamères comme le périanthe. Chez les Millepertuis (*Hypericum*), il n'y a plus que 3 groupes d'étamines à l'androcée, de même que le pistil ne se compose que de 3 carpelles, bien qu'il y ait 5 pétales. Les anthères, à 2 loges, s'ouvrent par des fentes longitudinales. L'ovaire composé de 3 ou 5 carpelles suivant les cas, est primitivement uniloculaire, puis postérieurement divisé plus ou moins parfaitement en autant de loges qu'il y a de carpelles par exagération des bords placentifères. Il y a autant de styles que de carpelles, généralement libres entre eux mais soudés chez 2 ou 3 espèces de Millepertuis. Les ovules sont nombreux et disposés sur deux rangs. Chez les Endodesmies l'ovule se réduit à un seul carpelle et ne contient qu'un seul ovule.

Le fruit est ou une capsule pluriloculaire à déhiscence le plus souvent septicide, ou une baie charnue indéhiscente. Les graines dépourvues d'arilles n'ont pas d'albumen et contiennent un embryon étroit ou arqué.

Distribution géographique. — On connaît aujourd'hui 8 genres et 240 espèces environ, réparties sur le globe tout entier dans les régions tempérées et chaudes de l'hémisphère nord principalement. Elles sont d'ailleurs plus nombreuses en Amérique qu'en Europe et en Asie. Rares dans l'Asie et l'Afrique équinoxiales, elles sont un peu moins rares dans l'Asie

tropicale. Les espèces arborescentes ne se rencontrent que sous les tropiques. Dans nos pays les Hypéricinées sont des herbes ou tout au plus des arbustes. La famille n'est représentée en France que par les Millepertuis.

Classification. — On répartit les Hypéricinées en trois tribus qui se distinguent par les caractères suivants :

Fruit sec; capsule { septicide; graines non ailées; cotylédons plus courts que la radicule...................	*Hypéricées.*
loculicide; graines ailées; cotylédons plus longs que la radicule.....................	*Cratoxylées.*
Fruit charnu, baie; graines non ailées; cotylédons plus longs que la radicule.....................	*Vismiées.*

Affinités. — Les Hypéricinées se rattachent étroitement aux Guttifères et aux Ternstrœmiacées. Elles se distinguent des premières, par leur port souvent herbacé, par leurs feuilles moins coriaces, par leurs fleurs hermaphrodites et leurs styles filiformes; elles diffèrent des Terstrœmiacées par les feuilles opposées et l'inflorescence.

Usages. — Les Hypéricinées produisent des sucs balsamiques résineux qui découlent du tronc des espèces ligneuses et sont sécrétés par les feuilles des espèces herbacées. Ces sucs leur donnent des propriétés médicinales; aussi utilise-t-on à ce point de vue dans nos pays le Millepertuis et dans les pays chauds, au Brésil et à la Guyane, certaines espèces du genre *Vismia*.

LES MILLEPERTUIS — *HYPERICUM*

Étymologie. — Lorsqu'on regarde par transparence les feuilles du Millepertuis, on les aperçoit comme criblées d'une multitude de petits orifices. Cette apparence est due à la présence dans le parenchyme de la feuille de nombreuses petites glandes translucides. C'est à ce caractère que fait allusion le nom de *Millepertuis*. Le nom spécifique latin de l'*Hypericum perforatum*, espèce la plus commune, a la même signification.

Caractères. — Les Millepertuis (fig. 304) sont des herbes ou des arbrisseaux, à feuilles souvent sessiles, petites, très entières ou un peu dentées, présentant le plus souvent des ponctuations glanduliformes. Les fleurs jaunes ou blanches, sont solitaires ou groupées en cymes ou en panicules.

La fleur se compose de 5 sépales, 5 pétales; d'étamines libres ou légèrement réunies à la base en 3 à 8 phalanges, ou soudées sur une grande longueur en trois phalanges de 3 à 8 étamines, alternant avec des glandules hypogynes. L'ovaire est tantôt uniloculaire avec 3 ou 5 placentas pariétaux plus ou moins

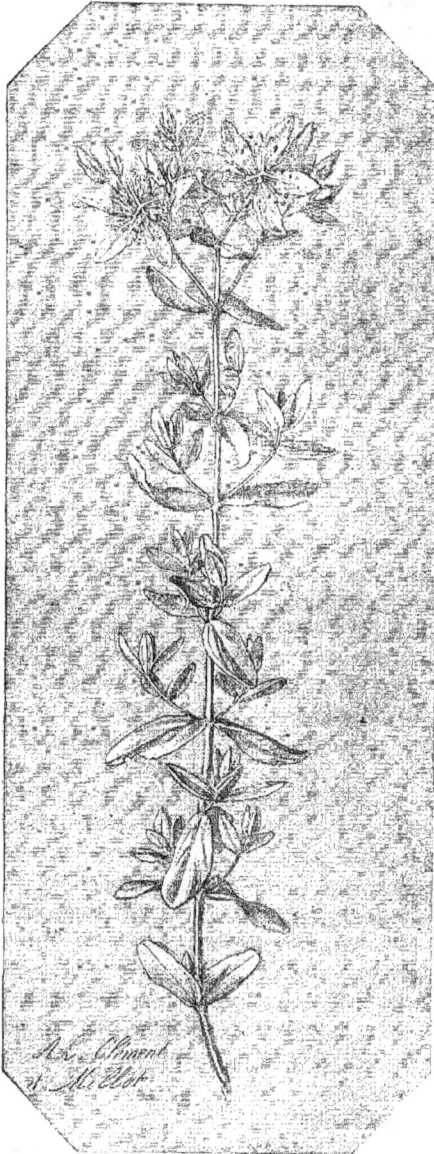

Fig. 304. — Millepertuis commun (*Hypericum perforatum*).

proéminents à l'intérieur de la loge, tantôt divisé parfaitement ou imparfaitement en 3 ou 5 loges. Les styles sont distincts ou plus rarement soudés. Le plus souvent il y a 3 carpelles au pistil, de même que les étamines sont le plus souvent groupées en 3 faisceaux. On voit donc que, chez les Millepertuis, il y a une certaine irrégularité dans la fleur, puisque tandis que le périanthe est construit sur le type 5, l'androcée et le pistil deviennent trimères.

Le fruit est une capsule septicide dont les placentas, après déhiscence, restent adhérents suivant les cas, tantôt à l'axe et tantôt aux valves. Les graines renferment un embryon ordinairement droit ou beaucoup plus rarement recourbé.

Le vaste genre *Hypericum* a été démembré par Spach et divisé en 19 genres nouveaux, dont les caractères sont assez artificiels et qu'il convient de n'admettre qu'à titre de simples sections.

Distribution géographique. — On connaît 175 espèces environ du genre *Hypericum*, largement dispersées sur le globe tout entier. C'est dans les régions tempérées de l'hémisphère boréal ou, entre les tropiques sur les montagnes, qu'elles sont le plus nombreuses. En France, on en trouve 18 espèces environ dont la plus commune et la plus connue est le Millepertuis perforé (*Hypericum perforatum*).

Usages. — Les Millepertuis sont utilisés en médecine populaire comme vulnéraires principalement, en particulier le Millepertuis perforé et l'Androsème (*Hypericum androsæmum*). On en cultive quelques espèces dans les jardins comme plantes d'ornement, parmi lesquelles le Millepertuis à grandes fleurs (*H. Calycinum*) est particulièrement recommandable.

LE MILLEPERTUIS COMMUN — *HYPERICUM PERFORATUM*

Noms vulgaires. — Herbe à mille trous; Herbe aux piqûres; Herbe de Saint-Jean; Chasse-Diable.

Caractères. — Le Millepertuis commun (fig. 304 à 306) est une plante de 50 à 60 centimètres de haut, à tiges dressées, rameuses, munies de deux lignes peu saillantes, portant des feuilles opposées, sessiles, elliptiques obtuses, criblées de nombreuses glandes transparentes qui semblent autant de perforations. Les fleurs jaunes sont réunies en cymes au sommet de la tige. Le fruit est une capsule globuleuse s'ouvrant par 3 valves et renfermant des graines fines et nombreuses. A l'extrémité des anthères on trouve des glandes sécrétant une matière de couleur violet foncé, et des glandes analogues se rencontrent également sur la capsule.

Distribution géographique. — Le Millepertuis perforé est très commun dans les bois,

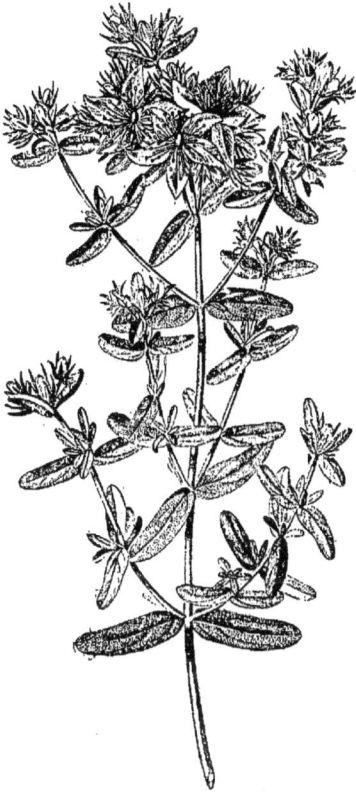

Fig. 305.

Fig. 306.

Fig. 305. — Tige fleurie.　　　　　　| Fig. 306. — Tige desséchée en hiver, avec fruits.

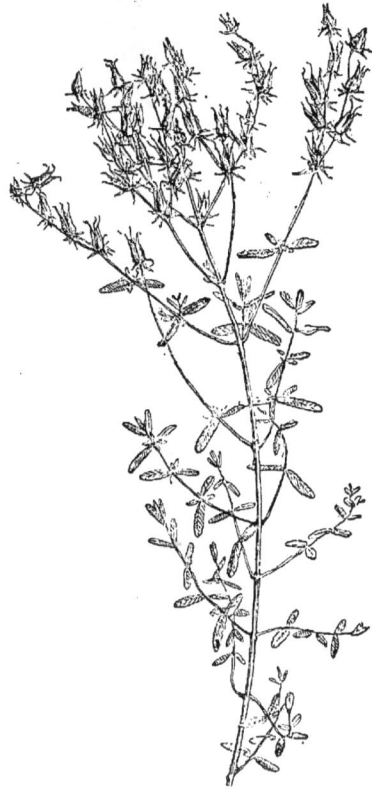

Fig. 305 et 306. — Millepertuis commun (*Hypericum perforatum*).

dans les haies, sur les pelouses, dans les prés et sur le bord des chemins de toute la France, où il fleurit vers le mois d'août.

Usages. — Lorsqu'on froisse la plante entre les doigts, elle laisse une odeur résineuse et aromatique. Les sommités sont employées en médecine et entrent dans la préparation du baume tranquille, du baume du commandeur, de l'eau vulnéraire, de l'huile de Millepertuis, etc. Le Millepertuis commun, comme l'indique son nom vulgaire d'*herbe aux piqûres* est un remède très populaire qui a joui autrefois d'une grande réputation pour la guérison des blessures, plaies et ulcères, mais qui semble pourtant ne pas avoir des propriétés bien sérieuses et bien actives.

Les sommités du Millepertuis doivent leurs propriétés à deux principes, dont l'un de couleur jaune, soluble dans l'eau, réside dans les pétales, et l'autre rouge, soluble dans l'huile, l'alcool, provient des stigmates et des fruits.

Le Millepertuis androsème (*Hypericum androsæmum*) est un sous-arbuste indigène, aux feuilles grandes, en cœur à la base, aux baies noires avant maturité. Sous le nom d'*Androsæmum officinale*, on rapporte parfois l'androsème à un genre spécial, distinct des *Hypericum* proprement dits, et dont le nom fait allusion à la couleur rouge du suc des feuilles (en grec *aner*, homme ; *aima*, sang). Cette plante, sous le nom populaire significatif de *toute-saine*, a joui d'une grande réputation contre toutes sortes de maladies, comme vulnéraire, résolutive et vermifuge. On la cultive quelquefois dans les jardins comme plante d'ornement.

Le millepertuis a grandes fleurs (*H. Calycinum*) connu encore sous les noms de Millepertuis calicinal ou Millepertuis à grand calice, est une espèce vivace sous-ligneuse, originaire de Turquie et d'Orient, d'environ 30 centimètres de haut, à rameaux retombants garnis de feuilles persistantes d'un beau vert. Les fleurs, qui se montrent de juillet à septembre, ont 6 à 8 centimètres de diamètre et sont d'une belle couleur jaune-doré, y compris les nombreuses étamines. On en fait de très jolies bordures pour les jardins : elle fleurit surtout dans les expositions bien ensoleillées, mais croît également bien à l'ombre et est alors surtout remarquable par son feuillage.

LES VISMIES — *VISMIA*

Caractères. — Les Vismies sont des arbrisseaux et des arbres des pays chauds, à feuilles entières, généralement amples, à fleurs jaunes ou blanches, groupées en cymes terminales. La fleur tout entière est construite sur le type 5 et tous les verticilles en sont pentamères, aussi bien l'androcée et le pistil que le périanthe. Les étamines, en effet, sont groupées en cinq faisceaux opposés aux pétales et alternant avec cinq organes écailleux représentant des étamines stériles (staminodes). L'ovaire est à cinq loges et provient de la soudure de cinq carpelles opposés aux sépales. Le fruit est une baie indéhiscente.

Distribution géographique. — Les Vismies, dont on connaît 25 espèces environ sont des plantes d'Amérique où elles vivent dans les régions chaudes. On en rencontre une dans l'Ouest de l'Afrique tropicale mais il n'est pas bien sûr qu'elle y soit indigène.

Usages. — Quelques espèces telles que les *Vismia guyanensis*, *V. sessiflora*, etc., fournissent une gomme jaune assez semblable à la gomme-gutte produite par les *Garcinia* de la famille des Guttifères. Le *Vismia micrantha* du Brésil, fournit une gomme résine purgative, qu'on utilise dans le pays sous le nom de *Goma-laca*.

LES GUTTIFÈRES — *GUTTIFERÆ*

Synonymie. — Clusiacées. — *Clusiaceæ.*

Étymologie. — Le nom de Guttifères donné à ces plantes provient de ce que ce sont des arbres de cette famille qui fournissent la gomme-gutte. Le nom de CLUSIACÉES que de nombreux auteurs substituent à celui de Guttifères, a été choisi en l'honneur du botaniste français *Clusius*, de son véritable nom Charles de l'Écluse, qui vivait au XVIᵉ siècle (1526-1609.).

Caractères. — Les Guttifères sont des plantes toujours ligneuses, arbres ou arbustes, contenant dans leur appareil végétatif, à l'intérieur de glandes spéciales, une sécrétion gommeuse ou résineuse, le plus souvent jaune ou verdâtre. Plusieurs d'entre elles sont grimpantes, et parfois même deviennent pseudo-parasites, ou mieux épiphytes, comme certains *Clusia* et *Renggeria*. Elles enlacent alors étroitement le tronc de l'arbre qui leur sert de support formant autour de lui un véritable treillage comme on peut le voir sur la figure 307 qui représente une Clusiacée épiphyte enveloppant le tronc d'un palmier. Il arrive même que le parasite finit par étouffer son hôte, ce qui explique les noms vulgaires de *Lianes meurtrières*, *Figuiers maudits*, *Mille pieds*, etc., sous lesquels on désigne parfois les Guttifères épiphytes.

Les feuilles, presque toujours opposées, verticillées chez quelques *Quiina* et *Ochrocarpus* seulement, sont le plus souvent coriaces, simples et entières. Elle ne sont penniséquées que chez quelques espèces du genre *Quiina*. Ce même genre présente aussi exceptionellement des stipules qui font défaut chez les autres Guttifères. Les fleurs blanches, roses ou jaunes, terminales ou axillaires sont tantôt solitaires, tantôt groupées de diverses façons, en cymes pauciflores, en panicules ou beaucoup plus rarement en grappes.

Les fleurs sont régulières, ordinairement polygames ou dioïques, beaucoup plus rarement hermaphrodites. Le périanthe double se compose d'un calice de 5 (ou 2 à 6) sépales imbriqués ou décussés qu'accompagnent parfois plusieurs bractées à l'extérieur, et d'une corolle formée de pétales ordinairement en nombre égal à celui des sépales. Les étamines des fleurs mâles sont en nombre indéfini ou plus rarement en nombre défini, égal dans ce cas à celui des pétales, ou double. Les filets épais et courts, ou beaucoup plus rarement allongés et filiformes, sont libres entre eux ou bien encore soudés de diverses manières, en une seule masse ou en autant de phalanges qu'il y a de pétales à la corolle. L'androcée des fleurs femelles ou hermaphrodites est constitué par des staminodes ou de véritables étamines entourant l'ovaire généralement en nombre défini, moins considérable que dans la fleur mâle.

Fig. 307. — Clusie parasite autour du tronc d'un Palmier.

L'ovaire rudimentaire chez les fleurs mâles est bien développé chez les fleurs femelles : il est sessile, inséré au centre de la fleur sur un réceptacle plan ou sur un disque charnu. Il est divisé en deux ou plusieurs loges à un ou plusieurs ovules : rarement il est uniloculaire. Le style, souvent unique, se termine par autant de stigmates qu'il y a de loges à l'ovaire : parfois aussi il y a plusieurs styles distincts. Le fruit est charnu, baie ou drupe, ou bien une capsule à déhiscence septicide. Les graines volumineuses et dépourvues d'albumen sont ordinairement arillées et strophiolées. Elles renferment un embryon formé soit par une radicule très épaisse, terminée par 2 très petits cotylédons écailleux, souvent même à peine visibles, soit par une petite radicule très courte avec 2 cotylédons très épais, plus ou moins intimement unis.

Distribution géographique. — Les Guttifères forment 26 genres et 370 espèces, localisées presque exclusivement entre les tropiques. La plus grande partie d'entre elles sont américaines ou asiatiques : elles sont beaucoup moins nombreuses en Afrique.

Affinités. — Les Guttifères se rattachent aux Ternstrœmiacées et aux Hypéricinées; mais elles se distinguent des premières par leurs feuilles opposées et la disposition des canaux sécréteurs ; des secondes par les fleurs

LES PLANTES.

unisexuées ou polygames et la forme du stigmate ; de toutes deux par le port et l'embryon.

Classification. — On divise la famille des Guttifères en cinq tribus : les *Clusiées*, les *Moronobées*, les *Garciniées*, les *Calophyllées* et les *Quiinées*.

Usages. — Les Guttifères renferment en général un suc gommeux ou résineux, jaune ou vert, souvent employé comme purgatif ou comme matière colorante (gomme-gutte).

Plusieurs de ces plantes produisent des fruits comestibles plus ou moins appréciés dans leurs pays d'origine.

Certaines ont un bois dur et résistant, donnant dans l'Inde des bois de fer estimés : on vante principalement celui des *Mesua speciosa* et *ferrea*.

LES CLUSIES — *CLUSIA*

Caractères. — Les Clusies sont des arbres ou des arbustes, quelquefois sarmenteux et grimpants, le plus souvent épiphytes, vivant aux dépens d'autres arbres qui leur servent de support (fig. 307) et finissent souvent par périr étouffés. Les feuilles opposées, dépourvues de stipules, sont coriaces, simples et entières, penninerves avec une seule nervure médiane visible ou de fines nervures parallèles en grand nombre. Les fleurs, à l'extrémité des rameaux, sont tantôt grandes et alors solitaires ou en petit nombre, tantôt petites au contraire et dans ce cas disposées en panicules.

Les *Clusia* sont le genre type de la tribu des Clusiées caractérisée par des stigmates distincts, sessiles ou susbsessiles, rayonnants au sommet de l'ovaire, par un fruit capsulaire à déhiscence septicide, par un embryon formé d'une grande radicule présentant la forme de la graine et de deux petits cotylédons à peine visibles.

Distribution géographique. — On connaît environ 65 espèces du genre *Clusia* habitant, comme les 9 autres genres de la tribu d'ailleurs, les régions chaudes de l'Amérique depuis le Mexique jusqu'au Paraguay.

LA CLUSIE ROSÉE — *CLUSIA ROSEA*

Caractères. — L'espèce la plus intéressante de ce genre est la Clusie rosée (fig. 308). C'est un grand arbre, indigène à Saint-Domingue, qui peut atteindre dix mètres de haut et croît ordinairement sur les racines, les tiges et les branches d'autres arbres. Les grandes feuilles, ovales et lisses, sont colorées en vert foncé par-dessus, en vert clair par-dessous. Les fleurs sont roses et la corolle en est formée de 6 pétales.

Usages. — La plante fournit un suc gommo-résineux qui est purgatif et qui, aux Antilles, est utilisé en remplacement de la Scammonée.

Bien que la culture de cet arbre soit assez difficile comme celle d'ailleurs de toutes les

Fig. 308. — Clusie rosée (*Clusia rosea*), rameau fleuri.

Clusiacées, en leur qualité de plantes tropicales, on le cultive néanmoins dans les serres chaudes à cause du bel effet décoratif de son feuillage et de ses magnifiques fleurs. On le trouve en particulier dans les serres du Jardin des Plantes à Paris à côté de quelques autres espèces voisines, les *Clusia minor*, *C. flava*, *C. alba*.

LES MORONOBÉES — *MORONOBEA*

Caractères. — Les Moronobées sont des arbres à feuilles opposées et à longs rameaux disposés horizontalement, portant de grandes fleurs blanches terminales et solitaires. Celles-ci sont ovoïdes, hermaphrodites, avec des étamines disposées en 5 phalanges et à anthères extrorses. Le style est allongé et présente 5 divisions à son sommet. Le fruit est une baie indéhiscente. L'embryon formé par une très grande radicule est indivis et ne présente pas traces de cotylédons. Les sépales sont courts et les pétales dressés.

Distribution géographique. — On n'en connaît qu'une seule espèce (deux tout au plus) vivant en Amérique, dans la Guyane et le Brésil septentrional.

Usages. — C'est au *Moronobea coccinea* qui, dans son pays natal, porte le nom de *Mani*, qu'on a longtemps attribué la production d'une résine particulière connue sous le nom de *résine de Mani*. C'est un suc d'abord jaune, qui noircit et se solidifie à l'air. Les créoles l'emploient pour goudronner les barques et les cordages et pour faire des flambeaux. Elle varie de forme suivant la manière dont elle a été obtenue. Elle brûle avec une flamme très blanche et très éclairante sans répandre ni beaucoup d'odeur ni beaucoup de fumée.

La résine de Mani a été pendant longtemps, comme nous venons de le dire, rapportée au Mani, c'est-à-dire au *Moronobea coccinea*. Cependant des recherches récentes ont conduit à penser qu'elle proviendrait plutôt du suc qui découle d'un arbre appartenant à un genre voisin, le *Symphonia globulifera*, le véritable *Bois à cochon* de Saint-Domingue. Cette espèce habite l'Amérique tropicale depuis les Antilles jusqu'au Pérou et au Brésil central. On la retrouve aussi dans l'Afrique tropicale occidentale.

LE PENTADESME A BEURRE — *PENTADESMA BUTYRACEA*

Noms vulgaires. — Arbre à beurre, *Butter tree*, *Jallow tree*.

Caractères. — Le genre *Pentadesma* est extrêmement voisin des *Moronobea*, dont il présente à peu près tous les caractères, et auquel il semble qu'on devra forcément le rattacher : il ne s'en distingue principalement que par ses sépales pétaloïdes, qui passent par toutes les transitions aux pétales. La seule espèce connue de ce genre, le *Pentadesma butyracea*, est un grand et bel arbre de 10 à 12 mètres de haut, à feuilles opposées, coriaces, penninerves, et à larges fleurs terminales, qui s'épanouissent aux mois de mars et d'avril. Les rameaux laissent suinter par incision de leur écorce une matière résineuse, peu abondante, jaune rougeâtre.

Distribution géographique. — Cet arbre croît sur presque toute la côte orientale de l'Afrique tropicale.

Usages. — Les nègres africains extraient de ces graines un corps gras qui constitue le *beurre de Kanya*, qu'ils font entrer dans leur alimentation, mais qu'une légère odeur de térébenthine rend peu agréable aux Européens. D'après le Dr Edouard Hœckel ce produit serait de haute valeur pour la fabrication des bougies et bien supérieur au *Karité* ou beurre de *Galam*, fourni sur le même continent par les graines du *Butyrospermum Parkii* ou *Bassia Parkii*, de la famille des Sapotacées.

LES GARCINIES — *GARCINIA*

Caractères. — Les Garcinies sont des arbres ou des arbustes à suc ordinairement jaune, aux feuilles coriaces ou beaucoup plus rarement membraneuses, presque toujours entières et toujours dépourvues de stipules. Les fleurs, tantôt terminales et tantôt axillaires, sont solitaires ou disposées en cymes à trois fleurs, plus ou moins ramifiées.

Les fleurs sont polygames-dioïques. Le périanthe est presque toujours tétramère, composé de 4 sépales et de 4 pétales. Dans les fleurs mâles les étamines, en nombre indéfini, sont soit libres, soit soudées entre elles, en une seule masse ou en 4 phalanges. Les fleurs hermaphrodites et les fleurs femelles présentent un nombre variable de staminodes libres ou diversement soudés. Au centre de ces fleurs se trouve l'ovaire divisé en 2 à 12 loges, contenant chacune un seul ovule. Le fruit est une baie tubéreuse et les graines sont entourées d'une sorte de pulpe charnue d'origine arillaire.

Distribution géographique. — On a décrit 150 espèces environ de Garcinies, que l'on a réparties en plusieurs sections, et qui sont propres aux régions tropicales de l'ancien continent, Asie et Afrique. Le genre *Garcinia* est également représenté dans la Nouvelle-Calédonie, notamment par le *G. collina* (*mou des* indigènes).

Usages. — Ce genre doit surtout son intérêt à ce que plusieurs de ses espèces, et en particulier le *G. morella*, fournissent le produit très connu sous le nom de *gomme-gutte*, employé pour la peinture et également en médecine.

D'autre part, une espèce de l'Inde, le Mangoustan, fournit un des fruits charnus les plus délicieux des régions tropicales asiatiques. On cultive dans les serres chaudes certaines espèces de Garcinies.

  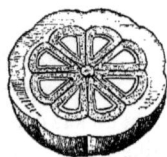

Fig. 309.   Fig. 310.   Fig. 311.

Fig. 309. — Rameau fleuri.
Fig. 310. — Rameau fructifère.

Fig. 311. — Fruit coupé.

Fig. 309 à 311. — Garcinie morellière (*Garcinia morella*).

LA GARCINIE MORELLIÈRE — *GARCINIA MORELLA*

Synonymie. — *Hebradendron cambogioïdes, Stalagmites cambogioïdes, Mangostana morella.*

Caractères. — Le *Garcinia morella* (fig. 309 à 311) est un arbre de médiocre grandeur, à feuilles pétiolées, entières, obovales, coriaces, vertes, luisantes, à nombreuses nervures secondaires fines, pennées et parallèles.

Les fleurs mâles, d'un beau bleu rosé, sont disposées par groupes de 3 à 5 à l'aisselle des feuilles. Il existe deux variétés de la plante, suivant que ces fleurs sont sessiles (var. *sessilis*) ou pédonculées (var. *pedicellata*). Les étamines au nombre de 30 à 40 sont cohérentes par la base des filets : il n'y a pas de rudiment d'ovaire au centre de la fleur.

Les fleurs femelles sont entourées d'un périanthe formé, comme chez les fleurs mâles, de 4 sépales et de 4 pétales et renferment 20 à 30 staminodes formant une couronne autour de la base d'un ovaire globuleux à 4 loges uniovulées. Style court et stigmate à 4 lobes ouverts et persistants. Le fruit (fig. 310 et 311) est une baie globuleuse, glabre, de la grosseur d'une forte cerise, couronnée par les lobes du stigmate et creusée de 4 loges renfermant chacune une graine oblongue un peu aplatie.

Distribution géographique. — La Garcinie morellière est originaire du Cambodge, du Siam et du sud de la Cochinchine. Elle croît en abondance dans l'île de Ceylan, mais dans cette localité on ne trouve que la variété *sessilis* tandis que la variété *pedicellata* est originaire du Siam et de Singapore.

Usages. — C'est du *Garcinia morella* qu'on extrait par incision la *gomme-gutte*, suc gommeux résineux qui forme avec l'eau une émulsion d'une magnifique couleur jaune, et dont le principal usage, en raison de cette propriété, est de servir à la peinture à l'aquarelle; on l'utilise aussi pour la préparation de vernis à l'alcool et de vernis spéciaux pour les métaux.

La gomme-gutte est aussi employée en médecine comme purgatif, surtout lorsqu'on veut obtenir de forts effets. Ses propriétés hydragogues la font utiliser dans plusieurs hydropisies comme dans celles qui dépendent de la maladie de Bright. Elle est aussi vermifuge et a été essayée pour combattre le tænia.

La gomme-gutte, dit Guibourt (1), auquel nous empruntons l'historique suivant, a été mentionnée pour la première fois par Clusius qui la reçut en 1603, alors qu'elle venait d'être apportée de Chine par l'amiral hollandais Van Neck. Suivant Murray la gomme-gutte fut bientôt connue dans la peinture; mais elle fut longtemps négligée dans la pratique

(1) Guibourt, *Histoire des drogues simples*, III, p. 610.

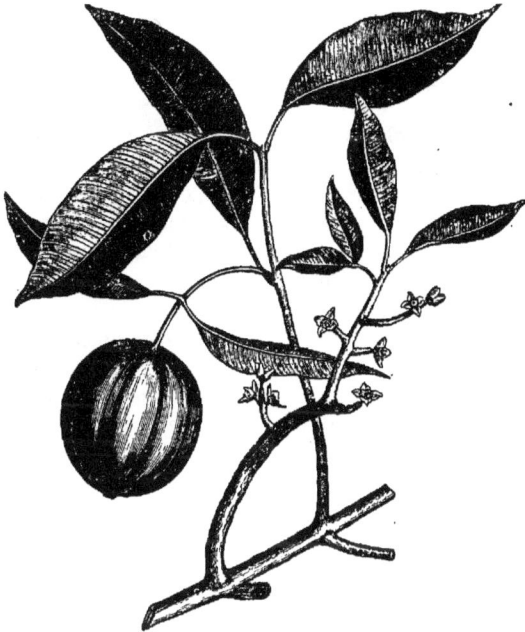

Fig. 312. — Garcinie du Cambodge (*Garcinia cambogia*).

médicale et n'obtint une place dans les pharmacopées européennes qu'après le commencement du siècle suivant. Ce fait n'est pas exact d'après Guibourt qui a trouvé le *ghitta jemon* ou *Gutta gamba* mis au nombre des médicaments simples dans la petite pharmacopée d'Amsterdam de 1639 ; dans celle de Zwelfer, publiée en 1653 et dans celle de Toulouse, de 1695. Il est vrai cependant que beaucoup de médecins voyaient alors dans la gomme-gutte un médicament très dangereux, ce qui en restreignait beaucoup l'emploi. Aujourd'hui, quoi qu'on la regarde toujours comme une substance très active et irritante, on reconnaît généralement qu'elle peut être dans plusieurs cas, un purgatif salutaire.

L'origine de la gomme-gutte a été pendant longtemps un sujet de doutes et de controverses. Clusius, d'après son odeur et son âcreté, soupçonnait que ce pouvait être le suc d'une Euphorbe. Bontius, qui exerçait la médecine à Batavia, au commencement du XVIIᵉ siècle, supposait aussi qu'elle était produite par une plante semblable à l'*Esula indica* dont il a donné la figure et la description. Mais en 1677, Paul Hermann, dans une lettre à Syen, annonça que la gomme-gutte était produite par deux arbres appelés *carcapulli*, qui ont été nommés

par les botanistes modernes *Garcinia cambogia* et *Garcinia morella*, et faisait l'observation que la gomme produite par ce dernier était plus estimée ; c'est donc à Hermann que doit être attribué l'honneur d'avoir le premier indiqué la véritable source de la gomme-gutte.

Pour extraire la gomme-gutte, lorsque l'arbre est en pleine végétation, on brise les feuilles et les jeunes rameaux et l'on recueille dans des noix de cocos, ou dans des cornets formés de feuilles enroulées, le suc jaunâtre qui s'écoule goutte à goutte des blessures. C'est là l'origine du nom de *gutte* qui a été donné au produit. On rassemble dans des vases d'argile le suc ainsi obtenu, on l'épaissit au soleil et on le purifie.

La gomme-gutte du commerce se présente sous deux formes différentes :

La gomme-gutte en canons ou en bâtons (*pipe Camboge*) est en rouleaux de 3 à 6 centimètres de diamètre, dont les uns ont été roulés à la main pendant que la matière était encore ductile, tandis que les autres ont emprunté leur forme cylindrique à des tiges de bambou, dans lesquelles la substance a été coulée, ainsi que l'indique l'impression de fibres longitudinales et parallèles à la surface.

La gomme-gutte en masse ou en gâteaux

(cake Camboge) forme des masses informes, de 1000 à 1500 grammes, enveloppées de feuilles.

C'est la première forme (pipe Camboge) que l'on préfère comme plus homogène et possédant un plus fort pouvoir colorant. Elle est tirée des royaumes de Siam et du Cambodge et est importée de Chine en Angleterre par la voie de Singapore; d'après M. Christison il en vient aussi de Borneo, qui est envoyée par les Malais à Singapore, où les Chinois la purifient et la façonnent pour les marchés européens.

La meilleure gomme-gutte est fournie par le G. morella; plusieurs autres espèces du même genre donnent toutefois des produits analogues mais de qualité inférieure, ce qui les fait éloigner du commerce européen. Tel est le Garcinia Cambogia (fig. 312), grand et bel arbre de l'Inde, appelé Carcapulli par les Hindous et Ghoraka dans l'île de Ceylan, dont le tronc peut avoir 3 et 4 mètres de circonférence. Pendant longtemps, on a cru que c'était le seul arbre exploité, alors que, comme nous l'avons vu plus haut, la meilleure gomme-gutte, celle du commerce, provient du G. morella.

Les G. cochinchinensis, de la Cochinchine et des îles Moluques, et G. pictoria, de l'Inde, fournissent également une matière colorante.

LA GARCINIE MANGOUSTAN — GARCINIA MANGOSTANA

Caractères. — La Garcinie Mangoustan ou Mangoustan cultivé, est un bel arbre pourvu de feuilles opposées, pétiolées, épaisses, fermes et lisses, ovales aiguës et très entières. Les fleurs sont terminales, solitaires, pédonculées, rouges et de taille médiocre.

Distribution géographique. — Il est originaire des îles Moluques et cultivé dans l'Inde.

Usages. — Son fruit, comestible, est un des plus délicieux de ceux que l'on mange dans l'Inde. C'est une baie sphérique de la grosseur d'une orange, d'un vert jaunâtre au dehors. Le péricarpe épais et coriace est amer et astringent; il doit être rejeté, mais, à l'intérieur des loges du fruit, on trouve des graines recouvertes extérieurement d'une couche pulpeuse blanche, demi-transparente, sucrée et aromatique, d'une saveur exquise et délicieuse.

D'autres Garcinia ont également des fruits comestibles analogues aux précédents, mais moins estimés cependant. On peut citer par exemple la GARCINIE DU MALABAR (G. malabarica), arbre de l'Inde qui a plus de 27 mètres de haut avec 5 mètres environ de circonférence de tronc. Son bois est blanc et très dur.

On mange aussi la baie, assez semblable à une prune, du Garcinia cornea, des îles Moluques, dont le bois fort dur et de couleur roussâtre a la demi-transparence de la corne.

A côté des Garcinia on place dans la même tribu des Garciniées, quelques autres genres, dont les fruits peuvent être également comestibles. Signalons les Rheedia et les Ochrocarpus. C'est à ce dernier genre qu'il semble que l'on doive rapporter le fameux arbre de Cay-may, dont l'empereur de Hué emploie les fleurs pour aromatiser son thé.

LES CALOPHYLLES — CALOPHYLLUM

Étymologie. — C'est pour exprimer l'aspect agréable du feuillage de ces arbres que Linné a formé le nom de Calophyllum de deux mots grecs signifiant belle feuille.

Caractères. — Les Calophylles sont des arbres à feuilles opposées, coriaces, lisses, marquées de nombreuses nervures pennées, et à fleurs groupées en panicules axillaires ou terminales plus ou moins ramifiées. Les fleurs sont polygames. L'ovaire, à une seule loge, ne contient qu'un seul ovule et est surmonté d'un stigmate pelté.

Distribution géographique. — On en connaît 35 espèces qui habitent les régions tropicales des deux continents.

Usages. — Les Calophyllum produisent des sucs résineux qui sont utilisés comme baumes.

LE CALOPHYLLE CALABA — CALOPHYLLUM CALABA

Noms vulgaires. — Cette espèce porte les noms de Bois-Marie à Saint-Domingue et de Ocuje à Cuba.

Caractères. — C'est un bel arbre, s'élevant à une hauteur de 7 à 10 mètres. Les feuilles sont ovales, obtuses, très entières, lisses, douces au toucher, remarquables par leurs innombrables nervures latérales, très fines, très serrées, droites et parallèles, presque perpendiculaires à la nervure médiane. Les fleurs sont disposées en petites grappes axillaires sur les jeunes rameaux : elles sont de petite taille et très odorantes. Le fruit est une drupe sphérique, de la taille à peu près d'une grosse cerise. A l'intérieur du noyau, on trouve une amande jaune ou rougeâtre, arrondie, formée de deux cotylédons droits, épais et oléagineux, avec une très courte radicule infère.

Distribution géographique. — Le *Calophyllum Calaba* croît aux Antilles.

Usages. — On obtient une assez grande quantité d'huile par expression de l'amande contenue dans la graine. En incisant l'écorce du tronc et des branches, on en fait découler une sorte de résine verdâtre à odeur forte mais non désagréable, qui s'épaissit à l'air en prenant une couleur de plus en plus foncée. Cette résine jouit d'une certaine réputation comme vulnéraire, aux Antilles, sous le nom de *baume de Marie*.

Le CALOPHYLLE TACAMAQUE (*Calophyllum Tacamahaca*) est un grand arbre de l'île de la Réunion ou île Bourbon, qui laisse découler par incision de son écorce une résine analogue au *baume Marie* des Antilles, la *résine tacamaque de Bourbon*, appelée aussi *baume Marie* et *baume vert*.

On trouve à Madagascar un arbre appelé *fouraha* ou *foura* qui paraît appartenir au genre *Calophyllum* et que Guibourt considère comme la source de la *tacamaque angélique* et du *baume focot*. « Cet arbre donne un bois dur quoique flottant et bon pour la construction ; il produit une graine, que les naturels recueillent vers le mois de juin ou de juillet pour en fabriquer une pommade merveilleuse pour les cheveux. Avis aux personnes chauves ou aux artistes capillaires qui les exploitent : voici comment les Malgaches s'y prennent. Ils enlèvent au fruit son enveloppe ligneuse et laissent pendant quelque temps l'amande se flétrir au soleil, puis ils la font bouillir dans une marmite avec de la cendre. Lorsque les fruits sont cuits, ils forment comme une purée très épaisse, qu'on laisse fermenter au soleil ; bientôt la matière devient huileuse et exhale une odeur désagréable ; dans cet état on l'enveloppe dans l'écorce ligneuse du coco et on la soumet à la presse : le suc qui en découle est reçu dans de larges feuilles et forme alors cette pommade dont ils oignent leurs cheveux, qui, chez tous les Malgaches, sont magnifiques » (D. Charnay) (1).

(1) D. Charnay, *Science et nature*, t. II, p. 216, 1886.

LES MAMMÉES — *MAMMEA*

Caractères. — Ce sont des arbres à feuilles rigides, coriaces, présentant souvent des ponctuations pellucides, à fleurs axillaires, portées sur un court pédoncule, solitaires ou fasciculées. Le calice, d'abord fermé avant la floraison, s'ouvre ensuite par 2 valves. L'ovaire à 4 loges contient 4 ovules. Le fruit est une drupe indéhiscente contenant de 1 à 4 grandes graines.

Distribution géographique. — On connaît 5 espèces du genre *Mammea*, dont 3 croissent dans l'Asie tropicale et à Madagascar, une dans l'Afrique tropicale et une en Amé-

Fig. 313. — Mammée d'Amérique (*Mammea americana*).

rique. Cette dernière est la plus intéressante de toutes, à cause de son excellent fruit comestible.

LA MAMMÉE D'AMÉRIQUE — *MAMMEA AMERICANA*

Noms vulgaires. — *Mammei;* Abricotier de Saint-Domingue.

Caractères. — C'est un grand et bel arbre des Antilles (fig. 313) dont les fleurs sont blanches, odorantes et ont environ 4 centimètres de diamètre. Son fruit est une grosse drupe charnue, contenant un noyau cartilagineux à 4 loges monospermes. Autour du noyau se trouvent deux enveloppes : l'une externe coriace et astringente, l'autre mince et amère.

Usages. — Ce fruit a une saveur particulière douce et très agréable, si on a eu soin au préalable de la débarrasser de la pellicule amère qui forme la seconde enveloppe. On fait grand cas, aux Antilles, de ce fruit cependant bien inférieur à nos excellents fruits d'Europe.

En distillant les fleurs avec de l'alcool, on obtient une liqueur fort estimée aux Antilles, où on la désigne sous le nom d'*eau des Créoles*.

Les fleurs magnifiques de cette plante l'ont fait cultiver en serre chaude; malheureusement la culture en est assez difficile.

LES TERNSTRŒMIACÉES — *TERNSTRŒMIACEÆ*

Caractères. — Les Ternstrœmiacées sont toujours des plantes ligneuses, arbres ou arbrisseaux, rarement grimpantes ou épiphytes comme le sont par exemple, les *Marcgravia*, arbustes des régions tropicales américaines. Les feuilles ordinairement alternes sont très rarement opposées comme chez les *Caryocar*, arbres parfois très élevés de l'Amérique tropicale; elles sont simples et indivises, rarement déjetées, entières ou dentelées, coriaces ou plus rarement membraneuses, dépourvues de stipules. Les fleurs sont solitaires à l'aisselle des feuilles, comme chez les *Camellia*, ou disposées en grappes terminales, plus rarement en panicules allongées; leur taille est plus souvent grande ou moyenne que petite.

Ces fleurs régulières sont hermaphrodites ou plus rarement diclines, comme chez les *Actinidia* de la Chine et du Japon, et certaines espèces de quelques autres genres. Sous le calice sont des bractées, souvent au nombre de deux, assez semblables aux sépales. Ceux-ci sont au nombre de 5, ou plus rarement de 4 (ou 6-7), libres ou soudés à leur base, imbriqués; les pétales sont également au nombre de 5 ou plus rarement de 4 (ou 6-9), libres ou assez fréquemment soudés à la base comme chez les *Camellia*, ou sur toute leur longueur chez les *Marcgravia*, dont la corolle gamopétale se détache circulairement à sa base et tombe tout d'une pièce, à l'anthèse, comme une coiffe. Les étamines sont ordinairement en nombre indéfini, plus rarement en nombre égal de celui des pétales, comme c'est le cas des *Ruyschia* du Brésil, ou double comme chez les *Stachyurus* du Japon et de l'Himalaya. Les anthères, généralement déhiscentes par fentes longitudinales, s'ouvrent par un pore au sommet chez les *Saurauja*, plantes des régions les plus chaudes de l'Asie, de l'Océanie et de l'Amérique. L'ovaire est libre au centre de la fleur; on le trouve toutefois plus ou moins enfoncé dans le réceptacle,

devenant subinfère chez deux genres très voisins, les *Anneslea* de l'Archipel Indien, et les *Visnea* des îles Canaries et Madère. Le nombre des loges est variable; le plus souvent il est de 3 ou 5. Les styles sont en même nombre que les loges de l'ovaire, libres entre eux ou soudés sur une longueur plus ou moins grande.

Le fruit est tantôt charnu et indéhiscent, tantôt capsulaire à déhiscence loculicide ou septicide. Les graines qu'il renferme ne sont que très rarement pourvues d'un albumen et renferment un embryon étroit ou courbé, infléchi en fer à cheval ou en spirale.

On voit par ce qui précède que la famille des Ternstrœmiacées présente peu de caractères absolus et que c'est ce qu'on peut appeler une *famille par enchaînement*.

Distribution géographique. — On connaît environ 310 espèces de cette famille, croissant à peu près toutes entre les tropiques, tant en Amérique qu'en Asie et dans l'Archipel Indien. Elles sont moins nombreuses en Afrique. On en trouve quelques-unes dans l'Amérique du Nord et dans l'Asie orientale extratropicale. On n'a pas encore signalé leur présence en Australie et dans la Nouvelle-Zélande.

Distribution géologique. — On a rencontré à l'état fossile, dans les terrains tertiaires, des plantes qui ont été rapportées à cette famille en particulier 2 espèces du genre *Ternstrœmia* et 2 du genre *Saurauja*.

Affinités. — La famille des Ternstrœmiacées présente des affinités très multiples. On les a rapprochées des Guttifères, des Hypéricinées, des Diptérocarpées et des Tiliacées. Mais elles se distinguent des premières par les feuilles alternes, les fleurs hermaphrodites, les sépales jamais décussés, etc., des secondes par le port qui n'est jamais herbacé, par les feuilles et les inflorescences; des troisièmes par les sépales imbriqués et les pétales rarement

contournés ; des quatrièmes enfin par la préfloraison du calice. On a encore signalé certaines affinités des Ternstræmiacées avec les
Éricacées, par l'intermédiaire des *Saurauja*,
avec les Ochnacées, les Sarracéniées, les Dilléniacées et les Sapotacées.

Classification. — On divise les Ternstræmiacées en 6 tribus : les Rhizobolées, les Marcgra-
viées, les Ternstræmiées, les Sauraujées, les
Gordoniées et les Bonetiées.

Usages. — Quelques Ternstræmiacées sont
utilisées dans leur pays natal comme, par
exemple, certains *Saurauja*, doués de propriétés émollientes ; plusieurs Ternstræmies

Fig. 314. — Ternstrœmie elliptique (*Ternstræmia
elliptica*).

d'Amérique sont astringentes, comme par
exemple les *T. elleptica* (fig. 314), *T. sylva-
tica;* l'écorce riche en tannin de certains
Gordonia sert à la préparation des peaux et à
la teinture.

De l'embryon du *Caryocar butyrosum*, on
extrait une matière butyreuse, qui est employée, à Cayenne, pour les mêmes usages
culinaires que le beurre.

Toutes ces applications sont toutefois pour
nous d'un médiocre intérêt et la famille des
Ternstræmiacées mériterait peu de fixer notre
attention, si elle ne comprenait deux plantes
bien connues : d'abord le Camélia, plante ornementale appréciée de tous, et surtout le Thé,
dont les feuilles servent à préparer l'infusion

qui sert de breuvage à tant de peuples divers.
Ces deux plantes appartiennent d'ailleurs au
même genre, le genre *Camellia.*

LES CAMÉLIAS — *CAMELLIA*

Étymologie. — Le Camélia tire son nom de
celui d'un jésuite, le Père *Camelli*, né à Brünn
(Moravie) à la fin du XVIIᵉ siècle, qui le premier
introduisit ce bel arbuste en Europe.

Caractères. — Les plantes qui forment le
genre *Camellia* sont des arbres ou des arbrisseaux, à feuilles persistantes, coriaces ou
membraneuses, dentées, et à fleurs axillaires,
solitaires ou agrégées, sessiles ou à courts pédicelles, grandes le plus souvent.

Les sépales, au nombre de 5 (ou 6), sont inégaux entre eux et vont en croissant régulièrement depuis les préfeuilles jusqu'aux pétales

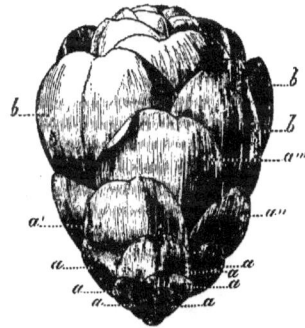

Fig. 315. — Camélia du Japon (*Camellia Japonica*),
bouton floral : *b*, pétales ; *a'*, *a''*, *a'''*, sépales passant
aux pétales.

(fig. 315). Ceux-ci sont légèrement soudés entre
eux à la base et fortement imbriqués. Les étamines sont en grand nombre : les extérieures
sont soudées entre elles par les filets sur une
plus ou moins grande longueur; les intérieures
sont libres. L'ovaire à 3 ou 5 loges est surmonté de styles libres depuis la base ou plus
ou moins soudés : on trouve 4 ou 5 ovules
par loge. Le fruit est une capsule ligneuse
le plus souvent courte et à déhiscence loculicide. Les graines le plus souvent solitaires
dans les loges sont épaisses, non ailées et dépourvues d'albumen. L'embryon étroit y est
formé de deux cotylédons épais et d'une petite
radicule supère.

On a souvent distingué des *Camellia* proprement dits, le genre *Thea*, caractérisé par
le nombre des étamines libres entre elles, égal
ici à celui des pétales, tandis qu'il est double

chez les *Camellia* vrais. Cette distinction ne semble pas très naturelle et, il convient aujourd'hui de fusionner ces deux genres en un seul.

Distribution géographique. — Les *Camellia*, en y comprenant les *Thea*, à titre de simple section, forment 16 espèces croissant dans l'Asie tropicale et orientale et dans l'Archipel Indien.

Usages. — C'est à ce genre qu'appartiennent le Camélia du Japon, plante d'ornement bien connue de tous, et le Thé, une des plantes les plus importantes au point de vue alimentaire, car elle fournit à l'homme une boisson hygiénique dont font usage, à l'exclusion de toute autre, de nombreux peuples de la terre.

LE CAMÉLIA DU JAPON — *CAMELLIA JAPONICA*

Caractères. — C'est un arbrisseau (fig. 316) qui, dans nos pays et en particulier sous le climat de Paris, ne dépasse guère 3 mètres de haut. Il peut atteindre une dizaine de mètres dans son pays natal. Il porte des feuilles persistantes, denticulées, luisantes, couleur vert foncé, et de larges fleurs blanches nuancées de rose ou présentant tous les tons intermédiaires jusqu'au rouge le plus vif. Elles s'épanouissent depuis le mois de novembre jusqu'au mois d'avril.

Distribution géographique. — La plante est originaire du Japon. Elle a été acclimatée en Europe, mais on ne peut guère l'y considérer comme une plante de pleine terre, mais bien comme une plante de serre. En France, si l'on fait exception pour les côtes du Cotentin et de la Bretagne, qui jouissent de conditions climatériques exceptionnelles, le Camélia ne dépasse pas le 45e degré de latitude comme plante de jardin.

Usages. — Les belles fleurs du Camélia brillent sans contredit au premier rang parmi celles qui jouissent de la faveur du public comme fleurs de parure, pour porter sur la personne. Cette préférence est d'ailleurs pleinement justifiée par tous les avantages de la fleur : taille, régularité, disposition des pétales dans les fleurs pleines (fig. 317), coloration qui présente toutes les nuances intermédiaires entre le blanc le plus pur, le blanc carné et le rouge vif. On ne saurait guère adresser qu'un seul reproche à la fleur du Camélia : celui de manquer un peu de légèreté et surtout de ce je ne sais quoi qui donne un air de vie à la fleur. C'est une *Fleur bête*, disent quelques-uns, avec ses pétales épais et légèrement charnus

et son feuillage raide et luisant, et cette expression populaire rend assez bien compte du seul défaut que l'on puisse trouver à une fleur qui, par ses autres qualités, mérite tous les suffrages. Malgré cela, en effet et malgré la redoutable concurrence du *Gardenia* et, dans ces dernières années, des magnifiques et bizarres Orchidées, créées par l'horticulture moderne, le Camélia reste la fleur qui dans les soirées orne la boutonnière de l'habit noir des danseurs, les cheveux et le corsage des plus jolies mondaines. Notre grand écrivain Alexandre Dumas fils a beaucoup contribué à populariser cette fleur en écrivant son célèbre roman de la *Dame aux camélias*, dont le souvenir reste dans toutes les mémoires.

Le succès du Camélia a fait de sa culture une branche importante du commerce horticole. C'est d'ailleurs une plante fort agréable à cultiver dans les jardins, où il peut vivre en plein air. Dans le Midi et sur le littoral de la Bretagne, on le cultive en pleine terre ; sur les côtes de la Méditerranée, il vient fort bien, craignant d'ailleurs plus le vent d'est, le mistral et les ardeurs du soleil que le froid des hivers. Ailleurs on l'élève dans les serres où la beauté de son feuillage et de ses fleurs l'a fait admettre depuis 1786.

Les premiers Camélias cultivés en France appartenaient à l'impératrice Joséphine. Ils ont été conservés dans la riche collection des serres de la Ville de Paris à la Muette.

On a pu en former plus de 700 variétés, dont les fleurs sont doubles pour la plupart, et offrent les nuances les plus variées.

Le Camélia peut atteindre quelquefois une taille très élevée. M. Lathan, d'Eddisbourg, près de Liverpool, possède un *Camellia Japonica albaphena* haut de 6m,10, dont le tronc a 25 centimètres de diamètre. Son feuillage couvre un cercle ayant 6m,10 de diamètre. Cet arbre magnifique fournit chaque année pour 1,500 francs de fleurs (1).

Lorsque le Camélia est jeune encore et n'a pas atteint une taille trop considérable, on peut le cultiver dans des pots, qui font l'ornement des appartements, où il est facile de conserver la plante, à la seule condition d'avoir bien soin de l'abriter contre les grands froids ; elle peut cependant supporter sans périr, un abaissement de température jusqu'à 7 et 8 degrés au-dessous de zéro. Dans ces

(1) *Revue des Sciences naturelles appliquées*, 1890, p. 280.

Fig. 316. — Camélia du Japon (*Camellia Japonica*).

Fig. 317. — Camélia du Japon à fleurs pleines (*Camellia Japonica*, var.).

conditions, le Camélia fleurit au mois de janvier. Si l'on veut obtenir une floraison plus précoce, comme c'est le cas dans le commerce des fleuristes, il faut forcer la plante dans la serre tempérée. Sous le climat de Paris, les Camélias, cultivés en pots dans les appartements, peuvent être exposés en plein air sur les balcons à partir du milieu du mois de juin, mais il faut avoir soin de les rentrer en septembre. Cela dépend d'ailleurs de la beauté de la saison et de la prolongation plus ou moins tardive des beaux jours.

LE THÉ DE CHINE — *CAMELLIA SINENSIS*

Synonymie. — *Thea sinensis.*

Étymologie. — Le Thé se nomme *tsja* au Japon et *tcha* en Chine dans la langue mandarine : dans le dialecte populaire usité dans la province de Fo-Kien, où on cultive le Thé en grande abondance, la plante porte le nom de *theh.*

Caractères. — Le Thé (fig. 318) est un arbrisseau toujours vert, qui n'a ordinairement pas plus de 1^m,50 à 2 mètres de haut, parce qu'on

le taille souvent, pour que les feuilles acquièrent un plus grand développement; lorsqu'il est abandonné à lui-même, il peut atteindre une hauteur d'une dizaine de mètres. Les feuilles alternes et très brièvement pétiolées sont elliptiques, aiguës, dentées et assez fermes, glabres et luisantes, d'un vert assez intense, présentant dans le parenchyme de nombreuses glandes spéciales, disséminées, qui sécrètent une huile essentielle.

Les fleurs, assez semblables à celles des Camélias, sont blanches, d'assez grande taille, à court pédoncule, solitaires ou groupées en petit nombre à l'aisselle des feuilles supérieures sur la tige. Le calice, très court, persistant, se compose de 5 sépales imbriqués, obtus, légèrement soudés par leur base. La corolle est formée de 5 pétales alternant avec les sépales, parfois même de 6 à 8, cohérents par la base, étalés, arrondis, un peu inégaux, très concaves, souvent échancrés au sommet. Les étamines sont très nombreuses, en plusieurs séries, adhérentes à la base de la corolle et unies entre elles dans leur portion inférieure. Ovaire globuleux, supère, hérissé de poils rudes, creusé de 3 loges contenant chacune 4 ovules, et surmonté d'un style simple, creux, ramifié supérieurement en 3 branches tubuleuses, pourvues chacune d'un stigmate à peine distinct. Le fruit, qui reste longtemps vert et charnu, devient dans la suite une capsule à déhiscence loculicide. Les graines rondes et anguleuses sont au nombre de 2 dans chaque loge.

On a décrit plusieurs espèces de l'arbre à Thé, mais c'est à tort que l'on a voulu considérer comme spécifiquement distincts les

Fig. 183. — Thé de Chine (*Camellia* (*Thea*) *sinensis*).

Thea viridis, *bohea*, *cochinchinensis*, *cantoniensis*, *stricta*, *assamica*, qui ne sont autre chose que de simples variétés du *Thea sinensis*. Telle est du moins l'opinion de la plupart des botanistes actuels.

Distribution géographique. — L'origine exacte de l'arbre à Thé n'est pas encore très bien fixée : certains auteurs, en particulier Cuningham et Loureiro, l'indiquent comme spontané en Chine; d'autres, tels que Kæmpfer et Siebold, disent l'avoir trouvé inculte et sauvage au Japon. Jenkins et Griffith l'auraient vu en Annam et Loureiro en Indo-Chine. En tous cas, cette plante, originaire des parties continentales ou insulaires de l'extrême Orient de l'Asie, a été transportée dans un

grand nombre de pays où on la cultive aujourd'hui. C'est ainsi qu'on la trouve à l'état cultivé, non seulement en Chine et au Japon, mais dans l'Inde, surtout dans l'*Assam*, province de l'Inde anglaise, à Java, dans l'île de Ceylan, au Brésil et aux États-Unis.

Historique. — Les Japonais ont attribué au Thé une origine miraculeuse. La légende raconte que Darma, prince très religieux, troisième fils d'un roi des Indes nommé Kosjusivo, aborda en Chine vers l'an 510 de l'ère chrétienne. Employant tous ses soins à répandre la connaissance du vrai Dieu, il s'imposait des privations et des mortifications de toutes sortes, passant les nuits dans la contemplation et la prière. Après plusieurs années, excédé de fatigues, il s'endormit malgré lui, et croyant avoir violé son serment, pour s'obliger à le remplir plus fidèlement à l'avenir, il se coupa les paupières et les laissa tomber à terre. Le lendemain, il retrouva, à la même place, un arbrisseau que la terre n'avait pas encore produit : il en mangea les feuilles, qui lui donnèrent de la gaîté et lui rendirent sa première vigueur. Ayant recommandé le même aliment à ses disciples et à ses sectateurs, la réputation du Thé se répandit, et depuis ce temps, on a continué à en faire usage. Kæmpfer, qui a publié une histoire très complète de cette plante, donne le portrait de ce saint très renommé en Chine et au Japon (1).

En Chine, la feuille du Thé a été de temps immémorial en usage, son infusion y était probablement employée comme boisson habituelle. Les annales chinoises font remonter le premier impôt sur le Thé, dans le Céleste Empire, à l'année 784 de notre ère, sous le règne du grand empereur de la treizième dynastie, lequel portait le nom de *Tang*. Pour mettre fin à l'insolente prépondérance des eunuques qui fomentaient des guerres civiles, ce prince fut obligé d'entretenir de nombreuses armées, et l'impôt du Thé l'aida à faire face aux dépenses extraordinaires, nécessitées par la rébellion de ses sujets. Pour qu'un pareil impôt pût être aussi productif, il fallait que la boisson en question fût déjà d'un usage courant.

Les premiers historiens modernes qui aient signalé le Thé comme article commercial sont des voyageurs arabes, au IX° siècle; c'est vers cette époque que cette plante a été

(1) Kæmpfer, *Amœnitates exoticæ*, 1712.

portée au Japon, d'où elle s'est répandue dans l'Inde, l'Arabie, la Tartarie et même aussi dans la Perse.

Son introduction en Europe n'a cependant eu lieu que vers le commencement du XVIe siècle, et c'est à la Compagnie hollandaise des Indes orientales, fondée en 1602, que revient l'honneur de cette importation. Sachant vaguement que les Chinois et les Japonais, avec lesquels ils étaient en relations commerciales, tiraient leur boisson ordinaire d'une plante de leur pays, des armateurs hollandais voulurent essayer si ces peuples feraient cas d'une plante d'Europe, la Sauge, dont l'école de Salerne vantait alors les propriétés véritablement magiques contre une foule de maladies. Ils expédièrent en Chine et au Japon une abondante cargaison de Sauge et furent payés en feuilles de Thé dans la proportion de 3 livres de cette dernière substance pour une de la première. Ils vendirent ce Thé qui ne leur revenait qu'à huit ou dix sous la livre, jusqu'à trente et même cent francs. On comprend que le goût de la Sauge ne dura que peu de temps en Chine, tandis que celui de la feuille chinoise alla toujours croissant en Europe.

Les Anglais n'ont connu l'usage du Thé qu'en 1652 ou même 1666 selon d'autres auteurs. Encore ne l'employaient-ils que comme médicament; il ne s'est vraiment répandu que vers le commencement du XVIIIe siècle, et ce n'est que plus tard encore qu'il fut introduit en France.

En 1641, Tulpius, médecin célèbre et consul d'Amsterdam, le premier qui écrivit sur les propriétés médicinales du Thé, fit un très grand éloge de cette plante; on dit même qu'il le fit sur l'invitation de la Compagnie hollandaise des Indes et qu'elle l'en récompensa par une forte somme.

En 1648, Morisset, médecin français, publia une apologie du Thé. En 1667, Jonquet, autre médecin français, en loua aussi les bonnes qualités; dans le petit traité qu'il fit paraître sur cette plante, il la traitait d'*herbe divine*, et la comparait à l'ambroisie. En 1678, Cornélius Bentekoë, médecin de l'électeur de Brandebourg, qui jouissait d'une grande réputation, publia une dissertation sur le Café, le Thé et le Chocolat; cet écrit eut un succès considérable, et contribua dans une large mesure à répandre l'usage de la plante chinoise. Cet ouvrage fut traduit dans toutes les langues. Overcamp, biographe de Bentekoë,

insinue que celui-ci ne se montra admirateur si passionné du Thé, que pour se concilier les bonnes grâces de la Compagnie hollandaise, qui l'en récompensa largement. C'était aussi, paraît-il, pour faire de l'opposition à ceux de ses confrères qui ne partageaient pas son engouement pour les vertus de cette plante. D'autres médecins cependant embrassèrent la cause du Thé : Sydenham en Angleterre, Müller en Allemagne; et en France : Geoffroy, Lémery, Andry, etc.

L'homme qui a le plus contribué à populariser le Thé en Europe et à attirer sur lui l'attention des savants, est le célèbre voyageur Kæmpfer. Le premier, il en donna des notions exactes, car, avant lui, aucun botaniste n'en avait seulement parlé. A partir de la publication du grand ouvrage de Kæmpfer (1), le succès du Thé alla en croissant en Angleterre, en Hollande et dans quelques États de l'Allemagne. Quelques médecins cependant essayèrent d'arrêter cet élan et tentèrent de s'opposer à la vogue toujours croissante du Thé, dont ils se déclarèrent ouvertement les ennemis. Parmi ces détracteurs du Thé, il faut citer en première ligne Boerhaave, qui tenait alors le sceptre de la médecine, Van Swieten et bien d'autres. Leurs efforts furent vains, et ils ne purent résister à l'entraînement de l'opinion. En France, le seul ennemi du Thé fut Lebègue de Presles, médecin plus connu aujourd'hui par la part qu'il prit à l'autopsie de Jean-Jacques Rousseau que par ses ouvrages. Au contraire, le Thé trouva dans notre pays les plus ardents défenseurs : l'abbé Jacquin, aumônier des princesses, filles de Louis XV; Buchoz, médecin du bon roi Stanislas Leczinski, duc de Lorraine; Fougeroux, qui présenta sur le Thé un mémoire à l'Académie des sciences, en 1775; le naturaliste Valmont de Bomare, etc.

Aujourd'hui tout le monde reconnaît les vertus du Thé. Cependant quelques auteurs de temps en temps viennent l'accuser de méfaits. C'est ainsi qu'un médecin américain publiait récemment un intéressant travail sur le rôle de la consommation excessive du Thé en tant que cause de névrite multiple. La connexion étiologique ne paraît pas toutefois aussi nette que le pense l'auteur (2).

L'introduction de l'arbuste à Thé, lui-même,

(1) Kæmpfer, *Amœnitates exoticæ*, traduction française, 1726.
(2) *New-York Medical Record*.

en Europe, est due aux soins du grand botaniste Linné, qui y appliqua tous ses efforts; il en sema les graines plus de vingt fois sans aucun résultat, car celles-ci pour lever doivent être mises en terre sitôt après avoir été cueillies. Osbeck, revenant d'un voyage en Chine, rapporta à Linné un jeune plant de Thé qui ne parvint pas à destination, car, placée sur le gaillard d'arrière du bateau, la plante fut emportée· par un coup de vent à la mer. Lagerstrom donna au jardin d'Upsal deux jeunes pieds de Thé, qui furent reconnus à la floraison n'être que de simples Camélias. Quelque temps après, on était parvenu avec de grandes précautions à apporter un arbrisseau à Thé à Gothembourg; mais pendant la nuit qui suivit le débarquement, on laissa par négligence les rats du navire maltraiter la plante, qui mourut bientôt après.

Cependant, sur les conseils de Linné, le capitaine Eckberg plaça des graines de Thé dans des pots remplis de terre légère et argileuse, au départ de Canton : il en obtint un parfait résultat, car pendant que le bâtiment était en rade de Gothembourg, toutes les graines germèrent. Plusieurs périrent dans le transport à Upsal, mais d'autres y arrivèrent en parfait état le 3 octobre 1763. C'est ainsi que la Suède a, la première, fait connaître l'arbuste à l'Europe.

Les Anglais, en employant le même procédé, d'ailleurs perfectionné, sont parvenus, avec des précautions minutieuses, à introduire en Angleterre des pieds de l'arbrisseau, qui vient aujourd'hui parfaitement dans les pépinières et les jardins de cette île. Il y supporte même le plein air pendant l'été.

Le premier arbrisseau à Thé qui ait paru en France, est celui qu'un pépiniériste de Londres, appelé Gordon, envoya au chevalier de Janssen et qu'on voyait à Chaillot, quelques années avant la Révolution.

Depuis, plusieurs arbustes furent cultivés au Jardin des Plantes et chez certains horticulteurs. Des arbrisseaux à Thé d'une excellente venue ont parfois figuré dans les expositions d'horticulture.

Culture. — La culture du Thé est facile. En Chine, on sème les graines dans des trous en en mettant plusieurs dans chacun, car il n'y en a ordinairement qu'un petit nombre qui germent; ces trous sont situés à environ 1 mètre et demi ou 2 mètres de distance les uns des autres, de façon que les plantes aient suffisamment d'espace pour se développer sans se nuire. De l'avis de tous les voyageurs, c'est sur les pentes des coteaux exposés en plein soleil et sur les bords des rivières, que le Thé donne les produits les meilleurs et les plus abondants. Au bout de trois ans, on commence à cueillir les feuilles, mais ce n'est qu'au bout de six ans ou sept ans que l'arbrisseau atteint son complet développement. Lorsqu'il tend à s'élever trop, on le recèpe pour le faire ramifier dès la base. Le Thé fleurit au printemps; ses fruits mûrissent de décembre à janvier.

Les jardins de Thé (fig. 319) produisent le plus gracieux effet lorsque l'arbrisseau est en fleurs et qu'il étale aux yeux ses jolies fleurs d'une blancheur immaculée, semblables à des Camélias : mais cette période ne dure que fort peu, un mois tout au plus. En dehors de la floraison, l'arbre à Thé, de dimensions très modestes, avec ses feuilles petites et colorées en vert sombre, ne produit qu'une impression très médiocre. Les jardins de Thé, où le promeneur dépasse de la tête la cime des arbres, ne sont pas, sous le dangereux soleil, des séjours enchanteurs.

« On fait, dit D. Bois (1), plusieurs récoltes de feuilles chaque année : la première au milieu d'avril; c'est, paraît-il, celle qui donne les meilleures qualités; la deuxième se fait au milieu de juin, c'est la plus considérable; une troisième qui a lieu un mois après, donne les Thés les plus ordinaires ; on en fait même quelquefois une quatrième qui n'est qu'un glanage.

« Le produit des arbrisseaux varie beaucoup, il est en moyenne de 1 demi-kilog. par pied, 1 maou (6 ares 1/4) contient de 3 à 400 pieds, 1 demi-kilog. de feuilles vertes ne produit guère que 30 grammes de Thé sec.

« La cueillette des feuilles (fig. 319) ne se fait pas indifféremment à n'importe quel moment; le Thé se ressent du bon ou du mauvais état de la température. Les hommes, les femmes et les enfants sont employés à cette récolte. Chaque individu peut cueillir en moyenne de 6 à 7 kilogs de feuilles par jour et est rétribué pour cela à raison de vingt à vingt-cinq centimes.

« La préparation de la feuille est confiée à des personnes expérimentées qui y apportent le plus grand soin. La qualité du Thé est due presque autant au succès de cette opération qu'à l'âge et au choix de la feuille.

(1) Désiré Bois, *Le Thé et ses succédanés.*

« Le Thé est cultivé dans toutes les provinces de l'empire chinois, dans une zone qui s'étend jusqu'au 36ᵉ degré de latitude. M. Wœber considère cette latitude comme la limite de culture vraiment productive du Thé.

« Sous le règne de Hong-Wou, vers le milieu du xivᵉ siècle, les agents du ministère des finances constatèrent que quatre cent quarante-sept localités de la seule province de Sse-Tchouen produisaient du Thé. Actuellement, on évalue à 4,000,000 d'acres anglais (1) la surface de terrain consacrée à cette culture. Les Thés noirs les plus estimés sont ceux des collines *Wou-ï*, dans les districts de *Kien-ngam* et de *Tsougn-ngam;* les meilleurs Thés verts sont récoltés au pied des monts *Soung-lo* dans le *Nyam-Kwoui*.

« Le Thé des arbustes des jardins renommés est réservé pour l'usage de la cour ou acheté par les grands dignitaires et les riches marchands. Celui des crus les plus célèbres se paye 120 piastres le *catty*, et le dernier choix vaut au moins 200 piastres. »

Une question a pendant fort longtemps divisé les botanistes et les voyageurs : c'est celle de savoir s'il n'y a pas deux espèces de *Thea* en Chine : Linné et d'autres savants à sa suite distinguaient en effet deux espèces différentes : le *Thea viridis* et le *Thea bohea*. Suivant ces auteurs, c'est de la première que s'extrayait le Thé vert, tandis que le Thé noir serait fourni par la seconde. On s'est cependant demandé si la distinction à établir entre ces deux classes distinctes du Thé du commerce ne repose pas simplement sur un mode différent de préparation. Lettsom est le premier qui ait résolu formellement la question : « Il n'y a, à mon avis, dit-il, qu'une seule sorte d'arbre à Thé ; la différence qui existe entre le Thé vert et le Thé noir dépend de circonstances autres. On a remarqué que l'arbre à Thé vert planté dans les pays où vient le Thé noir, produit du Thé noir et réciproquement. » Cette opinion, conforme à celle de tous les voyageurs, est également celle de tous les botanistes modernes. Un écrivain anglais, M. Bruce, directeur des plantations de Thé d'Assam, écrivait dans un rapport publié à Calcutta en 1838 : « Les feuilles de Thé vert ne se récoltent pas de la même manière que celles du Thé noir, quoique l'arbre soit exactement le même ; ce qui ne saurait prêter sujet au moindre doute, car,

en ce moment même, je cueille des feuilles pour faire du Thé noir et du Thé vert, dans la même plantation, sur le même arbre. La différence se réduit seulement au mode de fabrication et à rien de plus. »

Récolte. — Nous emprunterons les détails qui vont suivre sur la préparation des feuilles des Thés vert et noir à l'excellent ouvrage de M. J.-G. Houssaye (1) :

« La récolte des feuilles du Thé vert, dit-il, diffère quelque peu de celle des feuilles du Thé noir.

« Les moissonneurs de Thé vert ont une petite corbeille suspendue autour du cou par une courroie de deux pieds de longueur, afin que la corbeille soit à la hauteur de la ceinture. D'une main ils tiennent la branche, et de l'autre ils arrachent les feuilles une à une, en ayant soin d'en laisser une légère partie adhérente au pétiole, afin que de nouveaux rejetons puissent pousser. Cette méthode est incontestablement longue et minutieuse.

« Quant au Thé noir, les moissonneurs cueillent ces feuilles avec les deux mains, en se servant du pouce et de l'index ; ils les ramassent dans la paume des mains, et quand elle est pleine, les jettent dans un panier placé près de l'arbre. Cette besogne se fait avec une agilité si merveilleuse, que l'œil du spectateur a peine à en suivre la marche et à distinguer les feuilles cueillies. Tout ce qu'il voit, ce sont des mains voltigeant de droite et de gauche, se vidant et s'emplissant avec une rapidité incroyable ; tout ce qu'il entend, c'est un frôlement continu, qui a la régularité monotone d'un pendule.

Torréfaction. — « La torréfaction constitue la partie la plus importante de l'art de préparer le Thé et d'obtenir de la même espèce d'arbuste les nombreuses variétés que nous connaissons en Europe et qui ont chacune une apparence, un goût et des propriétés distinctes.

« L'endroit où se torréfie le Thé contient un certain nombre de fourneaux en maçonnerie de forme circulaire et d'une hauteur à mi-corps d'homme ; chacun d'eux est surmonté d'une poêle ou plutôt d'une bassine de fonte adhérente au fourneau, également de forme circulaire, très évasée et très inclinée sur le devant, et ayant les bords relevés, afin que les feuilles ne puissent s'échapper, ni sur le derrière, ni sur les côtés, et qu'elles retombent naturellement

---

(1) L'acre vaut environ 40 ares.

(1) J.-G. Houssaye, *Monographie du Thé*. Paris, 1865.

sur le devant où se tient le torréfacteur.

« Autant qu'il est possible, les feuilles doivent être employées le jour même de leur extraction. Si on différait leur cuisson de plus de vingt-quatre heures, elles s'échaufferaient, noirciraient, et perdraient leur parfum. »

Torréfaction des Thés noirs. — « Les feuilles qui servent à la fabrication du Thé noir sont toujours cueillies avec une partie de leurs pétioles. Immédiatement après leur récolte, elles sont exposées au soleil pendant deux heures, dans de grands paniers de bambou à claire-voie ; des ouvriers les remuent de temps en temps pour prévenir leur fermentation. Au bout de ce temps on les porte au laboratoire et on les étend sur une claie pendant une demi-heure, afin de les laisser refroidir, puis on les replace dans de plus petits paniers qu'on pose sur des châssis quadrangulaires, pour qu'ils ne touchent pas à terre. Cela fait, les ouvriers malaxent légèrement les feuilles avec la paume des mains, sans se servir des doigts, en les passant d'une main à l'autre, les laissent retomber dans le panier, les reprennent et continuent ainsi pendant dix minutes.

« On les étend de nouveau sur la claie pendant une demi-heure. On réitère l'opération trois ou quatre fois jusqu'à ce que les feuilles soient devenues souples comme de la peau ; elle a pour effet de donner au Thé une couleur foncée. Alors commence la torréfaction. L'ouvrier qui en est chargé, et qui est comme le chef de l'atelier, est debout en face du fourneau dans lequel brûle un feu bien clair de bambou ; à sa gauche un homme tient le panier dans lequel sont les feuilles fraîches ; deux autres, à sa droite, portent des espèces de mannes ou corbeilles creuses (*dollahs* anglais) pour recevoir au fur et à mesure chaque cuisson. Quand la bassine est chauffée au rouge, le torréfacteur y jette environ deux livres de feuilles qu'il étend bien uniformément, pour qu'elles puissent avoir toutes le même degré de coction. Il les retourne en tous sens avec les mains, jusqu'à ce qu'elles deviennent si brûlantes, qu'il ne puisse en supporter la pression ; cette opération est excessivement douloureuse, tant à cause de la température extrêmement élevée du local, des vapeurs suffocantes dont il est rempli, que du suc corrosif qui transsude des feuilles pétillantes au contact de la fonte rougie, car ce suc ronge la peau. Il faut cependant que cette manipulation continue sans relâche, les feuilles ne pouvant être

roulées que lorsqu'elles sont chaudes. Cette première coction dure à peine une demi-minute ; dès qu'il s'aperçoit que les feuilles ont pris une certaine consistance molle et qu'elles peuvent s'enrouler, le torréfacteur les retire du feu et les remet aux hommes placés à sa droite, puis lave la bassine avec de l'eau froide, tandis qu'un autre la frotte intérieurement avec une verge de bambou pour enlever le duvet cotonneux qui provient de la plante et qui s'attache au fond et aux parois du vase. Si par hasard il reste quelques feuilles adhérentes à la bassine, le torréfacteur se sert pour les enlever d'une serviette qu'il tient à la bouche, sans doute pour atténuer la force des émanations qu'il respire. Les feuilles torréfiées sont jetées au fur et à mesure dans les corbeilles dont nous avons parlé ; on en verse environ quatre poignées dans chacune ; pour accélérer leur refroidissement, on les évente et on les vanne, puis on les étend sur une grande table, couverte de nattes, autour de laquelle sont rangés des hommes, des femmes et des enfants. Chacun prend un tas de feuilles devant soi et s'occupe de leur enroulement, qui s'exécute de la manière suivante : on en prend une poignée, on frotte vivement les mains l'une contre l'autre par un mouvement circulaire qui s'opère en tenant les doigts serrés et les pouces étendus. Ainsi pressée en tous sens, la poignée de feuilles prend la forme d'une boule et rend un jus verdâtre. L'ouvrier recommence à plusieurs reprises ; tantôt il agglomère les feuilles, tantôt il les sépare et les laisse retomber isolément pour les reprendre de nouveau ; tout cela avec une prestesse étonnante. Enfin, il les remet dans la manne qu'il agite circulairement, et les reporte au torréfacteur qui leur fait subir une deuxième coction. On alterne ainsi la torréfaction et l'enroulement jusqu'à trois ou quatre fois, mais en diminuant graduellement la chaleur.

« Pour compléter la dessiccation des feuilles, on les étend sur un tamis, pourvu de trous de diverses grandeurs ; ce tamis est placé au centre d'un panier élevé servant de séchoir et représentant deux cônes tronqués superposés l'un à l'autre en sens opposés, de sorte que le milieu où est le tamis est beaucoup moins large que les deux bases extrêmes. Un feu de bois est allumé dans un fourneau différent de celui destiné à la première cuisson, attendu qu'il n'a point de bassine et qu'il est beaucoup plus petit. Il faut laisser brûler le

Fig. 319. — Récolte du Thé en Chine.

bois jusqu'à ce qu'il donne un brasier légèrement flamboyant, qui n'exhale ni odeur, ni
fumée. On place le panier sur ce petit fourneau de manière qu'il en occupe le centre;
mais auparavant on a soin de bien le secouer
verticalement, de peur que les feuilles qui
pourraient passer à travers les trous ne viennent à tomber dans le feu et n'occasionnent
une fumée susceptible de détériorer le Thé.
Ces précautions prises, on laisse le panier sur
le fourneau, car aucun danger n'est à redouter,
attendu que les rebords circulaires du panier
qui recouvrent le brasier en sont suffisamment éloignés. Quand les feuilles sont à moitié
sèches et qu'elles n'ont pas perdu tout à fait
leur flexibilité, on retire le panier du feu et
on verse le contenu du tamis dans de grandes
corbeilles à claire-voie que l'on ne dépose
jamais à terre, non plus que les cribles, mais
sur des châssis.

« Ce n'est que le lendemain qu'on procède
au triage. Naturellement cette opération est
confiée à des femmes et à des enfants; ils
classent les feuilles suivant leur grandeur et
leur finesse, séparant celles qui sont bien
roulées de celles qui le sont moins, celles qui

sont trop torréfiées de celles qui le sont convenablement. Les plus jeunes et les plus tendres forment le *pekoé*, les deuxièmes en qualité le *paw-chong*; les suivantes le *souchong*,
puis le *congou* : les plus grossières fournissent
les dernières sortes.

« Après leur assortiment, on range de
nouveau les feuilles sur les tamis qui s'adap-
tent aux paniers à sécher et on les expose à
l'action d'un feu encore plus doux que précédemment; au bout de quelques minutes, on
les retire, on les vanne et on les jette dans une
nouvelle corbeille. Cette opération, qui a pour
but d'arriver à une parfaite dessiccation des
Thés noirs, est, de même que les premières
cuissons, réitérée jusqu'à trois fois. Sur la fin,
le feu ne doit plus flamboyer, mais être réduit
à quelques tisons consumés. Afin que la chaleur ne s'évapore pas, on recouvre alors le
panier d'une seconde corbeille, en ayant
toujours soin de retourner de temps en temps
les feuilles avec les mains. On reconnaît qu'elles
ont atteint leur dernier point de siccité, lorsqu'elles sont parfaitement crispées, roulées
et qu'elles se brisent à la moindre pression
des doigts.

LES PLANTES.

I. — 30

« Tout est alors terminé. On emballe le Thé dans de grandes caisses hermétiquement fermées, après l'y avoir tassé avec les mains, puis avec les pieds chaussés de bas très propres.

« Les Thés noirs ne sont bons à être employés qu'au bout d'une année et même plus; car, à l'instar de nos vins, leur arome se perfectionne et se veloute en vieillissant. Avant de les livrer à l'exportation, on les fait sécher encore sur un feu doux, pour leur ôter tout principe d'humidité.

« Il existe dans les Thés noirs des parcelles de diverses plantes balsamiques. On a pu reconnaître fréquemment dans les caisses venues de Canton des fleurs de l'Olivier odorant (*Olea fragrans*) et du *Camellia sesanqua*. Cette dernière plante ressemble d'une manière frappante à l'arbuste à Thé; ce n'est guère qu'à leur floraison respective qu'il est possible de se rendre compte de leur différence. Toutes deux fleurissent au mois de décembre; mais le premier quelques jours avant l'autre, du moins dans nos climats; il n'affectionne que les terrains ingrats et impropres à toutes autres plantations. La fleur ressemble à celle de l'Églantier, son fruit à une noisette; les Chinois en extraient une huile qui, pour la saveur et la limpidité, le cède peu à notre huile d'olive. Aussi la culture de cet arbuste est-elle très étendue en Chine.

« Plusieurs autres plantes jouent un rôle actif dans l'aromatisation du Thé chinois, comme par exemple la fleur d'Oranger, le Jasmin d'Arabie, le Magnolia, l'Anis étoilé, le *Chloranthus inconspicuus*, etc.

« On ignore encore absolument le procédé mis en usage par les Chinois pour effectuer le mélange. Le font-ils immédiatement après la torréfaction ou seulement la veille de l'exportation? Dans quelles proportions ces plantes sont-elles mélangées au Thé? Quelles préparations ont-elles subies au préalable? On sait d'ailleurs que le Thé provenant des plantations de Java et d'Assam ne contient aucun principe aromatique étranger, ce qui le distingue de ceux qui nous arrivent de Chine. »

Torréfaction du Thé vert. — « Toutes les feuilles de l'arbre à Thé concourent indistinctement à la fabrication des Thés verts, pourvu qu'elles soient cueillies au ras des pétioles. Dès qu'elles sont récoltées, le torréfacteur en jette environ trois livres à la fois dans la bassine chauffée au rouge, les retourne en tous sens, d'abord avec les mains nues, puis, quand la chaleur devient trop ardente, avec deux petites fourchettes de bambou à six dents, d'environ un pied de longueur. Il s'en sert en soulevant délicatement les feuilles, d'abord avec la main droite, puis avec la gauche, et par cet exercice continu les empêche de brûler ou de s'attacher au fond du vase. Au bout de trois minutes, elles ont acquis assez de flexibilité pour être roulées sans se briser. Alors on les retire du feu, on les verse dans les mannes ou *dollahs* dont il a été question pour les Thés noirs; on les évente, puis on les macère avec les mains, à peu près de la même manière. Il en sort une grande quantité de jus, surtout si elles sont fraîches.

« Les feuilles, pour le Thé vert, sont pétries avec les mains, de manière à leur donner, non pas une forme sphérique, comme pour le Thé noir, mais elliptique ou plutôt conique. Ces petits cônes sont placés par rangées dans des mannes qu'on pose sur des châssis. Ils sont exposés au soleil pendant huit ou dix minutes, après quoi on les déroule un par un. Au fur et à mesure qu'on les déplie, on étend les feuilles dans des mannes et on les expose de nouveau au soleil, puis on les refaçonne en cône; et ainsi jusqu'à trois fois consécutives.

« La troisième fois que les feuilles ont été ployées en cônes, puis séchées, elles ont nécessairement perdu la plus grande partie de leur moiteur aqueuse : c'est le moment qu'on choisit pour les verser dans la bassine qui est incandescente; on les tourne et retourne en tous sens; puis, lorsqu'elles sont sur le point de brûler, on les jette dans un panier, et tandis qu'elles sont encore chaudes, on en transvase de quinze à vingt livres environ dans un sac préparé à cet effet, lequel sac est de toile épaisse et a environ quatre pieds de long sur deux de circonférence. On presse le Thé dans ce sac avec beaucoup de force, en se servant des pieds et des mains, de façon à le réduire au plus petit volume possible. L'ouvrier noue alors étroitement le sac, qui n'est plus alors rempli qu'au tiers, et en retourne le reste sur le fond, ce qui double la toile; puis il en tord les deux bouts à diverses reprises. Le sac étant ainsi hermétiquement fermé, il l'étend à terre, saute dessus à pieds joints, en se tenant suspendu à une traverse de bois, pesant de tout le poids de son corps sur le sac, le foulant le retournant dans tous les sens et l'ouvrant de temps à autre pour le resserrer de plus en plus. Quand cette balle de feuilles est devenue aussi dure qu'un caillou, il en ferme l'orifice avec le plus grand soin et la met de côté pour ce jour-là. Le lendemain matin, il ouvre le sac, en extrait les feuilles avec précaution, pour ne pas les déformer. Quelque vigoureusement tassées qu'elles aient été, elles n'adhèrent point les unes aux autres, attendu leur première dessiccation. On les met dans des corbeilles, puis on les passe au feu jusqu'à ce qu'elles soient crispées, recoquillées à peu près comme pour les Thés noirs. Enfin ce Thé est ensuite installé dans des caisses ou dans des paniers de bambou, et on le conserve ainsi pendant deux, trois et même six mois avant de lui faire subir la dernière préparation.

« Pour y procéder, on ouvre les caisses ou les paniers ; on étend le Thé dans de grandes corbeilles qu'on expose à l'air jusqu'à ce qu'il soit assez amolli pour pouvoir être enroulé. Alors on fait rougir sur un feu de bois une bassine de fonte pareille à celle dont on se sert pour le Thé noir ; on y jette environ sept livres de feuilles, qu'on roule alternativement avec les deux mains, pour ne pas rendre cette occupation trop fatigante ; et comme la bassine est inclinée en avant, les feuilles retombent continuellement vers le torréfacteur qui les repousse toujours de bas en haut.

« Au bout d'une heure de ce travail douloureux, on jette les feuilles dans un gros crible sous lequel se trouvent perpendiculairement placés deux autres cribles, l'un moyen, l'autre fin. Par ce triple tamisage, le Thé se trouve naturellement divisé en trois sortes : grosse, moyenne et fine. Le triage n'est encore qu'à son début. Les feuilles sont introduites successivement, en commençant par les plus larges, dans l'entonnoir d'une machine à vanner dont la construction est aussi simple qu'ingénieuse. Cet entonnoir correspond à une auge ayant trois divisions formant trois cases fixes, au fond de chacune desquelles est une trappe par où le Thé tombe dans un panier placé au-dessous. A l'une des deux extrémités de l'auge et près de l'entonnoir, se trouve placé un grand éventail qui se met en mouvement au moyen d'une roue que l'ouvrier tourne de la main droite, tandis que, de la gauche, il fait fonctionner une coulisse pratiquée au fond de l'entonnoir et qui sert à régler la quantité de Thé qui doit tomber à la fois. L'air qu'agite violemment l'éventail chasse les parcelles et la poussière du Thé à l'autre extrémité, où elles sont arrêtées par une planche circulaire mobile que l'on avance ou recule à volonté. Là elles tombent par une ouverture dans un panier préparé pour les recevoir. Ces pellicules sont le résidu de la cuisson et forment les Thés verts les plus communs. La qualité suivante, qui est la meilleure parce qu'elle se compose des feuilles les plus tendres de l'arbuste, est soufflée presque jusqu'au bout de l'auge et tombe dans un panier. Ce Thé, fort estimé, s'appelle *Young-Hyson*. La qualité qui suit est un peu plus lourde et ne s'envole pas aussi loin, elle tombe dans la même case et dans le même panier, qui sont l'un et l'autre partagés en deux compartiments. Ce Thé est le *Hyson*. Le suivant est plus pesant encore et tombe dans la deuxième case, non loin de l'éventail ; on l'appelle *poudre à canon*, parce qu'il est roulé en petits globules. Enfin le Thé le plus lourd tombe le plus près de l'éventail et presque sous l'orifice de l'entonnoir dans la première case. C'est la *grosse poudre à canon* ou *Thé impérial;* ses grains sont trois fois plus gros que ceux de la sorte précédente : ils se composent de plusieurs jeunes feuilles agglomérées ensemble et formant des petites boules compactes. Cette sorte est mise à part dans une caisse ; on la coupe avec un instrument tranchant, quand on veut la mélanger avec la poudre à canon proprement dite, dont elle a le goût et la forme.

« Cependant l'épreuve de la machine à vanner pour les classer n'est point la dernière qu'aient à subir les Thés verts : des femmes et des enfants s'emparent des paniers, en déposent le contenu sur une table, puis s'occupent avec attention d'enlever les mauvaises feuilles, les téguments et débris de tiges et de branches qui peuvent être mêlés au Thé. Ce travail est fort long et fort ennuyeux, attendu que la manière plus ou moins consciencieuse dont il est fait, influe puissamment sur la valeur et le prix des diverses sortes.

« Quand ces Thés sont ainsi bien épluchés, bien épurés, on les remet encore dans des bassines rougies au feu ; on les roule et on les trie de nouveau ; enfin on leur administre un troisième et semblable traitement, mais cette dernière fois on ajoute à la cuisson, pour sept livres de feuilles, une demi-cuillerée à café d'une poudre dont voici la composition : 3/4 de sulfate de chaux et 1/4 d'indigo pulvérisé et passé à travers une mousseline très fine. On roule le Thé avec cette mixture pendant une heure au moins. Ce procédé a pour effet de donner au Thé une nuance uniforme, d'empêcher qu'il ne s'y trouve des grains d'un vert plus pâle ou plus foncé les uns que les autres. D'ailleurs cette poudre n'ôte ni n'ajoute rien à l'arôme du Thé; l'indigo donne la couleur et le sulfate de chaux la fixe. Les Chinois appellent *younglin* la première de ces substances et la seconde *acco*.

« A l'issue de leur dernière cuisson, les Thés verts sont emballés tout chauds dans des caisses où on les tasse à l'aide des pieds et des mains.

« Les Thés verts, étant moins torréfiés que les Thés noirs, conservent davantage leur couleur et leur force primitives, mais aussi ils résistent bien moins à l'action du temps; cependant il ne faut pas s'en servir avant une année, afin qu'ils aient eu le temps de se dépouiller d'une partie de leur odeur herbacée ainsi que d'une partie de leurs principes. Tous les Thés fins destinés à l'exportation sont mis dans des caisses vernissées, doublées de lames d'étain, de plomb, de feuilles sèches ou de papier peint, afin d'en clore tous les interstices et de les rendre imperméables à l'air extérieur; ces caisses sont en outre revêtues de nattes de bambou très serrées ou recouvertes en peau; mais ce dernier emballage ne se pratique que pour les Thés fins envoyés en Russie, et qu'on désigne sous le nom de *Thés de caravane*.

« Les sortes communes sont simplement déposées dans des paniers fermés, d'où on les retire pour les emballer dans des caisses au fur et à mesure de leur livraison. »

Thés de l'Inde et de Ceylan. — Depuis un certain temps, le goût anglais commence à se déshabituer du Thé chinois, et il est peu probable que celui-ci regagne jamais sa réputation d'autrefois, qui garantissait en quelque sorte aux cultivateurs du Céleste Empire le monopole de cette immense culture.

Ce sont les Thés de l'Inde et de Ceylan qui finiront par expulser peu à peu les Thés chinois du marché de Londres pour prendre leur place. Sur 100 livres de Thé consommées en Angleterre, 16 seulement viennent de Chine; les 84 autres sont de provenance britannique, dont 53 pour les Indes et 31 pour l'île de Ceylan. Les plantations dans cette dernière île atteignaient, en 1891, 219,487 acres. L'exportation a été pour Ceylan en feuilles de Thé :

En 1880...	160 000 livres anglaises (poids).	
En 1889...	34 000 000	— —
En 1890...	47 000 000	— —

Ceylan exportait, en 1892, 2,000,000 de livres par an, rien qu'à destination de l'Australie. C'est le Thé qui constitue aujourd'hui la plus importante des cultures industrielles de l'île, dépassant le Café.

En consultant les rapports consulaires hollandais, américains, russes et autres, on voit qu'ils sont tous d'accord sur ce point, que l'industrie du Thé est fortement désorganisée chez les Chinois, qu'avec une culture depuis longtemps déjà négligée, le produit est aujourd'hui dégénéré au point qu'il faudrait de longues années pour le ramener à l'état où il se trouvait jadis.

M. Meyners d'Estrey a publié sur ce sujet un intéressant travail dont voici le résumé (1) :

« En Chine, paraît-il, on ne se préoccupe pas de la nature du sol plus ou moins favorable à cette culture, ce qui fait que pendant la sécheresse, les arbustes souffrent généralement du manque d'eau. Les vieux arbustes épuisés sont rarement remplacés. L'usage des engrais, l'arrachage des mauvaises herbes et autres travaux sont faits sans système ni méthode.

« Les mêmes défauts de soin se retrouvent dans la manipulation des feuilles. Tout se fait à la main. Au lieu de froisser les feuilles en les roulant, les Chinois les sèchent au soleil et les mettent ensuite dans des sacs sur lesquels ils piétinent jusqu'à ce qu'il en sorte une matière collante verdâtre, que l'on croit contenir les meilleurs éléments du Thé. Plusieurs jours sont perdus entre la cueillette et la fabrication des feuilles. Il arrive aussi souvent que les Chinois, au lieu de cueillir les feuilles lorsqu'elles sont fraîches et en bon état, les laissent grandir davantage pour obtenir une augmentation de poids. On prétend que cette manière de faire, c'est-à-dire ce retard apporté à la récolte en 1887, a eu pour résultat une diminution de 20 p. 100 dans la qualité.

« Enfin l'emballage laisse beaucoup à désirer, et en somme on est en présence d'un produit mal nourri, mal cueilli, mal conservé, mal préparé et mal expédié, toutes conditions qui ne peuvent manquer d'amener une forte dépréciation de la part du consommateur.

« D'autre part, cette culture est entourée

(1) Meyners d'Estrey, *Revue des sciences appliquées* et *Revue scientifique*, 1889, 2ᵉ semestre, p. 445.

dans l'Inde et à Ceylan de soins et d'attentions que le Chinois trouverait superflus et ridicules.

« D'abord les plants sont placés à 3 pieds de profondeur dans la terre, de manière que la racine trouve au besoin l'humidité dans le sol. Ils sont bien alignés pour faciliter la cueillette, et on laisse chaque arbuste atteindre une hauteur maximum de 5 pieds. Les plus grands soins sont apportés aux diverses opérations de culture, de manière à faire produire les plants le plus longtemps possible. Aussi obtient-on de douze à seize récoltes de chacun d'eux, avant de sentir le besoin de les remplacer. Les feuilles sont cueillies au bon moment et ensuite froissées et roulées, afin d'obtenir une fermentation prompte. Le premier séchage mécanique se fait autant que possible le jour même où les feuilles ont été cueillies, de telle façon que les propriétés essentielles qui constituent un Thé fort sont conservées. Toutes les autres préparations se font à la machine et l'emballage est très soigné.

« En comparant entre elles les provenances de Thé de l'Inde et de Ceylan, quoique toutes deux supérieures à celle de Chine, il est indubitable que la première est préférable à la seconde. Pour la culture du Thé, Ceylan n'égalera jamais l'Hindoustan. Le sol et le climat de Ceylan ne conviennent pas à cette culture.

« L'Inde est appelée à monopoliser cette industrie, comme elle l'a été pendant longtemps par la Chine. Elle produira qualité et quantité et n'aura de concurrence à craindre d'aucune part, à moins que nous autres Français nous poussions cette culture dans l'Indo-Chine, en y donnant les soins méticuleux qui nous caractérisent pour toutes nos industries en général. Le sol et le climat de l'Indo-Chine doivent convenir tout aussi bien que ceux de l'Inde ; nous en voyons la preuve dans l'Assam, où la culture du Thé se développe à pas de géant.

« Voici la statistique pour les six dernières années des terres plantées en Thé dans l'Assam, province de l'Inde anglaise, se rapprochant de nos colonies d'Indo-Chine et offrant par conséquent un intérêt plus direct pour nos colonies :

1883	923 664	acres.
1884	913 476	—
1885	915 846	—
1886	934 134	—
1887	950 171	—
1888	955 499	—

« On voit que depuis quatre ans le progrès est constant.

« Ces faits et ces chiffres sont une indication précieuse pour notre colonie du Tonkin. »

Principales variétés de Thés. — Les principales variétés de Thé de Chine sont, pour les Thés noirs, en chinois *Hi-tcha* :

1° Le Thé *Wou-i* ou *Woo-è*, nom que les Anglais ont écrit *bohea* et les Français *bohé* et *bou*. Il tire son nom d'une rangée de collines très renommées dans la province de To-Kien où il se récolte.

C'est celui dont l'infusion est la plus foncée, et comme il a été soumis à un grillage très prolongé, c'est de tous les Thés la sorte que l'on peut conserver le plus longtemps sans qu'il se moisisse, mais la saveur en est moins agréable.

2° Le Thé *Congo* ou *Congou*, en chinois *Koong-foo* (travail, assiduité ou persévérance), présente plusieurs qualités ; le congo superfin est plein d'arome et de saveur ; il est considéré comme l'une des plus saines et des plus agréables sortes. En Russie, on lui a donné le nom de *Thé de famille* et on le trouve sur toutes les tables. Il entre pour plus des deux tiers dans les importations de la Grande-Bretagne. Il donne à l'infusion un goût savoureux auquel se joint une sorte d'amertume agréable et presque impossible à décrire.

3° Le Thé *Sou-Tchong*, *Souchong* ou *Saotchon*, en chinois *Siaon-Tchoung* (petite espèce). C'est le plus fort des Thés noirs ; mêlé au *pékoë*, il donne une infusion d'un arome exquis. Il y en a plusieurs variétés.

4° Le *Pékoë*, *pekao* ou *Pecco*, appelé en chinois *Pi-haou* (pointes blanches ou duvet blanc). La préparation en est faite avec beaucoup de soin et l'on ne soumet la feuille qu'à une chaleur modérée afin de conserver son parfum. Il y en a plusieurs variétés ; les premières qualités sont parfumées avec des fleurs de l'*Olea fragrans*, le *Lanhoa* des Chinois, du *Chloranthus inconspicuus* et du *Gardenia florida* pour en améliorer la qualité. On le boit rarement seul, mais en le mélangeant avec du *Souchong*. Le Thé mélangé avec le *Congo* est vendu à Londres sous le nom de *Howqua mixture*. Son goût à l'infusion ressemble un peu à celui de la noisette fraîche. Ce Thé vient des provinces septentrionales de la Chine et est expédié par caravane à travers la Tartarie Chinoise.

Il y a enfin les Thés d'*Anu-Ki* de *Ning-Yong*

et *Hon-Cong*, qui viennent rarement sur les marchés d'Europe.

Les principales variétés de Thés verts, en chinois *Lou-tcha*, sont :

1° Le Thé *Young-hyson*, en chinois *Yu-tseen* (avant les pluies), parce qu'il est recueilli dans les premiers jours du printemps. C'est la sorte dont les Américains font le plus grand usage. Son parfum est doux et ressemble un peu à la violette. Il en existe plusieurs variétés. Pour satisfaire aux nombreuses demandes qui en sont faites, on l'a souvent frelaté avec des sortes inférieures : ces contrefaçons l'ont déprécié sur le marché de Londres.

2° Le Thé *Hyson*, en chinois *Hi-tchoum* ou *He-chun* (fleur de printemps). Il est rare et d'un prix élevé. C'est de tous les Thés verts celui qui est généralement le plus estimé. Pour obtenir la saveur, il faut le faire infuser longtemps. Son parfum est agréable ; son goût, comme celui de tous les Thés verts, est un peu âcre lorsqu'on le prend seul.

3° Le Thé *Hyson Skin*, en chinois *Pi-tcha* (écorce de Thé). C'est le rebut ou la qualité inférieure du Hyson ; on le teint généralement en bleu. Il se vend très bon marché et se consomme dans les ports de mer par les matelots et les gens des classes laborieuses. Son goût est un peu ferrugineux.

4° Thé *Poudre à canon*, en chinois *Siaou-tchou* (petite perle), parce qu'il ressemble à de gros grains de poudre à canon. C'est celui que l'on considère comme renfermant le plus de principes actifs et stimulants ; il faut le laisser infuser longtemps ; il a plus de parfum que l'Hyson et renferme une substance plus active, parce que la feuille étant plus fortement roulée, le suc qu'elle contient se comprime davantage et se conserve mieux que dans les autres Thés verts. Il en existe plusieurs variétés, et les inférieures sont, paraît-il, souvent teintées avec du bleu de Prusse.

5° Le Thé *Impérial*, en chinois *Ta-tchou* (grande perle). Il a un parfum aromatique bien franc. C'est l'une des variétés les plus recherchées en Europe.

6° Le Thé *Tonkay*, en chinois *Tun-ké* (Thé croissant sur le bord d'un ruisseau), est une sorte très inférieure. Son nom bizarre lui vient probablement de celui d'une petite rivière qui arrose la partie de la province de *Kian-Han* où il se récolte. Il forme plus des deux tiers des importations de Thé vert chinois de la grande-Bretagne.

Préparation du Thé. — Le Thé est une boisson délicieuse. Mais encore faut-il la savoir bien préparer (1). Si l'on soumet les feuilles à une ébullition trop prolongée ; si, au contraire, l'action de la chaleur ne s'est pas assez fait sentir, on n'aura qu'un liquide rougeâtre, fade, et d'un goût désagréable.

Comment en Chine, terre classique du Thé, prépare-t-on cette boisson ? Le général Tcheng-Ki-Tong nous l'apprend, dans une étude qu'il a publiée sur les plaisirs de la Chine :

« Le Thé, dit-il, est la seule boisson que prenne le peuple. Quant à la haute société, elle compte beaucoup d'amateurs de Thé ; on croit que ce liquide a le pouvoir de rendre la pensée plus claire. Le Thé qu'on prend dans les classes riches est toujours le Thé vert ; c'est le *Château-Laffitte* des Chinois. Dans les rues, en été, pendant les grandes chaleurs, les familles charitables mettent toujours devant leur porte un grand réservoir de Thé qu'on renouvelle à chaque instant et auquel le public peut étancher sa soif.

« Le Thé ne peut être bon que si on le prépare avec de l'eau de pluie ou de l'eau de source et si l'on fait chauffer cette eau jusqu'à un certain degré ; l'ébullition ne doit pas durer plus de quelques minutes ; dès que les bulles apparaissent à la surface, l'eau a assez bouilli. Encore faut-il que le vase dans lequel on fait chauffer l'eau soit fait de certaines matières : les vrais amateurs ne se servent que de vases de Ni-Hing, espèce de terre cuite non vernie à l'intérieur. Ainsi préparé, le Thé constitue une excellente boisson économique et sacrée. On la boit continuellement même en se couchant, et toujours sans sucre ; il n'agite jamais. A ce propos, ajoute le général, un de mes compatriotes m'a dit que les Européens, notamment les Anglais, ne savent point faire le Thé : 1° ils le font bouillir ; 2° ils mettent des alcools, et le goût est perdu : enfin avec le sucre, c'est la saveur qui disparaît. Le Thé doit infuser cinq minutes et avoir une couleur claire, à peine jaune. »

Au Japon, la manière de prendre le Thé est un peu différente. La veille du jour où l'on veut préparer le Thé comme boisson, on le broie en poudre impalpable. « Au moment de le servir, dit M. R. Saint-Victor, on verse

(1) A. Bietrix, *Le Thé, botanique et culture, falsifications, richesse en caféine des différentes espèces.* Paris, 1892. J.-B. Baillière et fils, 1 vol. in-16.

de l'eau bouillante dans une tasse, on y jette une quantité déterminée de Thé en poudre, et on agite le liquide avec un moussoir en bois jusqu'à ce qu'il ait pris la consistance d'une bouillie très claire; on le hume à petits traits. Les gens riches cependant usent du Thé comme les Chinois, et emploient le même procédé de préparation.

« Les gens du peuple, au Japon, font bouillir le Thé dans une marmite; ce n'est plus alors qu'une grossière infusion : ce qui ne les empêche pas d'y puiser depuis le matin jusqu'au soir. »

Le Thé se prépare toujours par infusion en versant un demi-litre d'eau bouillante sur 4 à 12 grammes (1 à 3 pincées) de feuilles, suivant la force que l'on veut obtenir.

En France, où le Thé est encore un objet de luxe, on commence par faire bouillir une quantité d'eau déterminée; puis, lorsque le liquide est en pleine ébullition, on éteint le feu : on y jette alors une pincée de feuilles de Thé, une cuillerée à bouche par personne, on laisse reposer dix minutes et on passe la liqueur, additionnée de sucre.

Consommation du Thé. — Les feuilles du Thé, séchées et préparées de la façon spéciale dont il a été question plus haut, servent à préparer par infusion, un breuvage agréable au goût, jouissant de propriétés très actives, qui sert de boisson à un grand nombre de peuples, tels que les Chinois et les Japonais, et dont l'usage s'est fort répandu dans beaucoup d'autres pays.

L'infusion de feuilles de Thé est peut-être la boisson la plus répandue sur la terre, celle que consomment le plus grand nombre d'habitants. Si l'on fait le total des gens pour lesquels le Thé est le breuvage ordinaire, on arrive à un chiffre auprès duquel pâlirait le nombre des buveurs de vin. Il faut compter, en effet, que les 200 millions d'habitants qui peuplent la Chine, n'ont pas d'autre boisson. Si l'on y ajoute 20 millions d'Annamites, les Japonais, les gens de certaines îles d'Océanie, on arrive facilement à un total de près de 300 millions, auquel il faut encore ajouter les Anglais et beaucoup d'habitants de l'Europe et de l'Amérique qui font un usage plus ou moins exclusif de cette infusion.

Il semble que le Thé soit le breuvage obligé des peuples qui se nourrissent de riz, à l'exception toutefois des Indiens qui se contentent de l'*eau de cange*, obtenue en faisant crever le riz de l'alimentation dans une quantité d'eau

supérieure à celle qui serait strictement nécessaire pour la cuisson.

En Europe, les peuples qui habitent les pays froids et humides, comme les Anglais, les Russes, les Hollandais, ne boivent que peu ou pas de vin et font une grande consommation habituelle de Thé, dont ils font usage aux repas, comme dans l'intervalle. En France on en use beaucoup moins. Quelques personnes ont pris l'habitude d'en faire leur déjeuner du matin. C'est là une excellente coutume, surtout si l'infusion de Thé est mélangée d'au moins un quart de lait, car lorsqu'elle arrive pure dans un estomac encore à jeun, elle est trop irritante. Depuis quelques années, le Thé a fait en France son apparition aux réceptions de l'après-midi et, dans son salon, à son jour, toute maîtresse de maison qui se respecte, se croit tenue d'offrir à ses visiteurs le *five o'clock tea*, dont la coutume nous vient d'Angleterre. Depuis longtemps d'ailleurs, dans notre pays, toute soirée a le Thé pour complément obligatoire et cette habitude, trop ancienne pour supporter les critiques, est d'ailleurs parfaitement acceptable, à la condition de préférer le Thé noir au Thé vert, qui cause des insomnies chez ceux qui n'en ont pas l'habitude, et surtout ne pas se croire obligé, sous prétexte que l'on boit, de manger en même temps de ces pâtisseries plus ou moins indigestes qui ne peuvent que charger l'estomac pendant la nuit. Si l'on tient absolument à manger quelque chose de solide en buvant son Thé, il faut de préférence porter son choix sur un de ces gâteaux légers dont les Anglais ont le secret.

Voici quelle est la consommation annuelle du thé en France par tête d'habitant (1) :

	Grammes.
1831	3,6
1841	4,1
1851	4,8
1861	7,8
1872	8,5
1881	11,9
1886	14,4
1887	14,5
1888	13,5

En Angleterre la consommation est beaucoup plus considérable; elle dépasse en moyenne 2 kilogrammes par an et par habitant. On voit donc que l'usage du Thé est beaucoup moins répandu en France qu'en Angleterre.

Propriétés. — Les feuilles de Thé, au point de vue de la composition chimique, renferment

(1) *Bulletin de statistique*, livraison du mois de mai 1889.

outre la chlorophylle, une huile essentielle, de la cire, de la gomme, de la résine, du tannin, une matière colorante particulière et un alcaloïde, la *théine*, presque identique à la *caféine* (1). La proportion de cet alcaloïde varie avec les différentes sortes de Thés : elle est plus forte dans le Thé noir que dans le Thé vert, qui se distinguent, comme on l'a vu plus haut, par la manipulation qu'on fait subir aux feuilles de la plante lors de la préparation. Elle ne dépasse guère 1/2 p. 100 dans les deux espèces ; cependant, dans une variété de Thé vert, le Thé *hayswen*, elle peut s'élever à 2,3 et même 5,4. L'huile essentielle est jaunâtre, épaisse, à odeur très forte, étourdissante. Le Thé vert en contient 8 grammes environ par kilogramme et le Thé noir 6 grammes. C'est à elle qu'il faut attribuer la saveur du Thé. La quantité d'azote que les Thés contiennent sous différentes formes, oscille entre 5 et 6,5 p. 100.

Les propriétés du Thé se rapprochent beaucoup de celles du Café, mais il est moins nourrissant et plus excitant. Son action stimulante s'étend à la fois sur la digestion, la circulation du sang, les sécrétions, la chaleur animale et les fonctions cérébrales. Il précipite la digestion, tient éveillé, rend l'intelligence plus active et plus nette, la respiration plus rapide, les sueurs et l'urine plus abondantes, la peau plus chaude. Lorsqu'on prend du Thé à doses élevées et répétées, il détermine de l'insomnie, de l'agitation, des palpitations, des tremblements. Ces derniers effets sont principalement dus à l'usage du Thé vert, plus aromatique, mais beaucoup plus excitant que le Thé noir.

Les propriétés stimulantes du Thé peuvent être utilisées en médecine comme en hygiène. Deux ou trois tasses de Thé réussissent souvent très bien, dans les cas de mauvaise digestion causée par la surcharge de l'estomac, mais dans ce cas il faut se garder d'ajouter du lait, qui ne peut que diminuer les propriétés digestives du Thé ; il vaut mieux y mettre alors une ou deux cuillerées à café de rhum par tasse. Au début d'une rougeole ou d'une fièvre scarlatine, dont l'éruption a quelque difficulté à se produire, quelques tasses de Thé pur font grand bien en activant les fonctions de la peau et en produisant une sueur abondante. Il en est de même à la suite d'un refroidissement dont on veut prévenir les conséquences par une forte transpiration, ou dans le cours d'une

maladie accompagnée d'un affaiblissement considérable, fièvre typhoïde ou autre : alors c'est le Thé vert dont il faut faire usage, afin d'avoir une excitation rapide et énergique (Bonami) (1).

Falsifications du Thé. — Comme tous les produits alimentaires dont le prix est assez élevé, les feuilles de Thé, et surtout les Thés verts, sont soumises à de nombreuses falsifications.

Il est d'abord des falsifications courantes et grossières qui se reconnaissent, pour ainsi dire, à première vue. Elles consistent surtout à donner à des Thés de qualité inférieure l'aspect de produits de meilleure sorte et par conséquent plus chers, ou à rendre de l'apparence à des Thés épuisés. Dans ce but, on colore les feuilles de manière à obtenir la teinte voulue : c'est le bleu de Prusse, l'indigo, le kaolin que l'on mélange ou que l'on ajoute simplement pour obtenir la teinte vert bleue avec des reflets blanchâtres. On emploie aussi le talc, la gomme, les excréments de ver de soie, etc.

On retrouve facilement au microscope ces diverses fraudes. Il suffit de faire macérer dans l'eau quelques feuilles, puis de brosser leur surface avec un pinceau (2); les particules étrangères se détachent et flottent dans le liquide.

Le bleu de Prusse forme de petits fragments anguleux, d'un bleu brillant et transparent; sous l'action de la potasse concentrée, ces fragments passent au rouge brun.

L'indigo est en particules irrégulières, opaques, granuleuses, d'une teinte bleu verdâtre, ne changeant pas de couleur lorsqu'on les traite à froid par la potasse.

Le curcuma se reconnaît à ses cellules d'un aspect particulier : elles sont grosses et semées de nombreux grains d'amidon d'un aspect également particulier.

Mais il est des cas (et ce sont les plus fréquents) où la falsification est plus accentuée, c'est celle qui consiste à mélanger aux feuilles de Thé d'autres feuilles présentant la même forme extérieure.

En Chine, on mélange communément aux feuilles de Thé les feuilles du *Camellia Japonica*. Ce n'est pas là une falsification bien préjudiciable, les feuilles jouissant des mêmes propriétés. En Europe, on a recours à un

_____

(1) Voy. A. Biétrix, *loc. cit.*

(1) Bonami, *Dictionnaire de la santé*, p. 866.

(2) Macé, *Les substances alimentaires étudiées au microscope, surtout au point de vue de leurs altérations et de leurs falsifications*, 1891.

grand nombre d'espèces indigènes : ce sont les feuilles de l'Aubépine, du Chêne, de l'Églantier, du Frêne, du Fraisier, du Hêtre, du Gremil, du Laurier, du Cerisier Mahaleb, du Marronier d'Inde, de l'Olivier, de l'Orme, du Peuplier, du Pommier, du Prunier sauvage, du Prunellier, du Saule, du Sureau et de la Véronique.

Les Thés de provenance russe sont souvent falsifiés avec des feuilles d'*Epilobium hirsutum*.

Un premier essai indispensable pour les personnes qui n'ont pas de microscope à leur disposition, consiste à faire bouillir une pincée du Thé suspect dans l'eau faiblement alcalinisée. Quand les feuilles sont bien ramollies, on les lave jusqu'à ce que l'eau de lavage soit claire et on les étend sur une lame de verre ou sur une soucoupe en porcelaine, on examine à la loupe la nervation et le bord du limbe de la feuille. Toutes les variétés du *Thea Sinensis* sont pourvues de dents aiguës; si les feuilles sont dépourvues de ces dentelures, on est en droit d'en suspecter la valeur.

Mais il est impossible à un expert de se prononcer d'une manière certaine sur la falsification du Thé sans recourir à l'emploi du microscope.

Succédanés du Thé. — On donne par extension le nom de Thé à d'autres plantes que le *Thea Sinensis*, dont les feuilles servent également à préparer des infusions. C'est ainsi qu'on appelle :

Thé du Paraguay, le Maté (*Ilex paraguayensis*), de la famille des Ilicinées.

Thé d'Europe, le *Veronica officinalis*, de la famille des Scrofularinées.

Thé du Mexique ou Thé des Jésuites, le *Chenopodium ambrosioides* ou Ambroisie du Mexique, de la famille des Chénopodiacées.

Thé du Labrador, le *Ledum latifolium*, d'Amérique, de la famille des Éricacées, tribu des Rhodoracées.

Quant au Thé Suisse, on appelle ainsi une infusion faite au moyen d'un mélange de plantes aromatiques recueillies dans les Alpes suisses : Bétoine, Lierre terrestre, Millefeuille, Arnica, Thym, Véronique, Romarin, Sauge, Hysope, etc. Cette infusion est vulnéraire et utilisée aussi dans les digestions laborieuses.

On a désigné sous le nom de Thé de foin une préparation qu'on donne aux jeunes élèves d'espèce bovine, pour les accoutumer facilement à passer de la nourriture au lait à l'alimentation au foin. Le nom imposé par l'usage à cette boisson, imaginée pour la première fois par M. Perrault de Jetemps, indique suffisamment qu'elle se prépare à la manière du Thé ordinaire.

LES DIPTÉROCARPÉES — *DIPTEROCARPEÆ*

Caractères. — Les Diptérocarpées sont des arbres résinifères exotiques, de taille souvent élevée, ou des arbrisseaux grimpants comme les *Ancistrocladus* de l'Asie et de la Malaisie. Les feuilles, alternes et généralement entières, sont pourvues de stipules petites ou même presque nulles, soit au contraire très grandes, caduques, laissant après leur chute une cicatrice annulaire sur la branche. Les fleurs, souvent odorantes, sont groupées en panicules axillaires.

Régulières et hermaphrodites, elles se composent : d'un calice à 5 sépales concrescents en un tube libre ou plus ou moins soudé à l'ovaire; de 5 pétales; d'un nombre indéfini d'étamines à anthères introrses; et d'un ovaire à 3 (rarement 2 ou 1) loges biovulées, avec style et stigmate simples. Chez certains genres, l'androcée comprend 10 étamines seulement, disposées en deux séries, et ce nombre est porté à 15, par dédoublement des épipétales, chez les *Vatica* d'Asie, les *Pachynocarpus* de Bornéo, etc., ou au contraire réduit à 5 par avortement du verticille interne chez les *Monoporandra*.

Le fruit, le plus souvent indéhiscent et sec, est généralement enveloppé par le calice qui s'accroît autour de lui et dont les extrémités libres des sépales sont transformées, toutes ou en partie, en sortes d'ailes assez grandes : il y en a souvent 5, mais parfois aussi 3 ou 2 seulement. La graine est volumineuse et dépourvue d'albumen.

Distribution géographique. — Les Diptérocarpées, qui comprennent une quinzaine de genres et 180 espèces environ, habitent les régions les plus chaudes de l'ancien continent, Asie et Océanie tropicales surtout. La famille possède aussi quelques rares représentants dans l'Afrique occidentale et centrale.

Affinités. — Les Diptérocarpées se rattachent surtout aux Tiliacées et aux Ternstrœmiacées : des Tiliacées, elles se distinguent
facilement par la préfloraison du calice ; des
Ternstrœmiacées, par la présence de stipules,
le calice acrescent, les graines solitaires dépourvues d'albumen, et la présence de canaux
sécréteurs dont celles-ci sont dépourvues. A
ce point de vue, les Diptérocarpées se relient
aux Guttifères et aux Hypéricinées, mais elles
s'en distinguent par la position de ces canaux sécréteurs, localisés dans le pourtour
de la moelle et le bois secondaire, régions où

Fig. 320. — Camphrier de Bornéo (*Dryobalanops camphora*).

on ne les rencontre pas chez les Guttifères
et les Hypéricinées.

Usages. — Les arbres de cette famille sont
pourvus de sucs huileux et résineux qui présentent de grandes utilités dans les pays qui
les produisent, mais qui arrivent peu jusque
dans nos contrées.

Au nombre de ces arbres, il convient de placer en première ligne le CAMPHRIER DE BORNÉO
(*Dryobalanops camphora*) (fig. 320), arbre d'une
grande hauteur, qui croît en abondance à
Bornéo et à Sumatra, dans les forêts de la côte
nord-ouest. Cette espèce fournit le *bornéol*,
sorte de camphre un peu différent du camphre ordinaire, connu à Sumatra et à Bornéo

sous le nom de *Kassur-baras*. Ce camphre se
trouve disséminé sous forme de petits fragments durs et blancs, assez semblables à de petits glaçons, situés en veines irrégulières vers
le centre du bois des vieux troncs. Pour l'obtenir il faut abattre l'arbre ; lorsqu'on veut avoir
l'*essence de camphre*, on se contente de perforer
l'arbre, et l'essence en découle par l'orifice :
on la récolte dans des demi-cylindres de bambou, on la tamise et on la met en bouteilles
pour la conserver. Cette essence de camphre
est une huile jaunâtre et balsamique.

Le camphre de Bornéo est, d'après Rum-
phius, très estimé en Chine et au Japon où il
atteint un prix considérable, la livre valant de
22 à 60 impériaux suivant la grandeur des
morceaux. Il n'a pas encore pénétré dans le
commerce européen, et on ne le trouve dans
nos pays que dans les laboratoires, comme
objet de curiosité scientifique. La production
annuelle ne dépasse pas quelques centaines de
kilogrammes, et les rajahs de Sumatra en consomment la presque totalité, s'en servant principalement pour conserver les cadavres de
leurs parents durant la période, toujours assez
longue, qui, suivant la coutume du pays, précède l'inhumation.

Les *Dipterocarpus* sont des arbres très voisins des *Dryobalanops*, dont ils se distinguent
surtout parce que chez ceux-là, deux sépales
seulement du calice fructifère s'accroissent en
forme d'ailes, tandis que chez ceux-ci, les 5 sépales sont presque également accrus. Ces arbres fournissent une résine balsamique utilisée comme poix navale, comme encens dans
les temples ou comme médicament vulnéraire
et cicatrisant.

Le *Dipterocarpus trinervis* de l'île de Java
est un arbre de très haute taille qui laisse
écouler une résine employée à la préparation
d'un onguent contre les ulcères. Mélangée à
des jaunes d'œuf, elle produit une émulsion
qui remplace le copahu dans tous ses usages.
En enduisant avec cette résine des feuilles de
Bananier, les naturels du pays fabriquent des
torches dont la lumière est blanche et qui ne
répandent pas une odeur trop désagréable.

Le *Dipterocarpus lœvis*, espèce de l'Inde,
fournit par incision à la hache et l'approche
d'un feu doux, une forte quantité d'une huile
balsamique, très usitée comme vulnéraire ou
pour la fabrication de vernis, connue sous les
noms de *Wood-oil* ou de *baume de Gurgun*.
D'autres espèces de l'Inde, les *D. alatus*,

-costatus, turbinatus, fournissent des produits analogues.

Plusieurs plantes de la famille des Diptérocarpées produisent encore des résines plus ou moins analogues aux *résines de Dammara*, c'est-à-dire aux résines produites par un arbre conifère du genre *Dammara*, et désignées en Malaisie sous le nom général de *Dammar*. *Dammar* est un nom malais qui désigne toute résine s'écoulant d'un arbre et s'enflammant au feu.

La résine *Njato of Njating*, connue dans le commerce anglais sous le nom de *Rose Dammar*, provient du *Vatica Rassak* de Bornéo et de la péninsule malaise. Un *Dammar* jaune rougeâtre, assez semblable à du copal, s'écoule du *Shorea robusta*. A Bornéo, deux espèces du genre *Hopea* fournissent la résine *Njating-*

Mahombong et la belle résine blanche qu'on désigne sous les noms de *Njating mata poesa* et *Njating mata pleppeck*, suivant qu'elle provient d'arbres vieux ou jeunes.

Les graines de certaines Diptérocarpées contiennent dans leurs cotylédons une proportion de graine assez considérable pour pouvoir être utilisée.

C'est ainsi que le *suif de Bornéo* (en malais *Minjak-Tangkawang*), importé de Singapore en Angleterre, vient des graines de certains *Hopea*, et que le *pinney tallow*, suif végétal utilisé par la fabrication des bougies, en Angleterre, a pour matière première la graine du *Vateria indicans*.

C'est à cette dernière espèce qu'on avait faussement attribué autrefois la production du copal dur de l'Inde.

LES CHLŒNACÉES — *CHLŒNACEÆ*

Synonymie. — Les Sarcolénées. — *Sarcoleneæ*.

Distribution géographique. — Les Chlœnacées forment une petite famille de 7 genres et 15 espèces seulement, dont les représentants habitent tous l'île de Madagascar.

Affinités. — Cette famille a beaucoup d'affinités avec celle des Malvacées, mais les étamines n'y sont pas monadelphes de la même façon : leurs filets s'insèrent sur la surface intérieure, près de la base d'un disque tubuleux qui enveloppe l'androcée.

Les Chlœnacées sont également assez voisines des Tiliacées, des Ternstrœmiacées et des Diptérocarpées, mais s'en distinguent facilement parce que sur les 5 sépales du calice, trois seulement se développent d'une façon normale, tandis que les 5 pétales de la corolle sont toujours égaux.

Usages. — Ces plantes ne sont guère susceptibles d'applications intéressantes.

Le *Sarcolena multiflora*, qui porte à Madagascar le nom de *Voamassa*, est un arbuste dont les feuilles mâchées calment, dit-on, les rages de dents.

LES MALVACÉES — *MALVACEÆ*

Caractères. — Les Malvacées sont des plantes de port très variable : des herbes, des arbrisseaux ou des arbres de taille parfois assez considérable, au bois tendre et léger. La tige en est souvent couverte de poils étoilés. Les feuilles sont alternes, à nervation palmée, entières, dentées ou lobées, disséquées ou palmatifoliées, composées-digitées chez les *Adansonia*. On trouve à la base du pétiole des stipules libres, étroites ou sétacées, caduques, parfois très petites ou même à peine visibles. Les pédoncules floraux, uniflores, axillaires, sont groupés en grappes, fascicules ou panicules.

Les fleurs de couleurs variées, ordinairement violettes, purpurines, roses ou jaunes, sont souvent belles et de grande taille.

Ces fleurs sont presque toujours régulières et hermaphrodites, rarement dioïques comme chez les *Napea*, herbes de l'Amérique du Nord, ou polygames comme chez les *Plagianthus*, arbrisseaux de l'Australie et de la Nouvelle-Zélande. 5 sépales (ou plus rarement 4 ou 3) sont plus ou moins réunis en un calice lobé ou presque entier, à préfloraison valvaire, plus rarement imbriquée; 5 pétales hypogynes forment la corolle et sont soudés par leur base à la colonne staminale; la préfloraison en est contournée imbriquée. Cette corolle manque parfois, comme c'est le cas chez certains genres américains, les *Ochroma*, les *Cheirostemon* du Mexique et les *Fremontia* de Californie.

Les étamines, en nombre indéfini, sont hypogynes, monadelphes par suite de la soudure des filets à leur base, en une colonne cylindrique qui entoure l'ovaire et d'où se détachent les extrémités des filets ramifiés qui portent les anthères. Celles-ci sont globuleuses, oblongues, réniformes, annulaires ou linéaires et sont creusées d'une seule loge s'ouvrant par une fente longitudinale.

L'ovaire pluriloculaire est formé par la soudure de plusieurs carpelles disposés en verticilles ou plus rarement dans un ordre irrégulier, avec placentation axile. Chez les *Plagianthus*, il n'y a qu'un carpelle unique et l'ovaire est uniloculaire. Le style, simple à la base, se ramifie à son sommet; il est rarement entier et renflé en massue. A l'angle interne de chaque loge se trouvent attachés un ou plusieurs ovules, amphitropes ou presque anatropes.

Le fruit sec ou plus rarement charnu se sépare souvent en autant de coques indéhiscentes ou bivalves qu'il y a de carpelles; dans d'autres types, c'est une capsule pluriloculaire à déhiscence loculicide ou subindéhiscente (fig. 321 et 322). Le fruit est monosperme par avortement et indéhiscent chez les *Cavanillesia*, plantes de l'Amérique tropicale. Les graines sont réniformes, subglobuleuses ou ovoïdes, souvent poilues ou laineuses, couvertes parfois d'un duvet laineux provenant de l'endocarpe, ou d'une pulpe charnue chez quelques Fromagers (*Bombax*) (fig. 321). Ce revêtement laineux que l'on trouve dans les fruits des Malvacées favorise la dissémination des graines par le vent, comme les aigrettes qui recouvrent les akènes de l'*Anemone sylvestris* (fig. 323). L'albumen, faible ou nul, n'est que rarement copieux. L'embryon, droit ou courbé, porte deux cotylédons larges, foliacés ou peu épais, plus ou moins repliés sur eux-mêmes, enveloppant la radicule, ou quelquefois plans et charnus.

Distribution géographique. — La famille des Malvacées comprend 65 genres et environ 800 espèces plus ou moins bien connues. Elle a des représentants sur tout le globe, à l'exception toutefois des régions arctiques; leur nombre est surtout abondant dans les régions

chaudes et diminue quand on s'éloigne des tropiques. C'est ainsi que d'après de Humboldt, tandis que les Malvacées (en y adjoignant les Sterculiacées, famille voisine) forment dans les vallées des régions tropicales le cinquantième de la végétation, la proportion n'est plus dans la zone tempérée que le quart de la précédente.

Six genres seulement représentent la famille dans la flore française : ce sont les genres *Malva*, *Althæa*, *Hibiscus*, *Sida*, *Lavatera* et *Malope;* les deux premiers seuls existent dans la flore parisienne. Les Malvacées françaises sont d'ailleurs bien moins nombreuses dans le Nord et le Centre que dans le Midi; le plus grand nombre d'entre elles sont particulières au climat méridional, seul habitat des espèces au port d'arbrisseau. Aucune ne s'élève dans les régions supérieures des montagnes, à l'exception toutefois du *Malva sylvestris* qu'on rencontre parfois dans le voisinage des maisons et des lieux habités. Les Malvacées croissent de préférence dans les sols frais, mais quelques espèces, en particulier l'*Althæa hirsuta*, sont propres aux terrains calcaires, secs et arides. Leur floraison a lieu en général aux mois de juin et de juillet.

Distribution géologique. — Les Malvacées ont été représentées sur terre dès l'époque crétacée et ont été particulièrement abondantes à l'époque tertiaire. Le Baobab (*Adansonia*) fait son apparition dans le crétacé de Potomac et est très commun dans l'oligocène d'Aix. On a trouvé dans le miocène inférieur de la montagne de Gergovie un fruit fossile de Cotonnier.

Affinités. — Les Malvacées avec leur calice valvaire et leurs étamines monadelphes présentent d'étroites affinités avec les Sterculiacées, dont il est d'ailleurs facile de les distinguer à cause des anthères uniloculaires. Cependant un petit nombre de genres de la tribu des Bombacées présentent des anthères qui réunies deux à deux simulent des anthères à 2 loges, et d'autre part certaines Sterculiacées paraissent avoir des anthères à 1 seule loge par suite de la fusion des 2 loges au sommet.

Classification. — La famille des Malvacées a été divisée par Bentham et Hooker en 4 tribus, subdivisées elles-mêmes en sous-tribus et dont les caractères sont résumés dans le tableau suivant :

Fig. 321.   Fig. 323.   Fig. 322.

Fig. 321. — *Bombax.* | Fig. 322. — *Gossypium Barbadense.*

Fig. 321 et 322. — Fruits de Malvacées.

Fig. 323. — Fruit de l'*Anemone sylvestris*.

Colonne staminale portant des anthères au sommet ou jusqu'au sommet; branches du style en même nombre que les loges de l'ovaire; carpelles se détachant du réceptacle à maturité.............................. **MALVÉES.**	Carpelles irrégulièrement réunis en capitule. Ovules solitaires ascendants.. **Malopées.**			
	Carpelles verticillés.	Ovules solitaires,	ascendants . **Eumalvées.**	
			suspendus.. **Sidées.**	
		2 ou plusieurs ovules ordinairement ascendants................ **Abutilées.**		

Colonne staminale anthérifère au dehors.

Branches du style en nombre double de celui des carpelles; 5 carpelles se détachant du réceptacle à maturité....... **URÉNÉES.**	
Branches du style en nombre égal à celui des loges de l'ovaire; capsule loculicide... **HIBISCÉES.**	

Colonne staminale divisée en 5 à 8 parties dont chacune porte 2 ou plusieurs anthères; style entier ou divisé en autant de branches qu'il y a de loges à l'ovaire; capsule loculicide................................. **BOMBACÉES.**	Feuilles digitées................... **Adansoniées.**			
	Feuilles simples.	palmatinervées.	5 pétales... **Matisées.**	
			0 pétales... **Frémontiées.**	
	penninervées........... **Durionées.**			

Usages. — Les Malvacées jouissent en général de propriétés mucilagineuses et émollientes, qu'elles doivent à la facilité avec laquelle les parois des cellules de la plupart des organes se gonflent et s'épaississent sous l'action de l'eau. C'est pour ces propriétés qu'on utilise en médecine et en pharmacie dans nos pays diverses espèces des genres *Malva* et *Althæa*, la Mauve, la Guimauve, etc. Dans les pays chauds certaines Malvacées exotiques jouent un rôle analogue.

Plusieurs Malvacées ont des graines riches en huiles fixes, d'autres ont des fruits comestibles, comme par exemple le Gombo (*Hibiscus esculentus*). Chez quelques-unes même les fleurs sont alimentaires, comme au Brésil celles de l'*Abutilon esculentum*.

Les Malvacées forment une famille importante au point de vue des plantes textiles; plusieurs d'entre elles donnent une filasse dont on peut faire des cordes et des liens; la plus importante de toutes à ce titre est le

Gossypium herbaceum ou Cotonnier, ainsi que d'autres espèces du même genre, fournissant le coton, matière textile par excellence.

Lorsque les Malvacées deviennent de grands arbres, ce qui arrive dans la tribu des Bombacées avec les Baobabs, les Fromagers, etc., le bois, lorsqu'il est dur et résistant, peut servir aux constructions, ou, lorsqu'il est mou, tendre et léger, être employé à certains usages spéciaux.

Plusieurs espèces appartenant à cette famille sont cultivées dans les jardins pour la beauté et la grandeur de leurs fleurs. En première ligne se trouve la Passe-Rose ou Rose trémière (*Althæa rosea*) des contrées orientales. Les Malvacées indigènes sont ordinairement délaissées par l'horticulture, qui préfère les espèces exotiques.

LES MALVÉES — *MALVEÆ*

Caractères. — La tribu des Malvées est caractérisée par une colonne staminale portant des anthères à son sommet ou jusqu'à son sommet. Les branches du style sont en même nombre que les loges de l'ovaire ou les carpelles; ceux-ci (à l'exception des deux genres *Bastardia* et *Howittia* qui ont une capsule loculicide) se détachent à maturité de l'axe ou du réceptacle. Les cotylédons, foliacés, sont repliés deux fois ou diversement contortupliqués.

LES MALOPES — *MALOPE*

Étymologie. — Du mot grec *malos*, couvert de poils blancs.

Caractères. — Ce sont des herbes annuelles, glabres ou velues, à feuilles entières ou trifides, à fleurs roses ou violettes souvent grandes et belles. Ce genre est caractérisé dans la sous-tribu des Malopées (V. le tableau, p. 245) par le stigmate disposé longitudinalement sur le style et par trois amples bractéoles, larges, libres, cordiformes, formant calicule autour de la fleur.

Distribution géographique. — Les trois espèces qui forment ce genre habitent la région méditerranéenne, l'une d'entre elles se trouve en France, dans le Midi, et fleurit aux mois de juin ou juillet. C'est la Malope Fausse-Mauve (*M. malacoïdes*).

Usages. — On cultive dans les jardins la MALOPE A TROIS LOBES (*M. trifida*) (fig. 324), plante glabre d'un vert gai, d'environ 1 mètre

de haut, originaire d'Algérie, dont les fleurs sont très belles avec leurs 5 pétales longs de 5 centimètres sur près de 4 de large, arrondis au sommet, d'un beau rose veiné de rouge plus foncé, avec une tache purpurine à l'onglet.

Fig. 324. — Malope à trois lobes (*Malope trifida*).

On en connaît une variété à grandes fleurs d'un rouge carmin plus foncé et une autre variété à grandes fleurs blanches. La Malope est une belle plante très convenable pour plates-bandes et corbeilles.

LES GUIMAUVES — *ALTHÆA*

Étymologie. — Les Grecs donnaient le nom d'*Althaia* à la Guimauve. Ce mot vient lui-même de *althein*, guérir; allusion aux propriétés émollientes de la plante.

Caractères. — Herbes souvent élevées et tomenteuses, à feuilles lobées ou divisées, à fleurs axillaires, solitaires ou groupées en grappes, ou en un corymbe terminal, et diversement colorées.

Les *Althæa*, qui appartiennent à la sous-tribu des Eumalvées (voir le tableau, p. 245), s'y distinguent par les branches du style stigmatifères en dedans, et par un calicule de 6 à 9 folioles réunies par la base.

Distribution géographique. — On connaît quinze espèces d'*Althæa* croissant dans les régions tempérées du monde entier. On en trouve trois espèces en France, la Guimauve hérissée (*A. hirsuta*), qui fleurit au mois de juillet dans les champs, la Guimauve officinale (*A. officinalis*), qui habite principalement le Midi et l'Ouest, et la Guimauve à feuilles de Chanvre (*A. cannabina*), plante de 1 à 2 mètres, poilue, que l'on rencontre dans les champs du Midi.

Usages. — Les deux espèces les plus

importantes de ce genre sont : comme plante médicinale, la Guimauve officinale, et comme plante d'ornement, la Passe-Rose ou Rose trémière.

L'*Althæa cannabina* est une plante textile dont les feuilles peuvent remplacer le chanvre.

LA GUIMAUVE OFFICINALE — *ALTHÆA OFFICINALIS*

Caractères. — C'est une plante (fig. 325) de 60 centimètres à 1m,20 de hauteur, à feuilles simples, pétiolées, dentées ou divisées en 3 lobes peu marqués, blanchâtres, molles et douces

Fig. 326.   Fig. 325.

Fig. 325. — Rameau fleuri. | Fig. 326. — Souche.

Fig. 325 et 326. — Guimauve officinale (*Althæa officinalis*).

au toucher, velues sur les deux faces ; les pédonculés multiflores sont plus courts que la feuille ou l'égalent. La racine (fig. 326) est longue, cylindrique, charnue, blanche en dedans, recouverte extérieurement d'un épiderme jaunâtre. La fleur présente un calicule de 8 à 9 divisions et les pétales sont au moins une fois plus longs que le calice ; les carpelles sont dépourvus (de marge membraneuse.

Distribution géographique. — La plante est commune dans les marais des côtes de la Méditerranée et de l'Océan et dans toute la moitié occidentale de la France.

Propriétés. — Usages. — De toutes les plantes mucilagineuses, c'est celle qui présente réunies au plus haut degré, les propriétés

émollientes et adoucissantes. La partie la plus active est la racine, qui contient une abondante matière gommeuse qu'elle cède à l'eau. On la trouve dans le commerce dépouillée de son épiderme jaunâtre, sous forme de bâtons d'une belle couleur blanche, d'une saveur douce et mucilagineuse. Les fleurs et les feuilles jouissent des mêmes propriétés, quoique à un degré moindre.

En faisant bouillir la racine de Guimauve dans l'eau, on prépare une décoction qui sert pour l'usage externe à préparer des cataplasmes à la farine de Lin, à lotionner les plaies, à calmer les irritations de la peau, à faire des gargarismes, etc. On donne souvent la racine à mâcher aux enfants pour favoriser la dentition. Pour l'usage interne, la Guimauve est employée en tisane ou sous forme de pastilles ou de pâtes, préparations pectorales bonnes contre la toux.

LA ROSE TRÉMIÈRE — *ALTHÆA ROSEA*

Synonymie. — *Alcea rosea*.

Noms vulgaires. — Passe-Rose ; Bâton de Saint-Jacques ; Bourdon de Saint-Jacques ; Bâton de Jacob ; Rose à bâton, Rose de Damas, Rose de mer, Rose d'outre-mer, etc.

Caractères. — L'*Althæa rosea* (fig. 327) se distingue principalement de l'espèce précédente par ses carpelles bordés d'une marge membraneuse et par son calicule à 6 divisions. C'est une plante vivace, mais cultivée dans nos pays comme bisannuelle, dont les tiges robustes et velues s'élèvent souvent à plus de 2 mètres de hauteur, sont garnies de larges feuilles rugueuses, cordiformes, arrondies, à 5 ou 7 lobes crénelés, couvertes de poils des deux côtés, et se terminent par un épi de grandes et belles fleurs, presque sessiles, de couleurs variées depuis le blanc et le jaune, jusqu'au rouge et au pourpre noirâtre le plus foncé.

Distribution géographique. — La Rose trémière est originaire de Syrie.

Usages. — Les fleurs de l'*Althæa rosea* sont employées en médecine et sa racine est quelquefois substituée dans le commerce à celle de la Guimauve, dont elle a les propriétés. Elle est plus ligneuse, d'une couleur moins blanche et d'une saveur moins douce.

On a fait parfois servir les pétales de Roses trémières, choisies parmi les variétés à fleurs foncées, pour colorer le vin. Cette coloration artificielle est sans danger au point de vue de la santé, mais elle communique au vin un parfum spécial, qui, au bout de quelques mois, se transforme en un goût désagréable. D'autre part cette pratique de la coloration du vin est condamnable comme favorisant le mouillage.

C'est comme plante d'ornement que la Rose trémière présente le plus d'intérêt. C'est une plante superbe avec ses touffes vigoureuses de grandes feuilles arrondies, du milieu desquelles émerge une haute tige de plus de 2 mètres, garnie de fleurs magnifiques qui se succèdent de juillet à septembre et présentent la plus grande variété comme couleurs, dimensions et forme. Il en existe aussi des variétés naines. Les couleurs principales sont le jaune, le saumon, le blanc, le chamois, le rose, le rose cerise, le rouge, le cramoisi, le

Fig. 327. — Rose trémière à fleurs doubles (*Althæa roseu*, var.).

violet, le pourpre, le brun, le noir et tous les passages entre ces couleurs ainsi que les panachures les plus diverses.

Il existe un très grand nombre de variétés de Roses trémières à fleurs doubles (fig. 327) : ce sont d'ailleurs les plus recherchées. Les unes ont des fleurs larges formées d'un pompon central de taille moyenne, entouré d'une large collerette étalée, constituée par les pétales du rang extérieur. D'autres, dites *Roses trémières anglaises* ou *écossaises*, ont un pompon central sphérique et fortement bombé, à peine dépassé par les pétales de la collerette.

Les tiges des Roses trémières, coupées et placées dans l'eau au début de la floraison, se conservent fraîches assez longtemps et les boutons continuent à s'épanouir. Cela permet d'en faire usage pour la décoration des appartements.

La ROSE TRÉMIÈRE OU PASSE ROSE DE LA CHINE

(*Althæa sinensis*) a des tiges dressées, simples, ou peu rameuses, atteignant 1 mètre à 1^m,50 de haut, des feuilles cordées, crénelées, dentées, et des fleurs de plus de 6 centimètres de diamètre à pétales blanc grisâtre, tachés de pourpre à la base et légèrement frangés au sommet. Il en existe une variété à fleurs rouges avec stries et veines plus foncées.

Plusieurs autres espèces d'*Althæa* forment de jolis arbustes de jardins donnant de grandes fleurs ressemblant à celles de la Rose trémière. Leur principal mérite est de fleurir aux mois d'août et de septembre, c'est-à-dire à une époque où les arbustes en fleurs ne sont pas nombreux.

Le genre LAVATÈRE (*Lavatera*), dédié à Lavater, médecin-naturaliste de Zurich, ne se distingue guère des *Althæa* que par son calicule à 3 folioles plus ou moins soudées, naissant du pédoncule. On en cultive plusieurs espèces dans les jardins :

La LAVATÈRE A GRANDES FLEURS (*L. trimestris*), de l'Europe méridionale, plante de 80 centimètres à 1 mètre de haut, à grandes fleurs de 6 centimètres de large colorées en rose tendre transparent veiné de plus foncé avec une tache violette à la base des pétales. On en connaît une variété à fleurs entièrement blanches.

La LAVATÈRE EN ARBRE (*L. arborea*), plante d'Italie qui se retrouve en Corse et dans le Midi de la France. Elle a le port d'un petit arbre qui peut atteindre 2 à 3 mètres de haut et dont les tiges se ramifient au sommet en une tête arrondie. Les fleurs petites sont colorées en violet clair cu pourpre violacé. Une variété à feuilles panachées ne se distingue du type que par ses feuilles vert franc tacheté et marbré de jaune.

La LAVATÈRE D'HYÈRES (*L. olbia*) atteint 2 mètres et plus de hauteur. Ses fleurs sont assez grandes, à pétales bilobés d'un rose purpurin.

LES MAUVES — *MALVA*

Étymologie. — C'est à cause des propriétés émollientes de cette plante qu'elle a reçu en latin le nom de *Malva*, formé du mot grec *malacos*, qui signifie mou.

Caractères. — Les Mauves sont des herbes hérissées ou glabres à feuilles souvent anguleuses, lobées ou disséquées, à fleurs solitaires ou fasciculées, sessiles ou pédonculées ; beaucoup plus rarement disposées en grappes

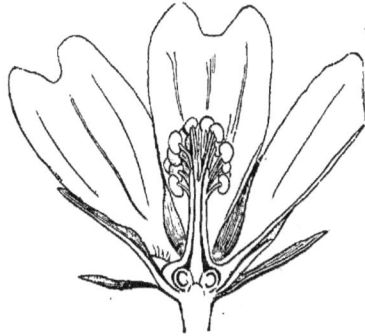

Fig. 329.

Fig. 328.   Fig. 330.   Fig. 331.   Fig. 332.   Fig. 333.

Fig. 328. — Port.
Fig. 329. — Fleur coupée.
Fig. 330. — Androcée.

Fig. 331. — Étamine.
Fig. 332. — Pistil.
Fig. 333. — Fruit.

Fig. 328 à 333. — Mauve sauvage (*Malva sylvestris*).

terminales. Les fleurs sont pourpres, roses ou blanches, jamais jaunes, à pétales émarginés ou très rarement denticulés.

La calicule est formé de 3 folioles libres, naissant de la base du calice à 5 divisions. Les nombreuses loges de l'ovaire disposées circulairement autour de l'axe sont uniovulées. Les carpelles se détachent de l'axe à maturité.

Distribution géographique. — On connaît environ 16 espèces de Mauves, originaires de l'Europe, de l'Asie tempérée et de l'Afrique tropicale. Elles sont aujourd'hui, pour la plupart, dispersées sur le globe tout entier, le long des chemins et dans les endroits cultivés. La flore française en compte sept espèces, dont quatre sont communes ou assez communes dans le bassin de Paris (*M. sylvestris, rotundifolia, alcea, moschata*). Deux autres espèces,

M. parviflora et *M. nicæensis*, sont propres au Midi; *M. althæoides* habite la Corse.

Usages. — Les Mauves, en particulier la grande (*M. sylvestris*) et la petite Mauve (*M. rotundifolia*), sont fort employées comme adoucissantes et émollientes, à cause du mucilage abondant qu'elles renferment.

LA MAUVE SAUVAGE — *MALVA SYLVESTRIS*

Noms vulgaires. — Grande Mauve, Meule.

Caractères. — La Mauve sauvage (fig. 328 à 333) est une plante vivace de 3 à 6 décimètres de haut, couverte de poils longs et étalés, à racine pivotante blanchâtre. Les tiges cylindriques, un peu pubescentes, rameuses, portent des feuilles vertes (fig. 328) longuement pétiolées, arrondies, échancrées à la base, découpées en 5 ou 7 lobes peu profonds, munis de poils sur les nervures. Les fleurs (fig. 329), qui apparaissent de juin à août, sont d'une couleur rose rayée de rouge plus foncé, disposées quelques-unes à la fois dans l'aisselle des feuilles sur des pédoncules inégaux. Les pétales bilobés sont au moins 3 fois plus longs que le calice. Les carpelles (fig. 332) sont fortement réticulés.

Distribution géographique. — C'est l'espèce la plus répandue du genre *Malva;* elle croît partout en Europe, ainsi que dans une partie de l'Asie et de l'Afrique, au milieu des décombres, dans les lieux incultes (fig. 334), le long des haies, sur le bord des chemins et dans les bois. On la trouve aussi bien au Nord qu'au Midi.

Usages. — Les feuilles et les fleurs de la Mauve sont émollientes et adoucissantes; les usages en sont les mêmes que ceux de la Guimauve. Les racines jouissent aussi de propriétés analogues, mais sont beaucoup moins mucilagineuses que celles de la Guimauve. Les feuilles s'emploient surtout pour l'usage externe: on en fait des cataplasmes et des décoctions qui servent en lotions, lavements, collyres, etc., pour calmer l'irritation des diverses parties du corps. Les fleurs font partie des *fleurs pectorales* et s'emploient sous forme de tisane contre le rhume, la laryngite et autres affections des voies respiratoires. Lorsque les fleurs sont desséchées, elles deviennent bleues au lieu de violettes qu'elles sont lorsqu'elles sont fraîches.

On substitue souvent, pour les usages officinaux, aux fleurs de la Mauve sauvage, celles d'une espèce originaire de Chine, cultivée dans les jardins, appelée *Malva glabra*, dont les fleurs sont beaucoup plus grandes, d'un rouge plus prononcé et acquièrent par la dessiccation une couleur bleue très intense, qui se conserve pendant beaucoup plus longtemps.

Dans les campagnes, on fait souvent usage des feuilles émollientes d'une autre espèce, la PETITE MAUVE OU MAUVE A FEUILLES RONDES (*M. rotundifolia*), qui croît en abondance dans toute la France et qui se distingue par ses tiges couchées, ses feuilles velues, échancrées en cœur à la base, orbiculaires, avec 5 lobes très peu marqués; ses fleurs sont très petites et d'un rose pâle. Ce sont les carpelles de cette plante que les enfants se plaisent parfois à manger sous e nom de *fromageons*.

La Mauve était autrefois considérée comme une plante alimentaire et les Grecs comme les Égyptiens en faisaient grand usage. Dioscoride parle d'une Mauve cultivée, qui n'était autre que la Mauve sauvage, modifiée par la culture et ayant acquis ainsi un goût plus agréable et des propriétés plus digestives. Pythagore regardait la Mauve comme un aliment très sain et particulièrement propre à favoriser les travaux intellectuels et la pratique de la vertu. Il est souvent question de la Mauve dans les écrits des poètes latins. Martial a dit:

Utere lactucis et mollibus utere malvis.

Horace, se félicitant de sa vie simple et frugale, dit qu'il se nourrit de Chicorées et Mauves légères:

Me pascunt cichoreæ levesque malvæ.

Dans un autre endroit, le même poète, fatigué de la vie luxueuse de la superbe Rome, soupire pour la solitude de Tibur et compare les Mauves simples, mais salutaires, aux mets recherchés et dangereux qui parent la table des grands.

On cultive quelques Mauves dans les jardins, mais ce sont pour la plupart des espèces exotiques.

Dans les corbeilles et les plates-bandes figurent parfois la MAUVE D'ALGER (*M. Mauritiana*) de l'Afrique boréale, à fleurs blanc rosé strié de pourpre et de violet, et la MAUVE ROUGE du Mexique, dont les fleurs sont rouge vermillon, parfois même brique.

La MAUVE FRISÉE (*M. crispa*) a de petites fleurs blanches très insignifiantes et n'a d'ornemental que son port et son feuillage. On ne la cultive guère que dans les potagers, à cause de ses grandes feuilles crépues, dont on se sert pour parer les fruits sur les tables.

LES CALLIRHOÉS — *CALLIRHOE*

Étymologie. — Callirhoé était le nom d'une nymphe, à laquelle était consacrée une des fontaines d'Athènes. Ce mot a été formé de deux mots grecs, *callos*, beau, *rhoé*, cours d'eau. C'est une allusion à la beauté de ces plantes et à leur habitat.

Caractères. — Ce sont des herbes à port de Mauves. Ce genre ne se distingue d'ailleurs du genre *Malva* que par le calicule à 1 ou 3 folioles, qui peut manquer, et par la forme des carpelles, atténués à leur sommet en une sorte de bec court, creux, dont la cavité est séparée

Fig. 334.   Fig. 335.   Fig. 336.

Fig. 334. — Mauve sauvage (*Malva sylvestris*).
Fig. 335. — Bourrache (*Borrago officinalis*).

Fig. 336. — Mouron des champs (*Anagallis arvensis*
et Bardane (*Lappa communis*).

Fig. 334 à 336. — Plantes des endroits incultes.

de la cavité ovarienne par un processus intérieur disposé transversalement.

Distribution géographique. — On en connaît 7 espèces, toutes de l'Amérique du Nord.

Usages. — On en cultive deux espèces dans les jardins comme plantes ornementales :

Le Callirhoé a feuilles pédalées (*C. pedata*), plante annuelle de l'Arkansas, forme des buissons de 1 mètre de haut environ, fleurissant de juillet à octobre, et convient aux plates-bandes et aux corbeilles.

Le Callirhoé a involucre (*C. involucrata*) a les tiges couchées ; aussi ne convient-il qu'à garnir les murs ou à faire des bordures en entrecroisant les tiges sur la terre et en les y maintenant à l'aide de crochets. Cette espèce est très remarquable par le coloris intense et comme miroitant de ses grandes et belles fleurs, qui se succèdent de juillet à octobre.

LES SIDES — *SIDA*

Étymologie. — Du grec *sidè*, nom qu'on donnait à une espèce de Guimauve.

Caractères. — Herbes ou arbrisseaux à fleurs sessiles ou pédonculées, solitaires ou agglomérées, axillaires ou disposées en grappes, épis ou capitules, grandes et belles ou parfois très petites, jaunes ou blanches. Le calice manque ou est très rarement représenté par 1 ou 2 soies. Les carpelles sont nus ou connivents-rostrés. Ce genre est le type de la sous-tribu des Sidées (voir le tableau, p. 245).

Distribution géographique. — 90 espèces forment ce genre, représenté dans les régions chaudes du globe entier. On en compte à peu près 8 en Afrique et en Asie et 20 en Australie ; toutes les autres sont américaines. 5 ou 6 ont aujourd'hui pénétré dans toutes les contrées tropicales ou subtropicales.

Usages. — Dans les pays chauds, quelques Sides sont employées comme émollients et remplacent dans la pratique nos Mauves et nos Guimauves.

Plusieurs espèces donnent des fibres textiles, qui servent à fabriquer des tissus ou des cordes, suivant qu'elles sont fines ou grossières, ce qui tient d'ailleurs à la préparation. Parmi elles on peut signaler le *Sida retusa*, commun dans l'Inde, le *Sida tiliæfolia*, cultivé en Chine, le *S. rhomboidea* du Bengale, etc.

LES ABUTILONS — *ABUTILON*

Caractères. — Herbes, arbrisseaux ou arbres à feuilles cordées, anguleuses ou lobées, rarement étroites, à fleurs ordinairement axillaires, de couleurs variées. Ce genre, type de la sous-tribu des Abutilées (v. le tableau, p. 245), est caractérisé par l'absence du calicule et par ses carpelles verticillés, divergents ou arrondis au sommet, nus à l'intérieur.

Distribution géographique. — 80 espèces environ habitent toutes les régions chaudes du globe entier.

Usages. — Quelques espèces comptent parmi les arbrisseaux d'ornement de pleine terre dans le Midi de la France, mais dans le Nord demandent l'orangerie. Parmi les plus importants on peut citer :

L'Abutilon strié (*Abutilon striatum*) du Brésil, quelquefois désigné sous le nom de *Sida striata*. C'est un arbrisseau grêle, à feuilles trilobées, persistantes, et à belles fleurs pendantes en clochettes jaunes veinées de lignes pourpres. On le cultive dans le Midi où il fleurit presque toute l'année et est recherché pour la confection des bouquets.

L'Abutilon étendard (*A. vexillarium*), de l'Amérique du Sud, a de gracieuses fleurs pendantes, carmin en dehors, jaunes en dedans.

L'Abutilon de Thompson, à fleurs pleines (*A. Thompsoni*) (fig. 337), est une très belle variété dont les fleurs sont pleines comme une petite rose trémière, de couleur orange avec stries et nervures cramoisies. La plante fleurit abondamment toute l'année. Le feuillage est élégamment panaché de jaune vif sur fond vert.

Les feuilles des *A. populifolium* et *A. asiaticum* de la côte de Coromandel fournissent des fibres textiles.

LES URÉNÉES — *URENEÆ*

Caractères. — La tribu des Urénées présente les caractères suivants : Colonne staminale anthérifère en dehors, tronquée à son sommet ou divisée en 5 dents. Les branches du style sont au nombre de 10 et les carpelles au nombre de 5 seulement. Ceux-ci, à maturité, se détachent de l'axe ou du réceptacle. Les cotylédons sont faits comme dans la tribu des Malvées.

Distribution géographique. — Cette tribu comprend 6 genres et 90 espèces environ, dont 70 pour le genre *Pavonia*. Toutes sont exotiques et habitent les régions chaudes des deux mondes.

Usages. — Plusieurs de ces plantes fournissent des matières textiles utilisées. Les *Malachra ovata* et *M. capitata* des Antilles donnent une fibre assez semblable à du Chanvre. Dans l'Inde on extrait de l'*Urena sinuata* une fibre très fine qui porte le nom de *Tup-Khadia* ; celle extraite de l'*Urena lobata* s'appelle *Bun-Ochra* ; toutes deux sont introduites en Europe

Fig. 337. — Abutilon de Thompson à fleurs doubles (*Abutilon Thompsoni flore pleno*) (Bruant).

et substituées au *Jute*, matière textile connue dans l'Inde depuis la plus haute antiquité et fournie par plusieurs espèces du genre *Corchorus*, de la famille des Tiliacées. On utilise encore les fibres libériennes du *Pavonia ceylonica* de l'Inde.

LES HIBISCÉES — *HIBISCEÆ*

Caractères. — Les Hibiscées ont une colonne staminale anthérifère au dehors, tronquée ou à 5 dents, très rarement anthérifère au sommet. Les branches du style sont en nombre égal à celui des loges de l'ovaire. Le fruit est une capsule loculicide. Les cotylédons sont ceux des Malvées et des Urénées.

LES KETMIES — *HIBISCUS*

Étymologie. — Les Grecs donnaient le nom d'*Hibiscos* à la Guimauve ou à la Mauve. Les anciens d'ailleurs, surtout dans le peuple, confondaient les Mauves, les Guimauves, les Ketmies, etc., et ne faisaient de tous ces genres qu'un genre unique, à cause de la ressemblance des feuilles et des fleurs. Dans les vers suivants de Virgile (1) où un berger dit à son ami :

O tantum libeat mecum..... humiles habitare casas...
Hædorum gregem viridi compellere Hibisco,

le mot *Hibiscus* représente sûrement une Malvacée, mais comme ici le poète ne peut vraisemblablement parler que de l'espèce de Mauve la plus commune dans les endroits qu'affectionnent les chèvres, c'est-à-dire les pâturages de la montagne, il est de toute évidence que c'est de la Mauve sauvage (*Malva sylvestris*) qu'il est question, et non de la Guimauve qui ne vient que dans les terrains humides et sur le bord des eaux.

Caractères. — Les Ketmies sont des plantes herbacées, frutescentes ou arborescentes à feuilles diverses, souvent divisées. Les fleurs, de couleurs variées, sont le plus souvent grandes et belles avec les pétales marqués d'une tache d'une autre couleur que le fond. Les bractées du calicule sont persistantes ou caduques. Ce

(1) Virgile, *Églogue II*, v. 30.

genre présente comme caractères, en plus de
ceux qui sont communs à toutes les Hibiscées :
un nombre indéfini de folioles au calicule ;
un ovaire à 5 loges renfermant 2 ou plusieurs
ovules ; 5 branches du style étalées, ou plus
rarement dressées, et terminées par des stigmates dilatés ou capités.

Ce genre, très vaste et remarquable, a été
subdivisé par différents auteurs en un certain
nombre de sections et même de genres nouveaux. C'est ainsi que plusieurs auteurs distinguent comme génériquement distincts les
Abelmoschus, que nous rattacherons ici aux
Hibiscus.

Distribution géographique. — Les espèces
aujourd'hui connues du genre *Hibiscus* sont au
nombre d'environ 180, dont la plupart sont dispersées à travers les régions chaudes des deux
hémisphères. Quelques-unes toutefois se rencontrent en dehors des tropiques dans l'Amérique du Nord, en Europe et en Asie, et en plus
grand nombre, dans l'Amérique du Sud, en
Afrique et en Australie.

Dans la flore française, les Ketmies sont représentées par 2 espèces seulement, la Ketmie à
fleurs roses (*H. roseus*), qui vient dans les lieux
marécageux des environs de Bayonne et de
Dax, et la Ketmie de Syrie (*H. Syriacus*), naturalisée à présent dans les environs de Nice.

Usages. — Un grand nombre de Ketmies
exotiques fournissent des fibres textiles propres
à la confection des cordes. Parmi elles nous
citerons comme la plus importante l'*Hibiscus
cannabinus* de l'Inde. D'autres ont un fruit comestible comme l'*Hibiscus esculentus*. Des graines de l'*Hibiscus abelmoschus* on extrait un parfum, le musc végétal. Enfin plusieurs espèces
à fleurs belles et décoratives sont cultivées
dans les jardins comme plantes d'ornement.

LA KETMIE A CHANVRE — *HIBISCUS CANNABINUS*

Noms vulgaires. — Cette plante porte le nom
d'*Ambaree* dans les parties occidentales de
l'Inde : on l'appelle *Palungo* à Madras et *Deka-
nee* à Bombay.

Caractères. Distribution géographique. —
C'est une plante herbacée annuelle, qui pousse
dans l'Inde et qui est cultivée pour son liber
textile.

Usages. — Cette espèce fournit le *Chanvre
de Gombo*. La fibre brute ne jouit pas en Europe
de la réputation qu'elle mérite, à cause de sa
mauvaise préparation ; c'est en effet un produit

fort inégal, tantôt très grossier et tantôt très
fin. Cela tient à ce que les fibres libériennes
n'ont pas été soigneusement séparées les unes
des autres et que la fibre brute correspond
souvent à un paquet de fibres restées unies. Cette
fibre peu lignifiée et par conséquent très flexible, se rapproche assez par ses propriétés du
Chanvre et du Lin. Elle est blanchâtre ou légèrement teintée en jaune. Sa longueur varie
entre 10 et 90 centimètres.

Une vingtaine d'autres espèces sont encore
cultivées dans divers pays, dans le même but
que l'*Hibiscus cannabinus*. Nous n'en indiquerons que les principales.

Le *Chanvre de Mahot* est donné par l'*H. di-
gitatus*, originaire de l'Inde et cultivé à la
Guyane ; l'*H. elatus*, de l'Inde, donne une fibre
très solide, appelée *Warwe* et employée pour
faire des cordages ; l'*H. tiliaceus*, qu'on retrouve dans l'Inde, le centre de l'Amérique,
les îles Marquises, fournit de bonnes fibres
connues sous les noms de *bola* ou *mololia ;* à la
Jamaïque on cultive activement l'*H. Sabda-
riffa*, pour en extraire la fibre appelée *rozelle*
Madras et *red sorrel* aux Antilles, etc.

LA KETMIE MUSQUÉE — *HIBISCUS ABELMOSCHUS*

Synonymie. — *Abelmoschus communis.*

Noms vulgaires. — Ambrette. — *Kabel misk*
est le nom arabe, dont celui d'*Abelmoschus*, au
dire de Burnett, ne serait que la corruption.

Caractères. — C'est un arbrisseau (fig. 338)
à tige hérissée de poils, haute de 1 mètre à 1m,30,
dont les feuilles sont découpées en 5 segments
dentés, et qui porte aux mois de juillet et août
de grandes fleurs couleur soufre, à gorge
pourpre. Le fruit est une capsule de 55 millimètres de long, pentagonale et pyramidale, à
5 loges, s'ouvrant par 5 valves septifères. Les
graines sont nombreuses, d'un gris rougeâtre,
sous-réniformes, à test crustacé, ombiliquées
au fond de l'échancrure ; leur surface est très
légèrement rayée.

Distribution géographique. — L'Ambrette
est originaire de l'Inde, mais a été transportée
en Égypte et dans les Antilles, où on la cultive
pour ses graines.

Usages. — Les graines d'Ambrette, lorsqu'elles sont pulvérisées, répandent une odeur
qui rappelle beaucoup celle du musc : on leur
a donné le nom de *musc végétal*. Elles sont
employées en parfumerie.

« Avant la Révolution, lorsque la poudre à

Fig. 338. — Ketmie musquée (*Hibiscus abelmoschus*).

Fig. 339. — Gombo à fruit long (*Hibiscus esculentus*).

la duchesse était à la mode pour la coiffure, les parfumeurs mêlaient les graines d'Ambrette à l'amidon qu'ils employaient comme base de leur préparation ; lorsque celui-ci possédait une odeur assez prononcée, on retirait les graines et la poudre était mise en paquets pour la vente.

« Aujourd'hui, elles servent encore dans la parfumerie, mais leur usage est assez restreint ; on les emploie aussi pour falsifier le musc véritable. Les graines d'Ambrette entrent dans la préparation de l'Alkermès de Florence, liqueur fabriquée avec la Cannelle, l'Acore odorant, le Girofle et l'écorce intérieure de la Noix muscade. En Italie, cette liqueur se vend à un prix assez élevé.

« Les Égyptiens, qui les premiers firent connaître ces graines en Europe, les mâchent pour exciter l'appétit et se donner une haleine agréable ; ils les considèrent aussi comme aphrodisiaques et astringentes.

« L'Ambrette se vend au poids net ; elle est expédiée en Europe en barils ou en sacs pour lesquels on accorde une tare réelle.

« Ce produit est sujet à des variations de prix considérables, suivant son abondance ou sa rareté sur le marché. Une des maisons les plus importantes de la parfumerie parisienne emploie environ 400 kilogrammes de graines annuellement. Pour leur conserver leur odeur,

on doit avoir la précaution d'enfermer les graines dans des vases fermés hermétiquement. Les plus estimées nous viennent de la Martinique ; celles qui nous arrivent d'Asie et d'Égypte sont plus grosses que celles de l'Inde et des Antilles, leur odeur est plus forte, mais moins agréable (1). »

LA KETMIE COMESTIBLE — *HIBISCUS ESCULENTUS*

Noms vulgaires. — *Gombo.*

Caractères. — Cette espèce, qui a beaucoup de rapports avec la précédente, est une herbe annuelle de 65 centimètres de hauteur, portant des feuilles d'un beau vert, velues, en forme de cœur, divisées en 5 lobes élargis et dentés. Les fleurs axillaires sont grandes, campanulées, couleur soufre avec le fond purpurin. Le fruit est une capsule conique, tronquée à la base, de forme pentagonale, corniculée à son extrémité, présentant 10 sillons à sa surface, creusée de 5 loges et s'ouvrant par 5 valves. Les graines sont globuleuses, d'un gris verdâtre, à surface unie.

Il existe deux variétés de cette plante : le *Gombo à fruit long* (fig. 339), dont la capsule a 15 ou 20 centimètres de long, sur 2 à 3 de large,

(1) *Bull. de la Soc. d'Acclimatation*, 4e série, tome V, p. 976.

Fig. 340. — Ketmie de Syrie (*Hibiscus syriacus*).   Fig. 341. — Ketmie rose de Chine (*Hibiscus rosa sinensis*).

et le *Gombo à fruit rond*, dont le fruit, de 16 à 17 centimètres de longueur, a 40 centimètres de diamètre.

Distribution géographique. — Cette plante, originaire de l'Inde, est aujourd'hui cultivée comme plante comestible en Égypte, en Syrie, en Grèce, en Turquie, aux Indes, à la Louisiane, aux Antilles et dans l'Amérique du Sud. Elle n'est encore que peu cultivée en France, où elle ne vient parfaitement d'ailleurs qu'au Sud-Ouest, à partir des Charentes, et dans le Midi. Le climat de Paris lui est défavorable et il lui faut la serre comme dans le Nord également.

Usages. — Dans les pays où l'on cultive la plante, on fait une grande consommation des fruits verts du Gombo. On peut les manger en nature, en les coupant par tranches qu'on prépare comme les petits Pois nouveaux ou les Haricots verts. C'est ainsi qu'au Brésil, on mange ces fruits cuits avec de la volaille. En Égypte, le Gombo est un des légumes les plus communs du pays, et les Européens eux-mêmes en font une grande consommation pendant sept à huit mois de l'année.

En mettant les fruits verts du Gombo, coupés par morceaux, à bouillir dans un potage ou dans une sauce, le mucilage qui s'en dégage donne de la consistance à ces aliments, en même temps

qu'ils acquièrent une saveur acidulée, que les créoles de la Martinique et de la Guadeloupe trouvent très agréable. C'est ainsi qu'à la Martinique, on fait une grande consommation de *Calalou;* c'est un potage qui se fabrique avec les fruits du Gombo, une plante nommé *Herbage*, du jambon et souvent aussi des Crabes. Au dire des indigènes, c'est un mets des plus délicieux.

Les graines entrent dans la préparation du sirop et de la pâte de Nafé des pharmaciens. On a préconisé ces graines comme succédané du Café. D'après M. Léon Rattier, l'infusion de ces graines torréfiées vaudrait le Café ou, en tous cas, serait supérieure aux Cafés médiocres. Seulement il faut pour cela que les graines soient très mûres, ce que l'on n'obtient pas sous notre climat.

LA KETMIE DE SYRIE — *HIBISCUS SYRIACUS*

Caractères. — C'est un arbrisseau (fig. 340) à feuilles glabres, trilobées, portant à la floraison, en août-septembre, des fleurs blanches ou violettes, pourpres à la base des pétales, de même forme que celles de la Rose trémière. Le calicule est formé de 6 ou 8 folioles.

Distribution géographique. — Cette espèce,

Fig. 342.

Fig. 343.

Fig. 342. — Rameau avec fleur et fruit. | Fig. 343. — Fruit.

Fig. 342 et 343. — Cotonnier (*Gossypium religiosum*).

originaire de la Syrie et de la Carniole, est cultivée depuis longtemps. On la trouve naturalisée dans le Midi de la France, aux environs de Nice.

Usages. — Par la culture, on en a obtenu de nombreuses variétés dont les fleurs, simples ou doubles, sont colorées en blanc, rose pourpre et violet foncé. On en connaît même des jaunes. Cette plante d'ornement très appréciée est rustique dans le Nord de la France (fig. 341).

On cultive encore quelques espèces comme fleurs de pleine terre : la Ketmie vésiculeuse (*H. trionum*) à fleurs jaunes tachées de noir, de l'Europe méridionale ; la Ketmie d'Afrique (*H. vesicarius*) à fleurs plus grandes ; la Ketmie des marais (*G. palustris*) de l'Amérique du Nord, à fleurs blanches marquées de rouge ; la Ketmie militaire (*H. militaris*), espèce américaine dont on connaît plusieurs variétés.

La Ketmie rose de Chine (*H. Rosa sinensis*), de la Chine méridionale, a les feuilles persistantes et des fleurs de grande taille (fig. 341). C'est une excellente plante d'ornement, mais son peu de rusticité l'empêche de passer l'hiver en pleine terre autre part que dans la région de l'oranger. Ailleurs il faut la cultiver en serre, ainsi que plusieurs autres espèces exotiques aussi remarquables, mais encore plus exigeantes, et qui, sous nos climats, ne peuvent quitter la serre tempérée.

Les *H. Rosa sinensis* ont un beau feuillage

persistant et des fleurs magnifiques pendant tout l'été et l'automne. Le plus beau et le plus florifère de tous les *Hibiscus*, est la variété *subviolaceus*, plante robuste, d'un port droit, au beau feuillage, aux rameaux courts, terminés par de nombreuses fleurs doubles ou semi-doubles, d'une largeur extraordinaire, s'épanouissant facilement et durant plusieurs jours ; la couleur est d'un beau carmin groseille.

LES COTONNIERS — *GOSSYPIUM*

Caractères. — Les Cotonniers sont des herbes élevées, ou des arbrisseaux subarborescents à feuilles généralement divisées en 3 à 9 lobes ou plus rarement presque entières, à fleurs assez grandes (fig. 342) colorées en jaune ou en pourpre.

Les bractéoles du calice, au nombre de 3, amples et cordées, sont ordinairement ponctuées de noir ; le calice est tronqué ou divisé en 5 dents assez courtes. La colonne staminale est généralement nue au sommet. L'ovaire à 5 loges multiovulées, est surmonté d'un style renflé en massue, portant 5 sillons et terminé par 5 stigmates. Le fruit (fig. 343) est une capsule loculicide, contenant des graines subglobuleuses ou anguleuses, dont les cellules superficielles s'allongent pour la plupart et, en s'accroissant peu à peu, atteignent jusqu'à 4 et même 5 centimètres de longueur. C'est ce qui forme les brins de coton.

Distribution géographique. — Les auteurs ne sont pas d'accord sur le nombre d'espèces qu'il convient de distinguer dans le genre *Gossypium*. Bentham et Hooker en comptent 2 ou 3 tout au plus ; Masters en admet 4, Parlatore 7 et Todaro 34. Voici les 7 espèces reconnues par Parlatore :

1° *Gossypium herbaceum*, plante herbacée de 0m,50 à 1 mètre de haut, probablement originaire de l'Asie orientale et aujourd'hui cultivée dans tous les pays producteurs, principalement en Turquie d'Europe, en Grèce, en Asie Mineure et dans l'Inde. Son nom de Cotonnier herbacé vient de ce que la plante devient annuelle dans les régions situées en dehors de la zone tropicale : mais en Algérie on voit parfois les Cotonniers persister quatre ou cinq ans et devenir de véritables arbustes. Dans les régions tropicales, le même Cotonnier devient arborescent. Le Cotonnier herbacé est donc un arbre, comme tous les autres Cotonniers, quand il est cultivé sous le climat qui lui convient.

2° *Gossypium arboreum*, arbre des régions chaudes de l'Asie, cultivé dans l'Inde, en Chine, en Égypte, aux États-Unis et aux Antilles.

3° *Gossypium sandwiciense*, des îles Sandwich.

4° *Gossypium barbadense* (fig. 322, p. 245) de l'Inde occidentale, dont la fibre est remarquablement longue et qui a été introduit partout où se cultive le Cotonnier.

5° *Gossypium hirsutum*, de l'Inde occidentale et des régions chaudes de l'Amérique, cultivé partout.

6° *Gossypium religiosum* de la Chine, cultivé en Chine et ailleurs.

7° *Gossypium taitense*, de Taïti.

Les caractères botaniques des diverses espèces que l'on peut distinguer dans le genre *Gossypium* n'intéressent d'ailleurs que médiocrement un pays consommateur et non producteur comme l'est le nôtre. Ce qu'il importe surtout de connaître, c'est la provenance du coton, car la même espèce cultivée sous des climats divers peut fournir des cotons de valeur inégale. Le planteurs se contentent d'ailleurs de diviser des Cotonniers suivant leur taille en Cotonniers arbres, arbustes ou herbacés.

En Amérique, où la production du coton a pris une extension considérable, on a entrepris des expériences nombreuses de sélection pour déterminer les caractères des espèces ou races les meilleures et les plus productives, et même pour former des variétés nouvelles par hybridation.

La zone occupée par les Cotonniers est très étendue : en effet, cette plante croît non seulement dans la partie tempérée des deux hémisphères, mais aussi dans les pays dont la température ne descend pas au-dessous de 17° centigrades, ainsi qu'on le remarque en Espagne et en Grèce.

En Europe, la culture du Cotonnier ne dépasse pas 45° de latitude Nord : en Asie, elle remonte à 41° ; en Chine et au Japon, dans l'Amérique du Nord, elle atteint à peu près ces latitudes, tandis qu'elle se présente sur toute la surface du continent africain.

Distribution géologique. — Les Cotonniers semblent avoir été représentés dans nos pays à l'époque tertiaire. « Il ne serait pas impossible, dit M. de Saporta (1), d'y rapporter légitimement un fruit répandu dans les schistes marneux de la montagne de Gergovie sur l'horizon du miocène inférieur. Ce fruit posé sur un calice persistant est ouvert par déhiscence à cinq valves à la maturité, et rappelle, selon la remarque déjà ancienne, due à M. Pomel, ceux des *Hibiscus* et des *Gossypium*. L'Europe aurait donc peut-être possédé jadis quelque forme ancestrale du Cotonnier, type de plante utilisée par l'homme dans le monde entier et dont l'extension naturelle dans les deux continents serait de nature à justifier la présence ancienne sur le sol européen. »

Usages. — Il n'existe peut-être pas de plante plus utile que le Cotonnier. Le fin duvet blanc qu'il nous fournit et qu'on nomme le *coton* est une matière première des plus importantes pour l'industrie, tant à cause de son prix que des précieuses qualités qu'il possède,

Le coton sert à la fabrication d'une grande variété de tissus, soit seul, soit mélangé à la laine, à la soie ou au lin. Les étoffes de coton durent longtemps ; elles sont chaudes, légères et avantageuses par la modicité du prix auquel le commerce est arrivé à les livrer. Elles prennent facilement toutes sortes de teintures.

Le coton sert de base à la préparation de plusieurs produits importants. En le traitant par l'acide azotique on obtient le coton-poudre.

(1) De Saporta, *Origine paléontologique des arbres cultivés*, p. 271.

C'est également avec le coton qu'on fabrique le liquide sirupeux connu sous le nom de *collodion*, qui a reçu en photographie et en pharmacie une application des plus importantes.

Historique. — Les Grecs et les Romains connaissaient déjà le coton et l'on sait que dès le cinquième siècle avant notre ère il y avait en Égypte des Cotonniers cultivés. On savait aussi cultiver cette plante dans l'Inde et au Pérou, à peu près à la même époque. Ce n'est guère que vers la fin du siècle dernier que l'industrie du coton a pris toute son extension en Europe, bien que depuis longtemps déjà nos pays aient reçu des tissus fabriqués dans l'Inde. C'est en 1772 qu'on a fabriqué en Angleterre la première toile de coton.

Culture. — Nous empruntons les détails qui vont suivre sur la culture, la récolte, la nature, le commerce du coton à un article de M. Henri Lecomte, dont on connaît la haute compétence sur tout ce qui regarde les industries textiles :

« La culture du Cotonnier — dit cet auteur (1) — s'étend sur des espaces considérables en Amérique et en Asie. Les États-Unis d'Amérique occupent certainement le premier rang au point de vue de l'extension et de l'importance de cette culture pratiquée surtout dans la Caroline du Sud, la Géorgie, la Floride, l'Alabama, le Tennessee, la Louisiane, l'Arkansas et le Texas.

« Mais il faut ajouter que d'autres contrées d'Amérique ont suivi l'exemple des États-Unis. Au Mexique, par exemple, cette culture prend de jour en jour une extension plus grande, et d'après Bianconi, la production annuelle est d'environ 25 millions de kilogrammes. Malheureusement les habitants du pays sont beaucoup plus portés à fomenter des révolutions qu'à cultiver la terre, et il n'est pas possible de compter sur une production qui est à la merci des évènements politiques.

« Quant aux Antilles, qui peuvent être considérées comme la terre natale du coton longue soie, puisque Christophe Colomb fit de ce textile la base des produits imposés aux Caraïbes et que c'est de ce pays que les premières graines furent transportées aux Carolines, elles ont peu à peu délaissé la culture du Cotonnier pour donner sa place à la Canne à sucre.

(1) Henri Lecomte, *Le Cotonnier et le Coton* (*Science moderne*, 2ᵉ année, 4ᵉ vol., p. 214).

« Enfin, le Brésil, la Guyane, le Paraguay et le Pérou fournissent encore diverses sortes de cotons.

« Comme on le voit, pour ce qui concerne l'Amérique, les États-Unis sont au premier rang de la production du coton. La première expédition de coton faite par le nouveau monde en 1747 n'excédait pas 7 balles; la troisième, qui eut lieu en 1784, s'élevait à 14,000 kilogrammes. L'importance relative de ce troisième envoi suscita des doutes de la part des Anglais, qui ne pouvaient admettre, paraît-il, que les États-Unis produisissent une telle quantité de ce textile.

« Et cependant quel chemin parcouru depuis un siècle ! Les États-Unis produisent annuellement près de 7 millions de balles de coton et cette production s'accroît de jour en jour. L'Océan est sillonné de navires qui apportent au continent européen le coton du nouveau monde !

« C'est l'Angleterre qui reçoit la plus grande partie de la récolte des États-Unis. Le tableau suivant indique en millions de livres quelles sont les exportations de coton faites par les États-Unis aux divers pays européens pour l'année 1884 :

Angleterre	1239,1
France	180,7
Allemagne	234,5
Russie	67,6
Autres pays	199,8

« Il convient de faire observer qu'une forte partie des cotons importés à Liverpool n'y font que transiter et sont réexpédiés ensuite à destination du Havre ou d'Anvers.

« En Afrique, le Cotonnier est surtout cultivé en Égypte; ce pays s'est créé une certaine renommée à ce point de vue, en ne cultivant qu'une seule espèce qui donne un produit de très bonne qualité. Cette renommée date de l'époque où un Français, Jumel, se promenant un jour, il y cinquante ou soixante ans, dans un jardin du Caire, remarqua la belle floraison d'un Cotonnier, en recueillit les graines et les sema pour perpétuer l'espèce. Aujourd'hui le coton Jumel est estimé à l'égal des meilleurs cotons des États-Unis; la production annuelle est en moyenne de 500,000 balles de 500 livres. »

Les États-Unis importent même aujourd'hui du coton d'origine égyptienne, leurs produits naturels n'ayant pas le degré nécessaire de finesse dans certains cas.

« La Tunisie ne cultive le coton que pour sa propre consommation. L'Algérie a depuis longtemps possédé quelques plantations ; mais c'est surtout pendant la guerre de Sécession que cette culture algérienne a reçu un essor considérable ; la production s'est élevée de 140,000 kilogrammes en 1863, à 500,000 kilogrammes en 1864. Malheureusement, il n'existe plus aujourd'hui que deux ou trois exploitations.

« Ce sont les Indes anglaises qui produisent en Asie la plus grande partie du coton expédié par ce continent. D'après une statistique dressée par le gouvernement anglais, la production aux Indes a été de 700,000 tonnes environ pour l'année 1883-1884 (la production du Bengale ne figurant pas dans ce total).

« Le coton des Indes est sensiblement inférieur comme longueur et comme qualité à celui des États-Unis. Cette infériorité tient aux Cotonniers eux-mêmes et aussi à l'abondance des pluies qui interrompent constamment la récolte. Néanmoins cette culture est fort suivie aux Indes ; elle est traditionnelle, familière aux habitants du pays et depuis longtemps une de leurs principales sources de revenus. Elle ne peut certainement péricliter ; tout au contraire l'usage des engrais presque inconnu jusqu'à ces dernières années, ne pourra qu'accroître la production. La récolte n'est guère en effet que de 75 à 90 kilogrammes à l'hectare, tandis que dans les basses terres du Texas elle peut s'élever facilement de 560 à 570 kilogrammes.

« En Océanie, la culture du coton est surtout en honneur à Tahiti.

« En Europe elle n'existe guère qu'en Italie : les cotons de Castellamare, de la Pouille et de la Sicile sont justement estimés ; mais la brièveté de la saison chaude ne permet pas de donner aux plantations de coton l'extension qu'elles mériteraient.

« Le meilleur terrain pour la culture du coton est un sol meuble, modérément argileux, substantiel, frais, bien divisé pour permettre aux racines de s'enfoncer et de s'étendre ; plus ces racines sont abondantes et profondément situées et plus la récolte est considérable. Cette plante doit recevoir une fumure abondante ; c'est précisément le défaut de fumure qui nuit à la production du coton dans les Indes et qui exerce probablement aussi une certaine influence sur ses qualités.

« Toutes les variétés de Cotonniers, mais surtout celles qui sont herbacées, exigent une certaine quantité d'humidité. On peut dire en thèse générale que le cultivateur doit pouvoir irriguer ses plantations quand les pluies ne sont pas assez abondantes. »

Récolte. — Voici comment se fait la récolte du coton aux États-Unis (1) ;

« Le fait dominant de cette récolte est la propreté unie à la bonne conservation du produit : obtenir ce double résultat sans exagérer la dépense, tel doit être le but de tout cultivateur de coton.

« Lorsque la maturité est arrivée, ce qui a lieu aux États-Unis du 1er octobre au 30 novembre, un peu plus tard que dans l'Inde et en Égypte, il faut procéder à la récolte ou plutôt à la cueillette du coton (fig. 345). Les gousses s'ouvrent d'elles-mêmes, et l'élasticité du duvet le fait déborder en dehors des ouvertures ; les doigts peuvent alors le saisir aisément et le détacher, autant que possible, des graines adhérentes à des degrés divers, mais adhérentes surtout dans les variétés les plus estimées, dans celles où les brins sont les plus fins, les plus longs, les plus tenaces, les plus élastiques. On cherche aussi à séparer le plus qu'on peut les fragments de la gousse.

« La récolte est un travail réservé aux femmes et aux jeunes gens.

« On enferme le duvet dans des sacs suspendus au cou ou sur les épaules. Il convient d'avoir à part un panier pour y placer le coton sali, celui, par exemple, dont les gousses ont touché la terre, ou que la pluie aurait détérioré.

« Les gousses ne s'ouvrent pas toutes à la fois : aussi faut-il passer à plusieurs reprises dans le champ, à quelques jours d'intervalle ; c'est ce qui donne à la récolte le caractère de cueillette et lui impose une assez grande durée. D'un autre côté, il y a un moment à saisir : on doit attendre que les gousses s'ouvrent assez largement pour que le coton se détache avec facilité ; mais il ne faut pas attendre trop longtemps, de crainte que le coton se salisse en touchant le sol, ou même que des coups de soleil altèrent sa teinte. De là résultent pour l'emploi de la main-d'œuvre des conditions économiques qui limitent forcément les localités où l'on peut cultiver le coton avantageusement.

« Il convient d'attendre que le soleil ait un peu monté sur l'horizon, afin de ne point rencontrer sur les gousses l'humidité de la nuit.

(1) *La Récolte du Coton* (*Magasin pittoresque*, t. XXXVI, 1868, p. 124).

Fig. 344. — Récolte du coton aux États-Unis.

si le temps devient pluvieux, il est prudent de cueillir les capsules qui ne seraient encore qu'entr'ouvertes ; on les fera ouvrir au logis, à l'aide d'une douce température. La pluie peut, même après la maturité, faire refermer les gousses et altérer le duvet.

« On voit, par ces détails, que les climats pluvieux vers l'époque de la récolte ne sont pas favorables à la culture du coton. »

La récolte se fait en Égypte et en Algérie à peu près de la même façon qu'aux États-Unis, car le fruit, y arrive également à un état de maturité assez parfait pour qu'il soit possible d'enlever les graines avec le duvet qui les recouvre.

Il n'en est pas de même en Asie Mineure et dans l'Inde.

« Ici — dit M. Lecomte [1] — les capsules ne s'ouvrent pas ou du moins ne s'ouvrent que très peu. On coupe alors les fruits, on les emmagasine et on les ouvre à la main. Ce travail, nécessairement lent, est aussi fort coûteux quel que soit le bas prix de la main-d'œuvre ; il entraîne de plus un déchet assez considérable. On a heureusement imaginé des ouvreuses et des batteuses mécaniques qui ont été principalement perfectionnées en Angleterre et qui exécutent complètement le travail qu'il fallait autrefois faire à la main.

Égrenage. — « Quelle que soit la méthode suivie pour la récolte du coton, il faut séparer le duvet de la graine à laquelle il est attaché. Cette opération se fait à l'aide de machines dites égreneuses qui sont depuis longtemps usitées en Amérique et en Égypte et qui se rapportent à trois types principaux : les machines à rouleaux ou *rollergins*, les machines à scies ou *sawgins*, et les machines dites de Mac Carthy [1].

Nature du coton. « Les textiles d'origine végétale appartiennent à deux catégories bien distinctes :

« 1° Les fibres développées au sein même des tissus de la tige (Chanvre, Lin, Ramie, etc.) ou de la feuille (*Phormium tenax*) et qui pour être utilisées doivent au préalable être isolées des tissus qui les englobent par une opération qui porte le nom de *rouissage* (naturel ou chimique).

[1] H. Lecomte, *loc. cit.*, p. 324.

[1] Voyez Joulin, *l'Industrie des Tissus*. Paris, 1894.

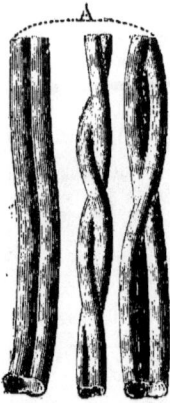

Fig. 345. — Poils grossis
de coton.

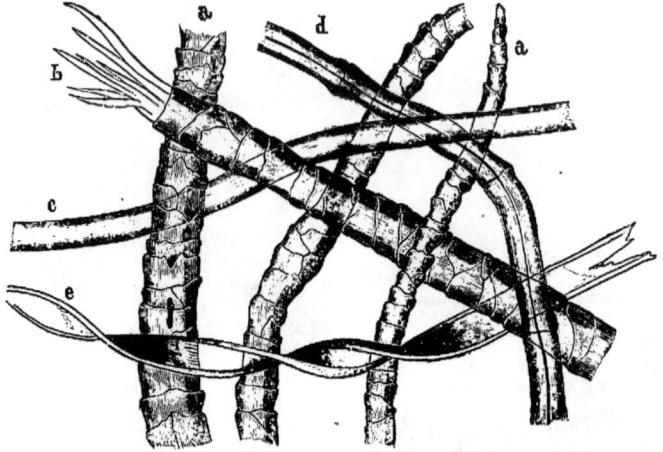

Fig. 346. — Mélange de fibres textiles animales et végétales. — *a*, laine
neuve ; *b*, laine qui a été portée ; *c*, soie ; *d*, lin ; *e*, coton.

« 2° Les *poils* qui se développent à la surface des organes, soit sur la graine (Cotonnier), soit à la surface interne du fruit (Bombacées), soit même sur d'autres parties de la plante, et qu'il suffit de séparer de l'organe qui les porte.

« Le coton, produit par la graine du Cotonnier, appartient à la deuxième catégorie. Chez les Saules, les Épilobes, les *Asclepias,* la graine porte à une de ses extrémités seulement une aigrette de poils que tout le monde a pu observer et qui permet à cette graine d'être plus facilement emportée et disséminée par le vent ; chez le Cotonnier, ces poils, qui atteignent parfois plus de 5 centimètres de longueur recouvrent plus ou moins uniformément toute la surface extérieure de la graine et lui constituent une sorte d'auréole.

« Les poils du Saule et de l'Épilobe ne sont ni assez longs, ni assez résistants, ni assez abondants pour être susceptibles d'une exploitation industrielle ; mais ceux qui se développent sur la graine des *Asclepias* et surtout de l'*Asclepias Cornuti,* plante originaire d'Amérique, atteignent parfois la longueur des cotons longue soie. Aussi la culture de l'*Asclepias Cornuti* a-t-elle suscité quelques années d'enthousiasme marquées par de nombreux essais d'acclimatation. Malheureusement le textile fourni par cette plante, bien que susceptible, en mélange avec le coton, de donner au tissage des étoffes d'un beau brillant, ne possède pas assez de résistance pour être employé seul ; les tissus mélangés manquent de

solidité et il a fallu renoncer, devant la baisse énorme des prix du coton, à une culture qui avait paru pleine d'avenir.

« De tous les poils d'origine végétale le coton (fig. 345) reste donc aujourd'hui le seul employé par l'industrie.

« La désignation de *poil* que nous avons employée pour le coton, parce qu'elle est la seule exacte, pourrait faire croire qu'il existe quelque analogie entre le coton (poil végétal) et la laine (poil du mouton). Cette analogie n'existe qu'au point de vue de la situation, car tous les poils sont des filaments se développant à la surface des organes. Mais la structure est toute différente, de même que la composition chimique. Tandis que le poil de laine est formé d'un grand nombre de petits éléments juxtaposés (fig. 346) qu'il est facile de discerner à sa surface quand on l'examine au microscope, le poil de coton est constitué au contraire par un seul élément affectant sur la jeune graine la forme d'une sorte de cône creux, long et effilé, attaché par sa base à la surface de la graine. Par la dessiccation qu'il subit nécessairement ce poil s'aplatit et prend la forme d'un ruban terminé en pointe à une de ses extrémités, et plus ou moins contourné en spirale.

« C'est sous cette forme que nous le recevons des pays d'origine.

« Les variations considérables dans les prix des diverses sortes de cotons montrent suffisamment quel intérêt il faut attacher aux diverses qualités des poils qui le constituent. La longueur et la finesse, l'élasticité, la nuace, la pureté et l'homogénéité de la masse sont les principaux caractères auxquels l'industriel doit attacher le plus d'importance.

« Au point de vue de la longueur on admet généralement deux sortes de cotons, les cotons *longue soie* (25 à 40 millimètres) et *courte soie* (10 à 25 millimètres). Mais il est bon de remarquer que ce sont là simplement des moyennes, auxquelles il ne faut accorder qu'une importance relative, car les dénominations longue soie et courte soie servent surtout à caractériser diverses sortes de cotons de même provenance, mais possédant des qualités différentes. La Réunion courte soie, par exemple, a une longueur moyenne de 36 millimètres et la Réunion longue soie 43 millimètres. Comme on le voit par cet exemple, la Réunion courte soie atteint et dépasse même la longueur moyenne des cotons longue soie d'autre provenance.

« D'ailleurs dans une même balle de coton les poils présentent parfois des longueurs fort différentes, bien qu'étant naturellement de même provenance. On peut s'en assurer en parcourant le tableau suivant dans lequel nous avons réuni quelques-unes des nombreuses mesures que nous avons effectuées :

SORTES DE COTONS ET QUALITÉS.	LONG. maxima.	LONG. minima.	LONG. moyenne.
	Millim.	Millim.	Millim.
Nouvelle-Orléans (ordinaire)...	29	21	24.8
Géorgie (très ordinaire).......	32.5	21.5	26
Texas —	31	24	28
Fernambourg (bon ordinaire).	33	24	28.5
Pérou mou (ordinaire)........	32	25	28.75
— dur —	39	30	35
Pérou longue soie............	49	40	43
Tahiti (bon ordinaire)	41	32	37
Réunion longue soie...	54	37	43
— courte soie... ...	38	34	36
Jumel brun ...:............	43	30	36.7
— blanc............	33	25	31
Hingenghaut.................	24	22	23.5
Broach (fine)................	27	17	23
Oomra (fully good)...........	29	22	26
Cocanadah (fair).............	32.5	27	29.3
Western Madras....	28	22	25.5
Tinuevelly (fully good fair)....	34	22	28
Bengale (fully good)	24	18	22

« Comme on le voit par le tableau ci-dessus il existe un écart parfois assez considérable entre les poils les plus longs et les plus courts d'un même lot.

« Pour ce qui concerne le diamètre des poils de coton, ou, pour mieux dire, la largeur des rubans qu'ils constituent à la suite de la dessiccation, il est bon de remarquer tout d'abord que la plus grande largeur correspond non pas, comme on pourrait le croire, à la base du poil, mais à peu près toujours au tiers de la longueur à partir de la base. Cette largeur des poils mesurée au point où elle obtient son maximum est assez variable d'une sorte de coton à une autre. Les nombres extrêmes paraissent être 16 et 35 millièmes de millimètre. Les largeurs les plus communes sont 20 à 25.

Caractères chimiques. — « Si on vient à faire brûler un fil de coton, il se transforme en une cendre grisâtre sans répandre l'odeur de corne brûlée que la laine exhalerait dans les mêmes conditions. C'est que la laine est une substance azotée, tandis que le coton est formé de cellulose à peu près pure, dont les éléments constituants sont le carbone, l'hydrogène et l'oxygène, à l'exclusion de l'azote. Il existe donc entre la nature chimique de ces deux sortes de poils une différence aussi accentuée que celle dont nous avons parlé plus haut au point de vue de leur structure.

Caractères physiques. — « Le coton est habituellement de couleur blanche ; mais certaines sortes sont plus ou moins colorées en jaune, tels sont le *jumel brun* et le *coton nankin*. Ce dernier, dont la teinte varie du jaune pâle au brun rougeâtre et qu'on récolte principalement en Chine et dans l'île de Malte, provient-il d'une espèce spéciale ? Robert Fortune a prétendu que les Chinois récoltent sur le même arbre du coton ordinaire et du coton nankin ; Clark pense que c'est seulement par un phénomène d'atavisme que le Cotonnier blanc redevient jaune et que cette dernière couleur était autrefois propre aux Cotonniers sauvages que la culture a profondément modifiés et dont l'espèce est aujourd'hui éteinte. »

Commerce du coton (1). — « La plus grande partie du coton produit dans le monde entier est livrée au commerce d'exportation.

« C'est l'Angleterre qui en reçoit la part la plus importante, soit à titre définitif, soit simplement en transit.

« La consommation annuelle de ce pays s'est accrue de 350 p. 100 pendant le dernier demi-siècle, puisqu'elle était seulement de 1 million 14,000 balles de 400 livres, pendant la période 1836-1840, et qu'elle s'est élevée pour ces dernières années à 3 millions 700,000 balles.

Le reste du continent européen dans son

---

(1) H. Lecomte, *loc. cit.*, p. 375.

ensemble consomme annuellement 3 millions 400,000 balles (242,000 balles seulement en 1836-1840).

« Enfin les États-Unis ne se contentent plus de cultiver et de récolter le coton ; de nombreuses usines ont été établies pour le manufacturer et il n'est peut-être pas téméraire d'affirmer que notre industrie cotonnière aura dans quelques dizaines d'années fort à faire avec cette concurrence nouvelle. La consommation des États-Unis a plus que décuplé pendant la période 1840-1885, puisqu'elle a passé de 242,000 à 2 millions 137,000 balles.

« Les deux marchés régulateurs sont Liverpool pour l'Angleterre et le Havre pour la France.

de coton. — « Lorsque les graines de coton ont été dépouillées des poils qui les recouvraient, on peut encore les utiliser pour en extraire une huile qui a reçu le nom d'*huile de coton*. Les graines, débarrassées d'abord des restes de poils qui peuvent rester adhérents, par l'action d'un bain d'acide sulfurique concentré, sont ensuite lavées et soumises à la pression.

« Il y a une douzaine d'années, il se perdait tous les ans aux États-Unis près de deux millions de tonnes de graines de coton ; aujourd'hui la presque totalité de ces graines sert à la fabrication de l'huile, et cette nouvelle industrie occupe des millions de bras. Les usines du Texas produisent annuellement à elles seules 130,000 tonnes de tourteaux et 25 millions de litres d'huile. Il y a une dizaine d'années un septième seulement de la graine de coton des États-Unis était employé à faire de l'huile, tandis qu'aujourd'hui on en consomme plus des deux tiers au même usage.

« L'huile de coton est actuellement l'objet d'un trafic assez considérable et se vend souvent dans le commerce sous le nom d'*huile d'olive* : il y a quelques années, l'Italie importait l'huile de coton d'origine américaine pour l'expédier ensuite aux États-Unis sous le nom d'huile d'olive. Mais la fraude s'étendant aussi au commerce intérieur, l'importation des huiles de coton fut prohibée en Italie ; du même coup les expéditions d'huiles d'olive pour l'Amérique subirent une diminution énorme. Du reste, l'huile de coton convenablement raffinée est bonne et saine. D'après Dodge elle est agréable au goût et convient fort bien pour apprêter les aliments dont la cuisson nécessite une forte proportion de graisse ; elle est, paraît-il, plus délicate que la graisse de porc. C'est donc la fraude et non pas l'huile qui doit être condamnée. »

Depuis l'année 1893, l'huile de coton sert à faire du caoutchouc. Une usine, dont les débuts semblent très prospères, s'est établie à Savannah en Géorgie pour exploiter cette découverte. Le procédé fut d'ailleurs trouvé accidentellement par un artiste qui voulait fabriquer du vernis en se servant d'huile de Cotonnier. Un négociant en caoutchouc de Boston s'associa avec l'inventeur et l'exploitation commença.

En mélangeant le produit avec 15 p. 100 de caoutchouc naturel on fait un caoutchouc artificiel qu'on ne saurait distinguer de celui du Brésil et de la Guyane.

LES BOMBACÉES — *BOMBACEÆ*

Caractères. — Presque toutes les plantes qui forment cette tribu de la famille des Malvacées sont arborescentes, et ce sont même pour la plupart des arbres de très grande taille, et dont la tige est surtout très grosse. La fig. 348 représente une Bombacée du Brésil, dont la tige est considérablement renflée en forme de tonneau.

Le calice, ordinairement fermé dans le bouton, s'ouvre irrégulièrement au moment de la floraison. La colonne staminale est le plus souvent divisée au sommet et quelquefois même jusqu'à la base en 5 à 8 parties, dont chacune porte 2 ou plusieurs anthères, tantôt libres et réniformes, tantôt adnées et globuleuses, oblongues, linéaires ou anfractueuses. Le style est simple ou divisé en courts rameaux, en nombre égal à celui des loges de l'ovaire. Le fruit est une capsule déhiscente loculicide ou indéhiscente (fig. 321, p. 244). Les cotylédons sont de formes variées.

On distingue, dans la tribu des Bombacées, 4 sous-tribus dont les caractères distinctifs sont indiqués par le tableau de la page 245.

Distribution géologique. — Dans le gisement d'Aix, M. de Saporta (1) a décrit les fleurs et les feuilles très déterminables d'une plante qui est certainement une forme ancestrale des Bombacées de l'Inde et de la Cochinchine. Ces arbres, aujourd'hui exclusivement tropicaux, ont donc eu autrefois des représentants européens.

(1) De Saporta, *Origine paléontologique des arbres cultivés*, p. 272.

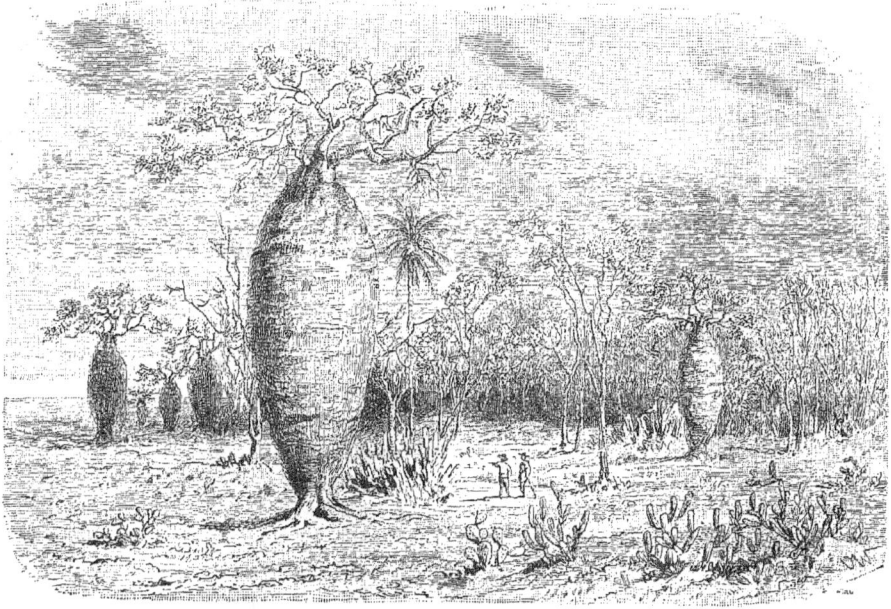

Fig. 347. — Tige de Bombacée; paysage du Mexique.

Usages. — Les espèces utiles que nous allons étudier ci-après et qui se rapportent aux

Fig. 348. — *Cheirostemon platanoïdes.*

genres *Adansonia*, *Pachira*, *Bombax*, *Erio-dendron*, appartiennent toutes à la sous-tribu les Adansoniées.

LES PLANTES.

Parmi les Frémontiées, nous signalerons le *Cheirostemon platanoïdes* (fig. 348), qu'on cultive dans quelques jardins européens à cause de la gracieuse disposition de ses fleurs, à laquelle il doit son nom ; elles sont formées d'un calice anguleux et recourbé d'un rouge écarlate, hors duquel les étamines offrent une ressemblance singulière avec une main pourvue d'ongles allongés. C'est cette particularité qui le fait appeler *Manita* par les Mexicains.

LES ADANSONIERS — *ADANSONIA*

Étymologie. — Un des géants de la végétation, le majestueux Baobab a reçu de Linné le nom scientifique d'*Adansonia*, en l'honneur du célèbre naturaliste français Adanson, qui a consacré plusieurs années de son existence à étudier la flore du Sénégal.

Caractères. — Les Adansoniers sont des arbres gigantesques dont le tronc peut acquérir une grosseur considérable, à feuilles digitées, formées de 5 à 9 folioles entières. Les grandes fleurs penchées, à pétales blancs, sont disposées une par une sur des pédoncules axillaires.

Le calicule est formé de 2 folioles. Le calice, soyeux à l'intérieur, est ovoïde ou oblong, profondément divisé en 5. Le fruit est une

I. — 34

capsule ligneuse, qui n'est pas laineuse à l'intérieur comme celle des *Bombax*. Les loges en sont remplies d'une pulpe farineuse à l'intérieur de laquelle sont placées les graines réniformes, globuleuses, pourvues d'un albumen mince et membraniforme.

Distribution géographique.— Ce genre forme deux espèces, dont l'une, *Adansonia digitata*, originaire d'Afrique, est cultivée dans l'Asie tropicale occidentale. L'autre habite l'Australie.

LE BAOBAB — *ADANSONIA DIGITATA*

Caractères. — Le Baobab est un grand arbre, qui ne s'élève pas très haut comme les *Sequoia* de la Californie ou les *Eucalyptus* de la Tasmanie (fig. 3), mais devient très gros et couvre une étendue considérable. Son tronc rugueux peut être comparé à une tour dont le sommet serait couronné d'un épais feuillage. Aux environs de la baie de Bombetock, D. Charnay a vu et photographié (fig. 349) des Baobabs de 7 à 8 mètres de diamètre à la base, mais en mesurant près du double à la bifurcation des branches : « Les maîtresses branches, de la dimension de nos grands Chênes, se tordent en replis monstrueux, et du haut du tronc descendent des excroissances de bois semblables à des stalactites de pierre (1). »

La fleur du Baobab est très grande; elle se compose de cinq sépales charnus, en forme de coupe, d'où sortent cinq pétales blancs recourbés en dessous. Au milieu s'élève une colonne, du centre de laquelle sort le pistil, long de 4 à 5 centimètres, qu'entourent des centaines d'étamines blanches, munies d'un pollen jaunâtre. Le fruit, qui ressemble à une gourde de 30 à 40 centimètres de long, se compose d'une pulpe blanche enveloppée dans une écorce verdâtre et cotonneuse. Les graines, nombreuses, ayant à peu près la forme d'une petite fève, sont disséminées çà et là dans cette pulpe comestible.

Distribution géographique. — L'*Adansonia digitata* est abondant sur la côte occidentale de l'Afrique, au nord de l'équateur. Il a été transporté en Asie et en Amérique où il prospère comme dans son pays natal. Thibault de Chauvallon l'a rencontré à la Martinique. On en a signalé de très gros à Saint-Domingue.

(1) D. Charnay, *Science et nature*, t. II, p. 216, 1884.

Longévité. — Le Baobab, dont le nom veut dire *arbre de mille ans*, vit un nombre d'années indéfini et se développe avec une extrême rapidité.

Adanson examina, en 1749, sur l'une des îles du Cap-Vert, un arbre de cette espèce, et il retrouva recouverte par trois cents couches ligneuses l'inscription qu'y avaient gravée deux voyageurs anglais en 1400. Le tronc de cet arbre avait 30 mètres de circonférence; Adanson estima son âge à cinq mille cinq cent cinquante ans.

Ray et Gotherry assurent avoir vu, entre le Niger et la Gambie, des *Baobabs* dont la circonférence dépassait celle du *Baobab* d'Adanson.

Poiteau avait planté, en 1820, dans le Jardin botanique de Cayenne, deux Baobabs provenant de semis de deux ans. Ces arbres furent mesurés en 1841, par Perrottet, voyageur naturaliste. Ils avaient 10 mètres de haut sur 5^m,70 de circonférence.

Le Baobab ne peut vivre aussi longtemps et atteindre ces dimensions colossales que dans un terrain sablonneux et humide et surtout exempt de pierres qui pourraient blesser les racines, car la moindre écorchure que celles-ci reçoivent détermine la production d'une carie qui envahit tout le tronc et amène la mort de l'arbre.

Usages. — Le fruit, que les naturels appellent *bocci*, a aussi reçu le nom de *pain des singes*, parce que ces animaux s'en nourrissent.

« C'est un curieux spectacle, dit D. Charnay, de voir chaque soir accourir de tous les points de l'horizon des nuées d'oiseaux qui viennent s'abattre sur un Baobab, où ils trouvent à la fois gîte et couvert : aigrettes blanches et grises, pélicans, marabouts, pour ne citer que les plus gros. »

Les feuilles du Baobab, séchées à l'ombre, sont ensuite réduites en une poudre que les nègres nomment *lalo* et qu'ils mêlent à leurs aliments. La pulpe du fruit sert à confectionner une boisson très renommée contre les fièvres putrides. Quand le fruit est gâté, on l'utilise encore pour faire du savon.

En 1848, le docteur Duchassaing, médecin à la Guadeloupe, a préconisé l'écorce du Baobab comme succédané du Quinquina.

L'écorce et les feuilles des jeunes branches, qui renferment beaucoup de mucilage, servent à faire des tisanes adoucissantes. Adanson, pendant son séjour au Sénégal, s'en est servi pour combattre les fièvres malignes, si

Fig. 349. — Baobab (*Adansonia digitata*), d'après une photographie de M. D. Charnay.

dangereuses pour les Européens qui vivent en Afrique aux mois de septembre et d'octobre, à l'époque où la cessation des pluies dessèche la terre. Tous les matins et tous les soirs, il buvait une tasse de tisane de feuilles de Baobab et s'abstenait de vin. C'est à ce régime qu'il a attribué d'avoir conservé la santé pendant cinq années consécutives, lui et un officier français de ses amis qui suivait ses conseils, tandis que tous les autres étaient malades autour de lui.

Les Baobabs sont des arbres sacrés, des fétiches, et servent à suspendre les amulettes.

La dimension prodigieuse de ces arbres permet quelquefois aux indigènes de trouver dans l'intérieur une habitation plus solide que leurs cases de Bambou. On dit même que les cadavres qu'on dépose dans les cavités de cet arbre se dessèchent et se conservent parfaitement, sans autre préparation.

Avec le tronc gigantesque des Baobabs, les nègres du Sénégal font des pirogues d'une seule pièce, d'un poids relativement peu considérable par rapport à leur grande taille.

LES PACHIRES — *PACHIRA*

Caractères. — Ce genre se distingue du précédent surtout par son calice tronqué et ses pétales allongés. Ce sont des arbres à feuilles digitées et à grandes fleurs blanches ou rougeâtres.

Distribution géographique. — Les 4 espèces qui forment ce genre appartiennent toutes à l'Amérique tropicale.

Usages. — Les graines du *P. aquatica* de la Martinique sont alimentaires et portent le nom de *châtaigne de la Guyane*.

Les *Pachira* font l'ornement de nos serres avec leurs larges et belles feuilles digitées.

LES FROMAGERS — *BOMBAX*

Caractères. — Ce sont des arbres quelquefois élevés, à tige souvent épineuse, à feuilles digitées formées de 3 à 9 folioles. Ce genre se distingue des *Adansonia* par son calice tronqué ou irrégulièrement divisé en 3 à 5 lobes et par la capsule à 5 valves, couverte à l'intérieur d'un épais revêtement laineux, n'appartenant pas aux graines comme dans les Cotonniers.

Distribution géographique. — On en connaît

27 espèces, dont la plupart habitent l'Amérique tropicale. On en a signalé quelques-unes en Asie et en Afrique tropicales.

Usages. — La laine que renferment les capsules des Fromagers, ainsi que celles de quelques genres voisins tels que *Ochroma* et *Chorisia*, est exploitée depuis longtemps et connue dans le commerce sous les noms de *patte de lièvre*, *édredon végétal*, *ouate végétale*, *laine de Céiba*.

Le *Bombax Conyza* fournit un bois de liège très tendre et très élastique, qui peut remplacer le vrai liège pour la fabrication des bouchons. Un bois de liège analogue est également produit par l'*Ochroma Lagopus*.

Le *Bombax Ceiba*, de l'Amérique méridionale, est parfois élevé sous nos climats, dans la serre chaude, à cause de son port élégant et de ses belles fleurs blanches, ainsi que quelques autres espèces du même genre.

LES ÉRIODENDRES — *ERIODENDRON*

Caractères. — Les *Eriodendron* sont des arbres pourvus ou non d'épines sur la tige, à feuilles digitées, à fleurs axillaires roses ou blanches. Le calice et la capsule sont ceux des *Bombax*. La colonne staminale, nue extérieurement, est divisée au sommet en 5 branches dont chacune porte 2 ou 3 anthères.

Distribution géographique. — On en connaît 8 ou 9 espèces croissant entre les tropiques. L'une d'entre elles est asiatique ou africaine. Toutes les autres sont d'Amérique.

La seule intéressante à signaler ici est le Cotonnier soyeux.

LE COTONNIER SOYEUX — *ERIODENDRON ANFRACTUOSUM*

Noms vulgaires. — Le Cotonnier soyeux ou Arbre à coton ou *Sebal* est connu des Américains sous le nom de *Silk cotton tree*.

Caractères. — Distribution géographique. — Le Cotonnier soyeux est le plus grand arbre des forêts caraïbes, et on le découvre de fort loin dominant les autres espèces dans la forêt. S'il croît isolé dans les champs, l'absence de point de comparaison rehausse encore sa taille. Son tronc est renforcé par de nombreux arcs-boutants. Chez les jeunes arbres, le tronc et les branches portent des épines fort acérées, très aiguës, qui disparaissent avec l'âge. Les feuilles amples, glabres, palmées à 6 ou

Fig. 350. — Cotonnier soyeux de Nassau, vue d'ensemble.

Fig. 351. — Cotonnier soyeux de Nassau, tronc et racines.

7 folioles oblongues et lancéolées. Les fleurs, à calice persistant, composé de 5 pétales réflexes roses, ont la douce odeur des Primevères. Le fruit est une grosse capsule, ligneuse, ronde, obtuse, composée de 5 cellules et s'ouvrant par 5 valves, chaque cellule contenant un grand nombre de graines, entourées d'un duvet sombre, d'où le nom d'Arbre à coton.

Usages. — L'Arbre à coton croît très rapidement et ses branches s'étendent comme celles du *Gumbo Lumbo*, un autre arbre de l'Ouest Indien, qui est également commun dans les îles de la Floride. On le plante souvent le long des routes.

Les Caraïbes faisaient du *Ceiba*, car tel était le nom qu'ils donnaient à l'Arbre à coton, de grands canots fort légers, dans lesquels ils traversaient de grandes distances en pleine mer.

Les jeunes feuilles sont mucilagineuses et sont parfois employées par les nègres comme un succédané de l'*Okro*, fruit d'une autre plante de la même famille.

Le coton qui garnit les fruits ne peut être tissé, mais il peut servir de matière pour caler les objets fragiles envoyés dans des boîtes (1).

Les figures 350 et 351 représentent un superbe exemplaire de Cotonnier soyeux qui se trouve à Nassau, chef-lieu de l'île de la Nouvelle-Providence, sur la place de l'Hôtel-de-Ville(2). Il a atteint une hauteur de 45 mètres. Ses branches couvrent un espace de 170 pieds, et s'étendraient plus loin encore, si on ne les rognait fréquemment à cause de leur empiétement sur une caserne de police ; les racines, tel qu'on le voit sur le dessin, s'étendent à environ 40 pieds au-dessus du sol ; un cheval serait complètement caché à la vue dans plusieurs des espaces entre les racines. Un homme se promenant autour du tronc et de ses contreforts naturels parcourra un cercle de 28 mètres.

Le feuillage tombe vers le printemps et repousse à nouveau avec une rapidité merveilleuse. D'après le *Scientific American*, on a vu l'arbre complètement dénudé le samedi soir et couvert de feuilles vertes et épaisses le lundi matin. Les immenses racines et l'extrême étendue des branches sont dues pour une bonne part à la situation de l'arbre, qui se trouve en avant de bâtiments publics importants et qui est ainsi protégé des vents de la mer et des bourrasques.

LES STERCULIACÉES — *STERCULIACEÆ*

Caractères. — Les Sterculiacées sont des herbes, des arbrisseaux ou des arbres à bois généralement mou, à feuilles alternes ou exceptionnellement opposées chez quelques arbrisseaux d'Australie appartenant au genre *Lasiopetalum*. Elles sont simples, entières, dentées ou lobées ou parfois digitées à 3 ou 9 folioles. Les stipules ne manquent que rarement à la base du pétiole. Les inflorescences, axillaires ou plus rarement terminales, sont des grappes ou des cymes paniculées. Parfois aussi les fleurs sont solitaires.

Les fleurs régulières et hermaphrodites sont unisexuées et polygames dans la tribu des Sterculiées. Les sépales, entièrement libres chez les *Lasiopetalum*, forment ordinairement un calice gamosépale, soyeux, persistant. Les pétales, inégaux entre eux chez les *Kleinhoria*, arbres de l'Inde, et quelques *Helicteres*, arbres ou arbrisseaux des régions chaudes, sont chez les autres représentants de la famille au nombre de 5, hypogynes, libres ou soudés par la base au tube staminal. Les étamines, entièrement libres chez la plupart des *Lasiopetalum*, sont soudées en un tube portant à son sommet 5 dents alternant avec les pétales, qu'on peut regarder comme des staminodes et entre lesquelles sont des groupes d'anthères en nombre variable. Parfois l'androcée rappelle celui des Malvacées. Les anthères sont à 2 loges ; chez quelques *Helicteres*, les 2 loges se réunissent au sommet, si bien que l'anthère semble uniloculaire. L'ovaire libre à plusieurs loges (réduit à un seul carpelle chez les *Waltheria*) contient 2 ou plusieurs ovules, rarement un seul, fixés à l'angle interne. Le style est entier ou divisé en autant de branches qu'il y a de loges à l'ovaire ; plus rarement les styles sont indépendants.

Le fruit est parfois une baie, mais il est beaucoup plus souvent sec. C'est alors une capsule à déhiscence loculicide, ou indéhiscente, ou se divisant en coques déhiscentes par 2 valves ou à la façon des follicules. Les graines contiennent un albumen charnu qui manque parfois. L'embryon droit ou arqué, porte des cotylédons foliacés, plans, pliés ou roulés qui deviennent épais et charnus dans les espèces dépourvues d'albumen.

Distribution géographique. — La famille comprend 47 genres et 730 espèces environ, réparties dans toutes les régions tropicales du monde entier. On en trouve également au sud de l'Afrique et dans l'Australie. Elles sont rares dans les régions extratropicales de l'hémisphère Nord. On n'en connaît point en Europe ni dans le nord de l'Asie.

Distribution géologique. — A l'époque tertiaire, des ancêtres plus ou moins directs des Sterculiacées, qui de nos jours habitent les pays chauds, ont existé en Europe. On y a trouvé 16 espèces de *Sterculia* (fig. 352 et 353) et aussi des *Pterospermum* tertiaires analogues aux types actuels. D'autres espèces, également tertiaires, ont été rapportées aux genres

(1) *Revue des sciences naturelles appliquées*, 4ᵉ année, décembre 1893, p. 525.

(2) *Le Naturaliste*, 15 janvier 1891, n° 93.

Dombeyopsis et *Pterospermites*, voisins des genres actuels *Dombeya* et *Pterospermum*.

Affinités. — Les Sterculiacées se rattachent étroitement aux Malvacées et aux Tiliacées. Elles se distinguent des premières par les anthères à 2 loges et des secondes par leur androcée. Elles passent aux Euphorbiacées par l'intermédiaire des fleurs mâles des Sterculiées, mais il est facile de les en distinguer par la structure de l'ovaire. M. Van Tieghem rattache ces plantes à la famille des Malvacées, qu'il divise en 3 tribus, les Malvées qui comprennent toutes les Malvacées de Bentham et Hooker, les Sterculiées et les Tiliées. Pour M. Baillon, les Sterculiacées ne forment pas une famille distincte, mais plusieurs séries de la famille des Malvacées.

Classification. — Bentham et Hooker divi-

Fig. 352.   Fig. 353.

Fig. 352. — *Sterculia labrusca.* | Fig. 353. — *Sterculia exiguiloba.*

Fig. 352 et 353. — Empreintes de feuilles fossiles de Sterculies tertiaires.

sent les Sterculiacées en 7 tribus : les *Sterculiées, Hélictérées, Érioleanées, Dombeyées, Hermanniées, Buettnériées* et *Lasiopétalées.*

Usages. — Deux espèces surtout sont intéressantes au point de vue économique : le *Theobroma Cacao*, dont la graine fournit la matière première qui sert à la fabrication du chocolat et constitue par conséquent un important article de commerce, et la plante qui produit la *noix de Kola*, dont l'usage s'est si développé comme aliment d'épargne dans ces dernières années.

D'autres Sterculiacées ont reçu des applications dans les pays chauds. Quelques-unes sont médicinales en leur qualité de plantes mucilagineuses, dont l'écorce est souvent amère, astringente et même émétique. Les graines du *Sterculia scaphigera*, appelées *Bao-tam-paijang*, passent dans l'Inde pour un

spécifique certain contre la diarrhée et la dysenterie. Elles ont été introduites dans nos pays par un officier belge, mais les essais qui en ont été faits en France, en particulier à l'hôpital Beaujon, n'ont pas donné les résultats qu'on en attendait et beaucoup de médicaments indigènes analogues produisent les mêmes effets à meilleur compte.

La racine de l'*Helicteres sacarolha* du Brésil est amère et réputée stomachique, etc. Le *Buettneria inodora* (fig. 354), et quelques espèces voisines sont usitées en Afrique et en Amérique comme émollients.

Quelques espèces de *Sterculia* fournissent

Fig. 354. — *Buettneria inodora.*

une gomme analogue à la gomme adragante, en particulier le *S. tragacanthera* du Sénégal et du Congo et le *S. urens* de Coromandel.

Plusieurs Sterculiacées ont des fruits alimentaires. On mange dans l'Inde celui de l'*Heritiera littoralis* et dans l'Afrique tropicale le péricarpe de plusieurs espèces de *Sterculia*.

Cette famille renferme aussi des plantes dont les fibres libériennes jouissent de propriétés textiles. Ce sont par exemple les *Sterculia villosa* et *colorata* de l'Inde, le *Melochia corchorifolia* du même pays, l'*Abroma angusta* des Philippines, le *Guazuma ulmifolia*, connu à la Guadeloupe sous le nom d'*Orme des bas* et dont l'écorce a été employée sous le nom d'*écorce d'Orme* à la clarification du sucre.

Fig. 355. — *Sterculia chicha*, port.

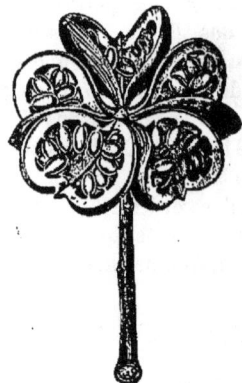

Fig. 356. — *Sterculia balanghas*, fruit.

La famille est représentée dans nos serres par plusieurs espèces ornementales, des *Dombeya*, *Hermannia*, *Pterospermum* et *Sterculia*. Les fleurs rouges du *Sterculia acerifolia* sont très décoratives ; elles lui ont fait donner le nom de *Flame-Tree*.

LES STERCULIES — *STERCULIA*

Caractères. — Le genre *Sterculia* (fig. 355 et 356), type de la tribu des Sterculiées, caractérisée par les fleurs unisexuées ou polygames, le calice souvent coloré et l'absence de corolle, comprend des arbres à feuilles simples, lobées ou digitées, munies de stipules souvent petites, à fleurs disposées en panicules ou en grappes axillaires. La colonne staminale porte 15 ou 10 anthères, irrégulièrement réunies. L'ovaire est formé de 5 carpelles presque distincts les uns des autres, contenant chacun dans leur intérieur 2 ou plusieurs ovules. A maturité les carpelles se séparent et s'ouvrent en général comme des follicules (fig. 356). Les graines qui y sont contenues renferment un albumen, divisé en deux parties adhérentes aux cotylédons, de façon à simuler des cotylédons épais

et charnus, qui en réalité sont minces, plans ou légèrement ondulés.

Distribution géographique. — On a décrit plus de 80 espèces de *Sterculia*, croissant dans les régions chaudes du monde entier, principalement dans l'Asie tropicale.

Usages. — Nous avons déjà décrit plus haut les applications de plusieurs espèces de Sterculies, comme plantes médicinales, textiles ou ornementales.

LE KOLATIER — *COLA ACUMINATA*

Synonymie. — *Sterculia acuminata*.

Caractères. — Les Kolatiers sont des arbres (fig. 357 et 358) qui ont été rattachés au genre *Cola*. Celui-ci se distingue des véritables *Sterculia* par ses graines dépourvues d'albumen et à cotylédons charnus et épais (fig. 359), et par ses anthères disposées en cercle régulier au sommet de la colonne staminale au lieu de se rattacher à différentes hauteurs dans un ordre irrégulier, comme chez les *Sterculia*.

Distribution géographique. — On a distingué plusieurs espèces (6 à 10) de *Cola*, toutes africaines. Le Kolatier se rencontre en

Fig. 357. — Forêt de Kolatiers à Konakry (Nouvelle-Guinée).

Afrique sur la côte occidentale comprise entre 10° de latitude Nord et 5° de latitude Sud, sur la partie située entre Sierra Leone et le Congo. L'arbre ne s'avance guère à l'intérieur des terres au delà de 800 kilomètres et recherche les terrains suffisamment humides, de préférence les vallées et non le sommet des collines. Tout le Nord de la côte occidentale de l'Afrique en manque totalement. Au Sénégal, il n'y en a pas et tous les marchés de cette zone, Saint-Louis, Dakar, etc., s'approvisionnent des graines en les faisant venir du Sud.

Propriétés. — Usages. — La partie utile de la plante est la graine, réduite à un gros embryon plus ou moins globuleux, charnu, à cotylédons épais. Le fruit, connu sous le nom de *noix de Kola* ou *noix du Soudan*, porte au Sénégal le nom de *Kola;* on l'appelle *Gourou* sur la côte africaine et *Ombéné mangoné* dans l'intérieur des terres. Les graines sont au nombre de 15 ou 16 par cosse ou follicule. Il y a dans la même cosse des graines rouges et des graines jaunes, même à maturité. C'est donc

par erreur qu'on a prétendu distinguer deux variétés de Kolatier, l'une à graines rouges et l'autre à graines jaunes. Un seul arbre peut fournir jusqu'à 50 kilogrammes de fruits par an.

La saveur des graines est d'abord sucrée, puis amère et astringente, mais après qu'on en a mâché, les aliments paraissent d'un goût plus agréable et l'eau, même la plus corrompue, la plus saumâtre et la plus chaude, semble fraîche et douce.

« La noix de Kola, dit M. Le Bon (1), est employée depuis la plus haute antiquité par les nègres de l'Afrique comme masticatoire. Grâce à elle, ils peuvent, avec des doses qui ne dépassent pas 40 grammes par jour, faire des routes très pénibles, ou des travaux excessifs, en plein soleil tropical, sans éprouver le moindre essoufflement aux rampes fatigantes, et tout cela en supportant des poids de 40 kilogrammes environ. La Kola leur permet en outre de prendre peu d'aliments et au besoin leur en

(1) Gustave Le Bon, *La Kola* (*Revue scientifique*, 21 octobre 1893, t. LII, p. 527).

tient lieu en temps de disette, sans que leurs forces ou leur résistance en soient diminuées. Dans un rapport officiel au gouvernement anglais, daté de septembre 1890, sur les effets de cette substance, le consul anglais de Bahia fait remarquer que grâce à l'emploi de la Kola, un fardeau qui ne peut être porté que par huit nègres brésiliens est porté facilement par quatre nègres africains. Il cite l'exemple d'un sac de sucre de 80 kilogrammes, qui, refusé comme trop lourd par un nègre brésilien jeune et vigoureux, fut accepté et porté pendant 4 lieues par un nègre africain âgé, grâce à l'emploi préalable de la noix de Kola. »

Il y a longtemps que l'on connaît en Europe les effets merveilleux de la noix de Kola et l'usage qu'en font les nègres de l'Afrique. El-Ghafeky, médecin arabe qui vivait au XIIᵉ siècle, connaissait parfaitement les vertus de la précieuse graine, et les indications qu'il a fournies à ce sujet ont été retrouvées dans une compilation du XIIIᵉ siècle, due à la plume de Ibn Bailar, de Malaga. C'est, d'après M. Keiffer qui s'est occupé de l'historique de cette question, le plus ancien ouvrage où il soit parlé de la noix de Kola. En 1591, paraissait un livre d'Odoard Lopez, *Relatione de Reame di Congo*, où les usages de la Kola sont parfaitement indiqués. En 1594, André Alvarez décrivit la noix de Kola qu'il avait vu utiliser pendant son voyage en Crimée en 1566. Les *Annales des Jésuites* (1604-1605) nous apprennent que les Portugais faisaient de la noix de Kola un important article d'échange pour leur commerce dans l'intérieur du continent africain. A cette époque avait cours dans le pays le dicton suivant : *Quem come Cola, fica en Angola* : qui goûte à la Kola, demeure en Angola. Des noix de Kola furent apportées à Londres vers la fin du XVIᵉ siècle ; l'apothicaire Jacques Garet et le botaniste Clusius en donnèrent les premiers une bonne description.

Depuis le commencement du XVIIᵉ siècle, les renseignements sur la noix de Kola étaient devenus de plus en plus nombreux. Cependant la noix de Kola, jusqu'à ces dernières années, n'a guère été en Europe qu'un objet de curiosité. Ce n'est que tout récemment, après que l'étude en eut été faite au double point de vue chimique et physiologique, que la connaissance de ce produit a été quelque peu vulgarisée dans le public. La plupart des pharmaciens vendent aujourd'hui des noix de Kola, ou plutôt des préparations obtenues au moyen de ces graines

et qui, en contenant les principes actifs, jouissent, disent-ils, de toutes ses propriétés. Dans ces dernières années, dans plusieurs de ces courses de vélocipèdes, si à la mode aujourd'hui, qui passionnent tant le public et ont un si grand retentissement, plusieurs coureurs ont demandé à la Kola, pendant la route, de les aider à supprimer fatigue et faim pendant les longues journées consécutives où il faut rester à cheval sur sa monture d'acier, parcourant sans trêve ni repos un nombre incalculable de kilomètres. C'est à la Kola que plusieurs de nos cyclistes en vue doivent d'avoir battu des records importants. Les journaux en ayant parlé, la noix de Kola a été connue de bien des gens qui en ignoraient l'existence auparavant, et aujourd'hui, plus d'un marcheur éprouvé, plus d'un cycliste amateur, se croient tenus, avant de se mettre en route, d'emporter en poche une préparation à la Kola.

Malheureusement la plupart des préparations que la pharmacie offre au public, vins, extraits, sirops, teintures, élixirs, etc., ne donnent pas toujours les résultats désirés, ce qui tient soit à la mauvaise qualité des matières premières employées, de fausses noix de Kola se trouvant dans le commerce, soit à un mode opératoire défectueux dans la fabrication, la plupart des principes actifs de la noix de Kola, en particulier la théobromine et le rouge de Kola, étant à peu près insolubles. Quand on veut obtenir de la noix de Kola les mêmes effets que les nègres de l'Afrique, il semble naturel de l'employer dans les mêmes conditions qu'eux et de ne pas soumettre à des manipulations artificielles, susceptibles de l'altérer, un produit dont la composition chimique n'est pas encore entièrement connue (1).

L'homme qui a le plus contribué à faire connaître en Europe la noix de Kola, est M. Heckel, de Marseille, qui, en 1882, publiait déjà ses travaux sur l'étude chimique et physiologique de ce produit, et qui vient de réunir en un volume (2), toutes les recherches qu'il poursuit depuis plus de dix ans sur la noix de Kola et son emploi.

L'analyse chimique des graines de Kola y a révélé la présence de deux alcaloïdes la *caféine* et la *théobromine*. La proportion de caféine est à peu près la même que dans le Café, environ

(1) G. Le Bon, *Revue scientifique*, 21 octobre et 9 décembre 1893.

(2) Heckel, *Les Kolas africains*. Paris, 1893.

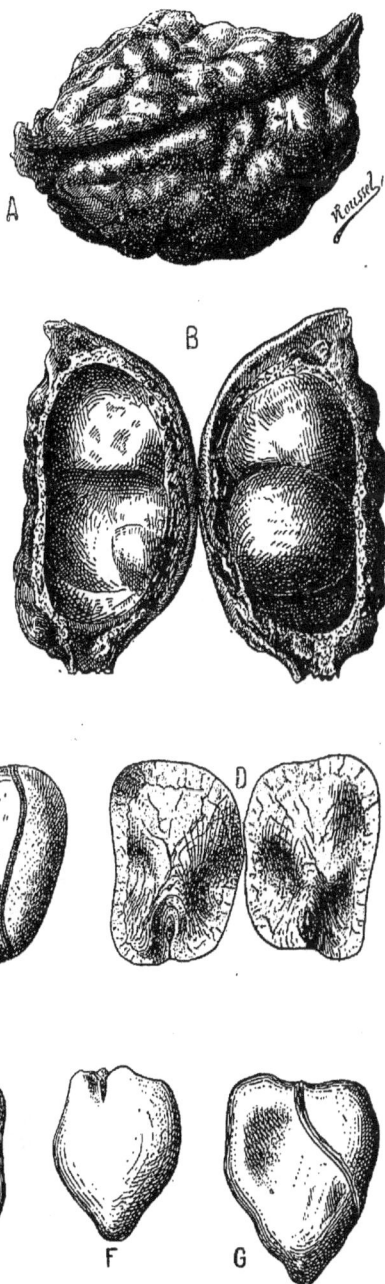

Fig. 358.

Fig. 359.

Fig. 358. — Rameau florifère.
Fig. 359. — Fruit et noix. — A, fruit entier à maturité. — B, même fruit ouvert. — C, une des noix contenues dans le fruit. — D, même noix ouverte. — E, F, G, formes diverses de noix (d'après des spécimens communiqués par M. NATTON).

Fig. 358 et 359. — Kolatier (*Cola acuminata*).

p. 100. M. Heckel a trouvé dans la noix de Kola:

Caféine	2,35 p. 100
Théobromine	0,023 —

Une analyse de M. Lascelle Scott donne une proportion plus considérable pour la théobromine, environ quatre fois de plus. Pendant quelque temps on a cru que la caféine était la substance active de la noix de Kola. De là à l'idée de substituer cet alcaloïde à la Kola elle-même il n'y avait qu'un pas, et cette opinion a été soutenue en particulier par M. Germain Sée à l'Académie de médecine. Mais les expériences nombreuses de M. Heckel et celles de M. G. Le Bon ont prouvé que les actions de la caféine et de la Kola ne sont pas identiques. « Avec la caféine, dit M. Le Bon (1), j'obtenais une excitation beaucoup plus cérébrale que musculaire, n'augmentant pas la résistance à la fatigue et toujours suivie de dépression. Avec la Kola, j'obtenais au contraire une excitation prolongée permettant de résister admirablement à de longues fatigues. A cette époque je dressais un cheval difficile dont le maniement exigeait, en raison des mouvements violents de l'animal, beaucoup de vigueur musculaire prolongée ; et je n'avais pas besoin d'analyse chimique pour savoir quand j'étais sous l'influence de la caféine et sous celle de la Kola. »

M. Heckel attribue en grande partie l'action de la Kola à un corps particulier, le *rouge de Kola*, dont l'analyse lui a révélé la présence dans la noix de Kola dans une proportion de 1,30 p. 100. D'après M. Le Bon au contraire, c'est au mélange de la caféine et de la théobromine qu'il faut rapporter les effets observés pour la noix de Kola. Des pastilles contenant 10 centigrammes de caféine et 2 de théobromine lui donnèrent des résultats presque identiques à ceux fournis par l'action directe de la Kola (2).

En tous cas, ces deux opinions, quelle que soit la bonne, expliquent l'une comme l'autre l'insuffisance de la plupart des préparations liquides commerciales de Kola qui ne retiennent de cette substance que la caféine; rouge de Kola et théobromine étant insolubles. Leur effet ne peut alors être que celui d'une vulgaire tasse de café aussi riche en caféine.

M. Chibret (3) a expérimenté l'action de la noix de Kola sur lui-même et sur des amis. Les résultats ont été obtenus sur des marcheurs et des vélocipédistes. Il a constaté que « la Kola apaise la faim sans tenir lieu d'aliment ; elle ne fait que différer les exigences de la nutrition générale. En sorte que si les

(1) Le Bon, *loc. cit.*, p. 530.
(2) Voir à ce sujet les expériences de M. Charles Henry (*Revue scientifique*, 20 octobre 1894).
(3) Chibret, *A propos de la noix de Kola* (*Revue scientifique*, 6 janvier 1894).

repas du jour ont été remplacés par des doses de Kola, le repas du soir doit être assez copieux pour remplacer les repas supprimés.

« La Kola n'agit pas sur la fatigue comme sur la faim : la fatigue n'est point, comme la faim, différée : après une journée d'exercices pénibles, bien supportés grâce à l'usage de la Kola, la fatigue ne s'est point accumulée ; elle est moindre le soir et le lendemain qu'elle n'aurait été sans la Kola. On peut donc, grâce à celle-ci, non seulement éviter la fatigue pendant l'exercice, mais encore la diminuer consécutivement à l'exercice. »

Culture. — Commerce. — Nous empruntons les détails qui vont suivre sur la culture des Kolatiers dans nos possessions françaises d'Afrique à un intéressant ouvrage de M. Laumann (1), a fait, en 1890, un voyage dans les Rivières du Sud et a séjourné assez longtemps à Konakry, la capitale de ce nouveau département colonial.

Le commerce des noix de Kola est presque entièrement aux mains de l'Angleterre. Dans aucune colonie française le Kolatier n'est l'objet d'une culture étendue. Les Kolatiers de nos possessions françaises sont abandonnés aux noirs, qui pour les récolter pillent et meurtrissent les arbres. Au contraire dans les colonies anglaises, ils sont l'objet de beaucoup de soin. Aussi le commerce des noix de Kola est-il pour l'Angleterre une source féconde de richesses, dont on peut apprécier l'importance en songeant qu'à Londres les noix de Kola se vendent 20 livres sterling les 100 kilogrammes.

A Konakry, on découvre des groupes nombreux de 15 à 20 Kolatiers, qui malgré l'absence de culture atteignent jusqu'à 80 centimètres de tour et 10 à 12 mètres de haut (fig. 357), donnant, en dépit des meurtrissures, des récoltes de huit à dix paniers par pied. Si l'on obtenait du gouvernement une décision monopolisant la noix de Kola comme on a monopolisé les Tabacs, ce serait pour la colonie de la Guinée française la raison d'une extension nouvelle, et d'autre part le budget y trouverait une ressource qu'on peut estimer sans exagération à près de 200,000 francs par an.

En France la culture du Kolatier semble ne pas pouvoir être entreprise avec succès, mais d'après M. Laumann, les environs d'Oran, en Algérie, conviendraient parfaitement bien à ce végétal.

(1) E.-M. Laumann, *A la côte occidentale d'Afrique*. Paris, 1894. Analysé in *Revue scientifique*, 14 juillet 1894, 4e série, t. II, p. 52.

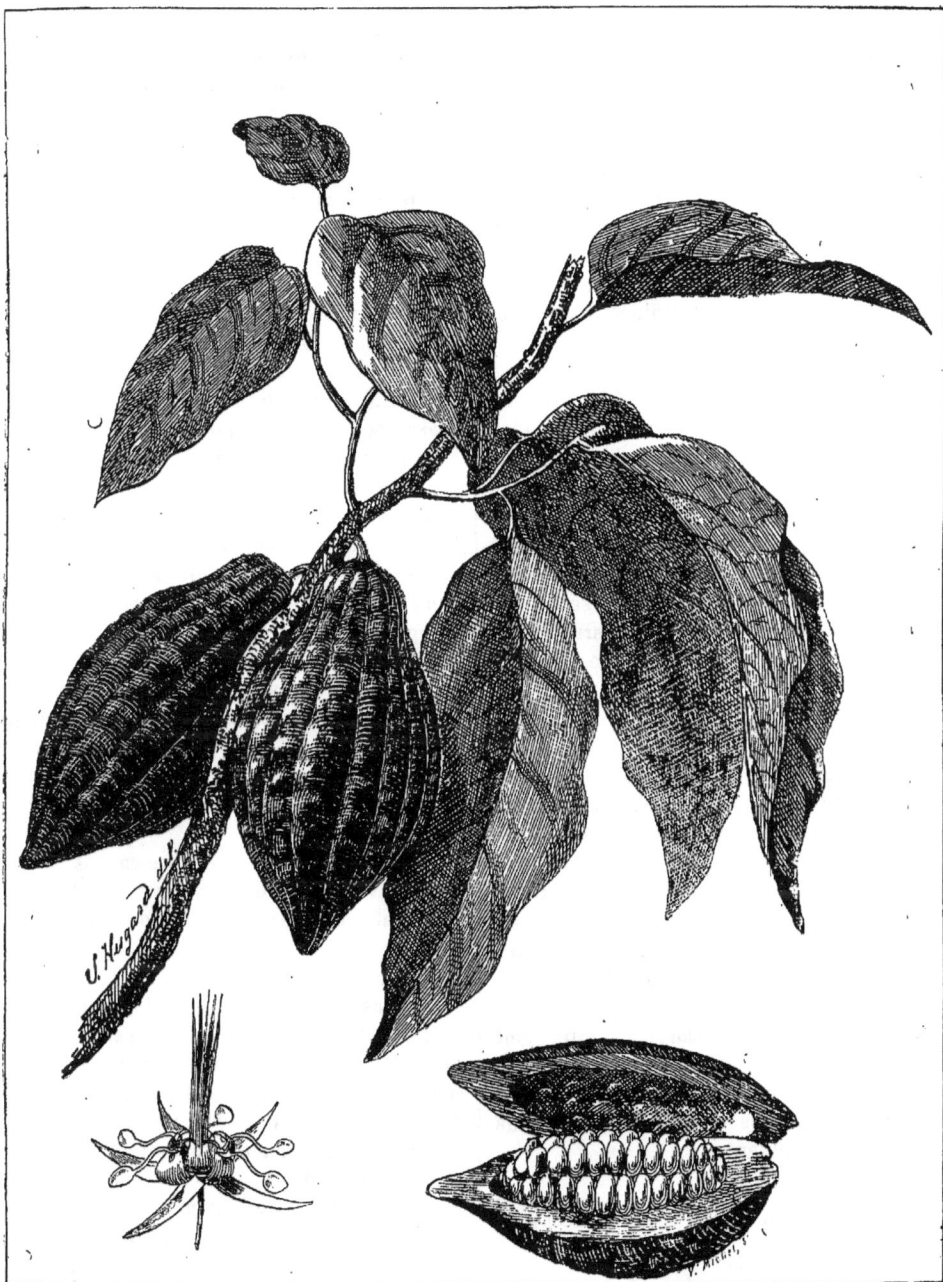

Fig. 360. — Rameau fructifère.
Fig. 361. — Fleur épanouie.

Fig. 362. — Fruit ouvert longitudinalement pour montrer les graines.

Fig. 360 à 362. — Cacaoyer (*Theobroma cacao*).

LES THÉOBROMES — *THEOBROMA*

Noms vulgaires. — Cacaoyers.

Étymologie. — Le nom de *Theobroma* vient de deux mots grecs et signifie nourriture des Dieux.

Caractères. — Les *Theobroma* appartiennent à la tribu des Buettnériées, caractérisée par ses fleurs hermaphrodites, et ses anthères disposées par groupes de 1 à 3, placés entre les staminodes de la colonne et opposés aux pétales.

Les espèces que comprend le genre *Theobroma* (fig. 360 à 362) sont des arbres ou des arbrisseaux; leur tige est droite, d'une texture assez poreuse, ce qui en fait un bois léger, peu résistant; l'écorce est assez rude et brunâtre; les feuilles (fig. 360) sont alternes, amples, ovales, sans découpures, terminées en pointe, lisses et portées sur des pétioles assez courts, qui manquent presque complètement dans certaines espèces. Les fleurs (fig. 361) sont disposées en petits faisceaux; leurs pédoncules sont fins, sortant directement des branches et surtout du tronc.

Le calice présente 5 divisions. Les pétales, au nombre de 5 également, sont concaves à la base et se terminent par un limbe en forme de spatule. Les étamines sont soudées par leurs filets en un tube terminé par 5 lobes opposés aux sépales, entre lesquels se trouvent des paquets de 2 ou 3 anthères. L'ovaire sessile est à 5 loges multiovulées avec styles filiformes plus ou moins réunis. Le fruit (fig. 362) est une drupe volumineuse, dont la longueur varie suivant les espèces, et qui présente 5 loges, contenant chacune, au milieu d'une pulpe succulente, 8 à 10 graines. La graine (fig. 363, *a*), dépourvue d'albumen, est formée entièrement par deux gros cotylédons épais, plissés et violets, entre lesquels on remarque la petite plante jaunâtre.

Distribution géographique. — On distingue 10 à 15 espèces de *Theobroma* qui sont toutes originaires des régions chaudes américaines. Quelques-unes sont cultivées pour leurs graines. La plus importante et la plus répandue est la suivante :

LE THÉOBROME CACAO — *THEOBROMA CACAO*

Nom vulgaire. — Cacaoyer commun.

Caractères. — C'est un arbre de 10 à 15 mètres de haut; ses feuilles (fig. 364) ont 30 centimètres de long, à peu près; ses fleurs sont assez petites, rougeâtres, et l'on est étonné de leur voir produire un fruit aussi gros (fig. 363). Celui-ci, qui a à peu près la forme d'un Concombre, offre une longueur de 15 à 20 centimètres; il est rougeâtre ou jaunâtre,

marqué de 10 côtes longitudinales. Les graines, un peu plus grosses que l'amande de l'Amandier, sont plongées à l'intérieur d'une pulpe aqueuse acide qui les unit entre elles (fig. 362). Le péricarpe, succulent au dehors, est ligneux en dedans, mais cette couche dure est très mince.

Distribution géographique. — Le *Theobroma cacao* est originaire des régions chaudes de l'Amérique tropicale, du Mexique et des pays voisins. Il a été introduit aux Antilles, à la Guyane, au Brésil et dans l'Inde.

Usages. — Les graines du Cacaoyer, qu'on nomme *cacaos*, servent à la fabrication du *chocolat*, produit alimentaire bien connu, et du *beurre de cacao*, substance utilisée en médecine et aussi dans la parfumerie pour la fabrication des savons.

Historique. — Lors de la conquête du Mexique par les Espagnols, en 1520, les indigènes employaient les grains de cacao en guise de monnaie. Leur aristocratie seule, dit Joseph Garnier, mangeait alors des mets préparés avec le cacao. Montezuma avait chez lui des amas considérables de ces graines, parce que ses sujets s'en servaient pour lui payer les impôts. En 1802, d'après Alexandre de Humboldt, le cacao faisait encore fonction de monnaie. Six grains représentaient environ 5 centimes.

L'introduction des premiers cacaos en Europe date du milieu du xvie siècle; des voyageurs en rapportèrent des ports du Mexique et du Pérou quelques quintaux comme objets de curiosité. Mais le véritable commerce ne commença que lorsque la culture eut été établie un peu en grand dans la province de Caracas, c'est-à-dire au commencement du xviiie siècle. L'Espagne fit de bonne heure du cacao un objet de consommation usuelle, et, suivant les principes économiques qu'elle a souvent professés, elle voulut soustraire au commerce étranger un produit dont elle attendait de grands résultats. L'exportation fut prohibée pour les pays autres que la métropole espagnole. La contrebande vint, comme toujours, en aide aux colons, qui trouvant plus avantageux de traiter avec les Hollandais et les Anglais, surent tromper la vigilance de la douane espagnole. Amsterdam devint l'entrepôt des cacaos caraques, et de 1707 à 1722, pas un seul vaisseau de cacaos ne débarqua en Espagne; les maîtres de l'Amérique durent alors aller faire à grands frais, sur les marchés étrangers, leur provision de cacao. En 1728, Philippe V vendit le monopole exclusif de ce commerce, pour Caracas et Cumana, à une compagnie de négociants biscaïens, appelée *Compagnie de Guipuscoa* ou *des Caraques*. Les vaisseaux de cette compagnie avaient le droit de commerce à Caracas, Cumana, la Marguerite et la Trinité. Tout ce qu'ils ne pouvaient importer en Espagne était expédié à la Vera-Cruz. La métropole recouvra bientôt les avantages qu'elle avait perdus, et en 1763, 110,500 quintaux entraient en Espagne. Le prix était tombé de 80 piastres à 40 piastres (320 fr. à 160 fr.) la *fanègue* (55 kilogr.). Peu d'années après, ce produit se répandait dans l'Europe entière et sur presque tous les points du globe.

On ne sait pas, dit Maigne, d'une manière bien précise, à quelle époque ni par qui ce produit fut apporté, pour la première fois, en France. Suivant les uns, ce serait par l'infante Marie-Thérèse, lors de son mariage avec Louis XIV; suivant les autres, ce serait par le cardinal Alphonse de Richelieu, frère du ministre et archevêque de Lyon, qui en tenait la recette de moines espagnols. On lit en effet à ce sujet dans Vigneul de Marville : « On sait que le cardinal Bracautio a fait un traité du chocolat; mais on ne sait peut-être pas que le cardinal de Richelieu est le premier en France qui ait usé de cette drogue. J'ai ouï dire à un de ses domestiques qu'il s'en servait pour modérer les vapeurs de sa rate, et qu'il tenait ce secret de quelques religieux espagnols qui l'apportèrent en France. »

Quoi qu'il en soit, en 1660, le chocolat était déjà répandu dans les hautes classes de la société, mais pendant très longtemps il constitua un aliment de très grand luxe, et d'un prix élevé. D'ailleurs, celui qu'on faisait en France était de qualité très inférieure, faute de pouvoir se procurer de bons cacaos. Les premières améliorations de cette branche d'industrie datent de la fin du dernier siècle; surtout depuis 1815 elle n'a cessé de se perfectionner, et ses produits sont regardés aujourd'hui comme très supérieurs à ceux des autres pays.

Culture. — On cultive le Cacao principalement aux Antilles, dans la Colombie et dans l'Équateur. On ne récolte guère pour les livrer au commmerce que les graines du Cacaoyer cultivé. Toutefois au Brésil on vend des graines provenant d'arbres sauvages; on les désigne sous le nom de *Cacao bravo*.

On apporte beaucoup de soin à la culture des Cacaoyers. Pour faire une plantation, on choisit d'abord convenablement le sol et l'exposition. Comme il ne leur faut ni trop ni trop peu d'air, et qu'ils craignent surtout les grands vents, on plante autour du terrain qui leur est destiné, trois ou quatre rangs d'arbres, choisis parmi ceux qui croissent vite et qui garnissent beaucoup, de façon que le produit utile puisse dédommager le propriétaire d'une partie de ses frais.

Un sol riche, humide et profond, est celui qui convient le mieux aux Cacaoyers. La meilleure terre est une terre noire ou rougeâtre, alliée d'un quart ou d'un tiers de sable, avec quantité de gravier. Ils y produisent des fruits en assez grande abondance, trois ans après avoir été semés. Au bout de six à huit ans l'arbre est en plein rapport. Dans les terrains plus forts et plus humides, ils deviennent grands et vigoureux, mais ils rapportent moins.

La récolte a lieu deux fois par an, en juin, puis en décembre; la dernière est la plus considérable.

Les fruits arrivés à complète maturité sont abattus à l'aide de petites gaules, puis l'extraction de leurs graines commence aussitôt; on coupe les fruits en deux et on dépose les graines encore toutes fraîches, entourées de la pulpe, dans des sortes de grandes auges en bois, et on recouvre de grandes feuilles de Bananier. Quand ces auges sont pleines, on les ferme avec des planches, sur lesquelles on pose des pierres. Les graines, ainsi renfermées, restent à fermenter pendant quatre ou cinq jours. On a soin de les remuer tous les jours, et, lorsque leur test prend une couleur rougeâtre, on les retire et on les fait sécher au soleil. La préparation est alors terminée et elles peuvent être livrées au commerce pour la fabrication du chocolat.

Une autre opération remplace souvent celle que nous venons de décrire: elle consiste à enfouir dans la terre, pendant quarante jours au maximum, les graines de cacao, afin de leur enlever leur saveur légèrement âcre. Les cacao, ainsi obtenus portent le nom de *Cacaos terrés*, par opposition aux *Cacaos non terrés*. Cette méthode se pratique dans la province de Caracas.

Un Cacaoyer bien entretenu peut donner annuellement jusqu'à une *arroba* ou trente-deux livres de noix, et près de Santarem on calcule encore une moyenne de sept cents arrobas pour dix mille plants. Le prix de vente du cacao varie beaucoup. La moyenne, selon M. W. Bates, serait d'environ 3,500 reis, à peu peu 10 francs l'arroba.

« L'entretien d'une plantation, dit cet auteur, ne demande que très peu de soins. Dans l'intervalle des récoltes, les plantations doivent être sarclées. La grande difficulté consiste à garantir les arbres des plantes grimpantes et des épiphytes, surtout des parasites du groupe des *Loranthacées*, c'est-à-dire de la même famille à laquelle appartient notre Gui, et qu'on appelle ici *Pès de passarinho* ou « pied de petit oiseau », leurs jolies fleurs orangées et rouges rappelant par leur forme et leur disposition les trois doigts de l'animal ailé. Le fruit une fois mûr, les voisins s'arrangent pour venir s'aider mutuellement à faire la moisson, et chaque famille arrive ainsi, sans recourir au travail servile, à tirer parti de la petite plantation. Il m'a toujours semblé que la culture du Cacaoyer se prêtait admirablement aux habitudes et à la constitution des émigrants européens (1). »

Composition. — Le cacao renferme une matière grasse nommée *beurre de cacao*, de l'amidon, du sucre, une matière colorante rouge, et de la *théobromine*, alcaloïde voisin de la *caféine*, qui donne au cacao sa saveur amère, que la faible proportion de sucre ne parvient pas à dissimuler. La *théobromine* jouit de propriétés analogues à la caféine comme aliment d'épargne, mais les difficultés de sa préparation et son prix élevé font qu'on ne l'emploie point aux mêmes usages en médecine. La proportion de beurre de cacao est de 34 à 50 pour 100, celle de l'amidon varie avec les différentes sortes de cacao.

On distingue dans le commerce un grand nombre de variétés de cacaos qui diffèrent d'après le pays d'origine ainsi que par la préparation qu'ils ont subie après la récolte : le terrage ou non terrage principalement influe beaucoup sur la qualité. Les principales sortes sont :

Le *cacao Caraque*, provenant de la côte de Caracas ; il a été terré, ce qui lui donne une couleur terne et grisâtre. C'est la variété la plus estimée.

Le *cacao Trinité*, apporté de l'île de ce nom, à l'est de la côte de Caracas et de Cumana. Il est moins exactement terré que le cacao Caraque et les graines en sont plus petites et plus plates.

Le *cacao Soconusco*, de la république de Guatémala, à graines très grosses et non terrées.

Les *cacaos de Maragnan*, de *Para*, de *Saint-Dominique*, de la *Martinique*, etc., tous cacaos non terrés et moins estimés. Le cacao de la Martinique est particulièrement riche en graisse et sert surtout à l'extraction du beurre de cacao. Son prix est d'ailleurs bien inférieur à celui du cacao Caraque.

On distingue deux grandes catégories de chocolat : le *chocolat de santé* est composé de cacaos de diverses sortes mélangés, auxquels on a joint du sucre et de la cannelle. Le *chocolat à la vanille* contient en plus 2 grammes de vanille par livre, ce qui lui donne un goût plus agréable et surtout le rend plus facile à digérer.

Par la grande quantité de beurre de cacao qu'il contient, le chocolat est un aliment très nourrissant comme tous les aliments gras : il restitue de la graisse, fournit aux besoins de la respiration et à l'entretien de la chaleur animale plus qu'à la réparation des muscles. Aussi, est-ce une nourriture excellente comme déjeuner du matin, sauf en cas de tendance à l'obésité, car il fait facilement engraisser. Pour avoir de bon chocolat il faut le payer assez cher, à cause du prix élevé des matières premières, quand elles sont de bonne qualité, et du prix de revient de la fabrication. Les chocolats à bon marché sont suspects de falsifications, dont la plus fréquente de toutes est l'addition de farine et d'amidon (1).

On a utilisé le chocolat en médecine pour incorporer à sa pâte diverses substances destinées à le rendre plus nourrissant, telles que sagou, salep, arrow-root, ou à lui donner des propriétés médicinales. C'est ainsi qu'on fabrique des chocolats médicinaux fortifiants, purgatifs, vermifuges, etc., qui permettent, surtout dans la médecine des enfants, de masquer et dissimuler le goût de matières actives, à la saveur peu agréable.

Le Cacaoyer commun ne fournit pas à lui seul tous les cacaos du commerce. Les différences qu'on observe dans les graines ont conduit à distinguer plusieurs espèces. Nous citerons seulement les plus importantes :

---

(1) W. Bates, *Un naturaliste sur la rivière de l'Amazone* (*Revue des Deux Mondes*).

(1) Voy. Chevalier, *Mémoire sur le chocolat, sa préparation, ses usages, les falsifications qu'on lui fait subir* (*Ann. d'hyg.*, 1871, tome XXXVI, p. 240).

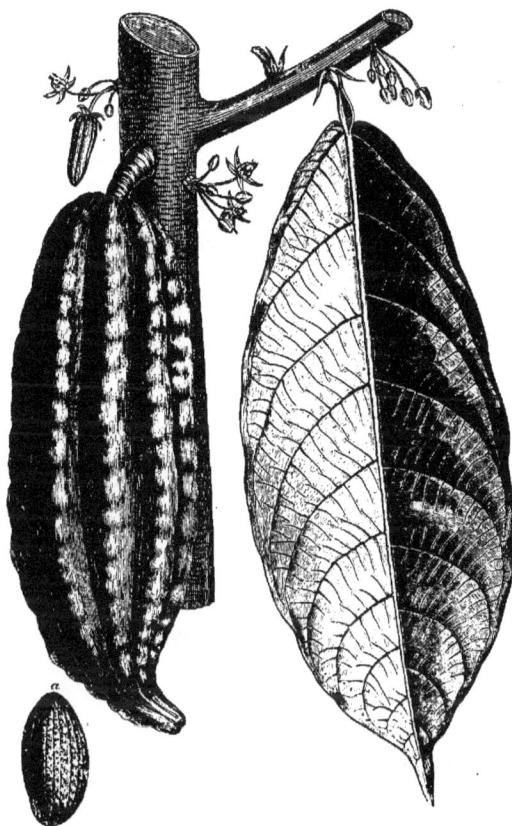

Fig. 363. — Cacaoyer commun (*Theobroma cacao*), rameau avec feuille et fruit; *a*, graine.

Le CACAOYER DE LA GUYANE (*Theobroma Guyanensis*), qui n'atteint guère que 5 mètres, se distingue principalement du précédent par ses fruits couverts d'un léger duvet de couleur rousse et munis de 5 angles, tandis que le fruit du Cacaoyer commun a 10 angles ou côtes.

Cette espèce habite les forêts marécageuses de la Guyane. Ses graines fraîches sont estimées des naturels et bonnes à manger aussi pour nous autres Européens. La pulpe en est fondante, et s'emploie quelquefois pour préparer une boisson agréable.

Le CACAOYER BICOLORE (*Theobroma bicolor*) est un arbrisseau de 3 à 4 mètres. Ses fleurs sont d'un pourpre noirâtre; les fruits sont globuleux, longs de 15 centimètres et couverts d'un duvet soyeux au toucher. Cette espèce est des plus communes; des forêts de la Colombie et du Brésil en sont quelquefois entièrement formées. Ses graines sont d'une qualité inférieure et le commerce n'en fait pas beaucoup de cas, sauf pour les chocolats à vil prix.

Le CACAOYER SAUVAGE (*Theobroma sylvestris*) est très abondant dans la Guyane; on le distingue à ses fruits cotonneux; ses graines, quoique de très bonne qualité et bonnes à manger à l'état frais, sont fort peu répandues dans le commerce.

Viennent ensuite d'autres espèces, moins connues et moins importantes. Elles ne sont pas employées pour la fabrication du chocolat et nous les passerons par conséquent sous silence.

LES TILIACÉES — *TILIACEÆ*

Caractères. — A la famille des Tiliacées appartiennent des arbres, des arbrisseaux ou plus rarement des herbes. Les feuilles sont alternes, exceptionnellement opposées ou sub-opposées chez quelques espèces, les *Plagiopteron*, par exemple, arbrisseaux grimpants des provinces orientales de l'Inde; elles sont simples, entières, dentées ou lobées, munies de stipules géminées, ordinairement petites et caduques, plus rarement grandes et persistantes, ou manquant quelquefois totalement. Les fleurs sont disposées en petites cymes pauciflores ou en grandes inflorescences, corymbes ou panicules.

Les fleurs sont régulières, hermaphrodites ou plus rarement unisexuées. Les 5 sépales (rarement 3 ou 4) sont libres ou soudés en un calice campanulé. Les pétales, en nombre égal ou moindre, ou même manquant parfois chez les *Grewia*, des régions chaudes de l'ancien monde, les *Triumfetta* et les *Prockia* de l'Amérique tropicale, alternent avec les sépales, et sont entiers ou incisés. Les étamines en nombre indéfini ou plus rarement subdéfini, en particulier chez les *Corchorus*, sont libres ou plus rarement soudées par leurs filets, à la base, en un court anneau; on les trouve aussi soudées en 5 ou 10 faisceaux dans d'autres types. Quelquefois un certain nombre d'étamines sont dépourvues d'anthères. Celles-ci sont à 2 loges parallèles, s'ouvrant par une fente longitudinale ou par un pore au sommet. L'ovaire est libre, sessile, présentant de 2 à 10 loges. Le style est généralement entier et divisé au sommet en autant de stigmates qu'il y a de loges à l'ovaire. Les ovules anatropes, en nombre variable, sont insérés à l'angle interne des loges ovariennes.

Le fruit, qui présente 2 à 10 loges et devient uniloculaire par avortement chez les *Sparmannia* ou est divisé en un très grand nombre de loges par de fausses cloisons longitudinales ou transversales, est sec, drupacé ou bacciforme et alors indéhiscent, ou bien se divise en coques ou bien encore s'ouvre par déhiscence loculicide ou septicide. Les graines solitaires ou nombreuses dans les loges, sont dépourvues d'arille et présentent un test souvent coriace ou crustacé, quelquefois poilu. L'albumen charnu, copieux ou faible, ne manque complètement que chez les *Browlowia*, arbres de l'Asie tropicale.

Distribution géographique. — Les 50 genres et les 470 espèces qui forment la famille des Tiliacées habitent le globe tout entier, mais le nombre en est plus considérable entre les tropiques que dans les régions tempérées, aussi bien dans un hémisphère que dans l'autre. La famille n'est pas représentée dans les zones arctiques et antarctiques, ainsi que dans les régions alpines. Les espèces françaises appartiennent toutes au genre Tilleul (*Tilia*).

Distribution géologique. — Les Tiliacées apparaissent dans le crétacé supérieur de Laramie et dans l'éocène de la Terre de Grinnel (par 82° de latitude Nord) et du Spitzberg. En Europe, c'est dans le miocène supérieur de Styrie qu'on les rencontre pour la première fois, ce qui trouve son explication dans le fait que ces plantes fréquentent peu les endroits humides.

Affinités. — Les Tiliacées, que M. Van Tieghem rattache à titre de simple tribu, avec les Sterculiacées, à la grande famille des Malvacées, ont les plus grandes affinités avec ces deux familles, mais elles s'en distinguent facilement par les filaments staminaux souvent libres ou à peine légèrement soudés à la base. De plus, elles s'écartent des Malvacées par leurs anthères à 2 loges.

Classification. — Bentham et Hooker divisent la famille des Malvacées en 2 grandes séries: les *Holopétales*, qui ont les pétales colorés, minces, contractés ou onguiculés à la base, entiers ou très rarement émarginés, à préfloraison imbriquée ou contournée, et les *Hétéropétales*, dont les pétales nuls ou sépaloïdes, rarement pétaloïdes, sont insérés par une large base, valvaires, indupliqués ou imbriqués, jamais tordus.

Les Holopétales comprennent les 4 tribus des *Brownlowiées*, *Grewiées*, *Tiliées* et *Apeibées*; les Hétéropétales, les 3 tribus des *Prockiees*, *Sloaniées* et *Élæocarpées*.

Usages. — Les Tiliacées se rapprochent beaucoup des Malvacées par les applications dont elles sont susceptibles; ce sont, en effet, des plantes mucilagineuses, émollientes, et d'autre part le liber d'un grand nombre de ces végétaux peut être utilisé comme textile.

Comme plantes médicinales, les Tilleuls sont employés dans nos pays comme adoucissants, émollients et pectoraux. Il en est de même d'un certain nombre de Tiliacées exotiques

Certaines Tiliacées ont un fruit comestible ; nous pouvons en particulier citer comme exemple les *Grewia* des pays tropicaux et plusieurs Élæocarpées asiatiques.

Les fibres libériennes du *Corchorus capsularis* sont exploitées comme textiles et introduites comme telles dans nos pays sous le nom de *jute*. Parmi les autres Tiliacées textiles dont les fibres libériennes peuvent servir à la confection de tissus ou de cordes, il convient de signaler plusieurs espèces de *Grewia* de l'Inde, l'*Erinocarpus Knimonii* du même pays, le *Trium-*

Fig. 364. — *Elæocarpus cyaneus.*

fetta lappula de la Martinique et de la Jamaïque, etc.

Le bois du Tilleul est propre à être utilisé à plusieurs sortes d'usages domestiques. Plusieurs autres Tiliacées arborescentes ont des bois propres à rendre des services. C'est ainsi que le bois flexible du *Grewia elastica* sert à la fabrication des arcs.

Plusieurs Tiliacées peuvent être employées comme plantes tinctoriales : on cite à ce sujet diverses espèces de *Corchorus*. Les feuilles du *Vallea cordifolia*, au Pérou, servent à teindre en jaune.

Certains *Elæocarpus* ont de fort belles fleurs, en particulier l'*Elæocarpus cyaneus* (fig. 364), aussi les cultive-t-on comme plantes ornementales dans les serres.

Il en est de même de plusieurs *Sparmannia*, *Grewia* et de quelques autres. L'*Aristotelia Magni* peut même être cultivé en pleine terre, en

France dans les jardins du Midi ou de l'Ouest.

Les espèces indigènes de Tilleul, associées à d'autres espèces américaines, ornent nos jardins et nos promenades.

Deux genres méritent particulièrement de nous intéresser dans la famille des Tiliacées : ce sont les genres *Corchorus* et *Tilia*, tous deux de la tribu des Tiliées.

LES CORRÈTES — *CORCHORUS*

Caractères. — Les Corrètes sont des herbes, sous-arbrisseaux ou arbrisseaux peu élevés, couverts de poils simples ou étoilés, à feuilles dentées, à petites fleurs jaunes portées par de courts pédoncules axillaires ou opposés aux feuilles. Les sépales sont au nombre de 5 ou plus rarement 4. Les pétales, en même nombre, sont nus à la base. Les étamines, en grand nombre, ou moins souvent en nombre double des pétales, sont libres entre elles. L'ovaire comprend 2 à 5 loges multiovulées ; le style est court et surmonté du stigmate. La capsule, tantôt allongée en forme de silique et nue, tantôt courte ou subglobuleuse, munie de piquants ou de soies, s'ouvre par 2 à 5 valves loculicides. Les graines nombreuses sont pourvues d'albumen et renferment un embryon souvent recourbé à cotylédons foliacés.

Distribution géographique. — Sur les 35 espèces de *Corchorus* que l'on connaît, 5 ou 6 semblent propres à l'Australie ; un petit nombre sont cantonnées dans Amérique tropicale ; toutes les autres sont plus ou moins largement dispersées dans les régions tropicales des deux mondes.

Usages. — La Corrète potagère (*Corchorus olitorius*) ou *Mélochie* est cultivée en Égypte, en Asie, en Afrique et en Amérique pour ses feuilles comestibles que l'on consomme cuites ou assaisonnées.

Plusieurs espèces de Corrètes indiennes sont propres à fournir une matière textile de grande importance connue sous le nom de *jute*. Ce sont, par exemple, les *Corchorus olitorius*, *C. piscus*, *C. decemangulatus*, etc. La plus importante de toutes est le *C. capsularis*, que l'on cultive en grand dans plusieurs pays et qui joue un grand rôle dans l'industrie textile.

LA CORRÈTE CAPSULAIRE — *CORCHORUS CAPSULARIS*

Nom vulgaire. — Jute.

Caractères. — Espèce herbacée annuelle de 3 à 4 mètres de haut.

Distribution géographique. — Elle est originaire de l'Inde, où on la cultive activement.

De là, sa culture a gagné les îles voisines, la Chine et aussi l'Algérie. Dans ces derniers temps, elle a été introduite à la Guyane et quelques autres pays de l'Amérique, où sa culture semble donner de bons résultats.

Culture. — La culture en est très facile pour deux raisons principales. D'abord la plante pousse très vite, puisque semée au mois de mai, elle fleurit en juin ou juillet, et porte des fruits mûrs à la fin de septembre. D'autre part, le rendement en est fort avantageux, car, à surface égale, le sol produit une quantité beaucoup plus grande de jute que de chanvre ou de lin, ce qui tient à la grande taille que la plante peut atteindre, en même temps qu'au nombre des fibres libériennes qu'elle produit.

On coupe les tiges avant la maturation des fruits, on les débarrasse des feuilles et des capsules et on leur fait subir l'opération du rouissage dans une eau froide et courante. Au bout de quelques jours, les faisceaux libériens sont suffisamment séparés les uns des autres et même disloqués pour que le travail soit fait à la main et que néanmoins le produit soit très pur et très fin. La fibre de jute est longue, luisante, colorée en blanc légèrement jaunâtre.

Usages. — Le jute, matière textile fournie par la Corrète capsulaire et quelques autres espèces voisines du même genre, est en usage dans l'Inde depuis la plus haute antiquité. Cette substance a surtout acquis de l'importance dans le commerce européen au moment de la guerre de Crimée, qui privait l'industrie anglaise et française du chanvre de la Russie, et de la guerre civile des États-Unis, qui avait interrompu le commerce du coton.

Les fibres de jute, dont le port d'exportation le plus actif est Calcutta, servent en Angleterre à faire de la toile à sacs et même de la toile plus fine, qui peut rivaliser comme blancheur avec celle que donne le chanvre. On en fabrique encore des tapis ou autres articles analogues, car la fibre prend bien la teinture.

LES TILLEULS — *TILIA*

Caractères. — Les Tilleuls sont des arbres élevés à feuilles alternes, simples, en forme de cœur oblique, dentées, et dont les fleurs blanches ou jaunâtres, disposées en cymes terminales ou axillaires, sont portées sur un pédoncule soudé jusqu'à moitié de sa longueur avec une bractée foliacée, longue et linéaire (fig. 365).

Le calice (fig. 366) est formé de 5 sépales caduques ; la corolle de 5 pétales nus ou munis à la base, du côté interne, de petites écailles pétaloïdes ; les étamines sont nombreuses, libres ou irrégulièrement soudées en 5 faisceaux, portant toutes des anthères. L'ovaire divisé intérieurement en 5 loges multiovulées est libre, globuleux, velu, terminé supérieurement par un style simple, surmonté d'un stigmate à 5 dents. Le fruit globuleux, coriace ou ligneux, est divisé en 5 loges dont 4 avortent ordinairement, et contient 1 ou 2 graines, à albumen cartilagineux et à cotylédons foliacés, larges, sublobés et à bords involutés.

Distribution géographique. — On connaît une douzaine environ d'espèces de Tilleuls, qui habitent les régions tempérées de l'hémisphère Nord, en Europe, en Asie et en Amérique. Les espèces françaises sont au nombre de trois : le Tilleul des bois (*T. sylvestris*), le Tilleul à grandes feuilles (*T. platyphylla*) et le Tilleul intermédiaire (*T. intermedia*). Ces trois arbres habitent les bois peu élevés, on les rencontre fréquemment plantés sur nos promenades, associés à quelques espèces américaines.

Distribution géologique. — D'après M. de Saporta (1), les Tilleuls, après avoir eu leur berceau dans le Nord plus ou moins avancé et y avoir acquis les caractères qui les distinguent, se sont tardivement répandus en Europe au fur et à mesure des progrès du refroidissement. Le Tilleul, en effet, apparaît pour la première fois dans le gisement de la Terre de Grinnell par 28° de latitude Nord et au Spitzberg (fig. 368). En Europe ce n'est que dans le miocène supérieur de Parschlug en Styrie, que paraissent les premiers vestiges du genre, bien reconnaissable à la structure de ses bractées fructifères. D'autres Tilleuls de la même époque ont été rencontrés à Szanto, en Hongrie et à Sinigaglia. La rareté relative de ces vestiges dénote, pour ces Tilleuls primitifs, une station à l'écart du bord des lacs et sans doute plus ou moins élevée sur les montagnes. Ce sont les précurseurs de nos Tilleuls européens, qui se sont ensuite répandus partout jusque dans le Midi, dans le pliocène et le quaternaire.

LE TILLEUL DES BOIS. — *TILIA SYLVESTRIS*.

Synonymie. — Tilleul à petites feuilles ; Tilleul à feuilles d'Orme, Tilleul sauvage. — *Tilia microphylla, T. parvifolia.*

(1) De Saporta, *Origine paléontologique des Arbres,* p. 275.

Fig. 365.

Fig. 366.

Fig. 365. — Fleurs et bractée.

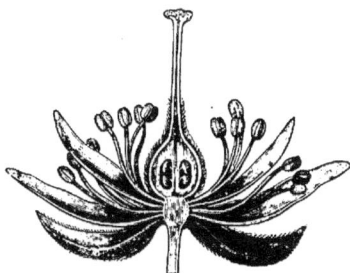

Fig. 366. — Fleur coupée.

Fig. 365 et 366. — Tilleul argenté (*Tilia argentea*).

Noms vulgaires. — Tillau ou Tillot.

Caractères. — Linné, sous le nom de TILLEUL D'EUROPE (*T. europæa*) réunissait deux espèces aujourd'hui distinctes : le Tilleul des bois et le Tilleul de Hollande. Le Tilleul des bois est un arbre qui peut atteindre 15 à 20 mètres de haut, dont l'écorce est épaisse, crevassée, le bois blanc, coriace et léger; les rameaux un peu anguleux dans leur jeunesse. Les feuilles, glauques et dépourvues de poils à leur face inférieure, ne sont velues qu'à la base des nervures. Les fruits sont de petite taille, de forme globuleuse, largement pubescents, ne présentant pas de côtes bien saillantes.

Distribution géographique. — Le Tilleul des bois est commun dans les forêts de presque toute la France.

Propriétés. — Usages. — Par l'élégance de son port, la fraîcheur de son ombrage, la suave odeur de ses fleurs où viennent butiner les abeilles, le Tilleul des bois est un des plus beaux arbres de nos forêts françaises. Rappelons à ce sujet quelques pages que lui a consacrées un de nos meilleurs romanciers français, M. André Theuriet, l'ami des arbres, qui sait si bien, par sa prose qui charme, nous les faire aimer et comprendre.

« Le Chêne est la force de la forêt, le Bouleau en est la grâce, le Sapin la musique berceuse; le Tilleul, lui, en est la poésie intime et enchanteresse. L'arbre tout entier a je ne sais quoi de tendre et d'attirant; sa souple écorce grise est embaumée, la sève colorée en jaillit à la moindre blessure : en hiver ses grandes pousses sveltes s'empourprent comme le visage d'une jeune fille à qui le froid fait monter le sang aux joues; en été ses feuilles en forme de cœur ont un sussurement doux comme une caresse. Allez vous reposer sous son ombre par un bel après-midi de juin, et vous serez pris comme par un charme. Tout le reste de la forêt profonde est assoupi et silencieux; c'est à peine si l'on entend au loin un roucoulement de ramiers; la cime arrondie du Tilleul seule bourdonne dans la lumière. Au long des branches, les fleurs d'un jaune pâle s'épanouissent par milliers, et dans chaque fleur chante une abeille. C'est une musique aérienne, joyeuse, née en plein soleil, et qui filtre peu à peu jusque dans les dessous assombris où tout est fraîcheur, ombre et repos. En même temps chaque feuille distille une rosée mielleuse qui tombe sur le sol en rosée impalpable, et attirés par la saveur sucrée de cette manne, tous les grands papillons diurnes de nos bois . le morio brun liséré de jaune, le paon de jour ocellé, le vulcain aux diaprures d'un rouge feu, le mars à la robe couleur d'iris, tournoient lentement dans cette demi-obscurité comme de magnifiques fleurs ailées.

« Mais c'est surtout pendant les nuits d'été que la magie du Tilleul se révèle dans toute sa force. A la fin de juin, la terre semble vouloir exhaler ses plus délicieuses senteurs. Ces nuits de la Saint-Jean sont vraiment la fête des parfums. Il en vient de partout, de la colline, de la vallée, de la forêt et de la plaine.

« On fauche les prés et la subtile odeur du foin émane des herbes mûres ; les vignobles s'épanouissent, et la vigne en fleur répand amoureusement son odeur suave ; on la sent dans la nuit à une lieue dans les alentours. A

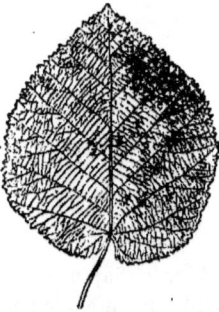

Fig. 367. — *Tilia malmgreni*, des régions polaires, ancêtre de nos Tilleuls d'Europe. Feuille 1/3 grand. nat. (de Saporta).

ces parfums des prés et des vignes, la forêt mêle la balsamique odeur des Tilleuls. Ce n'est plus la pénétrante émanation des foins coupés, ni la senteur fine des pampres flétris : c'est quelque chose à la fois de plus embaumé et de plus léger, un parfum qui fait rêver à de lointaines féeries. Le promeneur attardé, qui traverse les longues avenues, et à qui le vent apporte ces bouffées de Tilleul, se forge, s'il est jeune, quelque idéale chimère, et, s'il est vieux, repense avec attendrissement aux heures d'or de sa jeunesse ; — les jeunes filles, accoudées à leur fenêtre, sentent peu à peu dans leur cœur un enivrement inexpliqué, dans leurs yeux des larmes voluptueuses ; et les écoliers épris de poésie se mettent tout à coup à aligner des rimes, ce qui porte le désespoir dans le sein de leurs familles... Oui, l'odeur des Tilleuls est une charmeuse et une inspiratrice. »

Toutes les qualités du Tilleul que les lignes précédentes redisent avec tant de poésie et tant de charme, devaient le désigner comme un des arbres les plus propres à l'embellissement de nos jardins, de nos promenades et de nos avenues. Le Tilleul des bois, associé pour cet usage à d'autres espèces françaises et étrangères, rend ainsi de très grands services, donnant un bel ombrage et embaumant l'air de sa senteur délicieuse.

Le Tilleul est utilisé en médecine. Ce sont les fleurs qui constituent la partie utile. On les récolte en juillet lorsqu'elles sont épanouies, et on les fait sécher au soleil, de façon qu'elles perdent leur odeur, tout en conservant leur couleur jaune. Avec ces fleurs on fait une infusion, qui jouit d'une grande réputation comme tisane ; elle jouit en effet de propriétés calmantes et antispasmodiques. Certaines personnes font usage du Tilleul en guise de thé, qu'elles trouvent trop excitant et qui ne leur réussit pas.

Le bois du Tilleul est tendre, léger, facile à fendre et à couper. Il ne peut servir ni pour le chauffage, ni pour la charpente, mais on l'utilise dans l'ébénisterie pour la fabrication de l'intérieur des meubles, des tiroirs, etc. Les sculpteurs, les sabotiers et les luthiers en font beaucoup de cas. Le bois de Tilleul est si élastique qu'un trou fait dedans avec une épingle se referme aussitôt. Ainsi au siècle de Louis XIV, lorsque les grandes perruques étaient à la mode et qu'il fallait les peigner chaque jour, les perruquiers faisaient faire en bois de Tilleul les têtes artificielles où ils fixaient les perruques avec des épingles pendant cette opération.

Par la combustion, le bois de Tilleul donne un charbon employé dans la fabrication de la poudre à canon.

Le liber du Tilleul à petites feuilles est très résistant et constitue une excellente matière textile. On l'exploite en Russie et on l'exporte en Angleterre sous le nom de *Russian bast*. Vers le mois de mai, on abat les arbres et on détache des rubans d'écorce. Par le rouissage on sépare les fibres libériennes. On en fait des nattes, des cordes à puits et des liens pour attacher les plantes à leurs tuteurs.

Longévité. — Le Tilleul semble l'arbre d'Europe qui peut vivre le plus longtemps et atteindre le plus grand diamètre. On cite de nombreux exemples de Tilleuls ayant acquis une grosseur considérable et ayant vécu très vieux.

Parmi les Tilleuls les plus grands et les plus vieux on cite le célèbre *Tilleul de Neustadt* en Allemagne, dans le royaume de Wurtemberg.

Le couronnement de cet arbre décrit une circonférence de 133 mètres. On a dû en soutenir les branches par 106 colonnes de pierre, dont deux en avant portent les armoiries du duc Christophe de Wurtemberg, avec la date de 1558. A son sommet le Tilleul de Neustadt se divise en deux grosses branches dont l'une fut malheureusement brisée par le vent en 1773 ; l'autre atteint 35 mètres de long.

En Suisse, près de Fribourg, dans le village de Villars-en-Moing, est un Tilleul de 24 mètres de haut et de 12 mètres de circonférence. La tige se divise à 3 mètres de hauteur en deux grandes masses subdivisées elles-mêmes en 3 autres toutes touffues et saines. Ce Tilleul, dont il est assez difficile de fixer l'âge exactement, était, si l'on en croit la tradition, déjà célèbre en 1476 pour sa grosseur et sa vétusté. On le croit âgé de 1000 à 1200 ans en évaluant son accroissement à 4 millimètres par an. On raconte que des tanneurs, à cette époque, profitant de la confusion de la bataille de Morat, le mutilèrent pour en avoir l'écorce.

Dans la ville de Fribourg (Suisse), on voit un autre Tilleul de 5 mètres de circonférence, qui y fut planté en 1476 pour célébrer la victoire de Morat et dont les branches sont soutenues par des piliers de pierre. La tradition rapporte qu'un jeune fribourgeois, qui avait pris part à la bataille de Morat, courut tout d'une haleine du champ de bataille à Fribourg, pour apporter à ses compatriotes la nouvelle de la victoire et qu'il tomba raide mort d'épuisement, après avoir crié : *Victoire!* On aurait aussitôt planté en terre une branche de tilleul, qu'il tenait à la main, et cette branche serait devenue le Tilleul qui existe encore aujourd'hui.

D'après Endlicher, on a abattu en Lithuanie des Tilleuls qui avaient 27 mètres de circonférence.

M. l'abbé Chevalier cite, dans son intéressante brochure (1), d'autres exemples de Tilleuls remarquables :

« Un Tilleul, de même dimension à peu près que le Tilleul de Fribourg, se trouve au château de Chaillé, près de Melles, dans le département de la Charente-Inférieure.

« A Pully, près de Lausanne, existe un Tilleul énorme, dont l'ombre, au XIIIe siècle, couvrait la justice du lieu, lorsqu'elle rendait ses décrets. La municipalité de Lausanne a pris

(1) L'abbé Chevalier, *Notice sur la longévité et les dimensions de quelques Arbres.* Annecy, 1870.

l'engagement de ne jamais faire abattre cet arbre vénérable qui mesure environ 11 mètres de circonférence.

« Parmi les Tilleuls remarquables plantés près des églises de nos villages, on doit surtout admirer celui qui couvre de son ombre la place du bourg de Samoëns. Il a une circonférence de 7^m,10 ; en calculant son âge d'après l'accroissement moyen de cette espèce d'arbre (4 millimètres par année), il aurait environ cinq cents ans.

« Il est fort probable que ce fut Amédée VI, dit le comte Vert, qui accorda les premières franchises de Samoëns, car il acquit du dauphin de France, par le traité de 1355, la baronnie de Faucigny, dont le mandement de Samoëns faisait partie. Le Gros Tilleul daterait de 1360 environ, et pourrait bien être le monument commémoratif des premières franchises accordées à Samoëns, comme le Tilleul de Fribourg rappelle le souvenir de la victoire de Morat.

« Près de ce géant se trouve un autre Tilleul beaucoup plus vigoureux, dont la circonférence atteint déjà 4^m,30 à 1 mètre du sol.

« Parmi les beaux Tilleuls du Pâquier, à Annecy, on en remarque un qui mesure 5^m,40 de circonférence à 2 mètres du sol ; son âge est d'environ quatre cents ans. Il domine par sa grosseur et par son élévation un grand nombre d'autres Tilleuls plus jeunes, dont six mesurent déjà de 3 mètres à 3^m,20 de contour. »

A Cluny (Saône-et-Loire), dans le jardin de l'ancienne abbaye qui servit longtemps à abriter l'école normale d'enseignement secondaire spécial, et qui aujourd'hui est occupée par une école de contremaîtres et d'ouvriers, se trouve une allée plantée de Tilleuls remarquables par leur taille et leur grosseur, et que termine à l'extrémité un Tilleul plus gros que les autres, dit Tilleul d'*Abeilard*, et qui ne le cède en rien comme diamètre, étendue de son feuillage et antiquité, aux Tilleuls de Savoie dont parle M. l'abbé Chevalier.

LE TILLEUL A GRANDES FEUILLES — *TILIA PLATYPHYLLA*

Synonymie. — Tilleul de Hollande, Tilleul commun.

Caractères. — Le Tilleul de Hollande (fig. 368), que l'on considérait autrefois comme une simple variété du Tilleul d'Europe (*T. europæa*) de

Fig. 368. — Tilleul à grandes feuilles
(*Tilia platyphylla*), rameau fructifère.

Fig. 369. — Tilleul argenté (*Tilia argentea*),
rameau florifère.

Linné, et dont on fait aujourd'hui une espèce distincte, se distingue du Tilleul des bois par ses feuilles plus grandes d'un tiers environ, à dentelures inégales, plus molles, plus velues en dessous, par sa floraison plus tardive, par sa bractée florale décurrente jusqu'à la base du pétiole, par sa capsule de forme ovale présentant 5 côtes bien saillantes.

Distribution géographique. Le Tilleul de Hollande vit principalement en France dans les bois de la Lorraine, des Vosges et du Jura.

Usages. — On associe le Tilleul de Hollande au *Tilia sylvestris* pour la plantation des promenades. D'ailleurs ce que nous avons dit de l'espèce précédente s'applique aussi d'une façon générale à celle-ci.

A Paris, il y a de nombreuses allées de Tilleuls de Hollande magnifiques dans les jardins des Tuileries et du Luxembourg. Les feuilles apparaissent à la fin d'avril, et les fleurs commencent à se montrer vers le milieu de juin. C'est un très bel arbre, bien rustique qui demande pour bien venir un sol léger et frais et qui peut être soumis tous les ans à un élagage, de façon à conserver une forme symétrique. Malheureusement les feuilles de ce Tilleul sont attaquées par des petits Acariens qui les font tomber de bonne heure. Les Tilleuls de Hollande doivent être, le long des rues et des boulevards, plantés à 5 mètres les uns des autres.

Le TILLEUL A BOIS ROUGE est une variété de l'espèce précédente dont les jeunes rameaux ont l'écorce rouge.

Le TILLEUL INTERMÉDIAIRE (*T. intermedia*), qui se distingue surtout du *T. sylvestris* par son fruit à parois ligneuses et à côtes saillantes, est fort estimé pour la plantation des parcs et des avenues. Son grand avantage est de ne pas être attaqué par le petit Acarien qui fait tomber de très bonne heure les feuilles des autres Tilleuls.

Le TILLEUL ARGENTÉ (*T. argentea*) (fig. 369) est originaire de Hongrie. Il se distingue des précédents par ses feuilles glabres et d'un vert foncé par-dessus, couvertes en dessous d'un duvet court et serré. Ses fleurs (fig. 365 et 366) répandent la plus suave odeur de jonquille et les pétales sont munis d'une petite écaille comme dans les espèces d'Amérique, ce qui avait d'abord fait supposer que cette espèce venait de ce pays. Le Tilleul argenté est une des plus belles espèces de Tilleuls d'ornement.

Il est peu difficile sur la nature du sol et a surtout l'avantage de ne pas perdre ses feuilles au milieu de l'été comme le Tilleul ordinaire, ce qui doit le faire recommander pour les plantations des rues et boulevards. Comme pour le Tilleul ordinaire, la distance de plantation est de 5 mètres. A Paris on peut admirer de magnifiques Tilleuls argentés plantés le long des trottoirs de la rue Mozart.

En 1886, le service de l'inspection des promenades de Paris, sous l'habile direction de M. Lion, a présidé aux plantations des nouveaux cimetières parisiens *extra-muros* de Pantin et de Bagneux, qui renferment des collections d'arbres qui, dans quelques années (alors qu'ils se seront développés), seront curieuses à voir. Dans ces cimetières aux larges avenues, chaque voie a pris le nom de l'essence d'arbre qui y est plantée. Une simple promenade, dans l'un des deux cimetières de Pantin ou de Bagneux, permet donc de passer en revue toutes les essences qui, dans une ville, peuvent être plantées le long des rues.

L'avenue circulaire du cimetière de Pantin est plantée de 1 461 Tilleuls argentés qui viennent très bien. L'avenue des Tilleuls de Hollande compte 104 de ces arbres. A Bagneux il a été planté 302 Tilleuls de Hollande dans une avenue et 60 Tilleuls argentés dans une autre.

LES LINÉES — *LINEÆ*

Caractères. — La famille des Linées comprend des herbes ou des arbrisseaux, très rarement des arbres, à feuilles alternes, simples, entières et légèrement dentées, munies de stipules persistantes ou fugaces, qui parfois font défaut. Les feuilles sont exceptionnellement opposées chez les *Radiola*, petites herbes indigènes, le Lin purgatif (*Linum catharticum*) et un arbrisseau de l'Afrique tropicale, *Aneulophus africana*. Les fleurs sont ordinairement groupées en grappes et colorées en bleu, en jaune ou en blanc, plus rarement en rose. Les pétales, ordinairement très fugaces, persistent chez quelques genres.

Les fleurs sont régulières, hermaphrodites. Le calice est formé de 5, ou plus rarement 4, sépales imbriqués, libres ou légèrement soudés à la base. Les pétales de la corolle, en même nombre que les pièces du calice, sont hypogynes ou, plus rarement, un peu périgynes, imbriqués ou contournés. Les étamines sont souvent en même nombre que les pétales, et alternent régulièrement avec eux, tandis qu'en face de ceux-ci sont de petites étamines stériles (staminodes). Ailleurs, les étamines, toutes fertiles, sont en nombre double ou triple de celui des pétales, disposées en 2 ou 3 verticilles. Les anthères à 2 loges s'ouvrent par 2 fentes longitudinales. L'ovaire est libre, entier, creusé de 3 à 5 loges contenant chacune 2 ovules anatropes, suspendus à l'angle interne. Chaque loge est uniovulée chez les *Erythroxylum* et les *Durandea*. Les 3 à 5 styles sont libres depuis leur base ou soudés sur une plus ou moins grande longueur; stigmates terminaux. Le fruit est souvent une capsule sèche, se séparant en coques déhiscentes en dedans; il peut être aussi membraneux, presque indéhiscent et monosperme comme chez les *Anisadenia*, herbes de l'Himalaya, ou bien encore drupacé et renfermant autant de noyaux qu'il y a de carpelles, ou bien un seul noyau par avortement. Le fruit est ainsi charnu dans les deux tribus des *Hugoniées* et des *Erythroxylées*. Les graines renferment un albumen charnu, ordinairement copieux, qui ne manque que rarement, et un embryon généralement droit, portant des cotylédons ordinairement plans, ovales ou elliptiques.

Distribution géographique. — Les Linées forment 14 genres et 235 espèces environ, largement dispersées sur le globe entier. Les espèces herbacées sont surtout propres aux régions tempérées de l'hémisphère Nord, tandis que les arbrisseaux ou les arbres appartiennent plutôt aux régions tropicales.

En France, la famille est représentée par plus d'une douzaine d'espèces de Lins, plus vulgaires dans le Midi que dans le Nord, et par la Radiole Faux Lin (*Radiola linoïdes*), herbe de petite taille, qui habite les terrains sablonneux et humides des bois du Centre et de l'Ouest.

Affinités. — Les Linées présentent des affinités tellement étroites avec les Géraniacées que plusieurs auteurs ont réuni les deux familles en un seul et même groupe. Les principales différences consistent surtout en ce que, chez les Linées, les feuilles sont entières; de plus l'ovaire est entier, non lobé.

Les Linées se rapprochent beaucoup également des Malvacées et des Ternstrœmiacées. Par l'intermédiaire des Érythroxylées, elles se relient aux Malpighiacées.

Classification. — On divise les Linées en 4 tribus, dont les caractères peuvent être résumés par le tableau suivant :

	con- tournés.	Étamines fertiles en même nom- bre que les pétales; capsule septicide; herbes ou sous-ar- brisseaux................. *Eulinées.*
Pétales fugaces,		Étamines en nombre double ou triple des pétales; toutes fer- tiles; drupe; arbres ou ar- brisseaux................. *Hugoniées.*
		imbriqués ou rarement contournés, appen- diculés intérieurement; étamines en nombre double des pétales, toutes fer- tiles; drupe; arbres ou arbrisseaux... *Érythroxylées.*

Pétales persistants, contournés; étamines en nombre
double, triple ou même quadruple de celui des
pétales; capsule septicide................. *Ixonanthées.*

Usages. — Deux genres surtout méritent
d'être étudiés dans la famille des Linées, les
genres *Linum* et *Erythroxylum.*

Le premier renferme, entre autres espèces
utiles à l'homme, le Lin cultivé qui nous fournit une précieuse matière textile.

Au second appartient un arbrisseau, l'Éry-
throxyle Coca, dont les feuilles sont employées
en Amérique aux mêmes usages que le café et
le thé, et dont la médecine moderne fait assez
de cas.

LES RADIOLES — *RADIOLA*

Étymologie. — Du latin *radius*, rayon. C'est
une allusion à la disposition des valves de la
capsule après la déhiscence.

Caractères. — Les Radioles, de la tribu des
Eulinées, sont des herbes à tiges filiformes, de
1 à 3 décimètres de haut, à petites feuilles
ovales opposées, dépourvues de stipules, et à
fleurs blanches, de très petite taille, disposées en corymbes. Les fleurs sont construites
sur le type 4 et comprennent 4 sépales, 4 pétales, 4 étamines, 4 styles au-dessus de l'o-
vaire. Le fruit est une capsule à 4 loges
divisées chacune par une cloison en deux
compartiments qui renferment chacun une
graine.

Distribution géographique. — On ne connaît qu'une seule espèce de ce genre, la Radiole Faux Lin (*R. linoides*), qui est indigène
dans les régions tempérées d'Europe et d'Asie
et dans le nord de l'Afrique. On la rencontre en
France, fleurie en été, dans les lieux humides
et sablonneux. Elle est assez commune dans
les environs de Paris sur le bord des étangs.

LES LINS — *LINUM*

Étymologie. — Du mot grec *linon*, qui signifie fil. Ce nom rappelle les propriétés textiles
de la plante.

Caractères. — Les Lins sont des herbes
glabres ou plus rarement pubescentes, parfois
des sous-arbrisseaux, comme par exemple le
Linum suffruticosum aux tiges ligneuses, tortueuses, qui fleurit en été dans l'Orient et
dans le Midi de la France. Les stipules manquent ou sont glanduliformes. Les feuilles entières et étroites sont très généralement alternes; elles sont toutefois opposées chez le *Linum
catharticum.* Les fleurs, ordinairement groupées en grappes terminales ou axillaires, sont
jaunes, bleues, blanches ou rose sanguin.

La fleur est régulière, construite sur le
type 5. Les 5 sépales sont entiers; les 5 pétales contournés et fugaces. Les 5 étamines fertiles, légèrement soudées par leur base, sont
hypogynes; elles alternent avec 5 staminodes
petits et sétiformes opposés aux pétales; 5 petites glandes sont insérées extérieurement sur
le tube staminal en face des pétales. L'ovaire,
formé de 5 carpelles soudés de façon à présenter la placentation axile, est primitivement
creusé de 5 loges biovulées, qui se subdivisent ensuite, par une cloison, en deux compartiments ne contenant qu'un seul ovule. A
la partie supérieure, 5 styles libres entre eux
ou plus ou moins soudés se terminent par des
stigmates capités, oblongs ou linéaires.

Le fruit est une capsule septicide, à 5 valves,
dont les 5 loges, à 2 graines chaque, sont
divisées par une fausse cloison complète ou
incomplète. Au moment de la déhiscence, elle
se dédouble en 10 coques monospermes. Les
graines renferment un albumen peu volumineux et un embryon droit.

Distribution géographique. — Une centaine
d'espèces forment le genre Lin et habitent
les régions tempérées ou chaudes extratropicales des deux hémisphères. Il en existe cependant quelques-unes entre les tropiques
dans l'Amérique du Sud. Les espèces de la
flore française, au nombre de 13, sont plus
abondantes dans le Midi que dans le Nord: on
n'en compte plus que 4 dans le bassin parisien,
dont une très rare, le Lin de France (*Linum
gallicum*), fréquente surtout en Corse et dans
le Midi. Les Lins poussent pour la plupart dans
les terrains calcaires aux lieux secs et arides.
Le Lin maritime (*L. maritimum*) est spécial
aux bords de la mer. Sur les montagnes, à
plus de 2500 mètres d'altitude, on voit remonter le *Linum alpinum.*

Usages. — Plusieurs espèces de Lin ont
reçu des applications : le Lin purgatif

(*L. catharticum*), commun dans les prairies humides de la France entière, doit son nom à ce que les feuilles en étaient usitées jadis comme purgatif; au Pérou, le *Linum selaginoides* passe pour apéritif et stomachique; le *Linum aquilinum* du Chili est rafraîchissant et fébrifuge. Toutefois l'intérêt que présentent ces espèces n'est que de peu d'importance en regard des services que peut rendre le Lin cultivé (*Linum usitatissimum*). Cette espèce, en effet, compte parmi les plantes les plus utiles à l'homme pour la matière textile qu'on retire de ses fibres. De plus, les graines en sont utilisées en médecine comme mucilagineuses et dans l'industrie pour la fabrication de l'huile.

On cultive plusieurs espèces de Lins dans les jardins et dans les serres pour la beauté de leurs fleurs bleues, blanches, jaunes ou rouges, très jolies malgré la fugacité extrême des pétales. Quoique certaines de nos espèces françaises soient fort élégantes, ce sont surtout les Lins exotiques qui sont recherchés des horticulteurs.

LE LIN CULTIVÉ — *LINUM USITATISSIMUM*

Caractères. — Le Lin cultivé (fig. 370) est une plante annuelle de 30 à 70 centimètres de hauteur, dont la tige unique est dressée, effilée, cylindrique, glabre, simple à la base et ramifiée un peu seulement à sa partie supérieure. Les feuilles alternes sont sessiles, linéaires, aiguës, entières, colorées en vert glauque, avec 3 nervures longitudinales. Les fleurs, qui apparaissent au mois d'août, sont bleues et sont disposées en un corymbe paniculé terminal; les sépales sont ovales, aigus, membraneux à la marge; les pétales sont crénelés à la partie supérieure, trois fois plus longs que le calice. Les graines sont petites, aplaties, lisses, luisantes et de couleur brune.

Distribution géographique. — On trouve dans notre pays le Lin cultivé à l'état subspontané, dans les champs et sur le bord des chemins, mais ce n'est certainement pas une plante indigène. Sa patrie d'origine n'est pas encore exactement connue, mais on a tout lieu de penser qu'il nous vient soit d'Asie, soit encore du Caucase.

Culture. — Le Lin cultivé est à peu près le seul de tous les Lins dont la culture se fasse en grand.

Par la culture l'espèce a donné naissance à plusieurs races qui se distinguent par la taille

et par la déhiscence ou non-déhiscence des fruits. On distingue vulgairement les différentes variétés du Lin cultivé sous les noms de *Lin chaud* ou *têtard*, *Lin froid* ou *grand Lin*, *Lin moyen*, *Lin humble*, etc.

La culture du Lin occupe des étendues considérables de terrains. En Europe, la Belgique vient au premier rang des pays producteurs du Lin. Cette plante y occupe en effet une superficie égale à celle qui y est consacrée à toutes les autres cultures et la Belgique livre à l'industrie une moyenne annuelle de 25 millions de kilogrammes de fibres environ. Les autres contrées qui produisent du Lin en Europe sont le nord de la Russie, l'Irlande, la Hollande, la Prusse et l'Autriche. La France ne vient qu'ensuite et après elle encore l'Ita-

Fig. 370. — Lin cultivé (*Linum usitatissimum*).

lie. En dehors d'Europe on cultive le Lin en Algérie, dans les régions montagneuses de l'Inde, dans l'Amérique du Nord, au Brésil et en Australie.

Dans certains pays on cultive le Lin exclusivement pour en obtenir la graine : par exemple en Transylvanie et en Turquie.

La qualité des produits du Lin cultivé varie beaucoup avec le climat des pays où il pousse. Dans les pays chauds, les graines sont très abondantes, tandis que la plante est pauvre en fibres d'ailleurs très médiocres. Au contraire, dans les pays froids, on obtient des quantités énormes de fibres excellentes et peu de graines. D'ailleurs les qualités acquises par une variété de Lin dans un pays se conservent quelques années encore lorsque la plante est transportée dans un autre climat. C'est pour cela que dans nos pays, on sème des graines de Lin venues de Russie, de façon à obtenir des plantes donnant beaucoup de fibres. Et comme si l'on ressemait les graines de plantes venues chez nous, la race dégénérerait bien vite, on est obligé d'acheter à nouveau des graines en Russie tous les deux ou trois ans au plus.

La récolte du Lin se fait lorsque les tiges commencent à jaunir par la base. A cette époque les fruits n'ont pas encore atteint leur maturité complète. Les graines qu'on y recueille ne sont donc pas susceptibles de servir à la reproduction, mais peuvent cependant être employées à l'extraction de l'huile.

Usages. — Les deux parties utiles du Lin cultivé sont les tiges et les graines.

Des tiges on extrait les fibres libériennes qui donnent une matière textile de première néces-

Fig. 371. — Lin cultivé, fibres textiles préparées pour la fabrication du fil (1).

sité (fig. 371). Pour cela lorsque les tiges ont été coupées, on les débarrasse de leurs ramifications, de leurs feuilles et de leurs capsules, puis on leur fait subir l'opération du rouissage.

Pour rouir le Lin on en fait tremper les tiges dans l'eau pendant une dizaine de jours environ ; la tige pourrit et se décompose si bien qu'il ne reste plus que le bois et les fibres. Après le *rouissage*, le Lin doit subir les actions du *teillage* et du *peignage*. Pour teiller le Lin, il faut en briser les tiges de manière à casser le bois, tandis que les fibres résistent et restent entières. Le peignage, fait au moyen de peignes spéciaux, a pour but de séparer les fibres qui forment alors ce qu'on appelle la filasse.

(1), B, fils de Lin avant le tissage, grossis 400 fois, parsemés à des intervalles réguliers de nœuds et d'étranglements ne se roulant pas ensemble.

C, les mêmes, provenant d'une étoffe tissée et ayant été développés.

Nous n'insisterons pas sur les divers procédés de rouissage employés, rouissage à l'air ou rouissage dans l'eau, ni sur les diverses machines mises en usage, machine commune, machine de Felhoen, machine de Colyer, machine de Kosclowsky, etc. Ce qu'il convient de remarquer, c'est que le procédé du rouissage influe beaucoup sur la qualité des fibres et que l'opération doit être conduite de façon à obtenir, non seulement la séparation des fibres libériennes d'avec le bois et l'écorce, mais encore la dissociation presque complète des faisceaux libériens en leurs éléments constitutifs. Plus une fibre est fine, tout en ayant la plus grande longueur possible, et plus est grande sa valeur commerciale.

Les meilleurs Lins sont presque blancs, présentant ordinairement une coloration en blond clair. Lorsqu'ils sont verdâtres, c'est que le rouissage en a été fait de façon incomplète. La coloration vient, non des fibres elles-mêmes, mais des tissus voisins qui leur sont restés associés. Les fibres de Lin sont remarquables par leur finesse et leur ténacité ; on fabrique principalement avec elles le fil de Lin et des toiles de la plus grande finesse. C'est avec la toile de Lin blanchie et usée qu'on . confectionne les bandes, compresses et charpie dont on se sert en chirurgie.

L'emploi du Lin est connu depuis la plus haute antiquité. C'est ainsi qu'on a retrouvé d'anciennes étoffes égyptiennes tissées avec du Lin. Dans les cités lacustres de la Suisse on a retrouvé des traces certaines de l'emploi des fibres de Lin, comme matière textile, à cette époque.

Les graines de Lin sont oléagineuses et fournissent l'huile de Lin, employée dans l'industrie pour la fabrication de l'encre d'imprimerie, de vernis, de savons, etc. ; c'est une huile très siccative, surtout quand on la fait bouillir avec de la litharge. Avec l'huile de Lin, on confectionne les instruments de chirurgie dits en gomme élastique, tels que bougies, canules, sondes, etc. A cet effet on accumule à la surface de moules en toile des couches d'huile de Lin qu'on laisse ensuite sécher et durcir à l'air. L'huile de Lin est difficilement attaquée par les sucs digestifs ; aussi peut-elle être employée comme purgative, en déterminant une indigestion.

Les graines de Lin sont employées en médecine comme émollientes et adoucissantes. Elles doivent cette propriété à ce que, lors de la maturation, la paroi des cellules de l'assise

Fig. 372. — Lin à grandes fleurs (*Linum grandiflorum*).

Fig. 373. — Lin à fleurs campanulées (*Linum campanulatum*).

épidermique se gélifie et qu'au contact de l'eau il se forme un mucilage abondant. On peut employer les graines de Lin entières ; une ou deux cuillerées à bouche de ces graines avalées en nature constituent un laxatif efficace. Lorsqu'on fait bouillir les graines dans l'eau, on obtient un liquide visqueux et filant, employé avec succès comme émollient en lotions ou en lavements pour adoucir la peau ou calmer les irritations de l'intestin. En traitant par l'eau froide on a une boisson diurétique et rafraîchissante.

La *farine de Lin* s'obtient en réduisant les graines en poudre ou en farine. C'est la base des cataplasmes émollients, mais il faut avoir bien soin de ne faire usage que de farine fraîchement préparée, car si elle était ancienne le cataplasme deviendrait irritant et pourrait même produire une éruption sur la peau.

LE LIN A GRANDES FLEURS — *LINUM GRANDIFLORUM*

Caractères. — C'est une très belle plante annuelle, formant des touffes de 25 centimètres de hauteur, à fleurs très nombreuses, disposées en corymbes paniculés, présentant plus de 2 centimètres de diamètre, colorées en un beau rouge éclatant avec stries fauves à la base. Les étamines sont violet purpurin. Les fleurs se succèdent de juillet à septembre (fig. 372).

Distribution géographique. — Le Lin à grandes fleurs est originaire d'Algérie.

Usages. — On le cultive fréquemment dans les jardins en corbeilles, bordures, plates-bandes, pour la beauté des fleurs, la richesse de leur coloris et surtout la durée de leur floraison. L'espèce type a des fleurs rouges, mais on en connaît ainsi une variété à fleurs roses.

On cultive encore dans les jardins plusieurs autres espèces de Lin :

Le LIN VIVACE (*L. perenne*) est une jolie espèce, que l'on trouve dans le Midi et l'Est de la France, donnant de jolies fleurs bleues très fugaces, mais qui se renouvellent sans cesse depuis le commencement de juin jusqu'à la fin de juillet. Cette plante forme d'élégantes touffes légères et flexueuses.

Le LIN DE SIBÉRIE (*L. sibiricum*) ne diffère de l'espèce précédente que par ses tiges plus élevées et par ses feuilles plus grandes. Ces deux espèces sont un des plus jolis ornements de nos parterres.

Le LIN A FLEURS CAMPANULÉES (*L. campanulatum*) (fig. 373) de la région méditerranéenne, forme des buissons de 20 à 30 centimètres de haut, fleurissant en juin-juillet. Ses grandes fleurs sont d'un beau jaune doré. On l'emploie pour orner les talus et les rocailles. Sous le climat de Paris, cette espèce est sensible au froid pendant l'hiver.

Le LIN DES MONTAGNES (*L. alpinum*), espèce indigène des Alpes et des Pyrénées, aux grandes fleurs bleu foncé, s'emploie surtout pour l'ornementation des rochers factices.

On donne souvent le nom de Lin à des plantes qui n'appartiennent pas au genre *Linum*, mais qui possèdent des propriétés textiles analogues. C'est ainsi qu'on appelle :

Lin d'Amérique, l'*Agave*, de la famille des Amaryllidées, et Lin de la Nouvelle-Zélande, le *Phormium tenax*, de la famille des Liliacées.

On appelle encore Lin maudit, la Cuscute qui fait tant de ravages dans les champs de Trèfle, et Lin des marais, certaines Conferves, Algues vertes qui pullulent à la surface des eaux stagnantes.

LES ÉRYTHROXYLES — *ERYTHROXYLON*

Étymologie. — *Érythroxylon*, vient de deux mots grecs, *erythron*, qui signifie rouge, et *xylon*, bois. Le bois de quelques Érythroxyles possède un principe tinctorial rouge.

Caractères. — Les Érythroxyles sont des arbrisseaux ou de petits arbres à feuilles alternes, entières, membraneuses ou coriaces, à fleurs blanches, petites, solitaires à l'aisselle des feuilles ou des rameaux, ou fasciculées. Les 5 (ou 6) sépales sont libres ou plus ou moins réunis. Les pétales en même nombre sont hypogynes, imbriqués, caducs, présentant en dedans une double écaille dressée ; 10 étamines (rarement 12) soudées à la base en un court tube. Ovaire à 3 ou 4 loges uniovulées ou plus rarement à 2 ovules ; 3 à 4 styles distincts ou plus ou moins soudés. Le fruit est une drupe uniloculaire et monosperme par avortement.

Distribution géographique. — Les Érythroxyles appartiennent, dans la famille des Linées, à la tribu des Érythroxylées, dont certains auteurs ont fait une famille distincte. Ce sont des plantes intertropicales des deux continents. On en a décrit jusqu'à une centaine d'espèces, dont la plupart appartiennent à l'Amérique du Sud. Quelques-unes ont été rencontrées en Afrique et à Madagascar, aux Indes Orientales et en Australie.

Usages. — Quelques espèces de ce genre sont utilisées.

L'*Erythroxylon areolatum* est un arbrisseau des Antilles, nommé *Bois-Majeur* par les créoles et dont les jeunes pousses sont rafraîchissantes, l'écorce tonique et les fruits laxatifs. Les feuilles servent à préparer un onguent antidartreux, vanté contre la gale. Son bois est utilisé comme bois de fer.

Au Brésil croît l'*E. suberosum*, dont le liège a acquis un grand développement.

L'espèce la plus importante est l'*E. Coca*, du Pérou, usité depuis quelque temps dans la médecine moderne.

L'ÉRYTHROXYLE COCA — *ERYTHROXYLUM COCA*

Synonymie. — *Erythroxylum peruvianum*. Les Indiens l'appellent *Koka*, ce qui signifie plante par excellence.

Caractères. — C'est un arbuste (fig. 374) de 1 à 3 mètres de haut au plus, lorsqu'il a atteint sa troisième année. Sa tige, couverte d'une écorce blanchâtre, se divise en rameaux nombreux et redressés (fig. 375). Les feuilles sont alternes, entières, brièvement pétiolées. Les fleurs (fig. 376), qui apparaissent d'avril à juin, sont petites, nombreuses, jaune blanchâtre. Elles sont portées sur des tubercules qui couvrent les jeunes rameaux dans toute leur longueur. Le fruit (fig. 377) est une drupe rouge oblongue.

Distribution géographique. — Cet arbrisseau croît au Pérou où on le connaît sous les noms de *Hayo* et *Ipatu*. Il paraît originaire des contrées mêmes où il est actuellement cultivé ; mais on ne saurait affirmer qu'il s'y rencontre réellement à l'état sauvage. Il abonde dans certaines localités des Andes, du Pérou, de la Bolivie, de la Nouvelle-Grenade, dans les régions à climat doux et humide comprises entre 700 et 2000 mètres d'altitude. On le rencontre aussi dans la République Argentine, au Brésil et dans d'autres portions de l'Amérique du Sud. Les plantations portent le nom de *cocals*, elles se trouvent principalement dans d'anciennes forêts défrichées. Le plus grand centre de culture se trouve dans la province de *La Paz*, en Bolivie.

Usages. — Les feuilles de Coca servent depuis longtemps aux Indiens, comme masticatoire leur permettant de résister à la fatigue et au sommeil, et de rester longtemps sans prendre d'alimentation. Aussi les Péruviens avaient-ils autrefois divinisé cet arbre dont les Incas employèrent plus tard les feuilles comme monnaie. Monardes (1569) et Clusius (1605) sont les premiers botanistes qui aient traité de la Coca, déjà connue par les récits des historiens de la conquête du Pérou. Les premiers échantillons authentiques qui parvinrent en Europe furent récoltés par J. de Jussieu, l'un des compagnons de voyage de La Condamine.

Dans la Bolivie et le Pérou, les indigènes et les métis font un usage habituel de la Coca. Un

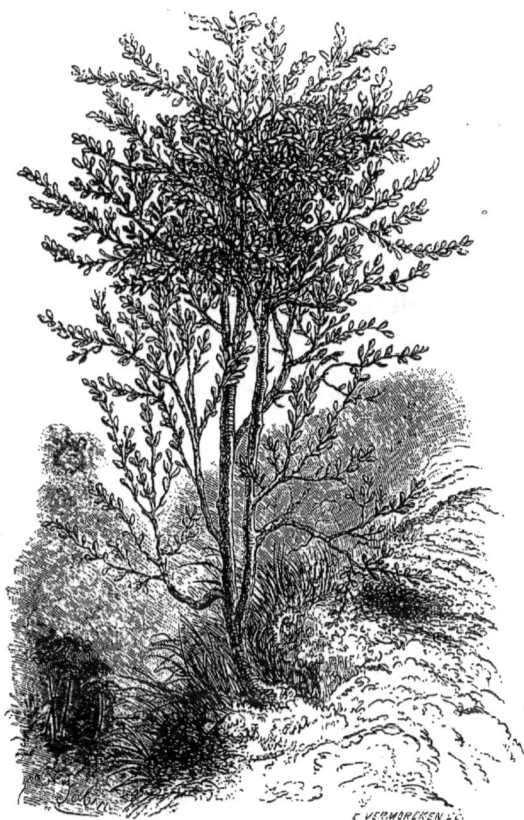

Fig. 375.

Fig. 374.

Fig. 376.

Fig. 377.

Fig. 374. — Port.
Fig. 375. — Rameau.

Fig. 376. — Fleur.
Fig. 377. — Fruit.

Fig. 374 à 377. — Cocaier (*Erythroxylon Coca*).

habitant des plateaux, quelque pauvre qu'il soit, se passerait plutôt de vivres et de vêtements que de Coca; c'est pour lui une habitude qui s'est transformée en besoin et est aussi énervante que l'abus de l'opium. Mâchées en grande quantité et mélangées à des feuilles de Tabac, les feuilles de Coca déterminent une ivresse comparable à celle due au Chanvre indien.

D'après M. Stephenson qui a résidé pendant vingt ans dans l'Amérique du Sud, les naturels de plusieurs parties du Pérou mâchent cette feuille lorsqu'ils travaillent ou qu'ils voyagent: et telle est la substance nutritive qu'ils en retirent, qu'ils sont souvent quatre ou cinq jours sans prendre d'autre nourriture, même en travaillant sans interruption. Ils assurent que tant qu'ils ont une bonne provision de Coca ils n'éprouvent ni faim, ni soif, ni fatigue, et que sans nuire à leur santé, ils peuvent rester huit à dix jours et autant de nuits sans dormir.

La récolte des feuilles de Coca a lieu trois fois par an aux mois de mars, de juillet et d'octobre, sur des arbrisseaux âgés de deux ans et dont les feuilles ont atteint 4 centimètres de long. On les conserve après les avoir fait sécher au soleil. On en fait au Pérou et dans la Bolivie un commerce considérable. On estime à plus de 15 millions de francs la valeur de la production annuelle des deux pays. C'est surtout avec l'Amérique centrale et méridionale que le commerce se fait sur une grande échelle.

Les feuilles de Coca contiennent plusieurs alcaloïdes dont le plus important est la *cocaïne*. Prises en infusion à la façon du Thé elles constituent un stimulant très actif. En Europe on a rangé la *cocaïne* et les feuilles de Coca dans la catégorie des aliments d'épargne on antidéperditeurs. C'est en amenant une augmentation de la sécrétion salivaire et en déterminant une anesthésie de la langue et de la bouche qui se communique à l'estomac lorsqu'on avale la salive, que la Coca émousse la sensation de la faim.

On a employé la Coca contre les troubles gastriques, la dyspepsie et la gastralgie. On l'a aussi vantée contre les rhumatismes, les fièvres intermittentes et pour combattre l'embonpoint exagéré.

LES HUMIRIACÉES — *HUMIRIACEÆ*

Caractères. — Affinités. — Les Humiriacées sont des arbustes ou de petits arbres exotiques, qui se rapprochent beaucoup, par l'intermédiaire des Ixonanthées, de la famille des Linées, à laquelle d'ailleurs M. Baillon les rattache à titre de simple tribu.

Distribution géographique. — Cette petite famille ne comprend que 4 genres et 32 espèces dont l'une, espèce unique du genre *Aubrya*, vit en Afrique. Toutes les autres, appartenant aux genres *Vantanea*, *Humiria* et *Sarcoglottis*, sont du Brésil et de la Guyane.

Usages. — Les Houmiris (*Humiria*) sont des plantes stimulantes à cause du suc résineux balsamique qu'elles renferment.

Les graines de l'*H. obovata* sont comestibles au Brésil et les fruits de l'*H. Gabonensis*, ou *Djonga*, servent à l'alimentation au Gabon.

LES MALPIGHIACÉES — *MALPIGHIACEÆ*

Étymologie. — Le genre type de la famille *Malpighia* a reçu son nom en l'honneur du célèbre naturaliste italien Malpighi (1628-1694).

Caractères. — Les Malpighiacées sont des arbres ou des arbustes ou plus rarement des arbuscules, parfois grimpants, presque toujours pourvus de poils. Les feuilles, généralement opposées, sont pétiolées entières et souvent pourvues de stipules. Les fleurs jaunes ou rouges, plus rarement blanches ou bleues, sont le plus souvent groupées en grappes, en corymbes ou en ombelles.

Les fleurs hermaphrodites, ou plus rarement polygames par avortement, sont quelquefois dimorphes. Le calice présente 5 lanières portant, toutes ou en partie, à l'extérieur, 2 petites glandes. 5 pétales, plus longs que le calice, souvent mais non toujours égaux entre eux, présentent un onglet grêle. Le plus souvent il y a 10 étamines hypogynes ou presque périgynes, toutes fertiles ou dont quelques-unes sont parfois dépourvues d'anthères, avec filets filiformes. Les carpelles, ordinairement au nombre de 3, sont plus ou moins soudés en un ovaire à 3 loges, ou sont distincts ; chacun ne porte qu'un seul ovule presque orthotrope. Le fruit est un triakène souvent muni d'ailes ou plus rarement une capsule loculicide, une drupe ou un simple akène par avortement. La graine dépourvue d'albumen présente un embryon droit ou courbe avec cotylédons plans ou épais, souvent inégaux.

Distribution géographique. — Les Malpighiacées comprennent une cinquantaine de genres et 600 espèces environ, dont la plus grande partie habitent le Brésil et la Guyane. Les autres se rencontrent dans les régions tropicales et humides de l'Amérique, de l'Afrique et de l'Asie. On en a signalé quelques-unes dans les régions chaudes extra-tropicales des deux Amériques et au sud de l'Afrique.

Distribution géologique — Les Malpighiacées ont fait leur apparition au tertiaire. On en a décrit environ 30 espèces fossiles.

Affinités. — Les Malpighiacées forment une famille très homogène qui se rattache à la fois aux Sapindacées et aux Linées par l'intermédiaire des Érythroxylées. De ces dernières elles se distinguent par les feuilles opposées, l'ovule unique et le défaut d'albumen. Des Sapindacées elles diffèrent par les glandes du calice, la forme de l'ovule, etc.

Classification. — On a divisé la famille en 4 tribus : les *Malpighiées*, les *Banistériées*, les *Hirées* et les *Gaudichaudiées*.

Usages. — Les usages des Malpighiacées

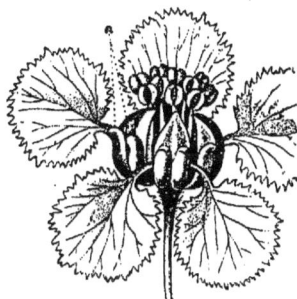

Fig. 379.

Fig. 380.

Fig. 378.

Fig. 378. — Port.
Fig. 379. — Tige sarmenteuse.

Fig. 380. — Fleur.

Fig. 378 à 380. — Malpighie à grandes feuilles (*Malpighia macrophylla*).

sont peu nombreux. Leur écorce est douée souvent de propriétés astringentes et fébrifuges, comme par exemple chez les *Byrsonima* américains.

Dans le genre *Malpighia* les fruits sont assez souvent alimentaires. Leur ressemblance avec nos cerises a fait parfois donner aux arbustes qui les portent le nom de *Cerisiers des Antilles*.

Plusieurs espèces sont même cultivées aux colonies comme arbres fruitiers. A la Jamaïque on plante le *M. glabra* ou Moureillier, appelé vulgairement *Xocot*, originaire du Mexique.

C'est un arbrisseau toujours vert, de 4 à 5 mètres de haut, à feuilles arrondies, opposées, entières. Les fleurs sont disposées en ombelles, rouge blanchâtre, paraissant de décembre en juillet. Les fruits, semblables à de petites cerises, sont acidulés, sucrés et passent pour antiseptiques.

Dans les Antilles françaises on désigne sous le nom de *Bois-Capitaine* ou *Brin d'amour* le *M. urens*, arbrisseau à feuilles ovales, munies en dessous de poils qui sécrètent un liquide brûlant.

Le bois des Malpighiacées est assez résistant pour servir à la construction. En Cochinchine le *Bembix tectoria* sert à couvrir les maisons.

Le *Malpighia macrophylla* (fig. 378 à 380) est cultivé dans nos serres à cause de ses jolies fleurs roses et blanches d'un assez bel effet décoratif.

LES ZYGOPHYLLÉES — *ZYGOPHYLLEÆ*

Caractères. — Les Zygophyllées sont des arbrisseaux ou des herbes ligneuses à la base; beaucoup plus rarement des arbres. Les feuilles sont opposées, munies de stipules persistantes, parfois épineuses, composées pennées avec folioles entières. Les fleurs blanches, rouges ou jaunes, rarement bleues, sont hermaphrodites, régulières ou irrégulières, rarement tétramères, plus ordinairement construites sur le type 5.

Les 5 sépales sont libres ou plus rarement réunis à la base. Les pétales, qui se réduisent à de petites écailles chez les *Augia* du sud de l'Afrique, manquent chez quelques genres (*Seetzenia* d'Afrique et Asie orientale, *Miltianthus* de Bokhara) où le calice devient pétaloïde. Les étamines sont ordinairement au nombre de 10, portant toutes des anthères introrses à déhiscence longitudinale ; les filets sont souvent appendiculés à la base. On trouve aussi 15 étamines par dédoublement ou 5 par avortement d'un verticille. L'ovaire sessile ou porté sur un court gynophore renferme le plus souvent 5 loges, à 2 ou plusieurs ovules anatropes. Le style est simple, le stigmate simple ou divisé en 5. Le fruit est une capsule à déhiscence loculicide ou septicide ; ailleurs c'est une baie. Les graines sont pourvues ou non d'albumen suivant les genres.

Distribution géographique. — Dix-huit genres et 110 espèces forment la famille des Zygophyllées. Ce sont des plantes des régions tropicales et chaudes de l'hémisphère boréal principalement. Elles sont surtout abondantes depuis la portion méditerranéenne de l'Afrique jusqu'à la limite nord de l'Inde. Elles sont plus rares au Cap, en Australie et dans l'Amérique méridionale. La famille est représentée en France, dans le Midi, par la Herse (*Tribulus terrestris*) ou *Croix de Malte*, qui fleurit à l'été et l'automne dans les lieux stériles et incultes.

Distribution géologique. — On a retrouvé quelques représentants fossiles de cette famille dans les terrains tertiaires : un *Zygophyllum* et deux *Gaïacites*.

Affinités. — Les Zygophyllées forment un groupe très naturel et bien circonscrit ; elles se rattachent cependant assez étroitement à plusieurs familles : aux Malpighiacées par l'intermédiaire des *Nitraria*, aux Si marubées aux Géraniacées et aux Rutacées. M. Baillon range même les Zygophyllées dans cette dernière famille, à titre de simple tribu.

Usages. — Quelques Zygophyllées ont reçu des applications dans les pays chauds qu'elles habitent.

C'est ainsi que la Fabagelle (*Zygophyllum Fabago*) est àcre, amère, antihelmintique : ses boutons floraux peuvent être consommés à la mode des câpres.

Le Garmal (*Z. simplex*) passe chez les

Arabes pour guérir les taies des yeux par application des feuilles broyées.

La racine du *Tribulus Cistoïdes* (fig. 381) est considérée aux Antilles comme apéritive et tonique.

Dans le Midi de la France le *Tribulus terrestris* jouit de la même réputation.

Mais de toutes les plantes de la famille, ce sont les Gaïacs qui présentent les plus intéressantes applications.

LES GAIACS — *GAIACUM*

Caractères. — Les Gaïacs sont des arbres ou des arbustes, à bois dur, résineux, à rameaux articulés, à feuilles paripennées formées de 2 à 4 paires de folioles entières et munies de stipules caduques. Dans la famille des Zygophyllées, les Gaïacs sont caractérisés par l'absence d'albumen à l'embryon, la présence d'une corolle, les filaments staminaux nus à la base ou présentant une écaille, l'ovaire stipité, le fruit glabre, ailé, à déhiscence septicide.

Distribution géographique. — On en connaît huit espèces, vivant en Amérique dans les régions tropicales et subtropicales.

Usages. — Les Gaïacs fournissent des bois réputés longtemps sudorifiques et antirhumatismaux. La résine qu'on en extrait jouit des mêmes propriétés. Le bois très dur peut être travaillé et servir à faire des poulies, des roulettes, etc.

Deux espèces surtout sont usitées : le Gaïac officinal et le Gaïac saint.

LE GAIAC OFFICINAL — *GAIACUM OFFICINALE*

Caractères. — C'est un arbre très élevé et dont le tronc acquiert souvent 3 mètres de tour environ, mais la croissance en est si lente qu'il lui faut plusieurs siècles pour atteindre cette dimension. Les feuilles opposées (fig. 382) sont composées de 2, 3 ou 4 paires de folioles, sessiles, ovales, fermes, glabres, d'un vert clair, sans foliole impaire terminale. Les fleurs sont bleues, pédonculées, presque disposées en ombelles au sommet des rameaux. Le fruit est une capsule charnue réduite à 2 loges par avortement, en forme de cœur, avec une seule graine par loge.

Distribution géographique. — Le Gaïac officinal croît dans les Antilles, en particulier à la Jamaïque, à Saint-Domingue, à Cuba et

Fig. 381. — Herse à feuilles de Ciste
(*Tribulus cistoïdes*).

Fig. 382. — Gaïac officinal (*Gaiacum officinale*).

dans la Nouvelle-Providence, une des îles Lucayes.

Usages. — Le bois de Gaïac, qui arrive dans nos pays en troncs d'un fort diamètre ou en bûches droites, recouvertes parfois de leur écorce, est très dur, assez pesant, ne flottant pas sur l'eau, et formé d'un aubier jaune et d'un cœur brun verdâtre.

Les tourneurs emploient une grande quantité de ce bois pour faire des mortiers et des pilons, des roues de poulies, des roulettes de lit et autres objets pour lesquels la dureté est une qualité essentielle.

Les râpures du bois sont achetées par les droguistes et les pharmaciens qui en font une teinture alcoolique ou une décoction dans l'eau. La résine de Gaïac s'obtient dans les pharmacies en traitant le bois de Gaïac râpé par l'alcool rectifié. Dans le commerce on l'obtient en blessant l'arbre, ou bien en perçant les bûches d'un large trou suivant l'axe et en les plaçant sur le feu de façon que la résine, liquéfiée par la chaleur, puisse couler par le trou et être recueillie.

Le Gaïac, à petite dose, est un stimulant : il active la circulation et augmente la chaleur animale. La résine produit les mêmes effets que le bois en les amplifiant. C'est encore aujourd'hui le plus renommé des bois sudorifiques.

LE GAIAC SAINT — *GAIACUM SANCTUM*

Synonymie. — Le Gaïac saint a reçu aussi le nom de Gaïac à fruit tétragone, parce que son fruit a 4 loges saillantes, alors que celui de l'espèce précédente est biloculaire.

Caractères. — Cet arbre a des feuilles composées de 5 à 7 paires de folioles ovales-obtuses, mucronées, de couleur vert foncé. Les fruits sont rouges, assez semblables à ceux du Fusain.

Distribution géographique. — Cette plante croît en abondance dans l'île de Saint-Domingue, aux environs du port de la Paix, à Porto-Rico et au Mexique.

Usages. — Les usages de cette espèce sont les mêmes que ceux de l'espèce précédente, mais elle est beaucoup moins usitée, ainsi que le *bois de Gaïac de Caracas*, fourni par le *G. arboreum*.

Caractères. — L'arbre qui fournit le gaïacan du Chili appartient au genre Porliera, qui se distingue des *Gaïacum* vrais par les filets staminaux toujours écailleux à la base, l'ovaire courtement stipité et le fruit presque en forme de cœur, déhiscent par 3 à 5 lobes.

Distribution géographique. — Cette espèce croît au Chili.

Caractères biologiques. — Le Gaïac hygrométrique doit son nom spécifique aux mouvements qu'accomplissent les feuilles lorsque le temps devient humide et sombre. Dans son pays natal, la plante passe pour un véritable baromètre. Lorsqu'il doit pleuvoir, les feuilles se referment par application des folioles d'une rangée sur celles de l'autre. Si le temps redevient sec, les feuilles s'étalent de nouveau.

LES GÉRANIACÉES — *GERANIACEÆ*

Caractères. — Les Géraniacées sont des herbes parfois volubiles comme la Capucine, des sous-arbrisseaux ou des arbustes. Ce ne sont que rarement des arbres, comme les *Averrhoa* indiens et les *Connaropsis* de la presqu'île de Malacca. Les feuilles sont opposées ou alternes, souvent munies de 2 stipules, dentées, lobées, disséquées ou composées, rarement entières. Les pédoncules axillaires portent une fleur unique, ou plusieurs fleurs souvent disposées presque en ombelles. Ces fleurs sont ordinairement de grande taille. Les sépales sont le plus souvent persistants ; les pétales de couleur variable sont au contraire ordinairement fugaces.

Les fleurs sont hermaphrodites, régulières ou irrégulières. Le calice se compose ordinairement de 5 sépales, libres ou rarement soudés jusqu'au milieu, imbriqués ou rarement valvaires. Le postérieur est souvent muni d'un éperon.

Les pétales sont en nombre égal à celui des sépales, ou parfois moindre par suite d'avortement, comme chez certains *Pelargonium* et certaines Capucines. La corolle manque complètement chez les *Rhynchotheca*, arbrisseaux des Andes et de l'Amérique du Sud. Les pétales sont hypogynes (périgynes chez les *Pelargonium* et *Tropæolum*), diversement imbriqués, rarement contournés sur le réceptacle. 5 nectaires alternent parfois avec les pétales. Les étamines sont ordinairement en nombre double de celui des sépales, c'est-à-dire qu'il y a en général 10 étamines disposées en 2 verticilles alternes. Chez les types à androcée régulier, ces 10 étamines sont anthérifères, mais ailleurs il peut y en avoir un plus ou moins grand nombre qui avortent. C'est ainsi que chez les *Erodium*, les étamines opposées aux pétales se réduisent à leurs filets ; chez les *Pelargonium*, les 3 étamines inférieures avortent complètement dans le même verticille qui disparaît complètement chez les *Impatiens*. Chez les Capucines il n'y a plus que 8 étamines par avortement d'une à chaque verticille. Des dédoublements peuvent porter à 15 le nombre des pièces de l'androcée. Les anthères, à 2 loges et à connectif presque nul, s'ouvrent par 2 fentes longitudinales. Le pistil est formé de 3 ou 5 carpelles soudés de façon à former un ovaire à 3 ou 5 loges, à placentation axile avec dans chaque loge 2 ou plusieurs ovules. Les styles peuvent être libres, mais sont plus souvent soudés en un style unique terminé par 5 branches.

Le fruit présente une forme et un mode de déhiscence variables avec les genres. Voici, d'après Bentham et Hoker, les 4 catégories que l'on peut distinguer dans les fruits de Géraniacées :

1° Capsule rostrée, dont les lobes, à une seule graine, se détachent de l'axe des placentas par déhiscence septifrage (*Monsonia*, *Sarcocaulon*, *Geranium*, *Erodium*, *Pelargonium* et *Rhynchotheca*).

2° Coques indéhiscentes à une seule graine, se détachant de l'axe court (*Biebersteinia*, *Tropæolum*) ou du réceptacle plan (*Limnanthes*, *Flærkea*).

3° Capsule à déhiscence loculicide, à loges contenant 2 ou plusieurs graines, rarement une seule. Valves non séparées (*Viviana*, *Wendtia*, *Ledocarpon*, *Hypseocharis*, *Oxalis*) ; valves séparées élastiques (*Impatiens*).

4° Baie indéhiscente contenant une ou plusieurs graines par loge (*Averrhoa*, *Connaropsis*, *Dapania*, *Hydrocera*).

Les graines renferment un albumen faible qui peut manquer et quelquefois un albumen charnu assez épais. L'embryon droit ou courbe est souvent vert, foliacé ou plus ou moins épais et charnu.

Distribution géographique. — Une vingtaine de genres et plus de 980 espèces forment la grande famille des Géraniacées, dont les représentants sont dispersés à travers les régions tempérées et subtropicales des deux mondes. Entre les tropiques, on ne les trouve que sur les régions montagneuses.

Les Géraniacées sont nombreuses en France et on en rencontre un très grand nombre comme plantes d'herborisation.

Distribution géologique. — On a trouvé des *Geranium* fossiles dans l'ambre.

Affinités. — L'ovaire lobé rapproche les Géraniacées des Rutacées et des Zygophyllées. Mais elles s'en séparent par le fruit dont l'axe placentifère persiste ou par les carpelles distincts indéhiscents. Quelques genres forment transition avec les Linées par leurs pétales et leurs étamines, mais s'en distinguent par l'ovaire et l'axe persistant.

Classification. — On divise la famille des Géraniacées en 7 tribus, dont quelques-unes ont été élevées, dans bien des classifications, au rang de familles distinctes. C'est ainsi que plusieurs auteurs admettent comme familles, les Limnanthées, les Oxalidées, les Balsaminées.

Le tableau suivant donne les caractères distinctifs de ces 7 tribus :

Fleurs régulières.	Glandules alternant avec les pétales	Sépales imbriqués; étamines en nombre égal à celui des pétales ou double ou triple.	*Géraniées.*
		Étamines en nombre double des pétales.	Sépales valvaires; carpelles indéhiscents, se détachant de l'axe. Ovules solitaires........ *Limnanthées.*
			Calice valvaire lobé; capsule déhiscente, loculicide. Ovules géminés.. *Vivianiées.*
	Pas de glandules; sépales imbriqués.	Stigmates ligulés; feuilles souvent opposées, petites, entières ou à 2-3 divisions... *Wendtiées.*	
		Stigmates capités; feuilles composées .... *Oxalidées.*	
Fleurs irrégulières.	Pétales périgynes; étamines anthérifères en nombre différent de celui des pétales, *Pélargoniées.*		
	Pétales hypogynes; 5 étamines courtes, sub-réunies par les anthères .... *Balsaminées.*		

Usages. — Les usages des Géraniacées sont assez nombreux. On compte en particulier dans ce groupe des plantes d'ornement et des plantes alimentaires; d'autres ont reçu des applications en médecine. Comme cette famille est très vaste nous allons l'étudier tribu par tribu et indiquer, pour chacune d'elles, les principaux genres et les principales espèces qui sont pour l'homme d'une certaine utilité.

LES GÉRANIÉES — *GERANIEÆ*

Caractères. — Les Géraniées sont des plantes herbacées ou sous-ligneuses, caractérisées par leurs sépales imbriqués, leurs fleurs régulières, ou presque régulières, leurs glandules alternant avec les pétales, leurs étamines fertiles en nombre égal à celui des pétales ou double ou triple.

Distribution géographique. — Les Géraniées comprennent 5 genres et 280 espèces environ. Ce sont des plantes des régions tempérées et chaudes des deux continents. Les 3 genres *Biebersteinia*, *Monsonia* et *Sarcocaulon* sont tous trois exotiques; le dernier est de l'Afrique australe, les *Monsonia* d'Afrique et de l'Asie orientale; les *Biebersteina* habitent la Grèce et l'Asie centrale et occidentale. Les *Geranium* et les *Erodium* habitent sur le globe une large surface. On les retrouve dans la flore française représentés chacun par un assez grand nombre d'espèces.

LES GÉRANIUMS — *GERANIUM*

Synonymie. — Géraines.

Étymologie. — Du mot grec *geranos*, qui signifie grue. Le fruit de la plante rappelle par sa forme le bec d'une grue.

Caractères. — Les Géraniums sont des herbes ou parfois des sous-arbrisseaux, à rameaux articulés, renflés aux nœuds, à feuilles opposées ou alternes, palmées, plus ou moins divisées, munies de stipules. Les fleurs ont 10 étamines toutes anthérifères. Le fruit, qu'accompagne en général le calice persistant, est surmonté d'un long bec (fig. 383) et s'ouvre à maturité de façon que les 5 lobes qui le forment se détachent de l'axe par déhiscence septifrage. Chacune d'elles se relève alors élastiquement de bas en haut, portée par une languette qui la sépare également du bec et se recourbe en forme d'arc (fig. 383). Cette languette est d'ailleurs très hygrométrique, et, suivant l'état d'humidité ou de sécheresse du temps, elle est plus ou moins enroulée.

Distribution géographique. — 110 espèces de *Geranium* habitent les régions tempérées du globe entier : entre les tropiques on ne trouve ces plantes que sur les hautes montagnes.

Une vingtaine à peu près se récoltent en France, dont 9 habitent les environs de Paris. Les espèces annuelles sont communes dans les lieux incultes ou sablonneux, dans les champs ou sur les murs de toutes les contrées de plaines ; les espèces vivaces se rencontrent principalement dans les lieux un peu élevés, frais et boisés, ou dans les prairies et les pâturages des basses montagnes.

Usages. — Les Géraniums sont des plantes astringentes dont quelques-unes furent autrefois employées commes plantes médicinales, en particulier le *G. Robertianum* ou Herbe à Robert, dont le nom vulgaire d'*Herbe à l'esquinancie*

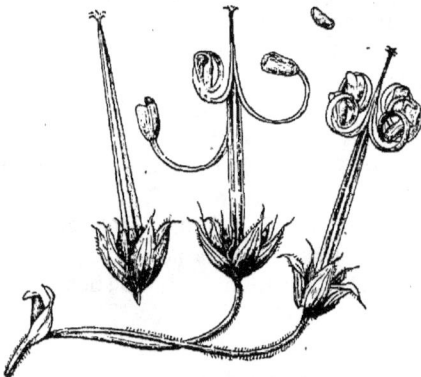

Fig. 383. — Géranium des marais (*Geranium palustre*), déhiscence du fruit.

indique bien quel usage on faisait de cette plante.

Le rhizome d'une espèce américaine (*G. maculatum*) est très employé comme astringent aux États-Unis, où il porte, pour cette raison, le nom d'*Alun root* (racine d'alun).

Certains Géraniums contiennent une quantité de tannin suffisante pour pouvoir servir à la préparation des peaux. C'est ce qui arrive en particulier pour les *G. silvaticum* et *G. sanguineum*, indigènes.

Mais c'est surtout comme plantes ornementales que les Géraniums sont intéressants à connaître. Ce sont des plantes très utiles à ce point de vue, tant à cause de la beauté de leurs fleurs que de la facilité avec laquelle elles se multiplient.

LE GÉRANIUM HERBE A ROBERT — *GERANIUM ROBERTIANUM*

Synonymie. — Bec de grue ; Herbe à l'esquinancie ; Herbe à Robert ; Pied de pigeon ; Pied de colombe ; Bec de cigogne ; Patte d'alouette ; Persil maringouin ; etc.

Étymologie. — C'est très probablement à la couleur rouge de ses tiges que le *G. Robertianum* doit son nom spécifique. Les anciens en effet lui donnaient le nom de *Ruberta* ou *Rubertiana*, dérivé de *ruber*, rouge. La corruption populaire a fait de ce nom celui de *Robertiana*, Robert, puis Herbe à Robert.

Caractères. — L'Herbe à Robert (fig. 384) est une plante annuelle de 1 à 3 décimètres de haut, à tiges rougeâtres et velues, à feuilles une ou deux fois palmatiséquées, polygonales dans leur contour. Toute la plante répand une odeur forte et désagréable. Les fleurs purpurines, veinées de blanc, à calice pyramidal, s'épanouissent depuis avril jusqu'à octobre.

Distribution géographique. — C'est une herbe très commune dans toute la France sur les vieux murs, le long des haies, etc. : elle est très abondante dans les environs de Paris.

Usages. — Elle a été autrefois fort recommandée contre les maux de gorge, mais a aujourd'hui complètement perdu sa réputation.

LE GÉRANIUM SANGUIN — *GERANIUM SANGUINEUM*

Noms vulgaires. — Sanguinaire.

Caractères. — Le Géranium sanguin est une plante vivace dont la tige dressée, peu velue, peut atteindre 30 centimètres de hauteur. Les feuilles, toutes opposées, sont d'un vert foncé, presque palmatiséquées, à 3 ou 5 divisions en coin. Les fleurs sont grandes, purpurines, veinées.

Distribution géographique. — Cette espèce habite les terrains calcaires et sablonneux de toute la France.

Usages. — On l'emploie en horticulture pour la décoration des terrains en pente, pour garnir le bord des massifs d'arbustes, ou pour décorer les plates-bandes. Elle forme de jolies touffes qui portent leurs fleurs de mai en juin et donnent souvent une seconde floraison à l'automne. Il en existe une variété à fleurs blanches.

Les autres espèces de Géraniums cultivés sont :

Le GÉRANIUM DES PRÉS (*G. pratense*) (fig. 385), espèce vivace indigène que l'on trouve dans les bois et les prés et dont les fleurs, assez grandes, sont bleues ou blanches, simples ou doubles suivant les variétés. Propre à la décoration des plates-bandes.

Fig. 384. — Géranium Herbe à Robert
(*Geranium Robertianum*).

Fig. 385. — Géranium des prés (*Geranium pratense*).

Le Géranium a larges pétales ou Géranium de Géorgie (*G. platypetalum*), la plus belle sans contredit de toutes les espèces de Géraniums. Feuilles grandes à lobes profondément découpés. Les fleurs, qui mesurent souvent plus de 3 centimètres de diamètre et sont bleu violet intense, avec stries rougeâtres plus foncées, s'épanouissent en mai-juin et font très bon effet dans les corbeilles.

Le Géranium a grosses racines (*G. macrorhizum*) est une espèce vivace d'Italie à belles fleurs rouge carmin.

Signalons encore comme Géraniums cultivés dans les jardins, parmi les espèces indigènes : le Géranium cendré (*G. cinereum*), des Pyrénées, à fleurs blanchâtres ; le Géranium des bois (*G. silvaticum*) (fig. 386), des prairies montagneuses, à fleurs lilas pourpre ; le Géranium tubéreux (*G. tuberosum*), à fleurs rose tendre, etc. ; et parmi les espèces étrangères, le Géranium d'Arménie (*G. Armenum*), à fleurs rouges ; le Géranium d'Ibérie (*G. Ibericum*), à fleurs bleues, etc.

On désigne souvent sous le nom impropre de *Geranium* les superbes plantes d'ornement qui appartiennent au genre *Pelargonium* et dont nous parlerons plus loin.

LES ÉRODIUMS — *ERODIUM*

Noms vulgaires. — Becs de héron.

Caractères. — Les *Erodium*, autrefois réunis aux *Geranium* auxquels ils ressemblent beaucoup, en ont été distingués génériquement pour ce fait que sur les 10 étamines, 5 seulement sont fertiles ; les 5 autres, opposées aux pétales, sont stériles, réduites aux filets staminaux squamiformes. De plus, le fruit est quelque peu différent, en ce que les queues qui supportent les loges après la déhiscence sont ordinairement velues à la face interne.

Ce sont des herbes à rameaux articulés, noueux, à feuilles opposées ou alternes, munies de stipules, à pédoncules axillaires uniflores ou portant des lignes ombelliformes.

Distribution géographique. — Les 160 espèces qui forment ce genre habitent presque toutes les régions tempérées de l'ancien monde dans l'hémisphère boréal ; 2 ou 3 sont propres au sud de l'Afrique et à l'Australie.

Fig. 386. — Géranium des bois (*Geranium silvaticum*).

Fig. 387. — Érodium à feuilles de Ciguë (*Erodium cicutarium*).

Une quinzaine d'espèces appartiennent à la flore française et sont surtout répandues dans les lieux stériles ou sablonneux des provinces du Midi ou de l'Ouest.

Une seule espèce pénètre dans la flore parisienne : c'est l'ÉRODIUM A FEUILLES DE CIGUË (*E. cicutarium*) (fig. 387), herbe annuelle qui se rencontre partout dans les champs.

Une espèce du Midi et de l'Ouest de la France, ainsi que de la Corse, l'ÉRODIUM MUSQUÉ (*E. moschatum*), exhale une odeur de musc très prononcée.

Usages. — L'Érodium musqué était autrefois employé en médecine sous le nom d'*Acus muscata* ou *Herba geranii moschati* ; il est sans usage aujourd'hui. Quelques Érodiums sont des plantes d'ornement. Signalons parmi eux :

L'ÉRODIUM DE MANESCAU (*E. Manescavi*), espèce vivace des Basses-Pyrénées, et l'ÉRODIUM DES ALPES, originaire de Grèce et d'Italie, également vivace. Ces 2 espèces ont les fleurs rouges, violettes ou carminées.

LES PÉLARGONIÉES — *PELARGONIEÆ*

Caractères. — Les Pélargoniées ont des fleurs irrégulières. Le sépale postérieur est muni d'un éperon. Les pétales sont périgynes. Le nombre des étamines fertiles est distinct de celui des pétales.

La tribu des Pélargoniées ne comprend que deux genres : les *Pelargonium* caractérisés par leurs carpelles rostrés déhiscents et leurs ovules géminés ; les *Tropæolum* dont les carpelles non rostrés sont indéhiscents et les ovules solitaires.

LES PÉLARGONIUMS — *PELARGONIUM*

Synonymie. — Pélargones.

Étymologie. — Du mot grec *pelargos*, qui signifie cigogne, allusion à la forme du fruit qui imite le bec de cet oiseau.

Caractères. — Les *Pelargonium* sont des herbes, des sous-arbrisseaux ou même des arbrisseaux, dont les organes sont souvent couverts de poils glanduleux et aromatiques. Leurs feuilles sont opposées ou rarement alternes. Au point de vue des caractères botaniques on peut définir les *Pelargonium*, des *Geranium* à fleurs irrégulières, car ils ne s'en distinguent ni par le nombre et la disposition des ovaires, ni même par le mode de déhiscence du fruit, mais bien seulement par l'irrégularité des verticilles floraux (fig. 388 et 389).

Fig. 388.

Fig. 388. — Fleur.

Fig. 389.

Fig. 389. — Fleur coupée.

Fig. 388 et 389. — Pélargonium à grandes fleurs (*Pelargonium grandiflorum*).

Le calice est à 5 sépales dont le postérieur se prolonge en un éperon soudé avec le pédicelle. Sur les 5 sépales, dont le nombre peut être réduit par avortement, les 2 supérieurs, plus externes, ne ressemblent pas aux autres. Sur les 10 étamines, 3 le plus souvent sont dépourvues d'anthères et se réduisent à des filets parfois très courts ou même à peine visibles. Il n'y a donc que 7 étamines anthérifères et même quelquefois moins. Le pistil et le fruit rappellent tout à fait ceux des Géraniées.

Distribution géographique. — On a décrit jusqu'à 400 espèces de Pélargoniums ce nombre est véritablement exagéré et l'on ne doit pas reconnaître plus de 175 espèces réellement distinctes. On a réuni ces espèces en 15 sections environ qui subdivisent le genre *Pelargonium* et dont les caractères sont tirés des tiges, des feuilles et même des fleurs.

Les Pélargoniums sont originaires, pour la plupart, du Cap de Bonne-Espérance ; quelques espèces croissent en Orient et dans le nord de l'Afrique.

Usages. — Les Pélargoniums occupent sans contredit un des premiers rangs parmi les plantes ornementales qui embellissent nos parterres. On les cultive dans les jardins aussi bien pour leur élégant feuillage que pour l'abondance de leurs fleurs aux coloris si riches et si variés. Comme les Pélargoniums sont originaires des pays chauds, on ne peut les cultiver en plein air pendant toute l'année et il leur faut un abri pour l'hiver. Pendant la

belle saison la culture en est facile. Les jardiniers désignent souvent les Pélargoniums sous le nom de Géraniums, et c'est sous cette dernière dénomination que ces fleurs sont presque toujours désignées chez les fleuristes. Nous avons déjà vu plus haut les différences qu'il y a entre Géranium et Pélargonium au point de vue du port, des caractères floraux et de la distribution géographique.

Plusieurs Pélargoniums possèdent une odeur aromatique, souvent très intense, où dominent les odeurs du musc, de la térébenthine, du citron et de la rose. Trois espèces principalement, les *P. capitatum, odoratissimum, roseum*, donnent par distillation une essence qui rappelle beaucoup l'essence de rose et qui sert même à la falsifier.

LE PÉLARGONIUM ÉCARLATE — *PELARGONIUM INIQUANS*

Synonymie. — Géranium écarlate.

Caractères. — C'est une plante sous-ligneuse, buissonnante ou sarmenteuse, qui, dans les pays où elle est rustique, atteint 1 mètre et même plus, lorsqu'elle est soutenue, acquérir jusqu'à 4 mètres de haut dans le Midi. Les feuilles, orbiculaires, réniformes, divisées en 7 à 11 lobes, peu saillants, exhalent au froissement une odeur désagréable. Les fleurs sont rouge écarlate dans le type.

Distribution géographique. — Cette espèce est originaire du Cap de Bonne-Espérance et

Fig. 390. — Pélargonium à feuilles zonées, race Bruant (*Pelargonium zonale*, var.).

de l'île Saint-Hélène. Cette espèce, très rustique, est naturalisée dans les environs de Nice le long des sentiers, dans les haies, dans les endroits pierreux, sur le bord des propriétés.

Usages. — C'est une des meilleures espèces de jardin : on la cultivait déjà en 1714, en Angleterre, dans le jardin de l'évêque Compton, qui l'avait reçue du Cap. On en a obtenu diverses variétés, en particulier deux, dont l'une à fleurs doubles rouges et l'autre à fleurs doubles roses, toutes deux très répandues dans les parterres du Midi de la France.

LE PÉLARGONIUM A FEUILLES ZONÉES — PELARGONIUM ZONALE

Caractères. — Le Pélargonium à feuilles zonées est moins élevé que le précédent et n'atteint guère plus de 40 à 60 centimètres ordinairement. Il forme des buissons plus ou moins réguliers, à rameaux semi-ligneux. Les feuilles, longuement pétiolées, orbiculaires, réniformes, présentant 5 à 7 lobes plus ou moins prononcés, sont marquées vers le milieu d'une zone vert noirâtre ou brunâtre.

Distribution géographique. — Originaire du Cap de Bonne-Espérance.

Usages. — On en connaît de nombreuses variétés qui se distinguent par le coloris et la grandeur des fleurs ou par la disposition des zones sur les feuilles. Il y en a de doubles et de simples. La figure 390 représente une race de *Pelargonium zonale* à gros bois, la race *Bruant*, remarquable par la grandeur exceptionnelle de ses ombelles et ses fleurs

Fig. 391. — Pélargoniums des jardins (*Pelargonium zonale* et *iniquans* hybrides).

Fig. 392. — Pélargoniums à grandes fleurs (*Pelargonium grandiflorum*).

demi-doubles, du plus beau coloris vermillon éblouissant.

Sous le nom de PÉLARGONIUMS DE JARDINS (fig. 391), on désigne des hybrides obtenus par le croisement des *P. zonale* et *P. iniquans* entre eux. Ce sont les Pélargoniums les plus généralement employés pour la décoration des jardins. On en fait de magnifiques corbeilles, aussi remarquables par l'abondance et la beauté du feuillage que par l'éclat du coloris des fleurs. Le nombre des variétés de Pélargoniums des jardins est extrêmement considérable : les unes ont de grandes fleurs simples ou doubles, réunies en bouquets plus ou moins volumineux, aux couleurs parfois éblouissantes ; d'autres possèdent un feuillage richement panaché.

LE PÉLARGONIUM A FEUILLES DE LIERRE — PELARGONIUM HEDERÆFOLIUM

Synonimie. — Géranium Lierre. — *P. scutatum; P. peltatum; P. lateripes.*

Caractères. — C'est une plante à tiges grêles, retombantes, longues d'un mètre environ, à feuilles charnues, fermes, luisantes, à grandes fleurs d'un blanc carné pâle avec taches carmin foncé.

Distribution géographique. — Originaire du Cap, le Pélargonium Lierre est aujourd'hui naturalisé en Basse Provence et en Ligurie.

Usages. — Cette jolie plante avec ses longs et élégants rameaux retombants, sert surtout à décorer des rocailles et des vases de jardin, ainsi que les jardinières suspendues des appartements. Elle fleurit d'ailleurs presque toute l'année, même en hiver. On en a obtenu un grand nombre de variétés, particulièrement à fleurs doubles, qui sont tout à fait recommandables.

LE PÉLARGONIUM A GRANDES FLEURS — PELARGONIUM GRANDIFLORUM

Synonymie. — Pélargonium des fleuristes.

Caractères. — Les Pélargoniums à grandes fleurs (fig. 392) sont des arbustes de 50 centimètres de haut environ, à feuilles assez grandes, arrondies, plus ou moins velues ; les fleurs, qui peuvent atteindre jusqu'à 5 centimètres de diamètre, sont réunies en bouquets au sommet des rameaux. Elles présentent les nuances les plus variées, depuis le blanc pur jusqu'au pourpre noir, en passant par le rose, le rouge et le violet ; il y en a d'uniformes et de panachées.

Usages. — Les Pélargoniums à grandes fleurs sont trop délicats pour servir aux corbeilles de jardins comme les espèces précédentes. Ce sont des plantes de serre froide ou d'appartements (fig. 393). Ce sont d'ailleurs

Fig. 393. — Pélargonium à grandes fleurs (*Pelargonium grandiflorum*).

des fleurs de premier ordre et les marchés de Paris en ont d'abondantes provisions pendant tout l'été.

Les nombreuses variétés obtenues par dérivation de la forme primitive ou même par croisement peuvent être rapportées à trois types : les PÉLARGONIUMS A 5 MACULES, les P. A DIADÈME et les P. DE FANTAISIE.

LE PÉLARGONIUM ROSAT — *PELARGONIUM CAPITATUM*

Noms vulgaires. — Géranium Rosat. — Mauve rose.

Caractères —Cet arbrisseau forme de belles touffes, atteignant jusqu'à 1 mètre de haut. Les feuilles sont crépues et cordiformes ; les fleurs, rose foncé, sont disposées en ombelles.

Distribution géographique. — Originaire du Cap de Bonne-Espérance. Cultivé dans les jardins du Midi comme plante industrielle.

Usages. — Les feuilles donnent, lorsqu'on les distille, une huile ayant une odeur de rose très agréable et qui ressemble tellement à l'essence de rose véritable qu'on l'emploie pour falsifier celle-ci et qu'on cultive la plante en grand à cet effet.

C'est depuis 1847 environ que le *Pelargonium capitatum* est cultivé dans le but d'extraire son essence, connue dans le commerce sous le nom d'*essence de feuilles de Rose Géranium*. La culture, très rémunératrice et ne présentant aucune difficulté, est très activement poussée dans le Midi de la France, par les cultivateurs de roses.

Dans de bonnes conditions, un pied de Pélargonium Rosat peut donner une moyenne de 1 kilogramme de feuilles, qui sont vendues à raison de 5 à 10 francs les 100 kilogrammes. Avec 1000 kilogrammes de feuilles, on fabrique 500 à 800 grammes d'essence dont le prix oscille entre 60 et 100 francs le kilogramme.

L'Espagne, l'Orient et l'île Bourbon fournissent également au commerce une très grande quantité d'essence qui fait concurrence à notre produit.

L'essence de Géranium qui sert à falsifier l'essence de roses est elle-même falsifiée au moyen de l'essence d'un Andropogon de l'Inde, le *Lemon-grass* des Anglais (*Andropogon Schœnanthus*).

On désigne encore sous le nom de Géranium Rosat, les *Pelargonium odoratissimum* et *P. Radula* var. *roseum*, qui sont employés au même usage que l'espèce précédente.

LES CAPUCINES — *TROPÆOLUM*

Étymologie. — Du grec *tropaion*, trophée, parce que les feuilles rappellent par leur forme les boucliers, et les fleurs, les casques, dont on compose les trophées d'armes.

Caractères. — Les Capucines sont des herbes volubiles ou diffuses à feuilles peltées (fig. 394) ou palmées, anguleuses, lobées ou disséquées, normalement dépourvues de stipules. Chez *T. peregrinum* et *T. umbellatum* cependant, il y a de très petites stipules sétiformes. Pédoncules axillaires uniflores ; fleurs orangées ou

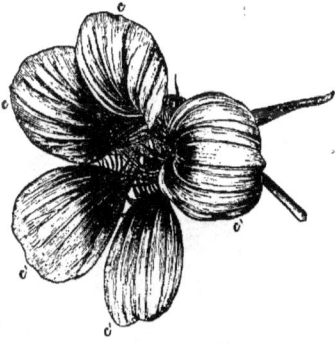

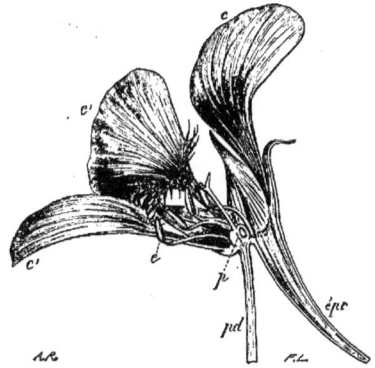

Fig. 395.

Fig. 394.

Fig. 396.

Fig. 394. — Feuille.
Fig. 395. — Fleur.

Fig. 396. — Fleur coupée en long.

Fig. 394 à 396. — Capucine grande (*Tropæolum majus*).

jaunes, beaucoup plus rarement pourpres ou bleues.

Le genre *Tropæolum*, dont on a fait souvent le type d'une petite famille spéciale, les *Tropéolées*, est caractérisé par ses fleurs irrégulières (fig. 395 et 396) présentant un calice de 5 sépales dont le postérieur se prolonge en un éperon libre et non soudé comme chez les *Pelargonium* ; 5 pétales ou moins par avortement, légèrement périgynes, imbriqués, les 2 supérieurs, plus externes, étant plus ou moins dissemblables des inférieurs ; 8 étamines libres, inégales, toutes anthérifères (on suppose que l'étamine médiane de chaque verticille a disparu). Les carpelles sont au nombre de 3, dépourvus de rostre, monospermes, se détachant de l'axe, indéhiscents. Graines sans albumen.

Distribution géographique. — 40 espèces environ sont toutes originaires de l'Amérique australe et centrale.

Propriétés. — Usages. — Les Capucines sont âcres, antiscorbutiques. Leur saveur piquante est due à une essence spéciale qui ressemble beaucoup à celle des Crucifères. M. Guignard a trouvé une analogie complète au point de vue de la localisation des principes actifs et des conditions où se forme l'huile essentielle. Plusieurs Capucines sont employées comme plantes alimentaires, principalement la CAPUCINE GRANDE (*T. majus*), plante vivace dans son pays natal, le Pérou, d'où elle fut rapportée en 1684, mais cultivée comme annuelle dans les jardins. C'est une plante franchement grimpante qui doit être cultivée contre un

treillage. Les boutons à fleurs, avant leur épanouissement et les graines encore vertes se préparent dans du vinaigre et servent aux mêmes usages que les câpres. Les fleurs sont employées pour orner les salades et les rôtis.

La CAPUCINE PETITE (*T. minus*), du Pérou, appelée aussi *Petit Cresson d'Inde*, sert aux mêmes usages que l'espèce précédente.

Les tubercules de la CAPUCINE TUBÉREUSE (*T. tuberosum*), de l'Amérique du Sud, passent pour être comestibles. Voici ce que dit M. Vilmorin à leur sujet : « Cuites dans l'eau comme les carottes et les pommes de terre, les racines de la Capucine tubéreuse sont aqueuses et ont un goût assez désagréable, quoique parfumé. En Bolivie où la plante est très cultivée, on en fait geler les tubercules après les avoir cuits. Dans cet état ils sont regardés comme une friandise, et très recherchés. Ailleurs on les expose au grand air dans des sacs de toile et on les mange à demi desséchés. Il ne faut donc pas s'étonner que le tubercule frais ne nous paraisse pas excellent, puisque même dans le pays d'origine, on ne le mange que préparé. »

Les Capucines sont bien vite devenues des plantes d'ornement très populaires, à cause de leur qualité de plantes grimpantes qui leur permet de s'accrocher aux murs, de grimper le long des fenêtres (fig. 397), des treillages et des balustrades (fig. 398). Les principales espèces employées dans ce but sont :

La CAPUCINE GRANDE (*T. majus*), appelée aussi Cresson d'Inde ou Cresson du Pérou, dont les tiges grimpantes et charnues peuvent s'élever

Fig. 397. — Deux exemples d'ornementation d'une fenêtre au moyen de plantes grimpantes.

à 2 et 3 mètres de hauteur et dont la floraison a donné naissance à un grand nombre de variétés à fleurs jaunes, oranges, saumonées, rouges ou panachées de diverses couleurs.

La CAPUCINE PETITE (*T. minus*), dont les tiges ne dépassent pas 50 centimètres. On en connaît également de nombreuses variétés.

Par le croisement du *T. majus* avec la CAPUCINE DE LOBB (*T. Lobbianum*), on a obtenu des CAPUCINES HYBRIDES (fig. 398) dont les tiges atteignent les plus grandes dimensions, parfois 4 à 5 mètres et plus, et dont les fleurs présentent les coloris les plus brillants et les plus variés.

Signalons encore la CAPUCINE VOYAGEUSE (*T. peregrinum*) ou CAPUCINE DES CANARIES (fig. 399), ou *Pagarille*, originaire du Mexique, que l'on cultive souvent en pots et qui orne les fenêtres et les balcons, la CAPUCINE A 5 FEUILLES

(*T. pentaphyllum*) de l'Uruguay, la CAPUCINE TRICOLORE (*T. tricolor*) du Chili, etc.

LES LIMNANTHÉES — *LIMNANTHEÆ*

Étymologie. — La tribu des Limnanthées tire son nom du genre *Limnanthes*, dont le nom fait allusion à la localité habitée par ces plantes. *Limnanthes* vient du grec *limnè*, marais, et *anthos*, fleur.

Les Limnanthées sont des herbes annuelles, palustres, très diffuses, à feuilles alternes longuement pétiolées, une ou deux fois pennifides, dépourvues de stipules, à fleurs axillaires longuement pédonculées.

Caractères. — Au point de vue des caractères botaniques les Limnanthées sont des Géraniacées à fleurs régulières, à sépales valvaires, présentant des glandules alternant avec les pétales. Les étamines sont en nombre

Fig. 398. — Capucine hybride de Lobb (Spit-fire).

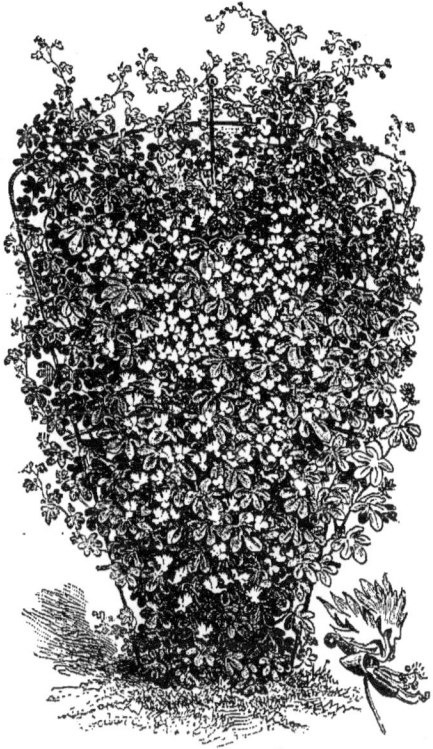

Fig. 399. — Capucine des Canaries (*Tropæolum peregrinum*).

double des pièces de la corolle. Les carpelles, dépourvus de rostre, indéhiscents, se séparent de l'axe. Ovules solitaires à microphyle infère.

Distribution géographique. La tribu des Limnanthées ne comprend que deux genres : les *Limnanthes*, dont les 3 espèces habitent la Californie, et les *Flœrkea*, dont l'unique espèce vit dans l'Amérique du Nord.

Propriétés. — Usages. — Les Limnanthées fournissent une essence sulfo-azotée analogue à celle de la Capucine et de certaines Crucifères. M. Léon Guignard (1) a constaté que les conditions où se forme l'essence sont les mêmes que chez ces dernières plantes : elle ne préexiste pas dans les tissus et résulte également de l'action de ferment sur un glycoside localisé dans des cellules distinctes, appartenant à tous les organes. Le ferment présente tous les caractères de la myrosine mise en évidence chez d'autres familles telles que

(1) Guignard, *Comptes rendus Académie des Sciences*, nov. 1893.

Crucifères, Tropéolées, etc. Quant à l'essence, dont la formation exige la présence de l'eau et la rupture des tissus qui met en contact le ferment et le glycoside, elle rappelle beaucoup par ses caractères celle du Cresson alénois (chez le *Limnanthes Douglasii*).

On cultive dans les jardins pour faire des bordures et des corbeilles le LIMNANTHE DE DOUGLAS (*Limnanthes Douglasii*), originaire de Californie, plante d'un vert gai, à ramifications étalées sur le sol, n'excédant pas 15 à 20 centimètres de hauteur, à fleurs blanches striées de gris de Lin, jaunâtres à la base. On en connaît une variété (*L. Douglasii grandiflora*) dont les fleurs atteignent 3 à 4 centimètres de diamètre.

LES OXALIDÉES — *OXALIDEÆ*

Caractères. — Les Oxalidées sont des plantes herbacées, parfois ligneuses comme les *Averhoa* et les *Connaropsis*, à feuilles composées,

Fig. 401. Fig. 400. Fig. 402.

Fig. 400. — Port.
Fig. 401. — Fruit.

Fig. 402. — Fruit déhiscent, projetant les graines.

Fig. 400 à 402. — Oxalide oseille (*Oxalis acetosella*).

trifoliées ou pennées, parfois transformées en phyllodes. Les fleurs sont régulières, les sépales imbriqués. Les glandules manquent. Stigmates capités. Le fruit est une baie ou une capsule et les graines sont souvent arillées.

Distribution géographique. — Les Oxalidées, qui comprennent 7 genres, dont un douteux (les *Dapania* de Sumatra), et 230 espèces environ (dont 205 pour le seul genre *Oxalis*), sont rares dans les pays tempérés, absentes dans les pays froids, et abondent surtout dans l'Afrique australe et subtropicale, en particulier au Cap de Bonne-Espérance, et dans l'Amérique tropicale. Les *Connaropsis* sont asiatiques. En France la tribu est représentée par 4 espèces d'*Oxalis*.

Usages. — Toutes les plantes de cette tribu renferment dans leurs feuilles et leurs fruits un sel acide (*acide oxalique*) qui leur donne une saveur assez agréable.

LES OXALIDES — *OXALIS*

Étymologie. — Du grec *oxus*, acide; *als*, sel; allusion à l'acidité de ces plantes.

Caractères. — Les Oxalides sont des plantes herbacées, tantôt dépourvues de tiges et présentant un rhizome tubéreux, tantôt au contraire pourvues d'une tige. Quelques-unes peuvent atteindre la taille de sous-arbrisseaux. Les feuilles alternes, dépourvues de stipules, sont ordinairement composées de 3 folioles

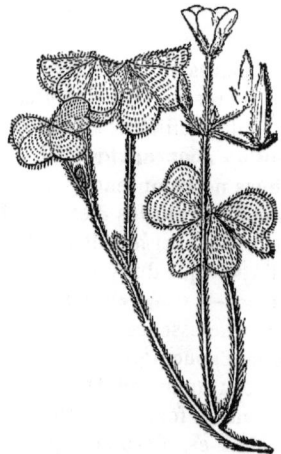

Fig. 403. — Oxalide corniculée (*Oxalis corniculata*).

(fig. 400) à limbe entier ou échancré au sommet. Les fleurs jaunes, roses ou blanches sont souvent amorphes, présentant des fleurs fertiles et des fleurs cléistogames (1).

(1) Voir page 174, col. 1.

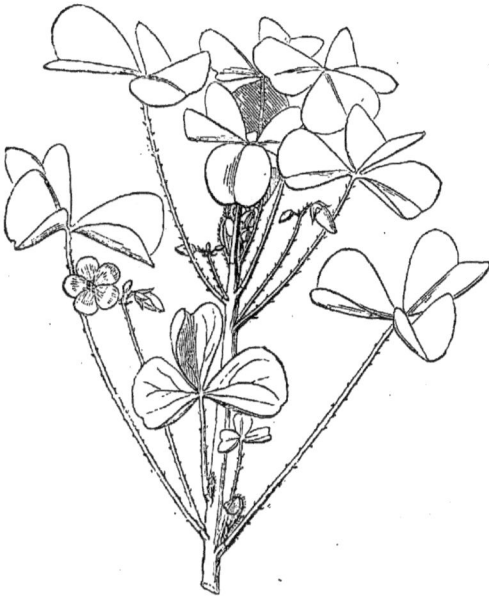

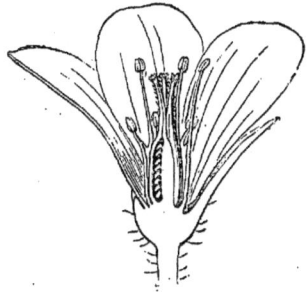

Fig. 404.   Fig. 405.

Fig. 404. — Port. | Fig. 405. — Fleur coupée.

Fig. 404 et 405. — Oxalide droite (*Oxalis stricta*).

Calice persistant à 5 sépales; 5 pétales contournés dans le bouton ; 10 étamines toutes anthérifères, dont 5 plus courtes opposées aux pétales ; ovaire à 5 loges; capsule loculicide (fig. 401) à valves retenues sur l'axe par les cloisons. Graines enveloppées d'un arille élastique qui les lance à maturité (fig. 402). En effet, l'arille gonflé par l'humidité se rétracte, se renverse et projette la graine au loin.

Distribution géographique. — 205 espèces environ forment le genre *Oxalis*, représenté sur le globe tout entier. En France les *Oxalis corniculata* (fig. 403) et *O. stricta* (fig. 404 et 405) sont communes dans les terres cultivées où on les trouve en fleur du mois de juin au mois de septembre. L'*Oxalis acetosella* (fig. 400 et 406) est fréquente dans tous les lieux couverts, sablonneux et humides des pays de plaines et des basses montagnes; elle fleurit en mars-avril. L'*Oxalis Libyca* est une espèce particulière à la Corse, qu'on ne trouve pas en France.

L'OXALIDE OSEILLE — *OXALIS ACETOSELLA*

Noms vulgaires. — Alleluia, Pain de coucou, Surelle, Herbe de bœuf.

Caractères. — C'est une petite herbe (fig. 406) dépourvue de tige, à rhizome traçant, écailleux, à fleurs blanches ou rosées, solitaires sur chaque pédoncule.

Fig. 406. — Oxalide oseille (*Oxalis acetosella*).

Usages. — Les feuilles de cette espèce ont une saveur acide assez agréable. On en a fait usage autrefois en médecine comme d'une plante rafraîchissante et antiscorbutique. En Suisse ou en Allemagne, où la plante

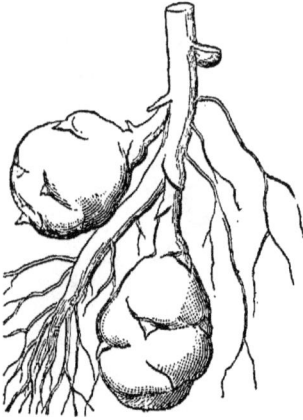

Fig. 407.

Fig. 408.

Fig. 407. — Racines avec tubercules. | Fig. 408. — Tubercules isolés.

Fig. 407 et 408. — Oxalide crénelée (*Oxalis crenata*).

est assez commune, on la fait servir à la préparation du sel d'Oseille (oxalate de potasse).

L'OXALIDE CRÉNELÉE — *OXALIS CRENATA*

Caractères. — Cette espèce, à feuilles trifoliées, à fleurs jaunes, et dont les pétales sont crénelés, présente sur ses racines fibreuses des tubercules (fig. 407) amylacés, jaunes, translucides, d'aspect analogue à ceux de la Pomme de terre, de la grosseur et de la forme d'un petit œuf de poule.

Distribution géographique. — Elle est originaire du Pérou et a été introduite dernièrement chez nous comme plante potagère. Vivace dans son pays natal, elle est cultivée comme annuelle sous notre climat.

Usages. — Les tubercules (fig. 408) constituent, dit-on, un mets sain et agréable. Dans l'Amérique du Sud, on les mange comme la Pomme de terre, après les avoir desséchés dans un four ou au soleil, pour leur enlever leur acidité. En France ce n'est encore qu'un légume de fantaisie ; aussi est-il peu cultivé. On mange également les jeunes pousses tendres en salade ou comme de l'Oseille.

L'OXALIDE DE DEPPE (*O. Deppei*) et l'OXALIDE A 4 FEUILLES (*O. tetraphylla*), toutes deux du Mexique, ont aussi des racines pivotantes, charnues comme un petit Navet, blanchâtres,

presque transparentes, qu'on a proposé de cultiver comme légumes nouveaux, mais sans beaucoup de succès. C'est surtout comme espèces d'ornements, pour leurs fleurs, qu'on cultive dans les jardins ces deux Oxalides.

Les autres Oxalides d'agrément cultivées sont :

L'OXALIDE A FLEURS ROSES (*O. rosea*), l'OXALIDE DE VALDIVIA (*O. Valdiviana*), du Chili, et l'OXALIDE FLORIFÈRE (*O. floribunda*), du Cap, etc.

LES CARAMBOLIERS — *AVERRHOA*

Caractères. — Les *Averrhoa* sont des arbres à feuilles imparipennées. Ils diffèrent donc beaucoup par leur port des Oxalides, auxquelles ils ressemblent beaucoup par les caractères floraux et dont ils se séparent surtout parce que le fruit est une baie indéhiscente.

Distribution géographique. — On en connaît 2 ou 3 espèces dispersées par la culture dans les régions chaudes des deux mondes et dont la patrie d'origine, Asie ou Amérique tropicale, semble encore incertaine.

Usages. — Leurs fruits charnus, riches en suc acide, sont mangés crus ou confits. Ils servent de condiments pour l'assaisonnement des mets.

Les CONNAROPSES (*Connaropsis*) sont des arbres de la presqu'île de Malacca, très voisins des *Averrhoa*.

LES BALSAMINÉES — *BALSAMINEÆ*

Caractères. — Les Balsaminées sont des plantes herbacées, succulentes, parfois sous-ligneuses, à feuilles opposées ou alternes, dentées, sans stipules. Les fleurs sont irrégulières, les sépales colorés, le postérieur pourvu d'un éperon, les 2 antérieurs petits et même nuls, les pétales sont hypogynes ; 5 étamines courtes rapprochées par les anthères.

Distribution géographique. — Un seul genre important forme cette tribu, le genre *Impatiens*, très nombreux comme espèces, et dont l'aire de dispersion est considérable. A côté de lui se trouvent les deux genres *Trimorphopetalum* et *Hydrocera*, comprenant chacun une seule espèce, le premier de Madagascar et le second de l'Asie tropicale.

LES IMPATIENTES — *IMPATIENS*

Synonymie. — Balsamines.

Caractères. — Les Impatientes (fig. 409) sont des herbes ou des sous-arbrisseaux à feuilles alternes, dentées, sans stipules, à pédoncules axillaires, solitaires ou fasciculés, portant une ou plusieurs fleurs souvent grandes et belles, pourpres, jaunes, roses ou blanches. Ces fleurs sont irrégulières ; les 2 sépales antérieurs manquent et le calice se réduit à 3 pièces, dont la supérieure se prolonge en un éperon ; 5 pétales, dont 4 soudés par paires ; 5 étamines ; ovaire à 5 loges ; capsule loculicide à 5 valves, s'ouvrant par élasticité dès qu'on y touche.

Distribution géographique. — On a décrit 225 espèces, dont le plus grand nombre croissent dans l'Asie tropicale. On en trouve quelques-unes seulement en Europe, dans le nord de l'Asie, en Afrique et dans l'Amérique septentrionale. En France nous n'en possédons qu'un unique représentant, l'*I. noli tangere*.

L'IMPATIENTE NE ME TOUCHEZ PAS
IMPATIENS NOLI TANGERE

Étymologie. — Allusion à l'élasticité du fruit, qu'on ne peut toucher sans qu'il s'ouvre.

Caractères. — C'est une herbe annuelle, à tige succulente, renflée aux nœuds, à fleurs jaunes, ponctuées de rouge, à éperon recourbé, et disposées en grappes axillaires peu fournies. Les feuilles sont molles, ovales, pétiolées.

Caractères biologiques. — Au moment où le pollen va mûrir, les pédoncules floraux de l'Impatiente exécutent des mouvements destinés à assurer la protection de ce pollen (fig. 410). En effet, chez cette plante, les jeunes boutons, que l'on voit dans les régions supérieures de la tige, se dressent, à l'extrémité de grêles pédoncules, au-dessus du limbe des feuilles à l'aisselle desquelles ils ont pris naissance. En descendant le long de la tige, on voit des boutons plus âgés et par conséquent plus lourds. Le léger pédicule qui les supporte s'est

Fig 409. — Impatiente ne me touchez pas (*Impatiens noli tangere*).

alors infléchi, et le bouton vient se placer sous la feuille. A cet effet, le limbe, à l'endroit où il se rattache au pétiole, est échancré en forme de cœur, et dans cette échancrure s'introduit le pédoncule floral. Cette disposition fixe la fleur sous la feuille, et lorsqu'elle s'épanouira plus tard et que les anthères mûriront, son pollen se trouvera bien protégé contre la pluie.

La dissémination des graines est assurée par l'enroulement des valves de la capsule (fig. 411), et ces mouvements se produisent lorsque le fruit est mûr, parfois au moindre choc.

Fig. 410.   Fig. 411.

Fig. 410. — Mouvement des fleurs pour la protection | Fig. 411. — Déhiscence du fruit.
du pollen.

Fig. 410 et 411. — Impatiente ne me touchez pas (*Impatiens noli tangere*).

Distribution géographique. — L'Impatiente ne me touchez pas est très commune dans nos bois, où on la rencontre dans les lieux humides et couverts. Elle s'élève sur les montagnes à 1,200 mètres d'altitude environ. La floraison a lieu de juillet en août.

Usages. — L'Impatiente ne me touchez pas est cultivée dans les jardins comme plante d'ornement, mais on lui préfère l'espèce exotique suivante :

L'Impatiente Balsamine (*I. Balsamina*) (fig. 412 à 415) ou Balsamine des jardins, considérée parfois comme un genre spécial (*Balsamina hortensis*), est originaire des Indes orientales. C'est une plante annuelle d'environ 50 centimètres de haut, très fréquemment cultivée dans les jardins, où elle a donné naissance à un très

grand nombre de variétés distinctes les unes des autres par la taille et le coloris des fleurs simples ou doubles.

Parmi les races les plus estimées, celle qui a atteint le plus grand degré de perfectionnement est la Balsamine à fleurs de Camélia, dont les fleurs, devenues presque régulières, rappellent les fleurs des Camélias.

Comme plante cultivée signalons encore la Balsamine glanduligère (*I. glanduligera*) ou Balsamine de Royle, espèce annuelle des Indes orientales et de l'Himalaya, dont les tiges robustes peuvent atteindre 2 mètres de haut, formant un énorme buisson, couvert, de juillet en septembre, de fleurs rouges un peu plus petites que celles de la Balsamine des jardins.

LES RUTACÉES — *RUTACEÆ*

Caractères. — La famille des Rutacées comprend des arbrisseaux ou des arbres, beaucoup plus rarement des herbes, à feuilles dépourvues de stipules, ordinairement opposées,

simples ou plus fréquemment composée de 1, 3 ou 5 folioles généralement entières. Les fleurs sont disposées en inflorescences variables. L'écorce de la tige et le limbe des feuilles

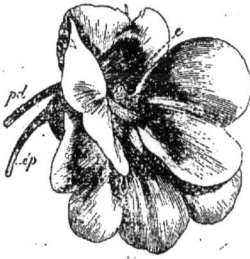

Fig. 412.   Fig. 413.   Fig. 414.   Fig. 415.

Fig. 412. — Fleur : *pd*, pédoncule ; *ep*, éperon ; *e*, étamines.
Fig. 413. — Androcée.

Fig. 414. — Fruit fermé.
Fig. 415. — Fruit après déhiscence, mettant en liberté
les graines, *gr*.

Fig. 412 à 415. — Impatiente Balsamine (*Impatiens Balsamina*).

présentent des ponctuations glanduleuses odorantes sécrétant une huile essentielle.

Les fleurs, ordinairement hermaphrodites, ne sont irrégulières que dans la tribu des Cuspariées. Parfois elles sont unisexuées, monoïques chez les *Empleurum*, arbrisseaux de l'Afrique australe, dioïques chez les *Empleuridium* du même pays et quelques Zanthoxylées. Elles sont pentamères ou tétramères, exceptionnellement construites sur le type 3 chez les *Rabelaisia*, arbrisseaux de l'archipel indien. Les 5 (ou 4) sépales sont libres ou soudés. Les pétales, hypogynes ou périgynes, en même nombre que les sépales, sont imbriqués ou plus rarement valvaires. Absents chez les *Empleurum*, ils sont très réduits chez les *Diplolæna*, arbrisseaux australiens ; ordinairement libres, ils sont soudés en tube chez les Cuspariées et quelques Boroniées.

Les étamines sont le plus souvent en nombre égal à celui des pièces de la corolle ou en nombre double ; elles sont alors disposées en deux verticilles, dont l'un peut être réduit à des staminodes. Parfois aussi, il y a un très grand nombre d'étamines. Les anthères sont à deux loges, introrses, à déhiscence longitudinale. Entre l'androcée et le pistil, on aperçoit le disque annulaire, tubuleux, qui revêt le fond du calice chez les Diosmées, ou se prolonge en un gynophore ; ce disque ne fait que rarement défaut. 5 (ou 4) carpelles forment ordinairement le pistil ; ils sont

généralement soudés en un ovaire à 5 (ou 4) loges avec placentation axile ; souvent aussi ils sont libres entre eux à la base et seulement réunis par les styles ou par les stigmates ; ce n'est que très rarement qu'ils sont entièrement libres, comme le sont par exemple les 4 carpelles des *Galipea* du Brésil, des *Zanthoxylum* et de quelques autres. Il y a ordinairement 2 ovules par loge ou par carpelle, superposés, ascendants, à raphé ventral et à micropyle supère.

Le fruit est assez variable : dans les deux tribus des Toddaliées et des Aurantiées, il est bacciforme ou drupacé, creusé de 5 (ou 4) loges ne renfermant souvent qu'une seule graine chacune ; ailleurs il se compose de 5 ou 4 (rarement 3) coques déhiscentes en dedans, s'ouvrant parfois avec élasticité, par séparation brusque de l'endocarpe et de l'épicarpe. Les graines oblongues ou réniformes sont souvent sessiles et solitaires. Tantôt elles présentent un albumen charnu avec cotylédons foliacés ; tantôt elles sont dépourvues d'albumen et les cotylédons sont épais. La radicule est toujours supère.

Distribution géographique. — Environ 780 espèces, réparties en une centaine de genres, forment la famille des Rutacées et sont dispersées à travers les régions chaudes et tempérées de toute la terre. Elles sont surtout abondantes en Australie, dans la Nouvelle-Hollande et dans l'Afrique australe, au Cap de Bonne-

Espérance ; le nombre en est au contraire restreint dans l'Afrique tropicale ainsi que dans les zones froides.

Dans la flore française, trois genres seulement sont représentés : les Rues et les Fraxinelles d'une part, de la tribu des Rutées, et quelques Citronniers d'autre part.

Distribution géologique. — Les Rutacées étaient déjà représentées à l'époque tertiaire : on en a retrouvé 18 espèces à l'état fossile, qui ont été rapportées aux deux genres actuels, *Ptelea* de l'Amérique du Nord et *Zanthoxylum*, et au genre éteint *Protamyris*, précurseur des *Amyris* qui habitent aujourd'hui l'Inde et l'Amérique tropicale.

Affinités. — Les Rutacées forment une famille nettement délimitée et bien caractérisée par la présence, absolument générale dans leurs tissus, de glandes qui sécrètent une matière colorante.

Les Rutacées se rattachent d'une part aux Géraniacées par l'intermédiaire des Zygophyllées, et d'autre part aux Simarubées.

Classification. — Les Rutacées se subdivisent en 7 tribus dont la plupart ont été souvent considérées, par bien des classificateurs, comme formant autant de familles distinctes, en particulier les Rutées, les Zanthoxylées et les Aurantiées. Le tableau suivant indique, en résumé, les caractères distinctifs sur lesquels repose la division en tribus de la famille des Rutacées, prise avec l'extension qui lui a été donnée ici :

			Fleurs ordinairement irrégulières ; corolle ordinairement gamopétale, tubuleuse...............	*Cuspariées.*
Ovaire profondément divisé en 2-5 lobes ; fruit capsulaire ou formé de 3-5 coques	Fleurs ordinairement régulières.	Fleurs hermaphrodites.	3 ou plusieurs ovules par loge ; albumen charnu ; embryon courbe............	*Rutées.*
			2 ovules par loge.	Pas d'albumen ; embryon droit à cotylédons charnus...... *Diosmées.*
				Albumen charnu ; embryon cylindrique... *Boroniées.*
		Fleurs souvent polygames dioïques ; 2 ovules superposés ou collatéraux...............		*Zanthoxylées.*
Ovaire entier ou très légèrement obé ; fleurs régulières,	ordinairement polygames dioïques ; 2 ovules ; un albumen............			*Toddalées.*
	hermaphrodites ; 1, 2 ou plusieurs ovules ; pas d'albumen............			*Aurantiées.*

Usages. — Les Rutacées nous fournissent d'assez nombreuses plantes utiles. La plupart d'entre elles sont recherchées pour les huiles essentielles qu'elles produisent ; parmi elles il convient de citer au premier rang les divers

Citronniers. Certaines donnent des bois aromatiques ; d'autres sont médicinales et d'autres tinctoriales. Enfin, c'est à cette famille que nous devons les citrons et les oranges, fruits comestibles bien connus.

Comme les tribus qui ont été groupées ici pour former la famille des Rutacées ont souvent la valeur de familles, nous allons les étudier successivement, en indiquant, pour chacune d'elles, les espèces utilisées.

LES CUSPARIÉES — *CUSPARIEÆ*

Caractères. — Les Cuspariées sont des plantes généralement ligneuses, à feuilles glanduleuses ponctuées, assez grandes, rarement simples, plus généralement 1-5 foliolées. Les fleurs, quelquefois régulières, sont beaucoup plus souvent irrégulières, présentant une corolle souvent gamopétale tubuleuse ; 5 étamines, dont quelques-unes sont parfois percées d'anthères, libres ou soudées entre elles ou à la corolle ; des carpelles libres dans leur portion ovarienne et renferment 2 ovules. Les graines sont ordinairement dépourvues d'albumen, à cotylédons convolutés.

Distribution géographique. — Les Cuspariées forment 14 genres et 55 espèces, toutes de l'Amérique tropicale, vivant particulièrement au Brésil.

Usages. — La tribu des Cuspariées renferme un certain nombre de plantes employées dans leur pays natal comme médicaments amers, toniques, fébrifuges. La plus importante de toutes est le *Galipea officinalis*, qui fournit l'écorce d'Angusture vraie.

Quelques Cuspariées des genres *Almeidea*, *Erythrochiton*, *Galipea*, *Revenia* sont cultivées dans les serres chaudes comme plantes ornementales.

L'ANGUSTURE VRAIE — *GALIPEA CUSPARIA*

Caractères. — Le genre *Galipea* est caractérisé, parmi les Cuspariées, par la présence à l'androcée d'au moins 2 étamines stériles, le calice court, la corolle en tube court, les anthères simples à la base, les feuilles alternes simples ou composées.

Le *Galipea cusparia* (fig. 416) est un arbre majestueux de 20 à 25 mètres de haut. Les feuilles sont formées d'un pétiole de 30 centimètres de long, terminé par 3 folioles sessiles, ovales, lancéolées, très aromatiques, dont celle du milieu égale la longueur du pétiole. Les fleurs blanches forment des grappes vers l'extrémité des rameaux.

Le *Galipea officinalis*, espèce voisine, qui d'après Hancock produirait l'écorce d'Angusture vraie, au lieu du *G. cusparia*, et qui n'est peut-être bien qu'une forme de cette dernière plante, est un arbrisseau haut de 4 à 5 mètres habituellement, et dont la taille, en tous cas, n'excède jamais 10 mètres. Ses feuilles sont trifoliées, et les folioles, oblongues, ponctuées aux deux extrémités, longues de 15 à 25 centimètres, sont portées à l'extrémité d'un pétiole

Fig. 416. — Angusture vraie (*Galipea cusparia*).

de même longueur. Les fleurs sont blanches et poilues.

Distribution géographique. — Le *Galipea cusparia* forme de vastes forêts sur la rive droite de l'Orénoque, dans le Vénézuela, principalement aux environs de la ville d'Angostura. — C'est du nom de cette localité que vient celui d'Angusture qui a été donné à la plante.

Usages. — L'écorce d'Augusture vraie, qu'on trouve dans le commerce sous trois formes différentes, jouit de propriétés comparables à celles des Quinquinas ; elle est aussi stomachique et digestive qu'eux et même fébrifuge, quoique à un degré moindre. Ces propriétés la font utiliser en médecine sous forme de poudre, d'infusion et de teinture. Associée au *Quassia amara*, elle entre dans la composition d'un vin médicinal. On a constaté dans l'écorce d'Angusture la présence d'un principe particulier, amer, cristallisable, appelé *cusparin*.

L'emploi de cette écorce en Europe remonte à l'année 1788. Elle fut d'abord introduite en Angleterre de l'île de la Trinité, où l'arbre qui la produit avait été transporté des environs d'Angostura. C'est de Humboldt et Bonpland qui, les premiers, ont rapporté cet arbre à la famille des Rutacées en lui donnant le nom de *Cusparia febrifuga*. De Candolle lui assigna ensuite celui de *Galipea cusparia*.

On désigne dans le commerce sous le nom d'*écorce de fausse Angusture*, l'écorce du *Strychnos nux vomica*, qui est un violent poison et ressemble beaucoup à l'écorce d'Angusture vraie. Un certain nombre de caractères permettent cependant de distinguer les deux écorces (1), ce qui est très important, car la substitution d'une écorce à l'autre peut amener les plus graves accidents, en remplaçant un médicament salutaire par un poison dangereux. Les confusions, suivies de mort, qui se produisent quelquefois, ont fait grand tort à l'écorce d'Angusture vraie, qui pourrait rendre de plus grands services encore, si elle était plus employée.

LES RUTÉES — *RUTEÆ*

Caractères. — Les Rutées sont des plantes herbacées, souvent frutescentes à la base, dont les feuilles assez variables, souvent pinnatiséquées, sont chargées de ponctuations glanduleuses odorantes. Les fleurs sont régulières, sauf chez les Fraxinelles (*Dictamnus*), hermaphrodites, souvent tétramères. Sépales, pétales et étamines sont libres, insérés sous un disque épais. Les carpelles, unis par les styles, contiennent chacun deux ou un plus grand nombre d'ovules. Les graines renferment un albumen charnu et un embryon souvent recourbé.

Distribution géographique. — La tribu des Rutées comprend 7 genres et 60 espèces, dont une cinquantaine pour le seul genre *Ruta*, qui lui a donné son nom. Ce sont des plantes des régions tempérées de l'hémisphère boréal. Les Rutées sont représentées dans la flore française par les genres Rue (*Ruta*) et Fraxinelle (*Dictamnus*).

Usages. — Les Rutées sont douées de propriétés stimulantes, dues à un principe résineux, âcre et surtout à une huile volatile.

En dehors des Rues et des Fraxinelles que nous étudions ci-après, on peut signaler dans ce

(1) Voir Guibourt, *Hist. drogues simples*, III, p. 156.

groupe, comme plante utile, l'Harmel (*Peganum Harmala*), qui possède une saveur âcre et amère et une odeur repoussante et dont les Orientaux se servent pour la teinture en rouge.

Les Rues, les Fraxinelles et l'Harmel sont des plantes d'ornement qui poussent chez nous en pleine terre.

LES RUES — *RUTA*

Étymologie. — Du grec *rheo*, je coule ; allusion aux propriétés emménagogues de cette plante.

Caractères. — Les Rues sont des herbes vivaces ou des sous-arbrisseaux, dont toutes les parties sont douées d'une odeur pénétrante, due à des ponctuations glanduleuses, remplies d'huile essentielle. Les feuilles sont alternes, simples, trifoliolées, pinnatiséquées ou décomposées, dépourvues de stipules. Dans certaines espèces, cependant, les deux lobes inférieurs de la feuille, insérés immédiatement contre le rameau, semblent tenir lieu de ces organes. Les fleurs disposées en corymbes ou en panicules terminales sont jaunes ou verdâtres.

Les Rues ont les fleurs hermaphrodites régulières, pentamères ou tétramères. Il n'est pas rare que la fleur centrale de l'inflorescence soit construite sur le type 5, tandis que celles de la périphérie, tout en présentant la même organisation, soient construites sur le type 4. Le calice, légèrement gamosépale, est court, les pétales, libres entre eux, présentent un onglet creusé en forme de cuiller et un limbe plus ou moins découpé sur les bords ; ils sont imbriqués dans le bouton. Les étamines disposées en 2 verticilles de 5 (ou 4, dans les fleurs tétramères) entourent un disque épais, circulaire, glandulifère, situé autour de la base du pistil. L'ovaire est sessile, à 4 ou 5 loges, surmonté d'un style central, stigmatifère au sommet. Dans chaque loge sont insérés, à l'angle interne, de nombreux ovules disposés sur 2 rangs.

Le fruit, à la base duquel persiste le calice, est une capsule à 5 (ou 4) lobes indéhiscents, contenant de nombreuses graines triangulaires, à albumen charnu, à embryon légèrement arqué.

On divise souvent le genre *Ruta* en 2 sous-genres : les *Ruta* proprement dits ont les feuilles composées, les fleurs ordinairement tétramères, les pétales ordinairement dentés

ou laciniés, les ovules nombreux. Les *Hallophyllum* (ou *Allophyllum*) ont les feuilles entières, les fleurs plus généralement pentamères, les pétales entiers, et les ovules en petit nombre.

Distribution géographique. — Une cinquantaine de Rues environ sont originaires de la région méditerranéenne, de l'Asie occidentale et centrale. Les espèces françaises, au nombre de cinq, dont une (*R. Corsica*) est propre à la Corse, habitent toutes le Midi dans le bassin méditerranéen.

Usages. — Les Rues sont fortement odorantes, stimulantes, souvent à un degré tel que ce sont des plantes dangereuses. L'espèce la plus importante, parmi les espèces indigènes, est la suivante, fréquemment cultivée dans les jardins :

LA RUE FÉTIDE — *RUTA GRAVEOLENS*

Synonymie. — Rue officinale, Rue odorante, Rue des jardins.

Caractères. — La Rue fétide est une plante de 40 à 60 centimètres de hauteur, contenant dans toutes ses parties une huile essentielle et répandant une odeur forte et désagréable. La souche ligneuse émet de nombreuses tiges ramifiées dès la base ; les branches inférieures ligneuses sont persistantes, les supérieures sont herbacées, cylindriques et glauques. Les feuilles sont pétiolées, triangulaires dans leur forme générale, 2 et 3 fois pennatiséquées, à segments cunéiformes, légèrement épais. Les fleurs, qui se montrent aux mois de juin et de juillet, sont jaunes et munies chacune d'une petite bractée lancéolée.

Caractères biologiques. — Malgré son odeur désagréable, la Rue est intéressante à observer lorsqu'elle est en fleur, car elle nous permet de constater des mouvements des étamines, assurant la pollinisation directe. Le phénomène est tout à fait analogue à celui qui a déjà été signalé chez l'Épine-Vinette (1). Les 10 étamines d'une fleur de Rue ont normalement leurs anthères éloignées du centre de la fleur, placées deux par deux dans la concavité des pétales. Lorsque arrive l'époque de la pollinisation elles s'approchent successivement du pistil et viennent y déverser, sur le stigmate, la poussière fécondante. C'est d'abord la première, la troisième, la cinquième

_____

(1) Voir page 67.

la septième, la neuvième, puis celles de l'autre verticille, la deuxième, la quatrième, la sixième, la huitième et la dixième. Grâce à ce contact répété, la fécondation n'en est que mieux assurée.

Distribution géographique. — La Rue fétide croît dans les lieux arides des provinces du Midi de la France. Elle est cultivée dans les jardins, où elle demande un terrain sec et pierreux, et une bonne exposition.

Propriétés. — **Usages.** — La Rue fétide est douée d'une saveur âcre, amère, aromatique, très chaude. Lorsqu'on en applique les feuilles fraîches sur la peau, elles peuvent y déterminer, à la longue, la rubéfaction et y faire l'effet

Fig. 417. — Rue fétide (*Ruta graveolens*), port, feuille, fleur et fruit.

d'un vésicatoire. A l'intérieur, elle détermine de la sécheresse dans la bouche et l'inflammation de la gorge. La médecine fait usage de la Rue, mais c'est une plante très active et qui ne doit être administrée qu'avec la plus grande prudence. La Rue sauvage est plus active encore que celle que l'on cultive dans les jardins.

Hippocrate et Galien en connaissaient déjà les propriétés. On l'a utilisée comme emménagogue pour rétablir les menstruations suspendues; la décoction en a été préconisée en lavements contre les vers intestinaux, en particulier contre les ascarides. En poudre et en décoction, on s'en sert pour détruire les poux, et on a employé avec succès, dans le traitement de la gale, de l'huile dans laquelle on a fait digérer des feuilles de Rue. On a dit autrefois que cette plante était bonne pour fortifier la

vue, ce qui explique cette sentence de l'École de Salerne :

Nobilis est ruta, qui lumina reddit acuta.

La Rue entre dans la préparation du vinaigre dit *des quatre voleurs*.

Dans les campagnes, la Rue fétide jouit d'une grande réputation comme plante abortive, et souvent les paysannes en ont fait usage dans un but criminel. On ne saurait trop répéter, en dehors de toute considération de morale, que pareille pratique est excessivement dangereuse pour l'imprudente qui y a recours. L'avortement en effet ne se produit pas toujours, et en revanche la mort survient le plus souvent, sans qu'il y ait eu de délivrance.

Malgré ses propriétés irritantes, quelques peuples d'Europe, en Italie et en Grèce, en font, dit-on. usage comme plante alimentaire. On dit d'ailleurs que les Romains s'en servaient pour assaisonner leurs aliments.

La RUE DES MONTAGNES (*Ruta montana*) a des feuilles à divisions linéaires obtuses; elle est moins haute que la Rue fétide et ses fleurs sont de plus petite taille. Elle croît également dans le Midi de la France. On retrouve dans cette plante les mêmes propriétés que dans l'espèce précédente.

Une espèce de la Nubie, le *Ruta tuberculata*, est employée par les femmes égyptiennes, qui en préparent une décoction au moyen de laquelle elles entretiennent et font repousser leurs cheveux.

LES FRAXINELLES — *DICTAMNUS*

Étymologie. — Les Grecs donnaient le nom de *Dictamnos* à une plante odoriférante, qui n'était d'ailleurs pas celle qui porte aujourd'hui le nom générique de *Dictamnus*. Le *Dictamnos* de Dioscoride est l'Origan de Crête (*Origanum Dictamnus*), de là famille des Labiées. Aussi le nom français *Dictame*, traduction de *Dictamnus*, s'applique-t-il à cet Origan. Pour le genre dont il est ici question, ce nom a été remplacé par celui de Fraxinelle, qui rappelle la ressemblance des feuilles de cette plante avec celles du Frêne.

Caractères. — Le genre *Dictamnus* se distingue du genre *Ruta* par l'irrégularité de ses fleurs. Les pétales, au nombre de 5, sont inégaux entre eux et la corolle semble bilabiée. Les 10 étamines s'inclinent sur le pétale inférieur et se redressent au sommet. L'ovaire est courtement stipité.

On ne connaît qu'une seule espèce de Fraxinelle.

LA FRAXINELLE BLANCHE — *DICTAMNUS ALBUS*

Synonymie. — *Dictamnus Fraxinella;* Dictame blanc ; Fraxinelle d'Europe.

Caractères. — La Fraxinelle blanche (fig. 418) est une belle plante dont les tiges simples, rondes, flexibles et fermes cependant, s'élèvent à 65 centimètres environ de hauteur. Les feuilles alternes, composées pennées, avec un nombre

Fig. 418. — Fraxinelle blanche (*Dictamnus albus*).

impair de folioles, rappellent beaucoup par leur aspect celles du Frêne ; elles sont vertes, luisantes et fermes. Les fleurs, blanchés ou purpurines, sont disposées en grappes dressées à l'extrémité des rameaux. Le fruit est formé de capsules disposées en étoile et contenant 2 graines chacune.

Distribution géographique. — Espèce unique du genre *Dictamnus*, la Fraxinelle blanche habite l'Europe australe et l'Asie. En France, cette espèce est abondante sur les collines du Midi ; mais on la retrouve aussi dans les bois de l'Est et du Nord.

Caractères biologiques. — Indépendamment des glandes internes qui se retrouvent chez les autres Rutacées, la Fraxinelle présente sur ses inflorescences beaucoup de grands poils

capités, qui sécrètent une essence extrêmement volatile. Cette volatilité est telle que dans les pays méridionaux, par les soirées chaudes de l'été, la quantité d'huile répandue dans l'air est assez concentrée pour qu'en approchant une bougie allumée, elle s'enflamme, formant une auréole lumineuse autour de la plante, sans lui nuire.

Biot (1), qui a voulu s'assurer de la réalité de ce fait, n'a pu parvenir qu'à enflammer successivement les glandes huileuses, si nombreuses sur les parties supérieures de la plante. « Le 25 avril 1830, dit-il, j'essayai de porter la flamme d'une allumette sous le pédoncule d'une grappe florale de la variété rouge, qui m'avait paru déjà chargée d'un certain nombre d'utricules bien gonflées. Je n'obtins pas d'inflammation continue, mais de simples crépitations locales, comme celles que produisent les jets d'essence, quand on presse une écorce d'orange près de la flamme d'une bougie. Je répétai l'épreuve l'année suivante, à pareille époque, même résultat... J'ai maintes fois depuis constaté cette répétition du phénomène sur une même tige florale à des époques diverses et successives de son existence. »

Jamais Biot n'a obtenu un effet général et surtout jamais l'émanation odorante qui entoure naturellement le végétal n'a pu s'enflammer par l'approche du flambeau. Il semble cependant que dans les contrées du Midi où la chaleur du jour est plus considérable, le fait ait pu se produire dans les conditions rapportées plus haut. Il faut alors choisir de préférence une soirée bien chaude, où l'air soit bien calme et chargé d'électricité.

Propriétés. — Usages. — La racine de Fraxinelle est employée en pharmacie. On en fait usage mondée de son écorce : elle est alors blanche, roulée sur elle-même, d'une odeur presque nulle et d'une saveur amère ; elle entre dans la composition de plusieurs médicaments. On l'a vantée comme diurétique et sudorifique. En Sibérie, les feuilles servent à préparer une infusion théiforme stimulante. Dans les pays méridionaux, on fabrique au moyen des fleurs une eau distillée très odorante, dont les femmes font usage comme d'un cosmétique très agréable.

La Fraxinelle est cultivée dans les jardins comme plante d'ornement : elle convient surtout à l'ornement des plates-bandes.

(1) Biot, *Sur l'inflammabilité de la Fraxinelle* (*Nouv. Archives du Muséum*, I, p. 273).

Fig. 419. — Buchu (*Barosma crenata*).

Fig. 420. — Diosme uniflore (*Diosma uniflora*).

Outre l'espèce type à fleurs blanches, on en connaît une variété à fleurs rouges ou roses, quelquefois considérée comme espèce particulière sous le nom de *Dictamnus purpureus*. Ses tiges sont rougeâtres surtout à la base et au sommet.

LES DIOSMÉES — *DIOSMEÆ*

Caractères. -- Les Diosmées sont des arbustes à port de Bruyère, à feuilles étroites, souvent imbriquées, simples, coriaces, ponctuées. Le *Calodendron* toutefois fait exception par son port, dans la tribu : c'est un bel arbre, aux feuilles pétiolées, larges et membraneuses, aux fleurs grandes et belles.

Les fleurs des Diosmées sont régulières, souvent hermaphodites (unisexuées chez les *Empleurum* et *Empleuridium*) : pétales libres ordinairement dressés ; étamines au nombre de 4 ou 5, insérées sur le bord libre du torus soudé avec le tube du calice, alternant parfois avec des staminodes. Ovaire profondément divisé en 4 lobes, simple chez les *Empleurum* et les *Empleuridium*. 2 ovules par loge. Pas d'albumen, embryon droit ; cotylédons charnus.

Distribution géographique. — Les 11 genres et les 180 espèces (dont 100 pour le seul genre *Agathosma*) qui forment cette tribu, sont tous originaires de l'Afrique australe.

Usages. — Les Diosmées sont très aromatiques. Les plus importantes et les plus connues sont plusieurs espèces de *Barosma*, arbrisseaux du Cap de Bonne-Espérance, qui produisent les feuilles de *buchu, bucco, bocco*. Ce sont le *Barosma betulina*, le *B. serratifolia*, et surtout le *Barosma crenata*. Cette dernière espèce (fig. 419) est un arbrisseau de 60 centimètres à 1 mètre de haut, garni de feuilles alternes, presque sessiles, finement crénelées, glabres, rigides, couvertes de glandes transparentes.

Les feuilles de buchu du commerce ont une odeur très forte, analogue à celle de la Rue ou de l'urine de chat ; leur goût est chaud, âcre et aromatique. Elles sont toniques, stimulantes, diurétiques et diaphorétiques. Elles paraissent exercer une influence particulière sur les organes urinaires.

L'*Empleurum serrulatum* a des feuilles étroites et allongées qui donnent une sorte de *buchu long*. Beaucoup de Diosmées aromatiques servent encore, au Cap, à préparer des boissons digestives et stimulantes.

Le *Diosma uniflora* (fig. 420) est cultivé dans nos jardins. Au Cap, on se sert du bois du *Calodendron capense* pour les usages domestiques et industriels.

LES BORONIÉES — *BORONIEÆ*

Caractères. — Les Boroniées sont des arbustes ou plus rarement des arbres, à feuilles simples, trifoliolées ou pinnées. Les fleurs sont régulières, hermaphrodites. Pétales et étamines rarement connés. Torus libre en forme de cupule ou d'anneau. 2 ovules par loge, ordinairement superposés, rarement collatéraux. 2 à 5 carpelles. Albumen charnu, embryon cylindrique.

Distribution géographique.— Toutes les Boroniées sont de l'Australie. On en connaît actuellement 16 genres et 150 espèces environ.

Usages. — Les feuilles des *Correa* sont employées en Australie au même usage que le Thé.

LES ZANTHOXYLÉES — *ZANTHO-XYLEÆ*

Caractères. — Les Zanthoxylées sont des arbres et des arbrisseaux à feuilles assez variables, souvent trifoliolées ou pennées. Leurs fleurs sont régulières, polygames, dioïques. Pétales et étamines libres, étalés. Disque libre, souvent de forme annulaire. 2 ovules superposés ou collatéraux. 2 à 5 carpelles. Embryon droit ou arqué, avec cotylédons ordinairement plans.

Distribution géographique. — Un peu moins de 200 espèces, réparties en 25 genres, forment la tribu des Zanthoxylées. On trouve ces plantes dans toutes les contrées tropicales des deux mondes.

Usages. — Les Zanthoxylées sont des plantes essentiellement aromatiques. Outre de l'huile essentielle, elles renferment un principe cristallin amer, qui en modifie un peu les propriétés. Cette substance, désignée sous le nom de *xanthopicrite*, a été reconnue identique à la *berbérine* (voy. p. 67).

Les espèces les plus intéressantes parmi les Zanthoxylées, appartiennent aux deux genres *Zanthoxylum* et *Pilocarpus*.

Dans cette tribu, on trouve encore comme plantes utiles les *Evodia*, dont quelques espèces, *E. hortensis*, dans la Polynésie, et *E. latifolia*, aux Moluques, sont employées comme toniques et vulnéraires. On emploie au Brésil, comme fébrifuge et comme succédané des Quinquinas et de l'Angusture, l'écorce de l'*Esenbeckia febrifuga* qui porte dans ce pays les noms de *Tres folhas vermelhes*, *Larangeira domato* et *Angostura*.

LES CLAVALIERS — *ZANTHOXYLUM*

Caractères. — Les *Zanthoxylum* sont des arbustes ou des arbres, glabres ou frutescents, inermes ou parfois épineux. Les feuilles alternes sont ordinairement imparipennées, plus rarement trifoliolées. Les fleurs (fig. 421 et 422) de taille médiocre, blanches ou verdâtres, sont souvent disposées en cymes paniculées.

Le genre est caractérisé par 3 ou 5 pétales imbriqués ou valvaires, qui manquent chez les espèces apétales qu'on a réunies pour former le sous-genre *Euzanthoxylum*. 3 ou 5 étamines. Le fruit se compose de coques drupacées ou sèches qui s'ouvrent ordinairement par 2 valves.

Distribution géographique.— Plus de 100 espèces forment ce genre et sont répandues dans les régions tropicales ou chaudes du globe entier.

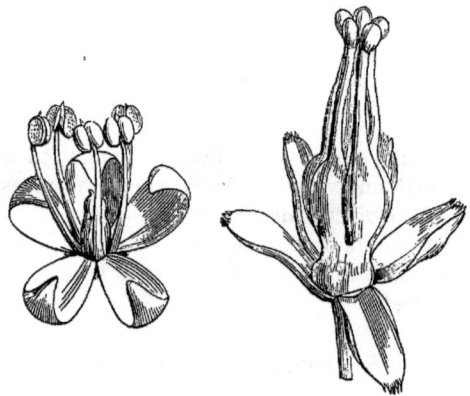

Fig. 421.   Fig. 422.

Fig. 421. — Fleur mâle. | Fig. 422. — Fleur femelle.

Fig. 421 et 422. — *Zanthoxylum nitidum.*

Usages. — L'écorce des Clavaliers renferme un principe que l'on avait assimilé à la berbérine, et qui la fait employer pour la teinture en jaune. L'écorce du Clavalier jaune des Antilles (*Z. Clava Herculis* ou *Z. caribæum*), rappelle beaucoup l'écorce d'Angusture vraie : elle a même odeur et sa saveur amère laisse sur la langue une impression d'âcreté qui porte à la salivation. On l'emploie comme fébrifuge. Le bois de cette plante, très estimé, est connu aux colonies françaises sous le nom de *bois épineux blanc*.

Le Clavalier Frêne (*Z. fraxineum*), nommé par les Américains Frêne épineux (*Prickly Ash*) ou bien encore Arbre au mal de dents (*Tooth-ache Tree*), donne une écorce réputée sudorifique, diurétique et odontalgique.

La plupart des autres espèces de *Zanthoxylum* sont pourvues dans toutes leurs parties d'un goût de poivre aromatique et brûlant

Fig. 423. — Jaborandi (*Pilocarpus pinnatifolius*).

a, fragmént de feuille ; *b*, fleur ouverte ; *c*, rameau avec fruits ; *d*, graine.

qui les fait servir d'épices dans les différents pays où elles croissent. Tels sont par exemple les fruits du *Z. piperitum*, connus sous le nom de *poivre du Japon*.

Le feuillage de quelques Clavaliers embellit nos jardins ; le *Z. fraxineum* est le seul qui y fleurisse à peu près tous les ans. D'autres, comme le *Z. nitidum* (fig. 421 et 422) et le *Z. piperitum*, fleurissent dans nos serres.

LES PILOCARPES — *PILOCARPUS*

Étymologie. — Ce nom est une allusion à la forme du fruit de la plante et vient de deux mots grecs : *pilos*, chapeau ; *carpos*, fruit.

Caractères. — Les Pilocarpes sont des arbrisseaux à feuilles alternes ou opposées, à 1 ou 3 folioles ou imparipennées. Les fleurs sont disposées en grappes ou en épis allongés. Elles présentent 4 ou 5 pétales valvaires, 4 ou 5 étamines, un ovaire légèrement divisé en 4 ou 5 lobes.

Distribution géographique. — Une douzaine d'espèces environ forment ce genre, représenté dans l'Amérique tropicale et dans les Indes occidentales.

Usages. — La seule espèce intéressante de ce genre, par les applications récentes qui en ont été faites en thérapeutique, est la suivante :

LE PILOCARPE A FEUILLES PENNÉES — *PILOCARPUS PINNATIFOLIUS*

Synonymie. — Jaborandi.

Caractères. — C'est un arbre peu élevé, pouvant acquérir à peu près la hauteur d'un homme. Sa tige (fig. 423) et ses rameaux cylindriques sont recouverts d'une écorce noirâtre avec taches blanches. Ses racines tortueuses sont colorées en jaune orangé pâle. Les feuilles alternes, dépourvues de stipules, sont compo-

Fig. 424.　　　　　　Fig. 425.

Fig. 424. — Feuille entière. | Fig. 425. — Feuille isolée.

Fig. 424 et 425. — Jaborandi (*Pilocarpus pinnatifolius*).

sées d'un nombre impair de folioles, 7, 9 ou 11 (fig. 424). Ces folioles (fig. 425), portées par de courts pétioles, elliptiques, oblongues, sont fermes, coriaces et criblées de nombreuses ponctuations (fig. 423, *a*) qui sont autant de glandes sécrétant une huile essentielle. Les fleurs (fig. 423, *b*), hermaphrodites, sont de couleur grise et jaunâtre et répandent une odeur de citron. Elles forment de longues grappes flexibles de 50 centimètres de long. Le fruit (fig. 423, *c*) est formé de 5 capsules déhiscentes en 2 valves, renfermant chacune une graine noire et luisante (fig. 423, *d*).

Distribution géographique. — Cette plante est originaire du Brésil dans la province de Saint-Paul. Comme elle a fleuri en Belgique, en Westphalie et même à Paris au Muséum, il semble qu'elle pourrait être cultivée avec succès en Algérie.

Usages. — On désigne sous le nom de *Jaborandi*, un médicament sudorifique qui a été récemment introduit en médecine et que M. Baillon a rapporté au *Pilocarpus pinnatifolius*. Les feuilles de Jaborandi renferment une essence incolore, transparente, d'une assez agréable odeur, et un alcaloïde spécial, la *pilocarpine*, qui en constitue le principe actif. La pilocarpine employée en injection sous-cutanée remplace avantageusement le Jaborandi.

Le Jaborandi est le seul véritable sudorifique connu : il agit également sur la sécrétion salivaire qu'il augmente considérablement. Aussi peut-il être utilisé toutes les fois qu'il y a indication à provoquer une abondante sécrétion salivaire ou sudorale.

L'ingestion d'une infusion de feuilles de Jaborandi, ou l'injection sous-cutanée de 1 à 2 centigrammes de chlorhydrate de pilocarpine, produit une augmentation rapide de toutes les sécrétions ; au bout de quelques minutes d'ingestion d'une infusion de 3 à 4 grammes de feuilles dans 100 à 150 grammes d'eau, il se produit une légère congestion de la peau, sur laquelle la sueur commence bientôt à paraître en grande abondance. En même temps la salive afflue dans la bouche, et souvent même le patient est obligé de se coucher sur le côté pour laisser couler les flots de salive qui lui emplissent la cavité buccale.

LES TODDALIÉES — *TODDALIEÆ*

Caractères. — Les Toddaliées sont des arbres ou des arbrisseaux à fleurs régulières, souvent polygames, dioïques. Pétales et étamines sont libres et ordinairement étalés. Disque libre 2 ovules. Embryon ordinairement accompagné d'un albumen ; cotylédons plans, rarement amygdalins.

Distribution géographique. — La tribu des Toddaliées comprend 11 genres et une cinquantaine d'espèces. Ce sont pour la plupart des plantes des régions tropicales et chaudes.

Usages. — Guibourt rapporte au *Toddalia aculeata*, une drogue d'origine végétale appelée *racine de Jean Lopez*. Cette racine tire son nom de *Juan Lopez Pineiro*, qui, d'après Redi, l'apporta le premier de la côte de Zanguebar, en Afrique ; suivant d'autres, elle viendrait de Goa, ou plutôt de Malacca, d'où elle aurait été portée par le commerce dans divers pays. Cette racine a été vantée contre la morsure des serpents, les fièvres et la dysenterie.

Le *Toddalia asiatica*, sous le nom vulgaire de *Pied-de-poule*, sert dans l'Inde et aux îles Mascareignes, de condiment et de médicament âcre, amer et stomachique.

Le *Ptelea trifoliata* (fig. 426) est un arbuste de l'Amérique du Nord dont les feuilles dégagent, quand on les broie, une odeur forte et peu agréable. On les emploie pour guérir les plaies. Ses fruits peuvent être employés en guise de Houblon dans la fabrication de la bière. Cette plante est rustique dans

Fig. 426. — Ptélée trifoliée (*Ptelea trifoliata*).

le Nord de la France et fréquemment cultivée dans les parcs. Son bois est utilisé dans l'Amérique du Nord.

LES AURANTIÉES — *AURANTIEÆ*

Caractères. — Les Aurantiées sont des arbres et des arbustes aromatiques, à feuilles composées de une à plusieurs folioles, à fleurs régulières, hermaphrodites. Pétales et étamines sont libres ou connés. Chaque loge de l'ovaire contient 1, 2 ou plusieurs ovules. Le fruit est une baie ordinairement pulpeuse, entourée d'une enveloppe coriace. Les graines sont dépourvues d'albumen.

Distribution géographique. — Nous rapporterons à la tribu des Aurantiées une quinzaine de genres comprenant 75 espèces environ. Ces plantes sont originaires pour la plupart de l'Asie tropicale.

LES AMYRIDES — *AMYRIS*

Caractères. — Nous placerons dans les Aurantiées, avec MM. Van Tieghem et Baillon, les *Amyris*, que Bentham et Hooker rattachent à la famille des Burséracées. Ce sont des arbres et des arbustes dont toutes les parties, jusqu'à l'embryon, présentent des ponctuations glanduleuses sécrétant un liquide résineux odorant. Les feuilles sont alternes ou çà et là opposées. Les fleurs sont petites et blanches; les fruits sont de petites drupes aromatiques.

Distribution géographique. — On connaît une douzaine d'espèces d'*Amyris*, originaires des Indes occidentales et de l'Amérique tropicale.

Usages. — Ce sont des plantes du genre *Amyris* qui fournissent le *bois de chandelle* dont parle Nicholson (1) et qui sert à Saint-Domingue à faire des flambeaux pour s'éclairer la nuit, et le *bois de citron du Mexique* d'une certaine valeur pour la parfumerie.

LES CITRONNIERS — *CITRUS*

Caractères. — Les Citronniers sont des arbres et des arbrisseaux souvent épineux, dont les feuilles réduites à la foliole terminale, articulée sur le pétiole qui est souvent ailé, sont entières ou crénelées, coriaces et persistantes. Les fleurs blanches et répandant une suave odeur sont axillaires, solitaires, fasciculées ou brièvement paniculées.

Le calice, persistant, est cupulaire ou urcéolé, présentant 3 à 5 divisions. La corolle est formée de 4 à 8 pétales linéaires, oblongs, épais, imbriqués. L'androcée comprend 20 à 60 étamines, réunies en plusieurs faisceaux, à filets élargis à la base, et à anthères oblongues. Le disque est grand, en forme de cupule ou d'anneau. L'ovaire, creusé d'un grand nombre de loges, est surmonté d'un style cylindrique caduc et d'un stigmate capité lobé. Dans chaque loge il y a 4-8 ovules disposés sur 2 rangs.

Le fruit charnu, de forme globuleuse ou oblongue, porte dans la classification des fruits

(1) Nicholson, *Histoire de Saint-Domingue*.

le nom d'*hespéridie*. Il se compose d'une enveloppe corticale plus ou moins épaisse, dont la substance intérieure (mésocarpe) est généralement blanche et charnue, tandis que la couche la plus externe (épicarpe) est d'une belle couleur jaune et parsemée de nombreuses glandes sécrétant une essence dont l'odeur est rès agréable. A l'intérieur de cette enveloppe se trouvent 7 à 12 loges disposées en un verticille, pourvues chacune d'une enveloppe propre (endocarpe) mince et transparente, se séparant sans déchirement. Chaque loge est remplie à l'intérieur d'une pulpe charnue succulente, que l'on doit considérer comme formée par l'enchevêtrement de poils charnus issus de la face dorsale de chaque carpelle. C'est au milieu de cette pulpe que sont plongées les graines en petit nombre. Ces graines sont dépourvues d'albumen et munies d'un test membraneux. Les Citronniers présentent fréquemment la polyembryonie.

Distribution géographique. — La classification des Citronniers et la distribution du genre en espèces est encore loin d'être définitivement établie, et cela est facile à comprendre, car ces arbres, par la culture, ont donné une foule de variétés et d'hybrides, ce qui rend très difficile à saisir les véritables caractères spécifiques. On a cité jusqu'à une trentaine d'espèces distinctes, mais ce nombre est assurément fort exagéré et pour y arriver on a dû considérer comme espèces de simples variétés. Linné ne comptait que 2 espèces seulement, le *Citrus medica* et le *Citrus aurantium*. Gallesio de Savone ayant scindé chacune de ces 2 espèces en 2 autres, en a formé 4 espèces auxquelles il a donné les noms de Citronnier, Limonier, Oranger et Bigaradier (1). Risso (2) a formé une cinquième espèce sous le nom de Limettier. Ces 5 espèces sont généralement admises par les auteurs. Pour plus de commodité ici, nous étudierons successivement un plus grand nombre de Citronniers, sans nous inquiéter si ce sont des espèces réellement distinctes ou de simples variétés. Nous prendrons les différents *Citrus* cultivés sur le littoral de la Méditerranée, en suivant comme guide la classification adoptée par M. Sauvaigo dans son excellent ouvrage (3), auquel

(1) Gallesio, *Traité du Citrus*. Paris, 1811.
(2) Risso, *Archives du Muséum*. Paris, 1813, t. XX, p. 169.
(3) Dʳ Émile Sauvaigo, *Les cultures sur le littoral de la Méditerranée*. Paris, 1894, 1 vol. J.-B. Baillière et fils, éditeurs.

nous ferons de nombreux emprunts pour les pages suivantes.

Les Citronniers sont originaires de l'Asie orientale et méridionale et cultivés aujourd'hui dans les régions chaudes du globe entier. Ils prospèrent dans les climats tempérés, pas trop secs, où la température moyenne atteint 14° centigrades. Ils ne résistent pas à des froids continus de 4 à 5 degrés au-dessous de zéro et ne peuvent être cultivés à des altitudes dépassant 400 mètres.

Les principaux centres de culture sur le littoral provençal et ligurien sont : Hyères, Cannes, Grasse, Nice, Menton, Bordighera, San Remo, Savone et Nervi, près Gênes.

En Corse, on cultive particulièrement le Cédratier, qui forme des jardins magnifiques à Luri, Rogliano, Nonza, Vescovato, à Bastia et dans l'île Rousse.

En Algérie, la majeure partie des citrons est récoltée à Blidah, qui compte 400 à 500 hectares de culture, à la Chiffa, à Soumah, à Cherchel et à Bouffarik.

Les plus belles plantations d'Europe sont les bois d'Orangers de Milis, en Sardaigne, et ceux de Soller, dans l'île de Majorque, les jardins de Sorrente, près Naples, les orangeries de Messine, au pied de l'Etna, et celles de Reggio en Calabre, les bosquets de Limoniers à Poros dans le Péloponèse.

On peut cultiver les espèces du genre *Citrus*, sous le climat de Paris, à la condition de les rentrer en serres dès que la température s'abaisse à 6 ou 7 degrés centigrades.

Usages. — Les diverses espèces du genre *Citrus* sont cultivées pour leurs fruits comestibles dont il se fait une consommation considérable ; pour leurs fleurs qui charment et embaument ; pour les essences qu'on en retire et qui jouent un grand rôle dans la parfumerie.

Ce sont aussi des plantes d'ornement très remarquables, et on connaît les magnifiques spécimens d'Orangers qui ornent nos jardins publics en été. On en cultive quelquefois de jeunes exemplaires en pots pour l'ornementation des appartements. Il faut alors souvent laver les feuilles en hiver et ne pas arroser avant que soit revenue la belle saison. On sort la plante en plein air dans le courant de mai et on rentre en appartement vers le milieu du mois d'octobre.

Maladies. — Les diverses espèces de Citronniers sont souvent attaquées par des animaux et végétaux parasites.

Fig. 427. — Oranger doux (*Citrus aurantium*), fleurs et fruits.

Parmi les insectes qui s'attaquent aux *Citrus*, nous signalerons comme les plus dangereux la punaise de l'Oranger (*Lecanium hesperidum*), le pou de l'Olivier (*Lecanium oleæ*), la cochenille de l'Oranger (*Coccus hesperidium*), l'aspidiote du Limon (*Aspidiotus Limonii*). Le Limonier et le Cédratier sont attaqués par de petits lépidoptères, tels que la teigne du Citronnier ou ver du cédrat (*Acrolepia citri*), l'*Ephestia gnidiella* et l'*Euphithecia pumilata*. Les fleurs, particulièrement celles du Limonier et du Cédratier, sont quelquefois rongées par des cétoines; ce sont ces insectes qu'en Corse on appelle mouches noires des cédrats.

Parmi les Cryptogames parasites des Citroniers, un des plus dangereux est le *Rhizoctonia*

violacea, qui s'attaque aux racines et peut tuer la plante en peu de temps.

L'ORANGER DOUX — *CITRUS AURANTIUM*

Synonymie. — Oranger commun; Oranger franc; en italien, *Arancio dolce*.

Caractères. — L'Oranger doux est un grand et bel arbre qui, cultivé soigneusement dans un sol de bonne qualité, peut atteindre 10 à 12 mètres de hauteur. Dans nos pays il atteint en général 4 à 6 mètres de haut seulement. On préfère même, en le greffant et en le taillant, le maintenir aux proportions plus modestes de 1m,50 à 2 mètres, de façon à obtenir des fruits plus gros et d'une vente plus facile.

Fig. 428. — Oranger doux (*Citrus aurantium*) ; rameau fructifère.

Cette espèce est caractérisée par ses feuilles à pétioles ailés et par ses jeunes pousses vert blanchâtre. Les fleurs (fig. 427) sont entièrement blanches. Les fruits (fig. 427 et 428), jaune orangé ou jaune pâle, avec écorce non adhérente à la pulpe, sont presque sphériques, chagrinés, mais non bosselés, et contiennent une pulpe d'abord acide, puis sucrée.

Distribution géographique. — Si l'on s'en rapportait à la fable du jardin des Hespérides, l'Oranger serait originaire d'Afrique, d'où il aurait été transporté en Sicile et en Grèce, puis dans le reste de l'Europe. On sait aujourd'hui qu'il vient d'Asie et qu'il était inconnu à nos pères avant l'époque des Croisades.

Il n'y a pas longtemps que l'Oranger a commencé à s'éloigner de la Méditerranée et à se répandre en France. C'est en 1336 que le dauphin Humbert, à son retour d'un voyage qu'il fit à Naples, fit acheter à Nice 20 pieds d'oranger, pour les planter en Dauphiné. Dans le cœur de la France, il n'existait encore au xvıe siècle qu'un seul pied d'Oranger : c'est celui qui existe à l'orangerie de Versailles et qui est connu sous le nom de *François Ier, Grand-Bourbon, Grand-Connétable*. Le Grand Bourbon n'est d'ailleurs pas le plus ancien des Orangers connus, car on voit à Rome, dans le couvent de Sainte-Sabine, un Oranger qui, paraît-il, aurait été planté par saint Dominique en 1200.

Il y a un siècle à peu près, on pouvait voir à Nice, dans la propriété de M. Delly, un Oranger d'une grosseur extraordinaire ; cet arbre avait près de 50 pieds de hauteur, et ses branches ombrageaient une table de cinquante couverts ; il rapportait chaque année 5 à 6 mille oranges sur une seule moitié de sa tête, tandis que l'autre moitié n'en rapportait qu'une centaine. L'année suivante, c'était le contraire : la moitié qui n'avait produit qu'une centaine de fruits en rapportait 6 mille, et l'autre moitié, qui alors se reposait, une centaine seulement. Cet arbre, qui avait résisté aux rigoureux hivers de 1706 et 1763, mourut en 1789.

L'Oranger réussit très bien sur le littoral de la Méditerranée, en Espagne, en Algérie, à Malte, en Grèce, en Italie, et chez nous en Corse, à Nice, à Hyères, à Grasse, à Cannes, à Antibes, à Béziers.

Après les côtes de la Méditerranée, un pays qui produit beaucoup d'oranges est la Californie, dont le climat est des plus favorables à cette culture.

Ce sont les missionnaires espagnols qui ont introduit l'Oranger dans les Florides et sur les côtes du Pacifique ; pendant longtemps peu peuplées, les Florides ont d'abord laissé l'oranger à l'état sauvage. Depuis 25 à 30 ans, les choses ont bien changé et la culture des *pommes d'or* a pris une grande extension, grâce à un climat exceptionnel. Après les Florides, toute la partie méridionale de la Californie, c'est-à-dire depuis le 32e jusqu'au 37e degré de latitude, de San Diego à Monterey, où les étés sont chauds

Fig. 429. — Orangerie à Los Angelès (Californie).

secs, et où se trouve le comté de Los Angelès (fig. 429), partout on a planté des jardins
d'Orangers. Riverside, centre de ces cultures,
est un paradis terrestre : le climat, le sol, l'a-
bondance des eaux, tout favorise la culture.
C'est à partir de 1870 qu'on y a importé les
variétés d'oranges cultivées en Chine, en Italie,
à Malte, au Brésil et en Australie (1).

L'Oranger est d'ailleurs un excellent arbre
à cultiver dans les régions tropicales et qui y
rapporte beaucoup. En Californie, il donne 400
à 600 fruits par pied. Dans les Indes occidentales, il fournit de 3000 à 4000 oranges par
arbre et il en a donné jusqu'à 16000 à Saint-
Domingue (2).

Commerce. — L'Oranger est principalement
cultivé pour son fruit. Un pied arrivé au
maximum de son produit, c'est-à-dire âgé de
20 à 24 ans, donne environ 600 à 1000 oranges
par an. En Algérie et en Espagne, il existe
des Orangers qui produisent 2000 à 3000 fruits.
Suivant les années, les oranges valent 12, 15 et
même 20 francs le mille. Les plus belles valent
jusqu'à 40 et 50 francs le mille. 1000 belles
oranges pèsent environ 150 kilogrammes.
On récolte les oranges depuis le mois d'octobre jusqu'au mois d'avril. La maturité n'est
complète qu'aux mois de février et de mars.
Lorsque les oranges sont destinées à être

(1) Ch. Jolly, *Note sur les orangeries.* Paris, 1887.
(2) Nicholls, *A text book of tropical agriculture.*

expédiées au loin et doivent faire un long
voyage, on les cueille vers novembre et décembre, alors qu'elles sont encore un peu verdâtres.

À Paris, si la vente commence au mois de
novembre, la forte consommation a lieu le
1er janvier. Voici la consommation à Paris de ce
fruit dans une année moyenne : Valence envoie
40 000 caisses pesant 2 553 000 kilos et contenant 14 millions d'oranges ; Séville, 2 000 caisses et 1 200 000 oranges ; Naples, 1 500 caisses et 500 000 oranges ; Nice, 5 000 caisses
et 1 400 000 oranges ; soit 48 000 caisses pesant
2 800 000 kilos et donnant 20 millions d'oranges ; ceci est l'orange de luxe. Quant à l'orange
de commerce, expédiée en vrac et venant de
Nice, d'Espagne, d'Algérie et de Malte, orange
qui se vend à bas prix dans les rues, la quantité dépasse 80 millions par an ; ce qui donne,
pour la consommation parisienne, environ
100 millions d'oranges, représentant à peu près
9 à 10 millions de francs.

Principales variétés — Les principales variétés de l'Oranger sont : *l'Oranger de Nice*,
remarquable par ses fruits d'excellente qualité, un peu acides et voyageant très bien ;
l'Oranger de Portugal ou *de Chine*, aux fruits
gros et très recherchés ; *l'Oranger de Blidah*,
l'Oranger de Majorque, à écorce fine et à suc
abondant ; *l'Oranger de Malte* ou *Oranger gre-
nade*, qui donne des fruits de moyenne grosseur, rougeâtres, à pulpe rouge connus dans

le commerce sous le nom d'*oranges sanguines*.

Usages. — Les oranges sont des fruits comestibles, au goût délicieux, dont l'éloge n'est pas à faire. Au point de vue de l'hygiène, les malades, surtout ceux qui sont atteints d'embarras gastrique, de fièvre avec soif ardente, ainsi que les convalescents, se trouvent fort bien de sucer le jus d'une orange ou de boire de l'orangeade, boisson fabriquée en exprimant le jus de ce fruit dans de l'eau sucrée.

Les fleurs de l'Oranger sont le symbole de la virginité et parent la coiffure des mariées ; aussi s'en fait-il pour cette raison un commerce considérable, bien que la plupart des parures virginales soient faites de fleurs artificielles. Avec les fleurs de l'Oranger, on fabrique industriellement l'eau de fleur d'Oranger et des essences fort employées en parfumerie. Mais comme la meilleure eau de fleur d'Oranger et l'essence de Néroli, la plus recherchée, sont obtenues par distillation des fleurs du Bigaradier, nous n'en parlerons qu'à propos de cette espèce.

Le zeste ou partie jaune extérieure de la peau des oranges fournit par expression une grande quantité d'huile volatile. Ce produit est connu sur le marché sous le nom d'*essence d'orange* ou bien encore d'*essence de Portugal*. On l'obtient principalement en frottant les oranges dans un récipient garni de pointes, nommé écuelle. C'est l'élément principal des préparations vendues sous le nom d'*eau de Lisbonne* et d'*eau de Portugal*. Elle est très employée dans la parfumerie et son odeur rafraichissante en fait un article très recherché.

Le bois de l'Oranger, ainsi que celui du Bigaradier, sert aux mêmes usages que le bois d'Olivier. On en fabrique de menus objets, des manches d'outils, etc. Sa dureté et la finesse de son grain font qu'il convient particulièrement bien aux ouvrages d'ébénisterie. Dans certaines propriétés du Midi, on cultive l'Oranger sauvage en haies pour la production des cannes.

LE BIGARADIER — *CITRUS BIGARADIA*

Synonymie. — *Citrus vulgaris;* Oranger amer ; en italien, *Arancio forte*.

Caractères. — Cet arbre s'élève jusqu'à 8 mètres de haut et porte une tête ronde et touffue. Il ressemble beaucoup à l'Oranger et on le considère même parfois comme n'en étant qu'une simple variété fixée. Le port, le feuillage et même les fruits (fig. 430 à 432) sont sensiblement les mêmes. Il n'en diffère guère que par ses feuilles pourvues d'ailes plus larges sur le pétiole, par ses fleurs un peu plus grandes, plus nombreuses et plus parfumées, par ses fruits non comestibles, dont l'écorce est plus rugueuse et dont les glandes pellucides sont en creux, au lieu d'être en relief comme dans les oranges véritables.

Usages. — Le Bigaradier est plus rustique que l'Oranger doux, aussi est-il plus communément cultivé dans les orangeries du Nord. C'est ainsi que les célèbres Orangers de Versailles ne sont autres que des Bigaradiers. C'est aussi pour cette raison que le Bigaradier sert de porte-greffe aux autres espèces. C'est lui que l'on sème pour cet usage.

Les fruits, connus sous le nom d'*oranges amères*, ne sont pas comestibles, leur amertume empêchant de les manger comme fruits d'agrément, mais ils peuvent servir à faire des confitures plus estimées que celles d'orange. Avec la peau que l'on découpe en lanières et que l'on fait sécher au soleil, on fabrique l'*écorce d'orange amère*. L'écorce d'orange amère la plus estimée vient de la Barbade et de Curaçao. On en distingue deux variétés : la première, nommée *curaçao des îles*, provient de fruits verts ; la seconde, appelée *curaçao de Hollande*, est obtenue aux moyen de fruits mûrs et a été débarrassée de sa pulpe blanche interne. L'Italie et la Provence fournissent aussi de semblables écorces. Les unes et les autres servent à faire une liqueur de table très estimée, une teinture alcoolique et un sirop stimulant et stomachique, qui s'emploie en médecine seul ou incorporé aux potions.

De toutes les espèces du genre *Citrus*, le Bigaradier est celle dont la médecine fait le plus d'usages. C'est cet arbre en effet, et non l'Oranger vrai, qui fournit à la pharmacie les *feuilles d'Oranger*, les fleurs qui servent à faire l'*eau de fleur d'Oranger*, l'*essence de néroli* et les *orangettes* ou *petit grain*.

Les feuilles d'Oranger ont sur le système nerveux une action calmante assez marquée. On les donne en infusion, à la dose de 2 feuilles par tasse, seules ou associées à la Camomille ou au Tilleul. On doit les choisir entières, d'une belle couleur verte, fermes, très aromatiques et d'une saveur amère.

Les fleurs d'Oranger exercent sur le système nerveux une action calmante encore plus marquée que celle des feuilles. Aussi les

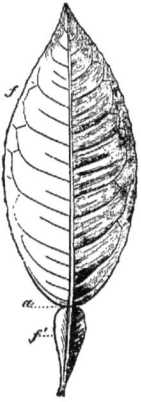

Fig. 431.　　　　　　Fig. 430.　　　　　　Fig. 432.

Fig. 430. — Rameau avec fleur et-fruit.　　Fig. 432. — Fruit coupé.
Fig. 431. — Feuille.

Fig. 430 à 432. — Bigaradier; (*Citrus bigara lia*).

emploie-t-on très souvent pour calmer l'agitation générale ou bien encore dans les cas de digestion difficile. Elles s'administrent sous forme d'infusion. L'eau de fleur d'Oranger est excellente prise dans l'eau sucrée. Le sirop de fleur d'Oranger se donne comme potion.

On nomme *petit grain*, les fruits tombés de l'arbre peu après la floraison. On en retire par distillation une huile volatile qui porte le même nom. On donne le nom d'*orangettes* aux fruits recueillis avant qu'ils aient atteint le volume d'une cerise; on s'en sert pour préparer une teinture amère qui est très stomachique et pour la préparation des *pois d'oranges pour les cautères*.

Les fleurs d'Oranger deviennent entre les mains des parfumeurs une des principales branches de leur industrie. Au xvii° siècle le parfum des fleurs d'Oranger était si fort en vogue que l'entretien de l'orangerie de Louis XIV était une source de dépense considérable, le grand roi voulant avoir toujours de ses arbustes favoris dans chacun de ses appartements.

Dans les régions méridionales (les départements du Var et des Alpes-Maritimes), la récolte des Bigaradiers commence dans le mois de mai et se prolonge jusqu'en juin dans les années froides et pluvieuses, et même il n'est pas rare de la voir se renouveler en automne, mais pour que ce fait se produise, il faut qu'une grande sécheresse ait eu lieu pendant l'été;

alors, aux premières pluies d'automne, les arbres entrent de nouveau en végétation et donnent cette seconde floraison, qui cependant est de beaucoup inférieure à la première. L'expérience a montré que les fleurs des arbres situés sur les coteaux sont plus riches en huile essentielle que celles des Orangers des vallées ou des plaines.

Pour récolter les fleurs, on étend des draps sous les arbres, et par un temps sec, ou après le lever du soleil, lorsque la rosée a disparu, on secoue les branches avec force pour faire tomber les fleurs. On renouvelle cette opération tous les deux jours, pendant tout le temps de la floraison. Il faut soigneusement éviter de secouer les arbres immédiatement après la pluie et avant l'évaporation totale de la rosée. Autrement les arbres en souffriraient, puis les fleurs perdraient leur arome et passeraient facilement à l'état de putréfaction. Pour obtenir de ces fleurs le parfum le plus suave et le plus délicat, on doit les faire récolter au moment où elles sont prêtes à s'épanouir; elles contiennent alors une grande quantité d'huile essentielle.

On peut tirer de la fleur d'Oranger deux odeurs distinctes, qui varient suivant la méthode employée pour les extraire (1). Quand les fleurs d'Oranger sont traitées par la macération, c'est-à-dire par l'infusion dans un corps

_____

(1) Piesse, *Histoire des parfums*, p. 179.

gras, on obtient une pommade à la fleur d'O-
ranger, dont la force et la qualité dépendent
du nombre d'infusions faites dans la même
graisse. En digérant cette pommade à la fleur
d'Oranger, on obtient l'extrait de fleurs d'O-
ranger, parfum pour le mouchoir qui n'a pas
d'égal.

En distillant les fleurs d'Oranger avec de
l'eau, on obtient l'essence connue dans le
commerce sous le nom d'*essence de néroli*. La
première qualité, *néroli bigarade*, est extraite
des fleurs de l'Oranger amer ou Bigaradier. Les
fleurs de l'Oranger doux donnent une essence
moins suave, que l'on nomme *néroli Portugal*.
L'essence de petit grain ou *néroli petit grain*
fabriquée avec les fruits verts, dont il a déjà
été question plus haut, est encore inférieure à
la précédente et sert principalement à parfumer le savon. Le néroli bigarade entre en
grande quantité dans la fabrication de l'eau de
Cologne, de l'eau de Hongrie et des autres parfums pour le mouchoir.

L'origine du nom de néroli, appliqué à
l'extrait de fleurs d'Oranger, n'est pas bien
certaine ; il vient peut-être du célèbre empereur romain Néron, qui aimait tant les parfums, qu'il fit faire à ses salles à manger des
plafonds représentant le ciel, d'où pleuvaient
nuit et jour toutes sortes de parfums. On
peut encore supposer que le néroli fut tout
d'abord fabriqué par les Sabins, qui, pour le
distinguer des autres parfums de cette époque, l'appelèrent *néroli*, du mot *néro* qui signifie fort. Les Sabins, en effet, habitaient
une contrée de l'Italie où l'Oranger croît en
grande abondance (Piesse).

LE BIGARADIER DE CHINE — *CITRUS SINENSIS*

Synonymie.—En italien, *Chinetto* ou *Chinotto*.

Caractères.—C'est un arbrisseau épineux, de
1ᵐ,50 à 2 mètres de haut environ. Ses feuilles
sont petites et presque imbriquées sur les jeunes
rameaux, avec pétiole à peine ailé. Ses fruits
sont petits, déprimés, rougeâtres, à peau
épaisse, contenant une pulpe amère et acide.
On le considère souvent comme une simple
variété naine du Bigaradier.

Usages. — Les fruits ne sont pas man-
geables au naturel, mais on les cueille avant
la maturité, alors qu'ils sont encore verts, on
les pèle et on les confit.

On obtient alors le produit bien connu sous
le nom de *petit chinois*.

On confit parfois de la même manière le
fruit du BIGARADIER CHINOIS A FEUILLES DE MYRTE
(*C. myrtifolia*), variété décorative, formant de
jolis massifs par son petit feuillage dense, vert
foncé.

LE MANDARINIER — *CITRUS DELICIOSA*

Synonymie. — *Citrus nobilis*.

Caractères. — Le Mandarinier forme un
joli arbrisseau touffu, s'élevant à 2 et 3 mètres de hauteur, dont les feuilles sont plus petites et plus lancéolées que celles de l'Oranger,
d'un vert plus tendre et d'une odeur forte et
spéciale. Les fruits sont globuleux, légèrement aplatis, de la taille d'un gros abricot ou
d'une pomme d'api. Leur couleur est rouge
orangé foncé. La peau mince et rugueuse se
détache facilement de la pulpe.

Distribution géographique. — Le Mandarinier est originaire de Chine. Il a été introduit
pour la première fois, sur le littoral méditerranéen, à San Remo, vers l'année 1848. Aujourd'hui sa culture est tout à fait implantée
en Provence et en Ligurie et prend chaque
jour plus d'importance dans ces régions. Les
plantations de Mandariniers occupent également de grandes surfaces en Algérie, en particulier à Blidah.

Le Mandarinier est plus rustique que l'Oranger commun et sa fertilité est plus régulière.
Il pousse plus vite, mais dure moins. On le
greffe souvent sur le Bigaradier, ce qui le rend
plus vigoureux, ou sur l'Oranger commun, ce
qui donne à son fruit un goût plus fin.

Usages. — Les fruits, connus sous le nom de
mandarines, ont un goût sucré, parfumé et
très fin qui les fait rechercher dans le commerce. Les meilleures mandarines sont celles
de Malte, d'Espagne et d'Algérie. Celles de
Provence et de Ligurie ont la peau plus mince
et plus adhérente au fruit et possèdent une
saveur légèrement acide, assez agréable, qui
les fait préférer par certaines personnes.

Le prix des mandarines est plus élevé que
celui des oranges ; elles valent de 40 à 60 francs
le mille. On expédie ces fruits dans de grandes
caisses de bois qui en contiennent 50, 100, 200
ou 420 et où chaque mandarine est soigneusement enveloppée dans un papier de soie.
Les mandarines de premier choix sont vendues en petites caisses dites caisses de luxe,
renfermant 12, 25 ou 50 fruits seulement, qui
ont été enveloppés chacun dans un brillant

papier d'étain. La caisse est de plus ornée de papier-dentelle et d'images en couleurs.

LE PAMPLEMOUSSE — *CITRUS DECUMANA*

Synonymie. — Pompoléon; Pommier d'Adam; Chadec.

Caractères. — C'est un arbre moins rustique que l'Oranger commun, auquel il ressemble beaucoup d'ailleurs. Il atteint une hauteur de 10 à 12 mètres environ. Ses feuilles ont des pétioles ailés et ses fleurs sont toutes blanches; il est armé d'épines et ses jeunes pousses sont parfois pubescentes. Ses fruits sont très gros et atteignent souvent la taille d'un melon : ils sont globuleux, colorés en jaune soufre en dehors, verdâtres en dedans, quelquefois rougeâtres.

Usages. — Ces fruits, d'une saveur douce et fade, ne sont pas comestibles et ne sont que des fruits de curiosité, de fantaisie et d'apparat. On les trouve assez fréquemment en hiver sur le marché de Nice. Le Pamplemousse est surtout une plante d'ornement.

LE LIMONIER — *CITRUS LIMONIUM*

Synonymie. — Citronnier ; en italien, *Limone*.

Étymologie. — Le nom de limon tire son origine de l'hindou *Lemoen*, puis de l'arabe *Limoun*. Limon est le véritable nom du fruit de cette plante, et c'est à tort qu'en France on a pris l'habitude de considérer ce nom comme nom vulgaire, et de lui substituer celui de *citron*. D'ailleurs les mots de *limonade* et de *limonadier*, qui dérivent de limon, ont persisté dans la langue française. Il vaut donc mieux pour désigner le *Citrus limonium* conserver comme nom français celui de *Limonier* et garder celui de *Citronnier* comme nom générique, désignant à la fois toutes les espèces du genre *Citrus*.

Caractères. — Le Limonier (fig. 433) est un arbre de 3 à 5 mètres de haut, à branches longues et flexibles, à feuilles assez grandes, persistantes, d'un beau vert, ovales, deux fois plus longues que larges, pointues, articulées sur un pétiole nu ou très faiblement ailé. Les jeunes pousses sont violettes. Les fleurs, un peu plus grandes que celles de l'Oranger, rose violacé en dehors et blanches en dedans, sont en partie hermaphrodites et en partie privées de pistil. Le fruit (fig. 433), jaune pâle, est ovoïde et terminé par un mamelon. L'écorce

extérieure, ou zeste, est mince, adhérente à la pulpe et pourvue d'un arome très pénétrant. Le suc abondant est fortement acide. Les graines sont jaunâtres et très amères.

Le Limonier présente en toutes saisons des feuilles, des fleurs et des fruits. Cette propriété constitue l'un des phénomènes les plus curieux de la végétation arborescente.

Distribution géographique. — Le Limonier est originaire de l'Inde, dans les contrées situées au delà du Gange. Les Croisés l'ont trouvé

Fig. 433. — Limonier (*Citrus limonium*).

déjà cultivé en Palestine et l'ont fait connaître à l'Europe. Auparavant, les Arabes l'avaient naturalisé en Afrique et dans le Midi de l'Espagne. De là, la plante s'est répandue en Italie et dans le Midi de la France. Ce petit arbre est plus sensible au froid que l'Oranger et il souffre lorsque le thermomètre centigrade marque seulement 3 degrés au-dessous de zéro. Aussi n'est-il cultivé à l'air libre sur le littoral méditerranéen que dans des lieux bien abrités et chauds. Les points situés le plus au Nord où la culture en est avantageuse, sont Nice, Villefranche, Menton, Bordighera, San Remo, Savone, Nervi. Dans la province de San Remo, on le cultive sur une grande échelle.

Usages. — Les limons sont bien connus à Paris sous le nom de *citrons*. Trop acide pour être mangé en nature, le citron fournit plusieurs produits utilisés en parfumerie, en cuisine et en pharmacie.

Le *jus* ou *suc de citron* s'emploie pour assaisonner les huîtres et certains poissons, en particulier les soles frites. Avec ce même jus, on prépare un sirop de citron très rafraîchissant, des glaces et des sorbets et surtout la *limonade*. Le suc d'un citron exprimé dans un demi-litre d'eau froide additionnée de sucre donne la *limonade commune*. En versant un demi-litre d'eau bouillante sur un ou deux citrons coupés en tranches, on obtient la *limonade cuite*, moins acide, mais moins agréable que la limonade ordinaire.

Médicalement, le jus de citron est très employé à bord des navires pour combattre le scorbut. On l'emploie encore pour panser les plaies et surtout pour badigeonner le fond de la gorge dans les cas d'angine couenneuse. On l'a recommandé comme antidote, dans les cas d'empoisonnement par les Euphorbiacées.

L'écorce du fruit renferme une huile essentielle, l'*essence de citron*, utilisée en parfumerie et en pharmacie pour la fabrication de l'eau de Cologne, de l'eau des Carmes, etc.

La culture du Limonier est très rémunératrice et constitue une source de richesses pour le Midi de la France. Un hectare de terrain planté en Limoniers rapporte par an de 8 000 à 10 000 francs. Un arbre en plein rapport donne annuellement de 300 à 800 fruits, qui valent de 30 à 50 francs le mille.

Les limons expédiés au loin sont principalement les limons d'été (en italien *verdami*), à écorce épaisse. On les récolte quand ils sont encore verts et on les emballe dans des caisses contenant 400 à 500 fruits, disposés par rangées régulières et assez serrés les uns contre les autres pour ne pas ballotter.

Les meilleures variétés de Limonier sont le *Limonier ligurien* ou *Limonier bignette* (*Bugnetta* de Gênes) à écorce mince et à suc très abondant ;

Le *Limonier seriesc* (en italien *Limone seriesco*) à écorce très épaisse et à suc peu abondant, mais très agréable ;

Le *Limonier de Calabre* (en italien *Limoncello*) à fruit petit, à écorce mince, lisse, à suc très abondant, cultivé à Nice ;

Le *Limonier à fruits cylindriques*, à peau épaisse.

LE BERGAMOTIER -- *CITRUS BERGAMIA*

Étymologie. — Le nom de cette variété de citron provient de la ville de Bergame en Lombardie, où, paraît-il, le commerce de l'essence a commencé.

Caractères. — Le Bergamotier (fig. 434) doit être considéré comme un hybride de l'Oranger et du Citronnier : fleurs et feuilles rappellent celles du premier, tandis que par ses fruits il se rapproche du second.

C'est un arbre assez élevé, présentant le port de l'Oranger, à feuilles pourvues d'ailes sur le pétiole, à fleurs blanches, odorantes. Les fruits, piriformes ou arrondis, sont jaunes et exhalent

Fig. 434. — Bergamotier (*Citrus bergamia*).

une agréable odeur. La pulpe qui le remplit est verdâtre, acide et aromatique.

Distribution géographique. — Cette espèce, assez délicate, est cultivée par pieds isolés dans les environs de Nice, et dans la province de San Remo.

Usages. — Les fruits ne sont pas comestibles. On fait cependant des conserves de bergamotes. Leur écorce servait jadis à fabriquer des bonbonnières.

Aujourd'hui, les parfumeurs s'en servent pour la fabrication de l'*essence de bergamote*. Ce parfum, très utile, s'obtient par l'expression de l'écorce du fruit. Cent fruits fournissent environ 85 grammes d'essence, qui vaut de 50 à 60 francs la livre. Cette essence a une odeur douce et agréable, mais si on la conserve dans des flacons mal bouchés, elle devient trouble et prend bien vite une odeur de térébenthine.

LE LIMETTIER — CITRUS LIMETTA

Synonymie. — Limonier doux ; Lime douce.

Caractères. — On considère généralement cet arbre comme un hybride du Limonier et de l'Oranger, bien qu'il n'offre aucune trace de ce dernier dans son fruit, ses feuilles et ses fleurs, si ce n'est la couleur blanche de ces dernières. Risso en a fait une espèce distincte. Ses fruits sont ovales ou arrondis et présentent un sommet aplati, couronné par un large mamelon plus ou moins conique.

Usages. — La pulpe du fruit est douceâtre et légèrement parfumée ; elle sert de condiment ou se mange comme celle de l'orange.

LE CÉDRATIER — CITRUS MEDICA

Étymologie. — Théophraste, le premier auteur qui ait parlé du Cédratier, en appelle le fruit *pomme de Perse* ou *pomme de Médie*. Virgile lui donne aussi le nom de *pomme de Médie*. Telle est l'origine du nom de *Citrus medica*, donné par Linné à l'espèce, et que plusieurs auteurs ont traduit à tort par *Citronnier médicinal*.

Synonymie. — Le Cédratier est quelquefois appelé *Citronnier des Juifs ;* les Juifs en effet l'ont connu, et jusqu'à nos jours ils l'ont consacré à la fête des Tabernacles, afin de se conformer à la loi de Moïse, qui leur prescrit de présenter au Seigneur, le premier jour de cette solennité, leur plus beau fruit, des feuilles de Palmier et des rameaux de Myrte et de Saule.

Caractères. — Le Cédratier diffère surtout du Limonier par ses rameaux plus gros et raides, par ses feuilles plus développées, par ses fleurs plus grandes, s'épanouissant également pendant presque toute l'année, enfin par ses fruits volumineux, oblongs, à surface mamelonée, atteignant parfois la grosseur d'un melon. L'écorce est épaisse, raboteuse et tuberculeuse, tendre et aromatique, d'un beau jaune à maturité. L'écorce intérieure blanche, tendre, charnue, forme la partie la plus considérable du fruit.

C'est un arbre de 4 à 5 mètres de haut, à feuilles ovales, oblongues, trois fois plus longues que larges, à fleurs blanches en dedans, violettes en dehors.

Distribution géographique. — Le Cédratier est le premier de tous les *Citrus* qui ait été introduit en Europe. Il est originaire de Perse

et de Médie et pénétra en Europe après les guerres d'Alexandre. Sa culture est très répandue en Corse, où, paraît-il, la plante existe depuis plus d'un siècle, bien qu'il n'y ait pas plus de quarante ans que la plante soit l'objet d'une exportation industrielle. Le Cédratier est un peu moins rustique que le Limonier.

Usages. — L'écorce du fruit, connu sous le nom de *cédrat*, est très recherchée en confiserie. On la confit au sucre, et on en fait aussi une confiture délicieuse. Les parfumeurs en retirent par expression un parfum, dont l'excellente odeur est assez appréciée.

Les cédrats acquièrent un volume et un poids considérables. Suivant Ferrari, ceux de Calabre pèsent de 6 à 9 livres (il s'agit ici de la livre romaine qui vaut $321^{gr},24$) et vont quelquefois jusqu'à 30 livres, ce qui est le poids commun du cédrat de Gênes. Le cédrat de Salo pèse de 1 à 16 livres et quelques-uns jusqu'à 40 livres. Ceux de Rome pèsent ordinairement 20 livres.

Les cédrats arrivés à maturité sont vendus, selon les années, 5 à 7 francs les 10 kilogrammes. Le Cédratier, qui est en plein rapport vers l'âge de huit ans, peut alors donner 40 à 50 kilogrammes de cédrats par an en moyenne, et peut même arriver à en produire 100 kilogrammes. En 1873, les fruits du Cédratier, exportés de Corse à Gênes et à Livourne, ont atteint le chiffre de 1,500,000 kilogrammes.

LE CITRONNIER TRIFOLIÉ — CITRUS TRIFOLIATA

Synonymie. — *Citrus triptera.*

Caractères. — Cette espèce (ou variété) se distingue des autres *Citrus* par ses feuilles qui sont trifoliées, et non unifoliées comme chez toutes les plantes précédentes. C'est un arbrisseau très épineux, portant de mars à mai des fleurs entièrement blanches et des fruits non comestibles, globuleux, garnis de côtes plus ou moins saillantes, jaune pâle, de la grosseur d'une pomme d'api.

Distribution géographique. — Le Citronnier trifolié est originaire du Japon.

Usages. — C'est une plante d'ornement. Ses rameaux armés de longues et fortes épines forment d'élégantes et impénétrables haies de clôture de longue durée.

Il peut d'autant mieux servir à cet usage qu'il est extrêmement rustique, pouvant résister aux plus grands froids dans nos contrées. Même à Paris, il passe facilement l'hiver en pleine terre.

LES ÆGLÉS — *ÆGLE*

Caractères. — Les *Ægle* sont des arbres épineux, à feuilles trifoliées, dont les fleurs possèdent de 30 à 60 étamines, et dont le nombre des loges de l'ovaire est indéfini.

Distribution géographique. — On en connaît deux ou trois espèces dans l'Inde tropicale, à Java et dans l'Afrique tropicale occidentale.

Usages. — Aux Indes orientales, l'*Ægle marmelos* passe pour une sorte de panacée et fournit à la médecine l'écorce astringente de sa racine et de sa tige, le suc exprimé de ses feuilles, et ses fruits à moitié mûrs. Toutes ces parties sont utilisées comme astringentes dans les cas de dysenterie.

Le fruit de l'*Ægle marmelos*, le *Bela* indien, a attiré l'attention des médecins d'Europe vers 1830. Ce fruit est une baie pluricellulaire, sphérique ou ovoïde, de la grosseur d'une orange ou d'un citron et recouverte d'une écorce ligneuse, dure, lisse, de couleur orange. La pulpe intérieure est mucilagineuse et transparente. Avec ce fruit, de l'eau et du sucre, on prépare une limonade agréable et rafraîchissante. Employé à l'état vert ce fruit combat les inflammations de l'intestin. On le trouve dans le commerce en Europe, séché, à demi mûr, et il est inscrit comme laxatif dans la pharmacopée anglaise.

Les graines mélangées au ciment donnent aux constructions une grande solidité.

L'écorce du fruit a été utilisée pour fournir une teinture jaune, et, à Ceylan, on tire de son péricarpe un exquis parfum.

LES SIMARUBÉES — *SIMARUBEÆ*

Caractères. — Les Simarubées sont des arbrisseaux ou des arbres inodores, quelquefois des herbes, à écorce souvent amère, parfois même très amère. Les feuilles, dépourvues de stipules, à l'exception de quelques genres tels que *Irvingia, Brunellia*, sont ordinairement alternes plus rarement opposées, généralement composées, pennées, mais parfois simples. Ces feuilles ne présentent que très rarement des ponctuations glanduleuses comme par exemple chez les Camélées (*Cneorum*), arbustes de petite taille, habitant la région méditerranéenne et les îles de la côte africaine boréo-occidentale. En revanche, les Simarubées possèdent ordinairement des canaux sécréteurs dans la tige et dans le pétiole des feuilles, localisés dans le bois primaire à la périphérie de la moelle. Ces canaux sécréteurs manquent chez certains genres (*Quassia, Brunellia*, etc.). Les fleurs, ordinairement petites, sont disposées en panicules, en grappes, en épis, ou sont plus rarement solitaires. Chez les Camélées, le pédoncule floral est soudé au pétiole.

Les fleurs sont régulières, diclines ou polygames, plus rarement hermaphrodites, pentamères, tétramères ou trimères. 3 à 5 sépales, plus ou moins concrescents, forment un calice lobé ou partite. La corolle est formée de 3 à 5 pétales qui manquent quelquefois ; ils sont unis en un tube chez les *Quassia*. Les étamines sont en nombre égal ou double de celui des pétales : il y en a parfois un plus grand nombre, 18 chez les *Mannia*, arbres de l'Afrique tropicale, 14 chez les *Brunellia*, arbres américains. Les filets sont libres, parfois munis d'une écaille ligulaire à la base, les anthères introrses à déhiscence longitudinale. Le pistil se compose de 2 à 5 carpelles clos, libres entre eux dans toute leur longueur, libres dans leur portion ovarienne et soudés par les styles, ou bien entièrement soudés entre eux. Les ovules anatropes, à raphé ventral et à micropyle supère, sont ordinairement solitaires dans les loges : il y en a rarement 2 ou un plus grand nombre.

Le fruit est formé, lorsque les carpelles sont libres, d'autant de drupes indéhiscentes : c'est une drupe, une capsule, ou plus rarement une samare chez les Simarubées à carpelles concrescents. Les graines, généralement solitaires, ont une enveloppe membraneuse : elles ne renferment que rarement un albumen charnu qui manque le plus souvent. L'embryon est droit ou courbé.

Distribution géographique. — La famille des Simarubées comprend 33 genres et 110 espèces environ, habitant pour la plupart les régions chaudes et tropicales.

Classification. — On divise cette famille en deux tribus, les *Simarubées* proprement dites, dont les carpelles sont libres, et les *Picramniées*, dont les carpelles sont concrescents.

Fig. 435.

Fig. 436.

Fig. 438.

Fig. 437.

Fig. 439.

Fig. 435. — Port.
Fig. 436. — Calice, androcée et pistil.
Fig. 437. — Étamine avec écaille à la base du filet.

Fig. 438. — Pistil.
Fig. 439. — Fruit.

Fig. 435 à 439. — Quassier amer (*Quassia amara*).

Affinités. — La famille des Simarubées se rapproche beaucoup de celle des Rutacées ; elle s'en distingue principalement par ses feuilles souvent dépourvues de poches glanduleuses, par ses écorces amères, et par ses filets staminaux ordinairement munis d'une écaille à la base. Ces caractères, bien que n'ayant pas grande valeur par eux-mêmes, suffisent amplement pour réunir les uns aux autres les divers genres de la famille et les distinguer des Rutacées.

Usages. — Les Simarubées sont remarquables par l'amertume et les propriétés fébrifuges de leur bois et de leur écorce, qui contiennent une matière cristallisable, la *quassine*, employée en médecine.

A cette famille appartient un arbre fort utile, l'Ailante glanduleux, dont la culture s'est généralisée en Europe.

LES QUASSIERS — *QUASSIA*

Étymologie. — Le nom de *Quassia* vient de celui d'un nègre de Surinam appelé *Quassi*, qui pour reconnaître les bons procédés d'un officier de la milice hollandaise, Charles Gustave Dahlberg, lui indiqua les propriétés d'un arbre dont il se servait depuis longtemps en secret pour guérir les fièvres pernicieuses. Linné, à qui Dahlberg avait communiqué cette découverte, donna à la plante le nom générique de *Quassia*.

Caractères. — Les Quassiers (fig. 435 à 439) sont des arbres glabres, à feuilles alternes, imparipennées, à pétiole ailé, à grandes fleurs hermaphrodites. Le calice est petit et divisé en 5 parties (fig. 436). Les 5 pétales membraneux, allongés, dressés, beaucoup plus longs que le calice, sont cohérents en un tube. L'androcée comprend 10 étamines à filaments filiformes munis de petites écailles (fig. 437). Le gynécée (fig. 438) se compose de 5 carpelles opposés aux pétales, formés chacun d'un ovaire libre, surmonté d'un long style grêle qui s'accole aux styles voisins en se tordant avec eux. Dans chaque ovaire est attaché à l'angle interne un seul ovule anatrope descendant. Le fruit (fig. 439) se compose de 5 drupes ou d'un nombre moindre par avortement. Les graines à enveloppe membraneuse sont dépourvues d'albumen et présentent 2 cotylédons charnus plans-convexes.

Distribution géographique. — On ne connaît que deux espèces du genre *Quassia*, dont l'une, le *Quassia amara*, va être étudiée ci-après ; l'autre, nommée *Quassia africana*, a été récemment découverte dans l'Afrique tropicale occidentale.

LE QUASSIER AMER — QUASSIA AMARA

Synonymie. — Quassier de Surinam.

Caractères. — C'est un arbrisseau (fig. 435 à 439) de 2 à 3 mètres d'élévation, dont toutes les parties sont très amères. Son tronc est recouvert d'une écorce cendrée ; ses feuilles alternes sont composées pennées, avec foliole impaire, présentant 3 à 5 folioles sessiles, oblongues, pointues aux deux bouts, entières, glabres, avec nervures saillantes et rougeâtres. Le pétiole commun, également rougeâtre, présente des ailes comme chez les Citronniers.

Les fleurs sont rouges, inodores, disposées en grappes allongées. Le fruit (fig. 439) consiste en 5 drupes distinctes, noires, ovoïdes, portées par le disque devenu un réceptacle rougeâtre.

Distribution géographique. — Le *Quassia amara* croît spontanément à Surinam. On le cultive dans plusieurs parties de la Guyane.

Usages. — Toutes les parties du *Quassia amara* sont douées d'une extrême amertume, en particulier la racine, un des amers les plus francs et les plus énergiques connus. Comme il ne contient pas de tannin, il n'a pas l'inconvénient qu'ont souvent les autres amers de déterminer la constipation ou l'irritation de l'intestin. Aussi son emploi convient-il contre la dyspepsie, la débilité générale et les vomissements répétés. Par son usage l'appétit est ouvert, la digestion est stimulée, les forces sont réparées.

La meilleure manière d'employer le *bois amer de Surinam* consiste à en faire tremper pendant 24 heures environ une dizaine de grammes dans un litre d'eau et à boire ce liquide aux repas pour couper le vin. La racine de *Quassia* doit en particulier son action à la *quassine* qu'elle contient et que l'on peut extraire pour l'administrer comme médicament.

Le bois de *Quassia amara* est toxique pour les animaux inférieurs : c'est pour cette raison qu'on le fait entrer dans la confection du *papier tue-mouches*. On assure même que ce bois suffit pour éloigner les insectes des collections et des herbiers. En se lavant la figure et les mains avec une décoction de *Quassia*, qu'on laisse sécher sans essuyer, on peut se préserver de la piqûre des moustiques et des cousins. Sous forme de lavements, il combat fort bien les oxyures et les ascarides.

Le QUASSIA DE LA JAMAÏQUE est souvent substitué dans le commerce au Quassia de Surinam. C'est le bois d'un arbre de grande dimension, le *Picræna excelsa*, qui a été aussi désigné sous les noms de *Quassia excelsa* et *Bittera febrifuga* : c'est le *Bytter ash* des habitants de la Jamaïque. Ce bois a les mêmes propriétés que le précédent et se prend aux mêmes doses et de la même façon. Il est en morceaux plus volumineux, arrivant en bûches qui atteignent souvent 35 centimètres de diamètre. Aussi est-ce avec lui et non avec celui du *Quassia amara* qu'on fabrique ces gobelets qui communiquent la saveur amère du *Quassia* à l'eau qu'on y a laissé séjourner quelques minutes. Ces vases offrent le défaut de s'appauvrir assez rapidement, et de plus, de contracter bien vite un certain goût de moisi assez désagréable.

Fig. 440. — Simarube officinale (*Simaruba officinalis*), port.

On emploie également comme amers et fébrifuges le bois et l'écorce de la racine du *Simaruba officinalis* (fig. 440) de la Guyane et des Antilles.

C'est au genre *Simaba*, très voisin du genre *Quassia*, qu'il faut rapporter un arbre, le CÉDRON (*Simaba Cedron*), qui dans son pays natal, c'est-à-dire la Colombie, le Venezuela et le nord du Brésil, est très célèbre par ses propriétés médicinales. La poudre de ses cotylédons, connus sous le nom de *noix de Cédron* et vendus au prix d'un réal chaque, est regardée comme un spécifique inappréciable contre la morsure des serpents, contre les fièvres intermittentes et en général dans toutes les maladies de l'estomac. D'après M. Planchon, les vertus de cette plante auraient été singulièrement exagérées, et ce serait simplement un médicament tonique comme ses congénères les *Quassia* et les *Simaruba*.

LES AILANTES — *AILANTUS*

Caractères. — Les Ailantes sont des arbres élevés à odeur désagréable, à feuilles alternes, imparipennées, à fleurs petites, verdâtres, disposées en panicules terminales.

Les fleurs sont polygames : le calice est court à 5 divisions ; 5 pétales étalés forment la corolle. A la base du disque à 5 lobes s'insèrent, dans les fleurs mâles, 10 étamines à filaments courts ou filiformes dépourvus d'écailles. Les étamines se réduisent à 2 ou 3 chez les fleurs hermaphrodites et manquent complètement chez les fleurs femelles. Le pistil, rudimentaire chez les fleurs mâles, est formé de 2 à 5 carpelles avec styles soudés et stigmates plumeux. Ovules solitaires dans chaque loge.

Le fruit est formé de samares membraneuses, oblongues-linéaires, présentant en leur milieu une graine unique, pourvue d'un faible albumen adhérent au tégument, et de cotylédons plans, foliacés, suborbiculaires.

Distribution géographique. — On compte 4 espèces du genre *Ailantus*, originaires des Indes orientales, de la Chine et de l'Australie. Une d'entre elles (*Ailantus glandulosus*) est aujourd'hui cultivée dans les régions chaudes et tempérées du globe entier. Cette espèce, introduite en Europe à titre ornemental, est fréquemment plantée dans nos pays sous le nom impropre de *Vernis du Japon*.

Distribution géologique. — A l'état fossile, les Ailantes se montrent certainement à Aix. On en trouve des empreintes certaines dans les gisements oligocènes ou miocènes de Sotzka, d'Armissan, de Manosque et de Radoboj. Une espèce fossile (*A. Confucii*) rappelle de très près l'*A. glandulosus*, ce qui conduit à penser qu'il aurait existé autrefois en Europe un ancêtre collatéral de celui-ci, éliminé plus tard de notre continent.

L'AILANTE GLANDULEUX — *AILANTUS GLANDULOSUS*

Noms vulgaires. — Vernis du Japon. Ce nom a été donné à tort à l'Ailante glanduleux parce qu'on lui attribuait la production de ce vernis, qui, en réalité, provient d'une espèce de Sumac (*Rhus*), de la famille des Anacardiacées.

Caractères. — L'Ailante glanduleux est un grand arbre à tronc droit, régulier, dont les rameaux forment une tête régulière, élargie.

Son écorce est noirâtre, lisse ou légèrement rugueuse, et parfois une portion externe s'en détache par plaques plus ou moins grandes. Les feuilles sont alternes, très longues, composées de 14 à 30 folioles, dentées à la base, d'un vert luisant à la face supérieure et glauque blanchâtre en dessous. Les fleurs (fig. 441)

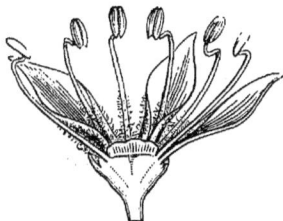

Fig. 441. — Ailante glanduleux (*Ailantus glandulosus*), fleur mâle coupée.

d'un blanc verdâtre, réunies en panicules dressées, répandent une odeur forte, généralement reconnue comme désagréable. Les fruits ailés pendent réunis en panicules. Sur certains arbres les fruits sont d'un vert jaunâtre ; sur d'autres ils sont plus ou moins jaunâtres.

Distribution géographique. — Cet arbre est originaire de l'Asie tempérée. Il a été introduit en Europe, vers 1751, par le Père d'Incarville, et est aujourd'hui cultivé dans plusieurs contrées.

Usages. — C'est un des jolis arbres de nos promenades publiques. Son feuillage qui pousse assez tard, vers le 15 mai environ, persiste fort avant dans la saison. Il donne donc encore un agréable ombrage le long des boulevards et des avenues, alors que les Marronniers sont déjà dépourvus de leurs feuilles.

Les Ailantes glanduleux sont des arbres à recommander pour les plantations d'alignement des villes, où ils doivent être placés à 6 mètres de distance les uns des autres. A Paris, on peut signaler comme voies plantées en Vernis du Japon, le boulevard Edgar-Quinet, l'avenue Malakoff, la rue Royale depuis la rue Saint-Honoré, le boulevard des Italiens, le devant de la caserne sur la place de la République, le boulevard du Temple, etc. Au cimetière de Bagneux (voir page 289), l'avenue circulaire est plantée de 986 Vernis du Japon.

Le plus grand inconvénient de l'Ailante glanduleux comme arbre d'alignement pour promenades est l'odeur désagréable de ses fleurs qui apparaissent vers la fin de juin. Comme les Ailantes ont des fleurs polygames, c'est-à-dire que certains sujets ne portent que des fleurs mâles, d'autres des fleurs femelles ou hermaphrodites, et comme d'autre part, les fleurs femelles répandent une odeur beaucoup moins forte que les fleurs mâles, on pourrait marquer les pieds mâles et en faire enlever les fleurs aussitôt qu'elles se montrent, c'est-à-dire en juin.

Le Vernis du Japon est un arbre rustique, peu délicat sur la nature du sol et qui résiste même un peu à la sécheresse.

La facilité avec laquelle il croît dans les terrains les plus ingrats le rend très précieux pour le reboisement.

Dans le courant de l'été 1894, les Ailantes de certaines promenades de Paris ont été très éprouvés par une maladie dont les premiers symptômes se sont manifestés il y a trois ou quatre ans. C'est ainsi que les Vernis du Japon de la rue Royale, du faubourg Saint-Honoré, de l'avenue Malakoff, du boulevard Raspail, sont morts pour la plupart. On a aussi observé cette maladie dans certains jardins ainsi qu'au bois de Vincennes, où depuis quelques années les Ailantes sont atteints et disparaissent successivement.

M. Louis Mangin (1) a cherché à connaître les causes de cette maladie, dont le symptôme principal est la chute prématurée des feuilles. Or il n'existe sur les arbres malades aucun parasite (sauf un petit acarien, le *Tetranchus telarius*) dont la présence suffise à expliquer ce phénomène.

En comparant la structure anatomique des Ailantes malades abattus au bois de Vincennes, avec celle d'un Ailante sain du jardin de botanique de l'École de pharmacie de Paris, M. Mangin a constaté chez les arbres attaqués la présence de bouchons de gomme obstruant les vaisseaux conducteurs de la sève. Il en a déduit l'explication suivante : Dès que les feuilles sont épanouies, dit-il, elles évaporent une grande quantité d'eau ; mais comme la gomme bouche presque tous les vaisseaux, elles ne récupèrent pas assez vite l'eau qu'elles ont perdue, la nutrition se ralentit, les feuilles se flétrissent, se dessèchent et tombent. Si, à ce moment, des Champignons s'introduisent, l'arbre meurt bientôt épuisé. Ces Champignons sont très probablement plusieurs espèces de Sphériacées.

« Je n'ai pas pu, dit M. Mangin, vu la saison avancée, déterminer la cause de l'accumulation de la gomme dans les vaisseaux. En attendant

le résultat des essais qui auront lieu au printemps prochain, on peut, ou bien remplacer les Ailantes par une essence à port semblable, comme le *Cedrela sinensis* ou les Noyers d'Amérique (*Juylans regia, J. cinerea*) ; ou bien on devra changer toute la terre végétale et assurer par un bon drainage et surtout par quelques fumures une nutrition abondante aux jeunes plants d'Ailantes, pour les mettre en état de résister à l'invasion des parasites. J'ai pu constater que l'aération insuffisante des racines et le défaut de nutrition sont, parmi les causes de dépérissement de certains arbres à Paris, celles auxquelles on n'a pas suffisamment remédié jusqu'ici. »

Sur cet arbre vit un papillon, le *Bombyx Cynthia*, qui produit une soie plus forte que celle du ver à soie, mais moins brillante. L'introduction dans l'industrie de ce nouveau ver à soie a fait prendre dans les derniers temps une importance nouvelle à la culture de l'Ailante.

On a essayé d'utiliser comme vermifuges les feuilles de cet arbre, qui sont irritantes et laissent parfois des éruptions aux mains de ceux qui les manient. Elles tuent bien les ascarides, mais n'ont guère d'effet sur le ténia. Depuis longtemps, les Chinois emploient l'écorce de la racine contre les affections de poitrine ; on l'a préconisée dans ces derniers temps contre la diarrhée et la dysenterie.

L'odeur pénétrante et désagréable répandue pendant la floraison par l'Ailante est due à une substance âcre et amère, excessivement volatile. D'après Decaisne, cette substance peut être fatale à quiconque fait des entailles dans l'arbre pendant que dure le travail de la sève : elle peut produire des étourdissements, des vomissements et un assoupissement profond.

D'après un rapport adressé à l'Académie des sciences par M. Caraven Cochin, une épidémie qui décimait les canards domestiques à Castres doit être attribuée au feuillage de l'Ailante glanduleux. Ces animaux, ayant absorbé une certaine quantité de feuilles de cet arbre, moururent atteints d'une vive inflammation résultant d'un empoisonnement, qui avait son siège dans les voies digestives, en particulier dans l'œsophage.

LES IRVINGIES — *IRVINGIA*

Caractères. — Les Irvingies sont des arbres glabres, insipides, dont les rameaux présentent des anneaux aux nœuds. Les feuilles alternes, simples, pétiolées, entières et

---

(1) Mangin, *Sur une maladie des Ailantes dans les parcs et les promenades de Paris* (*Comptes rendus de l'Ac. des sciences*, 15 octobre 1894).

coriaces, sont munies de stipules axillaires. Les fleurs petites, jaunes et odorantes, sont groupées en panicules ramifiées. Les fruits sont de grandes drupes comestibles.

Ce genre, qui appartient à la tribu des Picramniées, est caractérisé par un calice à 4 ou 5 divisions, 4 ou 5 pétales, 10 étamines, un ovaire à 2 loges avec ovules solitaires dans les loges.

Distribution géographique. — On a décrit 3 ou 4 espèces d'*Irvingia*, habitant l'Afrique tropicale occidentale. Une espèce, l'*Irvingia Armandii*, se rencontre dans les forêts de l'Annam et de la Cochinchine.

L'IRVINGIE DU GABON — *IRVINGIA GABONENSIS*

Synonymie. — *Irvingia Barteri*. Cet arbre porte au Gabon le nom de *Oba*.

Caractères. — C'est un arbre de 15 à 20 mètres de haut, à feuilles coriaces, glabres, elliptiques, inégales à la base, acuminées au sommet, surtout lorsqu'elles sont jeunes. Le fruit est une drupe jaune de la grosseur d'un œuf de cygne, légèrement oblong et comprimé. A l'intérieur est un noyau aplati, bivalve, à surface tomenteuse. La graine, entourée par un tégument rouge marron, presque crustacé, renferme une amande blanche, oléagineuse, formée d'un albumen et d'un embryon à cotylédons plans, foliacés.

Distribution géographique. — Cette espèce est très répandue sur les côtes d'Afrique, depuis Sierra-Leone jusqu'au Gabon.

Usages. — Les naturels mangent la drupe de cet arbre et préparent avec la graine un aliment dont ils se servent journellement et qu'ils appellent *pain de Dika*. Celui-ci contient environ 80 p. 100 d'un corps gras, qu'on en peut extraire par l'ébullition dans l'eau ou par la simple expression du corps chauffé : c'est le *beurre de Dika*, qui par son goût et son odeur, ainsi que par son aspect, rappelle beaucoup le beurre de cacao.

L'IRVINGIE D'ARMAND — *IRVINGIA ARMANDII*

Nom vulgaire. — *Cây-Cây*.

Caractères. — Le fruit de l'*Irvingia Armandii* est une petite drupe ovoïde de la grosseur d'une noix et de couleur jaune, dans lequel se trouve, sous une enveloppe très résistante, une amande grasse assez volumineuse, recouverte d'un tégument brun brillant.

Distribution géographique. — Cet arbre vit dans les forêts de l'Annam. Peut-être est-ce l'espèce africaine précédente qui y a été transportée.

Usages. — « Lorsque les fruits sont arrivés à maturité complète, c'est-à-dire au mois de juillet, quand ils tombent de l'arbre, les Annamites se rendent dans les forêts pour les ramasser et les mettre en tas; ils les transportent ensuite dans leurs villages et enlèvent la partie extérieure, soit en la brisant avec un couperet ou en la grillant au feu, soit encore en la faisant dessécher au soleil. Une fois retirées et séchées elles-mêmes, les amandes sont broyées grossièrement dans un mortier de bois ou de granit; la pâte que l'on obtient de cette façon est mise dans de l'eau qu'on chauffe jusqu'à ébullition; la matière grasse se sépare et vient flotter à la surface du liquide, d'où on l'enlève à mesure que la couche se forme, et on la coule dans des moules. Ce produit, connu en Cochinchine et au Cambodge sous le nom impropre de *cire de Cây-Cây*, est solide, d'un gris jaunâtre, odorant étant frais; mais il devient blanchâtre et contracte une odeur forte et nauséeuse en vieillissant. Au dire des Annamites, les Siamois font une espèce de pain, en ajoutant du sel et du poivre au résidu ; cet aliment serait même d'un goût assez agréable.

« En Cochinchine et au Cambodge, le *beurre de Cây-Cây* est utilisé pour faire des chandelles d'une qualité intermédiaire entre la bougie et le suif animal ; ces chandelles brûlent avec une flamme assez brillante et sans répandre d'odeur désagréable.

« L'extraction est pratiquée, en général, par les paysans des territoires forestiers et pour leur consommation usuelle seulement ; les Annamites et même les Moïs trouvent cette exploitation trop lente et exigeant trop de peine et de soins pour les profits qu'ils en retirent. Disons à ce propos que les procédés rudimentaires employés par les indigènes ne permettent guère d'obtenir plus de 20 p. 100 de matière grasse, soit une perte de 30 p. 100 sur la quantité que l'on pourrait retirer par les moyens mécaniques dont on dispose actuellement.

« Le beurre de Cây-Cây se trouve en Cochinchine sous forme de pains coniques du poids de 2 à 3 kilogrammes, mais il ne donne lieu qu'à un commerce restreint; celui qui vient du Cambodge et du Laos est en pains de 1000 à 1200 grammes, coulés dans des moules qui leur donnent la forme d'une calotte sphérique (1). »

(1) *Revue des sciences naturelles appliquées*, 39ᵉ année, 1892, p. 231.

LES OCHNACÉES — *OCHNACEÆ*

Caractères. — Les Ochnacées sont des arbrisseaux ou des arbres à suc aqueux. Leurs feuilles sont toujours simples, très glabres, stipulées, à l'exception des seuls *Godoya*, très beaux arbres du Pérou et de la Nouvelle-Grenade. Les fleurs hermaphrodites sont ordinairement régulières : sépales et pétales sont presque toujours libres, isomères, coriaces et presque toujours jaunes; les filaments staminaux toujours libres, le plus souvent courts, portent des anthères allongées, basifixes, souvent terminées par un pore. Style subulé terminé par un stigmate simple. Le fruit est

Fig. 442. — Gomphie (*Gomphia nitida*).

tantôt capsulaire et tantôt drupacé. Graines pourvues ou non d'albumen.

Distribution géographique. — Les Ochnacées sont toutes des plantes tropicales qui ne sont pas représentées dans les régions tempérées. Les espèces à fruits capsulaires sont toutes américaines; celles à fruits drupacés habitent l'Afrique, l'Asie et l'Archipel Malais. On en connaît 12 genres et 16 espèces environ.

Classification. — On divise la famille en 3 tribus : Les *Ochnées* ont les graines exalbuminées et les carpelles uniovulés. L'albumen manque chez les *Euthémidées*, dont les carpelles renferment 2 ovules, et chez les *Luxemburgiées*, dont les loges sont multiovulées.

Affinités. — Les Ochnacées se séparent des Rutacées par leurs feuilles dépourvues de glandes, par leurs stipules, par l'ovaire, le style et les stigmates. On a rapproché également cette famille des Ternstrœmiacées, des Hypéricinées, des Simarubées et des Violariées.

Usages. — Les Ochnacées sont amères et astringentes. Au Malabar, les feuilles aromatiques du *Gomphia (Ouratea) angustifolia* sont employées comme stomachiques. Le *G. nitida* (fig. 442) sert au même usage. Au Brésil, l'écorce du *Gomphia hexasperma* est employée pour panser les bestiaux piqués par les insectes.

Les baies du *G. jabotapita* des Antilles et du Brésil sont comestibles.

Quelques-uns des beaux arbres qui forment le groupe des Luxemburgiées fournissent un bois qui est utilisé en Colombie. Au Cap, on emploie aux usages domestiques le bois de l'*Ochna arborea*.

On cultive dans nos serres plusieurs Ochnacées remarquables par la beauté de leur port, de leur feuillage et de leurs fleurs : les fleurs des *Gomphia atropurpurea* et *G. mozambicensis* sont abondantes et d'une éclatante couleur jaune. Le *Gomphia Theophrasta* est très ornemental. On cultive encore en serre quelques *Cespedesia* du Pérou et certains *Godoya*.

LES BURSÉRACÉES — *BURSERACEÆ*

Caractères. — Les Burséracées sont des arbres ou des arbrisseaux à suc balsamique ou oléifères. Les feuilles sont alternes, dépourvues de stipules, à 3 folioles ou imparipennées, très rarement unifoliolées. Les fleurs, ordinairement petites, sont groupées en grappes ou en panicules.

Les fleurs sont hermaphrodites ou polygames dioïques. Calice à 3 ou 5 divisions. 3 ou 5 pétales dressés ou étalés, ordinairement

Fig. 443. — *Boswellia Carterii.*

a, fleur entière ; *b*, disque et pistil.

libres, caducs, imbriqués ou valvaires. Étamines en nombre double des pétales, ou plus
rarement en même nombre, égales ou inégales,
avec filaments libres, nus ; anthères subglobuleuses ou oblongues, à 2 loges. Ovaire libre à
2-5 loges avec 2 ovules par loge, rarement
1 seul. Fruit drupacé indéhiscent ou pseudo-
capsulaire. Graines dépourvues d'albumen, à
cotylédons très souvent membraneux, contortupliqués et à radicule supère.

Distribution géographique. — Les Burséracées comprennent 13 genres et 275 espèces
environ. Ce sont des plantes des régions tropicales du globe tout entier.

Affinités. — Les Burséracées ne se distinguent des Simarubées, tribu des Picramniées,
que par le suc balsamique, les étamines souvent insérées sur le disque, jamais pourvues
d'écailles ni de poils ; elles diffèrent des Toddaliées par l'embryon toujours privé d'albumen, par le nombre des étamines, et des
Aurantiées par le style non articulé à la base
et le fruit drupacé. Les Burséracées se rapprochent beaucoup des Anacardiacées, dont
elles ne sont qu'une tribu pour M. Van
Tieghem ; plusieurs auteurs réunissent d'ailleurs les deux familles en une seule : celle des
Térébinthacées.

LES PLANTES.

Usages. — Ces plantes produisent en grande abondance des résines, baumes, gommes ou vernis, employés à divers usages. C'est des plantes de cette famille que sont extraits, par exemple, l'encens, la myrrhe, le bdellium, le baume de la Mecque, etc.

On désigne sous le nom général d'*élémi*, plusieurs résines d'Amérique, jaunes et très odorantes, produites par différents arbres de la tribu des Burséracées. Puis ce nom a été étendu à des résines analogues venues de toutes les parties du monde, en particulier de la côte occidentale d'Afrique, de Madagascar, de l'Inde, des îles Malaises et des Philippines. Toutes ces substances sont tirées d'arbres appartenant à la même famille et jouissent de propriétés assez semblables. Aussi la distinction de ces produits est-elle très difficile à faire.

LES BOSWELLIES — *BOSWELLIA*

Caractères. — Les Boswellies sont des arbres à écorce ordinairement papyracée, à feuilles caduques, alternes, imparipennées, dont les fleurs blanches sont groupées en grappes ou en panicules ; petit calice persistant, présentant 5 dents ; corolle à 5 pétales étroits, étalés, imbriqués ; disque annulaire ; 10 étamines courtes ; ovaire sessile, biloculaire. Le fruit est une drupe à 3 angles, formée de 3 carpelles osseux qui se séparent de l'axe et renferment chacun une graine comprimée, pendante, dépourvue d'albumen.

Distribution géographique. — On connaît 13 espèces environ de ce genre, habitant l'Afrique tropicale et les Indes orientales. Les deux espèces principales sont le *Boswellia Carterii* (fig. 443), qui vit dans les montagnes du Somal en Afrique et se retrouve encore dans la région méridionale de l'Arabie, et le *Boswellia Bau-Dajiana* (fig. 444) des montagnes du Somal. Le *Boswellia papyrifera* est du Soudan et de l'Abyssinie.

Usages. — Les deux premières espèces précédentes, ainsi que quelques autres du même genre, fournissent l'encens du commerce. L'encens qui arrive en Europe provient en entier des arbres d'Arabie et d'Abyssinie. Une partie arrive directement d'Afrique par la mer Rouge ; l'autre passe d'abord par l'Inde. C'est pour cela qu'on a distingué deux sortes d'encens, désignés dans le commerce sous les noms d'*encens d'Afrique* et d'*encens de l'Inde*, et qui diffèrent, non par leur nature, mais par leur

qualité. C'est par erreur qu'on avait cru que l'encens de l'Inde provenait du *Boswellia serrata* qui croît dans ce pays.

L'*encens* ou *oliban* a été, de tous temps et en tout pays, brûlé dans les temples pour rendre honneur à la divinité. Cet usage, que l'on retrouve aujourd'hui dans les cérémonies de l'Église catholique, prend son origine dans l'habitude qu'avaient autrefois les peuples de sacrifier des animaux dans leurs temples. Pour chasser les émanations putrides et les mauvaises odeurs, ils brûlaient de l'encens ; c'était le seul moyen alors connu d'y remédier.

LES BAUMIERS — *BALSAMODENDRON*

Synonymie. — *Balsamea ; Commiphora.*

Étymologie. — L'arbuste qui produit le baume de la Mecque était connu des Grecs sous le nom de *Balsamon*, et les Latins appelaient baume (*balsamum*) tout simplement, la substance qui en découle, la seule d'eux connue méritant ce nom par son odeur et ses propriétés. Depuis la découverte de l'Amérique, on connaît de nombreux baumes : baume de Tolu, de Copahu, etc. : aussi a-t-on dû ajouter au baume de l'ancien monde un nom spécifique et l'appeler *baume de Judée, baume de la Mecque, du Caire,* etc.

Caractères. — Les *Balsamodendron* (fig. 445) sont de petits arbres ou des arbrisseaux à rameaux souvent épineux, à feuilles alternes, uni- ou trifoliolées, ou imparipennées, à fleurs fasciculées, petites, brièvement pédicellées. Les fleurs sont polygames et présentent un calice à 4 dents persistantes ; une corolle à 4 pétales ; 8 étamines insérées sous un disque annulaire ; un ovaire sessile à 2 loges, surmonté d'un style court et d'un stigmate à 4 lobes. Le fruit est une drupe.

Distribution géographique. — Les *Balsamodendron* sont des plantes de l'Arabie, de l'Afrique tropicale et australe et de l'Inde orientale.

Usages. — Il découle spontanément ou par incision du tronc des Baumiers des matières résineuses balsamiques très variables.

Le *Balsamodendron gileadense* (fig. 445, 5 à 9) et le *B. Opobalsamum* fournissent le *baume de la Mecque*, appelé encore *baume de Judée, baume du Caire, baume de Gilead.* Ces deux arbustes, rares et difficiles à cultiver, ont tous deux disparu des diverses contrées où on les avait indiqués. C'est ainsi qu'ils ont disparu de la Judée où ils vivaient anciennement, d'après

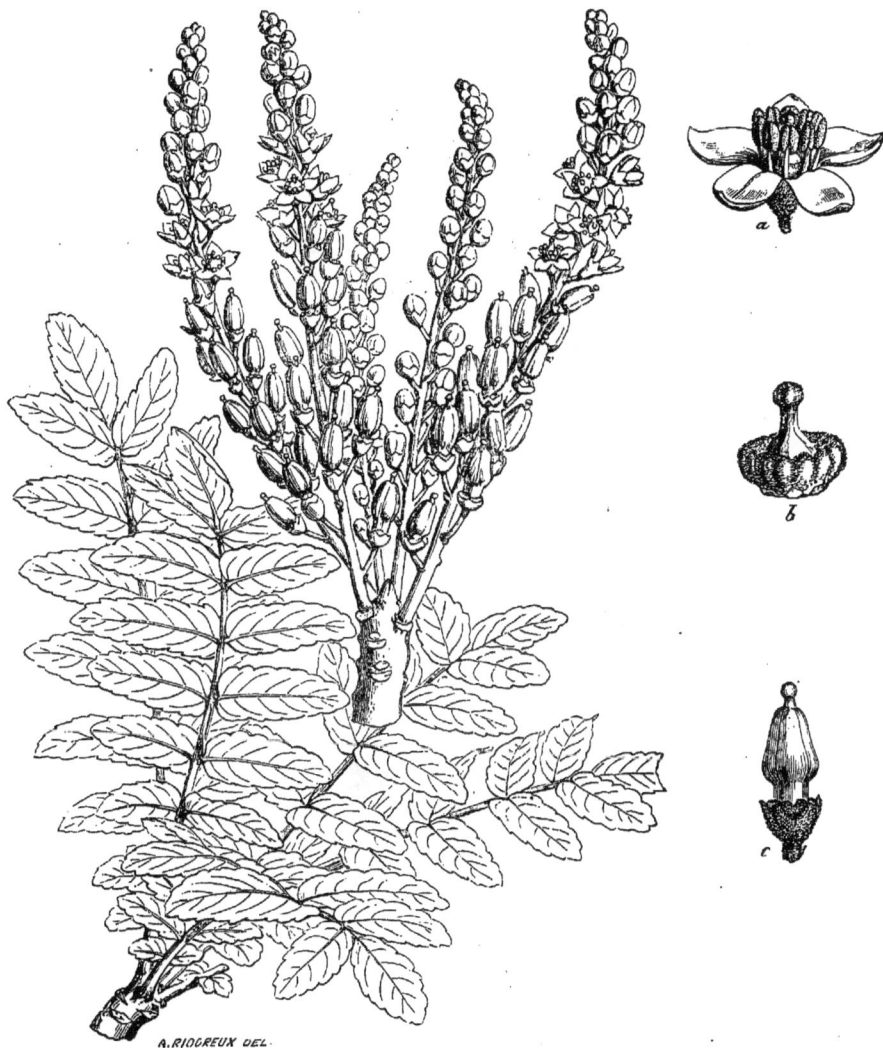

Fig. 444. — *Boswellia Bau-Dajiana.*

a, fleur entière ; *b*, disque et pistil ; *c*, fruit jeune.

Théophraste, Dioscoride, Pline et Strabon. A partir du xɪᵉ siècle jusqu'au xvɪɪᵉ, l'Arbre à baume était cultivé en Égypte près du Caire. Le dernier pied est mort, en 1615, dans une inondation du Nil. Dans l'Arabie Heureuse, sa véritable patrie d'origine, la plante n'a pas cessé d'exister. Les Baumiers de la Mecque fournissent au commerce, outre leur baume, leur fruit, dit *carpobalsamum*, qui entre dans la thériaque, et leur bois ou *xylobalsamum*.

Le *Balsamodendron Ehrenbergianum* (fig. 445, 1 à 4) d'Arabie et d'Abyssinie produit la *myrrhe*. La myrrhe est une gomme-résine, dont

l'usage comme aromate et comme médicament remonte à la plus haute antiquité. On la trouve prescrite dans l'Exode, sous le nom de *mur*, comme la plus exquise des substances qui doivent entrer dans la composition de l'huile sainte. Les Grecs, qui lui donnaient le nom de *smyrna* ou de *myrrha*, lui supposaient une origine fabuleuse : elle aurait été formée de pleurs de la mère d'Adonis, alors que les dieux, dans leur pitié, l'eurent transformée en arbre pour la soustraire à la colère de son père Cyniras.

Une substance analogue à la myrrhe est le *bdellium*, dont on connaît plusieurs espèces.

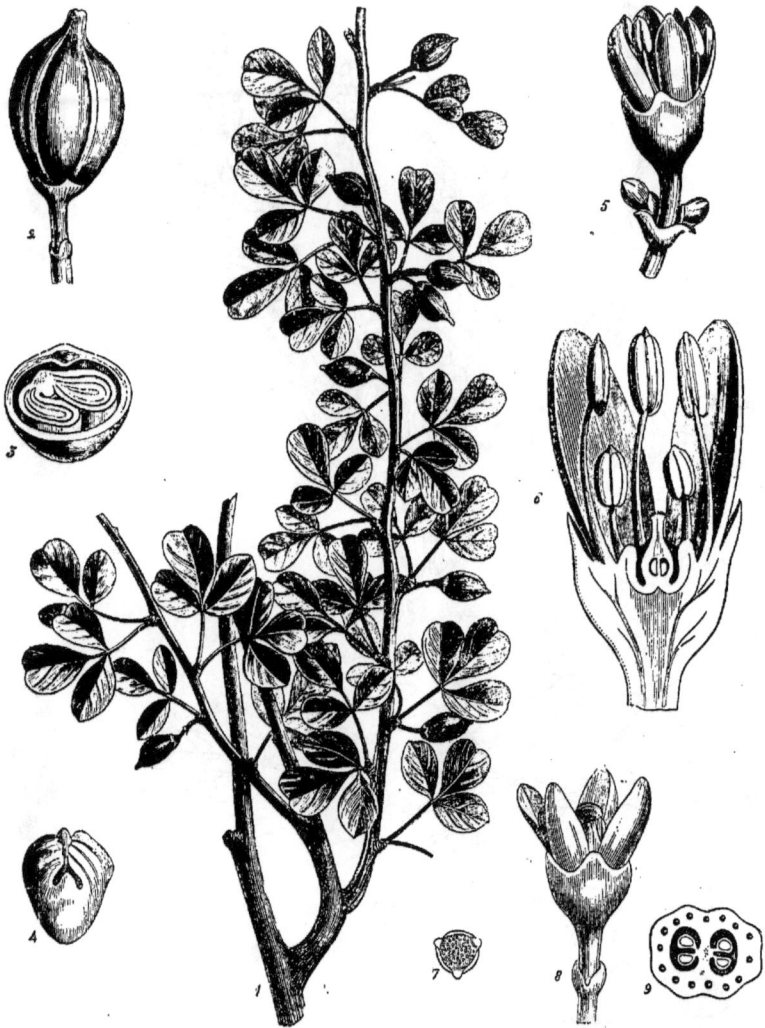

Fig. 445. — Baumiers (*Balsamodendron*).

1 à 4, *B. Ehrenbergianum* : 1, rameau fructifère, de grandeur naturelle ; 2, capsule ; 3, coupe de la capsule ; 4, embryon.

5 à 9, *B. gileadense* : 5, fleur mâle ; 6, la même coupée en long ; 7, grain de pollen ; 8, fleur femelle ; 9, coupe de l'ovaire.

Le *bdellium d'Afrique* est produit au Sénégal par le *Balsamodendron africanum*, arbrisseau épineux.

Le *bdellium de l'Inde* provient du *B. Roxburghii*, qui porte dans l'Inde le nom de *Gogool*, *Googul* ou *Googula*.

A côté de ces espèces, il faut placer le *B. Muckul* du Scinde, qui donne une gomme-résine semblable au bdellium de l'Inde et porte dans le Bélouchistan le même nom de *Googul*.

LES GOMMARTS — *BURSERA*

Caractères. — Le Gommart (*Bursera gummifera*) est un grand arbre, dont le bois est blanc, portant des folioles ovales, pointues, cordiformes par le bas ; les pétales sont distincts ; le fruit est une drupe ovale, triangulaire, assez semblable à une pistache.

Distribution géographique. — 45 espèces

forment le genre *Bursera* et vivent en Amérique. Le *Bursera gummifera* croît depuis la Guyane jusqu'au Mexique et dans toutes les Antilles.

Usages. — Il fournit une grande quantité d'une résine jaune aromatique, connue sous bien des noms différents : *résine chibou* ou *cachibou*, *tacamaque jaune terne*, etc.

LES MÉLIACÉES — *MELIACEÆ*

Caractères. — Les Méliacées sont des arbres et des arbrisseaux à bois souvent dur et coloré, parfois odorant : chez quelques-uns l'écorce est amère. Les feuilles sont alternes, dépourvues de stipules, généralement pennées, avec folioles presque toujours très entières. Les fleurs, généralement très petites, sont groupées en panicules.

Régulières, ces fleurs sont ordinairement hermaphrodites , rarement polygames dioïques. Le calice est souvent petit, à 4 ou 5 divisions, imbriqué, rarement valvaire. 4 ou 5 pétales, ou plus rarement 3 ou 7, forment la corolle, libres entre eux, contournés ou imbriqués, parfois soudés entre eux ou avec le tube staminal. Chez le plus grand nombre, les étamines sont au nombre de 8 ou 10, c'est-à-dire en nombre double des pétales. Ce n'est que rarement qu'on en trouve 5 et encore plus rarement 16 ou 20. Les filets sont ordinairement soudés en un tube et les anthères s'ouvrent par 2 fentes longitudinales. Ovaire libre à 3 ou 5 loges, prolongé par un style plus ou moins long et couronné par un stigmate discoïde ou pyramidal. Chaque loge renferme ordinairement 2 ovules, rarement un seul, quelquefois 6 ou plus. Le fruit est de forme variée : baie, capsule ou drupe. Graines pourvues ou non d'albumen, souvent ailées dans les tribus des Swiéténiées et des Cédrélées.

Distribution géographique. — Les Méliacées, dont on connaît 37 genres et 550 espèces environ, sont fréquentes dans les régions chaudes du globe entier ; elles sont beaucoup plus rares dans les contrées tempérées. L'Afrique en renferme beaucoup moins que l'Asie et l'Amérique.

Affinités. — La famille des Méliacées se rapproche beaucoup de celle des Rutacées, avec laquelle les *Flindersia* d'Australie et des îles Moluques font une transition facile ; elle en diffère principalement par le tube staminal épais et les feuilles qui ne sont ponctuées que très rarement, chez les *Chloroxylon* asiatiques et les *Milnea* du même pays. Les Méliacées présentent encore certaines affinités avec les Géraniacées, les Sapindacées et les Ampélidées.

Classification. — On divise la famille des Méliacées en 4 tribus :

Filets des étamines soudés en un tube.	Graines dépourvues d'ailes.	2 ovules par loge ; albumen charnu, faible ou nul.....	*Méliées.*
		1 ou 2 ovules par loge ; pas d'albumen.....	*Trichiliées.*
	Graines presque toujours ailées ; loges multiovulées ; capsule septifrage.....		*Swiéténiées.*
Étamines libres ; loges multiovulées ; capsule.....			*Cédrélées.*

Usages. — Plusieurs plantes de la famille ont des fruits comestibles ou des graines dont on extrait de l'huile.

Parmi les Swiéténiées et les Cédrélées, il en est un certain nombre qui fournissent des bois très estimés pour l'ébénisterie, en particulier l'acajou.

LES MÉLIERS — *MELIA*

Étymologie. — Du grec *mélia*, Frêne : allusion à la ressemblance des feuilles.

Caractères. — Les Méliers sont des arbres à feuilles alternes, pennées ou décomposées, à fleurs médiocres, blanches ou pourpres, disposées en panicules axillaires amples et très ramifiées. Ce genre est caractérisé par son calice à 5 ou 6 divisions, ses pétales allongés, libres entres eux, son tube staminal allongé, portant 10 ou 12 anthères et son disque annulaire.

Distribution géographique. — On a décrit une douzaine d'espèces environ du genre *Melia*, indigènes de l'Asie tropicale et d'Australie.

LE MÉLIER AZÉDARACH. — *MELIA AZEDARACH*

Noms vulgaires. — Azédarach ; Margousier ; Arbre Saint ; Lilas de l'Inde ; *Pater noster*.

Caractères. — Le *Melia Azedarach* est un grand et bel arbre, remarquable par ses feuilles élégantes composées de 5 à 7 folioles, et ses grappes de fleurs violettes, dont l'odeur rappelle celle du Lilas. C'est ce qui explique le nom de *Lilas des Indes* qu'on lui donne parfois.

Distribution géographique. — Le *Melia Azedarach*, originaire de Perse et de Syrie, est aujourd'hui naturalisé dans le Midi de la France, où il ne dépasse pas les proportions d'un arbuste.

Usages. — Toutes les parties de cet arbre sont amères, purgatives, vermifuges et vénéneuses à hautes doses. Les graines servent à faire des chapelets, ce qui a fait donner à la plante le nom de *Pater noster*. Elles renferment 48 p. 100 d'une huile propre à l'éclairage.

LE MÉLIER AZADIRACHTE. — *MELIA AZADIRACHTA*

Synonymie. — *Azadirachta indica.*

Caractères. — On sépare quelquefois des *Melia* une espèce de l'Inde, de Ceylan et de Java, pour en faire le genre *Azadirachta*.

Caractères biologiques. — « Il existe à Vellore, dans la rue principale de cette ville, célèbre dans l'histoire moderne de l'Inde, un *Melia Azadirachta* (*Azadirachta indica*), complètement entouré par un *Ficus religiosa*, de telle sorte que le premier arbre paraît sortir du second. L'effet produit est des plus curieux. Naturellement, les deux arbres reçoivent un culte des Indous, bien que ces unions d'arbres ne soient pas extrêmement rares (1). »

Le *Melia Azadirachta*, désigné dans l'Inde sous le nom d'Arbre *Nim*, présente un phénomène assez curieux. On rencontre en effet de temps à autre dans l'Inde des arbres à pluie, appartenant à cette espèce.

« Il y a sept ans, dit M. A. Sada (2), on me signala un *Melia Azadirachta*, à une distance de 27 milles au delà de Madras, dans la cour d'un pagodin, appelé *Cakilamalle Côvil*. Vers 1885, cet arbre présenta une fente légère au bas du tronc, un peu au-dessus du sol. Par cette fente un liquide de couleur blanche, légèrement sucré et analogue pour le goût au lait de vache, se mit à couler. Ce liquide passait alors pour guérir d'un grand nombre de maladies. Le liquide ne coula que quelques mois. A la suite de ce phénomène, l'arbre demeura stérile pendant quelques années. Je tiens ce fait d'un témoin oculaire. L'arbre en question était presque séculaire.

« A peu près à la même époque, dans le district de Tiruvalur, près de Kumbakonam, on vit deux cas pareils. On attribuait, comme dans le cas précédent, à la pluie torrentielle, la sécrétion extraordinaire de l'arbre. On disait

(1) *Le Monde des plantes*, 1891, t. I, p. 37.
(2) *Le Monde des plantes*, 1893, t. II, p. 118.

que l'arbre, gorgé des sucs puisés dans le sol, les rendait à ce dernier par la fente qui se produit toujours au pied de l'arbre. »

Cette explication n'est pas exacte. Le liquide n'est pas une sécrétion de l'arbre, mais est dû à des insectes du groupe des cicadaires, qui couvrent la plante en grande abondance et qui, pendant certaines saisons de l'année, produisent une énorme quantité de liquide qu'ils sécrètent.

LES CARAPES — *CARAPA*

Caractères. — Les *Carapa* appartiennent à la tribu des Trichiliées. Ce sont des arbres littoraux, très glabres, à feuilles pennées avec ou sans impaire. Panicules axillaires multiflores ou pauciflores. Le genre est caractérisé par ses 4 ou 5 pétales, son disque épais, les loges de son ovaire contenant 3 ou 6 ovules, sa capsule loculicide, ses graines épaisses dépourvues d'arille.

Distribution géographique. — Les espèces de ce genre sont peu nombreuses, elles habitent les régions tropicales des deux mondes. Les deux espèces les plus intéressantes sont le *Carapa guyanensis*, de la Guyane, et le *Carapa toucoulouna*, de la Sénégambie, caractérisé par ses fleurs pentamères et par ses fruits pentagones s'ouvrant en 5 valves.

Usages. — L'écorce du *Carapa guyanensis* est vantée comme fébrifuge. Ses graines, pourvues d'un zeste rougeâtre et coriace, contiennent une amande dont on retire par expression une huile jaunâtre, à moitié liquide dans les pays chauds et entièrement figée sous nos climats. Cette huile, très amère, sert à un grand nombre d'usages en Amérique.

On l'emploie à l'éclairage.

En la mêlant au rocou (p. 182), les Indiens s'en servaient pour se peindre le corps dans un but de parure et pour se préserver de la piqûre des insectes. Aujourd'hui encore les nègres chasseurs font usage de cette huile dans le même but, pour se frotter les pieds.

Le bois de *Carapa*, fibreux, léger et rougeâtre, est inattaquable aux insectes. En frottant les meubles faits d'autres bois avec de l'huile de *Carapa*, on leur communique la même propriété.

L'huile produite par les graines du *Carapa* de la Guyane est importée à Marseille, où elle sert à la fabrication du savon. Il en est de même de l'huile que donnent les graines du *Carapa toucoulouna* de la Sénégambie.

Fig. 446.

Fig. 447.

Fig. 446. — Port.

Fig. 447. — Fruit.

Fig. 446 et 447. — *Trichilia spondioides*.

A côté des *Carapa*, nous citerons, dans la tribu des Trichiliées, le genre *Trichilia* qui lui a donné son nom, et dont quelques espèces sont médicinales. Nous citerons parmi celles-ci :

Le *T. spondioides* (fig. 446 et 447) ;

Le *T. cathartica*, arbrisseau américain, dont toutes les parties présentent des propriétés émétiques puissantes.

LES SWIÉTÉNIES — *SWIETENIA*

Caractères. — Les Swiéténies sont des arbres à bois rouge, à feuilles pennées, glabres, à folioles opposées. Fleurs petites disposées en panicules axillaires et subterminales. En plus des caractères de la tribu des Swiéténiées, ces plantes présentent les suivants : 5 pétales ; tube staminal urcéolé à 10 dents ; disque annulaire ; graines longuement et largement ailées en dessus, pourvues d'un albumen.

Distribution géographique. — On en a décrit 3 espèces des Antilles et du Mexique.

LA SWIÉTÉNIE MAHOGANI — *SWIETENIA MAHOGANI*

Synonymie. — Acajou Mahogani.

Caractères. — Cette espèce (fig. 448 à 450), souvent considérée comme espèce unique du genre, est un arbre à croissance rapide, qui parvient fréquemment à des dimensions considérables. Son bois est compact, d'une texture fine et serrée, coloré en rouge clair, qui devient bientôt, à l'air, rouge foncé nuancé de brun.

Distribution géographique. — L'Acajou Mahogani croît en abondance dans les Antilles et surtout à Saint-Domingue, à Cuba et dans la province de Honduras.

Usages. — C'est cet arbre qui fournit la plus grande partie du bois d'Acajou si utilisé dans l'ébénisterie. Importé de la Trinité vers le XVIe siècle, le bois d'Acajou est devenu depuis la fin du siècle dernier un important article de commerce : aujourd'hui c'est un des bois d'ébénisterie les plus employés, aussi commun que notre Chêne et notre Noyer. Il

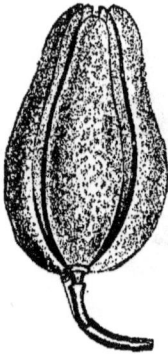

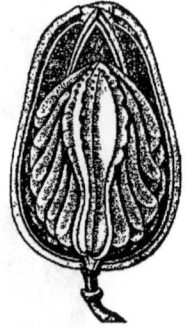

Fig. 449.   Fig. 448.   Fig. 450.

Fig. 448. — Port.   Fig. 450. — Fruit coupé.
Fig. 449. — Fruit.

Fig. 448 à 450. — Acajou Mahogani (*Swietenia Mahogani*).

est facile à travailler et susceptible d'un très beau poli. On en fait des meubles, en l'employant plein, ou plus souvent sous forme de minces feuilles obtenues par sciage mécanique, que l'on plaque sur le Chêne ou sur le bois blanc.

On distingue, d'après la provenance, plusieurs sortes d'Acajous : l'*Acajou de Haïti* ou *de Saint-Domingue* provient de la partie espagnole de l'île : il est d'une couleur vive, d'une fibre fine et serrée ; l'*Acajou de Cuba*, un peu moins lourd que le précédent, est de couleur moins brillante ; l'*Acajou de Honduras* a une couleur plus pâle, tirant un peu sur le jaune : il en existe une variété à grain fin, qui doit son prix à ce que sa couleur rosée ne brunit pas à l'air avec le temps.

L'Acajou du Sénégal (*Khaya senegalensis*), connu aussi dans le commerce sous les noms d'*Acajou de Madère* ou *de Caïlcedra*, est fourni par un arbre appartenant au genre voisin *Khaya*, caractérisé par ses fleurs construites sur le type 4 et ses graines comprimées marginées.

Le *Khaya senegalensis* donne un bois introduit en Europe depuis le commencement de ce siècle pour remplacer l'Acajou Mahogani,

auquel il ressemble beaucoup, mais dont il n'a pas les qualités ; aussi est-il moins estimé. Sa texture est plus grossière; il garde moins bien le poli, et sa couleur, un peu vineuse, est moins agréable. Il sert également à la fabrication de meubles et d'objets de toute sorte.

LES CÉDRELS — *CEDRELA*

Caractères. — Les Cédrels, qui appartiennent à la tribu des Cédrélées, sont des arbres élevés, à bois coloré, à feuilles imparipennées, à fleurs de petite taille, disposées en panicules. Ce genre présente comme caractères : des pétales dressés ; 4 ou 6 étamines ; un disque élevé ou épais ; un ovaire à 5 loges et une capsule septifrage.

Distribution géographique. — On en connaît une vingtaine d'espèces qui croissent en Asie, en Australie et dans l'Amérique tropicale. La plus importante à signaler est la suivante, originaire d'Amérique :

LE CÉDREL ODORANT — *CEDRELA ODORATA*

Noms vulgaires. — Acajou femelle ; Acajou à planches ; Cèdre odorant.

Caractères. — C'est un grand et bel arbre, dont le bois est très léger, poreux, rougeâtre, amer, et pourvu, quand il est sec, d'une odeur aromatique agréable, rappelant celle du Genévrier de Virginie.

L'écorce de l'arbre est imprégnée d'une odeur fétide, alliacée, qui se trouve dans le fruit et qui se communique à la chair des oiseaux qui en mangent.

Usages. — Le bois est inattaquable par les insectes et facile à fendre : on s'en sert pour faire des boîtes à cigares, des caisses à sucre, etc. On l'emploie aussi à la confection de charpentes, et de barques remarquables par leur légèreté et la charge qu'elles peuvent soutenir sur l'eau.

Le *Flindersia amboinensis*, des îles Moluques, appartient au genre *Flindersia*, voisin des *Cedrela*, dont il se distingue principalement par ses pétales étalés et son disque cupulaire. Il donne un bois fort rare et fort cher, appelé *bois d'Amboine.*

LES CHAILLETIACÉES — *CHAILLETIACEÆ*

Synonymie. — Les Dichapétalées. — *Dichapetaleæ.*

Caractères. — Ce sont des arbrisseaux ou de petits arbres à feuilles alternes, pétiolées, entières et coriaces, présentant des stipules caduques, et à fleurs petites.

Affinités. — Cette famille se rapproche beaucoup des Célastrinées et des Rhamnées par son port, ses stipules, son inflorescence, son disque, ses étamines en nombre égal aux pétales et son ovaire à 3 loges.

Distribution géographique. — Ce groupe ne comprend que 3 genres : les *Chailletia* (ou *Dichapetalum*), arbrisseaux dont une espèce habite les îles du Pacifique et les autres l'Asie, l'Afrique et l'Amérique tropicale ; les *Stephanopodium*, arbres du Pérou et du Brésil ; les *Tapura*, arbrisseaux de l'Afrique et de l'Amérique tropicale.

LES OLACINÉES — *OLACINEÆ*

Distribution géographique. — Les Olacinées, réparties en 60 genres et 275 espèces environ, habitent toutes les régions tropicales ou subtropicales du globe entier.

Affinités. — Les Olacinées se rapprochent beaucoup des Ilicinées, dont elles diffèrent surtout par les carpelles ouverts et par le mode de placentation. Le Maout et Decaisne placent les Olacinées parmi les Apétales comme annexe des Santalacées ; elles n'en diffèrent guère que par l'ovaire, généralement libre, mais infère dans quelques genres.

LES ILICINÉES — *ILICINEÆ*

Caractères. — Les Ilicinées sont des arbres ou des arbrisseaux très souvent glabres, à feuilles persistantes, dépourvus de glandes, pourvus d'un suc aqueux. Les feuilles alternes sont dépourvues de stipules, pétiolées, simples, coriaces, très souvent entières. Les fleurs, souvent petites et blanches, sont groupées en cymes axillaires ou terminales ou plus rarement sur des pédicelles axillaires, solitaires ou fasciculées. Le fruit est petit et piriforme.

Les fleurs sont régulières, polygames dioïques ou unisexuées. Calice à 3 ou 6 divisions, imbriqué et persistant. 4 ou 5 pétales, rarement plus, libres ou réunis à la base, hypogynes, caducs, imbriqués. Étamines hypogynes, en nombre égal à celui des pétales, rarement plus, libres ou légèrement adhérents aux pétales, avec filaments subulés et anthères introrses. Ovaire globuleux ou ovoïde, libre, présentant 3, 4 ou 5 loges, rarement un plus grand nombre. Style nul ou terminal ; stigmate ovoïde ou capité. Chaque loge renferme 2 ovules collatéraux, ou 1 seul. Le fruit est une drupe légèrement charnue avec 3 à 18 noyaux crustacés. Les graines renferment un albumen charnu abondant et un embryon droit très petit.

Distribution géographique. — Les Ilicinées comprennent environ 181 espèces, dont 175 pour le seul genre *Ilex* répandu sur toute la terre. Les *Byronia* (3 espèces) habitent l'Australie tropicale, les îles Sandwich et Tahiti. L'espèce unique de *Nepomanthes* vit à l'ouest de l'Amérique du Nord. Dans la Nouvelle-Calédonie, la famille est représentée par 2 espèces du genre *Sphenostemon*.

Affinités. — Seul l'ovaire pluriloculaire distingue les Ilicinées des Olacinées, dont l'ovaire est à une seule loge. Les Ilicinées se séparent des Célastrinées par l'absence du disque, la petitesse de l'embryon, les ovules pendants, les feuilles dépourvues de stipules, etc.

Usages. — Le genre *Ilex* est le seul qui mérite d'être étudié avec quelque détail pour ses applications.

LES HOUX — *ILEX*

Étymologie. — Virgile, en parlant des soins qu'il convient de donner à la Vigne, dit (1) qu'il faut aller couper le *Ruscus* pour faire des liens. Sous ce nom de *Ruscus*, Virgile désigne le Grand Houx (*Ilex aquifolium*). Les Grecs donnaient au Houx le nom d'*Agria*, plante agreste, et de ce mot les Latins ont fait *Agrifolium*, et *aquifolium*. Quant au mot *Ilex*, il s'appliquait plutôt à l'Yeuse.

Caractères. — Les Houx sont des arbres ou des arbrisseaux à feuilles alternes, souvent brillantes, entières ou plus rarement dentées ou épineuses sur les bords. Quelques espèces, comme l'*I. ferox*, ont des épines sur les nervures comme sur les bords (fig. 451). Les fleurs blanches sont groupées en inflorescences axillaires pauciflores, ou plus souvent rameuses. Les fleurs, ordinairement hermaphrodites, ont un petit calice persistant à 4 ou 5 dents. Les pétales sont soudés à la base, de façon à former une corolle à 4 ou plus rarement à 5 ou 6 divisions. Les étamines sont en même nombre que les divisions de la corolle, adhérant légèrement au tube de celle-ci. L'ovaire est sessile, subglobuleux, présentant 4 à 6 ou plus rarement 7 à 8 loges. Le style, lorsqu'il ne manque pas, est court, épais avec autant de

(1) Virgile, *Géorgiques*, liv. II, p. 413.

stigmates que de loges à l'ovaire, distincts ou confluents. 1 ou 2 ovules par loge. Le fruit est une drupe globuleuse avec 4 ou 8 noyaux osseux ou crustacés.

Distribution géographique. — Les Houx forment environ 175 espèces, dont la plupart habitent l'Amérique du Nord. Les autres, très rares en Afrique et en Australie, sont éparses à travers les régions tropicales et tempérées de presque tout le globe. Le genre Houx n'est représenté dans notre pays que par une seule espèce, l'*Ilex aquifolium*.

Distribution géologique. — La plus ancienne trace de Houx fossile qui ait été rencontrée se trouve dans la craie ancienne du système d'Atané au Groenland. D'autres espèces, retrouvées dans le tertiaire ancien de la région arctique, attestent la présence de ce genre dans le Nord à une époque très reculée.

Usages. — Les Houx contiennent un prin-

Fig. 451. — *Ilex ferox*, feuille.

cipe amer, l'*ilicine*, avec une résine aromatique et une matière glutineuse. Les deux espèces les plus intéressantes sont le Houx commun de nos pays et le Houx du Paraguay, qui fournit le *Maté*, succédané du thé.

LE HOUX COMMUN — *ILEX AQUIFOLIUM*

Noms vulgaires. — Agrifon ; Grifoul.

Caractères. — Le Houx commun (fig. 452) est un grand arbrisseau, ou un petit arbre de 7 à 8 mètres de haut. Le tronc est droit et garni de rameaux souvent verticillés, souples, à écorce lisse et verte ; les feuilles, toujours vertes, sont lisses, coriaces, épineuses et sans stipules. Les fleurs sont petites et blanches, groupées en bouquets axillaires serrés. Les fruits, qui se développent sur les pieds femelles seulement, car la plante est dioïque, sont globuleux, de la grosseur d'un grain de groseille, d'un rouge vif, d'une saveur douceâtre et désagréable.

Distribution géographique. — Cet arbuste

croît naturellement dans les bois montagneux de l'Europe tempérée. En France, il affectionne particulièrement les lieux boisés, calcaires ou sablonneux, mais chauds ; sa floraison a lieu de mai à juin et ses fruits mûrissent en hiver.

Usages. — Le Houx dans toutes ses parties est amer et tonique. Les baies ont été utilisées comme purgatives. Les feuilles ont servi en médecine comme renfermant un principe amer cristallisable, l'*ilicine*, qui les a fait proposer comme succédanés de la quinine.

La seconde écorce des Houx sert à la fabrication de la glu, substance utile aux oiseleurs. Pour cela on broie cette écorce dans un mor-

Fig. 452. — Houx commun (*Ilex aquifolium*).

tier, de façon à la convertir en une pâte que l'on met à pourrir dans la terre humide pendant une quinzaine de jours environ. Puis on lave cette pâte dans l'eau, afin d'en bien séparer les fibres, et on la conserve dans des vases clos, après l'avoir additionnée d'un peu d'huile de noix.

Le bois du Houx est très blanc dans les arbres jeunes, très dur, très pesant, susceptible de prendre un beau poli et prenant parfaitement bien la teinture noire. Aussi l'emploie-t-on à contrefaire l'ébène. Il convient bien aux ouvrages de tour et de marqueterie.

Les jeunes rameaux sont très souples, élastiques, et servent à faire des manches d'outils, des verges de fléaux à battre le blé, des baguettes de fusil, des manches de fouets, des

cravaches, etc. C'est de là que vient le nom de *houssine*.

Le Houx est très ornemental et très rustique. On en tire un excellent parti dans l'ornementation des jardins pittoresques, à cause de sa verdure perpétuelle, de son port touffu, et des drupes rouges qui chargent les branches en hiver. On le cultive en buisson, ou on le laisse s'élever en un arbre qui peut atteindre 8 à 10 mètres.

Dans la forme la plus commune, les feuilles présentent des nervures prolongées en épines dirigées alternativement en haut et en bas. Il existe un très grand nombre de variétés, les unes à feuilles larges ou étroites, entières, contournées sinueuses, crispées, hérissées, ciliées, dentées, les autres à feuilles panachées, marginées de blanc ou de jaune. Le Houx est un des plus jolis arbrisseaux qui puissent servir à faire des bosquets d'hiver. On en fait également de belles haies vives d'une très longue durée, de peu d'entretien et de la meilleure défense, car elles sont tout à fait impénétrables, surtout si on y mélange le Groseiller épineux.

LE HOUX MATÉ — *ILEX MATE*

Synonymie. — *Ilex paraguayensis ;* Herbe du Paraguay ; Thé du Paraguay ; Thé des Jésuites ; *Arvore do Mate ; Yerva del Paraguay.*

Caractères. — C'est un arbre à rameaux touffus, au tronc gros comme la cuisse, à écorce lisse et blanchâtre, à feuilles persistantes, alternes, presque sessiles, grandes, cunéiformes, ovales, un peu obtuses, dentées en scie avec dents écartées, coriaces et luisantes. Les fleurs sont blanches, disposées en cymes corymbiformes, serrées à l'aisselle des feuilles de la partie moyenne des rameaux. Le fruit est une baie rougeâtre, grosse à peu près comme un grain de poivre.

Distribution géographique. — Cette plante croît en Amérique dans les forêts du Paraguay et du Brésil.

Usages. — De temps immémorial, les Indiens Guaranis ont recouru à la mastication de la feuille de cette plante pour soutenir leurs forces, dans les voyages ou les travaux pénibles, en l'absence de nourriture solide.

Ils en révélèrent les propriétés aux Pères Jésuites, lorsque ceux-ci vinrent fonder parmi eux leurs célèbres colonies ou missions. Les Jésuites tentèrent de perfectionner la culture de l'arbrisseau et la préparation de ses produits.

Ils remarquèrent qu'une légère torréfaction développait l'arome des feuilles et qu'il était nécessaire de les pulvériser pour leur faire rendre facilement leurs principes. Puis, en enfermant la poudre dans des peaux de bœuf encore fraîches et laissant sécher au soleil, les ballots deviennent aussi durs que de la pierre.

C'est cette pratique qui a été depuis adoptée par les Américains. Ils remplissent environ la moitié d'une petite calebasse spéciale, avec de la poudre de Maté ; on met ou non du sucre suivant les goûts ; on verse lentement de l'eau bouillante sur la poudre et on aspire l'infusion à l'aide d'un chalumeau terminé par une petite boule percée de trous, destinés à empêcher le passage des gros fragments. Le chalumeau se nomme *Bombillia* et la calebasse *Maté*. La boisson a pris le nom du vase.

Après l'expulsion des Jésuites, le Paraguay, la République Argentine et le Brésil se partagèrent leurs colonies : leurs cultures furent détruites et l'on est revenu à l'exploitation sylvestre.

Le Maté est consommé en grande quantité dans les États de l'Amérique du Sud ; il est encore rare dans le commerce français. Dans l'Amérique du Sud, le Maté constitue une boisson alimentaire, qui paraît jouer le même rôle que le café en Orient.

Le chiffre des populations adonnées au Maté est évalué à plus de 11 millions d'individus habitant le Brésil, la Bolivie, la République Argentine, le Paraguay, l'Uruguay et le Chili ; leur consommation annuelle dépasserait 100 millions de kilogrammes. L'habitant de ces régions n'oublie jamais d'emporter sa provision de Maté lorsqu'il voyage, et, dans une habitation quelconque, la première politesse que l'on fait au visiteur sympathique est de lui offrir la calebasse chargée de Yerba. C'est une des règles de l'hospitalité.

L'infusion de Maté est vomitive lorsqu'elle est trop concentrée ; bien préparée, elle est stimulante, digestive et agit à peu près comme le café, le thé et la coca.

Le Maté n'a pas encore été employé en médecine, bien qu'il puisse agir comme le thé, et il est peu probable que son emploi pénètre dans nos habitudes.

Cependant il peut être utile comme aliment antidéperditeur, pour les voyageurs qui parcourent le pays où on le rencontre.

Le Houx APALACHIN (*Ilex vomitoria*), ou *Thé des Apalaches* est un arbrisseau des lieux humides et ombragés de la Floride, de la Caroline et de la Virginie. Les naturels de ces pays en emploient les feuilles pour faire une infusion théiforme, qui jouit d'une grande réputation tonique, mais qui est purgative et vomitive à haute dose.

LES CYRILLÉES — *CYRILLEÆ*

Étymologie. — Le genre *Cyrilla* a été établi en l'honneur du naturaliste napolitain Cyrillo.

Caractères. — A la suite des Ilicinées, on place souvent, comme s'en rapprochant beaucoup, la petite famille des Cyrillées, que Bentham et Hooker d'une part, et M. Van Tieghem d'autre part, rangent auprès des Éricacées à cause de la gamopétalie, faible il est vrai, de la corolle.

Distribution géographique. — La famille des Cyrillées ne comprend que 3 genres et 6 espèces environ. Les *Cyrilla* sont des deux Amériques, les *Cliftonia* de la Géorgie et de la Floride, les *Costæa* de la Nouvelle-Grenade et de Cuba.

LES CELASTRINÉES — *CELASTRINEÆ*

Caractères. — Les Célastrinées sont des arbres ou des arbrisseaux, parfois épineux ou grimpants. Les feuilles, opposées et alternes, en sont très souvent coriaces, toujours simples, jamais lobées, et sont dépourvues de glandes. Lorsqu'il y a des stipules, elles sont ordinairement très petites et très caduques. Les fleurs petites, blanches ou verdàtres, sont le plus souvent disposées en cymes.

Ordinairement hermaphrodites, les fleurs des Célastrinées présentent les caractères suivants : le calice est petit, à 4 ou 5 divisions, imbriqué et persistant ; 4 ou 5 pétales courts et étalés, sessiles, insérés sur les bords du disque, imbriqués, forment la corolle qui fait défaut dans les fleurs d'un arbre du Pérou (*Alzatea*) ; l'androcée comprend 5 étamines à filets courts et subulés, insérés sur le disque ; les *Glossopetalum* du Texas et du Nouveau-Mexique ont 10 étamines à l'androcée. Le pistil est formé de 5 carpelles clos, concrescents en un ovaire à 5 loges, sessile, atténué au sommet en un style court et épais, terminé par un stigmate simple ou lobé. Il n'y a qu'un seul carpelle chez les *Glossopetalum*. Les ovules sont anatropes, très souvent au nombre de 2 par loge, parfois en nombre supérieur ou bien solitaires.

Le fruit assez variable est une capsule, une baie, une drupe ou une samare. Les graines, souvent munies d'un arillode, parfois ailées, présentent un albumen charnu avec cotylédons plans, foliacés et une radicule presque toujours infère.

Distribution géographique. — On a décrit 38 genres de Célastrinées, comprenant environ 300 espèces dispersées à travers le globe presque tout entier, à l'exception toutefois des régions froides.

Elles sont assez fréquentes entre les tropiques, plus rares dans les régions tempérées, à l'exception toutefois des *Evonymus*. Ce genre est le seul qui représente la famille dans la flore française.

Distribution géographique. — On a signalé jusqu'à présent 92 espèces fossiles du groupe des Célastrinées, représenté sur notre globe à partir de l'époque tertiaire, en particulier 60 *Celastrus*, 10 *Evonymus*, 10 *Elæodendrum*, genres actuellement vivants.

Classification. — On peut diviser la famille des Célastrinées en 3 tribus, d'après les caractères du tableau suivant :

Feuilles opposées		*Evonymées.*
Feuilles alternes. {	Fruit déhiscent	*Célastrées.*
	Fruit indéhiscent	*Élæodendrées.*

Affinités. — Les Célastrinées forment une famille bien délimitée par son port, par ses feuilles simples, souvent coriaces, par ses fleurs petites, à calice persistant, ses 5 étamines, son ovaire, son inflorescence, etc. Elles se rattachent surtout aux Ampélidées, dont elles se distinguent principalement par l'alternance des étamines avec les pétales, et aux Sapindacées, qui s'en séparent par l'irrégularité des fleurs et par les feuilles qui ne sont pas toujours simples comme chez les Célastrinées.

Usages. — L'écorce et les feuilles des Célastrinées contiennent en général un principe amer, auquel elles doivent des propriétés émétiques et purgatives. Cependant leur emploi en médecine est assez restreint.

Quelques-unes de ces plantes portent un fruit comestible, et on retire des graines une huile grasse.

Leur bois fournit en général un excellent charbon et est employé dans l'industrie. Celui des Fusains européens sert à la préparation d'un charbon qui est employé pour le dessin et qui entre dans la fabrication de la poudre à canon.

Quelques plantes de la famille peuvent servir comme plantes tinctoriales ; ce sont les téguments de la graine ou le bois qui fournissent la matière colorante. Comme exemple, on peut citer l'*Evonymus tingens* de l'Inde orientale, qui doit son nom spécifique à cette propriété, et dont les Hindous se servent pour se tatouer la peau et le visage.

Plusieurs Célastrinées sont d'excellentes plantes d'ornement, cultivées dans les jardins et les orangeries pour leur joli feuillage.

LES FUSAINS — *EVONYMUS*

Étymologie. — Du grec *eu*, bien ; *onoma*, nom. — *Evonymus* a été aussi considéré comme dérivant d'*Évonyme*, nom de la mère des Furies. Le nom français de *fusain* vient probablement de ce que le bois de ces plantes était autrefois employé à faire des fuseaux.

Caractères. — Les Fusains (fig. 453 à 459) sont des arbres ou des arbrisseaux généralement dressés, quelquefois grimpants, ordinairement glabres, à rameaux souvent carrés, plus rarement cylindriques. Les feuilles (fig. 453 et 456) sont opposées, pétiolées, entières ou dentées, persistantes, munies de stipules caduques. Les fleurs (fig. 457), petites, souvent vertes ou purpurines, sont portées par des pédoncules disposés en cymes axillaires, ordinairement pauciflores et très rarement uniflores.

Les Fusains ont des fleurs (fig. 457) régulières hermaphrodites, construites sur le type 4 ou sur le type 5. Le calice est gamosépale à 4 ou 5 divisions ; les 4 ou 5 pétales étalés, entiers ou dentés sont insérés sous le disque glanduleux, large et surbaissé qui couvre le réceptacle. Les étamines, en même nombre que les

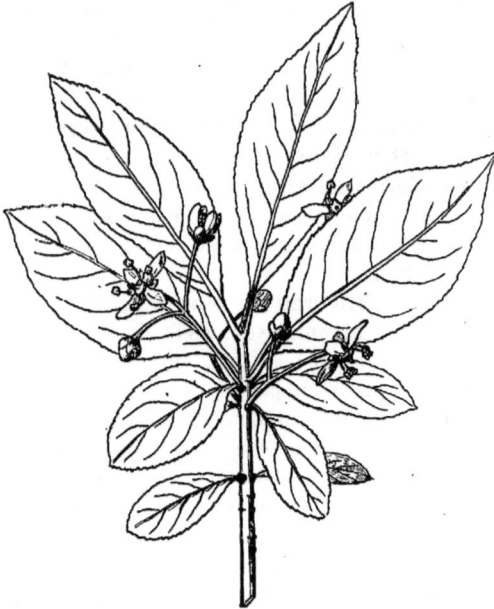

Fig. 453.

Fig. 456.

Fig. 454.

Fig. 455.

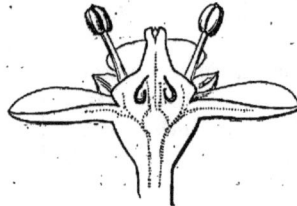

Fig. 457.

Fig. 458.

Fig. 459.

Fig. 453 à 455. — Fusain d'Europe (*Evonymus Europæus*).
Fig. 453. — Port.
Fig. 454. — Fruit fermé.
Fig. 455. — Fruit ouvert.

Fig. 456 à 459. — Fusain du Japon (*Evonymus Japonicus*).
Fig. 456. — Port.
Fig. 457. — Fleur coupée.
Fig. 458. — Fruit fermé.
Fig. 459. — Fruit déhiscent.

Fig. 453 à 459. — Fusain (*Evonymus*).

pétales, sont insérées sur le disque ou plus rarement au bord de celui-ci ; leurs filets subulés sont souvent courts et se terminent par de larges anthères didymes. Au centre du disque, s'enchâsse le pistil à 3-5 loges, surmonté d'un style court et d'un stigmate présentant autant de lobes qu'il y a de loges à l'ovaire. A l'angle de chaque loge, sur un placenta axile, s'attachent 2 (rarement 4 ou plus) ovules anatropes ascendants.

Le fruit (fig. 454 et 458) est une capsule à 3-5 loges, anguleuse ou ailée, coriace, souvent hérissée de piquants, renfermant 2 graines par loge et s'ouvrant par déhiscence loculicide (fig. 455 et 459). Les graines, enveloppées d'un arille charnu et souvent coloré en rouge, renferment à l'intérieur d'un albumen charnu, un embryon orthotrope à larges cotylédons foliacés et à radicule infère.

Distribution géographique. — Les 45 espèces du genre *Evonymus* habitent pour la plupart les régions montagneuses de l'Inde, du nord de la Chine et du Japon. Le reste vit dans les pays tempérés de l'Europe et de l'Amérique du Nord. Quelques espèces sont dispersées à travers les îles de la Malaisie.

Fig. 460.

Fig. 461. Fig. 462.

Fig. 460. — Fusain d'Europe (*Evonymus Europæus*) en fruits.
Fig. 461. — Pelligère des chiens (*Pelligera canina*).

Fig. 462. — Geaster hygrométrique (*Geaster hygrometricus*).

Fig. 460 à 462. — Paysage d'automne.

Le genre est représenté dans la flore française par 2 espèces, l'une le Fusain d'Europe (*E. europæus*) aussi commun dans les bois du Nord que du Midi ; l'autre le Fusain à larges feuilles (*E. latifolius*), particulier aux provinces du Midi et de l'Est.

Usages. — Le bois des Fusains est surtout employé à préparer un charbon qui sert aux dessinateurs. :

Les Fusains sont encore d'excellentes plantes d'ornement.

LE FUSAIN D'EUROPE — *EVONYMUS EUROPÆUS*

Noms vulgaires. — Bonnet carré ; Bonnet de prêtre ; Bois-lardoire.

Caractères. — C'est un arbrisseau pouvant atteindre 4 à 5 mètres de hauteur, au port élégant avec ses rameaux nombreux, presque quadrangulaires, son écorce lisse et verdâtre et ses feuilles simples, opposées, glabres, lancéolées, finement denticulées. Au mois de mai ou juin, il porte de petites fleurs jaune verdâtre, disposées par petits bouquets de deux ou trois. Vers le mois de septembre, aux fleurs succèdent des fruits d'un rouge éclatant, dont la forme carrée (fig. 460), avec 4 lobes très nets, a fait donner à la plante le nom de *Bonnet de prêtre*. Les angles du fruit sont obtus et non ailés chez le Fusain d'Europe.

Distribution géographique. — Cette espèce croît dans les contrées tempérées de l'Europe ; elle est plus rare dans les contrées chaudes. On la rencontre fréquemment dans les bois, où, au milieu des taillis, les fruits rouges (fig. 460) font le plus joli effet à l'automne, alors que les feuilles des arbres sont tombées, et que la terre se couvre de Lichens comme le Pelligère des chiens (fig. 461) ou de Champignons comme le Geaster hygrométrique (fig. 462).

Usages. — Toutes les parties de cette plante répandent une odeur fétide ; aussi les animaux refusent-ils d'en manger les feuilles.

Le bois en est très dense, très dur et d'un blanc légèrement jaunâtre ; il se fend difficilement, mais se laisse bien couper dans tous les sens ; il sert aux ouvrages de tour et de marqueterie. On en fait des cure-dents, des vis, des fuseaux, des aiguilles à tricoter et des lardoires.

Le charbon obtenu avec ce bois est d'une extrême légèreté : il entre dans la composition de la poudre à canon.

En brûlant les jeunes rameaux dans des tubes de fer, on obtient les crayons connus sous le nom de *fusains*, dont se servent les peintres et les dessinateurs pour tracer les esquisses, car les marques laissées sur le papier s'effacent facilement sans laisser de traces. On fait aussi des dessins avec le seul fusain, qui permet d'obtenir certains effets spéciaux, mais pour les conserver il faut alors les fixer au moyen d'un liquide spécial.

Les fruits du Fusain sont âcres, émétiques et purgatifs. Cependant certains oiseaux, moineaux et rouges-gorges, semblent les rechercher et s'en nourrir avec avidité. Ces fruits servaient autrefois à la préparation d'un onguent pour la destruction des poux, et aujourd'hui encore les baies, employées en décoction dans le vinaigre, servent dans le traitement de la gale des animaux domestiques.

Le Fusain d'Europe produit dans les bosquets un fort bel effet, surtout en automne lorsqu'il est chargé de ses jolis fruits rouges. Cependant on lui préfère comme plante d'ornement les espèces exotiques, à feuilles persistantes, dans les pays où elles sont rustiques.

Le Fusain a larges feuilles (*Evonymus latifolius*), espèce indigène, mais spéciale aux montagnes de l'Est et du Midi, où elle croît à l'ombre des forêts, est employé à peu près aux mêmes usages. Cette espèce se distingue de la précédente par ses feuilles plus larges et plus grandes, par ses fleurs rougeâtres, à étamines plus courtes que les sépales, et par ses fruits aux angles ailés.

Le Fusain galeux (*Evonymus verrucosus*), qui croît dans l'Autriche et la Hongrie, est ainsi nommé à cause des ponctuations verruqueuses et brunâtres qui couvrent ses rameaux.

LE FUSAIN DU JAPON — *EVONYMUS JAPONICUS*

Caractères. — Le Fusain du Japon (fig. 456 à 459) est un bel arbrisseau, qui peut atteindre 2 mètres de haut environ, formant buisson, toujours vert, car ses feuilles sont persistantes.

Distribution géographique. — Cette espèce est originaire du Japon. Elle est aujourd'hui cultivée dans nos pays, où on la recherche pour sa rusticité et la facilité de sa culture.

Usages. — Par son feuillage persistant, d'un joli vert foncé, par ses fruits rouges abondants qui durent tout l'hiver, cette plante est très décorative pour les lieux où on la cultive. Elle convient très bien pour bordures, massifs et corbeilles. On peut aussi la cultiver en pots (fig. 463) dans les appartements et sur les terrasses. Pendant les fêtes de Noël, il se vend sur les marchés aux fleurs à Paris de nombreux rameaux de Fusain chargés de leurs fruits rouges.

Il existe de nombreuses variétés de Fusain du Japon, dont les feuilles sont plus ou moins grandes, plus ou moins dentées et qui présentent de superbes panachures, où s'entremêlent le jaune d'or et le blanc argenté sur un fond vert.

Une des meilleures variétés est le FUSAIN A POINTES DORÉES dont les jeunes pousses, d'un

Fig. 463. — Fusain du Japon (*Evonymus Japonicus*).

beau jaune, tranchent agréablement, au printemps, sur les autres parties de la plante qui restent vertes.

Les feuilles de la variété dite FUSAIN DUC D'ANJOU portent dans le sens de la longueur des bandes irrégulières, alternativement vert pâle et vert foncé.

Le FUSAIN RAMPANT (*Evonymus radicans*) est encore une espèce originaire du Japon, dont les feuilles sont persistantes. Les tiges rampent sur le sol, émettant çà et là des racines. Aussi peut-on facilement l'utiliser pour faire des tapis de verdure comme avec le Lierre. C'est une plante très rustique qui se cultive facilement à toutes les expositions. Chez

LES PLANTES.

l'espèce type les feuilles sont petites, ovales, dentées, d'un beau vert. Il en existe des variétés, dont les feuilles sont richement panachées de blanc, de jaune et même de rose.

Le FUSAIN FIMBRIÉ (*Evonymus fimbriatus*) est originaire de l'Inde. C'est un arbrisseau de 2 à 3 mètres de haut, dont les grandes feuilles persistantes, garnies sur les côtés de petites dents aiguës, rappellent celles du Laurier-Cerise.

LES CATHES — *CATHA*

Caractères. — Le genre *Catha* se rapproche beaucoup des *Evonymus*, dont il a les feuilles opposées, l'inflorescence et la fleur. L'ovaire est plus allongé, à trois loges, dont chacune contient toujours deux ovules dressés. Le fruit est une capsule linéaire oblongue, loculicide, s'ouvrant par 3 valves. Les graines sont dilatées inférieurement en une aile très mince, deux fois plus longue que la graine elle-même. Ce genre ne comprend qu'une seule espèce.

LE CATHE COMESTIBLE — *CATHA EDULIS*

Noms vulgaires. — Gat, Cat ou Kat.

Caractères. — C'est un arbrisseau glabre à feuilles opposées, pétiolées, lancéolées, coriaces, grossièrement dentées.

Distribution géographique. — Le *Catha edulis* est originaire de la côte orientale d'Afrique, de l'Abyssinie à Port-Natal. On le cultive dans cette région, ainsi qu'en Arabie où il a été introduit.

Usages. — Le *Catha edulis* peut, avec la *Coca* et le *Maté*, être comparé au Thé comme aliment d'épargne. Au dire des voyageurs qui ont visité les pays où on le cultive, il joue chez les indigènes un rôle considérable.

Les Arabes considèrent le *Kat* comme un antidote contre la peste : il suffirait même, d'après la croyance populaire, de porter sur soi un rameau ou un paquet de feuilles pour être assuré d'être exempt de la redoutable maladie, qui, d'autre part, ne saurait faire de victimes là où l'on cultive le *Catha edulis*. Aussi le nom du cheik Abou-Zerbin, qui le premier introduisit le *Catha* dans l'Yémen, est-il l'objet de la plus profonde vénération.

Les Arabes font d'autant plus volontiers usage de cette plante, qu'un synode de savants musulmans a déclaré que le Kat « n'est ni contraire aux lois religieuses ni contraire à la santé ; qu'il accroît la bonne humeur et la gaîté ».

Ils le prennent en infusion, ou plus souvent le mâchent sec ou vert, ce qui leur permet de rester en éveil pendant toute une nuit ; ils l'offrent même aux voyageurs, aux visiteurs, comme l'on fait du café dans tout l'Orient : le cheik Hamed en usait, dit-on, pour plus de 100 francs par jour.

En Abyssinie, ce sont surtout les bourgeons et les feuilles tendres que l'on mâche le plus volontiers, afin d'éprouver plus vite l'action excitante, enivrante même, qui repose de la fatigue. Aussi, dit Botta, « il n'y a pas d'hommes qui dorment aussi peu que les Yéménites ». Il n'est pas étonnant dès lors que les courriers, à qui l'on donne à porter des messages très pressés, ne prennent pas d'autre nourriture pendant les plusieurs jours et les plusieurs nuits que dure leur course.

Les vieillards et ceux qui ne veulent pas se donner la peine de mâcher les feuilles, se contentent de les avaler, après les avoir pulvérisées.

Le *Catha edulis* fraîchement cueilli est toujours réputé le plus enivrant ; on éprouve alors des satisfactions mentales fort douces et des rêves saisissants par leur netteté et leur vraisemblance.

En Égypte, on utilise le *Kat* pour fortifier le corps et aussi comme aphrodisiaque. Toutefois le commandant Mohammed-Moktar a remarqué « que les maladies du cœur sont fréquentes, surtout chez les gens de la basse classe qui font un usage immodéré de cette plante ». Il raconte d'autre part que « son domestique, âgé de vingt-trois ans, d'un tempérament sanguin, étant tombé malade de la dysenterie, ne fut guéri que par le *Kat*, bien qu'on eût d'abord employé tous les moyens ordinaires de médication, tels que le sous-nitrate de bismuth, etc. ».

L'histoire, dit Fluckiger, ne nous fournit aucune indication sur l'usage du *Kat* dans l'antiquité. Un auteur arabe du xvi⁰ siècle mentionne que, dans l'Yémen, on employait cette boisson, longtemps avant le café.

Culture. — C'est surtout en Arabie, dit M. le Dʳ E. Bertherand, que le *Catha edulis* est cultivé sous le nom de Gat ou Cat, à côté du Caféier : de là, il est transporté à Aden, où on le vend par paquets de 40 ramilles liées au moyen d'une écorce. On assure que chaque année, il en arrive à Aden 300 charges de chameau.

Le *Catha edulis* se plante dans l'Yémen par boutures ; pendant trois ans, on se borne à fumer et arroser ; au commencement de la quatrième année, toutes les feuilles vives sont arrachées, on respecte les bourgeons de l'extrémité de chaque rameau, afin que l'année suivante ils fournissent, à leur tour, de jeunes branches à couper et à vendre par paquets appelés *Kat moubalrèh*, c'est-à-dire Kat inférieur ou commun ; l'année qui suit, on vendra sous le nom de *Kat methani*, c'est-à-dire Kat supérieur, les ramuscules provenant des bourgeons ainsi tronqués ; les feuilles de ces ramuscules ont une saveur très prononcée de noisette.

En Égypte, le *C. edulis* est abondamment cultivé dans les anciens jardins d'Ibrahim Pacha(1).

En Abyssinie, on le cultive sous le nom de *Tchud*, *Tchat*, et sous celui de *Tsaad*, d'après Ferret et Galinier.

Sur les marchés de Berbéra, sur la côte des Somalis, il jouit d'une grande vogue, son action étant comparée à celle de l'opium ou du Thé vert de Chine.

Depuis quelque temps, le *Catha edulis* est cultivé dans les serres européennes. L'arbrisseau croît et fleurit dans un certain nombre de jardins botaniques (Bâle, Lisbonne, la Mortola près Menton, etc.). Il paraît que le climat des bords de la Méditerranée lui convient bien. A la Mortola, il forme des buissons élancés de 6 mètres. La tige la plus haute mesure 21 centimètres de circonférence, à 10 centimètres au-dessus du sol : il y prospère depuis une vingtaine d'années.

LES CÉLASTRES — *CELASTRUS*

Étymologie. — Les *Celastrus*, qui ont donné leur nom à la famille des Célastrinées, tirent leur appellation du mot *Kelastron*, par lequel les Grecs désignaient autrefois un arbuste encore indéterminé.

Caractères. — Les *Celastrus* sont des arbrisseaux, assez souvent grimpants, inermes, à feuilles alternes, presque membraneuses, pétiolées, entières ou dentées. Les fleurs, qui comptent parmi les plus petites, sont disposées en grappes ou en panicules axillaires et terminales.

Ces plantes, dont les fleurs sont parfois unisexuées, présentent un calice urcéolé à la base,

<hr />

(1) Delechevalerie. *Bull. de la Soc. d'Accl.* 1861.

à 5 divisions. Les pétales, au nombre de 5, sont insérés sous le disque et étalés au sommet. 5 étamines comme chez les Fusains. Disque cupulaire ou concave à 5 lobes. L'ovaire, placé sur le disque et non pas plongé dedans, est divisé (parfois imparfaitement) en 2-4 loges contenant 2 ovules collatéraux dressés. La capsule, à déhiscence loculicide, contient dans chaque loge 1 ou 2 graines à arille charnu, pourvues d'un albumen copieux et d'un embryon à larges cotylédons foliacés.

Distribution géographique. — La plupart des espèces connues du genre *Celastrus* habitent les montagnes de l'Inde, de la Chine et du Japon. Quelques-unes sont de l'Amérique du Nord, de l'Australie et même de Madagascar.

Usages. — L'écorce des *Celastrus* est généralement émétique et purgative; celle du *C. scandens* est employé comme telle au Canada. On considère comme purgative la racine du *C. senegalensis.*

Au Cap, vit une espèce, le *C. venenatus*, arbrisseau épineux dont les épines font des blessures cruelles et dangereuses.

Le CÉLASTRE GRIMPANT (*Celastrus scandens*), originaire du Canada, est un grand arbrisseau volubile, qui étouffe les arbres autour desquels il monte. Ses feuilles sont ovales, aiguës et dentées, ses fleurs petites et verdâtres, ses fruits à 3 cornes. On le cultive dans les jardins comme plante d'ornement, c'est une de nos rares lianes de pleine terre.

LES ÉLÉODENDRES — *ELÆODENDRON*

Étymologie. — Du grec *elaion*, huile; *dendron*, arbre.

Caractères. — Les *Elæodendron* sont le genre type de la tribu des Éléodendrées, Célastrinées à fruit indéhiscent et non capsulaire.

Ce sont des arbrisseaux et des arbuscules, ordinairement glabres, à rameaux cylindriques et anguleux. Les feuilles, opposées ou alternes, sont pétiolées, entières ou crénelées, coriaces, ordinairement persistantes, pourvues de petites stipules caduques. Les fleurs petites, blanches ou verdâtres, sont construites sur les types 4 ou 5, et rappellent beaucoup celles des Fusains. L'ovaire ne renferme jamais que 2 ovules par loge.

Le fruit est une drupe sèche ou pulpeuse, dont le noyau présente 1 à 3 loges contenant 1 ou plus rarement 2 graines dépourvues d'arille, à albumen charnu, abondant, et à cotylédons plans.

Distribution géographique. — Une trentaine d'espèces de ce genre sont dispersées à travers les régions tropicales du globe tout entier. La plupart sont du Cap et de l'Inde.

Elles sont plus rares en Australie, dans les îles Mascareignes et dans l'Inde occidentale, et deviennent tout à fait rares dans l'Amérique du Sud.

On n'a pas encore rencontré de représentant de ce genre dans l'Afrique tropicale.

Usages. — Une espèce du Cap, l'*E. croceum*, est exploitée pour son bois (*Saffranhout*); elle est employée contre la morsure des serpents. Dans l'Inde, on utilise l'*E. Roxburghii* contre les blessures et les brûlures.

On mange, au Cap, les drupes de plusieurs espèces, en particulier celles de l'*E. sphærophyllum.*

LES HIPPOCRATÉES — *HIPPOCRATEÆ*

Étymologie. — Cette famille a été dédiée au célèbre médecin grec Hippocrate (460-380 av. J.-C.).

Caractères. — Les Hippocratées, que l'on réunit souvent aux Célastrinées à titre de simple tribu, s'en distinguent cependant par l'androcée, ordinairement composé de 3 étamines seulement : il n'y en a que 2 chez le *Salacia diandra*, et le nombre en atteint 5 (dont 2 ou 3 dépourvues d'anthères) chez l'*Hippocratea pentandra*. Les graines sont dépourvues d'albumen. Les feuilles sont très ordinairement

opposées, à l'exception toutefois d'une espèce du genre *Salacia*.

Distribution géographique. — Les 155 espèces, réparties en 5 genres, qui forment la famille des Hippocratées, habitent les régions tropicales et subtropicales du globe entier. Les 2 genres principaux sont les *Hippocratea* (70 espèces) et les *Salacia* (80 espèces), qui sont représentées à peu près dans toutes les régions tropicales. L'unique espèce de *Campylostemon* est d'Angola; les *Siphonodon* sont d'Asie orientale, de Java et d'Australie; les *Llavea*, du Mexique.

Usages. — La graine des *Hippocratea*, désignée sous les noms de *Bejucos* ou *Béjugues,* est souvent alimentaire : c'est ainsi qu'on mange aux Antilles celles de l'*Hippocratea comosa*, appelé aussi Amandier des bois, et dans l'Inde celles de l'*H. Grahami*. Les baies de certaines espèces du genre *Salacia* sont parfois aussi alimentaires.

Dans l'Afrique tropicale occidentale, le fruit du *Salacia pyriformis*, gros comme une poire et d'un goût aromatique et sucré, est fort estimé par les colons et les indigènes.

Au Brésil, on mange volontiers les baies douces et succulentes à l'intérieur des *S. elliptica, sylvestris*, etc., connues sous le nom vulgaire de *Sapata*.

LES STACKHOUSIÉES — *STACKHOUSIEÆ*

Caractères. — Les Stackhousiées, dont M. Van Tieghem ne fait qu'une simple tribu des Célastrinées, se distinguent de celles-ci par un androcée formé de 5 étamines à filaments grêles, dont 2 sont plus courts que les autres, et par la corolle composée de 5 pétales périgynes, libres à la base, mais soudés en un tube vers le milieu.

Ce sont de petites herbes à rhizome vivace, herbacé ou ligneux, émettant des tiges florifères simples ou peu ramifiées. Les feuilles sont alternes, linéaires ou spatulées, très

entières, dépourvues de stipules ou présentant des stipules très petites. Fleurs blanches ou jaunes disposées en épis au sommet des rameaux ou en fascicules le long du rachis ou plus rarement en grappes.

Distribution géographique. — Les 20 espèces connues du genre *Stackhousia* sont pour la plupart originaires de l'Australie, une espèce est de la Nouvelle-Zélande, une autre des îles Philippines. En Australie, on a aussi signalé une seule espèce du genre *Marcgregoria*.

LES RHAMNÉES — *RHAMNEÆ*

Caractères. — Les Rhamnées sont des arbres ou des arbrisseaux dressés, ou parfois grimpants à l'aide de vrilles, souvent épineux, rarement glanduleux. Les *Crumenaria*, qui croissent au Brésil, sont par exception des herbes ; une espèce est annuelle et présente une tige herbacée; les autres espèces vivaces ont une souche ligneuse souterraine avec rameaux aériens herbacés, presque aphylles. Les feuilles simples, alternes ou opposées, souvent coriaces, entières ou dentées, deviennent très petites et manquent même souvent chez les plantes de la tribu des Collétiées. Les stipules ne font que rarement défaut; elles sont petites, ordinairement caduques et parfois transformées en épines. Les fleurs sont le plus souvent disposées en cymes axillaires, lâches ou denses; elles ne sont jamais grandes ni belles, mais au contraire petites, verdâtres ou jaunâtres.

Ces fleurs, ordinairement pentamères, sont hermaphrodites ou plus rarement polygames-dioïques. Le calice, souvent coriace, est formé de 4 ou 5 sépales soudés entre eux pour former

un tube conique, urcéolé ou cylindrique, et dont les extrémités libres, brièvement triangulaires, sont dressées ou recourbées; la préfloraison en est valvaire. Les pétales, au nombre de 4 ou 5, manquent chez les *Condalia*, plantes d'Amérique, et quelquefois chez les *Colletia*. Ces pétales, attachés sur la gorge du calice, sont souvent plus courts que les lobes de celui-ci. Les étamines, en même nombre que les pétales, sont opposées à ceux-ci et insérées avec eux; les filets filiformes ou subulés, rarement dilatés, portent des anthères présentant deux sillons souvent confluents en un seul, courbé en fer à cheval. Le disque, qui manque rarement, est de forme variable. L'ovaire sessile, libre ou plongé dans le disque, tout entier supère ou plus ou moins soudé au tube calicinal, présente ordinairement 3 loges, plus rarement 2 ou 5. Le style dressé, très souvent court et épais, porte un stigmate capité, le plus souvent à 3 lobes. Il y a 1 ou plus rarement 2 ovules anatropes par loge.

Le fruit est libre ou plus ou moins entouré

du tube persistant du calice. C'est une capsule coriace ou une drupe à 3 coques ou à noyau triloculaire. Les graines solitaires sont dressées, pour la plupart ovoïdes, assez souvent arillées à la base, et renferment un albumen charnu, souvent faible, rarement nul. L'embryon est grand, orthotrope, ordinairement jaune ou vert avec cotylédons plans, ou plans convexes et radicule courte, droite, infère.

Distribution géographique. — 40 genres et 475 espèces environ forment la famille des Rhamnées. Ces plantes sont dispersées à travers les régions tempérées, chaudes et tropicales des deux mondes. Les 3 genres *Zizyphus*, *Rhamnus*, *Paliurus* représentent chez nous la famille.

Distribution géologique. — Les Rhamnées étaient représentées à l'époque tertiaire et on en a signalé environ 80 espèces fossiles de cette époque, appartenant en particulier aux genres aujourd'hui vivants *Rhamnus*, *Zizyphus*, *Paliurus*, etc.

Classification. — Les Rhamnées ont été divisées en 5 tribus : les *Ventilaginées*, les *Zizyphées*, les *Rhamnées*, les *Collétiées* et les *Gouaniées*.

La distribution en genres des Rhamnées est assez artificielle et repose, en grande partie, plus sur le port des plantes que sur de véritables caractères tirés des fruits et des feuilles.

Affinités. — Les Rhamnées se relient très étroitement aux Célastrinées. Elles ne s'en distinguent guère en effet que par l'opposition des étamines aux pétales et par la concrescence des verticilles externes. Par les genres à ovaire supère, la famille se rapproche des Ampélidées ; par ceux à ovaire infère, elle fait transition avec les Dialypétales infraovariées.

Usages. — Les Rhamnées sont des plantes amères, âcres et astringentes : elles fournissent à la médecine des médicaments toniques et fébrifuges ou évacuants. Les principales Rhamnées médicinales sont les Nerpruns (*Rhamnus*), mais plusieurs autres plantes de la famille peuvent être aussi utilisées, principalement pour leur astringence.

Les fruits sont souvent employés pour fournir diverses matières colorantes jaunes et vertes.

Celui des Jujubiers est bien connu sous le nom de *jujube* et entre dans certaines préparations pharmaceutiques.

Plusieurs Rhamnées sont des plantes d'ornement, cultivées dans les jardins ou dans les serres.

LES VENTILAGINÉES — *VENTILAGINEÆ*

Caractères. — La tribu des Ventilaginées est caractérisée par un ovaire supère ou à demi supère ; un disque remplissant le tube du calice ; un fruit sec uniloculaire et monosperme, entouré à la base, ou même jusqu'en son milieu, par le tube calicinal ; des graines dépourvues d'albumen.

Distribution géographique. — A cette tribu appartiennent deux genres seulement : les *Smythea* de l'Archipel Indien et de la Polynésie, et les *Ventilago*.

LES VENTILAGES — *VENTILAGO*

Caractères. — Les Ventilages sont des arbustes grimpants, inermes, à rameaux cylindriques, à feuilles alternes, pétiolées, ovales, aiguës au sommet, obliques à la base et munies de très petites stipules caduques portant à la floraison des panicules de très petites fleurs.

Le genre *Ventilago* est caractérisé par son fruit prolongé par une longue aile à la partie supérieure.

Distribution géographique. — On en connaît une dizaine d'espèces environ, qui habitent les tropiques en Afrique, en Asie, en Australie et dans les îles du Pacifique.

Usages. — L'écorce du *Ventilago maderaspatana* de l'Inde est textile et sert dans ce pays à la confection de nattes et de filets d'une ténacité très grande, ne se corrompant point à l'usage.

LES ZIZYPHÉES — *ZIZYPHEA*

Caractères. — Les Zizyphées ont l'ovaire supère ou demi-supère et leur disque remplit le tube du calice. Le fruit est une drupe, sèche ou charnue, dont le noyau est à 4 ou 2 loges, entourée à la base ou jusqu'au milieu par le tube du calice.

LES PALIURES — *PALIURUS*

Étymologie. — Du grec *Paliouros*, nom d'une plante dans Dioscoride. Ce nom vient lui-même de *palin*, au rebours ; *ouros*,

rempart. C'est une allusion à la forme recourbée des épines.

Caractères. — Les *Paliurus* sont des arbrisseaux épineux, dont les épines géminées sont
formées par les stipules. Les feuilles sont
alternes, pétiolées, ovales ou cordées, présentant 3 nervures. Fleurs petites, fasciculées
ou agrégées en courtes cymes.

Le fruit est assez sub-globuleux et son péricarpe dur et sec, prolongé en une aile orbiculaire et horizontale.

Distribution géographique. — Des 2 espèces
qui forment ce genre, l'une habite l'Europe
australe et l'Asie occidentale; l'autre, le sud
de la Chine.

LE PALIURE PIQUANT – *PALIURUS ACULEATUS*

Synonymie. — **Noms vulgaires.** — *Paliurus
australis;* Porte-chapeau; Chapeau d'évêque ;
Capelet; Épine noire ; Épine du Christ; Arga-
lou; Arnavaou.

Caractères. — C'est un arbrisseau de 1 à
2 mètres de haut, à rameaux flexueux, à feuilles
alternes, pétiolées, ovales, à peine dentées,
marquées de 3 nervures, dont les stipules
sont transformées en aiguillons (fig. 464). Un
des deux aiguillons est plus court que l'autre
et recourbé en forme de crochet. Les fleurs,
petites et jaunâtres, sont groupées en grappes
axillaires. Les fruits qui leur succèdent sont
des drupes sèches couronnées d'une large
membrane en forme de chapeau rabattu : telle
est l'origine des noms de *Chapeau d'évêque,
Capelet,* etc., que porte la plante.

Distribution géographique. — Cette plante
croît dans le Midi de l'Europe, dans le Levant,
la Barbarie, etc. On la rencontre en France
dans les terrains arides du Midi : elle ne
pousse en effet que dans les terres incultes, là
où ne croissent que les Ronces et les Chardons.
C'est pour cela que Virgile, voulant peindre le
deuil de la nature à la mort de Daphnis,
montre les *Paliurus* et les Chardons poussant
tout à coup à la place des Violettes et des
Narcisses disparus.

Usages. — Le Paliure piquant passe pour
une plante astringente, et son fruit écrasé a été
employé pour arrêter les flux de sang. Les
graines, que les oiseaux recherchent volontiers pour les manger, ont été jadis vantées
contre la toux.

Le *Paliurus aculeatus* est surtout remarquable par son port d'arbrisseau épineux dont

les aiguillons font d'assez mauvaises piqûres.
Aussi l'emploie-t-on dans le Midi à la plantation de haies impénétrables qui sont d'excellentes clôtures. Avec les branches de cet arbuste, qui servent aussi de combustible dans
le Midi, on fabrique des cannes très solides.

On a prétendu quelquefois que c'est avec
cet arbrisseau épineux, que fut faite la couronne d'épines placée sur la tête du Christ.

Fig. 464. — Paliure piquant (*Paliurus aculeatus*).

C'est ce que rappelle le nom vulgaire d'*Épine
du Christ* (1).

Le *Paliurus aculeatus* est une plante très
élégante, tout à fait digne d'être cultivée dans
les jardins.

LES JUJUBIERS — *ZIZYPHUS*

Caractères. — Les Jujubiers sont des arbustes ou des arbres épineux à feuilles alternes,
pétiolées, coriaces, entières ou crénelées,
présentant 3 ou 5 nervures. Les 2 stipules
sont toutes deux transformées en épines, ou
bien l'une d'entre elles est caduque. Les fleurs
sont petites et verdâtres; le fruit est souvent
comestible.

Le genre *Zizyphus* présente les caractères
indiqués pour la tribu des Zizyphées, à laquelle

(1) Voir plus loin le Jujubier Épine du Christ, p. 369.

il a donné son nom. La corolle est formée de 5 pétales, ce qui les distingue des *Condalia*, dont les fleurs n'ont pas de corolle. Le fruit est une drupe charnue, globuleuse ou oblongue, à noyau ligneux ou osseux, creusé de 1 ou 3 loges. Graines dépourvues d'albumen ou pourvues d'un albumen très faible.

Distribution géographique. — On a proposé d'admettre jusqu'à 65 espèces de *Zizyphus*. Ce sont des plantes des régions tropicales, de l'Asie et de l'Amérique surtout : en Afrique, elles sont rares et plus rares encore en Australie. On en trouve quelques-unes dans les régions chaudes extratropicales de l'hémisphère nord et de l'hémisphère sud.

En France, il n'en existe qu'une seule espèce, le Jujubier commun (*Zizyphus vulgaris*), originaire de Syrie, aujourd'hui acclimaté dans le bassin méditerranéen.

Distribution géologique. — Les Jujubiers, qui ne sont plus représentés en Europe que par le seul *Zizyphus vulgaris*, y étaient autrefois largement distribués à l'époque tertiaire. On en a retrouvé de nombreux vestiges fossiles à Sézanne et à Bournemouth, dans l'éocène, dans les gypses d'Aix qui appartiennent à l'oligocène, dans le miocène récent et le pliocène de Ceyssac (Haute-Loire). Le genre présentait d'ailleurs dès l'origine une extension considérable, puisque le *Z. hyperborea*, espèce fossile du tertiaire ancien du Groenland, se retrouve aussi dans le tertiaire d'Amérique.

Usages. — Les Jujubiers ont des fruits drupacés, dont la pulpe est sucrée, mucilagineuse, parfumée, un peu acide et astringente, et est vantée comme pectorale. Quelques *Zizyphus* ont des graines oléagineuses, âcres et purgatives.

LE JUJUBIER COMMUN — *ZIZYPHUS VULGARIS*

Synonymie. — *Zizyphus sativus; Rhamnus zizyphus.*

Caractères. — Le Jujubier commun (fig. 465) est un arbrisseau très rameux, qui s'élève à la hauteur de 5 à 7 mètres. Les rameaux tortueux sont garnis de fortes épines, groupées deux à deux, et dont l'une est droite, l'autre recourbée en forme de crochet. Les feuilles sont alternes, petites, fermes, lisses, ovales, légèrement dentées et marquées de trois nervures longitudinales. Les fleurs, qui naissent au printemps, sont très petites, jaunâtres, réunies en paquet à l'aisselle des feuilles. Le fruit, de la forme et du

volume d'une olive, est une drupe recouverte d'une peau rougeâtre, lisse, coriace, et contenant une pulpe jaunâtre, douce, sucrée, assez agréable au goût lorsque ce fruit est frais. A l'intérieur se trouve le noyau, osseux, allongé, surmonté d'une pointe ligneuse et creusé de deux loges, dont l'une est ordinairement stérile et dont l'autre contient une graine huileuse.

Distribution géographique. — Cet arbrisseau est originaire de la Syrie. C'est sous le règne d'Auguste, suivant Pline, qu'il fut introduit en Italie, et c'est de là qu'il s'est répandu dans le bassin de la Méditerranée, où il est aujourd'hui parfaitement acclimaté, en particulier aux îles d'Hyères. Il était si commun autrefois en Algérie, aux environs de

Fig. 465. — Jujubier commun (*Zizyphus vulgaris*).

Bône, que cette ville porte encore, chez les Arabes, le nom de *Ville des Jujubes*. On le cultive en Provence pour le commerce de ses fruits.

Usages. — Le bois du Jujubier est dur, pesant, de couleur roussâtre, et peut parfaitement être employé à des ouvrages de tour mais c'est principalement pour ses fruits comestibles et médicinaux que la plante est recherchée et cultivée.

Les fruits du Jujubier sont connus sous le nom de *jujubes*. On les appelle aussi *chicourlies* en Provence et *guindauliers* dans le Languedoc. Ces fruits d'un goût agréable, quoiqu'un peu fade, sont adoucissants et pectoraux : on prépare une tisane en les faisant bouillir dans du lait, et ils servent à préparer un sirop et une pâte (*pâte de jujube*) d'usage courant en pharmacie. Il convient cependant de faire remarquer que la *pâte de jujube* du commerce n'est presque jamais fabriquée avec des jujubes, mais que les pharmaciens la préparent en mélangeant du sucre, de la gomme avec diverses substances aromatiques et même quelques gouttes d'opium. Ce n'est d'ailleurs pas là une raison pour ne pas faire usage de la pâte, dite *pâte de jujubes*, qui, malgré l'absence dans sa composition du fruit dont elle porte le nom, n'en est pas moins excellente contre les rhumes et maux de gorge.

Les jujubes peuvent être mangées fraîches, et sont alors très nutritives et faciles à digérer. Dans les pays où l'arbuste ne croît pas, on les mange conservées en caisses comme les dattes et les raisins secs. Elles sont alors d'un goût plus sucré, mais d'une digestion plus difficile. La plupart des Jujubiers ont d'ailleurs des fruits comestibles comme le Jujubier commun, et on mange les drupes de diverses espèces dans les pays qu'elles habitent, dans l'Inde et la Chine, en Cochinchine, en Égypte, en Sénégambie, à l'île de France.

Cultivé en Provence le Jujubier demande une exposition chaude et aérée, et il faut bien l'arroser en été pour que la production des fruits soit abondante. C'est vers l'âge de quinze à vingt ans que la plante est en plein rapport. Les feuilles ne se développent que très tard, et les fleurs ne s'épanouissent qu'aux mois de juin et juillet. Les fruits, qui mûrissent en automne, sont récoltés en septembre et octobre, dès qu'ils ont pris la couleur rouge. Les jujubes se vendent fraîches sur les marchés du Midi de la France et de l'Algérie. Les plus grosses et les plus belles sont réservées pour l'exportation. On les dessèche pour les conserver, en les exposant sur des claies à l'action du soleil, puis on les enferme dans des caisses et on les expédie.

Les noyaux ne sont d'aucun usage et doivent être rejetés lorsqu'on emploie les jujubes.

On a essayé la culture du Jujubier dans le Nord de la France, en le plaçant contre un mur en plein soleil, et en le recouvrant pendant l'hiver, au moyen de paillassons, pour le garantir contre la gelée. Les fruits qu'on obtient dans ces conditions ne mûrissent jamais bien et ne valent pas ceux du Midi comme goût et propriétés. D'autre part l'arbrisseau ne s'élève jamais bien haut, car la gelée fait presque toujours périr les jeunes branches.

LE JUJUBIER DES LOTOPHAGES — *ZIZYPHUS LOTUS*

Caractères. — Le *Zizyphus lotus* est un arbrisseau très rameux, de 1^m,50 de hauteur environ, qui, lorsqu'il est dépourvu de feuilles, en hiver, se présente sous l'aspect d'un buisson de rameaux nombreux, enchevêtrés en zigzag, très épineux et très sauvage. A la belle saison, il est couvert de petites feuilles dures, ovales, légèrement dentées, à l'aisselle desquelles sont disposés le long des rameaux, des paquets de fleurettes blanchâtres. Les fruits sont rougeâtres, presque ronds, de la grosseur de ceux du Prunier sauvage; la chair en est pulpeuse, d'une saveur agréable, et contient un noyau globuleux à deux loges.

Distribution géographique. — Le *Zizyphus lotus* croît en abondance sur les rochers et dans les lieux incultes, le long des côtes maritimes méditerranéennes d'Afrique, en particulier en Tunisie et dans l'île de Zerbi, pays autrefois habité par les Lotophages.

Dans la Mésopotamie méridionale, à partir du 34e degré de latitude, croît, très répandu, un arbre connu dans le pays sous le nom de Nébouk, et qui est très certainement une variété du Jujubier des Lotophages.

Usages. — Les fruits de ce Jujubier sont comestibles et consommés par les habitants des pays où il vit.

Historique. — C'est à cette plante qu'il faut rapporter celle dont parle Hérodote sous le nom de *Lotus* (1) et qui poussait au pays des Lotophages. Homère suppose que le fruit du Lotus avait un goût si délicieux, qu'il faisait perdre aux étrangers jusqu'au souvenir de leur patrie, et qu'Ulysse fut obligé d'enlever de force ceux de ses compagnons qu'il avait envoyés pour reconnaître le pays et qui en avaient mangé.

Voici, littéralement traduite, la description que donne Théophraste de l'arbre qui poussait au pays des Lotophages : C'était « un arbre grand, aussi grand que le Poirier, ayant des feuilles découpées comme celles de l'Yeuse, le bois noir; se divisant en plusieurs genres qui diffèrent par leurs fruits; son fruit a la grosseur d'une fève, et en mûrissant il change de couleur comme le raisin; il est doux, léger et digestif; on en tire aussi du vin, car cet arbre pousse et fructifie beaucoup. On dit même

(1) Voy. *Lotus*, p. 82.

que l'armée d'Ophellus, en marchant sur Carthage, ayant manqué de vivres, se nourrit de ses fruits pendant plusieurs jours. »

Clusius et J. Bauhin avaient déjà soupçonné que le véritable Lotus des Lotophages devait être un Jujubier. Linné avait également admis cette opinion et nommé la plante *Rhamnus lotus*. Desfontaines, qui a observé cet arbrisseau sur les côtes de Barbarie, a levé tous les doutes dans un mémoire adressé à l'Académie des sciences (1).

La seule objection sérieuse est que le *Rhamnus lotus* de Linné, le *Zizyphus lotus* des botanistes actuels, qui pousse sur les côtes d'Afrique, est un arbuste buissonneux, atteignant tout au plus 1ᵐ,30 de hauteur, tandis que d'après les textes, le Lotus d'Hérodote et de Théophraste était un grand arbre très fructifère. Cette objection trouve sa réponse dans ce fait qu'il existe aujourd'hui encore en Mésopotamie, une variété arborescente du *Zizyphus lotus*, le Jujubier Nébouk (2), qui atteint une taille considérable.

LE JUJUBIER NÉBOUK. — *ZIZYPHUS LOTUS*, var.

Caractères. — Le Jujubier Nébouk atteint, en Mésopotamie, une hauteur de 12 à 15 mètres, et a la vie aussi longue que le Dattier.

C'est un arbre au tronc fort et contourné, au bois extérieurement noirâtre et intérieurement rouge vineux; dans sa jeunesse, il a les rameaux épineux, surtout aux aisselles des feuilles qui sont alternes, ovales, peu épaisses, d'un vert foncé, à trois nervures principales. Il fleurit surtout en automne, et ses fleurs, très abondantes, exhalent une odeur légère et agréable. Ses fruits mûrissent au mois d'avril ou de mai, et pendant leur récolte, il essaye une seconde floraison estivale, qui donne quelquefois des fruits dans l'espace de deux mois, mais moins bons que ceux du printemps.

Usages. — On le plante dans les jardins, parmi les Dattiers, ou à côté des habitations, et même dans les cours ouvertes des maisons arabes, qu'il dépasse quelquefois en hauteur. C'est un arbre superstitieusement vénéré par les habitants, et personne n'oserait lui porter un coup de hache par crainte de s'attirer quelque malheur. Aussi ces arbres poussent, grandissent et meurent sans jamais être taillés.

Les indigènes sont friands de ses fruits, qui, quoique de grosseur moyenne, ronds, fades et ordinairement ridés, sont cependant assez rafraîchissants, sinon toujours agréables à manger.

Ces fruits, isolés ou réunis par groupes de trois à quatre, à pédoncule court, ressemblent à ceux des Pommiers microcarpes; d'abord verts, ils deviennent jaunâtres, puis roux gris; ils sont ronds, et ordinairement aussi gros qu'une cerise; en avril, époque de leur maturité, on les vend dans les marchés au prix de cinq centimes le kilo.

Le *Zizyphus jujuba* est pour les habitants de l'Inde ce que le *Z. lotus* est pour les peuplades de l'Afrique. Cette espèce, qui porte dans son pays natal les noms de *Kool*, *Bier*, *Bengha*, produit des fruits alimentaires moins sucrés et moins agréables que les jujubes de notre pays. Le *Z. jujuba* fournit en outre une sorte de gomme laque, et son écorce sert à tanner et à teindre les cuirs.

LE JUJUBIER ÉPINE DU CHRIST — *ZIZYPHUS SPINA CHRISTI*

Distribution géographique. — Cette espèce vit en Palestine.

Étymologie. — On a cherché à établir que c'étaient les rameaux épineux de cette plante qui avaient servi à faire la couronne d'épines du Christ, et le nom donné à la plante a cette signification. Savoir quelle était la plante dont était faite la couronne d'épines de Jésus-Christ, a amené plus de controverses peut-être que la possession de la couronne, ce qui n'est pas peu dire. Pendant longtemps on a cru que c'était l'Aubépine, mais il a été démontré que c'était impossible. En Italie, on a longtemps cru à l'Épine-Vinette, qui doit probablement d'être considérée comme l'épine sainte, à la disposition par trois de ses piquants. On a ensuite songé au Jonc à piquants, mais la croyance la plus répandue aujourd'hui est que la couronne du Christ a été faite des branches du *Zizyphus Spina Christi*.

A ce sujet, quelle que soit la nature de la couronne du Christ, rappelons la légende charmante qui assure que *Jean la Gorge rouge* (le rouge-gorge) doit son brillant plastron à l'épine dont il fut blessé, en tentant d'enlever au Sauveur le douloureux diadème sous lequel saignait son front.

(1) Desfontaines. *Act. Acad. Paris*, 1788, t. 21.
(2) *Revue des sciences nat. appliquées*. 1889, p. 541.

LES RHAMNÉES — *RHAMNEÆ*

Caractères. — La tribu des Rhamnées proprement dites comprend des arbres ou des arbrisseaux à feuilles et inflorescences variées. L'ovaire est infère ou supère. Le disque, de forme variable, manque parfois. Le fruit est sec ou drupacé, présentant 3 (rarement 2 ou 4) coques ou noyaux, à l'intérieur. Coques indéhiscentes ou bivalves.

LES NERPRUNS — *RHAMNUS*

Étymologie. — Du grec *rhabdos*, baguette, à cause des baguettes flexibles de ces arbrisseaux.

Caractères. — Les Nerpruns sont des arbres ou des arbrisseaux à feuilles alternes, pétiolées, caduques ou persistantes, entières ou dentées, munies de petites stipules caduques. Les fleurs sont groupées en grappes ou en cymes fasciculées.

Les fleurs, régulières, sont hermaphrodites ou polygames-dioïques, pentamères ou tétramères. Les sépales, soudés en un calice gamosépale, présentent 5 (ou 4) lobes triangulaires dressés ou étalés, à préfloraison valvaire. Les pétales, en nombre égal, sont insérés sur les bords du disque, et sont imbriqués dans le bouton. Ils sont parfois très petits et disparaissent même complètement dans certaines espèces. L'androcée est formé d'un nombre égal d'étamines à filets courts et à anthères introrses. Le fond du calice est occupé par le disque mince et glanduleux, d'où émerge l'ovaire, infère mais libre, creusé de 3 ou 4 loges, surmonté d'un style plus ou moins divisé au sommet en lobes stigmatifères.

Le fruit est une drupe présentant 2 ou 4 noyaux osseux ou cartilagineux, déhiscents ou indéhiscents. Les graines possèdent un albumen charnu, deux minces cotylédons plans et une courte radicule.

Distribution géographique. — On compte environ 66 espèces distinctes du genre *Rhamnus*. Ces plantes sont assez fréquentes dans les régions chaudes et tempérées d'Europe, d'Asie et d'Amérique ; elles sont beaucoup plus rares entre les tropiques, et on n'en connaît pas encore d'exemples dans l'Afrique tropicale, en Australie ainsi que dans les îles du Pacifique.

Les *Rhamnus* de la flore française sont plus nombreux dans le Midi, où ils croissent sur les rochers arides. Cependant la Bourdaine (*R. frangula*) est aussi commune dans les bois du Nord que dans ceux du Midi. Quelques espèces, en particulier les *R. pumila* et *R. saxatilis*, montent sur les Alpes et végètent sur les rochers calcaires secs et bien exposés, jusqu'à une altitude de 1200 mètres environ.

Usages. — Les Nerpruns sont, dans nos pays, les plus actives des Rhamnées médicinales.

Presque tous sont des plantes tinctoriales, car leurs graines fournissent diverses matières colorantes, jaunes ou vertes.

Leurs branches servent à la préparation d'un charbon qui rappelle celui des Fusains, et est parfois employé pour la fabrication de la poudre à canon.

On cultive dans les jardins, comme plantes ornementales, plusieurs Nerpruns à feuilles persistantes, comme l'Alaterne (*R. alaternus*).

LE NERPRUN PURGATIF — *RHAMNUS CATHARTICUS*

Noms vulgaires. — Bourgépine ; Noirprun ; Quémot ; Épine de Cerf.

Caractères. — Le Nerprun purgatif (fig. 466) est un arbrisseau épineux, formant buisson, de 3 à 5 mètres de haut ; ses feuilles ovales ou arrondies, lisses et parcourues par des nervures parallèles et convergentes, sont brusquement acuminées, finement et régulièrement dentées. Les fleurs polygames-dioïques sont de petite taille, de couleur jaunâtre, agrégées en fascicules à l'aisselle des feuilles. Les fruits sont de petites drupes noirâtres, de la grosseur d'un pois environ.

Distribution géographique. — Cet arbrisseau est commun dans presque toute l'Europe ; il croît dans les bois, dans les haies, dans les lieux incultes, dans toutes les régions tempérées de cette partie du monde et remonte même un peu au Nord. En France, il est commun dans la flore du bassin parisien.

Usages. — Les fruits de cette plante (appelés à tort *baies de Nerprun*, puisque nous avons vu plus haut qu'au point de vue botanique ce sont des drupes) constituent un purgatif violent, dont on fait usage dans les campagnes, mais qui, à cause de son action énergique, ne convient qu'aux tempéraments robustes. Le *sirop de Nerprun*, préparé avec la pulpe des fruits, est d'un usage courant comme purgatif en médecine vétérinaire.

Le suc des fruits est coloré en violet noirâtre,

comme les fruits eux-mêmes, lorsqu'ils sont mûrs ; lorsqu'on le traite par les alcalis il devient vert, par les acides il devient rouge; aussi le suc de Nerprun est-il un excellent réactif chimique, propre à déceler la présence d'une petite quantité d'alcali ou d'acide.

Avec de la chaux et du suc de Nerprun, on fabrique une couleur verte employée par les peintres, et connue sous le nom de *vert de vessie;* ce nom vient de ce qu'elle est renfermée dans des vessies.

L'écorce fournit, ainsi que les fruits, une matière tinctoriale; elle est jaune, et on la fixe avec de l'alun.

Les feuilles du *Rhamnus catharticus* ont une

Fig. 466. — Nerprun purgatif (*Rhamnus catharticus*).

odeur et une saveur assez désagréables; néanmoins les bestiaux, à l'exception des vaches, ne les refusent pas.

Le bois du tronc est formé d'un aubier blanchâtre, peu épais, et d'un cœur rouge rosé, qui devient satiné et comme transparent à la surface quand il est poli. Aussi son emploi serait-il plus grand dans l'ébénisterie, s'il offrait des dimensions plus considérables, mais vu le faible diamètre des branches, on n'en fabrique guère autre chose que des cannes. Il est aussi bon à brûler.

On cultive volontiers cet arbrisseau dans les bosquets, où son feuillage vert foncé contraste assez agréablement avec celui des autres arbustes.

Il sert encore à faire des haies et des clôtures qui sont impénétrables, grâce à l'enchevêtrement des rameaux et aux épines dont ceux-ci sont armés.

LE NERPRUN DES TEINTURIERS — *RHAMNUS INFECTORIUS*

Caractères. — Le Nerprun des teinturiers est moins élevé que l'espèce précédente ; il se divise dès la base en rameaux diffus; son écorce est noirâtre. Les feuilles sont velues en dessous, surtout sur les nervures; les stipules sont plus courtes que les pétioles des feuilles. Les fleurs, un peu jaunâtres, sont fort petites.

Le NERPRUN DES ROCHERS (*R. saxatilis*), qui a été quelquefois considéré comme une simple variété du *R. infectorius*, s'en distingue surtout par son port. C'est un petit arbrisseau très bas, aux rameaux nombreux, tortueux et épineux. De plus, ses feuilles sont glabres, sans poils sur les nervures, et les stipules sont de la même longueur que le pétiole.

Distribution géographique. — Le Nerprun des teinturiers habite en France dans les lieux stériles des contrées méridionales, Provence et Languedoc.

Le Nerprun des rochers vit sur les montagnes, dans les Alpes, la Suisse, le Dauphiné, etc.

Usages. — Les fruits de la première espèce, connus sous le nom vulgaire de *graines d'Avignon*, sont utilisés dans la teinture, pour la belle couleur jaune qu'ils fournissent.

On désigne dans le commerce sous le nom général de *graines jaunes*, les fruits de plusieurs espèces de Nerpruns qui croissent en abondance dans le Midi de la France, en Espagne, en Grèce et surtout en Turquie, en Perse et en Asie Mineure. On distingue d'ailleurs les différentes graines jaunes par le nom de leur pays d'origine ou de celui qui les expédie. C'est ainsi qu'il y a les graines d'Avignon, de Perse, du Levant, de Valachie, etc.

Les plus estimées sont celles de Perse, produites par les *Rhamnus saxatilis* et le *R. amygdalinus ;* la graine d'Avignon fournie par le Nerprun des teinturiers (*R. infectorius*) est la moins riche en matière colorante.

Les graines jaunes fournissent une matière colorante jaune fort belle, mais malheureusement peu solide, utilisée pour la teinture des laines et des cotons, en particulier des indiennes. Mélangée avec du bleu, elle donne un vert magnifique.

Le *stil de grain* est une sorte de laque jaune utilisée en peinture, obtenue en faisant bouillir les graines du Levant ou celles de Turquie avec du blanc de céruse.

C'est avec les fruits et surtout avec l'écorce des *R. utilis* et *R. chloropus* que les Chinois fabriquent la laque qu'ils nomment *Lo-Kao* et qui est connue en Europe sous les noms de *vert de Chine* ou *Lo-za*, couleur si remarquable par l'éclat qu'elle prend à la lumière. Les Chinois appellent le premier de ces arbrisseaux *Pa-bi-lo-za* et le second *Hom-bi-lo-za*.

Le fruits des différents *Rhamnus* précités servent encore à fabriquer la couleur verte, improprement appelée *vert de vessie* parce qu'il est d'usage de la renfermer dans de petites vessies.

LE NERPRUN ALATERNE — *RHAMNUS ALATERNUS*

Caractères. — L'Alaterne est un charmant arbuste, formant buisson, de 2 à 5 mètres de haut, à feuilles persistantes, coriaces, dentées en scie, ovales ou elliptiques. Les fleurs sont petites, nombreuses, monoïques ou dioïques, disposées en grappes axillaires et terminales. Les fruits, qui contiennent 3 graines, sont d'abord rouges, puis deviennent noirs à maturité.

Le *R. Clusii* ne se distingue de cette espèce que par ses feuilles étroites et lancéolées et n'en est certainement qu'une simple variété.

Distribution géographique. — Le Nerprun Alaterne est originaire du Midi de l'Europe. En France, il vit en Provence et se retrouve dans les environs de Grenoble, de Toulouse, de Vannes et de Poitiers.

Usages. — On a employé les branches et les feuilles de l'Alaterne pour teindre les laines en jaune. Le bois, utilisé pour le chauffage des fours, sert aussi aux tabletiers et aux ébénistes.

C'est surtout pour l'ornement des bosquets dans les jardins paysagers, qu'on recherche l'Alaterne, qui produit en hiver un effet pittoresque, avec son feuillage persistant, d'un vert gai. On connaît plusieurs variétés de cette plante, à feuilles rondes, à feuilles cordiformes, à feuilles panachées de jaune, de vert et de blanc.

On cultive aussi dans les bosquets pour leur joli feuillage, deux autres Nerpruns indigènes du Midi : le NERPRUN DES ALPES (*R. alpinus*) et le NERPRUN NAIN (*R. pumilus*), qui croissent sur les Alpes et les Vosges, dans les

bois, les fentes des rochers, les terrains arides, etc.

LE NERPRUN BOURDAINE — *RHAMNUS FRANGULA*

Synonymie. — *Frangula vulgaris.*

Noms vulgaires. — Bourdaine ; Bourgène ; Aulne noir ; Rhubarbe des paysans ; Pouverne.

Caractères. — On sépare parfois la Bourdaine des *Rhamnus* pour former le genre *Frangula*, à cause de ses styles soudés et non libres, et de ses fleurs toujours hermaphrodites.

La Bourdaine (fig. 467) est un grand arbrisseau non épineux, atteignant 3 à 4 mètres de hauteur et même davantage, à feuilles alternes, pétiolées, ovales, à nervures saillantes, variables dans leur taille et dans leur forme. Les fleurs, réunies en fascicules axillaires, sont petites, verdâtres, construites sur le type 5. Les fruits sont petits, globuleux ou noirâtres.

Distribution géographique. — La Bourdaine est commune dans nos bois, dans les lieux un peu humides. On la trouve dans toute la France ; elle se rencontre même assez au Nord, puisqu'on la retrouve jusqu'en Laponie.

Usages. — Les fruits de la Bourdaine sont purgatifs comme ceux du *Rhamnus catharticus*. L'écorce est aussi employée comme agent vomitif et purgatif, et c'est de là que vient à la plante le nom de *Rhubarbe des paysans*. L'écorce intérieure est recherchée pour son extrême àcreté dans le traitement de la gale des hommes et des animaux.

Le bois de cette espèce est d'assez médiocre qualité. Dans certaines provinces, on l'emploie pour la fabrication des allumettes, car il brûle rapidement en donnant peu de chaleur. Son véritable emploi est de servir à la fabrication d'un charbon qui est préféré à tout autre pour la fabrication de la poudre à tirer, à cause de sa légèreté. Pour fabriquer ce charbon, on choisit l'époque de la montée de la sève. On dépouille les rameaux de leur écorce, on les casse en fragments que l'on dispose debout dans une fosse creusée en terre. On met le feu, et lorsque le bois est brûlé et réduit en charbon, on éteint en recouvrant le tout avec de la terre.

La Bourdaine, comme les autres Nerpruns, peut être encore considérée comme plante tinctoriale. L'écorce sert, en effet, à teindre les laines en jaune, en vert et en brun ; les fruits

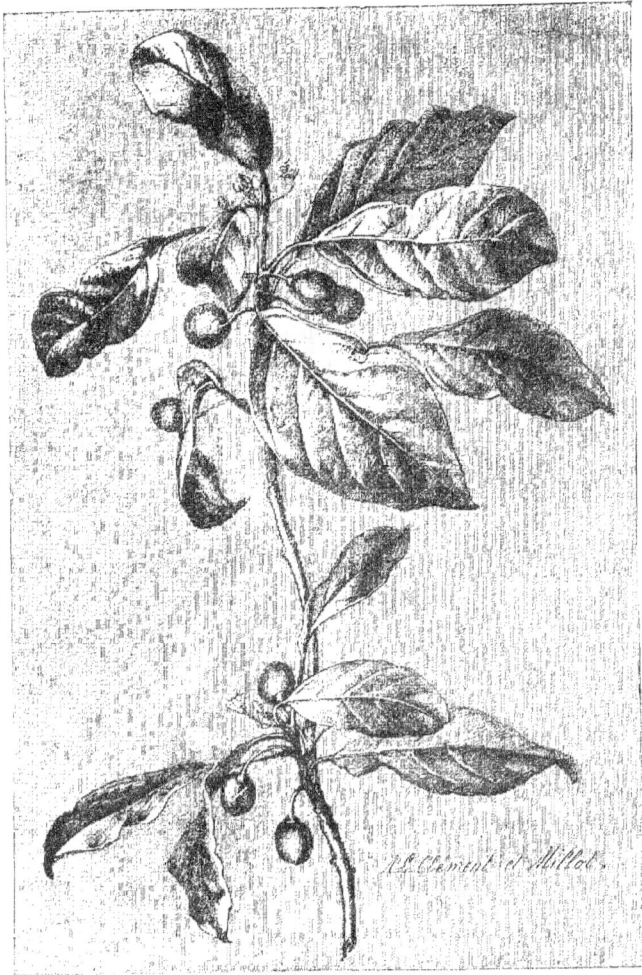

Fig. 167. — Bourdaine (*Rhamnus Frangula*).

servent aussi à la fabrication du *vert de vessie*.

LES HOVÉNIES — *HOVENIA*

Caractères. — L'*Hovenia dulcis*, unique espèce du genre, est un bel arbre dont les feuilles alternes, amples, non symétriques, rappellent beaucoup celles de nos Tilleuls. Les fleurs forment des cymes dont les axes s'épaississent et deviennent succulents, lorsque arrive l'époque de la maturité des fruits.

Distribution géographique. — Cette plante habite le Japon, la Chine et l'Himalaya. On la cultive dans nos pays, où elle supporte les hivers, lorsqu'ils sont peu rigoureux.

Usages. — En Chine et au Japon, on mange volontiers les axes charnus des inflorescences, dont le goût rappelle quelque peu celui des raisins secs. On leur attribue la propriété de dissiper promptement l'ivresse chez ceux qui ont bu trop de *saké*, sorte de boisson alcoolique faite avec du riz fermenté.

LES CÉANOTHES — *CÉANOTHUS*

Caractères. — Ce sont des arbrisseaux inermes, à feuilles alternes ou beaucoup plus rarement opposées, dont les inflorescences sont très souvent thyrsoïdes.

Distribution géographique. — On en a décrit une quarantaine d'espèces, toutes américaines, croissant dans les contrées tropicales et tempérées de l'Amérique du Nord, principalement à l'Ouest.

Usages. — Les *Ceanothus* sont astringents ; en Amérique on emploie pour cette propriété l'écorce du *C. discolor*. Avec les feuilles du *C. americanus*, on prépare une sorte d'infusion théiforme digestive, désignée dans le pays sous le nom de *Thé de New-Jersey*.

Plusieurs *Ceanothus* sont aujourd'hui acclimatés dans nos jardins, où ils jouent le rôle de charmantes plantes d'ornement : ils forment de petits buissons à fleurs bleues, blanches ou rosées, réunies au sommet des rameaux en panicules ou en glomérules. Les principales espèces employées sont le *Ceanothus azureus*, *C. thyrsiflorus*, *C. papillosus*, etc.

LES SCUTIES — *SCUTIA*

Caractères. — Les *Scutia* sont des arbrisseaux inermes ou épineux, à feuilles opposées ou sub-opposées, à fleurs disposées en fascicules ou en petites ombelles.

Distribution géographique. — On en connaît 8 espèces habitant l'Asie, l'Afrique et l'Amérique tropicales.

Usages. — Le bois d'une espèce du Cap, le *Scutia Capensis*, est résistant et ne se corrompt qu'à la longue.

Dans l'Hindoustan, on prépare au moyen des feuilles du *S. circumcissa* un onguent qui passe pour faciliter l'accouchement.

LES COLUBRINES — *COLUBRINA*

Caractères. — Ce sont des arbrisseaux droits ou sarmenteux, inermes, à feuilles alternes, à fleurs disposées en cymes ou en fascicules.

Distribution géographique. — Ces plantes, dont on connaît une dizaine d'espèces environ, sont toutes américaines, à l'exception d'une espèce dispersée dans les régions tropicales de l'ancien monde.

Usages. — Les Polynésiens emploient sous le nom de *Toutou*, le *Colubrina anatica* pour cicatriser les plaies.

A la Guyane, on fait fermenter les liquides sucrés en y ajoutant quelques morceaux de l'écorce d'une espèce, qui doit à cette particularité son nom de *C. fermentum*.

Le bois des *C. reclinata* et *C. ferruginosa*,

deux espèces des Antilles, est excessivement dur et fait partie des *bois de fer* du pays.

LES COLLÉTIÉES — *COLLETIEÆ*

Caractères. — Les Collétiées sont de très petits arbres ou des arbrisseaux à rameaux rigoureusement opposées, souvent épineux ; les feuilles, opposées, sont ordinairement très petites et manquent même souvent.

L'ovaire est libre ou à demi immergé dans le fond du calice, dont le tube est membraneux

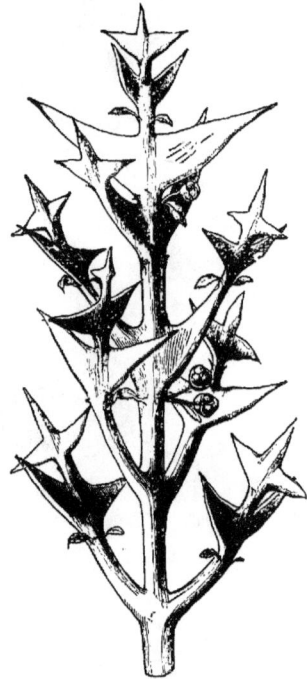

Fig. 468. — *Colletia cruciata*.

et longuement prolongé au delà du disque. Les étamines sont insérées à l'ouverture du calice. Le fruit est tantôt coriace à 2 ou 3 coques et tantôt une drupe à noyau uni- ou triloculaire.

Distribution géographique. — Les Collétiées forment 6 genres et 32 espèces environ, habitant toutes l'Amérique, à l'exception d'une des 12 espèces du genre *Discaria* qui vit en Australie et dans la Nouvelle-Zélande.

LES COLLETIES — *COLLETIA*

Caractères. — Les Colléties sont des arbustes, souvent dépourvus de feuilles, ou dont les feuilles sont très petites. Les rameaux opposés, épineux, sont souvent épaissis et aplatis dans le sens vertical, de forme à peu près triangulaire (fig. 468). Ils jouent le rôle physiologique des feuilles absentes. Les fleurs solitaires ou groupées en fascicules sont disposées sous les rameaux axillaires.

Les *Colletia* ont le fruit coriace à 2 ou 3 coques. Le disque occupe le fond du tube du calice de forme cylindrique.

Distribution géographique. — Les 13 espèces qui forment ce genre habitent l'Amérique du Nord, principalement en dehors des tropiques.

Usages. — Le bois des *Colletia cruciata* (fig. 468) et *C. ferox* est employé, au Chili, comme médicament purgatif.

LES GOUANIÉES — *GOUANIEÆ*

Caractères. — Les Gouaniées sont des arbrisseaux, ou plus rarement des herbes, à feuilles alternes, souvent larges, à fleurs groupées en grappes ou en cymes.

L'ovaire est infère; le disque de forme variable; le fruit coriace, à 3 ou 4 coques, présentant ordinairement 3 ailes et couronné au sommet par le limbe du calice.

Distribution géographique. — Des 4 genres qui forment cette tribu, 2 sont propres au Brésil (*Crumenaria* et *Rensekia*); un est africain (*Helinus*). Le genre *Gouania*, qui comprend 30 espèces sur les 38 de la tribu, est formé de plantes habitant pour la plupart l'Amérique du Nord; quelques-unes sont de l'Asie et de l'Afrique tropicale; une espèce croît dans les îles du Pacifique.

Usages. — Le *Gouania Domingensis*, des Antilles, est considéré comme astringent et tonique. Cette plante produit un bois très amer, dont on se sert dans le pays pour fabriquer des cure-dents, dont l'emploi passe pour raffermir les gencives.

LES AMPÉLIDÉES — *AMPELIDEÆ*

Synonymie. — Les Vitées; *Vitex*.

Caractères. — La famille des Ampélidées comprend des arbuscules et des arbrisseaux ordinairement grimpants au moyen de vrilles opposées aux feuilles; font exception les *Leca*, qui sont de petits arbres.

Les tiges, noueuses et articulées, sont cylindriques, anguleuses, comprimées ou déformées, rarement tubéreuses et souterraines, à bois anormal chez la plupart. Les feuilles sont alternes, pétiolées, simples ou digitées, à 3 ou 5 folioles, ou plus rarement bipennées. Le pétiole à sa base, au point où il s'articule avec la tige, se dilate très souvent en une stipule membraneuse. Les fleurs petites, ordinairement verdâtres, sont groupées en cymes, grappes ou épis, opposés aux feuilles. Certains rameaux de l'inflorescence se développent souvent en vrilles. Chez les *Pterisanthes*, Ampélidées de l'Archipel Indien, le pédoncule florifère se dilate en une ample lame membraneuse.

Les fleurs des Ampélidées sont régulières, hermaphrodites ou unisexuées, souvent pentamères, parfois construites sur le type 4. Le calice est petit, entier ou présentant 4 ou 5 dents ou lobes; la corolle comprend 4 ou 5 pétales, lisses ou diversement cohérents. Chez les *Leea*, ils sont concrescents avec l'androcée. Les étamines, en même nombre que les pétales, sont opposées à ceux-ci, insérées à la base du disque ou entre ses lobes; les filets sont subulés et les anthères courtes et introrses. Le disque, situé entre l'androcée et le pistil, est de forme variable, libre ou plus ou moins soudé aux pétales, aux étamines ou à l'ovaire. Celui-ci, ordinairement enfoncé dans le disque, présente 2-6 loges à cloisons séparatrices parfois incomplètes. Le style est court ou nul, le stigmate capité ou discoïde. Les ovules, ascendants et anatropes, sont géminés dans les loges des ovaires biloculaires, et solitaires chez les types dont les ovaires sont à plusieurs loges.

Le fruit est une baie présentant 1-6 loges avec 1 ou 2 graines par loge. Ces graines, à tégument extérieur osseux, présentent un albumine cartilagineux, parfois ruminé, et un embryon court à cotylédons ovales et à radicule infère.

Distribution géographique. — Les Ampélidées sont des plantes des régions tropicales et tempérées chaudes du globe entier. Elles sont assez rares en Amérique et très rares dans les îles du Pacifique.

Classification. — Bentham et Hooker en

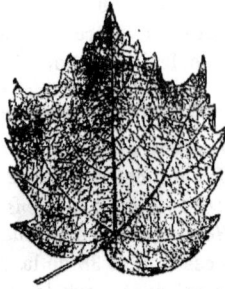 

Fig. 469.   Fig. 471.   Fig. 472.   Fig. 470.

Fig. 469. — Feuille de la variété *V. Dutaillyi*. | Fig. 471. — Fragment de cep.
Fig. 470. — Feuille de la variété *V. Balbiani*. | Fig. 472. — Fragments de vrilles.

Fig. 469 à 472. — Ancêtres paléocènes de la Vigne cultivée (*Vitis sezannensis*), d'après les échantillons originaux communiqués par Munier-Chalmas (de Saporta).

1862 (1) n'admettaient que 250 espèces tout au plus, réparties en 3 genres. Outre le genre *Vitis*, riche de 230 espèces, ils décrivent les *Pterisanthes*, arbrisseaux grimpants avec vrilles de l'Archipel Indien, dont les fleurs sont sessiles sur un large réceptacle dilaté membraneux, et les *Leea*, petits arbres dressés, dépourvus de vrilles, de l'Asie et de l'Afrique tropicales, ainsi que des îles Mascareignes, rares en Australie.

M. Van Tieghem (2) admet 5 genres. Outre les *Pterisanthes* et les *Leea*, il divise le genre *Vitis* en 3, dont voici les caractères distinctifs :

Disque apparent.	5 pétales cohérents au sommet, se détachant à la base à la manière d'un capuchon........................	*Vitis.*
	4 pétales s'ouvrant de haut en bas.......	*Cissus.*
Disque non apparent; 4 ou 5 pétales s'ouvrant de haut en bas..................................		*Ampelopsis.*

Dans un récent travail, M. G. Planchon (3) répartit la famille des *Ampelidaceæ* en 2 tribus : les *Léées* (*Leeæ*) qui ne contiennent que le genre *Leea* avec 44 espèces, et les *Ampélidées* (*Ampelideæ*) (390 espèces environ) divisées en 10 genres : *Vitis* (30 espèces), *Ampelocissus* (62), *Pterisanthes* (11), *Clematicissus* (1), *Tetrastigma* (123), *Landukia* (1), *Parthenocissus* (10), *Ampelopsis* (13), *Rhoicissus* (9) et *Cissus* (60). Ce grand morcellement du genre *Vitis* semble peu acceptable (4).

(1) Bentham et Hooker, *Genera Plantarum*, I, p. 386.
(2) Van Tieghem, *Traité de Botanique*, 2e édition, p. 1071.
(3) Planchon, *Monographie des Ampélidées vraies : Ampelideæ*, in A. et C. de Candolle, *Suites au Prodromus*, V, pars II, 1887.
(4) Baillon, *Dictionnaire de Botanique*.

Distribution géologique. — Heer a décrit des *Cissites* dans la craie d'Amérique et dans celle plus récente du Groenland; mais ce genre est encore assez douteux. Les plus anciennes Ampélidées authentiques ne remontent pas jusqu'ici au delà du Paléocène. Les Vignes les plus anciennes, déterminées avec précision, datent de l'Éocène de Sézanne, où on les trouve déjà séparées en *Vitis* et *Cissus*. Dans cette localité, on trouve côte à côte le *Cissus primæva* et le *Vitis sezannensis* découvert par M. Munier-Chalmas dans les travertins de Sézanne, où ce savant a recueilli non seulement les feuilles, mais encore la tige sarmenteuse et les vrilles (fig. 469 à 472).

Le *Vitis sezannensis*, qui présente 2 variétés, *V. Dutaillyi* (fig. 469) et *V. Balbiani* (fig. 470), peut être considéré comme un ancêtre de la Vigne cultivée actuelle (*V. vinifera*), mais est plus analogue encore à une Vigne américaine (*V. riparia*). Un ancêtre moins éloigné a été rencontré dans le Miocène supérieur de Charay, dans l'Ardèche (*V. prævinifera*) (fig. 473), presque semblable à la Vigne sauvage des Cévennes (fig. 474). Cette espèce tient le milieu entre la Vigne sauvage d'Europe et le *V. amurensis* du Japon.

Enfin l'ancêtre immédiat de la Vigne cultivée est le *Vitis Salyorum* (fig. 475 et 476), rencontré dans le Pliocène, dans les tufs de la Valentine, à peine plus récents que ceux de Meximieux. Cette espèce, dont l'analogie avec les formes les plus méridionales du *V. vinifera* de l'Asie intérieure et de l'Afghanistan est indiscutable, semble se rattacher de plus près encore à une forme spontanée

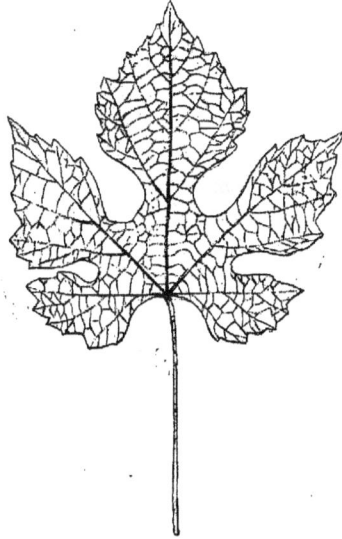

Fig. 473.

Fig. 474.

Fig. 473. — *Vitis prævinifera* (Miocène).

Fig. 474. — *Vitis cebennensis* (race de Vigne sauvage des Cévennes).

Fig. 473 et 474. — Vigne miocène et Vigne actuelle provenant de la même région (de Saporta).

Fig. 475.

Fig. 476.

Fig. 475 et 476. — Feuilles de *Vitis Salyorum* (de Saporta).

rapportée d'Algérie par M. le professeur Marion.

Des pépins de raisins, trouvés dans les palaffittes de Suisse, prouvent que la Vigne n'a pas quitté la région européenne pendant l'époque quaternaire.

« Considéré en lui-même, dit M. de Saporta (1), le groupe des Ampélidées ne forme réellement qu'un genre partagé en plusieurs sections, chacune d'elles, comme celle des *Cissus* et des *Vitis* propres, partagées en sous-types ou sous-genres comprenant un certain nombre de formes plus ou moins affines et flottantes, c'est-à-dire le plus souvent sans limites respectives bien déterminées. Ainsi compris et doué d'une tendance initiale à des dédoublements successifs, par le cantonnement des formes susceptibles de donner naissance à quelque race locale, destinée elle-même à en engendrer d'autres, le groupe a dû se

(1) De Saporta, *Origine paléontologique des arbres*, p. 251.

constituer de bonne heure et s'étendre sur un grand espace géographique, dès le commencement des temps tertiaires; bien que les régions arctiques n'en aient offert que d'assez faibles vestiges, circonstance qui tendrait à faire croire, mise en regard de leur affluence dans les pays chauds, que les Ampélidées auraient eu pour berceau premier la zone tempérée actuelle ou les alentours du cercle polaire, à une époque antérieure au refroidissement de notre hémisphère. Dans cette hypothèse, limitée du côté du Nord, leur extension primitive se serait opérée plutôt dans la direction opposée, au moyen de laquelle le groupe aurait constamment rencontré des conditions plus favorables à son développement, que sur des points avancés vers l'extrême Nord.

« Au total, ce serait dans les parties chaudes de la zone tempérée que les Ampélidées, sans y être confinées, auraient atteint leur *summum* de richesses et qu'actuellement encore, elles habiteraient de préférence.

« Si l'on s'attache pourtant aux Vignes en particulier, on reconnaît aisément qu'elles forment un genre s'accommodant mieux que les autres des exigences des pays du Nord, et que la proportion des espèces à feuilles caduques est bien plus grande chez lui que dans les autres. Par conséquent, le genre Vigne a dû originairement présenter une extension boréale plus prononcée, et une partie notable de ses espèces a pu acquérir des aptitudes en rapport soit avec les régions septentrionales, soit avec les parties élevées vers le haut des montagnes, tandis que les *Cissus* et, à plus forte raison, les *Pterisanthes* et *Leea* sont en majorité confinés entre les tropiques. M. G. Planchon a défini récemment, et distingué sous le nom d'*Ampelocissus*, un type tropical à racine tubéreuse et à tige annuelle qui semble opérer la jonction des *Cissus* aux *Vitis* propres et qui pourrait bien représenter la souche mère d'où les divers genres d'Ampélidées seraient originairement sortis. »

Affinités. — Les Ampélidées sont assez intimement liées aux Célastrinées, dont elles se distinguent principalement par leur mode de ramification, que nous étudions plus loin à propos des Vignes, par leurs feuilles non composées et par leurs étamines opposées aux pétales. Elles se rattachent plus intimement encore à la famille des Rhamnées.

Usages. — La famille des Ampélidées présente pour nous un grand intérêt parce qu'elle renferme la Vigne qui nous donne le vin, boisson favorite de l'homme, et qui a été, suivant l'expression d'Endlicher : *ab antiquissimis temporibus in singulare mortalium gentis solatium electa ;* ce que M. de Saporta traduit en disant qu'elle a été choisie et cultivée par l'homme, dès les temps les plus reculés, comme lui apportant le principal soulagement de ses misères, ou, si l'on veut, le plus agréable de tous les délassements.

A la famille des Ampélidées appartiennent encore des plantes grimpantes ornementales dont le type est la Vigne vierge, du genre *Ampelopsis*.

LES VIGNES — *VITIS*

Caractères. — Les plantes qui appartiennent au genre *Vitis* proprement dit, genre le plus important des Ampélidées puisque c'est lui qui contient la Vigne cultivée, présentent les caractères suivants : 5 dents au calice ; 5 pétales à la corolle ; 5 étamines opposées aux pétales ; un ovaire et un fruit à 2 loges. Les pétales de la corolle sont soudés entre eux par le haut et se séparent, au moment de l'anthèse, par le bas, formant une sorte de coiffe qui recouvre quelque temps encore le pistil et les étamines.

Les *Vitis*, les *Cissus* et les *Ampelopsis* sont des arbrisseaux sarmenteux grimpants pourvus de vrilles. Leur structure morphologique, assez uniforme, a beaucoup embarrassé les botanistes et donné lieu à un grand nombre d'explications opposées. Voici, d'après M. Vesque, résumé en aussi peu de mots que possible, le plan de structure de la Vigne :

« Les rameaux qui se développent dans une année sont de deux espèces ; les premiers, sortant des bourgeons d'hiver, portent d'abord quelques feuilles alternes distiques, disposition qui, du reste, continue indéfiniment jusqu'au sommet, mais les vrilles ne commencent à se développer qu'à une certaine distance de l'insertion du rameau. Ces organes sont constamment opposés aux feuilles (fig. 477) et se succèdent dans l'ordre suivant : une feuille à droite et une vrille à gauche ; une feuille à gauche et une vrille à droite ; une feuille à droite, sans vrille ; une feuille à gauche et une vrille à droite, une feuille à droite et une vrille à gauche ; une feuille à gauche, sans vrille, et ainsi de suite. La vrille est fourchue, et au point de bifurcation, en dessous et dans le plan même des insertions des feuilles, on voit une petite écaille dans l'aisselle de laquelle se trouve évidemment la branche inférieure de la vrille.

« Chaque feuille porte dans son aisselle un bourgeon qui, en se développant, produit une autre espèce de rameau, dont les feuilles et les vrilles sont situées dans un plan qui se croise avec celui du rameau principal ; la première feuille a la forme d'une simple écaille, la

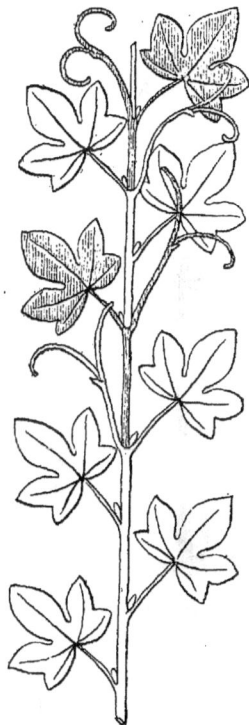

Fig. 477. — Schéma de la structure d'un rameau de Vigne.

deuxième est bien développée, mais sans vrille opposée, viennent ensuite des feuilles et des vrilles disposées de la même manière que sur le rameau principal. »

Nous n'entreprendrons pas ici de discuter les diverses théories qui ont été émises pour expliquer ce plan de structure, et renverrons le lecteur, à ce sujet, aux traités de morphologie végétale (1).

Distribution géographique. — Le genre *Vitis*, en y comprenant les *Cissus* et les *Ampelopsis*, forme 230 espèces environ ; tel qu'il a été réduit

(1) Voyez en particulier Vesque, *Traité de Botanique agricole et industrielle*, 1885, p. 500.

par M. Planchon, qui en a séparé génériquement un certain nombre de types autrefois considérés comme de simples sections, il comprend tout au plus une trentaine d'espèces assez largement dispersées par zones à travers les régions tempérées ou chaudes du globe tout entier.

La plus importante de toute ces espèces est celle qui, sous le nom de *Vitis vinifera*, est cultivée dans nos pays. C'est la seule que nous étudierons ici, en y joignant l'indication de quelques Vignes indigènes du nouveau continent à cause de l'emploi qui en a été fait pour la reconstitution de nos vignobles français et algériens, dévastés et détruits en partie par le phylloxéra.

LA VIGNE CULTIVÉE -- *VITIS VINIFERA*

Caractères. — La Vigne cultivée (fig. 478), ou Vigne porte-vin, est un arbrisseau de grandeur variable. Sa tige noueuse, tortueuse, recouverte d'une écorce grisâtre ou rougeâtre, crevassée, se détache par filaments.

On donne généralement dans les vignobles le nom de *cep* à un pied de Vigne. Parfois le mot *souche* a la même signification. Les rameaux qu'émet ce cep se nomment *sarments*, lorsque, après la vendange, ils ont acquis la consistance ligneuse ou sont *aoûtés*, comme disent les vignerons.

Ces sarments sont alternes, noueux, flexibles, à écorce lisse, brun rougeâtre et fibreuse, munis de vrilles par lesquelles ils s'attachent aux corps voisins. Les feuilles, alternes, longuement pétiolées, sont planes, échancrées en cœur à la base, palmées, à 5 lobes sinueux et dentés, d'un vert foncé à la face supérieure, tomenteuses et blanchâtres par en-dessous. Les vrilles, herbacées, opposées aux feuilles, se ramifient et se tordent dans tous les sens.

Les fleurs, qui se développent aux mois de mai et de juin, sont très petites, odorantes, verdâtres, groupées en grappes composées très serrées, qui d'abord se dressent en l'air, puis pendent ensuite, opposées aux feuilles. Les fruits qui leur succèdent sont des baies de grosseur variable, colorées en noir violet ou jaunâtre de toutes les nuances et renfermant un petit nombre de pépins ou graines.

Caractères biologiques. — Un phénomène intéressant présenté par la Vigne est celui connu sous le nom de *pleurs de la Vigne.* Tout le monde sait que lorsqu'on taille la Vigne, en mars et en avril, à une époque où les bourgeons sont encore à l'état de repos, il sort des rameaux coupés un liquide aqueux et abondant. C'est ce qu'on appelle les *pleurs de la Vigne*.

Ces pleurs ne sont autre chose que la sève ascendante, c'est-à-dire de l'eau légèrement chargée de matières salines et de sucre; elle est chassée par les racines avec une force considérable qu'on peut mesurer facilement : La souche décapitée est introduite dans une virole qui soutient un tube manométrique dans lequel on verse du mercure (fig. 479). La colonne mercurielle s'élève généralement à

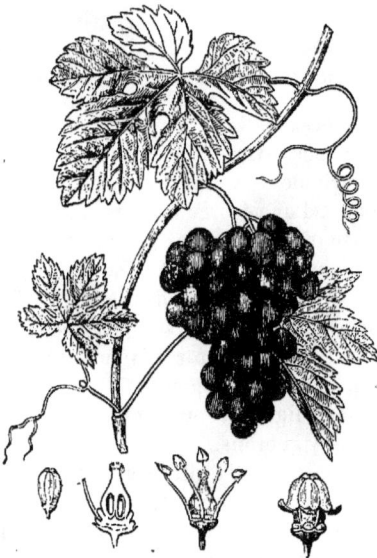

Fig. 478. — Vigne cultivée (*Vitis vinifera*).

$0^m,725$; ainsi une souche de grosseur moyenne, ayant une section de 5 centimètres carrés par exemple, chasse la sève avec une force capable de soutenir 5 kilogrammes environ. Dans ces conditions il suffit de 16 pieds de Vigne semblables pour développer la même force qu'un homme ordinaire.

Distribution géographique. — Cultivée en France depuis la fondation de Marseille, la Vigne semble originaire d'Asie d'où elle aurait été transportée en Grèce et en Italie et de là en France et dans le reste de l'Europe. On sait cependant, comme nous l'avons vu plus haut (page 376), que la Vigne subsistait sur notre sol à une époque préhistorique, ce que prouve la découverte d'empreintes fossiles de feuilles de Vigne dans les gisements tertiaires de certaines régions de notre pays.

D'Europe, le *Vitis vinifera* a été transporté dans la plupart des colonies européennes, dans toutes les régions tempérées du globe. Aujourd'hui la Vigne cultivée occupe sur la terre une large zone limitée de la façon suivante:

Pour l'ancien continent, la limite septentrionale part de Vannes, passant par Rouen, Cologne, Francfort, suit les bords du Mein, passe par Berlin, Grüneberg, Astrakan, et vient aboutir à Pékin.

La limite au Sud part du Maroc, suit l'Algérie, arrive à Alexandrie, passe par le littoral est de la mer Rouge, Médine, l'embouchure de l'Indus, Hydrabad (Dekhan), l'embouchure du Gange, et rejoint Bangkok et Canton.

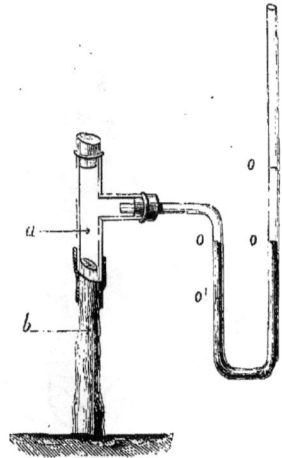

Fig. 479. — Poussée des racines.

En Amérique, le *Vitis vinifera* a été introduit aux États-Unis, où il a surtout réussi dans les régions situées à l'Ouest des montagnes Rocheuses. L'Amérique possède un certain nombre d'espèces indigènes, principalement les *Vitis æstivalis*, *V. Labrusca*, *V. cordifolia*, etc. Ces Vignes américaines sont très intéressantes pour nous, bien que les vins qu'elles produisent ne soient pas comparables aux nôtres. Mais ces Vignes résistent aux attaques du phylloxéra, et dans ces dernières années nous avons dû les introduire dans notre pays pour reconstituer nos vignobles ravagés. Nous en reparlerons plus loin, en étudiant les principales maladies qui ont fait le plus grand tort à la viticulture française.

Historique. — La connaissance de la Vigne, sa culture et l'art de faire du vin avec ses fruits sont si anciens, que ce qu'on trouve à ce sujet dans l'histoire se perd dans l'obscurité des premiers siècles.

La Bible (1) nous apprend que peu de temps après le déluge, le patriarche Noé planta la Vigne, qu'il en exprima le jus du fruit pour en faire du vin et qu'ayant bu de ce vin il s'enivra.

Il est d'ailleurs souvent question de la Vigne dans la Bible. Le chef des échansons de Putiphar raconte à Joseph dans sa prison le songe qu'il a fait. « J'ai songé : j'ai vu une treille et cette treille avait trois branches. Elle a fleuri, elle s'est chargée de grappes et les raisins ont mûri. J'avais dans ma main la coupe du Pharaon, j'ai pris les raisins et j'en ai exprimé le jus dans la coupe, et j'ai mis la coupe dans la main du Pharaon (2). »

Cependant Hérodote raconte (3) qu'il n'y avait pas de Vignes en Égypte.

« Ce n'est qu'après Psammétique, dit Bohlen (4), et par conséquent vers le temps de Josias, qu'on tenta de l'introduire en Égypte... Les Égyptiens se contentaient de boire une espèce de bière, au sujet de laquelle Hérodote dit expressément qu'il n'y avait pas de Vignes dans la contrée. Les Égyptiens ne buvaient point de vin avant Psammétique, dit Plutarque, ils ne l'offraient point dans les sacrifices. » M. l'abbé Vigouroux (5) a montré que les témoignages d'Hérodote et de Plutarque, en contradiction avec la Genèse, sont entachés d'erreur, et qu'en réalité les sujets des Pharaons ont bu du vin à toutes les époques et en ont même aussi offert aux dieux.

D'après les historiens de l'antiquité, ce fut Osiris, dont les Grecs ont fait leur dieu Bacchus, qui trouva la Vigne dans les environs de Nysa, ville de l'Arabie Heureuse. Il la cultiva le premier et la fit transporter dans tous les pays qu'il soumit à ses conquêtes.

Les Phéniciens, qui de bonne heure firent des voyages sur les côtes de la Méditerranée, introduisirent la Vigne et sa culture dans les îles de l'Archipel, dans la Grèce, la Sicile, l'Italie, les Gaules et l'Espagne.

L'usage d'employer le vin dans les sacrifices et dans les libations des funérailles était commun dans les plus anciens âges connus, et ces aspersions se pratiquaient depuis la plus haute antiquité chez les Grecs : aux funérailles de

Patrocle Achille fait répandre du vin sur les cendres du bûcher.

En Italie, lors de la fondation de Rome et sous le règne des premiers rois, la culture de la Vigne n'avait fait encore que très peu de progrès. Le vin était si rare, que Romulus avait défendu aux dames romaines de boire du vin, et Pline rapporte qu'il renvoya Egnatius Mecenius absous du meurtre de sa femme surprise buvant à même le tonneau.

Romulus, suivant Pline, prescrivit encore de faire les libations aux Dieux avec du lait et non avec du vin, comme c'était la coutume dans tous les sacrifices chez les nations asiatiques.

La loi Postumia du roi Numa, qui défendait d'arroser de vin le bûcher des morts, permettait les libations faites dans les sacrifices avec du vin, pourvu que ce vin provînt d'une Vigne ayant été taillée. Cette mesure avait pour but, dit Pline, de faire de la taille des Vignes une obligation pour les cultivateurs.

Cependant la culture de la Vigne fit des progrès assez rapides en Italie, et il paraît qu'en 387 avant Jésus-Christ, des Gaulois, venus 200 ans auparavant en Italie, où ils avaient fondé Milan, Vérone et plusieurs autres villes, cultivaient la Vigne. Selon Tite-Live et Plutarque, ce fut de cette partie de l'Italie qu'un nommé Aruns, poussé par des idées de vengeance contre ses concitoyens, appela dans son pays les Gaulois d'au delà des Alpes. Pour les décider, il leur porta du vin dont la saveur agréable ne contribua pas peu à leur faire entreprendre la campagne, décidés à faire la guerre pour s'assurer la possession d'une aussi excellente chose.

La culture de la Vigne avait fait des progrès si rapides en Italie et les produits en devinrent si abondants, que l'on s'adonna bientôt à l'usage du vin avec si peu de modération que les dames romaines elles-mêmes ne furent pas sans reproche à ce sujet. C'est ainsi que Pline raconte qu'un juge romain condamna une femme à la perte de sa dot pour avoir bu, à l'insu de son mari, plus de vin qu'il n'en était nécessaire pour sa santé. La Vigne était en si grand honneur que le sarment de Vigne fut choisi pour être, au sein des camps, dans la main du centurion, le signe de l'autorité et du commandement. Même dans le châtiment, être battu avec la Vigne était une distinction, et seul le soldat romain jouissait de ce privilège : le soldat auxiliaire était frappé avec un vulgaire bâton ou puni d'autre manière. Pline, parlant de la Vigne, dit que

(1) *Genèse*, ch. ix, vers. 20 et 21.
(2) *Genèse*, xl, 9-11.
(3) Hérodote, *Histoire*.
(4) Bohlen, *Die Genesis*, p. 373-374.
(5) F. Vigouroux, *la Bible et les découvertes modernes*, t. II, p. 69-78.

c'est elle qui donne à l'Italie une supériorité spéciale sur tous les autres peuples, et que par ce seul trésor, ce pays l'emporte sur tous les autres, à l'exception peut-être des pays à parfums.

Cependant la culture de la Vigne s'étendait progressivement dans les Gaules.

Ce fut le territoire de Marseille, où les Phocéens avaient fondé une colonie vers l'an 600 avant l'ère actuelle, qui reçut les premiers plants de Vigne, qui furent ensuite transportés par des routes diverses dans une grande partie des provinces de la Gaule, où ils purent être cultivés avec succès et où ils existent encore.

A l'époque de la conquête de Jules César, les habitants de la République de Marseille et ceux de la Gaule narbonnaise possédaient déjà une notable quantité de vignobles productifs. Les progrès allaient toujours en s'accentuant, lorsqu'en l'année 92 de notre ère, Domitien, soit par ignorance, soit par faiblesse, comme dit Montesquieu, ordonna, à la suite d'une année où la récolte des Vignes avait été aussi abondante que celle des blés chétive et misérable, d'arracher impitoyablement toutes les Vignes qui étaient cultivées dans les Gaules. Cette proscription dura deux siècles environ, jusqu'à ce que l'empereur Probus, après avoir rendu la paix à l'empire par ses nombreuses victoires, rendit aux Gaulois la liberté de planter la Vigne. Quelques pieds, échappés au désastre général, avaient continué de vivre à l'état sauvage au voisinage des forêts, mais ce furent surtout des plants nouveaux, importés d'Italie, de Sicile, de Grèce et des côtes d'Afrique, qui devinrent le type de ces innombrables variétés de cépages qui couvraient les divers vignobles de la France jusqu'à ce que l'invasion phylloxérique soit venu les dévaster. « Ce fut un spectacle ravissant, dit Dunod (1), de voir la foule des hommes, des femmes, des enfants, s'empresser, se livrer à l'envi et presque spontanément à cette grande et belle restauration. Tous, en effet, pouvaient y prendre part ; car la culture de la Vigne a cela de particulier et d'intéressant, qu'elle offre dans ses détails des occupations proportionnées à la force des deux sexes, à celle de tout âge. Tandis que les uns brisaient les rochers, ouvraient la terre, en extirpaient d'antiques et inutiles souches, creusaient des fosses, les autres apportaient,

dressaient et assujettissaient les plants. Les vieillards répandus dans les campagnes désignaient d'après les renseignements qu'ils avaient reçu dans leur jeunesse, les coteaux les plus propres à la vigne. »

Soit que le climat des Gaules eût acquis une température plus douce, soit que la culture se fût perfectionnée, la Vigne n'eut plus comme autrefois pour limites le Nord des Cévennes. Bientôt elle gagna les coteaux du Rhône, de la Saône, le territoire de Dijon, les rives du Cher, de la Marne, de la Moselle. Il lui fallut deux cents ans à peine pour accomplir ces progrès, et elle avait atteint ces régions lorsque, au début du v⁰ siècle, les Barbares du Nord vinrent envahir les terres de l'empire romain. Les uns fixèrent leur séjour dans les contrées où la culture de la Vigne était déjà établie, les autres la propagèrent dans les cantons où elle n'avait pas encore pénétré.

Ce qui favorisa beaucoup la culture de la Vigne en France c'est que les grands propriétaires ne dédaignèrent pas de s'en occuper eux-mêmes. Saint Martin avait fait planter des Vignes dans la Touraine avant la fin du ive siècle. Dans le testament de saint Remi, qui vivait à la fin du v⁰ siècle, il est fait mention de Vignes situées dans les territoires de Reims et de Laon, laissées en legs à diverses églises avec les serviteurs habitués à les travailler. Les rois eux-mêmes s'intéressèrent à la viticulture ; on en trouve la preuve dans les Capitulaires de Charlemagne. Des vignobles étaient attachés aux palais des rois. En 1160, le roi Louis le Jeune fit présent au chapelain de Saint-Nicolas du Palais, de six muids de vin par an, du cru de l'île aux Treilles, située au milieu de Paris et qui porte actuellement le nom d'île Saint-Louis. Aux environs de Vendôme, le clos de vigne appelé *clos Henri I V* a fait partie du patrimoine de ce prince. Ce clos était planté d'une espèce de raisin que, dans le pays, on appelait *Suren*, donnant un vin blanc fort agréable à boire ; Henri IV le faisait venir à la cour, aimant à en vider force bouteilles. Louis XIII n'ayant pas pour le *Suren* le même goût que son père, ce vin passa de mode et perdit sa renommée. Dans la suite, on a cru que le vin que l'on buvait à la cour d'Henri IV venait de Suresnes, dans les environs de Paris, dont le vin jouit d'une assez grande célébrité aujourd'hui.

Vignes remarquables. — La Vigne peut atteindre parfois une taille considérable et peut

---

(1) Dunod, *Histoire des Séquanais.*

Fig. 180. — Vigne de la Mission, sur la côte du Pacifique.

être alors rangée parmi les arbres. Elle pousse même avec une rapidité surprenante et on ne saurait dire jusqu'où elle pourrait s'élever si on la laissait croître en liberté dans un sol approprié et sous un climat favorable.

Dans nos pays, comme dans tous les pays un peu froids, on tient la Vigne basse afin que la chaleur de la terre contribue à mûrir le raisin, mais en Italie et en Orient on élève souvent les Vignes en berceaux en les faisant monter sur les arbres. Cette méthode de culture était déjà en honneur du temps de Pline (1).

« Dans la Campanie, dit-il, on marie les Vignes aux Peupliers : embrassant cet époux qu'on leur donne, elles étendent le long de ses rameaux leurs tiges nerveuses comme autant de bras amoureux, et en atteignent le sommet à une telle hauteur, que le vendangeur stipule, dans son marché, le prix du bûcher et du tombeau. Une seule Vigne à Rome dans les portiques de Livie forme une tonnelle sous laquelle on se promène à l'ombre ; la même Vigne donne 12 amphores de vin (233 litres). »

(1) Pline, XIV, 3.

Pline rapporte le bon mot de Cinéas, ambassadeur du roi Pyrrhus, qui, admirant la hauteur de certaine Vigne à Aricie, disait, faisant allusion au méchant goût du vin qu'elle donnait, que c'était justice d'avoir pendu à une croix si élevée la mère d'un pareil vin.

« La Vigne, dit encore Pline, a été à juste titre, à raison de sa grandeur, rangée par les anciens parmi les arbres. Dans la ville de Populonium, en Toscane, nous voyons une statue de Jupiter faite avec un seul cep, et les siècles ne l'ont point endommagée ; à Marseille une coupe du même bois. Le temple de Junon à Métaponte était soutenu par des colonnes en bois de Vigne. On monte sur le toit du temple de Diane d'Éphèse par un escalier fait, dit-on, avec un seul cep de Vigne de Chypre. Dans cette île, les Vignes arrivent à la plus grande taille. »

À notre époque, on a signalé plusieurs cas intéressants de Vignes ayant atteint des dimensions vraiment colossales et surprenantes. En particulier M. Joly nous en a fait connaître quelques-unes en Californie :

« Les premiers fruits européens qui ont été

introduits aux États-Unis, dit M. Joly (1), ont été, sur la côte du Pacifique, les raisins de la Mission. Ce nom leur fut donné parce que les missionnaires espagnols les cultivaient selon les procédés de leur pays.

Cette variété subsiste encore, mais la Californie en compte aujourd'hui beaucoup d'autres qui donnent un produit supérieur comme qualité.

« Un pied de Vigne de cette espèce qui fut planté en Californie près de Santa-Barbara, à Montecito, dans le canton de Los Angeles, est devenu célèbre par ses dimensions considérables sous le nom de *Vigne de la Mission*. Nous en donnons une reproduction (fig. 480) gravée d'après une photographie. On voit sur la figure le treillis supportant les branches qui couvraient un espace de dix mille pieds carrés. La récolte annuelle s'élevait en moyenne à onze mille livres. Les grappes, formées de grains noirs assez écartés, pesaient cinq et parfois six livres. Le vin qu'ils produisaient était fort alcoolique. Ce cep fut coupé en 1876 pour être exposé à l'Exposition de Philadelphie.

« Auprès de l'ancien pied, dont nous venons de parler, signalons-en un autre qui appartient à M. Albert Magée. Ce cep ne semble pas avoir plus de vingt-cinq ans et produit déjà six mille livres de raisin par an. Sa circonférence ne mesure pas moins de 1 mètre 30 centimètres à une hauteur de 1 mètre au-dessus du sol. En ce point, la souche se contourne et se bifurque en plusieurs branches qui ont un diamètre variant de 50 à 60 centimètres et qui s'étend sur une vaste treille où plusieurs sarments ont déjà acquis un développement de 15 mètres de long. »

Il existe près de là, à Carpentaria, un autre pied à peu près semblable : tous deux deviendront avec le temps de véritables curiosités végétales.

Ces végétaux monstres ne peuvent se comparer, en Europe, qu'au gigantesque pied de Vigne de Hampton-Court, près de Londres, que tous les voyageurs ont vu, et à celui de Cumberland-Lodge, dans le parc de Windsor, qui produit de quinze cents à deux mille livres de raisin chaque année. L'histoire raconte même qu'un jour que les acteurs de Drury-Lane s'étaient attiré d'une manière particulière l'approbation du roi George III, l'un d'eux se permit de demander à ce monarque, pour lui et ses camarades, quelques douzaines de grappes de ce cep ; le roi lui en accorda cent douzaines si son jardinier pouvait les lui trouver. Celui-ci non seulement coupa cette quantité, mais fit même savoir au roi qu'il pouvait encore en faire couper autant sans dépouiller le cep.

Il ne faut pas croire que ces merveilles soient l'apanage de nos voisins d'outre-Manche ; nous possédons aussi, en France, nos vignes phénomènes.

En 1720, à Besançon (1), un menuisier, du nom de Billot, planta dans le jardin de sa maison, au coin de celle-ci, un pied de Vigne qui s'étendit sur les murs et sur les toits, où l'on dut construire une galerie en bois de 12 mètres de long sur 3 de large environ pour en soutenir les branches. De là ce cep gagna les maisons voisines, qu'il couvrit également de ses rameaux. En 1751, cette Vigne produisit 4 206 grappes de raisin. Sa taille devint telle qu'elle fournissait à son propriétaire plus de raisin qu'il n'en fallait pour sa consommation personnelle, sans parler d'un muid de vin.

Au début de ce siècle, il existait près de Cornillon, village du département du Gard, sur les bords de la rivière de Cèze, au lieu dit la Vérité, sur le chemin de Barjac et auprès d'une fontaine, une Vigne appartenant à M. Audibert, dont le tronc avait acquis la grosseur d'un homme, et dont les rameaux, ayant grimpé sur un grand Chêne, s'étaient étendus sur toutes ses branches. Cette seule Vigne a produit, il y a quelques années, trois cent cinquante bouteilles d'un vin fort agréable à boire.

Il existe à Monbéqui, canton de Verdun-sur-Garonne (Tarn-et-Garonne), une souche de Vigne qui se développe sur une longueur de 55 mètres. En 1883, elle produisit 171 litres de vin. L'année suivante, elle porta 500 grappes de raisin réparties sur une longueur de 8 mètres environ. Ce phénomène végétal, qui rappelle les anciennes Vignes du pays de Chanaan, appartient à M. Armand Galidy.

« A Saint-Paul-Cap-de-Joux se trouve une treille phénoménale âgée de 75 ans et dont le tronc, haut de 6 mètres, mesure en moyenne 55 centimètres de circonférence. Elle couvre de son ombre une cour de 40 mètres carrés. Ce pied de Vigne a donné en une seule récolte 275 kilogrammes de raisin (2). »

Dans le département de Maine-et-Loire,

(1) Joly, *Journal de la Société d'Horticulture.*

(1) *Histoire de l'Académie des sciences de Paris* (1737).

(2) *Le Monde des Plantes*, 1er août 1892, p. 216.

Fig. 481. — Chasselas de Fontainebleau.

Fig. 482. — Frankenthal.

nous avons vu au château de l'Ambroise, chez Mme Viel-Lamare, une Vigne d'une taille remarquable, qui grimpe dans les branches d'un Pommier et produit à elle seule un nombre de grappes suffisant pour donner une récolte de près d'une pièce de vin.

Dans un jardin du village de Tizon, près de Montluçon (Allier), existent quatre pieds de Vigne (gouget et verdurant), âgés de douze ans, d'une vigueur exceptionnelle, et porteurs d'une quantité de raisins extraordinaire. Sur l'un des ceps, un verdurant qui forme un treillage de 45 mètres de longueur environ, on compte plus de 800 grappes de raisins fort beaux. Le propriétaire prétend obtenir avec la vendange de ces quatre ceps deux pièces de vin.

Les Vignes françaises. — Aucun arbre fruitier n'a donné autant de variétés que la Vigne. Déjà dans l'antiquité on regardait comme impossible de déterminer le nombre de toutes les Vignes et d'en dire exactement tous les noms. C'est l'opinion de Virgile (1):

Sed neque quam multæ species, nec nomina quæ sint,
Est numerus ; neque enim numero compendere refert,
Queu scire velit, Libyci velit æquoris idem
Discere quam multæ Zephyro turbentur arenæ;
Aut ubi navigiis violentior incidis Eurus
Nosse quot Ionii veniant ad littora fluctus.

(1) Virgile, *Géorgiques*, II, vers 103.

« Que celui qui voudra connaître le nombre et le nom de toutes les espèces de Vignes, veuille aussi connaître le nombre des grains de sable que le vent soulève sur les bords de la mer de Libye, ou combien de flots viennent se briser contre les rivages de la mer Ionienne agitée par le vent d'Est. »

Caton, le premier Romain qui ait écrit sur l'agriculture, ne cite que huit sortes de Vignes ou raisins. Pline en nomme déjà plus de quatre-vingts.

Nous n'entreprendrons pas ici d'énumérer les différentes variétés de Vignes que l'on distingue parmi celles que l'on cultive en France, renvoyant le lecteur pour ce sujet aux traités spéciaux d'Ampélographie.

Parmi ces variétés, il en est quelques-unes qui sont cultivées exclusivement pour la consommation de leurs fruits à l'état frais, comme raisins de table. Parmi ces variétés nous distinguerons pour les primeurs, comme ayant une maturité précoce, la *Madeleine noire* ou *Morillon hâtif* qui mûrit fin juillet, et le *Précoce de Malingre* qui mûrit fin août. Les *Chasselas* ont une maturité intermédiaire. Ce sont le *Chasselas doré*, le plus répandu de tous, que l'on appelle aussi *Chasselas de Fontainebleau* (fig. 481), qui mûrit dans la première quinzaine de septembre, et le *Chasselas rose*, dans la deuxième quinzaine du même mois. Comme raisins de table à maturité tardive, on peut

Fig. 483. — Aramon.

Fig. 484. — Bellino.

signaler le *Frankenthal* (fig. 482), très bonne qualité, dont la maturité n'a pas lieu avant la fin de septembre.

Ces variétés de raisins de table sont celles qui sont cultivées dans le Nord de la France. Dans le Midi, on cultive encore, dans le même but, un autre groupe de cépages ayant pour caractère commun la saveur du fruit, et désignés sous le nom de *Muscats* (*Moscateou, Moscatello*). On connaît un grand nombre de variétés de Muscats : Muscat blanc ou M. de Frontignan, M. d'Alexandrie, M. noir, M. de Nice, etc. Certaines variétés de *Malvoisies* sont encore estimées pour la table.

Bosc, qui avait été chargé par le gouvernement français, au début de ce siècle, de l'étude et de la nomenclature de toutes les variétés de Vignes cultivées en France, en avait réuni près de 1400 dans la pépinière du Luxembourg.

M. Audibert, qui cultivait les belles pépinières de Tonelle près de Tarascon, département des Bouches-du-Rhône, a proposé une classification des diverses variétés de Vignes plantées en France, basée sur la forme et la couleur du raisin. Il cite 270 variétés, qu'il divise de la façon suivante :

Raisins à grains noirs.	ronds.
	ovales.
— gris ou violets.	ronds.
	ovales.
— blancs ou dorés.	ronds.
	ovales.

La grosseur des grains de raisin et le volume des grappes sont choses extrêmement variables. Ces caractères joints à la saveur, au parfum, à la consistance, doivent entrer en ligne de compte dans la détermination des variétés. Les grains des Vignes sauvages ne

Fig. 485. — Chasselas doré de Fontainebleau.

Fig. 486. — Gamay.

sont ordinairement pas plus gros que des grains de groseilles, mais, dans certaines variétés cultivées du Midi, les raisins peuvent devenir aussi volumineux que de petites prunes. Certaines grappes du Morillon hâtif ne pèsent pas plus de 45 à 60 grammes, tandis que dans le Midi de la France, les grappes de Muscat d'Alexandrie, du Gros-Guillaume, et quelques autres, atteignent parfois jusqu'à 3 et même 5 kilogrammes.

L'auteur d'un voyage à la Terre Sainte cite un canton de cette contrée où il y a des grappes de 10 à 12 livres. Pline dit qu'en Afrique on en voit qui sont grosses comme des enfants. Enfin, on lit dans la Bible (1), que lorsque Moïse envoya reconnaître la Terre promise, les Hébreux coupèrent une branche de Vigne

avec sa grappe, que deux hommes portèrent sur un bâton.

M. Jules Bel (1) cite 87 principales espèces de Vignes françaises cultivées. Nous en donnerons ici une liste avec quelques brèves indications, renvoyant le lecteur pour plus de détails à l'intéressant ouvrage de cet auteur :

Alicante (Grenache noir) (Roussillon ; vin rouge très liquoreux).
Alicante-Bouschet   (id.)
Alicante Henri-Bouschet   (id.)
Aligoté (Bourgogne ; vins blancs).
Aramon (France méridionale ; très productif) (fig. 483).
Aramon-Teinturier-Bouschet.
Aspiran-Bouschet.
Beau-Blanc (Anjou ; bons vins blancs).
Bellino (Piémont ; raisin de table) (fig. 484).

(1) *Nombres*, ch. XIII, vers. 24.

(1) J. Bel, *Les maladies de la Vigne et les meilleurs Cépages français et américains*. Paris, 1890, p. 240.

Berquignaou (Gironde).
Bicane (Touraine).
Blanc-Cardon (Lot-et-Garonne).
Bobal.
Bourgeois blanc (Alsace; raisins de table; vins
  du Rhin).
Bouteillan noir (Provence).
— blanc (id.)
Brun-Fourca (Bouches-du-Rhône, Var, Gard).
Bruneau (vins de Cahors).
Cabernet franc (Médoc).
— Sauvignon (vins de Bordeaux).
Carignan-Bouschet.
Carignane (Midi).
Castets (Gironde).
Chasselas blanc de Fontainebleau, (table) (fig. 485).
Cinsant (Pyrénées; raisin de table, vin noir).
Clairette (raisin de table; bon vin blanc).
Columbaud (Provence).
Counoise.
Étraire de l'Adhuy (Isère).
Folle-Blanche (Charente; eau-de-vie).
— noire (Dordogne).
Frankenthal (vallée du Rhin) (fig. 482).
Gamay (Bourgogne; variété très recherchée)
  (fig. 486), vins de Bourgogne et du Beaujolais).
— Couderc.
— d'Orléans (Centre).
— Teinturier (recommandable comme co-
    lorant).
— Thomas.
Grand noir de la Calmette.
Grappu de la Dordogne.
Gredelin de Vaucluse (vallée du Rhône).
Gros rouge de Mirefleurs (Auvergne).
Jurançon blanc (vin de Jurançon).
Madeleine angevine (Anjou; vin blanc excel-
  lent).
Malbeck ou Côt, Gros Noir, Côte-Rouge, etc.
  (Sud-Ouest; vins de Bordeaux).
Malvoisie des Pyrénées-Orientales (Roussillon).
— Rousse du Tarn-et-Garonne.
Marsame Blanche (vins blancs de l'Ermitage).
Maujac blanc (Sud-Ouest).
Merlot ou Plant-Médoc (Bordelais).
Meslier (Nord de la France).
Molard (Hautes-Alpes et Savoie; vin rouge).
Molette blanche de Seyssel (Savoie; vin blanc).
— noire de Seyssel (Savoie).
Mondeuse noire (Savoie).
Morastel-Bouschet.
Morvèdre (Midi; vin noir, riche en tannin).
Moscato des Pyrénées-Orientales (Roussillon).
Muscadet (vins de Sauterne).
Muscat blanc ou Muscat de Frontignan (vin
  de Muscat).
Muscat-Hambourg.
Négret du Tarn.
Noir de Lorraine (Est de la France).
Noireau (Ain, Rhône, Haute-Loire).
OEillade du 1er août.
Oseri du Tarn.
Panse jaune (Provence; raisin de table) (fig. 487).
— précoce musquée   (id.)
Pascal blanc (Provence).
Passerille à gros grains (Var).

Passerille blanche (vallée du Rhône).
Petit Bouschet.
Pineau blanc Chardonnay (Bourgogne; bon
    vin blanc).
— noir (cépage par excellence de la
  Bourgogne).
Piquepoul blanc (Languedoc, Gascogne; vin
    blanc).
— noir (Languedoc; vin rouge).
Portugais bleu.
Romain ou César (Yonne; vin rouge).
Roussane (vallée du Rhône; vins de l'Ermi-
  tage.
Sauvignon jaune (vin blanc de Sauterne).
Sémillon blanc.
Terret Bouschet.
— Bourret blanc.
— Bourret noir.
— extra fertile.
Ugni blanc (Provence; vin excellent) (fig. 488).
Verdet Chalosse (Languedoc).
Verdresse musquée.

Les vignobles français les plus renommés
sont :

Ceux du Bordelais, avec les crus de Château-
Margaux, de Château-Laffitte, de Saint-Émi-
lion, de Barsac, de Sauterne, de Bommes, de
Langon, etc. ;

Ceux de la Charente, dont proviennent les
eaux-de-vie de Cognac ;

Ceux de la Bourgogne, qui donnent les vins
de la Romanée, de Chambertin, de Riche-
bourg, de Clos-Vougeot, de Musigny, de
Beaune, de Montrachet, etc. ;

Ceux de la Champagne, avec les crus de
Sillery, d'Ay, de Moreuil et d'Épernay.

Ceux d'Anjou et de Touraine, avec les vins
de Bourgueil, des coteaux de Saumur, de
Vouvray et de Saint-Avertin.

Signalons encore les vignobles de l'Ermitage, dans la Drôme, de Côte-Rôtie et de Con-
drieu, dans le Rhône, et de Torreins et de
Pouilly, dans le Mâconnais.

Les vignobles du Midi fournissent les vins
généreux de Collioure, de Rancio, d'Alicante,
de Rivesaltes, ainsi que les Muscats de Lunel
et de Frontignan.

La Vigne en Europe. — En dehors de la
France, plusieurs pays de l'Europe cultivent
la Vigne, qui leur donne des vins renommés.

En Espagne, toutes les provinces ont des
vignobles plus ou moins étendus, et l'on y fait
une grande quantité de vins. Les plus estimés
et les plus connus sont ceux d'Alicante, de
Rota, de Malaga, de Xérès, de Grenache, etc.

Le vin de Porto est le plus réputé des vins
de Portugal.

Fig. 487. — Panse jaune.   Fig. 488. — Ugni blanc.

Au premier rang des vignobles d'Italie, il convient de placer le *Lacryma Christi,* qui croît sur la partie du Vésuve voisine de la mer. Viennent ensuite les vins des environs du lac Arverne, dans la province de Naples, les vins de Toscane et du Piémont, le Malvoisie, les vins des îles Lipari, les Muscats de Syracuse, en Sicile, etc.

L'Allemagne n'a de vignobles que dans ses parties méridionales. Les vins du Rhin sont très connus et méritent leur réputation.

Le vin de Tokai, le plus recherché des vins d'Europe, se récolte sur la partie exposée au midi du mont Meyes-Male, dans la haute Hongrie.

L'île de Chypre, les îles de Chio, de Candie, de Santorin, dans l'Archipel, produisent des vins de liqueur très estimés.

Il existe quelques vignobles dans les parties méridionales de la Russie.

La Vigne n'est pas cultivée en Angleterre, pour faire du vin tout au moins.

Bon Français, quand je bois mon verre
Plein de ce vin couleur de feu,
Je songe, en remerciant Dieu,
Qu'ils n'en ont pas en Angleterre !

dit avec orgueil Pierre Dupont. On ne voit de ceps que dans quelques jardins, et encore pour faire mûrir les grappes de raisin destinées à la table, il faut les abriter sous des châssis vitrés.

La Vigne en Algérie (1). — Le vignoble algérien suit le littoral dans presque toute sa

(1) E. Sauvaigo, *Les Cultures sur le littoral de la Méditerranée.*

longueur et comprend les trois départements d'Oran, d'Alger et de Constantine. A l'intérieur, il s'étend jusqu'à la limite des Hauts-Plateaux. La culture de la Vigne a déjà pris une certaine extension en Tunisie.

Dans les jardins arabes, la Vigne tient une place des plus honorables, et est traitée comme un arbre fruitier ordinaire. Le cépage le plus cultivé par les indigènes, dans certaines localités, est le Muscat de Palestine, à gros grains blancs sirupeux. On s'en sert, comme raisin de table, et on en fabrique aussi, par une simple pression des grappes, une boisson non fermentée, qui, malgré ses propriétés enivrantes, n'est pas, selon eux, le vin proscrit par le Coran.

A l'heure présente, l'Algérie compte plus de 100 000 hectares de Vignes. Le département d'Oran est celui des trois départements qui a donné le plus d'élan à la culture de ce précieux végétal.

En Algérie, la récolte des vins en 1891 s'est élevée à 4 058 412 hectolitres, supérieure de 1 214 182 hectolitres à la récolte de 1890. Le nombre d'hectares plantés en Vignes était de 107 048, supérieur de 8 507 hectares à celui de l'année précédente.

La Tunisie possède aujourd'hui environ 550 hectares de vignobles, à peu près tous concentrés dans les environs de Tunis et dans la presqu'île du Cap-Bon.

Dans toute l'étendue de l'Algérie, le siroco est un agent redoutable pour les vignobles. Lorsqu'il souffle d'une façon modérée, il guérit les Vignes de l'invasion de l'oïdium et du mildiou. Quand la température du vent dépasse 42° à l'ombre, et que les raisins ne sont pas entièrement mûrs, le vent brûlant du désert exerce une action pernicieuse sur la Vigne.

La Vigne au Japon (1). — La Vigne est cultivée un peu partout au Japon, mais surtout au centre de l'île de Niphon, dans la province de Kofou, où cette culture existe déjà depuis fort longtemps.

Si l'on peut en croire la tradition, la découverte de la Vigne au Japon daterait de 1185, sous le règne de l'empereur Gotoba. Elle fut faite par deux paysans du village de Kamüvasaki, situé dans les montagnes de Kofou, district de Yassivo. Amenomiya et Kagayou, c'étaient les noms de ces paysans, découvrirent

un jour une plante sauvage, qui leur était inconnue et dont ils transportèrent quelques plants dans leurs jardins, où ils les entourèrent de soins minutieux. Cinq années plus tard, la Vigne avait parfaitement réussi et commençait à porter des fruits. Ceci encouragea les deux paysans à donner de l'extension à cette culture ; c'est encore aujourd'hui une des grandes cultures de la province de Kofou et qui, de là, s'est propagée peu à peu dans tout le Japon.

Il existe deux espèces au Japon : le *Vitis vinifera* et le *Vitis Labrusca ;* mais on ne cultive en réalité que la première. Le produit en est très estimé, alors que celui du *Vitis Labrusca,* quoique réussissant mieux au Japon qu'en Amérique, n'est pas si recherché ; il pousse partout à l'état sauvage sur les montagnes, surtout dans les provinces de Etsiou, de Kaga, de Noto, de Hida, de Moutsou, d'Ouzen, d'Ongo et de Holckaïdo.

Culture. — La Vigne n'est pas difficile sur la nature du terrain, elle peut s'accommoder de presque tous les terrains, à la condition toutefois que le sol ne soit ni marécageux, ni d'une sécheresse trop aride. Cependant les meilleurs, ceux où la Vigne prospère le mieux, sont les terrains calcaires, sablonneux, caillouteux, et en général d'une nature légère, plutôt sèche qu'humide. Ces sortes de terrains, en effet, réfléchissent mieux les rayons du soleil ; prenant plus facilement la chaleur, ils la conservent pendant un temps plus long et permettent mieux que tout autre aux racines de s'étendre, à l'eau de les humecter sans les noyer et les pourrir. De plus, ils sont facilement perméables aux gaz nécessaires pour la respiration de la plante.

Les rameaux de la Vigne étant naturellement trop faibles pour se soutenir eux-mêmes, on leur prête presque partout un appui, mais, suivant la nature du climat, on n'agit pas de même dans les divers pays où la Vigne est cultivée.

Dans les climats chauds, on se sert souvent d'arbres pour soutenir les Vignes. Cette pratique est fort ancienne et nous avons déjà rapporté plus haut (page 383) ce que dit Pline au sujet de la culture des Vignes sur les Peupliers, en Campanie, à son époque. Cette coutume se retrouve en Sicile et dans plusieurs îles de la Grèce, où les grappes mûrissent suspendues au sommet des plus grands arbres ; en Italie, les Vignes sont tenues sur

(1) *Revue des sciences naturelles appliquées,* 39e année, 1892, p. 552.

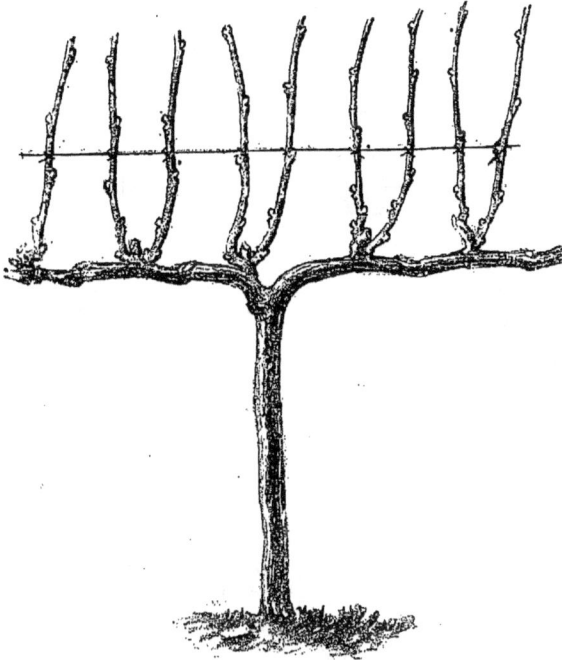

Fig. 489. — Treille à la Thomery, fragment avec branches fruitières non taillées.

des arbres dont l'élévation est bornée à 3 ou 5 mètres de hauteur seulement. Cette manière de cultiver la Vigne n'est que fort peu pratiquée en France. Nous avons déjà parlé (p. 384) de deux exemples de Vignes remarquables, l'une située à Cornillon (Gard), l'autre au château de l'Ambroise, commune de Saint-Sulpice (Maine-et-Loire), qui toutes deux sont des Vignes cultivées *en hautains*.

Dans les pays où l'on ne fait pas croître la Vigne sur les arbres, et c'est le cas général en France, on en soutient les rameaux au moyen de pieux que l'on enfonce en terre et qu'on nomme *échalas*. On se sert pour les faire de bois de Chêne ou de Châtaignier principalement : ce sont les plus solides et les plus durables. A leur défaut, on fait des échalas avec l'Érable, l'Orme, le Pin, le Sapin et même le Saule ou le Peuplier, mais dans le dernier cas il faut les renouveler souvent. En Anjou, on soutient les Vignes avec des échalas faits avec des fragments de schistes ; ils durent fort longtemps et ont l'avantage d'utiliser une des roches du pays.

Dans le Midi de la France, on tient les souches à 1 mètre du sol environ ; plus au Nord, les ceps doivent être rabattus beaucoup plus près de la terre. D'une façon générale, plus le climat est froid et plus les ceps doivent être tenus bas, parce que les grappes étant plus près de terre, profitent davantage de l'abri et des émanations de calorique et mûrissent mieux. Dans la Bourgogne, la Champagne, les environs d'Orléans et de Paris, tous les ceps sont tenus le plus près possible de la terre.

Dans les jardins, la Vigne se cultive souvent en espaliers, c'est-à-dire le long d'un mur. En espalier, la Vigne prend le nom de *treille* (1).

Il y a deux genres de treilles : la *treille à la Thomery* (fig. 489 et 490) et la *treille de palmettes* (fig. 491). La *palmette verticale* ne convient guère qu'aux murs dont l'élévation ne dépasse pas 3 mètres. Quand les murs sont plus élevés il convient d'adopter la treille à la Thomery, à moins qu'on ne préfère celle dite à *palmettes verticales alternes* (fig. 492).

Sous le rapport du climat, la Vigne est après l'Oranger et l'Olivier la plus exigeante de nos espèces fruitières. Elle gèle à — 18° et même à —10°, quand cette dernière température

(1) Voyez G.-Ad. Bellair, *Les Arbres fruitiers*, Paris, 1891, p. 115.

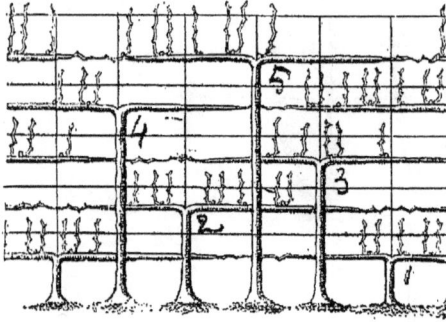

Fig. 490. — Treille à la Thomery; mode de superposition des cordons.

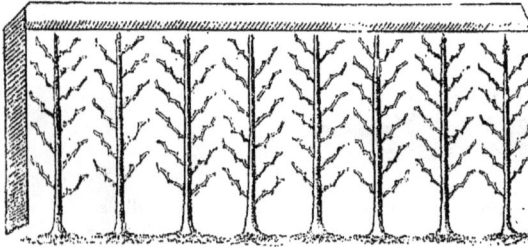

Fig. 491. — Treille de Palmettes verticales.

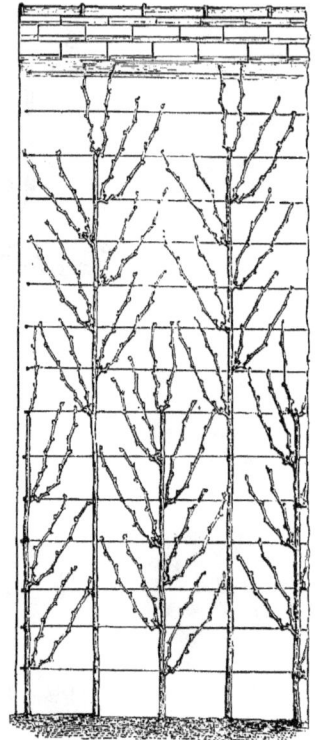

Fig. 492. — Treille de palmettes verticales alternes (fragment).

persiste trop longtemps. A + 9° et demi, elle bourgeonne, et fleurit par une chaleur de + 15° à + 18°. Sous le climat de Paris, la Vigne est surtout cultivée en espalier, aux plus chaudes expositions, Midi, Ouest et Est. Les qualités sucrées de son fruit sont en raison directe de la source de chaleur et de l'insolation qu'il a reçues.

On donne en général aux vignobles trois labours par an : le premier ou labour d'aération a lieu aux mois de janvier-février; le deuxième labour se pratique au printemps après la floraison, et a pour but de rapprocher la terre des souches et d'arracher les mauvaises herbes; le troisième labour s'effectue en été, au mois de juin, et est destiné à donner de la fraîcheur au sol et aussi à arracher les mauvaises herbes, en particulier le Chiendent.

La Vigne a besoin d'engrais. Il lui faut à la fois de l'azote et de l'acide phosphorique, qui agissent sur le développement de la plante, et de la potasse, qui a surtout de l'action sur le fruit.

La Vigne ne donne des fruits que sur les pousses qui se développent sur le bois de l'année précédente. Les bourgeons qui naissent accidentellement sur le vieux bois ne portent point de fruits et les rameaux, qui ont une fois fructifié, deviennent à jamais stériles. Aussi doit-on chaque année supprimer la production de l'année précédente, pour en faire naître une nouvelle à la place. C'est ce qui constitue la *taille* de la Vigne. La taille varie d'ailleurs beaucoup suivant les cépages et les pays.

La Vigne se multiplie par *semis*, par *boutures* ou par *marcottes*. De ces procédés de multiplications, c'est le bouturage qui est le plus suivi. On n'a point l'habitude de former des Vignes avec du plant venu de semis, d'abord parce que le moyen serait plus long qu'en employant les boutures et les marcottes, puis parce que la Vigne venue de graines est sujette à produire des variétés nouvelles, dont les unes peuvent être bonnes, mais d'autres mauvaises. Les sujets venus de semis sont

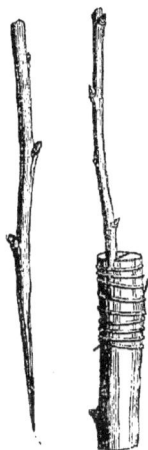

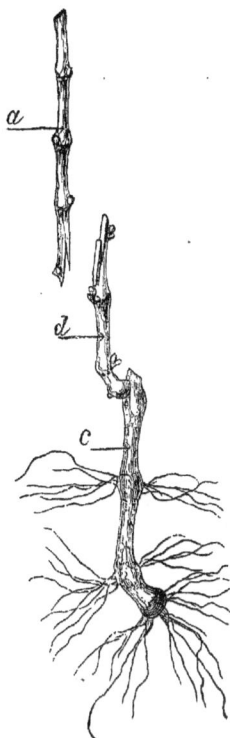

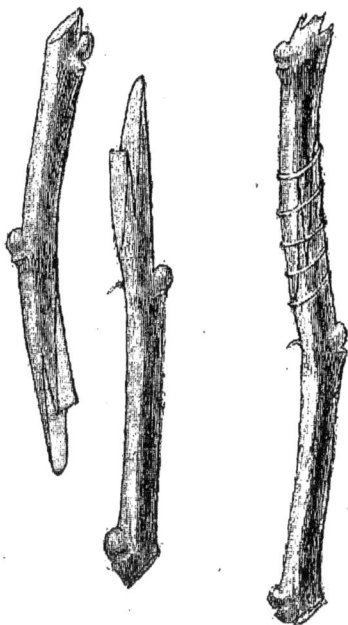

Fig. 493. — Greffe en fente simple.

Fig. 494. — Greffe en fente anglaise (*).

Fig. 495. — Greffe en fente anglaise sur sujet bouture.

(*) *a*, greffon ; *cd*, sujet obtenu par bouturage du rameau *c ; d*, pousse de l'année sur laquelle s'effectue la greffe.

utilisés pour le greffage dès la seconde année de la plantation.

Greffe. — L'opération de la greffe est très importante, car elle répond à de nombreux besoins. Elle permet en effet de modifier la nature d'un cépage, de rajeunir de vieilles Vignes, de transformer des vignobles entiers. Enfin, depuis que nos Vignes françaises meurent dévastées par le Phylloxera, la greffe a permis de reconstituer notre viticulture en plaçant nos anciennes variétés européennes sur les Vignes américaines qui résistent mieux aux attaques de l'insecte destructeur.

Le procédé de greffer la Vigne est fort ancien. Caton indique dans ses écrits trois manières de pratiquer cette opération, parmi lesquelles une seule, la greffe en fente, est encore en vigueur aujourd'hui. Les procédés de greffage actuellement employés pour la Vigne sont la *greffe en fente simple*, la *greffe en fente double* et la *greffe en fente anglaise*.

La greffe en fente simple (fig. 493) s'emploie lorsqu'il s'agit de greffer des sujets déjà forts. Pour l'exécuter, on découvre le pied du cep et on le coupe obliquement à 5 ou 6 centimètres au-dessus du sol, on le fend avec un ciseau ou un couteau et on y ajuste le greffon taillé en lame de couteau. On ligature ensuite fortement avec des fibres de Raphia, et on mastique les bords de la fente avec de l'argile bien pétrie. La *greffe en fente double* se pratique sur les sujets dont le diamètre dépasse 5 à 6 centimètres. Avec deux greffons, on a deux chances de succès au lieu d'une.

Les greffes précédentes ne réussissent avec la Vigne qu'à la condition d'amputer la tête du sujet presque au niveau du sol et d'accumuler un peu de terre à la base du greffon, qui conserve sa fraîcheur et développé quelques racines. Or, depuis l'invasion phylloxérique, on greffe fréquemment les Vignes française sur des Vignes américaines, et si l'on veut bénéficier de la résistance de ces dernières, il convient que le greffon ne soit pas enterré, de façon qu'il n'émette pas de racines. Aussi, l'on opère dans ce cas par le procédé de la *greffe en fente anglaise :*

Un peu au-dessus du sol, on coupe la tête du sujet en un biseau allongé qu'on refend obliquement de manière à obtenir une languette partant du tiers supérieur de la plaie (fig. 494). La même opération se répète en sens inverse sur le greffon. On rapproche et on lie. La greffe anglaise offre de plus grandes chances de succès que la greffe en fente simple, car les deux surfaces en contact sont augmentées par les deux languettes, mais elle a l'inconvénient d'exiger un greffon et un porte-greffe de même diamètre. Aussi l'emploie-t-on sur de jeunes sujets.

On se sert aussi de ce mode de greffage pour greffer sur table et préparer des boutures toutes greffées, dont la partie à enterrer est faite de Vigne américaine et le greffon de plant français (fig. 495).

On doit surveiller les greffes toute l'année, de façon à enlever les racines qui pourraient se développer sur le greffon ainsi que les rejets du porte-greffe.

Maladies de la Vigne. — La Vigne est attaquée par une foule d'ennemis, dont plusieurs sont extrêmement redoutables. Les plus terribles, qui sont d'apparition récente, ont été importés en France par des plants venus d'Amérique : ce sont le Phylloxera, le Mildiou, le Black-rot, le Rot blanc, etc. Ces maladies ont attaqué nos vignobles et les menacent de la plus dangereuse façon. En présence de ces nombreux ennemis, les viticulteurs ont cherché des moyens propres à amener leur destruction, de façon à sauvegarder nos vins de France. Grâce au concours de savants distingués tels que MM. J. Planchon, Millardet, Cornu, Foëx, Viala, etc., qui ont étudié les nouvelles maladies et en ont déterminé la nature, on se trouve aujourd'hui en présence de moyens efficaces contre la grande majorité de ces ennemis.

Vu l'importance du sujet, nous ne pouvons ici que présenter un court résumé de cette question, et nous nous contenterons d'indiquer brièvement quels sont les principaux ennemis qui menacent nos vignobles et quelles sont les armes que nous avons en mains pour les combattre. Le lecteur désireux de trouver des renseignements plus détaillés sur ces matières

pourra se reporter aux nombreux traités qui existent sur cette matière, et en particulier aux excellents ouvrages de MM. Élie Dussuc (1), Jules Bel (2), Duchesse de Fitz-James (3), auxquels nous ferons de nombreux emprunts dans les pages qui vont suivre.

Les maladies de la Vigne peuvent se diviser en trois catégories :

1° Altérations organiques de la Vigne ;

2° Maladies cryptogamiques ;

3° Insectes et autres animaux nuisibles.

Altérations organiques. — Les altérations organiques de la Vigne sont celles qui ne sont produites ni par des animaux ni par des parasites végétaux, mais bien par les intempéries des saisons ou par des causes encore mal connues.

La *Chlorose* est une altération de la Vigne qui se manifeste par un changement de couleur des feuilles, qui de vertes deviennent jaunes, puis blanchâtres. La Chlorose peut avoir pour causes les perturbations atmosphériques, les accidents du greffage et surtout la nature du terrain : dans les terres calcaires, les Vignes sont atteintes de Chlorose et ne le sont pas dans les terres ferrugineuses. Aussi est-il souvent de la plus haute importance pour le viticulteur de pouvoir déterminer exactement la richesse en calcaire du terrain où croissent ses Vignes. Notre ancien collègue à l'École de Cluny, M. A. Bernard, a imaginé un petit appareil très ingénieux, quoique très simple, permettant de faire cette analyse. La terre sèche est tamisée, pesée et introduite dans un vase à réaction avec de l'acide chlorhydrique étendu. On mesure l'acide carbonique dégagé et on déduit le poids et la richesse en calcaire. Le *calcimètre* (fig. 496) est construit de façon à éliminer les corrections qu'exigerait un calcul rigoureux.

Les Vignes américaines sont plus sensibles à la Chlorose que les Vignes françaises. Le sulfate de fer agit efficacement dans bien des cas en combattant les effets de cette maladie.

Le *Cottis* est une altération de la végétation de la Vigne, à laquelle on rattache celles désignées dans diverses localités sous les noms de *Pousse en ortille*, *Vigne persillée*, *Court-noué*, etc. Comme ces noms l'indiquent, cette altération se manifeste par l'aspect buissonnant

(1) Élie Dussuc, *Les Maladies de la Vigne.* Paris, 1894.
(2) Jules Bel, *Les Ennemis de la Vigne*, Paris, 1890.
(3) Duchesse de Fitz-James, *La pratique de la viticulture.* Paris, 1894.

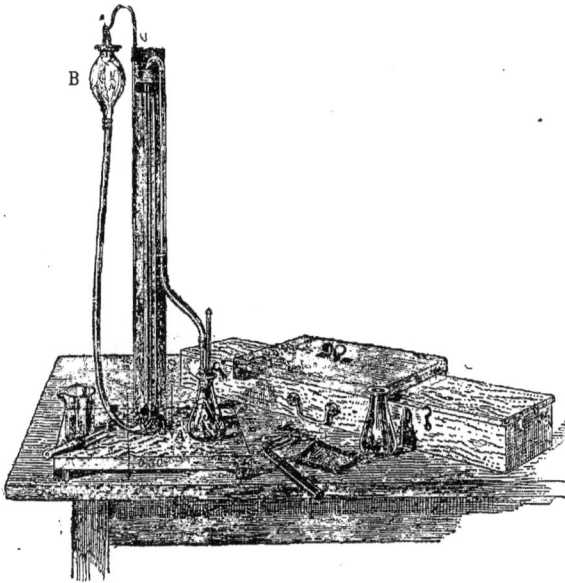

Fig. 496. — Calcimètre de M. A. Bernard.

A, fiole à réaction où on introduit la terre à analyser avec une jauge J remplie d'acide chlorhydrique étendu.
C, tube mesureur, en communication avec le ballon B et avec la fiole A.

que prend la souche; les sarments sont courts, noués, les feuilles se déforment, jaunissent et se dessèchent, amenant la mort du cep. On ne connaît pas encore exactement la cause du *Cottis*, qui se développe dans les mêmes terrains que la Chlorose et qu'on combat également par le sulfate de fer.

Le *Coup de soleil* (*sun scald*) ou *Brûlure*, ou *Grillage des feuilles*, est une altération des feuilles qui sont grillées et tombent, ce qui empêche les fruits de mûrir. Le Coup de soleil qui, d'après M. Pierre Viala, est plus fréquent aux États-Unis qu'en France, a été fréquemment constaté en 1892, dans les vignobles des départements de l'Hérault et de l'Aude, et s'est renouvelé en 1893 dans le Beaujolais où l'on a cru un instant à une nouvelle maladie de la Vigne.

L'*Échaudage*, appelé encore *Échaudure*, *Brouissure*, *Échaubouillure*, est le résultat de l'action très intense des rayons du soleil sur les raisins, aux mois de juillet et d'août. L'Échaudage n'est à craindre que dans les régions méditerranéennes.

La *Pourriture du raisin* s'observe principalement lorsque le mois de septembre a été pluvieux, sur les raisins à suc aqueux, comme

l'*Aramon* (fig. 483) par exemple, portés sur des ceps situés dans des terrains bas.

La *Coulure* est le résultat de la non-fécondation des fleurs qui avortent et tombent sans former de fruit. La coulure naturelle est due à un vice de constitution de la fleur; la coulure accidentelle résulte de la nature du sol ou des influences atmosphériques.

Le *Millerandage* ou *Millerand* présente quelques analogies avec la coulure et résulte des mêmes causes. C'est l'avortement partiel des grains de raisin. Le Gamay et le Pineau y sont particulièrement sujets. Les grappes millerandées présentent des grains de différentes grosseurs (fig. 497).

Les *Broussins* sont des tumeurs parfois énormes (fig. 498) qui se développent à la base des coursons ou sur les racines : elles interceptent la marche de la sève et amènent le dépérissement de la souche. Les *Broussins*, qui ont occasionné de sérieux dégâts dans le Sud-Ouest en 1882, sont ordinairement provoqués par une répercussion de la sève, causée par les gelées tardives.

La *gelée* est une cause d'altération des organes de la Vigne, qui, dans nos pays, peut geler à trois époques différentes : en automne.

Fig. 497. — Grappe de raisin millerandée.

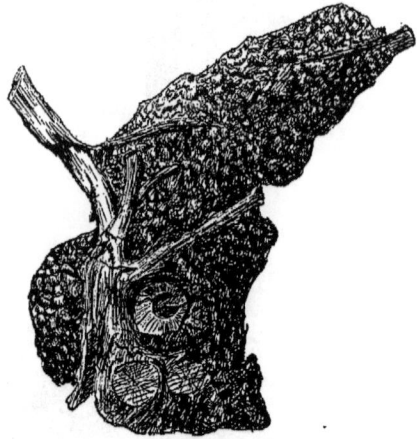

Fig. 498. — Broussin formé à la base d'un courson.

en hiver, au printemps. L'action des gelées ne s'exerce pas d'ailleurs de la même façon dans chacune de ces saisons et n'entraîne pas les mêmes conséquences. Les gelées de printemps sont les principales à redouter, parce qu'elles surviennent au moment du départ de la végétation.

M. Perraud a communiqué en 1893 à la Société d'agriculture d'intéressantes observations sur la résistance au froid des Vignes franco-américaines. A la station viticole de Villefranche, le thermomètre est descendu, en janvier 1893, à — 27° de froid : tandis que les cépages français tels que Gamay, Pineau, etc., gelaient dans leurs parties non recouvertes par la neige, les Vignes américaines n'ont pas gelé. Les hybrides ont plus ou moins bien résisté. On sait d'ailleurs qu'en Amérique les plants français gèlent facilement, tandis que les plants américains résistent.

La *grêle* produit dans les Vignes des dégâts très considérables, surtout quand elle survient aux mois de mai et de juin.

Les *vents violents* ne sont guère à redouter qu'au début de la végétation. A ce moment ils détachent les rameaux de la Vigne, qui sont tendres et cassants.

Maladies cryptogamiques. — Les Cryptogames qui attaquent la Vigne appartiennent tous à la classe des Champignons.

Ces divers parasites, que nous nous proposons seulement de passer rapidement en revue ici, seront d'ailleurs étudiés avec plus de détails à la fin de cet ouvrage, lorsque nous nous occuperons des Champignons :

L'*Oïdium* est produit par un petit Champignon, l'*Erysiphe Tuckeri* ; il se manifeste sur la Vigne par des efflorescences grisâtres et ternes ayant une odeur de moisi caractéristique et qu'on rencontre sur les feuilles, les sarments (fig. 499), les fleurs et les fruits (fig. 500).

L'Oïdium a fait son apparition en Angleterre, à Margate, près de l'embouchure de la Tamise, dans les serres de M. Tucker. Il apparut en France quelque temps après, dans les serres de M. Rothschild à Suresnes, et dès 1848, on en constatait la présence dans tous les environs de Paris. En 1852, il avait envahi tout le vignoble français ; en 1854, l'Europe entière. Les expériences de M. Duchartre (1850) ont montré d'une façon indiscutable l'efficacité de la fleur de soufre, pour combattre l'Oïdium, et aujourd'hui ce fléau n'est plus à craindre lorsqu'on soufre convenablement les Vignes.

Le *Mildiou*, ou *Mildew* des Américains, est produit par le *Peronospora viticola*, Champignon du groupe des Ascomycètes. Il apparaît, comme l'Oïdium, sous la forme d'efflorescences blanchâtres ou grisâtres, et attaque ordinairement les sarments (fig. 501) ou la partie inférieure des feuilles, qui se dessèchent et tombent, laissant sans abri les raisins qui ne peuvent achever de mûrir. Le Mildiou attaque aussi les grains (fig. 502), qui se dessèchent ou se pourrissent, suivant l'époque de l'invasion. Les grains attaqués présentent des taches brunes et dures qu'on a désignées sous le nom de *Rot huva*. Cette maladie, connue en

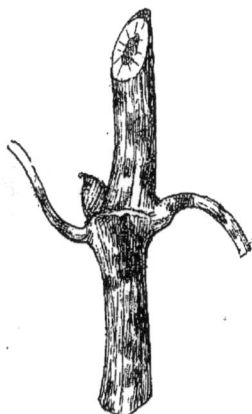

Fig. 499. — Sarment attaqué par l'Oïdium.

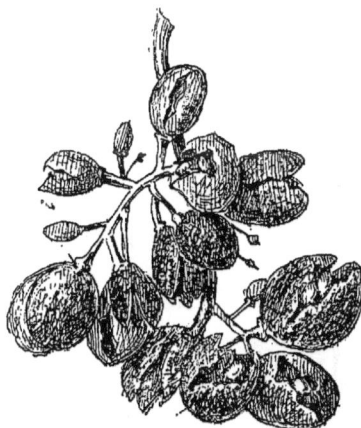

Fig. 500. — Grappe de raisin attaquée par l'Oïdium.

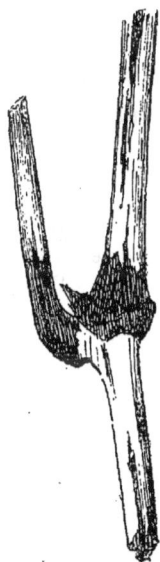

Fig. 501. — Sarment atteint
de Mildiou.

Fig. 502. — Grappe de raisin attaquée par le Mildiou.

Amérique sous les noms de *Rot gris* ou *Rot commun*, avait été considérée comme distincte du Mildiou.

Le Mildiou, connu depuis fort longtemps en Amérique, a fait son apparition en France en 1878, dans les Charentes, dans la vallée du Rhône et dans le Bordelais. Peu après il avait envahi toute l'Europe.

En 1881, c'est-à-dire trois ans seulement après son apparition en France, tous nos vignobles étaient atteints, ainsi que ceux d'Algérie, dont les pertes étaient énormes. C'est par millions

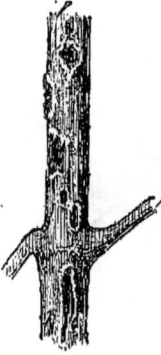

Fig. 503. — Sarment attaqué par l'Anthracnose maculée.

Fig. 504. — Rameau avec fleurs anthracnosé (*).

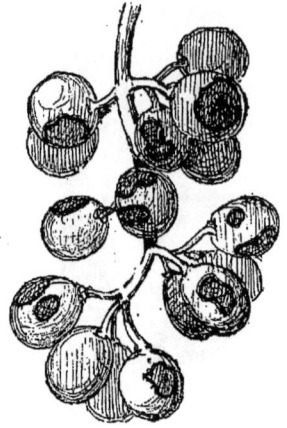

Fig. 505. — Grappe de raisin attaquée par l'Anthracnose maculée.

(*) *abc*, rameaux stipulaires développés sous l'influence de l'Anthracnose; *d*, grappe malade; *e*, grappe saine (d'après H.-A. Mirès).

qu'on doit évaluer les ravages faits par cette redoutable maladie.

Le Mildiou se combat au moyen des composés cuivriques, que l'on fait agir *avant l'apparition* des premières taches. De nombreuses préparations cuivriques liquides ou en poudres on été proposées comme remèdes : la *solution au sulfate de cuivre*, la *bouillie bordelaise*, l'*eau céleste*, etc. Une bonne préparation cuivrique doit présenter les cinq qualités suivantes : 1° être efficace, 2° adhérer aux feuilles, 3° se préparer facilement, 4° coûter bon marché, 5° ne pas nuire aux feuilles.

L'*Anthracnose* est une maladie de la Vigne causée par un petit Champignon microscopique, le *Sphaceloma ampelinum*. La Vigne attaquée est couverte de taches ou pustules qui se montrent sur les sarments (fig. 503), les jeunes rameaux (fig. 504), les nervures des feuilles et les raisins (fig. 505). On connaît trois formes de la maladie : l'Anthracnose maculée, l'Anthracnose ponctuée et l'Anthracnose déformante.

L'Anthracnose est une maladie très ancienne qui porte de nombreux noms : *Charbon, Rouille noire, Tacon, Cabuchage*, etc. Le meilleur moyen de la combattre consiste à badigeonner les souches en février ou mars à l'aide de diverses solutions, comme le sulfate de fer par exemple. Lorsque la Vigne est en végétation, on peut arrêter les ravages de l'Anthracnose par le soufre et les mélanges de soufre et de chaux.

Le *Black-rot*, dont le nom signifie *pourriture noire*, est produit par un Champignon microscopique, le *Læstadia Bidwelii*. Celui-ci ne se développe que sur les parties vertes de la Vigne et sur les grains (fig. 506), qui ne tardent pas à se flétrir, se dessécher et sont perdus en quelques jours. Le Black-rot, connu depuis fort longtemps aux États-Unis, où il cause des ravages terribles, a été constaté pour la première fois en France dans l'Hérault, à Ganges, par MM. Viala et Ravaz. Depuis il s'est étendu à plusieurs départements du Sud-Ouest (Aveyron, Lot-et-Garonne).

On combat préventivement le Black-rot par les sels de cuivre.

Le *Rot blanc*, causé par un Champignon, le *Coniothyrium diplodiella*, a beaucoup d'analogie

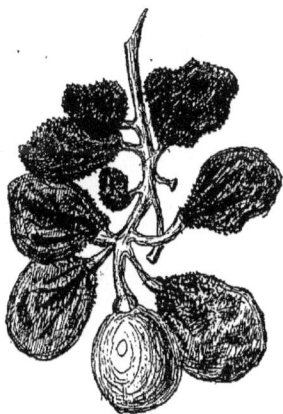

Fig. 506. — Grappe de raisin attaquée
par le Black-rot.

Fig. 507. — Grappe de raisin attaquée
par le Rot blanc.

avec le Black-rot. Cette maladie attaque les pédicelles des grains (fig. 507), les rameaux de la grappe et même le pédicule entier, qui prennent une teinte livide. La grappe tombe, ou sèche sur le cep longtemps avant de tomber. La pulpe du raisin prend une odeur de moisi.

Le Rot blanc a été constaté en 1878 dans les vignobles italiens et a été rencontré pour la première fois en France en 1885, dans le département de l'Isère. Il a été signalé depuis dans un certain nombre de départements du Sud et du Sud-Ouest, ainsi qu'en Espagne et en Suisse. On arrivera probablement à combattre cette maladie avec les sels de cuivre.

La *Mélanose*, causée par le *Leptoria ampelina*, n'attaque, jusqu'à présent, que quelques cépages américains et n'a encore occasionné que des dégâts insignifiants.

La *Fumagine* est due au *Cladosporium fumago*, Champignon encore mal connu. C'est une maladie de peu d'importance jusqu'à présent.

La *Brunissure* est une maladie récente, qui n'attaque que les feuilles, toujours à la face supérieure. MM. Viala et Sauvageau, qui l'ont étudiée, l'ont attribuée au *Plasmodiophora vitis*, voisin du *Plasmodiophora brassicæ*, qui cause la *Hernie du Chou*. La Brunissure a occasionné de sérieux dégâts en 1889 et 1890 dans le département de l'Aude et surtout aux environs de Montpellier et de Béziers (Hérault). En 1892, elle s'est montrée en assez grande quantité sur les Vignes de l'École d'agriculture de Montpellier.

La *Rougeole* ou le *Roussi* n'est autre chose que la Brunissure à sa dernière période.

La *Maladie de Californie*, qui a fait des ravages considérables en Amérique et dont on s'est beaucoup préoccupé en France en 1892 et 1893, a été étudiée par MM. Viala et Sauvageau, qui l'ont attribuée aux atteintes du *Plasmodiophora californica*. C'est par crainte de cette maladie que le gouvernement français a dû interdire, en 1892, l'importation des boutures de Vignes venant de Californie.

Le *Mal nero* ou *Maladie noire* est une altération des tissus dans les branches et le tronc des ceps, qui se manifeste dans les vignobles italiens. M. Viala pense que la cause du Mal nero pourrait bien être de même nature que celle de la Brunissure et de la Maladie de Californie.

Le *Pourridié*, connu encore sous les noms de *Blanc des racines*, *Blanquet*, *Pourriture*, *Martaouse*, est une maladie qui attaque les racines d'un grand nombre d'arbres fruitiers et forestiers. Lorsque la Vigne est atteinte du Pourridié, les sarments se rabougrissent et les feuilles finissent par tomber. Cette maladie est due aux filaments de deux Champignons, le *Dermatophora necatrix* et le *Dermatophora glomerata*. On ne rencontre le Pourridié que dans les sols humides.

Le *Coup de pouce* est une altération des grains de raisins qui s'est manifestée en assez grande quantité dans les vignobles du Midi depuis 1891. Après quelques études, M. Viala a cru voir des bactéries au microscope dans la partie attaquée par le Coup de pouce.

En 1894, au printemps, s'est déclarée avec

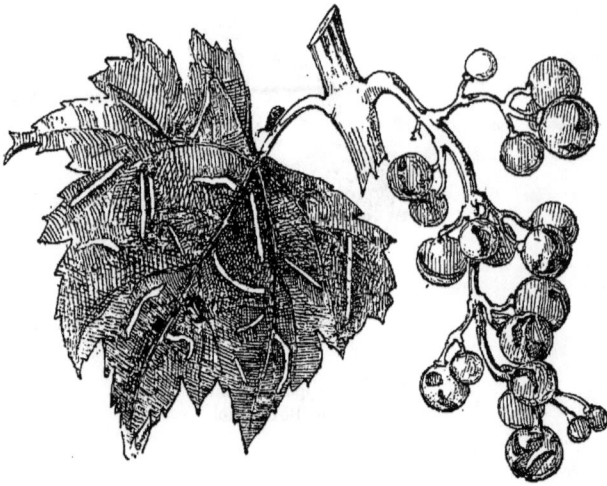

Fig. 508. — Feuille de Vigne et grappe de raisin attaquées
par le Gribouri.

Fig. 509. — Feuille de Vigne attaquée
par l'Altise.

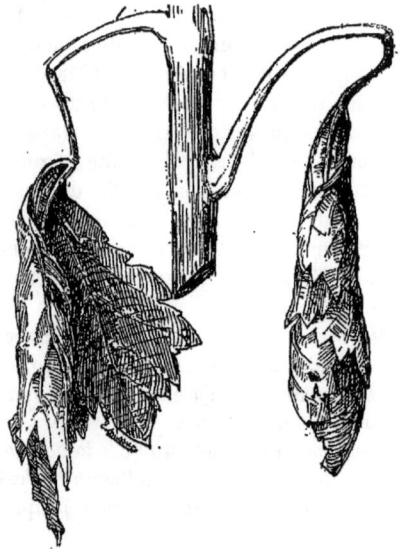

Fig. 510. — Feuille de Vigne attaquée par l'Euchlore.   Fig. 511. — Feuilles de Vigne enroulées par l'Attelabe.

apparence de gravité, dans les vignobles des Charentes et de la Gironde, une maladie de la Vigne jusqu'alors inconnue. Cette maladie, qui détermine sur les feuilles des altérations couleur rouille, attaque aussi les tiges et pourrit les pédicelles des grappes, ressemble au Mildiou, mais peut s'en distinguer. M. Ravaz a attribué cette maladie au *Botrytis cinerea*, Champignon dont il a toujours constaté

la présence sur les parties attaquées (1).

Insectes nuisibles. — Un grand nombre d'Insectes s'attaquent à la Vigne. La plupart d'entre eux ayant déjà été décrits dans les *Merveilles de la Nature*, de Brehm, dans les volumes consacrés aux Insectes par M. Kunckel d'Herculais, nous nous contenterons d'en

(1) Ravaz, *Comptes rendus*, *Ac. des sciences*, juin 1894.

Fig. 512. — Grappe de raisin attaquée par les Éphippigères.   Fig. 513. — Grappe de raisin attaquée par la
Teigne de la Vigne.

donner ici une rapide énumération et de renvoyer le lecteur pour plus de détails à ce qu'en a dit cet auteur avec sa haute compétence pour toutes ces questions (1).

On peut diviser les Insectes nuisibles pour la Vigne en deux grands groupes : les Insectes aériens, qui s'attaquent aux parties visibles de la plante, et les Insectes souterrains qui s'attaquent aux racines. Pareil groupement est assurément très artificiel, mais assez commode dans la pratique.

1° *Insectes aériens.* — Parmi les Insectes aériens on trouve :

Coléoptères. — L'Écrivain ou Gribouri (*Eumolpus vitis*), qui ronge les feuilles et les grains de raisins encore verts (fig. 508).

L'Altise de la Vigne (*Altica ampelophaga*), qui ronge les feuilles (fig. 509). Cette espèce, qui cause de grands dégâts dans les vignobles du Midi et du Bordelais, est un véritable fléau pour l'Algérie.

L'Euchlore de la Vigne (*Euchlora Vitis*), qui

ne se rencontre que dans les terrains sablonneux du Midi et ronge d'autres feuilles que celles de la Vigne (fig. 510).

L'Attelabe (*Rhynchites Betuleti*), qui coupe en partie le pétiole des feuilles pour les faire enrouler et y déposer ses œufs (fig. 511).

Plus de dix Coléoptères, dont les principaux sont le Péritèle gris (*Peritelus griseus*) et l'Otiorhynque sillonné (*Otiorhynchus sulcatus*), rongent au printemps les jeunes bourgeons.

Les autres Coléoptères, ennemis de la Vigne, sont : les *Rhizotrogues* ou Hannetons de la Saint-Jean, la Lèthre à grosse tête (*Lethrus cephalotes*), l'Apate de la Vigne (*Apate sexdenta*) et la Cétoine velue (*Cetonia hirtella*).

Orthoptères. — Le Criquet voyageur (*Acridium migratorium*) est très nuisible pour la Vigne en Algérie.

L'Éphippigère des Vignes (*Ephippiger Vitium*) se rencontre surtout dans le Centre de la France. L'Éphippigère de Béziers (*E. Bitterensis*), beaucoup plus nuisible que le précédent, occasionne des dégâts parfois considérables dans le Languedoc. Les Éphippigères dévorent les feuilles, les jeunes sarments et les

(1) Kunckel d'Herculais, *Les Insectes*, vol. VII et VIII des *Merveilles de la Nature*, de Brehm. — Voyez aussi : P. Brocchi, *Traité de Zoologie agricole*, Paris, 1886, et Montillot, *Les Insectes nuisibles*, Paris, 1891.

Fig. 514. — Feuille de Vigne et grappe de raisins attaquées
au printemps par la chenille de la Pyrale.

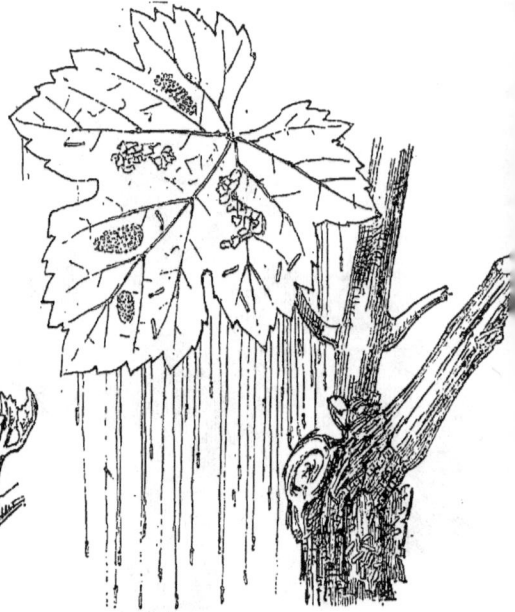

Fig. 515. — Feuille de Vigne sur laquelle viennent
à éclosion en août des œufs de Pyrale.

grains de raisins, dont ils ne laissent que la peau desséchée (fig. 512).

La petite Sauterelle verte (*Locusta viridis*) est surtout nuisible aux cultures de raisin en espalier.

Hyménoptères. — Les Guêpes (*Vespa vulgaris*, *V. germanica*, *Polistes gallica*) font de grands dégâts dans les cépages à raisins sucrés. Ces dégâts ont été d'une importance considérable en 1894, année où les Guêpes se sont montrées en abondance.

Lépidoptères. — Plusieurs Papillons attaquent la Vigne.

La larve de la Teigne de la Vigne (*Cochylis roserana*), appelée *Ver de raisin*, *Ver rouge* ou *Ver coquin*, perce les raisins, quand ils sont mûrs, pour en manger le contenu (fig. 513).

Les chenilles des Noctuelles, bien connues sous les noms de *Vers gris*, causent de sérieux ravages dans le Midi en dévorant les jeunes feuilles.

La Pyrale (*Œnophtira pilleriana*) est, de tous les Insectes ennemis de la Vigne, celui qui a fait parler le plus de lui en France après le Phylloxera. Elle n'est nuisible qu'à l'état de chenille, qui dévore les bourgeons et les feuilles (fig. 514 et 515); elle est bien connue

des vignerons sous le nom de *Ver de la Vigne*.

Les autres Papillons nuisibles à la Vigne sont : l'Écaille martée (*Chelonia caja*), la Procride Mange-Vigne (*Procris ampelophaga*) et le Sphinx de la Vigne (*Sphinx elpenor*).

M. Jules Pastre a signalé en 1894, au Comice agricole de Béziers, les dégâts causés à Antignac (Hérault) sur des Vignes par la chenille du *Cossus ligniperda*, Papillon nocturne.

Hémiptères. — Les principaux Insectes nuisibles de ce groupe sont la Cochenille de la Vigne (*Lecanium vitis*), la Grisette ou Margotte (*Lopus albomarginatus*) et la Cicadelle (*Penthima atra*).

Acariens. — A la suite des Insectes nuisibles, nous placerons les deux Acariens suivants, qui causent quelques dégâts à la Vigne:

L'*Érinose* (fig. 516), que l'on a attribuée autrefois à un Champignon, l'*Erineum vitis*, est due à un petit Acarien invisible à l'œil nu, le *Phytoptus vitis*; cette maladie est de peu d'importance.

La *Maladie rouge de la Vigne*, que l'on a observée depuis 1889 dans les vignobles de France et d'Italie, et qui se manifeste par une coloration rouge spéciale, a pour origine un

Fig. 516. — Feuille de Vigne attaquée par l'Érinose.

petit Acarien, la *Tetranychus telarius*, dont l'existence a été reconnue en 1893 par MM. Viala et Valery Mayet.

Myriapodes. — Un nouvel ennemi de la Vigne a été signalé, en 1893, par M. Fontaine (1). C'est un Myriapode, le *Blanyulus guttulatus*, très nuisible aux Fraisiers, aux Salades et aux plantes délicates, et qui n'avait pas encore été observé comme s'attaquant à la Vigne.

2° *Insectes souterrains.* — A l'exception du Phylloxera, tous les Insectes qui s'attaquent sous terre aux racines de la Vigne appartiennent à l'ordre des Coléoptères.

La larve du Hanneton (*Melolontha vulgaris*) attaque les jeunes plantations de Vignes qui offrent des raisins très tendres. C'est pourquoi on l'appelle, dans le Midi de la France, *Menge-Mailloon* (mange-boutures); celle du *Vesperus Xatarti* en fait autant.

Les larves du *Pentodon punctatus*, qu'on ne rencontre que dans les nouvelles plantations de Vignes américaines greffées, y causent des ravages considérables, au point d'entraîner la mort de 40 à 50 p. 100 des greffes. Heureusement, les dégâts sont, jusqu'à présent, limités aux départements de l'Hérault, de l'Aude et au bassin de la Garonne.

L'Opatre des sables (*Opatrum sabulosum*) et l'*Helops lanipes*, dont la présence a été signalée en août 1893 par M. Chapot, s'attaquent également aux bourgeons des greffes.

Phylloxera. — Le *Phylloxera vastatrix*, qui, depuis 1865, a ravagé tout notre vignoble français, est sans contredit le plus terrible ennemi de la Vigne. Originaire de l'Amérique du Nord, il a été importé en Europe par divers pépiniéristes avec des plants de ce pays.

Le Phylloxera a déjà été longuement étudié dans un des précédents volumes des *Merveilles de la nature* (1). Nous n'avons ici que peu de choses à ajouter à ce qu'a dit sur

(1) Fontaine, *Comptes rendus de l'Académie des Sciences*, octobre 1893.

(1) Künckel d'Herculais, *Les Insectes*, tome II, pages 504 à 528.

Fig. 517.

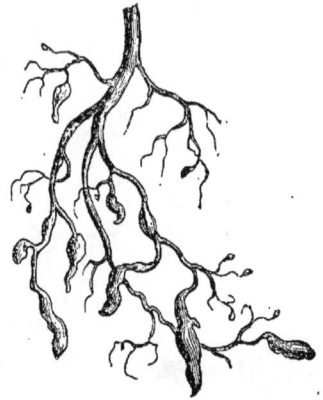

Fig. 518.

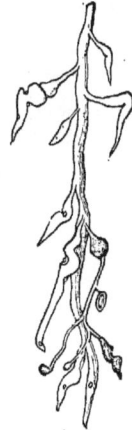

Fig. 519.

Fig. 517. — Rameau de Vigne couvert de galles sur les feuilles *a*, sur les vrilles *b*, sur les tiges *c*, grandeur naturelle.

Fig. 518. — Renflements sur grosses radicelles.
Fig. 519. — Nodosités sur petites radicelles.

Fig. 517 à 519. — Dégâts produits sur la Vigne par le Phylloxera.

cet intéressant sujet notre savant collaborateur.

Les premières atteintes du Phylloxera en France furent remarquées en 1865 à Pujault, près Roquemaure, dans le Gard. De là, il s'étendit rapidement sur les départements de Vaucluse et des Bouches-du-Rhône. En 1869, il fit son apparition dans celui de l'Hérault. En même temps, le Bordelais était envahi, puis la région de Cognac en 1873. Le fléau gagna tout le bassin du Rhône, et en 1875 il se déclarait en Bourgogne et dans le Beaujolais.

Les deux grandes taches du Sud-Est et de l'Ouest de la France se rejoignirent en 1879. Depuis, les dégâts ont toujours été en s'accroissant (fig. 520 et 521).

Tous nos départements viticoles sont aujourd'hui atteints par le redoutable insecte, même la Champagne qui avait été jusqu'à présent épargnée. Sur les 2 400 000 hectares de Vignes que nous possédions, 1 500 000 environ ont été dévastés par le Phylloxera, et la récolte, qui était auparavant de 60 millions d'hectolitres de vin par an en moyenne, atteint aujourd'hui 30 millions à peine.

La France n'est pas le seul pays à souffrir du fléau ; toutes les Vignes d'Europe et des

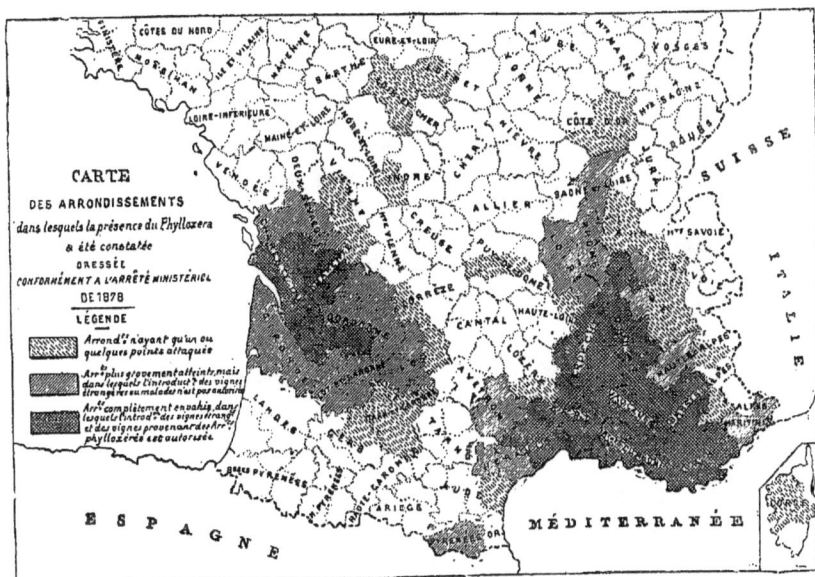

Fig. 520.

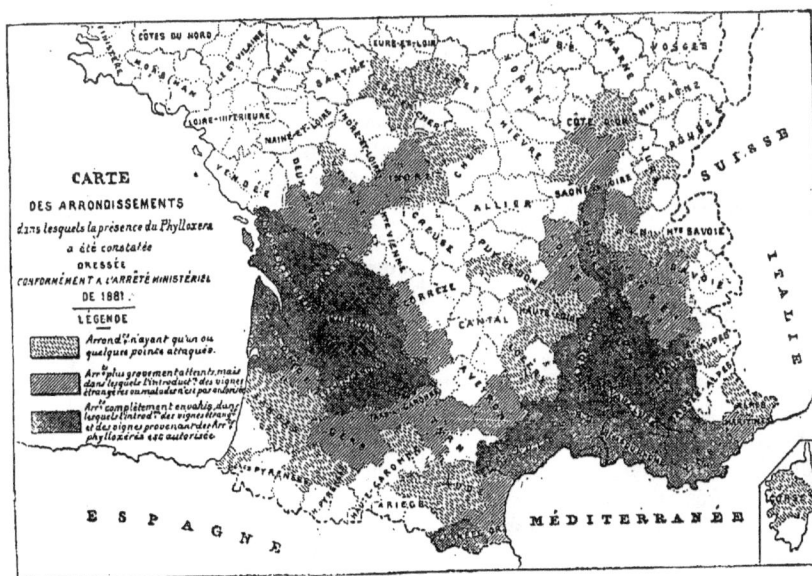

Fig. 521.

Fig. 520 et 521. — Marche de l'invasion du Phylloxera en France (1878 à 1881).

autres parties du monde ont été successivement envahies.

L'Algérie a été atteinte en 1885. Le parasite a été signalé, en 1885, aux environs de Tlemcen et de Sidi-bel-Abbès. En 1886, on constatait sa présence dans la province de Constantine. Heureusement, l'application rigoureuse de la loi du 21 mars 1883, qui prenait d'énergiques mesures pour préserver du fléau notre belle colonie algérienne, a eu de bons résultats, et l'insecte s'est très peu étendu depuis son apparition.

En Australie et en Californie, tous les vignobles créés avec des plants européens sont

Fig. 522. — Traitement d'une Vigne phylloxérée par le sulfure de carbone.

aujourd'hui contaminés. Les vignobles de la colonie anglaise du Cap de Bonne-Espérance sont également attaqués dans de très grandes proportions.

Destruction du Phylloxera. — Une quantité innombrable de remèdes contre le Phylloxera ont été proposés depuis son apparition en France. Ces moyens de destruction peuvent se diviser en deux catégories : les uns ont pour but de prévenir l'insecte, les autres de le détruire.

Les *moyens préventifs* sont : la plantation dans les sables, la destruction de l'œuf d'hiver et la désinfection des boutures.

Le meilleur moyen, malheureusement trop spécial, pour se préserver du Phylloxera est de planter la Vigne dans le sable. C'est ce qui ressort des observations de M. Duclaux, de M. Espitalier en Camargue, de M. de la Paillonne à Serignan (Vaucluse), de M. Bayle aux environs d'Aigues-Mortes, etc. La Compagnie des Salins du Midi possède à Jarras, près d'Aigues-Mortes, et à Villeroy, près de Cette, un vignoble florissant absolument dans les sables. On a d'ailleurs constaté que l'immunité est plus grande dans les sables siliceux que dans les sables calcaires et qu'elle devient absolue lorsqu'ils renferment au moins 60 p. 100 de silice.

On a attribué l'immunité phylloxérique des Vignes plantées dans les sables, à la capacité hygrométrique de ceux-ci. L'eau provenant d'une pluie ou introduite dans le sol par infiltration ou imbibition opérerait sur l'insecte, un effet analogue à celui de la submersion. D'après une autre opinion, l'action des sables serait due surtout à la résistance qu'ils offrent au passage de l'insecte. Enfin, tout récemment un naturaliste russe a entrepris des recherches pour mettre en évidence dans le sable la présence de bactéries susceptibles d'attaquer et de détruire le Phylloxera.

La destruction de l'œuf d'hiver peut être opérée par la méthode du badigeonnage des couches, étudiée par M. Balbiani (1).

M. de Mély (2) a montré qu'à l'époque où vivait Strabon, c'est-à-dire soixante ans avant notre ère, un insecte parasite dévastait déjà la Vigne, et qu'on le combattait par un procédé analogue à celui proposé par M. Balbiani contre le Phylloxera.

« Les Apolloniates, dit Strabon (3), ont dans leur territoire un rocher qui vomit du feu, et du pied duquel s'échappent des sources d'eau tiède et d'asphalte, provenant apparemment de la combustion du sol qui est bitumineux, comme l'atteste la présence, sur la colline ici

(1) Voyez Künckel d'Herculais, *loc. cit.*, p. 525.
(2) De Mély, *Comptes rendus*, avril 1892-janvier 1893.
(3) Strabon, *Géographie*, livre VII, ch. 8.

Fig. 523. — Traitement d'une Vigne par le sulfure de carbone dans le Midi.

près, d'une mine d'asphalte. Cette mine répare au fur et à mesure ses pertes : la terre qu'on jette dans les excavations pour les combler se changeant elle-même en bitume, au dire de Posidonius. Le même auteur parle d'une autre terre bitumineuse, l'*Ampelitis*, qu'on extrait d'une mine aux environs de Séleucie et du Piérius, et qui sert de préservatif contre l'insecte qui attaque la Vigne. On n'a qu'à frotter la Vigne malade avec un mélange de terre et d'huile, et cela suffit pour tuer la bête avant qu'elle ait pu monter de la racine aux bourgeons. Posidonius ajoute que du temps qu'il était prytane de Rhodes, on y trouva une terre toute pareille, mais qui exigeait une plus forte dose d'huile. »

M. de Mély a entrepris des expériences pour appliquer le traitement de Strabon aux Vignes phylloxérées et a obtenu des résultats fort satisfaisants : le pétrole ne nuit nullement à la force de la plante et le produit de la récolte établit l'efficacité du remède. La terre dont parle Strabon sous le nom d'*Ampelitis* est d'ailleurs mentionnée dans le *Livre des Pierres* de Théophraste (IVe siècle av. J.-C.); il en est aussi question, comme remède pour la Vigne, dans certains passages de Caton l'Ancien, de Dioscoride, de Galien, etc. M. Ant.

Aublez, qui habite Rhodes depuis 30 ans, certifie dans une lettre adressée à l'Académie (1), que le remède indiqué par le célèbre géographe grec s'applique encore actuellement, mais non contre le Phylloxera qui n'a pas encore fait son apparition à Rhodes. Les viticulteurs de l'île, comme au temps de Strabon, se servent d'une terre noire mêlée avec de l'huile et en frottent les ceps de Vigne pour détruire les pucerons. Ils font venir cette terre d'Asie Mineure et ne se servent pas de celle qu'on trouve à Rhodes, parce qu'il faudrait la mélanger d'une trop grande quantité d'huile.

L'introduction du Phylloxera dans un vignoble provenant parfois de l'apport de boutures venant de régions contaminées, il est souvent bon de désinfecter les boutures avant de les planter, et pour cela de les immerger dix minutes environ dans de l'eau à 50 degrés. On tue ainsi tous les œufs de Phylloxera qui pourraient s'y trouver, et cela sans nuire aux boutures.

Les principaux *moyens curatifs*, ceux qui détruisent directement le Phylloxera, sont le traitement au sulfure de carbone (fig. 522 et 523), le traitement au sulfocarbonate de

(1) Aublez, *Comptes rendus*, juin 1892.

Fig. 524. — Traitement des Vignes phylloxérées par le sulfocarbonate de potassium.

potassium (fig. 522) et la submersion des Vignes (fig. 523) (1).

Voici, d'après M. Tisserand, quelles sont les étendues de vignobles français qui de 1880 à 1890 ont été traités par ces divers procédés :

Années.	Submersion. Hectares.	Sulfure de carbone. Hectares.	Sulfocarbonate de potassium. Hectares.
1880.........	8,093	5,547	1,472
1881.........	8,195	15,933	2,809
1882.........	12,543	17,121	3,033
1883.........	17,792	23,226	3,097
1884.........	23,303	33,446	6,886
1885.........	21,330	40,585	5,227
1886.........	24,500	47,215	4,459
1888.........	33,455	66,705	8,039
1889.........	30,336	57,887	8,841
1890.........	32,738	62,208	9,377

(1) Voy. Künckel d'Herculais, loc. cit.

Reconstitution des vignobles. — Pendant que, par tous les moyens précédents, on lutte énergiquement contre l'invasion phylloxérique, et qu'un certain nombre de propriétaires ont pu, jusqu'à ce jour, conserver leurs Vignes en les traitant par les insecticides et la submersion, d'autres ont dû renoncer à l'emploi de ces procédés trop onéreux ou ne convenant pas à la nature du vignoble, et transiger avec l'ennemi au lieu de le combattre.

On sait que le Phylloxera a été introduit en France par des Vignes provenant d'Amérique; aussi aurait-on dû, dès l'abord, proscrire impitoyablement tous les plants de cette provenance. Malheureusement il n'en fut pas ainsi. Le mal une fois fait, devant l'invasion toujours grandissante, on a songé à utiliser, pour se défendre, la résistance des Vignes américaines au Phylloxera, et en plusieurs points de la France nos vieux vignobles européens furent

Fig. 525. — Vignes inondées.

rrachés et reconstitués en Vignes américaines. Il est clair toutefois que l'introduction de Vignes américaines ne peut avoir lieu que dans les pays entièrement contaminés, là où le mal est complètement accompli, là où la terre est pour ainsi dire pétrie de Phylloxeras. Mais c'est avec raison que la loi s'oppose à son introduction dans les régions où il y a encore quelque espoir, car cette introduction serait amener le fléau et vouer à la mort certaine les derniers débris de nos cépages français.

Si la reconstitution des vignobles français en plants américains a de très chauds partisans, elle a aussi d'ardents adversaires. Ceux-ci, encore assez nombreux, prétendent, avec quelque raison semble-t-il, que le fruit fourni par la Vigne américaine donne un vin détestable, et qu'il est impossible de le livrer à la consommation avant de lui faire subir une série de transformations qui tiennent plus du domaine de la chimie que de celui de la nature.

A cela les partisans de l'importation des Vignes d'Amérique répondent que leur vin gagne chaque jour en qualité. De même que nos cépages français donnent dans leur jeunesse un vin vert qui se modifie à mesure

qu'ils avancent en âge, de même les cépages américains donnent avec le temps un vin plus fin et de meilleur goût. En supposant, d'ailleurs, que les vins américains n'aient pas tout l'arome des vins français, il serait encore préférable de les admettre, parce qu'ils sont naturels, et de délaisser les vins étrangers, dont la falsification est parfois si difficile à contrôler.

Par le croisement des Vignes américaines avec nos variétés européennes, on espère obtenir des hybrides très résistants qui donneront une production abondante de vins analogues aux nôtres, et rappelant même ceux de nos grands crus.

En attendant cette heureuse transformation, on greffe les Vignes françaises sur les Vignes américaines, dont les racines résistent aux morsures du Phylloxera. Avec ce système, on a l'avantage de conserver les cépages de nos grands crus, produisant toujours leur excellent vin, tout en leur permettant de résister à l'attaque de l'ennemi.

La reconstitution des vignobles par plants américains greffés a l'avantage d'éviter les traitements annuels coûteux et souvent très aléatoires. Voici, d'après M. Tisserand, un

Fig. 526. — Riparia tomenteux (variété du *V. Riparia*) (d'après une photographie d'Emm. Isard).

tableau montrant de 1880 à 1890 la progression des Vignes américaines :

1880......	6,441 hectares pour	17 départements.	
1881......	8,904	—	17 —
1882......	17,096	—	22 —
1883......	28,012	—	28 —
1884......	52,777	—	34 —
1885......	75,292	—	34 —
1886......	110,787	—	37 —
1887......	165,517	—	38 —
1888......	214,727	—	48 —
1889......	299,201	—	» —
1890......	436,018	—	» —

En 1893 la surface totale reconstituée en France par les Vignes américaines avait dépassé 500 000 hectares, dont plus de 150 000 pour le seul département de l'Hérault.

Vignes américaines. — Tandis que les Vignes européennes dérivent toutes d'une unique espèce, le *Vitis vinifera*, les Vignes d'Amérique appartiennent à plusieurs espèces distinctes qui, par le semis et l'hybridation, ont donné naissance à un grand nombre de variétés. Les cépages américains qui ont donné jusqu'ici en France les meilleurs résultats, soit comme porte-greffe, soit comme producteurs directs, appartiennent aux espèces suivantes : *Vitis æstivalis*, *V. Riparia* (fig. 526), *V. Rupestris* (fig. 527), *V. Cinerea*, *V. Cordifolia* et *V. Berlandieri* (fig. 528).

Chaque cépage américain présente une résistance particulière au Phylloxera, qui varie avec une foule de circonstances : le climat, la nature du sol, la fertilité. La convenance de tel ou tel cépage américain à tel sol géologiquement déterminé, le choix d'un plant américain approprié au terrain et au climat, est l'acte le plus important de la culture des Vignes américaines. C'est ce qu'on appelle *adaptation*. Les cépages américains que l'on préfère comme porte-greffe dans les nouvelles plantations sont les suivants :

1° Le *Riparia*, dans les terrains riches, profonds, frais, mais non humides, argilo-siliceux ou siliceux. Le Riparia est une Vigne sauvage qui atteint un grand développement ; c'est l'un des cépages les plus résistants au Phylloxera. Il en existe un très grand nombre de variétés, qui se distinguent par la forme des feuilles et les nuances des sarments. Les principales variétés sont : le *Riparia Gloire de*

Fig. 527. — *Vitis Rupestris* (d'après une photographie d'Emm. Isard).

Fig. 528. — *Vitis Berlandieri* (d'après une photographie d'Emm. Isard).

Montpellier, le *R. glabre*, le *R. tomenteux* (fig. 526), le *R. Fabre* et le *R. violet*.

2° Le *Rupestris* (fig. 527), dans les sols peu profonds, caillouteux et pauvres. Toutes nos variétés françaises se soudent parfaitement sur le Rupestris, qui reprend facilement de bouture. Ce porte-greffe est tout à fait indemne du Phylloxera.

3° Le *Solonis*, dans les terres humides et calcaires. Ce porte-greffe appartient à l'espèce *Riparia* : il est très résistant au Phylloxera.

4° Le *Viala*, dans les terrains granitiques du Centre. Le Viala a été obtenu de semis par M. Laliman, de Bordeaux, qui lui a donné le nom de l'honorable président de la Société d'agriculture de l'Hérault, l'auteur de tant de beaux travaux sur la viticulture, aujourd'hui professeur à l'Institut agronomique de Paris. Le Viala n'est intéressant que comme porte-greffe. Son principal mérite réside dans sa facilité au greffage ; c'est le cépage américain qui donne les plus belles soudures au greffage sur table.

5° Le *Jacquez* (fig. 529 à 531), dans les sols argileux et caillouteux. Ce cépage est regardé comme un hybride produit par un *Æstivalis* et un *Vinifera*. Le Jacquez, dont on connaît plusieurs variétés, peut être employé comme porte-greffe ou comme producteur direct.

6° Le *Taylor*, dans les mêmes terres que le Riparia. Ce cépage a donné des preuves de résistance et d'adaptation aux greffes de Vignes françaises.

Usages. — Les parties utilisées de la

Vigne sont les feuilles et surtout les fruits.

Les feuilles de Vigne ont été quelquefois employées dans la médecine populaire comme astringentes, dans la diarrhée chronique, les hémorragies passives, etc. Ces feuilles, par leur taille et l'élégance de leur forme, ont souvent inspiré les artistes pour leurs compositions décoratives. Sans insister sur le rôle qu'on leur fait jouer pudiquement dans les musées, ni sur l'emploi qu'on fait des feuilles de Vignes sur les tables pour la décoration des assiettes de fruits de dessert, il convient de signaler le service que peut rendre à l'agriculture, dans certaines occasions, l'utilisation de ces feuilles pour la nourriture du bétail.

M. Muntz (1) a montré que ces feuilles sont consommées avec avidité, que leur emploi est inoffensif, même si elles sont chargées de composés cuivriques provenant des traitements contre le mildiou, qu'on peut les donner fraîches ou fanées ou ensilées. On peut d'ailleurs les enlever sans inconvénient pour la Vigne et leur valeur alimentaire est égale à celle des bonnes Luzernes.

On peut ainsi obtenir d'énormes quantités de fourrages. Les vignobles du Midi laissent après la vendange, pour chaque hectare, une quantité de feuilles équivalente à 2400 ou 3600 kilogrammes ; ceux du Bordelais, à 2900 kilogrammes ; ceux de la Champagne, à 1500 ou 2500 kilogrammes de foin de prairie. Pour l'ensemble des vignobles français, les feuilles de Vigne inutilisées représentent plus de 40 millions de quintaux métriques de foin. En 1893, année où la disette de fourrages a rendu la situation très pénible pour les éleveurs de bestiaux, les feuilles de Vigne ont déjà rendu de grands services pour l'alimentation des animaux de ferme, et si malheureusement une pareille année se revoyait encore, ce serait folie de laisser perdre une matière alimentaire aussi excellente.

Les fruits de la Vigne, ou raisins, peuvent être consommés frais ou secs comme fruits comestibles, ou servir à la fabrication du vin, de l'alcool et du vinaigre.

Le raisin frais est un des meilleurs fruits qui existent, sinon le meilleur, quand il est bien mûr : il est à la fois agréable au goût et léger à l'estomac ; il désaltère les malades et les convalescents, il termine très convenablement les repas chez les gens bien portants ; il

entretient la liberté du ventre chez les gens constipés.

Les principaux raisins de table sont les Chasselas, les Muscats, les Panses, les Malvoisies.

On ne mange pas seulement du raisin frais à l'automne, lorsque les fruits de la Vigne sont mûrs, mais aussi aux autres époques de l'année, grâce à d'ingénieux procédés de conservation employés par les viticulteurs. Même au cœur de l'hiver, nos tables sont garnies des magnifiques grappes de Chasselas, dont la beauté et la fraîcheur font songer à l'automne, et on oublie ainsi que de longs mois ont passé sur ces succulents fruits, sans leur enlever le moindre atome de cette saveur si chère aux gourmets.

Le raisin frais que nous consommons ainsi dans nos pays, à contre-saison de l'époque normale de maturité, c'est-à-dire de novembre à septembre, est obtenu soit par le forçage sous verre, soit par la conservation suivant la méthode de Thomery (fig. 532) (1).

Il y a deux façons principales de conserver les raisins : la première, qui est aussi la plus ancienne, consiste à cueillir les grappes et à les placer sur les tablettes d'un fruitier, en les déposant soit sur de la paille, soit, ce qui est préférable, sur des feuilles sèches de Fougère commune, ou encore de les suspendre par la queue dans ledit fruitier ou dans une chambre bien saine, non humide surtout : ce mode de conservation est dit *à rafle sèche ;* par ce procédé, les grains se rident et la grappe perd considérablement de sa beauté ; en un mot, si elle offre encore un dessert succulent, en revanche elle fait piteuse figure au milieu d'une table brillamment servie.

Le second procédé, dit *à rafle verte*, consiste à couper, au moment de la récolte, une partie du sarment portant les grappes, et à le plonger de suite dans un flacon rempli d'eau additionnée d'un peu de poussière de charbon destinée à empêcher la corruption de l'eau du flacon. Par ce moyen, l'évaporation plus ou moins grande produite par la grappe se trouve compensée par une absorption correspondante de l'eau du flacon et permet, avec quelques soins, d'avoir jusqu'en mai des grappes fraîches et appétissantes, dont la vue fera promptement oublier qu'elles ont un peu moins de saveur que leurs aînées conservées à rafles sèches.

Mais, avant d'arriver à la récolte, divers

(1) Muntz, *Comptes rendus, Ac. des sciences,* juin 1893.

(1) Voir : *Forçage et conservation du Raisin de table* (*Revue scientifique*, 6 octobre 1894).

Fig. 529. — Jacquez.

Fig. 530. — Jacquez d'Aurelle n° 1.

Fig. 531. — Jacquez d'Aurelle n° 2.

Fig. 529 à 531. — Trois variétés de Jacquez.

Fig. 532. — Raisins conservés par le procédé de Thomery.

soins préparatoires sont absolument indispensables pour assurer une longue conservation (1).

Le raisin mûr est rafraîchissant, laxatif. La *cure aux raisins*, qui consiste à faire plusieurs fois par jour des repas uniquement composés de raisins mangés sur pied, est employée avec succès dans un grand nombre d'affections, telles que obstructions viscérales, hydropisie, scorbut. Les raisins qui conviennent en pareil cas sont ceux qui contiennent une forte proportion d'eau, comme le *Chasselas* et les variétés qui s'en rapprochent. Les raisins sucrés du Midi de la France, comme les *Muscats*, constipent plutôt.

Les *raisins secs*, desséchés soit au four, soit au soleil, ne doivent tenir qu'une place restreinte dans l'alimentation comme lourds, trop sucrés, trop denses et par conséquent difficiles à digérer. La médecine les emploie comme fruits

(1) Voy. Vauvel, cité par Dallet, *Le Monde vu par les Savants*, p. 688.

pectoraux. On en connaît plusieurs espèces que l'on peut diviser ainsi :

1° Les *gros raisins secs* ou *raisins de caisse*, que l'on distingue en *raisins de France*, de *Marseille*, de *Provence*, d'*Espagne* ou de *Malaga*, petits et foncés, et *raisins de Smyrne* et de *Damas*, gros, allongés, ridés, jaune brunâtre.

2° Les *raisins de Corinthe*, gros comme des lentilles, noirs et très ridés.

Huile de pépins de raisins. — L'expérience ayant appris qu'on peut retirer des pépins de raisins 10 à 15 p. 100 d'une bonne huile à brûler, des propriétaires italiens, après les vendanges, ont séparé le grain de marc épuisé, l'ont lavé, séché et porté dans des moulins spéciaux. Ils en ont extrait une huile qui brûle sans fumée et peut servir à l'éclairage. On commence à s'intéresser sérieusement en Italie à ce nouveau produit, depuis le change élevé qui atteint le pétrole comme tous les produits étrangers.

Fig. 533. — Foudre du bas Languedoc (d'après une photographie communiquée par la Compagnie des Salins du Midi).

Vin. — Comme le dit la chanson de P. Dupont :

> La Vigne est la mère du vin.

C'est parce que la Vigne nous donne le vin qu'elle a acquis toute son importance et que sa culture, qui a pénétré partout où le climat l'a permis, est l'objet de tant de soins et tant de travaux. Le vin est la boisson la plus salutaire que l'on connaisse, et c'est en même temps la plus agréable. C'est inutilement que Mahomet par sa loi a défendu le vin ; tous les jours ses sectateurs, d'ailleurs les plus zélés, transgressent à cet égard les préceptes du prophète et tous sur ce point sont de l'avis de la chanson populaire :

> Le vin est nécessaire.
> Dieu ne le défend pas.
> Il aurait fait la Vigne amère.
> S'il eût voulu qu'on ne bût pas.

Dans tous les temps, le vin fut l'âme des repas, et c'est dans sa saveur délicieuse que les anciens poètes grecs et romains puisaient les beautés de leurs meilleures poésies. Anacréon, Pindare, Virgile, Ovide et surtout Horace ont, dans leurs vers immortels, chanté les effets magiques du vin. Il n'est peut-être pas un poète ancien ou moderne qui n'ait célébré ce breuvage.

On peut distinguer les vins rouges, les vins blancs et les vins mousseux.

Les *vins rouges* se préparent en foulant des raisins noirs dans des cuves où le liquide fermente pendant une dizaine de jours, tantôt plus, tantôt moins, suivant la maturité et les crus d'origine. On met ensuite le vin dans des tonneaux où la fermentation continue et au fond desquels se précipitent, sous forme de *lie*, la pulpe des grains et un sel acide (*tartre du vin*).

Fig. 534. — Intérieur du cellier du domaine de Jarras (d'après une photographie communiquée par la Compagnie des Salins du Midi).

On *soutire* le vin pour le débarrasser de la lie et même on le *colle* avec des blancs d'œuf battus dans l'eau ou de la gélatine.

Dans le Midi, les tonneaux, qui atteignent des dimensions considérables, portent le nom de *foudres* (fig. 533). On les range dans des celliers (fig. 534) où le vin attend d'être livré au commerce.

Les *vins blancs* se préparent de la même manière que les vins rouges, aussi bien avec les raisins noirs que les raisins blancs; mais, après avoir écrasé les grains, on soutire sans laisser fermenter dans la cuve. C'est en effet dans la pellicule qu'est contenue la matière colorante.

Les *vins mousseux*, comme le vin de Champagne, se fabriquent avec du raisin noir que l'on presse aussi vite que possible. Au moment de la mise en tonneaux, on ajoute 1 litre d'eau-de-vie pour 100 litres de *moût* (jus de raisin) : on soutire et on colle par deux fois, en décembre, puis en janvier. La fermentation continue et on attend 5 ou 6 mois avant de livrer à la consommation en bouteilles bien ficelées. En Champagne, la préparation des vins mousseux se fait dans d'immenses souterrains creusés dans la craie (fig. 535), qui ont des vertus spéciales pour leur fabrication.

Les vins dits *champagnisés* sont des vins blancs, chargés d'acide carbonique et légèrement alcoolisés.

Un bon vin rouge ordinaire présente la composition suivante. Pour 1000 parties, on trouve :

Eau 878
Alcool........................ 100
Matières colorantes..........
— grasses ....
— acides (tartre) .... } 22
— astringentes (tannin).

Il faut ajouter à cela, pour beaucoup de vins, la composition du *bouquet* ou saveur spéciale qui caractérise chacun d'eux.

Il va sans dire que les nombres ci-dessus ne représentent qu'une moyenne et que la composition des vins varie beaucoup. C'est ainsi que les vins rouges, plus riches en tannin, sont plus astringents que les blancs, qui sont, eux, plus acides. La proportion d'alcool est essentiellement variable. Le tableau suivant donne, d'après Ans. Payen, les proportions d'alcool pur contenu dans 100 parties des principaux vins :

Vins de détail à Paris............ 8,40 à 8,80
Château Laffitte; Château-Margaux. 8,70
Saint-Émilion.................... 9,18

Fig. 535. — Cave de vins de Champagne.

Château-Latour 9,30
Mâcon 10
Champagne mousseux .... 10 à 11,60
Volnay 11
Frontignan 11,80
Vin du Rhin...................... 11 à 11,90
Beaune blanc 12,20
Lunel............................ 13,70
Malaga, Sauterne.................. 15
Bagnols, Xéres.................... 17
Porto, Madère..................... 20

Bouchardat a donné des vins la classification suivante, basée sur la prédominance de tel ou tel principe : alcool, tannin ou acides :

I. — *Vins dans lesquels domine un des principes essentiels du Vin.*

Alcooliques. { secs.......... Madère, Marsala.
{ sucrés........ Malaga, Banyuls,
{ — .... Lunel.
{ vins de paille.. Arbois, Ermitage.

Astringents. { avec bouquet. Ermitage.
{ sans — . Cahors.

Acides....... { avec bouquet. Vin du Rhin.
{ sans — . Vin d'Argenteuil.

Mousseux.................... Champagne.

LES PLANTES.

II. — *Vins mixtes ou complets.*

Avec bouquet. { de Bourgogne. Clos-Vougeot,
{ — Mont-Rachet.
{ de Médoc..... Château-Laroze.
{ — Sauterne.
{ du Midi....... Langlade, Saint-
{ — Georges.

Sans bouquet. { de Bourgogne ordinaire.
{ de Bordeaux —

Depuis que nos vignobles français ont été ravagés par le Phylloxera, le Mildiou, l'Oïdium et toutes les terribles maladies qui s'acharnent sur nos pauvres Vignes, on a songé, pour remédier à la disette de vin naturel, à fabriquer du vin avec des raisins secs expédiés de Malaga, Corinthe et autres lieux. On les plonge dans l'eau pour leur restituer le liquide dont ils sont privés par la dessiccation, et on soumet à la fermentation comme les raisins frais. Ces vins, s'ils étaient purs, seraient tout aussi bons que les autres, au point de vue hygiénique tout au moins ; malheureusement ils sont presque toujours plus ou moins travaillés ou falsifiés.

Nous n'insisterons pas ici sur les maladies du vin, ni sur les falsifications nombreuses que des industriels peu scrupuleux lui font subir (1) aux dépens de la santé publique. Nous préférons terminer cette étude sur la Vigne par quelques chiffres montrant quelle est la production du vin en France et en Europe, dans ces dernières années.

De 1881 à 1891, sous l'influence du Phylloxera, le vignoble français s'est réduit d'environ 1 million d'hectares (de 2 700 000 hectares environ à 1 700 000). En 1881, la récolte en France était de 34 millions d'hectolitres. En 1889, elle était de 23 millions seulement. En 1891, elle était déjà remontée à 30 millions, représentant une somme de 1 milliard 9 millions de francs, soit une moyenne de 33 fr. 50 par hectolitre.

Voici, pour ces 4 dernières années, quelles ont été les récoltes de vin en France, ainsi que le nombre d'hectares plantés en Vignes et le prix moyen de l'hectolitre :

Années.	Production en hectolitres de vins.	Nombre d'hectares plantés en vignes.	Prix moyen de l'hectolitre.
			Fr. c.
1890......	27,415,927	1,816,544	36
1891......	30,139,155	1,763,374	. 33 50
1892......	29,082,134	1,782,588	31 49
1893......	50,067,770	1,793,299	25 10

On peut déduire de ces chiffres que l'étendue de nos vignobles, qui avait diminué en 1891, par suite des arrachages, augmente chaque année, grâce aux reconstitutions qui se font activement sur presque tous les points de la France.

La récolte de 1893 a été exceptionnellement belle, puisque le nombre d'hectolitres produits a presque doublé. Si l'on tient compte de la superficie des vignobles, on constate que le rendement à l'hectare, qui était de 16 hectolitres en 1892, est de 28 en 1893. Par contre le prix de l'hectolitre a considérablement baissé. Ce sont les vignobles bordelais et bourguignons qui ont été surtout favorisés. Dans l'Hérault, l'augmentation a été insignifiante. Dans les départements des Alpes-Maritimes, de la Creuse, de l'Isère, de la Haute-Loire, de la Lozère et du Var, la récolte de 1893 est restée au-dessous de celle de 1892.

Pour 1894, la récolte des vins en France est évaluée à 39,053,000 hectolitres, soit une diminution de 11,017,000 hectolitres par rapport à la récolte de 1893 et une augmentation de 8,778,000 hectolitres sur la moyenne des dix dernières années. Avec la Corse (environ 300,000 hectolitres) et l'Algérie (3 millions

642,000 hectolitres), la production totale atteint près de 43 millions d'hectolitres.

Suivant les estimations faites dans chaque département, d'après les divers prix locaux de vente chez les récoltants, la valeur de la récolte de 1894 s'élèverait à 929 millions de francs.

Si nous comparons au tableau précédent, le suivant, qui donne, pour les mêmes années, la production de vins artificiels (vins de sucrage et vins de raisins secs), on voit que l'élévation de la récolte des vins naturels a eu pour effet de réduire la fabrication des vins artificiels. On trouve en effet pour cette dernière production :

En 1890............	6,239,579	hectolitres.
1891............	3,587,744	—
1892............	2,900,000	—
1893............	2,000,000	—

Voici maintenant quelle est, en moyenne, la consommation annuelle de vin, par habitant, dans les principales villes de France (1).

	Litres.		Litres.
Nice................	243	Nantes............	156
Saint-Étienne........	234	Reims............	153
Grenoble............	228	Avignon............	153
Toulon..............	224	Béziers	152
Boulogne-sur-Seine..	221	Orléans............	148
Clermont-Ferrand....	213	Nîmes	147
Montpellier..........	209	Angers	146
Bordeaux............	207	Bourges............	138
Levallois-Perret.....	205	Le Mans............	79
Toulouse............	201	Brest............	67
Versailles..........	198	Lorient............	49
Troyes..............	197	Cherbourg..........	48
Paris..............	193	Rouen............	42
Tours..............	192	Amiens............	41
Clichy..............	192	Saint-Quentin	40
Marseille	187	Le Havre............	39
Saint-Denis	187	Rennes............	34
Lyon................	185	Lille................	32
Besançon	181	Caen................	30
Dijon	176	Boulogne-sur-Mer ...	29
Nancy	175	Dunkerque..........	25
Limoges............	172	Roubaix............	19

Les vignobles plantés en Europe occupent une superficie de 9 107 561 hectares ; les autres parties du monde ne réunissent que 392 000 hectares. Voici quel est le nombre d'hectares plantés en Vignes pour chaque pays européen, avec sa production en vins :

	Hectares.	Hectolitres.
Italie	3,430,000	31,000,000
France............	1,837,000	27,000,000
Espagne...........	1,605,000	27,000,000
Autriche-Hongrie.	605,000	9,841,000
Allemagne........	120,000 (2)	2,350,000
Suisse...........	»	992,000

En dehors de l'Europe, c'est l'Algérie qui

(1) Voy. Arm. Gautier, *Sophistication et analyse des vins*. 4e édition, Paris, 1891,

(1) Statistique dressée par le service des Contributions indirectes (1894).

(2) Dont 3,400 hectares pour l'Alsace-Lorraine.

donne la plus forte production de vins. En 1891, elle a dépassé 4 millions d'hectolitres.

Les divers pays d'Europe exportaient en 1881 les quantités de vins suivantes :

	Hectolitres.		Francs.
Espagne.........	9,000,000	rapportant	300,000,000
France..........	2,500,000	—	251,000,000
Italie............	2,000,000	—	70,000,000
Autriche-Hongrie.	731,000	—	44,000,000
Allemagne.......	163,000	—	»
Suisse...........	21,000	—	»

En 1881, l'exportation des vins français s'élevait à 2 500 000 hectolitres ; depuis elle a été en décroissant dans une forte proportion. En 1891, elle n'était plus que de 1 800 000 hectolitres.

L'importation en France des vins d'Espagne, de Portugal et d'Algérie a passé, de 1881 à 1887, de 7 800 000 hectolitres à 12 300 000. Dans ces dernières années, elle a atteint 10 à 11 millions d'hectolitres.

Eau-de-vie. — Lorsqu'on distille le vin, on obtient l'eau-de-vie, liqueur spiritueuse. Les eaux-de-vie les plus estimées sont : 1° les *cognacs* qui comprennent les *fines champagnes,* les *aigrefeuilles* et les *saintonges ;* 2° les *armagnacs,* divisés en *hauts* et *bas armagnacs,* et *tenesses ;* 3° les *montpelliers.* Les eaux-de-vie en vieillissant perdent une partie du goût âcre et brûlant qu'elles doivent à l'alcool (1).

Vinaigre. — Le *vinaigre* de vin est devenu aujourd'hui extrêmement rare et est partout remplacé par le vinaigre d'alcool.

La Vigne fournit encore, comme produits dérivés, l'acide tartrique, la crème de tartre, le carbonate de potasse ou cendres gravelées, résultant de la combustion des sarments et de l'incinération de la lie du vin.

LA VIGNE VIERGE — *AMPELOPSIS HEDERACEA*

Synonymie. — *Ampelopsis quinquefolia ; Cissus quinquefolia.*

Caractères. — La Vigne vierge appartient au genre *Ampelopsis ;* celui-ci se distingue des *Vitis* et des *Cissus* par le disque non apparent et ses 4 ou 5 pétales s'ouvrant de haut en bas. Les fleurs ressemblent à celles de la Vigne ordinaire ; les fruits sont petits et renferment un suc rouge foncé ; ils ne sont pas comestibles.

C'est une liane à tige ligneuse, qui s'attache aux arbres et aux murs par ses vrilles.

Distribution géographique. — La Vigne

vierge est originaire de l'Amérique septentrionale.

Caractères biologiques. — La Vigne vierge grimpe au moyen de ses vrilles, non pas seulement en les enroulant autour d'un support comme les vrilles de la Vigne, mais en les faisant adhérer à une surface plane avec une force considérable. Il en est de même d'ailleurs chez quelques autres espèces des genres *Vitis, Cissus* et *Ampelopsis.* On observe même, suivant les cas, certains degrés de complication dans le phénomène.

Une espèce de la Chine et du Japon, le *Vitis inconstans* (fig. 536), désigné aussi quelquefois sous le nom de *Cissus Veitchii,* possède des vrilles terminées par de petits renflements.

Ces petits renflements globuleux existent, ainsi que l'ont constaté le docteur Mac-Nab, puis Darwin, avant même que les vrilles soient venues au contact d'aucun objet. Lorsque ces vrilles viennent à rencontrer un support quelconque, mur ou tronc d'arbre, elles s'y étalent à la surface ; les petits renflements terminaux augmentent considérablement de dimension et, pressant la surface, sécrètent une matière liquide gluante et se collent ainsi au support. Ce mastic est si solide qu'en essayant de détacher la plante on dégradera le mur ou bien on cassera la vrille, plutôt que de décoller le disque qui la termine.

Les choses se passent de la même façon chez le *Vitis Royleana* et l'*Ampelopsis hederacea,* à cette exception près, que chez ces deux espèces il n'y a pas de nodosités à l'extrémité des vrilles, mais que celles-ci se terminent par de petits crochets, à peine épaissis d'une façon tout à fait insignifiante. Mais sitôt que ces vrilles viennent à rencontrer une surface solide, comme celle d'un mur par exemple, elles s'y étalent et s'y disposent convenablement. On voit alors bientôt les petites pointes crochues des vrilles s'épaissir, tout en prenant une belle couleur vermeille, et quelques jours après apparaissent, à la place de ces pointes, de petits disques qui assurent l'adhérence complète au support.

Darwin, qui a fait de nombreuses observations et expériences sur les plantes grimpantes, décrit le phénomène chez la Vigne vierge dans les termes suivants (1) :

« Deux jours environ après qu'une vrille a disposé ses branches de manière à presser sur une surface quelconque, les extrémités

---

(1) Voyez Baudouin, *Les Eaux-de-vie et la fabrication du Cognac,* Paris, 1893.

(1) Ch. Darwin, *Les Mouvements et les Habitudes des Plantes grimpantes,* traduction du Dr Gordon, p. 183.

courbées se gonflent, deviennent d'un rouge brillant, et forment sur leurs bords inférieurs les petits disques ou coussinets bien connus avec lesquels elles se fixent solidement. Dans un cas les extrémités se gonflèrent légèrement en 38 heures après être arrivées au contact d'une brique ; dans un autre cas, elles se gonflèrent considérablement en 48 heures, et, après 24 heures de plus,·elles étaient solidement attachées à une planche polie ; en dernier lieu, les extrémités d'une plus jeune vrille non seulement se gonflèrent, mais se fixèrent en 42 heures à un mur enduit de stuc. Les disques ne se développent jamais, d'après ce que j'ai vu, sans le stimulus d'un contact au moins temporaire avec un objet. »

On a vu plus haut qu'il n'en est pas ainsi chez le *Cissus Veitchii.*

« Les disques adhèrent assez vite à des surfaces polies, telles que le bois raboté ou peint, ou à la feuille lisse du Lierre, il est probable par ce fait seul, qu'ils sécrètent quelque ciment adhésif comme cela a été affirmé par Malpighi. J'enlevai d'un mur enduit de stuc, un certain nombre de disques formés pendant l'année précédente, et je les laissai pendant plusieurs heures dans l'eau chaude, l'acide acétique et l'alcool étendu, mais les grains adhérents de silex ne se détachèrent pas. L'immersion dans l'éther sulfurique pendant 24 heures en sépara un grand nombre, mais les huiles essentielles chauffées (huiles de Thym et de Menthe poivrée) mirent complètement en liberté chaque fragment de pierre au bout de quelques heures. Ceci semble prouver que le ciment sécrété est de nature résineuse. La quantité cependant doit être petite, car quand une plante grimpait le long d'un mur enduit légèrement d'un lait de chaux, les disques adhéraient solidement à cet enduit ; mais, comme le ciment adhésif ne pénétrait jamais à travers la couche mince d'enduit, on pouvait les retirer facilement en même temps que les petites écailles de lait de chaux. Il ne faut pas supposer que l'adhérence s'effectue exclusivement par le ciment, car l'excroissance enveloppe chaque petite saillie irrégulière et s'insinue dans chaque crevasse.

« Une vrille non adhérente ne se contracte pas en spirale, et, au bout d'une semaine ou deux, elle se ratatine en un fil des plus fins, se dessèche et tombe. D'autre part, une vrille adhérente se contracte en spirale et devient ainsi très élastique, en sorte que, lorsqu'on tire sur le pétiole principal, l'effort se distribue également entre tous les disques adhérents. Pendant quelques jours après l'adhérence des disques, la vrille reste faible et cassante, mais elle augmente rapidement d'épaisseur et acquiert une grande force. L'hiver suivant, elle cesse de vivre, mais tient solidement, quoique morte, à la fois à sa propre tige et à la surface d'adhérence. Ce que gagne en force et en durée une vrille après son adhérence est vraiment surprenant. Il y a en ce moment des vrilles adhérentes à ma maison, elles sont encore vigoureuses, quoique mortes, et exposées aux intempéries atmosphériques depuis 14 à 15 ans. Une seule petite ramification latérale d'une vrille qui pouvait bien avoir au moins 10 ans, était encore élastique et supportait un poids équivalent à 740 grammes. Toute la vrille avait 5 ramifications portant des disques d'une égale épaisseur et en apparence d'une égale force, en sorte qu'après avoir été exposée pendant 10 ans à tous les temps, elle aurait probablement supporté un poids de 10 livres. »

Dans les trois exemples cités jusqu'à présent, *Vitis inconstans, Vitis Royleana* et *Ampelopsis hederacea,* l'adhérence de la plante peut se produire sur n'importe quelle surface, mur parfaitement lisse, pierre polie, bois raboté, même sur le verre. Chez l'*Ampelopsis inserta* (fig. 537), il n'en est plus de même et il lui faut pour grimper un mur raboteux ou une écorce d'arbre fendillée. Ici, les pointes recourbées qui terminent les vrilles se glissent le long du support, cherchant une fente, une rainure, le moindre petit sillon, même de faible profondeur. Sitôt que les vrilles ont rencontré une de ces anfractuosités, elles y introduisent leur pointe recourbée, qui une fois entrée s'épaissit, se renfle en un bouton de telle sorte qu'elle remplit la cavité. Puis une substance agglutinante est sécrétée comme si l'on avait versé de la cire fondue dans le trou, et cette colle durcit, bouchant toutes les anfractuosités. Cependant le gonflement des tissus s'étend non seulement à l'intérieur du trou, mais encore dans les portions de vrille qui précèdent, sur une plus ou moins grande longueur, de telle sorte que là où la vrille a pénétré dans un creux de la pierre, on aperçoit une petite nodosité. Par ce moyen, l'*Ampelopsis inserta* se fixe aux surfaces rugueuses avec une telle ténacité qu'il est de la plus grande difficulté de la séparer.

Usages. — La Vigne vierge est employée

Fig. 537. Fig. 536.

Fig. 537. — *Ampelopsis inserta.* Fig. 536. — *Vitis inconstans.*

Fig. 536 et 537. — Adhérence des Ampélidées à leurs supports.

dans les jardins comme plante grimpante pour orner les murs, les troncs d'arbres, les balcons, les tourelles, qu'elle garnit avec élégance.

Cette plante est très rustique : elle croît dans tous les sols et à toutes les expositions ; ses feuilles prennent à l'automne des couleurs aux tons chauds et d'une grande valeur ornementale.

Le *Vitis inconstans* (*Cissus Veitchii*) de la Chine et du Japon est plus rare dans les jardins. Cette espèce atteint de moins grandes dimensions que la Vigne vierge, qui peut monter jusqu'à 40 mètres de hauteur, mais elle conserve plus longtemps ses feuilles à l'automne ; celles-ci ressemblent à celles du Lierre ou du Sycomore, suivant qu'elles sont sur de jeunes ou de vieux rameaux ; elles sont d'un beau vert bordé de rose.

On donne parfois le nom de Vigne à des végétaux qui n'appartiennent même pas à la famille des Ampélidées. C'est ainsi qu'on appelle vulgairement :

VIGNE BLANCHE ou VIGNE DU DIABLE, la Bryone (*Bryonia dioica*).

VIGNE BLANCHE ou VIGNE DE SALOMON, la Clématite (*Clematis Vitalba*).

VIGNE DE JUDÉE ou VIGNE SAUVAGE, la Douceamère (*Solanum dulcamara*).

VIGNE DU MEXIQUE, l'*Agave mexicana.*

VIGNE NOIRE, le Tamier (*Tamus communis*).

VIGNE DU NORD, le Houblon (*Humulus lupulus*).

LES SAPINDACÉES — *SAPINDACEÆ*

Caractères. — Les Sapindacées sont pour la plupart des arbres élevés ; quelques-unes cependant sont des sous-arbrisseaux ou même parfois des plantes herbacées comme les *Cardiospermum*. Certaines de ces plantes sont grimpantes ou volubiles, munies de vrilles.

Les feuilles, souvent persistantes, sont fréquemment composées ; ordinairement alternes elles sont opposées dans les 2 tribus des Acérinées et des Staphylées, ainsi que chez les *Alvaradoa*, de la tribu des Dodonées, et les *Æsculus*, de celle des Sapindées. Les stipules n'existent que chez les Mélianthées et chez les genres *Urvillea*, *Serjania* et *Paullinia* de la tribu des Sapindées. Les fleurs, disposées en inflorescences variées, sont le plus souvent petites pour les plantes qui les portent, inodores, de couleurs ternes et peu brillantes. Le fruit est comestible chez quelques-unes.

Les fleurs sont le plus souvent polygames dioïques, régulières ou irrégulières. Le calice comprend 4 ou 5 sépales, très rarement nuls, ou en plus grand nombre, libres ou plus ou moins réunis, souvent inégaux, imbriqués ou plus rarement valvaires. Les pétales nuls, ou au nombre de 3-5, rarement plus nombreux, sont égaux ou inégaux, le postérieur étant parfois plus petit et pouvant même manquer. Le disque, complet ou incomplet, de forme variable, souvent unilatéral, ne fait que rarement défaut.

Les étamines au nombre de 8, rarement de 5 ou 10, plus rarement encore de 2, 4 ou 12, ou en nombre indéfini, sont le plus souvent hypogynes, insérées en dedans du disque, unilatérales ou disposées en cercle autour de l'ovaire, droites ou déclinées, rarement insérées sur le disque ou autour de la base de celui-ci, comme chez les Staphylées, les *Pteroxylum*, les *Alvaradoa*. Les filets sont le plus souvent allongés, filiformes ou subulés, souvent velus ; les anthères sont oblongues ou linéaires tétragones. L'ovaire, central ou excentrique, est entier, lobé ou presque divisé, présentant 1, 4 ou plus ordinairement 3 loges, contenant 1, 2 ou un plus grand nombre d'ovules anatropes, campylotropes ou amphitropes, ascendants, à raphé ventral et à micropyle infère, très rarement horizontaux et inverses. Le style, terminal ou basilaire, est simple ou divisé, droit ou décliné ; le stigmate est ordinairement simple.

Le fruit est très variable : capsule, baie, drupe, samare, akène ou fruit sec déhiscent. Les graines, globuleuses ou comprimées, parfois arillées, ne présentent d'albumen que dans les deux tribus des Mélianthées et des Staphylées.

Distribution géographique. — Cette famille, telle qu'elle est définie par Bentham et Hooker, comprend de 600 à 700 espèces, réparties en 73 genres. Réparties sur le globe tout entier,

elles sont surtout abondantes dans les régions tropicales ; on en trouve beaucoup moins dans les pays tempérés.

Dans notre pays, on ne connaît en fait de Sapindacées que le Marronnier d'Inde et les Érables.

Distribution géologique. — Plus de 120 espèces de Sapindacées ont été signalées à l'état fossile dans les terrains tertiaires ; ce sont principalement des *Sapindus*, des *Acer*, des *Æsculus*, etc.

Classification. — Bentham et Hooker divisent la famille des Sapindacées en 5 tribus dont les caractères sont donnés par le tableau suivant :

Graines dépourvues d'albumen.	Fleurs régulières ou irrégulières ; étamines insérées à l'intérieur du disque ou réunies d'un même côté de la fleur	Sapindées.
	Fleurs régulières ; sépales et pétales isomères. → Feuilles toujours opposées ; insertion variable des étamines sur le disque	Acérinées.
	Feuilles alternes, rarement subopposées ; étamines insérées extérieurement à la base du disque	Dodonées.
Graines albuminées.	Fleurs irrégulières ; feuilles alternes ; étamines insérées intérieurement à la base du disque	Mélianthées.
	Fleurs régulières ; feuilles opposées ; étamines insérées extérieurement à la base du disque	Staphyléacées.

Cette classification est également celle de M. Van Tieghem, qui toutefois réunit les Dodonées aux Sapindées.

M. Baillon (1) divise les Sapindées en 8 séries, les *Staphylées*, *Sabiées*, *Sapindées*, *Pancoviées*, *Æsculées*, *Mélianthées*, *Aitoniées* et *Acérées*.

Telle que la considèrent ces différents auteurs, la famille des Sapindacées comprend un certain nombre de groupes, qui avaient été autrefois considérés comme autant de familles indépendantes, les *Hippocastanées*, *Acéracées*, *Mélianthacées*, *Staphyléacées*, et que M. Th. Durand, d'après L. Radlkofer (2), distingue de nouveau comme telles des Sapindées vraies.

Affinités. — Les Sapindacées se rattachent assez étroitement aux Célastrinées, dont elles diffèrent par leurs feuilles composées, leurs fleurs souvent irrégulières, leurs étamines rarement isomères. Elles se relient également aux Anacardiacées, dont elles se distinguent par l'absence de canaux sécréteurs, leurs

(1) Baillon, *Histoire des Plantes*, t. V.
(2) Th. Durand, *Index Generum Phanerogamorum*, p. 71.

fleurs irrégulières et la situation du disque hors des étamines. Des Méliacées, les Sapindacées diffèrent par la direction des ovules et la position du disque. Cette famille se rapproche encore des Malpighiacées.

Usages. — Les Sapindacées utiles ont des propriétés très diverses. On trouve parmi elles des plantes médicinales, des plantes alimentaires et de grands arbres, tels que les Érables et les Marronniers, qui nous donnent leur bois.

Les Savonniers (*Sapindus*) peuvent remplacer le savon dans le nettoyage des étoffes.

C'est à cette famille qu'appartient l'Érable à sucre et quelques espèces voisines, dont la sève sert en Amérique à la fabrication du sucre.

Parmi les espèces ornementales de la famille des Sapindacées signalons, à côté des Érables et du Marronnier d'Inde, qui comptent parmi les plus grands et les plus beaux des arbres de nos parcs et de nos jardins, le *Kœlreuteria paniculata*, deux espèces de *Staphylea*, et le *Xanthoceras sorbifolia*, de la tribu des Sapindées, petit arbre de la Mongolie récemment introduit au Muséum par les soins du R. P. David, de l'ordre des missionnaires lazaristes. Ses fleurs blanches, munies d'une large tache violette à la base des pétales, sont disposées en grandes panicules dressées.

LES SAPINDÉES — *SAPINDEÆ*

Caractères. — Les Sapindées sont des Sapindacées, dont les étamines sont insérées à l'intérieur du disque, à la base de l'ovaire, ou réunies d'un même côté de la fleur. Les graines sont dépourvues d'albumen. Les feuilles sont alternes, à l'exception des *Æsculus*, ainsi que du *Valenzuelia*, petit arbre du Chili.

Distribution géographique. — La tribu des Sapindées comprend 59 genres. Ces plantes abondent sous les tropiques, surtout en Amérique ; elles sont rares au Sud du Capricorne. Le *Xanthoceras* est du Nord de la Chine. Le genre *Castanella* est de la Nouvelle-Grenade. Les genres à tiges sarmenteuses ou volubiles, avec vrilles, tels que les *Serjania*, *Paullinia*, *Urvillea*, sont essentiellement américains.

Le groupe est représenté en Europe par le Marronnier d'Inde, du genre *Æsculus*, dont les autres espèces habitent l'Asie, l'Amérique du Nord et la Nouvelle-Grenade.

Classification. — On peut diviser les Sapindées en 2 séries.

SÉRIE A

Fleurs ordinairement irrégulières. Souvent 4 pétales, le cinquième faisant défaut. Disque unilatéral ou très oblique.

LES SERJANIES — *SERJANIA*

Caractères. — Les Serjanies sont des arbrisseaux grimpants ou volubiles, à feuilles alternes, composées de 3 folioles, dépourvues de stipules ou présentant des stipules très petites. Les fleurs, disposées en grappes ou panicules axillaires, sont jaunâtres. Les ovules sont solitaires dans les loges ovariennes. Le fruit se compose de 3 samares indéhiscentes à loges souvent velues en dedans.

Distribution. — On a décrit plus de 150 espèces de *Serjania*, toutes originaires des régions tropicales et subtropicales de l'Amérique du Sud.

Caractères biologiques. — Les Serjanies sont des plantes grimpantes, dont la tige s'accroche aux supports au moyen de vrilles qui sont des pédoncules floraux modifiés. Chez le *Serjania gramatophora* (fig. 538), deux divisions latérales du pédoncule floral principal ont été converties en une paire de vrilles qui s'effilent en pointes et se recourbent légèrement à leur extrémité. Lorsqu'une de ces vrilles courtes ou crochues saisit une tige ou une branche, elle se recourbe circulairement et s'y accroche solidement. Les vrilles, qui n'ont rien saisi, se recoquillent au bout de quelques jours en une hélice serrée. Celles qui sont enroulées autour d'un objet deviennent bientôt un peu plus épaisses et rigides.

Les phénomènes se passent d'une façon très analogue chez d'autres Sapindacées grimpantes appartenant au genre voisin *Cardiospermum*, dont on connaît une quinzaine d'espèces en Amérique.

Usages. — La plupart des *Serjania* sont des plantes vénéneuses ou tout au moins suspectes. Au Mexique on emploie comme narcotique le suc du *S. lettralis* et les Indiens s'en servent pour enivrer le poisson. Au Brésil, la guêpe *Lecheguana* récolte sur diverses espèces de *Serjania* un miel dont les effets pernicieux ont été décrits par Aug. de Saint-Hilaire[1], qui les avait éprouvés lui-même au cours d'un voyage sur les bords du Guaray :

[1] Aug. de Saint-Hilaire, *Mémoires du Muséum*, 12e année, 1825, p. 293.

« Dans une petite promenade que nous avions faite la veille, dit-il, nous avions aperçu un guêpier qui était suspendu à environ un pied de terre à l'une des branches d'un petit arbrisseau. Il était à peu près ovale, de la grosseur de la tête, d'une couleur grise, et d'une consistance cartacée comme nos guêpiers d'Europe.

« Après notre déjeuner les deux hommes qui m'avaient accompagné dans mon herborisation allèrent détruire ce guêpier, et ils en tirèrent le miel. Nous en goûtâmes tous les trois ; je fus celui qui en mangeai le plus, et je ne puis guère évaluer ce que j'en pris qu'à environ deux cuillerées. Je trouvai ce miel d'une douceur agréable, et absolument exempt de ce goût pharmaceutique qu'a si souvent celui de nos abeilles.

« Cependant, après en avoir mangé, j'éprouvai une douleur d'estomac plus incommode que vive ; je me couchai sous ma charrette et je m'endormis. Pendant mon sommeil, les objets qui me sont les plus chers se présentèrent à mon imagination, et je m'éveillai profondément attendri. Je me levai, mais je me sentis d'une telle faiblesse qu'il me fut impossible de faire plus de cinquante pas ; je retournai sous ma charrette, je m'étendis sur le gazon, et me sentis presque aussitôt le visage baigné de larmes que j'attribuai à un attendrissement causé par le songe que je venais d'avoir. Rougissant de ma faiblesse, je me mis à sourire ; mais malgré moi, ce rire se prolongea et devint convulsif. Cependant j'eus encore la force de donner quelques ordres, et dans l'intervalle arriva mon chasseur, l'un des deux Brésiliens qui avaient partagé avec moi le miel dont je commençais à sentir les funestes effets.

« Cet homme, qui devait la naissance à un mulâtre et à une Indienne, réunissait à une rare intelligence le caractère le plus fantasque et toute la légèreté des métis de Nègres et de Blancs. Souvent, après avoir éprouvé de longs accès d'une gaieté folle et aimable, il tombait sans aucune raison dans une mélancolie sombre qui durait quelques semaines, et alors il trouvait des motifs de s'irriter dans les paroles plus innocentes et même les attentions les plus délicates. José Mariano, c'est ainsi qu'il s'appelait, s'approcha du moi, et me dit d'un air gai, mais pourtant un peu égaré, que depuis une demi-heure il errait dans la campagne sans savoir où il allait. Il s'assit sous la charrette et il m'engagea à prendre place à côté de lui.

J'eus beaucoup de peine à me traîner jusque là, et me sentant d'une faiblesse extrême, j'appuyai ma tête sur son épaule.

« Ce fut alors que commença pour moi l'agonie la plus cruelle. Un nuage épais obscurcit mes yeux, et je ne distinguai plus que les traits de mes gens et l'azur du ciel traversé par quelques vapeurs légères. Je ne ressentais point de grandes douleurs, mais j'étais tombé dans le dernier affaiblissement. Le vinaigre concentré que mes gens me faisaient respirer, et dont ils me frottaient le visage et les tempes, me ranimait à peine, et j'éprouvais toutes les angoisses de la mort. Cependant j'ai conservé la mémoire de tout ce que j'ai dit et entendu dans ces moments douloureux, et le récit qui m'en a fait depuis un jeune Français qui m'accompagnait alors, s'est trouvé parfaitement d'accord avec mes souvenirs. Un combat assez violent se passa dans mon âme, mais il ne dura que quelques instants ; je triomphai de mes faiblesses et je me résignai à mourir. J'éprouvais un désir ardent de parler dans ma langue au Français qui me prodiguait ses soins, mais il m'était impossible de retrouver dans mon souvenir un seul mot qui ne fût pas portugais, et je ne saurais rendre l'espèce de honte et de contrariété que me causait ce défaut de mémoire.

« Lorsque je commençai à tomber dans cet état singulier, j'essayai de prendre de l'eau et du vinaigre ; mais n'en ayant obtenu aucun soulagement, je demandai de l'eau tiède. Je m'aperçus que toutes les fois que j'en avalais, le nuage qui me couvrait les yeux s'élevait pour quelques instants, et je me mis à boire de l'eau tiède à longs traits et presque sans interruption. Sans cesse je demandais un vomitif à mon jeune Français ; mais comme il était troublé par tout ce qui se passait autour de lui, il lui fut impossible d'en trouver un.

« Sur ces entrefaites, le chasseur se leva sans que je m'en aperçusse ; mais bientôt mes oreilles furent frappées des cris affreux qu'il poussait. Dans cet instant, je me trouvai un peu mieux, et aucun des mouvements de cet homme ne m'échappa. Il déchira ses vêtements avec fureur, les jeta loin de lui, prit un fusil et le fit partir. On lui arracha son arme des mains, et alors il se mit à courir dans la campagne, appelant la Vierge à son secours, et criant avec force que tout était en feu autour de lui, qu'on nous abandonnait tous les deux et qu'on allait laisser brûler nos malles et la charrette.

Fig. 538. — Tige grimpante et vrilles de *Serjania gramatophora*.

Un pion guarani qui faisait partie de ma suite ayant essayé inutilement de retenir cet homme, fut saisi de frayeur et prit la fuite. Jusqu'alors je n'avais cessé de recevoir des soins du soldat qui avait partagé avec moi et mon chasseur le miel qui nous avait été si funeste ; mais lui-même avait commencé par être fort malade ; cependant comme il avait vomi très promptement et qu'il était d'un tempérament robuste, il avait bientôt repris des forces : il s'en faut pourtant qu'il fût entièrement rétabli. J'ai su depuis que pendant qu'il me soignait, sa figure était effrayante et d'une pâleur extrême. « Je vais, dit-il tout à coup, donner avis de ce qui se passe à la garde du Guaray. » Il monte à cheval, et se met à galoper dans la campagne, mais bientôt le jeune Français le vit tomber ; il se releva, galopa une seconde fois, tomba encore, et quelques heures après, mes gens le retrouvèrent profondément endormi dans l'endroit où il s'était laissé tomber.

« Alors, je me trouvai seul et presque mourant encore avec un homme furieux, mon Indien Botocude, qui n'était qu'un enfant, et le jeune Français, que tant d'événements extraordinaires avaient pour ainsi dire privé de la raison. A ce moment, le chasseur José Mariano vint s'asseoir auprès de moi ; il était plus calme et avait passé un linge autour de ses reins, mais il n'avait pas encore recouvré l'usage de la raison. « Mon maître, me disait-il, il y a si longtemps que je vous accompagne ; je fus toujours un serviteur fidèle ; je suis dans le feu, ne me refusez pas une goutte d'eau. » Plein de terreur et de compassion, je lui pris la main et, autant que mes forces me le permirent, je lui adressai quelques paroles de consolation et d'amitié.

« Cependant l'eau chaude dont j'avais bu une quantité prodigieuse finit par produire l'effet que j'en avais espéré, et je vomis, avec beaucoup de liquide, une partie des aliments et du miel que j'avais pris le matin.

« Je commençai alors à me sentir soulagé, un engourdissement assez pénible que j'éprouvai dans les doigts fut de courte durée ; je distinguai ma charrette, les pâturages et les arbres voisins ; le nuage qui, auparavant, avait caché ces objets à mes yeux ne m'en dérobait plus que la partie supérieure, et si quelquefois il s'abaissait encore, ce n'était que pour quelques instants.

« Quoi qu'il en soit, l'état de José Mariano continuait à me donner de vives inquiétudes, et j'étais également tourmenté par la crainte de ne jamais recouvrer moi-même l'entier usage de mes forces et de mes facultés intellectuelles ; un vomissement commença à dissiper ces craintes, et me procura un nouveau soulagement ; j'eus moins de peine encore à distinguer les objets dont j'étais entouré ; je commençai à parler à mon gré le portugais et ma langue maternelle ; mes idées devinrent plus suivies, et j'indiquai clairement au jeune Français où il pourrait trouver un vomitif. Quand il me l'eut apporté, je le divisai en trois portions, et je vomis, avec des torrents d'eau, le reste des aliments que j'avais pris le matin. Jusqu'au moment où je rendis la troisième portion de vomitif, j'avais trouvé une sorte de plaisir à avaler de l'eau chaude à longs traits ; alors elle commença à me causer de la répugnance, et je cessai d'en boire ; le nuage disparut entièrement ; je pris quelques tasses de thé, je fis une courte promenade et, aux forces près, je me trouvai dans mon état naturel.

« A peu près dans le même moment la raison revint tout à coup à José Mariano, sans qu'il eût éprouvé aucun vomissement ; il prit de nouveaux habits, monta à cheval, et alla à la recherche du soldat, qu'il ramena bientôt.

« Il pouvait être dix heures du matin lorsque nous goûtâmes tous les trois le miel qui nous fit tant de mal et le soleil se couchait lorsque nous nous trouvâmes parfaitement rétablis.

« Le lendemain j'étais encore un peu faible ; le soldat se plaignait d'être sourd d'une oreille ; José Mariano assura qu'il n'avait point encore recouvré ses forces et que tout son corps lui paraissait enduit d'une matière gluante. »

LES TOULICIES — *TOULICIA*

Caractères. — Les Toulicies sont des arbres dressés, à feuilles allongées, paripennées, dépourvues de stipules, à folioles nombreuses, grandes, coriaces, entières ou crénelées. Les fleurs sont disposées en panicules amples et rameuses.

Ce genre se distingue principalement du précédent par ses samares déhiscentes.

Distribution géographique. — Il en existe 10 espèces environ, habitant la Guyane, le Brésil et la Nouvelle-Grenade.

Usages. — Le bois du *T. guyanensis* brûle très bien, en donnant une flamme éclairante. C'est ce qui lui a valu les noms de *bois-flambeau* et *Candle-Wood*, qui indiquent clairement, en français et en anglais, son usage.

LES PAULLINIES — *PAULLINIA*

Étymologie. — Ce genre a été consacré par Linné à la mémoire du médecin Sim. Paulli.

Caractères. — Ce sont des lianes volubiles et grimpantes, à feuilles alternes, munies de stipules et d'un pétiole souvent ailé, composées ou décomposées, pennées ou digitées, à folioles souvent dentés. Les fleurs verdâtres et peu apparentes, sont disposées en grappes axillaires de cymes, ordinairement pourvues de 2 vrilles à la partie inférieure.

Distribution géographique. — On connaît environ 125 espèces de ce genre, habitant l'Amérique tropicale, principalement à l'Est. Une espèce cependant se rencontre dans l'ancien monde, en Afrique et à Madagascar. Peut-être y a-t-elle été introduite ?

Usages. — Les graines de certains *Paullinia* sont comestibles. La plus célèbre de toutes est, au Brésil, celle du *P. sorbilis*, qui ressemble à un petit marron d'Inde et sert à préparer la *pâte de Guarana*. On nomme ainsi une pâte que l'on fabrique en pulvérisant grossièrement ces graines, et en les mettant en pâte avec de l'eau ; on en fabrique des masses cylindriques ayant la forme d'un saucisson et ressemblant pour la couleur et l'aspect à de la pâte de cacao grossièrement broyée. Cette matière possède une saveur légèrement astringente ; au Brésil, les voyageurs en emportent avec eux et l'emploient, délayée dans de l'eau avec du sucre, comme rafraîchissante et antifébrile. La poudre de ces graines a été employée avec succès dans certains cas de migraines. L'analyse chimique y a révélé la présence d'un alcaloïde, la *guaranine*, qui serait identique, dit-on, à la *caféine*.

D'autres *Paullinia* sont, au contraire, des plantes dangereuses et toxiques. Les sauvages de la Guyane se servent pour enduire la pointe de leurs flèches, d'un poison narcotique et âcre qu'ils extraient des fruits du *Paullina Cururu*, arbre décrit par Pison sous le nom de *Cururu ape*. Ses fruits servent également à enivrer le poisson.

Le *P. pinnata* est encore plus redoutable ; les nègres emploient ses racines et ses graines pour leurs empoisonnements : c'est un poison terrible.

LES KOELREUTERIES — *KOELREUTERIA*

Caractères. — Ce genre se distingue des précédents par ses ovules au nombre de deux ou davantage par loge, et présente comme caractères principaux, 5 sépales valvaires, 3 ou 4 pétales étalés, une capsule enflée loculicide. On n'en connaît guère qu'une seule espèce.

LA KŒLREUTERIE PANICULÉE — *KŒLREUTERIA PANICULATA*

Caractères. — C'est un bel arbre, susceptible d'atteindre une hauteur de 12 à 15 mètres. Les feuilles sont imparipennées, comme celles du Robinier Faux-Acacia, auxquelles elles ressemblent, mais les folioles sont dentées en scie, plus grandes et d'une couleur verte plus foncée. Les fleurs, d'un beau jaune vif, s'épanouissent au mois de juin : elles semblent doubles, parce que chaque pétale présente un appendice.

Distribution géographique. — Cette plante est originaire du Nord de la Chine, et aujourd'hui cultivée partout. Elle a été introduite en France vers 1770.

Usages. — C'est un très bon arbre d'ornement, qui produit dans les jardins et les parcs un excellent effet, surtout lorsqu'il est planté en massifs. Il est très rustique dans toutes les parties de la France et supporte les hivers les plus rigoureux.

LES MARRONNIERS — *ÆSCULUS*

Étymologie. — Le nom d'*Æsculus*, qui vient de *esca*, nourriture, avait été donné primitivement à une espèce de Chêne dont le gland est comestible ; appliqué aux Marronniers, il a perdu toute signification, puisque la graine de ceux-ci n'est pas mangeable.

Caractères. — Les *Æsculus* sont des arbres et des arbrisseaux à feuilles opposées dépourvues de stipules, digitées (fig. 539), présentant 5 à 9 folioles dentées. Les fleurs blanches, rouges ou jaune pâle, sont disposées en grappes ou en panicules terminales thyrsoïdes.

Les fleurs sont polygames régulières ; le calice est campanulé ou tubuleux à 5 lobes inégaux imbriqués ; la corolle est formée de 4 ou 5 pétales inégaux, onguiculés ; 5-8 étamines libres insérées à l'intérieur du disque forment l'androcée. L'ovaire présente 3 loges, contenant chacune 2 ovules géminés. Le fruit est une capsule coriace, lisse ou hérissée de piquants, lobée ou subglobuleuse, à déhiscence loculicide. Elle est creusée de 3 loges, dont le nombre se réduit à 2 ou 1 par avortement : les graines sont solitaires dans les loges, subglobuleuses, à testa coriace et à hile très grand. Les cotylédons sont très épais et renferment une abondante réserve nutritive.

On distingue parfois les *Pavia* des *Æsculus* proprement dits, parce que le fruit des premiers est lisse, celui des seconds épineux : ce caractère, d'ailleurs très inconstant, n'a aucune valeur. On distingue quelquefois aussi le genre *Billia*, séparé des *Æsculus* vrais par ses feuilles à 3 ou 5 folioles et par ses pétales pourvus d'un appendice lobé.

Le genre *Æsculus* est pour certains auteurs le type de la petite famille des Hippo-castaneés. Avec Bentham et Hooker et M. Van Tieghem, nous le conservons ici parmi les Sapindées à fleurs irrégulières, dont il se distingue surtout par les feuilles opposées. M. Baillon, qui considère une série des Hippo-castanées, distincte de celle des Sapindées, ne la maintient qu'avec hésitation (1), « parce qu'on voit des genres, tels que la *Valenzuelia* (arbuscule du Chili), avoir tous les caractères essentiels des fleurs et des fruits semblables à ceux des Paullinées dont on ne peut les écarter, et présenter cependant un port et un feuillage tout à fait exceptionnels ».

Distribution géographique. — Il existe environ 14 espèces d'*Æsculus*, habitant l'Amérique du Nord, la Nouvelle-Grenade, le Mexique, l'Himalaya, la Perse et la Péninsule Malaise.

(1) H. Baillon, *Histoire des Plantes*. t. V, p. 379.

Fig. 539. — Marronnier d'Inde (*Æsculus Hippocastanum*), feuille.

Fig. 540. — Marronnier d'Inde (*Æsculus Hippocastanum*), rameau florifère.

Deux espèces, distinguées génériquement sous le nom de *Billia*, habitent l'une le Mexique et l'autre la Colombie.

Distribution géologique. — Des vestiges fossiles d'*Æsculus* ont été rencontrés dans le miocène inférieur de l'Europe.

Usages. — L'espèce la plus intéressante de ce genre est l'*Æ. Hippocastanum*, bien connu sous le nom de Marronnier d'Inde.

Il ne faut pas confondre avec les Marronniers ou *Æsculus*, les arbres auxquels on donne quelquefois le nom de Marronniers, qui produisent les marrons comestibles, et qui ne sont que des variétés du genre Châtaignier (*Castanea*) de la famille des Cupulifères. Il y a d'ailleurs une grande différence au point de vue botanique entre les véritables marrons, les marrons d'Inde, et les châtaignes, dont certaines variétés portent aussi le nom de marrons. Les marrons d'Inde sont des *graines*

et la coque verte qui les entoure est le frùit ; les châtaignes sont des *fruits*, et leur coque piquante est une cupule, analogue à la cupule qui entoure la base des glands.

LE MARRONNIER D'INDE -- *ÆSCULUS HIPPOCASTANUM*

Étymologie. — Le nom de Marronnier d'Inde semblerait indiquer que cette plante est originaire de l'Inde ; on croit cependant aujourd'hui que sa véritable patrie serait les Balkans. Le nom spécifique latin *Hippocastanum* signifie châtaigne de cheval ; il vient de ce que les Turcs mélangent, dit-on, la farine des marrons d'Inde à la nourriture de leurs chevaux.

Caractères. — Le Marronnier d'Inde (fig. 540) est un grand et bel arbre, qui s'élève souvent jusqu'à 25 et même 30 mètres de hauteur ; son tronc, qui peut acquérir 1 mètre de diamètre

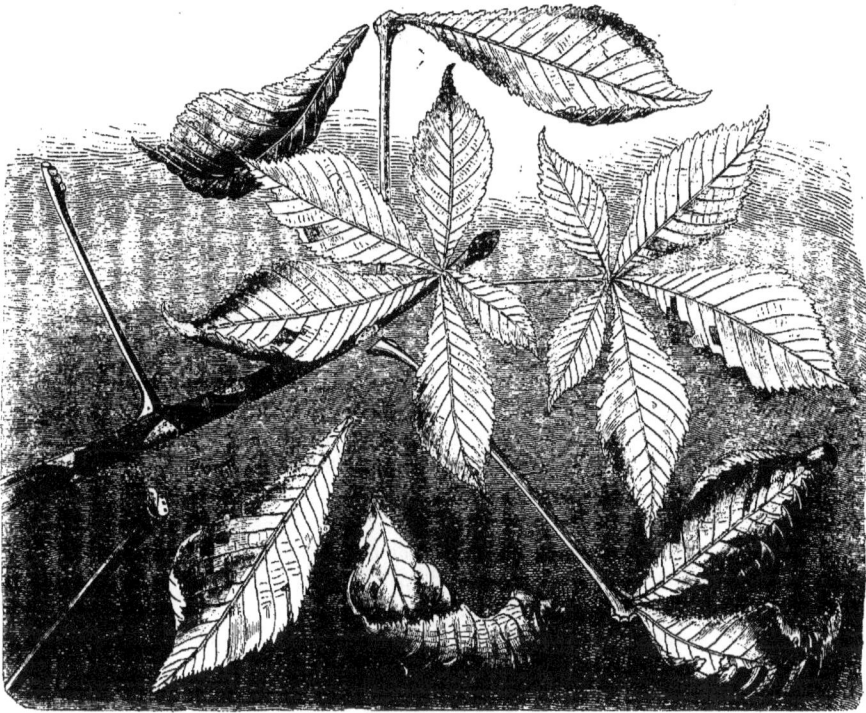

Fig. 541. — Marronnier d'Inde (*Æsculus Hippocastanum*), chute des feuilles.

et même davantage, se dresse, robuste et majestueux, portant un feuillage d'un très beau vert, disposé en une tête ovale, pyramidale, très touffue. Les feuilles sont opposées, longuement pétiolées, digitées, à 7 ou 9 folioles dentelées. Au retour du printemps, apparaissent les fleurs blanches, tachées de rose ou de pourpre, disposées en longues pyramides de 25 à 30 centimètres, nombreuses et verticales à l'extrémité de chaque rameau (fig. 543).

Le calice est en forme de cloche à 5 dents, la corolle est irrégulière, formée de 5 pétales inégaux, dont 2 supérieurs plus grands et redressés, 3 inférieurs plus petits. Les étamines sont au nombre de 7 seulement. Le fruit est une capsule coriace hérissée de pointes, à 3 loges (ou 2 ou 1 par avortement), s'ouvrant par déhiscence loculicide. Les graines sont volumineuses, presque globuleuses, d'une belle couleur acajou à maturité, présentant à l'endroit du hile une large tache plus claire.

Distribution géographique. — On a cru longtemps que, comme son nom l'indique, le Marronnier d'Inde était originaire de ce pays. On l'a fait ensuite venir de la Perse et de l'Asie

Mineure. C'est récemment qu'on a appris que cet arbre était européen et qu'il constituait une partie des forêts du nord de la Grèce, où M. Orphanides, professeur de botanique à Athènes, le découvrit dans la région des Balkans. Decaisne avait du reste déjà présumé cette origine, frappé de ce que Clusius, un des premiers auteurs qui aient parlé du Marronnier, en eût reçu des graines par l'entremise de l'ambassadeur français à Constantinople.

Le Marronnier est aujourd'hui parfaitement naturalisé dans notre pays ; on le rencontre même parfois à l'état subspontané.

Historique. — Matthiole est le premier qui ait fait mention du Marronnier d'Inde, dans ses Commentaires sur Dioscoride. Il ne connaissait d'ailleurs la plante que par un rameau chargé de fruits qui lui avait été adressé, en 1569, de Constantinople par un médecin nommé Quercetanus Flander. Ce n'est qu'en 1576 que Clusius reçut, à Vienne, un jeune arbre qu'il planta, et soigna, mais qui n'avait pas encore fleuri, en 1588, lorsque le célèbre botaniste français quitta la ville. L'introduction du Marronnier en France date de 1615 : il y fut apporté de

Constantinople par un nommé Bachelier. Le premier pied fut planté dans le jardin de l'hôtel de Soubise, au Marais. Un second pied fut planté en 1656, au Jardin du Roi : il y a vécu jusqu'en 1767. Le troisième parut dans le jardin du Luxembourg. Depuis, ce magnifique végétal s'est abondamment multiplié. En Angleterre, il n'est cultivé que depuis 1833.

Le Marronnier d'Inde présente souvent une floraison extrêmement précoce. Un des plus remarquables à ce sujet est le fameux Marronnier du 20 mars, au jardin des Tuileries, qui fleurit à cette époque et qui, dit-on, se mit à fleurir d'aussi bonne heure pour célébrer le retour de l'île d'Elbe. Une autre légende raconte que des Suisses, massacrés au 10 août pendant qu'ils battaient en retraite à travers le jardin, furent enterrés au pied de cet arbre, qui devrait à cet engrais humain sa précocité remarquable.

Usages. — Il n'y a pas en Europe d'arbre indigène qui puisse être comparé au Marronnier d'Inde pour la beauté du feuillage et l'élégance des fleurs.

C'est un très bon arbre pour les parcs et les jardins ; il est surtout excellent pour les plantations d'alignement, car il prend naturellement une forme convenable. Ses feuilles, qui apparaissent au commencement du mois d'avril, donnent un frais ombrage. Malheureusement elles tombent assez tôt à l'automne (fig. 541). Les fleurs se montrent au début de mai. C'est un arbre rustique, venant très bien surtout dans les sols légers et frais.

A Paris, sans parler des magnifiques Marronniers des jardins des Tuileries et du Luxembourg ou des Champs-Élysées, de nombreuses voies sont plantées avec le Marronnier d'Inde : la place de l'Étoile, l'avenue Kléber, la place du Trocadéro, l'avenue Henri-Martin, etc., et sur la ligne des grands boulevards, le boulevard Poissonnière et le boulevard Bonne-Nouvelle, où l'on voit aussi quelques Ormes. On plante ces arbres à 6 mètres de distance les uns des autres.

Un des légers inconvénients du Marronnier d'Inde pour les plantations dans les villes, est qu'au moment de la maturité, les marrons se détachent et peuvent tomber sur la tête des passants. De plus les enfants pour faire tomber ces marrons lancent souvent contre les arbres des pierres qui les abîment. On évite facilement ces inconvénients, en ayant soin de faire enlever les inflorescences sitôt que la floraison est terminée et qu'on commence à voir les fruits qui doivent rester. Cette opération est d'ailleurs favorable au développement de l'arbre, auquel elle permet d'utiliser au profit de sa végétation la sève qui aurait été employée pour le développement des fruits.

On peut aussi choisir, pour les plantations dans les villes, le MARRONNIER A FLEURS DOUBLES (*Æsculus Hippocastanum flore pleno*), variété qui a tous les caractères du Marronnier ordinaire, avec cet avantage en plus de ne pas donner de fruits. Aussi est-ce un arbre très recommandable. On peut en admirer à Paris de superbes individus sur la place située devant l'église Saint-Philippe-du-Roule.

Le bois du Marronnier est très blanc, léger, mou et filandreux : il brûle difficilement, sans donner beaucoup de chaleur. Il ne peut servir qu'aux constructions légères et on ne l'emploie guère qu'à faire des planches pour les caisses d'emballage. Facile à travailler, on en fabrique aussi divers ouvrages à l'usage des dames, tels que vases, corbeilles, coffrets et tables de travail que l'on décore ensuite de peintures à l'huile.

L'écorce du Marronnier a été vantée à diverses époques, comme fébrifuge et pouvant remplacer le Quinquina, mais il ne semble pas qu'on en ait obtenu un bien grand succès. Cette écorce amère et fortement astringente contient beaucoup de tannin, et rivalise comme tonique avec l'écorce du Saule. On l'emploie aussi pour la teinture en jaune.

Les marrons d'Inde contiennent une abondante provision de matières amylacées, mais ne sont pas comestibles, à cause d'un principe très amer qui y est mélangé. On a utilisé la farine de marrons à divers usages : on en a fait de la colle pour les papetiers et les relieurs, de la poudre pour les cheveux, de la pâte pour blanchir les mains, on l'a mélangée à la stéarine des bougies, etc. Mais depuis que le Marronnier est cultivé en Europe, on a toujours vu avec regret que la quantité énorme d'amidon des marrons d'Inde ne puisse être utilisée pour l'alimentation de l'homme et des animaux. On a bien prétendu que les vaches, les moutons, les chèvres et les cochons les mangeaient avec plaisir, malgré leur amertume, mais comme le fait remarquer Baumé, ils en mangent peu, par exception, et préfèrent leur nourriture habituelle. Depuis longtemps, on a cherché des procédés pour extraire du Marron d'Inde une farine pure et nutritive. Ces procédés ne sont

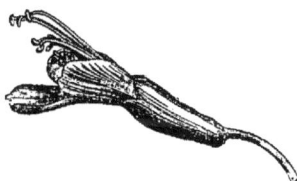

Fig. 543.

Fig. 544.

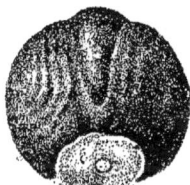

Fig. 542.

Fig. 545.

Fig. 542. — Port.
Fig. 543. — Fleur.

Fig. 544. — Fruit.
Fig. 545. — Graine.

Fig. 542 à 545. — Marronnier à fleurs rouges (*Æsculus rubiconda*).

tous que des modifications de celui de Baumé qui consiste à laver à l'eau pure ou additionnée d'un peu de carbonate alcalin la pulpe parfaitement divisée.

Les procédés les plus économiques employés aujourd'hui donnent environ 15 à 18 p. 100 de fécule. On peut transformer ensuite cette fécule en sucre et en alcool.

On a encore retiré du Marron d'Inde une huile qui a été vantée, en médecine, contre la goutte et les rhumatismes.

LE MARRONNIER A FLEURS ROUGES — *ÆSCULUS RUBICONDA*

Caractères. — Cette espèce, plus petite que la précédente, s'en distingue par ses fleurs roses ou rouges, ses feuilles plus lisses et d'une verdure plus sombre. Quelques auteurs la considèrent, probablement à tort, comme une variété de l'*Æ. Hippocastanum*.

Distribution géographique. — On ne sait pas encore bien exactement quelle est sa patrie d'origine. Il est toutefois très probable que cet arbre nous vient de l'Amérique du Nord. Le plus vieux pied qui existe en Europe est planté dans l'ancienne propriété de Michaux, le premier botaniste explorateur des États-Unis et du Canada. Les semences lui en avaient été adressées sous le nom de Marronnier américain, et son ami Victor Leroy les lui avait apportées en 1812 (1).

Usages. — Le Marronnier à fleurs rouges fait surtout bon effet, planté isolément au milieu des pelouses. Il est moins employé pour les plantations d'alignement, bien qu'il présente les mêmes caractères de végétation que le Marronnier ordinaire. A Paris, on peut le voir au Bois de Boulogne, dans l'avenue qui part de la Muette. Il a été également planté dans une des avenues du cimetière de Pantin (v. p. 289) où il vient très bien.

(1) A. Lavallée, *Énumération des arbres cultivés à l'Arboretum de Segrez.*

Les espèces de la section des Pavia appartiennent à l'Amérique du Nord. On les cultive en buissons dans les jardins. Les plus remarquables sont le *Pavia discolor* à inflorescences grêles et allongées, le *Pavia rubra* à fleurs rouges et le *Pavia californica* à fleurs blanches et odorantes.

La graine de ces *Pavia* a des propriétés analogues à celles de l'*Æsculus Hippocastanum*.

SÉRIE B

Fleurs régulières ou presque régulières ; disque complet régulier.

LES SAVONNIERS — *SAPINDUS*

Étymologie. — Le nom de ces plantes vient de ce que les graines de plusieurs d'entre elles ont la propriété de faire mousser l'eau et de dégraisser les étoffes comme le meilleur savon.

Caractères. — Les Savonniers sont des arbres ou des arbrisseaux parfois un peu grimpants, à feuilles alternes, sans stipules, simples ou paripennées, à folioles entières, rarement dentées, portant à la floraison des grappes ou des panicules de fleurs auxquelles succèdent des fruits secs ou des baies.

Les *Sapindus* ont les fleurs polygames, tétramères ou plus fréquemment pentamères, pourvues d'un calice à 4 ou 5 divisions, d'une corolle à 4 ou 5 pétales insérés à la base extérieure d'un disque annulaire, souvent muni au point de réunion de l'onglet et du limbe d'un appendice pétaloïde de 8 ou 10 étamines libres, insérées entre le disque et l'ovaire, qui est sessile et divisé en 3 loges uniovulées. Les fruits secs ou charnus sont divisés en 1, 2, 3 ou 4 coques indéhiscentes et les graines sont dépourvues d'arille.

Distribution géographique. — On a décrit une quarantaine d'espèces de Savonniers, dont un très grand nombre sont douteuses. Plusieurs d'entre elles ont été placées dans d'autres genres par Radlkofer, qui en ramène le nombre à 10 seulement.

Ces plantes habitent toutes les régions tropicales du globe ; elles sont plus rares dans les pays subtropicaux.

Distribution géologique. — De nombreux exemples tirés des flores tertiaires et même du crétacé (à Bagnols dans le Gard) prouvent que des formes ancestrales des *Sapindus* actuels existaient autrefois en Europe et y ont longtemps persisté.

LE SAVONNIER DES ANTILLES — *SAPINDUS SAPONARIA*

Noms vulgaires. — Arbre à savon.

Caractères. — Le Savonnier des Antilles est un grand et bel arbre, dont les feuilles ont un large pétiole ailé et des folioles lancéolées acuminées. Cultivé dans nos serres, il ne dépasse pas la taille d'un arbrisseau.

Distribution géographique. — Il vit dans l'Amérique du Sud et aux Antilles.

Usages. — Le bois, la racine et les fruits de cet arbre sont empreints d'un principe amer, la *Saponine*, qui communique à l'eau la propriété de mousser fortement et de produire sur le linge un effet analogue à celui du savon. Ce sont les fruits surtout qui servent à cet usage.

« Les fruits du Savonnier des Antilles portent les noms de *pommes de savon* et *cerises gommeuses*; ce sont des baies arrondies, de couleur rougeâtre, dont le péricarpe se compose d'une pulpe transparente, visqueuse, astringente, de saveur âcre et amère.

« Ces fruits étant très riches en *saponine*, sont fréquemment utilisés au lavage et au dégraissage des étoffes de laine, de soie et d'alpaga auxquelles ils communiquent de la souplesse et un nouveau brillant après chaque lavage. Leur mode d'emploi est très simple : il suffit d'écraser les baies, d'en séparer la graine et de faire bouillir la pulpe, dans une quantité suffisante d'eau, pendant un quart d'heure environ. On laisse tremper l'étoffe à nettoyer pendant une nuit, et, le lendemain, il ne reste qu'à la frotter et à la rincer dans l'eau claire pour obtenir un tissu de la plus grande propreté. Ce procédé offre, en outre, un grand avantage, celui de laisser aux lainages leur blancheur primitive, toujours altérée par les lavages aux savons, même ceux de meilleure qualité. »

Tournefort connaissait déjà ces propriétés des fruits du *Sapindus saponaria*. Dans le Midi de la France on emploie plus volontiers les fruits d'une espèce voisine, le SAVONNIER DE L'INDE (*Sapindus emarginatus*).

« Dans l'Inde, les fruits du *Sapindus emarginatus* sont employés exclusivement pour laver les soieries, tant foulards de l'Inde imprimés, que corahs ou foulards bruts et en pièces, dont on emploie une très grande quantité pour la confection des vêtements d'hommes et de femmes. L'usage des *graines de Rita* est encore d'un emploi très répandu chez les dames de l'Inde, pour se laver la tête et débarrasser leurs longues chevelures des corps étrangers qui flottent continuellement dans l'air. Au lieu de rendre les cheveux rudes, secs et cassants comme le font le plus souvent les savons les plus délicats, l'eau de Rita leur communique un aspect soyeux et brillant; de plus, ils ont encore une tendance à se friser naturellement. Cette opération se fait aussi avec le même succès sur les chevaux et chaque lavage ajoute à la beauté de leur robe (1). »

On emploie encore dans le même but, pour le dégraissage des étoffes, en guise de savon, les fruits des *S. arborescens* et *frutescens* de la Guyane, du *S. rigida* à l'île Bourbon, du *S. divaricatus* au Brésil, du *S. senegalensis* au Sénégal, etc.

L'écorce de la tige et des racines de ces diverses espèces possède les mêmes propriétés que la pulpe du fruit, mais il s'y rencontre un principe âcre et caustique, uni à la saponine, qui attaque et corrode les tissus, ce qui a parfois donné lieu à confusion et fait dire à tort, par plusieurs auteurs, que les *pommes de Savon* usaient rapidement le linge en le brûlant. Une partie du *bois de Panama* du commerce, qui se vend en morceaux trop volumineux pour appartenir au *Quillaja saponaria*, de la famille des Rosacées, doit provenir de l'écorce du *S. saponaria* ou d'espèces voisines.

Les fruits du *S. saponaria* ne sont pas comestibles, car ils possèdent une désagréable odeur de térébenthine. Les nègres du Sénégal sont cependant assez friands des fruits du *S. senegalensis*, dont la saveur est sucrée. On mange encore les fruits du *S. esculentus*, au Brésil; du *S. fruticosus* au Malabar, et du *S. emarginatus*, en Géorgie et à la Caroline.

Aux Antilles et au Sénégal, le suc visqueux des fruits du *Sapindus saponaria* est utilisé dans la médecine indigène, pour combattre les hémorragies utérines, soit en injections, soit pris intérieurement. En Angleterre, on en prépare un vin que l'on dit excellent pour calmer les coliques.

Les noyaux noirs, presque ronds et très durs, sont souvent utilisés pour faire des

(1) *Revue des Sciences Naturelles*, 40ᵉ année, 5 juillet 1893.

chapelets, des colliers et bracelets et autres ornements de parure. L'amande qu'ils renferment contient une huile que l'on retire par expression; d'une saveur douce, avec un léger goût de noisette, cette huile est bonne pour l'alimentation lorsqu'elle est fraîche, et pour l'éclairage quand elle est vieille.

LE NEPHELIUM LITCHI. — *NEPHELIUM LITCHI.*

Synonymie. — *Euphoria Litchi, Scytalia Litchi, Litchi sinensis.*

Caractères. — Le *Nephelium Litchi* (fig. 546) est un arbre d'une hauteur de 5 à 6 mètres, dont

Fig. 546. — *Nephelium Litchi.*

les feuilles sont alternes, pennées sans impaire, à 2 ou 3 paires de folioles. Les fleurs sont petites, disposées en panicules lâches, pourvues d'un calice à cinq dents, de 5 pétales réfléchis, de 6 à 8 étamines et d'un ovaire à 2 loges, surmonté d'un style et de 2 stigmates.

Le fruit, qui porte le nom de *Litchi*, est arrondi et un peu cordiforme. Ses dimensions moyennes sont d'environ 0ᵐ,25, tant en hauteur qu'en largeur. L'enveloppe ou le péricarpe de ce fruit forme une coque mince et assez facile à écraser entre les doigts, rouge et marquée sur toute sa surface d'aréoles imprimées, un peu irrégulières, pentagonales ou hexagonales, larges de 5 à 6 millimètres, qui se relèvent en un mamelon central.

On ne voit le plus souvent qu'un seul de ces

fruits succéder à une fleur, tandis qu'il devrait en exister deux semblables, attachés à un court pédicule commun, le pistil de la fleur étant formé de deux carpelles ; c'est qu'alors l'un de ces deux carpelles a complètement avorté. Sous cette enveloppe se trouve une grande cavité occupée, non pas entièrement, mais aux quatre cinquièmes environ, par une grosse graine très dure, longue de 0ᵐ,015 sur 0ᵐ,01 de largeur, comprimée par les côtés, de couleur marron et lustrée, dressée dans sa loge, entièrement couverte d'une épaisse couche charnue, de couleur claire à l'état abso-

Fig. 547. — *Euphoria longana.*

lument frais, plus foncée lorsqu'elle est desséchée. C'est cette couche charnue, adhérente seulement à la base de la graine, et qu'on doit regarder comme un arille, qui constitue la partie comestible du Litchi.

Distribution géographique. — Le Litchi croît naturellement dans l'Inde et la Chine où il est d'ailleurs cultivé comme arbre fruitier. Il a été introduit à l'Ile-de-France et à l'île Bourbon. Il est communément cultivé à la Louisiane, où l'on fait grand cas de son fruit.

En 1849, un pied de cet arbre, cultivé dans une serre à ananas, à Mâcon, a fleuri et fructifié pour la première fois en France et probablement en Europe. A cette époque la plante existait déjà, depuis longtemps, au Jardin des Plantes de Paris, mais n'avait jamais fleuri.

Usages. — Le Litchi est regardé comme le meilleur fruit de la Chine. Les Chinois mangent l'arille de la graine à l'état frais ou desséché au four. La saveur en est délicieuse et ne ressemble à celle d'aucun de nos fruits ; tout au plus rappelle-t-elle de loin un bon pruneau.

A l'état complètement frais, le fruit du Litchi est délicieux et bien supérieur à celui qui a séché en partie, comme lorsqu'on le transporte en Europe, bien que dans ce dernier état il soit encore très bon. C'est sous cette dernière forme qu'on le trouve en France chez les marchands de comestibles exotiques.

On cultive encore un peu partout dans les pays chauds, pour l'arille charnu de sa graine, l'*Euphoria longana* (fig. 547), arbre voisin du *Nephelium Litchi*, connu aussi sous les noms de *Longane*, *Œil de Dragon*, *Boboa*, etc. Sa chair a un goût vineux qui la rend moins agréable que celle du Litchi.

LES ACÉRINÉES — *ACERINEÆ*

Caractères. — Les Acérinées sont des Sapindacées à fleurs régulières. Sépales et pétales (quand ils existent) sont isomères. Les étamines sont insérées de façon variable sur le disque. Les lobes du fruit sont indéhiscents. La graine, dépourvue d'arille, ne présente pas d'albumen.

Les Acérinées sont des arbres ou des arbrisseaux (*Dobinea*) dont les feuilles sont toujours opposées, simples ou composées pennées à 3 ou 5 folioles.

Distribution géographique. — La tribu des Acérinées, qui est parfois élevée au rang de famille distincte, ne comprend que trois genres. Au genre *Acer*, qui forme le groupe presque à lui tout seul, se rattachent étroitement les 3 espèces de *Negundo* de l'Amérique boréale tempérée et du Japon. L'espèce unique du genre *Dobinea* a été créée pour un arbrisseau de l'Himalaya. Les Acérinées sont de toutes les Sapindacées celles qui habitent les régions les moins chaudes.

LES ÉRABLES — *ACER*

Caractères. — Les Érables sont des arbres petits ou élevés, à suc aqueux ou sucré, à

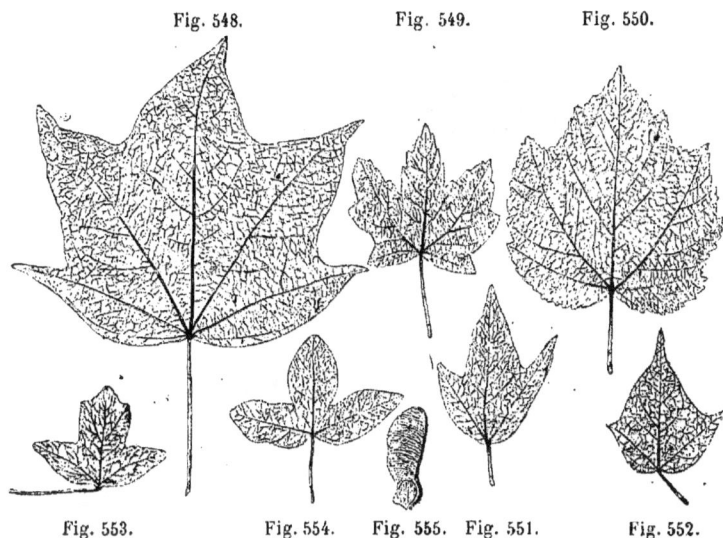

Fig. 548. — *Acer lætum pliocenicum;* feuille.
Fig. 549. — *Acer recognitum;* feuille.
Fig. 550. — *Acer Ponzianum ;* feuille.
Fig. 551. — *Acer pseudo-campestre ;* feuille.

Fig. 552 et 553. — *Acer integrilobum;* feuilles.
Fig. 554 et 555. — *Acer creticum pliocenicum;* feuille et fruit.

Fig. 548 à 555. — Formes ancestrales d'Érables.

feuilles opposées, caduques, simples, pétiolées, lobées ou anguleuses. Les fleurs sont disposées en grappes ou en corymbes axillaires ou terminaux, la plupart mâles, les dernières des ramifications femelles.

Les fleurs sont ordinairement polygames, dioïques régulières. Le calice se compose de 4 à 12 sépales ; les pétales sont en même nombre, ou manquent parfois, chez quelques Érables apétales. L'androcée est formé de 4 à 12 étamines, souvent 8, insérées diversement sur le disque, à l'intérieur ou à l'extérieur, à filets filiformes. L'ovaire, à 2 loges biovulées et comprimé perpendiculairement à la cloison, est surmonté de 2 styles longuement stigmatifères à la face interne.

Le fruit se compose de 2 samares indéhiscentes, longuement ailées, à 1 ou 2 graines comprimées.

Distribution géographique. — On a décrit plus de 80 espèces du genre *Acer*, habitant l'Europe, l'Amérique septentrionale, et le Nord de l'Asie, c'est-à-dire dans l'hémisphère boréal, les régions froides et tempérées des deux mondes. Dans l'Inde orientale, c'est sur les versants élevés de l'Himalaya et des chaînes voisines qu'on les rencontre en quelque abondance. On

les a aussi observés à Java, mais c'est à une certaine hauteur sur les montagnes.

En France, le genre *Acer* est représenté par 5 espèces: l'Érable Sycomore (*A. pseudo-Platanus*), l'E. Plane (*A. platanoïdes*), l'E. champêtre (*A. campestre*), l'Érable de Montpellier (*A. Monspessulanum*) et l'Érable à feuilles d'Obier (*A. opulifolium*). Ces Érables habitent plus particulièrement les lieux boisés des plaines ou des basses montagnes, où ils fleurissent aux mois de mars et d'avril.

Distribution géologique. — On doit considérer les Érables comme des arbres descendus des montagnes où ils auraient préalablement acquis leurs caractères distinctifs, en particulier la caducité de leurs feuilles et la tendance de celles-ci à devenir lobées. Les Érables en effet sont peu communs dans les régions arctiques, même dans l'éocène. On ne les a rencontrés ni dans la craie arctique ni dans le gisement de la terre de Grinnell; ils sont même assez peu nombreux dans le terrain ancien du Groenland. Ils font leur apparition en Europe dans l'oligocène à Aix et à Amiens ou dans le miocène. On a signalé dans le crétacé inférieur la présence du genre *Aceriphyllum* aujourd'hui disparu.

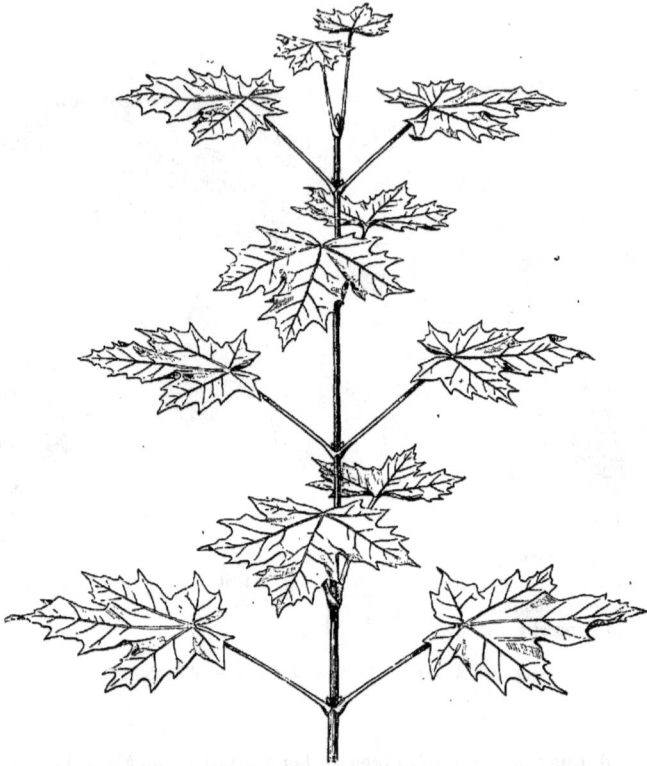

Fig. 556. — Érable Plane (*Acer platanoïdes*), rameau vertical.

Les principales formes ancestrales des Érables européens sont l'*Acer lætum pliocenicum* (fig. 548), du pliocène de Meximeux, ancêtre des *A. pictum*, *A. lætum* et *A. Lobelii*; l'*A. recognitum* (fig. 549) de Manosque, ancêtre éloigné des *A. purpureum* et *A. opulifolium*; l'*A. Ponzianum* (fig 550), forme ancestrale de l'*A. opulifolium*; l'*A. pseudo-campestre* (fig. 551), de l'oligocène d'Armissan, ancêtre de *A. campestre*; l'*A. integrilolum* (fig. 552 et 553), forme ancestrale de l'*A. Monspessulanum*, et enfin l'*A. creticum pliocenicum* (fig. 554 et 555), du pliocène de Ceyssac (Haute-Loire).

Caractères biologiques. — Les feuilles des Érables sont opposées deux à deux sur les rameaux. Dans les rameaux dressés, comme on peut le voir sur la figure 556 pour l'Érable Plane (*Acer platanoïdes*), les 2 feuilles d'une même paire ont leurs pétioles d'égale longueur; mais dans les rameaux étalés horizontalement (fig. 557), non seulement les pétioles de deux feuilles opposés ne sont plus égaux, mais encore il peut arriver que l'un d'eux soit jusqu'à trois fois plus long que l'autre. Dans ces conditions, le caractère de l'opposition des feuilles est moins frappant pour l'œil. La raison de cette inégalité des pétioles est facile à comprendre quand on songe au rôle que jouent les feuilles pour la plante. Pour pouvoir remplir convenablement leur fonction d'assimilation du carbone, les feuilles doivent recevoir la plus grande quantité possible de lumière. Or si dans un rameau horizontal les feuilles opposées avaient comme dans un rameau vertical (fig. 556) leurs pétioles égaux, il arriverait que l'une des feuilles pourrait être placée dans l'ombre portée par sa voisine et par conséquent gênée dans son rôle pour la nutrition de la plante. Cet inconvénient disparaît par suite de l'inégalité des pétioles (fig. 557), grâce à laquelle les feuilles ne se recouvrent pas les unes les autres.

Érables remarquables. — Les Érables vivent parfois fort longtemps et atteignent une taille considérable.

Le plus célèbre est le fameux *Érable de*

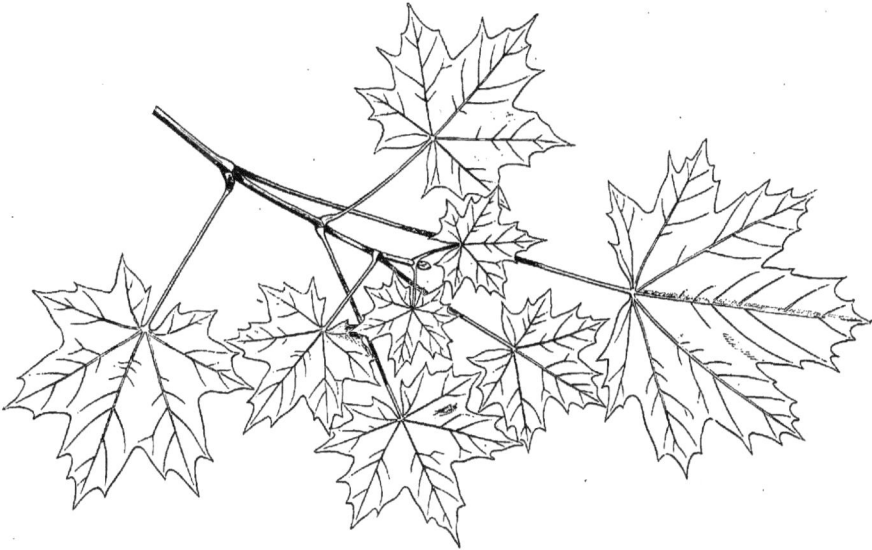

Fig. 557. — Érable Plane (*Acer platanoïdes*), rameau horizontal.

Trons, qu'on voyait encore il y a 25 ans à l'entrée du village de ce nom, dans le canton des Grisons. Il était âgé, assure-t-on, de près de 600 ans. Son tronc, qui mesurait environ 10 mètres de tour, était soutenu par un mur et de nombreux cercles de fer.

Cet Érable a été renversé par l'orage qui a passé, le 28 juin 1870, sur une grande partie de l'Europe. C'est au pied de cet arbre vénéré que naquit, il y a 470 ans, la Ligue supérieure ou *Ligue grise ;* c'est sous son feuillage qu'un jour du mois de mars 1424, l'abbé Pierre de Pontaningen, le baron de Rhæzuns, le comte de Sax-Mosax, le comte de Werdenberg, les *Ammanner* de Dissentis, Laax, Rheinwald, Schams et Hanz se prêtèrent mutuellement serment d'alliance et de fidélité, serment qui fut renouvelé de dix en dix ans jusqu'en 1778.

L'Érable de Trons était demeuré l'objet de la vénération du peuple grison, et, chose singulière, la veille même de sa mort, dans le sein du grand conseil de Coire, à l'occasion de la fête commémorative de l'alliance de Vazerol (1471, réunion des trois Ligues) qui devait se célébrer l'année suivante, un député avait consacré de chaleureuses paroles à cet antique témoin des temps passés.

Près du lac d'Howel, dans la Caroline du Sud, on voit un Érable dont le tronc a 24 mètres de tour et présente à son intérieur une cavité dans laquelle on a pu faire entrer sept hommes à cheval (1).

Usages. — Un grand nombre d'Érables indigènes ou exotiques sont fréquemment cultivés pour la beauté de leur port et de leur feuillage dans les bois, les parcs et les promenades publics.

Au Japon, la culture des Érables a pris une grande extension. On connaît 23 espèces au moins dans ce pays, et plusieurs d'entre elles ont donné des variétés très décoratives, qui malheureusement ne sont pas rustiques en France.

Plusieurs espèces d'Érables renferment un suc sucré qui, par la fermentation, fournit une liqueur alcoolique. Dans l'Amérique du Nord, l'*Acer saccharinum* sert à la fabrication du sucre.

Les Érables sont encore utiles par leurs feuilles propres à nourrir le bétail et par leur bois qui sert aux ébénistes. Le bois de tous les Érables donne d'assez bon charbon.

L'ÉRABLE CHAMPÊTRE — *ACER CAMPESTRE*

Noms vulgaires. — Auzerole, Bois de Poulc, Bois chaud, Petit Érable.

Caractères. — L'Érable champêtre est le plus

(1) L'abbé Chevallier, *Notice sur la longévité et les dimensions de quelques arbres*, Annecy, 1870.

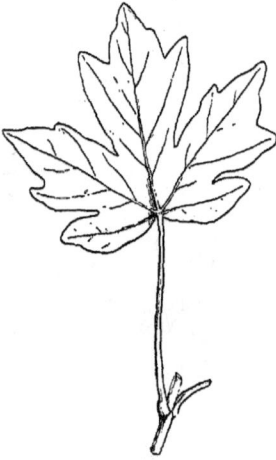

Fig. 558. — Érable champêtre (*Acer campestre*), feuille.

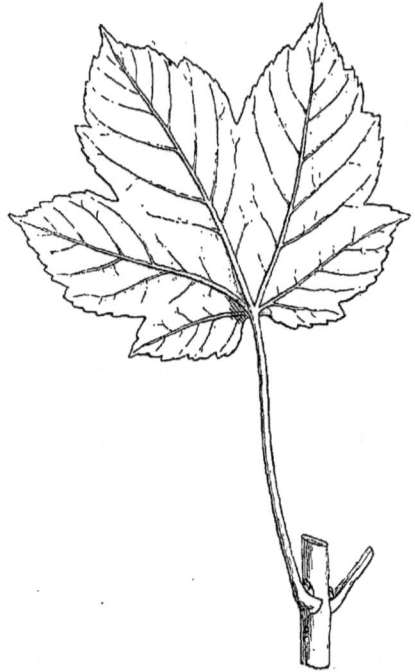

Fig. 559. — Sycomore (*Acer pseudo-Platanus*), feuille.

petit des Érables indigènes. C'est un arbre peu élevé, dépassant rarement 15 mètres, très rameux, dont l'écorce est rude et crevassée. Les feuilles (fig. 558), pubescentes en dessous, présentent 5 lobes obtus, à sinus aigus ou presque aigus. Les fleurs verdâtres sont disposées en corymbes rameux dressés. Les fruits sont pubescents, à ailes très divergentes.

Distribution géographique. — Cette espèce est commune dans les bois et les taillis de la France entière.

Usages. — L'Érable champêtre est de taille trop petite pour être utilisé comme arbre d'alignement : on lui préfère pour ce but d'autres espèces à tronc plus haut.

Son bois est dur et rappelle un peu celui du Citronnier ; il est propre aux usages de tour : il convient particulièrement aux ouvrages des ébénistes, armuriers et sculpteurs.

Sa sève contient du sucre, comme celle de tous les Érables, mais que l'on n'extrait pas.

L'ÉRABLE SYCOMORE — *ACER PSEUDO-PLA-TANUS*

Noms vulgaires. — Grand Érable, Érable blanc, Faux Platane, Sycomore. Il ne faut pas confondre cet arbre avec le Sycomore des anciens, le *Ficus Sycomorus*.

Étymologie. — Le nom spécifique latin et le nom vulgaire de Faux Platane donnés à cet arbre rappellent la ressemblance qu'il présente dans son port et dans ses feuilles (fig. 559) avec le Platane. Il est cependant facile de distinguer les deux arbres, d'abord à l'écorce, puis à ce fait que le Sycomore a les feuilles opposées, comme tous les Érables, tandis que le Platane a les feuilles alternes.

Caractères. — L'Érable Sycomore (fig. 560 à 562) est un grand arbre qui peut atteindre 20 à 25 mètres de hauteur et 1 mètre de diamètre environ. Il présente une belle forme bien régulière, avec cime élargie. Ses feuilles (fig. 560) sont larges, portées sur un pétiole creusé en gouttière, vert foncé en dessus, blanchâtres à la face inférieure, découpées en 5 lobes aigus. Les fleurs (fig. 561) sont disposées en grappes allongées pendantes. Les ailes des samares (fig. 562) sont presque parallèles.

Distribution géographique. — Cet arbre croît en France dans les bois montagneux. On le trouve dans toute l'Europe, mais surtout dans les montagnes du Nord où on l'a rencontré jusqu'à près de 5 000 pieds d'altitude. On le dit

Fig. 561.

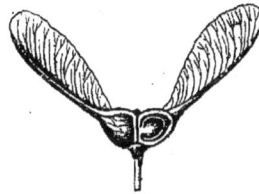

Fig. 560.

Fig. 562.

Fig. 560. — Port.
Fig. 561. — Fleur.

Fig. 562. — Fruit.

Fig. 560 à 562. — Érable Sycomore (*Acer pseudo-Platanus*).

spontané en Danemark et en Hollande : mais son indigénat en France et en Angleterre est des plus contestables ; il n'y serait que naturalisé.

Usages. — Son beau port le fait rechercher comme arbre d'ornement dans les parcs et les grands jardins. Le Sycomore est un arbre très rustique ; il peut être soumis à un élagage annuel pour lui faire prendre une forme régulière. Il convient bien pour les plantations d'alignement des villes. A Paris, les boulevards formant la route militaire, Suchet, Lannes, etc., sont bordés de Sycomores.

Le bois du Sycomore, marbré d'un gris blanchâtre, d'un tissu dense et susceptible d'un beau poli, est estimé pour faire des planches, des ouvrages de tour, des crosses de fusil et des instruments de musique.

Le tronc de cette espèce renferme une sève sucrée dont on peut retirer par évaporation une assez grande quantité de sucre, ainsi qu'on le fait en Amérique avec la sève de l'Érable à sucre.

L'ÉRABLE PLANE — ACER PLATANOIDES

Noms vulgaires. — Plane, Plène, Faux Sycomore, Érable de Norvège.

Étymologie. — L'*Acer platanoïdes* doit son nom spécifique à la ressemblance de ses feuilles avec celles du Platane.

Caractères. — C'est un arbre élevé, à feuilles glabres, d'un vert jaunâtre, portées sur des pétioles cylindriques, découpées en 5 lobes longuement acuminés, bordés de dents longues et étroites, et séparés par des sinus très obtus. Les fleurs, jaunâtres, sont disposées en grappes corymbiformes terminales.

Distribution géographique. — Cette espèce est commune en France sur les hautes montagnes.

Usages. — C'est un arbre très ornemental, qui prend naturellement une forme en dôme élargi, et qui peut, sans souffrir, être soumis à un élagage annuel lorsqu'on veut lui donner une forme spéciale. Ses feuilles apparaissent au commencement de mai ; ses fleurs, à la fin d'avril.

Quelquefois les feuilles se couvrent pendant les chaleurs de petits grumeaux blancs et sucrés, dont les abeilles font une ample récolte. Sa sève fournit un sirop semblable à celui de la mélasse, mais inférieur, en qualité comme en quantité, à celui de l'Érable à sucre d'Amérique. Son bois est utilisé comme celui des espèces précédentes, pour les ouvrages de tour et de menuiserie, et la fabrication des instruments de musique : caisses de piano, fonds et côtés des violons, etc.

L'ÉRABLE DE MONTPELLIER (*A. Monspessulanum*), que l'on rencontre dans les lieux escarpés de l'Est et du Midi de la France, a des feuilles trilobées, blanches en dessous ; les ailes de ses samares sont rétrécies à la base.

L'ÉRABLE A FEUILLES D'OBIER (*A. opulifolium*), espèce d'Espagne qui se retrouve dans les Pyrénées, est caractérisé par ses feuilles à 5 lobes, ses fleurs disposées en corymbes un peu pendants, et par les ailes de ses samares aussi larges à la base que les coques.

L'ÉRABLE A SUCRE — *ACER SACCHARINUM*

Noms vulgaires. — Cet Érable porte en Amérique les noms de *Hard Maple* (Érable dur), de *Sugar Maple* (Érable à sucre) et de *Rock Maple* (Érable des rochers). Les Indiens le nomment *Jucawty*.

Caractères. — L'Érable à sucre (fig. 563) est un des plus beaux arbres des forêts américaines, il atteint 30 mètres, et lorsqu'il est exposé sur une hauteur, et que ses racines pénètrent dans un sol froid, profond et fertile, il peut présenter un tronc de 1^m,20 à 1^m,50 de diamètre. Ses feuilles sont longuement pétiolées, larges de 14 centimètres, partagées en 5 lobes entiers et aigus, lisses et d'un vert clair en dessus, blanchâtres en dessous. Ses fleurs sont petites, jaunâtres, disposées en corymbes peu garnis. Les fruits sont munis de deux ailes courtes, redressées et rapprochées.

Distribution géographique. — L'Érable à sucre croît dans l'Amérique septentrionale depuis la Géorgie jusqu'au 48° degré de latitude. Ce bel arbre est quelquefois cultivé en Europe, et il en existe un superbe exemplaire au Muséum d'histoire naturelle à Paris.

Usages. — Partout où cet arbre abonde dans les États-Unis, on fabrique avec sa sève un sucre qui, lorsqu'il est bien préparé, a une saveur très agréable et dont il est fait une grande consommation. C'est surtout dans les États de la Nouvelle-Angleterre, et principalement dans ceux de New-York, d'Ohio et d'Indiana, que s'exerce l'industrie du sucre d'Érable. Ce sont les arbres les plus élevés qui donnent le sucre le plus doux, mais en moins grande abondance. La sève d'Érable contient 2 à 3 p. 100 de saccharose pure dans les cas normaux. Ce n'est qu'exceptionnellement que la proportion atteint 10 p. 100.

Si l'on perce l'écorce à l'aide d'une tarière, ou qu'on y fasse des incisions profondes en y adaptant un petit tuyau, on voit la sève s'écouler goutte à goutte. Cette sève constitue une liqueur sucrée abondante, d'abord claire et limpide, qui prend ensuite une couleur blanchâtre et une consistance sirupeuse. Soumise à la fermentation, elle fournit, à la fin de mars, une boisson rafraîchissante et fort agréable : lorsqu'elle est évaporée, elle donne un sirop d'un brun jaunâtre, auquel on a donné le nom de *mélasse*.

Voici comment se fait la récolte aux États-Unis (1) :

C'est ordinairement dans le courant de février ou dès les premiers jours de mars, qu'on commence à s'occuper du travail de la récolte de la sève, lorsque celle-ci entre en mouvement. On perce dans le tronc, au moyen de tarières de 20 millimètres de diamètre, deux trous obliques de bas en haut à 50 centimètres du sol et à 15 centimètres de distance l'une de l'autre, en ayant soin que la tarière ne pénètre pas de plus de 13 millimètres dans l'aubier, l'observation ayant appris qu'il y avait un plus grand écoulement de sève à cette profondeur que plus ou moins avant. Il vaut mieux, de plus, pratiquer ces ouvertures sur la partie du tronc qui est exposée au Midi.

On adapte aux orifices des tuyaux de Sureau ou de Sumac, ouverts sur les deux tiers de leur longueur, et proportionnés à la grosseur des tarières. Le liquide s'écoule dans des augets de bois de Noyer ou de Chêne, de la contenance d'une dizaine de litres, placés à terre au pied de l'arbre. On récolte la sève chaque jour et on la traite immédiatement pour obtenir le sucre. Il ne faut pas, en effet, attendre plus de deux ou trois jours avant de procéder à l'extraction du sucre, car la sève pourrait entrer en fermentation.

Pour obtenir le sucre, on verse le liquide qui a découlé de l'arbre dans des chaudières de fer ou de cuivre étamé qu'on place sur le feu pour faire évaporer. On enlève avec soin l'écume qui monte à la surface, et, quand le liquide s'épaissit, on le remue avec une spatule de bois pour l'empêcher de prendre un goût empyreumatique et pour accélérer l'évaporation.

(1) Michaux, *Histoire des arbres forestiers de l'Amérique Septentrionale*, II, p. 226 et suivantes.

Fig. 563. — Érable à sucre (Acer saccharinum).

Quand il est devenu visqueux, on le verse dans des moules de terre ou de bouleau; le sirop se durcit au contact de l'air, et l'on obtient ainsi des pains de sucre un peu roux, d'un goût fort agréable.

Le sucre d'Érable obtenu de cette manière est d'autant moins foncé en couleur qu'on a apporté plus de soin à l'opération. Alors, il est supérieur au sucre brut des colonies, sa saveur est aussi agréable, et il sucre également bien; raffiné, il est aussi beau et aussi bon que celui que nous obtenons dans nos raffineries en Europe.

L'espace de temps pendant lequel la sève exsude des arbres est limité à six semaines environ. Sur la fin, elle est moins abondante et moins sucrée, et se refuse même quelquefois à la cristallisation; on la conserve alors comme mélasse.

Plusieurs circonstances influent sur l'abondance de la récolte de sucre. C'est ainsi qu'un hiver très froid et très sec est plus productif que lorsque cette saison a été très variable et très humide. Lorsqu'il a gelé fort pendant la nuit, et que, dans la journée qui suit, l'air est sec et le soleil brillant, la sève coule en grande abondance et un arbre peut alors donner 8 à 12 litres en 24 heures. Trois personnes suffisent pour soigner 250 arbres, qui donnent 500 kilogrammes de sucre par an, soit 2 kilogrammes par arbre.

L'extraction de ce sucre est une grande ressource pour les habitants qui, placés à une grande distance des ports de mer, vivent dans les contrées où l'arbre abonde. Dans un pays où la culture de la Betterave ne réussit pas, le sucre d'Érable peut soutenir la concurrence du sucre de canne importé. Cependant on ne fait usage du sucre d'Érable que dans les parties des États-Unis où il se fabrique, et seulement dans les campagnes ; car, soit préjugé ou autrement, dans les petites villes et dans les auberges de ces mêmes contrées, on ne se sert que du suc brut des colonies.

Le bois de l'Érable à sucre nouvellement débité est blanc ; mais après avoir été travaillé et exposé quelque temps à la lumière, il prend une couleur rosée ; le grain en est très fin, très serré, ce qui lui donne une apparence soyeuse et comme lustrée quand il a été poli.

L'Érable à sucre offre dans son bois une altération qui paraît résulter de la torsion des fibres ligneuses de l'extérieur à l'intérieur ; cette disposition, qui ne se rencontre que dans les vieux arbres quoique sains, présente de petites taches d'un millimètre de large, parfois contiguës les unes aux autres, parfois un peu distantes. Plus elles sont multipliées, plus les morceaux qui en sont parsemés sont recherchés par les ébénistes, qui ordinairement les débitent en feuilles très minces qu'ils plaquent sur d'autres bois. Pour obtenir les plus beaux effets, on doit débiter les arbres où ces accidents se présentent, parallèlement aux couches concentriques. On donne à cette variété d'Érable le nom de *Bird eyes Maple*, c'est-à-dire Érable à œil d'oiseau.

A côté de l'Érable à sucre, on trouve dans l'Amérique du Nord plusieurs autres espèces du genre *Acer*, qui sont utilisées soit pour leur bois, soit pour le sucre qu'on peut extraire de leur sève.

L'ÉRABLE ROUGE (*Acer rubrum*), ou Érable de Virginie (*Red flowring Maple*), a des fleurs d'un beau rouge foncé qui s'épanouissent du 10 au 15 avril, précédant de plus de 15 jours le développement des feuilles. Son bois a beaucoup de force, son grain est fin et serré, si bien qu'il se tourne facilement et est susceptible de prendre un beau poli. Il arrive quelquefois que, dans les arbres très vieux, les fibres ligneuses, au lieu de s'élever perpendiculairement, décrivent des zigzags ou des ondulations plus ou moins prononcées, ce qui fait donner à ces arbres le nom de *Curled Maple*, Érable frisé. Avant que l'Acajou fût devenu de mode dans les États-Unis comme il l'est en Europe, les plus beaux meubles étaient faits en bois d'Érable rouge.

On fabrique du sucre avec la sève de cet Érable, mais il en faut le double de celle qu'on tire de l'*Acer saccharinum* pour obtenir une même quantité de sucre.

L'ÉRABLE BLANC (*Acer eriocarpum*), le *White Maple* des Américains, a de belles feuilles, portées sur de longs pétioles, profondément découpées en 4 lobes, dentées sur les bords, d'un beau vert en-dessus, et d'une belle couleur blanche en-dessous. Le bois de l'Érable blanc a le grain fin, et est très blanc ; il est aussi plus tendre et plus léger que celui des autres espèces qui croissent aux États-Unis, et l'on n'en fait presque aucun usage, parce qu'il manque de force et qu'il pourrit très facilement. On fait du sucre avec cet Érable, mais comme dans l'Érable rouge, il faut, pour obtenir la même quantité de sucre, une quantité double de sève que celle nécessaire avec le véritable Érable à sucre.

L'Érable blanc est très répandu, en Europe, dans les pépinières et les jardins d'agrément.

L'ÉRABLE NOIR (*Acer nigrum*), qui porte aux États-Unis le nom de *Black sugar Tree*, a des feuilles rappelant beaucoup celles de l'Érable à sucre. C'est un excellent arbre de jardins, ainsi que l'ÉRABLE JASPÉ (*Acer striatum*) ou *Moose Wood* (Bois d'élan), qui a reçu ce dernier nom parce que l'élan broutait volontiers ses jeunes pousses. Depuis longtemps cette dernière espèce a été introduite en Europe, dans les parcs et les jardins ; on la greffe souvent sur des pieds de l'*Acer pseudo-Platanus*.

L'ÉRABLE A FEUILLES DE FRÊNE — NEGUNDO FRAXINIFOLIUM

Synonymie. — Érable Négondo ; *Acer Negundo* ; *Negundo aceroides*.

Noms vulgaires. — A l'Ouest des monts Alleghanys, cette espèce porte le nom de *Box*

Elder (Aune Buis). Les Français de l'Illinois l'appellent *Érable à Giguières*.

Caractères. — Cet Érable a été séparé des véritables *Acer* et placé dans le genre *Negundo* à cause de ses fleurs dioïques apétales et de ses feuilles composées et non entières.

L'Érable Négondo se ramifie promptement et ne forme pas une belle tige droite et élevée comme les autres Érables; son tronc est revêtu d'une écorce brune. C'est un arbre de deuxième grandeur, car les plus gros n'excèdent pas 16 mètres de hauteur sur 60 centimètres de diamètre.

Ses feuilles composées rappellent beaucoup les feuilles du Frêne, ce qu'indique le nom spécifique de la plante. Chacune de ces feuilles se compose de 2 paires de folioles et d'une impaire; ces folioles sont pétiolées, de forme ovale acuminée et fortement dentées. Vers l'automne, le pétiole commun est d'un rouge foncé.

Distribution géographique. — Au genre *Negundo*, on a rapporté 3 espèces d'Érables de l'Amérique du Nord et du Japon. L'Érable à feuilles de Frêne est américain; des diverses espèces d'Érables que produit le territoire des États-Unis, celle-ci croît le moins avant vers le Nord.

Le *Negundo fraxinifolium* a été introduit en France, au siècle dernier, par l'amiral La Gallissonnière, et depuis cette époque il s'est répandu successivement en Allemagne et en Angleterre.

Usages. — Il est fort recherché pour embellir les parcs et les jardins d'agrément, tant à cause de la rapidité de sa végétation que de la beauté de son feuillage, qui est vert clair et tranche agréablement avec celui des arbres à côté desquels il se trouve placé. Les jeunes branches, qui sont aussi d'une belle couleur verte, contribuent encore au choix qu'on en fait; elles servent à le faire reconnaître en hiver lorsque les arbres se sont dépouillés de leur feuillage. Le Négondo a donné naissance par la culture à un certain nombre de variétés à feuilles panachées de vert, de blanc et de jaune; il en est, en particulier, une à feuilles presque entièrement blanches, qui est tout à fait singulière.

Il existe, au Jardin des Plantes de Paris, une fort belle rangée d'Érables Négondos, vis-à-vis la rue de Buffon. Cette espèce a, dans ces derniers temps, été essayée dans les plantations d'alignement des promenades et voies publiques et a donné de bons résultats. A Paris, le boulevard Flandrin, jusqu'à la rue Dufresnoye, est bordé d'Érables à feuilles de Frêne.

Le bois de cet arbre a le grain très fin et très serré et se fend très difficilement; cependant, comme il est susceptible de s'altérer très promptement, quand il est exposé à l'air, on n'en fait aucun usage dans les pays où il est le plus commun.

C'est par erreur qu'on a prétendu qu'aux États-Unis on fabriquait du sucre avec sa sève.

LES DODONÉES — *DODONEÆ*

Caractères. — Les Dodonées sont des Sapindacées à feuilles alternes, très rarement subopposées comme chez les *Ptæroxylon* de l'Afrique australe. Les fleurs sont régulières, avec sépales et pétales (quand ils existent) isomères. Disque nul ou complet, annulaire ou cupulaire. Étamines insérées extérieurement à la base du disque. 1 ou 2 ovules par loge.

Cette tribu est très peu naturelle; M. Van Tieghem la fait rentrer dans celle des Sapindées.

Distribution géographique. — Des 7 genres qui composent cette tribu, le plus important est le genre *Dodonæa*, dont une des 50 espèces, le *Dodonæa viscosa*, se retrouve dans les régions chaudes, tropicales et extratropicales, du globe entier. Les autres sont surtout abondantes en Australie et dans la Nouvelle-Zélande. Les *Distichostemon* sont aussi australiens; les *Alectryon* sont de la Nouvelle-Zélande. Dans l'Afrique australe, on trouve les *Ptæroxylon* et les *Aitonia*; les *Alvaradoa* sont des Indes occidentales et de Mexico.

LES MÉLIANTHÉES — *MELIANTHEÆ*

Caractères. — Les Mélianthées ont les feuilles alternes, composés pennées, pourvues de stipules. Les fleurs, hermaphrodites ou polygames dioïques, sont irrégulières, et les étamines en sont insérées à l'intérieur de la base du disque. Les graines, avec ou sans arille, présentent un albumen.

Distribution géographique. — A cette tribu appartiennent les *Melianthus*, arbrisseaux du Cap, dont une des 4 espèces a été introduite dans l'Himalaya, et les *Bersama*, arbres ou arbrisseaux dont il existe 4 espèces indigènes dans l'Afrique tropicale et australe.

LES STAPHYLÉES — *STAPHYLEÆ*

Caractères. — Les Staphylées sont des Sapindacées à feuilles opposées, simples ou composées, à fleurs hermaphrodites, régulières, à étamines insérées extérieurement à la base du disque. Les graines, pourvues ou non d'un arille, sont albuminées.

Distribution géographique. — Les *Staphyleæ* habitent l'Europe, le Nord de l'Asie, l'Himalaya et l'Amérique boréale. Les *Euscaphis* sont du Japon. Les *Turpinia* sont originaires des régions tropicales asiatiques et américaines.

Usages. — Les graines du *Staphylea trifoliata* renferment une huile douce ; on les mange quelquefois à la façon des pistaches. Le *Staphylea pinnata*, vulgairement appelé *Nez-coupé* ou *Patenôtier*, a les mêmes propriétés. Sa racine teint en rouge.

Les deux espèces précédentes, toutes deux américaines, sont rustiques en France, et fréquemment cultivées dans les parcs et les jardins. On en utilise le bois également.

LES SABIACÉES — *SABIACEÆ*

Distribution géographique. — Les Sabiacées forment une petite famille de 4 genres et 40 espèces environ, habitant les régions tropicales et subtropicales de l'hémisphère Nord principalement.

Affinités. — Les Sabiacées se rapprochent beaucoup des Sapindacées dont, pour M. Baillon, elles ne constituent qu'une simple série. Elles s'en distinguent cependant par leurs étamines opposées aux pétales.

LES ANACARDIACÉES — *ANACARDIACEÆ*

Caractères. — Les plantes qui forment la famille des Anacardiacées sont des arbres ou des arbrisseaux, dont l'écorce renferme souvent des canaux sécréteurs chargés d'un suc caustique, balsamique ou gommeux. Les feuilles sont souvent groupées à l'extrémité des rameaux ; elles sont alternes, dépourvues de stipules, simples ou composées pennées, avec foliole impaire. Font exception à la règle, les *Bouea* de l'Asie tropicale, dont les feuilles sont opposées, et les *Holigarna*, du même pays, qui possèdent de très petites stipules.

Les fleurs, groupées en inflorescences variées, sont hermaphrodites, polygames dioïques, ou unisexuées, presque toujours régulières. Elles présentent un calice à 5-7 divisions et une corolle de 3-7 pétales (nuls chez les Pistachiers), libres, très rarement soudés avec le torus, accrescents après l'anthèse chez quelques formes. Le disque est le plus souvent annulaire. Les étamines sont ordinairement en nombre double de celui des pétales, rarement en nombre égal, et beaucoup plus rarement encore en nombre plus considérable, comme c'est le cas des *Melanorrhæa* de la Péninsule Malaise et des *Sclerocarya* du Sud de l'Afrique.

Toutes parfaites ou diversement imparfaites elles se composent de filaments libres ou plus rarement soudés au torus et d'anthères versatiles introrses. L'ovaire dans les fleurs femelles est ovoïde, uniloculaire, divisé en 2 à 5 loges chez les Spondiées ou plus rarement composé de plusieurs carpelles distincts. Les ovules sont solitaires dans les loges ovariennes.

Le fruit est supère ou parfois à demi infère, libre ou entouré à la base par le tube du calice ou par le disque accrescent ; parfois il est inséré sur une masse charnue provenant du renflement de la base du calice et de la partie supérieure du pédicelle. Ce fruit est ordinairement une drupe à noyau osseux, crustacé et coriace, dont la chair est remplie d'huile ou d'un suc caustique. Les graines, dressées, horizontales ou pendantes, à ombilic souvent ventral, sont dépourvues d'albumen : il en existe un, mais très faible, chez les *Smodingium*, arbrisseaux du Sud de l'Afrique. Les cotylédons charnus sont ordinairement plans-convexes ; la radicule est courte, droite ou courbée, supère ou infère.

Distribution géographique. — Une cinquantaine de genres et 450 espèces environ forment la famille des Anacardiacées : on rencontre ces plantes dispersées à travers les régions tropicales et chaudes des deux hémisphères ; elles sont rares au contraire dans les pays tempérés.

Les Anacardiacées ne sont représentées en France que par les deux genres Sumac (*Rhus*) et Pistachier (*Pistacia*) dont les espèces sont particulières aux régions méridionales.

Distribution géologique. — On a rencontré plusieurs Sumacs, Pistachiers, etc., dans les terrains tertiaires.

Classification. — On divise la famille des Anacardiacées en deux tribus : les *Anacardiacées* dont l'ovaire est uniloculaire et les *Spondiées* dont l'ovaire présente 2 à 5 loges.

Affinités. — Les Anacardiacées sont réunies par plusieurs auteurs aux Burséracées pour former la famille des *Térébinthacées*. Cette réunion des 2 familles est surtout justifiée par le fait que les canaux sécréteurs y sont les mêmes. Ce sont des canaux oléo-résineux renfermés dans la région libérienne des faisceaux libéro-ligneux. La racine en possède aussi dans ses faisceaux libériens. Cette disposition des canaux sécréteurs caractérise la famille et la distingue surtout des Rutacées et des Simarubées.

Les Anacardiacées présentent de sérieuses affinités avec les Juglandées, qui s'en rapprochent étroitement par les organes de la végétation, mais s'en distinguent par les fleurs mâles apétales, disposées en chaton, et la fleur femelle à ovaire infère. On a rapproché encore les Anacardiacées des Connaracées, des Rutacées, des Sapindacées et des Sabiacées.

Usages. — Les Anacardiacées ont des utilités multiples. On rencontre dans cette famille des plantes tinctoriales, comme les Sumacs. D'autres fournissent des résines importantes comme usages : les laques si célèbres du Japon proviennent de divers Sumacs et le Pistachier Térébinthe fournit la térébenthine de Chio.

Plusieurs de ces plantes produisent des fruits ou des graines alimentaires. Les pistaches sont les graines du *Pistacia vera* et les fruits comestibles de certains Anacardiers, des Manguiers et des Monbins comptent parmi les meilleurs fruits des pays exotiques.

Plusieurs Sumacs sont cultivés dans les jardins pour leur magnifique feuillage qui, à l'automne, prend souvent une teinte éclatante. Le *Schinus molle* est une jolie plante

décorative et on élève dans nos serres le Manguier et l'*Anacardium orientale*.

LES SUMACS — *RHUS*

Étymologie. — *Rhus* vient d'un mot grec, *rousios*, qui signifie rouge ; c'est une allusion à la couleur des fruits ou des feuilles à l'automne.

Caractères. — Les Sumacs sont des arbres ou des arbrisseaux à suc résineux ou brûlant, vénéneux, à feuilles alternes, simples ou composées d'un nombre de folioles entières ou dentées, à petites fleurs réunies en panicules terminales et axillaires.

Ces fleurs sont polygames. Le calice en est petit, persistant, divisé en 4-6 divisions imbriquées. La corolle comprend de même 4-6 pétales égaux entre eux, très étalés, imbriqués. Le disque est annulaire, 4, 5, 6 ou 10 étamines libres, à filaments subulés, sont insérées sur la base du disque. Ovaire sessile à 3 styles libres ou soudés. Le fruit est une petite drupe comprimée, à noyau coriace, crustacé ou osseux.

Distribution géographique. — On connaît aujourd'hui environ 120 espèces de Sumacs. La plupart sont des plantes du Cap et des régions chaudes extratropicales des deux hémisphères ; elles sont rares sous les tropiques.

Distribution géologique. — Les Sumacs se montrent assez nombreux à l'état fossile dans les divers étages du tertiaire ; on les a principalement rencontrés en Europe dans les couches appartenant à la fin de l'éocène supérieur et au miocène. La flore d'Aix est assez riche en Sumacs. A Armissan on rencontre assez communément une espèce assez curieuse, nommée *Carpolithes Gervaisi* (fig. 564), par M. de Saporta, d'abord considérée comme un Pistachier, mais qui n'est autre en réalité que la forme ancestrale d'un type actuel de Sumac japonais, tel que le *Rhus sylvestris*.

Usages. — Les Sumacs sont des plantes vénéneuses ou tout au moins dangereuses. Plusieurs d'entre eux ont été employés en médecine, en particulier le *Rhus metopium*, espèce des Antilles, qui donne par incision une gomme résine dite *doctor-gum*, employée à l'intérieur et à l'extérieur.

Les feuilles du Sumac des corroyeurs et de plusieurs autres espèces voisines sont employées pour la teinture et le tannage.

Au Japon, plusieurs Sumacs donnent le véritable *vernis du Japon* dont on prépare les

Fig. 561. — Ancêtre européen tertiaire d'un Sumac actuellement japonais (d'après un dessin de M. le professeur Marion), 1/3 grand. nat.

laques, et contiennent, dans leurs fruits, la *cire végétale du Japon*.

LE SUMAC DES CORROYEURS — *RHUS CORIARIA*

Noms vulgaires. — Roux ou Roure des corroyeurs, Corroyère, Vinaigrier.

Caractères. — C'est un arbrisseau de 3 à 4 mètres de hauteur, croissant en buisson et dont les rameaux sont revêtus d'une écorce velue. Les feuilles sont alternes, imparipennées avec 5 ou 7 paires de folioles ovales-lancéolées, dentées et velues. Les fleurs, petites et verdâtres, sont réunies en grand nombre en grappes serrées à l'extrémité des rameaux. Le fruit est une petite drupe aplatie qui rougit en mûrissant.

Distribution géographique. — Le Sumac des corroyeurs croît dans tout le bassin méditerranéen et en Asie Mineure. Il pousse naturellement dans les lieux secs et pierreux du Midi de la France, en Espagne, en Italie, etc.

Usages. — Les feuilles de cette plante, séchées et réduites en poudre, sont utilisées pour le tannage des peaux et la teinture. Il y a d'ailleurs longtemps que l'on emploie le *R. coriaria* à cet usage. Dioscoride mentionne cette plante, disant qu'on la nommait *Erythron* à cause de la couleur rouge de ses fruits et qu'elle servait à tanner les cuirs. Pline en parle également dans le même sens. Au temps de Clusius, la province de Salamanque, en Espagne, faisait un important commerce des feuilles de Sumac. On exploite le Sumac des corroyeurs pour les propriétés de ses feuilles en France, en Sicile, en Espagne, au Portugal et en Grèce.

Les fruits, d'un goût acide et très astringent,

étaient autrefois usités dans les cuisines comme assaisonnement. Les Turcs les emploient encore aujourd'hui au même usage et en augmentent la force par la macération dans le vinaigre.

Les fruits de cet arbrisseau et ses feuilles, qui rougissent à l'automne, lui donnent un port et un aspect assez agréables. C'est pourquoi l'on cultive parfois le Sumac des corroyeurs dans les jardins. Mais cette plante est dangereuse; ses feuilles déterminent sur les moutons et les chèvres qui les broutent des indigestions souvent mortelles.

LE SUMAC FUSTET — *RHUS COTINUS*

Synonymie. — Sumac des teinturiers.

Nom vulgaire. — Arbre à perruque, Coquecigrue.

Caractères. — C'est un arbrisseau touffu, très rameux, dont les tiges, hautes de 2 à 3 mètres, sont glabres comme tout le reste de la plante, ce qui la distingue de l'espèce précédente. Les feuilles sont simples, ovales, d'un vert gai et luisantes en dessus, d'un vert blanchâtre à la face inférieure. Les fleurs, petites et verdâtres, sont groupées en panicules terminales très lâches. Les fleurs stériles sont nombreuses sur cette plante, et à l'automne, après la floraison, les pédicelles de ces fleurs stériles s'allongent considérablement (fig. 565) en se revêtant d'un duvet soyeux rougeâtre.

Distribution géographique. — Le *Rhus cotinus* croît dans les sols arides et les collines de la Suisse, de l'Italie et de nos départements du Sud-Est.

Usages. — Le Sumac Fustet, par son élégance et sa légèreté, est devenu un arbrisseau d'ornement pour les jardins et les parcs. C'est surtout à l'automne, après la floraison, qu'il est particulièrement décoratif lorsque les pédoncules des panicules s'allongent considérablement et deviennent plumeux. Les fleurs qui les terminent ne donnent pour la plupart naissance à aucun fruit, si bien que l'ensemble forme un bouquet de la plus gracieuse légèreté (fig. 565). C'est ce qui a valu à la plante le nom vulgaire d'*Arbre à perruque*.

Malheureusement cette plante est vénéneuse: toutes ses parties, lorsqu'elles sont froissées, répandent une odeur forte. On a même prétendu qu'il pouvait être dangereux pour certaines personnes un peu délicates d'en manier les feuilles et les rameaux. C'est du moins ce que semblerait prouver le fait suivant, rapporté par Thuillier, d'une dame qui ayant tenu à la main un rameau de Fustet, en éprouva un engourdissement, qui bientôt se communiqua au bras, sur lequel apparurent le lendemain de nombreuses pustules.

Le bois du *R. cotinus* sert à teindre la laine et les cuirs en jaune orangé, mais on ne l'emploie que rarement seul, parce que la couleur obtenue est trop altérable. Le bois se trouve dans le commerce sous forme de souches et de branches tortueuses de 3 centimètres de diamètre environ, dont le cœur est coloré en jaune foncé, à la fois brunâtre et verdâtre. Il contient, d'après M. Chevreul, une substance très voisine de la *quercitine*.

LE SUMAC VÉNÉNEUX — *RHUS TOXICODENDRON*

Noms vulgaires. — Arbre à la gale, Arbre à la puce, Arbre poison. C'est le *Trailing poison Oak* des Américains.

Caractères. — Le Sumac vénéneux (fig. 566) se distingue des deux espèces précédentes par ses feuilles composés de trois folioles grandes, ovales, acuminées, très entières. Les fleurs sont dioïques, disposées en petites grappes verdâtres à l'aisselle des feuilles.

Distribution géographique. — Dans son pays natal, l'Amérique du Nord, le *Rhus toxicodendrum* est une sorte de liane qui grimpe comme le Lierre le long des arbres au moyen de racines adventives, pouvant même acquérir une dizaine de centimètres de diamètre. Cette espèce a été acclimatée en France, où elle est souvent cultivée dans les jardins ; elle ne s'élève alors guère à plus d'un ou 2 mètres de haut.

Le Sumac radicant (*Rhus radicans*), ou Lierre du Caucase, est originaire du même pays que le Sumac vénéneux et également cultivé chez nous. Ces deux plantes sont très voisines et ne sont même peut-être seulement que deux variétés d'une même espèce.

Usages. — Toutes deux sont assez fréquemment cultivées en France comme plantes d'ornement, mais sont extrêmement irritantes. Le toucher de leurs feuilles suffit pour amener des démangeaisons insupportables et même des éruptions sur la peau. « J'ai été plusieurs fois témoin, dit Desfontaines, d'accidents très fâcheux arrivés à des jardiniers qui en avaient coupé des branches sans précaution. Il leur était survenu des ampoules, des pustules très vénéneuses, et j'ai quelquefois vu le mal gagner de proche en proche et se répandre successivement sur toutes les parties du corps, quoiqu'il n'y en eût qu'une seule d'affectée, primitivement. Pareils arbres devraient être exclus de tous les jardins, excepté des écoles de botanique. »

Parmi les Sumacs originaires d'Amérique, introduits depuis longtemps en Europe et cultivés dans les jardins, on peut encore citer les deux espèces suivantes :

Le Sumac de Virginie (*Rhus typhium*) est un bel arbre de 5 à 6 mètres et plus de haut, dont le bois satiné offre des zones colorées, alternativement jaunes et vertes. Les jeunes rameaux sont couverts d'un poil ras épais, doux au toucher, roussâtre, ce qui rappelle un peu de jeunes andouillers de cerf.

Le Sumac glabre (*Rhus glabrum*) se distingue de l'espèce précédente par ses rameaux et ses feuilles glabres ; ainsi que par ses fleurs verdâtres, chez le Sumac de Virginie, elles forment des épis veloutés et rougeâtres.

LE SUMAC VERNIS — *RHUS VERNIX*

Synonymie. — *Rhus vernicifera*.

Nom vulgaire. — Les Japonais donnent à cette plante le nom d'*Urusi*. C'est elle qui donne le véritable *vernis du Japon*, et non l'Ailante glanduleux auquel on donne parfois ce nom.

Caractère. — Le Sumac Vernis est un grand arbre de 15 à 20 mètres de haut, dont les folioles sont entières, mais dont le pétiole n'est point ailé comme chez le *Rhus copallinum*.

Distribution géographique. — Cet arbre se rencontre à l'état spontané dans les forêts des montagnes des îles de Kiusiu et de Nippon, principalement aux environs de Yokohama et de Kamakoura. Il est fréquemment cultivé dans les provinces de Yetsizen (Nippon central) ; à Yoshimo, dans la province de Yamato (Nippon méridional) ; à Aidzu et à Fukushima, dans la province de Yamasiro (Nippon méridional), dans les provinces de Rikuchin, de Shimotsuke (Nippon central), de Nambu, de Mutsu et de Dewa (Nippon septentrional).

On le trouve aussi cultivé à Youesawa, à Mogami, et à Yamagata (province de Hizen), dans l'île de Kiusiu.

D'après, M. Dupont, le *Rhus Vernix*, plus commun dans le Nord que dans le Sud du Japon, offre à vingt ans une hauteur de 7m,50 avec 0m,75 de circonférence au pied.

Le *Rhus Vernix* se rencontre également en Chine, où il est surtout commun dans les provinces du Setchouen, du Kiamgsi, du Tchekiang et du Ho-nan.

On retrouve encore le *R. Vernix* dans l'Inde.

Usages. — Le *Rhus Vernix* est vénéneux ; son écorce et ses feuilles pulvérisées, prises à faible dose, déterminent des vomissements et de la diarrhée.

Son bois, jaune, à grain serré, est très recherché en ébénisterie pour les petits meubles et la marqueterie ; on en fait aussi des navettes de tisserands et des flotteurs pour les filets de pêche.

Les fruits de l'*Urusi*, ronds, jaunâtres, à noyau dur, contiennent de la cire, qu'on extrait en les faisant bouillir dans l'eau après les avoir concassés. La cire la plus estimée provient d'Aidzu, dans la province de Yamasiro.

Au Japon, c'est surtout des fruits d'une espèce voisine, le *Rhus succedanea*, qu'on extrait la cire végétale (1).

Le *Rhus Vernix* est surtout utilisé dans l'industrie pour la gomme-résine qu'on en retire, et qui sert à préparer le vernis connu sous le nom de laque, avec lequel les Japonais recouvrent les objets en bois, en ivoire, en écaille, en métal ou en porcelaine, et qui constituent les laques du Japon.

En Chine on fabrique aussi beaucoup de laques, mais qui ne valent pas comme qualité les laques du Japon.

Voici, d'après M. Mène (2), comment se récolte le vernis et comment on fabrique les laques au Japon :

Récolte. — « On extrait la gomme-résine de l'*Urusi* en pratiquant sur l'arbre, âgé de cinq à huit ans, des incisions horizontales, dans l'écorce du tronc, au moyen d'un couteau spécial. Ces incisions se répètent deux à trois fois par mois, de juin à novembre ; la meilleure qualité s'obtient de juillet à septembre ; la qualité moyenne en juin, et la qualité inférieure de la fin de septembre au mois de novembre. On recueille la résine dans des petits vases en fer ; souvent, au mois de novembre, on coupe les branches, qu'on laisse macérer dans l'eau pendant huit à dix jours, et on en extrait encore la résine en pratiquant le long des branches une série de petites incisions.

Fabrication des vernis. — « Les Japonais

---

(1) Voir plus loin p. 452.
(2) Mène, *Productions végétales du Japon. Bulletin de la Société d'Acclimatation*, 4e série, t. II, 1885, p. 349.

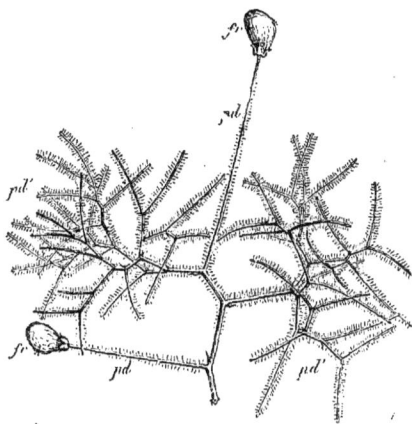

Fig. 565. — Sumac Fustet (*Rhus cotinus*), inflorescence fructifère.   Fig. 566. — Sumac vénéneux (*Rhus toxicodendron*).

fabriquent avec la gomme-résine de l'*Urusi* plusieurs vernis, qui sont employés dans la préparation des objets qui doivent être laqués, et ils y ajoutent différentes matières colorantes, de la poudre d'or et d'argent, des feuilles d'or, d'argent et d'étain, et la nacre en incrustations.

« Les vernis sont les suivants, d'après la Commission japonaise :

1° *Kuro me Urusi*. Sève du *Rhus vernix* évaporée au soleil dans un vase en bois et remuée avec une spatule ;

2° *Seshi me Urusi*. Vernis analogue au précédent, dont il ne diffère que parce qu'il a été tamisé. On l'emploie pour vernir la superficie des objets laqués ;

3° *Kuro Urusi*. Vernis qui se prépare en mêlant le *Kuro me Urusi* avec du sulfate de fer et du *Toshiru* (eau trouble provenant du repassage sur une pierre à aiguiser des couteaux qui ont servi à couper le tabac). Cette espèce de vernis a plusieurs qualités : une qualité supérieure appelée *Roiro*, et une autre qualité nommée *Hakushita*. Ces deux vernis s'emploient sans être délayés avec de l'huile.

« D'autres qualités secondaires et inférieures, désignées sous les noms de *Hon huro*, *Johana*, *Chin hana* et *Gehiana*, s'emploient délayées avec de l'huile ;

4° *Su Urusi*. Mélange de vernis *Kuro me Urusi* avec du vermillon ; il y en a plusieurs qualités ; la qualité supérieure s'emploie sans huile, les qualités secondaires ont besoin d'ad-

jonction d'huile. Dans la qualité inférieure le vermillon est remplacé par de l'oxyde de fer (*Benigara*) ;

5° *Awo Urusi*. Vernis composé de *Kuro me Urusi* avec de l'orpiment (*Shiwo*) et de l'indigo (*Awo*) délayés avec de l'huile ;

6° *Ki Urusi*. Vernis fait de *Kuro me Urusi* et d'opium ;

7° *Nashiji Urusi*. Analogue au précédent ;

8° *Shimkei Urusi*. Vernis fait avec du *Kuro me Urusi* pur ;

9° *Akahaya Urusi*. Vernis sans huile, usité pour les couches intermédiaires ;

10° *Tamo nuri Urusi*. Fabriqué avec le *Nashiji urusi* ;

11° *Nashiji keski Urusi*. Vernis analogue au *Nashiji Urusi*.

« Ces vernis sont employés, soit purs, soit mélangés à des matières colorantes, dans la préparation des laques de différentes qualités, laques d'or, laques aventurinés, laques d'or et d'argent, laques noirs, laques rouges, à ornements en laque d'or, laques jaunes, laques verts, laques violets, etc.

Laques d'or. — « Les laques d'or sont les plus fins, les plus recherchés, les plus chers ; ils sont, soit à dessins unis sur fond d'or, soit à dessins en relief sur fond d'or ou de bois naturel (*Shitan*, sorte de Palissandre rouge) ; *Sakura* (Cerisier), *Kurogaki* (*Diospyros kaki*). Les ornements des laques d'or anciens sont de beaucoup plus fins et plus brillants que ceux des laques modernes, car leur fabrication était faite avec plus de soin et de temps. Les objets en laque d'or sont presque toujours de petits meubles à nombreux tiroirs, des petits nécessaires de toilette de femmes ; des meubles à l'usage des fumeurs, des encriers, des boîtes à papier, des boîtes, des *in-rô* (boîtes à médecines et à parfums).

« Les laques d'or se fabriquent de la manière suivante :

« D'après la Commission japonaise, pour les laques d'or à dessins unis, après avoir plané la surface de l'objet et bien rempli les interstices d'assemblage avec de l'étoupe fine qu'on recouvre de soie ou de papier, on trace sur le recto d'une feuille de papier spécial, dit *Kin Yoshi*, les dessins qu'on veut représenter, puis, sur l'autre côté, on suit les contours et les traits avec un pinceau trempé dans un mélange de vermillon et de vernis *Tse Urusi* ; puis on applique ce côté enduit du mélange sur l'objet sur lequel on veut reproduire les dessins, et on frotte avec une lame de Bambou ; ensuite, on frappe légèrement avec un petit sac en soie rempli de poudre très fine de pierre à aiguiser, de manière à bien faire ressortir le dessin. On aplanit les reliefs en polissant avec du charbon de bois de *Honoki* (*Magnolia hypoleuca*), on passe alors une couche de vernis *En Urusi*, puis on applique la poudre d'or, soit avec un pinceau, soit avec un petit tube en tige de Bambou, au moyen duquel on sème la poudre d'or. On fait alors sécher l'objet pendant un jour dans une armoire, puis on passe une couche de vernis, qui, une fois sec, est poli à la main avec de la poudre fine de pierre à aiguiser. On applique quatre à cinq couches de vernis et on polit entre chaque couche de vernis. Après avoir passé la dernière couche de vernis, on termine en polissant avec de la poudre de corne de cerf, qu'on essuie avec une étoffe de coton.

« Quand les dessins doivent être en relief, on obtient l'empreinte comme dans les dessins unis, puis on couvre de vernis *Shi Urusi*, qu'on saupoudre de charbon de bois et d'orpiment. On fait sécher et on polit à deux reprises ; puis avec un morceau de charbon de bois très fin, tenu verticalement, on polit soigneusement les contours des dessins et les dessins eux-mêmes. On applique alors une couche d'un vernis spécial appelé *Shita maki Urusi*, qui ne se fendille pas ; on laisse alors sécher deux jours et une nuit dans un séchoir ni trop sec, ni trop humide ; on passe ensuite une couche de vernis *Nuri tate Urusi*, qui donne du brillant, et on polit alors à la main avec de la poudre de corne de cerf ; on couvre d'une couche de vernis *Ki Urusi* très vieux, on fait sécher, puis avant la dessiccation on sème de la poudre d'or et d'argent, ou on la pose au pinceau. On fait sécher et on polit avec de la poudre de charbon. On couvre l'objet d'une couche d'un vernis très vieux. On laisse sécher trois jours, et on polit de nouveau avec du charbon de bois de *Tsubaki* (*Camellia japonica*), qu'on tient verticalement, et dont l'extrémité seule doit toucher l'objet pour le polissage. On passe alors une couche de vernis *Ji Kaki Urusi*, et on sème de la poudre d'or. On recouvre l'objet de plusieurs couches successives de vernis très vieux, qui a trois ans environ, et on polit entre chaque couche.

« Les laques sont fréquemment ornés de feuilles d'or ou d'argent assez épaisses et qui servent à représenter les rochers, les montagnes, les feuilles, les fleurs, les animaux ou les personnages ; souvent de petites parties de nacre blanche ou colorée sont mélangées aux ornements. Dans certains cas, les dessins en relief en or sont formés par la feuille en métal, d'autres fois en laque d'or sur fond d'or. Souvent une partie de l'objet est en laque aventuriné et tous les dessins sont en laque d'or, soit sans relief, soit avec relief, et toujours d'une très remarquable exécution et d'un grand fini de travail.

« Les laques d'or proviennent surtout de Tokyan, de Kyanto, et d'Ohosaka.

Laques aventurinés. — « Les laques aventurinés de couleur jaune, parsemés de fine poussière d'or et d'argent, sont désignés sous le nom de *Nashidi* ; tantôt ces laques sont un semis régulier de paillettes d'or, tantôt ces paillettes sont en agglomérations irrégulières avec un fond jaune ou noir, plus ou moins uni. Les laques aventurinés sont fréquemment ornés, sur les parties supérieures, latérales et intérieures, d'ornements en laque d'or qui varient de finesse et de brillant, suivant la qualité du laque. On fabrique le laque aventuriné en coloriant d'abord l'objet, suivant la qualité, avec de la gomme-gutte, ou la couleur jaune extraite du *Gardenia florida* ou de l'*Evodia glauca*, ou avec l'orpiment, puis en recouvrant l'objet d'une couche de *Seshime Urusi* mélangé à de l'ocre jaune, puis d'une couche de *Nashiji Urusi*. Avant que la surface ne soit sèche, on projette de la poudre d'or ou d'argent, au moyen d'un petit tube en Bambou. On fait sécher et on soumet ensuite l'objet à quatre polissages successifs avec du charbon de bois de *Hô* (*Magnolia hypoleuca*), ou de *Tsubaki* (*Camellia japonica*), puis avec de la soie trempée dans de la poudre de charbon de bois, puis avec du papier soyeux et enfin, après une dernière couche de vernis, on polit avec de la poudre de corne de cerf et de l'huile de Sésame.

Laques noirs. — « Quant aux laques noirs, on en fabrique plusieurs qualités, depuis le laque commun nommé *Hana nuri*, jusqu'au laque de premier choix, connu sous le nom de *Katasji roiro nuri*, dont les *Makihé* (ornements) en laque d'or d'une remarquable exécution et d'une extrême finesse, sont sans relief ou avec un léger relief.

« Ces laques, surtout les anciens, sont d'un noir magnifique, quelquefois avec une teinte légèrement roussâtre, quand on les examine de côté; ils sont brillants; dans certains cas, ils sont d'un noir mat et portent alors le nom de *Tsugakechi*. Le fond est quelquefois semé de poudre d'or ou d'argent.

« Les laques noirs sont fréquemment agrémentés de feuilles d'or, d'argent, d'étain et de nacre, souvent sculptés et d'un joli effet décoratif.

« Les laques noirs sont généralement des meubles à tiroirs, des panneaux, des coffrets, des plateaux, des boîtes, des écritoires, des boîtes à papier, des bonbonnières, des boîtes à parfums ou à médecines.

« Les laques noirs se fabriquent de la manière suivante :

« Dans les laques de qualité ordinaire, l'objet est d'abord recouvert d'une couche de *Nikawa Sabi* (mélange de poudre très fine de pierre à aiguiser avec de la colle forte); quand il est sec, on le polit avec du bois de *Hô* (*Magnolia hypoleuca*), puis on colore avec de l'encre de Chine ; on fait sécher et on passe une couche de vernis *Seshi me Urusi*.

« Dans les laques de qualité supérieure, on passe plusieurs couches de vernis, qu'on fait suivre de plusieurs polissages successifs.

« D'après M. Dupont, les dessins en laque d'or qui ornent les laques noirs s'obtiennent comme il suit : On dessine le sujet avec un pinceau trempé dans un mélange de vernis *Seshi me Urusi*, de camphre et de colle forte ; on passe, de suite après, un second pinceau imbibé d'une décoction de prunes *M'mé* vertes,

on projette alors de la poudre d'or ou d'argent, puis on applique une couche de vernis *Seshi me Urusi* et on polit avec le charbon. Si les dessins doivent être en relief, on applique sur les dessins une composition d'ocre pâle et de *Seshi me Urusi*, avec laquelle on forme le relief. On recouvre alors avec une couche d'infusion de prunes *M'mé*, puis on projette la poudre d'or et d'argent et on passe une couche de vernis qu'on laisse sécher et qu'on polit avec de la corne de cerf.

Laques rouges. — « Quant aux laques rouges désignés sous le nom de *Shunkei nuri*, on en trouve d'un beau rouge avec de fins ornements en laque d'or, avec ou sans relief; une sorte de laque est d'un beau rouge cramoisi, souvent agrémenté d'ornements en argent, sans relief, prenant en vieillissant une coloration noirâtre. Les laques rouges de qualité inférieure sont d'un rouge jaunâtre avec ornements jaunâtres avec ou sans relief.

« Les laques rouges se préparent en recouvrant les objets à laquer avec une solution de vermillon ou d'oxyde rouge de fer, qu'on recouvre d'une solution tannique obtenue, d'après M. Dupont, en pilant les fruits encore verts de *Kaki* et désignés sous le nom de *Shibukaki;* on passe ensuite une couche de vernis *Shunkei Urusi* qu'on laisse sécher et qu'on polit ensuite à plusieurs reprises, suivant la qualité du laque.

Laques verts. — « Les laques verts sont connus sous le nom de *Seiehissu*. On les prépare en mélangeant la matière colorante verte, obtenue avec de l'orpiment et de l'indigo, avec du vernis *Ki Urusi* préparé avec du vernis *Kuro me Urusi* et de l'orpiment. On passe plusieurs couches de vernis qu'on fait suivre de polissages successifs, dont le nombre varie suivant la qualité.

Laques violets. — « Les laques violets sont obtenus par le mélange dans le vernis d'une pierre violette nommée *Tsé-ché*, très finement pulvérisée. On passe plusieurs couches du vernis, qu'on fait suivre de plusieurs polissages.

« Les laques sont un des produits les plus remarquables de l'industrie japonaise, principalement les laques d'ancienne fabrication, qui, dans les qualités supérieures, ont une couleur très vive, très franche, et des ornements d'une finesse et d'une exécution remarquables.

« Parmi les laques modernes, on en trouve

cependant qui sont très soignés et qui ne le cèdent en rien aux vieux laques. »

Acclimatation en Europe (1). — « Le professeur Rhein, à son retour du Japon, il y a six ans, planta dans le Jardin Botanique de Francfort quelques pieds de l'Arbre à laque (*Rhus Vernix*). Il y a maintenant à Francfort trente-quatre spécimens en bonne santé de l'Arbre à laque, qui ont 40 pieds de haut et 12 pieds de large, en comptant à un mètre environ à partir du sol. Les jeunes arbrisseaux issus des graines fournies par les premiers arbres, sont d'une condition resplendissante. La preuve semble donc faite, par là, de la possibilité de cultiver l'Arbre à laque en Europe, et il ne reste plus à examiner que le point de savoir si le suc se trouve modifié par des conditions différentes d'habitat. »   .

LE SUMAC SUCCÉDANÉ — *RHUS SUCCEDANEA*

Distribution géographique. — Le *Rhus succedanea* est indigène du Japon et de la Chine et cultivé dans l'Inde.

Usages. — On extrait de ses graines une matière grasse et cireuse, importée depuis quelques années en Angleterre, et qu'on emploie au Japon pour la fabrication des chandelles. Ce produit est connu dans le commerce sous le nom de cire du Japon.

« Il existe au Japon, dit M. l'abbé Évrard (2), des végétaux dont les fruits donnent une matière qui est désignée sous le nom de *Kiro* ou cire d'arbre, et qui, blanchie par le raffinage, est connue en Europe et en Amérique sous celui de cire végétale du Japon. Ces végétaux sont : le *Rhus succedanea* (*Haze no ki*), le *Rhus vernicifera* (*Urushi*), le *Rhus sylvestris* (*Yama-haze*) et le *Ligustrum Ibota* (*Ibota*).

« L'*Urushi* est l'arbre qui produit la précieuse matière résineuse connue sous le nom de laque du Japon, et dont les fruits contiennent de la cire. Mais on ne saurait récolter dans la même année, sur le même pied, fruits et laque à la fois. Or, comme la cire obtenue n'est pas de bonne qualité, et quelle peut, d'ailleurs, facilement et à bon marché, être suppléée dans la fabrication des bougies japonaises par le suif provenant des abattoirs, on a tout intérêt à cultiver l'*Urushi* en vue

seulement de la fabrication des laques, et c'est à peu près la pratique générale aujourd'hui.

« Le *Rhus sylvestris*, de même que le *Ligustrum Ibota*, se rencontrent depuis le Sud jusqu'au Nord, le premier dans les bois, le second dans les taillis. Les fruits de ce dernier arbrisseau contiennent une petite quantité de cire liquide, et c'est à cause de cette particularité, sans doute, qu'il est appelé en chinois cire d'eau ou cire aqueuse.

« Quoique la cire végétale puisse être extraite des graines de ces trois arbres, c'est surtout et presque exclusivement le *Rhus succedanea* qui la fournit à l'industrie. Cet arbre croît dans toutes les parties du Japon, mais est cultivé surtout dans l'île Kiushu, l'île Shikoku et dans le centre du Nippon.

« Il réussit aussi bien en plaine que sur les montagnes, les terres sablonneuses et mêlées de petites pierres lui conviennent. Comme engrais, on peut lui donner des engrais verts ou des engrais humains. Ses fleurs s'ouvrent en avril et les fruits mûrissent en novembre. Ils se présentent sous forme de grappes. Les jeunes plants, obtenus de semis de pépins, ne produisent qu'au bout de sept ans. La première récolte ne donne guère par pied que 3 à 7 kilogrammes de fruits. Mais, chaque année, elle est en moyenne de 25 à 37 kilogrammes. On prétend que parfois elle peut atteindre, suivant les conditions, la nature du terrain et les soins de la culture, jusqu'à 90 et même 95 kilogrammes. Mais, passé quarante ans, l'arbre perd sa vigueur et, en dépit de tous les soins possibles, la récolte diminue d'année en année. Il ne reste plus qu'à le couper à 1 mètre de terre et à le greffer.

« La récolte des fruits a lieu au mois de novembre, mais on ne procède jamais immédiatement à l'extraction de la cire ; autrement, on n'obtiendrait qu'un produit jaune sombre et de qualité tout à fait inférieur. Plus on retarde le moment de la mise en œuvre, plus la cire se trouve améliorée, tant sous le rapport de la qualité que sous celui de la couleur. C'est à la suite de ces observations que l'on a établi les quatre catégories suivantes : lorsque l'extraction a lieu au mois d'avril de l'année qui suit la récolte, la cire est dite *shin mi no ro*, cire provenant de fruits nouveaux ; lorsqu'elle a lieu après la clôture de la saison des pluies (juillet-août) de l'année qui suit la récolte, la cire est dite améliorée, *naori-ro* ; lorsqu'elle a lieu après une année révolue, elle est dite cire

---

(1) *Revue des Sciences naturelles*, 1892, 39º année, p. 240.

(2) L'abbé Évrard, *La Cire végétale du Japon* (*Bull. du Ministère de l'Agriculture*, juillet 1893).

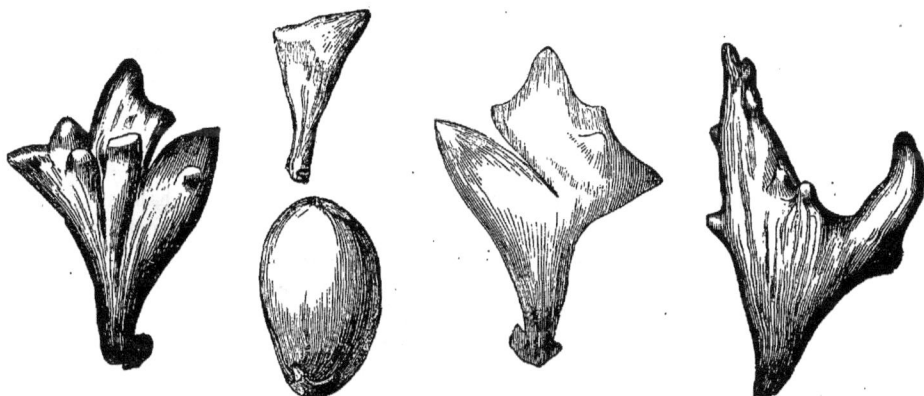

Fig. 567.   Fig. 568, 569.   Fig. 570.   Fig. 571.

Fig. 567 à 571. — Galles de Chine produites par le Sumac demi-ailé (*Rhus semi-alata*).

de fruits vieux, *furumi no ro;* et lorsqu'elle a lieu après deux saisons de pluies, c'est-à-dire en juillet-août de la deuxième année après celle de la récolte, la cire est dite de fruits très vieux, *furufurumi no ro.*

« Les prix sont différents pour chacune de ces catégories : ainsi, tandis que la cire dite de très vieux fruits vaut 11 yen (44 francs), les 60 kilogrammes, les autres qualités valent respectivement 10 yen 50 (42 francs), 10 yen (40 francs) et 9 yen 70 (38 fr. 80).

« La cire végétale brute est employée presque exclusivement à confectionner les bougies qui sont en usage, dans tout le Japon, comme mode d'éclairage. Quant à la cire blanche, elle est destinée à l'exportation. Au Japon même, elle est peu utilisée. Il en entre une faible quantité dans la composition des cosmétiques et dans la fabrication des bougies de luxe décorées. On s'en sert aussi pour le moulage des objets d'art.

« La bougie japonaise de cire végétale se fabrique au moule ou à la baguette. Le premier procédé est fort simple : il consiste à verser la cire fondue dans des cylindres en Bambou, dans lesquels on a, au préalable, fixé une mèche. La cire employée dans ce cas contient, le plus souvent, du suif; c'est par ce procédé que l'on fabrique aujourd'hui les bougies dites à mèche de coton, *ito-shin-rosoku.* »

LE SUMAC DEMI-AILÉ — *RHUS SEMI ALATA*

Distribution géographique. — Cette espèce croît au Japon, ainsi qu'une espèce voisine, le *Rhus japonica.*

Usages. — M. Schenck et M. Hanbury ont montré que c'est sur ces deux plantes et non sur le *Distylium racemosum*, comme le voulait à tort Decaisne, que viennent des galles très riches en tannin, dont on se sert en Chine pour la teinture ou en médecine, et qui sont devenues depuis le milieu de ce siècle l'objet d'un important commerce européen. Les *galles de Chine* (fig. 567 à 571) sont produites par la piqûre d'un puceron, l'*Aphis sinensis;* elles ont été décrites d'abord par Guibourt :

« Cette galle, dit cet auteur (1), jouit d'une grande célébrité en Chine, non seulement comme substance propre à la teinture, mais encore comme un puissant astringent dont les médecins savent tirer parti dans un grand nombre de maladies. La description de cette substance et de ses propriétés a été empruntée par Duhalde au célèbre livre chinois, le *Pen-tsao*, ou Herbier chinois en 52 livres. Le commerce anglais l'introduisit en Europe où elle peut être appelée à partager les divers emplois de la noix de galles, des bablahs, du libidibi, du cachou, du gambir et des autres astringents d'un arrivage facile.

« D'après Duhalde la grosseur des *ou-poey-tse* (c'est le nom chinois de la galle) varie depuis celle d'une châtaigne à celle du poing; la plupart sont d'une forme ronde et oblongue (fig. 567 à 571), mais il est rare qu'ils se ressemblent entièrement par la configuration extérieure; leur couleur est d'abord d'un vert obscur, qui jaunit ensuite. Alors cette coque quoique ferme devient très cassante. Les

(1) Guibourt, *Histoire des drogues simples*, III, p. 502.

paysans chinois recueillent les *ou-poye-tse* avant les premières gelées. Ils font mourir les insectes que les coques renferment en les exposant pendant quelque temps à la vapeur de l'eau bouillante.

« J'ai une figure grossière de l'arbre qui fournit la galle de Chine, tirée du *Pen-tsao* (fig. 572). Le nom qui se trouve en haut de la

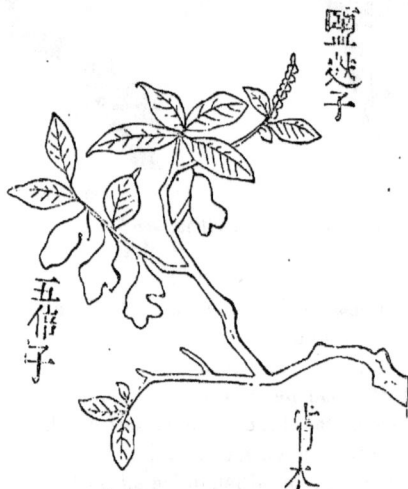

Fig. 572. — L'arbre qui fournit la galle de Chine, d'après le *Pen-tsao*.

figure à droite, contre la grappe de fleurs, est *yen-fou-tsze;* celui qui est de côté à gauche, contre les galles est *ou-pei-ste* ou *woo-pei-tsze*, qui paraît être le nom particulier de la galle ; le troisième nom, placé en bas de l'arbre, est *fou-mub.* »

LES PISTACHIERS — *PISTACIA*

Étymologie. — Le nom du Pistachier viendrait, selon Forskal, du nom arabe *Foustaq*.

Caractères. — Ce sont des arbres résineux de médiocre grandeur, à feuillage luisant, et d'un port agréable. Les feuilles alternes, persistantes ou caduques, sont dépourvues de stipules, composées pennées, avec ou sans impaire. Les fleurs, de petite taille, sont groupées en grappes axillaires, avec bractées à la base des pédoncules.

Les Pistachiers ont des fleurs apétales et dioïques. Les fleurs mâles se composent d'un petit calice et de 5 courtes étamines soudées à la base avec un disque annulaire. On trouve quelquefois au milieu un rudiment d'ovaire ; les fleurs femelles n'ont ni disque, ni étamines, et se réduisent au calice et à un ovaire sessile

uniloculaire, surmonté d'un style court, bifide avec stigmates capités.

Le fruit est une drupe sèche à noyau osseux renfermant une seule graine comprimée à tégument membraneux, à cotylédons souvent verts et épais.

Distribution géographique. — On connaît 8 espèces de Pistachiers habitant la région méditerranéenne, les îles Canaries, les régions chaudes à l'Ouest de l'Asie et le Mexique.

La flore française compte trois de ces espèces (*Pistacia vera*, *P. lentiscus*, *P. terebenthus*), qui sont particulières au Midi : Provence, Roussillon, etc.

LE PISTACHIER VRAI — *PISTACIA VERA*

Synonymie. — Pistachier franc, Pistachier cultivé, Pistachier du Levant.

Caractères. — Le Pistachier vrai (fig. 573) est un arbre de 7 à 8 mètres de haut à rameaux forts et étalés, d'abord de couleur cendrée, puis bruns ; ces feuilles sont composées de 3 ou 5 folioles glabres, un peu coriaces, ovales ou ovales lancéolées. Le fruit est gros comme une olive, ovale, rougeâtre et ridé. C'est une drupe qui se compose d'une partie charnue peu épaisse, tendre et légèrement aromatique, et d'un noyau ligneux et blanc, se séparant facilement en 2 valves, et contenant une amande anguleuse, vert pâle, avec une pellicule rougeâtre, d'un goût doux et agréable. Cette amande, qui est comestible, a reçu le nom de *pistache*.

Distribution géographique. — Le Pistachier vrai est originaire de l'Orient et de la Perse; il croît naturellement depuis la Syrie jusqu'au Bokhara et au Caboul. Pline nous apprend que ses fruits furent apportés pour la première fois à Rome par Lucius Vitellius, lorsqu'il était gouverneur de Syrie, vers la fin du règne de Tibère et que c'est à cette époque que Flaccus Pompéius introduisit la plante en Espagne.

Le Pistachier est répandu dans les îles grecques et en Sicile, et est aujourd'hui naturalisé dans le Midi de la France, en Provence, dans le Languedoc et le Roussillon, où on le cultive pour ses amandes comestibles.

Usages. — Les pistaches, sont très nutritives ; d'un goût fin et délicat, elles peuvent être mangées crues, mais sont surtout employées dans la confiserie : on les fait entrer au lieu d'amandes dans la fabrication de certaines dragées et les glaciers s'en servent pour

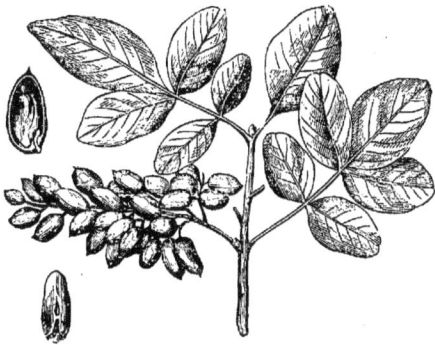

Fig. 573. — Pistachier vrai (*Pistacia vera*),
rameau avec grappe de fruits.

Fig. 574. — Pistachier lentisque (*Pistacia lentiscus*),
rameau chargé de galles.

parfumer les glaces et les crèmes. On en accentue la couleur verte en y mélangeant du jus d'Épinards. Les pistaches doivent leurs propriétés nutritives à la fécule qu'elles contiennent, et l'huile douce qu'on en extrait par expression leur donne des vertus adoucissantes et émollientes ; elles rancissent facilement en veillissant.

Culture. — Le Pistachier, très rustique dans le Midi de la France, a besoin d'un climat chaud pour pouvoir mûrir ses fruits. On greffe ordinairement cette espèce à fruits comestibles sur le Térébinthe (*P. terebinthus*) et le Lentisque (*P. lentiscus*).

Le Pistachier vrai ne fructifie ordinairement qu'à l'âge de 8 ou 10 ans ; quand il a été greffé il peut donner des fruits 3 ou 4 ans après cette opération. La récolte n'est abondante que tous les 2 ans.

La cueillette des pistaches n'a lieu que lorsqu'elles sont complètement mûres, lorsque les fruits prennent à l'automne, et même au début de l'hiver, une couleur jaune foncé. On les fait sécher à l'ombre sur des claies dans un endroit clair.

Les meilleures pistaches sont produites par les variétés connues sous les noms de PISTACHIER DE TUNIS, à fruits petits, à chair fine, cultivé dans la Tunisie et en Algérie, et de PISTACHIER DE SICILE, à fruit plus gros, mais dont l'amande est moins délicate.

LE PISTACHIER LENTISQUE — *PISTACIA LENTISCUS.*

Étymologie. — Le nom de Lentisque vient du mot latin *lantescere*, qui signifie amollir, devenir gluant. C'est une allusion à la résine qui découle de la plante.

Caractères. — Cette espèce se distingue immédiatement du *Pistacia vera* et du *P. terebinthus* par ses feuilles persistantes et non caduques composées pennées, sans impaire à l'extrémité du pétiole commun. Les folioles, au nombre de 2 à 5 paires, sont entières, ovales, elliptiques.

Le Lentisque (fig. 574) est un petit arbre de 4 à 5 mètres présentant un grand nombre de rameaux tortueux. Ses fleurs, purpurines et très petites, sont disposées en grappes axillaires. Les fleurs femelles se transforment en fruits arrondis, rougeâtres, qui deviennent bruns ou noirâtres à maturité.

Distribution géographique. — Le Lentisque croît naturellement dans le Levant, la Grèce et la Barbarie, il est connu et même cultivé depuis la plus haute antiquité. Il est aujourd'hui naturalisé en France sur les rochers du Midi. En Algérie il existe de grandes étendues de terrain en friche où croissent des Lentisques.

Usages. — On retire des fruits, par expression, une huile assez douce qui peut servir à l'éclairage et à l'usage de la table, et qu'en

Turquie on préfère même parfois à l'huile d'olive.

Mais le principal mérite de cet arbre, ce qui le fait cultiver avec tant de soin en Orient, c'est qu'il produit une résine connue sous le nom de *mastic*. La production de cette résine dépend d'ailleurs de la chaleur du climat. C'est ainsi qu'en Provence, où le Lentisque est très abondant, il ne fournit aucune quantité de mastic, et en Algérie on a dû renoncer à tirer parti dans ce sens des nombreux *Pistacia lentiscus* qui y croissent naturellement; on préfère s'en servir comme de porte-greffe pour le Pistachier franc. C'est en Orient et principalement à l'île de Chio qu'on récolte le mastic.

Dans ces pays la culture des Lentisques ne demande pour ainsi dire aucun soin. Quand on veut récolter le mastic, on fait, dès le début du mois d'août, de légères et nombreuses incisions transversales dans le tronc et les branches principales de l'arbre, en respectant les jeunes branches. Dès le lendemain, on voit sortir des fentes un suc liquide qui s'épaissit peu à peu et prend la forme de larmes d'un jaune pâle, sphériques ou légèrement aplaties. Ces larmes tombent à terre où on les ramasse; aussi a-t-on soin de balayer convenablement le sol sous les arbres, pour qu'il ne s'y mélange pas d'impuretés. Les Lentisques donnent parfois plusieurs récoltes de mastic par an; celle du mois d'août fournit le mastic de la meilleure qualité et en plus grande abondance, mais à la fin de septembre les mêmes incisions donnent souvent un nouvel écoulement de résine.

Le mastic, qui est formé par une huile essentiellement unie à de la *masticine*, est légèrement tonique et astringent. Le mastic est consommé en grande quantité comme mastica toire par les femmes de l'Orient. Le mastic se ramollit en effet sous la dent en parfumant l'haleine et en fortifiant les gencives. C'est dans cet usage qu'il faut chercher l'origine du nom du produit. On emploie aussi le mastic en Turquie comme parfum en le brûlant dans de petites cassolettes.

On l'a vanté en médecine contre les odontalgies, les maux d'oreille, la goutte, les rhumatismes, etc.

LE PISTACHIER DE L'ATLAS — *PISTACIA ATLANTICA*

Caractères. — C'est un grand et bel arbre de plus de 20 mètres de haut, à feuilles caduques, composées de 7 à 9 folioles lancéolés, un peu ondulées, glabres, sur un pétiole un peu ailé. On considère quelquefois cette plante, non comme une espèce distincte, mais comme une simple variété du *Pistacia terebinthus*.

Distribution géographique. — Le *Pistacia atlantica* a été observé pour la première fois par Desfontaines, aux environs de Cafa en Barbarie. Il est assez commun sur la côte méditerranéenne de l'Afrique et fait partie de la végétation des hauts plateaux, en Algérie (fig. 575).

« Le voyageur qui parcourt l'Algérie et qui des plaines du littoral se dirige vers le Sud, par exemple d'Alger vers Blidah et Médéah, rencontre bientôt les pentes des premières montagnes, contreforts avancés de la chaîne de l'Atlas. A mesure qu'il monte d'abord la base élargie, puis les flancs plus rapides de ces montagnes, il voit la nature qui l'environne changer d'aspect, les cultures variées de la région basse, ainsi que la riche végétation arborescente, Oliviers, Caroubiers, Lauriers, Grenadiers, Myrtes, faire place à un monotone tapis d'Alfa et d'Armoises blanchâtres, qui lui-même finit par disparaître. Sur les hauts plateaux, battus des vents, brûlés par le soleil, on n'a plus sous les pieds qu'une herbe courte, dure, mêlée à une Mousse épineuse, à une sorte de Lichen, rugueux et desséché, ou bien un sol tout à fait nu, pavé de roches vives, plates et blanches, « si fortement lavées, puis dévorées par le soleil, dit un voyageur, qu'elles ont pris l'aspect aride et dénudé des ossements qui sont restés longtemps en plein air ».

« Cependant on trouve encore çà et là, sur ces crêtes et ces plateaux stériles, quelques grands arbres à la cime arrondie, étalée comme un vaste parasol, et à l'ombre desquels le voyageur est heureux de s'arrêter. Ce sont des Pistachiers de l'Atlas (*Pistacia atlantica*), tantôt isolés, tantôt réunis par groupes de deux ou trois.

« On rencontre quelquefois d'antiques Pistachiers dépouillés de leur feuillage, à l'écorce blanchie; les siècles, le vent, les neiges, la foudre, les ont fait périr; on aperçoit la contexture de leur ramure tourmentée, leurs branches contournées, tordues, se repliant vers la terre pour remonter en ondulant vers le ciel comme de longs serpents (fig. 575) » (1).

(1) *Magasin pittoresque*, t. XLVII, 1879, p. 92.

Fig. 575. — Pistachiers sauvages (*Pistacia atlantica*), sur les hauts plateaux en Algérie.

Usages. — Les Arabes viennent cueillir les fruits de cet arbre, formant de jolies grappes rouges, d'une saveur légèrement acide et rafraîchissante ; ils les mangent après les avoir pilés avec des dattes.

Ils recueillent encore sur ce Pistachier un

LES PLANTES.

I. — 58

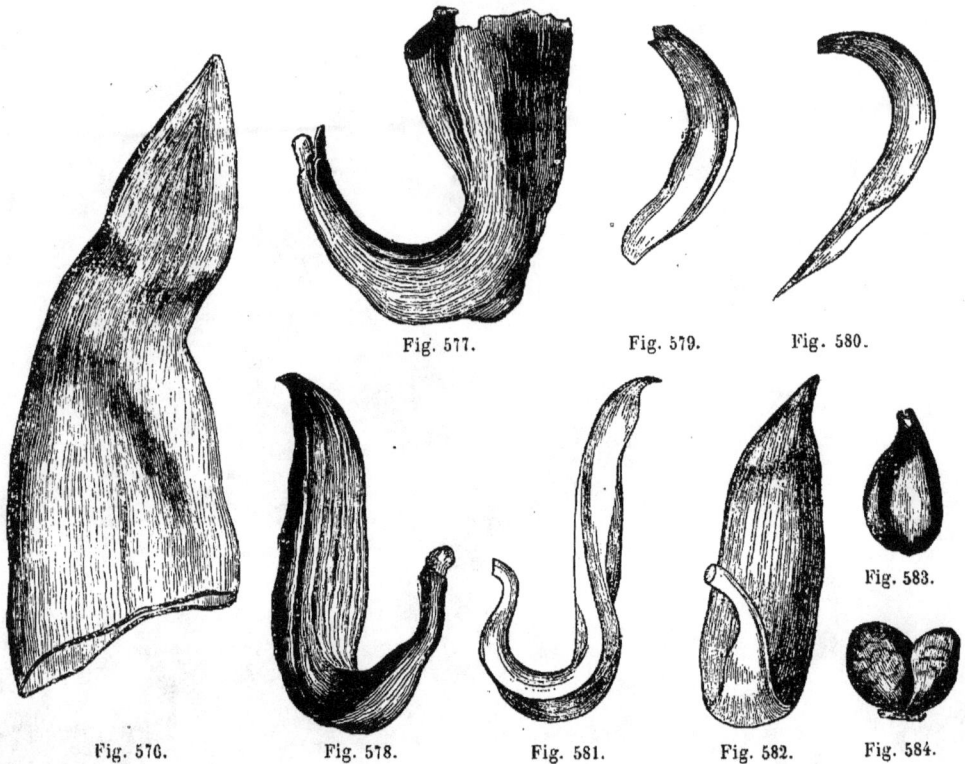

Fig. 577.   Fig. 579.   Fig. 580.

Fig. 583.

Fig. 576.   Fig. 578.   Fig. 581.   Fig. 582.   Fig. 584.

Fig. 576 à 578. — Caroub de Judée. | Fig. 579 à 584. — Autres formes de galles.

Fig. 576 à 584. — Galles du Pistachier Térébinthe (*Pistacia Terebinthus*).

suc résineux qui découle du tronc et des branches, s'y étale en larges plaques et se condense en grosses gouttes allongées d'un jaune pâle.

Les gouttes de résine se détachent souvent d'elles-mêmes et tombent à terre. Elles ont une saveur aromatique et se mâchent comme le mastic de Chio.

LE PISTACHIER TÉRÉBINTHE — *PISTACIA TEREBINTHUS*

Étymologie. — Théophraste décrit sous le nom de *Terebinthos*, une plante qui vraisemblablement est la même que celle-ci.

Caractères. — C'est un bel arbre à feuilles caduques, composées de 9 à 11 folioles ovales-oblongues, entières, mucronées, vertes et luisantes, un peu blanchâtres au-dessous ; le pétiole est légèrement ailé entre les folioles. Les fleurs sont petites et donnent naissance à de petites drupes rouges.

Distribution géographique. — Cette espèce croît naturellement dans le Levant, la Barbarie et l'île de Chio. On la retrouve dans le Midi de la France, sur les rochers arides.

Historique. — Il est question des Térébinthes dans la Bible : « Abraham ayant remué ses tentes, vint demeurer au Térébinthe de Mamré qui est en Hébron, et il bâtit là un autel à l'Éternel (1). » C'est ainsi du moins que le docteur Bootrayel traduit ce verset d'après la version syriaque ; ailleurs, le mot hébreu qui signifie Térébinthe est traduit par Chêne ou même simplement par arbre ; d'autres encore traduisent « vint demeurer dans la plaine de Mamré ».

Une ancienne tradition rapportée par l'historien Josèphe dit que l'arbre du patriarche existait encore de son temps, près de Mamré. Plus tard, cet arbre devint le but de pèlerinages et d'hommages superstitieux ; enfin il fut détruit par le feu en 1641.

(1) Genèse, XIII, 18.

La vallée d'*E'la* (Térébinthe) où David descend lorsque Saül et son armée y étaient campés et dans laquelle il tua le géant Goliath, a certainement reçu le nom des Térébinthes qui y croissaient. Le docteur Robinson pense que cette vallée était entre Jérusalem et Gaza; il a en effet observé dans cette région les plus grands Térébinthes qu'il ait jamais vus dans la Palestine (1).

Usages. — Le *Pistacia Terebinthus* produit une résine qui exsude naturellement, en été, à travers les fissures de l'écorce du tronc et qui se solidifie à l'air. C'est ce qu'on appelle la *térébenthine de Chio*, parce que c'est de cette île que nous vient la térébenthine la plus estimée.

A Chio, pour l'obtenir en grande abondance, on incise au printemps le tronc de l'arbre et ses principales branches; le suc résineux s'en échappe pendant tout l'été et s'écoule sur des pierres plates qu'on a eu soin de placer au pied de l'arbre. On recueille le produit chaque matin avec une spatule de bois, lorsqu'il a été épaissi par la fraîcheur de la nuit. On le purifie après l'avoir rendu liquide, en le faisant couler à travers de petits paniers exposés au soleil.

La térébenthine de Chio n'est produite par le Térébinthe qu'en assez faible quantité. Les plus gros arbres âgés de 60 ans, n'en donnent pas plus de 200 à 400 grammes par an. Aussi est-ce un produit d'un prix assez élevé et difficile à obtenir à l'état de pureté, car on le mélange ordinairement avec d'autres térébenthines, comme la térébenthine de Venise, extraite du Mélèze.

Les Orientaux se servent de la térébenthine de Chio solidifiée comme d'un masticatoire qui passe pour rafraîchir l'haleine, blanchir et consolider les dents, et exciter l'appétit.

Dans l'île de Chio, on mange les fruits du Térébinthe, qui sont légèrement astringents et que l'on marine pour les conserver. Le goût de l'amande rappelle beaucoup celui des pistaches.

Quand on brûle l'écorce de l'arbre, elle répand une odeur pénétrante qui fait penser à celle de l'encens, ce qui a donné l'idée de l'employer à la place de ce produit.

La piqûre d'un puceron (*Aphis Pistaciæ*) détermine sur le Térébinthe la production de petites galles de formes diverses (fig. 576

(1) M. Buysman, *Les Plantes de la Bible* (*Naturaliste*, 1er avril 1893).

à 584) dont les plus connues ont été désignées sous le nom de CAROUB DE JUDÉE, soit qu'on en ait comparé la forme à celle du fruit du Caroubier, soit plutôt que ce nom vienne du mot hébreu *Kerub* qui signifie corne (fig. 576 à 578). Ces galles, appelées encore *pommes de Sodome*, sont riches à la fois en tannin et en gomme-résine. On en a essayé l'emploi en médecine et on en peut tirer une couleur propre à teindre les laines en écarlate.

LES MANGUIERS — *MANGIFERA*

Étymologie. — Le fruit de l'espèce principale porte, chez les Indiens, le nom de *Mango*.

Caractères. — Les Manguiers sont des arbres à feuilles alternes, pétiolées, simples, entières, coriaces, à fleurs disposées en panicules terminales ramifiées.

Les *Mangifera* se distinguent des *Pistacia* par leurs feuilles simples et par la présence d'un périanthe double, dont le calice et la corolle présentent chacun 4 ou 5 pièces; 4 ou 5 étamines sont insérées autour d'un disque épais, entourant la base d'un gynécée unicarpellé. L'ovaire ne renferme qu'un seul ovule. Le fruit est une drupe à gros noyau fibreux en dehors.

Distribution géographique. — Une trentaine d'espèces de Manguiers habitent l'Asie tropicale. La plus importante d'entre elles est le *Mangifera indica*.

LE MANGUIER DE L'INDE — *MANGIFERA INDICA*

Synonymie. — Noms vulgaires. — Manguier cultivé; Mango; Abricotier de Saint-Domingue.

Caractères. — Le Manguier cultivé est un arbre à feuilles oblongues lancéolées, à fleurs

A. — Fleur. | B. — Fruit coupé.
Fig. 585. — Manguier de l'Inde (*Mangifera indica*).

pentamères (fig. 585, A). Sur les 5 étamines, une seule est fertile et plus longue que les 4 autres.

Le fruit (fig. 585, B) est une drupe dont la

grosseur varie depuis celle d'un gros abricot jusqu'à celle des plus fortes poires de bon chrétien. Il est à peu près oblong, sub-réniforme, beaucoup plus gros vers le pédoncule, marqué d'un léger sillon longitudinal qui se prolonge jusque vers les trois quarts du fruit et s'arrête à une petite éminence qui semble faire ombilic. Sa peau est douce et unie, ordinairement jaunâtre. La partie qui est exposée à l'action de la lumière, est d'un beau jaune d'abricot, quelquefois lavée de rose. Lorsque ce fruit est mûr, cette peau s'enlève facilement et l'on trouve dessous une chair d'un jaune orange, pleine de suc d'une saveur très sucrée, acidule et très agréable à manger; quelques personnes lui trouvent cependant un goût térébenthinacé. La chair de ce fruit est pleine de longs filaments, dirigés dans le sens de sa longueur, qui la rendent un peu désagréable à manger, en se prenant entre les dents; ces longs fils ligneux sont implantés sur l'enveloppe feutrée qui recouvre la graine, et lorsqu'ils sont entièrement débarrassés de la pulpe du fruit, cette enveloppe semble recouverte de filasse blanche.

La graine se trouve sous cette enveloppe feutrée; elle a absolument la forme d'un rein; elle est plus aplatie que le fruit qui la produit; cette graine est recouverte en entier par l'arille, espèce de peau blanche, semblable à du parchemin. La pellicule de la graine est grisâtre, mouchetée de blanc; elle a, ainsi que la graine, une saveur désagréable, analogue à celle du marron d'Inde.

Distribution géographique. — Ce bel arbre a été apporté des Indes orientales, sa patrie d'origine, dans l'île de Saint-Domingue et dans les autres Antilles, où il est aujourd'hui très répandu et y a produit de nombreuses variétés.

D'après certains auteurs l'arbre de la Science du bien et du mal, le Pommier du Paradis terrestre, était un Manguier.

Usages. — La mangue ou *mango* est un des meilleurs fruits des pays chauds. Sa chair, quoique plus ferme, rappelle beaucoup celle de la pêche; elle est chaude, aromatique et imprégnée d'une odeur de térébenthine que la culture affaiblit singulièrement. On a reproché parfois à la mangue d'être un fruit filandreux, mais c'est là un reproche qui ne doit être légitimement adressé qu'aux mauvaises mangues.

« La mangue se consomme verte ou arrivée à maturité. Les fruits verts contiennent une proportion assez forte de fécule qui les rend très nutritifs; aussi, en fait-on une grande consommation sous forme de conserves au sel et au sucre. Fraîches et mûres à point, les mangues se coupent par tranches, que l'on fait macérer dans du vin et du sucre aromatisés avec de la cannelle; on en prépare aussi de délicieuses marmelades avec du sucre et des écorces de citron, des beignets, des compotes, différentes sortes de gelées, une boisson fermentée, de l'alcool et du vinaigre. En résumé, la mangue est un fruit délicieux, rafraîchissant, pouvant supporter la comparaison avec les meilleurs fruits connus. On dit qu'ingérées en quantité, les mangues agissent comme purgatif. Les variétés sont fort nombreuses et diffèrent entre elles par une saveur particulière à chacune; les plus estimées sont celles qui ont été greffées et améliorées par la culture. Les fruits de l'espèce sauvage sont également comestibles, mais leur goût est peu agréable.

« Cueillis verts, les jeunes fruits servent à faire d'excellents achars. La pellicule qui recouvre le fruit mûr a une odeur assez suave; macérée dans l'eau-de-vie et sucrée convenablement, elle constitue une liqueur de table qui n'est pas sans agrément. Le péricarpe est regardé comme antiscorbutique et antidysentérique.

« Les noyaux contiennent une amande épaisse que l'on fait griller et qui sert alors à confectionner une sorte de pâtisserie. Cette amande est amère, fortement astringente et riche en acide gallique libre; on la prescrit, séchée et pulvérisée, comme anthelmintique.

« De l'écorce des vieux arbres suinte un suc oléo-résineux, inodore, d'une saveur âcre, amère et un peu piquante, assez semblable au bdellium d'Afrique. Ce suc est employé par les habitants de la côte du Malabar comme médicament contre la diarrhée et la dysenterie, après avoir été mélangé avec du blanc d'œuf et une faible dose d'opium; on lui attribue également des propriétés stimulantes et sudorifiques qui le font administrer dans les maladies de la peau. L'écorce elle-même est prescrite en infusion contre la leucorrhée et la ménorrhagie.

« Les feuilles sont astringentes et riches en tannin. Dans l'Inde, les natifs les prennent en décoction dans le traitement des angines, de l'asthme et contre la toux; on les ordonne

Fig. 586.

Fig. 589.

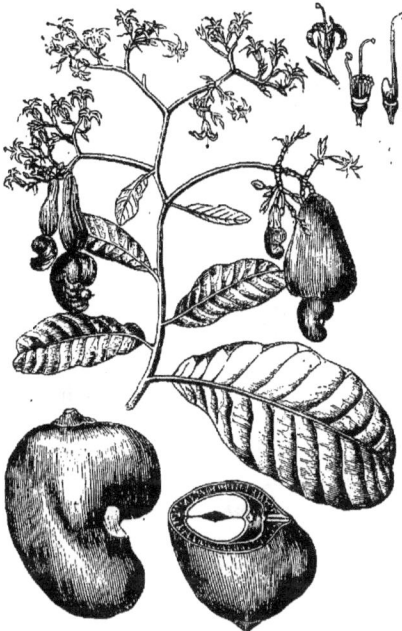

Fig. 587.   Fig. 588.

Fig. 590.   Fig. 591.

Fig. 586. — Rameau fructifère.
Fig. 587. — Noix d'Acajou entière.

Fig. 588. — Noix d'Acajou coupée.

Fig. 586 à 588. — Anacardier occidental (*Anacardium occidentale*).

Fig. 589. — Rameau fructifère.
Fig. 590. — Fruit.

Fig. 591. — Fruit coupé.

Fig. 589 à 591. — Anacardier oriental (*Semecarpus Anacardium*).

aussi, sous forme de poudre, pour combattre l'odontalgie. Disons de plus que le jaune indien connu sous le nom de *Piuri* est un produit colorant qu'on retire de l'urine du bétail nourri avec les feuilles de Manguier.

« Dans les îles de la Sonde, les indigènes se servent de la décoction de la racine pour teindre en vert des étoffes préalablement colorées par l'indigo » (J. Grisard) (1).

LES ANACARDIERS — *ANACARDIUM*

Caractères. — Les Anacardiers sont des arbrisseaux et des arbres à feuilles alternes, pétiolées, simples, coriaces et entières. Les fleurs, de la plus petite taille, sont polygames, groupées en panicules terminales.

(1) J. Grisard, *Usages économiques du Manguier* (*Revue des Sciences naturelles appliquées*, 5 nov. 1893, p. 427).

Les caractères du genre sont : Calice à 4 ou 5 divisions ; 8 ou 10 étamines, dont toutes ou partie seulement sont fertiles. Style filiforme. Le fruit est une noix réniforme, à ombilic latéral, attachée sur une masse charnue en forme de poire, formée par le réceptacle et la base du calice.

Distribution géographique. — Les espèces connues du genre *Anacardium* sont au nombre de 8 ; ce sont des plantes américaines habitant les régions tropicales.

L'ANACARDIER OCCIDENTAL — *ANACARDIUM OCCIDENTALE*

Noms vulgaires. — Malgré le nom de *noix d'Acajou*, donné aux fruits de cet arbre, il ne faut pas le confondre avec la plante qui fournit le bois d'Acajou, et qui est un *Swietenia* (voy. p. 351).

Caractères. — L'espèce la plus importante parmi les *Anacardium*, est un arbre à feuilles très obtuses et émarginées au sommet (fig. 586), dont les fleurs présentent 10 étamines, sur lesquelles 9 sont stériles et une seule pourvue d'une anthère biloculaire fertile.

Le fruit (fig. 587) est une sorte de noix en forme de rein. On y distingue un péricarpe composé de deux enveloppes coriaces et grisâtres, entre lesquelles est une couche lacuneuse, dont les alvéoles sont pleins d'un liquide huileux, visqueux, brun, âcre et caustique. A l'intérieur (fig. 588) est une amande à deux lobes, blanche, huileuse, douce et d'une saveur agréable. Ce fruit repose par le plus gros de ses deux lobes sur une masse volumineuse, charnue, ressemblant à une poire, d'un goût acide et sucré, provenant de la transformation du réceptacle. Cette masse charnue a reçu le nom de *pomme d'Acajou*, tandis que le fruit proprement dit s'appelle *noix d'Acajou*.

Distribution géographique. — Cette plante est cultivée dans presque toutes les contrées chaudes du globe, aux Moluques, dans l'Inde, au Brésil, aux Antilles et dans la Guyane.

Usages. — La pomme d'Acajou possède une saveur aigrelette qui n'est pas désagréable. On la mange notamment en conserves. C'est avec ce produit que se préparait la fameuse *Confection des sots* d'Hoffmann dont l'usage passait pour donner un peu d'intelligence à ceux qui en manquent le plus.

Dans la noix d'Acajou, l'amande seule est comestible; on en mange les cotylédons crus ou grillés, et on en fait une sorte de chocolat.

Les noix d'Acajou ont été autrefois employées en médecine. Graine et péricarpe jouissent d'ailleurs de propriétés opposées : avec la graine on prépare des émulsions qu'on applique sur la peau en cas de brûlure ; le liquide contenu dans le péricarpe est au contraire excessivement âcre, brûle la peau et les muqueuses, et a été employé à ce titre pour ronger les cors, brûler les verrues, etc.

L'écorce laisse suinter une résine jaunâtre et dure, la *gomme d'Acajou* ou *cashew gum*, qui sert à peu près aux mêmes usages que la gomme arabique.

L'ANACARDIER ORIENTAL — SEMECARPUS ANACARDIUM

Synonymie. — *Anacardium longifolium.*

Caractères. — Le genre *Semecarpus* (fig. 589) se distingue du précédent par ses 5 étamines et ses 3 styles, mais le fruit, tout à fait analogue, est de même fixé sur un pédoncule charnu.

Le fruit du *Semecarpus Anacardium* (fig. 590) est cordiforme, un peu aplati, de couleur noire, et présente à sa base une masse charnue plus petite que le fruit lui-même. Le péricarpe (fig. 591) présente la même structure que celui de la noix d'Acajou. Mais le suc qui y est contenu est encore plus abondant ; ce suc oléo-résineux est noir, visqueux, caustique et d'une odeur fade.

Distribution géographique. — Le *Semecarpus Anacardium* vit dans les montagnes de l'Inde.

Usages. — Le fruit sert depuis longtemps, dans l'Inde, à la teinture en noir et à la fabrication d'une encre indélébile. Les fruits portent en Europe les noms d'*anacardes*, *meknuts*, *noix de marais*, *fèves de Malac* ou encore de *poux d'éléphant*. L'embryon est huileux et comestible ; avec le pédoncule charnu on fabrique des conserves et des boissons fermentées.

LES SCHINS — *SCHINUS*

Caractères. — Les *Schinus* sont des arbres ou des arbuscules à feuilles alternes imparipennées, dont les folioles opposées ou alternes sont sessiles.

Le genre *Schinus* se distingue des autres genres jusqu'ici étudiés dans la tribu des Anacardiées, par la place de l'ovule ; ici il est suspendu au sommet ou tout au moins dans la moitié supérieure de la loge, tandis que chez les *Rhus, Pistacia, Mangifera* et *Anacardium*, l'ovule est basilaire ou inséré latéralement en dessous du milieu de la loge.

Les *Schinus* ont les pétales imbriqués, 10 étamines, 3 styles, et pour fruit une drupe globuleuse.

Distribution géographique. — On en connaît 12 espèces des régions chaudes de l'Amérique du Sud. Une d'entre elles est cultivée dans le Midi de la France, sous le nom de Poivrier d'Amérique.

LE POIVRIER D'AMÉRIQUE — *SCHINUS MOLLE*

Synonymie. — Poivrier du Pérou; Poivrier des Espagnols ; Faux Poivrier.

Caractères. — C'est un arbre toujours vert, de 6 à 10 mètres de haut, très élégant par ses

Fig. 592. — Poivrier d'Amérique (*Schinus molle*).

rameaux effilés, pleureurs (fig. 592), par ses fleurs légères, à odeur poivrée, et par ses jolies grappes de fruits globuleux, rouge corail, persistant sur l'arbre pendant l'automne et l'hiver.

Distribution géographique. — Le Poivrier d'Amérique, dont le nom indique suffisamment le pays d'origine, est très répandu sur le littoral de la Méditerranée, où on le plante dans les jardins, dans les parcs, sur les promenades, où on l'emploie comme arbre d'alignement.

Usages. — Les grappes de fruits sont envoyées à Paris, où elles entrent dans la composition des bouquets.

Au Pérou, on extrait du *Schinus molle* une résine employée à divers usages : elle constitue le *mastic d'Amérique*, employé comme masticatoire sous les noms de résine de *Mulli*, *molle* ou *aroeira*.

La graine a une odeur poivrée, une saveur aromatique et piquante.

LES MONBINS — *SPONDIAS*

Caractères. — Les *Monbins* sont des arbres à feuilles alternes, rapprochées vers le sommet des rameaux, composées pennées, avec folioles opposées et une impaire. Les fleurs, nombreuses et de petite taille, sont étalées au sommet des rameaux en panicules terminales multiflores.

Le genre *Spondias*, type de la tribu des

Fig. 593. — Prunier d'Espagne (*Spondias purpurea*).

Spondiées, a des fleurs polygames. Les étamines sont au nombre de 8 à 10, et l'ovaire sessile, libre, à 4 ou 5 loges, est surmonté de 4 ou 5 styles libres au sommet. Le fruit est une drupe charnue à noyau osseux.

Distribution géographique. — On connaît environ 8 espèces de Monbins, croissant dans les régions tropicales de deux mondes, et fréquemment cultivées.

Usages. — Les fruits de plusieurs espèces de *Spondias* sont comestibles et ressemblent, par l'aspect tout au moins, à nos prunes; d'où les noms de *Pruniers d'Espagne* ou *Pruniers d'Amérique* sous lesquels on désigne souvent ces plantes. Trois espèces de Monbins sont principalement cultivées pour leur fruit comestible.

Le *Spondias purpurea* (fig. 593) produit surtout des fruits très recherchés pour la table ils sont ovales, colorés en jaune ou en pourpre, et leur chair, un peu acide, est parfumée et sucrée. Cette espèce a reçu les noms de *Ramboustan* ou *Plum-tree*.

Le *Spondias lutea* donne aussi des fruits estimés, à la chair sucrée, astringente et aigrelette.

Le *Spondias dulcis* de la Martinique et la Guadeloupe a reçu le nom d'*Arbre de Cythère*; il donne de bons et beaux fruits, appelés *pommes de Cythère*.

Ces espèces et d'autres encore laissent couler de leur tige une gomme qui peut être employée aux mêmes usages que la gomme arabique.

LES CORIARIÉES — *CORIARIEÆ*

Étymologie. — Du latin *corium*, cuir; allusion à l'usage que font les tanneurs d'une espèce de *Coriaria*.

Caractères. — Les *Coriaria*, qui forment à eux seuls toute cette famille, sont des arbrisseaux inermes à rameaux quadrangulaires, opposés, souvent sarmenteux. Les feuilles,

opposées, sont ovales cordiformes ou lancéolées, entières, glabres et dépourvues de stipules. Fleurs petites et verdâtres disposées en grappes ordinairement denses. Fruit souvent pourpre.

Les fleurs sont hermaphrodites ou sub-polygames, présentant : 5 sépales persistants

Fig. 594. — Coriaire à feuilles de Thym (*Coraria thymifolia*).

imbriqués ; 5 pétales hypogynes plus courts que les sépales ; 10 étamines à courts filets et grandes anthères, dont 5 sont ordinairement soudées aux pétales ; 5 ou 10 carpelles libres contenant chacun 1 seul ovule anatrope.

Le fruit se compose d'autant de coques disposées en étoile qu'il y a de carpelles au pistil.

Distribution géographique. — Un seul genre, divisé en 3 à 5 espèces, forme la famille des Coriariées. Ce sont des plantes de la région méditerranéenne, de l'Himalaya, du Japon, de la Nouvelle-Zélande et de l'Amérique du Nord. Une espèce (*Coriaria myrtifolia*) vit dans le Midi de la France.

Usages. — La CORIAIRE A FEUILLES DE THYM (*Coriaria thymifolia*) (fig. 594), commune dans l'Amérique du Sud, sert à fabriquer de l'encre et une teinture noire. Ses fruits produisent, dit-on, une sorte d'ivresse légère et gaie, qui, si l'on en abuse, dégénère en accidents mortels.

Une autre espèce, la CORIAIRE A FEUILLES DE MYRTE (*Coriaria myrtifolia*), pousse naturellement dans le Midi de la France, en Espagne et dans le Nord de l'Afrique.

Connue sous les noms vulgaires de *Redoul*, *Redoux*, *Corroyère*, *Herbe aux tanneurs*, la Coriaire à feuilles de Myrte est avantageusement employée pour le tannage des peaux. On

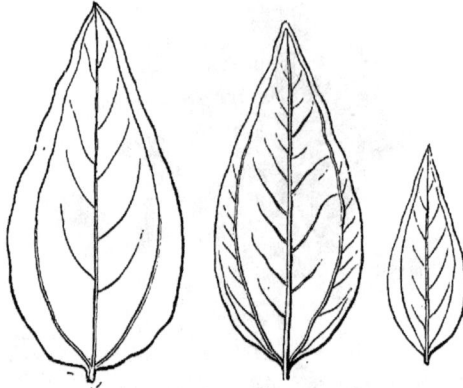

Fig. 595. — Feuilles de Redoul.

la trouve pour cet usage dans le commerce, préparée à la manière du Sumac.

On la cultive assez souvent en pleine terre dans les jardins, sous le climat de Paris, mais il faut s'en défier, car ses feuilles et ses fruits ne sont pas exempts de propriétés toxiques. De Candolle raconte qu'en 1809, vingt soldats français, se trouvant en Catalogne, pays où cette plante abonde, s'avisèrent d'en manger ; trois d'entre eux moururent, et quinze furent frappés d'un engourdissement qui ne se dissipa qu'au bout de plusieurs jours.

Les feuilles du Redoul (fig. 595) sont parfois frauduleusement mêlées au séné, ce qui peut avoir de funestes résultats. Aussi est-il très important de savoir reconnaître cette falsification (1).

Les propriétés vénéneuses des feuilles et des fruits du Redoul sont dues à la *coriamyrtine*, principe narcotique, âcre et toxique.

LES MORINGÉES — *MORINGEÆ*

Caractères. — Ce sont des arbres inermes, dont l'écorce sécrète de la gomme. Les feuilles en sont caduques, alternes, plusieurs fois composées pennées, avec foliole impaire. Les fleurs sont grandes, blanches ou rouges.

Les principaux caractères de la famille sont : fleurs hermaphrodites et irrégulières, 10 étamines dont 5 sont dépourvues d'anthères ; ovaire uniloculaire avec 3 placentas pariétaux ; ovules en nombre indéfini.

Distribution géographique. — Cette famille ne comprend qu'un seul genre, dont la place exacte dans la classification est d'ailleurs encore assez douteuse.

Les *Moringa*, dont on connaît 3 espèces, sont des plantes de l'Afrique boréale, des régions chaudes de l'Asie et de l'Inde orientale. Une espèce est aujourd'hui cultivée dans toutes les régions chaudes du globe.

Usages. — Les graines du *Moringa aptera* (fig. 596) fournissent une huile dite *huile de Ben* qui rancit difficilement.

L'*huile de Ben* ou *de Behen* était autrefois très employée par les horlogers pour adoucir le frottement des mouvements de montres : elle est aujourd'hui remplacée pour cet usage par l'huile d'olive incomplètement saponifiée, produit pur, non oxygénable et sans action sur les métaux, principalement sur le cuivre.

L'huile de Ben est sans contredit la plus belle huile grasse qu'un parfumeur puisse employer pour l'*enfleurage*, c'est-à-dire l'opération qui consiste à incorporer à froid, à des matières grasses, graisses ou huiles, des odeurs de fleurs si délicates que la chaleur les altérerait. On obtient ainsi les pommades et les huiles parfumées. L'huile de Ben a pour cet usage l'inappréciable avantage d'être presque incolore, inodore et insipide, et de se conserver longtemps sans rancir. Pour faire le cold cream et les divers onguents elle est sans rivale.

(1) Voy. Guibourt, *Hist. des drogues simples*, III, p. 371.

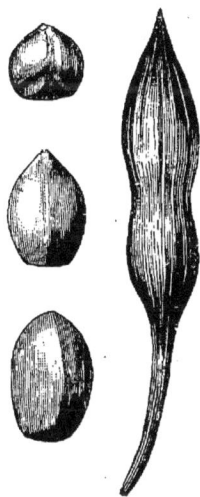

Fig. 596. — Ben aptère (*Moringa aptera*) ; fruit
et graines.

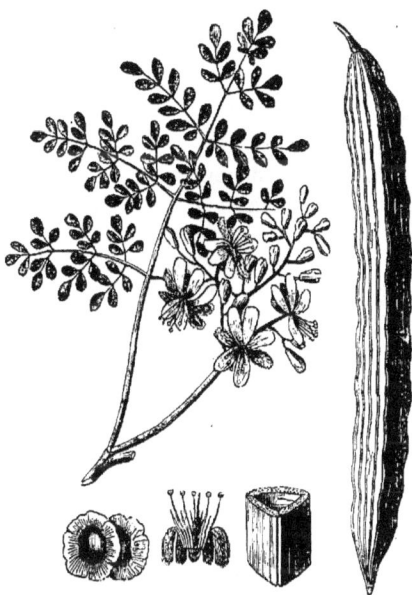

Fig. 597. — Ben ailé (*Moringa pterigosperma*) ; port,
fleur, fruit et graines.

A une certaine époque, l'huile de Ben cons-tituait une branche importante du commerce français et anglais avec l'Orient : malheureusement des droits énormes imposés sur cet article et le grand nombre des falsifications dont il est devenu l'objet ont été cause qu'il a presque disparu du marché.

La graine contient 25 p. 100 d'huile environ.

Le *Moringa pterigosperma* (fig. 597) se dis-tingue de l'espèce précédente par ses graines ailées, tandis que celles du *M. aptera* ne le sont pas.

On pourrait aussi en retirer de l'huile par expression.

LES CONNARACÉES — *CONNARACEÆ*

Caractères. — Les Connaracées sont des arbres ou arbrisseaux dressés ou grimpants, à feuilles alternes, coriaces, dépourvues de stipules, composées pennées, avec foliole im-paire, à très petites fleurs disposées en grappes ou en panicules.

Les fleurs sont hermaphrodites, régulières, construites sur le type 5. Le calice présente 4 ou 5 divisions imbriquées ou valvaires. La corolle est formée de 5 pétales, parfois légère-ment connés. Les étamines sont au nombre de 10, dont 5, opposées aux pétales, sont plus courtes et souvent imparfaites. Le gynécée présente ordinairement 5 carpelles libres, plus rarement 3 ou même 1 seul, renfermant chacun 2 ovules collatéraux ascendants et orthotropes. Le fruit est toujours sec et déhiscent ; c'est

une capsule ordinairement solitaire, sessile ou stipitée, à déhiscence de follicule, ventrale ou plus rarement dorsale. C'est une gousse chez les *Tricholobus*, arbres de l'Archipel In-dien, de la Cochinchine et de l'Australie.

Les graines, au nombre de 1, ou très rare-ment de 2 par fruit, pourvues ou non d'un arille, sont tantôt albuminées et tantôt privées d'al-bumen.

Distribution géographique. — Les 14 genres connus de cette famille forment environ 170 espèces, presque toutes confinées entre le 25e degré de latitude Nord et le 30e degré de latitude Sud ; elles habitent principalement les contrées tropicales de l'Amérique du Sud et de l'Asie austro-occidentale. Ces plantes ne sont pas rares dans l'Afrique tropicale, mais n'existent pas dans l'Amérique du Nord, à l'exception de Mexico. Une espèce habite les îles de l'océan Pacifique.

Classification. — Ces plantes se groupent en 2 tribus :

Les *Connarées* ont le calice à folioles imbriquées et les graines dépourvues d'albumen.

Les *Cnestidées* ont le calice à préfloraison valvaire et les graines albuminées.

Affinités. — Les Connaracées se rapprochent des Anacardiacées, dont elles diffèrent par les fleurs hermaphrodites, les ovules géminés et orthotropes, et la radicule toujours supère. Elles se rattachent aussi aux Géraniacées, tribu des Oxalidées, par l'intermédiaire des *Averrhoa*

et des *Connaropsis*, Oxalidées arborescentes, mais elles s'en distinguent par les carpelles indépendants, la forme des ovules, aussi que les cotylédons toujours grands.

Les Connaracées ont beaucoup d'affinités avec les Légumineuses, dont les *Tricholobus* ont le fruit (gousse); mais elles s'en distinguent par le port, les carpelles au nombre de 2 ou plus, les ovules collatéraux, les graines souvent albuminées et les feuilles dépourvues de stipules.

Usages. — Les usages sont peu nombreux pour ces plantes, qui renferment souvent dans leurs tissus une certaine quantité de résine balsamique.

LES LÉGUMINEUSES — *LEGUMINOSÆ*

Étymologie. — Le nom de cette famille vient de ce que toutes les plantes qui la composent ont pour fruit un *légume ;* ce mot en botanique est synonyme de gousse ; une *gousse* ou *légume* est un fruit sec, déhiscent, provenant d'un ovaire à un seul carpelle, s'ouvrant à maturité par 2 valves dont chacune porte un rang de graines. Le mot légume, qui dans le langage usuel a été étendu pour désigner un grand nombre d'aliments d'origine végétale, appartenant à diverses parties de la plante, racine (Carotte, Navet), tige (Pomme de terre), feuilles (Choux, Épinards), etc., a donc en botanique un sens bien précis et distinct de celui qu'on lui attribue vulgairement.

Caractères. — Le port des Légumineuses est extrêmement variable : on trouve en effet parmi les plantes qui forment cette famille des arbres, des arbrisseaux et des herbes. Les feuilles sont presque toujours garnies de stipules, qui peuvent même prendre un très grand développement et jouer le rôle physiologique des feuilles, comme cela s'observe, par exemple, chez le *Lathyrus aphaca.* Cependant chez quelques Légumineuses, les stipules deviennent très petites et sont difficiles à voir ; elles semblent même manquer chez quelques rares espèces. Les feuilles des Légumineuses sont généralement alternes, composées, pennées ou digitées. Souvent une partie de la feuille se transforme en vrilles. Les folioles sont le plus souvent entières.

La présence de feuilles alternes, composées et munies de stipules est à peu près générale

chez toutes les Légumineuses. Cependant ce caractère n'est pas tout à fait absolu et présente quelques rares exceptions. C'est ainsi que les feuilles sont opposées chez quelques Podalyriées d'Australie, chez quelques espèces des genres *Platymiscium* et *Dipteryx*. Certaines Légumineuses semblent avoir des feuilles simples, mais, dans la plupart des cas, ces feuilles sont des phyllodes, c'est-à-dire qu'elles sont réduites à leurs pétioles élargis, ayant pris un aspect foliacé ; c'est ce qu'on observe chez les *Cassia*, les *Mimosa* et principalement chez un grand nombre d'*Acacia*. Les feuilles simples qui ont été observées chez un certain nombre de Papilionacées, sont soit des phyllodes, soit des feuilles composées réduites à une seule foliole dont le limbe est articulé à l'extrémité du pétiole. Ce n'est que très rarement qu'on peut constater de véritables feuilles simples, en continuité avec le pétiole.

Les fleurs des Légumineuses sont tantôt irrégulières, et dans ce cas ordinairement hermaphrodites, ou tantôt régulières, et alors le plus souvent polygames. Dans les fleurs irrégulières, les sépales, au nombre de 5 ou de 4, peuvent être soudés en un calice gamosépale, ou libres jusqu'au disque ; dans les fleurs régulières, on trouve 5, ou 4, plus rarement 3 ou 6 sépales, libres ou soudés entre eux. Les fleurs irrégulières ont 5 sépales ou un nombre moindre par avortement ; chez les fleurs régulières, il y a toujours autant de pétales à la corolle que de sépales au calice.

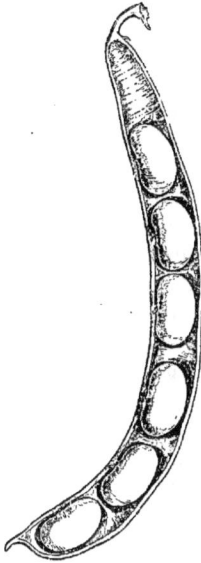
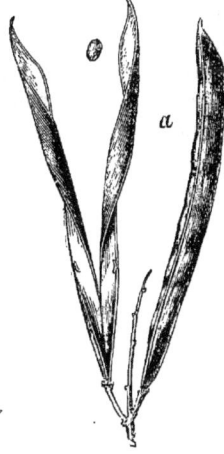
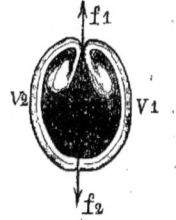

Fig. 598.   Fig. 599.   Fig. 600.   Fig. 601.

Fig. 598. — Gousse fermée de Haricot.
Fig. 599. — Gousse ouverte de Haricot.
Fig. 600. — Déhiscence de la gousse chez l'Orobe.

Fig. 601. — Coupe transversale d'une gousse; v_1, v_2, valves; f_1, f_2, lignes de déhiscence.

Fig. 598 à 601. — Fruit des Légumineuses.

Les étamines sont ordinairement en nombre double de celui des pétales ; plus rarement elles sont en nombre égal, ou même moindre par avortement, et même dans quelques genres on en trouve un nombre indéfini. Parfois hypogynes, mais plus ordinairement insérées sur le bord d'un disque soudé à la base du calice, ces étamines sont libres, ou plus ou moins soudées entre elles ; les anthères biloculaires, à 2 loges parallèles, s'ouvrent généralement par fentes transversales ou beaucoup plus rarement par un pore terminal. Le pistil est presque toujours formé par un carpelle unique, excentrique, terminé par un style simple surmonté d'un stigmate entier, terminal ou latéral interne, rarement externe. On ne trouve deux carpelles au gynécée que chez le *Pultenæa obovata*, le *Swartzia dicarpa* et quelques *Césalpiniées*. Ovules amphitropes ou anatropes, généralement disposés sur 2 rangs.

Le fruit des Légumineuses, appelé *gousse* ou *légume* (fig. 598 à 601) est très généralement sec, uniloculaire, contenant plusieurs graines (fig. 599) disposées sur deux rangées, déhiscent par 2 valves (fig. 600), qui se séparent suivant les sutures dorsale ou ventrale, et portent

chacune un rang de graines (fig. 601). Ce caractère presque absolu ne souffre que de rares exceptions. Chez quelques Légumineuses, cependant, en particulier chez celles dont les fruits mûrissent sous terre, ceux-ci sont souvent charnus ou durs et indéhiscents ; c'est ce qu'on observe chez quelques *Trifolium*, *Vicia*, *Lathyrus*, etc., les *Arachis* et les *Voandzeia*. Ailleurs le fruit s'ouvre à la façon d'un follicule, par la suture ventrale seulement. Les gousses sont parfois remplies de pulpe, ou bourrées entre les graines d'un tissu spongieux ; dans d'autres cas la loge, normalement unique, est divisée par de fausses cloisons transversales en articles monospermes, ou même en deux loges longitudinales par une fausse cloison provenant des deux bords du carpelle qui se recourbent en dedans. Cette dernière disposition s'observe chez les *Astragalus*.

Les graines, souvent nombreuses, sont rangées dans la gousse en 2 séries le long de la suture ventrale ; elles alternent généralement d'une valve à l'autre, et ne sont que plus rarement opposées par paires. L'albumen manque généralement et les cotylédons sont alors épais et charnus. Lorsqu'il existe chez les Papilionacées, l'albumen est très faible et ne devient copieux que chez une seule espèce du genre *Swartzia;* chez les Césalpiniées l'albumen qui fait ordinairement défaut, existe dans la tribu des Bauhiniées et chez quelques rares genres appartenant à des tribus voisines ; chez les Cassiées et un petit nombre d'Eucésalpiniées on trouve un albumen copieux et cartilagineux.

On voit par ce qui précède, que la vaste famille des Légumineuses ne présente guère de caractères communs à toutes les plantes qui la composent. Les deux seuls caractères. sinon absolus, du moins très généraux, sont ceux qui sont tirés du fruit et des feuilles.

Caractères biologiques. — Les feuilles des Légumineuses présentent souvent des mouvements de veille et de sommeil. Nous étudierons ces mouvements chez les espèces où ils sont particulièrement intéressants, comme chez le Sainfoin oscillant (*Hedysarum gyrans*) et surtout la Sensitive (*Mimosa pudica*).

En agriculture, les Légumineuses sont considérées comme *plantes améliorantes*, par opposition aux Céréales que l'on désigne sous le nom de plantes *épuisantes*. Les Légumineuses utilisent dans le sol des substances nutritives qui sans elles resteraient sans emploi e constitueraient un capital mort; on conçoit donc quelle est leur importance agricole. De plus les Légumineuses possèdent la remarquable propriété d'emprunter à l'atmosphère une grande partie de l'azote qui entre dans leur composition.

Depuis plus d'un siècle les chimistes agronomes et les physiologistes discutent sur le point de savoir si l'azote libre de l'atmosphère peut être assimilé ou utilisé par les plantes. La question, soulevée depuis de Saussure, semblait avoir été définitivement résolue dans le sens négatif, il y a une cinquantaine d'années, à la suite des expériences de Boussingault. M. Berthelot, dans des recherches qu'il poursuit depuis 1883 et qu'il a commencé à publier en 1885, a repris cette question de la fixation de l'azote atmosphérique libre dans le cours de la végétation, et a réussi à établir que cette fixation a réellement lieu, principalement dans certaines terres végétales, en donnant naissance à des composés organiques complexes, de l'ordre des albuminoïdes, tandis qu'elle ne se produit pas dans les mêmes terres stérilisées. Cette action doit alors être envisagée comme le résultat de l'activité vitale de *microbes* contenus dans le sol. Les travaux de plusieurs savants qui se sont engagés dans la voie ouverte par M. Berthelot sont venus confirmer et étendre ses découvertes sur la fixation de l'azote libre par la terre végétale par suite de l'intervention de microorganismes.

Dans le cas de la terre portant des Légumineuses, outre la fixation par le sol il intervient un phénomène secondaire très important, mis surtout en lumière par les remarquables expériences de deux savants allemands, MM. Hellriegel et Wilfarth, qui montrèrent, en 1888, que chez les Légumineuses, non seulement l'azote fixé provient de l'atmosphère, mais aussi que cette assimilation de l'azote libre est due à la présence d'une bactérie vivant dans et autour des racines des plantes et dont la présence donne lieu à la formation de tubercules particuliers sur les racines de ces plantes.

Dans leurs expériences, MM. Hellriegel et Wilfarth cultivèrent des Graminées et des Légumineuses dans un sol artificiel privé d'azote : pour réaliser ce programme ils employaient des vases en verre de 176 centimètres carrés de surface, contenant les uns 4, les autres 8 kilogrammes d'un sable quartzeux ne renfermant que des traces inappréciables d'azote (moins de 1 milligramme par kilogramme). L'arrosage se faisait au moyen d'une solution nourricière ne contenant pas trace de matières azotées, mais formée uniquement de phosphate de potasse, de chlorure de potassium, de sulfate de magnésie et de nitrate de chaux.

Dans une première série d'expériences, le sol artificiel et les vases furent soigneusement stérilisés par la chaleur (150°) et par une solution de sublimé au 1/1000; de plus, le tout était recouvert d'une couche d'ouate stérilisée, de manière à éloigner les bactéries qui pourraient y pénétrer avec les poussières de l'air. Dans ces conditions, si l'on n'ajoute pas d'engrais azotés, les graines germent, mais lorsque la jeune plante a épuisé ses réserves, elle traverse une période de vie pénible, reste naine, chaque nouvelle feuille ne se formant qu'aux dépens d'une feuille ancienne qui s'épuise et se flétrit. Si l'on ajoute au sol des nitrates, on voit au contraire la plante se développer avec vigueur et le poids de la récolte augmente proportionnellement au poids des nitrates.

Dans une deuxième série d'expériences, le sol n'ayant pas été stérilisé au préalable, les résultats restèrent les mêmes avec les Graminées, mais furent bien différents avec les Légumineuses. Celles-ci, après avoir traversé une période pénible de *faim d'azote*, correspondant à l'épuisement des réserves, prirent ensuite, en l'absence de toute addition de nitrate, un développement considérable. La plante put arriver à renfermer jusqu'à cent fois plus d'azote que la graine.

Ce résultat, qui ne peut être expliqué par aucune des hypothèses admises autrefois sur l'origine de l'azote dans les plantes, est évidemment dû à une cause étrangère aux plantes ; dans les expériences de MM. Hellriegel et Wilfarth en effet, toutes les plantes d'un même pot n'avaient pas le même sort, et il arrivait souvent que les unes prospéraient pendant que d'autres dépérissaient, quoique placées dans les mêmes conditions dans la deuxième série d'expériences.

Les seules conclusions que l'on pouvait déduire de ces faits étaient que l'azote fixé par les plantes devait provenir de l'azote libre de l'atmosphère et que cette fixation devait être due à l'intervention de microbes.

Pour démontrer ce dernier point, MM. Hellriegel et Wilfarth firent germer des graines de Graminées et de Légumineuses dans un sol stérilisé, en ayant soin d'arroser avec de l'eau de lavage d'une terre arable ordinaire. Dans 25 centimètres cubes d'une pareille eau il n'y a pas plus d'un milligramme d'azote, quantité tout à fait négligeable ; cependant les Légumineuses prirent un développement considérable et les inégalités de croissance signalées ci-dessus disparurent. D'autre part si la délayure de terre arable a été préalablement chauffée à l'ébullition, ou même à 70° seulement, son addition ne modifie en rien la végétation pénible des Légumineuses dans un sol stérilisé. Tous ces faits concordent admirablement pour justifier l'hypothèse de l'action de certains microbes dont la présence permet aux Légumineuses d'utiliser l'azote atmosphérique. La stérilisation détruit ces microbes, qui sont au contraire introduits avec la délayure de terre arable. Dans un sol non stérilisé ordinaire, les microbes peuvent être absents ou présents, ce qui explique la diversité des résultats obtenus dans ce cas.

Aux faits précédents vient s'en ajouter un autre d'une importance capitale. On a signalé depuis longtemps la présence sur les radicelles des Légumineuses de tubercules de petite taille où se mettent en réserve de l'amidon et surtout des matières albuminoïdes. Au point de vue anatomique, ces tubercules doivent être considérés, selon M. Van Tieghem, comme autant de radicelles arrêtées dans leur croissance, renflées et dichotomisées en des points rapprochés, avec concrescence plus ou moins complète des branches entre elles et avec le tronc.

Ces nodosités se rencontrent sur les racines des Légumineuses plantées dans un sol ordinaire ou dans un sol artificiel non stérilisé : toutes les fois que la plante assimile de l'azote on trouve ces tubercules. Les racines au contraire restent grêles, chétives et sans nodosités lorsqu'elles plongent dans un sol stérilisé, c'est-à-dire lorsque la plante n'assimile pas d'azote.

MM. Hellriegel et Wilfarth, entre autres expérimentateurs, ont démontré ce fait de la manière suivante : Ils ont pris une tige de Pois présentant deux racines latérales identiques : chacune d'elles fut plongée dans un vase contenant une solution nourricière privée d'azote : la solution de l'un des vases était stérilisée, tandis que l'autre était additionnée de délayure de terre : les nodosités ne se développèrent que sur la racine plongée dans ce dernier vase.

Dès 1867, Woronine avait décrit ces nodosités sur les racines des Légumineuses en y signalant la présence de bâtonnets capables de se mouvoir. En 1879, M. Prillieux émit l'hypothèse que les nodosités sont produites par ces bâtonnets, qui ne seraient autres que des bacilles. En 1885, M. Brunchorst confirma cette manière de voir, à l'appui de laquelle on peut citer l'expérience suivante de M. Bréal : Dans un sol stérilisé on cultive côte à côte 2 Lupins identiques ; si l'on vient alors à piquer les racines de l'un d'eux avec une aiguille trempée dans le suc blanchâtre qui remplit les nodosités d'une racine de Luzerne, on voit la plante piquée se développer beaucoup plus que l'autre et porter des nodosités sur ses racines, tandis que celles-ci restent grêles chez la plante non piquée.

On se trouve donc en présence de trois faits entre lesquels il existe une corrélation indiscutable : assimilation de l'azote atmosphérique ; présence de nodosités sur les racines ; action des bactéries.

Les seules conclusions qu'on en puisse tirer sont les suivantes :

1° Les Légumineuses se comportent autrement que les autres plantes quant à l'utilisation de l'azote.

2° Les Légumineuses assimilent l'azote de l'air grâce au concours de certaines bactéries dont la présence détermine sur les radicelles la formation de tubercules. Ces tubercules ne sont pas des organes de réserve ordinaires de matières albuminoïdes, mais sont en relation de cause à effet avec l'assimilation de l'azote de l'air.

Ajoutons que toutes les bactéries ne sont pas capables de ce résultat, et qu'à certaines Légumineuses conviennent certains microbes. M. Duclaux voit là un exemple d'une véritable action symbiotique, c'est-à-dire d'une association entre certaine Légumineuse et certaine bactérie, où chacune d'elles trouve son profit. L'association ne se fait pas d'une façon quelconque, chaque espèce de Légumineuse ayant ses microbes commensaux.

Distribution géographique. — Les Légumineuses forment une très nombreuse famille, comptant plus de 400 genres et de 7000 espèces. Ces plantes sont largement répandues sur presque toute la surface du globe, depuis les régions équinoxiales jusqu'aux terres arctiques ou jusqu'au sommet des montagnes. On ne connaît jusqu'à présent aucun représentant de cette famille dans les îles froides antarctiques.

Distribution géologique. — De tous les végétaux fossiles, les Légumineuses sont peut-être les plus difficiles à déterminer. Aussi leur histoire paléontologique est-elle encore assez confuse. On les trouve en effet, le plus souvent, sous forme de simples folioles ou de fruits isolés, trop ressemblants d'un genre à l'autre pour pouvoir être distingués avec précision.

Les Légumineuses sont assez communes dans la flore crétacée du système d'Atané, mais c'est surtout dans l'Éocène inférieur et moyen d'Angleterre que ces plantes sont le plus abondantes.

Classification. — La famille des Légumineuses forme dans le monde des plantes une grande famille à la fois très vaste et très naturelle. On la divise en 3 sous-familles, dont les caractères généraux sont résumés dans le tableau suivant :

Fleurs irrégulières.	Calice gamosépale au delà du disque ; pétales imbriqués avec supérieur externe , embryon très généralement courbe................	PAPILIONACÉES.
	Calice ordinairement divisé jusqu'au disque ; pétales imbriqués avec supérieur interne ; étamines généralement libres ; embryon droit...	CÉSALPINIÉES.
Fleurs régulières ; calice gamosépale ou non ; pétales valvaires, souvent soudés de la moitié inférieure ; étamines libres ou monadelphes........		MIMOSÉES.

Affinités. — Les affinités des Légumineuses sont assez difficiles à établir, vu le petit nombre des caractères communs à tous les genres et à toutes les tribus de la famille, caractères qui se réduisent à deux tout au plus, ainsi que nous l'avons vu plus haut. Par certaines de ses tribus la famille des Légumineuses se rattache aux Anacardiacées; par d'autres aux Oxalidées, aux Rosacées, etc.

Usages. — La famille des Légumineuses comprend un très grand nombre de végétaux utiles à l'homme aux points de vue les plus divers. On y trouve en effet réunies des plantes alimentaires (Haricot, Pois, etc.), des plantes fourragères (Trèfle, Luzerne, etc.), des plantes médicinales (Casse, Séné, Réglisse, etc.), des plantes ornementales (Robinier, Cytise, etc.), des plantes industrielles (Arachide, Indigotier, Palissandre, etc.), et bien d'autres encore que nous indiquerons en étudiant successivement chacune des sous-familles.

LES PAPILIONACÉES — *PAPILIONACÆ*

Étymologie. — La sous-famille des Papilionacées doit son nom à la forme des fleurs que, chez les plantes qui la composent, on a comparées à un papillon aux ailes étendues (fig. 602). Tournefort donne le nom de corolle *papilionacée* aux corolles polypétales régulières construites sur ce type particulier, et, dans sa classification (1694), forme la famille des *Papilionacées* avec les plantes dont la fleur présente cette forme de corolle. Le

nom de Papilionacées se retrouve d'ailleurs dans la plupart des auteurs antérieurs d'un siècle à Tournefort. Linné, dans sa classification, a conservé cette dénomination pour désigner un ordre de la classe de la Diadelphie. Les limites de la sous-famille de Papilionacées telle qu'on la considère aujourd'hui, sont, à un très petit nombre d'exceptions près, celles qu'a fixées R. Brown en 1814.

Caractères. — Les Papilionacées sont pour

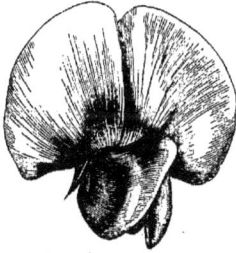

Fig. 602.

Fig. 603.

Fig. 604.

Fig. 605.

Fig. 606.

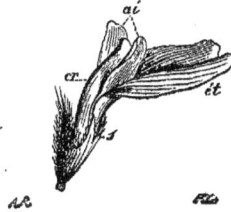

Fig. 607.

Fig. 608.

Fig. 609.

Fig. 602. — Fleur de *Lathyrus latifolius*.
Fig. 603. — Étendard isolé
Fig. 604. — Aile isolée } de la même fleur.
Fig. 605. — Carène isolée

Fig. 606. — Fleur de *Phaseolus vulgaris*.
Fig. 607. — Fleur de *Trifolium pratense*.
Fig. 608. — Fleur d'*Amorpha fruticosa*.
Fig. 609. — Androcée de *Colutea arborescens*.

Fig. 602 à 609. — Organisation de la fleur chez les Papilionacées.

la plupart des plantes herbacées ; on trouve cependant parmi elles plusieurs arbrisseaux et même des arbres de grande taille, comme par exemple le Robinier faux-Acacia. Les feuilles y sont stipulées, alternes, le plus souvent composées, pennées ou digitées, la nervure médiane se prolongeant parfois en filet ou en vrille ; rarement simples, elles sont décomposées dans deux espèces de *Rhynchosia*, de la section *Polytropia*. Les fleurs, hermaphrodites ou plus rarement polygames, sont solitaires ou disposées en grappes ou en épis.

Les fleurs irrégulières (fig. 602 à 609), désignées sous le nom de fleurs papilionacées, se composent des organes suivants : les sépales, normalement au nombre de 5, se soudent au delà du disque pour former un calice gamosépale, campanulé, tronqué, ou portant 5 divisions plus ou moins profondes, qui se répartissent parfois en 2 lèvres : une supérieure à 2 dents et une inférieure à 3 dents, le sépale médian occupant la partie inférieure ou externe de la fleur. Les pétales de la corolle, au nombre de 5, sont imbriqués, dressés ou plus rarement étalés. Ils sont dissemblables et ont été distingués les uns des autres par des noms

particuliers. Le pétale supérieur, tout à fait extérieur, nommé *étendard* ou *vexillum* (fig.603), embrasse les 2 pétales latéraux, plus petits, nommés *ailes* (fig. 604), qui recouvrent eux-mêmes par leur bord inférieur, deux autres pétales, plus petits encore, adhérents l'un à l'autre suivant la ligne médiane par leur bord inférieur, et dont l'ensemble constitue la *carène* (fig. 605). Les pétales sont ordinairement libres : ils peuvent cependant se souder quelquefois au tube staminal, de façon à constituer une corolle gamopétale, ainsi qu'on l'observe chez les *Walpersia*, un très grand nombre de Trèfles, et une espèce du genre *Inocarpus*. Le nombre des pétales, qui est normalement de 5, peut se réduire à 3 par avortement, et même à 1 seul comme chez les *Amorpha* (fig. 608). Les fleurs sont apétales chez les *Cordyla* et chez plusieurs *Swartzia*.

Les étamines sont exceptionnellement en nombre indéfini chez la plupart des genres de la tribu des Swartziées. Chez les autres Papilionacées elles sont au nombre de 10 ; le plus souvent les 9 inférieures sont soudées par leurs filets en un tube cylindrique, fendu suivant une de ses génératrices et qui entoure l'ovaire ;

l'étamine supérieure reste libre (fig. 609) et l'on dit alors qu'il y a *diadelphie*. Dans plusieurs types tels que le Genêt, l'Ajonc, etc., la 10ᵉ étamine se soude aux 9 autres : le tube staminal est alors complet et il y a *monadelphie*. Parfois aussi les 10 étamines restent libres entre elles. L'androcée se réduit à 9 étamines chez le *Chorizema*, par avortement de l'étamine supérieure. Les anthères sont biloculaires introrses.

Le pistil, formé d'un seul carpelle à suture ventrale, dirigée vers l'étendard, contient de nombreux ovules campylotropes, et est surmonté d'un style droit ou recourbé. Le fruit qui lui succède est une gousse simple ou cloisonnée ; les graines qui y sont incluses sont souvent réniformes, avec embryon recourbé, dont la radicule est appliquée sur le bord des cotylédons. Ceux-ci sont le plus souvent épais et charnus et gorgés de réserves nutritives : les graines des Papilionacées sont en effet généralement dépourvues d'albumen, ou lorsque celui-ci existe, il est très peu abondant ; il n'est copieux que chez une seule espèce du genre *Swartzia*.

Distribution géographique. — On a décrit plus de 300 genres dans la sous-famille des Papilionacées et près de 5000 espèces. En 1846, Lindley, d'après les évaluations de Bentham, en admettait 4800 environ.

Ce sont des plantes de tous les climats ; on peut dire qu'on les rencontre depuis l'équateur jusqu'aux pôles. Elles sont cependant plus communes dans les régions chaudes, surtout dans l'ancien continent : quelques Astragales s'élèvent jusqu'au sommet des hautes montagnes.

Les Papilionacées représentent seules les Légumineuses dans la flore française si l'on ne tient compte que des espèces vivant à l'état spontané, et si l'on considère comme introduits, le Bois de Judée et le Caroubier, deux arbres de la sous-famille des Césalpiniées, qui croissent dans le Midi de la France. Les Papilionacées abondent aussi bien au Nord qu'au Midi. Nous en indiquerons plus spécialement la distribution géographique à propos de chaque tribu en particulier.

Distribution géologique. — Parmi les Papilionacées qui ont été trouvées à l'état fossile, il convient de citer les genres *Cytisus*, *Colutea* et *Robinia*, connus en Europe dans le Miocène.

Affinités. — Les Papilionacées présentent quelques ressemblances avec les Anacardiacées (Térébinthacées) ; elles s'en distinguent principalement par la présence de stipules, par l'irrégularité des fleurs, la forme des fruits, etc.

Classification. — Les Papilionacées forment 11 tribus, dont l'une d'entre elles, celle des Swartziées, diffère profondément des 10 autres et a été quelquefois élevée au rang de sous-famille spéciale. Plusieurs des tribus sont à leur tour subdivisées en un certain nombre de sous-tribus.

Usages. — Les usages des Papilionacées sont excessivement nombreux. Nous en parlerons à propos de chacun des genres que nous allons décrire.

I. — LES PODALYRIÉES
— PODALYRIEÆ

Caractères. — Les Podalyriées sont des arbrisseaux, ou plus rarement des herbes, à tige rarement volubile, portant des feuilles simples ou digitées, à 3 folioles ou à un plus grand nombre. Ce n'est que très rarement que les feuilles sont composées pennées. Dans les genres à feuilles simples, celles-ci sont le plus souvent subsessiles.

Les fleurs présentent une corolle papilionacée, 10 étamines libres ou à peine réunies à la base. La gousse est inarticulée. La radicule de l'embryon est infléchie.

La tribu des Podalyriées se distingue principalement de celle des Génistées par l'indépendance des étamines et de celle des Sophorées par le port ainsi que par les feuilles digitées et non pennées.

Distribution géographique. — Les Podalyriées, au nombre de 433 espèces environ, sont presque exclusivement des plantes des pays chauds, en particulier de l'Australie : sur les 26 genres qu'on y distingue, en effet, 19 sont propres à cette contrée ; des 7 autres, 5 habitent l'hémisphère Nord et 2 le Sud de l'Afrique.

La flore française n'en possède qu'un seul représentant, l'*Anagyris fœtida*, petit arbuste qui habite les contrées les plus chaudes du littoral de la Méditerranée.

Usages. — Les espèces australiennes, souvent constituées par de petits arbustes à feuilles persistantes, sont cultivées depuis le commencement de ce siècle dans les serres tempérées et les jardins d'hiver comme plantes d'ornement. Signalons en particulier : les CHORIZÉMAS (*Chorizema ilicifolia*, *ericoides* *superba*, etc.), petits sous-arbrisseaux de l'Australie, dont les jolies fleurs papilionacées sont généralement mi-partie jaunes et mi-partie pourpres ; les PULTÉNÉAS (*Pultenæa daphnoides*, *vestita*, *villosa*, etc.), sous-arbustes de la même région, à fleurs jaunes ou mordorées.

LES ANAGYRES — *ANAGYRIS*

Étymologie. — Du grec *ana*, sur ; *gyros*, cercle ; allusion à la courbure de la gousse.

Caractères. — Les Anagyres sont des arbrisseaux à feuilles alternes, pétiolées, digitées à 3 folioles, munies de 2 stipules soudées en une seule pièce opposée à la feuille. Les fleurs sont grandes, jaunes, disposées en courtes grappes à l'extrémité des rameaux.

L'étendard est plus court que les ailes ; les pétales de la carène ne sont pas soudés entre eux. Le fruit est une gousse plate divisée extérieurement par des cloisons celluleuses.

Distribution géographique. — On connaît 2 ou 3 espèces d'Anagyres, habitant la région méditerranéenne jusqu'aux îles Canaries et l'Arabie. Une de ces espèces se retrouve dans le Midi de la France.

L'ANAGYRE FÉTIDE — *ANAGYRIS FŒTIDA*

Nom vulgaire. — Bois puant.

Caractères. — L'Anagyre fétide est un arbuste de 1 à 2 mètres de haut, dont les feuilles sont composées de 3 folioles longues et lancéolées, et dont les fleurs, jaunes et nombreuses, sont groupées en grappes bractéolées et ont beaucoup d'éclat. L'étendard, plus court que la carène, a la forme d'un cœur renversé. La gousse, comprimée et légèrement courbée, contient des graines qui deviennent violettes en mûrissant.

Distribution géographique. — Cet arbrisseau croît sur les rochers, aux endroits pierreux et arides du Midi de la France, de l'Espagne, de l'Italie et du Nord de l'Afrique.

Caractères. — On a parfois cultivé cette plante comme arbrisseau d'ornement, malgré la faible valeur ornementale de ses fleurs et l'odeur désagréable qu'exhale tout l'arbuste, qui doit à ce dernier caractère le surnom de *Bois puant*. De plus l'Anagyre fétide ne peut vivre en plein air pendant l'hiver que dans le climat méridional ; plus au Nord, il lui faut la serre tempérée. Ajoutons que ses graines vénéneuses, qui peuvent donner lieu à de fatales

méprises par leur ressemblance avec les haricots, devraient contribuer à faire proscrire impitoyablement cet arbuste de nos bosquets.

LES BAPTISIES — *BAPTISIA*

Étymologie. — Du grec *bapto*, teindre ; allusion aux propriétés tinctoriales du *Baptisia tinctoria*.

Caractères. — Les Baptisies sont des herbes à rhizome vivace, à feuilles alternes, digitées trifoliées, ou simples ; à stipules libres, souvent petites ou même nulles ; à fleurs jaunes, blanches ou bleues, disposées en grappes.

Les pétales sont presque égaux entre eux et ceux de la carène sont soudés dorsalement. La gousse est globuleuse ou ovoïde.

Distribution géographique. — Les 14 espèces qui forment ce genre habitent toutes l'Amérique du Nord.

Usages. — Aux États-Unis en emploie le *Baptisia tinctoria* comme succédané de l'Indigotier, car on peut extraire de l'indigo de ses feuilles.

Le *Baptisia exaltata*, originaire de l'Amérique du Nord, est une belle plante vivace à fleurs blanches, qui se développe bien en pleine terre dans les jardins français, et fleurit à la fin de juillet.

LES PODALYRES — *PODALYRIA*

Étymologie. — Genre dédié au célèbre médecin Podalyre, fils d'Esculape.

Caractères. — Les Podalyres, qui ont donné leur nom à la tribu des Podalyriées, sont des arbustes à feuilles simples, coriaces, alternes, brièvement pétiolées. Les 2 pétales inférieurs des fleurs se soudent dorsalement pour former une carène large et obtuse. La gousse est gonflée.

Distribution géographique. — On connaît 17 Podalyres, originaires du Cap de Bonne-Espérance.

Usages. — Les Podalyres sont des arbrisseaux d'ornement que l'on cultive volontiers en serre froide.

II. — LES GÉNISTÉES — *GENISTÆ*

Caractères. — Les Génistées sont des arbrisseaux ou plus rarement des herbes non volubiles ; les *Laburnum* et les *Petteria* sont arborescents. Les stipules, ordinairement libres, manquent aussi parfois. Les feuilles, simples ou digitées, à **3** folioles ou davantage, sont rarement unifoliolées. Les fleurs sont tantôt solitaires, tantôt groupées en grappes ou en épis.

Les fleurs (fig. 610 à 616) sont nettement papilionacées. Les 10 étamines sont ordinairement monadelphes, avec filaments non dilatés au sommet. L'étamine supérieure n'est libre que chez quelques genres tels que *Liparia*, *Priestleya*, *Amphithalea*, etc. Les anthères sont généralement de taille diverse, et il y en a 5 plus grandes que les 5 autres qui alternent régulièrement avec les précédentes.

Le fruit (fig. 617) est une gousse bivalve, qui n'est que très rarement indéhiscente chez les *Viborgia* et quelques espèces de *Laburnum* et de *Genista*. Chez les *Rothia* la gousse s'ouvre à la façon d'un follicule.

Distribution géographique. — Les Génistées comprennent 43 genres. Ce sont des plantes appartenant à tous les climats et à toutes les régions du globe.

Ce groupe est assez bien représenté dans la flore française par une dizaine de genres aux espèces nombreuses, répandues sur tous les points de notre pays, plus abondantes cependant dans les régions tempérées ou méridionales que dans le Nord; c'est ce qu'on observe en particulier pour les genres *Adenocarpus*, *Calycotome*, *Erinacea*, *Lupinus*.

Classification. — Les Génistées peuvent être partagées en 4 sous-tribus d'après les caractères suivants :

Étamine supérieure ordinairement libre ; graines strophiolées ; feuilles simples privées de stipules. Plantes de l'Afrique australe		*Lipariées.*
Étamines toutes soudées	en une gaine fendue en dessus.	Graines strophiolées ; feuilles simples ordinairement pourvues de stipules. Plantes de l'Afrique australe..... *Bossiées.*
		Graines non strophiolées. *Crotalariées.*
	en un tube complètement fermé; graines dépourvues de strophiole......... *Spartiées.*	

Usages. — A la tribu des Génistées appartiennent des plantes ornementales et des plantes fourragères principalement.

La plupart de ces dernières, quoique de qualité médiocre au point de vue de la nourriture du bétail, ont le grand avantage de prospérer dans les plus mauvais terrains.

On tire de la filasse de plusieurs Génistées, principalement du Genêt d'Espagne et du Genêt à balais. Outre ces plantes indigènes, plusieurs espèces de *Crotalaria* sont cultivées dans les pays exotiques pour leurs fibres textiles ; la plus importante est le *Crotalaria juncea*, plante annuelle, cultivée non seulement dans l'Asie méridionale, mais encore dans les îles de Java et de Bornéo; on en isole par le rouissage la fibre libérienne, désignée dans le commerce sous le nom de *Soun*.

Plusieurs Génistées sont d'excellentes plantes d'ornement pour les parcs et les jardins. On cultive en serre tempérée plusieurs Génistées exotiques telles que les *Templetonia*, *Liparia* et *Bossiœa*.

Toutes les Génistées usuelles que nous allons étudier appartiennent à la sous-tribu des Spartiées.

LES LUPINS — *LUPINUS*

Étymologie. — *Lupinus* est le nom d'une plante dans Pline. Ce nom vient probablement de *lupus*, loup, et signifierait alors que la plante dévore, c'est-à-dire épuise le sol. On donne dans certains pays à différentes espèces de Lupins, le nom vulgaire de *Fèves louves*, qui a la même signification.

Caractères. — Les Lupins sont pour la plupart des plantes herbacées à feuilles entières ou digitées, avec stipules soudées au pétiole par leur base. Les fleurs bleues, violettes ou panachées, rarement jaunes ou blanches, sont groupées en grappes terminales ou réunies en verticilles.

Le calice est bilabié et les lèvres sont beaucoup plus longues que le tube. L'étendard est grand, strié, à bords réfléchis; les ailes sont souvent réunies au sommet; la carène est incurvée et rostrée. Les étamines sont toutes soudées en un tube fermé. Le fruit est plus ou moins comprimé, coriace, ordinairement soyeux, velu, divisé transversalement entre les graines. Celles-ci, dépourvues de strophiole, présentent un funicule très court, avec hile oblong ou linéaire.

Caractères biologiques. — Les feuilles des Lupins présentent d'intéressants mouvements de veille et de sommeil. Au coucher du soleil on voit les folioles se replier en deux suivant la ligne médiane dans le sens de la longueur; les deux bords s'appliquent l'un contre l'autre, et lorsque les folioles se sont ainsi fermées, elles s'inclinent sur le pétiole en se réfléchissant vers le sol. Elles restent dans cette position pendant la nuit pour s'ouvrir de nouveau le lendemain matin.

Fig. 610.   Fig. 611.   Fig. 612.   Fig. 613.

Fig. 614.   Fig. 615.   Fig. 616.   Fig. 617.

Fig. 610. — Fleur coupée en long (grossie).
Fig. 611. — Calice (grossi).
Fig. 612. — Étendard de la fleur.
Fig. 613. — Une des deux ailes de la fleur.
Fig. 614. — Carène de la fleur.

Fig. 615. — Fleur dont on a enlevé le calice et la corolle.
Fig. 616. — Fleur dont on a enlevé le calice, la corolle et les étamines.
Fig. 617. — Fruit mûr.

Fig. 610 à 617. — Organisation de la fleur et du fruit chez une Génistée : le Genêt à balais (*Sarothamnus scoparius*).

Distribution géographique. — Les espèces décrites dans le genre Lupin dépassent le nombre de 95, mais il est vraisemblable que ce nombre est fort exagéré, car la plupart d'entre elles sont très variables et de limite incertaine. Les espèces à feuilles digitées sont pour la plupart dispersées à travers l'Amérique occidentale de la Colombie à la Bolivie ; quelques espèces à feuilles entières habitent le Brésil ou les pays du Sud de l'Amérique du Nord. Un petit nombre d'espèces à feuilles digitées croissent sur l'ancien continent, dans la région méditerranéenne. Les 4 espèces de Lupins de la flore française sont propres aux départements du Midi.

Usages. — Par leurs belles fleurs et par leur joli feuillage, les Lupins sont dignes d'orner les jardins ; aussi en cultive-t-on de nombreuses espèces comme plantes d'ornement.

Plusieurs espèces sont cultivées dans les champs, soit comme fourrage, soit comme graines pour les bestiaux. On a souvent contesté la valeur des Lupins comme plantes fourragères et cela, semble-t-il, avec quelque raison ; mais ces plantes ont pour elles le grand mérite de croître dans tous les terrains, même les plus mauvais.

LE LUPIN BLANC — *LUPINUS ALBUS*

Caractères. — Le Lupin blanc est une espèce annuelle, haute de 60 à 80 centimètres environ, à tige jaunâtre, fistuleuse, un peu velue, à feuilles digitées, composées de 5 ou 7 folioles oblongues, molles, entières, recouvertes en dessous de fins poils argentés. Les fleurs sont blanches, assez grandes, et présentent un calice dépourvu d'appendice linéaire entre les 2 lèvres, comme cela s'observe chez les autres Lupins. Les fruits renferment des graines orbiculaires, aplaties et jaunâtres, riches en amidon.

Distribution géographique. — Le Lupin blanc est la seule espèce que l'on trouve mentionnée dans les auteurs anciens tels que Pline, Théophraste, Dioscoride, Galien, etc. On la croit originaire de l'Orient ; elle est aujourd'hui cultivée dans les contrées méridionales de l'Europe. Cette plante constitue dans les Pyrénées un pâturage d'hiver très précieux. En France, c'est une plante du Midi, car les graines mûrissent mal dès qu'on la cultive un peu trop au Nord.

Usages. — La culture du Lupin blanc est très ancienne ; malgré son goût amer assez prononcé, il peut convenir comme fourrage pour la nourriture du bétail, qu'il engraisse promptement. Les moutons surtout l'acceptent volontiers.

Comme le Lupin blanc croît rapidement et avec facilité dans les sols les plus pauvres et les plus ingrats, on peut s'en servir pour l'amendement des terres de mauvaise qualité dans lesquelles on le sème, puis on enterre la récolte lorsqu'elle est en fleurs, ce qui donne au sol un engrais vert excellent.

Les graines sont amères et toniques et passent pour prévenir la pourriture du mouton. Elles ont été autrefois employées pour la nourriture de l'homme ; les Romains en faisaient usage, en les dépouillant préalablement de leur amertume par une ébullition assez prolongée dans l'eau. Les paysans corses et piémontais se nourrissent encore aujourd'hui de ces graines, assez pauvres en amidon et en matières grasses, mais riches en matières albuminoïdes.

Avec la farine des graines de Lupin, on fabrique, en Égypte, une pâte qui peut servir aux soins de la toilette, comme la pâte d'amandes dans notre pays.

On cultive en grand dans les environs de Soissons une espèce assez voisine, le LUPIN VARIÉ (*Lupinus varius*) ou Lupin bigarré, à fleurs bleues, parfois rougeâtres, disposées en verticilles. Cette plante, qui croît au milieu des moissons dans les contrées méridionales, aux environs de Narbonne et de Montpellier, produit des graines assez grosses, du volume d'une fève, qu'on donne aux bestiaux pour les engraisser.

Cette espèce figure parfois dans les jardins comme plante d'ornement, mais c'est un des moins élégants d'entre les Lupins, car ses fleurs sont ordinairement cachées au milieu du feuillage.

LE LUPIN JAUNE — *LUPINUS LUTEUS*

Caractères. — Le Lupin jaune est une plante annuelle de 40 à 60 centimètres de haut, glabre, rameuse, à feuilles digitées, à 7 ou 9 folioles oblongues et cunéiformes. Les fleurs, jaunes et odorantes, sont disposées en verticilles et groupées en épis. Les gousses, velues et comprimées, renferment 4 ou 5 graines réniformes, un peu aplaties.

Distribution géographique. — Le Lupin jaune est une de nos espèces indigènes, que l'on rencontre dans les contrées méridionales de la France. On la trouve aussi en Afrique sur le littoral de la Méditerranée. Elle forme en Barbarie de vastes champs d'une grande beauté.

Usages. — Le Lupin jaune est le moins amer de tous les Lupins ; aussi convient-il particulièrement comme fourrage vert ou sec et le cultive-t-on dans ce but.

Le nombre, la beauté, la couleur, la disposition en un long épi de ses fleurs, qui paraissent vers le mois de juin, en font une charmante plante de jardin convenant aussi bien à la décoration des corbeilles et des platesbandes qu'à la confection des bouquets.

On trouve encore dans les moissons du Midi de la France :

Le LUPIN HÉRISSÉ (*Lupinus hirsutus*), couvert sur toutes ses parties de longs poils roussâtres à fleurs bleues, qui croît en abondance aux environs de Montpellier et que l'on retrouve en Corse ;

Le LUPIN A FEUILLES ÉTROITES (*Lupinus angustifolius*), que l'on rencontre plus particulièrement aux environs de Bordeaux, ainsi qu'au Mans et à Orléans.

LE LUPIN NAIN — *LUPINUS NANUS*

Caractères. — C'est une espèce annuelle, de 20 à 30 centimètres tout au plus, à feuilles digitées, formées de folioles lancéolées, linéaires, longues de 3 centimètres et plus ; les fleurs, réunies en nombreux épis de 8 à 10 centimètres, présentent un étendard blanc, pointillé de bleu clair, et des ailes bleuâtres, cachant la carène qui est blanc brunâtre.

Distribution géographique. — Le Lupin nain est originaire de la Californie.

Usages. — C'est une excellente plante de jardin, très florifère, et produisant beaucoup d'effet en masse, soit en bordures, soit en corbeilles. La floraison a lieu vers les mois de juin ou de juillet. Il en existe une variété à fleurs blanches, légèrement teintées de lilas, et une autre dont les fleurs passent successivement du blanc au rouge carminé.

Parmi les autres Lupins exotiques dont

Fig. 618. — Lupin polyphylle (*Lupinus polyphyllus*).

l'horticulture tire un excellent parti nous signalerons :

Le LUPIN JAUNE SOUFRE (*L. sulphureus*) de Californie, à fleurs jaune soufre, qui, dans une variété, prennent une teinte mordorée brunâtre assez curieuse.

Le LUPIN CHANGEANT (*L. mutabilis*) de Colombie, à fleurs bleues, avec étendard jaune pointillé de rouge; les fleurs du sommet de l'épi sont presque blanches. Il en existe une

variété connue sous le nom de LUPIN DE CRUIKSHANKS (*L. mutabilis* var. *Cruikshanksi*), qui compte parmi les plus belles du genre ;

Le LUPIN PUBESCENT (*L. pubescens*) du Mexique, Guatémala, espèce très florifère, etc.

Toutes les espèces précédentes sont annuelles. On cultive encore dans les jardins une espèce vivace, le LUPIN POLYPHYLLE (*L. polyphyllus*) (fig. 618) de l'Amérique du Nord, à fleurs d'un beau bleu dans l'espèce type, et dont il existe plusieurs variétés à fleurs blanches et à fleurs panachées.

Le LUPIN A GRANDES FEUILLES (*L. macrophyllus*) est encore une espèce vivace à fleurs rouge bleuâtre.

LES ARGYROLOBES — *ARGYLOBIUM*

Étymologie. — Du grec *argyros*, argent ; *lobion*, gousse. La gousse de ces plantes est couverte de poils soyeux argentés.

Caractères. — Ce sont des herbes ou de petits arbrisseaux, ordinairement soyeux ou velus, à feuilles digitées à 3 folioles, à stipules libres, à fleurs jaunes. Les Argyrolobes se rapprochent des Lupins par le calice dont les lèvres sont beaucoup plus longues que le tube, mais s'en distinguent par les ailes toujours libres, la carène obtuse et le fruit linéaire comprimé.

Distribution géographique. — Les Argyrolobes forment 50 espèces environ, dont la plupart sont de l'Afrique australe ; une douzaine seulement environ croissent au Nord de l'Afrique, dans l'Europe australe, à l'Ouest de l'Asie ou aux Indes orientales.

La flore française ne possède qu'une seule espèce, l'ARGYROLOBE ARGENTÉ (*A. Linnæanum*), désigné sous le nom vulgaire de *Cytise argenté*, qui croît aux lieux arides du Midi. C'est un arbrisseau de 20 à 30 centimètres de hauteur, d'un vert blanchâtre, à feuilles trifoliolées, soyeuses, et à fleurs jaunes.

LES ADÉNOCARPES — *ADENOCARPUS*

Étymologie. — Du grec *aden*, glande ; *carpos*, fruit ; la gousse en effet est couverte de glandes.

Caractères. — Les Adénocarpes sont des arbustes non épineux, à feuilles trifoliolées, dépourvues de stipules ou à stipules petites et caduques, à fleurs jaunes disposées en grappes terminales. Le calice est divisé en

2 lèvres, dont la supérieure présente 2 lobes distincts ; la carène est subrostrée ; la gousse est sessile, linéaire, couverte de glandes, et renferme de nombreuses graines à funicules épais.

Distribution géographique. — Les *Adenocarpus* forment 9 espèces habitant la région méditerranéenne, le Sud-Ouest de l'Europe, le Nord de l'Afrique, l'Afrique tropicale et les îles Canaries.

Les Adénocarpes de France forment 3 espèces, l'*A. grandiflorus*, spéciale au Midi, l'*A. complicatus* et l'*A. Telonensis*, qui fleurissent à l'été sur les coteaux arides.

LES LABURNES — *LABURNUM*

Caractères. — Les *Laburnum* sont des arbres ou arbrisseaux glabres ou pubescents, à feuilles digitées trifoliolées, à stipules non visibles, à fleurs jaunes, disposées en grappes terminales, munies de bractées et de préfeuilles très petites.

Les caractères génériques sont : dents du calice réunies en lèvres courtes ; onglets des pétales libres ; gousse stipitée à sutures épaisses, dépourvues de glandes, indéhiscentes ou tardivement bivalves.

Les *Laburnum* présentent les plus grandes analogies avec les *Cytisus* et l'on confond même souvent les 2 genres. Le principal caractère distinctif réside dans la graine qui est strophiolée chez les Cytises et privée de strophiole au contraire chez les *Laburnum*.

Distribution géographique. — 3 espèces de *Laburnum* habitent le Sud de l'Europe et l'Asie Mineure.

LE LABURNE COMMUN — *LABURNUM VULGARE*

Synonymie. — *Cytisus laburnum*.

Noms vulgaires. — Aubours ; Faux Ébénier ; Bois de lièvre ; Cytise à grappes ; Pluie d'or.

Caractères — Le Faux Ébénier est un arbrisseau de 3 à 5 mètres de haut, à écorce verdâtre, à feuilles trifoliolées, un peu soyeuses et blanchâtres en dessous, portées à l'extrémité de longs pétioles. Les fleurs, d'un beau jaune d'or, sont disposées en longues grappes de 30 centimètres environ, dressées lorsque les fleurs sont encore en boutons (fig. 619), mais pendantes (fig. 620) lorsque ces fleurs se sont épanouies. C'est cette dernière disposition des grappes qui a fait donner à la plante le nom de *Pluie d'or*.

Le fruit est une gousse comprimée, légèrement velue, à court pédicelle, à déhiscence bivalve, et dont les 2 sutures sont épaissies.

Distribution géographique. — Le *Laburnum vulgare* est un arbrisseau de l'Europe moyenne, commun en Provence et dans les bois de l'Est de la France sur les collines.

Usages. — C'est un des plus jolis arbrisseaux d'ornement à planter dans les parcs et dans les jardins ; ses longues grappes pendantes, aux fleurs du plus beau jaune d'or, font un très gracieux effet au milieu des massifs, lorsqu'elles s'épanouissent au printemps. Il existe d'ailleurs plusieurs variétés à feuilles panachées.

Le bois en est très dense et a été autrefois employé par les arquebusiers à cause de la dureté et de la finesse de son grain, ainsi que de sa longue conservation ; les ébénistes et les tourneurs en font très grand cas. La plante doit son nom de Faux Ébénier à la couleur presque noire du cœur du bois dans les vieux arbres.

Le nom de Bois de lièvre vient à la plante de ce que les lièvres et les lapins en mangent l'écorce avec avidité, mais le feuillage en est vénéneux pour les chèvres.

Le *Laburnum alpinum*, désigné aussi à tort sous le nom de CYTISE DES ALPES (*Cytisus alpinus*), est une espèce très voisine de la précédente. Il est de plus haute taille ; ses feuilles sont également vertes sur les deux faces ; les fleurs en sont plus petites et plus foncées ; la gousse est ailée, à sutures minces, peu ou pas déhiscente.

Cette espèce a les mêmes propriétés ornementales que la précédente et est même plus rustique ; on l'appelle d'ailleurs également *Pluie d'or*. Son bois est également très estimé et on en fait un si grand usage pour l'ébénisterie que la plante devient de plus en plus rare dans les Alpes, où elle croissait autrefois en abondance. C'est aussi un bois noir rappelant l'ébène.

LES CALYCOTOMES — *CALYCOTOME*

Étymologie. — Du grec *calyx*, calice ; *tomos*, découpure. Le calice se déchire au moment de l'épanouissement de la fleur.

Caractères. — Les Calycotomes sont des arbustes épineux, à feuilles trifoliolées, à folioles ovales ou oblongues, dépourvues de stipules, à fleurs jaunes fasciculées en courts

Fig. 619.   Fig. 620.

Fig. 619. — Grappe dressée de fleurs non encore écloses. | Fig. 620. — Grappe pendante de fleurs épanouies.

Fig. 619 et 620. — Grappes de fleurs du Faux Ébénier (*Laburnum vulgare*).

rameaux. Le calice tubuleux, conique, à 5 dents, se rompt circulairement vers le milieu lors de l'épanouissement des pétales ; ceux-ci ont des onglets libres ; l'étendard est redressé et la carène courbée. La gousse est sessile avec suture supérieure épaisse ou ailée.

Distribution géographique. — Trois ou 4 espèces de Calycotomes habitent la région méditerranéenne. Notre pays en possède 2 seulement : le CALYCOTOME ÉPINEUX (*C. spinosa*), à gousse glabre, des coteaux du Midi et de la Corse, et le CALYCOTOME VELU (*C. villosa*), dont la gousse est très velue ainsi que le calice et la face inférieure des feuilles ; cette dernière espèce est spéciale à la Corse.

LES GENÊTS — *GENISTA*

Étymologie. — Du mot celtique *gen*, petit buisson.

Caractères. — Les Genêts sont des

arbrisseaux, ou plus rarement des sous-arbrisseaux, glabres ou soyeux, inermes ou épineux, à feuilles unifoliolées, plus rarement digitées à 3 folioles, ou manquant parfois. Les stipules sont très petites ou nulles. Les fleurs ordinairement jaunes, plus rarement blanches, sont groupées à l'extrémité des rameaux, en grappes, en fascicules ou en capitules.

Des lobes courts du calice, les 2 qui forment la lèvre supérieure sont libres ou à peine soudés ; les 3 dents de la lèvre inférieure sont soudées entre elles. Les onglets des pétales inférieurs sont souvent réunis au tube staminal ; l'étendard est ovale, les ailes oblongues, la carène gibbeuse sur les deux côtés. Style courbé au sommet avec stigmate terminal capité, fréquemment oblique. La gousse est sessile, courte ou allongée, plane ou renflée, bivalve ou indéhiscente ; la forme de cette gousse a permis de diviser le genre en 7 sections.

Distribution géographique. — Les Genêts

forment 70 espèces qui croissent en Europe, au Nord de l'Afrique et à l'Ouest de l'Asie.

A la flore française appartiennent 18 espèces environ, dont plusieurs abondent dans les endroits incultes, sur la lisière des bois. La plus commune et la plus importante est le GENÊT DES TEINTURIERS (*Genista tinctoria*).

Usages. — Les Genêts sont des plantes amères et diurétiques et contribuent à la nourriture des bestiaux ; les Genêts épineux nuisent quand ils sont mêlés au foin dont il est difficile de les séparer.

LE GENÊT DES TEINTURIERS — *GENISTA TINCTORIA*

Noms vulgaires. — Genestrolle ; Herbe à jaunir.

Caractères. — Le Genêt des teinturiers est un petit arbuste de 35 à 80 centimètres de haut, à tiges cylindriques nombreuses, effilées, striées, glabres, à feuilles simples, lancéolées, presque sessiles, légèrement ciliées sur les bords. Les fleurs sont assez petites, disposées en grappes de 5 centimètres de long. Calice glabre à lèvres égales ; gousse glabre, aiguë au sommet ; graines mates, couleur olive.

Distribution géographique. — La Genestrolle croît sur les collines, dans les pâturages secs et sur le bord des bois, où elle fleurit à l'été.

Usages. — Le Genêt des teinturiers doit son nom spécifique à l'usage qu'on a fait autrefois de ses sommités fleuries pour obtenir une belle teinture jaune. On s'en sert encore, paraît-il, dans ce but dans certaines localités, mais on préfère généralement employer la Gaude, ou mieux encore des bois colorants tels que le Quercitron.

Les différentes parties de la plante et surtout les graines, passent pour purgatives et émétiques.

En 1820, un médecin russe, M. Marochetti, avait préconisé l'emploi du *Genista tinctoria* contre la rage : il est inutile aujourd'hui d'insister sur ce point et de faire ressortir l'inefficacité de tous les prétendus remèdes tirés des plantes, vantés contre cette redoutable maladie, enfin domptée par les inestimables travaux de notre grand savant français M. Pasteur.

Le GENÊT HERBACÉ (*Genista sagittalis*) (fig. 621), assez fréquent dans les bruyères sablonneuses et les bois des montagnes, a reçu le nom vulgaire de *Lacet*. Il est remarquable par ses tiges munies de larges ailes vertes, qui forment comme des limbes supplémentaires, compensant ainsi la réduction des feuilles, qui sont

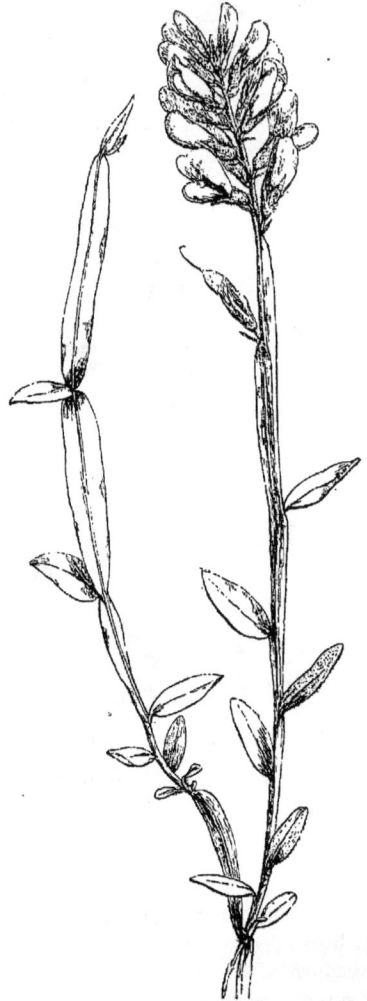

Fig. 621. — Genêt à tiges ailées (*Genista sagittalis*).

d'autant moins développées que les ailes sont plus grandes.

LE GENÊT A BRANCHES DE JONC — *SPARTIUM JUNCEUM*

Étymologie. — Du grec *speiro*, je lie ; les rameaux de cet arbuste sont flexibles et servent à faire des liens. Dioscoride mentionne sous le nom de *Sparton* une plante dont les rameaux flexibles servaient à cet usage, et qui n'est autre que celle qui nous occupe.

Synonymie. — *Genista juncea*. Genêt d'Espagne.

Caractères. — L'arbuste vulgairement appelé Genêt d'Espagne, n'est pas un Genêt proprement dit. Il forme à lui seul le genre *Spartium*, qu'on a distingué des *Genista* vrais pour son calice subspathacé, à dents très courtes, pour sa carène incurvée, acuminée, et pour sa gousse étroite.

Le *Spartium junceum* est un arbuste de 2 à 4 mètres de haut, très glabre, à rameaux verts, moelleux, striés, flexibles, à feuilles unifoliolées peu nombreuses, à fleurs jaunes odorantes et de grande taille, disposées en grappes lâches.

Distribution géographique. — Cette espèce, originaire de la région méditerranéenne et des îles Canaries, est aujourd'hui naturalisée dans diverses régions de l'Amérique du Nord. En France, on la rencontre sur les coteaux stériles du Sud et du Sud-Est.

Usages. — Le Genêt d'Espagne est cultivé comme plante d'ornement, dans les jardins, pour ses rameaux toujours verts et ses grappes de grandes fleurs jaune d'or très odoriférantes; sous le climat de Paris, il ne réussit bien que dans les sols légers et à bonne exposition.

Ce n'est pas seulement une plante d'agrément, mais bien aussi une plante utile. Dans certaines contrées du Midi, on considère le *Spartium junceum* comme une plante fourragère, d'autant plus précieuse qu'on peut la semer sur les coteaux les plus arides et les plus stériles, et qu'elle y vient parfaitement bien. Dans le Bas-Languedoc, on nourrit, pendant l'hiver, les moutons et les chèvres avec les jeunes rameaux de cette plante.

Les graines passent pour purgatives et diurétiques, mais on n'en fait aucun usage en médecine.

Le Genêt d'Espagne doit être regardé comme une plante textile, dont les fibres libériennes des jeunes tiges peuvent être employées à la confection de tissus ou de papier. Les Grecs et les Romains en faisaient usage dans ce but. Un mémoire de Broussonnet daté de 1787 (1) nous apprend qu'à cette époque, aux environs de Lodève, on exploitait le Genêt d'Espagne pour la fabrication de la toile, le terrain étant trop sec et trop aride pour convenir à la culture du Lin ou du Chanvre. Cette industrie est aujourd'hui presque complètement éteinte en France; elle existe cependant encore dans quelques hameaux retirés, en particulier à

Cabrières, dans l'Hérault (1). Les jeunes rameaux sont mis à macérer dans l'eau, à la manière du Chanvre. La filasse est ensuite peignée et triée. Avec la plus grosse, on fait de la toile grossière, tandis que la plus fine sert à fabriquer des draps, des serviettes et même des chemises.

LES HÉRISSONNES — *ERINACEA*

Étymologie. — Du latin *erinaceus*, hérisson; à cause des rameaux piquants.

Caractères. — Le genre *Erinacea* ne se distingue des *Genista* que par son calice membraneux renflé, à dents courtes.

L'unique espèce du genre est un arbrisseau épineux, à rameaux entrelacés, à feuilles rares, unifoliolées, linéaires, soyeuses, à fleurs d'un bleu violacé, disposées par groupes de 1, 2 ou 3 au sommet des rameaux.

Distribution géographique. — La HÉRISSONNE PIQUANTE (*Erinacea pungens*) est originaire d'Espagne. On la retrouve en France dans les Pyrénées.

LES AJONCS — *ULEX*

Étymologie. — *Ulex* vient du latin *uligo*, qui signifie marais; Ajonc, que l'on devrait écrire *Ac-Jonc*, vient de *Juncus acutus*, Jonc épineux.

C'est l'Ajonc qu'on doit, sans la moindre hésitation, regarder comme le véritable *Aspalathos* des poètes grecs, en particulier de Théocrite. C'est également à ce type qu'on doit rapporter les plantes désignées par les anciens sous les noms de *Scorpios*, *Scorpia*, *Echinopus* et *Nepa*.

Caractères. — Les Ajoncs sont des arbrisseaux hérissés de rameaux épineux, et dont les feuilles se réduisent soit au pétiole transformé en épine, soit à une petite écaille. Les stipules font défaut. Les fleurs jaunes, soit solitaires, soit groupées en courtes grappes, sont disposées vers l'extrémité des rameaux, à l'aisselle des épines ou des écailles.

Les fleurs présentent un calice membraneux, coloré, divisé en 2 segments, le supérieur bidenté et l'inférieur à 3 dents. Les pétales présentent de courts onglets et sont presque d'égale longueur; l'étendard est ovale; les ailes et la carène oblongues et obtuses. Toutes les étamines sont soudées en un tube fermé. La

(1) Broussonnet, *Journal de physique*, 1787, p. 27.

(1) *Revue des sciences naturelles appliquées*, 1892, p. 133.

gousse est ovale, oblongue ou courtement linéaire, comprimée ou renflée, déhiscente par 2 valves. Les graines sont strophiolées.

Distribution géographique. — Plusieurs auteurs ont décrit un très grand nombre d'espèces d'Ajoncs, que Bentham et Hooker réduisent à 10 ou 12 tout au plus. Toutes ces plantes sont indigènes de l'Europe occidentale et du Nord-Ouest de l'Afrique. En France, on en compte 4 espèces.

L'AJONC D'EUROPE — *ULEX EUROPÆUS*

Noms vulgaires. — Jonc marin; Vigneau; Vignon.

Caractères. — C'est un sous-arbrisseau de 1 à 2 mètres environ, très rameux, à rameaux très durs, diffus, épineux au sommet (fig. 622). Les feuilles, qui apparaissent au printemps, sont d'abord petites, pointues, molles et un peu velues; ce n'est qu'ensuite qu'elles durcissent et se transforment en épines.

Le calice est très velu, avec bractées calicinales plus larges que le pédicelle. Les fleurs, grandes et d'un jaune vif, présentent des ailes de même longueur que la carène. Les graines sont échancrées.

Distribution géographique. L'Ajonc d'Europe est très commun en France, dans les terrains stériles et pierreux, sur les collines arides et sablonneuses. C'est une des plantes caractéristiques des landes bretonnes.

Usages. Les Ajoncs forment d'excellentes clôtures avec leurs rameaux épineux; en Bretagne, ils constituent la presque totalité des haies défensives, d'ailleurs fort décoratives au printemps lorsqu'elles s'émaillent de jolies fleurs jaunes. L'aspect agréable à l'œil de ces buissons a même conduit à faire des Ajoncs des plantes d'ornement pour les jardins. On les a cultivés dans ce but, et on en a même obtenu une variété à fleurs doubles, assez estimable, mais qui, malheureusement, ne réussit que médiocrement sous le climat de Paris.

Les Ajoncs peuvent, d'ailleurs, rendre de grands services à l'agriculteur; suivant l'heureuse expression de M. Bodin, le savant directeur fondateur de la ferme des Trois-Croix près Rennes, c'est la *Luzerne des terrains pauvres;* ils viennent dans les plus mauvaises terres, et si on les fauche lorsqu'ils sont encore jeunes, on peut donner les pousses à manger aux grands herbivores. On les broie avec des pilons, et on en

tire ainsi une excellente nourriture d'hiver pour les vaches et les chevaux, qui en mangent volontiers et même engraissent assez rapidement à ce régime. L'utilisation de l'Ajonc comme plante fourragère n'a guère lieu que dans les contrées maritimes, la plante étant plus souple et moins épineuse sous un climat humide que dans les pays secs. En Bretagne l'Ajonc, que l'on appelle *Jan*, est très connu et

Fig. 622. — Ajonc d'Europe (*Ulex europæus*).

très apprécié comme fourrage d'hiver. Pas un fermier, pas un paysan qui ne le recueille pour en nourrir son bétail. On a beaucoup vanté pour la culture la variété dite *Queue-de-Renard* (fig. 623). On cultive encore comme plante fourragère l'*Ajonc marin* (fig. 624).

La culture de l'Ajonc peut améliorer une mauvaise terre. Si on y sème cette plante, elle s'y multiplie rapidement; il n'y a plus alors qu'à mettre le feu à la lande, et les cendres, laissées sur le sol, contribuent à l'engraisser et à le bonifier.

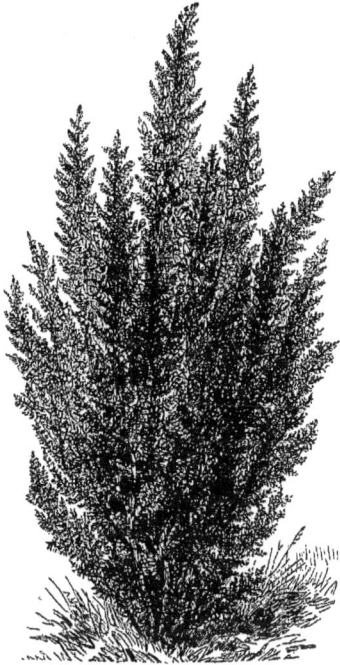

Fig. 623. — Ajonc Queue-de-Renard.

Fig. 624. — Ajonc marin.

L'Ajonc peut, d'ailleurs, donner un excellent bois à brûler dans les pays où le combustible est rare. Dans certaines contrées, on mélange les coupes d'Ajonc à de la fiente de vache, et après décomposition, on en forme des pains que l'on fait sécher au soleil, et qui brûlent ensuite mieux que la tourbe.

L'Ajonc nain (*Ulex nanus*) ou *Liaunet* diffère un peu par son port de l'espèce précédente : c'est un arbrisseau plus petit qui ne dépasse guère 40 centimètres ; les épines sont plus courtes et plus serrées et les fleurs plus petites. Les bractées du calice sont plus étroites que les pédicelles ; les fleurs sont d'un jaune clair, avec veines rouges sur l'étendard.

L'Ajonc de Legall (*Ulex Gallii*), dont les bractées calicinales sont aussi larges que le pédicelle, est spécial aux landes et bruyères du littoral du département de la Manche.

LES CYTISES — *CYTISUS*

Étymologie. — Cytise vient de *Cythnos*, nom d'une des îles Cyclades.

Caractères. — Les Cytises sont des arbustes à rameaux rarement épineux, dont les feuilles, tantôt digitées à 3 folioles, tantôt unifoliolées,

manquent aussi quelquefois. Les fleurs jaunes, purpurines ou blanches, sont disposées en grappes longues ou courtes suivant les espèces.

Le calice présente des dents ou des lobes assez courts, dont les 2 supérieurs sont soudés ou libres, tandis que les 3 inférieurs sont toujours réunis en une lèvre. La gousse est ovale, allongée ou linéaire, glabre ou velue, déhiscente par 2 valves. Les graines sont strophiolées.

Le genre *Cytisus* est divisé en 8 sections que plusieurs auteurs regardent comme autant de genres distincts.

Distribution géographique. — Les Cytises forment environ 40 espèces représentées en Europe, dans l'Asie occidentale, au Nord de l'Afrique et dans les îles Canaries. Une dizaine de ces espèces environ appartiennent à la flore française.

Usages. — Les Cytises sont des plantes purgatives et même malfaisantes ; on a constaté des cas d'accidents sérieux produits par des fleurs du Cytise à grappes préparées en beignets, comme on le fait avec les grappes de l'Acacia.

Tous les Cytises, à l'exception d'une seule espèce, sont vénéneux pour les bestiaux. Le

Fig. 625.

Fig. 625. — Port.

Fig. 626.

Fig. 626. — Rameau fleuri.

Fig. 625 et 626. — Genêt à balais (*Sarothamnus scoparius*).

Cytise des anciens, dont il est si souvent question dans leurs écrits et dont ils se servaient
comme d'arbuste fourrager, n'appartenait
point au genre actuel *Cytisus*. C'était, ainsi que
l'a démontré Amoreux, la Luzerne en arbre
(*Medicago arborea*).

Toutes les espèces du genre *Cytisus* sont
des plantes d'ornement, cultivées comme telles
dans les jardins et les squares. Parmi celles
qui sont le plus souvent employées, nous
signalerons :

Le Cytise a feuilles sessiles (*Cytisus sessi-
folius*), aux fleurs d'un beau jaune, disposées
en courtes grappes ; c'est un arbrisseau du

Sud et du Sud-Ouest de la France, qui se plaît
aux lieux exposés au soleil, sur la lisière des
bois.

Le Cytise noircissant (*C. nigricans*), aux
grappes beaucoup plus longues de fleurs très
odorantes, qui prennent en se desséchant une
teinte brun foncé : cette espèce se rencontre
dans les forêts d'Italie et d'Autriche, ainsi
qu'en Provence et dans les Alpes.

Le Cytise en tête (*C. capitatus*) croît surtout
à l'Est de la France ; ses fleurs jaunes ou
d'un rouge obscur sont groupées en têtes au
sommet des rameaux.

Nous trouvons encore parmi les espèces

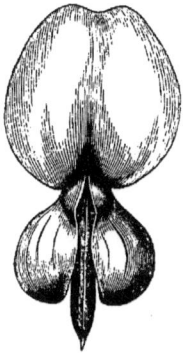

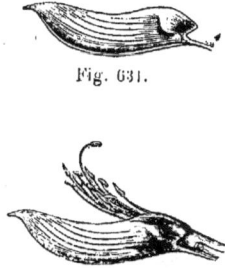
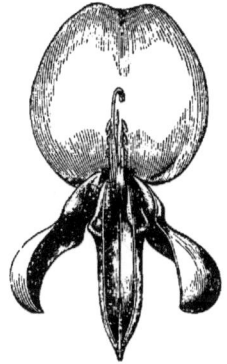

Fig. 627.   Fig. 629.   Fig. 630.   Fig. 628.

Fig. 631.

Fig. 627 à 631. — Pollinisation de la fleur du Genêt à balais (*Sarothamnus scoparius*).

indigènes le Cytise velu (*C. hirsutus*), très voisin du précédent, originaire des Alpes.

Parmi les espèces qui ne poussent pas spontanément en France les plus décoratives sont le Cytise argenté (*C. argenteus*) des montagnes de l'Europe méridionale ; le Cytise feuillu (*C. foliosus*) des îles Canaries; et surtout le Cytise pourpre (*C. purpureus*) de la Carniole et de la Croatie.

Cette dernière espèce, remarquable par ses fleurs lilas pourpre, est un trop petit arbrisseau pour être d'un bel effet comme plante d'ornement, mais par hybridation avec le *Laburnum vulgare* on a obtenu une excellente plante de jardin, le *Cytisus Adami*, dont les fleurs présentent une coloration intermédiaire entre les fleurs pourpres du *C. purpureus* et les fleurs jaunes du Faux Ébénier.

Le Cytise a fleurs blanches (*C. albus*) est un élégant arbrisseau du Midi de l'Espagne, qui n'est malheureusement qu'à demi rustique sous le climat de Paris.

LE SAROTHAMNE A BALAIS – *SAROTHAMNUS SCOPARIUS*

Synonymie. — *Cytisus scoparius; Spartium scoparium.*

Nom vulgaire. — Genêt à balais.

Caractères. — Les *Sarothamnus* forment une simple section des *Cytisus* tels qu'ils ont été définis plus haut. Cependant on élève souvent ces plantes au rang de genre distinct, caractérisé par son calice court à lèvres courtes et denticulées, ses pétales larges, son style allongé, fortement incurvé ou circiné.

La principale espèce de ce sous-genre est le *Sarothamnus scoparius*, vulgairement appelé Genêt à balais (fig. 625). C'est un sous-arbrisseau de 1 à 2 mètres de haut, quelquefois même plus élevé encore, très rameux, à rameaux effilés, à feuilles inférieures pétiolées et trifoliolées, à feuilles supérieures sessiles et unifoliolées. Les fleurs jaunes, de grande taille, sont rapprochées en grappes terminales (fig. 626).

Caractères biologiques. — Les fleurs du *Sarothamnus scoparius* sont, ainsi que celles de plusieurs autres Légumineuses des genres *Genista*, *Spartium*, *Ulex*, etc., disposées de telle sorte que la fécondation par les insectes s'y opère dans d'excellentes conditions.

Lorsque la fleur vient de s'ouvrir et n'est pas encore complètement éclose, l'étendard est déjà dressé vers le haut, tandis que la carène reste encore fermée, renfermant en son intérieur étamines et pistil, et recouverte en partie par les ailes (fig. 627). A l'épanouissement complet les ailes s'écartent, les bords supérieurs de la carène s'entr'ouvent et les organes sexuels de la fleur se dressent au dehors (fig. 628 et 629).

Chaque pièce de la carène (fig. 630) présente à sa base un petit renflement et une petite fossette au moyen desquels elle se met en connexion avec l'aile voisine, si bien que les 2 paires de pétales inférieurs de la corolle deviennent solidaires l'une de l'autre et s'articulent. Si l'on vient alors à exercer une pression de bas en haut sur les ailes on agit également, par cela même, sur la carène qui suit les ailes dans leur mouvement. De plus, à la base

Fig. 632. — Genêt à balais (*Sarothamnus scoparius*) visité par un insecte.

de chaque aile (fig. 629), il existe une dent émoussée qui, dans la fleur fermée, se trouve cachée par la base de l'étendard. Vient-on à appuyer légèrement sur les 2 ailes, les 2 dents de celles-ci, en pressant sur l'étendard, les font basculer, les écartent et les disposent horizontalement ainsi que la carène entraînée par le même mouvement : les 2 bords de cette carène s'entr'ouvrent et les étamines se redressent, projetant le pollen de leurs étamines parvenues à maturité. On conçoit alors facilement que si un gros insecte vient à visiter la fleur (fig. 632), en se posant sur elle il appuiera forcément sur les ailes et en déterminera le mouvement de bascule, ainsi que les phénomènes consécutifs rapportés plus haut; dans ces conditions le pollen projeté en l'air viendra se fixer sur le ventre de l'animal qui, transportant cette poussière fécondante au pistil d'une autre fleur, assurera ainsi la fécondation.

La figure 632 montre une branche de Genêt à balais dont les fleurs supérieures sont encore à l'état de boutons. En bas on voit à droite une fleur déjà épanouie, à gauche une fleur dont la carène est encore fermée et dont un insecte déterminera l'ouverture en venant la visiter comme cela est représenté pour la fleur située au-dessus.

Distribution géographique. — Le Genêt à balais croît dans les bois, aux lieux incultes et sablonneux, recherchant surtout les terrains quartzeux. Il est très commun en France.

En Istrie, à Rovigno, plusieurs petits îlots sont littéralement couverts de *Sarothamnus scoparius* (fig. 633). Dans les montagnes de la Galicie, en Espagne, Bosc a observé des individus appartenant à cette espèce, dont la taille s'élevait à 7 à 10 mètres.

Usages. — Le *Sarothamnus scoparius* est amer, diurétique et purgatif, mais n'est pas cependant usité en médecine, pas plus que le *Sarothamnus purgans*, espèce voisine indigène, qu'on trouve aux lieux incultes et sur les

Fig. 633. — Genêt à balais (*Sarothamnus scoparius*), sur un îlot près de Rovigno, en Istrie.

sables des rivières, dans le Midi jusqu'à Orléans, et qui possède les mêmes propriétés à un degré plus accentué encore.

Le Genêt à balais peut être considéré comme une plante fourragère, rendant d'importants services pour l'alimentation des bestiaux, qui en recherchent les fleurs, les fruits et les jeunes pousses. Dans plusieurs contrées, où cette plante est très commune, on la cultive pour donner aux vaches, aux moutons, et c'est là une ressource pour le fermier qui, en hiver, n'a guère que des feuilles ou des fourrages secs à offrir à ses animaux. Il ne faut pas cependant donner une trop grande quantité de ce Genêt aux moutons, car lorsqu'il est mangé en abondance il détermine chez eux un pissement de sang connu sous le nom de *génestade*. Dans les pays où le Genêt à balais est très abondant, on en fait de la litière pour les animaux.

Les rameaux, si généralement employés pour faire des balais, d'où le nom spécifique de la plante, servent aussi à faire des claies et des *cabanes* pour la monte des vers à soie. En faisant rouir les jeunes rameaux, on en retire une filasse qui peut servir à fabriquer de la corde et même une toile grossière. Les cendres des rameaux brûlés peuvent servir à l'extraction de la potasse ou à l'amendement des terres.

Le *Sarothamnus scoparius*, lorsqu'il est chargé de ses grandes fleurs jaunes, est aussi décoratif que les Genêts et les Cytises et a par conséquent comme eux sa place marquée dans les parcs rustiques.

III. — LES TRIFOLIÉES — *TRIFOLIEÆ*

Caractères. — Les Légumineuses Papilionacées qui forment la tribu des Trifoliées sont généralement herbacées, et ne présentent que rarement le port d'un arbrisseau. Les feuilles sont composées à 3 folioles (fig. 634), ce qui a valu son nom au groupe; très généralement pennées, elles sont digitées chez les *Parochetus*, quelques *Ononis* et la plupart des *Trifolium*. Les nervures secondaires des folioles se terminent ordinairement dans de petites dents. Les stipules sont le plus souvent soudées au pétiole et ne sont guère libres que chez les *Parochetus*.

La corolle est papilionacée, avec ailes sillonnées de plis transversaux. L'androcée est diadelphe, car l'étamine supérieure est libre ; seul le genre *Ononis* fait exception à ce caractère par sa monadelphie. Les anthères sont généralement toutes semblables. L'ovaire présente généralement 2 ovules ou un plus grand nombre. Le fruit est une gousse inarticulée bivalve, ou petite et indéhiscente.

Distribution géographique. — Les Trifoliées forment 6 genres et 340 espèces environ, dont la moitié appartenant au seul genre *Trifolium*. A l'exception du genre *Parochetus* dont l'uni-

Fig. 634. — Feuille de Trèfle (*Trifolium pratense*).

que espèce habite l'Asie et l'Afrique tropicales, tous les autres genres de Trifoliées sont représentés dans la flore française.

Usages. — Les Trifoliées sont surtout des plantes fourragères ; quelques-unes sont admises au rang de plantes d'ornement.

LES BUGRANES — *ONONIS*

Étymologie. — *Ononis* vient de deux mots grecs : *onos*, âne, et *onemi*, délecter. Ce nom signifie donc plante qui plaît aux ânes.

Caractères. — Les *Ononis* sont pour la plupart, à l'exception d'une ou deux espèces frutescentes, des plantes herbacées, glabres, pubescentes ou velues, souvent visqueuses, à feuilles ordinairement pennées à 3 folioles, munies de stipules soudées au pétiole, à

fleurs roses ou jaunes, solitaires ou groupées en petites grappes de 2 à 3 fleurs, ou en épis terminaux.

Les *Ononis* se distinguent des autres Trifoliées par l'androcée monadelphe. La carène est ordinairement rétrécie en bec et la gousse bivalve.

Ce genre très naturel semble faire transition entre les Génistées, dont il a l'androcée monadelphe avec anthères de deux formes différentes, et les Trifoliées, auxquelles les rattachent les feuilles, l'inflorescence, etc.

Distribution géographique. — Les espèces, au nombre de 60 environ, croissent en Europe, à l'Ouest de l'Asie et au Nord de l'Afrique, jusqu'aux îles Canaries. Les *Ononis* sont répartis indistinctement dans ces pays, dans les zones froides et chaudes, mais sont plus abondants toutefois dans ces dernières. Une vingtaine d'espèces environ appartiennent à la flore française, parmi lesquelles nous indiquerons seulement les principales :

La BUGRANE ÉPINEUSE (*O. spinosa*) est une petite plante de 30 à 60 centimètres de haut, à racines longues et rampantes, à tiges dures, à rameaux dépourvus d'épines dans leur jeunesse, mais pourvus de longues et fortes épines en vieillissant, à fleurs roses, axillaires, solitaires. Cette espèce fleurit en été dans les champs et les pâturages de la France entière.

La BUGRANE RAMPANTE (*O. repens*) doit son nom vulgaire d'*Arrête-bœuf* à sa souche traçante assez tenace pour arrêter la charrue. C'est également une plante très commune.

Usages. — Les Bugranes peuvent être mangées par les animaux, surtout lorsque les pousses sont jeunes, tendres et non épineuses : la Bugrane épineuse est refusée par les moutons, les chevaux et les cochons, mais les vaches, les chèvres et surtout les ânes la broutent volontiers.

Si l'on en croit Dioscoride, les anciens mangeaient les jeunes pousses de ces plantes, marinées dans le vinaigre. Dans certaines contrées, on les mange encore, dit-on, en salade ou apprêtées à la façon des autres plantes potagères.

Les fleurs des *Ononis* sont assez jolies pour les faire admettre dans les jardins.

LES TRIGONELLES — *TRIGONELLA*

Étymologie. — *Trigonos*, en grec, signifie triangulaire ; le nom de la plante fait allusion à la forme de la corolle.

Caractères. — Les Trigonelles sont des herbes à feuilles pennées, composées de 5 folioles, dont la médiane est ordinairement plus longuement pétiolée. Les stipules sont soudées au pétiole. Les fleurs jaunes, bleues ou blanches sont solitaires ou groupées en capitules, en fausses ombelles ou en grappes courtes ou denses.

La carène est obtuse. La gousse étroite ou arquée, est tantôt épaisse et rostrée, tantôt linéaire, tantôt large et plane, indéhiscente ou déhiscente soit à la façon d'un follicule, soit plus rarement par 2 valves. La forme de la gousse sert, ainsi que l'inflorescence, à diviser le genre en 6 sections.

Distribution géographique. — Une des 60 espèces connues de *Trigonella* est australienne ; les autres sont dispersées en Europe, en Asie et dans l'Afrique boréale ; quelques-unes sont du Sud de l'Afrique.

La flore française en comprend 7 espèces, toutes propres au Midi, à l'exception d'une seule, la TRIGONELLE DE MONTPELLIER (*T. Monspeliaca*), qui remonte jusqu'aux environs de Paris.

Usages. — La seule espèce intéressante par ses applications économiques est la TRIGONELLE FÉNUGREC (*T. fœnum græcum*), qui croît dans le Midi de la France, et est quelquefois cultivée dans les jardins.

Cette plante, connue depuis longtemps des anciens, puisqu'il en est question dans Théophraste, Dioscoride et Pline, était placée par les Égyptiens, les Grecs et les Romains, parmi les plantes fourragères. Aujourd'hui encore, dans l'Europe méridionale, on la fait manger aux bestiaux et on la cultive pour cela. Les graines ont été considérées comme alimentaires pour l'homme et sont encore employées dans ce sens en Orient. Ces graines, qui contiennent de fortes proportions de mucilage, sont par cela même adoucissantes et émollientes et la farine qu'on en retire sert à faire des cataplasmes résolutifs.

LES LUZERNES — *MEDICAGO*

Étymologie. — Les anciens avaient nommé la Luzerne *Medica*, parce que c'est de Médie qu'elle avait été transportée en Grèce, à la suite de l'expédition de Darius, suivant Pline.

Caractères. — Les Luzernes sont des herbes, très rarement des arbrisseaux, à feuilles pennées, trifoliées, avec folioles ordinairement dentées, et stipules soudées au pétiole. Fleurs petites, jaunes ou violettes, disposées en grappes ou en capitules axillaires.

Les autres caractères sont: calice court, à dents presque égales ; pétales distincts du tube staminal ; étendard contracté à la base, carène plus courte que les ailes et obtuse ; gousse pourvue non d'épines et à peine déhiscente ; les graines sont dépourvues de strophiole.

Distribution géographique. — Les Luzernes forment environ 40 espèces, croissant en Europe, en Asie, principalement à l'Orient, et dans l'Afrique boréale. Quelques-unes même présentent une vaste aire de dispersion à travers les deux mondes. La plupart des espèces connues sont représentées en France, plus abondantes dans le Midi qu'au Nord.

Usages. — Les Luzernes sont des plantes fourragères de premier ordre, qui entrent avec avantage dans la composition des prairies ; il est à désirer qu'elles soient nombreuses dans les terres livrées à la pâture. Les espèces les plus communément cultivées sont les suivantes :

LA LUZERNE CULTIVÉE — *MEDICAGO SATIVA*

Caractères. — La Luzerne cultivée (fig. 635) est une espèce vivace dont la souche, longue, émet des tiges dressées et rameuses de 40 à 80 centimètres de hauteur ; ses fleurs, nombreuses et de couleur violette, sont réunies en une grappe oblongue qui dépasse la feuille. La gousse contournée en spirale, non bordée d'épines ou de tubercules, décrit 2 ou 3 tours de spire (fig. 636).

Distribution géographique. — Cette plante, originaire de Médie, est aujourd'hui naturalisée dans tous les prés de l'Europe, en France, en Espagne, en Italie et en Hongrie.

La France a la spécialité de la production des graines, dont les plus estimées viennent des environs d'Avignon.

Usages. — Tout le monde connaît l'importance de la Luzerne cultivée comme plante fourragère ; elle est employée à cet usage depuis fort longtemps, et il en est déjà parlé dans les œuvres de Varron, de Caton et de Columelle. Olivier de Serres lui a décerné le nom de *Merveilles du ménage*, pour sa grande fécondité et les avantages de toutes sortes qu'elle rapporte aux cultivateurs.

On sème la Luzerne au printemps dans une

terre profonde et peu humide, qui a été bien engraissée à la fin de l'hiver, et sur laquelle on a répandu du plâtre calciné. On sème environ dans la proportion de 20 kilogrammes par hectare. Un champ de Luzerne bien cultivé doit donner 3 coupes par an, dont la dernière, encore assez productive, porte le nom de *regain*.

Lorsqu'elle est séchée, la Luzerne constitue un des meilleurs fourrages connus, mais il faut ne la donner qu'avec modération à l'état frais, car lorsqu'elle est humide, elle peut déterminer chez les bestiaux des gonflements

Fig. 635.   Fig. 636.

Fig. 635. — Port. | Fig. 636. — Fruit mûr.

Fig. 635 et 636. — Luzerne cultivée (*Medicago sativa*).

qui deviennent souvent mortels, et que l'on combat au moyen d'une cuillerée d'ammoniaque dans un verre d'eau.

Maladies. — Les champs de Luzerne ont des ennemis redoutables, en particulier une plante parasite, la Cuscute, qui occasionne parfois les plus grands ravages et dont on ne peut souvent se débarrasser dans un champ, qu'en brûlant la récolte pour détruire les graines.

Les racines des Luzernes sont également attaquées par un Champignon souterrain, le *Rhizoctonia medicaginis*, observé pour la première fois, en 1813, par de Candolle dans

le Midi de la France, aux environs de Montpellier. Il se produit alors ce phénomène que les cultivateurs désignent en disant que leur Luzerne est couronnée; lorsqu'un individu est attaqué, il infeste promptement ses voisins et la contagion se propage suivant un espace circulaire bientôt dénudé. En deux ou trois ans de vastes luzernières peuvent être ainsi complètement détruites. Les racines des plantes malades ou mortes sont habituellement recouvertes d'une sorte de feutrage couleur lie de vin.

Dans ces dernières années, cette maladie s'est fort répandue en France, en particulier dans le Midi et le Sud-Ouest, et y est devenue un fléau assez redoutable. D'après M. A. Prunet (1) qui a étudié le mode de reproduction du Champignon, on peut arrêter la maladie en appliquant le traitement suivant, dont l'expérience lui a démontré l'efficacité parfaite : De juin à août, alors que les organes de reproduction du Champignon sont encore peu abondants, il convient de défricher les foyers infectés, et de brûler soigneusement hors du champ les débris de plantes. On creuse autour du défrichement un fossé d'environ 0^m,60 de large, et après en avoir recouvert le fond et les côtés de soufre, on replace la terre qu'on recouvre de chaux à la surface. Il convient d'ailleurs d'attendre trois années avant de semer à nouveau de la Luzerne à la place ainsi défrichée, les organes de multiplication du *Rhizoctonia* pouvant rester vivants sous le sol pendant ce laps de temps.

Plusieurs insectes vivent aux dépens de la Luzerne : le plus dangereux est le ver blanc, larve du hanneton. Le négril (*Colapsis atra*) et l'agromyze aux pieds noirs (*Agromyza nigripes*) rongent les feuilles de la plante.

LA LUZERNE EN FAUCILLE — *MEDICAGO FALCATA*

Synonymie. — Luzerne jaune ; Luzerne sauvage ; Luzerne de Suède.

Caractères. — Cette espèce diffère de la précédente par ses tiges moins élevées et ses gousses qui font à peine un seul tour de spire. Les fleurs en sont jaune rougeâtre, ou jaune pâle mélangé de bleu ou de violet.

Distribution géographique. — Cette plante

(1) Prunet, *Comptes rendus de l'Académie des sciences*, juillet 1893.

croît sur les coteaux secs dans les prés ; elle s'étend plus au Nord qu'au Midi.

Usages. — Elle plaît. beaucoup aux bestiaux et est, par conséquent, avantageuse à cultiver en prairies, dans les terrains pierreux qui ne sont point favorables à la Luzerne cultivée et où, au contraire, elle vient très bien.

LA LUZERNE LUPULINE — *MEDICAGO LUPULINA*

Synonymie. — Luzerne Houblon ; Minette ; Mignonnette ; Lupuline ; Petit Triolet.

Caractères. — La Luzerne lupuline est une espèce bisannuelle, aux tiges étalées et couchées, rameuses, de 10 à 40 centimètres de longneur ; les fleurs jaunes, très petites, sont disposées en épis ovoïdes serrés ; la gousse est simplement réniforme et de plus ne contient qu'une seule graine, ce qui distingue cette espèce des autres Luzernes dont la gousse est toujours polysperme.

Distribution géographique. — La Lupuline est très commune dans les contrées septentrionales, dans les prairies et le long des chemins.

Usages. — La Luzerne lupuline réussissant fort bien dans les terres sèches et arides, entre dans la composition des prairies artificielles. Tous les bestiaux d'ailleurs la recherchent avec avidité. La récolte est inférieure comme produit à celle de la Luzerne cultivée, mais cette infériorité est compensée par la précocité de l'espèce.

Les Arabes désignent le *Medicago lupulina* sous le nom de *Kessaba*. En Algérie, les femmes musulmanes vont, dit-on, lorsque revient la fête du printemps, cueillir cette plante dans la campagne et la serrent précieusement dans des coffres, qui seront alors, dit la légende, toujours remplis d'argent.

LA LUZERNE EN ARBRE — *MEDICAGO ARBOREA*

Caractères. — La Luzerne en arbre s'élève à une hauteur de 2 à 3 mètres, sur une tige revêtue d'un duvet cotonneux et grisâtre. Les folioles sont molles, douces au toucher, en cœur renversé, vertes en dessus, soyeuses et un peu blanchâtres à la face inférieure. Le feuillage dure d'ailleurs une grande partie de l'année : très touffu et très vert en hiver et au printemps, l'arbuste perd ses feuilles en été pour les reprendre après les pluies de l'automne. Les fleurs sont d'un jaune vif et disposées en petites grappes.

Distribution géographique. — Cet arbrisseau est originaire des îles de l'Archipel. Il vit en pleine terre dans le Midi de la France, mais sous le climat de Paris exige pendant l'hiver la serre tempérée.

Usages. — C'est un joli arbuste d'ornement ; mais le principal intérêt de cette plante consiste dans l'excellente nourriture que ses feuilles peuvent fournir aux troupeaux. Amoreux a montré depuis longtemps combien il serait important de le cultiver en grand sur les bords de la Méditerranée.

« Dans le Midi de l'Europe, dit M. Ch. Naudin (1), et plus exactement dans tout le bassin de la Méditerranée, où les longues sécheresses sont l'état climatérique normal, les agriculteurs de toutes les époques ont su trouver dans les arbres et les arbrisseaux le supplément de fourrage devenu nécessaire quand l'herbe des prairies était insuffisante. Les anciens ne connaissaient point notre Luzerne, mais ils en avaient à peu près l'équivalent dans la Luzerne arborescente, qui était leur Cytise et qu'ils faisaient brouter par leurs troupeaux sur les collines brûlées du soleil de la Sicile et du Midi de l'Italie. Encore aujourd'hui, malgré les nouvelles acquisitions fourragères, la Luzerne en arbre rend des services importants dans la culture pastorale de ces pays méridionaux, et on ne voit pas pourquoi on ne l'utiliserait pas de même dans le Midi méditerranéen de la France et en Algérie. » M. Cornevin, le savant directeur du laboratoire expérimental de l'École vétérinaire de Lyon, consulté à ce sujet par M. Naudin, déclare que « le *Medicago arborea* n'est pas vénéneux. Il est accepté par tous les animaux de la ferme, cheval, âne, bœuf, mouton, chèvre et lapin ; il est recherché avec avidité par la chèvre et l'âne. »

La LUZERNE MARINE (*M. marina*), remarquable par le duvet blanchâtre cotonneux qui revêt toutes ses parties, croît dans les sables maritimes des contrées méridionales.

On rencontre encore dans les champs diverses Luzernes aux fruits épineux, telles que les *Medicago minima*, *M. maculata*, *M. apiculata*, etc.

(1) Ch. Naudin, *La sécheresse et les arbres fourragers* (*Journal d'Agriculture pratique*, 1892, 2ᵉ semestre p. 149).

LES MÉLILOTS — *MELILOTUS*

Étymologie. — Du grec *meli*, miel, et *lotos*, Lotier : Lotier visité par les abeilles.

Caractères. — Les Mélilots sont des herbes annuelles ou bisannuelles, à feuilles trifoliolées, à fleurs petites, jaunes ou blanches, disposées en grappes grêles ou raccourcies.

Le calice est court, à dents presque égales ; la carène, plus courte que les ailes, est obtuse. La gousse, petite, subglobuleuse ou ovoïde, est indéhiscente ou tardivement bivalve. Graines peu nombreuses, parfois solitaires, dépourvues de strophiole.

Distribution géographique. — Les 10 espèces connues de Mélilot croissent dans les régions tempérées et subtropicales de l'hémisphère Nord de l'ancien monde ; une d'entre elles cependant est largement dispersée sur les deux continents. Presque toutes se retrouvent en France, plus abondantes d'ailleurs au Midi qu'au Nord.

Usages. — Le Mélilot blanc (*M. alba*), à fleurs blanches, a été conseillé pour faire des prairies. Thouin a montré qu'il est très propre, tant vert que sec, à la nourriture des bestiaux et que ses graines sont très agréables aux volailles et aux cochons. Cette espèce, originaire de la Sibérie, croît en France dans les lieux sablonneux et humides. Mais malgré ces qualités il ne manque pas de plantes plus communes qui lui sont très supérieures.

Le Mélilot bleu (*M. cæruleus*) de Bohême a été aussi cultivé en France comme plante fourragère, mais comme le Mélilot blanc il est grossier et produit peu. Ses belles fleurs bleues en grappes ovoïdes l'ont fait admettre dans plusieurs jardins où il porte les noms de *Trèfle musqué*, *Baumier*, *Lotier odorant*.

LE MÉLILOT OFFICINAL — *MELILOTUS OFFICINALIS*

Nom vulgaire. — Couronne royale.

Caractères. — Le Mélilot officinal (fig. 637) est une herbe bisannuelle, de 30 centimètres à 1^m,70 de hauteur, à tiges rameuses, à folioles dentées, obovées ou oblongues, aux stipules généralement entières, aux fleurs odorantes, jaunes, quelquefois blanches. L'étendard y est plus long que les ailes, plus longues elles-mêmes que la carène. La gousse est ovale, glabre, verdâtre à maturité.

Distribution géographique. — Cette espèce est très commune dans les moissons, les prés, les haies et les bois de toute l'Europe.

Usages. — On emploie en médecine les sommités fleuries que l'on récolte au commencement de l'été quand la floraison n'est pas encore avancée. Elles renferment une matière particulière, la *coumarine*. Cette plante passe pour sédative, antispasmodique et résolutive. On l'administre en lavements contre les coliques, mais son usage est surtout externe ; l'infusion en lotions est souvent recommandée pour les inflammations oculaires.

Fig. 637. — Mélilot officinal (*Melilotus officinalis*).

Les fleurs du Mélilot officinal, soumises à la distillation avec de l'eau, donnent un suave parfum qui est celui du foin récemment coupé.

LES TRÈFLES — *TRIFOLIUM*

Étymologie. — Du latin *tres*, trois ; *folium*, feuille ; les feuilles sont presque toujours trifoliolées ; il existe cependant des exceptions, et les Trèfles présentant plus de 3 folioles, tout en étant assez rares, se trouvent cependant. On connaît le dicton populaire qui voit dans la rencontre d'un trèfle à 4 feuilles, le présage d'un heureux événement.

Caractères. — Les Trèfles sont des herbes à feuilles digitées, présentant le plus généralement 3 folioles et très rarement 5 ou 7. Parmi les espèces dont on a fait parfois le genre *Chronosemium*, quelques-unes ont les feuilles pennées. Les folioles sont le plus souvent denticulées; les stipules sont soudées au pétiole. Les fleurs purpurines, rouges, blanches ou plus rarement jaunes, sont groupées en épis, capitules, ombelles, ou plus rarement solitaires.

Le calice présente 5 dents ou lobes, presque égaux, ou dont les inférieurs sont plus longs et les 2 supérieurs parfois plus ou moins soudés. Les pétales souvent marcescents, sont très rarement libres ; le plus souvent ils sont, sinon tous, au moins les 4 inférieurs, soudés par leurs onglets au tube staminal. La carène est obtuse Les filets staminaux sont légèrement épaissis au sommet. La gousse, souvent indéhiscente, est membraneuse, incluse dans le tube du calice ou dans la carène marcescente ; elle renferme de 1 à 4 graines.

Caractères biologiques. — La fécondation des fleurs de Trèfles a lieu par l'intermédiaire des bourdons.

Ce fait est demeuré classique, car il a servi d'exemple à Darwin pour faire ressortir cette loi générale que les causes de destruction des organismes sont très nombreuses, et que les rapports qu'ont entre eux les êtres organisés dans la lutte pour l'existence, sont souvent très complexes. C'est ainsi que les nids de bourdons sont détruits par les mulots, qui ont eux-mêmes les chats pour ennemis. On peut donc en conclure que la fécondité du Trèfle dans un pays sera d'autant plus considérable qu'il y aura plus de bourdons, moins de mulots et plus de chats.

Distribution géographique. — On a décrit jusqu'à 300 espèces de *Trifolium*, mais sur ce nombre il n'y en a pas plus de 170 qui soient nettement définies. Elles abondent dans les régions tempérées et subtropicales de l'hémisphère boréal, plus rares au contraire dans les montagnes de l'Amérique tropicale, ainsi que dans l'Amérique du Sud et l'Afrique australe. Le genre est représenté dans la flore française par plus de 50 espèces, dont quelques-unes gravissent jusqu'aux sommets les plus élevés des montagnes.

Usages. — Trois espèces de Trèfles principalement sont cultivées comme plantes fourragères de premier ordre.

LE TRÈFLE DES PRÉS – *TRIFOLIUM PRATENSE*

Nom vulgaire. — Triolet.

Caractères. — C'est une espèce vivace : de la souche pivotante sortent des tiges de 30 centimètres de haut environ (fig. 638), portant

des feuilles trifoliolées (fig. 639), avec stipules à la base du pétiole, triangulaires dans leur partie libre et terminée en une longue pointe sétacée. Les folioles sont entières ou à peine denticulées dans la moitié supérieure, ovales, mucronées ou émarginées, présentant une bande blanchâtre à leur base (voy. fig. 634) : leurs pétiolules sont égaux entre eux. Les fleurs, roses ou purpurines, sont groupées

Fig. 639.

Fig. 638.   Fig. 640.

Fig. 638. — Port. | Fig. 640. — Inflorescence.
Fig. 639. — Feuille.

Fig. 638 à 640. — Trèfle des prés (*Trifolium pratense*).

en capitules globuleux ou oblongs, presque sessiles (fig. 640).

Distribution géographique. — Cette espèce se rencontre partout en France, aussi bien au Nord qu'au Midi.

Usages. — On cultive le Trèfle des prés pour les prairies de deux ans. C'est un excellent pâturage pour les bestiaux, qui en sont si avides qu'il est même dangereux de les laisser trop longtemps pâturer dans les champs de Trèfle, car le Trèfle vert comme la Luzerne (voy. page 492), a l'inconvénient, pris en trop grande quantité, d'occasionner chez les animaux un gonflement connu sous le nom de tympanite ou météorisation, dû à une fermentation rapide du fourrage et à une production

Fig. 641. — Trèfle violet.

Fig. 642. — Trèfle hybride. T. d'Alsike.

abondante d'acide carbonique. A l'état sec c'est un excellent fourrage, mais le Trèfle sèche moins vite que la Luzerne et le Sainfoin. Les fleurs fournissent une abondante récolte de miel aux abeilles.

Le Trèfle convient surtout aux terres douces, grasses et fraîches ; il peut fournir deux, trois et même quatre récoltes par an.

Variétés. — Il existe de nombreuses variétés du *Trifolium pratense*, qui se distinguent les unes des autres par la coloration et la précocité de leurs feuilles. Signalons en particulier le Trèfle violet (fig. 641).

Le moins exigeant au point de vue du climat est le Trèfle de Syrie ; mais il fleurit 15 jours plus tard environ que les Trèfles de Bordeaux et de Hollande, les plus précoces de tous. Les Trèfles de Normandie et de Bretagne craignent le froid.

LE TRÈFLE INCARNAT — *TRIFOLIUM INCARNATUM*

Noms vulgaires. — Farouch ; Trèfle anglais ; Trèfle du Roussillon.

Caractères. — Le Trèfle incarnat est annuel ; ses tiges de 20 à 50 centimètres de haut sont très pubescentes et portent des feuilles à folioles velues, en cœur renversé ou arrondies avec stipules membraneuses, souvent colorées au sommet. Les fleurs, ordinairement d'un rouge vif ou plus rarement jaunâtres, sont disposées en longs épis oblongs, ovoïdes ou cylindriques.

Distribution géographique. — Le Trèfle incarnat croît dans les prairies ; il s'étend plus au Sud et moins à l'Est que la Luzerne, car il craint les gelées du printemps et de l'automne. On le cultive surtout dans le Midi de la France, ainsi qu'en Suisse, en Italie et sur les bords du Rhin.

Usages. — Le Farouch est très précieux pour les agriculteurs, qui le cultivent pour les prairies d'un an. Très précoce, il est presque toujours consommé vert, car il perd sa saveur quand on le fait sécher et se brise dans les opérations du fanage. On le donne aux bestiaux depuis les premiers jours de mai jusqu'à l'hiver, et souvent même on le fait pâturer sur place, avant la floraison, de façon à pouvoir lui substituer immédiatement une autre culture.

Les fleurs émaillent agréablement la verdure des prairies, aussi cette espèce mériterait-elle d'être placée sur les pelouses des jardins paysagers.

LE TRÈFLE RAMPANT — *TRIFOLIUM REPENS*

Noms vulgaires. — Triolet; Petit Trèfle blanc; Coucou; Trifolet; Trainelle.

Caractères. — C'est une espèce vivace, dont la souche rameuse, terminée par une racine pivotante, porte des tiges longues de 10 à 50 centimètres, couchées sur le sol et glabres. Les folioles sont ovales, presque orbiculaires, finement denticulées; les stipules sont scarieuses, terminées brusquement par une arête. Les fleurs, blanches ou rosées, sont réunies en capitules globuleux.

Distribution géographique. — Le Trèfle rampant est très commun : on le trouve partout, dans les prés, sur les pelouses, sur le bord des chemins. C'est une de ces plantes vivaces qu'on foule aux pieds sans s'en douter, et qui contribuent à former toujours un tapis de verdure, même sur les sols les plus arides.

Historique. — Le Petit Trèfle blanc ou *Shamrock* figure dans les armes de l'Irlande. L'origine de ce symbole est toute religieuse, comme il sied à ce peuple si profondément catholique. Elle remonte aux prédications de saint Patrick ou Patrice, qui convertit l'Irlande vers le milieu du v⁰ siècle.

Les Irlandais, paraît-il, mettaient autant d'acharnement à se défendre contre la foi nouvelle qu'ils en mettraient aujourd'hui à combattre sous sa bannière. Aussi le saint apôtre avait-il une rude tâche à remplir.

Un jour que, prêchant dans une prairie, il se trouvait à bout d'arguments pour expliquer le mystère de la Trinité, il aperçut à ses pieds un Petit Trèfle blanc. Il en cueillit une feuille et démontra victorieusement que cette feuille était une et triple en même temps; de même un seul Dieu existait réellement en trois personnes.

Usages. — C'est un excellent pâturage à cause de sa précocité. On le sème et on le fait manger vert au printemps par les moutons, à une époque où les autres plantes fourragères sont encore très rares. On peut le sécher et le conserver. On en connaît plusieurs variétés : le Trèfle hybride ou T. d'Alsike (fig. 642), etc.

On emploie cette espèce dans les jardins, à cause de son port rampant et de ses feuilles ornementales, pour former des bordures rases ou pour décorer des rochers, des rocailles, des grottes et des glacis.

Le Trèfle rouge (*T. rubens*), espèce indigène, vivace, à fleurs purpurines, est aussi une bonne espèce d'ornement. On pourrait encore employer dans les jardins paysagers, le *T. badium* des prairies montagneuses du mont Dore et du Dauphiné, le *T. alpinum* des Alpes, le *T. lupinaster* de Sibérie, le *T. aurantiacum* de Grèce, etc.

Parmi les espèces les plus communes en France, dans les prés, on trouve, outre les trois espèces signalées plus haut :

Le Trèfle jaune (*T. filiforme*), dont les fleurs sont jaune clair; le Trèfle souterrain (*T. subterraneum*), à fleurs blanches; le Trèfle des champs (*T. arvense*), vulgairement appelé *Pied de lièvre*; le Trèfle flexueux (*T. flexuosum*); le Trèfle des campagnes (*T. agrarium*), etc.

Dans le Trèfle fraisier (*T. fragiferum*), espèce assez commune par toute la France, sur les collines, sur les pelouses et dans les prés secs, à mesure que les fruits mûrissent le calice se gonfle, devient membraneux, de couleur rougeâtre; l'épi, dont les fleurs sont très serrées, ressemble alors quelque peu à une fraise ou plutôt à une framboise.

On donne vulgairement le nom de Trèfle d'eau au *Menyanthes trifolium*, de la famille des Gentianées.

IV. — LES LOTÉES — *LOTEÆ*

Caractères. — Les Lotées sont des plantes herbacées, très rarement pubescentes, dont les feuilles sont pennées, avec 5 folioles ou davantage; très rarement il n'y a que 4 folioles ou même 1 seule. Ces folioles sont entières. Les fleurs, rarement solitaires, sont disposées en capitules ou en ombelles.

L'étamine supérieure est tantôt libre et tantôt soudée aux 9 autres en un tube clos. Les anthères sont toutes semblables. L'ovaire renferme 2 ovules ou un plus grand nombre. La gousse est inarticulée ou bivalve, ce qui sépare surtout les Lotées des Hédysarées, sous-tribu des Coronillées.

Distribution géographique. — Les Lotées forment 8 genres et 120 espèces environ. Les *Hosackia*, au nombre de 38 espèces, sont des plantes de l'Amérique du Nord. Les *Helminthocarpum* vivent en Abyssinie et les *Cytisopsis* en Syrie. Les 5 autres genres sont représentés dans la flore de France; nous les étudions ci-après dans leurs principales espèces.

LES ANTHYLLIDES — *ANTHYLLIS*

Étymologie. — Du grec *anthos*, fleur ; *ioulos*, poil ; le nom des *Anthyllis* fait allusion à la pubescence du calice.

Caractères. — Ce sont des herbes, des sous-arbrisseaux ou des arbrisseaux, dont les feuilles pennées se réduisent rarement à la foliole terminale ; les stipules sont petites et peuvent même faire défaut. Les fleurs, jaunes, purpurines ou blanches, sont souvent groupées en capitules axillaires, réunis par 2 ou 3 au sommet des rameaux.

Le calice est tubuleux ou renflé. L'étamine supérieure n'est que rarement libre. La gousse, à une ou un petit nombre de graines, est renfermée dans le calice ou, lorsqu'elle en sort, présente un rostre allongé.

Distribution géographique. — Les 20 espèces qui forment le genre *Anthyllis* croissent en Europe, à l'Ouest de l'Asie et au Nord de l'Afrique. Cinq espèces se retrouvent en France, dont la plus intéressante est l'*A. vulneraria*, qui caractérise les terrains calcaires. Quelques espèces ligneuses, *A. cystoïdes*, *A. Hermaniæ*, sont du Midi de la France.

Usages. — La VULNÉRAIRE (*Anthyllis vulneraria*) mérite jusqu'à un certain point le nom qui lui a été donné ; on l'a employée en cataplasme ; elle entre également dans la composition connue sous le nom de *Thé suisse* (voy. p. 241). On la fait figurer dans la composition des prairies artificielles, surtout dans les terrains sablonneux ou argileux maigres. Toutes les Anthyllides sont d'ailleurs fourragères.

LES HYMÉNOCARPES — *HYMÉNOCARPUS*

Étymologie. — Du grec *hymen*, membrane, et *carpos*, fruit. Le fruit est en effet membraneux sur ses bords.

Caractères. — Distribution géographique. — L'unique espèce qui forme ce genre, l'HYMÉNOCARPE BOUCLÉE (*H. circinatus*), est une petite plante velue, de 20 à 50 centimètres de haut, habitant les bords de la Méditerranée. Les feuilles, dépourvues de stipules, se composent de 5 à 9 folioles entières, dont la foliole impaire supérieure est plus longue que les autres. Fleurs jaunes, groupées en petit nombre sur un pédoncule plus long que la feuille.

LES SÉCURIGÈRES — *SECURIGERA*

Étymologie. — De *securis*, hache ; *gerere*, porter ; allusion à la forme de la gousse qui ressemble à une hache.

Distribution géographique. — Unique espèce du genre, le *Securigera coronilla* habite le Midi de l'Europe, le Nord de l'Afrique et l'Asie occidentale. On le trouve dans le Midi de la France et en Corse.

Caractères. — C'est une petite plante de 20 à 30 centimètres de haut, à tiges dressées, rameuses et glabres, à feuilles pennées, composées de 11 à 15 folioles, à fleurs jaunes, disposées par 6 ou 8 sur un pédoncule plus long que la feuille.

LES DORYCNIES — *DORYCNIUM*

Étymologie. — Du grec *doru*, lance ; *cnao*, frotter. On se servait autrefois du *Dorycnium* pour envenimer les fers de lance. Les anciens ont d'ailleurs donné ce nom à des plantes très différentes. Le *Dorycnium* de Dioscoride semble être le *Convolvulus cneorum*.

Caractères. — Les *Dorycnium* sont des herbes ou des sous-arbrisseaux glabres, pubescents ou villeux. Les feuilles se composent de 3 folioles à l'extrémité du pétiole et de 2 autres à la base, jouant le rôle des stipules. Les fleurs sont petites, blanches ou roses, à carène bleuâtre, groupées en capitules pédonculés.

Les lobes du calice sont plus longs que le tube ; la carène est obtuse et l'étamine supérieure libre ; la gousse est oblongue ou linéaire, cylindrique ou turgide.

Distribution géographique. — Les Dorycnies forment 6 espèces qui croissent en Europe, à l'Ouest de l'Asie et au Nord de l'Afrique jusqu'aux îles Canaries. Deux de ces espèces habitent la France :

La DORYCNIE FRUTESCENTE (*D. suffruticosum*) est un sous-arbrisseau qui croît aux lieux stériles des provinces méridionales.

La DORYCNIE HERBACÉE (*D. herbaceum*) pousse dans les sables du Dauphiné, du Languedoc et du Roussillon.

LES LOTIERS — *LOTUS*

Étymologie. — Les anciens appliquaient le nom de *Lotos* à plusieurs plantes très diverses (voir page 82, col. 2).

Caractères. — Les Lotiers sont des herbes ou des sous-arbrisseaux glabres, soyeux ou hérissés. Les feuilles sont composées de 5 folioles, dont 3 sont situées au sommet du pétiole et les 2 autres, semblables aux précédentes, sont placées à la base, simulant des stipules. Une de ces deux folioles stipulaires peut même manquer. Les fleurs sont jaunes, rouges, roses ou blanches ; elles sont disposées en ombelles axillaires ou plus rarement solitaires.

Les lobes du calice sont ordinairement plus longs que le tube. La carène est rostrée. L'androcée est diadelphe, l'étamine supérieure étant libre. La gousse est oblongue ou linéaire, cylindrique, turgide ou plane : elle s'ouvre par 2 valves. Il y existe souvent des cloisons entre les graines.

Caractères biologiques. — Les feuilles des Lotiers présentent des positions différentes le jour et la nuit, comme un grand nombre d'autres Légumineuses d'ailleurs. Rappelons que c'est sur un pied de *Lotus corniculatus*, qu'il avait reçu de Sauvage, botaniste de Montpellier, et qu'il élevait dans une serre du jardin d'Upsal, que Linné découvrit pour la première fois le phénomène du sommeil des feuilles. Ce fut l'origine de son beau travail : *Somnus plantarum*.

Distribution géographique. — On a décrit 100 espèces de *Lotus*, mais ce nombre doit être certainement réduit de près de la moitié : on n'en considérera pas plus de 55 qui soient bien définies. Ces plantes habitent l'Europe, l'Asie tempérée et montagneuse, l'Afrique boréale et australe, l'Amérique boréale et austro-occidentale, et l'Australie.

Environ 14 espèces de *Lotus* croissent en France, plus nombreuses au Midi qu'au Nord.

Usages. — Tous les Lotiers constituent de bonnes petites plantes pour le bétail et entrent dans la composition des prairies. Les graines de quelques espèces peuvent entrer dans l'alimentation de l'homme. On en cultive quelques-unes dans les jardins comme fleurs de pleine terre.

LE LOTIER CORNICULÉ — *LOTUS CORNICULATUS*

Noms vulgaires. — Sabot de la mariée ; Pied du bon Dieu ; Pied de poule ; Trèfle cornu.

Caractères. — Le Lotier corniculé (fig. 643) est une petite plante glabre de 10 à 30 centimètres de tige. Les 3 folioles, ainsi que les 2 stipules foliaires qui leur ressemblent, sont ovales

entières et glauques. Les fleurs sont d'un beau jaune, marqué de rouge dans leur jeunesse, réunies en capitules de 4 à 8, au sommet de longs pédoncules axillaires.

Caractères biologiques. — La pollinisation s'accomplit chez cette plante par l'intermédiaire des insectes, car, comme chez la plupart des Papilionacées, les fleurs en sont protandres, c'est-à-dire que le pollen est déjà mûr et mis en liberté par les étamines, que le stigmate n'est pas encore prêt à être fécondé. Le pollen d'une fleur jeune doit donc être transporté sur une fleur plus âgée dont les étamines se sont déjà vidées. Ce transport est assuré par les insectes grâce au mécanisme suivant : Dans la fleur du Lotier corniculé (fig. 644) les

Fig. 643. — Lotier corniculé (*Lotus corniculatus*).

deux pièces de la carène se trouvent accolées l'une à l'autre de façon à former une cavité close, à l'intérieur de laquelle se trouvent renfermés les étamines et le pistil. Les ailes entourent cette carène (fig. 646) et par-dessus les ailes se dresse l'étendard (fig. 645). Les ailes et les pétales de la corolle s'articulent ensemble à leur base grâce à une disposition analogue à celle qui a été déjà décrite pour la fleur du *Sarothamnus scoparius* (page 487), de telle sorte que toute pression exercée de bas en haut sur les ailes entraîne un mouvement semblable pour la carène.

Lorsque les anthères sont mûres, le pollen qui en sort s'accumule à l'intérieur de la carène, à l'extrémité de laquelle se trouve un petit orifice laissé entre les deux pétales (fig. 648). Si un insecte vient à se poser sur la fleur, il appuie de son poids sur les ailes et fait en même temps basculer la carène (dans le sens de la flèche sur la figure 649). Dans ce mouvement les étamines, jouant à peu près le rôle d'un piston dans un corps de pompe, refoulent devant elles la poussière pollinique qui sort par l'ouverture et se trouve ainsi projetée sur le ventre de l'insecte, en même temps que le style, terminé par le stigmate, fait saillie au dehors (fig. 650). Qu'un insecte imprégné de pollen, grâce à ce procédé, vienne alors à visiter la fleur quand le pistil sera prêt à être fécondé, la pollinisation ne pourra pas manquer de s'effectuer dans les meilleures conditions possibles.

Distribution géographique. — Le Lotier corniculé est l'espèce la plus commune dans notre pays; on la trouve partout dans les prés, sur les collines, dans les bois, sur le bord des chemins, aussi bien au Midi qu'au Nord.

Usages. – On la fait entrer dans la composition des prairies, car les animaux, chevaux, vaches et moutons, la broutent volontiers. On l'emploie quelquefois dans les campagnes comme plante vulnéraire.

LE LOTIER COMESTIBLE — LOTUS EDULIS

Caractères. — C'est une plante annuelle, herbacée, de 10 à 30 centimètres de haut, à stipules obtuses, à fleurs jaunes assez grandes. Les gousses sont gonflées, ascendantes, arquées.

Distribution géographique. — On la rencontre en France sur les bords de la Méditerranée et en Corse.

Usages. — Les graines, lorsqu'elles sont encore jeunes, sont comestibles; leur saveur rappelle celle des petits pois: on les vend sur les marchés de quelques provinces. Les graines du *L. Getelia* (*Kaoué* des Arabes), sont également comestibles.

Le Lotier pourpre (*Lotus tetragonolobus*), qu'on réunit parfois à quelques autres espèces pour former le genre spécial *Tetragonolobus*, croît dans les contrées méridionales de l'Europe ainsi qu'en Afrique. Cette espèce est depuis longtemps cultivée dans les jardins pour l'ornementation des plates-bandes. On a reconnu que sa graine torréfiée peut être employée en guise de café, d'où le nom de *pois café* qu'on lui donne souvent. De plus ces mêmes graines, lorsqu'on cueille les gousses avant maturité, sont douces, tendres et sucrées et peuvent être consommées à la façon des petits pois. Tout se mange, graines et gousses.

LE LOTIER DE L'ILE SAINT-JACQUES — LOTUS JACOBÆUS

Synonymie. — Lotier de l'île Saint-Jacob.

Caractères. — C'est une plante un peu poilue, d'un vert cendré, dont la tige suffrutescente atteint 50 à 60 centimètres de haut. Les fleurs qui apparaissent au milieu de l'été et se succèdent jusqu'à la fin de l'automne, sont d'une belle couleur brun noirâtre velouté.

Distribution géographique. — Cette espèce est originaire de l'île Saint-Jacques, une des îles du Cap-Vert.

Usages. — On la cultive dans les jardins pour ses fleurs, qui sont d'ailleurs plus remarquables par l'étrangeté de leur couleur que réellement jolies. Ces fleurs exhalent une légère odeur, peu perceptible cependant, mais qui offre cette particularité que leur parfum, assez suave à certaines heures de la journée et par certaines températures, devient au contraire désagréable dans certaines circonstances.

Vivace quand on l'élève en serre, ce Lotier doit être cultivé comme plante annuelle en pleine terre.

V. — LES GALÉGÉES — GALEGEÆ

Caractères. — Les Galégées sont des herbes non volubiles, des arbrisseaux ou plus rarement des arbres; quelques-unes sont des arbrisseaux grimpants. Les feuilles composées pennées, avec ou sans impaire, présentent ordinairement un grand nombre de folioles entières, ou plus rarement 3 et même une seule. 9 des étamines sont ordinairement soudées jusqu'en leur milieu en une gaine fendue supérieurement, la 10e est alors libre : elle est soudée avec les autres à la base et le tube est complet chez les *Cyamopsis*, *Galega* et *Ptychosema*. Chez quelques *Dalea*, l'étamine supérieure fait défaut. Le fruit est une gousse inarticulée, bivalve ou indéhiscente et alors petite; les graines sont rarement strophiolées.

Classification. — On subdivise la tribu des

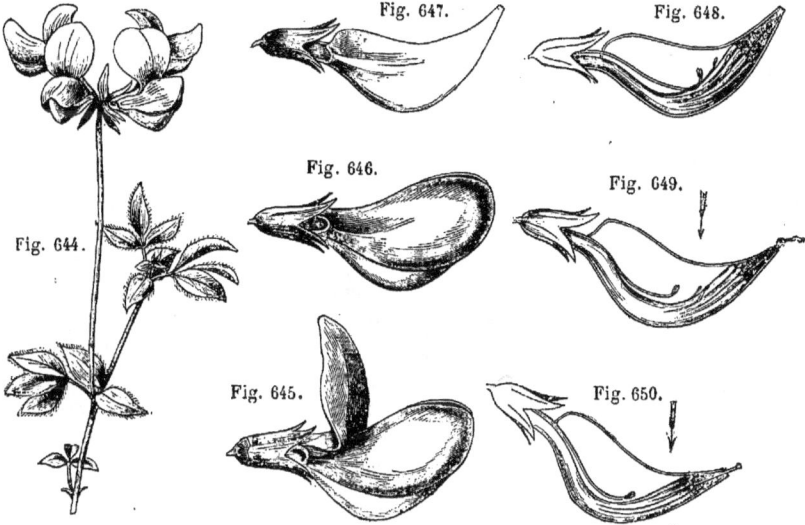

Fig. 644. — Port de la plante.
Fig. 645. — Fleur entière.
Fig. 646. — Fleur dont on a enlevé l'étendard.
Fig. 647. — Fleur dont on a enlevé l'étendard et les ailes.

Fig. 648 à 650. — Fleurs dont on a enlevé l'étendard les ailes et le pétale antérieur de la carène pour montrer le mouvement des étamines.

Fig. 644 à 650. — Pollinisation chez le Lotier corniculé (*Lotus corniculatus*).

Galégées en 8 sous-tribus que nous allons successivement passer en revue.

1. — LES PSORALIÉES — *PSORALIEÆ*

Caractères. — Les Psoraliées sont des herbes ou des arbrisseaux glanduleux ponctués, aux fleurs disposées en grappes ou en épis terminaux ou axillaires. Les ovules sont le plus souvent au nombre de 1 ou 2, plus rarement de 3 ou 4. La gousse est petite et indéhiscente, généralement monosperme.

Distribution géographique. — Les Galégées forment 9 genres dont 8 sont spéciaux à l'Amérique. Les *Psoralea*, au nombre de 105 espèces, sont répandus dans les régions tropicales et tempérées des deux mondes.

En France on ne trouve que le PSORALIER BITUMINEUX (*Psoralea bituminosa*) ou Herbe au bitume, qui croît dans les terres stériles du Midi.

Usages. — Les racines du *Psoralea esculenta* sont comestibles ; celles du *P. glandulosa* du Pérou sont vomitives.

On cultive quelquefois dans les jardins l'*Amorpha fruticosa*, arbrisseau de la Caroline et de la Floride, à cause de l'aspect bizarre de ses fleurs (fig. 688, page 473).

2. — LES INDIGOFÉRÉES — *INDIGO-FEREÆ*

Caractères. — Les Indigoférées sont des herbes ou des arbrisseaux dépourvus de ponctuations, à fleurs groupées en grappes ou en épis axillaires. Anthères à connectif glanduleux. Ovules ordinairement nombreux. Gousse bivalve.

Distribution géographique. — 2 genres seulement forment cette sous-tribu, les *Cyamopsis*, dont il n'existe que 2 espèces qui habitent les Indes orientales et l'Afrique tropicale, et les Indigotiers.

LES INDIGOTIERS — *INDIGOFERA*

Caractères. — Les Indigotiers sont des herbes, des sous-arbrisseaux ou des arbrisseaux, couverts de poils fourchus, à feuilles composées d'un nombre impair de folioles, se réduisant parfois à 3 ou même à 1 seule. Les fleurs, roses ou purpurines, sont disposées en grappes ou en épis. L'étendard persiste ordinairement, tandis que les ailes et la carène tombent de très bonne heure.

L'étamine supérieure est libre ; la gousse est

coriace ou submembraneuse, cylindrique, tétragone ou plane.

Distribution géographique. — On a distingué dans ce genre 270 espèces environ distribuées dans toutes les régions chaudes du globe entier. La plupart d'entre elles sont cultivées en vue de l'extraction de l'indigo. Voici quelles sont les principales espèces cultivées, avec l'indication des pays où on les cultive :

I. tinctoria, dans l'Inde, à Java, dans les deux Amériques ;

I. argentea, dans l'Inde et dans l'Amérique centrale ;

I. pseudotinctoria, *I. angustifolia*, *I. annata*, *I. glabra*, *I. hirsuta*, *I. indica*, etc., dans l'Inde ;

I. Caroliniana, aux États-Unis ;

Fig. 651. — Indigotier (*Indigofera tinctoria*).

I. endecaphylla, dans la Guinée ;

I. erecta, au Cap ;

I. mexicana, à la Nouvelle-Grenade ;

I. disperma, au Guatémala.

Usages. — Des feuilles de toutes ces plantes, on retire la matière bleue connue sous le nom d'*indigo*. La plus belle qualité est donnée par l'*I. argentea*, mais l'espèce qui rapporte le plus et est, pour cette raison, préférée aux autres, est l'INDIGOTIER FRANC (*I. tinctoria*). Un hybride fertile de cet Indigotier avec d'autres espèces donne une variété d'indigo appelée *Taroem Kajol*.

L'extraction de l'indigo et l'emploi de cette matière colorante pour la teinture des tissus semblent avoir été connus aux Indes depuis très longtemps ; mais les procédés d'extraction n'ont été divulgués en Europe qu'au XVIᵉ siècle, où ils ont été introduits par les Hollandais. La supériorité de l'indigo sur les autres produits tinctoriaux fut bien vite reconnue, et la culture des Indigotiers se fit aussi activement au Mexique et dans les îles qu'aux Indes.

L'Indigotier est une plante bisannuelle, mais généralement elle est épuisée dès la première année ; aussi faut-il la resemer tous les ans. On sème au mois de mars et, deux mois après, on peut faire une première récolte ; après deux mois encore, on peut en faire une seconde, puis une troisième et même quelquefois une quatrième, selon les pays. Les Indigotiers de l'Amérique du Nord ne donnent jamais plus de deux récoltes ; ceux du Mexique et des îles en donnent facilement trois. La première coupe est toujours de beaucoup la meilleure.

Pour extraire l'indigo, on coupe les plantes et on les dispose par couches dans une très grande cuve appelée *trempoir*, dans laquelle on épuise les feuilles par l'eau, l'alcool ou l'éther. La solution ainsi obtenue est blanche ; on la porte alors dans une autre cuve appelée *batterie*, où on l'agite fortement pendant quinze ou vingt minutes avec de grandes perches. La liqueur bleuit sous l'action de l'air, et l'addition d'une certaine quantité d'eau de chaux facilite beaucoup la précipitation de la matière colorante.

L'indigo, tel qu'on le trouve dans le commerce, est coloré en bleu foncé avec tons cuivrés. On distingue plusieurs sortes d'indigos par le nom du pays qui les fournit : *indigo flore* du Guatémala, *indigo de la Louisiane*, *indigo de l'Inde*, etc.

L'indigo du commerce est un mélange d'*indigotine*, matière colorante pure, avec diverses matières colorantes organiques ou inorganiques : chlorophylle, carbonate de chaux, peroxyde de fer et d'alumine, silice, etc.

Les Indigotiers ne sont pas les seules plantes d'où l'on puisse extraire l'indigo. Avant l'introduction des produits coloniaux en France, on extrayait l'indigo du Pastel (*Isatis tinctoria*), de la famille des Crucifères (voy. page 160).

Le *Nerium tinctoria* de l'Inde contient également une grande quantité d'indigo. Mais l'extraction se fait à chaud au lieu d'avoir lieu à froid.

En Chine, depuis un temps immémorial, on emploie pour la teinture en bleu une Polygonée, le *Polygonum tinctorium*, dont on pourrait extraire de l'indigo.

On cultive parfois comme plantes d'ornement certains Indigotiers : la plupart sont rustiques dans le Midi de la France, de serre tempérée et d'orangerie dans le Nord ; les *I. Dosna*, à fleurs pourpre clair, *I. decora* à fleurs roses, *I. alba* à fleurs blanches, peuvent être cultivés en pleine terre sous le climat de Paris à l'aide de quelques abris ; l'*I. australis*, de la Nouvelle-Hollande, aux fleurs roses très odorantes, ne convient qu'à la région méditerranéenne ; l'*I. macrostachya*, de la Chine, l'*I. atropurpurea* du Népaul, à fleurs pourpre noir, sont des plantes de serre chaude.

3. — LES BROGNARTIÉES — *BRO-GNARTIEÆ*

Caractères. — Arbrisseaux dressés dont les pédicelles floraux sont groupés 2 par 2 à l'aisselle des feuilles ou disposés en grappes terminales. Nombreux ovules. Goûsse bivalve. Graines strophiolées.

Distribution géographique. — Trois genres seulement, dont deux américains (*Harpalyce, Brognartia*), et un de l'Australie (*Lamprolobium*).

4. — LES TÉPHROSIÉES — *TEPHROSIEÆ*

Caractères. — Les Téphrosiées sont des herbes, des arbrisseaux dressés ou grimpants, ou des arbres. Les fleurs sont disposées en grappes terminales opposées aux feuilles ou paniculées au sommet des rameaux. Anthères mutiques ; ovules nombreux ; gousse bivalve.

Distribution géographique. — Quinze genres et près de 200 espèces, dont 125 pour le seul genre *Tephrosia* et 50 pour le genre *Milletia*, forment la sous-tribu des Téphrosiées. Ces plantes sont largement répandues dans les régions chaudes et tempérées. En France vit le *Galega officinalis*.

Usages. — A ce groupe appartiennent des plantes d'ornement, comme les *Galega* et la Glycine.

Le *Tephrosia tinctoria*, de l'île de Ceylan, fournit une qualité inférieure d'indigo.

LES GALÉGAS — *GALEGA*

Étymologie. — Du grec *gala*, lait ; ces plantes passent pour donner du lait aux vaches qui en mangent.

Caractères. — Les *Galega* sont des plantes herbacées, aux grappes terminales ou axillaires. Étamines toutes réunies en un tube par leur base ; style glabre ; gousses striées obliquement sur leurs valves.

Distribution géographique. — Des 3 espèces qui vivent dans l'Europe méridionale et à l'Ouest de l'Asie, une seule, le *Galega officinalis*, habite la France, dans les prairies du Midi.

Usages. — Les *Galega* peuvent être cultivés comme plantes fourragères, mais ce sont surtout des plantes d'ornement.

Le GALÉGA OFFICINAL (*G. officinalis*), nommé vulgairement *Lavanèse* ou *Rue de chèvre*, a de nombreuses fleurs bleu pâle et fleurit de juin en septembre. Cette espèce indigène est vivace et très rustique.

Le GALEGA D'ORIENT (*G. orientalis*), espèce vivace d'Asie Mineure, est également cultivé dans les jardins, où ses fleurs, d'un beau bleu violacé, s'épanouissent en mai pour durer parfois jusqu'en août.

LES WISTARIES — *WISTARIA*

Caractères. — Les Wistaries sont des lianes à feuilles imparipennées, à folioles entières, à fleurs bleuâtres disposées en grappes terminales. L'étamine supérieure est libre ou soudée aux autres à partir de son milieu. Gousse allongée, bivalve, à valves convexes.

Distribution géographique. — On connaît 2 espèces de *Wistaria*, l'une de la Chine et du Japon, l'autre de l'Amérique du Nord.

LA WISTARIE DE CHINE — *WISTARIA SINENSIS*

Nom vulgaire. — Glycine. La plante d'ornement connue sous le nom français de Glycine n'appartient pas au genre *Glycine* (de la tribu des Phaséolées), mais au genre *Wistaria*.

Caractères. — C'est une liane superbe, à rameaux volubiles, pouvant atteindre de très grandes dimensions, à feuilles vert pâle, donnant, d'avril en mai, un grand nombre de grappes pendantes de fleurs bleu clair, d'un très bel effet (fig. 632).

Usages. — La Glycine produit, par sa vigoureuse végétation et l'abondance de ses grappes florales, la décoration la plus élégante qu'on puisse imaginer. Originaire de la Chine, on la cultive en Europe depuis 1825. Cette plante est presque rustique sous le climat de Paris, mais gèle pendant les grands hivers ; elle rend de très grands services pour la décoration des treillages, tonnelles, berceaux, etc. Ses grappes

Fig. 652. — Glycine des Jardins (*Wistaria sinensis*).

de fleurs ne sont pas seulement décoratives, mais répandent la plus délicieuse odeur.

On connaît une variété à fleurs blanches et une autre à fleurs doubles.

Lorsque la plante devient trop grande et qu'il est nécessaire de la tailler, il faut ne couper que les pousses d'un an et ménager le vieux bois, car les fleurs ne se développent que sur les rameaux de trois ou quatre ans.

Le *Wistaria frutescens*, de l'Amérique du Nord, est aussi une fort belle plante, mais moins rustique, et par conséquent plus rare dans les jardins français.

5. — LES ROBINIÉES — *ROBINIEÆ*

Caractères. — Les Robiniées sont des herbes, des arbrisseaux dressés ou plus rarement grimpants ou des arbres. Les grappes de fleurs sont toutes axillaires ou fasciculées sur les nœuds anciens. L'étamine supérieure est généralement libre. Anthères mutiques; nombreux ovules; gousse bivalve, aplatie ou renflée sur les graines.

Distribution géographique. — La sous-tribu des Robiniées comprend 16 genres, tous exotiques. Les *Sesbania* habitent les régions chaudes des deux mondes.

Usages. — Le genre le plus intéressant des Robiniées est celui qui a donné son nom à la sous-tribu, le genre *Robinia*.

Le *Sesbania aculeata* est une herbe de l'Inde, dont les fibres liberiennes sont utilisées comme textiles.

La DAUBENTONIE DE TRIPET (*Daubentonia (Sesbania) Trepetiana*), sous-arbuste de l'Amérique du Nord, haut de 1 à 2 mètres, à longues fleurs rouges tachées de jaune sur l'étendard, est une de nos jolies plantes de jardin, mais n'est malheureusement qu'à demi rustique à Paris.

LES ROBINIERS — *ROBINIA*

Étymologie. — Les *Robinia* ont été dédiés au botaniste Jean Robin qui, au XVIIe siècle, introduisit le premier en Europe une espèce de ce genre.

Caractères. — Les Robiniers sont des arbres ou des arbrisseaux à feuilles imparipennées, à folioles entières. Les stipules sont sétacées ou transformées en épines. Les fleurs, blanches ou roses, sont disposées en longues grappes axillaires.

Le genre est caractérisé par le calice presque bilabié, à 4 ou 5 dents courtes, l'étendard large et étalé, l'étamine supérieure libre à la base et soudée avec les autres au milieu, le style subulé, la gousse linéaire, plane, comprimée, à suture supérieure étroitement ailée.

Distribution géographique. — Les Robiniers sont au nombre de 5 ou 6 espèces, toutes originaires de l'Amérique du Nord et du Mexique.

Fig. 653. — Robinier faux Acacia (*Robinia pseudo-acacia*).

Distribution géologique. — Des vestiges fossiles font présumer que très vraisemblablement les *Robinia* existaient en Europe à l'époque tertiaire. C'est ainsi que dans la molasse suisse, on a rencontré les restes du *R. Regeli*, dont les fruits ressemblent à ceux du *R. pseudo-Acacia*. La facilité avec laquelle le *R. pseudo-Acacia* s'est naturalisé en Europe, légitime bien l'hypothèse déduite de l'examen des fossiles.

LE ROBINIER FAUX ACACIA — *ROBINIA PSEUDO-ACACIA*

Nom vulgaire. — C'est l'*Acacia* de nos jardins et de nos promenades. C'est à tort qu'on

lui donne ce nom, car le genre *Acacia*, de la famille des Légumineuses-Mimosées, est très différent des *Robinia* auxquels appartient le faux Acacia.

Caractères. — Le Robinier faux Acacia est un arbre (fig. 653) pouvant atteindre 20 à 25 mètres de hauteur, à rameaux étalés, formant souvent une tête élargie, irrégulière. Le bois est recouvert d'une écorce roussâtre, rugueuse et largement sillonnée. Les feuilles imparipennées (fig. 654) sont formées de 15 à 25 folioles ovales, entières, opposées 2 par 2 sur le pétiole commun, à la base duquel se trouvent les 2 stipules transformées en épines dures, aplaties et recourbées. Les fleurs, ordinairement blanches, suavement parfumées, forment de longues et belles grappes pendantes.

Distribution géographique. — Le Robinier faux Acacia est originaire de l'Amérique du Nord. Il est très commun dans les forêts du Maryland, de New-York, de la Pensylvanie, etc. Il est aujourd'hui naturalisé en Europe, où il fut apporté pour la première fois par Jean Robin (1550-1629), jardinier de Henri IV et de Louis XIII, qui voyagea en Amérique et que Tournefort appelait le premier botaniste de son temps. C'est son fils, Vespasien Robin (1579-1662), qui planta, en 1635, le célèbre Acacia du Jardin des Plantes de Paris, qui n'existe plus guère aujourd'hui qu'à l'état de squelette, après avoir été la souche de tous les Acacias qui peuplent aujourd'hui nos jardins et nos bois. Encore quelques années d'ailleurs, et ce noble vieillard aura terminé ses jours.

Usages. — Les usages du Robinier sont très nombreux. C'est un des plus beaux arbres que l'on puisse employer à l'ornementation des jardins et des bosquets. On le plante sur les promenades et on en fait des avenues dans les propriétés. C'est un arbre peu difficile sur la nature du sol; il préfère toutefois un terrain siliceux et légèrement humide. Les feuilles se montrent vers le 15 mai, mais tombent de bonne heure et ne donnent que peu d'ombrage. La floraison se produit aux environs du 15 juin. Le Robinier vient également bien isolé ou en massifs : il ne craint pas le voisinage des autres arbres et réussit très bien au milieu des jeunes Chênes et des Châtaigniers, auxquels il sert d'abri contre les rayons du soleil. Son accroissement est très rapide et il peut acquérir un grand développement; on peut cependant, en le taillant, le tenir à la hauteur que l'on veut.

Le Robinier faux Acacia a donné naissance par la culture à un grand nombre de variétés dont les principales sont :

Le ROBINIER DE DECAISNE (*R. pseudo-Acacia*, var. *Decaisneana*), arbre très vigoureux, à fleurs roses ;

Le ROBINIER A UNE FEUILLE (*R. pseudo-Acacia*, var. *monophylla*), arbre très vigoureux, dont les feuilles sont réduites à une seule foliole, ou à plusieurs folioles dont la terminale est toujours plus développée que les autres ;

Le ROBINIER DE BESSON (*R. pseudo-Acacia*, var. *Bessoniana*), arbre de vigueur moyenne

se formant assez régulièrement en cime arrondie ;

Le ROBINIER BOULE (*R. pseudo-Acacia*, var. *umbraculifera*), dont la tête forme une boule compacte de verdure.

Dans les plantations d'alignement des villes on emploie volontiers le faux Acacia ainsi que ses diverses variétés. On plante ces arbres à 6 mètres, les uns des autres sur le bord des trottoirs. L'espèce type est plantée à Paris le long de l'avenue des Ternes, par exemple, et l'on peut voir de beaux Acacias de Decaisne sur les quais de Javel et de Grenelle. On peut comparer les diverses espèces de

Fig. 654. — Feuille de Robinier (*Robinia pseudo-Acacia*).

Robiniers employées par le service des plantations de la ville de Paris, dans les allées des cimetières de Bagneux et de Pantin (voy. p. 289).

Cultivé le long des routes, sur les talus de chemin de fer, dans les ravins, le Robinier a le précieux avantage de maintenir les terres en pente, grâce à ses racines traçantes qui s'étendent à une grande distance.

Le bois du faux Acacia est dur, pesant, d'un grain serré, uni et susceptible d'un beau poli. On en fait des meubles et des ouvrages de tour. C'est à tort que l'on a prétendu que ce bois était cassant et qu'on a voulu le repousser comme tel. Cette erreur vient de ce qu'on constate que les branches sont presque toujours cassées par le vent au point où elles se bifurquent, mais il n'est pas difficile de reconnaître que ces fractures sont dues non à des cassures, mais bien à une dissociation des fibres. Le bois du Robinier convient très bien à la construction, et les Américains en font très grand cas pour cet usage. Les Anglais le préfèrent à tout autre bois pour la fabrication des chevilles de vaisseau. Il résiste bien à l'humidité et est très bon pour les pilotis.

C'est un excellent bois de chauffage. D'après d'Ambournai, on peut, en le faisant bouillir avec des laines, teindre celles-ci en jaune. On fait avec les jeunes branches des cercles et des échalas pour les Vignes.

Le Robinier faux Acacia a été recommandé comme arbre fourrager, dont le feuillage peut être utilement employé, en cas de disette, pour la nourriture du bétail. En 1893, en particulier, les *prairies d'Acacias* ont rendu de notables services aux agriculteurs dans la peine; aussi convient-il de ne pas négliger cet usage important du Robinier, sans s'arrêter à l'accusation d'être vénéneux qui avait été lancée contre lui à cette époque, dans un article du journal *le Figaro*. M. Cornevin (1), avec sa haute compétence, a montré en effet que pareille accusation est tout à fait erronée et que le *Robinia pseudo-Acacia* n'est toxique ni par ses feuilles, ni par son écorce, ni par ses fleurs. Pour ces dernières on sait d'ailleurs depuis longtemps qu'elles ne sont en rien vénéneuses.

Ces fleurs en effet ont été vantées en médecine comme antispasmodiques et l'on a proposé d'en retirer un sirop agréable et rafraîchissant que l'on mêle à l'eau, et qu'on l'on boit pour se désaltérer. Avec les longues et belles grappes parfumées, on fait même d'excellents beignets.

Les mérites du Robinier faux Acacia ont été célébrés par M. Henri Rhéni, un de nos chansonniers bien connus, dans une charmante et spirituelle chanson dont nous donnons ici quelques-uns des couplets :

Au collège, trop distrait,
Je négligeai la physique,
Et jamais la botanique
Pour mon esprit n'eut d'attrait.
Sur les effets et les causes,
Qui sont pour moi lettres closes
J'ignore, hélas ! bien des choses
Que saurait un perroquet.
Mais un sujet se présente,
Et bien qu'ignorant, je chante
L'Acacia de mon bosquet !

. . . .

Savez-vous qu'au papillon
Qui sur une fraîche rose
Délicatement se pose
Après un gai tourbillon,
Sa fleur est si ressemblante
Que d'un mot qui m'épouvante,

Papillonacée, on tente
D'en peindre l'aspect coquet ?
Moi, je sais que sur ses branches,
Il a mille grappes blanches,
L'Acacia de mon bosquet !

On m'a dit que le gourmand,
Soucieux de ses agapes,
Quand il voit ces belles grappes,
Craint l'Aquilon inclément ;
Qu'à la pâte il les mélange,
Sans extrait de fleur d'orange,
Pour faire un beignet qu'il mange
Dans un plantureux banquet.
Je ne suis pas gastronome,
Mais je sais bien qu'il embaume,
L'Acacia de mon bosquet !

. . . .

Seule, dit-on, la guenon
Qui flirte sous le Tropique,
Connaît l'arbre magnifique
Dont il porte ici le nom ;
Ne serait-il qu'un faussaire,
Un impudent plagiaire,
Un *Robinier* qui pour plaire
A pris un beau sobriquet ?
Le nom n'est rien : pour lui-même
Je dis bien haut que je l'aime,
L'Acacia de mon bosquet !

Sur les Robiniers, on trouve parfois de petits insectes qui vivent sur les branches et y donnent lieu à un phénomène analogue à celui dont nous avons déjà parlé à la page 350, à propos des Arbres à pluie de l'Inde. C'est ce que nous apprend une lettre adressée au directeur de la revue *le Monde des Plantes* (1) par M. l'abbé Marcailhou d'Ay-méric

« C'était en 1862; étant alors élève du grand séminaire de Pamiers (Ariège), je ne fus pas peu surpris de recevoir fréquemment durant les récréations de l'après-midi, sous les Acacias-boule ou parasol (*Robinia pseudo-Acacia*, var. *umbraculifera*), de la cour, des gouttes d'eau assez limpides. Nous étions dans les belles et chaudes journées de juin.

« Quelques jours plus tard, je m'avisai de la présence insolite sur les branches de ces arbres, d'insectes figés sur elles, comme des ventouses, de forme ovale convexe, de couleur grisâtre, d'un centimètre environ de longueur, imitant assez l'aspect du cloporte à l'état de repos. En les détachant avec un couteau, on ne voyait au-dessous qu'une fine peau blanche adhérant à l'écorce de l'arbre.

« Ce sont évidemment des insectes suceurs,

(1) Cornevin, *Journal pratique d'Agriculture*, 1893, II, p. 326.

(1) *Le Monde des Plantes*, 1894, t. III, p. 254.

qui rejettent ensuite leurs sécrétions ; ils appartiennent probablement au groupe des Cicadaires.

« Les Acacias-boule du grand séminaire de Pamiers ne paraissent pas avoir souffert de la coexistence de ces parasites, puisqu'ils conservent encore leur forte végétation. »

LE ROBINIER HÉRISSÉ — *ROBINIA HISPIDA*

Nom vulgaire. — Acacia rose.

Caractères. — C'est un simple arbrisseau de 2 à 3 mètres tout au plus, à rameaux hérissés de longs poils rouges. Ses fleurs, réunies en superbes grappes, sont de couleur rose carmin.

Distribution géographique. — Originaire de la Caroline, cette espèce a été introduite dans les jardins français, par Lemonnier.

Usages. — Gracieux par le port, ce charmant arbrisseau est l'un des plus beaux ornements de nos parterres, lorsqu'au retour du printemps, il étale ses longues grappes roses qui sont fort jolies en effet, mais sont dénuées de parfum. Le plus grand inconvénient de cette plante est d'être extrêmement fragile, les rameaux cassant très facilement au moindre coup de vent un peu violent. C'est pour cela que, malgré la rusticité de la plante, toutes les expositions ne lui conviennent pas.

LES CARMICHÉLIES — *CARMICHÆLIA*

Distribution géographique. — Les Carmichélies, dont on connaît une dizaine d'espèces environ, sont des plantes de la Nouvelle-Zélande.

Caractères. — Ce sont des arbrisseaux ou des arbres, remarquables par la réduction des feuilles chez plusieurs espèces. Chez le *Carmichælia australis* (fig. 655), les rameaux aplatis ont pris l'aspect de feuilles et en jouent le rôle physiologique. Les véritables feuilles sont très petites. Cette transformation des rameaux se retrouve chez un grand nombre de plantes. Nous l'avons vue (page 374) chez le *Colletia cruciata* (fig. 656), par exemple, de la famille des Rhamnées ; on l'observe également chez le *Phyllanthus speciosus* (fig. 657), de la famille des Euphorbiacées.

6. — LES COLUTÉES — *COLUTEÆ*

Caractères. — Les Colutées sont des herbes ou des arbrisseaux aux fleurs disposées en grappes toutes axillaires. L'étendard est ordinairement étalé ou réfléchi ; l'étamine supérieure est libre, le style barbu en son sommet. Nombreux ovules. Gousse renflée ou vésiculeuse, indéhiscente, bivalve ou s'ouvrant au sommet.

Distribution géographique. — Les Colutées forment 7 genres et 68 espèces, dont 30 *Lessertia* habitant l'Afrique australe et 28 *Swainsona* de l'Australie et de la Nouvelle-Zélande. Le seul genre européen est le genre *Colutea*.

LES CLIANTHES — *CLIANTHUS*

Étymologie. — Du grec *cleios*, gloire ; *anthos*, fleur. Ce nom fait allusion à la beauté des fleurs.

Caractères. — Les Clianthes sont caractérisés, dans la sous-tribu des Colutées, par leurs pétales acuminés, leur style barbu suivant une ligne longitudinale interne, leur stigmate terminal de petite taille, leur gousse oblongue et turgide.

Distribution géographique. — On ne connaît que deux espèces de *Clianthus*, très voisines l'une de l'autre, originaires l'une d'Australie, l'autre de la Nouvelle-Zélande.

Usages. — Toutes deux figurent, pour la beauté de leurs fleurs, au premier rang parmi les Légumineuses ornementales. Ces plantes sont à demi rustiques dans les provinces de l'Ouest et réussissent même sous le climat de Paris en pleine terre, au pied d'un mur abrité au Midi.

Le CLIANTHE DE DAMPIER (*C. Dampieri*) est natif d'Australie : c'est une herbe de 30 centimètres de haut, recouverte d'un duvet blanchâtre, à la gousse coriace, glabre intérieurement. Les fleurs, de 6 à 8 centimètres de long, sont d'un beau rouge écarlate intense, avec un grand œil noir brillant vers le centre.

Le CLIANTHE A FLEURS POURPRES (*C. puniceus*) est un sous-arbrisseau de la Nouvelle-Zélande, presque glabre, dont la gousse, à peine coriace, est velue intérieurement.

A côté des Clianthes, nous placerons parmi les Colutées ornementales, les SWAINSONAS (*Swainsona Osboni*, *grandiflora*, etc.), sous-arbrisseaux de la Nouvelle-Hollande, à fleurs roses de différents tons, très rustiques dans la région de l'Oranger.

LES BAGUENAUDIERS — *COLUTEA*

Étymologie. — Du grec *colouo*, mutiler ; *itea*, arbre ; on a prétendu qu'une simple mutilation fait périr l'arbre.

Fig. 656. Fig. 655. Fig. 657.

Fig. 655. — *Carmichælia australis.*
Fig. 656. — *Colletia cruciata.*

Fig. 657. — *Phyllanthus speciosus.*

Fig. 654 à 656. — Plantes chez lesquelles les rameaux prennent la forme des feuilles et en jouent le rôle physiologique.

Caractères. — Ce sont des arbrisseaux glabres ou à peine pubescents, à feuilles imparipennées munies de petites stipules, à fleurs jaunes ou rouges, de grande taille, réunies en grappes axillaires.

Le style est barbu à la face interne, avec stigmate faisant saillie au-dessous du sommet. Gousse membraneuse renflée.

Distribution géographique. — Les *Colutea*, dont on a décrit 8 espèces, qui très probablement se réduisent à 3, habitent l'Europe et les parties chaudes de l'Asie. La seule espèce croissant en France est le *Colutea arborescens*, arbuste de 2 à 3 mètres de haut, que l'on trouve sur les coteaux calcaires du Centre et de l'Est.

Usages. — Le *Colutea arborescens* porte parfois le nom de *faux Séné*. Ses feuilles sont, en effet, purgatives comme celles du Séné, qu'elles servent d'ailleurs à falsifier. Les bestiaux n'ont pas de répugnance pour ces feuilles, mais ne s'en montrent pas avides.

Cette espèce est souvent cultivée dans les parcs et les jardins, où ses fleurs jaune mordoré font un assez gracieux effet; mais elle doit encore plus son succès à ses grosses gousses vésiculeuses, gonflées d'air, qui crèvent bruyamment quand on les comprime. Cela sert d'amusement aux enfants, et le nom de Baguenaudier vient probablement du vieux mot français baguenauder, c'est-à-dire s'amuser à des niaiseries.

LE BAGUENAUDIER D'ÉTHIOPIE (*Colutea frutescens*) (fig. 658) est une espèce de l'Afrique australe que l'on cultive dans nos jardins. Annuelle en plein air et vivace en serre, la plante a le port d'un arbrisseau et ne dépasse guère 70 centimètres. Les fleurs, disposées en

Fig. 658. — Baguenaudier d'Éthiopie (*Colutea frutescens*).

grappes, sont rouge écarlate. Il en existe une variété à fleurs blanches, très florifère, et une autre variété à grandes fleurs.

7. — LES ASTRAGALÉES — *ASTRAGALEÆ*

Caractères. — Les Astragalées sont des herbes, des arbrisseaux, ou plus rarement des arbres, aux fleurs disposées en grappes, en épis; plus rarement en ombelles ou solitaires. L'étendard est dressé, ordinairement étroit, à bords réfléchis. Étamine supérieure libre, nombreux ovules; style imberbe; gousse renflée, cylindrique ou rarement comprimée, à cavité indivise ou divisée dans le sens de la longueur.

Distribution géographique. — Les Astragalées comprennent 12 genres avec 1100 espèces, dont 900 *Astragalus* et 200 *Oxytropis*. On les trouve largement réparties dans les deux mondes. A la flore française appartiennent les 3 genres *Astragalus*, *Oxytropis* et *Biserrula*.

Usages. — Outre les Astragales et les Réglisses, dont il sera question plus loin, on trouve dans ce groupe des plantes ornementales telles que les CARAGANAS (*Caragana altagana*, *fructescens*, etc.), arbustes buissonnants de la Sibérie et du Nord de la Chine, qui peuvent servir à former de jolis massifs dans les endroits les plus froids et les plus mal exposés des jardins.

LES ASTRAGALES — *ASTRAGALUS*

Étymologie. — Astragale est le nom d'un des os du talon; appliqué à ces plantes, il doit probablement faire allusion à la forme des graines ou de la racine dans quelques espèces.

Caractères. — Les Astragales sont des herbes, des sous-arbrisseaux ou de petits arbustes très rameux, inermes, ou présentant des épines sur le rachis des feuilles. Les feuilles sont imparipennées, paripennées ou digitées, se réduisant même parfois à une seule foliole. Stipules libres ou soudées au pétiole, parfois réunies en une seule. Fléurs violettes, purpurines, blanches ou jaunes, groupées le plus souvent en grappes ou en épis, plus rarement en ombelles.

Les pétales sont étroits; la gousse est souvent divisée à l'intérieur en deux compartiments par le développement de la suture qui porte les graines.

Distribution géographique. — 1300 *Astragalus* ont été décrits, mais il n'y a vraisemblablement pas, dans ce nombre, plus de 900 espèces qui soient réellement distinctes. On trouve ces plantes dans l'hémisphère boréal, sur l'un et l'autre des deux continents, dans les régions extratropicales et montagneuses de l'Amérique du Sud, et dans les contrées tropicales africaines. Les *Astragalus* abondent principalement en Sibérie, sur l'Himalaya et dans tout l'Orient.

Sur les 22 espèces d'Astragales qui croissent spontanément en France, la plupart appartiennent au Midi; deux seulement remontent jusqu'aux environs de Paris. Ce sont l'Astragale réglisse (*Astragalus glycyphyllos*) et l'Astragale de Montpellier (*A. Monspessulanus*).

Usages. — Plusieurs espèces d'Astragales produisent la *gomme adragante*, substance employée pour épaissir les couleurs dont on se sert dans l'impression des cotonnades, pour apprêter les soieries et les dentelles, pour donner du brillant au cuir, etc. En pharmacie,

Fig. 659. — Steppes de Persepolis en Perse, sur lesquelles poussent l'*Astragalus tragacantha* et des *Acantholimon*.

cette gomme sert à donner de la consistance aux loochs, à maintenir en suspension certains agents médicamenteux, à lier les corps qui entrent dans la préparation des pastilles et des pilules. On s'en sert aussi dans la confiserie.

La gomme adragante, pour Linné, était produite par l'*Astragalus Tragacantha*, qu'on trouve en abondance dans les steppes de la Perse (fig. 659). Cette espèce ne donne pas de gomme; celle-ci exsude de l'*Astragalus verus* (fig. 660), arbrisseau de l'Asie Mineure, de l'Ar-

Fig. 660. — Astragale vraie (*Astragalus verus*).

ménie et des provinces septentrionales de la Perse. L'*A. Creticus*, observé par Tournefort sur le mont Ida de Crète, et par Sibtorp en Ionie, l'*A. Parnassii* de Grèce et plusieurs autres espèces d'Asie Mineure en produisent également. L'*A. gummifer*, exploité sur le mont Liban, donne une gomme un peu différente, la *gomme pseudo-adragante* de Guibourt.

La gomme adragante n'est pas une sorte de sécrétion s'écoulant et se concrétant à l'air, mais une véritable transformation des cellules du tissu de la moelle et des rayons médullaires. On peut, sur un rameau d'Astragale, suivre tous les passages, depuis les cellules à l'état ordinaire jusqu'à celles qui sont devenues complètement mucilagineuses.

On trouve, dans le commerce, la gomme adragante sous deux formes : la *gomme vermiculée* ou en *filets* et la *gomme en plaques*. Ces formes dépendent de la nature des incisions ou piqûres qui ont été faites à l'arbre. La gomme

adragante contient une substance particulière dite *bassorine* ou *adragantine*, très voisine de l'*arabine*.

La gomme de meilleure qualité vient de Smyrne et est récoltée dans l'Asie Mineure; viennent ensuite celle de Syrie et celle de la Morée.

L'ASTRAGALE DE MONTPELLIER est employée comme plante ornementale de jardins pour ses grappes d'abord denses, puis allongées, formées de nombreuses fleurs, violet rougeâtre ou purpurin. Cette espèce vivace fleurit au mois de mai. On l'utilise principalement pour la décoration des rocailles ou des talus exposés au Midi.

LES RÉGLISSES — *GLYCYRRHIZA*

Étymologie. — Du grec *glycos*, doux, et *rhiza*, racine; allusion aux propriétés adoucissantes de la racine.

Caractères. — Les Réglisses sont des herbes vivaces, souvent glanduleuses, à feuilles imparipennées à nombreuses folioles, à fleurs bleues, blanches ou jaunes disposées en grappes ou en épis.

Les pétales sont étroits comme chez les *Astragalus*. La gousse est comprimée ou turgide, lisse ou glanduleuse. Mais le principal caractère de ce genre réside dans la confluence des anthères au sommet.

Distribution géographique. — Les 12 espèces de Réglisses croissent surtout dans l'Asie tempérée et subtropicale, ainsi que dans la région méditerranéenne. On les rencontre aussi à l'Ouest de l'Amérique du Nord, dans l'Amérique du Sud, au delà des tropiques et en Australie.

Usages. — La racine de l'unique espèce indigène et de plusieurs espèces voisines donne le *bois de Réglisse*.

LA RÉGLISSE GLABRE — *GLYCYRRHIZA GLABRA*

Caractères. — La Réglisse glabre (fig. 661) est une plante vivace de 30 centimètres à 1 mètre de haut, à tige presque ligneuse, dressée, cylindrique, peu rameuse, un peu luisante et glabre. Les feuilles présentent 4 à 7 paires de folioles avec impaire, oblongues ou elliptiques, d'un vert gai, glabres, glutineuses en dessous et privées de stipules. Les fleurs, qui se montrent vers le mois de juin, sont petites, violettes ou purpurines, groupées en grappes axillaires

Fig. 661. — Réglisse glabre (*Glycyrrhiza glabra*).

Fig. 662. — Réglisse de Russie (*Glycyrrhiza echinata*).

plus courtes de moitié que la feuille florale.

Distribution géographique. — Cette espèce croît naturellement dans le Midi de l'Europe, la Sicile, l'Italie, l'Espagne et quelques départements du Midi de la France. On la cultive dans les environs de Paris, car elle y est assez rustique.

Propriétés. — Usages. — La partie usitée de la plante est la racine, bien connue sous le nom de *bois de Réglisse*. On arrache les racines lorsqu'elles sont âgées de trois ans ; on les trouve dans le commerce en morceaux longs de 50 centimètres, de la grosseur du doigt environ, bruns en dehors et jaunes en dedans, d'une saveur sucrée un peu âcre. La Réglisse qui vient à l'état sec de Sicile et d'Espagne, est plus sucrée que celle que l'on cultive dans les environs de Paris. On doit préférer celle qui est d'un beau jaune à l'intérieur, car celles qui sont rousses sont plus ou moins avariées et d'un goût désagréable.

La racine de Réglisse contient de la *glycyrrhizine*, ou sucre de Réglisse. Le *suc* ou *jus de réglisse*, connu aussi sous le nom de *sucre noir*, se prépare surtout en Italie, dans la Calabre et en Espagne, en faisant bouillir plusieurs fois la racine ; puis on exprime fortement et on fait évaporer la liqueur dans une chaudière de cuivre. On trouve cette substance dans le commerce sous forme de bâtons de 12 à 15 centimètres de long, épais de 1,5 à 2 centimètres, toujours aplatis à une extrémité

où se trouve l'empreinte d'un cachet. Le suc de Réglisse est très souvent falsifié par l'addition de fécule ou de dextrine.

Le suc de Réglisse jouit d'une réputation universelle contre les maux de gorge et les rhumes. Il en est de ce produit comme des *pastilles* et de la *pâte de Réglisse*. Ceux qui les aiment peuvent en avaler, mais en se rappelant que si ces préparations calment la toux pour quelque temps, elles sont insuffisantes pour guérir un rhume, et que si celui-ci se prolonge, il ne faut pas tarder à passer à des moyens plus sérieux.

En faisant infuser 10 grammes de racine dans 1 litre d'eau froide ou tiède, on obtient une tisane agréable. Il faut éviter d'employer de l'eau trop chaude, et surtout préférer l'infusion à la décoction, car le principe âcre, qu'il convient d'éviter, se dissout de plus en plus dans l'eau à mesure que la température est plus élevée. La tisane de Réglisse se boit seule ou mélangée à d'autres tisanes, Chiendent, Orge, Guimauve, dont elle relève le goût et qu'elle sucre avantageusement sans provoquer le dégoût des malades, comme le fait souvent le sucre ordinaire.

On peut aussi faire macérer la racine de Réglisse dans l'eau froide avec des ronds de citron, ce qui donne le *coco*, boisson rafraîchissante et populaire, qui n'a sans doute rien de bien relevé, mais qui se boit avec plaisir et sans inconvénient pendant les chaleurs de l'été. En particulier pour les enfants, il est très préférable de leur donner du vulgaire *coco* pour se désaltérer, que tous les sirops frelatés du commerce.

Sous le nom de RÉGLISSE DE RUSSIE (fig. 662), on trouve encore, dans le commerce, une autre racine de forme pivotante, dépourvue de son écorce, grosse à peu près comme le bras, fibreuse, jaunâtre et un peu moins sucrée que la Réglisse commune. Cette racine provient du *G. echinata*, originaire de l'Orient, que l'on cultive en Calabre et en Sicile.

Succédanés. — On donne encore le nom de Réglisse à d'autres plantes que des *Glycyrrhiza*.

La RÉGLISSE D'AMÉRIQUE est la racine de l'Arbre à chapelets (*Abrus precatorius*) des Antilles.

La RÉGLISSE DES ALPES est le Trèfle des Alpes (*Trifolium alpinum*).

La RÉGLISSE SAUVAGE est l'*Astragalus glycyphyllos* qui, comme l'indique son nom spécifique, ressemble encore plus à la Réglisse par ses feuilles que par ses racines.

Les racines de toutes ces plantes peuvent, dans une certaine limite, remplacer celles de la Réglisse officinale.

VI. — LES HÉDYSARÉES — *HEDY-SAREÆ*

Caractères. — Les Hédysarées sont des herbes, des sous-arbrisseaux ou des arbrisseaux parfois volubiles ou grimpants, plus rarement des arbres. Les feuilles impari ou paripennées sont plus rarement digitées, unifoliées ou simples. Les étamines sont tantôt diadelphes, tantôt monadelphes, ou bien encore, mais plus rarement, toutes libres entre elles. Les anthères sont le plus souvent toutes semblables entre elles. La gousse est ordinairement divisée en articles monospermes, fermés, indéhiscents ou plus rarement déhiscents, se séparant à maturité. Parfois le fruit se réduit à un seul article, par suite de l'avortement de tous les ovules sauf un. Les graines ne sont que très rarement strophiolées.

On répartit les Hédysarées en 6 tribus dont nous allons donner ci-dessous les caractères.

1. — LES CORONILLÉES — *CORONILLEÆ*

Caractères. — Les plantes qui forment cette sous-tribu sont des herbes ou des sous-arbrisseaux et n'atteignent que très rarement le port d'arbrisseaux. Les feuilles en sont pennées ou plus rarement simples. Les pédoncules floraux sont axillaires et généralement groupés en ombelles, portant plusieurs fleurs ou parfois une seule. L'étamine supérieure est libre, les autres soudées. Tous les filaments, ou seulement ceux qui alternent avec les pétales, sont dilatés au sommet.

Distribution géographique. — Les 5 genres qui forment le groupe comprennent 47 espèces. Ces plantes habitent surtout l'Europe, l'Asie occidentale et le Nord de l'Afrique ; elles sont peu nombreuses dans les régions chaudes. En France tous les genres sont représentés à l'exception des *Hammatolobium* dont les 2 espèces connues habitent l'Afrique boréale et l'Orient.

Les SCORPIURES (*Scorpiurus*) sont des plantes du Midi. Leur nom (du grec *scorpios*, scorpion, et *oura*, queue) fait allusion à la forme de la gousse.

LES ORNITHOPES — *ORNITHOPUS*

Étymologie. — Du grec *ornis*, oiseau ; *pous*, pied ; allusion à la forme et à la disposition des gousses : les fruits, réunis souvent par trois ou quatre et articulés, forment comme les doigts du pied d'un oiseau.

Caractères. — Les Ornithopes sont des herbes à feuilles imparipennées multifoliolées à stipules petites et membraneuses. Les fleurs, très petites, sont groupées en capitules ou en ombelles axillaires.

La carène est obtuse, la gousse cylindrique ou comprimée, ordinairement arquée, est composée d'articles globuleux oblongs ou linéaires.

Distribution géographique. — Les 7 espèces qui forment ce genre sont représentées en Europe, au Nord de l'Afrique, à l'Ouest de l'Asie et dans l'Amérique du Sud ; 4 d'entre elles se rencontrent en France.

L'*O. perpusillus* (fig. 663), vulgairement appelé Pied d'oiseau, croît aux lieux sablonneux ; ses fleurs sont blanchâtres, veinées de rouge, ses gousses sont arquées, à concavité supérieure.

L'*O. sativus* à fleurs roses, grandes et peu nombreuses et à gousses presque droites, croît dans les départements de l'Ouest.

Usages. — La culture de l'*O. sativus* comme plante fourragère a donné de bons résultats sous les climats humides. Malgré ses qualités alimentaires pour les bestiaux, en particulier

Fig. 663. — Ornithope Pied d'oiseau (*Ornithopus perpusillus*).

pour les moutons, cette plante ne mérite cependant pas toute l'importance qu'on a voulu lui donner.

LES CORONILLES — *CORONILLA*

Étymologie. — Le nom latin, diminutif de *corona*, couronne, fait allusion à la disposition des fleurs.

Caractères. — Les Coronilles sont des herbes ou des arbrisseaux à feuilles imparipennées, à folioles nombreuses, parfois trifoliolées avec foliole médiane plus grande que les 2 autres comme chez le *C. scorpioides*. Les fleurs sont jaunes ou plus rarement purpurines, disposées en ombelles axillaires longuement pédonculées.

La carène est incurvée rostrée ; la gousse est cylindrique, tétragone ou légèrement comprimée, divisée en articles oblongs ou linéaires.

Distribution géographique. — On a décrit environ 20 espèces, habitant l'Europe, l'Asie occidentale et l'Afrique boréale. La moitié à peu près vivent en France. Les *Coronilla minima* et *C. varia* remontent seules jusqu'aux environs de Paris.

Usages. — Les Coronilles sont fourragères, mais peu importantes à ce titre. Ce sont surtout des plantes de jardin, principalement les espèces suivantes :

La CORONILLE DES MONTAGNES (*C. montana*) croît naturellement dans les collines calcaires et boisées du Jura, de la Bourgogne et des Alpes. Les fleurs jaune d'or s'épanouissent en juin.

A. — Port.   B. — Gousse.

Fig. 664. — Hippocrépide à toupet (*Hippocrepis comosa*).

La Coronille bigarrée (*C. varia*), vulgairement appelée *Faucille*, a de jolies fleurs mi-partie blanches, mi-partie rose lilas ou rose violacé. Comme la précédente, elle convient à décorer les talus et les rocailles.

La Coronille des jardins (*C. emerus*) se distingue par son port des 2 espèces précédentes. C'est un joli petit arbrisseau, très rameux, ramassé en buisson, au feuillage d'un beau vert clair, portant à partir du mois de mai de nombreuses fleurs jaunes. Cette espèce croît aux coteaux de l'Est et du Midi de la France. On l'emploie à la décoration des parterres et des bosquets. Elle est souvent désignée sous les noms de *Séné bâtard* ou de *faux Baguenaudier*.

LES HIPPOCRÉPIDES — *HIPPOCREPIS*

Étymologie. — Du grec *hippos*, cheval; *crepis*, fer; les gousses présentent des échancrures en forme de fer à cheval.

Caractères. — Les Hippocrépides (fig. 664) sont des herbes diffuses, des sous-arbrisseaux ou des arbrisseaux, à feuilles imparipennées,

à nombreuses folioles entières, à fleurs jaunes disposées en ombelles.

La carène est rostrée; la gousse, plane et comprimée, est formée d'une succession d'articles courbés en fer à cheval (fig. 664, B). Les graines sont également arquées.

Distribution géographique. — Une douzaine d'espèces habitent l'Europe, l'Asie et l'Afrique. Des 3 espèces françaises seule l'Hippocrépide a toupet (*H. comosa*) (fig. 664), bien connue sous le nom vulgaire de *Fer à cheval*, remonte jusqu'aux environs de Paris. Les *H. unisiliquosa* et *H. ciliata* poussent dans les lieux stériles et incultes du Midi.

2. — LES EUHÉDYSARÉES — *EUHE-DYSAREÆ*

Caractères. — Les Euhédysarées sont des herbes, des sous-arbrisseaux ou des arbustes très rameux. Feuilles pennées, rarement unifoliolées; stipules ordinairement scarieuses; fleurs en grappes ou en épis. Les pétales sont souvent marcescents; les ailes sont courtes, égalant rarement la carène, qui est souvent tronquée obliquement au sommet. L'étamine supérieure est libre ou soudée jusqu'en son milieu avec les autres. Le style s'infléchit brusquement au sommet, ainsi que les étamines dont les filets sont filiformes. La gousse est plane et comprimée.

Distribution géographique. — Les 8 genres qui forment ce groupe se subdivisent en 155 espèces environ, dont 70 *Onobrychis* et 70 *Hedysarum*, seuls genres faisant partie de la flore française.

Usages. — Outre les Sainfoins, plantes fourragères, la sous-tribu des Euhédysarées ne renferme guère de plantes utiles.

L'*Hedysarum lagopodioides* de l'Inde donne des fibres textiles et l'*Alhagi maurorum*, sorte de Sainfoin de la Perse et de l'Asie Mineure, fournit la *manne d'Alhagi*, connue autrefois surtout comme objet de curiosité et complètement oubliée aujourd'hui.

LES SAINFOINS — *HEDYSARUM* et *ONOBRYCHIS*

Étymologie. — Sainfoin vient du latin *sanum fœnum*, sain foin; *Hedysarum* (du grec *hedus*, doux, *aroma*, arome), est une allusion aux qualités de la plante; *Onobrychis* (du grec *onos*, âne, *bruchein*, braire) rappelle que ce fourrage plaît aux ânes.

Caractères. — Les Sainfoins sont des herbes ou des sous-arbrisseaux à feuilles imparipennées, à fleurs assez grandes, blanches, purpurines ou jaunâtres, disposées en grappes ou en épis axillaires.

Linné avait réuni les 2 genres *Hedysarum* et *Onobrychis*, déjà séparés par Tournefort, et de nouveau distingués par les botanistes modernes à cause de la forme de leurs fruits.

Les *Hedysarum* ont une gousse lisse, tuberculeuse ou épineuse, à plusieurs articles monospermes.

Les *Onobrychis* ont une gousse rugueuse, épineuse ou dentée à un seul article monosperme, arqués eulement sur la suture externe.

Distribution géographique. — Les espèces françaises sont au nombre de 4 pour les *Hedysarum* et de 6 pour les *Onobrychis*. L'*O. sativa* appartient seul au bassin parisien. L'*Onobrychis montana* et l'*Hedysarum obscurum* sont communs dans les Alpes jusqu'à une altitude d'environ 2 000 mètres.

LE SAINFOIN COURONNÉ — *HEDYSARUM CORONARIUM*

Synonymie. — Sainfoin d'Espagne; Sainfoin à bouquets; Sulla.

Caractères. — Plante vivace de 60 centimètres à 1 mètre de haut, à feuilles de 7 à 11 folioles ovales, d'un vert glauque, pubescentes sur les bords, la terminale plus grande; en été elle se couvre de fleurs odorantes, à la corolle rouge, brillante et satinée, disposées en épis d'abord ovoïdes, puis s'allongeant beaucoup en défleurissant.

Distribution géographique. — Cette espèce est originaire de l'Europe méridionale, en Espagne, en Italie, en Suisse, dans l'île de Malte, etc.

Usages. — On l'a introduite en France où elle est cultivée dans le Midi comme plante fourragère et surtout comme plante d'ornement.

Dans l'île de Malte, ou elle croît en abondance et est désignée sous le nom de *Sulla*, elle rend les plus grands services comme plante fourragère. Sans le Sulla, dit Bosc, « on ne pourrait nourrir à Malte d'autres bestiaux que quelques moutons et quelques chèvres, encore seraient-ils exposés à mourir de faim pendant l'été, époque où la plupart des plantes fourragères se dessèchent complètement, au lieu qu'on y voit passablement de chevaux de luxe, des mulets en assez grand nombre et des vaches suffisantes pour l'usage des habitants. Le Sulla étant vivace, peut donner des récoltes pendant plusieurs années; mais à Malte on le cultive comme le Trèfle en France, c'est-à-dire qu'on ne le laisse subsister qu'un an ».

Le Sainfoin d'Espagne produit bon effet dans les plates-bandes des grands jardins. Son feuillage est élégant et ses fleurs abondantes se succèdent de juin jusqu'en août. On en connaît une variété à fleurs blanches.

LE SAINFOIN OSCILLANT — *HEDYSARUM GYRANS*

Caractères. — C'est une plante herbacée, haute de 1 mètre tout au plus, à rameaux souples, portant des feuilles trifoliolées dont la foliole terminale impaire est très large, tandis que les 2 latérales sont fort étroites (fig. 665). Les fleurs sont rouges, disposées en épi.

Distribution géographique. — Cette espèce exotique a été découverte au Bengale, aux environs de Dacca, dans des terrains argileux et humides, par lady Monson, que sa passion pour l'histoire naturelle avait conduite à entreprendre à travers l'Inde un voyage au cours duquel elle trouva la mort (1). Ses manuscrits furent communiqués par Banks à Broussonet, qui en 1784 communiqua à l'Académie des Sciences de Paris la description qu'elle avait laissée du Sainfoin oscillant. Ce Sainfoin a été introduit en Europe vers 1775 dans le jardin de lord Bute à Lutonpark en Angleterre. Depuis il a été cultivé au Jardin des Plantes de Paris.

Caractères biologiques. — Cette plante est extrêmement curieuse par les mouvements singuliers qu'exécutent ses feuilles. On constate en effet deux mouvements spontanés différents qui ont fait dire à Linné fils qui décrivit la plante en 1781 : « *Miraculosa planta*

Fig. 665. — Sainfoin oscillant (*Hedysarum gyrans*).

motu suo quasi arbitrario. » Vers le milieu du jour, lorsque le soleil brille, la grande foliole terminale se dresse dans le prolongement du pétiole, mais, quand vient la nuit, elle s'abaisse. Pendant ce temps les 2 petites folioles s'agitent d'une façon remarquable. Elles s'attachent sur le pétiole commun par 2 petits pétiolules de quelques millimètres de longueur. La courbure de ceux-ci fait déplacer chaque foliole circulairement de façon à lui faire décrire une surface conique : le mouvement est d'ailleurs fort irrégulier; la marche ascendante se fait plus lentement que la descente et le tout se produit par saccades assez rapides pour qu'on en ait pu compter 60 à la minute. Les 2 folioles ne marchent d'ailleurs pas ensemble : lorsque l'une est arrivée en bas de sa course, l'autre est au contraire à son point culminant et s'abaisse tandis que la première s'élève.

(1) C'est à sa mémoire que Linné a dédié le genre *Monsonia* (Géraniacées).

La vitesse du mouvement dépend d'ailleurs de la température. Celle-ci doit être au moins de 22° centigrades et dans ces conditions il faut de 2 à 5 minutes à chaque foliole pour faire un tour complet. On dit d'ailleurs que dans son pays natal la plante oscille plus rapidement encore que dans nos serres. Jamais le mouvement n'est plus rapide que dans le temps de la fécondation; il se ralentit lorsque la plante est malade ou qu'elle est fatiguée par une trop grande chaleur ou par un vent trop violent.

Ce phénomène extraordinaire a naturelle-

Fig. 666. · — Sainfoin cultivé (*Onobrychis sativa*), port.

ment éveillé l'attention des peuples au pays duquel vit la plante, aussi lui ont-ils attribué les propriétés les plus miraculeuses et en ont-ils fait l'objet de leur vénération. D'après lady Monson, les habitants du Bengale vont à certains jours de l'année détacher de la précieuse herbe les 2 folioles oscillantes en choisissant pour les cueillir le moment où elles sont le plus rapprochées. En les pilant avec la langue d'un oiseau nocturne particulier ils en font une mixture qui passe pour un philtre amoureux très efficace, sur la vertu duquel compte l'amant plein de foi pour se rendre favorable l'objet de son amour.

LE SAINFOIN CULTIVÉ — *ONOBRYCHIS SATIVA*

Noms vulgaires. — Esparcette; Herbe éternelle; Pellagra.

Caractères.—C'est une herbe vivace (fig. 666), dressée, de 40 à 80 centimètres de haut, aux feuilles composées de 8 à 12 paires de folioles oblongues lancéolées, à fleurs roses semées de pourpre, disposées en longs épis coniques. La gousse, tuberculeuse sur ses deux faces, est réduite à un seul article monosperme comprimé.

Distribution géographique. — Cette espèce croît naturellement aux coteaux secs et crayeux de toute la France.

Usages. — Le Sainfoin ou Esparcette est une plante fourragère de premier ordre, aussi bien à l'état frais que desséchée. Bien que le rendement soit moins abondant qu'avec la Luzerne, l'Esparcette a le précieux avantage d'améliorer considérablement le sol où on la cultive et de végéter sans difficulté sur les sols crayeux, secs et peu fertiles. On cultive ce Sainfoin comme fourrage dans toute l'Europe moyenne et occidentale jusqu'à 67° de latitude.

3. — LES ÆSCHYNOMÉNÉES — *ÆSCHYNO-MENEÆ*

Caractères. — Ce sont des herbes, des sous-arbrisseaux ou des arbrisseaux non grimpants, à feuilles pennées, composées ordinairement de nombreuses folioles. Fleurs en grappes axillaires, ou plus rarement fasciculées. Carène obtuse ou rostrée. Les étamines sont tantôt toutes soudées en un tube fendu en dessus, tantôt réunies en 2 phalanges; la supérieure n'est que rarement libre. Style filiforme.

Distribution géographique. — Cette sous-tribu comprend 15 genres, la plupart américains; quelques-uns sont de l'Afrique tropicale. Les *Æschynomeæ*, dont il existe à peu près 43 genres, croissent dans les régions chaudes des deux mondes.

Usages. — La seule espèce intéressante de ce groupe est l'*Æschynomene aspera* ou Sola de l'Inde.

LE SOLA DE L'INDE — *ÆSCHYNOMENE ASPERA*

Caractères. — « Le Sola de l'Inde (1) est une plante ligneuse, d'une hauteur de 2 à 3 mètres, dont la tige droite s'amincit graduellement en s'élevant, et ne se ramifie que vers le sommet.

(1) *Revue des sciences naturelles appliquées*, année 1890, page 676.

Ses feuilles sont imparipennées, composées de 30 à 40 paires de folioles linéaires obtuses.

Distribution géographique. — « Commune sur tous les points de la Péninsule, le long des ruisseaux, le bord des lacs, des étangs et dans les mares, elle atteint ses plus grandes dimensions sur la côte du Malabar.

Usages. — « Les habitants de la côte de Coromandel rangent les feuilles de cette plante parmi leurs brèdes (Kirays), et les mangent, soit assaisonnées, soit tout simplement cuites à l'eau.

« Les tiges sont formées d'une sorte de tissu cellulaire spongieux, blanc, à grain très poli, d'une organisation particulière, se laissant tailler, découper, sculpter, avec la plus grande facilité. Par leur extrême légèreté, ces tiges remplacent le liège dans les engins de pêche et de chasse. Elles sont également employées par les industriels indiens à confectionner de petits ouvrages de fantaisie, des éventails, des bouchons et surtout des jouets d'enfants, tels que fleurs, statuettes, modèles de monuments, etc., aussi curieux qu'intéressants, qui se vendent sur les marchés et les places publiques, principalement pendant les jours de fête.

Ces objets offrent une certaine analogie avec l'albâtre, mais comme aspect seulement. Nous ajouterons même que Trichinapoli, dans le Tanjaour, est célèbre pour l'adresse avec laquelle ses artistes rendent les détails les plus minutieux des constructions religieuses des Brahmes et les coquetteries, les caprices de l'art architectural des sectateurs de l'Islam. Ces mosquées, ces pagodes, qui font en France et en Angleterre l'admiration de tout le monde, se vendent fort bon marché. Il serait très facile de s'en procurer, dit le Dr Collas, par notre établissement de Karikal, qui est relié à Trichinapoli par une voie ferrée, si l'on voulait donner l'idée de ce que l'on peut faire avec des tiges de Sola.

« Aujourd'hui, cette sorte de matière subéreuse produite par *Æ. aspera* a créé une industrie nouvelle et une branche de commerce qui a pris une certaine extension; cette industrie consiste dans la fabrication de chapeaux et de casquettes d'une extrême légèreté, d'une forme plus ou moins élégante et d'un prix peu élevé. Ces casquettes étant couvertes d'une toile blanche très fine et très serrée, sont d'un effet salutaire dans les pays chauds, pour ceux qui en portent habituellement, parce qu'elles laissent circuler l'air et garantissent bien de la chaleur. Dans l'Inde, ce couvre-chef a détrôné les chapeaux de paille et de Panama, et fait partie nécessaire du costume de tous ceux qui, par devoir ou par plaisir, ont à braver les ardeurs du soleil. Les chapeaux *Topis-Sola* se fabriquent en découpant les tiges de la plante en bandes minces que l'on colle ensemble et, avec un moule, on leur donne toutes les formes possibles. En Europe cette coiffure est recherchée surtout des Anglais ; on en trouve des dépôts dans la plupart des villes de l'Inde, ainsi qu'en Égypte et à Malte.

« Dans l'Inde, rapporte le voyageur que nous venons de citer, l'une des plus grandes jouissances consiste à boire frais. Aussi ne pouvait-on manquer d'utiliser la non-conductibilité du calorique dont jouit le Sola, pour conserver aux boissons glacées et aux entremets frappés une température indépendante de l'air ambiant. On y arrive en fabriquant, avec les tiges de cette plante, des étuis pour les carafes, les bouteilles, les verres, des cloches pour couvrir les crèmes, les fromages glacés, etc. C'est réellement merveille de voir comment, alors que l'atmosphère est embrasée, les boissons et les préparations glacées se maintiennent à une base température sous ces enveloppes que les dames savent revêtir d'un travail de tapisserie ou de crochet, qui leur fait contribuer à l'ornementation de la table. Ce mode de conservation de fraîcheur pour les boissons et les aliments a été adopté par plusieurs Compagnies pour le service des navires (Maximilien Vanden-Berghe). »

4. — LES ADESMIÉES — *ADESMIEÆ*

Caractères. — Les *Adesmia*, qui forment à eux seuls cette sous-tribu, se rapprochent des Æschynoménées par leurs feuilles, mais s'en éloignent par leurs inflorescences en grappes terminales simples et leurs étamines libres entre elles.

Distribution géographique. — Ce sont des plantes de l'Amérique du Sud.

5. — LES STYLOSANTHÉES — *STYLOSANTHEÆ*

Caractères. — Les Stylosanthées sont des herbes à peine suffrutescentes souvent glutineuses, dont les feuilles présentent un petit nombre de folioles seulement. Les fleurs sont groupées en grappes, en épis ou en capitules. Les étamines sont toutes soudées en un tube fermé.

Distribution géographique. — Ce groupe ne comprend que 4 genres et 35 espèces, dont 21 *Stylosanthes* et 6 *Zornia* habitant les régions tropicales et chaudes du globe entier. Les *Chapmannia* sont spéciaux à la Floride.

LES ARACHIDES — *ARACHIS*

Caractères. — Les Arachides sont des herbes basses, souvent couchées, à feuilles paripennées, rarement trifoliolées. Les fleurs sont disposées en épis denses, axillaires et sessiles, ou fasciculées.

Le tube du calice est allongé ; les 4 lobes supérieurs en sont soudés, l'inférieur libre. Le torus fructifère s'allonge et se recourbe de façon à enfoncer le fruit sous la terre où il parviendra à maturité.

Distribution géographique. — On connaît 7 espèces de ce genre, dont 6 sont du Brésil. La septième (*Arachis hypogæa*) est aujourd'hui cultivée dans les régions tropicales de toute la terre ; son origine est incertaine ; c'est peut-être une forme issue par la culture d'une des 6 espèces brésiliennes.

L'ARACHIDE SOUTERRAINE — *ARACHIS HYPOGÆA*

Nom vulgaire. — Pistachier de terre.

Caractères. — L'Arachide souterraine (fig. 667) a sa racine fusiforme couverte d'un certain nombre de tubercules pisiformes. La tige est ramifiée et couverte de poils s'élevant à une hauteur de 40 centimètres environ. Les feuilles, d'un beau port, sont composées de 2 paires de folioles et munies de stipules lancéolées. Les fleurs se développent par bouquets de 3 à 6 à l'aisselle des feuilles et sont petites et jaunâtres : les supérieures sont mâles, les inférieures femelles ou polygames.

Caractères biologiques. — Après la fécondation il se produit un phénomène assez curieux. Les fleurs mâles se flétrissent et tombent ; l'ovaire des fleurs femelles, court à l'origine, s'allonge peu à peu, se recourbe vers la terre et finit par s'y enfoncer pour y accomplir sa maturation à plusieurs pouces au-dessous de la surface. Le fruit se présente alors sous terre comme une gousse longue, de consistance coriace, parcheminée, étranglée entre les graines au nombre de 2 à 4. Ces graines sont de la grosseur d'une noisette, rougeâtres ou brunes avec un hile blanc. On les désigne souvent sous le nom de *pistaches de terre*.

Somini (1) voit dans ce fait de l'enfouissement par l'Arachide de son fruit sous la terre, une précaution de la nature ayant pour objet de soustraire ce fruit aux violences de l'atmosphère. Il se demande alors si la culture de l'Arachide sous notre climat, où elle n'aurait point à redouter l'assaut des météores qui la menacent dans son pays natal, ne restituerait pas à la plante une fructification aérienne.

Il établit à ce propos la comparaison avec ce fait qu'en Amérique les canards sauvages et autres Palmipèdes ont pris l'habitude de

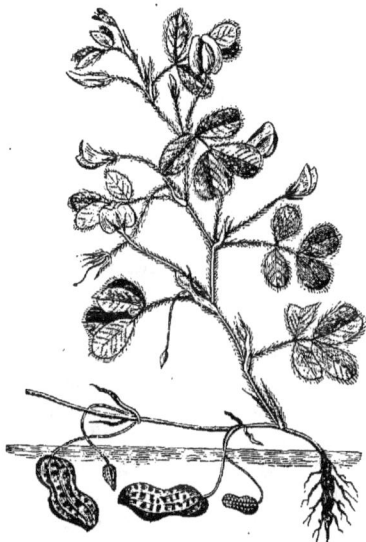

Fig. 667. — Arachide souterraine (*Arachis hypogæa*).

se percher et de nicher sur les plus hautes branches, pour échapper aux attaques des carnassiers et des serpents.

Distribution géographique. — L'origine exacte de cette espèce nous est inconnue : les uns la croient américaine ; les autres la font venir de l'Afrique.

Culture (2). — Elle est cultivée depuis longtemps dans tous les pays chauds, en Afrique, en Chine, au Japon et dans les États-Unis d'Amérique. On la connaît en Europe depuis le XVIIIᵉ siècle.

En 1723 Nissolle en donne une description botanique et des dessins d'après des sujets observés dans le jardin royal de Montpellier, mais la durée de ceux-ci est éphémère, et ce

(1) Somini, *Traité de l'Arachide*. Paris, 1808.
(2) Audouard, *Annales agronomiques*, 25 septembre 1893, XIX, p. 418.

n'est que près de 50 ans plus tard, en 1770, qu'on parvient à maintenir la plante en pleine terre dans le même jardin.

En Espagne, vers les dernières années du XVIIIᵉ siècle, don Uloa, archevêque de Valence, voulant créer un jardin botanique, fit venir des graines d'Amérique. Dans l'envoi se trouvaient celles de l'Arachide ; ces graines plantées germèrent bien et la plante donna 100, 200 et 300 fruits pour un, dont on put extraire une huile abondante.

Don Uloa distribua alors ces graines dans toute l'Espagne : la culture en réussit parfaitement. En 1801 la plante était cultivée en Espagne et en France. Notre ambassadeur à Madrid, Lucien Bonaparte, ayant fait parvenir 140 livres de graines à Méchin, préfet du département des Landes, la plante fut introduite dans cette région et activement propagée grâce à la collaboration de la Société d'agriculture de Mont-de-Marsan, dont tout membre s'engagea par écrit à semer 13 kilogrammes de la nouvelle graine. L'Arachide fut cultivée dans les Pyrénées-Orientales grâce à Borda, qui en avait reçu des semences d'Espagne, par l'intermédiaire de Gilbert. L'École de Montpellier la propagea dans l'Hérault.

La culture a gagné tout le Midi de la France, l'Italie et la Sicile : elle a complètement échoué dans les environs de Paris.

Malheureusement l'Arachide est une plante exigeante qui n'a pas trouvé dans nos climats, même en Italie, des conditions suffisantes pour que sa culture puisse être réellement rémunératrice. Ce n'est que dans nos colonies du littoral occidental de l'Afrique et en Algérie, que nous pouvons l'exploiter avec quelque profit.

Usages. — Dans la graine d'Arachide on trouve pour 100 parties :

> 43 à 50 d'huile.
> 27 à 28 de matières albuminoïdes.
> 13 d'amidon.
> 7 de sucre et de gomme.

L'huile qu'on en extrait, peu altérable et non siccative, est comestible et d'une importance considérable au point de vue commercial. Les qualités fines sont employées pour l'alimentation, les autres comme huile à brûler ou pour la fabrication des savons. L'huile produite au Sénégal est la matière première du beurre artificiel. En 1892 les Pays-Bas ont exporté en Angleterre pour 10 millions de ce beurre factice qui contient de 30 à 50 p. 100 d'huile d'Arachide.

La récolte en 1892-93, au Sénégal, a été de 60 000 tonnes de graines : on en a extrait 13 millions de kilogrammes d'huile de qualité supérieure, employée à la fabrication du beurre, et 5 millions de kilogrammes d'huile inférieure, utilisée pour la fabrication des savons. L'huile fabriquée aux Indes anglaises est de seconde qualité.

En Égypte, la plante est cultivée depuis longtemps. En 1834 elle figurait déjà comme curiosité dans le jardin d'Ibrahim Pacha au Caire. L'huile qu'on fabrique dans ce pays est comestible et ne le cède en rien à celle du Sénégal.

Les nègres, en Amérique, sont très friands de ces graines qu'ils mangent crues ou après les avoir fait griller ou cuire sous la cendre. Il n'est pas bon d'en faire usage lorsqu'on n'y est pas habitué, car elles peuvent, prises en certaine quantité, donner naissance à des maux de tête. En 1873 on a vu des enfants, après en avoir mangé, manifester les symptomes d'un véritable empoisonnement : nausées, assoupissement, dilatation pupillaire. Les graines d'Arachide se vendent parfois en France chez les marchands de comestibles exotiques sous les noms de *pistaches de terre*, *noisettes d'Afrique*, ou *Kakaguiètes*.

A Saint-Domingue, on fait avec ces graines du sucre et du gâteau. Les Américains ont appris aux Espagnols à faire du chocolat avec 1/3 d'Arachides au lieu de Cacao.

Malgré tous les usages secondaires, la fabrication de l'huile reste la seule raison d'être commerciale de l'Arachide. Ajoutons que la farine obtenue avec les coques des fruits d'Arachide a été essayée avec succès dans l'alimentation du bétail. C'est une ressource pour les agriculteurs dans les pays où se trouvent des fabriques d'huile d'Arachide et où on peut se procurer les coques à bon compte.

6. — LES DESMODIÉES — *DESMODIEÆ*

Caractères. — Les Desmodiées sont des herbes, des arbrisseaux ou des arbres, à feuilles pennées, souvent trifoliolées, et à stipules souvent striées. Fleurs en grappes, fasciculées ou solitaires. Étendard souvent étroit à la base ; ailes égales à la carène ou plus longues, et adhérant souvent avec elle par la base.

Étamine supérieure libre ou réunie aux autres à la base.

Distribution géographique. — Les Desmodiées comprennent 15 genres, tous exotiques. Les 155 *Desmodium* habitent les deux Amériques, les régions chaudes d'Asie et d'Afrique et l'Australie.

VII. — LES VICIÉES — *VICIEÆ*

Caractères. — Les Viciées sont des herbes basses ou grimpantes. Les feuilles sont ordinairement paripennées et présentent à l'extrémité de leur pétiole comme une vrille ou un filet ; les folioles sont entières ou denticulées, parfois remplacées par des phyllodes. A la base du pétiole sont des stipules ordinairement foliacées, obliques ou semi-sagittées. Les fleurs sont axillaires, solitaires ou en grappes.

L'androcée est formé de 9 étamines soudées en un tube fendu en dessus et d'une dixième libre ou plus ou moins soudée aux autres, rarement nulle. La gousse est bivalve. Les cotylédons, épais et charnus, restent sous terre pendant la germination de la graine.

Distribution géographique. — A la tribu des Viciées appartiennent 6 genres répartis en 240 espèces environ, largement dispersées sur le globe. On les retrouve pour la plupart en France sur tous les points de notre flore, plus nombreuses toutefois dans les régions méridionales. Quelques *Vicia* et *Lathyrus* s'élèvent sur les Alpes et les Pyrénées, jusqu'à 1 500 mètres d'altitude environ.

Usages. — A cette tribu appartiennent un grand nombre de plantes utiles par leurs graines alimentaires : les Pois, les Fèves, les Lentilles, etc.

LES CHICHES — *CICER*

Caractères. — Les *Cicer* sont des herbes annuelles ou vivaces, à feuilles pennées, terminées ordinairement par un filet ou une petite vrille et quelquefois seulement par une foliole impaire. Stipules foliacées, obliques, souvent dentées ou incisées. Fleurs blanches, bleues ou violettes, axillaires, solitaires ou en grappes pauciflores.

Le genre est caractérisé par les ailes libres, un style filiforme imberbe, une gousse turgide. Les graines s'attachent par un funicule filiforme et la radicule est courte et droite.

Distribution géographique. — 7 *Cicer* habitent la région méditerranéenne et l'Asie moyenne et occidentale. Une d'elles est cultivée dans l'Europe australe et les parties chaudes de l'Asie. C'est la seule connue en France.

LE CHICHE TÊTE DE BÉLIER — *CICER ARIETINUM*

Noms vulgaires. — Pois chiche, Pois cornu, Gairance.

Caractères. — C'est une plante annuelle, non grimpante, de 20 à 40 centimètres de haut, à feuilles imparipennées de 15 à 17 folioles dentées en scie. Les fleurs blanches sont solitaires ; les gousses courtes et renflées contiennent 2 graines d'un blanc sale ; une variété à fleurs purpurines possède des graines brunes.

Distribution géographique. — Originaire du Midi du Caucase et de la mer Caspienne, le *C. arietinum* est cultivé en Algérie, en Égypte, en Espagne, dans le Midi de la France, en Italie, en Roumanie, en Turquie et en Grèce, comme on cultive dans le Nord le Pois ordinaire qui, dans ces contrées, souffrirait de la sécheresse persistante.

Usages. — Les graines sont farineuses et nourrissantes, mais d'une digestion un peu difficile pour les estomacs délicats. On les mange comme les Haricots en grains ; on en fait des purées, des potages, etc. Le Pois chiche est connu comme graine alimentaire depuis toute antiquité. Chez les Romains il figurait sur la table des riches comme des pauvres. Horace, parlant du repas frugal qui l'attendait, dit qu'il sera composé de Pois chiches.

Ce Pois est très estimé en Espagne, où on le cultive beaucoup ; il y constitue dans certaines contrées la base de la nourriture des gens pauvres. En France on le cultive peu : dans quelques départements du Midi on en mange les grains secs pendant l'hiver.

Le Pois chiche n'a pas besoin d'être ramé, la tige étant rugueuse et consistante et se maintenant d'elle-même.

Lorsqu'elle est jeune, toute la plante fournit un excellent fourrage pour les bestiaux.

LES VESCES — *VICIA*

Étymologie. — De *vincire*, lier ; allusion aux tiges grimpantes et aux vrilles.

Caractères. — Les Vesces sont des herbes qui grimpent à l'aide de vrilles, plus rarement basses, diffuses ou subdressées. Le pétiole des feuilles pennées se termine par une vrille simple ou rameuse, ou plus rarement par une foliole impaire dans les feuilles inférieures de la plante. Stipules à demi sagittées. Les fleurs, bleu-violet, ou blanc jaunâtre, sont disposées en fascicules axillaires de 1 à 3 fleurs, ou en grappes.

Les ailes adhèrent à la carène ; l'étamine supérieure est libre ou plus ou moins soudée aux autres. Le style filiforme ou légèrement comprimé en dessus présente dorsalement

Fig. 668. — Vesce des haies (*Vicia sæpium*).

au sommet un bouquet de poils, rarement cependant il est glabre. Ovules nombreux ou réduits parfois à 2 seulement.

Au genre *Vicia* nous rattachons ici les 2 genres *Ervum* et *Faba*, que l'on en sépare parfois : le premier pour son style imberbe et son ovaire biovulé ; le second pour son péricarpe épais, coriace, presque charnu.

Distribution géographique. — Avec l'extension que nous lui donnons ici, le genre *Vicia* comprend une centaine d'espèces répandues dans les régions tempérées de l'hémisphère boréal et dans l'Amérique du Sud.

Parmi nos espèces indigènes une des plus fréquentes est la VESCE DES HAIES (*V. sæpium*), appelée encore *Vesce sauvage*, *Vesceron*, *faux Pois*, qui fleurit à l'été au milieu des haies et des buissons (fig. 668).

Usages. — Les 2 espèces les plus importantes du genre *Vicia* sont la Vesce cultivée et la Fève. Plusieurs autres espèces encore forment de bonnes plantes fourragères.

Dans les jardins on cultive comme plante d'ornement la VESCE ÉCARLATE (*V. fulgens*), du Nord de l'Afrique, plante glabre ou à peine velue, atteignant 1ᵐ,40 de tige, rameuse et grimpante, et dont les fleurs, d'un beau rouge sang, durent de juillet à septembre. Sa culture est aussi facile que celle des Pois de senteur et on peut l'employer aux mêmes usages : garniture des berceaux, des treillages, etc.

LA VESCE CULTIVÉE — VICIA SATIVA

Noms vulgaires. — Pasquier, Barbotte, Billon, Bisaille, Pesette.

Caractères. — C'est une herbe annuelle ou bisannuelle, à feuilles garnies de 4 à 5 paires de folioles ovales, oblongues, tronquées ou émarginées au sommet, à fleurs purpurines, géminées ou solitaires (fig. 669).

Distribution géographique. — Elle croît dans les champs, parmi les moissons, depuis les contrées les plus froides jusqu'aux plus chaudes de l'Europe.

Usages. — On la cultive soit comme fourrage vert, soit pour les graines qui entrent dans l'alimentation des oiseaux de basse-cour et des bestiaux. Elles servent particulièrement de nourriture pour les pigeons, les canards, les dindons et surtout les poules ; il faut n'en user que très modérément et ne pas les donner seules pendant plusieurs jours. Aux brebis qui allaitent, on donne avec succès un mélange de Vesces, de Pois gris, de Lentilles, d'Avoine et d'Orge.

On a essayé de faire une sorte de pain avec la farine des graines de Vesce, mais on n'a obtenu qu'un aliment de mauvais goût et d'une digestion difficile.

La Vesce a le précieux avantage de fertiliser les terres lorsqu'on la renverse avec la charrue pendant la floraison.

On connaît plusieurs variétés de Vesces que l'on distingue à la grosseur et à la couleur des graines.

Quelques espèces voisines de *Vicia* peuvent être également comptées parmi les plantes fourragères.

La VESCE JAUNE (*V. lutea*), assez commune dans les champs, les moissons et le long des chemins, est cultivée en Italie et dans le Levant :

elle peut fournir jusqu'à trois coupes par été.

La VESCE PRINTANIÈRE (*V. lathyroides*) est de petite taille, mais pousse dans les plus mauvais terrains, dès les premiers jours du printemps. Elle est d'une grande utilité en Sologne pour le pâturage des moutons.

La VESCE CRACCA (*V. Cracca*), que l'on trouve partout dans les haies, les champs, les moissons, les lieux incultes, au Nord comme au Midi, est sans nul doute la plante légumineuse dont parle Pline sous le nom de *Cracca* et dont on donnait déjà de son temps la graine à manger aux pigeons. On la cultive dans plusieurs contrées, car elle donne un fourrage abondant.

LA FÈVE — VICIA FABA

Caractères. — La Fève (fig. 670) est annuelle ; ses feuilles sont composées de 2 à 4 paires de folioles assez grandes, ovales-oblongues, d'un vert glauque. Les fleurs sont blanches ou violacées et portent sur chaque aile une large tache noire. Les gousses sont grosses et deviennent noires à maturité ; elles renferment de 2 à 5 graines volumineuses, aplaties, irrégulièrement ovales.

Distribution géographique. — La culture de la Fève, dit de Candolle, est préhistorique en Europe, en Égypte et en Arabie. Elle a été introduite en Europe probablement par les Aryens occidentaux, lors de leurs premières migrations (Pélasges, Celtes, Slaves). C'est un peu plus tard qu'elle a été portée en Chine, un siècle avant l'ère chrétienne, plus tard encore au Japon et tout récemment dans l'Inde. Quant à l'habitat spontané, il est possible qu'il ait été double il y a quelques milliers d'années, l'un des centres étant au Midi de la mer Caspienne, l'autre dans l'Afrique septentrionale.

La Fève serait donc originaire du Midi de la mer Caspienne et cultivée depuis plus de 4000 ans.

Historique. — D'après Diodore de Sicile la Fève était une plante très commune en Égypte, mais on n'en faisait pas usage, par superstition. « Les Égyptiens, dit Mongez (1), s'abstenaient de manger des Fèves ; ils n'en semaient point, et s'ils en trouvaient qui fussent crues sans avoir été semées, ils n'y touchaient pas. Leurs prêtres poussaient plus loin la superstition :

(1) Mongez, *Encycl. Dict. d'antiquités.*

Fig. 669. — Vesce cultivée (*Vicia sativa*) visitée
par les bourdons et les abeilles.

Fig. 670. — Fève (*Vicia Faba*).

ils n'osaient pas même jeter les yeux sur ce
légume ; ils le tenaient pour immonde. Pythagore, qui avait été instruit par les Égyptiens,
défendait aussi à ses disciples de manger des
Fèves. Cicéron insinue que l'interdiction des
Fèves était fondée sur ce qu'elles empêchaient
de faire des songes divinatoires, parce qu'elles
échauffent trop, et que par cette irritation
des esprits, elles ne permettent pas à l'âme de
posséder la quiétude qui est nécessaire pour
la recherche de la vérité. Aristote donne plusieurs autres raisons de cette défense, dont la
moins mauvaise est que c'était un précepte
moral par lequel ce philosophe défendait à ses
disciples de se mêler du gouvernement, ce
qui est fondé sur ce qu'en certaines villes, on
donnait son suffrage avec des Fèves, pour l'é-
lection des anciens. » On peut donner une
autre explication de l'interdiction lancée
contre l'usage des Fèves par Pythagore. « Ce

philosophe, dit Jaucourt (1), enseignait que la
Fève était née en même temps que l'homme,
et formée de la même corruption ; or comme
il trouvait dans la Fève je ne sais quelle ressemblance avec les corps animés, il ne doutait
pas qu'elle n'eût aussi une âme sujette,
comme les autres, aux vicissitudes de la trans-
migration, par conséquent que quelques-uns
de ses parents ne fussent devenus Fèves ; de
là le respect qu'il avait pour ce légume. »

Les Romains cultivaient les Fèves. Pline les
met au rang des meilleurs légumes. Dans Horace, on trouve que les candidats aux charges
électives faisaient distribuer au peuple des
graines alimentaires, parmi lesquelles il cite
les Fèves.

Usages. — Les Fèves sont une précieuse
ressource pour l'alimentation ; il est même

(1) E. Jaucourt, *Ancienne Encyclopédie.*

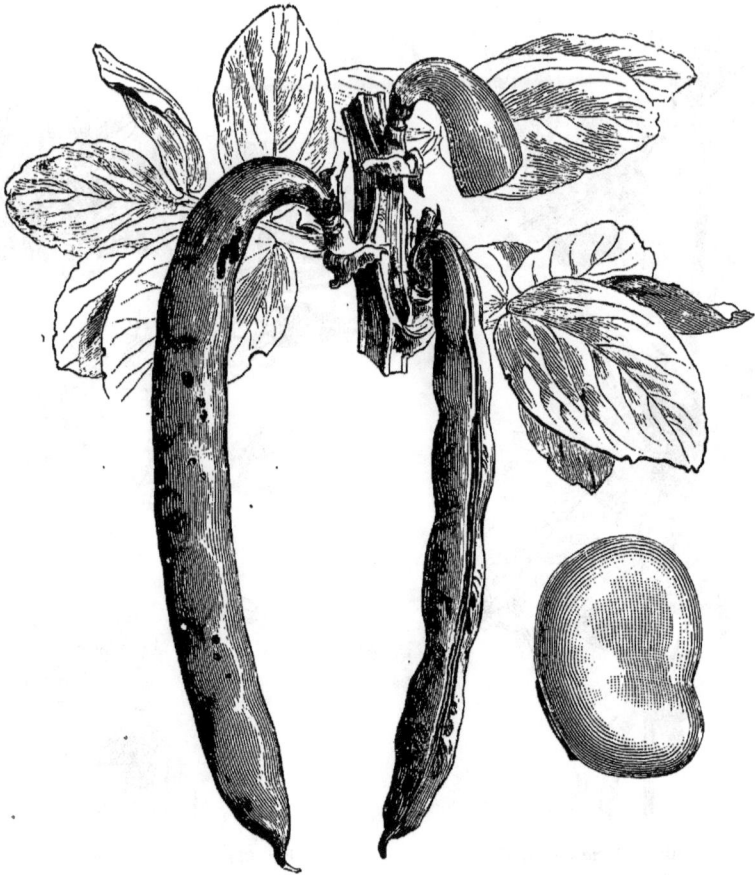

Fig. 671. — Fève d'Aguadulce.

regrettable que l'usage n'en soit pas plus répandu, car les classes peu aisées trouveraient dans ces graines un précieux aliment à bon marché. Elles renferment une proportion considérable d'une matière azotée, la *légumine*, qui contribue beaucoup à leurs qualités nutritives. Voici, d'après Payen, quelle est la composition des Fèves; pour 100 parties on trouve :

Légumine............................	24,40
Matières grasses..................	1,50
Amidon............................	
Sucre.............................	51,50
Dextrine..........................	
Cellulose..........................	3
Sels minéraux.....................	3,60
Eau...............................	16

Lorsque les Fèves sont cueillies encore vertes, avant d'être parvenues à complète maturité, et qu'on les fait sécher, on obtient un produit moins abondant, mais plus nutritif encore.

Les jeunes pousses peuvent être mangées en salade et être utilisées pour les soupes maigres.

On donne les Fèves aux bestiaux pour les engraisser, et, pour les chevaux, elles peuvent remplacer l'Avoine : on les donne soit entières, soit cuites, soit réduites en farine. Dans certains pays cette farine est mélangée au Blé pour faire le pain.

La farine de Fève, employée comme la poudre d'amidon, passe pour faire disparaître les taches de rousseur. L'eau distillée que l'on obtient avec les fleurs est employée comme cosmétique.

En Angleterre, en faisant cuire les Fèves avec du miel, on obtient un appât pour prendre les poissons.

Culture. — La Fève réussit dans tous les terrains bien fumés, mais se plaît et donne de meilleurs résultats dans les terres franches un peu fortes.

Une note de M. Bassot (1) nous apprend que sur les 700 000 à 800 000 quintaux de Fèves employées annuellement en France pour être transformées en farine, les 7/8 viennent d'Égypte. En présence du droit de 3 francs les 100 kilogrammes, qui frappe les Fèves exotiques, il y aurait intérêt à donner une grande extension à sa culture en France, où elle n'est guère pratiquée qu'en Bourgogne, en Vendée et en Provence. La Fève végète très bien dans les marais de la Vendée, de la Saintonge et de l'Anjou.

En Algérie, la Fève occupe une des places les plus importantes parmi les Légumineuses et est remarquable par sa grosseur, notamment la variété cultivée à Mahon, près Milianah.

Variétés. — Les principales variétés de Fèves cultivées en France sont :

La *Fève julienne* ou *petite Fève*, variété à cosses nombreuses, ne contenant que 3 graines, dressées et réunies par 3 ou 4. La *Fève julienne verte* se distingue de la précédente par la couleur verte de son grain.

La *Fève de Nice*, très recherchée, à graines volumineuses.

La *Fève de Windsor*, variété rustique à cosses courtes et nombreuses ne contenant que 2 grains.

La *Fève d'Espagne* ou *de Séville*, variété hâtive à gousses de 30 à 35 centimètres.

La *Fève d'Aguadulce* (fig. 671), à cosses longues de 35 à 40 centimètres. C'est une des meilleures variétés à cultiver dans les jardins.

La *Fève de Mazagran*, variété très bonne pour la grande culture.

La *Féverolle* ou *Fève de cheval*, variété à graines anguleuses 4 à 5 fois plus petites que celles de la Fève commune. Elle est cultivée spécialement en grand pour la nourriture des animaux, qui se montrent aussi friands de son herbe verte que de ses graines. Les tribus arabes se livrent en Algérie à cette culture, et dans les environs d'Alger, les chevriers maltais en achètent chaque année d'importantes

(1) Communiquée par M. Gatelier à la Société nationale d'agriculture, en 1893.

provisions pour nourrir leurs chèvres laitières.

Maladies. — Quelquefois dans les terrains maigres les Fèves sont atteintes de rouille, maladie causée par un Champignon du genre *Uredo*.

Les insectes parasites de cette plante sont la Bruche de la Fève (*Bruchus rufimanus*), dont les larves dévorent les graines (fig. 672)

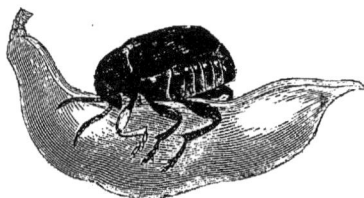

Fig. 672. — Femelle de la Bruche des Fèves (*Bruchus rufimanus*), déposant ses œufs sur une gousse.

et le *Puceron de la Fève* (*Aphis Fabæ*), qui se développe en telles quantités parfois que la plante en paraît entièrement noire.

LES LENTILLES — *LENS*

Caractères. — Les Lentilles sont des herbes basses, dressées ou subgrimpantes, dont les folioles sont pennées, avec pétiole terminé par une pointe, une vrille ou plus rarement par une foliole impaire, et sont pourvues de stipules semi-sagittées. Fleurs petites, solitaires ou en grappes.

Les ailes adhèrent à la carène. L'étamine supérieure est libre. Le style est légèrement comprimé dorsalement : il est barbu longitudinalement à la face inférieure, tandis que le reste est glabre ; 2 ovules.

Le genre *Lens* était réuni par Linné aux *Cicer* ; d'autres l'ont confondu avec certaines espèces de *Vicia* dans le genre *Ervum*.

Distribution géographique. — Les 8 espèces énumérées par Alefeld doivent se réduire à 2 ou à 3 tout au plus.

Ce sont des plantes de la région méditerranéenne et de l'Asie occidentale. Une espèce (*Lens esculenta*) est cultivée dans l'Europe australe, l'Afrique boréale et les parties chaudes de l'Asie.

En France on trouve à l'état spontané dans les lieux incultes du Midi la LENTILLE NOIRCISSANTE (*L. nigricans*), dont les graines d'abord blondes deviennent bientôt noires.

LA LENTILLE COMESTIBLE — *LENS ESCULENTA*

Caractères. — C'est une espèce annuelle, de 20 à 40 centimètres de haut (fig. 673), dont les feuilles à plusieurs folioles se terminent par une courte vrille, dont les fleurs, blanchâtres ou violacées, sont de petite taille et ordinairement groupées par deux. Les gousses renferment 2 graines blondes, présentant la forme bien caractéristique d'un disque circulaire, aplati, dont les 2 faces sont biconvexes.

Fig. 673. — Lentille (*Lens esculenta*).

Distribution géographique. — La Lentille est originaire du Midi de l'Europe. Elle prospère jusqu'au 60ᵉ degré de latitude.

Historique. — Les graines de Lentilles ont entré dans l'alimentation des peuples depuis l'époque la plus reculée. L'histoire d'Ésaü et de Jacob, rapportée par la Bible, en fait foi : « Ésaü dit à Jacob : Donne-moi, je te prie, de ce roux-là, car je suis fort las..... Et Jacob donna à Ésaü du pain et du potage de Lentilles (1). »

Le potage de Lentilles était appelé *roux* à cause de sa couleur. Pline parle d'une variété

(1) Gen., xxv, 30, 34.

égyptienne qui croissait sur des sables rouges, et remarquant que les Lentilles préféraient un sol de cette espèce, se demande si ce légume ne tire pas sa couleur rougeâtre du terrain sur lequel il croît.

Près de la caverne d'Hébron, où Abraham et sa famille furent ensevelis, d'Arvieux vit un grand bâtiment avec une cuisine à l'entrée ; chaque jour on y préparait une grande quantité de potage fait avec toutes sortes de légumes, mais surtout avec des Lentilles ; puis des derviches le distribuaient aux pauvres et aux voyageurs en souvenir de ce qui se passa entre Ésaü et Jacob.

Usages. — On cultive la Lentille en grand dans les terrains sablonneux de l'Orient et de quelques contrées d'Europe. Dans les marchés de la Syrie et de l'Égypte on vend d'ordinaire les Lentilles toutes préparées. Un mélange de Riz et de Lentilles par portions égales, sur lequel on étend du beurre, forme l'un des mets favoris des classes moyennes de l'Arabie.

Dans nos pays les Lentilles sont un aliment précieux pour les classes laborieuses de la société, à cause de leur prix peu élevé et de leur grand pouvoir nutritif. Ces graines ont la réputation d'être indigestes : cela tient à ce qu'ordinairement on ne les mâche pas d'une façon suffisante, à cause de leur petite taille qui les fait échapper à l'action des dents. On remédie à ce défaut en les réduisant en purée. La farine de Lentille est la base principale d'une poudre alimentaire, annoncée sous le nom pompeux de *révalescière*, qui, si l'on en croyait les annonces, devrait rendre leur énergie à ceux qui manquent de forces.

Toute la plante fournit un excellent fourrage pour les bestiaux, mais on la cultive peu pour cet usage, parce que le rendement en est bien inférieur à celui de la Vesce ou du Pois.

Variétés. — Les principales variétés de Lentilles sont la *Lentille large blonde* ou *Lentille de Lorraine*, la *Lentille verte du Puy*, etc. Les *Lentillons* ont de très petites graines ne dépassant pas 5 millimètres de diamètre : on distingue le Lentillon de mars, blond, et le Lentillon d'hiver, rouge.

Maladies. — Le principal ennemi de la Lentille est la Bruche de la Lentille (*Bruchus pallidicornis*), qui attaque les graines. Les vers que l'on rencontre fréquemment dans les Lentilles, ne sont que les larves de ce coléoptère.

Fig. 674. — Gesse odorante (*Lathyrus odoratus*).   Fig. 675. — Gesse à larges feuilles (*Lathyrus latifolius*).

Pour séparer les Lentilles véreuses des Lentilles saines, il suffit de faire l'essai par l'eau : les bonnes tombent au fond et les mauvaises surnagent.

LES GESSES — *LATHYRUS* et *OROBUS*

Étymologie. — *Lathyrus*, nom d'une plante légumineuse dans Théophraste, vient du grec *lanthano*, je cache ; l'étendard en effet cache les ailes et la carène. *Orobus*, du grec *oros*, montagne, et *bous*, bœuf, rappelle que les plantes qui portent ce nom sont un excellent fourrage pour les bêtes à cornes.

Caractères. — Les *Lathyrus* sont des herbes basses ou grimpantes munies de vrilles : le pétiole des feuilles pennées est terminé soit par une vrille, soit par une pointe ; parfois il se dilate en phyllode. Les folioles peuvent se réduire à une seule paire et même disparaître complètement. Stipules foliacées, semi-sagittées ou sagittées. Fleurs bleues, violettes, roses, blanches ou jaunes, souvent belles, solitaires ou en grappes.

Les ailes adhèrent légèrement à la carène ou sont libres. Le style, dilaté supérieurement, est longuement barbu sur sa face supérieure ; le reste est glabre. Nombreux ovules.

Le genre *Orobus*, aujourd'hui fusionné avec les *Lathyrus*, en était autrefois distingué, parce que ses feuilles ne possèdent pas de vrilles, qui, au contraire, existent toujours chez les *Lathyrus* proprement dits.

Distribution géographique. — Au genre Gesse (en y comprenant à la fois *Lathyrus* et *Orobus*), appartient une centaine d'espèces

environ, croissant dans l'hémisphère boréal et dans l'Amérique du Sud ; quelques-unes sont cultivées depuis longtemps sur l'ancien continent.

La flore française renferme plus de 20 *Lathyrus* et de 7 *Orobus* bien distincts.

Usages. — Toutes les Gesses sont fourragères et plusieurs d'entre elles sont d'autant plus précieuses qu'elles viennent parfaitement dans les lieux humides, où les bonnes plantes sont rares. On en cultive plusieurs dans les jardins comme plantes d'ornement : la plus connue est la plante vulgairement désignée sous le nom de *Pois de senteur*.

LA GESSE APHACA — *LATHYRUS APHACA*

Noms vulgaires —Pois de serpent, Poigreau.

Caractères. — Cette espèce est remarquable et facile à distinguer par l'avortement total de ses folioles. C'est une herbe annuelle, dont les pétioles sont prolongés en un simple tortillé. Le rôle physiologique des feuilles est rempli chez la plante par deux grandes stipules en forme de fer de lance, qui semblent au premier abord deux grandes feuilles simples opposées.

Les fleurs sont jaunes, à étendard veiné de noir, assez petites, solitaires, sortant de l'aisselle des stipules.

Distribution géographique. — Cette espèce est très commune en France, au milieu des moissons où elle fleurit à l'été.

Usages. — Les bestiaux recherchent la plante verte comme fourrage, mais les graines passent pour vénéneuses.

LA GESSE CULTIVÉE — *LATHYRUS SATIVUS*

Synonymie. — Noms vulgaires. — Gesse blanche; Gesse commune; Gesse à larges gousses; Pois Gesse; Pois de brebis; Lentille d'Espagne.

Caractères. — Espèce annuelle de 40 à 60 centimètres de haut, à feuilles réduites à 2 ou 4 folioles étroites, oblongues et lancéolées. Les fleurs, solitaires, sont ordinairement bleues, parfois roses ou blanches. Gousse glabre, munie de raies sur le dos; graines blanches, unicolores.

Distribution géographique. — On cultive cette Gesse dans les provinces méridionales de l'Europe : au Nord elle craint les gelées.

Usages. — C'est un excellent fourrage pour les chevaux et les bêtes à cornes, en particulier pour les moutons. Dans le Midi on en mange les graines réduites en farine qu'on mélange à celle des Céréales par parties égales, pour faire de la bouillie. On a prétendu que ces graines grillées pouvaient être utilisées en guise de Café.

La Gesse chiche (*L. cicera*), espèce voisine, également cultivée et connue sous les noms de *Jarosse*, *Jarat* ou *petite Gesse*, donne aussi un excellent fourrage, très salubre quand il est vert, mais qui a le défaut d'être nuisible à l'état sec, en particulier pour les chevaux.

LA GESSE ODORANTE — *LATHYRUS ODORATUS*

Noms vulgaires. — Pois de senteur, Pois musqué, Pois-fleur, Pois à odeur.

Caractères. — C'est une plante annuelle, légèrement velue, à tiges grêles, ailées, rameuses et grimpantes, s'élevant jusqu'à 1m,50 et même davantage. Les feuilles présentent deux paires de folioles seulement et le pétiole se prolonge en vrille. Les fleurs (fig. 674), très nombreuses, s'épanouissent en juillet et en août; elles répandent une très suave odeur rappelant celle de là fleur d'Oranger. Le coloris varie du blanc au rose, au rouge ou au violet.

Distribution géographique. — Le Pois de senteur est originaire de l'Europe méridionale.

Usages. — C'est une des plantes annuelles grimpantes les plus répandues dans les jardins, et l'on peut dire aussi, une des plus jolies. Elle convient particulièrement à la décoration des treillages, des berceaux, des fenêtres et des balcons, etc.

Il existe un très grand nombre de variétés de Pois de senteur, se distinguant les unes des autres par la couleur : les unes sont multicolores, les autres panachées.

Les fleuristes font, jusqu'à présent du moins, assez peu d'usage des Pois de senteur comme fleurs coupées; il n'en est pas de même en Angleterre, où on les emploie volontiers comme fleurs de boutonnière ou pour garnir les vases et les corbeilles.

On pourrait extraire en parfumerie une odeur très agréable des fleurs de Pois de senteur, mais on en fait peu, parce qu'on obtient une excellente imitation par mélange des divers extraits parfumés.

A côté des Pois de senteur on cultive encore plusieurs autres Gesses indigènes, parmi lesquelles les plus employées sont :

La Gesse a larges feuilles (*L. latifolius*) (fig. 675) ou *Pois vivace*, *Pois de Chine*, *Pois à bouquets*, dont il existe plusieurs variétés à fleurs blanches, roses ou rouge foncé;

La Gesse a grandes fleurs (*L. grandiflorus*), de l'Europe méridionale, à fleurs pourpres;

La Gesse hétérophylle (*L. hetorophyllus*), des Alpes et du Jura, à fleurs rose pâle;

La Gesse sauvage (*L. sylvestris*), assez commune dans les bois de toute la France.

LA GESSE PRINTANIÈRE — *LATHYRUS VERNUS*

Synonymie. — Orobe printanier. *Orobus vernus*.

Caractères. — C'est une plante glabre, de 20 à 40 centimètres de hauteur, aux feuilles composées de 2 à 4 paires de folioles ovales, aiguës, accompagnées de 2 stipules de même forme. Fleurs violettes disposées par grappes de 5 ou 7.

Distribution géographique. — Cette espèce est commune dans les bois des montagnes.

Usages. — Sa racine réduite en poudre a été employée en cataplasmes comme résolutive.

C'est une bonne plante d'ornement pour les grands jardins, où elle forme d'excellentes bordures, plates-bandes, etc. On en connait plusieurs variétés à fleurs blanches, à fleurs doubles, etc.

On cultive encore dans les jardins quelques Orobes indigènes :

L'Orobe jaune (*O. luteus*), portant de nombreuses et grandes fleurs, d'abord jaune clair, puis jaune orangé;

L'Orobe noir (*O. niger*), aux fleurs rouge violacé, petites et serrées en grappes denses et peu allongées.

On cultive encore d'autres espèces exotiques, comme, par exemple, l'*O. flaccidus* de Hongrie, l'*O. atropurpureus* d'Algérie, l'*O. lathyroïdes* de Sibérie, l'*O. aureus* de la Tauride, etc.

L'OROBE TUBÉREUX — *OROBUS TUBEROSUS*

Caractères. — L'Orobe tubéreux est une plante vivace, à tige ailée, glabre, de 20 à 30 centimètres de haut, à racines tubéreuses et stolonifères. Les fleurs disposées en grappes sont d'abord roses, mais passent bientôt au bleu quelques jours après l'épanouissement, qui se produit au mois de mai.

Distribution géographique. — Cette espèce est commune dans tous les bois de la France.

Usages. — Sur les filaments de ses racines sont placés 7 à 8 tubercules de la grosseur d'une noisette environ, qui sont comestibles : on peut les manger crus ou de préférence cuits à l'eau. Les montagnards de l'Écosse en sont, dit-on, assez friands. Avec de l'eau et un peu de levain ils en tirent une sorte de boisson, qui passe pour fortifiante et rafraîchissante à la fois.

Les bestiaux mangent volontiers cet Orobe, que l'on peut cultiver par conséquent comme plante fourragère, dans les sols argileux, où elle réussit et où d'autres viendraient mal.

LES POIS — *PISUM*

Caractères. — Les Pois sont des herbes diffuses ou grimpantes, glabres, à feuilles pennées présentant 1 à 3 paires de folioles, et dont le pétiole se termine par un filet, ou plus souvent par une vrille. A la base sont des stipules foliacées, en forme de demi-cœur ou de flèche. Les fleurs sont grandes, purpurines, roses ou blanches, solitaires ou groupées en grappes pauciflores.

Le tube du calice, oblique à la base et gibbeux en dessus, se divise en 5 lobes presque égaux, ou dont les 2 supérieurs sont plus larges. L'étendard, large et de forme presque ovale, se rétrécit à la base en un court onglet ; les ailes, oblongues et falciformes, adhèrent au milieu de la carène, qui, plus courte que les ailes, est incurvée et obtuse. L'étamine supérieure est libre ou plus rarement soudée aux autres jusqu'en son milieu. L'ovaire, à peu près sessile, se continue par un style infléchi, dilaté, aplati latéralement au sommet et barbu à la face interne, portant un stigmate subterminal. La gousse est comprimée, bivalve, renfermant des graines subglobuleuses, à funicule dilaté en un arille mince, recouvrant le hile ; les cotylédons sont épais et la radicule infléchie.

Distribution géographique. — Bentham et Hooker n'admettent que 2 espèces du genre *Pisum*, dont l'une, cultivée depuis longtemps, est indigène de la région méditerranéenne et de l'Asie occidentale. L'autre est indigène du Taurus.

En France, à côté du Pois cultivé (*P. sativum*), on trouve deux autres Pois qu'on considère parfois comme espèces distinctes et qui ne sont peut-être que de simples variétés de la précédente.

Le POIS DES CHAMPS (*P. arvense*) est cultivé, rarement sauvage : ses graines sont anguleuses, brunes, marbrées ; ses fleurs sont roses ou violacées.

Le POIS MARITIME (*P. maritimus*) se rencontre sur les rives de l'Océan et de la Méditerranée.

Usages. — Les Pois constituent en vert un excellent fourrage et leurs grains, entiers, concassés ou moulus, sont propres à nourrir tous les animaux. Les noms vulgaires de *Pois-mouton*, *Pois-porc*, *Pois-pigeon*, qu'on donne au *P. arvense*, montrent bien tous les services qu'il peut rendre pour la nourriture des animaux de la ferme, et combien sa culture est précieuse par l'agriculteur. Les graines du Pois cultivé jouent un rôle très important dans l'alimentation de l'homme.

LE POIS CULTIVÉ — *PISUM SATIVUM*

Caractères. — Le Pois cultivé (fig. 676) est une plante annuelle, à tiges cylindriques, grimpantes, à feuilles formées de 2 à 3 paires de folioles larges, entières, ondulées sur les bords. Les fleurs sont blanches, avec quelquefois des parties violacées. Les graines sont globuleuses, d'abord vertes, puis jaunes en veillissant.

Distribution géographique. — Cultivé depuis plus de 2000 ans, le Pois est originaire du Midi du Caucase, de la Perse, de l'Inde septentrionale.

Usages. — Les Pois, lorsqu'ils sont jeunes et que le grain est à demi formé, constituent un de nos meilleurs légumes. A l'état de *petits Pois* ou de *Pois verts*, ils sont agréables au goût et d'une digestion facile, surtout lorsqu'ils sont fins et naturellement sucrés. Les petits Pois arrivent avec le mois de mai, en général, et c'est avec impatience que le gourmet attend cette époque, où il pourra remplacer sur sa table, par ces délicieuses primeurs, les légumes secs qui y ont figuré pendant tout l'hiver.

Les Pois, au rebours du vin, ne gagnent pas à vieillir; les *Pois secs*, en effet, sont difficiles à digérer et ne sont guère supportés que réduits en purée, parce qu'alors ils ont été débarrassés de leur pellicule extérieure : ils n'en exposent pas moins pour cela à des pesanteurs d'estomac et à des flatuosités.

Fig. 676. — Pois cultivé (*Pisvm sativum*).

Pour éviter de n'avoir à manger pendant la mauvaise saison d'autres Pois que les Pois secs, on fait des conserves de Pois verts en boîtes; les Pois conservés peuvent alors remplacer les Pois frais dans les menus d'hiver.

La tige, les parties vertes et les cosses encore fraîches des Pois, constituent un excellent fourrage pour les animaux.

Culture. — La culture des Pois se fait presque partout en France; elle varie selon les localités, mais c'est surtout le Midi, le Sud-Ouest et une partie de la Bretagne qui en produisent le plus. Il n'est peut-être pas de légume donnant au producteur d'aussi rémunérateurs résultats.

Il y a une trentaine d'années environ, les maraîchers des environs de Paris cultivaient beaucoup le *Pois de primeur;* aujourd'hui ils l'ont pour ainsi dire abandonné, parce qu'aux Halles il y a presque toute l'année des petits Pois frais, expédiés du Midi, d'Algérie et d'Espagne. Dans le Midi de la France, les environs d'Hyères et de Toulon envoient à Paris une très grande quantité de Pois de primeur.

On nomme *Pois nains* ceux dont la tige est peu élevée; ceux dont la tige dépasse 60 à 80 centimètres de hauteur doivent être *ramés*, c'est-à-dire soutenus par un petit branchage, pour être productifs. On les appelle *Pois à rames*. Les rames doivent être faites de branches garnies de nombreuses ramifications dès la base; le Châtaignier, le Chêne et le Peuplier sont excellents pour cela.

Variétés. — Les variétés de Pois, obtenues par la culture, sont très nombreuses et diffi-

Fig. 677. — Pois à écosser. Merveille d'Amérique.

ciles à classer scientifiquement. On les groupe ordinairement en se basant sur des caractères purement pratiques, tirés de la consistance de la gousse, de la forme du grain et de la taille de la plante. La gousse en effet peut être parcheminée et les Pois sont dits *à écosser;* dans les Pois *mange-tout* la cosse est tendre et comestible.

Voici comment on peut établir les grandes divisions généralement admises parmi les Pois, au point de vue horticole :

Pois à écosser	à grains ronds	à rames.
		nains.
	à grains ridés	à rames.
		nains.
Pois sans parchemin ou mange-tout		à rames.
		nains.

Parmi les meilleures variétés de chaque groupe on peut signaler :

1° *Pois à écosser, à grains ronds, à rames.* — Prince Albert, Merveille d'Étampes; Michaux de Hollande ; Michaux de Rueil ; petit Pois de Paris ; Pois serpette ; Pois de Clamart ; etc.

2° *Pois à écosser, à grains ronds, nains.* — Nain très hâtif ; Nain de Paris ou Gonthier ; Nain Bishop à longue cosse ; Nain de Touraine ; etc.

3° *Pois à écosser, à grains ridés, à rames.* —

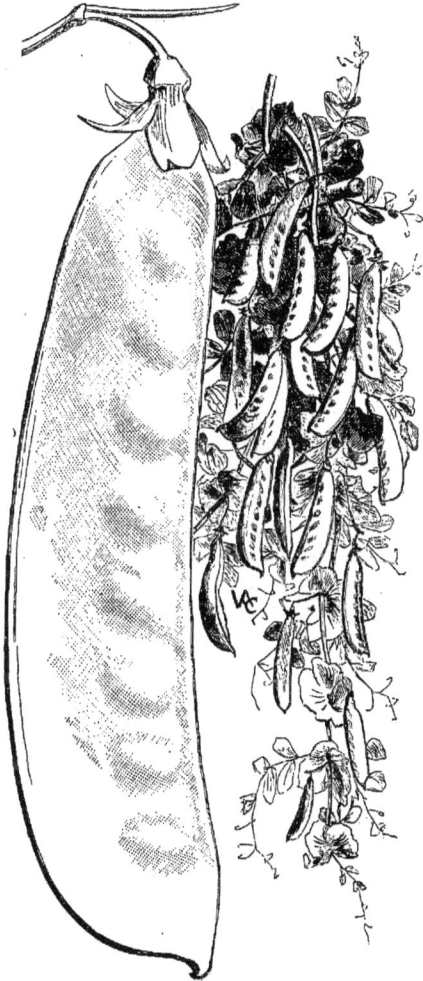

Fig. 678. — Pois fondant de Saint-Désirat.

Shah de Perse ; Duc d'Albanie ; Ridé vert à rames ; Alpha ; etc.

4° *Pois à écosser, à grains ridés, nains.* — Merveille d'Amérique (fig. 677) ; Wilson ; Nain blanc hâtif ; etc.

5° *Pois mange-tout, à rames.* — Corne de bélier ; Sans parchemin à demi-rame ; Sans parchemin fondant de Saint-Désirat (fig. 678) ; etc.

6° *Pois mange-tout, nains.* — Nain hâtif Breton ; Nain hâtif de Hollande ; Nain gourmand blanc.

Maladies. — Parasites. — Les Pois sont attaqués par de nombreux Champignons et de nombreux insectes qui en rendent souvent la culture assez difficile.

Parmi les Champignons il convient de signaler : l'*Erysiphe communis*, l'*Oïdium erysiphoïdes*, le *Peronospora Viciæ ;* l'*Uromyces appendiculatus* et le *Glæsporium pisi.*

Les insectes ennemis du Pois sont :

La bruche du Pois (*Bruchus Pisi*), dont la femelle pond sur les gousses à peine formées des œufs qui donnent naissance à de petites larves blanches ovoïdes qui pénètrent dans les graines (une dans chaque) et les rongent.

La teigne des Pois verts (*Grapholita pisana*), dont les chenilles s'introduisent dans la cosse des Pois et dévorent les graines qui y sont renfermées, ne laissant que la pellicule extérieure.

Les escargots et les limaces détruisent les jeunes semis au printemps.

LES ABRES — *ABRUS*

Caractères. — Les *Abrus* sont des Légumineuses dont la tige, ligneuse à la base, offre des rameaux volubiles. Les fleurs, en grappes terminales ou pseudo-axillaires, n'ont que 9 étamines. Le style est imberbe ; la gousse est comprimée.

Distribution géographique. — On en connaît 6 espèces dispersées dans les régions chaudes des deux mondes. L'*Abrus precatorius* est une liane de l'Inde qu'on retrouve en Amérique et dans l'Afrique tropicale.

Usages. — Les graines de cette plante sont petites, dures, arrondies, d'un rouge vif et brillant, marquées au hile d'une tache noire. On en fait divers objets, entre autres des chapelets : d'où le nom d'*Arbre à chapelets* donné à la liane.

VIII. — LES PHASÉOLÉES — *PHASEOLEÆ*

Caractères. — Ce sont ordinairement des herbes grimpantes ou couchées, plus rarement dressées. Certaines espèces de *Butea* et d'*Erythrina* sont cependant arborescentes et quelques *Cajanus* ont le port d'un arbrisseau. Les feuilles sont le plus souvent pennées à 3 folioles entières ou lobées, pourvues ordinairement de stipelles. Les fleurs sont fasciculées, en grappes axillaires, géminées ou solitaires.

Tantôt les étamines sont toutes soudées en

une gaine ; tantôt la supérieure est plus ou moins complètement libre. La gousse est bivalve et n'est indéhiscente que chez les *Mastersia*. La graine présente une radicule infléchie et 2 cotylédons épais qui sortent de terre avec la tigelle à la germination.

Classification. — Les Phaséolées se subdivisent dans les 6 sous-tribus suivantes :

1. — LES GLYCINÉES — *GLYCINEÆ*

Caractères. — Chez ces plantes, les fleurs sont groupées en fascicules ou en grappes, dont le rachis n'est pas noueux ; l'étendard n'est pas appendiculé ; l'étamine supérieure est libre ou plus rarement réunie aux autres à sa base. Style non barbu, sauf chez les *Clitoria*.

Distribution géographique. — Les Glycinées comprennent 12 genres et 125 espèces environ. Toutes sont exotiques et habitent principalement les régions chaudes. Le seul genre intéressant est celui qui a donné son nom au groupe.

LES GLYCINES — *GLYCINE*

Caractères. — Les Glycines sont des herbes volubiles ou couchées, grêles ou rarement subdressées, à feuilles pennées présentant ordinairement 3 folioles stipellées. Les fleurs petites, purpurines ou pâles, sont disposées en grappes axillaires. On trouve parfois chez ces plantes des fleurs cléistogames.

Les 2 dents supérieures du calice se soudent jusqu'en leur milieu ou même plus haut. L'étamine supérieure, d'abord soudée aux autres, s'en sépare postérieurement : les anthères sont toutes de même forme. Les bractées florales sont petites et caduques et les graines sont dépourvues de strophioles.

On a décrit sous le nom de *Soja* des plantes qui ne doivent pas être distinguées génériquement des *Glycine*, dont elles présentent tous les caractères, sauf pour la forme de la gousse : celle des *Glycine* est linéaire et celle des *Soja* falciforme ; on trouve d'ailleurs des formes intermédiaires chez plusieurs espèces de Madagascar et d'Australie.

Distribution géographique. — Les *Glycine* forment 16 espèces croissant dans l'Afrique et l'Asie tropicales et en Australie.

Usages. — La plante grimpante d'ornement bien connue sous le nom de Glycine, rapportée autrefois au genre *Glycine*, a dû en être séparée

et appartient aujourd'hui au genre *Wistaria*, de la tribu des Galégées. Nous l'avons déjà étudiée sous ce nom (page 504).

La plus intéressante espèce du genre Glycine est celle pour laquelle avait été créé le genre *Soja*.

LE SOJA HISPIDE — *SOJA HISPIDA*

Synonymie. — *Glycine Soja (Soya)*.

Caractères. — Le *Soja hispida* est une herbe annuelle, dressée, hispide, de 60 centimètres à 1 mètre de hauteur, rappelant beaucoup par son port un Haricot nain. Les feuilles sont trifoliées, les fleurs jaunes ou violettes. Les gousses, divisées par des isthmes celluleux, renferment de 2 à 5 graines ovoïdes-arrondies, brunes, avec hile blanc ou rougeâtre.

Distribution géographique. — Cette plante est indigène (ou cultivée) en Chine, en Cochinchine, au Japon et à Java. On a souvent essayé de l'acclimater en Europe, mais les résultats obtenus n'ont point été satisfaisants, parce que la durée de végétation étant trop grande pour notre climat, les graines mûrissent mal. En Autriche on est cependant parvenu à obtenir une variété qui peut mûrir ses graines.

Les meilleures variétés pour nos contrées sont le *Soja d'Étampes* et le *Soja ordinaire* à grains jaunes, plus hâtif que le précédent, mais moins productif. La culture est la même que pour les Haricots.

Usages. — Les Chinois et les Japonais font entrer depuis les temps les plus reculés les graines de Soja dans leur alimentation : ils les mangent en bouillie. Ces graines, en effet, sont très riches en matières grasses et protéiques, et par conséquent très nutritives.

« D'après les recherches de Schlegel, dit M. Ernest Martin (1), la première mention qui en soit faite se trouve dans l'ouvrage de Liou-ngan, roi du Hoaï-nan, de la dynastie des Hans, au IIe siècle avant l'ère chrétienne. Dès cette époque, la graine était soumise à l'ébullition et on en extrayait un liquide laiteux, qui avait la réputation de posséder des propriétés bienfaisantes.

« Lorsque le Soya fut importé en Europe, il était à l'état de sauce fabriquée au Japon et achetée par les Hollandais, qui furent les premiers navigateurs européens qui abordèrent dans cette contrée. Son nom était *Sho-yu*,

---

(1) Ern. Martin, *Le Tao-fu (Soya), son origine, ses propriétés, son acclimatation (Revue scientifique*, 2 février 1895).

lequel n'est que la corruption des caractères chinois *Tsiang-yu*, qui signifient huile savoureuse. Les Hollandais firent de Sho-yu le mot Soya ou Soy, nom sous lequel la fève est connue en Europe.

« Les Chinois font des conserves de Soya appelées *Tao-Khan ;* elles sont de deux sortes : l'une est très répandue à Java sous le nom de *Tao-fu*, l'autre sous celui de *Tao-Koa*. Toutes deux se présentent sous l'aspect d'un fromage fabriqué avec le Soya.

« Le *Tao-fu* et le *Tao-Koa* sont utilisés avec succès dans l'alimentation des enfants ; les médecins chinois ont l'habitude de les prescrire dans les cas de lymphatisme.

« Dans l'histoire des aliments de l'ancienne dynastie des Hans, le Soy était vendu à Changnau par un certain Fau-shô-ung, qui, à cause de cela, était surnommé Soy-Fan. Dans les élégies de Thso, au IVᵉ siècle de notre ère, il est question du grand amer, du sel, de l'acide, de l'âcre et du doux, et il est dit que le grand amer a pour type le Soy.

« Sous la dynastie des Sung, au XIIIᵉ siècle, les approvisionnements des marchés consistaient entre autres denrées, en nids d'oiseaux, en Soy épicé, et en haricots de Soya, en millet au gingembre.

« Le Tao-fu et ses nombreux dérivés jouent un très grand rôle dans la bromatologie et la thérapeutique chinoises. En effet, lorsque Shi-Tsih gouvernait le Ts'ing-yang, il fit paraître un décret dans lequel il recommandait au peuple de ne plus consommer d'aliments carnés. Il avait observé sur lui-même les heureux résultats de l'usage du Tao-fu, et, voulant en faire bénéficier ses sujets, il avait ordonné que les marchés ne fussent plus approvisionnés de viandes, qui étaient remplacées par cette denrée qu'on apportait chaque jour; aussi, les gens de la ville avaient-ils pris l'habitude de donner aux fromages de Tao-fu le nom de petits moutons de boucherie. Shi-Tsih mériterait donc d'être considéré comme le premier initiateur du régime végétarien. »

Dans nos pays on mange les graines de Soja à la façon des Haricots à écosser; on peut aussi les employer secs, mais il faut alors avoir soin de les faire tremper dans l'eau quelque temps avant de s'en servir.

Depuis l'introduction de la culture du Soja en Europe, on en a utilisé les graines, réduites en farine, à la fabrication d un pain, dit *pain de Soja*, très utile pour les diabétiques à cause de la faible quantité d'amidon et de sucre qu'il contient. L'analyse de la farine de Soja donne, en effet, pour 100 kilogrammes :

Matières azotées alimentaires	29,35
— grasses	18,80
— amylacées	18,14
— sucrées	5,36

Le pain de Soja peut être fabriqué, d'après M. le Dʳ Menudier (1), de la façon suivante : On prend 300 grammes de farine de Soja, 3 œufs et 150 grammes de beurre de première qualité ; on ajoute une cuillerée à café de sel et un verre d'eau tiède ; on pétrit, on laisse reposer 12 à 15 minutes et on cuit au four sur une tôle.

Si l'on compare le pain ainsi obtenu au pain ordinaire, on constate qu'il est 2 fois plus riche en matières azotées et 10 fois plus riche en graisses que le pain de Froment, tandis qu'il est 5 fois plus pauvre en amidon. La ration d'un homme adulte en bonne santé doit contenir :

Matières azotées	130 grammes.
Carbone	310 —

par 24 heures; on arrive à ces résultats au moyen des rations suivantes :

			Mat. azotées.	Carbone
Pain de Froment.	1000 gr. contenant		61,6	274,6
Viande	330	—	69,3	36,3
Soit en tout.	1330 gr. contenant		130,9	310,3

ou bien

Pain de Soja	620 gr. contenant		93,06	289
Viande	180	—	37,80	19,8
Soit en tout.	800 gr. contenant		130,86	308,8

Si l'on emploie la deuxième ration, les 620 grammes de pain de Soja ne renferment que 70 grammes d'amidon et de sucre, alors que les 1 000 grammes de pain de Froment en contiennent 447 grammes. On voit donc que, pour un diabétique, l'usage de pain de Soja est excellent, en lui fournissant la ration alimentaire nécessaire, tout en réduisant dans de notables proportions la quantité de matières glycogènes absorbées (environ 6 fois moins).

2. — LES ÉRYTHRINÉES — *ERYTHRINEÆ*

Caractères. — Chez les Érythrinées, le rachis de la grappe est ordinairement noueux. Les fleurs sont grandes et belles, présentant tantôt

---

(1) Dʳ A. Menudier, *Le Soja et le pain des diabétiques* (*Journal d'agriculture pratique*, 11 décembre 1890, p. 486).

un très grand étendard avec des ailes naines ou plus courtes que la carène, tantôt un étendard plus court que la carène. L'étamine supérieure est libre ou soudée aux autres à la base. Style imberbe ; bractées souvent petites et caduques.

Distribution géographique. — 7 genres divisés en 80 espèces environ forment ce groupe : ce sont toutes des plantes des pays chauds.

LES ÉRYTHRINES — *ERYTHRINA*

Étymologie. — Du grec *erythros*, rouge, à cause de la couleur des graines.

Caractères. — Les Érythrines sont des arbres ou des arbrisseaux dressés, à feuilles trifoliolées, présentant de petites stipules et des stipelles glanduliformes, aux folioles. Grandes fleurs rouges disposées en grappes composées.

Les ailes et la carène sont beaucoup plus courtes que l'étendard grand et allongé. Calice tronqué ou présentant plus rarement 5 dents égales.

Distribution géographique. — On en connaît 45 espèces environ, dispersées à travers les régions chaudes de l'un et l'autre monde.

Usages. — Les graines de l'*E. Corallodendron*, arbre des Antilles, sont arrondies, plus grosses que des Pois, lisses et d'un rouge vif avec une large tache noire. Ces graines étaient employées comme objets d'ornement par les naturels de l'Amérique avant que les Européens leur eussent donné le goût de bijoux plus coûteux. La couleur des graines a fait donner à la plante le nom d'*Arbre au Corail ;* il ne faut pas confondre cet arbre avec celui qui donne le *bois Corail* des ébénistes c'est-à-dire le *Pterocarpus draco*, qui est aussi une Légumineuse, mais appartient à la tribu des Dalbergiées. Le bois de l'*E. Corallodendron*, qui est blanc et non rouge, est d'ailleurs aussi employé par les ébénistes sous le nom de *bois d'Immortelle*.

On cultive dans les jardins plusieurs espèces d'Érythrines comme arbustes d'ornement : les espèces de l'Amérique du Nord et du Mexique réussissent jusque dans le Nord de la France.

La meilleure de toutes est l'ÉRYTHRINE CRÊTE DE COQ (*E. Crista-galli*), arbrisseau dont les rameaux sont aiguillonnés ainsi que les pétioles. Les belles grappes de grandes fleurs rouges qu'il porte à la floraison, produisent le plus joli effet.

On cultive encore communément : l'ÉRYTHRINE HERBACÉE (*E. herbacea*) de la Floride et de la Caroline, aux fleurs rouge vif ; l'ÉRYTHRINE CARNÉE (*E. carnea*) et l'ÉRYTHRINE ROSE (*E. rosea*) du Mexique, aux fleurs roses ou carnées ; l'ÉRYTHRINE DES CAFFRES (*E. Caffra*) de l'Afrique australe, à fleurs rouge écarlate ; l'ÉRYTHRINE DE MADÈRE (*E. poianthes*), arbre à fleurs rouges, etc.

Au genre voisin KENNEDYA, appartiennent plusieurs arbrisseaux volubiles de la Nouvelle-Hollande, à fleurs bleues, rouges ou violettes, que l'on cultive comme plantes d'ornement dans la région de l'Oranger (*Kennedya apetala*, *macrophylla*, *rotundifolia*, etc.).

LES APIOS — *APIOS*

Étymologie. — Du grec *apion*, poire ; allusion à la forme des tubercules radicaux.

Caractères. — Les *Apios* sont des herbes volubiles, à feuilles pennées présentant de 3 à 7 folioles stipellées. Les fleurs, médiocres ou grandes, sont pourpres ou rouges. La carène, étroite et prolongée en un rostre, est plus grande que l'étendard de forme orbiculaire.

Distribution géographique. — Des 3 espèces qui forment ce genre, l'une est de l'Amérique du Nord, l'autre de Chine, la troisième de l'Himalaya.

L'APIOS TUBÉREUX — *APIOS TUBEROSA*

Synonymie. — *Glycine tuberosa*.

Caractères. — Cette espèce vivace développe sur ses racines de distance en distance des renflements tuberculeux pyriformes. C'est une plante grimpante à tiges volubiles, pouvant atteindre 2 à 4 mètres de haut. Les fleurs, qui apparaissent de juillet en août, sont réunies en grappes serrées.

Distribution géographique. — Cette espèce est originaire de l'Amérique du Nord.

Usages. — On a proposé d'utiliser les tubercules féculents des racines aux mêmes usages que les pommes de terre. Mais on a dû reconnaître qu'ils ne possèdent pas les propriétés nutritives qu'on leur avait prêtées. On a dû renoncer à la culture de cette plante comme plante alimentaire.

Son seul usage aujourd'hui est d'être une plante d'ornement et de servir à la garniture des treillages et berceaux dans les jardins.

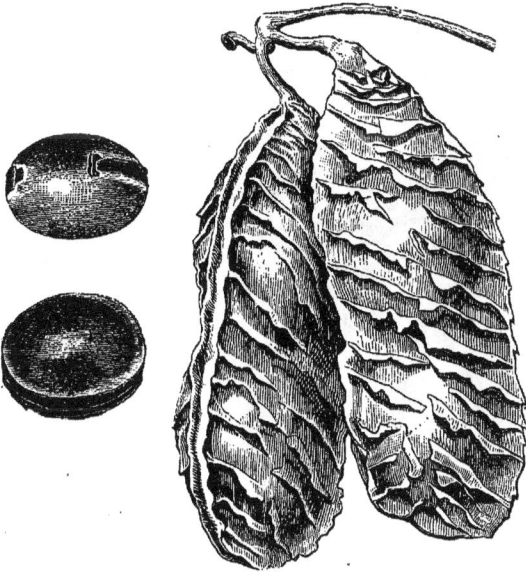

Fig. 679. — Gros pois pouilleux (*Mucuna ureus*), fruits
et graines.

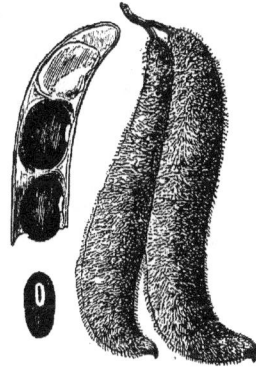

Fig. 680. — Petit pois pouilleux (*Mucuna pruriens*),
fruits et graines.

Les fleurs sont petites, il est vrai, de couleur sombre et de plus souvent cachées par le feuillage, mais elles répandent une suave odeur qui embaume.

LES MUCUNES — *MUCUNA*

Caractères. — Les *Mucuna* sont des herbes ou des arbrisseaux souvent grimpants, plus rarement dressés, à feuilles pennées trifoliolées, à stipules caduques. Les fleurs, grandes et belles, sont pourpres, rouges ou verdâtres.

L'étendard est plus court que les ailes; la carène est très grande et souvent cartilagineuse au sommet. Les anthères ne sont pas toutes semblables, alternativement longues et courtes.

Distribution géographique. — Vingt-six espèces croissent dans les régions chaudes du globe entier.

Usages. — Les gousses de 2 espèces de *Mucuna* sont connues sous le nom vulgaire de *pois à gratter* ou *pois pouilleux* : ces fruits sont en effet recouverts de piquants qui en s'introduisant dans la peau y causent une irritation fort désagréable.

Le *gros pois pouilleux* (fig. 679) est le fruit du *M. ureus*, plante très commune aux Antilles et dans l'Amérique du Sud. Les gousses sont déhiscentes, longues de 10 à 15 centimètres, larges de 5 à 6, comprimées, renflées à l'endroit des graines, plissées transversalement et couvertes de poils caducs, roux, durs, fins et piquants.

La graine a reçu le nom d'*œil de bourrique* à cause de sa ressemblance avec l'œil d'un âne ; de couleur brune, elle est entourée sur plus des deux tiers de sa circonférence par un hile circulaire, sous la forme d'une bande noire, tandis que la couleur brune s'affaiblit et blanchit dans la partie qui touche au hile.

Le *petit pois pouilleux* (fig. 680) est la gousse du *M. pruriens* répandu dans l'Inde et aux îles Moluques, tout aussi bien qu'aux Antilles. Cette gousse est indéhiscente, longue et grosse comme le doigt, non plissée transversalement, et couverte de poils roussâtres brillants qui, placés sur la peau des mains ou de la figure, y déterminent une démangeaison insupportable. Les graines, minces et luisantes, ont la forme d'un petit haricot.

LES BUTÉES — *BUTEA*

Caractères. — Les *Butea* sont des arbres

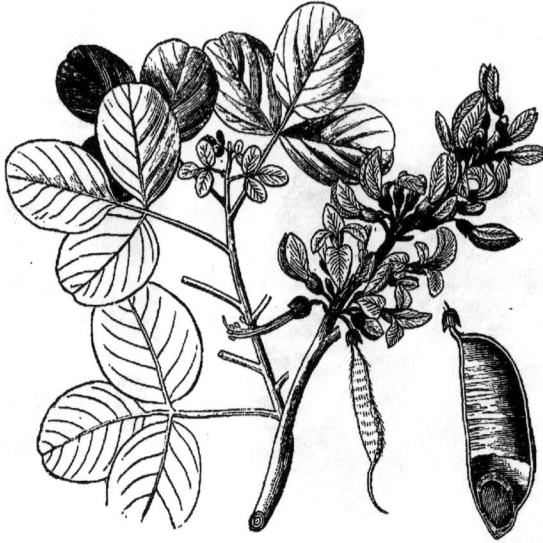

Fig. 681. — *Butea frondosa.*

ou des arbrisseaux grimpants, tomenteux, à feuilles pennées trifoliolées, avec stipules petites et caduques, portant de grandes et belles fleurs orangées ou couleur flamme, disposées par fascicules sur des grappes ou des panicules.

L'étendard et la carène, tous deux aigus, sont à peu près de la même taille. La gousse est coriace et ligneuse, plane et indéhiscente à la base, subdéhiscente à son sommet où se trouve incluse une seule graine.

Distribution géographique. — Les 3 espèces connues croissent dans l'Asie tropicale.

Usages. — Le *Butea frondosa* (fig. 681), très grand arbrisseau de l'Inde, laisse écouler de ses fissures naturelles, ou des blessures faites à son écorce, un suc rouge qui se décolore au contact de l'air et donne naissance à un véritable *kino*. On donne aujourd'hui le nom de *kino* à un certain nombre de sucs astringents qui proviennent de végétaux et de pays très différents. Ce nom vient probablement de ce que le *B. frondosa* porte dans l'Inde le nom de *Kueni*. Le nom de kino, appliqué d'abord au suc qui en découle, aura été étendu ensuite à tous les sucs rouges et astringents fournis par le commerce.

Le *Coccus lacca* (1) se fixe fréquemment sur les jeunes branches et les pétioles du *Butea*

(1) Kunckel d'Herculais, *Les Insectes*, 2ᵉ vol. page 538.

frondosa et emprunte peut-être sa matière colorante au suc rouge de l'écorce. Sous la piqûre de cet insecte, l'arbuste laisse écouler de la gomme laque.

On exploite dans l'Inde comme textiles les fibres libériennes du *B. frondosa* et du *B. superba*, dont les fleurs sont aussi utilisées pour donner une teinture jaune.

3. — LES GALACTIÉES — *GALACTIEÆ*

Caractères. — L'inflorescence se compose ordinairement de grappes noueuses, plus rarement de larges panicules. Calice souvent quadrilobé par suite de la fusion en un seul des deux lobes supérieurs. Pétales normaux. Étamine supérieure libre. Style non barbu.

Distribution géographique. — Six genres forment ce groupe, répartis en 170 espèces environ, dont 150 *Galactia* habitant les régions chaudes du monde entier. Les autres genres sont d'ailleurs tous également des pays chauds.

4. — LES DIOCLIÉES — *DIOCLIEÆ*

Étymologie. — Le genre *Dioclea* a été établi en l'honneur de Dioclès.

Caractères. — Les fleurs de ces plantes sont groupées en grappes noueuses. Le calice, souvent divisé en 4 lobes par suite de la fusion des 2 lobes supérieurs en un seul, est plus rarement divisé en 2 lèvres inégales. Pétales normaux. Étamine supérieure d'abord libre, puis réunie en tube avec les autres. Style non barbu.

Distribution géographique. — Toutes ces plantes sont exotiques et originaires des pays chauds : on y distingue 6 genres et une cinquantaine d'espèces environ.

Usages. — La DIOCLÉE GLYCINOÏDE (*Dioclea glycinoïdes*) du Mexique, plante volubile à fleurs rouges, est rustique en France, dans le climat de l'Oranger. On l'y cultive comme plante grimpante ornementale.

5. — LES EUPHASÉOLÉES — *EUPHA- SEOLEÆ*

Caractères. — Les Euphaséolées ont pour inflorescences des grappes noueuses. Les pétales sont de forme normale ; parfois cependant la carène est longuement rostrée ou contournée en spirale. Le style est barbu à son sommet, à la face interne, ou plus rarement ne présente de poils qu'autour du stigmate.

Distribution géographique. — A ce groupe appartiennent 8 genres et 125 espèces environ, la majeure partie pour les *Phaseolus*, les *Dolichos* et les *Vigna*.

Usages. — Au groupe des Euphaséolées appartient le genre *Phaseolus* qui nous donne les haricots, graines alimentaires bien connues.

Dans les régions tropicales on cultive le *Voandzeia subterranea* ou *Munduli*, dont on consomme les graines riches en matière grasse. Cette plante mûrit son fruit sous terre à la façon de l'*Arachis hypogæa* (voir p. 520).

LES PHYSOSTIGMES — *PHYSOSTIGMA*

Étymologie. — Du grec *phusein*, enfler ; *stigma*, stigmate ; allusion à la forme du stigmate.

Caractères. — Les *Physostigma* sont des herbes volubiles, frutescentes à la base, à feuilles trifoliolées, et à grandes fleurs disposées en grappes fasciculées. La carène en est spiralée, le style cuculié au-dessus du stigmate.

Distribution géographique. — On n'en connaît qu'une seule espèce, originaire de l'Afrique tropicale.

LA PHYSOSTIGME VÉNÉNEUSE — *PHYSOSTIGMA VENENOSUM*

Nom vulgaire. — Fève du Calabar.

Caractères. — Le *Physostigma venenosum* est une plante grimpante, vivace, atteignant parfois une longueur de 15 mètres ; l'inflorescence est axillaire, formée par des grappes multiflores, dont le rachis est noueux et en zigzag ; la corolle est papilionacée, d'une couleur purpurine, veinée d'un rose pâle, et incurvée en forme de croissant. Les étamines sont au nombre de 10, diadelphes, et le pistil offre un stigmate coiffé par une sorte de capuchon en forme de croissant.

La gousse, dans son état de maturité, est de couleur brune et présente près de 15 à 20 centimètres de longueur ; elle contient 2 ou 3 graines dont l'épisperme est dur et cas-

Fig. 682. — Fèves du Calabar.

sant ; ces graines (fig. 682) sont ovales, un peu réniformes, présentant 2 centimètres de long environ sur 1 de large ; leur côté convexe est marqué d'un hile long et sillonné, qui s'étend comme une rainure d'une extrémité à l'autre ; leur couleur est chocolat foncé ou rougeâtre sur les bords du sillon ; leur surface est chagrinée. L'amande est formée d'un embryon avec deux gros cotylédons qui se sont rétractés et ont laissé une cavité au milieu ; ils sont durs et très friables.

Distribution géographique. — La contrée dans laquelle on trouve la Fève du Calabar est située dans la région occidentale de l'Afrique, près de la baie de Biafra, entre 4° et 8° de latitude Nord, 6° et 12° de longitude Est ; son étendue mesure une longueur de 100 milles anglais et une largeur de 50, dans le territoire d'une tribu appelée *Éboé*, et placée à l'Ouest des sources du Niger. La plante se plaît aux environs des cours d'eau et des terrains marécageux. Son fruit mûrit en toute saison, mais plus communément dans la saison pluvieuse, de janvier à septembre.

Propriétés. — Usages. — Les naturels du golfe de Biafra font usage des graines de cette plante, qu'ils appellent *Éséré*, comme poison d'épreuve. Ces graines sont en effet très vénéneuses. Chez ces peuples primitifs, l'ancien jugement de Dieu de nos pères est encore en grand honneur, et lorsqu'on doute de la culpabilité d'un accusé, on lui fait avaler une dose déterminée de poison : s'il survit, son innocence éclate aux yeux de tous; s'il succombe au contraire, c'est qu'il était coupable et sa mort n'est alors que justice. Les Fèves du Calabar ont dû à l'énergie de leur toxicité, d'être choisies, dans le pays où elles poussent, pour jouer le rôle de poison judiciaire. Aussi sont-elles l'objet d'un culte particulier. Toute la récolte chaque année est remise fidèlement au roi, sans qu'aucun sujet puisse en avoir à sa disposition. A la fin de l'année, lorsque vient le temps de la récolte suivante, on jette à l'eau tout ce qui n'a pas été employé. La graine surnage sur l'eau, et c'est ainsi qu'il nous parvient en Europe des graines, qu'on a pu dérober par surprise à la surface de la rivière.

C'est vers 1846 que ces graines ont été apportées pour la première fois en Europe et qu'elles ont été étudiées par divers botanistes et chimistes. En 1864 l'attention fut attirée sur ce genre de poison par un accident fort grave qui survint à Liverpool. Un navire, qui revenait des côtes orientales d'Afrique, ayant débarqué dans ce port, 45 enfants et une femme de 32 ans mangèrent des graines trouvées parmi les détritus qui avaient été rejetés après le nettoyage de la cale. Or c'étaient des Fèves du Calabar. Les plus graves accidents survinrent, permettant d'étudier sur l'homme l'action physiologique de ce redoutable poison.

La graine est la seule partie de la plante qui soit vénéneuse. C'est presque exclusivement l'amande qui contient le principe toxique, primitivement désigné sous les noms de *calabarine* ou *physostigmine*, et qui a été appelé *ésérine* par A. Vée (1), du nom d'*Éséré* sous lequel les naturels désignent la Fève d'épreuve.

La Fève du Calabar est employée de nos jours en médecine, où elle peut rendre de grands services, principalement dans certaines maladies des yeux. De tous les phénomènes physiologiques produits par la Fève du Calabar, le plus remarquable en effet est l'action sur la pupille. Lorsque l'on en applique des solutions sur la conjonctive, au bout d'un temps qui varie de 5 à 15 minutes, il se produit un resserrement de l'iris, si bien que la pupille se réduit à un trou imperceptible. Cette action peut se prolonger de 2 à 5 jours. On voit que l'*ésérine* agit comme antagoniste de l'*atropine* qui dilate la pupille; de plus, tandis que l'atropine supprime la faculté d'accommodation, l'ésérine l'augmente au contraire.

La Fève du Calabar s'administre ordinairement sous forme de *papier calabarisé*, c'est-à-dire de *papier Berzelius* imprégné d'une solution glycérinée d'extrait alcoolique. Chaque centimètre carré contient 2 milligrammes d'extrait. On l'applique sur la conjonctive par dixièmes de centimètre carré.

LES HARICOTS — *PHASEOLUS*

Caractères. — Les Haricots sont des plantes herbacées, volubiles ou subdressées, à feuilles pennées trifoliolées, pourvues de stipelles, rarement unifoliolées. Les stipules persistantes sont striées. Les fleurs blanches, jaunes, rouges, violettes ou purpurines, sont groupées en grappes axillaires.

Les 2 lobes supérieurs du calice sont soudés ou libres. L'étendard est orbiculaire, étalé ou subtordu; les ailes, qui l'égalent en longueur ou le dépassent, sont ovales ou oblongues et se soudent à la carène au-dessus de l'onglet. La carène, linéaire ou obovale, se prolonge en un rostre long, contourné en spirale. L'étamine supérieure est libre et les 10 anthères sont semblables. Ovaire subsessile multiovulé. Le style à l'intérieur du rostre de la carène s'enroule comme lui en spirale; il est souvent barbu au sommet et porte un stigmate oblique ou latéral, introrse.

La gousse, linéaire, subcylindrique ou comprimée, s'ouvre par 2 valves. Les graines qu'elle contient sont volumineuses, à hile petit et dépourvues de strophiole.

Distribution géographique. — On a décrit plus de 150 espèces du genre *Phaseolus*, mais on ne doit pas en reconnaître plus de 60 réellement distinctes, car les autres ne sont que des variétés cultivées. Toutes ces plantes sont dispersées dans les régions chaudes du globe tout entier : quelques-unes sont cultivées depuis fort longtemps.

(1) Vée, Thèse de Paris, 1865.

Fig. 684. Fig. 685. Fig. 687. Fig. 688.

Fig. 683. Fig. 686. Fig. 689.

Fig. 683 — Haricots.
Fig. 684. — Pois.
Fig. 685. — Épinards.
Fig. 686. — Pomme de terre.

Fig. 687. — Lentille.
Fig. 688. — Cardon.
Fig. 689. — Pissenlit.

Fig. 683 à 689. — Principaux légumes du jardin potager.

Usages. — L'espèce la plus commune est le Haricot, dont les graines sont si connues et figurent sur toutes les tables.

Quelques espèces de *Phaseolus* sont ornementales et comme telles cultivées dans les jardins: tel est par exemple le Haricot d'Espagne.

LE HARICOT COMMUN — *PHASEOLUS VULGARIS*

Caractères. — Le Haricot commun est si connu qu'une longue description en serait superflue: c'est une plante annuelle, herbacée, à tige grimpante, à feuilles pennées trifoliées, dont les folioles sont ovales, aiguës, velues, entières. Les fleurs sont blanches ou un peu jaunâtres, disposées en grappes plus courtes que les feuilles. Les gousses qui succèdent aux fleurs sont pendantes et renferment des graines réniformes. Les innombrables variétés de Haricots sont différenciées par la grosseur, la forme, et la couleur de ces graines, qui varient du blanc au noir en passant par le rouge:

il en est d'unicolores, de marbrées, de tachetées, etc.

Distribution géographique. — L'origine du Haricot est très incertaine. Ni les anciens Romains ni les Hindous ne semblent l'avoir connu, ce qui rend peu plausible l'hypothèse mise en avant par quelques auteurs que c'était une plante indienne. On a prétendu, avec plus de raison peut-être, que le Haricot nous venait de l'Amérique du Sud et aurait été importé en Europe vers le XIVe siècle. En tous cas on ne l'a trouvé nulle part à l'état spontané, ce qui prouve que la culture en est fort ancienne.

Usages. — Les Haricots sont d'un usage général dans l'alimentation: ils sont, avec la pomme de terre, la base de la nourriture du pauvre. C'est un des principaux légumes du jardin potager (fig. 683 à 689). Les Haricots doivent d'ailleurs leur popularité à la modicité de leur prix. Ce qui ne les empêche pas d'ailleurs de figurer aussi sur la table des riches, où on les sert en général accompagnés de viandes diverses et principalement de mouton. Tout le monde connaît l'antique et traditionnel *gigot aux haricots*, le régal favori de la majorité des Français, que Berchoux a chanté dans ses vers :

> J'aime mieux un tendre gigot
> Qui, sans pompe et sans étalage,
> Se montre avec un entourage
> De laitue ou de haricot.
> Gigot, recevez mon hommage.
> Souvent j'ai dédaigné pour vous
> Chez la baronne ou la marquise,
> La poularde la plus exquise
> Et même la perdrix aux choux.

Rappelons d'ailleurs, à ce propos, que le mets favori de Napoléon Ier étaient les haricots à l'huile.

On mange soit le fruit, soit les graines : les gousses cueillies bien avant maturité, lorsqu'elles sont encore vertes et tendres, forment ce qu'on appelle les *Haricots verts*. C'est un mets peu nourrissant, mais précieux à divers points de vue : agréable au goût, léger à l'estomac, il convient à tout le monde, même aux convalescents et à ceux dont les digestions sont généralement laborieuses ; de plus, il se conserve très facilement en boîtes pour l'hiver.

Les graines, c'est-à-dire les vrais Haricots, se mangent frais ou secs. Les *Haricots frais*, récoltés peu avant la maturité, comme par exemple les *Flageolets*, se digèrent assez facilement, à la condition d'être jeunes, tendres et cuits sitôt après qu'ils ont été écossés. Il n'en est pas de même des *Haricots secs* récoltés à maturité complète : le nombre des estomacs auxquels ils conviennent est très limité, et cela surtout à cause de la propriété qu'ils partagent avec les autres légumes féculents, d'être, suivant l'expression d'Hippocrate, flatulents, c'est-à-dire de faire éclore dans le tube digestif des gaz aussi nombreux qu'incommodes, lorsqu'ils ne sont pas soigneusement écrasés et débarrassés de leur enveloppe extérieure. On ne saurait compter les plaisanteries qui ont été faites sur ce sujet et sont devenues classiques, et, sous ce rapport, la mauvaise réputation du Haricot, « le léger farineux où s'emprisonne Éole », est universelle.

Cette mauvaise réputation est d'ailleurs fort ancienne. C'est ainsi que Pythagore interdisait les Haricots (ou s'il est vrai que notre Haricot soit d'origine américaine, les graines voisines qui en tenaient lieu à cette époque) à cause

des flatuosités qu'ils engendrent et qui empêchent l'esprit de se livrer à la méditation. Dioscoride les accuse de donner le cauchemar ; il est vrai qu'il dit ailleurs qu'ils sont favorables à l'amour.

Variétés. — Les races ou variétés de Haricots sont innombrables et les classifications qui en ont été proposées ne sont que très peu scientifiques. Pratiquement on peut diviser les Haricots en se basant sur le port de la plante et sur la consistance de la gousse.

A côté des Haricots grimpants ou *Haricots à rames*, il y a les *Haricots nains*, qui non seulement sont de taille plus faible, mais encore ont perdu l'habitude de grimper, d'enrouler leurs tiges autour d'un support. Chez certaines

Fig. 690. — Haricot nain Éclipse ou Shah de Perse.

variétés la gousse est parcheminée et chez d'autres non. Enfin on emprunte encore les caractères distinctifs des races aux graines, qui peuvent être unicolores, bicolores ou tricolores, zébrées ou ponctuées.

Voici quelles grandes divisions on peut établir entre les diverses variétés de Haricots :

| Haricots nains... | sans parchemin ou *mange-tout*. |
| | à parchemin, à écosser. |

| Haricots à rames | sans parchemin ou *mange-tout*. |
| | à parchemin, à écosser. |

Dans chacune de ces catégories on peut signaler comme les meilleures variétés :

1° *Haricots nains sans parchemin :* H. jaune

du Canada ; H. jaune de la Chine ; H. beurre nain du Mont-d'Or ; H. d'Alger noir ; H. nain blanc ; etc.

2° *Haricots nains à parchemin :* H. noir de Belgique ; H. de Bagnolet ou Suisse gris ; H. flageolet nain ; H. Riz nain ; H. de Soissons nain ; H. rouge d'Orléans ; H. Suisse sang de

Fig. 691. — Haricot blanc géant, sans parchemin, à rames.

bœuf ; H. nain éclipse ou Shah de Perse (fig. 690), etc.

3° *Haricots à rames sans parchemin :* H. beurre ; H. d'Alger ; H. Princesse ; H. sabre noir ; H. Prédomme ou Prudhomme ; H. friolet ; H. de Prague ; H. Coco blanc ou gros Sophie ; H. blanc géant (fig. 691), etc.

4° *Haricots à rames à écosser :* H. de Soissons à rames ; H. sabre à rames ; H. Riz à rames ;

H. de Liancourt ; H. rouge de Chartres ; H. de Soissons rouge ; etc.

Maladies. — Parasites. — Les vers blancs, les limaces, les escargots, les courtilières, lorsqu'ils abondent dans un terrain, occasionnent de réels dégâts dans les jeunes semis de Haricots. Par suite de brusques changements de température, ou d'humidité trop prolongée, les Haricots sont quelquefois atteints de rouille causée par le développement d'une Urédinée : les cosses, sont alors parsemées de taches rousses qui perforent le parchemin et atteignent les grains qui sont complètement détériorés.

LE HARICOT D'ESPAGNE — *PHASEOLUS MULTIFLORUS*

Synonymie. — Noms vulgaires. — *Ph. coccineus ;* Haricot à bouquets ; H. à fleurs rouges ; H. écarlate ; Faséole ; etc.

Caractères. — Le Haricot d'Espagne, dont la tige volubile peut s'élever à 3 mètres et plus, et dont les feuilles trifoliées sont d'un vert intense, porte à la floraison des grappes de nombreuses fleurs rouge écarlate. Les gousses, arquées et rugueuses, renferment des graines volumineuses, bariolées de brun ou de pourpre noir sur fond lilas ou rosé.

Distribution géographique. — Cette espèce est originaire de l'Amérique du Sud. Vivace dans son pays d'origine, elle est cultivée comme annuelle sous nos climats.

Usages. — Le Haricot d'Espagne est surtout cultivé comme plante de jardins, où il est très répandu et sert à orner les treillages, les berceaux, les murailles, etc. Il pousse très rapidement dans n'importe quel terrain et à toutes les expositions, même au Nord. On le cultive souvent pour orner les fenêtres et les balcons (fig. 397, p. 310). On en connaît d'ailleurs plusieurs variétés ornementales : une variété à fleurs blanches, une variété à graine noire, une variété bicolore, dont les fleurs ont l'étendard rouge, tandis que les ailes et la carène sont blanches.

Bien que le Haricot d'Espagne soit surtout une plante d'ornement, ses graines sont cependant bonnes à manger et, comme telles, sont fort appréciées dans le Midi. On consomme le grain à demi formé ; il est alors mangeable ; mais à l'état sec il ne vaut pas le Haricot ordinaire, car il est alors peu farineux et a le goût âcre et peu agréable. Dans le Midi de l'Espagne et dans une partie du Portugal, cette race est cultivée à l'exclusion de toute autre.

LE HARICOT DE LIMA — *PHASEOLUS LUNATUS*

Caractères. — Distribution géographique. — Le Haricot de Lima est une espèce vivace, à fleurs rouges, cultivée en grand dans la République Argentine, aux États-Unis, aux Antilles, à la Havane, dans presque toutes les colonies françaises d'Amérique et dans toute l'Afrique.

Usages. — Les graines de ce Haricot servent à l'alimentation dans les pays précédents, où on le cultive activement. On en a essayé la culture en France : l'espèce réussit bien dans tout le Midi et en particulier en Provence, mais au Nord et à Paris, les gousses n'arrivent pour ainsi dire jamais à maturité.

Le HARICOT DE SIÉVA est une variété du *Ph. lunatus,* connue à la Havane sous le nom de *Fève plate* ou *Fève créole;* il réussit parfaitement dans le Midi de la France.

Le Haricot de Lima et le Haricot de Siéva peuvent rendre de réels services dans les jardins comme plantes d'ornement : leurs fleurs rouges sont insignifiantes, mais le feuillage ample et abondant garnit avantageusement les berceaux, tonnelles, murailles, etc.

LES DOLIQUES — *DOLICHOS*

Étymologie. — Théophraste donnait le nom de *Dolichos* aux Haricots.

Caractères. — Les plantes qui forment ce genre sont des herbes ou des sous-arbrisseaux volubiles, couchés ou dressés, à feuilles pennées trifoliolées, à fleurs violettes, roses, jaunes ou blanches, solitaires, fasciculées ou en grappes dans l'aisselle des feuilles.

Le style est filiforme ou subulé au sommet, avec petit stigmate terminal.

Distribution géographique. — De nombreuses espèces ont été décrites, parmi lesquelles il y en a 30 à peine qui soient bien limitées. La plupart habitent les régions chaudes d'Afrique, d'Asie et d'Australie : quelques rares espèces sont de l'Amérique du Sud.

Usages. — Plusieurs espèces de *Dolichos* sont cultivées dans les pays chauds pour leurs fruits et leurs graines, qui servent aux mêmes usages que les Haricots. On en cultive quelques espèces dans le Midi de la France.

Le DOLIQUE A ONGLET (*Dolichos unguiculatus*), appelé aussi *Dolique à œil noir*, est nommé *Mongette* ou *Bannette* par les Provençaux. C'est une plante annuelle, originaire de l'Amérique du Sud, très estimée dans les pays tropicaux et en Europe dans les contrées chaudes, comme le Portugal, l'Espagne, l'Italie, etc., et en France dans la zone méridionale : elle a été introduite, dit-on, en 1819, de la Rivière de Gênes, dans les environs de Toulon.

La plante ne dépasse pas 60 centimètres de hauteur et est assez analogue par son aspect extérieur au Haricot nain. La gousse est cependant plus droite, presque cylindrique, et les graines sont beaucoup plus petites, d'un blanc sale, avec une petite tache noire autour de l'ombilic.

Le DOLIQUE ASPERGE (*D. sesquipedalis*) ressemble aux Haricots à rames. Plante annuelle de l'Amérique du Sud, elle est très estimée à à Buenos-Ayres, à Montévidéo et au Chili : on la cultive en Italie et dans certaines contrées de la Provence, où elle réussit très bien. Les gousses, qui atteignent 40 à 60 centimètres de longueur, se mangent en vert et sont très tendres et de bon goût.

Le DOLIQUE D'ÉGYPTE (*D. Lablab*) ou *Lablab à fleurs violettes*, est originaire des Indes orientales. C'est une bonne plante de jardin, propre à l'ornement des murs, des berceaux et des treillages, donnant surtout de bons résultats dans le Midi. On en connaît plusieurs variétés à fleurs pourpres ou à fleurs blanches, dont une naine ne s'élève guère à plus de 75 centimètres.

6. — LES CAJANÉES — *CAJANEÆ*

Caractères. — Les feuilles des Cajanées sont parsemées de points résineux à la face inférieure. Les stipules, petites et sétacées, manquent parfois.

Les fleurs, dans ce groupe, sont disposées en grappes à rachis non noueux, ou en ombelles ; parfois aussi elles sont solitaires. Les pétales sont normaux. L'étamine supérieure ne se soude pas aux autres. Le style est imberbe et le stigmate terminal.

Distribution géographique. — Les Cajanées comprennent 8 genres et 225 espèces environ, dont 82 *Rhynchosia,* 50 *Eriosema* et 56 *Flemingia.* Toutes sont des plantes exotiques, croissant dans les pays chauds.

Fig. 692. — *Rhynchosia phaseolides*.

LES RHYNCHOSIES — *RHYNCHOSIA*

Caractères. — Les Rhynchosies sont des herbes ou des sous-arbrisseaux volubiles, couchés ou plus rarement dressés, à feuilles pennées ou plus rarement digitées, trifoliolées, à folioles parsemées de points résineux, ordinairement dépourvues de stipelles; stipules ovales ou lancéolées. Fleurs jaunes ou pourpres, en grappes axillaires. Le fruit est une gousse comprimée.

Distribution géographique. — Les 82 espèces connues de *Rhynchosia* croissent dans les régions chaudes des deux mondes, quelques-unes dans les parties extratropicales de l'Amérique du Nord et du Sud de l'Afrique.

LES PLANTES.

Le *Rhynchosia phaseolides* (fig. 692) est une liane curieuse avec ses tiges aplaties en forme de ruban.

IX. — LES DALBERGIÉES — *DALBERGIEÆ*

Caractères. — Les Dalbergiées sont des arbres ou des arbrisseaux dressés ou grimpants. Les feuilles pennées se composent ordinairement d'au moins 5 folioles ; très rarement de 3 ou même d'une seule ; elles sont souvent dépourvues de stipules. Les étamines sont réunies en une gaine entière ou fendue en dessus ou en 2 phalanges. Parfois aussi l'étamine supérieure est libre. Anthères toutes semblables. La gousse, plus longue que le calice, est membraneuse, coriace, ligneuse ou drupacée, indéhiscente.

Distribution géographique et géologique. — Les Dalbergiées sont aujourd'hui confinées dans les régions chaudes des deux continents, principalement aux Indes; elles ont eu cependant autrefois des représentants en Europe, ainsi qu'en font foi les vestiges trouvés dans l'éocène d'Angleterre et dans la molasse suisse.

Classification. — On divise les Dalbergiées en 3 sous-tribus.

1. — LES PTÉROCARPÉES — *PTERO-CARPEÆ*

Caractères. — Les Ptérocarpées ont les folioles généralement alternes. Le fruit n'est pas drupacé; les graines, souvent transversales ou fixées par un hile latéral, ne sont jamais suspendues.

Distribution géographique. — 11 genres, divisés en 180 espèces environ, forment cette sous-tribu. Toutes sont des plantes exotiques, en grand nombre américaines.

LES DALBERGIES — *DALBERGIA*

Étymologie. — Nils Dalberg, auquel Linné a dédié le genre *Dalbergia*, était médecin et botaniste (1735-1820).

Caractères. — Les *Dalbergia* sont des arbres ou des arbrisseaux grimpants, à feuilles alternes imparifoliolées, rarement réduites à une seule foliole, privées de stipelles. Les fleurs sont nombreuses, petites, pourpres, violettes ou blanches, groupées en cymes bipares ou en panicules.

La gousse est oblongue ou linéaire ou plus rarement en forme de faux. Elle ne contient que peu de graines, et souvent même une seule.

Distribution géographique. — 74 espèces croissent en Amérique, en Afrique et en Asie, dans les régions tropicales; 2 d'entre elles se retrouvent en Australie.

Usages. — C'est à plusieurs arbres du genre *Dalbergia* qu'on rapporte le *bois de Palissandre*, beau bois de couleur violacée, très dur et d'un grain serré, dont on se sert dans l'ébénisterie et que la mode a élevé à un haut degré de faveur. La couleur du Palissandre varie du noisette clair au pourpre foncé ou au noirâtre. Les teintes en sont souvent fort irrégulières et brusquement contrastées. Le bois se fonce beaucoup à l'air et y devient généralement d'un brun violacé; il est très lourd et répand une odeur douce et agréable qui lui est propre. On en fait de très beaux meubles.

D'après une fausse description de Marcgraff, on a longtemps rapporté le bois de Palissandre à un arbre de la famille des Bignoniacées : on sait aujourd'hui que c'est le bois d'un *Dalbergia*. Pendant longtemps aussi le bois de Palissandre a porté le nom de *bois de Sainte-Lucie*, parce qu'il nous venait par la voie de cette île des Antilles. Les Anglais lui donnent le nom de *Rose-wood*, c'est-à-dire *bois de Rose*, ce qui a souvent amené des confusions avec notre véritable *bois de Rose* des ébénistes, le *Tulip-wood* des Anglais, qui vient du Brésil, et doit être rapporté à une Lythrariée, le *Physocalymna floribundum*.

Le bois de Palissandre provient du Brésil, de l'Inde orientale et d'Afrique. Il est importé en longues perches ou en madriers. Le meilleur vient de Rio-de-Janeiro, la deuxième qualité de Bahia. Celui qui vient de l'Inde est beaucoup moins estimé; c'est le bois du *D. latifolia*.

Le bois de Palissandre porte au Brésil le nom de *Jaracanda cabiuna;* le *Cabiuna* tout court est une variété moins odorante, rapportée au *D. nigra*.

D'après Guibourt, le Bois violet ou *Kingwood* (Bois royal) des Anglais, qui vient du Brésil, de Cayenne, de Madagascar et de la Chine, doit être rapporté à des arbres très voisins de ceux qui donnent le Palissandre, compris dans le genre *Dalbergia*.

Le *D. melanoxylon*, de l'Afrique occidentale, fournit un bois noir apprécié, connu sous le nom d'*Ébène du Sénégal;* le *bois de Sissoa* est celui d'un *D.* indien. D'autres espèces de l'Inde, les *D. heterophylla, ferruginea,* donnent encore des bois utiles, mais il est très difficile de dire à quelle forme commerciale correspondent au juste ces espèces. Un grand nombre de bois durs colorés, très incorruptibles, de l'Amérique tropicale, sont produits par des *Dalbergia*, ainsi que par les genres voisins *Vatairea, Centrolobium, Cyclolobium, Tipuana* et *Machærium*.

LES MACHÉRIES — *MACHÆRIUM*

Caractères. — Les *Machærium* sont des arbres dressés ou des arbrisseaux grimpants, à feuilles imparipennées, dont les stipules sont parfois transformées en épines.

Le calice est obtus à la base, l'étendard souvent soyeux; la gousse, ne renfermant à sa base qu'une seule graine, se prolonge par en haut en une aile oblongue, terminée par le style.

Distribution géographique. — Les espèces, au nombre de 60, sont toutes originaires de l'Amérique tropicale.

Usages. — Une variété de Palissandre du Brésil, nommée *Jaracanda tam*, est produite par le *Machærium Allemani :* Ce bois est d'un rouge pâle avec peu de veines plus foncées ; il est serré, dur, et ressemble beaucoup au bois de Rose, le *Tulip-wood* des Anglais.

Le bois employé en ébénisterie sous les noms de *Bois de lettre marbré* et de *Tigre-wood* provient du *M. Schombourgkii* de la Guyane.

LES PTÉROCARPES — *PTEROCARPUS*

Étymologie. — Du grec *ptéron*, aile ; *carpos*, fruit ; le fruit présente un bord ailé.

Caractères. — Les *Pterocarpus* sont de très grands arbres non épineux, à feuilles alternes, imparipennées, à folioles alternes ou irrégulièrement opposées, dépourvues de stipelles. Les fleurs, jaunes ou d'un blanc mêlé de violet, sont souvent fort belles et forment des grappes simples ou de lâches panicules.

Le calice est aigu ou turbiné à la base; les pétales sont glabres. La gousse suborbiculaire ou oblongue, plus ou moins oblique ou falciforme, présente un bord ailé ou caréné; elle porte en son milieu 1 ou 2 graines seulement.

Distribution géographique. — Les *Pterocarpus*, au nombre de 18 espèces, croissent entre les tropiques, en Asie, en Afrique et en Amérique.

Usages. -- Les *Pterocarpus* nous fournissent non seulement leurs bois qui, sous les noms de *Santal rouge* (1), de *Bar-wood*, de *Coliatour*, de *Corail tendre*, sont usités dans la teinture, l'ébénisterie ou la tabletterie, mais encore des sucs rouges et astringents, constituant d'une part une espèce très rare et très pure de sang-dragon, et d'autre part le kino de l'Inde orientale et la gomme astringente de Gambie.

Le bois de *Santal rouge* est produit par le

(1) Il ne faut pas confondre le Santal rouge avec le bois de Santal fourni par les *Santalum* de la famille des Santalacées.

Pterocarpus indicus; il arrive principalement de Calcutta, en bûches de 6 à 27 centimètres de diamètre, et on le trouve aussi dans le commerce sous forme de copeaux colorés en rouge ou en brun foncé. Ce bois est aujourd'hui plus employé dans la teinture et la tabletterie que dans la pharmacie. La matière colorante de ce bois est la *santaline;* à côté de ce principe en existe un second qui a reçu le nom de *santal.*

Le bois de *Santal rouge d'Afrique*, appelé *Bar-wood* en Angleterre, est le bois du *P. Angolensis* de la côte occidentale d'Afrique, d'Angola et du Gabon.

Le *P. Santalinus* ne donne pas le vrai bois de Santal comme semblerait l'indiquer le nom spécifique donné par suite d'une confusion. Son bois porte le nom de *bois de Coliatour :* il vient de la côte de Coromandel, est rouge très foncé, très dur et susceptible d'acquérir un beau poli.

Il vient des Antilles un bois de *Santal rouge tendre* ou *Santal des Antilles* qu'on substitue parfois au bois de Santal rouge. Les marchands l'appellent *bois de Corail tendre* et donnent le nom de *bois de Corail dur* au vrai Santal rouge. Nous avons déjà vu (p. 535) que le nom de bois de Corail est également donné, mais à tort, à l'*Erythrina Corallodendron*, dont le bois est blanc, mais dont les graines sont d'un beau rouge.

Les *Pterocarpus* fournissent aussi des sucs astringents analogues au *kino* produit par le *Butea frondosa* (p. 537). Le *kino de l'Inde orientale*, appelé pendant longtemps *kino d'Amboine*, mais qui serait bien mieux nommé *kino du Malabar*, est produit par le *P. Marsupium.* C'est un astringent énergique, dont l'action se rapproche beaucoup de celle du cachou, sans pourtant l'égaler. Ce kino est aujourd'hui tombé dans l'oubli, ainsi que celui du *Butea frondosa* et celui que l'on extrayait autrefois du *Drepanocarpus senegalensis* (*P. erinaceus*). On remplace en effet actuellement les kinos des Légumineuses par ceux qui proviennent des *Eucalyptus* d'Australie.

Le *P. draco* passe pour produire une partie du *sang-dragon* de l'Inde. Cette résine est produite par un suc rouge qui sort de l'arbre soit naturellement, soit par incisions, et se durcit à l'air. Cette résine ne se trouve plus guère dans le commerce, où le sang-dragon usité provient presque exclusivement du *Calamus draco*, Palmier des îles de la Sonde.

Fig. 693. — *Andira anthelminthica.*

A. — Fruit entier.
B. — Fruit ouvert et graine.

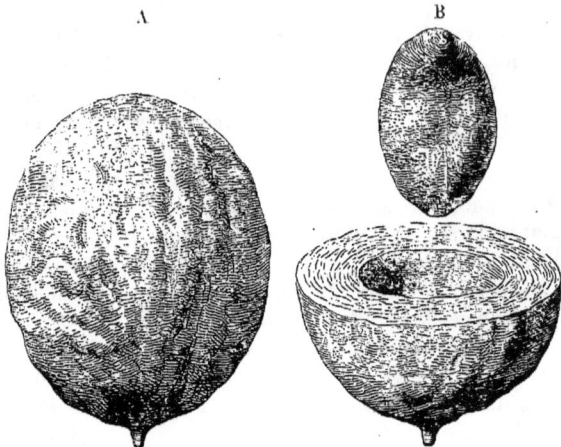

Fig. 694. — *Andira stipulacea.*

A. — Fruit entier.
B. — Fruit ouvert et graine.

2. — LES LONCHOCARPÉES — *LONCHO-CARPEÆ*

Caractères. — Les Lonchocarpées ont presque toujours des folioles opposées. La gousse n'est pas drupacée. Les graines ne sont jamais suspendues.

Distribution géographique. — Ces plantes, au nombre de 11 genres et de 120 espèces environ, habitent pour la plupart les pays tropicaux. 55 *Lonchocarpus* habitent l'Amérique, l'Australie et l'Afrique, et l'on trouve, dispersées dans les régions tropicales du monde entier, 40 espèces du genre *Derris*.

3. — LES GEOFFRÉÉES — *GEOFFRÆEÆ*

Étymologie. — Le genre *Geoffræa*, type de ce groupe, a été dédié à Étienne-François Geoffroy (1672-1731), célèbre par son *Traité de la matière médicale.*

Caractères. — Les Geoffréées ont les folioles opposées, alternes ou solitaires. Les ailes sont libres; les pétales de la carène ne sont que rarement soudés entre eux. La gousse est drupacée ou turgide et ne renferme qu'une seule graine pendante.

Distribution géographique. — Sept genres et 25 espèces constituent ce groupe; toutes sont exotiques, habitant les régions tropicales ou chaudes.

LES ANGELINS — *ANDIRA*

Caractères. — Les *Andira* sont de beaux arbres à feuilles alternes imparipennées, à folioles opposées ou plus rarement alternes, munies ou non de stipelles sétacées. Les fleurs paniculées sont souvent violettes et répandent une suave odeur.

Le calice est tronqué ou brièvement denté. Le fruit est une drupe, globuleuse, ovoïde ou un peu comprimée.

Distribution géographique. — Dix-sept espèces environ habitent l'Amérique tropicale; l'une d'entre elles se retrouve à l'Ouest de l'Afrique tropicale.

Usages. — Les bois d'Angelin du commerce proviennent pour la plupart des *Andira :* celui de l'*A. inermis* est dur et d'un rouge noirâtre à l'extérieur. Au Brésil l'*Angelim pedra*, dont le bois est très recherché, est une espèce d'*Andira*. Quant à l'Angelin de la Guyane ou Angelin à grappes (*Andira racemosa*), qui fournit le bois de Vouacapou, il semble qu'on doive plutôt le rapporter aux Légumineuses Césalpiniées, sous le nom de *Vouacoupa americana.*

L'Angelin de la Guyane est un fort grand arbre dont le tronc a près de 20 mètres de hauteur sur 65 à 70 centimètres de diamètre. La coupe horizontale de son bois présente une grande quantité de points blanchâtres sur

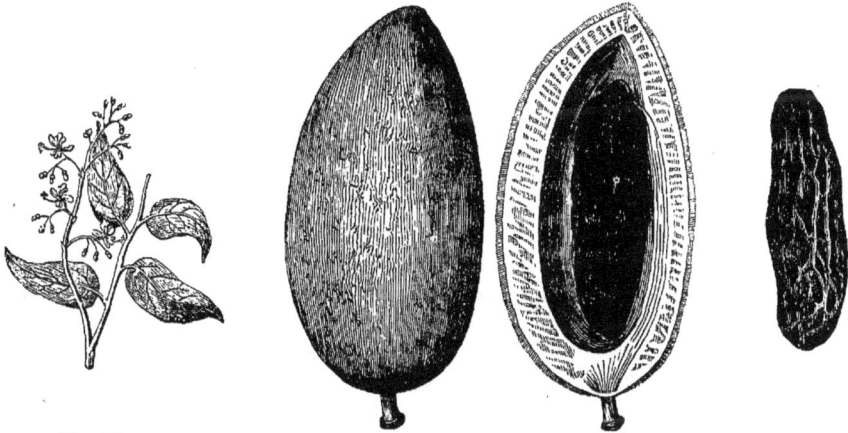

Fig. 695.

Fig. 696.

Fig. 697.

Fig. 698.

Fig. 695. — Rameau.
Fig. 696. — Fruit.

Fig. 697. — Fruit ouvert.
Fig. 698. — Graine.

Fig. 695 à 698. — Coumarou odorant (*Dipterix odorata*).

un fond brun foncé. Sur une coupe longitudinale, ces fibres blanchâtres donnent au bois une certaine ressemblance avec celui des Palmiers. Dans certains cas cette disposition des fibres produit sur les coupes parallèles à l'axe des dessins rappelant la forme d'un épi de Blé, ce qui a valu au bois de porter le nom d'*Épi de Blé* dans le commerce parisien. Si la coupe est oblique, les stries forment des marbrures rappelant à peu près les dessins de l'aile de la perdrix. Aussi le bois d'Andira porte-t-il quelquefois aussi le nom de *bois de Perdrix* ou *Partridge-wood*.

On emploie au Brésil comme antihelmintiques, sous le nom d'Angelin, les graines de plusieurs espèces d'*Andira*, en particulier celles des *Andira anthelminthica* (fig. 693), *vermifuga*, *stipulacea* (fig. 694), *rosea*, *racemosa*. Les fruits de ces arbres sont ovoïdes, charnus d'abord, puis secs et ligneux, contenant une seule graine farineuse dans laquelle réside un principe âcre antihelmintique. L'espèce la plus communément employée est l'*A. rosea*.

LES COUMAROUS — *DIPTERYX*

Étymologie. — *Dipteryx* vient du grec et signifie deux ailes; le calice de la fleur présente en effet 2 longs prolongements aliformes.

Caractères. — Les *Dipteryx* sont des arbres dont les feuilles pennées se composent d'un nombre pair de folioles opposées ou alternes, dépourvues de stipelles, et dont les fleurs violettes ou roses sont disposées en panicules terminales (fig. 695).

Le calice se compose d'un tube très court prolongé par 5 lobes, dont les 2 supérieurs sont très grands, aliformes et un peu coriaces, tandis que les 3 autres sont très petits et parfois à peine visibles. Le fruit est une drupe oblongue ou ovale, légèrement comprimée.

Distribution géographique. — Toutes les espèces de ce genre, au nombre de 8, habitent l'Amérique tropicale.

LE COUMAROU ODORANT — *DIPTERYX ODORATA*

Synonymie. — *Coumarouna odorata*.

Caractères. — Cet arbre atteint 20 à 27 mètres de hauteur sur 1 mètre de diamètre environ. Il produit un fruit (fig. 696) connu sous le nom de *fève de Tonka*, assez semblable à une grosse amande couverte de son brou et de structure analogue (fig 697) : le péricarpe se compose en effet d'un endocarpe à demi ligneux, recouvert d'une substance grasse bientôt desséchée. A l'intérieur se trouve une graine unique, allongée, aplatie, d'un noir brillant, de 2 centimètres et demi de longueur environ sur 1 de large (fig. 698).

Distribution géographique. — Le Coumarou croît dans les forêts de la Guyane.

Usages. — Cet arbre est utile par son bois et par ses graines importées en Europe sous le nom de *fèves de Tonka*.

Le bois de Coumarou est d'une dureté extrême que l'on a comparée à celle du Gaïac, ce qui fait qu'à Cayenne on désigne la plante sous le nom de *Gaïac;* il est d'un jaune rosé et les fibres sur une coupe longitudinale forment des dessins rappelant ceux du bois de Perdrix ou l'image d'une chevelure ondoyante. Ce bois est très joli et serait plus souvent employé par les ébénistes s'il n'était souvent creusé de trous de la grosseur du petit doigt, qui ont dû être faits dans le pays natal par des insectes, lorsque le tronc était encore vert : tel qu'il nous parvient en effet, le bois est tellement dur qu'il serait impossible à aucun insecte de pouvoir le perforer.

Les graines contiennent des matières grasses et de la *coumarine*. Ces graines répandent une odeur extrêmement forte de Foin nouvellement coupé ; aussi les utilise-t-on en parfumerie. Autrefois lorsque l'usage du tabac à priser était plus répandu qu'aujourd'hui, on plaçait dans la tabatière une fève de Tonka qui lui communiquait une odeur agréable. On mélangeait également la poudre de la graine au tabac. On se sert aussi de la fève de Tonka pour donner aux tuyaux de pipe en bois de Merisier ordinaire une odeur analogue à celle que possèdent les pipes fabriquées en bois de Merisier de Sainte-Lucie.

Aujourd'hui la graine est surtout employée à la préparation des parfums et des sachets. On la place dans les armoires au milieu du linge pour parfumer celui-ci, et pour ce seul usage il en est importé annuellement plusieurs centaines de kilos. Les créoles apprécient beaucoup l'odeur de cette fève et s'en servent non seulement en parfums, mais aussi dans les meubles afin de chasser les insectes. Les Indiens Galibis en font des colliers.

Plusieurs autres *Dipteryx* fournissent également des graines odorantes : le *D. oppositifolia*, de Cayenne et du Brésil, le *D. pteropus*, du Brésil. Le *D. Eboensis*, de Mosquito, possède un fruit et une graine presque identiques à ceux du *D. odorata*, mais la graine n'a aucun parfum : elle contient seulement une huile épaisse qui est extraite par les indigènes et employée pour la toilette des cheveux.

X. — LES SOPHORÉES — *SOPHOREÆ*

Caractères. — Les Sophorées sont pour la plupart des arbres ou des arbrisseaux élevés. La tige de quelques *Sophora* est toutefois presque herbacée et les *Camoensia* sont des arbustes grimpants. Chez ces derniers les feuilles sont exceptionnellement digitées trifoliolées ; chez tous les autres genres de la tribu elles sont pennées à 5 folioles ou davantage, ou parfois unifoliolées. La corolle est papilionacée ou à peu près régulière. Les 10 étamines sont toutes libres ou à peine soudées à la base. La gousse est inarticulée, indéhiscente ou bivalve.

Distribution géographique. — Cette tribu comprend 35 genres, tous exotiques.

Distribution géologique. — Les Sophorées ont eu certainement autrefois des représentants en Europe. Le *Sophora europæa* est très abondant dans le Miocène. Un *Calpurnia* d'Armissan rappelle une espèce actuelle d'Afrique, et le *Virgilia macrocarpa*, dont on a retrouvé le fruit dans l'Aquitanien de Manosque, doit être considéré comme l'ancêtre du *Virgilia Capensis*, Sophorée actuelle africaine.

Usages. — La tribu des Sophorées renferme un certain nombre de plantes utiles. Les *Sophora* sont de beaux arbres d'ornement ; les *Myroxylon* sont célèbres par la production du baume du Pérou. Outre ces plantes dont il va être question plus en détail, on peut citer encore quelques autres Sophorées utiles.

Le *Bowdichia virgilioides*, arbre qui croît dans l'Amérique du Sud à l'embouchure de l'Orénoque, et qui porte dans son pays natal le nom d'*Alcornoco*, donne une écorce dite écorce d'Alcornoque, autrefois très vantée en médecine. L'écorce du *B. major* ou *Sebipara guaçu*, est usitée au Brésil contre les rhumatismes. Son bois très dur sert à faire des axes de presses et des roues de moulin.

Le *Ferreirea spectabilis* est un arbre du Brésil dont le bois renferme d'énormes quantités d'une résine très volatile.

LES BAPHIAS — *BAPHIA*

Caractères. — Les *Baphia* sont des arbres ou des arbrisseaux dont les feuilles sont réduites à une ample foliole dépourvue de stipelles, présentant à la base du pétiole de petites stipules. Les fleurs blanches ou jaunes sont fasciculées ou groupées en courtes grappes. Le calice est bifide ou spathacé; la corolle est nettement papilionacée. Les anthères sont plus courtes que le filament. La gousse plane-comprimée et coriace renferme des graines orbiculaires.

Distribution géographique. — On connaît 12 espèces de *Baphia*, de l'Afrique tropicale et de Madagascar.

Usages. — Le *Baphia nitida*, qui croît en Afrique, dans la colonie anglaise de Sierra Leone, produit le *bois de Cam* ou *Cam-wood* des Anglais, bois très dur, susceptible d'un beau poli, employé dans l'ébénisterie. Il sert également pour la teinture; le *Cam-wood* fournit en effet avec l'eau froide une teinture d'un rouge assez vif. Lorsqu'on le râpe il exhale une odeur qui rappelle celle de la Violette ou du Palissandre.

Le *Baphia laurifolia*, du Gabon, fait l'objet d'un commerce assez considérable entre le Cap des Palmes et le Grand-Bassam. Les indigènes le nomment M' *pano*. Son bois sert principalement à la teinture.

LES SOPHORAS — *SOPHORA*

Caractères. — Les *Sophora* sont des arbres ou des arbrisseaux ou quelquefois de simples herbes vivaces. Les feuilles imparipennées sont formées tantôt de petites folioles en grand nombre et tantôt de grandes peu nombreuses. Les fleurs blanches, jaunes ou plus rarement bleu violet, sont disposées en grappes simples ou en panicules terminales.

La corolle est nettement papilionacée; la gousse est épaisse, subcylindrique ou pourvue de 4 ailes, moniliforme, indéhiscente ou tardivement bivalve.

Distribution géographique. — On a rencontré une trentaine d'espèces environ de *Sophora*, distribuées à travers les régions chaudes des deux mondes.

LE SOPHORA DU JAPON — *SOPHORA JAPONICA*

Caractères. — Le Sophora du Japon est un grand arbre dont les rameaux étalés, un peu pendants, deviennent parfois pleureurs par la culture; son tronc étroit est recouvert d'une écorce d'abord lisse et verdâtre, qui devient ensuite grisâtre et se fendille profondément. Le feuillage léger et touffu est d'un beau vert foncé. Les fleurs blanchâtres sont réunies en amples panicules dressées. Les gousses sont pulpeuses, les graines noires et luisantes.

Distribution géographique. — Comme son nom l'indique, cet arbre est originaire du Japon; il est aujourd'hui presque naturalisé dans nos climats, où il atteint une hauteur de 12 à 15 mètres.

Usages. — C'est un bon arbre d'ornement pour les parcs, les squares et les jardins. Peu délicat sur la nature du sol, il résiste assez à la sécheresse et au sol calcaire, ce qui le rend recommandable pour cet usage. L'apparition des feuilles a lieu vers le milieu de mai; la floraison à la fin d'août.

Les Sophoras doivent leur principal mérite à la beauté de leur feuillage plutôt qu'à leurs fleurs assez insignifiantes. On estime particulièrement une variété, souvent désignée sous le nom de *S. pendula*, dont les rameaux sont pendants, presque appliqués sur le tronc et produisent un effet singulier. Ce Sophora pleureur se greffe ordinairement sur une tige de Sophora ordinaire.

Parmi les plantations des jardins et squares parisiens, signalons un joli massif de Sophoras aux Champs-Élysées.

En Chine, on fait sécher les fleurs des *S. Japonica;* elles constituent alors les *baies jaunes de Chine*, qui servent à teindre en jaune.

Le bois, compact, dur et uni, est employé dans l'ébénisterie.

Les EDWARSIAS, par les caractères botaniques, se rapportent au genre *Sophora* dont ils ne forment guère qu'une simple section. On en cultive deux espèces, comme plantes d'ornement, l'*Edwarsia grandiflora* et l'*E. microphylla*. Ces deux arbres de moyenne grandeur sont rustiques dans la région de l'Oranger et passent même assez facilement l'hiver en pleine terre dans les jardins des côtes de Bretagne. Sous le climat de Paris, ce sont des plantes d'orangerie que la culture en caisse réduit à un faible développement.

A côté du Sophora du Japon, nous placerons le VIRGILIER (*Virgilia lutea* ou *Cladastris tinctoria*), appartenant à un genre voisin qui est également employé dans les plantations d'ornement des grands jardins. C'est un arbre de l'Amérique du Nord, de taille moyenne, de 6 à 7 mètres de haut, se formant bien en tête arrondie, au tronc droit, à l'écorce grisâtre, légèrement fendillée. Les fleurs, blanches, en longues grappes pendantes, répandent une odeur douce et agréable. L'arbre est rustique et peu exigeant sur la nature de la terre, ne redoutant pas trop la sécheresse.

LES MYROSPERMES — *MYROSPERMUM*

Étymologie. — Du grec *myron*, onguent, et *sperma*, graine.

Caractères. — Les *Myrospermum* sont des arbres à feuilles imparipennées, dont les folioles sans stipelles présentent des ponctuations glanduleuses, et dont les grandes fleurs blanches sont groupées en grappes simples axillaires.

Le genre est caractérisé par sa gousse samaroïde, ailée à la base, et ses anthères plus courtes que les filaments qui les supportent.

Fig. 699. — Baumier du Pérou (*Myroxylon peruiferum*).

Distribution géographique. — On n'en connaît qu'une seule espèce, le *Myrospermum frutescens* de l'Amérique centrale et des Antilles.

Usages. — Elle n'est pas employée en médecine.

LES MYROXYLES — *MYROXYLON*

Synonymie. — *Toluifera*.

Étymologie. — Du grec *myron*, onguent, parfum, et *xylon*, bois.

Caractères. — Les *Myroxylon* ne se distinguent guère du genre précédent *Myrospermum*, que parce que les anthères y sont plus longues que les filets.

Distribution géographique. — Ce genre comprend 6 espèces de l'Amérique du Sud.

Usages. — Ces plantes sont importantes par les baumes qu'elles produisent. Le *Myroxylon toluifera* donne le *baume de Tolu*; les autres espèces donnent le *baume du Pérou*, en particulier le *Myroxylon peruiferum*.

LE MYROXYLE DU PÉROU — *MYROXYLON PERUIFERUM*

Synonymie. — *Myroxylon pedicellatum*; *Myrospermum peruiferum*. Baumier du Pérou.

Caractères. — Le Baumier du Pérou (fig. 699) est un grand arbre pouvant acquérir jusqu'à 60 centimètres de diamètre et une hauteur de 16 mètres environ. L'écorce, épaisse et cendrée, recouvre un bois blanc à l'extérieur et rouge brunâtre intérieurement. L'arbre est beau et assez touffu par le bas, les branches vont diminuant par le sommet. Les fleurs, qui sont très odorantes, paraissent dans la dernière partie du mois de septembre et au commencement d'octobre, à l'extrémité des branches, deux à deux généralement, nombreuses sur chaque rameau, blanches et inégales; le calice, d'un vert pâle tirant sur le bleu, est poissé par le baume qui s'en échappe. Le fruit est une gousse allongée, aplatie, membraneuse, sauf à l'extrémité qui présente un renflement, renfermant 1 ou 2 graines plates, membraneuses, réniformes.

Distribution géographique. — Le *Myroxylon peruiferum* habite le Pérou, la Nouvelle-Grenade, la Colombie et le Mexique.

Usages. — La résine solide qui provient soit d'un suintement naturel de l'arbre, soit d'incisions faites aux branches et au tronc, est connue sous le nom de *baume du Pérou solide* ou *baume du Pérou blanc*; c'est une substance solide, à demi fluide, transparente, qui brunit avec le temps, d'un goût parfumé, légèrement âcre sans être désagréable. Ce baume, qui est rare dans le commerce, arrivait autrefois d'Amérique dans des noix de cocos fermées par une feuille de Maïs; aujourd'hui il nous vient dans des potiches de terre ou dans des vases de tôle.

Le *baume du Pérou noir* ou *baume liquide*, appelé encore *b. de Carthagène* ou *b. de Sonsonate*, est un peu différent du précédent: il est fourni par le *Myroxylon pubescens*, qui croît près de Carthagène, sur la côte de Sonsonate, dans l'État de San-Salvador, ou du *M. Pereiræ*, suivant quelques auteurs. Ce baume est mou, liquide, brun rougeâtre foncé. Son odeur est agréable; sa saveur amère. Il contient de la *cinnaméine*, de l'acide cinnaméique et plusieurs résines.

Le baume du Pérou est employé en médecine comme un stimulant légèrement âcre. On l'a recommandé dans les bronchites et la laryngite. C'est surtout pour la parfumerie qu'il est importé en Europe en grandes quantités. Son odeur rappelle en effet celle de la vanille. Ajouté au savon, il lui communique son parfum et en même temps le fait mousser.

Le baume du Pérou sert dans le rite catholique à la préparation du saint chrême.

Nous empruntons au Dr Dorat (1), de l'État de San-Salvador, dans l'Amérique centrale, quelques intéressants détails sur la production de ce baume :

« On tire quelquefois des fleurs un baume d'une qualité supérieure, mais il est très rare et ne se trouve jamais dans le commerce. L'arbre produit à 5 ans et vit très longtemps. Il préfère un sol pauvre et sec, mais on ne le trouve jamais à une altitude de plus de 322 mètres. L'odeur se sent à une distance de plus de 100 mètres. L'arbre ayant atteint l'âge convenable, 5 ou 6 ans, la *cosèche* ou récolte commence avec le temps sec dans les premiers jours de novembre. On bat l'écorce jusqu'à une certaine hauteur sur quatre côtés, avec le dos d'une cognée ou d'un autre outil du même genre, jusqu'à ce qu'elle se sépare de la partie ligneuse, mais sans la blesser ni la déchirer. Ceci demande beaucoup de soins. Dans cette opération on laisse, sans les toucher, quatre bandes intermédiaires d'écorce de façon à ne pas détruire la vitalité de l'arbre.

« On fait alors plusieurs fentes ou incisions dans les parties de l'écorce qui ont été battues, avec une *machete* tranchante, et l'on applique le feu aux ouvertures. Le baume qui coule s'enflamme; on le laisse brûler pendant quelque temps, puis on l'éteint.

« On laisse l'arbre dans cet état pendant quinze jours, en l'observant soigneusement; au bout de ce temps, le baume commence à couler abondamment; on le reçoit sur des chiffons de coton bourrés dans les fentes. Quand ces chiffons sont saturés, on les presse et on les met dans des pots de terre avec de l'eau bouillante, sur laquelle le baume flotte bientôt comme de l'huile. On l'écume de temps en temps et on le met dans des jarres propres, tandis que l'on continue à mettre dans les pots de nouveaux chiffons imbibés. L'extraction de l'arbre se fait pendant quatre jours seulement par semaine, c'est-à-dire quatre cosèches par mois pour chaque arbre, et le produit moyen est de 1 kilogramme et demi à 2 kilogrammes et demi par semaine. Aussitôt que l'exsudation commence à se ralentir, on fait de nouvelles incisions à l'écorce, on applique de nouveau le feu, et au bout de quinze jours de repos, l'extraction recommence. La récolte continue de cette manière jusqu'aux premières pluies d'avril ou de mai, époque à laquelle tout travail (*trabajo*) cesse.

« Ainsi préparé, le baume est d'un brun très foncé, sale et de la consistance de la mélasse; on le nettoie et on le clarifie sur place, en le faisant reposer et bouillir de nouveau; la lie monte à la surface et on l'écume. Cette lie se vend pour faire une teinture d'une qualité inférieure, que les Indiens emploient comme médicament.

« Le baume, en cet état, se vend sur la côte, au prix moyen de trois à quatre réaux (1) la livre. Quelquefois, on le clarifie de nouveau, et alors il se vend un prix plus élevé comme raffiné (*refinado*). Quand il vient d'être nettoyé, il est d'une couleur d'ambre, qui prend une teinte plus foncée à mesure qu'il refroidit, puis au bout de quelques semaines il devient brun foncé.

« Un bon arbre, bien traité, peut produire pendant 30 ans; au bout de ce temps on le laisse reposer pendant 5 ou 6 ans, ou, comme disent les Indiens, reprendre des forces. Après ce repos, il peut produire encore pendant plusieurs années.

« On sait, par une bulle papale conservée dans les archives de Tzalco, que le baume noir (*balsamo negro*) était si fort estimé, qu'en 1562 Pie IV, et Pie V en 1571, autorisèrent le clergé à se servir de ce baume précieux dans la consécration du saint chrême (*sagrada crisma*), et déclarèrent que c'était un sacrilège de blesser ou de détruire les arbres qui le produisaient. Des copies de ces bulles, à ce qu'on m'assure, existent encore dans le Guatémala.

« Le baume, importé en Angleterre comme baume du Pérou, vient du département de Sonsonate, dans la République de San-Salvador; les arbres desquels on le tire s'étendent le long des côtes de ce département pendant des lieues entières.

(1) Dorat, *The Technologist*.

(1) Le réal vaut 27 centimes : ce serait donc de 81 centimes à 1 fr. 08 cent.

« Dans le district de Cuionagua, on compte 3574 arbres, qui donnent environ 300 kilogrammes de baume par année. Si l'extraction était soignée convenablement, chaque arbre fournirait de 1 kilogramme à 1 kilogramme et demi, ce qui élèverait la quantité que pourrait produire ce district, à un chiffre total de 5000 kilogrammes. Quand la saison a été plus pluvieuse que de coutume, ce produit est beaucoup moindre; mais afin de parer à cet inconvénient, les Indiens chauffent le corps de l'arbre ; par malheur, ce moyen, qui fait couler la gomme plus librement, entraîne invariablement la mort du sujet.

« Si on ne met un terme à ce mode d'extraction, l'arbre aura bientôt disparu de la côte. Ce fait a été porté à la connaissance du gouvernement, qui étudie la question.

« Les Indiens employés à recueillir le baume, disent que les arbres bien abrités produisent plus que les autres, mais que ceux qui ont été plantés à la main sont ceux qui produisent le plus. C'est un fait que l'expérience a démontré spécialement à Calcutta, où l'on extrait chaque année une grande quantité de baume d'arbres qui ont été plantés de cette manière. Pendant les mois de décembre et de janvier, la gomme coule spontanément. Cette variété est appelée *calcauzatte* : elle est d'une couleur orangée ; elle pèse moins que l'autre et exhale une odeur forte, volatile et pénétrante.

« L'exportation du baume de San-Salvador, en 1855, a été de 11402 kilogrammes; estimé 107000 francs. Sur la côte de Chiquimulilla, dans le Guatémala, il y a plusieurs arbres de l'espèce qui fournit le baume; mais, jusqu'à présent, les habitants n'ont pas encore pensé à en recueillir la gomme et à l'apporter sur le marché. La partie de la côte de l'État de San-Salvador qui s'étend d'Acajutla à Libertad, est emphatiquement appelée « Côte du Baume », parce que c'est là seulement qu'on recueille l'article connu dans le commerce sous le nom de *baume du Pérou*.

« Ce district particulier est situé entre les deux ports, à une distance de 12 à 15 kilomètres de chacun d'eux. Le sol qui s'étend dans la direction de la mer, sur le versant d'une chaîne latérale de montagnes peu élevées, est, à l'exception de quelques parties qui touchent à l'Océan, si complètement encombré de broussailles et de branches tombées des hauteurs principales, il est couvert de forêts si épaisses, qu'il est presque impossible de le

traverser à cheval. Aussi est-il très rarement visité, et il y a très peu d'habitants de Sonsonate ou de San-Salvador qui y aient jamais mis les pieds. Dans ce canton sont situés cinq ou six villages uniquement habités par des Indiens qui n'entretiennent de rapports avec les autres villes, que ceux qui sont strictement nécessaires à leur commerce particulier. Le baume est leur principale richesse. Ils en portent sur le marché chaque année 8000 à 10000 kilogrammes. Il se vend par petites quantités à la fois à des marchands qui l'achètent pour l'exporter. Les arbres qui le fournissent sont très nombreux dans cette contrée privilégiée et probablement ne réussissent que là, car il est rare d'en rencontrer un dans d'autres parties de la côte dont le sol et le climat semblent identiques. Après la récolte, le baume du Pérou est renfermé dans des calebasses pour le livrer au commerce. Pendant longtemps, on a supposé à tort que ce baume était une production de l'Amérique méridionale; en effet, dans les premiers temps de la domination espagnole, et par suite des règlements de commerce auxquels étaient alors soumis les produits de cette côte, il était ordinairement expédié par les marchands de la côte à Callao et de là transporté en Espagne. Les Espagnols le crurent originaire du pays d'où ils le recevaient et lui donnèrent le nom de « baume du Pérou ». Le véritable lieu de provenance n'était connu que de quelques négociants. »

LE MYROXYLE DE TOLU — *MYROXYLON TOLUIFERUM*

Synonymie. — *Myrospermum toluiferum*. *Toluifera balsamum*. Baumier de Tolu.

Étymologie. — Ce baume vient des environs de Tolu en Colombie.

Caractères. — Le Baumier de Tolu est un arbre élégant, fort élevé, à l'écorce brune, épaisse et rugueuse; le bois, rouge au centre, présente l'odeur de la rose ; les branches sont verdâtres et nombreuses. Les folioles, moins nombreuses que chez le Baumier du Pérou, sont lancéolées et aiguës, coriaces, ondulées, d'un vert clair, avec ponctuations translucides. Les fleurs sont blanches et disposées en grappes axillaires. Le fruit est comprimé, roussâtre, membraneux, indéhiscent, renfermant des graines un peu arquées, rugueuses à la surface.

Distribution géographique. — Cet arbre croît dans l'Amérique du Sud, au Pérou, dans la province de Carthagène, aux environs de la ville de Tolu, de Turbaco, de Corozol.

Usages. — On obtient le baume de Tolu par incision du tronc : on y perce des trous qui laissent écouler un liquide odorant que l'on recueille dans des récipients placés en dessous.

Fig. 700. — Baumier de Tolu (*Myroxylon toluiferum*).

Le baume de Tolu arrive dans le commerce européen dans de grandes bouteilles de terre appelées potiches, ou dans de petites calebasses.

Tel qu'on le trouve dans le commerce, il est assez solide, mais il se ramollit facilement dans la main et se laisse pétrir comme de la cire ; son odeur rappelle celle de la vanille ; sa saveur est douce et agréable.

Le baume de Tolu a une action calmante contre la toux ; aussi est-il très utile contre le catarrhe pulmonaire, les rhumes de poitrine, les laryngites, les bronchites. On en prépare des pastilles, mais il est encore plus actif sous forme de sirop qui sert à sucrer les tisanes pectorales.

L'odeur particulièrement agréable du baume de Tolu le fait employer dans la parfumerie. Comme il est soluble dans l'alcool il forme volontiers la base d'un bouquet et donne alors au parfum une permanence que ne posséderait pas la simple solution d'une huile.

XI. — LES SWARTZIÉES —
SWARTZIEÆ

Étymologie. — Le genre *Swartzia*, type de la famille, a été dédié à Olaus Swartz, célèbre professeur de Stockholm (1760-1818).

Caractères. — Les Swartziées sont des arbres ou des arbrisseaux élevés, à feuilles pennées multifoliolées, se réduisant parfois à une seule foliole. Le calice entier reste fermé avant la floraison. Les 5 pétales sont tantôt presque égaux, tantôt se réduisent à un seul, ou même manquent complètement. Les étamines sont ordinairement en nombre indéfini et ne sont au nombre de 10 que chez les *Exostyles* du Brésil ; on en trouve de 9 à 13 chez les *Zollerina* du même pays. Gousse non articulée. Radicule infléchie.

Distribution géographique. — A la tribu des Swartziées appartiennent 6 genres, dont le plus important, le genre *Swartzia*, forme 60 espèces, dont une est de l'Afrique tropicale et toutes les autres américaines. Les 5 autres genres, qui comprennent ensemble une dizaine d'espèces, sont également américains, à l'exception des *Cordyla*, de l'Afrique tropicale.

Usages. — Le bois de Pagaie blanc, employé à Cayenne pour faire les rames, est attribué au *Swartzia tomentosa*.

LES CÉSALPINIEES — *CÆSALPINIEÆ*

Étymologie. — La deuxième sous-famille des Légumineuses tire son nom du genre *Cæsalpinia*, établi en l'honneur du célèbre naturaliste Césalpin (André), né à Arezzo en Toscane en 1519, mort à Rome en 1603. Césalpin a publié en 1583 un remarquable ouvrage de botanique, intitulé *de Plantis*.

Repoussant l'ordre alphabétique employé par ses prédécesseurs, il donna une classification des plantes, basée sur l'étude de la fleur et du fruit.

Caractères. — Les Césalpiniées sont pour la plupart des arbres ou des arbrisseaux ; beaucoup plus rarement des herbes. Les feuilles alternes, généralement pourvues de stipules, sont ordinairement pennées ou bipennées; beaucoup plus rarement elles sont simples ou unifoliolées. Les fleurs sont variables : chez quelques Césalpiniées elles sont grandes et belles, tandis que chez d'autres elles sont à peine plus grandes que celles des Mimosées; elles sont ordinairement groupées en grappes, plus rarement en cymes, très rarement en épis.

Ces fleurs sont le plus souvent irrégulières et construites sur le type 5. Le calice, composé de 5 sépales, est ordinairement divisé jusqu'au disque et n'est que rarement gamosépale au delà du disque. Les pétales sont au nombre de 5, ou parfois moins par avortement; ils manquent complètement chez 8 genres apétales (*Ceratonia, Copaifera*, etc.). La corolle des Césalpiniées présente une forme papilonacée beaucoup moins nette que chez les Légumineuses Papilonacées : les 2 pétales inférieurs ne sont jamais soudés en une carène et souvent même diffèrent peu des pétales latéraux. De plus, le pétale supérieur, qui représente l'étendard, au lieu d'être extérieur et de recouvrir les autres, est au contraire interne et recouvert par les 2 pétales latéraux imbriqués avec les inférieurs.

Les étamines sont ordinairement au nombre de 10 : il peut y en avoir moins par suite d'avortement, et d'autre part on en trouve un nombre indéfini chez les *Campsiandra* et les *Brownea*. Les 10 étamines de l'androcée normal des Césalpiniées sont ordinairement complètement ou presque complètement libres. Les anthères sont de forme assez variable. L'ovaire, central ou excentrique, est uniloculaire, surmonté d'un style simple : il renferme de nombreux ovules.

Le fruit est une gousse déhiscente ou non, souvent cloisonnée à l'intérieur. Les graines présentent un albumen copieux chez les Cassiées et quelques Eucésalpiniées, peu abondant chez les Bauhiniées; ailleurs il fait défaut. La radicule de l'embryon est droite et n'est légèrement arquée que chez quelques Bauhiniées.

En résumé, on peut dire d'une façon générale que les Césalpiniées sont des Légumineuses à fleurs irrégulières, à préfloraison non vexillaire, c'est-à-dire à pétale supérieur recouvert et non recouvrant, et à embryon droit.

Distribution géographique. — Les Césalpiniées comprennent 80 genres répartis en 740 espèces environ. Ce sont presque toutes des plantes des régions les plus chaudes du globe. Leur distribution géographique est généralement limitée à une zone de 40 degrés au Nord et de 40 degrés au Sud de l'Équateur.

Le groupe des Césalpiniées n'est représenté dans notre flore française que par 2 arbres qui croissent dans nos provinces méridionales, où ils ont été d'ailleurs probablement introduits et ne sont point indigènes. Ce sont le Bois de Judée (*Cercis siliquastrum*) et le Caroubier (*Ceratonia siliqua*).

Distribution géologique. — Les Césalpiniées ont eu certainement des ancêtres européens. Plusieurs formes ancestrales des *Cercis* actuels se montrent dans l'éocène moyen de Bournemouth, l'éocène supérieur d'Aix, les sables concrétionnés de Brognon (Côte-d'Or) et le miocène récent de Sinigaglia. On a également rencontré des *Copaïfera* dans la flore d'Armissan et à Rodoboj. Le *Cesalpinites Schottiæfolius* de Manosque et le *Podogonium* de la molasse suisse sont des précurseurs des *Schottia* et des *Tamarindus* actuels. Les Casses, répandues à l'extrême Nord à l'époque crétacée du système d'Atané, ont ensuite peuplé l'Europe tertiaire.

Affinités. — Les Césalpiniées se rapprochent surtout des Térébinthacées (Anacardiacées et Burséracées).

Classification. — On divise cette sous-famille en 7 tribus, dont nous allons donner successivement les caractères.

Usages. — Les Césalpiniées présentent de très nombreuses utilités à bien des points de vue très divers.

Beaucoup d'entre elles sont des plantes médicinales dont la propriété dominante est d'être purgatives. Parmi les plus usitées à ce titre sont la Casse, les Sénés, les Tamariniers, etc. Les Copayers produisent le baume de copahu, dont les applications sont nombreuses.

Plusieurs autres nous fournissent des bois précieux pour l'ébénisterie, comme le bois de Palissandre, ou pour la teinture, comme le bois de Campêche.

Plusieurs Césalpiniées, comme les Féviers, le Chicot du Canada, l'Arbre de Judée, sont de beaux arbres de nos jardins, et dans la tribu des Amherstiées figurent les plus belles fleurs de nos serres.

Les Césalpiniées présentent encore de nombreuses autres applications, que nous indiquerons au fur et à mesure de l'étude des tribus, des genres et des espèces.

I. — LES SCLÉROLOBIÉES — *SCLEROLOBIEÆ*

Caractères. — Les Sclérolobiées ont les feuilles imparipennées, ou plus rarement paripennées. Leur calice est formé de pétales libres jusqu'au disque ; seuls les *Pœppigia* ont un calice gamosépale au delà du disque. Les 5 sépales, peu inégaux entre eux, se réduisent à 3 chez les *Phyllocarpus*. L'ovaire est supporté par un pédoncule libre au fond du calice, sauf chez les *Pœppigia*. Il y a 3 ovules ou davantage.

Distribution géographique. — Toutes les Sclérolobiées sans exception habitent les régions chaudes de l'Amérique ; on en connaît 10 genres et 28 espèces environ.

Usages. — L'espèce la plus intéressante au point de vue de ses applications est le *Melanoxylon Brauna* ou *Guarauna* du Brésil, bel arbre dont le bois incorruptible, coloré en noir, très dur et très résistant, est l'un des meilleurs bois du pays pour les constructions : il est importé en Europe sous le nom d'*ébène noir du Brésil* ou *ébène du Portugal*. Ce bois paraît d'abord presque noir, mais est en réalité d'un brun très foncé avec des veines violacées. D'un tissu très fin, il est susceptible d'acquérir un beau poli.

II. — LES EUCÉSALPINIÉES — *EUCESALPINIEÆ*

Caractères. — Chez ces plantes, les feuilles sont ordinairement toutes bipennées : toutefois chez les *Hematoxylon*, les *Gleditschia* et les *Moldenhauera*, quelques feuilles seulement sont 2 fois pennées, tandis que les autres ne le sont qu'une fois.

Le calice est ordinairement formé de sépales distincts jusqu'au disque, mais chez le *Mezoneurum cucullatum* les segments du calice sont soudés au delà du disque. Les pétales sont à peine inégaux ; ordinairement au nombre de 5, ils se réduisent parfois à 4 ou 3 chez les *Gleditschia*.

L'androcée, ordinairement composé de 10 étamines à anthères versatiles, se réduit à 5 chez les *Acrocarpus*. La base de l'ovaire (ou le pied qui la supporte) est libre au fond du calice, sauf chez les *Schizolobium*.

Distribution géographique. — Les Eucésalpiniées, au nombre de 16 genres et d'une centaine d'espèces, habitent les régions tropicales ou chaudes des deux continents.

Usages. — Les Eucésalpiniées nous fournissent des bois tinctoriaux importants, tels que le bois de Fernambouc, le bois de Campêche, etc.

On trouve aussi dans ce groupe plusieurs arbres susceptibles d'acclimatation dans notre pays et d'une certaine valeur décorative : tels sont le Chicot du Canada, le Février à 3 épines, etc.

LES BRÉSILLETS — *CÆSALPINIA*

Caractères. — Les *Cæsalpinia*, sont des arbres ou des arbrisseaux grimpants, armés ou non de piquants épars. Leurs feuilles, deux fois pennées, présentent soit de nombreuses petites folioles, soit au contraire un petit nombre de folioles de grande taille, herbacées ou coriaces. Les stipules sont variables. Les fleurs jaunes ou rouges, souvent belles, sont groupées en grappes lâches.

Le fruit est une gousse comprimée, coriace et bivalve, ou épaisse et indéhiscente, à sutures obtuses, et souvent remplie de tissu entre les graines. Celles-ci sont dépourvues d'albumen.

On peut distinguer par le fruit et les graines dans le genre *Cæsalpinia*, 10 sections dont plusieurs auteurs ont fait autant de genres différents malgré les affinités indiscutables tirées tant du port que des caractères, et des nombreuses espèces de passage que l'on constate.

Distribution géographique. — Pris avec toute son extension, le genre *Cæsalpinia* forme 40 espèces environ, largement dispersées à travers les régions chaudes du globe entier.

Usages. — Plusieurs espèces de Brésillets nous fournissent des bois précieux.

Le BOIS DE FERNAMBOUC ou BOIS DU BRÉSIL est produit par le *Cæsalpinia echinata*, arbre du Brésil, fort grand, fort gros, tortu et épineux : ce bois est dur, compact, d'un rouge pâle et jaunâtre à l'intérieur, mais prenant à l'air une teinte brune foncée. Il donne avec l'alcool une teinture rouge jaunâtre beaucoup plus foncée que celle qu'on obtiendrait avec l'eau. Le bois de Fernambouc est utilisé pour la teinture en rouge.

Plusieurs autres bois tinctoriaux servent aux mêmes usages que le bois de Fernambouc, mais sont de qualité inférieure. Ce sont le *bois de Sainte-Marthe*, produit par le *C. brasiliensis*, les *bois de Lima*, de *Terre-Ferme*, de *Nicaragua*, de *Californie*, attribués aux *Cæsalpinia bijuga, vesicaria, cristata*, etc.

Le BOIS DE SAPPAN vient de la presqu'île orientale de l'Inde, des îles de la Sonde et des îles voisines ; il est fourni par le *Cæsalpinia Sappan*, connu sous le nom de *Brésillet des Indes*. On en distingue 2 sortes principales : celui de Siam en bûches grosses comme le bras, d'un rouge vif à l'intérieur, et celui de Rimas en menus bâtons jaunâtres en dedans et roses à l'extérieur : il sert à la teinture. Ce bois, plus dur que celui de Fernambouc, est aussi employé en guise de clous et de chevilles dans les constructions, et les Indiens font de la plante des haies vives qui deviennent en peu de temps impénétrables. Au Malabar et en Cochinchine, le bois du *C. Sappan* est considéré comme un puissant emménagogue.

Les fruits du *Cæsalpinia conaria*, arbre très

Fig. 701. — Gousse de libidibi (*Cæsalpinia conaria*).

répandu sur les bords de la mer en Colombie, aux Antilles et au Mexique, sont riches en tannin et sont employées au tannage des peaux. Ces fruits, connus sous le nom de *gousses de libidibi* (fig. 701) ou de *dividivi, nacascol, oualta pana*, sont fortement comprimés, longs de 7 ou 8 centimètres et larges de 15 à 20 millimètres, et présentent une forme recourbée caractéristique, rappelant la lettre S ou la lettre C.

Les CNIQUIERS ou BONDUCS, qui forment parmi les *Cæsalpinia* la section des *Guilandina*, ont des graines vomitives et purgatives. Leurs racines passent pour guérir la morsure des serpents.

Tous les Brésillets arborescents sont ornementaux, et l'on voit souvent fleurir dans nos jardins le *Cæsalpinia* (*Poinciana*) *Gilliesii*. Cette espèce, connue sous le nom français de POINCILLADE D'AMÉRIQUE, est un très bel arbuste dont les fleurs rouges, groupées en thyrses au sommet des rameaux, sont surtout

remarquables par leurs longues étamines à filets purpurins.

Le *Cæsalpinia* (*Poinciana*) *pulcherrima* est aujourd'hui cultivé dans tous les pays tropicaux pour ses grandes fleurs rouges éclatantes.

LES HÉMATOXYLES — *HÆMATOXYLON*

Étymologie. — Du grec *aima*, sang ; *xylon*, bois. Le bois de Campêche est rouge, couleur de sang.

Caractères. — Ce genre, qui ne comprend qu'une seule espèce, est caractérisé par sa gousse plane comprimée, lancéolée, s'ouvrant, par 2 fentes au milieu des valves, en 2 pseudovalves naviculaires, et par ses graines oblongues transversalement.

L'HÉMATOXYLE DE CAMPÊCHE — *HÆMATOXYLON CAMPECHIANUM*

Caractères. — L'*Hæmatoxylon Campechianum* est un grand arbre de 12 à 15 mètres de haut, aux rameaux épineux toujours verts ; ses feuilles, paripennées ou bipennées à la base, sont composées de folioles ovales, pyriformes, petites et délicates, très rapprochées l'une de l'autre dans chaque paire. Les fleurs jaunes et petites sont réunies en grappes axillaires, courtes et lâches. Les stipules sont en partie transformées en épines, les autres sont petites et caduques.

Distribution géographique. — Cet arbre croît particulièrement dans la baie de Campêche au Mexique et il a gardé le nom de son pays natal. On le retrouve dans diverses parties de l'Amérique centrale, dans la Colombie et aux Indes occidentales.

Usages. — Le *bois de Campêche* est un bois tinctorial, bien connu de tout le monde, de nom tout au moins, à la suite de l'usage qui en a été fait, dans un but de fraude, pour la coloration des vins artificiels. Le nom en est resté dans le langage populaire parisien pour désigner un vin frelaté : « C'est du bois de Campêche et de l'eau. »

Le bois de Campêche est surtout utilisé comme bois tinctorial pour les rouges, les noirs et plusieurs couleurs composées ; l'ébénisterie en emploie également une petite quantité. Son introduction en Europe date de l'occupation espagnole ; il pénétra en Angleterre sous le règne d'Élisabeth, mais les essais qu'on en fit pour la teinture donnèrent de si mauvais résultats que l'usage du bois de Campêche fut interdit pendant une période d'une centaine d'années, par arrêt du Parlement.

Le bois de Campêche employé dans le commerce a été, jusqu'à ces derniers temps, exclusivement produit par des arbres sauvages. Ce n'est que récemment qu'on a tenté la culture, soit en Amérique son pays natal, soit dans les colonies hollandaises de l'Inde. La plus grande partie du Campêche et les meilleurs qualités viennent d'ailleurs toujours de l'Amérique centrale et des Antilles.

On distingue plusieurs variétés de bois de Campêche suivant le pays producteur. La meilleure qualité est le *Campêche d'Espagne* qui vient de Campêche; on trouve ensuite le *Campêche anglais* du Honduras, le *Campêche d'Haïti*, le *Campêche de la Martinique*, etc.

L'aubier est blanchâtre; il est enlevé à la hache ou au rabot avant que le bois soit mis dans le commerce, où les bûches de Campêche sont réduites au cœur. Celui-ci est naturellement rouge vif lorsqu'il est conservé poli à l'air, mais passe au noir lorsqu'il est exposé à l'humidité. Le bois de Campêche est plus lourd que l'eau, exhale une odeur d'Iris très prononcée et présente une saveur sucrée et parfumée.

Avec l'alcool il donne une teinture d'un rouge jaunâtre foncé et avec l'eau une teinture rouge encore plus foncée. La matière colorante de ce bois a reçu le nom d'*hématoxyline*.

LES GYMNOCLADES — *GYMNOCLADUS*

Étymologie. — Le nom de *Gymnocladus*, attribué par Linné à ce genre, dérive du grec *gymnos*, nu, et *clados*, branche, et fait allusion à ce que les branches n'émettent pas de ramilles.

Caractères. — Le genre *Gymnocladus* est caractérisé par ses fleurs polygames; le tube discifère du calice allongé; une gousse épaisse, turgide ou subcylindrique. Les graines possèdent un albumen.

On n'en connaît qu'une seule espèce.

LE GYMNOCLADE DU CANADA — *GYMNOCLADUS CANADENSIS*

Synonymie. — *Gymnocladus dioicus;* Chicot du Canada; Caféier du Kentucky (en anglais *Kentucky Coffee*).

Caractères. — C'est un arbre de 10 à 12 mètres en France, un peu plus grand en Amérique son pays natal. « Son tronc, fort droit, est très élancé, car il ne dépasse guère 70 centimètres en diamètre, et on cite même un de ces arbres, qui, à l'âge de 105 ans, avait seulement 50 centimètres de diamètre. Une écorce épaisse, profondément sillonnée, d'un brun grisâtre, le recouvre, et les branches dressées qui s'en détachent, donnent à l'ensemble de la ramure la forme d'un ovoïde allongé (fig. 702).

« Protégées elles aussi par une écorce épaisse et rugueuse, ces branches n'émettent pas de ramilles. Les feuilles alternes et bipennées, longues de 60 centimètres à 1 mètre, comprennent quatre à sept paires de feuilles secondaires, composées chacune, sauf la première, réduite à une seule foliole, de sept à treize folioles membraneuses, d'un vert pâle, longues de 25 à 35 millimètres. Les fleurs, longues de 2 centimètres et demi et au pétiole fort développé, sont d'un blanc verdâtre. Les fruits groupés souvent par trois ou quatre, ont 5 centimètres de longueur; de couleur brunâtre, ils sont légèrement cintrés, et contiennent des graines aplaties, à l'endocarpe brun sombre, reposant sur une couche de pulpe verdâtre. »

Distribution géographique. — « Le Chicot du Canada est originaire de l'Amérique du Nord, où, sans être très commun, on le rencontre sur une aire fort étendue. La région qu'il habite s'avance en effet vers le Nord jusqu'à la province canadienne d'Ontario, jusqu'aux États de Minnesota, de Nébraska, du Kansas, et au Territoire Indien à l'Ouest; descendant moins loin vers le Sud dans la partie orientale, elle ne dépasse pas les États de New-York, Pensylvanie, Virginie et le Nord du Tennessee. Ses échantillons isolés ne constituent pas de forêts, poussent partout où le sol assez humide jouit d'une certaine fertilité, le long des rivières comme sur les versants des montagnes. »

Usages. — Cet arbre, par sa rusticité, la beauté de son feuillage, l'élégance de son port et l'insignifiance de ses fleurs, doit être rangé parmi les arbres paysagers et comme tel a été introduit dans les jardins français. Malheureusement son feuillage est peu fourni, se développe assez tard au printemps et tombe de bonne heure. Il faut surtout le planter isolé des autres arbres pour qu'il fasse de l'effet.

« Très dense, le bois de cet arbre est peu

Fig. 702. — Gymnoclade du Canada (*Gymnocladus Canadensis*).

tenace, les couches annuelles étant séparées par un ou deux cercles de larges vaisseaux, mais sa grande résistance à l'humidité et aux intempéries le fait employer sous forme de pieux et de claies pour enclore les pâturages. Sa couleur d'un beau brun teinté de rouge, la facilité avec laquelle il se laisse travailler, le poli dont il est susceptible, permettent également de l'utiliser en ébénisterie, mais il peut se déjeter en séchant, et sa texture assez grossière se prête médiocrement à l'exécution des travaux fins.

« Les habitants de la région située à l'Ouest des Alleghanys se servaient autrefois des graines du *Gymnocladus* comme succédané du café, d'où le nom sous lequel on le désigne communément aux États-Unis (1). »

LES FÉVIERS — *GLEDITSCHIA*

Étymologie. — Genre dédié au botaniste allemand Gleditsch.

Caractères. — Les Féviers sont des arbres dont le tronc et les rameaux sont souvent armés d'épines et dont les feuilles sont, sur le même pied, les unes deux fois composées pennées, les autres une seule fois pennées ; les

(1) J. Loz, *Le Gymnoclade du Canada* (*Revue des sciences naturelles appliquées*, 1890, p. 487).

folioles en nombre pair sont petites ou médiocres, légèrement et irrégulièrement crénelées sur leur pourtour. Stipules non visibles. Les fleurs sont polygames, petites, verdâtres ou blanches, disposées en grappes simples ou paniculées,

La gousse est plane, comprimée, coriace ou sub-charnue, indéhiscente ou tardivement bivalve, généralement pulpeuse intérieurement. Les graines sont albuminées.

Distribution géographique. — Les Féviers, dont on connaît 4 ou 5 espèces, habitent l'Amérique du Nord, l'Asie tempérée ou subtropicale et les régions montagneuses de l'Afrique tropicale.

Usages. — Les Féviers sont des arbres d'ornement dont le bois peut être employé en menuiserie chez quelques-uns.

Plusieurs Féviers sont considérés comme légèrement astringents et certaines espèces de l'Asie orientale ont, dit-on, des fruits qui rendent l'eau savonneuse.

LE FÉVIER A TROIS ÉPINES — GLEDITSCHIA TRIACANTHOS

Caractères. — C'est un arbre de 15 à 20 mètres de hauteur, à la tête large et arrondie, remarquable par ses nombreuses épines qui naissent par groupes de trois à l'aisselle des feuilles et ne sont autre chose que des rameaux avortés (fig. 703) : elles deviennent avec l'âge longues et dures. Les feuilles bipennées se composent de 12 à 15 paires de folioles ovales et allongées. Les fleurs, disposées en grappes, de couleur blanc sale, se montrent de mai à juin ; elles sont remplacées, après fécondation, par de grandes gousses brunes, marquées de larges taches rouges, aplaties, coriaces et luisantes, d'un bel effet pittoresque lorsqu'elles pendent aux branches de l'arbre, dont elles ne se détachent qu'à l'entrée de l'hiver.

Distribution géographique. — Cette espèce est originaire du Canada et du Nord des États-Unis.

Usages. — Cette origine explique la grande rusticité de la plante dans nos climats, où on la cultive comme arbre agreste dans les jardins ; on en fait, par la taille en buissons, de bonnes haies défensives, d'autant plus efficaces que l'on peut facilement en greffer les branches par approche. On en connaît une variété à rameaux pleureurs et une autre inerme.

L'enveloppe coriace des fruits renferme une pulpe de saveur d'abord douceâtre, puis astringente et même d'une grande âcreté : comme elle contient une certaine quantité de matière sucrée, on la fait fermenter et on en retire une liqueur alcoolique employée dans l'Amérique du Nord.

Fig. 703. — Févier à 3 épines (*Gleditschia triacanthos*), épine rameuse.

Le FÉVIER MONOSPERME (*G. monosperma*), caractérisé par ses gousses raccourcies, à une seule graine, croît également dans l'Amérique septentrionale, Floride, Caroline et Illinois. Cette espèce, aussi rustique que la précédente, est aussi un bel arbre d'ornement. De plus son bois rougeâtre, dur et fin, se prête bien aux divers ouvrages de menuiserie.

Le FÉVIER DE CHINE (*G. Sinensis*) est un bel arbre dont le tronc et les branches sont hérissés d'épines acérées et dont les feuilles composées présentent 5 à 7 paires de larges folioles ovales. Cette espèce, encore plus rustique peut-être que les Féviers américains, peut rendre de bons services pour les plantations d'ornement, mais on ne l'a jusqu'ici que peu utilisée.

Il en est de même de plusieurs autres espèces, qui croissent également sur l'ancien continent, les *Gleditschia macrantha* et *G. ferox* du Nord de la Chine, et le *G. Caspica* du Nord de la Perse, arbre remarquable par ses rameaux en zigzag et ses épines longues et recourbées.

LES POINCILLADES — POINCIANA

Caractères. — Les Poincillades sont des arbres inermes, à feuilles bipennées, composées de nombreuses petites folioles. Les pétales orbiculaires sont presque égaux. La gousse est plane comprimée, à déhiscence bivalve.

Fig. 704.

Fig. 705.

Fig. 706.

Fig. 704. — Feuilles étalées.
Fig. 705. — Feuilles sommeillantes.

Fig. 706. — Fleur.

Fig. 704 à 706. — *Cassia floribunda*.

Distribution géographique. — On en connaît 3 espèces originaires des régions chaudes de l'Afrique orientale, des îles Mascareignes et des provinces occidentales de l'Inde.

Usages. — Ces plantes sont recherchées pour leurs éclatantes fleurs rouges.

LES PARKINSONIERS — *PARKINSONIA*

Étymologie. — Parkinson, naturaliste auquel Plumier avait dédié ce genre, est né à Londres en 1567.

Caractères. — Les *Parkinsonia* sont des arbres dont les feuilles semblent, à première vue, simplement pennées et fasciculées, mais sont à la vérité bipennées ; seulement le pétiole commun est très court, en forme d'épine et porte 1 ou 2 paires de pennes très longues, composées à leur tour de très nombreuses et petites folioles. Les stipules, souvent courtes, sont spinescentes. Les fleurs sont groupées en courtes grappes axillaires.

Les segments du calice membraneux sont légèrement imbriqués ou valvaires. La gousse est linéaire et les graines présentent un albumen.

Distribution géographique. — On connaît 3 espèces de *Parkinsonia* : l'une habite le Mexique, une autre le Sud de l'Afrique, la troisième est largement dispersée à travers les régions chaudes de l'Amérique occidentale et les Antilles : on la retrouve aussi dans l'ancien monde, entre les tropiques, à l'état de plante introduite et cultivée.

Usages. — Cette dernière espèce, le *Parkinsonia aculeata*, passe pour fébrifuge et antiputride ; ses fibres libériennes servent à fabriquer du papier.

Au Cap on utilise le bois du *P. africana* comme bois de construction.

III. — LES CASSIÉES — *CASSIEÆ*

Caractères. — Les Cassiées ont les feuilles composées, pennées, avec ou sans impaire. Les sépales, au nombre de 5, plus rarement de 4 ou de 3, sont libres jusqu'au disque, généralement imbriqués. La corolle se compose de 5 pétales ou parfois moins, et peut même manquer complètement. Les anthères s'ouvrent soit par 2 fentes longitudinales, soit par 2 pores. Ovaire ou pied de l'ovaire libres au fond du calice ; 2 ovules ou davantage, rarement un seul. Les graines sont albuminées.

Distribution géographique. — La tribu des Cassiées comprend 13 genres et près de 300 espèces, dont 260 pour le seul genre *Cassia*, représenté dans les pays chauds du globe entier. Sauf le Caroubier, qui vit dans la région méditerranéenne, tous les autres genres habitent les contrées chaudes de l'Afrique ou de l'Amérique, l'île de Bornéo ou Madagascar.

LES CASSES — *CASSIA*

Caractères. — Les Casses sont ordinairement des arbrisseaux, plus rarement des arbres ou